装备科技译著出版基金

启发式搜索
理论与应用

Heuristic Search

Theory and Applications

[德] 斯特凡·埃德坎普　斯特凡·施勒德尔　著

魏祥麟　陈芳园　阚保强　王占丰　唐朝刚　译

国防工业出版社

·北京·

著作权合同登记　图字：军-2012-102 号

图书在版编目（CIP）数据

启发式搜索理论与应用/（德）斯特凡·埃德坎普，（德）斯特凡·施勒德尔著；魏祥麟等译. —北京：国防工业出版社，2022.3

书名原文：Heuristic Search Theory and Applications

ISBN 978-7-118-12153-7

Ⅰ. ①启⋯　Ⅱ. ①斯⋯　②斯⋯　③魏⋯　Ⅲ. ①启发式算法－研究　Ⅳ. ①O242.23

中国版本图书馆 CIP 数据核字（2022）第 025197 号

※

国防工业出版社出版发行

（北京市海淀区紫竹院南路 23 号　邮政编码 100048）

北京虎彩文化传播有限公司印刷

新华书店经售

*

开本 710×1000　1/16　印张 54　字数 1000 千字

2022 年 3 月第 1 版第 1 次印刷　印数 1—1000 册　定价 328.00 元

（本书如有印装错误，我社负责调换）

国防书店：(010) 88540777　　书店传真：(010) 88540776
发行业务：(010) 88540717　　发行传真：(010) 88540762

前言

本书对人工智能（AI）启发式状态空间搜索做了全面的介绍。本书包含了其他教科书尚未覆盖的很多启发式搜索的研究进展，包括模式数据库、符号搜索、高效利用外部存储器和并行处理单元的搜索。因此，本书适合于对于搜索缺乏背景知识从而寻找此领域良好介绍的读者，以及那些具有一些背景知识且对此领域的最新进展感兴趣的读者。本书的内容是在大量研究下完成的，可为相关研究人员提供有价值的参考，同时本书也介绍了相关领域对读者有益的参考文献。

本书一方面期望在搜索算法和针对算法的理论分析之间取得平衡，另一方面则是算法的高效实现及其在重要实际问题中的应用间的平衡。希望实现对于本领域从众所周知的基本结果到最近的研究现状的综合覆盖。

本书可作为AI领域的普通教材的补充，更重要的是能帮助AI领域的专业人才进行更深入的研究。本书讨论了AI中多个子领域的搜索应用，包括谜题求解、博弈论、约束可满足性、动作规划和机器人学等。当然本书也适合自学，为研究生、研究人员和决策科学（包括AI和运筹学）从业者以及需要使用搜索算法解决其问题的应用程序员，提供了有价值的信息资源。

本书相对独立，不要求读者具有AI的任何先验知识。但是，本书已假设读者具有算法、数据结构和微积分的基础知识。本书使用示例介绍搜索算法并引出它们的性质。正文经常包含搜索算法正确性以及其他性质的证明，从而使其更加严谨并为读者介绍重要的证明技术（对于研究生和研究人员来说这方面非常重要）。

本书也讲授了如何实现搜索算法。正文中包含了伪代码，从而避免了由于教材仅口头描述算法或没有显式讨论实现细节，导致从业者（或学生）需要将想法转换为运行程序的问题。本书讨论了如何实现运行搜索算法所需的数据结构，从最简单缓慢地实现到复杂快速地实现。此外，本书的习题可作为课堂练习作业或自测题。

本书为读者提供了何时使用何种搜索算法的建议。例如，正文讨论了搜索算法的时间和空间复杂度，哪些性质使得它们中的一些适合于一个给定的搜索问题而另一些不太适合。最后，本书提供了案例研究，说明了如何将搜索算法应用到不同应用领域的大量问题。因此，对于多种重要实际问题，本书提供了详尽的解决方案，展示了实际中已应用的搜索技术的影响，为读者介绍了将搜索算法适应特定应用所需的工作量

（本书的这个方面对于从业者来说非常重要）。

本书分为五个主要部分：启发式搜索基础、内存约束下的启发式搜索、时间约束下的启发式搜索、启发式搜索变体和启发式搜索应用。第1部分介绍了基本问题、算法和启发式。第2、3部分介绍了时间和空间存在资源限制的环境中改进的解决方案。第2部分考虑了内存受限搜索、符号搜索和基于磁盘的搜索，第3部分介绍了并行搜索、多种剪枝技术和移动保证搜索策略。第4部分介绍了应用搜索启发式的更一般概念的相关搜索方法，包括博弈评价、约束可满足性和局部搜索方法。第5部分关注不同的实际应用领域，说明了前4个部分的概念如何转变为较复杂的搜索引擎。我们关注传统上与AI相近的应用，比如动作规划和机器人学，以及其他并非起源于AI的领域，比如车辆导航、计算生物学和自动系统验证。一些章节加注了实心三角形（▲）表示属于高阶内容，可以在首次阅读本书时忽略。

目录

第1部分 启发式搜索基础

第1章 引言 2
- 1.1 符号和数学背景 2
  - 1.1.1 伪代码 2
  - 1.1.2 可计算性理论 3
  - 1.1.3 复杂性理论 5
  - 1.1.4 渐进资源消耗 6
  - 1.1.5 符号逻辑 7
- 1.2 搜索 8
- 1.3 成功案例 9
- 1.4 状态空间问题 11
- 1.5 问题图表示 14
- 1.6 启发式 15
- 1.7 搜索问题示例 18
  - 1.7.1 滑块拼图 19
  - 1.7.2 魔方 21
  - 1.7.3 推箱子 22
  - 1.7.4 路线规划 24
  - 1.7.5 旅行商问题 25
  - 1.7.6 多序列比对问题 26
- 1.8 一般状态空间描述 28
  - 1.8.1 动作规划 28
  - 1.8.2▲ 生产系统 34
  - 1.8.3 马尔可夫决策过程 35
  - 1.8.4 一般搜索模型 35

1.9 小结 ········· 37
1.10 习题 ········ 39
1.11 书目评述 ········ 45

第2章 基本搜索算法 ······· 47
  2.1 无提示图搜索算法 ······· 48
    2.1.1 深度优先搜索 ······· 51
    2.1.2 广度优先搜索 ······· 52
    2.1.3 Dijkstra 算法 ······· 53
    2.1.4 负权值图 ······· 56
    2.1.5 松弛节点选择 ······· 58
    2.1.6▲ Bellman-Ford 算法 ······· 60
    2.1.7 动态规划 ······· 62
  2.2 提示性最优搜索 ······· 68
    2.2.1 A*算法 ······· 69
    2.2.2 A*算法的最优效率 ······· 74
  2.3▲ 广义权值 ······· 75
    2.3.1 耗费代数 ······· 76
    2.3.2 多目标搜索 ······· 79
  2.4 小结 ······· 80
  2.5 习题 ······· 82
  2.6 书目评述 ······· 86

第3章▲ 字典数据结构 ······· 88
  3.1 优先级队列 ······· 88
    3.1.1 桶数据结构 ······· 89
    3.1.2 堆数据结构 ······· 97
  3.2 哈希表 ······· 112
    3.2.1 哈希字典 ······· 112
    3.2.2 哈希函数 ······· 113
    3.2.3 哈希算法 ······· 123
    3.2.4 内存节约字典 ······· 132
    3.2.5 近似字典 ······· 136
  3.3 子集字典 ······· 140
    3.3.1 数组和列表 ······· 141
    3.3.2 单词查找树 ······· 141

   3.3.3 哈希 ·································· 142
   3.3.4 无限分支树 ···························· 143
 3.4 字符串字典 ·································· 145
   3.4.1 后缀树 ································ 146
   3.4.2 广义后缀树 ···························· 150
 3.5 小结 ·· 154
 3.6 习题 ·· 157
 3.7 书目评述 ···································· 160

第 4 章 自动产生启发式

 4.1 抽象变换 ···································· 163
 4.2 Valtorta 定理 ································ 166
 4.3▲ 层次 A*算法 ································ 168
 4.4 模式数据库 ·································· 169
   4.4.1 15 数码问题 ·························· 170
   4.4.2 魔方 ·································· 171
   4.4.3 有向搜索图 ···························· 172
   4.4.4 Korf 猜想 ······························ 173
   4.4.5 多模式数据库 ·························· 174
   4.4.6 不相交模式数据库 ······················ 175
 4.5▲ 自定义模式数据库 ···························· 180
   4.5.1 模式选择 ······························ 180
   4.5.2 对称和对偶模式数据库 ·················· 181
   4.5.3 有界模式数据库 ························ 183
   4.5.4 按需模式数据库 ························ 184
   4.5.5 压缩模式数据库 ························ 185
   4.5.6 紧凑模式数据库 ························ 187
 4.6 小结 ·· 187
 4.7 习题 ·· 189
 4.8 书目评述 ···································· 193

第 2 部分 内存约束下的启发式搜索

第 5 章 线性空间搜索

 5.1▲ 对数空间算法 ································ 197

  5.1.1 分治 BFS 算法 ································ 198
  5.1.2 分治最短路径搜索算法 ···················· 199
 5.2 探索搜索树 ·· 200
 5.3 分支限界 ·· 201
 5.4 迭代加深搜索算法 ································ 203
 5.5 迭代加深 A*算法 ·································· 206
 5.6 IDA*搜索算法的预测 ··························· 209
  5.6.1 渐近分支因子 ································ 209
  5.6.2 IDA*算法搜索树预测 ···················· 214
  5.6.3▲ 收敛性判别准则 ·························· 219
 5.7▲ 改进的阈值确定 ··································· 220
 5.8▲ 递归最佳优先搜索算法 ························ 222
 5.9 小结 ·· 223
 5.10 习题 ·· 225
 5.11 书目评述 ··· 227

第 6 章 内存受限搜索 ····························· 229
 6.1 利用额外内存的线性变量 ···················· 230
  6.1.1 置换表 ·· 231
  6.1.2 边缘搜索算法 ································ 233
  6.1.3▲ 迭代阈值搜索算法 ···················· 235
  6.1.4 MA*算法、SMA 算法和 SMAG 算法 ········ 238
 6.2 非容许搜索算法 ··································· 243
  6.2.1 增强爬山算法 ································ 243
  6.2.2 加权 A*算法 ································· 245
  6.2.3 高不一致 A*算法 ························· 247
  6.2.4 随时修正 A*算法 ························· 250
  6.2.5 k 最佳优先搜索算法 ····················· 253
  6.2.6 束搜索算法 ···································· 254
  6.2.7 局部 A*算法和局部 IDA*算法 ········ 256
 6.3 Closed 链表约减 ··································· 258
  6.3.1 隐式图中的动态规划 ···················· 258
  6.3.2 分治解重构 ···································· 260
  6.3.3 前沿搜索算法 ································ 261
  6.3.4▲ 稀疏内存图搜索算法 ················ 263

6.3.5　广度优先启发式搜索算法 …………………………………… 266
　　　6.3.6　局部性 …………………………………………………………… 268
　6.4　Open 列表约减 ………………………………………………………………… 269
　　　6.4.1　束堆栈搜索算法 …………………………………………………… 270
　　　6.4.2　部分扩展 A*算法 …………………………………………………… 273
　　　6.4.3　2 比特广度优先搜索算法 …………………………………………… 276
　6.5　小结 ……………………………………………………………………………… 277
　6.6　习题 ……………………………………………………………………………… 279
　6.7　书目评述 ………………………………………………………………………… 283

第 7 章　符号搜索 …………………………………………………………………………… 287
　7.1　状态集的布尔编码 ……………………………………………………………… 288
　7.2　二叉决策图 ……………………………………………………………………… 290
　7.3　计算状态集的镜像 ……………………………………………………………… 295
　7.4　符号盲搜索算法 ………………………………………………………………… 295
　　　7.4.1　符号广度优先树搜索算法 …………………………………………… 296
　　　7.4.2　符号广度优先搜索算法 ……………………………………………… 297
　　　7.4.3　符号模式数据库 ……………………………………………………… 299
　　　7.4.4　耗费优化符号广度优先搜索算法 …………………………………… 301
　　　7.4.5　符号最短路径搜索 …………………………………………………… 303
　7.5　BDD 的局限和可能性 …………………………………………………………… 304
　　　7.5.1　指数下界 ……………………………………………………………… 304
　　　7.5.2　多项式上界 …………………………………………………………… 305
　7.6　符号启发式搜索算法 …………………………………………………………… 307
　　　7.6.1　符号 A*算法 ………………………………………………………… 307
　　　7.6.2　桶实现 ………………………………………………………………… 310
　　　7.6.3　符号最佳优先搜索算法 ……………………………………………… 312
　　　7.6.4　符号广度优先分支限界 ……………………………………………… 313
　7.7▲　改进 …………………………………………………………………………… 315
　　　7.7.1　改进 BDD 规模 ……………………………………………………… 315
　　　7.7.2　分割 …………………………………………………………………… 315
　7.8　显式图的符号算法 ……………………………………………………………… 316
　7.9　小结 ……………………………………………………………………………… 317
　7.10　习题 …………………………………………………………………………… 319
　7.11　书目评述 ……………………………………………………………………… 323

第 8 章 外部搜索 ······ 325

8.1 虚拟内存管理 ······ 326
8.2 容错 ······ 327
8.3 计算模型 ······ 327
8.4 基本原语 ······ 329
8.5 外部显式图搜索算法 ······ 330
8.5.1▲ 外部优先级队列 ······ 330
8.5.2 外部显式图深度优先搜索算法 ······ 331
8.5.3 外部显式图广度优先搜索算法 ······ 332
8.6 外部隐式图搜索算法 ······ 334
8.6.1 BFS 的延迟重复检测 ······ 335
8.6.2▲ 外部广度优先分支限界 ······ 337
8.6.3▲ 外部增强爬山算法 ······ 339
8.6.4 外部 A*算法 ······ 341
8.6.5▲ 延迟重复检测的下界 ······ 348
8.7▲ 改进 ······ 349
8.7.1 基于哈希的重复检测 ······ 349
8.7.2 结构化重复检测 ······ 350
8.7.3 流水线 ······ 351
8.7.4 外部迭代加深 A*算法 ······ 352
8.7.5 外部显式状态模式数据库 ······ 353
8.7.6 外部符号模式数据库 ······ 355
8.7.7 外部中继搜索算法 ······ 355
8.8▲ 外部值迭代 ······ 356
8.8.1 前进阶段：状态空间生成 ······ 357
8.8.2 后退阶段：更新值 ······ 358
8.9▲ 闪存 ······ 360
8.9.1 哈希 ······ 361
8.9.2 映射 ······ 362
8.9.3 压缩 ······ 364
8.9.4 刷新 ······ 365
8.10 小结 ······ 366
8.11 习题 ······ 368
8.12 书目评述 ······ 372

第 3 部分　时间约束下的启发式搜索

第 9 章　分布式搜索 ………………………………………………… 375
9.1　并行处理 ……………………………………………………… 376
9.1.1　并行搜索动机 …………………………………………… 380
9.1.2　空间分割 ………………………………………………… 381
9.1.3　深度切片 ………………………………………………… 383
9.1.4　无锁哈希 ………………………………………………… 384
9.2　并行深度优先搜索 …………………………………………… 385
9.2.1▲　并行分支限界 ………………………………………… 386
9.2.2　堆栈分割 ………………………………………………… 387
9.2.3　并行 IDA*算法 ………………………………………… 388
9.2.4　异步 IDA*算法 ………………………………………… 391
9.3　并行最佳优先搜索算法 ……………………………………… 392
9.3.1　并行全局 A*算法 ……………………………………… 392
9.3.2　并行局部 A*算法 ……………………………………… 395
9.4　并行外部搜索算法 …………………………………………… 396
9.4.1　并行外部广度优先搜索算法 …………………………… 396
9.4.2　并行结构化重复检测 …………………………………… 399
9.4.3　并行外部 A*算法 ……………………………………… 401
9.4.4　并行模式数据库搜索 …………………………………… 406
9.5　GPU 上的并行搜索算法 …………………………………… 408
9.5.1　GPU 概述 ……………………………………………… 408
9.5.2　基于 GPU 的广度优先搜索算法 ……………………… 409
9.5.3　比特向量 GPU 搜索算法 ……………………………… 414
9.6　双向搜索算法 ………………………………………………… 416
9.6.1　双向前后搜索算法 ……………………………………… 416
9.6.2▲　双向前前搜索算法 …………………………………… 419
9.6.3　外围搜索算法 …………………………………………… 420
9.6.4　双向符号广度优先搜索算法 …………………………… 424
9.6.5▲　岛搜索算法 …………………………………………… 425
9.6.6▲　多目标启发式搜索算法 ……………………………… 426
9.7　小结 …………………………………………………………… 427
9.8　习题 …………………………………………………………… 430

9.9 书目评述 …… 433
第 10 章 状态空间剪枝 …… 436
10.1 容许状态空间剪枝 …… 437
- 10.1.1 子串剪枝 …… 437
- 10.1.2 修剪绝境 …… 448
- 10.1.3 惩罚表 …… 453
- 10.1.4 对称性约减 …… 455

10.2 非容许状态空间剪枝 …… 458
- 10.2.1 宏问题解决 …… 458
- 10.2.2 相关性约减 …… 460
- 10.2.3 偏序约减 …… 461

10.3 小结 …… 466
10.4 习题 …… 468
10.5 书目评述 …… 471

第 11 章 实时搜索 …… 473
11.1 LRTA*算法 …… 474
11.2 带一步前瞻的 LRTA*算法 …… 482
11.3 LRTA*算法的执行耗费分析 …… 483
- 11.3.1 LRTA*算法执行耗费上界 …… 484
- 11.3.2 LRTA*算法执行耗费下界 …… 486

11.4 LRTA*算法特性 …… 488
- 11.4.1 启发式知识 …… 488
- 11.4.2 细粒度控制 …… 488
- 11.4.3 执行耗费改进 …… 489

11.5 LRTA*算法变体 …… 491
- 11.5.1 局部搜索空间规模可变的变体 …… 491
- 11.5.2 具有最小前瞻的变体 …… 491
- 11.5.3 具有更快值更新的变体 …… 493
- 11.5.4 检测收敛的变体 …… 498
- 11.5.5 加速收敛变体 …… 498
- 11.5.6 不收敛变体 …… 501
- 11.5.7 非确定性和概率性状态空间的变体 …… 504

11.6 如何运用实时搜索 …… 507
- 11.6.1 案例研究：离线搜索 …… 507

11.6.2 案例研究：地形未知的目标定向导航 ………………………… 508
11.6.3 案例研究：覆盖 ………………………………………………… 511
11.6.4 案例研究：姿势不确定下的定位和目标引导的导航 ………… 513
11.7 小结 ……………………………………………………………………… 518
11.8 习题 ……………………………………………………………………… 520
11.9 书目评述 ………………………………………………………………… 525

第 4 部分 启发式搜索变体

第 12 章 敌对搜索 ………………………………………………………… 528
12.1 二人游戏 …………………………………………………………… 529
12.1.1 博弈树搜索 …………………………………………………… 533
12.1.2 αβ 剪枝 ………………………………………………………… 535
12.1.3 置换表 ………………………………………………………… 540
12.1.4▲ 具有受限窗口的搜索 ………………………………………… 541
12.1.5 累积评价 ……………………………………………………… 545
12.1.6▲ 分割搜索 ……………………………………………………… 546
12.1.7▲ 其他改进技术 ………………………………………………… 547
12.1.8 学习评估函数 ………………………………………………… 550
12.1.9 回溯分析 ……………………………………………………… 554
12.1.10▲ 符号回溯分析 ………………………………………………… 555
12.2▲ 多人游戏 …………………………………………………………… 558
12.3 一般游戏策略 ……………………………………………………… 561
12.4 与或图搜索 ………………………………………………………… 563
12.4.1 AO*算法 ……………………………………………………… 565
12.4.2▲ IDAO*算法 …………………………………………………… 568
12.4.3▲ LAO*算法 …………………………………………………… 569
12.5 小结 ………………………………………………………………… 572
12.6 习题 ………………………………………………………………… 575
12.7 书目评述 …………………………………………………………… 579

第 13 章 约束搜索 ………………………………………………………… 583
13.1 约束满足 …………………………………………………………… 584
13.2 一致性 ……………………………………………………………… 587
13.2.1 弧一致性 ……………………………………………………… 587

13.2.2　边界一致性 ·· 590
　　13.2.3▲　路径一致性 ·· 590
　　13.2.4　专门一致性 ·· 592
13.3　搜索策略 ·· 593
　　13.3.1　回溯 ·· 593
　　13.3.2　后退跳跃法 ·· 595
　　13.3.3　动态回溯 ·· 597
　　13.3.4　后退标示法 ·· 598
　　13.3.5　搜索策略 ·· 600
13.4　NP 难问题求解 ·· 606
　　13.4.1　布尔可满足性 ·· 606
　　13.4.2　偶数分拆 ·· 610
　　13.4.3▲　装箱问题 ·· 612
　　13.4.4▲　矩形件排样问题 ·· 614
　　13.4.5▲　顶点覆盖、独立集、团 ·· 618
　　13.4.6▲　图分割 ·· 620
13.5　时序约束网络 ·· 623
　　13.5.1　简单时序网络 ·· 623
　　13.5.2▲　PERT 调度 ·· 625
13.6▲　路径约束 ·· 627
　　13.6.1　公式演化 ·· 628
　　13.6.2　自动机翻译 ·· 630
13.7▲　柔性和偏好约束 ·· 631
13.8▲　约束优化 ·· 632
13.9　小结 ·· 633
13.10　习题 ·· 637
13.11　书目评述 ·· 645

第 14 章　选择性搜索 ·· 649
14.1　从状态空间搜索到最小化 ·· 650
14.2　爬山搜索算法 ·· 651
14.3　模拟退火 ·· 653
14.4　禁忌搜索 ·· 654
14.5　进化算法 ·· 655
　　14.5.1　随机局部搜索和（1+1）EA 算法 ································ 656

14.5.2 简单 GA 算法 ······ 658
  14.5.3 遗传算法搜索探析 ······ 660
 14.6 近似搜索算法 ······ 662
  14.6.1 近似 TSP 算法 ······ 662
  14.6.2 近似 MAX-k-SAT 算法 ······ 663
 14.7 随机搜索 ······ 664
 14.8 蚁群算法 ······ 669
  14.8.1 简单蚁群系统 ······ 669
  14.8.2 泛洪算法 ······ 671
  14.8.3 顶点蚂蚁行走算法 ······ 672
 14.9▲ 拉格朗日乘子 ······ 675
  14.9.1 鞍点条件 ······ 675
  14.9.2 分割问题 ······ 678
 14.10▲ 没有免费午餐理论 ······ 680
 14.11 小结 ······ 680
 14.12 习题 ······ 682
 14.13 书目述评 ······ 686

第 5 部分 启发式搜索应用

第 15 章 动作规划 ······ 690
 15.1 最优规划 ······ 692
  15.1.1 图规划 ······ 692
  15.1.2 约束满足问题规划 ······ 694
  15.1.3 动态规划 ······ 695
  15.1.4 规划模式数据库 ······ 697
 15.2 次优规划 ······ 702
  15.2.1 因果图 ······ 702
  15.2.2 测度规划 ······ 705
  15.2.3 时序规划 ······ 710
  15.2.4 派生谓词 ······ 712
  15.2.5 定时初始文字 ······ 713
  15.2.6 状态轨迹约束 ······ 714
  15.2.7 偏好约束 ······ 714

15.3 书目评述 ··· 715
第 16 章　自动系统验证 ··· 718
16.1 模型检验 ··· 718
　　16.1.1　时序逻辑 ··· 719
　　16.1.2　启发式的作用 ··· 720
16.2 通信协议 ··· 722
　　16.2.1　基于公式的启发式 ··· 722
　　16.2.2　活性启发式 ··· 724
　　16.2.3　踪迹引导的启发式 ··· 726
　　16.2.4　活性模型检验 ··· 726
　　16.2.5　规划启发式 ··· 727
16.3 程序模型检验 ··· 730
16.4 Petri 网分析 ·· 733
16.5 探索实时系统 ··· 737
　　16.5.1　时间自动机 ··· 737
　　16.5.2　线性定价时间自动机 ·· 738
　　16.5.3　遍历策略 ··· 739
16.6 图迁移系统分析 ·· 740
16.7 知识库中的异常 ·· 743
16.8 诊断 ··· 744
　　16.8.1　通用诊断引擎 ··· 745
　　16.8.2　符号传播 ··· 746
16.9 自动定理证明 ··· 746
　　16.9.1　启发式 ·· 749
　　16.9.2　函数式 A*算法 ··· 749
16.10 书目评述 ·· 751
第 17 章　车辆导航 ·· 754
17.1 路径导航系统的组件 ·· 754
　　17.1.1　数字地图的生成和预处理 ··· 754
　　17.1.2　定位系统 ·· 756
　　17.1.3　地图匹配 ·· 758
　　17.1.4　地理编码和反向地理编码 ··· 761
　　17.1.5　用户界面 ·· 761
17.2 路由算法 ··· 762

17.2.1 路线规划中的启发式 763
17.2.2 时间依赖路线 763
17.2.3 随机的时间依赖路线 765
17.3 抄近路 766
17.3.1 几何容器剪枝 766
17.3.2 局部化 A*算法 769
17.4 书目评述 773

第 18 章 计算生物学 775
18.1 生物通路 775
18.2 多序列比对 777
18.2.1 边界 779
18.2.2 迭代加深动态规划 779
18.2.3 主循环 780
18.2.4 解路径的稀疏表示 783
18.2.5 使用改进启发式 785
18.3 书目评述 788

第 19 章 机器人学 790
19.1 搜索空间 790
19.2 知识不完备的搜索 794
19.3 基本的机器人导航问题 795
19.4 搜索目标 797
19.5 搜索方法 798
19.5.1 最优离线搜索 798
19.5.2 贪婪在线搜索 800
19.6 贪婪定位 802
19.7 贪婪制图 803
19.8 自由空间假设下的搜索 806
19.9 书目评述 808

参考文献 810

第 1 部分

启发式搜索基础

第1章 引　　言

本书研究启发式搜索算法的理论及应用。所采用的一般模型是状态空间中的引导探索。

在给出一些数学和符号背景，并通过一些成功案例表明搜索算法的影响后，我们介绍不同的状态空间形式。然后给出了几个例子，包括单智能体谜题（如 n^2-1 数码问题及其扩展）、魔方以及推箱子问题。此外介绍一些实际应用中重要的应用领域，比如路径规划和多序列比对等。前者是车辆导航的基础，后者是计算生物学的基础。在旅行商问题（TSP）中，考虑了往返路径的计算。对于每个领域，引入了启发式评价函数，将其作为加速搜索的一种方法。我们使用图形描述了启发式的动机，并对其进行了形式化描述。我们定义了启发式的性质，如一致性和容许性以及它们之间是如何关联的。而且，我们为生产系统、马尔可夫决策过程问题和动作规划定义了一般描述机制。对于生产系统，将看到用一般状态空间解决问题实际上是不可判定的。对于动作规划，会看到如何导出一些与问题无关的启发式。

1.1 符号和数学背景

类似于烹饪的食谱，算法是动作序列的说明。食谱应写得很具体从而可对照做出可口的饭菜。另外，为了保证食谱的可读性，需要进行一些抽象；所以，食谱不会教厨师如何切洋葱。在计算机科学中的算法描述中，情况是类似的。描述应该足够具体以进行分析和再现，也应足够抽象使其可以移植到不同的编程语言和机器中。

1.1.1 伪代码

伪代码是一种使用虚构、部分抽象的编程语言的程序表示。其目的是给人而不是机器提供算法的高层描述。因此，通常省略无关的细节（如内存管理代码）。有时，为了方便也使用自然语言。

多数程序由赋值（←）、选择（如基于 if 条件的分支）和迭代（如 while 循

环)组成。子程序调用对于程序结构化和递归实现至关重要。在伪代码实现中,使用如下结构:

if(<condition>)<body>**else**<alternative>
;;基于布尔谓词 condition 中的条件选择的程序分支。

and, or, not
;;布尔条件上的逻辑操作。

while(<condition>)<body>
;;在执行程序体之前检查循环条件。

do<body>**while**(<condition>)
;;执行程序体之后检查循环条件。

for each<element>**in**<Set>
;;变量 element 在(经常是有序的)集合 Set 上进行迭代。

return
;;将结果回溯给调用程序。

条件结构和循环结构引入了复合语句,即一部分语句自身构成语句组(块)。为了使程序的层次结构更加清晰,有时明确给出开始(begin)和结束(end)语句。与这个传统不同,为简洁起见,本书仅通过缩进多少来明确程序的层次结构。例如,在如下的代码片段中,注意当条件判断为假(false)时才执行程序块的末端:

```
if(<condition>)
    <if-true-statement 1>
    <if-true-statement 2>
    ...
else
    <if-false-statement 1>
    <if-false-statement 2>
    ...
<after-if-statement 1>
...
```

为了便于理解,伪代码中的每一行都标注了一些简短的注释,并通过双分号与程序代码分开。

1.1.2 可计算性理论

可计算性理论是理论计算机科学的分支。它使用不同的计算模型来研究哪些问题在计算上是可解的。可计算性理论不同于计算复杂性理论（见 1.1.3 节），可计算性理论研究当给定任意有限但任意大的资源时问题是否可解。

常见的计算模型基于一个抽象机器，即图灵机（图 1.1）。此计算模型非常简单，以七元组 $M=(Q,\Sigma,\Gamma,\delta,B,F,q_0)$ 的形式假设一个计算机 M。Q 为状态集合，Σ 为输入字母表，Γ 为磁带字母表，$\delta:Q\times\Gamma\to Q\times\Gamma\times\{L,R,N\}$ 为转移函数，B 为空白符号，F 为最终状态集合，q_0 为头位置。

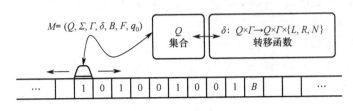

图 1.1 一个图灵机

该机器接受输入字母表 Σ 上的某个输入字 $(w_1,w_2,\cdots,w_n)$，并假设该输入字已经位于磁带 $1\sim n$ 的位置。初始的头位置为 1。若到达 F 的某个最终状态，则计算过程终止。转移函数 δ 设置 Q 中的新状态，这可以解释为运行在图灵机上的程序的单步执行。然后，在磁带的当前头位置写入一个字符。根据 $\{L,R,N\}$ 中的值，头位置分别向左移动（L）、向右移动（R）或保持不变（N）。计算的输出为终止后磁带上的内容。该机器解决判定问题，当输入一个字符串时，它产生一个二进制输出表示 yes 或 no。若存在一个总在有限时间内给出答案的图灵机，那么问题是可判定的。

自图灵时代开始，研究者提出了许多描述有效可计算性的其他形式体系，包括递归函数、λ 演算、寄存器机、告示系统、组合逻辑以及马尔可夫算法。所有这些系统的计算等价性证实了丘奇-图灵论题的有效性：任何自然可计算的函数均可被图灵机计算。

递归可枚举集 S 是一个使得存在一个图灵机可以连续输出其所有成员的集合。一个等价条件是，我们能够定义一个算法，当输入属于 S 时该算法总是终止并输出 yes；若输入不属于 S，计算可能不会停止。因此，递归可枚举集也称为半可判定的。

当一个函数 $f(x)$ 所有的输入输出对集合是递归可枚举时，该函数是可计算的。任意一个问题，若将其问题域和范围元素的可能配对进行枚举，然后询问"这是正确的输出吗"，则其总可以约减为一个判定问题。所以，人们经常考虑判定问题。

1.1.3 复杂性理论

复杂性理论是计算理论的一部分，处理解决一个给定问题的计算过程中所需的资源。主要是时间（解决一个问题需要多少步）和空间资源（需要多少内存）。复杂性理论有别于可计算性理论。后者在不考虑资源需求的情况下分析一个问题是否可解。

对于某个函数 $s(n)$，某类算法需要空间大小为 $s(n)$，我们将其表示为类 DSPACE($s(n)$)。而那些需要时间资源 $t(n)$ 的算法标记为 DTIME($t(n)$)。P 类问题包括所有可在多项式时间内解决的问题。也就是说，对于所有的多项式 $t(n)$，P 类问题是复杂类 DTIME($t(n)$) 的并集。

非确定性图灵机是标准确定性图灵机的一种（不可实现的）泛化。其转换规则允许节点具有多个后继，且所有这些备选均可并行探索。另一种考虑方式就是借助一个建议正确分支的提示进行后继选择。非确定性图灵机对应的复杂性类别分别是 NSPACE($s(n)$) 和 NTIME($t(n)$)。对于所有的多项式 $t(n)$，（对于非确定性多项式）NP 复杂类是 NTIME($t(n)$) 类的并集。需要注意的是，确定性图灵机可能无法在多项式时间内为一个 NP 问题计算一个解。但是，它能够有效地核实是否给定了关于解（不局限于 yes 和 no）的足够信息（又称为解证）。

P 和 NP 都属于 PSPACE 类。对于任意多项式函数 $s(n)$，PSAPCE 是 DSPACE($s(n)$) 的并集。PSAPCE 对时间没有任何限制。

对于问题 S，若其他任意一个问题 $S' \in C$ 多项式可规约为 C，则问题 S 是 C 类难问题。这意味着存在一个多项式算法将 S' 的输入 x' 转换为 S 的输入 x，从而使得当且仅当问题 S' 针对输入 x' 的答案是 yes 时，问题 S 针对输入 x 的答案是 yes。若问题 S 属于 C 并且是 C 类难问题，则 S 是 C 类完全问题。

计算机科学的重大挑战之一就是证明 P ≠ NP。为了驳倒该猜想，为某个 NP 完全问题设计一个确定性多项式算法就足够了。然而，大多数人认为这是不可能的。图 1.2 图形化地给出了上述复杂性类之间的关系。

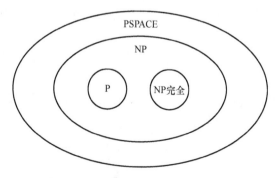

图 1.2 一些复杂性类的假定包含关系

尽管图灵机模型看起来非常受限，但它可以在多项式开销内模拟其他更实际的模型，例如随机存取机。因此，若仅仅判定一个算法是否有效（即它继承了一个至多多项式时间或一个至少指数时间算法），基于图灵机的复杂性类是有足够表达能力的。只有当考虑到分层或并行算法时我们才会遇到这个模型不再胜任的情况。

1.1.4 渐进资源消耗

1.1.3 节对复杂性类有了一个大概的认识，但仅仅区分了多项式复杂度和大于多项式的复杂度。对于实际应用而言，多项式的实际次数非常重要（一个多项式复杂度算法或许并不切实可行），但是指数复杂度不能认为是高效的，因为需要多倍资源以增加输入规模。

假设两个函数 $f_1(n) = 100000 + n$ 和 $f_2(n) = 8n^2$，它们描述了两个不同算法在输入规模为 n 时所需的时间或空间。那么我们如何确定使用哪个算法呢？虽然当 n 较小时，f_2 必定更好；但是对于大的输入，其复杂度增长得非常快。常数因子仅取决于所用的特定机器、编程语言等，然而增长的量级却是可转换的。

O 标记目的在于捕获这种渐进行为。如果我们能找到一个 $f_1(n)/f_2(n)$ 的比值的界限 c，那么可以标记 $f_1(n) = O(f_2(n))$。更准确地说，表达式 $f_1(n) = O(f_2(n))$ 定义为，存在两个常量 n_0 和 c，使得对任意 $n \geq n_0$ 有 $f_1(n) \leq c \cdot f_2(n)$。关于之前的例子，可以说 $f_1(n) \in O(n)$，$f_2(n) = O(n^2)$。

o 标记构成了更严格的条件：若比值的极限为 0，那么可以标记 $f_1(n) \in o(f_2(n))$。形式化的条件是，存在一个 n_0，使得对任意 $n \geq n_0$，对于每个 $c > 0$，有 $f_1(n) \leq c \cdot f_2(n)$。类似的，通过将定义中的"$\leq$"变成"$\geq$"，将"$<$"变成"$>$"，可以定义下界：$f_1(n) = \omega(f_2(n))$ 和 $f_1(n) = \Omega(f_2(n))$。最后，若 $f_1(n) = O(f_2(n))$ 和 $f_1(n) = \Omega(g(n))$ 都成立，则 $f_1(n) = \Theta(f_2(n))$。

一些常见的复杂性类是常量复杂性 ($O(1)$)、对数复杂性 ($O(\lg n)$)、线性复杂性 ($O(n)$)、多项式复杂性 ($O(n^k)$)（其中 k 是某个固定值）和指数复杂性（例如 $O(2^n)$）。

为了改进分析，我们简单地概述摊销复杂性的基本知识。主要思想是使用更多的低耗费操作并使用节约的耗费来覆盖耗费更高的操作。摊销复杂性分析区分操作 l 的真实耗费 t_l、执行操作 l 后的潜在耗费 Φ_l 以及操作 l 的摊销耗费 a_l。有 $a_l = t_l + \Phi_l - \Phi_{l-1}$ 且 $\Phi_0 = 0$，那么

$$\sum_{l=1}^{m} a_l = \sum_{l=1}^{m} t_l + \Phi_l - \Phi_{l-1} = \sum_{l=1}^{m} t_l - \Phi_0 + \Phi_m$$

并且

$$\sum_{l=1}^{m} t_l = \sum_{l=1}^{m} a_l + \Phi_0 - \Phi_m \leqslant \sum_{l=1}^{m} a_l$$

因此，摊销耗费之和可以是实际耗费之和的界限。

为了指数算法的表示方便，我们从多项式因子中进行抽象。对于两个多项式 p、q 和任意常数 $\varepsilon > 0$，有 $O(p(n)2^{q(n)}) = O((2+\varepsilon)^{q(n)})$。因此，引入如下符号：

$$f(n) \doteq g(n) \Leftrightarrow f \text{ 和 } g \text{ 仅相差多项式因子}$$
$$\Leftrightarrow \exists q(n) \text{ 满足 } g(n)/q(n) \leqslant f(n) \leqslant g(n)q(n)$$

1.1.5 符号逻辑

在计算机科学中，形式逻辑是一种强大的通用表示形式，因此本书无法对其避而不谈。命题逻辑定义在允许的谓词符号 P 的论域之上。原子公式是谓词的一次发生。文字要么是一个原子公式 p，要么是一个原子公式的否定 $\neg p$。命题公式递归地定义为一个原子公式或一个复合公式。复合公式通过连接符"$\wedge$"（与）、"$\vee$"（或）、"$\neg$"（否定）、"$\rightarrow$"（若则）、"$\Leftrightarrow$"（等价）和"$\oplus$"（异或）连接更简单的公式获得。

语法支配合式公式的构建，而语义用于确定它们的含义。解释（interpretation）将每个原子公式映射到 true 或 false（有时这些值用 0 或 1 给出）。原子公式可以与"阳光灿烂"的命题语句关联。在组合逻辑中，复合公式的值完全由其组件和连接符决定。表 1.1 定义了这些关系。例如，若解释 I 下 p 为真，q 为假，则 $p \wedge q$ 在解释 I 下为假。

表 1.1 真值表

p	q	$\neg p$	$p \wedge q$	$p \vee q$	$p \rightarrow q$	$p \Leftrightarrow q$	$p \oplus q$
0	0	0	0	0	1	1	0
0	1	0	0	1	1	0	1
1	0	1	0	1	0	0	1
1	1	1	1	1	1	1	0

若命题公式 F 在某个解释 I 下为真，则 F 是可满足的或一致的。此时，I 称为 F 的一个模型。若一个公式在任意解释下均为真（如 $p \vee \neg p$），则称该公式为重言式（或有效）。若公式 G 在 F 的所有模型下均为真，则 F 蕴含 G。

命题公式总是可以等价地重写为析取范式（作为原子公式合取的析取）或合取范式（作为原子公式析取的合取）。

一阶谓词逻辑是一种允许量化语句公式化的广义命题逻辑，如"至少存在一个 X 使得……"或者"对于任何 X，情况是……"。论域包含变量、常量和函数。为每个谓词或函数符号分配一个参数数量，即参数个数。一个项可归纳定义为一个变量和一个常量，或者形如 $f(t_1,t_2,\cdots,t_k)$，其中 f 为参数数量为 k 的函数，t_i 为项。原子公式是形如 $p(t_1,t_2,\cdots,t_k)$ 的合式公式，其中，P 为参数数量为 k 的谓词，t_i 为项。

一阶谓词逻辑表达式可以包含量词"∀"（读"任意"）和"∃"（读"存在"）。组合公式可以像在命题逻辑中那样由原子公式和连接符构建。此外，若 F 为合式公式，x 为一个变量符号，那么 $\exists xF$ 和 $\forall xF$ 也为合式公式。F 是这些量词的作用域。若变量 x 在一个量词的作用域内出现，则 x 是约束的，否则 x 是自由的。在一阶逻辑中，语句由项和原子公式构建，其中项可以是常量符号、变量符号或具有 n 个项的函数。例如，x 和 $f(x_1,x_2,\cdots,x_n)$ 都是项，其中每个 x_i 是一个项。因此，语句可以是一个原子公式，或者若 P 是一个语句且 x 是一个变量，$(\forall x)P$ 和 $(\exists x)P$ 也是语句。合式公式是不包含自由变量的语句。例如，$(\forall x)P(x,y)$ 中 x 约束为一个全局量化变量，而 y 是自由变量。

谓词逻辑的解释 I 包含域中所有可能的对象集合，称为域 U。它用这些对象中的一些对常量、自由变量和项求值。对于一个约束变量，若存在某个对象 $o \in U$，使得 F 中所有 x 的出现均解释为 o 时 F 为真，则公式 $\exists xF$ 为真。对于 x，如果对于 U 中对象的每种可能，F 都为真，则公式 $\forall xF$ 在解释 I 下为真。

演绎系统包含一组公理（有效公式）和一套推理规则。推理规则将有效公式转换为其他有效公式。假言推理是推理的一个典型例子：若 F 为真，且 $F \to G$ 也为真，则 G 为真。其他推理规则如下：

(1) 全局消元：若 $(\forall x)p(x)$ 为真，则 $p(c)$ 为真，其中 c 是 x 域中的一个常量。

(2) 存在引入：若 $p(c)$ 为真，则可推断出 $(\exists x)p(x)$ 为真。

(3) 存在消元：由 $(\exists x)p(x)$ 推出 $p(c)$，其中 c 是全新的。

若所有的可推导公式都是有效的，那么一个演绎系统是正确的。另一方面，若每个有效公式都可推导，则该演绎系统是完备的。

Gödel 证明了一阶谓词逻辑是不可判定的。给定一个公式作为输入，并不存在一个算法总是可以终止且判定该公式是否有效。但是，一阶谓词逻辑是递归可枚举的：若输入确实有效，则算法可以保证终止。

1.2 搜索

我们都在搜索。比如在衣橱里搜索衣服，比如搜索一个合适的电视频道。健忘的人需要搜索的多一些。足球运动员搜索射门得分的机会。人类的主要不安在于搜索生命的目的。

在研究中，搜索涉及为未解问题寻找解的过程。在计算机科学研究中，几乎与在人类环境中一样使用"搜索"：每个算法搜索完成给定的任务。

问题的解决过程常常可以建模为一个状态空间中的搜索，从某个给定的起始状态出发，按照如何从一个状态变换到另一个状态的变换规则进行。需要反复应用搜索以最终满足某个目标条件。通常情况下，根据路径长度或路径耗费，我们致力于寻找最佳路径。

自出现以来，搜索作为解决问题的核心技术，一直是 AI 的一个重要部分。自那时起，搜索算法的许多重要应用已经出现，包括动作和路径规划、机器人、软/硬件验证、定理证明和计算生物学。

在计算机科学的许多领域，启发式被看作是实际经验法则。然而，在人工智能搜索领域，启发式是定义明确的状态到数字的映射。存在许多不同类型的搜索启发式。本书主要关注一个特定的类型，其提供了关于距离目标的剩余距离或耗费的估计。从这个定义开始，我们也会涉及其他类的搜索启发式，但这不是重点。例如，在博弈树或局部搜索中，启发式是对特定（博弈）状态的值的估计，而不是对距离目标状态的距离或耗费的估计。相反，这种搜索启发式对一个状态的优劣提供了一个评价。另一个例子是约束搜索中的变量和值排序启发式，这类启发式不是到目标距离的估计。

1.3 成功案例

改进搜索算法最近的成功令人印象深刻。在单人游戏领域，它们产生了具有挑战性实例的第一个最优解，包括推箱子、魔方、n^2-1 数码问题和汉诺塔问题，这些实例均具有大约 10^{18}（10 亿乘以 10 亿）个或更多个状态。即使当每秒处理 1 兆个状态时，简单地考察所有状态的时间大约对应于 300000 年。尽管获得了约减，但时间和空间仍然是关键的计算资源。极端情况下，解决这些搜索挑战需要花费几周的计算时间、数吉字节的主存以及数太字节的硬盘空间。

魔方问题具有包括 43252003274489856000 个状态的状态空间。魔方是第一个已经由通用策略最优解决的随机问题。此策略使用 110MB 主存空间来引导搜索。对于最困难实例，求解器需要 17 天的时间并产生 1021814815051 个状态以产生包含 18 次移动的最优解。待解的最坏可能实例的精确界限为 20 次移动。在大量计算机上计算下界仅花费数周时间。但对于一个桌面电脑（PC）来说，执行这个计算需要花费约 35 个中央处理器（CPU）年。

使用最近的搜索增强方法，最优地解决具有超过 10^{13} 个状态的 15 数码问题平均情况下仅需几毫秒。在 3 周时间内使用 1.4TB 的硬盘空间已经完全产生了 15 数码问题的状态空间。

汉诺塔问题（具有 4 个桩和 30 个圆盘）具有 1152921504606846976 个状态。结合多种高级搜索技术解决这个问题花费了 17 天时间并占用 400GB 的硬盘空间。

在推箱子问题中，90 个基准实例集合中的超过 50 个实例已被逼近最优地通过一共考察少于 1.6 亿个状态解决。因为标准搜索算法无法解决任何一个实例，因此增强至关重要。

搜索改进也在锦标赛中帮助击败了最佳的人类棋手，表明西洋棋是一个平局，并在四子棋变体中帮助确定游戏理论值。国际象棋的期望搜索空间大小约为 10^{44}，西洋棋的空间约为 10^{20}，四子棋的搜索空间包含 4531985219092 个状态（由二元决策图在数小时内计算得到，并由蛮力显式状态搜索通过运行约 16384 个任务在约 1 个月内确认）。

深蓝系统击败了 1997 年的国际象棋冠军，它在一个具有 30 个处理器和 480 个单芯片搜索引擎的大规模并行系统上每秒考虑约 1.6 亿个状态，在硬件上应用了一些搜索增强。Deep Fritz 系统在一个 PC 上击败了 2006 年的世界冠军，每秒约评估 1000 万个状态。

西洋棋已被证明是一个平局（假设最优比赛）。对于国王和棋子的任意组合，已经构建了包括多达 10 块的残局数据库。数据库规模总量为 39 万亿个位置。搜索算法已被分割为一个前端证明树管理器和一个后端证明器。对于一个特定开局来说，总的状态数量约为 10^{13} 个，在 7 个处理器上平均搜索约 1 个月，最长路线约为 67 次移动（层）。

四子棋的标准问题对于第 1 个游戏者来说是有利的，但 9×6 版本对于第 2 个游戏者来说是有利的（假定最优比赛）。后一个结果使用了一个约耗费 40000h 构建的数据库。搜索本身考虑约 $2×10^{5}$ 个位置并花费约 2000h。

搜索算法也可解决多人游戏。对于纯粹的竞赛，桥牌程序胜过世界级人类玩家，其他赌博游戏也一样，计算机桥牌玩家比得上专家的能力。已经使用剪枝技术和随机化模拟每秒评价约 18000 张纸牌。在由 34 个世界最佳纸牌玩家组成的邀请赛现场，最佳比赛的桥牌程序最终第 12 个完成。

搜索也适用于机会游戏。已经通过在 45GB 磁盘空间上存储 1357171197 个注释边解决了 n^2-1 数码问题的概率版本。设计用来解决一般马尔可夫决策过程问题（MDP）的算法在 2 周后终止，其经过 72 次迭代且使用少于 1.4GB 的随机存取存储器（RAM）。对于具有约 10^{19} 个状态的西洋双陆棋，执行了超过 150 万个训练游戏以学习如何玩好。在统计学上，所谓的转出引导了搜索过程。

就像在最近的竞赛中所阐明的那样，通用游戏比赛程序能够以可接受的水平玩很多种游戏。给定一个游戏的规则，基于信心上限树算法（UCT）的搜索算法可以在没有人类干预的情况下推断比赛策略。此外，可以使用二叉决策图

（BDD）构建完美玩家。

很多工业在线和离线路径规划系统，使用搜索以标准单源最短路径搜索算法的一小部分时间解答最短以及最快路径查询。时间和内存节约的探索对于更小的计算设备尤其重要，例如智能手机和掌上电脑（PDA）。这种手持设备的一个最近的趋势是处理全球定位系统（GPS）数据。

现今领域无关的状态空间动作规划系统解决具有 50 块及更多块的积木世界问题，并通过数百个步骤产生物流中接近步最优的规划。对于具有编号的规划，可能需要遍历无限的搜索空间。作为应用领域，当今的规划器可以控制机场的地面交通，可以通过一个流水线网络控制石油衍生品的流动在通信理论中找出死锁，可以在故障的电力网络中重新提供一些线路，也可以通过一些卫星收集图像数据并为移动终端安装应用。通过适当的选择搜索技术，可以获得最优规划。

搜索算法可在已知和未知环境中高效地引导工业和自主机器人。例如，自由度为 38（在一个离散环境中具有 80000 个配置）的索尼仿人型机器人的路径规划时间，在机器人的嵌入式 CPU 中多数低于 100ms。并行搜索算法也有助于解决工业机器人手臂的无碰撞路径规划问题以装配大的工件。

搜索算法也可帮助寻找软件中的缺陷。已经通过将搜索导向系统错误来增强不同的模型检查器。搜索启发式也加速了符号模型检查器分析硬件、动态验证器分析编译软件单元以及工业设备探索实时域并寻找资源最优调度。给定一个数千字节的很大且动态改变的状态向量，外部存储器和并行探索扩展性最佳。一个示例探索消耗 3TB 硬盘空间且使用 3.6GB 的 RAM。对于具有 4 个通过共享网络文件系统（NFS）硬盘连接的双核 CPU，它耗时 8 天定位错误位置，对于单个 CPU 来说，它耗费了 20 天。

搜索是当前在计算生物学中最优地解决序列比对问题的已知最佳方法。比对包括 5 个基准序列（长度为 300~550）的基准需要使用并行和基于磁盘的搜索算法计算。最具挑战问题的图包含约 10^{13} 个节点。一个示例运行花费约 10 天以找到最优比对。

在具有一阶和高阶逻辑证明的自动定理证明中，在没有搜索引导时无法获得令人满意的搜索结果。某些情况下，启发式有助于避免陷于大的和无限的停滞时期。

总之，使得搜索算法更加有效，并将它们应用到现实世界问题领域中取得了很大进步。此外，不难预测，搜索算法的成功在未来很可能会继续。

1.4 状态空间问题

很多应用领域的众多算法问题可以被形式化为状态空间问题，其中的很多算法会在本章以及接下来的章节中介绍。状态空间问题 $P=(S,A,s,T)$ 由一个状态集合 S、一个初始状态 $s\in S$、一个目标状态集合 $T\subseteq S$ 和一个动作的有限集合 $A=\{a_1,a_2,\cdots,a_n\}$ 组成，其中每个 $a_i:S\to S$ 将一个状态变换到另一个状态。

考虑一个具有支线的环形铁路，如图 1.3 所示。目标是交换两辆车的位置，并将引擎放回到支线上。使用一个铁路岔道将火车从轨道引导到支线上。为了将这个铁路切换问题设计为一个状态空间问题，注意到引擎和车的确切位置无关，只要它们的相对位置一样即可。因此，仅考虑离散配置就够了，其中引擎或车在支线上或在隧道的上方或下方。动作均为导致配置改变的引擎的切换移动。文献中根据应用经常使用不同的概念。因此，状态也可以称为配置或位置，移动、操作码或转换是动作的同义词。

用这种方式考察状态空间问题，通过绘图有利于将其形象化。这引出一种图理论的形式化。其中，将状态与节点并将动作与节点间的边关联起来。对于示例问题，其状态空间如图1.4所示。

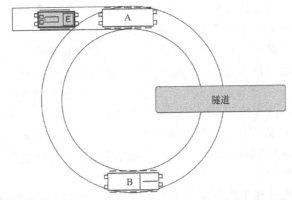

图1.3 铁路切换问题（支线上的引擎（E）可以推或拉轨道上的两辆车（A 和 B），铁路穿过一个隧道（只有引擎而不是所有的轨道车辆可以通过隧道））

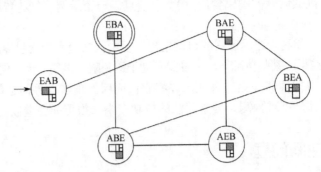

图1.4 铁路切换问题的离散状态空间（可能的状态通过引擎（E）和轨道车辆（A 和 B）的位置以字符串或象形图的形式标记，EAB 是起始状态，EBA 是目标状态）

定义 1.1（状态空间问题图）　状态空间问题 $P=(S,A,s,T)$ 的问题图 $G=(V,E,s,T)$ 定义为，$V=S$ 为节点集，$E \subseteq V \times V$ 为边集，$s \in S$ 为初始节点，T 为目标节点集。当且仅当存在一个 $a \in A$ 使得 $a(u)=v$ 时，存在边 $(u,v) \in E$。

注意到，每条边对应于一个唯一的动作。但是，通常以可以引出多条边的方式说明一个动作。图中的每条边可以由各自的动作标记。例如，在国际象棋中，一个动作可以是"将国王移动一格到左边"。可以在很多不同位置应用此动作并将导致不同的结果。对于铁路交换问题，我们可以通过引擎执行的动作序列来标记转换。例如，（exit-right, couple-A, push-A, uncouple-A, cycle-left, couple-B, pull-B, exit-left, uncouple-B, exit-right, cycle-left）表示从状态 EAB 到 BAE 的转换。设计更小的标记集合经常是可能的。

通过将一个动作应用于另一个动作的结果，动作可以串成一个序列。解决状态空间问题的目标是找到一个解。

定义 1.2（解）　一个解 $\pi=(a_1,a_2,\cdots,a_k)$ 是动作 $a_i \in A$ 的一个有序序列，其中 $i \in \{1,2,\cdots,k\}$。此序列将初始状态 s 转换到目标状态之一 $t \in T$。即存在一个状态序列 $u_i \in S$（$i \in \{0,1,\cdots,k\}$），使得 $u_0=s$，$u_k=t$，且 u_i 是应用 a_i 到 u_{i-1} 的结果（$i \in \{1,2,\cdots,k\}$）。

我们的示例问题的一个解可由路径（EAB, BAE, AEB, ABE, EBA）定义。注意可能有多个不同的解，如（EAB, BAE, BEA, ABE, EBA）或（EAB, BAE, BEA, ABE, AEB, BAE, AEB, ABE, EBA）。典型地，不仅关心找到任意解路径，也关心最短的解路径，即具有最少边数的解路径。

通常，不仅关心一个问题的解长度（序列中动作的个数），更一般地，也关心其耗费（同样地，这取决于应用，这里也使用类似距离或权重作为同义词）。对于铁路切换示例问题，耗费可以由行程时间、距离、连接/松开数量或消耗的能量给出。每条边被赋予一个权值。除非另有说明，做出的一个关键假设是，权值是加性的。即一个路径的耗费是其构成边的权值之和。当从初始状态到目标状态计算步骤或计算总的路径耗费时，这是一个非常自然的概念。泛化这个概念是可能的，将在后文讨论。这个设定导出了如下定义。

定义 1.3（加权状态空间问题）　一个加权状态空间问题是一个 5 元组 $P=(S,A,s,T,w)$。其中，w 为耗费函数 $w:A \rightarrow \mathbb{R}$。一条由动作 $a_1,a_2,\cdots,a_n$ 组成的路径的耗费定义为 $\sum_{i=1}^{n} w(a_i)$。在加权搜索空间中，若一个解在所有可行解中具有最小耗费，则称为最优解。

对于一个加权状态空间问题，存在一个对应的加权问题图 $G=(V,E,s,T,w)$，其中 w 以简单方式扩展为 $E \rightarrow \mathbb{R}$。若对所有的 $(u,v) \in E$，$w(u,v)$ 为常量，则图是权重均匀的。路径 $\pi=(v_0,v_1,\cdots,v_k)$ 的权重或耗费定义为 $w(\pi)=\sum_{i=1}^{k} w(v_{i-1},v_i)$。

无权（或单位耗费）问题图，如铁路切换问题，是问题图的一个特殊情况。在无权问题图中，对于所有边 (u,v)， $w(u,v)=1$。

定义 1.4（解路径）　令 $\pi=(v_0,v_1,\cdots,v_k)$ 为 G 中的一条路径。对于指定的开始节点 s 和目标节点集合 T，如果 $v_0=s$ 且 $v_k\in T$，那么 π 称为一条解路径。此外，若在 s 和 v_k 之间的所有路径中其权值最小，则它是最优路径。这种情况下，其耗费表示为 $\delta(s,t)$。最优解耗费可以简写为 $\delta(s,T)=\min\{t\in T\mid\delta(s,t)\}$。

例如，对铁路切换问题有 $\delta(s,T)=4$。可以通过单位耗费问题求解对于所有边 (u,v) 有 $w(u,v)=k$ 的均匀加权问题图的解路径，并将其最优解耗费乘以 k 即可。

1.5　问题图表示

图搜索是计算机科学中的基本问题。多数算法形式化是指显式图。显式图给出了图的完整描述。

图 $G=(V,E)$ 通常表示为两种可能的形式（图 1.5）。一个邻接矩阵是指一个二维布尔数组 M，当且仅当一条边包含了一个以索引为 i 的节点为源且以索引为 j 的节点为目标时，项 M_{ij} 为真（或 1），$1\leq i,j\leq n$。否则，项 M_{ij} 为假（或 0）。图 1.5 表示所需空间大小为 $O(|V|^2)$。邻接表更适合于表示稀疏图（图的边相对较少）。它由一个指向节点列表的指针数组 L 实现。对于 V 中的每个节点 u，项 L_u 会包含一个指针。该指针指向 $(u,v)\in E$ 的所有节点 v 的一个列表。这种表示的空间需求最优，为 $O(|V|+|E|)$。

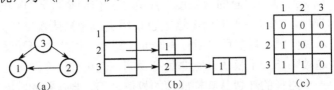

图 1.5　一个无权但有向的问题图与其邻接链表，及其邻接矩阵表示

(a) 无权但有向的问题图；(b) 邻接链表；(c) 邻接矩阵。

给这些显式图数据结构加入权值信息非常简单。对于邻接矩阵情况，距离值取代布尔值，因此项 M_{ij} 表示对应的边权值。不存在的边的权值设置为 ∞。对于邻接表表示，项 L_u 中的每个元素节点 v，为其关联权值 $w(u,v)$。

但是，解决状态空间问题有时可以更好地表示为隐式图中的搜索。区别在于并非所有的边都被显式存储，但是都由同一套规则产生（如在游戏中）。在某些领域中，这种搜索空间的隐式产生也称为动态的、增量的或懒惰的状态空间生成。

定义 1.5（隐式状态空间图）　在一个隐式状态空间图中有一个起始节点

$s \in V$，由谓词 Goal:$V \to B$ = {false, true} 确定的目标节点集合，以及一个节点扩展程序 Expand:$V \to 2^V$。

多数图搜索算法通过每次迭代延长候选路径一条边 $(u_0, u_1, \cdots, u_n = u)$ 的方式工作，直至找到一个解路径为止。基本操作称为节点扩展（又称节点探索）。节点扩展意味着生成节点 u 的所有邻居。生成的节点称为 u 的后继（也称孩子），而 u 称为父节点或前驱（此外，若 u_{n-1} 是 u 的邻居，若扩展很聪明，则该节点可能不会产生，但它仍是 u 的后继）。所有的节点 $u_0, u_1, \cdots, u_{n-1}$ 称为 u 的祖先。反之，u 是每个节点 $u_0, u_1, \cdots, u_{n-1}$ 的后代。换句话说，术语"祖先"和"后代"是指可能多于一条边的路径。这些术语与一个给定搜索中的探索顺序有关，而节点的邻居是在搜索图中相邻的所有节点。为了简化符号并便于区分节点扩展程序与后继集合本身，后面将后继集合写为 Succ。

表征状态空间问题的一个重要方面是分支因子。

定义 1.6（分支因子） 一个状态的分支因子是其拥有的后继个数。若 Succ(u) 为状态 $u \in S$ 的后继集合的缩写，则分支因子为 |Succ(u)|，也就是 Succ(u) 的势。

在问题图中，分支因子对应节点的出度，即该节点可通过某条边到达的邻居个数。以铁路切换中的起始状态 EAB 为例，仅有一个后继，而对于状态 BAE，得到的分支因子为 3。

对于一个问题图，可以定义平均、最小和最大分支因子。平均分支因子 b 主要决定搜索工作量，这是由于长度为 l 的可能路径数量大致以 b^l 增长。

1.6 启发式

启发式旨在估计从一个节点到目标节点的剩余距离。搜索算法可以利用这个信息评价某个状态是否比其他状态更有希望。在两个候选路径中，如果算法优先扩展具有较低估值的路径，那么可以显著减少计算搜索工作量。搜索算法将会在第 2 章详细介绍。

搜索启发式提供信息从而使得搜索朝着目标的方向前进。我们参考加权状态空间问题图 $G = (V, E, s, T, w)$。

定义 1.7（启发式） 启发式 h 是一个节点评价函数，该函数将 V 映射到 $\mathbb{R}_{\geq 0}$。
若对于 T 中所有的 t，$h(t) = 0$，并且对所有其他节点 $u \in V$ 有 $h(u) \neq 0$，则对 u 的目标检验可简化为对比 $h(u)$ 与 0。

在深入讨论不同领域的启发式例子之前，首先直观描述启发式知识是如何帮助引导搜索算法的。第 2 章再精确介绍概念。

令 $g(u)$ 为到节点 u 的路径耗费，$h(u)$ 为其估计。$g(u)$ 随着到达 u 的路径变化，则

$$f(u) = g(u) + h(u)$$

对于理解启发式搜索算法的行为非常重要。换言之，f 值是从开始节点到目标的总的路径耗费的估计。开始节点也通过这条路径到达 u。

一般状态空间很难可视化，限定一个非常简化的模型：像珍珠连成一串一样，状态沿水平轴线性连接（图 1.6）。在每一步中，我们可以考察一个与先前探索状态相连的状态。

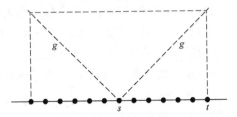

图 1.6　没有启发式知识的状态空间（s 为开始状态，t 为目标状态；沿水平轴的点表示搜索深度 g，搜索耗费沿垂直轴表示）

若毫无启发式信息，则不得不执行盲目（无提示）搜索。由于不知道目标是在左侧还是右侧，好的策略是交替扩展左边节点和右边节点，直到遇到目标。因此，在每一步中，扩展距离 s 最近的（g 最小的）节点。

若给定启发式 h，该策略的扩展总是倾向于扩展最有希望的节点，即距离目标的总距离估值 $f = g + h$ 最小的节点。那么，至少 f 值小于最优耗费 f^* 的所有节点都会被扩展。但是，因为 h 使得估值增加，所以可以将一些节点修剪掉。如图 1.7 所示，其中 h 相当于真实目标距离的 1/2。在一个完美的启发式中，二者应该相等。在该例中（图 1.8），这将扩展的节点数量减少到 1/2，是最优的。

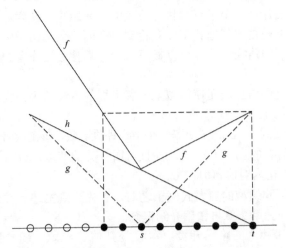

图 1.7　有启发式信息的状态空间图（启发式 h 和搜索深度 g 的幅度累积为 f 的幅度）

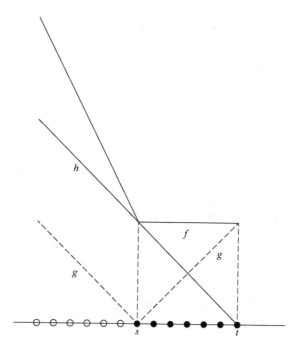

图 1.8 具有完美启发式知识的状态空间（s 和 t 之间的所有状态具有相同的 f 值）

图 1.9 描述了一个令人误解的启发式情况。远离目标的路径看起来优于到达目标的路径。在这种情况下，启发式搜索遍历比盲目搜索扩展更多的节点。

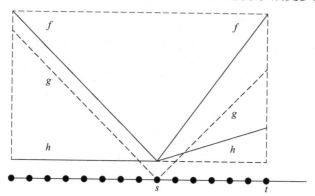

图 1.9 具有令人误解启发式知识的状态空间（根据更小的 f 值，搜索过程很可能搜索不包含目标的部分搜索空间）

若可以确定启发式有时会低估真实目标距离，但是从不高估，则启发式非常有用。

定义 1.8（容许启发式） 如果一个估计 h 为最优解耗费的下界，则 h 为容许启发式。即对所有的 $u \in V$，$h(u) \leq \delta(u,T)$。

启发式其他有用的性质是一致性和单调性。

定义 1.9（一致，单调启发式） 令 $G = (V, E, s, T, w)$ 为加权状态空间问题图。

（1）若对所有边 $e = (u,v) \in E$，有 $h(u) \leq h(v) + w(u,v)$，则目标估计 h 为一致启发式。

（2）令 $(u_0, u_1, \cdots, u_k)$ 为任一路径，$g(u_i)$ 为 $(u_0, u_1, \cdots, u_i)$ 的路径耗费，并定义 $f(u_i) = g(u_i) + h(u_i)$。若对所有的 $j > i$，$0 \leq i$，$j \leq k$，有 $f(u_j) \geq f(u_i)$，则目标估值 h 为单调启发式，即从一个节点到其后继的总路径耗费估计是非减的。

定理 1.1 说明这些性质实际上是等价的。

定理 1.1（一致性启发式和单调启发式的等价性） 当且仅当启发式是单调时，启发式是一致的。

证明：对于路径 $(u_0, u_1, \cdots, u_k)$ 上的两个连续状态 u_{i-1} 和 u_i，有

$$f(u_i) = g(u_i) + h(u_i) \quad \text{（根据 } f \text{ 的定义）}$$
$$= g(u_{i-1}) + w(u_{i-1}, u_i) + h(u_i) \quad \text{（根据路径耗费的定义）}$$
$$\geq g(u_{i-1}) + h(u_{i-1}) \quad \text{（根据一致性的定义）}$$
$$= f(u_{i-1}) \quad \text{（根据 } f \text{ 的定义）}$$

此外，我们获得如下可能结果。

定理 1.2（一致性和容许性） 一致性估计是容许的。

证明：若 h 是一致的，则对所有的 $(u,v) \in E$，有 $h(u) - h(v) \leq w(u,v)$。令 $p = (v_0, v_1, \cdots, v_k)$ 为从 $u = v_0$ 到 $t = v_k$ 的任意路径。有

$$w(p) = \sum_{i=0}^{k-1} w(v_i, v_{i+1}) \geq \sum_{i=0}^{k-1} (h(v_i) - h(v_{i+1})) = h(u) - h(t) = h(u)$$

在 P 为从 u 到 $t \in T$ 的最优路径的情况下，上式仍然成立。因此 $h(u) \leq \delta(u,T)$。

此外，下列条件也成立（见习题）：

（1）两个容许启发式的最大值也是容许启发式。

（2）两个一致性启发式的最大值为一致性启发式。

（3）容许启发式不一定是一致的（尽管绝大多数实际使用的容许启发式都是一致的）。

1.7 搜索问题示例

本节将介绍一些标准搜索问题。它们中的一些是谜题，已广泛应用于文献中的基准算法，一些是实际应用。

1.7.1 滑块拼图

如图 1.10 所示，第一个例子是一类单玩家滑块拼图游戏，称为 8 数码、15 数码、24 数码以及广义的 n^2-1 数码问题。它包含 n^2-1 个方形排列滑块，它们可以滑入一个称为空白的空位置。任务是重新排列滑块以达到某个目标状态。这些问题的状态空间随 n 呈指数增长。可到达的状态总数为 $(n^2)!/2$[①]。

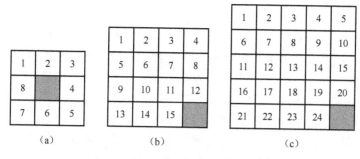

图 1.10 8 数码、15 数码和 24 数码问题的经典目标状态

(a) 8 数码；(b) 15 数码；(c) 24 数码。

为了将谜题建模为状态空间问题，可以将每个状态表示为一个排列向量，向量的每个元素对应一个位置。某个位置的值由该位置所拥有的滑块表示（包括空白）。对于图 1.10 所示的 8 数码问题实例，其向量表示为 (1, 2, 3, 8, 0, 4, 7, 6, 5)。或者，我们可以为例子中的滑块位置设计一个向量 (5, 1, 2, 3, 8, 5, 7, 6, 4)。向量表示中的最后一个位置可以忽略。

这种向量表示自然地对应于一个物理上 $n \times n$ 的木板布局。初始状态由用户提供。对于目标状态，假设用一个向量表示。在目标状态的向量中，索引 $i+1$ 处的

---

① 这个谜题的原始版本由 Sam Lloyd 在 18 世纪 70 年代所发明。这个原始版本由一个托盘上的 15 个木块组成。Sam Lloyd 互换了第 14 个和第 15 个木块，并悬赏 1000 美金给那些可以解决谜题的人。各种各样的人都声称他们解决了谜题，但是当询问他们如何解决谜题时（无须将木块拿下托盘并替换木块），没有人可以说出如何解决。据说，一个牧师站在路灯柱下花费了一整个寒冷的冬夜尝试记起他如何正确地解决了谜题。实际上，解并不存在。使得 Sam Lloyd 无须花钱的概念是等价。假设通过连续连接所有的行以线性顺序写下一个状态的滑块编号。倒置定义一对滑块 x 和 y，为使得 x 在 y 之前出现但是 $x>y$。注意到水平移动不影响滑块的顺序。在垂直移动中，当前滑块总是跳过之前紧接着的三个中间滑块。因此，当前移动只会影响这些滑块。如果这些中间滑块中的某一个与当前移动的滑块贡献了一个倒置，则移动之后这个倒置就不存在了，反过来也是这样。因此，依赖于中间滑块，任何情况下，倒置的数量要么是 1 要么是 3。现在，对于给定的谜题配置，令 N 表示总的倒置数量之和加上空白的行号。那么 $(n \bmod 2)$ 对于任意合法移动来说是不变的。换句话说，在某次合法移动之后，奇数 N 仍然是奇数，且偶数 N 仍然是偶数。因此一个给定配置，只有一半的可能状态是可达的。

值为 i，$1 \leq i \leq n^2 - 1$。滑块移动动作修改向量的法则如下：若空白位于索引 j，$1 \leq j \leq n^2$，除非空白已经在木板的最顶端（或最底端、最左端、最右端）边缘，否则将空白与向上（索引为 $j-n$）或者向下（索引为 $j+n$）或者向左（索引为 $j-1$）或者向右（索引为 $j+1$）的滑块交换。这里我们来看一个实例，在该实例中使用标记动作表示很方便：我们令 Σ 为 $\{U, D, L, R\}$，其中 U、D、L 和 R 分别表示将空白向上、向下、向左或向右移动。严格来说，虽然从不同空白位置向上移动是不同的动作，但是在每个状态中至多适用一个具有给定标记的动作。

广义滑块拼图谜题（又名"华荣道"）是 $n^2 - 1$ 数码问题的扩展，其中的片可能具有不同的形状。它由一些可能标记的片组成，这些片可以在给定的木板上、在相邻的位置上沿四个方向上、下、左和右中的任意一个方向滑动。每个片由一个滑块集合组成。具有相同形状和标记的片无法区分。图 1.11 图形化了典型的广义滑块拼图谜题实例。其目标是将 2×2 块朝着箭头的方向移动。一种紧凑的表示是根据固定参考坐标和木板上的某种遍历的滑块列表。对于驴拼图的例子以及一个自然参考点以及木板遍历，我们得到列表 2×1、blank、blank、2×1、2×2、2×1、2×1、1×2、1×1、1×1、1×1 和 1×1。假设片的总数 s 划分为 f_i 块具有相同形状的集合 $\{1, 2, \cdots, k\}$，则配置数量的界限为 $s!/(f_1! f_2! \cdots f_k!)$。确切数量可以由一个片的放置位置结果确定。若某一片符合当前配置，则取下一个，否则选择备选片。通过这种方法可以计算谜题总的状态个数：华容道状态数量为 18504，驴拼图状态数量为 65880，世纪谜题状态数量为 109260。可以在与滑块数量呈线性的时间内产生一个后继（见习题）。

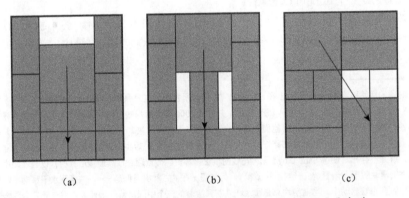

图 1.11 广义滑块拼图问题的实例：驴拼图、世纪谜题和华容道
(a) 驴拼图；(b) 世纪谜题；(c) 华容道。

滑块拼图问题的一个最简单的启发式是计算不在各自目标位置的滑块个数。

这种错位滑块启发式是一致的，因为其相邻状态间的改变至多为 1。

n^2-1 数码问题具有另一个下界估计，称为曼哈顿距离启发式。对于每两个状态 $u=((x_1,y_1),(x_2,y_2),\cdots,(x_{n^2-1},y_{n^2-1}))$ 和 $v=((x_1',y_1'),(x_2',y_2'),\cdots,(x_{n^2-1}',y_{n^2-1}'))$，其坐标 $x_i, y_i \in \{0,1,\cdots,n-1\}$，曼哈顿距离定义为 $\sum_{i=1}^{n^2-1}(|x_i-x_i'|+|y_i-y_i'|)$。换言之，曼哈顿距离为独立将每个滑块移动到其目标位置所需的移动数量之和。这样得到启发式估计是 $h(u)=\sum_{i=1}^{n^2-1}(|x_i-\lfloor i/n \rfloor|+|y_i-(i \bmod n)|)$。

n^2-1 数码问题的曼哈顿距离和错位滑块启发式都是一致的，这是由于启发式值最多相差 1。即对所有的 u 和 v 有 $|h(v)-h(u)| \leq 1$。这意味着 $h(v)-h(u) \leq 1$ 且 $h(u)-h(v) \leq 1$。结合 $w(u,v)=1$，则后一个不等式意味着 $h(v)-h(u)+w(u,v) \geq 0$。

图 1.12 给出了一个例子。滑块 5、6、7 和 8 不在最终位置。错位滑块数量为 4，曼哈顿距离为 7。

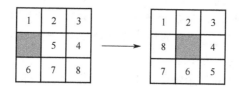

图 1.12 8 数码问题的启发式估计示例

线性冲突启发式是曼哈顿距离的一个改进。这种启发式关注如下的滑块对：二者均在正确的行（列），但位在列（行）方向上的顺序不对。在这种情况下，需要两种不包含在曼哈顿距离中的额外的移动以将一个滑块从另一个滑块的道路上移出。在这个例子中，滑块 6 和 7 线性冲突，为曼哈顿距离调用偏移 2。实现完全的线性冲突启发式需要检查位于同一行/列的所有滑块对的排列顺序。

1.7.2 魔方

20 世纪 70 年代晚期，Erno Rubik 发明了魔方（图 1.13），它是单智能体搜索的又一著名挑战。魔方的每一面可以旋转 90°、180°或 270°，其目标是将一个混乱的立方体中的子立方体（称为立方块）重新排列，以使得所有的面颜色一致。26 个可见立方块可分为 8 个角立方块（3 种颜色）、12 个边立方块（2 种颜色）和 6 个中间立方块（1 种颜色）。共有 $8! \times 3^8 \times 12! \times 2^{12}/12 \approx 43 \times 10^{18}$ 种可能的立方块配置。由于有 6 个面——左（L）、右（R）、上（U）、下（D）、前（F）和后（B），这给出的初始分支因子为 $6 \times 3=18$。移动动作被简写为 L、L^2、L^-、R、R^2、R^-、U、U^2、U^-、D、D^2、D^-、F、F^2、F^-、B、B^2 和 B^-（其他表示法使用 "′" 或者 "–1" 而不是 "–" 来表示倒转操作符）。

图 1.13 一个混乱的魔方（颜色以灰度图表示）

但是，我们从不在同一行上两次旋转同一个面，这是因为单次扭动也可以得到同样的结果。第一次移动后，这使得分支因子减少为 5×3=15。相对的面的扭动彼此独立，因此可以交换。例如，先扭动左面然后扭动右面与先扭动右面后扭动左面产生相同的结果。因此，不失一般性，若两个相对的面连续旋转，假设它们是有顺序的。对于每对相对的面，随意地将一个标记为第一面，另一个标记为第二面。第一面被扭动后，剩余的 5 面有 3 种可能的扭动，产生的分支因子为 15。但是，第二面被扭动后，只能扭动剩余的 4 个面，不包括刚刚扭动的面和其对应的第一面，分支因子为 12。

人类解决这个问题的常用策略一般由宏操作组成，即正确放置每个或每组立方体且不违反之前安置的立方体或立方体组的固定移动序列。通常，这些策略需要 50~100 次移动，这远非最佳。

将曼哈顿距离推广到魔方。对于所有的立方块，累加移动到正确位置和方向的最小移动数量。但是，由于每次移动涉及 8 个立方块，故结果要除以 8。一个更好的启发式是分别计算边立方块和角立方块的曼哈顿距离，取二者的最大值，然后除以 4。

1.7.3 推箱子

20 世纪 80 年代早期，日本的一个计算机游戏公司发明了推箱子。推箱子有一个基准问题集合（图 1.14），从对于人来说最简单到最难解决的顺序按难度排列。开始位置包含 n 个球（又称石头或盒子），分散在迷宫中。一个由谜题求解器控制的人遍历这个平面并将球推到相邻的空正方形中。目的是将球移到指定的 n 个特定的目标区域。

推箱子的一个重要方面是它包含陷阱。很多状态图问题，例如铁路切换问题，都是可逆的。即对每个动作 $a \in A$，存在一个动作 $a^{-1} \in A$，使得 $a(a^{-1}(u)) = u$，且 $a^{-1}(a(u)) = u$。每个由开始状态可到达的状态都可以到达开始状态。因此，若目标是可达的，则从每个状态均可到达目标状态。但是，有向状态空间问题可能包含绝境。

定义 1.10（绝境） 若 u 可达且 $P_u = (S, A, u, T)$ 不可解，则状态图问题包含一个绝境 $u \in S$。

推箱子中绝境的例子是以正方形的形式将四个球彼此相邻放置，此时不能移动它们中的任何一个球。绝境的第二个例子是球位于迷宫的边界（目标正方形除外）。我们可以看到，许多绝境可以以局部模式的形式识别。但是，图 1.14 中的例子是可解的。

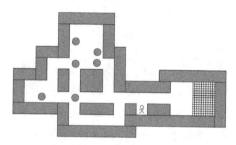

图 1.14 推箱子基准套件的第一级（围墙定义了推球人需要遍历的迷宫，球需要被推到位于迷宫右侧的目标区域）

对于固定数量的球，问题的复杂性是多项式的。一般而言，我们区分三个问题：DECIDE 仅要求解决谜题（如果可能），PUSHES 额外要求最小化推球的次数，而 MOVES 要求最优数量的推球人的移动。所有这些问题都是可证明困难的（PSPACE 完全的）。

我们发现，复杂性理论在问题的扩展集合上声明了结果，但是并未对手头的单个问题的困难程度给出直观理解。因此，图 1.15 比较了一些纸牌游戏的搜索空间属性。有效分支因子是一个状态应用剪枝方法后孩子的个数。对于推箱子，这些数字是基于典型人为测试谜题集合给出的。常见的推箱子木板大小为 20×20。

特征	24数码问题	魔方问题	推箱子
分支因子	2~4	12~18	0~50
有效分支因子	2.13	13.34	10
解长度	80~112	14~18	97~674
典型解长度	100	16	260
搜索空间大小	10^{25}	10^{18}	10^{18}
图	无向	无向	有向

图 1.15 一些谜题的搜索空间属性（数字是近似的）

使用最小匹配方法找到了推箱子（PUSHES 变体）的一个好的下界估计。我们感兴趣的是球与目标域的匹配，以使所有球的路径之和最小。图 1.16 的一部分由对应于球的节点组成，另一半由对应目标区域的节点组成，每个所选节点对（球、目标）之间边的权值是将球移动到目标的最短路径耗费（假设所有其他球从问题中移除）。计算最佳加权匹配的标准算法以球个数的三次方时间运行。更有效的算法通过插入额外的分别连接到球节点和目标域的开始节点和汇合节点，将该问题约减为最大流问题。

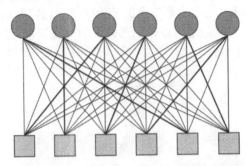

图1.16 在推箱子中匹配球（顶端行）到目标域（底端行）（加粗的边描述一个匹配。一个匹配边连接一个球及其特定的目标域）

在一组目标域仅可通过一个门到达的情况下，最小匹配启发式可简化为通过此关节点的最短路径计算（连通图的关节点是这样一个节点：若将该节点去掉则图不再连通）。这个启发式是一致的，这是因为移动一个球至多将到达每个目标的最短路径减少1，并且任一匹配仅包含更新的最短路径距离值之一。

1.7.4 路线规划

搜索算法的一个实际的重要应用领域是路线规划。（显式）搜索图包含一个道路网络，其中交叉点代表节点，边表示可行驶的连接。由于节点的度是有界的（具有5个或更多参与道路的交叉路口非常少见），所以图相对稀疏。任务是找到开始位置s和目标位置t之间具有最小距离、期望旅行时间或相关度量的路径。一种常见的估计旅行时间的方法是将道路分成若干道路类别（如高速公路、公路、主干道、主要道路、本地连接道路、住宅街道），并给每一类赋予一个平均速度。由于地图尺寸较大因而需要存储到外部存储器并具有紧迫的时间限制（如导航系统或在线网络搜索），所以这个问题在实际中可能成为具有挑战性的问题。在路线规划中，节点在某个坐标空间（如欧式空间）中具有相关的坐标。假设一个布局函数$L:V \to \mathbb{R}^2$。具有位置$L(u)=(x_u, y_u)$和$L(v)=(x_v, y_v)$的节点u和v之间的路径距离下界可以是$h(u)=\|L(v)-L(u)\|_2=\sqrt{(x_u-x_v)^2+(y_u-y_v)^2}$，其中$\|\cdot\|_2$为欧几里得距离测度。由于到目标的最短路径至少等于直线距离，故$h(u)$是容许的。由欧几里得平面的三角形不等式可得$h(u)=\|L(t)-L(u)\|_2 \leq \|L(t)-L(v)\|_2+\|L(v)-L(u)\|_2=\|L(t)-L(v)\|_2+\|L(u)-L(v)\|_2=h(v)+w(u,v)$，故启发式$h(u)=\|L(t)-L(u)\|_2$是一致的。

关于路线规划的商业相关性，将在第 17 章讨论。

1.7.5 旅行商问题

状态空间问题的另一个有代表性的问题是旅行商问题（TSP）。给定 n 个城市之间的距离矩阵，需要找到一个具有最小长度的旅行路线，使得恰好访问每个城市一次，并最终回到第一个城市。我们可以选择将城市枚举为 $\{1,2,\cdots,n\}$，对于 $1 \leqslant i,\ j \leqslant n$，距离为 $d(i,j) \in \mathbb{R}^+$ 且 $d(i,i)=0$。可行的解是 $(1,2,\cdots,n)$ 的排列 τ，目标函数为 $P(\tau) = \sum_{i=1}^{n} d(\tau(i), \tau(i+1) \bmod n + 1)$，最优解是具有最小 $P(\tau)$ 的解 τ。这个状态空间具有 $(n-1)!/2$ 个解，$n=101$ 时约为 4.7×10^{157}。一般情况下该问题已证明为 NP 完全问题。本书都关注于这个问题。图 1.17（a）给出了一个 TSP 示例，图 1.17（b）给出了对应的解。

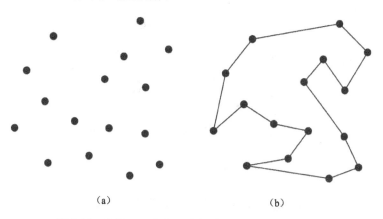

图 1.17 度量 TSP 实例及其解（边耗费为直线距离）

(a) TSP 实例；(b) TSP 解。

已经提出的各种算法可以迅速以较高的概率得到良好的解。现代方法可以在合理的时间内、以较高的概率（与最优解决方案仅仅相差 2%~3%）为非常大的问题找到解（数百万城市）。

对于度量 TSP 的特殊情况，增加了三角形不等式的额外需求。这个不等式声明对所有的顶点 u、v 和 w，距离函数 d 满足 $d(u,w) \leqslant d(u,v) + d(v,w)$。换句话说，从一个城市到另一个城市的最廉价或最短的道路是两个城市之间的直达线路。特别地，如果每个城市都对应于欧几里德空间中的一个点，城市之间的距离对应欧几里德距离，则满足三角形不等式。与一般的 TSP 相比，度量 TSP 可以是 1.5 倍近似的，意味着近似解至多比最优解大 50%。

将 TSP 形式化为搜索问题时，我们可以识别从任意节点开始的具有不完整路径的状态。每次扩展将一个城市加入到部分路径中。代表完整的、封闭的路径的状态是目标状态。

图的生成树是一个子图，该子图连接所有图中节点且不包含环。最小生成树（MST）是图的所有生成树中所有边权值之和最小的生成树。对于 n 个节点，生成树计算如下：首先，选择具有最小权值的边并将其标记；然后，重复寻找图中最便宜的、未标记的且不形成环的边；继续进行直到连接了所有的顶点；标记的边形成了想要的 MST。

给定一个部分路径，估计一个 TSP 环的总长度的启发式利用如下事实，即未探索的城市需要至少连接到已有部分的端点（到第一个城市和最后一个城市）。因此，若为这两个城市加上所有未访问城市计算一个 MST，可以得到一个连通树的下界。由于满足线性条件的连通树不可能更短，故一定存在一个容许启发式。图 1.18 显示了启发式的 TSP 部分解和 MST。

图 1.18　启发式的 TSP 部分解（实线）和 MST（虚线）

1.7.6　多序列比对问题

计算生物学中的多序列比对问题比对一些序列（字符串；如来自不同生物体的基因），以显示组内的相似性和差异性。或者将 DNA 直接比较，基本字母表 Σ 由 $\{C,G,A,T\}$ 集合组成，$\{C,G,A,T\}$ 是四个标准的核苷酸碱基，胞嘧啶、鸟嘌呤、腺嘌呤和胸腺嘧啶。或者可以比较蛋白质，此时 Σ 包含 20 种氨基酸。

大体来说，尝试将一个序列写到另一个序列之上，以使得具有匹配字母的列最大化；因此，间隙（这里由额外符号"_"表示）可插入到其中任意一个序列中，以将剩余的字符移到更好的对应位置。同一列中的不同字母可以解释为进化过程中一个氨基酸取代另一个氨基酸的点突变引起的。间隙可以视为插入或删除（由于变化的方向通常未知，它们是也统称为插入缺失）。推测起来，具有最少不匹配的比对反映了生物学上看似最合理的解释。

状态空间由输入序列 $m_1, m_2, \cdots, m_k$ 的前缀的所有可能比对组成。若前缀长度

作为向量元素，我们可以将该问题编码为具有关联耗费向量 v_x 的顶点集 $x = (x_1, x_2, \cdots, x_k)$，$x_i \in \{0, 1, \cdots, |m_i|\}$。若对所有的 i 有 $x_i' - x_i \in \{0, 1\}$，则状态 x' 是 x 的一个（潜在）后继。基本问题图结构是有向无环的，并符合 k 维点阵或超立方体。

计算生物学中有大量序列比对应用。例如，确定物种之间的进化关系，检测同源序列之间的趋向保存最好的功能活性位点，预测三维蛋白质结构。

在形式上，将比对与耗费关联，并尝试找到具有最小耗费的（数学上的）最优比对。当设计耗费函数时，必须考虑计算效率和生物学意义。最广泛使用的定义是成对加和耗费函数。首先，我们给出一个对称 $(|\Sigma|+1)^2$ 矩阵，该矩阵包含用一个字符代替另一个字符（或间隙）的惩罚（计分）。在最简单的情况下，对于不匹配，取值为 1，对于匹配，取值为 0。目前，已经提出了更具生物学相关的计分方法。一个替代矩阵对应一种分子进化模型，并估计不同数量的进化趋异中氨基酸的交换概率。基于这样的替代矩阵，一个比对的成对加和耗费定义为对应的列位置中所有字符对之间的惩罚之和。图 1.19 描述了一个计算耗费总和的例子。值 6 = (3+3) 基于替代矩阵的项(A/_)得到的，第二个值 7 是基于项(B,_)加上一个仍然打开的间隙对应的 1 得到的。

	A	B	C	D	-
A	0	2	4	2	3
B		1	3	3	3
C			2	2	3
D				1	3
-					0

```
A B C - B
- B C D -
- - - D B
```

(a)　　　　　　　　　　(b)

图 1.19　具有成对加和耗费的虚构比对问题（6+7+8+7+7=35）
(a) 比对；(b) 替换矩阵。

许多改进可以集成到成对加和耗费中。例如，将比对与权值关联以及对不同进化距离的序列使用不同的替代矩阵。多序列比对算法的一个主要问题是处理间隙的能力。可以根据相邻字符决定间隙惩罚。此外，已经发现每个插入缺失分配固定惩罚（计分）有时并不产生生物学上最合理的比对。由于插入长度为 x 字符序列比插入 x 个单独字符更有可能，故依赖间隙长度引入了间隙耗费函数。一个有用的近似值是仿射间隙耗费，它区分间隙的打开和扩展，并为长度为 x 的间隙索价 $a + b \times x$（适当的 a 和 b）；另一个常用的修改是对于位于序列开始或结尾的间隙免于惩罚。图 1.20 给出了一个真实的比对问题。

序列比对问题是计算编辑距离问题的泛化。计算编辑距离问题的目的是通过三个主要的编辑操作（修改、插入或删除一个字符）将一个字符串变为另一个字符串。每个编辑操作都有耗费，并寻求最小耗费的操作序列。例如，拼写检查器可以决定与用户输入单词（可能拼错）距离最小的词典词汇。版本控制系统中也会出现同样的任务。

```
1thx     _aeqpvlvyfwaswcgpcqlmsplinlaantysdrlkvvkleidpnpttvkky...
1grx     __mqtvi__fgrsgcpysvrakdlaeklsnerdd_fqyqyvdiraegitkedl_
1erv     agdklvvvdfsatwcgpckmikpffhslsekysn_viflevdvddcqdvasec_
2trcP    _kvttivvniyedgvrgcdalnssleclaaeypm_vkfckira_sntgagdrf...

1thx     ...k_____vegvpalrlvkgeqildstegvis__kdkllsf_ldthln____
1grx     ...qqkagkpvetvp__qifvdqqhiggytdfaawvken_____lda_____
1erv     ...e_____vksmptfqffkkgqkvgefsgan___kek_____leatine__lv_
2trcP    ...s_____sdvlptllvykggelisnfisvaeqfaedffaadvesflneygllper_
```

图 1.20 BALiBase 的 2trx 比对问题，使用一个生物学相关的替换矩阵计算

k 序列比对耗费的下界往往基于 $m < k$ 序列子集的最优比对得到。一般情况下，对于 k 空间的一个顶点 v，寻找从 k 到目标角点 t 的路径的下界。首先考虑 $m = 2$ 的情况。根据定义，这样一个路径的耗费是其边耗费的总和。反过来，其每条边的耗费是所有成对（替换或间隙）惩罚的总和。每个多序列比对导致序列 i 和 j 的成对比对。比对方法是简单的复制行 i 和 j 并忽略两个行中带"_"的列。

通过交换求和顺序，成对加和耗费是投影到一个面上的各个路径的所有成对比对耗费之和。其中每一个成对比对耗费都不能比最优成对路径耗费更小。因此，通过为每个成对比对和成对问题中的每个单元计算到目标节点的最便宜路径耗费，我们就可以构建一个容许启发式 h_{pair}。

下界 h 值所需的所有成对比对问题的最优解通常在主搜索之前的预处理步骤中计算。此时，我们感兴趣的是从 v 到 t 的路径的最小耗费。所以反向运行搜索，在比对矩阵中从右下角处到左上角，在每一步中扩展每个顶点所有可能的父辈。

1.8 一般状态空间描述

本节将介绍一些常见的形式化方法以描述状态空间问题：动作规划、生产系统和一般搜索模型，包括非确定性的搜索和马尔可夫决策过程。

1.8.1 动作规划

动作规划是指一个用逻辑描述的世界。一些原子命题 AP 描述世界上的每个状态是真还是假。通过在状态中应用操作，到达另一个状态，在该状态中不同命

题或许为真或许为假。例如，在积木世界中机器人可能通过一些动作尝试达到目标状态，如堆叠和取消堆叠积木或将积木放到桌子上。通常，一个动作只影响一些原子命题，多数原子命题仍保持不变。下面的 STRIPS 形式化是一种简洁的表示方法。

定义 1.11（命题规划问题）　命题规划问题（用 STRIPS 表示法）是一个有限状态空间问题 $P = (S, A, s, T)$，其中 $S \subseteq 2^{AP}$ 为状态集，$s \in S$ 为初始状态，$T \subseteq S$ 为目标状态集合，A 为状态转换的动作集合。我们经常将 T 描述为一个简单的命题列表 $\text{Goal} \subseteq AP$。动作 $a \in A$ 的命题前提为 $\text{pre}(a)$，命题影响为 $\text{add}(a)$、$\text{del}(a)$，其中 $\text{pre}(a) \subseteq AP$ 是 a 的前提列表，$\text{add}(a) \subseteq AP$ 是其增加列表，$\text{del}(a) \subseteq AP$ 是删除列表。给定 $\text{pre}(a) \subseteq u$ 的状态 u，其后继 $v = a(u)$ 定义为 $v = (u \setminus \text{del}(a)) \cup \text{add}(a)$。

影响被视为对当前状态的更新。为了避免冲突，在包含增加影响之前从状态中消除删除影响。

即使已经在命题集合上定义了 STRIPS，将描述转换为逻辑并非难事。命题的布尔变量称为事实。目标条件简写为 $\wedge_{p \in \text{Goal}}(p = \text{true})$，前提解释为 $\wedge_{p \in \text{pre}(a)}(p = \text{true})$。添加和删除列表的应用是，对于所有的 $p \in \text{del}(a)$，设置 p 为 false，然后将所有的 $p \in \text{add}(a)$，设置 p 为 true。STRIPS 规划假设为一个封闭的世界。每件事情非真即假。因此，初始状态 s 的表示法是一个简写，即包含在 s 中的命题设为 true，不包含在 s 中的那些设为 false。

用 STRIPS 编码一个状态空间问题通常并非难事。为了建模 $n^2 - 1$ 数码问题，我们引入原子命题 $\text{at}(t, p)$，表示滑块 t 位于位置 P 的真实性，$\text{blank}(p)$ 表示空白位于位置 P。一个动作是 $\text{slide}(t, p, p')$，其前提为 $\text{at}(t, p)$ 和 $\text{blank}(p')$，其增加影响为 $\text{at}(t, p')$ 和 $\text{blank}(p)$，其删除影响为 $\text{at}(t, p)$ 和 $\text{blank}(p')$。

为了用数字编码有限域状态空间问题，我们观察到具有 k 个可能赋值的变量可以用 $O(\lg k)$（对数编码）或 $O(k)$（一元编码）个原子命题编码。当然，仅当 k 较小时可行。

在积木世界中（图 1.21），有一些可以用机器手移动的标记的积木，机器手一次可以抓一个积木。此外，还有一个足够大的桌子来存放所有的积木。四个操作是 stack（将积木放到塔上）、unstack（将积木从塔上移除）、pickup（将积木从桌子上移除）和 putdown（将积木放到桌子上）。让我们考虑一个具有 l 个积木 $b_1, b_2, \cdots, b_l$ 位于桌子 t 上的积木世界问题作为例子。每个积木的状态变量是：取值于 $\{\bot, t, b_1, b_2, \cdots, b_l\}$ 的变量 on，一个布尔变量 clear 以及一个额外的变量 holding。holding 可以从 $\{\bot, b_1, b_2, \cdots, b_l\}$ 中取值。动作是 stack、unstack、putdown 和 pickup。例如，$\text{stack}(a, b)$ 前提为 $\text{holding} = a$ 且 $\text{clear}(b) = \text{true}$，四个更新操作为

on(a)←b、holding←⊥、clear(b)←false 和 clear(a)←true。在一元编码中，我们为每个积木 a 和 b 设计了 on(a,b)、clear(a) 和 holding(a)。stack(a,b) 对应的 STRIPS 动作有两个前提 holding(a) 和 clear(b)，两个增加影响 on(a,b) 和 clear(a)，以及两个删除影响 holding(a) 和 clear(b)。

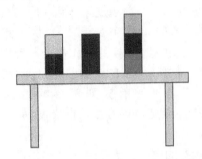

图 1.21　具有 7 个积木的积木世界配置（灰度图标记不同的积木）

规划域可以参数化或事实化（完全实例化）。参数化描述根据有限数量的域对象描述谓词和动作。参数化规划问题和事实化规划问题的一种（类似 Lisp 的）形式化描述是问题域描述语言（PDDL）。图 1.24 给出了图 1.22 中说明的一个比较复杂的物流领域的 PDDL 例子。任务是在城市内用卡车、城市之间用飞机运送包裹。城市内的位置是连通的，卡车可以在这些位置中的任意两个之间移动。每个城市只有一辆卡车和一个机场。连接机场使得飞机可以运行。图 1.23 显示了一个特别的问题实例。

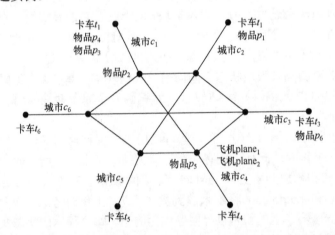

图 1.22　具有 6 个城市且每个城市具有两个位置的物流问题的地图（卡车在城市内运行，
　　　　飞机连接城市。当装载后，二者都可以运输物品移动。规划任务是将
　　　　物品从它们的起始位置移动到它们各自的目标位置（图中未显示））

```
(define (problem strips-log-x-1)
  (:domain logistics-strips)
  (:objects p6 p5 p4 p3 p2 p1 c6 c5 c4 c3 c2 c1
            t6 t5 t4 t3 t2 t1 plane2 plane1
            c6-1 c5-1 c4-1 c3-1 c2-1 c1-1
            c6-2 c5-2 c4-2 c3-2 c2-2 c1-2)
  (:init (obj p6) (obj p5) (obj p4) (obj p3) (obj p2) (obj p1)
         (city c6) (city c5) (city c4) (city c3) (city c2) (city
         (truck t6) (truck t5) (truck t4)
         (truck t3) (truck t2) (truck t1)
         (airplane plane2) (airplane plane1)
         (location c6-1) (location c5-1)
         (location c4-1) (location c3-1)
         (location c2-1) (location c1-1)
         (airport c6-2) (location c6-2) (airport c5-2) (location
         (airport c4-2) (location c4-2) (airport c3-2) (location
         (airport c2-2) (location c2-2) (airport c1-2) (location
         (in-city c6-2 c6) (in-city c6-1 c6) (in-city c5-2 c5)
         (in-city c5-1 c5) (in-city c4-2 c4) (in-city c4-1 c4)
         (in-city c3-2 c3) (in-city c3-1 c3) (in-city c2-2 c2)
         (in-city c2-1 c2) (in-city c1-2 c1) (in-city c1-1 c1)
         (at plane2 c4-2) (at plane1 c4-2)
         (at t6 c6-1) (at t5 c5-1) (at t4 c4-1)
         (at t3 c3-1) (at t2 c2-1) (at t1 c1-1)
         (at p6 c3-1) (at p5 c4-2) (at p4 c1-1)
         (at p3 c1-1) (at p2 c1-2) (at p1 c2-1))
  (:goal (and (at p6 c1-2) (at p5 c6-2) (at p4 c3-2)
              (at p3 c6-1) (at p2 c6-2) (at p1 c2-1))))
```

图 1.23 用 PDDL 描述的一个（无类型）STRIPS 问题

```
(define (domain logistics-strips)
 (:requirements :strips)
 (:predicates (OBJ ?obj) (TRUCK ?t) (LOCATION ?loc) (AIRPLANE ?a)
              (CITY ?c) (AIRPORT ?airport)
              (at ?obj ?loc) (in ?obj1 ?obj2) (in-city ?obj ?c))
(:action LOAD-TRUCK :parameters (?obj ?t ?loc)
 :precondition (and (OBJ ?obj) (TRUCK ?t) (LOCATION ?loc)
                    (at ?t ?loc) (at ?obj ?loc))
 :effect (and (not (at ?obj ?loc)) (in ?obj ?t)))
(:action LOAD-AIRPLANE :parameters (?obj ?a ?loc)
 :precondition (and (OBJ ?obj) (AIRPLANE ?a) (LOCATION ?loc)
                    (at ?obj ?loc) (at ?a ?loc))
 :effect (and (not (at ?obj ?loc)) (in ?obj ?a)))
(:action UNLOAD-TRUCK :parameters (?obj ?t ?loc)
 :precondition (and (OBJ ?obj) (TRUCK ?t) (LOCATION ?loc)
                    (at ?t ?loc) (in ?obj ?t))
 :effect (and (not (in ?obj ?t)) (at ?obj ?loc)))
(:action UNLOAD-AIRPLANE :parameters (?obj ?a ?loc)
 :precondition (and (OBJ ?obj) (AIRPLANE ?a) (LOCATION ?loc)
                    (in ?obj ?a) (at ?a ?loc))
 :effect (and (not (in ?obj ?a)) (at ?obj ?loc)))
(:action DRIVE-TRUCK :parameters (?t ?from ?to ?c)
 :precondition (and (TRUCK ?t) (LOCATION ?from) (LOCATION ?to) (CITY ?c)
                    (at ?t ?from) (in-city ?from ?c) (in-city ?to ?c))
 :effect (and (not (at ?t ?from)) (at ?t ?to)))
(:action FLY-AIRPLANE :parameters (?a ?from ?to)
 :precondition (and (AIRPLANE ?a) (AIRPORT ?from) (AIRPORT ?to)
                    (at ?a ?from))
 :effect (and (not (at ?a ?from)) (at ?a ?to))))
```

图 1.24 采用 PDDL 的一个（无类型的）STRIPS 域描述

STRIPS 类的规划已知是 PSPACE 完全的。PDDL 发展中的问题描述包括类型、数量和持续时间，这导致了不可判定的形式化描述。尽管如此，存在对于大量基准问题集合来说实用的枚举算法和加速技术。近年来，最新型系统的性能已大幅提高，与此同时，更多现实例子触手可及。我们花费了整个第 15 章来说明这些发展（见第 15 章"动作规划"）。

接下来对 STRIPS 表示法中的规划提出了松弛规划启发式 h^+。每个动作 a 具有前提列表 $\text{pre}(a)$，增加列表 $\text{add}(a)$ 和删除列表 $\text{del}(a)$。

动作 a 的松弛 a^+ 是忽略了删除列表的 a。一个规划问题的松弛是将问题中所有的动作用其松弛的对应替代。原规划的任意解也可解决松弛的问题。值 h^+ 定义为解决松弛问题的最短规划的长度。该启发式是一致的：从 v 开始耗费为 $h^+(v)$ 的松弛规划可以通过添加一个从 u 到 v 的动作扩展为一个从 u 开始的规划。因此有 $h^+(u) \leqslant h^+(v)+1$。

解决松弛规划问题仍然是计算困难的。但是，可以通过解决松弛问题的并行规划中的动作数量对其进行有效近似。这个多项式时间算法构建了一个松弛问题图以及之后的一个贪心规划产生过程。算法 1.1 给出了一个伪代码实现。变量 l 和 i 分别表示前向和后向阶段的层次。

```
Procedure Relaxed-Plan
Input: 具有当前状态 u 和条件 Goal ⊆ 2^AP 的松弛规划问题
Output: u 的松弛规划启发式

P_0 ← u; l ← 0                                          ;; 设置起始层次和迭代次数
while (Goal ⊈ P_l)                                      ;; 前向搜索阶段
    P_{l+1} ← P_l ∪ ⋃_{pre(a)⊆P_l} add(a)                ;; 构建下一层
    if (P_{l+1} = P_l) return ∞                          ;; 到达一个定点
    l ← l+1                                              ;; 累加计数器
for each i in {0,1,⋯,l−1}                               ;; 后向遍历
    T_{l−i} ← {t ∈ Goal | layer(t) = l − i}              ;; 初始化目标队列
for each i in {0,1,⋯,l−1}                               ;; 后向搜索阶段
    for each i in T_{l−i}                                ;; 考虑 l−i 层的每个打开的目标
        if (a in A with t in add(a) and layer(a)=l−i−1)  ;; 发现匹配
            RelaxedPlan ← RelaxedPlan ∪ {a}              ;; 包含动作到松弛规划
            for each p in pre(a)                         ;; 选择前提条件
                T_{layer(p)} ← T_{layer(p)} ∪ {p}        ;; 添加到队列
return |RelaxedPlan|                                     ;; 动作集合的大小就是启发式估计
```

算法 1.1

计算松弛规划启发式的近似

图 1.25 给出了算法 1.1 工作过程的一个说明。该图由命题的五层（环绕的）组成，最后一层只包含目标。层之间通过动作连接。节点表示命题，矩形表示动作。虚线表示应用不导致任何改变的额外动作 noop。松弛规划中的命题和动作均用阴影表示。

第一阶段构建命题事实的分层图，从起始状态开始在 $A^+ = \{a^+ \mid a \in A\}$ 上执行定点计算。在第 i 层，考虑所有通过应用动作可以到达的事实，此动作需要具有满足的位于任意第 j 层的前提条件事实，$1 \leqslant j < i$。在第 0 层，具有在起始状态中出现的所有事实。由于具有有限数量的基本命题，因此该过程最终会到达一个定点。下一循环标记目标事实。

第二阶段为贪婪规划提取阶段。它执行后向搜索以匹配事实和使能动作。目标事实构建了第一批未标记的事实。只要在第 i 层有未标记的事实，就选择一个动作使这个事实为真并标记所有的增加影响，并将所有的前提列为未标记的新目标。如果第 i 层不存在未标记的事实，则继续第 $i-1$ 层直到所有未标记的事实为第 0 层的初始事实。这个启发式是构建性的。也就是说，它不仅返回距离的估值，而且给出对应的动作序列。

这个启发式既不是容许的也不是一致的，但在实际应用中很有效，尤其是对于结构更简单的基准问题（问题图没有绝境或具有可识别的绝境并具有很小的停滞时期）。

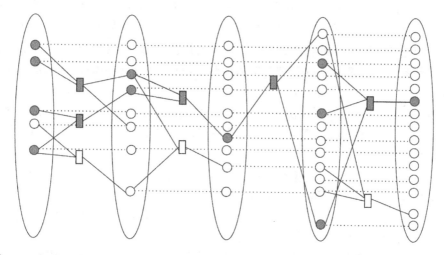

图 1.25 松弛规划启发式的近似工作方式（节点是命题，矩形是动作，以在前向规划图产生阶段构建的分层图的形式相连接。起始阶段的命题显示在左侧；目标层描述在右边。阴影的操作符显示已经在贪心后向提取阶段被选择的松弛规划）

1.8.2 生产系统

搜索问题中另一个经典的 AI 代表是生产系统。

定义 1.12（生产系统） 生产系统是一个状态空间问题 $P=(S,A,s,T)$，其状态为字母表 Σ 上的字符串，动作以语法推理规则的形式 $\alpha \to \beta$ 给出，α、β 都是 Σ 上的字符串。

下面的定理表明任意图灵机计算均可转换为一类特殊的生产系统。

定理 1.3（生产系统的不可判定性） 对于任意开始和目标状态，解决一个一般生产系统的问题是不可判定的。

证明：证明是通过简化图灵机的停机问题完成的。给定一个图灵机 $M=(Q, \Sigma, \Gamma, \Delta, B, q_0, F)$，输入字母表为 $\Sigma=\{a_0,a_1,\cdots,a_n\}$，磁带字母表为 $\Gamma=\Sigma \cup \{B\}$、$Q=\{q_0,q_1,\cdots,q_m\}$，初始状态为 q_0，转移函数为 $\Delta: Q \times \Gamma \to Q \times \Gamma \times \{L,R,N\}$，目标状态集为 $F=q_e$，我们以如下方式构建一个状态空间问题。

状态是图灵机 M 的配置。即，$\{B\}^+ \times \Gamma^* \times Q \times \Gamma^* \times \{B\}^+$（其中，$*$ 为克莱尼凸包，对于单个字符 σ，项 σ^* 是指集合 $\{\varepsilon, \sigma, \sigma^2, \sigma^3, \cdots\}$，其中 $\varepsilon \in \Sigma^*$ 为空字。对所有的 $\alpha, \beta \in \Sigma^*$，有 $\alpha\beta \in \Sigma^*$。）。

起始状态为 $B^*q_0B^*$，目标状态为 $B^*q_eB^*$。根据 d 值将每个 $aq \to bq'd$ 分配给单词 $wcqaw' \to s$，$s \in \{wcq'bw', wcbq'w', wq'cbw'\}$，$w \in \{B\}^+ \times \Gamma^*$ 且 $w' \in \Gamma^* \times \{B\}^+$。当 $d=N$ 时我们有 $wcqaw' \to wq'bw'$。$d=R$ 时，有 $wcqaw' \to wvq'bw'$。当 $d=L$ 时，有 $wcqaw' \to wq'cbw'$。最后，规则 $wq_eBBw' \to wq_eBw'$ 和 $wBBq_ew' \to wBq_ew'$ 缩短了空磁带。因此，可以推断当且仅当起始状态 $B^*q_0B^*$ 可以在有限步内转换为目标状态 $B^*q_eB^*$ 时，M 在空白输入磁带上停机，从 q_0 开始有限步到达终止状态 q_e。

但是，单个状态空间问题，包括具有有限状态空间的那些问题，是可判定的。因此，大多数组合问题，如 n^2-1 数码问题的实例，可以利用一般节点扩展算法解决。

一种方便但比一般生产系统表现力较弱的形式化是 PSVN 或生产系统向量表示法。它定义为一个三元组 (s,A,L)，其中 s 为种子状态，A 为动作集合，L 为有限标签集。状态由来自 L 的固定长度的标签向量表示。例如，3 数码问题（$n=2$ 时的 n^2-1 数码问题）的状态可以描述为一个 4 元组，其组件从 $L=\{0,1,2,3\}$ 选出，以分别表示哪个积木位于左上、右上、左下和右下的方块中。动作由一个左手边（LHS，表示前提）和一个右手边定义（RHS，规定结果状态）。每一侧长度与状态向量相同。语义定义类似 Prolog 标准规则。每个位置可以是常量、命名变量或未命名变量，记为"_"。LHS 的常量表示该位置的状态的精确匹配。LHS 的命名变量表示 LHS 应用到的状态与标签的绑定，基本上标签保持不变。RHS 的每个变量必须限定在 LHS 中，每个常量标签必须属于声明的标签集合。状态空间是对 s 应用任意动作序列所形成的传递闭包。

例如，考虑下列动作定义 $a = (A, A, 1, \_, B, C) \to (2, \_, \_, \_, C, B)$。该动作适用于头两个标记相同且第三个标记为 1 的状态。第五个和第六个标签分别限定为 B 和 C。将 a 应用于状态 $u = (4, 4, 1, 7, 5, 6)$ 导致 $a(u) = (2, 4, 1, 7, 6, 5)$。在 3 数码问题中，动作 $(0, A, \_, \_) \to (A, 0, \_, \_)$ 将空白从左上方移到了右上方的方块。

1.8.3 马尔可夫决策过程

马尔可夫决策过程问题（MDP）假设状态和动作数量有限。每次智能体观察到一个状态并执行一个动作，会导致中间耗费最小化（或者相反，盈利最大化）。耗费和后继状态仅取决于当前状态和所选择的动作。基于搜索所发生环境的不确定性，后继的产生可能是概率性的。例如，一个动作有时可能无法产生所期望的目标状态，而是以小的概率保持在当前状态。

应该指出，本书中假设对所处状态具有完美知识。部分可观察马尔可夫决策过程问题（POMDP）摒弃了这个假设。这里给出了一些观察。基于这些观察，我们可以估计位于特定状态的概率。

定义 1.13（MDP） 马尔可夫决策过程问题是一个四元组 (S, A, w, p)，其中 S 为基本状态空间，A 为动作集合，$w: S \times A \to \mathbb{R}$ 为耗费或直接奖励函数，对状态 u 应用动作 a 产生状态 v 的概率是 $p(v|u, a)$。在一些马尔可夫决策过程问题中，当到达一个目标状态时会产生额外的耗费 c。马尔可夫决策过程问题的目标是最小化（期望的）累积耗费，或等价地最大化（期望的）累积盈利。

由于马尔可夫决策过程是根据动作序列定义的，故马尔可夫决策过程问题是马尔可夫链的扩展。

定义 1.14（策略） 马尔可夫决策过程问题的解以策略 π 的形式给出。策略 π 将每个状态映射到该状态所采取的动作。

在一些情况下，该策略可由查找表实现，其他情况下可能需要大量的计算。在 u 上应用动作 a 将导致耗费 $w(u, a)$。目标是对于 u，在所有可能的策略 π 中，最小化其期望耗费 $f^\pi(u)$。u 的值函数 $f^\pi(u)$ 通常称为从 u 开始的预期收益。最优值函数标记为 f^*。

1.8.4 一般搜索模型

状态空间搜索问题的一般模型包括：离散有限状态空间 S、初始状态 s 和一个非空终止状态集合 T。此外，设如下组件：可应用于非终止状态 u 的动作集合

$A(u) \subseteq A$、非终止状态的动作耗费函数 $w:(S \setminus T) \times A \to X$ 以及终止耗费函数 $c:T \to X$。一般情况下，X 是一个实值耗费函数，而在许多实际情况中 X 为一个小型整数集合。

在确定性模型中，节点 u 的后继是 $\text{Succ}(u) = \{v \in S \mid \exists a \in A(u), a(u) = v\}$。对于非确定性模型，我们有 $\text{Succ}(u,a) = \{v \in S \mid \exists a \in A(u), a(u) = v\}$。后继结果要么是加性的要么是最大化的。对于具有概率 $p(v \mid u,a)$ 的马尔可夫决策过程问题，有 $\sum_{v \in \text{Succ}(u,a)} p(v \mid u,a) = 1$。

马尔可夫决策过程问题的一个简单示例是 $n^2 - 1$ 数码问题的概率版本。它具有噪声动作，这种动作达到预期效果的概率为 $p = 0.9$，没有影响的概率是 $1 - p$。

模型解可以以贝尔曼方程的形式表示，它包括计算最优策略的选项。对于确定性情况，有

$$f(u) = \begin{cases} 0, & u \in T \\ \min_{v \in \text{Succ}(u)}\{w(u,v) + f(v)\}, & \text{其他} \end{cases}$$

对于非确定性情况，有（加性模型）

$$f(u) = \begin{cases} 0, & u \in T \\ \min_{a \in A(u)}\left\{w(u,a) + \sum_{v \in \text{Succ}(u,a)} f(v)\right\}, & \text{其他} \end{cases}$$

要么有（最大化模型）

$$f(u) = \begin{cases} 0, & u \in T \\ \min_{a \in A(u)}\left\{w(u,a) + \max_{v \in \text{Succ}(u,a)} f(v)\right\}, & \text{其他} \end{cases}$$

对于马尔可夫决策过程问题的情况，有

$$f(u) = \begin{cases} c(u), & u \in T \\ \min_{a \in A(u)}\left\{w(u,a) + \sum_{v \in \text{Succ}(u,a)} p(v \mid u,a) \cdot f(v)\right\}, & \text{其他} \end{cases}$$

以统一的视角来看，函数 f^* 是贝尔曼方程的解，因此也是最优值函数。非确定性和概率情况下的策略 $\pi : S \to A$ 是规划的扩展，这种规划将状态映射到动作。实际上，策略常以控制器的形式来模拟求解过程。若策略匹配任意给定值函数，则该策略是贪心的。关于最优值函数贪心的策略 π^* 称为最优策略。

对于确定性设置，应用一个动作的结果是唯一的，因此 π 可以简化为状态序列。此时最优值函数 f^* 精确估计每个状态到目标状态的距离；即

$$f^* = \min_{\pi = (u_0, u_1, \cdots, u_k)} \left\{\sum_{i=1}^{k} w(u_{i-1}, a) \mid s = u_0, u_k \in T\right\}$$

最优规划 π^* 为最小化总耗费的规划，即

$$\pi^* = \arg \min_{\pi=(u_0,u_1,\cdots u_k)} \left\{ \sum_{i=1}^{k} w(u_{i-1},a) \,|\, s=u_0, u_k \in T \right\}$$

在一些实现中，更新在 Q-value $q(a,u)$ 上执行，$q(a,u)$ 是之前方程的一个中间项，它也依赖于模型。在确定性模型中，它定义为

$$q(a,u) = w(a) + f(a(u))$$

对于非确定性（加性或最大化）模型，它定义为

$$q(a,u) = w(u,a) + \sum_{v \in \text{Succ}(u,a)} f(v)$$

$$q(a,u) = w(u,a) + \max_{v \in \text{Succ}(u,a)} f(v)$$

对于马尔可夫决策过程问题，其定义为

$$q(a,u) = w(u,a) + \sum_{v \in S} p(v\,|\,u,a) \cdot f(v)$$

1.9 小结

本章介绍了本书大多数章节所研究的问题类型，即图搜索问题。在图搜索问题中，给定了一个加权有向图（图为有向的且具有耗费）、开始节点和一个目标节点集合，且目的是在图中找到一条从开始节点到任意目标节点的最短路径。介绍了针对这类图搜索问题的人工智能所使用的术语。如节点称为状态，边称为动作。然后，讨论了图分类的方式，例如，它们的分支因子（所有节点的平均出边的数目）。还讨论了图表示的两种方法，即显式（列举所有节点和边）和隐式（给定一个程序，其输入是一个节点，输出是出边列表连同所指向的节点）。隐式图表示可以是问题特定的也可以是一般的，如使用 STRIPS 或生产系统。隐式表示可以比显式表示更紧凑，这允许我们利用它们的结构表示大的图搜索问题。最短路径可以在显式表示大小的多项式时间内被发现，而在隐式表示中，最短路径往往不能在隐式表示大小的多项式时间内被发现。

然后，讨论了一些可以形式化为图搜索问题的几个问题，其中一些被用作图搜索算法的典型测试领域，而另一些则在实际中很重要，包括交通系统和生物学。在许多这些领域中，最短路径很重要，因为它允许我们从开始节点移动到目标节点。然而，在某些领域中（如 TSP），只有最短路径到达的目标节点是重要的，因为它对如何移动进行了编码。为了提高效率，图搜索算法需要利用一些所搜索图的知识。这些知识可以由领域专家以手工编码启发式函数的形式提供，或者从问题结构中自动得到。

表 1.2 概述了本章的状态空间问题及其特点（隐式或显式图、可逆或不可逆动作、权值函数的范围、复杂性）。这些搜索问题是本书的主要内容，但我们讨论的问题也不仅限于此。我们也讨论不同的二人博弈。

表 1.2 状态空间和它们的特征

问题	隐式	可逆	权值	复杂性
n^2-1 数码问题	√	√	单位	NP 难题
魔方问题	√	√	单位	固定
推箱子	√	−	单位	PSPACE 难题
TSP	√	√	$IR>0$	NP 难题
MSA	√	−	$IR\geq 0$	NP 难题
路径规划	−	−	单位	固定
STRIPS	√	−	单位	PSPACE 难题
生产系统	√	−	单位	不可判定

解决状态空间问题的一个功能强大的知识是启发式。启发式给每个节点分配了一个启发式值，启发式值是该节点的目标距离估计（从该节点到任意目标节点的最短路径长度）。好的启发式接近目标距离且计算速度快。大多数图搜索问题可以很容易找到好的启发式。两个重要的属性是容许性（不高估目标距离）和一致性（满足三角形不等式），其中一致性意味着容许性。在第 2 章中，将介绍一个可利用给定启发式的图搜索算法。

表 1.3 描述了已介绍的启发式的性质。此外，我们给出了计算一个状态的启发式估计的运行时的量级（以状态向量大小进行度量）。

表 1.3 状态空间和它们的启发式

问题	名字	容许	一致	复杂性
n^2-1 数码问题	曼哈顿距离	√	√	线性
魔方问题	曼哈顿距离	√	√	线性
推箱子	最小匹配	√	√	立方
TSP	MST	√	√	超线性
MSA	成对加和	√	√	平方
路径规划	欧几里得距离	√	√	常数
STRIPS	松弛	−	−	多项式

一些启发式（如松弛规划或欧氏距离）不缩小问题图，但引入了新的边。在其他启发式中（如曼哈顿距离或最小匹配），节点集合收缩为超级节点，邻边被合并（其原理将在第 4 章再介绍）。基于问题投影导出提示良好的启发式的一个问题是设计问题简化，使得解决子问题的每个估计可以容许地累加。

1.10 习题

1.1 为下列问题以伪代码形式写出一个图灵机程序。
  （1）两数相加的一元表示。
  （2）增加一个数值的二元表示。
  （3）减少一个数值的二元表示。
  （4）两数相加的二元表示（使用部分（b）和（c））。

1.2 （1）确定常数 c 和 n_0，以说明 $(n+1)^2 = O(n^2)$。
  （2）如果对于很大的 n，$f(n)/g(n)$ 的极限为常数 c，有 $f(n) = O(g(n))$。使用这个结果说明 $(n+1)^2 = O(n^2)$。
  （3）洛比达法则声明如果对于很大的 n，$f'(n)/g'(n)$ 的极限是有界的，那么它等于 n 很大时 $f(n)/g(n)$ 的极限。使用这个法则证明 $(n+1)^2 = O(n^2)$。

1.3 证明大 O。
  （1）加法规则：$O(f) + O(g) = O(\max\{f, g\})$。
  （2）乘法规则：对于给定函数 f 和 g，$O(f) \cdot O(g) = O(f \cdot g)$。
  解释这些规则的实际使用。

1.4 （1）令 a、b 和 c 为实值，且 $1 < b$、$1 \leqslant a, c$。说明 $\log_b(an+c) = \Theta(\log_2 n)$。
  （2）令 $p(n)$ 为一个具有常数度 k 的多项式。说明 $O(\lg p(n)) = O(\lg n)$。
  （3）说明 $(\lg n)^3 = O(\sqrt[3]{n})$，并且，更一般地，对于所有 k、$\varepsilon > 0$，$(\lg n)^k = O(n^\varepsilon)$。

1.5 根据 $\doteq$ 的定义，说明：
  （1）$n2^n \doteq 2^n$。
  （2）$n^2 2^n + (n+1)^4 3^n \doteq 3^n$。

1.6 说明，当且仅当存在一个多项式可判定谓词 P 和一个多项式 p 使得 L 可以表示为所有单词 w 的集合时，问题 L 是 NP 的，集合中存在一个 w' 使得 $|w'| \leqslant p(|w'|)$ 和 $p(w, w')$ 为真。

1.7 根据如下表格说明，一个二进制计数器的比特翻转工作量为摊销常数。

步骤	运算	Φ_i	t_i	$a_i = t_i + \Phi_{i+1} - \Phi_i$
		0	0	
0	↓		1	2
		1	1	
1	↓		2	2
	10	1		
2	↓		1	2

（续）

步骤	运算	Φ_i	t_i	$a_i = t_i + \Phi_{i+1} - \Phi_i$
	11	2		
3	↓		3	3+(1−2) = 2
	100	1		
4	↓		1	2
	101	2		
5	↓		2	2
	110	2		
6	↓		1	2
	111	3		
7	↓		4	4+(1−3) = 2
	1000	1		
8	↓		1	2
	1001	2		

1.8 我们考虑使用不同的循环和情况声明的伪代码。说明：

(1) for （$i \in \{1, 2, \cdots, n\}$） $\langle B \rangle$。

(2) do $\langle B \rangle$ while （$\langle A \rangle$）。

(3) if （$\langle A \rangle$） $\langle B \rangle$ else $\langle C \rangle$。

都是糖衣语法且可以使用传统 while 循环表示。

1.9 斐波那契数递归定义如下：

$$F(0) = 0$$
$$F(1) = 1$$
$$F(n) = F(n-1) + F(n-2), \quad n \geq 2$$

通过归纳法说明

(1) 对于 $n \geq 6$，我们有 $F(n) \geq 2^{n/2}$。

(2) 对于 $n \geq 0$，我们有 $F(0) + \cdots + F(n) = F(n+2) - 1$。

(3) 对于 $n \geq 1$，我们有 $F^2(n) = F(n-1)F(n+1) + (-1)^{n+1}$。

1.10 阿克曼函数定义如下：

$$a(0, y) = y + 1$$
$$a(x+1, 0) = a(x, 1)$$
$$a(x+1, y+1) = a(x, a(x+1, y))$$

使用归纳法说明：

（1） $a(1,y) = y+2$。

（2） $a(2,y) = 2y+3$。

1.11 使用真值表说明：

（1） $((A \to (\neg B \to C)) \wedge (A \to \neg B)) \wedge (A \to C)$。

（2） $((A \wedge (B \vee C)) \Leftrightarrow ((A \wedge B) \vee (A \wedge C))$。

1.12 给定 4 条链（起始状态如图 1.26（a）所示），廉价项链问题描述如下。它耗费 20 美分打开一条链，耗费 30 美分闭合一条链。以最小耗费将所有链连接为一个项链（目标状态显示在图 1.26（b））。

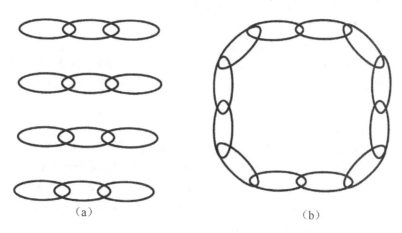

图 1.26 廉价项链问题

（a）起始状态；（b）目标状态。

（1）什么是状态？什么是动作？什么是开始状态？什么是目标状态？什么是权值？什么是一个最优解的耗费？

（2）有多少个状态？平均分支因子是多少？

（3）图是有向的还是无向的？这个图包含绝境？

1.13 对于一般滑块拼图问题：

（1）为图 1.27 中的实例，计算可达系统状态数量。在丑角拼图中，两个角块需要被组合为一个 2×3 的块。在人瓶拼图中，左侧的人需要移动到右侧紧挨着瓶子。

（2）给出一个合适的曼哈顿距离启发式的泛化。

（3）说明后继产生的测试可以在与滑块数量的总的线性时间内执行（将空白作为空滑块计算）。

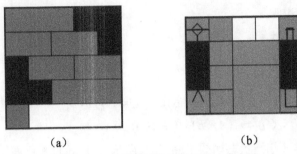

图 1.27　一般滑块拼图问题的进一步实例

(a) 丑角拼图；(b) 人瓶拼图。

1.14 考虑图 1.14 中显示的推箱子中示例等级。
　　(1) 为 PUSHES 和 MOVES 确定一个最优解。
　　(2) 说明，一般两个问题的最优解是不同的。

1.15 考虑 ACGTACGACGT 和 ATGTCGTACACGT 之间的最小多序列比对问题。采用为不匹配分配耗费 1 并为间隙分配耗费 2 的耗费函数。找到两个序列的最小比对。

1.16 对于积木世界
　　(1) 以 STRIPS 使用谓词 on, clear 和 holding 建模图 1.21 中的问题。
　　(2) 说明可以在多项式时间内计算一个解，这个解至多是最优解长度的两倍。

1.17 作为另一个由加德纳发明的可扩展的滑块拼图问题，青蛙与蟾蜍额外地允许滑块跳跃（图 1.28）。目标是以最少数量的移动交换黑色和白色滑块集合。
　　(1) 给出问题的一个状态空间描述。
　　(2) 在一个方程中依赖于 n 确定可达配置的数量。
　　(3) 为谜题设计一个启发式。

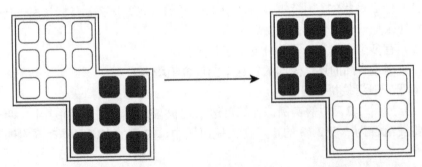

图 1.28　加德纳游戏的实例（如果一个目标位置为空，滑块可以滑动或跳跃）

1.18 原子超人（图 1.29）要从原子中装配一个给定分子。玩家一次可以选择一个原子并将其推往左、右、上、下四个方向之一。它一直移动直到它碰上一个障碍或另一个原子。当原子形成与显示在木板外的相同星座（分子）时，游戏胜利。注意原子的互联是有关系的。

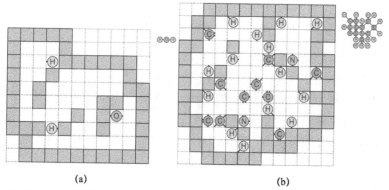

图 1.29 原子超人的两个等级（要装配的分子显示在每个问题实例的右上角。左边的问题可以通过 13 步解决。原子 1: DL; 原子 3: LDRURDLDR; 原子 2: D; 原子 1: R。

其右侧实例说明了一个更复杂的问题；需要至少花费 66 次移动加以解决）

（1）将原子超人形式化为一个状态空间问题。

（2）用原子超人的特征扩展图 1.15。

（3）获得一个易计算的启发式，其允许原子穿过其他原子滑动或与其他原子共享同一个位置。

（4）为图 1.29 寻找一个解。

1.19 一个 n-WUSEL 由 n 个相连的块组成（图 1.30）。在运动中，一组块同时移动。可能的方向包括左、右、上、下、前、后。一个移动组是连接的。图 1.31 给出了一个移动序列的例子。连接到底面的立方体仅可以向上移动。至少一个块需要停留在底面上。所有其他的块需要被安排以使得 WUSEL 是平衡的。如果块中心的投影在位于底面的块的凸壳以外（凸壳包含任意两点之间连线上的所有点），则 WUSEL 倒塌。

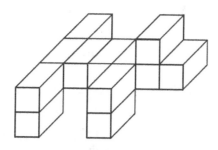

图 1.30 具有 15 个块的特定的 WUSEL（三个块不可见）

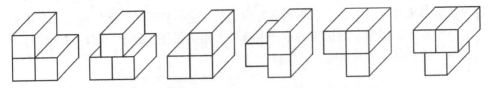

图 1.31 对于一个特定 3-Wusel 的有效移动序列（具有中间配置来描述转换）

（1）给出 n-WUSEL 数量的一个（粗略）估计。
（2）选择一个允许快速连通性检验的合适表示。
（3）找出如何为 WUSEL 有效地执行稳定性检验。
（4）为后继生成设计一个有效的函数。
（5）为 WUSEL 关于块的中心的目标位置设计一个启发式估计。

1.20 为路径规划问题设计一个一致的启发式从而发现：
（1）最短最快路径。
（2）最快最短路径。
（3）二者的加权组合。

1.21 测试你关于启发式的结构知识。
（1）证明一些一致启发式的最大值也是一致启发式。
（2）说明两个一致性估计之和不一定是容许的。
（3）给出一个不一致的容许启发式的例子。

1.22 为魔方问题的状态和状态改变设计一个 PSVN 特征描述。

1.23 证明一个 PSVN 动作是可逆的，当且仅当不存在 i 使得位于 i 的标记的左侧是"_"时，位于 i 的标记的右侧不同于"_"，并且左侧的每个变量局限于当前位于右侧的变量；也就是，如果它被用来分配一个右侧的标记，或者存在一个 j 使得位于 j 的标记在左侧是某个变量 A，在右侧，它要么是_要么是 A。

1.24 状态空间问题 $P_1, P_2, \cdots, P_n$ 的交叉乘积状态空间 $P=(S,A,s,T)$ 定义为 $S=S_1\times S_2\times\cdots\times S_n$，$s=(s_1,s_2,\cdots,s_n)$，$T=\{(u_1,u_2,\cdots,u_n)|\forall i\in\{1,2,\cdots,n\}:u_i\in T_i\}$ 且 $A=\{(((u_1,u_2,\cdots,u_n),(v_1,v_2,\cdots,v_n))|\exists i\in\{1,2,\cdots,n\}:\exists a\in A_i:a(u_i)=v_i,\forall i\neq j:u_j=v_j\}$。令启发式 h_i 是从当前局部状态 S_i 到到达问题 P_i 中的 T_i 中的一个目标的最短解长度。说明 h_i 是一致的。

1.25 为 n^2-1 数码问题域的变体设计一个 MDP 模型，其中每个期望移动失败的概率为 10%。

1.26 笔纸游戏的一个实例赛道定义为一个划分为网格的赛道以及初始位于起跑线之后的车辆。目标是跨越一个额外的终点线。任务是找到驾车从起始状态到一个目标状态集合的控制，使得最小化时间步的数量且不碰到赛道的边界。每个应用的动作达到其期望效果的概率为 0.7。为赛道提供一个 MDP 模型，其状态由坐标

(x, y) 和速率向量 (Δ_x, Δ_y) 组成。

1.11 书目评述

单智能体游戏的里程碑可以参考 Korf（1985a），Korf 和 Schultze（2005）（15 数码问题），Korf 和 Felner（2002），Korf 和 Taylor（1996）（24 数码问题），Edelkamp 等（2008b）（35 数码问题），Korf 和 Felner（2007）（汉诺塔），Junghanns（1999）（推箱子）和 Korf（1997），Kunkle 和 Cooperman（2008）（魔方问题）。1995 年，Reid 说明一个位置（角块正确，边块位置翻转）至少需要 20 次移动；对应的下界由 Rokicki、Kociemba、Davidson 和 Dethridge 在 2010 年证明[1]。多玩家游戏效率的描述可以参考 Campbell 等（2002）（国际象棋），Schaeffer 等（2005，2007）（西洋棋），Tesauro（1995）（西洋双陆棋），Allen（2010），Allis（1998），Tromp（2008）（四子棋），Ginsberg（1999）以及 Smith 等（1998）（桥牌）。John Tromp 在 2010 年验证了 Edelkamp 和 Kissmann（2008b）为四子棋计算的数量 4531985219092。Edelkamp 等（2007）研究了概率环境下的搜索问题。

规划领域中的值得注意的结果已在国际智能规划竞赛上发表。并行最优规划已被 Blum 和 Furst（1995）以及 Kautz 和 Selman（1996）解决，而顺序最优规划已被 Helmert 等（2007）所考虑。一般游戏的 UCT 算法可追溯到 Kocsis 和 Szepesvári（2006）。

多序列比对问题已由 Edelkamp 和 Kissmann（2007），Korf 和 Zhang（2000），Schrödl（2005），以及 Zhou 和 Hansen（2002b）通过 AI 搜索方法解决。最近的通过 AI 搜索验证的条目由 Edelkamp 等（2004b）（显式状态模型检验），Bloem 等（2000）（硬件验证），Groce 和 Visser（2002）（程序模型检验），Jabbar（2008）（外部模型检验），Wijs（1999）（量化模型检验），以及 Kupferschmid 等（2007）（实时模型检验）给出。车辆导航结果参考 Bast 等（2007），Wagner 和 Willhalm（2003）（地图），Edelkamp 等（2003）以及 Schrödl 等（2004）（GPS）的工作。在机器人领域应用搜索的更广范围内，我们推荐 Gutmann 等（2005）和 Henrich 等（1998）的工作。

有启发性的例子取自 Wickelgren（1995）。Ratner 和 Warmuth（1990）已经说明 $n^2 - 1$ 数码问题的最优解决是 NP 难的。8 数码问题的第一个最优解已由 Schofield（1967）提供，15 数码问题的第一个最优解由 Korf（1985a）提供，24

---

[1] http://www.cube20.org。

数码问题的第一个最优解由 Korf 和 Taylor（1996）提供，随后由 Korf 和 Felner（2002）进行了改进。一般滑块拼图问题要么是商业可得的，要么取自 Berlekamp 等（1982）。已经发表了很多魔方问题的次优解，但 Korf（1997）第一次最优地解决了其随机实例。

TSP 是为组合优化设计的很多一般启发式的试金石：遗传算法、模拟退火、禁忌搜索、神经网络、蚁群系统，其中的一些会在本书中稍后讨论。对于度量 TSP 问题，Christofides（1976）给出了一个常数因子近似算法，此算法总是可以找到一条长度至多为最短路径长度 1.5 倍的路径。

推箱子是单人游戏之一，其中人工解的质量与自动解策略相比具有竞争力。Culberson（1998a）已经证明了推箱子是 PSPACE 难的。在 Junghanns（1999）的博士论文中，他讨论了一个实现，可以近似最优地解决 90 个问题中的 59 个。计算最小匹配被约减为网络流问题。起始的一个空匹配通过计算单源最短路径迭代扩大。需要修改迪杰斯特拉的原始算法以处理权值为负的边。Edelkamp 和 Korf（1998）以及 Junghanns（1999）的工作中包含了块滑动游戏中关于分支因子、解长度和搜索空间规模的结果。Demaine 等（2000）研究了块滑动的复杂性。Hüffner 等（2001）研究了原子超人。Holzer 和 Schwoon（2001）已经证明原子超人是 PSPACE 完全的。在德国的高中生计算机科学竞赛中，WUSEL 问题已作为一个挑战出现。

Gusfield（1997）和 Waterman（1995）已经给出了计算分子生物学和多序列比对问题的介绍。Dayhoff 等（1978）提出了一个分子进化模型，其中他们估计了不同的进化趋异量中氨基酸的交换概率。这导致了所谓的 PAM 矩阵，其中 PAM250 使用最广泛。Jones 等（1992）基于大量实验数据改进了统计学。预处理的启发式要归功于 Ikeda 和 Imai（1994）。

STRIPS 类的规划由 Fikes 和 Nilsson（1971）发明。Bylander（1994）已经证明命题规划是 PSPACE 完全的。他还说明为松弛规划问题找到最优解是 NP 难的。Hoffmann 和 Nebel（2001）基于在层次规划图中贪心提取松弛的规划研究了多项式时间近似法。这个启发式已被合并到很多实际规划系统并已经扩展到数值规划领域（Hoffmann，2003）以及时间域（Edelkamp，2003c）。Helmert（2002）给出了具有数字的规划的可判定性和不可判定性结果。Hernádvögyi 和 Holte（1999）讨论了 PSVN。MDP 实例由 Barto 等（1995）、Hansen 和 Zilberstein（2001）以及 Bonet 和 Geffner（2006）发现。

第 2 章 基本搜索算法

探索状态空间问题往往对应于基本问题图中的最短路径搜索。显式图搜索算法假设整个图结构以邻接矩阵或邻接链表表示。在隐式图搜索中，在不访问图的未探索部分的情况下迭代生成和扩展节点。当然，对于空间大小可接受的问题，如果有助于提高算法的运行时行为，可以用显式图实现隐式搜索。

本书将主要关注单源最短路径问题。即寻找一个解路径使得它的构成边的权值之和最小。然而，也会提到扩展的计算每对顶点间的最短路径问题。在此问题中，我们需要找到每两个顶点间的解路径。显然，仅当节点数有限、节点数量不太大时此问题可行，因为该解需要存储大量的距离，它是问题图中节点数量的二次方程式。求解最短路径问题最重要的算法如下：

（1）广度优先搜索和深度优先搜索是指不同的搜索顺序。对于深度优先搜索，可以发现一些实例。在这些实例中，简单的实现不会找到最优解或者无法终止。

（2）若所有的边权值大于等于零，则 Dijkstra 算法可以解决单源最短路径问题。事实上，该算法可以计算一个给定开始节点 s 到所有其他节点的最短路径，而且不会恶化运行时的复杂度。

（3）Bellman-Ford 算法也解决单源最短路径问题，但与 Dijkstra 算法不同的是，边权值可以为负。

（4）Floyd-Warshall 算法解决每对顶点间的最短路径问题。

（5）A*算法解决具有非负边耗费的单源最短路径问题。

A*算法与之前所有算法的区别在于它执行启发式搜索。通过提供对剩余未探索的到目标的距离的估计，启发式可以提高搜索效率。无论是深度优先搜索还是广度优先搜索，或者 Dijkstra 算法，都不会利用这个估计，因此称它们为无提示搜索算法。

在本章中，证明了这些方法的正确性，并讨论了 A*算法的最优效率（相对其他搜索算法而言）。A*算法是 Dijkstra 单源最短路径算法的隐式变体的一个变体，此变体遍历根据启发式变换得到的重加权问题图。用非最优 A*算法的变体，寻求解的最优性与运行时效率之间的权衡。然后，将启发式搜索应用到具有广义耗费或代数概念耗费的问题图。通过设计和分析 Dijkstra 算法和 A*算法的耗费代数变体，在这些耗费结构内解决最优性问题。在边耗费成为向量的多目标搜索中，泛化了动作执行累积的耗费结构。

2.1 无提示图搜索算法

在隐式图搜索中，开始时无法得到图的表示。在搜索过程中，可以从那些实际探索的节点演化得到图表示的部分描述。在每次迭代中，通过产生隐式图中的边可达的所有相邻节点来扩展一个节点（例如这些可能的边可以描述为一组转换规则）。生成所有的边意味着对状态应用所有允许的动作。可以追踪搜索早期已生成的节点。但是，无法访问那些迄今为止尚未生成的节点。所有节点都必须从起始节点通过后继生成形成的路径上至少到达一次。因此，可以将已到达节点集合分为已扩展的节点集和已生成但未扩展的节点集。在 AI 文献中，前一个集合通常是指 Open 列表（打开列表）或者搜索边界，后者是指 Closed 列表（封闭列表）。表示为列表参考了首次实现的传统，即作为一个简单的链表。然而，用正确的数据结构实现这两个列表对搜索算法的特征和性能至关重要。

所有显式生成的路径集合构成了基本问题图的搜索树，这些路径以起始节点为根，其叶子为 Open 节点。要注意的是，尽管问题图仅由问题域描述定义，但在搜索算法执行时间的某一点上搜索树描述了搜索算法展开部分的问题图特征。图 2.1 给出了一个问题图及其对应搜索树。

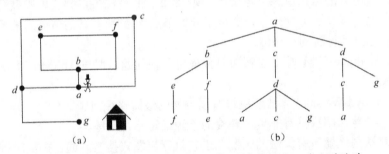

图 2.1 问题图及其搜索树（作为（对任意搜索算法的）一个小的改进，不生成节点的祖先，如接着 a-c-d 和 a-d-c 的节点 a 被剪枝）

(a) 问题图；(b) 搜索树。

在树形结构问题空间中，每个节点只能由单一路径到达。但是，容易看出，对于有向无环图，搜索树可以比原始搜索空间大指数倍。这是由于一个节点可以在不同阶段、由不同路径多次到达。我们称这样的节点为重复节点，如图 2.1 所示深度为 3 的叶子均为重复。此外，若图包含环，即使图本身是有限的，搜索树也可以是无限的。

在算法 2.1 中我们描述了一个通用的节点扩展搜索算法的框架。

```
Procedure Implicit-Graph-Search
Input：具有开始节点 s，权值函数 w，后继生成函数 Expand 和谓词 Goal 的隐式问题图
Output：从 s 到一个目标状态 t∈T 的路径，如果路径不存在，则返回 ∅

Closed←∅                                    ;;初始化结构
Open←{s}                                    ;;插入 s 到空的搜索前沿
while (Open≠∅)                              ;;只要存在前沿节点
    Remove some u from Open                 ;;以算法特定的方式选择节点
    Insert u into Closed                    ;;更新扩展节点列表
    if (Goal(u)) return Path(u)             ;;使用算法 2.2 重构解
    Succ(u)←Expand(u)                       ;;生成后继集合
    for each v in Succ(u)                   ;;对于 u 的所有后继 v
        Improve(u,v)                        ;;调用算法 2.3，更新结构
return ∅                                    ;;解不存在
```

算法 2.1

隐式给定图中搜索算法的框架

定义 2.1（Closed 或 Open 列表） 已展开的节点集合称为 Closed，已生成但未扩展的节点集合称为 Open。后者也表示为搜索边界。

只要没有建立解路径，选择 Open 中的一个边界节点 u 并生成其后继。然后在子程序 Improve 中处理这些后继，相应地更新 Open 和 Closed 列表（最简单情况下，更新操作只是将子节点插入到 Open 中）。这里未详细说明将如何 Select 和 Improve 节点。其随后的细化产生了不同的搜索算法。

为了给插入和删除节点提供机会，引入了 Open 和 Closed 作为集合的数据结构。特别的，Closed 的一个重要作用是重复检测。因此，通常使用具有快速查找操作的哈希表实现 Closed 列表。

如果在算法的每次迭代中，每个节点在 Open 和 Closed 中具有唯一的表示和生成路径，则重复识别是完全的。在本章中，我们关心的是具有完全重复检测的算法。然而，出于必要性考虑，不完全检测状态空间搜索中的已扩展节点很普遍。这是由于在给定的内存限制下，很难存储非常大的状态空间。将在后续章节中介绍这个关键问题的许多不同解决方案。

对于搜索树中的每个节点，不必完全地表示生成的路径。相反，给每个节点 u 配备一个前驱链接 parent(u)，可以方便地存储每个节点的生成路径。parent(u)是一个指向搜索树中 u 的父节点（对根节点 s，其父节点是 ∅）的指针。更正式的，若

$v \in \text{Succ}(u)$，则 parent$(v)=u$。通过自底向上反向追溯链表直至到达根 s，可以重构长度为 k 的解路径 Path(u)，即 $(s \in \text{parent}^k(u), \cdots, \text{parent}(\text{parent}(u)), \text{parent}(u), u)$（见算法 2.2）。

Procedure Path
Input：节点 u，开始节点 s，权值函数 w，搜索算法设置的 parent 指针集合
Output：从 s 到 u 的路径

Path←(u) ;;具有单个元素的路径
while (parent$(u) \neq s$)   ;;通过前驱循环
    Path←$(u,$ Path$)$;;用 u 扩展路径
    u←Parent(u) ;;使用前驱继续
return $(s,$ Path$)$;;到达路径的开始

算法 2.2

使用前驱链接反向追溯解路径

算法 2.3 给出了具有重复检测和前驱链接更新的一个 Improve 实现框架。[①]首先要注意的是，这个实现非常粗略，其并不试图找到一条最短路径，它只是决定从开始节点到一个目标节点的路径是否存在。

Procedure Improve
Input：节点 u 和 v，v 是 u 的后继
Side effects：更新的 v 的父节点、Open 和 Closed 列表

if (v not in Closed ∪ Open)   ;;还未到达 v
    Insert v into Open   ;;更新搜索前沿
    Parent$(v) \leftarrow u$;;设置前驱指针

算法 2.3

使用重复检测和前驱链接的改进的程序

为了说明这个搜索算法的行为，我们举个简单的例子。在图 2.2 的网格中从节点 $(3, 3)$ 搜索目标节点 $(5, 1)$。要注意的是，网格中长度为 i 的潜在的路径集合随 i 以指数级增长。$i=0$ 时至多有 $1 = 4^0$ 条路径，$i=1$ 时至多有 $4 = 4^1$ 条路径，$i=k$ 时至多有 4^k 条路径。

[①] 本章显式声明对基本数据结构的调用，会在第3章详细讨论。本书后续章节中，我们偏好 Open 和 Closed 的集合。

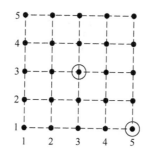

图 2.2 网格搜索空间

2.1.1 深度优先搜索

对于深度优先搜索（DFS），Open 列表实现为一个栈（LIFO 或后进先出队列）。因此，Insert 事实上是一个 push 操作，Select 对应 pop 操作。push 操作将一个元素放置于这个数据结构的顶部，pop 操作从这个数据结构的顶部提取一个元素。后继被简单地推到堆栈里。因此，每一步都贪婪地生成最近访问节点的后继，除非无后继。当不存在后继时，回溯到父节点并探索其他还未扩展的兄弟姐妹。

容易看出，在有限搜索空间中 DFS 是完全的（即若存在解路径，DFS 将找到解路径）。这是因为每个节点恰好扩展一次。然而，这不是最优的。因为根据后继扩展的顺序，任何路径都是可能的。以网格世界的解((3,3), (3,2), (2,2), (2,3), (2,4), (2,5), (3,5), (3,4), (4,4), (4,3), (5,3), (5,4), (5,5))为例，路径长度定义为状态转换的次数，则该解路径长度为 12 且大于最小值。

表 2.1 和图 2.3 显示了 DFS 在图 2.1 的例子上运行时的扩展步骤及产生的搜索树。不失一般性，我们假设按字母顺序扩展孩子节点。如果没有重复消除，DFS 可能永远被困在问题图中且一直循环，根本找不到解。

表 2.1　对于图 2.1 例子中的（带重复检测的）DFS 的步骤

步骤	选择	Open	Closed	备注
1	{}	{a}	{}	
2	a	{b, c, d}	{a}	
3	b	{e, f, c, d}	{a, b}	
4	e	{f, c, d}	{a, b, e}	f 是重复的
5	f	{c, d}	{a, b, e, f}	e 是重复的
6	c	{d}	{a, b, e, f, c}	d 是重复的
7	d	{g}	{a, b, e, f, c, d}	c 是重复的
8	g	{}	{a, b, e, f, c, d, g}	到达目标

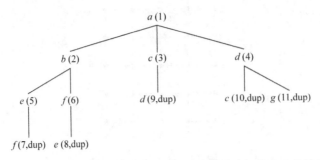

图 2.3 图 2.1 例子中 DFS 的搜索树（括号中的数字表示节点生成的顺序）

2.1.2 广度优先搜索

在广度优先搜索（BFS）中，用先进先出（FIFO）队列实现 Open 集合。Insert 操作称为 Enqueue（入列），将一个元素添加到列表末尾。Dequeue（出列）操作选择并删除队列的第一个元素。其结果是，源节点的邻居逐层产生（相距一条边，相距两条边等）。

对 DFS 而言，用哈希表实现 Closed，避免一个节点被多次扩展。由于 BFS 每次也扩展一个新节点，因此在有限图中它是完全的。在均匀加权图中，它是最优的（即发现的第一个解路径是最短的可能路径），这是因为节点是按照问题图的树扩展的层级顺序生成的。

在网格的例子中，一个 BFS 搜索顺序是((3,3), (3,2), (2,3), (4,3), (3,4), (2,2), (4,4), (4,2), (2,4), (3,5), (5,3), (1,3), (3,1),…, (5,5))。返回的解路径((3,3), (4,3), (4,4), (4,5), (5,5))是最优的。

表 2.2 和图 2.4 列出了 BFS 算法在图 2.1 中示例的步骤。

表 2.2 图 2.1 例子中（带重复检测的）BFS 的步骤

步骤	选择	Open	Closed	备注
1	{}	{a}	{}	
2	a	{b, c, d}	{a}	
3	b	{c, d, e, f}	{a, b}	
4	c	{d, e, f}	{a, b, c}	d 是重复的
5	d	{e, f, g}	{a, b, c, d}	c 是重复的
6	e	{f, g}	{a, b, c, d, e}	f 是重复的
7	f	{g}	{a, b, c, d, e, f}	e 是重复的
8	g	{}	{a, b, c, d, e, f, g}	到达目标

在大型问题图中，BFS 的一个可能的缺点是其较大的内存消耗。DFS 在搜索

深度较大时能够发现目标，而 BFS 存储深度小于最短可能解路径长度的所有节点。

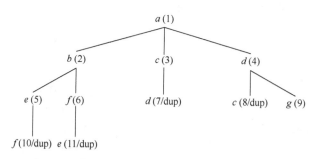

图 2.4　图 2.1 例子中的 BFS 搜索树（括号中的数字表示节点生成的顺序）

2.1.3　Dijkstra 算法

到目前为止，我仅考虑了均匀加权图。即每个边权值相同。现在考虑其泛化，即边由权值函数（又名耗费函数）w 加权。在加权图中，BFS 失去了它的最优性。例如，DFS 解路径 p 上的边的权值为 1/12，而不在 p 上的边权值为 1。此路径的总权值为 1，而 BFS 解路径的权值为 1+3/12> 1。

在非负权值图中，为计算最短（最便宜）路径，Dijkstra 算法提出了一种基于最优性原理的贪婪搜索策略。Dijkstra 算法指出，最优路径具有这样的属性，即无论初始阶段的初始条件和控制变量（选项）如何，将早期决策产生的节点作为初始条件，剩余阶段所选择的控制（或决策变量）对剩余问题必须是最优的。对最短路径应用由 Richard Bellman 设计的原理，可得

$$\delta(s,v) = \min_{v \in Succ(u)} \{\delta(s,u) + w(u,v)\}$$

换句话说，从 s 到 v 的最小距离等于从 s 到 v 的前驱 u 的距离加上 u 和 v 之间的边权值之和的最小值。这个方程意味着最优路径的任一子路径本身也是最优的（否则它会被替换以产生一条更短的路径）。

搜索算法为最短距离维持一个暂时值。更精确地说，为每个节点 u 维持 $\delta(s,u)$ 的上界 $f(u)$。初始设置 $f(u)$ 为 ∞。$f(u)$ 连续减小直到它匹配 $\delta(s,u)$。然后，$f(u)$ 在算法的剩余部分保持不变。

维护 Open 列表的一个合适数据结构是优先级队列。此队列为每个元素关联其 f 值，并提供 Insert 和 DeleteMin 操作（访问具有最小 f 值的元素，同时将其从优先级队列中删除）。此外，DecreaseKey 操作可以认为是删除任意一个元素并重新以较小的关联 f 值将其插入。在一些实现中，这两个步骤（删除和插入）可以更有效地一起执行。需要注意的是，现在 Insert 符号需要一个额外的参数。此参数用于存储优先级队列中节点的 value。

```
Procedure Improve
Input: 节点 u 和 v, v 是 u 的后继
Side effects: 更新 v 的父节点、f(v), Open, Closed 列表

if (v in Open)                              ;;节点已经生成但未扩展
    if (f(u)+w(u, v) < f(v))                ;;新路径更短
        parent(v)←u                         ;;设置前驱指针
        Update f(v)←f(u)+w(u, v)            ;;DecreaseKey, 可能重新组织 Open
else                                        ;;节点尚未到达
    if (v not in Closed)                    ;;还未扩展
        parent(v)←u                         ;;设置前驱指针
        Initialize f(v)←f(u)+w(u, v)        ;;第一次估计
        Insert v into Open with f(v)        ;;更新搜索前沿
```

算法 2.4

通过 $f(v)$ 和 $f(u)+w(u, v)$ 的最小值选择到 v 的路径

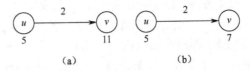

图 2.5 节点松弛的一个例子

该算法最初将 s 插入优先级队列,设 $f(s)=0$。然后,在每次迭代中选择具有最小 f 值的 Open 节点 u,并产生所有可由 u 的出边到达的后代 v。对 v 而言,如果新发现的、通过 u 的路径比之前的最佳路径更短,那么算法 2.1 的子程序 Improve 更新存储的 $f(v)$。基本上,如果可以通过另一条迂回路径缩短路径长度,那么就应该采用这条新路径。反之,Improve 将 v 插入 Open 中。算法 2.4 列出了伪代码。这个更新步骤也称为节点松弛。图 2.5 给出了松弛的一个例子。

为了便于说明,通过假设边权值泛化了之前运行的例子,如图 2.6 所示。表 2.3 和图 2.7 中给出了该算法的执行过程。

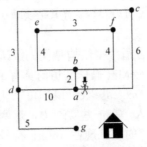

图 2.6 具有边权值的图 2.1 的扩展例子

表 2.3 对于图 2.6 中例子的 Dijkstra 算法的步骤，括号中的 s 表示 f 值

步骤	选择	Open	Closed	备注
1		{a(0)}	{}	
2	a	{b(2),c(6),d(10)}	{a}	
3	b	{e(6),f(6),c(6),d(10)}	{a, b}	任意打破平局
4	e	{f(6),c(6),d(10)}	{a, b, e}	f 是重复的
5	f	{c(6),d(10)}	{a, b, e, f}	e 是重复的
6	c	{d(9)}	{a, b, e, f}	重新打开 d, 父节点改变为 c
7	d	{g(14)}	{a, b, e, f, c, d}	a 是重复的
8	g	{}	{a, b, e, f, c, d, g}	到达目标

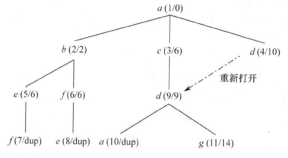

图 2.7 图 2.6 中例子的单源最短路径搜索树（括号中的数字代表节点生成顺序除以 f 值）

算法的正确性论证基于如下事实。即对于 Open 中具有最小 f 值的节点 u 而言，f 是精确的，也就是说 $f(u) = \delta(s, u)$。

引理 2.1（最优节点选择） 则令 $G = (V, E, w)$ 为正权值图，f 是 Dijkstra 算法中 $\delta(s, u)$ 的近似值。一旦在算法中选择 u，则有 $f(u) = \delta(s, u)$。

证明： 反证法证明，假设 u 为从 Open 中选择的第一个节点，且 $f(u) \neq \delta(s, u)$，即 $f(u) > \delta(s, u)$。此外，令 $(s, \cdots, x, y, \cdots, u)$ 为 u 的最短路径，y 是路径上第一个未被扩展的节点（图 2.8）。

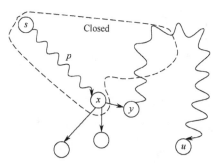

图 2.8 Dijkstra 算法从 Open 中选择 u

$f(x) = \delta(s,x)$，这是因为给定 u 的最小性，$x \in \text{Closed}$。此外，边 (x, y) 已松弛。因此，有

$$f(y) \leq f(x) + w(x,y) = \delta(s,x) + w(x,y) = \delta(s,y) \leq \delta(s,u) < f(u)$$

（倒数第二步用到了权值是正数）。这个不等式与从优先级队列选择 u 而不是 y 相矛盾。

重要的是，我们观察到引理 2.1 使得 Dijkstra 算法的探索策略适合隐式枚举，这是因为第一次遇到目标节点 t 时，就有 $f(t) = \delta(s,t)$。

定理 2.1（Dijkstra 算法的正确性） 在具有非负权值函数的加权图中，Dijkstra 算法是最优的。即对第一个选择的扩展节点 $t \in T$，有 $f(t) = \delta(s,t)$。

证明：对非负边权值，对 $v \in \text{Succ}(u)$ 的每一对节点 (u, v)，总是有 $f(u) \leq f(v)$。因此，选择节点的 f 值单调递增。这证明对第一个选择的节点 $t \in T$，有 $f(t) = \delta(s,t) = \delta(s,T)$。

在无限图中我们需要保证最终会到达一个目标节点。

定理 2.2（无限图中的 Dijkstra 算法） 若问题图 $G = (V, E, w)$ 的权值函数 w 严格为正，且每个无限路径的权值为无穷，则 Dijkstra 算法会终止于最优解。

证明：由前提条件推出，若路径耗费有限，则路径本身是有限的。因此，只有有限个路径耗费小于 $\delta(s,T)$。进一步观察到，耗费大于等于 $\delta(s,T)$ 的路径不可能是最优路径的前缀。因此，Dijkstra 算法只在所有无限路径的有限子集上检测问题图。最终会到达 $\delta(s,t) = \delta(s,T)$ 的目标节点 $t \in T$，因此 Dijkstra 算法终止。由定理 2.1 的正确性可知，该解是最优的。

请注意，对于 Closed 中的所有节点 u，已经发现从 s 到 u 的最优路径。因此，可以对 Dijkstra 算法稍作改进，使其仅当 Open 为空时停止。改进的算法不仅能够发现单源 s 和单目标 t 间的最短路径，也能发现到所有其他节点的最短路径（假设节点数量有限）。

2.1.4 负权值图

引理 2.1 的正确性和最优性在具有负的边权值的图中不再成立。举一个简单的例子，考虑图由三个节点 s、u、v 组成的图，边 (s,u) 权值 $w(s,u) = 5$，边 (s, v) 权值 $w(s, v) = 4$，边 (v, u) 权值 $w(v,u) = -2$，Dijkstra 算法计算出 $\delta(s,u) = 5$，而非正确值 $\delta(s,u) = 3$。

更糟糕的是，负加权图可能包含负加权环，使最短路径可能无限长且其值为 $-\infty$。这引出后面将要描述的 Bellman-Ford 算法。然而，如果在图上加一个不严格的条件，即对所有的 u 有 $\delta(s,T) = \min\{\delta(u,t) | t \in T\} \geq 0$，我们仍然可以使用改进的 Dijkstra 算法处理负加权图。也就是说，每个节点到目标的距离非负。例

如，当离目标较远时可以有负的边，但靠近时这些负边被"吃掉"。这个条件意味着不存在负加权环。

将把 Dijkstra 算法的扩展版本标记为算法 A。可以从算法 2.5 和算法 2.4 之间的比较看出，具有负权值边时，不仅有必要重新打开 Open 节点，而且也有必要重新打开 Closed 节点。

Procedure Improve
Input：节点 u 和 v，v 是 u 的后继
Side effects：更新 v 的父节点、$f(v)$，Open，Closed 列表

```
if (v in Open)                              ;;节点已经生成但未扩展
    if (f(u)+w(u, v) < f(v))                ;;新路径更短
        parent(v)←u                         ;;设置前驱指针
        Update f(v)←f(u)+w(u, v)            ;;DecreaseKey 操作
else if (v in Closed)                       ;;节点 v 已经扩展
    if (f(u)+w(u, v) < f(v))                ;;新路径更便宜
        parent(v)←u                         ;;设置前驱指针
        Update f(v) ←f(u)+w(u, v)           ;;更新估计
        Remove v from Closed                ;;重新打开 v
        Insert v into Open with f(v)        ;;改变列表
else                                        ;;未访问过的节点
    parent(v)←u                             ;;设置前驱指针
    Initialize f(v)←f(u)+w(u, v)
    Insert v into Open with f(v)            ;;更新搜索前沿
```

算法 2.5

处理负的边权值的更新程序

引理 2.2（算法 A 的不变性） 令 $G=(V, E, w)$ 为加权图，$p = (s = v_0, v_1, \cdots, v_n = t)$ 是从开始节点 s 到一个目标节点 $t \in T$ 的最小耗费路径。f 为算法 A 中的近似值。每次从 Open 中选择一个节点 u 时，有下列不变性。

除非 Closed 中的 v_n 有 $f(v_n) = \delta(s, v_n)$，否则在 Open 中存在一个节点 v_i 使得 $f(v_i) = \delta(s, v_i)$，且在 Closed 中不存在 $f(v_j) = \delta(s, v_j)$ 的节点 $v_j (j > i)$。

证明：不失一般性，设 i 为所有满足不变性的节点中的最大下标值。我们区分下列情况：

(1) 节点 u 不在 p 上或者 $f(u) > \delta(s,u)$。则节点 $v_i \neq u$ 仍位于 Open 中。由于不存在 $f(v) = \delta(s,v) \leqslant f(u) + w(u,v)$ 的属于 Open $\cap$ p $\cap$ Succ(u) 的 v 被改变，且没有其他节点已添加到 Closed 中，因此不变性成立。

(2) u 位于 p 上且 $f(u) = \delta(s,u)$：若 $u = v_n$，不变性成立。

首先，假设 $u = v_i$。则 $v = v_{i+1} \in$ Succ(u) 将调用 Improve；对所有属于 Succ$(u) \setminus \{v_{i+1}\}$ 的其他节点，情况（1）论证成立。根据不变性，若 v 属于 Closed，则 $f(v) > \delta(s,v)$，v 将重新插入到 Open 中，且其 f 值设为 $f(v) = \delta(s,u) + w(u,v) = \delta(s,v)$。若 v 既不在 Open 也不在 Closed 中，v 将被插入到 Open 中。否则，DecreaseKey 操作将设置 v 的 f 值为 $\delta(s,v)$。无论何种情况，v 保证前文的不变性。

现在假设 $u \neq v_i$，由 i 的最大性假设可得 $u = v_k$ 且 $k < i$。若 $v = v_i$，则不存在 DecreaseKey 操作改变它，这是因为 v_i 已经有了最优值 $f(v) = \delta(s,u) + w(u,v) = \delta(s,v)$。否则，$v_i$ 仍以不变的 f 值位于 Open 中，且除了 u 之外没有其他的节点被插入到 Closed 中。因此，v_i 仍保证前文的不变性成立。

定理 2.3 （算法 A 的正确性） 令 $G = (V, E, w)$ 为加权图使得 V 中的所有 u 有 $\delta(u,T) \geqslant 0$。算法 A 是最优的。即在首次提取 T 中的节点 t 时，则有 $f(t) = \delta(s,T)$。

证明：假设算法在 $f(t') > \delta(s,T)$ 的节点 $t' \in T$ 终止。根据前文的不变性，Open 中存在一个节点 u 使得 $f(u) = \delta(s,u)$，它位于到 t 的最优解路径 p_t 上。有

$$f(t') > \delta(s,T) = \delta(s,u) + \delta(u,T) \geqslant \delta(s,u) = f(u)$$

这与 t' 从 Open 中选择这个事实矛盾。

在无限图中我们可以应用定理 2.2 的证明。

定理 2.4（无限图中的算法 A） 若每个无限路径的权值是无限的，则算法 A 以最优解终止。

证明：由于对所有的 u 有 $\delta(u,T) \geqslant 0$，不存在作为最优解路径前缀的耗费大于等于 $\delta(s,T)$ 的路径。

2.1.5 松弛节点选择

Dijkstra 算法必定总是扩展 Open 中具有最小 f 值的节点。然而，正如将在后面的章节中看到的一样，有时基于其他标准选择节点可能更有效。例如，在很大的地图中寻找路线时，或许想一起探索分区中的邻近街道以优化磁盘访问。

算法 2.6 给出了松弛节点选择方案的伪代码实现，此方案给予了这种自由。与算法 A 和 Dijkstra 算法不同的是，到达的第一个目标节点将不再保证所建立的解路径的最优性。因此，该算法需要继续运行直至 Open 为空。算法维护和更新一个全局的当前最佳的解路径长度 U。随着时间的推移算法提高了解的质量。

```
Procedure Node-Selection A
Input: 具有开始节点 s，权值函数 w，启发式 h，后继生成函数 Expand 和谓词 Goal 的隐
       式问题图
Output: 到一个目标节点 t 的耗费最优路径，如果路径不存在则返回 ∅

Closed←∅; Open←{s}                        ;;初始化结构
f(s)←h(s)                                 ;;初始化估计
U←∞; bestPath←∅                           ;;初始化解路径的值
while (Open≠∅)                            ;;只要存在前沿节点
    Remove some u from Open               ;;从搜索前沿中选择任意节点
    Insert u into Closed                  ;;更新已扩展节点的列表
    if (f(v)>U) continue                  ;;如果耗费太高则修剪扩展
    if (Goal(u) and f(u)<U)               ;;改进建立的解
        U←f(u); bestPath←Path(u)          ;;更新解路径
    else
        Succ(u)←Expand(u)                 ;;生成后继集合
        for each v in Succ(u)             ;;对于所有后继节点
            Improve(u, v)                 ;;更新数据结构
return bestPath                           ;;返回最优解
```

算法 2.6

在算法 A 中松弛节点扩展顺序

如果使算法最优，必须在负加权图中施加与算法 A 同样的限制。

定理 2.5（节点选择 A 的最优性，有条件的） 若对所有节点 $u \in V$ 有 $\delta(s,T) \geq 0$，则节点选择 A 终止于最优解。

证明：一旦终止，每个插入到 Open 中的节点必定至少选择一次。假设在每个循环中保持不变性。即总是存在一个属于 Open 的 $f(v) = \delta(s,v)$ 的节点 v 位于最优路径上。因此，该算法终止时必定会最终选择这条路径上的目标节点。并且，由于按照定义该路径不大于任一找到的解路径且 best 维护当前的最短路径，因此算法将返回最优解。这仍然表明，在每次迭代中的不变性成立。若提取的节点 $u \neq v$，则无需证明。否则 $f(u) = \delta(s,u)$。边界 U 表示当前最优解长度。若 $f(u) \leq U$，则不进行剪枝。另一方面，因为 $U \geq \delta(s,u) + \delta(u,T) \geq \delta(s,u) = f(u)$（后一个不等式由 $\delta(u,T) \geq 0$ 得到），所以 $f(u) > U$ 导致矛盾。

若允许 $\delta(u,T)$ 为负，至少可以获得下列最优性结果。

定理 2.6（节点选择 A 的最优性，无条件的） 若节点选择算法 A 的剪枝条件为 $f(u) + \delta(u,T) > U$，则 A 是最优的。

证明：通过之前的定理，仍需要说明不变性在每个迭代中成立。如果提取的节点 $u \neq v$，则无须证明。否则 $f(u) = \delta(s,u)$。界限 U 表示当前最优解长度。若 $f(u) + \delta(u,T) \leq U$，不进行剪枝。另一方面，$f(u) + \delta(u,T) > U$ 产生矛盾，因为 $\delta(s,T) = \delta(s,u) + \delta(u,T) = f(u) + \delta(u,T) > U$，当 U 表示某个解路径耗费时这是不可能的，故产生矛盾。即 $U \geq \delta(s,T)$。

但由于不知道 $\delta(s,T)$ 的值，因此唯一能做的就是取其近似值。换句话说，为其设定一个界限。

2.1.6 Bellman-Ford 算法

对带有负的边权值的搜索图，Bellman-Ford 的算法是 Dijkstra 算法的标准替代。Bellman-Ford 算法可以处理任意这种（不仅是具有非负目标距离的）有限图，并且将检测负环的存在。

算法的基本思想比较简单：在 $n-1$ 次的每次迭代（n 为问题图的节点数）中松弛所有的边，其中边(u, v)的节点松弛是形式为 $f(v) \leftarrow \min\{f(v), f(u) + w(u,v)\}$ 的一个更新。在第 i 次迭代中它满足不变性，最多使用 $i-1$ 条边的所有耗费最低路径都被发现。在最后一次迭代中，每个边又被检查一次。若此时任一边可被进一步松弛，则必定存在负环。算法报告存在负环并终止。可能存在负边的代价是 $O(|E||V|)$ 的时间复杂度比 Dijkstra 算法大 $|V|$ 倍。

大部分时间内，Bellman-Ford 算法由显式图描述，并被用于计算从一个源到所有其他节点的最短路径。然而，在下面设计了 Bellman-Ford 算法的一个隐式版本，使得它与之前介绍的算法具有可比性。这样做的一个优点是可以利用如下事实。仅当 u 的 f 值在第 $i-1$ 次迭代中被改变时，有必要在第 i 次迭代执行这个松弛。

注意，若利用队列替代优先级队列，则 Bellman-Ford 算法可以看作与 Dijkstra 算法几乎相同：对所有从队列一端提取的节点 u，松弛 u 的每个后继 v，并将 v 插入队列尾部。其理由如下。对具有负的边权值的图，根据不变性（见引理 2.2），不可能对于已知包含在 Open 列表中的已提取节点具有完美的选择。正如已经看到的那样，考虑已扩展的节点是必要的。假设 u 是提取的节点。在下次选择 u 之前，$f(v_i) = \delta(s,v_i)$ 的最优节点 v_i 至少选择一次，则与 v_i 相关的解路径 $p = (v_1, v_2, \cdots, v_n)$ 至少被扩展一条边。为了方便实现这个目标，我们重新展示目前设计的 Improve 程序，此时 Open 列表为一个队列。算法 2.7 给出了伪代码。

算法 2.8 列出了 Bellman-Ford 算法的隐式版本。在原来的算法中，所有的边被松弛 $n-1$ 次之后，通过检查最优路径长于节点总数实现负环检测。在隐式算法中，可以更有效地完成这个任务。可以维持路径长度，只要任何一个路径

长于 n，就可以退出并进行失败通知。此外，可以对路径中的重复实现更严格的检查。

我们忽略了目标节点的终止条件，但它可以类似在节点选择 A 算法中进行实现。即这相当于在搜索过程中跟踪当前最佳解或（像在原构想中那样）在算法完成后扫描所有解。

Procedure Improve
Input：节点 u 和 v，v 是 u 的后继，问题图节点数量 n
Side effects：更新 v 的父节点，$f(v)$，Open，Closed 列表

```
if(v in Open)                                    ;;节点已经生成但未扩展
    if(f(u)+w(u,v)<f(v))                         ;;新路径更便宜
        if(length(Path(v))≥n-1)                  ;;路径包含某个节点两次
            exit                                 ;;检测到负环
        parent(v)←u                              ;;设置前驱指针
        Update f(v)←f(u)+w(u, v)                 ;;改进的估计
else if (v in Closed)                            ;;节点 v 已经扩展
    if (f(u)+w(u, v)<f(v)                        ;;新路径更便宜
        if (length(path(v))≥n-1)                 ;;路径两次包含某个节点
            else                                 ;;检测到负环
        parent(v)←u                              ;;设置前驱指针
        Remove v from Closed
        Update f(v)←f(u)+w(u, v)                 ;;重新打开 v
        Enqueue v into Open                      ;;改变列表
else                                             ;;之前未见到节点
    parent(v)←u                                  ;;设置前驱指针
    Initialize f(v)←f(u)+w(u, v)                 ;;第一次估计
    Enqueue v into Open                          ;;增加到搜索前沿
```

算法 2.7

Bellman-Ford 算法的隐式版本的边松弛

定理 2.7（隐式 Bellman-Ford 的最优性） 隐式 Bellman-Ford 是正确的，并计算最优耗费解路径。

证明：由于算法只改变被选中的节点顺序，隐式 Bellman-Ford 的正确性和最优性证明与节点选择 A 算法一样。

定理 2.8（隐式 Bellman-Ford 的复杂性） 隐式 Bellman-Ford 应用不超过 $O(ne)$ 次节点生成。

证明：令 $Open_i$ 为当 u 在第 i 次从 Open 移出时的 Open 集合（即队列的内容）。然后，应用不变性（引理 2.2）有，$Open_i$ 至少包含一个元素，设为 u_i，u_i 具有最优耗费。由于 Open 被组织为一个队列，在 u 第 $i+1$ 次被删除之前 u_i 从 Open 中删除。由于 u_i 在最优路径上且不会被再次添加，故迭代次数 i 小于已扩展问题图的节点数量。这证明，每个边至多被选择 n 次，因此至多生成 ne 个节点。

Procedure Implicit Bellman-Ford
Input: 具有开始节点 s，权值函数 w，后继生成函数 Expand 和谓词 Goal 的问题图
Output: 存储在 $f(s)$ 中的从 s 到 t 的最便宜路径的耗费

Open←{s}   ;;初始化搜索前沿
$f(s)$←$h(s)$;;初始化估计
while (Open≠∅)   ;;只要存在前沿节点
  Dequeue u from Open   ;;以广度优先方式选择节点
  Insert u into Closed   ;;更新已扩展节点列表
  Succ(u)←Expand(u)   ;;生成后继集合
  for each v **in** Succ(u)   ;;考虑所有后继
    Improve(u, v)   ;;根据算法 2.7 松弛节点

算法 2.8

在一个隐式图中的 Bellman-Ford 算法

2.1.7 动态规划

算法设计中的分治策略建议通过将问题分割成更小的子问题，分别解决每个子问题，然后结合部分结果形成整体解，从而以递归方式解决问题。研究者发明了动态规划作为类似的通用范式。动态规划解决了这样的问题：一个递归的评估将引起反复解决重叠子问题，这些子问题由不同的主要目标所调用。它建议在一个表中存储子结果以便进行重复使用。若给定一个额外的节点顺序来定义可能的子目标关系，则这样的表是最有效的。

1. 每对顶点间的最短路径

例如，对节点 $1,2,\cdots,n$，寻找每一对节点间的最短路径。我们可以轮流从每个节点 i 开始，反复运行目前讨论的单源最短路径算法——BFS 算法或 Dijkstra 算法，但这会多次遍历整个图。一个更好的解决方法是应用寻找每对顶点间的最短路径的 Floyd-Warshall 算法。此时，所有的距离被记录在一个 $n\times n$ 的矩阵 D 中，其元素 D_{ij} 表示从 i 到 j 的最短路径耗费。算法计算一系列矩阵 $D^0, D^1, \cdots, D^k$，其中 D^0 仅仅包含边权值（它是邻接矩阵），D^k 包含节点间的最短

路径距离，限制在于中间节点的索引不大于 k。

根据最优性原则，有

$$D_{i,j}^k = \min\left\{D_{i,j}^{(k-1)}, D_{i,k}^{(k-1)} + D_{k,j}^{(k-1)}\right\}$$

成立。特别地，若 i 和 j 之间没有路径通过 k，则 $D_{i,j}^k = D_{i,j}^{(k-1)}$。算法 2.9 以 $O(n^3)$ 的时间和 $O(n^2)$ 的空间解决了每对顶点间的最短路径问题。

2. 多序列比对

在许多领域中，动态规划是非常有效的方法。这里，将给出一个多序列比对的例子（见 1.7.6 节）。w 定义了一个字符取代另一个字符的耗费。两个字符串 $m_1 = m_1'x_1$ 和 $m_2 = m_2'y_2$ 之间的距离标记为 δ。则根据最优性原则，下列递归关系成立：

$$\delta(m_1, m_2) = \begin{cases} \delta(m_1, m_2') + w(\_, x_2), & |m_1| = 0 \\ \delta(m_1', m_2) + w(x_1, \_), & |m_2| = 0 \\ \min\{\delta(m_1, m_2') + w(\_, x_2) & \text{（插入} x_2\text{）} \\ \quad \delta(m_1', m_2) + w(x_1, \_) & \text{（插入} x_1\text{）}, \quad \text{其他} \\ \quad \delta(m_1', m_2') + w(x_1, x_2)\} & \text{（匹配} x_1 \text{和} x_2\text{）} \end{cases}$$

Procedure Floyd-Warshall

Input：$n \times n$ 邻接矩阵 A

Output：包含所有节点对最短路径距离的矩阵 D

$D \leftarrow M$;; 初始化距离矩阵

for each k **in** $\{1, 2, \cdots, n\}$;; 在中继节点上循环

   for each i **in** $\{1, 2, \cdots, n\}$;; 在开始节点上循环

     for each j **in** $\{1, 2, \cdots, n\}$;; 在结束节点上循环

         $D_{i,j}^k \leftarrow \min\{D_{i,j}^{(k-1)}, D_{i,k}^{(k-1)} + D_{k,j}^{(k-1)}\}$

return D

算法 2.9

Floyd-Warshall 算法

成对比对可以方便地描述成二维网格的两个对角点之间的路径：一个序列沿水平轴从左到右放置，另一个沿垂直轴从顶部到底部放置。如果任一字符串之间都没有间隙，路径沿对角线向右下移动。垂直（水平）字符串上的间隙表示为一个水平（垂直）向右（下）移动。这是因为此时仅在其中一个字符串上消耗一

个字母。比对图是有向无环的,其(无边界)顶点具有从左相邻顶点、上相邻顶点和左上相邻顶点来的入边,出边到达右相邻顶点、下相邻顶点和右下相邻顶点。

算法以自底向上的形式逐步构建 m 和 m' 的前缀的比对。成对比对的耗费保存在矩阵 D 中,其中 $D_{i,j}$ 包含 $m[1,2,\cdots,i]$ 和 $m'[i,i+1,\cdots,j]$ 之间的距离。只要与图的拓扑顺序兼容,可以采用不同的扫描确切顺序(如逐行或逐列)。有向无环图的拓扑顺序是节点的排序 $u_0, u_1, \cdots$,使得若 u_i 可由 u_j 到达,则必定有 $j \geq i$。特别的,u_0 没有入边,且若节点数量是某个有限数 n,则 u_n 没有出边。一般地,对于一个给定图可以构建许多不同的拓扑顺序。

例如,在两个序列的比对中,一个单元格的值取决于单元格到左、上、对角左上的单元格的值,这些都必须在该单元格之前被探索到。算法 2.10 给出了逐列遍历的情况。另一个特定的顺序是反对角,这是从右上角到左下角的对角线。节点反对角的数值是其坐标之和。

Procedure Align-Pairs
Input:替代耗费 w,字符串 m 和 m'
Output:包含所有字符串前缀对之间的最短距离的矩阵 D

for each i in $\{0, 1, \cdots, |m|\}$ $D_{i,0} \leftarrow w('\_', m_i)$;;初始化第一列
for each i $\{1, 2, \cdots, |m'|\}$ $D_{0,i} = w('\_', m'_i)$;;初始化第一行
for each i in $\{1, 2, \cdots, |m|\}$;;对于所有列
  for each j in $\{1, 2, \cdots, |m'|\}$;;对于所有行
    $D_{i,j} \leftarrow \min\{D_{i,j-1} + w('\_', m'_j),$;;插入到 m'
                $D_{i-1,j} + w(m_i, '\_')$, ;;插入到 m
                $D_{i-1,j-1} + w(m_i, m'_j)\}$;;字符匹配
return D

算法 2.10

以列顺序动态规划解成对序列比对

例如,图 2.9 给出了字符串 sport 和 sort 之间编辑距离的完全矩阵。所有的矩阵项被计算之后,必须重构解路径以获得实际的比对。这可以通过从右下角到左上角的反向迭代完成,并在每一个步中选择一个允许以给定耗费进行转换的父节点。或者,我们可以在每个单元格中存储一个额外的指针指向相关的前驱。

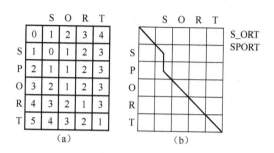

图 2.9 字符串"sport"和"sort"的编辑距离矩阵和解路径

(a) 编辑距离矩阵;(b) 解路径。

通过考虑高维晶格,可以直观地泛化成对序列比对到同时比对 k 个序列。例如,三个序列的比对可以看作一个立方体中的路径。图 2.10 举例说明了比对的一个例子。例如:

$$A \quad B \quad C \quad - \quad B$$
$$- \quad B \quad C \quad D \quad -$$
$$- \quad - \quad - \quad D \quad B$$

若序列长度至多为 n,算法 2.10 一般需要 $O(n^k)$ 的时间和空间来存储动态规划表格。在 6.3.2 节,将给出一个改进算法,此算法减少一个量级的空间复杂度。图 2.11 显示了计算后继耗费的一个例子,它使用图 2.10 的耗费矩阵且打开一个间隙的惩罚为 4。

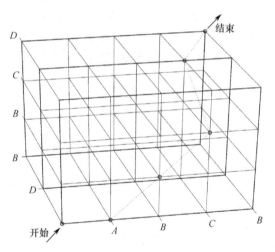

图 2.10 三个序列 $ABCB$、BCD 和 DB 的比对

3. 马尔可夫决策过程问题

使用策略迭代或值迭代的动态规划方法是计算最优策略的一种常见方式。

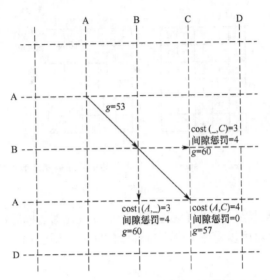

图 2.11 使用仿射间隙函数计算路径耗费的例子
（使用了图 2.10 的替代矩阵且打开间隙的惩罚为 4）

策略迭代和值迭代二者均基于 Bellman 最优性等式，即

$$f^*(u) = \min_{a \in A} \left\{ w(u,a) + \sum_{v \in S} p(v|u,a) \cdot f^*(v) \right\}$$

在某些情况下，应用折扣因子 δ 来处理无限路径。简单地讲，我们将智能体从一个状态开始，根据其策略遍历图时所期望累积的总收益与总耗费的比值定义为此状态的值。折扣因子定义了与经过两步或更多步骤后可达到的耗费/收益相比，该如何评估即时的耗费/收益。最优性原理的对应方程为

$$f^*(u) = \min_{a \in A} \left\{ w(u,a) + \delta \cdot \sum_{v \in S} p(v|u,a) \cdot f^*(v) \right\}$$

策略迭代通过如下设置，不断改进策略 π，即

$$\pi(u) \leftarrow \arg\min_{a \in A} \left\{ w(u,a) + \sum_{v \in S} p(v|u,a) \cdot f^{\pi}(v) \right\}$$

对每个状态 u，其 π 的估值 $f^{\pi}(u)$ 可以由包含 $|S|$ 个方程的线性方程组计算得到

$$f^{\pi}(u) \leftarrow w(u, \pi(u)) + \sum_{v \in S} p(v|u, \pi(u)) \cdot f^{\pi}(v)$$

算法 2.11 给出了策略迭代的一个伪代码实现。

值迭代通过对每个状态 u 连续执行如下操作改进了估计的代价函数 f 为

$$f(u) \leftarrow \min_{a \in A} \left\{ w(u,a) + \sum_{v \in S} p(v|u,a) \cdot f(v) \right\}$$

```
Procedure Policy-Iteration
Input：马尔可夫决策过程问题，某个初始策略 π
Output：最优策略

do                                                      ;;循环直到收敛
    f^π=Evaluate(π)                                      ;;评估策略
    changed←false                                        ;;循环控制
    for each u ∈ S                                       ;;对于所有扩展的状态
        bestVal←∞                                        ;;动态更新界限
        A←-1                                             ;;对于更新算子
        for each a ∈ A                                   ;;对于所有算子
            V←w(u,a)                                     ;;耗费/收益
            for each v ∈ S                               ;;对于所有后继状态
                V ← V + δ · p(v|u,a) · f^π(v)            ;;计算耗费
            if (V<bestVal)                               ;;达到改进
                bestVal←V; bestVct←a                     ;;备份最佳结果
        if(π(u)≠bestAct)                                 ;;策略改变
            changed←true; π(u)←bestAct                   ;;协议改变
while (changed)                                          ;;循环直到标记为假
```

算法 2.11

策略迭代

如果策略估值的误差界限低于用户提供的阈值 ε，或者已经执行了最大迭代次数，则算法退出。若已知每个状态的最优耗费 f^*，根据 Bellman 方程的单一应用选择一个操作可以很容易地提取最优策略。算法 2.12 给出了值迭代的伪代码。该程序采用启发式 h 初始化值函数作为额外参数。

值函数的误差界限称为剩余。并且，可以以类似 $\max_{u \in S} |f_t(u) - f_{t-1}(u)|$ 的形式计算得到剩余。零剩余表示该过程已收敛。策略迭代的一个优点是它收敛到确切最优解，而值迭代通常只能达到近似值。另一方面，值迭代技术通常在大的状态空间中更有效。

对隐式搜索图而言，算法分两个阶段进行。在第一阶段，从初始状态 s 产生整个状态空间。在这个过程中，分配一个哈希表（或向量）中的表项用于存储每个状态 u 的 f 值。若 $u \in T$，则这个值被初始化为 u 的耗费，若 u 为非终止状态，则将其 f 值初始化为一个给定的（不一定是容许的）启发式估值（若无估值可用，则初始化为 0）。在第二阶段，执行状态空间的迭代扫描以更新非终止状态 u 的 f 值为

$$f(u) = \min_{a \in A(u)} q(u,a)$$

式中 $q(u,a)$ 取决于搜索模型（见 1.8.4 节）。

```
Procedure Value-Iteration
Input:  马尔可夫决策过程问题，容忍 ε >0，启发式 h 和最大迭代数量 $t_{max}$
Output:  ε -最优策略 π

t←0                                                          ;;迭代计数
for each u ∈ S                                               ;;对于所有状态
    $f_0(u)$←h(u)                                           ;;设置默认值函数
while (Residual on $f_t$ > ε and t < $t_{max}$)             ;;收敛标准
    t←t+1                                                    ;;下一个迭代数量
    for each u ∈ S                                           ;;对于所有已扩展状态
        bestVal←∞                                            ;;为了监控更新
        for each a ∈ A                                       ;;对于所有动作
            V←w(u,a)                                         ;;计算耗费/收益
            for each v ∈ S                                   ;;对于所有后继状态
                V ← V + δ · p(v|u,a) · $f_{t-1}(v)$         ;;计算值
            if (V<bestVal) π(u)←a; bestVal←V                 ;;更新值
        $f_t(u)$←M                                           ;;设置值
return Policy($f_t$)                                         ;;使用 arg-min
```

算法 2.12

值迭代

假设对所有的 $u \in S$，值迭代的值有限，则值迭代收敛为最优值函数。对于可能具有循环解的 MDP 算法，迭代次数没有界限，值迭代通常只在极限情况下收敛。因此，对 MDP 算法，值迭代通常是经过一个预定义的界限 t_{max} 次迭代后，或者当剩余低于一个给定值 ε > 0 时终止。

蒙特卡罗策略评价估计给定策略下状态的值 f^π。给定迭代集合，值 f^π 由紧跟的 π 近似。为了估计 f^π，确定状态 u 的访问次数。通过迭代集合返回值的平均值计算得到 f^π。当访问次数无穷时，蒙特卡罗策略评价收敛到 f^π。主要论点是，由大数定律可知平均值序列将收敛到其期望值。

为了术语表述方便，后面处理搜索算法时我们将继续使用节点一词。

2.2 提示性最优搜索

现在介绍启发式搜索算法，即：利用剩余目标距离估计来确定节点扩展优先级的算法。以这种方式获得领域相关知识可以大大修剪待扩展搜索树以找到一个最优解。因此，这些算法也归为提示性搜索这一类别。

图 2.12 一条解路径的近似耗费

2.2.1 A*算法

A*算法是最著名的启发式搜索算法。它更新估值 $f(u)$（也称为量纲）。$f(u)$ 定义为

$$f(u) = g(u) + h(u)$$

式中：$g(u)$ 为从 s 到 u 的（当前最优）路径的权值；$h(u)$ 为从 u 到一个目标的剩余耗费估计（下界），称为启发式函数。因此，组合值 $f(u)$ 是整个解路径耗费的近似值（图 2.12）。出于完整性考虑，算法 2.13 给出了整个算法。

Procedure A*
Input: 具有开始节点 S，权值函数 w，启发式 h，后继生成函数 Expand 和谓词 Goal 的隐式问题图
Output: 从 s 到 t 的耗费最优路径，如果路径不存在则返回 $\emptyset$

```
Closed ← ∅                                          ;;初始化结构
Open ← {s}                                          ;;将 S 插入到搜索前沿
f(s) ← h(s)                                         ;;初始化估计
while (Open≠∅)                                      ;;只要还有前沿节点
    Remove u from Open with minimum f(u)            ;;选择节点进行扩展
    Insert u into Closed                            ;;更新已扩展结果列表
    if (Goal(u)) return Path(u)                     ;;找到目标，返回解
    else Succ(u) ← Expand(u)                        ;;扩展产生后继集合
        for each v in Succ(u)                       ;;对于 u 的所有后继 v
            Improve(u,v)                            ;;调用松弛子程序
return ∅                                            ;;解不存在
```

Procedure Improve
Input: 节点 u 和 v，v 是 u 的后继
Side effects: 更新 v 的父节点 $f(v)$，Open 和 Closed

```
if v in Open                                        ;;节点已经生成但未扩展
    if(g(u)+w(u,v)<g(v))                            ;;新路径更便宜
        parent(v) ← u                               ;;设置前驱指针
        f(v) ← g(u)+w(u,v)+h(v)                     ;; DecreaseKey 操作
```

```
else if v in Closed                          ;;节点 v 已经扩展
    if(g(u)+w(u,v)<g(v))                     ;;新路径更便宜
        parent(v)←u                          ;;设置前驱指针
        f(v)←g(u)+w(u,v)+h(v)                ;;更新估计
        Remove v from Closed                 ;;重新打开 v
        Insert v into Open with f(v)         ;;重新打开节点
else                                         ;;未见过的节点
    parent(v)←u                              ;;设置前驱指针
    Initialize f(v)←g(u)+w(u,v)+h(v)         ;;第一次估计
    Insert v into Open with f(v)             ;;将 v 添加到搜索前沿
```

算法 2.13

A*算法

为了便于说明，假设可以从一个未知源获得启发式估计。我们再次推广如图 2.13 所示的之前的例子。表 2.4 和图 2.14 分别给出了 A*算法的执行过程。与 Dijkstra 算法相比，由于节点 b、e 和 f 的 f 值大于耗费最低的路径，因此可以将其剪枝。

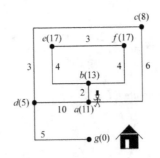

图 2.13　图 2.6 使用启发式估计（圆括号）的扩展示例

表 2.4　图 2.13 例子中 A*算法的步骤，括号中的值表示 g 值和 f 值

步骤	选择	Open	Closed	备注
1	{}	{a(0, 11)}	{}	
2	a	{c(6, 14), b(2, 15), d(10, 15)}	{a}	
3	c	{d(9, 14), b(2, 15)}	{a, c}	更新 d，父节点改变为 c
4	d	{g(14, 14), b(2, 15)}	{a, c, d}	a 是重复的
5	g	{b(2, 15)}	{a, c, d, g}	到达目标

细心的读者可能已经注意到算法 2.13 中稍显草率的符号：在 Improve 程序中使用了项 $g(u)$，但是并未初始化其值。这是因为对于一个有效实现，要么保存一个节点的 g 值，要么保存其 f 值，但无须二者都保存。若仅保存 f 值，我们可以

获得节点 v（父辈为 u）的 f 值为 $f(v) \leftarrow f(u) + w(u,v) - h(u) + h(v)$。

按照这种推理，证明了在重加权图中 A* 算法可以看作 Dijkstra 算法。此时，我们将启发式并入权值函数，设为 $\hat{w}(u,v) = w(u,v) - h(u) + h(v)$。图 2.15 给出了隐式搜索图的这种重加权转换示例。这种转换的动机之一是继承正确性证明，尤其是对图而言。此外，它是传统图与 AI 搜索之间的桥梁，还附带说明了启发式的影响。接下来让我们形式化这个想法。

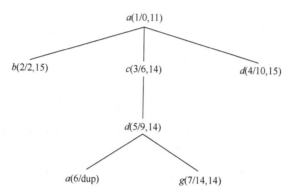

图 2.14　图 2.13 例子中的 A*搜索树（圆括号中的值表示节点生成的顺序/h 值, f 值）

图 2.15　重加权边的过程

引理 2.3　令 G 为一个加权问题图，$h: V \rightarrow \mathbb{R}$。定义修改的权值 $\hat{w}(u,v)$ 为 $w(u,v) - h(u) + h(v)$。令 $\delta(s,t)$ 为原始图中从 s 到 t 的最短路径长度，$\hat{\delta}(s,t)$ 为重加权图中其对应值。

（1）对于一条路径 p，当且仅当 $\hat{w}(p) = \hat{\delta}(s,t)$ 时，有 $w(p) = \delta(s,t)$。

（2）当且仅当 G 关于 $\hat{w}$ 没有负加权环时，G 在 w 下没有负加权环。

证明：为了证明第一个论点，设 $p = (v_0, v_2, \cdots, v_k)$ 为从开始节点 $s = v_0$ 到一个目标节点 $t = v_k$ 的任意路径，有

$$\hat{w}(p) = \sum_{i=1}^{k}(w(v_{i-1}, v_i) - h(v_{i-1}) + h(v_i))$$
$$= w(p) - h(v_0)$$

假设存在路径 p'，$\hat{w}(p') < \hat{w}(p)$ 且 $\hat{w}(p') \geq w(p)$。则 $\hat{w}(p') - h(v_0) < w(p) - h(v_0)$，因此 $w(p') < w(p)$，产生矛盾。另一个方向可以类似处理。

对于第二个论点，设 $c = (v_0, v_2, \cdots, v_l = v_0)$ 为 G 中任意一个环。则有 $\hat{w}(c) = w(c) + h(v_l) - h(v_0) = w(c)$。

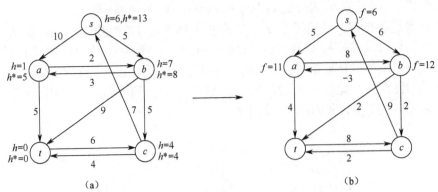

图 2.16 重加权前后的一个问题图

(a) 重加权前的问题图；(b) 重加权后的问题图。

例如，考虑图 2.16 中的两个图。图 2.16（a）显示了原始问题图，每个节点附上了启发式估值。每个节点 u 具有额外的标记值 $h^*(u) = \delta(u,t)$。在右边的重加权图中，给出了扩展节点 s 后计算得到的 f 值。原始图中边（b, a）的不一致性在重加权图中产生了一个负的权值。

在 A*算法环境中，处理不一致但容许启发式的常用方法称为最大路径（pathmax）。它利用到达一个节点的路径的累积权值的最大值实现耗费函数的单调增长。更正式的说，对于具有孩子 v 的节点 u，pathmax 方程将 $f(v)$ 设为 $\max\{f(v), f(u)\}$，或者等价地，将 $h(v)$ 设为 $\max\{h(v), h(u) - w(u,v)\}$，使得 h 不会高估从父节点到目标的距离。

如果像 A*算法一样对图搜索应用其推理，这种方法是错误的。在图 2.16 的示例中，扩展节点 s 和 a 后，我们有 Open = $\{(b,12),(t,15)\}$ 且 Closed = $\{(s,6),(a,11)\}$。此时，通过 b 使用 $(b,12)$ 再次到达 a，a 被移动到 Closed，且将 $(a,12)$ 与封闭列表进行对比。我们有 12 为路径 (s,b,a) 上的最大路径值。我们错误地保存了 $(a,11)$，并且永远丢失了 $(a,12)$ 中包含的所有信息。

方程式 $h(u) \leq h(v) + w(u,v)$ 等价于 $\hat{w}(u) = h(v) - h(u) + w(u,v) \geq 0$。一致性启发式产生 Dijkstra 算法的第一个 A*算法变种。

定理 2.9（一致性启发式下的 A*算法） 设 h 是一致的。若对初始节点 s 设置 $f(s) = h(s)$，且用 $f(u) + \hat{w}(u,v)$ 而不是 $f(u) + w(u,v)$ 更新 $f(v)$，则每次选择一个 $t \in T$ 的节点时，我们有 $f(t) = \delta(s,t)$。

证明：由于 h 是一致的，有 $\hat{w}(u,v) = w(u,v) - h(u) + h(v) \geq 0$。因此，权值函数 $\hat{w}$ 满足定理 2.1 的前提条件，若从 Open 中选择 u，则 $f(u) = \hat{\delta}(s,u) + h(s)$。根据引理 2.3，重加权过程中最短路径仍然不变。因此，若从 Open 选择 $t \in T$，则有

$$f(t) = \hat{\delta}(s,t) + h(s) = \hat{w}(p_t) + h(s) = w(p_t) = \delta(s,t)$$

由于 $\hat{w} \geq 0$，对 u 的所有后继 v，都有 $f(v) \geq f(u)$。f 值单调递增，因此第一次提取 $t \in T$ 时，有 $\delta(s,t) = \delta(s,T)$。

若 $w(u,v) - h(u) + h(v)$ 为负值，在后续的搜索过程中或许会发现到已扩展节点的更短路径。这些节点被重新打开。

在单位边耗费和简单启发式（即对所有 $u, h(u) = 0$）的特殊情况下，A*算法的运行类似于广度优先搜索算法。但是，这两个算法具有不同的停止条件。一旦产生目标，BFS 算法停止。A*算法不会停止——它将目标插入优先级队列且在终止前完成 $d-1$ 层级（假设开始节点与目标距离为 d）。因此，两个算法的区别可以与位于 $d-1$ 层级的节点数量一样大。通常，$d-1$ 层级的节点数量占已扩展节点总数的比例较大（例如，一半）。BFS 算法可以停止而 A*算法不可以停止的原因在于，仅当问题图中所有边的权值相同时 BFS 算法的停止条件是正确的。A*算法是通用的——它需要完成 $d-1$ 层级是因为可能存在一个通向目标节点的权值为 0 的边，因而会产生一个更好的解。有一个简单的方案可以解决这个问题。若节点 u 与一个目标节点相邻，则定义 $h(u) = \min\{w(u,t) | t \in T\}$。最优边的新权值为 0，从而使得它最先被搜索到。

引理 2.4 令 G 是一个加权问题图，h 是一个启发式，且 $\hat{w}(u,v) = w(u,v) - h(u) + h(v)$。若 h 是容许的，则 $\hat{\delta}(u,T) \geq 0$。

证明：由于 $h(t) = 0$，且由引理 2.3 可知，在 G 的重加权图中最短路径耗费保持不变，则

$$\begin{aligned}
\hat{\delta}(u,T) &= \min\{\hat{\delta}(u,t) | t \in T\} \\
&= \min\{\delta(u,t) - h(u) + h(t) | t \in T\} \\
&= \min\{\delta(u,t) - h(u) | t \in T\} \\
&= \min\{\delta(u,t) | t \in T\} - h(u) \\
&= \delta(u,T) - h(u) \geq 0
\end{aligned}$$

定理 2.10（容许启发式下的 A*算法） 对加权图 $G = (V, E, w)$ 和容许启发式 h，算法 A*算法是完备的和最优的。

证明：由引理 2.4 应用定理 2.3 直接可得。

关于符号的第一个解释：按照算法原来的形式化方法，A*、f*、h* 等使用的符号中的 "*" 表示最优性。正如我们所见，后面提出的许多算法根据此标准命名。如果你看到很多星号请不要惊讶。

对于搜索目标 $f = g + h$，图 2.17 给出了应用 DFS 算法、BFS 算法、A*算法

以及贪心最佳优先搜索（$f=h$ 时的 A*算法的衍生算法）的效果。

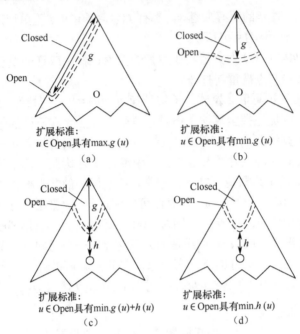

图 2.17　不同搜索策略

（a）DFS 算法；（b）BFS 算法；（c）A*算法；（d）贪心最佳优先搜索。

2.2.2　A*算法的最优效率

人们常说，A*算法不仅产生一个最优解，它所扩展的节点数量也是最少的（最多是平局，即扩展的节点数量与其他算法一样多）。换句话说，对于任何给定的启发式函数，A*算法具有最优效率，或者没有其他的算法可以比 A*算法扩展更少的节点。然而，这个结果只是部分正确。此结论在一致启发式下成立，但是在容许启发式下不一定成立。首先给出第一种情况的证明；然后给出第二种情况的反例。

1. 一致启发式

我们知道，一致启发式搜索可以看作具有非负耗费的重加权问题图中的搜索。

定理 2.11（效率下界）　设 G 为具有非负权值函数的问题图，初始节点为 s，最终节点集为 T。设 $f^* = \delta(s,T)$ 为最优解耗费。任意最优算法必须访问所有 $\delta(s,u) < f^*$ 的节点 $u \in V$。

证明：假设相反。即算法 A 发现一个 $w(p_t) = f^*$ 的最优解 p_t，且留下某个 $w(p_t) = f^*$ 的 u 未访问。我们将说明，也许存在另一个 $w(q) < f^*$ 的解路径 q 未被

发现。设 q_u 为这条路径，$w(q_u) = \delta(s,u)$。设 t 为 T 和 V 中的一个补充特殊节点，且设 (u, t) 为一个 $w(u,t) = 0$ 的新边。由于 u 未被扩展，因此在算法 A 中并不知道 (u, t) 是否存在。设 $q = (q_u, t)$。则 $w(q) = w(q_u) + w(u,t) = w(q_u) = \delta(s,u) < f^*$。

如果值 $\delta(s,u)$ 两两不同，则没有平局，A 算法扩展的节点数量大于等于 A* 算法扩展的节点数量。

2. 非一致启发式

如果有容许性但不具有一致性，则 A*算法将重新打开节点。更糟的是，正如在稍后将要指出的，即使启发式是容许的，A*算法可能指数次重新打开节点，这导致了与图的大小呈指数级大小的时间消耗。但这种奇怪的行为在实际中并不经常出现。这是因为在大多数情况下我们处理的是单位耗费，这会将特定节点可能的改进次数限定为搜索深度。

基于边的重加权过程，可以更好地反映重新打开节点时会发生什么。如果我们考虑非一致启发式，则重加权问题图可能包含负边。如果将 $w(u,v) + h(v) - h(u)$ 作为新的边耗费，将导致指数次的重新打开，图 2.18 给出了一个问题图示例。倒数第二个节点在每条路径上以权值 $\{1,2,\cdots,2^k -1\}$ 被重新打开。

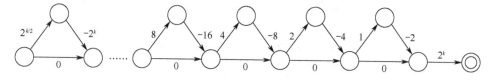

图 2.18　具有指数数量重新打开节点的一个问题图

不难修复一个具有非负边耗费的启发式函数。对于三角形的顶层节点，有 $2^k + 2^{k/2},\cdots, 24, 12, 6, 3$；对于底层节点，有 $2^k, 2^{k/2},\cdots, 16, 8, 4, 2, 1, 0$。顶层节点的入边和出边权值均为 0，底层边权值为 $2^{k/2},\cdots, 8, 4, 2, 1$ 和 2^k。

基本图理论表明存在可以做得更好的算法。首先，我们注意到问题图结构是有向和无环的，因此线性时间算法按拓扑顺序松弛节点。具有负权值的一般问题图由 Bellman-Ford 算法处理（见算法 2.8），其复杂度为多项式。但是，即使对每个已扩展节点调用 Bellman-Ford 算法，其累积复杂性为 $O(n^2 \cdot e)$。这个复杂性较大，但是并不与 A*算法和重新打开一样呈指数级关系。因此，A*算法的效率不是最优的。尽管如此，在解决问题的实际领域中，重新打开非常少见，因此 A*算法的策略仍然是一个不错的选择。原因之一是，对有界权值，最坏情况下重新打开次数是多项式形式的。

2.3▲ 广义权值

接下来将通过耗费的抽象概念考虑泛化状态空间搜索。我们会考虑与边相关的某种耗费或权值下的最优性。用代数形式将耗费抽象化，并对应地改编启发式搜索算法。我们首先定义耗费代数。然后，介绍图的耗费代数搜索，特别是解决最优性问题。讨论具有一致和容许估计的 Dijkstra 算法和 A*算法的耗费代数版本。最后，讨论扩展到多目标搜索。

2.3.1 耗费代数

耗费代数搜索方法用一个相当简单的方式将边权值概括为更普遍的耗费结构。耗费形式体系称为耗费代数。我们回忆一些必需的代数概念的定义。

令 A 为一个集合，$\times: A \times A \to A$ 是一个二元动作。若 $1 \in A$，且对所有的 $a,b,c \in A$，有

$$a \times b \in A \quad \text{(封闭性)}$$
$$a \times (b \times c) = (a \times b) \times c \quad \text{(结合性)}$$
$$a \times 1 = 1 \times a = a \quad \text{(单位元)}$$

则幺半群是一个多元组 $\langle A, \times, 1 \rangle$。

直觉地，集合 A 表示耗费域，$\times$ 为耗费累积的操作。

设 A 为一个集合，无论何时对所有的 $a,b,c \in A$，有

$$a \preceq a \quad \text{(自反性)}$$
$$a \preceq b \wedge b \preceq a \Rightarrow a = b \quad \text{(反对称性)}$$
$$a \preceq b \wedge b \preceq c \Rightarrow a \preceq c \quad \text{(传递性)}$$
$$a \preceq b \vee b \preceq a \quad \text{(连通性)}$$

则关系 $\preceq \in A \times A$ 是一个全序关系。

若 $a \preceq b$ 且 $a \neq b$，记为 $a \prec b$。对所有的 $a,b,c \in A$，若 $a \preceq b$ 可推出 $a \times c \preceq b \times c$ 且 $c \times a \preceq c \times b$，则称集合 A 保序。

定义 2.2（耗费代数）耗费代数是一个 5 元组 $\langle A, \times, \preceq, 0, 1 \rangle$，使得 $\langle A, \times, 1 \rangle$ 是幺半群，$\preceq$ 是一个全序关系，$0 = \sqcap A$ 且 $1 = \sqcup A$，且 A 是保序的。

最小和最大操作定义如下：$\sqcup A = c$ 使得对所有的 $a \in A$ 有 $c \preceq a$，$\sqcap A = c$ 使得对所有的 $a \in A$ 有 $a \preceq c$。

直觉上，A 为耗费值域的集合，$\times$ 为用于累积值的操作，$\sqcup$ 为用于选择最佳（最小）值的操作。例如，考虑下列耗费代数。

(1) $\langle \mathbb{R}^+ \sqcup \{+\infty\}, +, \leqslant, +\infty, 0 \rangle$（最优性）。

(2) $\langle \mathbb{R}^+ \sqcup \{+\infty\}, \min, \geqslant, 0, +\infty \rangle$（最大/最小值）。

唯一需要检验的重要性质是保序性。

$\langle \mathbb{R}^+ \sqcup \{+\infty\}, +, \leqslant, +\infty, 0 \rangle$：此时必须说明对所有的 $a,b,c \in \mathbb{R}^+ \cup \{\infty\}$，$a \leqslant b$ 意味着 $a + c \leqslant b + c$ 且 $c + a \leqslant c + b$，这当然为真。

$\langle \mathbb{R}^+ \cup \{+\infty\}, \min, \geqslant, 0, +\infty \rangle$：$a \geqslant b$ 意味着 $\min\{a,c\} \geqslant \min\{b,c\}$ 且 $\min\{c,a\} \geqslant \min\{c,b\}$，其中 $a,b,c \in \mathbb{R}^+ \cup \{\infty\}$。

并非所有的代数都是保序的。以 $A \subseteq \mathbb{R} \times \mathbb{R}$ 为例，其中 $(a,c) \times (b,d) = (\min\{a,b\}, c+d))$，并且当 $a > b$ 或 $a = b$ 且 $c < d$ 时 $(a,c) \prec (b,d)$。有 $(4,2) \times (3,1) = (3,3) \succ (3,2) = (3,1) \times (3,1)$，但 $(4,2) \prec (3,1)$。然而，可以容易地验证，$(a,c) \times (b,d) = (a+b, \min\{c,d\})$ 蕴含的相关耗费结构是保序的。

更具体的耗费结构不再涵盖所有的示例领域。例如，严格保序性的略微更严格的性质不是充分的。在严格保序中，对于所有的 $a,b,c \in A$ 且 $c \neq 0$，$a \prec b$ 蕴含 $a \times c \prec b \times c$ 且 $c \times a \prec c \times b$。对于最大/最小耗费结构，有 $\min\{3,3\} = \min\{3,5\}$，但是 $3<5$。

定义 2.3（多边图） 多边图 G 是一个多元组 $(V, E, \text{in}, \text{out}, w)$，其中 V 为节点集，E 为边集，$\text{in}, \text{out}: E \to V$ 分别是源和目标函数，$w: E \to A$ 为权值函数。

定义 2.3 泛化了普通图。这是由于它包含了一个产生边的根源的函数，以及一个产生边的目的的目标函数，所以不同的边可以具有相同的源和目的。图 2.19 给出了一个示例。

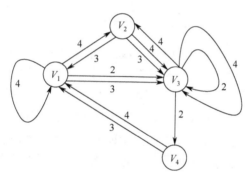

图 2.19 一个多边图

为什么没有立刻强调多边图呢？这是因为利用第 1 章中使用的简单的耗费概念，可以删除多条边仅保留每一对节点之间耗费最小的边。因为我们感兴趣的是最短路径，所以被删除的边是多余的。相比之下，耗费最小的边需要利用多边证明代数耗费的保序性。

因此，in 和 out 的定义包含节点对之间的多条边。多边问题图有一个不同的开始节点 s，标记为 u_0^G 或者 $s = u_0$（如果 G 在上、下文中无歧义）。一个节点和边的交替序列 $u_0, a_0, u_1, \cdots$，使得对每个 $i \geqslant 0$，有 $u_i \in V$、$a_i \in E$、$\text{in}(a_i) = u_i$ 且 $\text{out}(a_i) = u_{i+1}$，或简写为 $u_i \xrightarrow{a_i} u_{i+1}$。

初始路径是一条从 s 开始的路径。要求有限路径在节点处结束。有限路径 p

的长度记为 $|p|$。两条路径的 p 和 q 的连接标记为 pq，它要求 p 有限且在 q 的初始节点处结束。路径耗费由其组成边的累积耗费给出。

在一般的耗费结构中，最优路径的所有子路径并非一定是最优的。若路径 $p = (s = u_0 \xrightarrow{a_0} \cdots \xrightarrow{a_{k-1}} u_k)$ 的所有前缀 $p = (s = u_0 \xrightarrow{a_0} \cdots \xrightarrow{a_{i-1}} u_i)$ 形成一条最优路径（$i < k$），则该路径是前缀最优的。例如，考虑图 2.20 中的问题图的（最大/最小）耗费结构。路径 (v_1, v_3, v_4) 和 (v_1, v_2, v_3, v_4) 均为最优，其耗费均为 2，但是仅 (v_1, v_2, v_3, v_4) 是前缀最优的。

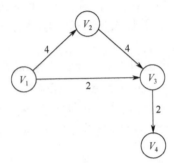

图 2.20　前缀最优化问题

可达性和最优性问题都可以利用传统搜索算法解决。例如，对于可达性问题，我们可以使用深度优先搜索等算法。另一方面，对于最优性问题，只有 Dijkstra 算法或 A*算法是合适的。传统上，这两种算法定义在一个简单的耗费代数实例之上，即最优耗费代数 $\langle \mathbb{R}^+ \cup \{+\infty\}, +, \leq, +\infty, 0 \rangle$。因此，我们需要推广其结果以保证搜索算法的最优性，即它们正确地解决了最优性问题。耗费代数算法的设计依赖于最优性原理的一个不同的概念。这个概念直观地表示最优性问题可以被分解。

定义 2.4（最优性原理）　最优性原理要求 $\delta(s, v) = \sqcup \{\delta(s, u) \times w(a) | u \xrightarrow{a} v\}$，其中 s 为给定问题图 G 的开始节点。

引理 2.5　任意耗费代数 $\langle A, \times, \preceq, 0, 1 \rangle$ 满足最优性原理。

证明：有

$$\bigcup \{\delta(s, u) \times w(a) | u \xrightarrow{a} v\} = \sqcup \{\sqcup \{w(p) | p = (s, \cdots, u)\} \times w(a) | u \xrightarrow{a} v\}$$
$$= \sqcup \{w(p) \times w(a) | p = s \to \cdots \to u \xrightarrow{a} v\}$$
$$= \sqcup \{w(p') | p' = s \to \cdots \to v\} = \delta(s, v)$$

第一步由定义可得；第二步由×的分配性可得；第三步由保序性得到，因为对所有 a，$c \times b \preceq a \times b$ 蕴含 $\sqcup \{b | b \in B\} \times c = \sqcup \{b \times c | b \in B\}$；第四步由定义得到。

接下来，改写启发式函数的容许性和一致性概念。

定义 2.5（耗费代数启发式） 对每个目标节点 $t \in T$ 有 $h(t)=1$ 的启发式函数 h，h 是

（1）容许的，若对所有 $u \in V$ 有 $h(u) \preceq \delta(u,T)$；

（2）一致的，若对 $u \xrightarrow{a} v$ 的每个 $u,v \in V, a \in E$，都有 $h(u) \preceq w(a) \times h(v)$。

我们可以泛化如下事实，即一致性蕴含容许性。

引理 2.6（一致性蕴含容许性） 若 h 是一致的，则 h 是容许的。

证明：对某条解路径 $p=(u=u_0 \xrightarrow{a_0} u_1 \xrightarrow{a_1} \cdots u_{k-1} \xrightarrow{a_{k-1}} u_k = t), t \in T$，有 $\delta(u,T) = w(p)$，且 $h(u) \preceq w(a_0) \times h(v) \preceq w(a_0) \times w(a_1) \times \cdots \times w(a_{k-1}) \times h(u_k) = \delta(u,T)$。

可以将这个方法扩展到多个最优化条件；例如，两个耗费代数 $C_1 = \langle A_1, \sqcup_1, \times_1, \preceq_1, \mathbf{0}_1, \mathbf{1}_1 \rangle$ 和 $C_2 = \langle A_2, \sqcup_2, \times_2, \preceq_2, \mathbf{0}_2, \mathbf{1}_2 \rangle$ 的优先级笛卡儿积 $C_1 \times C_2$ 是一个多元组 $\langle A_1 \times A_2, \sqcup, \times, \preceq, (\mathbf{0}_1, \mathbf{0}_2), (\mathbf{1}_1, \mathbf{1}_2) \rangle$。其中，当且仅当 $a_1 \prec b_1 \vee (a_1 = b_1 \wedge a_2 \preceq b_2)$ 时 $(a_1, a_2) \times (b_1, b_2) = (a_1 \times b_1, a_2 \times b_2)$，当且仅当 $a \preceq b$ 时有 $a \sqcup b = a$。一般情况下，将一个条件优先考虑的笛卡儿积存在非保序代数问题（见习题）。

引理 2.7（笛卡儿积耗费代数） 若 C_1、C_2 是耗费代数，且 C_1 严格保序，则 $C_1 \times C_2$ 是一个耗费代数。

证明：唯一重要的方面是保序性。如果 $(a_1, a_2) \preceq (b_1, b_2)$，那么存在两种情况。第一种情况，$a_1 \prec a_2$，则由严格保序有 $a_1 \times c_1 \prec b_1 \times c_1$ 且 $c_1 \times a_1 \prec c_1 \times b_1$，这意味着 $(a_1, a_2) \times (c_1, c_2) \preceq (b_1, b_2) \times (c_1, c_2)$ 且 $(c_1, c_2) \times (a_1, a_2) \preceq (c_1, c_2) \times (b_1, b_2)$。

第二种情况是 $a_1 = b_1$ 且 $a_2 \preceq b_2$。这很显然意味着 $a_1 \times c_1 = b_1 \times c_1$ 且 $a_1 \times c_2 = b_1 \times c_2$，并且由保序性可得 $a_2 \times c_2 \preceq b_2 \times c_2$ 且 $c_2 \times a_2 \preceq c_2 \times b_2$。显然，有 $(a_1, a_2) \times (c_1, c_2) \preceq (b_1, b_2) \times (c_1, c_2)$ 且 $(c_1, c_2) \times (a_1, a_2) \preceq (c_1, c_2) \times (b_1, b_2)$。

同样地，可以证明，若 C_1 和 C_2 严格保序，则 $C_1 \times C_2$ 严格保序（见习题）。

2.3.2 多目标搜索

许多实际的优化问题，特别是在设计中，需要同时优化一个以上的目标函数。以桥梁建设为例，一个好的设计的特点是低重量和高刚度。一个好的飞机设计需要同时优化燃油效率、有效载荷和重量。一个好的汽车天窗设计需要将司机听到的噪声最小化，同时将通风最大化。利用耗费代数，可以维持在条件的某些交叉乘积上的工作。在多目标情况下，我们已经得到了向量和偏序关系。

多目标搜索是传统搜索算法的扩展，其中边耗费是向量。多目标搜索扩展了耗费代数搜索，并适用于各种领域，这些领域具有多个冲突的目标且其解只最优化其中一个目标。更正式地说，多目标搜索可以表述如下。给定具有 n 个节点、e 条边以及耗费函数 $w: E \to \mathbb{R}^k$ 的加权问题图 G。此外还定义一个开始节点 s 和

一个目标集 T，其目标是在 G 中找到从 s 到 T 的非支配解路径集合。其中，支配解由下列偏序关系 $\preceq$ 定义：对所有的 $v\in\mathbb{R}^k$，若对于所有的 $i\in\{1,2,\cdots,k\}$，$v_i\leq v'_i$ 成立，则 $v\leq v'$。若 $A\subset\mathbb{R}^k$ 中存在 $v'\neq v$ 使得 $v'\preceq v$，则向量 $v\in A$ 在集合 A 中是支配的。目标是找到非支配的解，使得不存在其他可得解会在一个目标上产生改进而不会恶化其他目标。图 2.21 给出了 6 个节点的图，每条边关联了一个耗费向量对。

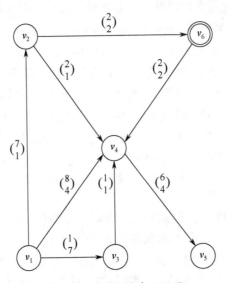

图 2.21 多目标搜索示例图

与耗费代数搜索不同的是，关系 $\preceq$ 不是全序关系。因此，$\mathbb{R}$ 中两个元素关于 $\preceq$ 排序有时是不可能的，如 $\binom{3}{4}$ 和 $\binom{4}{3}$。启发式 $h:V\to\mathbb{R}^k$ 估计到达集合 T 的路径的累积耗费向量。若对所有的非支配解路径 $p=(s=u_0,u_1,\cdots,u_k=t), t\in T$ 以及所有的前缀路径 $p_i=(s=u_0,u_1,\cdots,u_i)$，有 $w(p_i)+h(u_i)\preceq w(p)=w(p_t)$，则 h 是容许的。

因为前述的大多数方法不容易转化为一个多目标搜索，所以解决这些问题仍然是一个挑战。

2.4 小结

本章讨论了一些搜索算法和它们的性质。一些搜索算法寻找从给定开始状态到任一给定目标状态的路径，其他搜索算法寻找从给定开始状态到所有其他状态的路径。甚至有算法寻找从所有状态到所有其他状态的路径。搜索算法的理想特性包括正确性（当且仅当存在路径时找到一条路径）、最优性（找到最短路径）、运行时间小以及内存消耗小。在某些情况下，搜索算法的正确性或最优性只在特殊类型的图中可以保证，如单位或非负耗费图，或所有状态的目标距离都是非负的问题图。往往被迫在不同性质之间做出折中，如由于运行时间或内存消耗太大而寻找次优路径。

大多数搜索算法将动态规划作为基本技术。动态规划是一种解决问题的通用技术，它利用简单问题的解组合复杂问题的解。它计算一次简单问题的解然后多次使用这些解。与启发式搜索相比，动态规划将整个状态空间作为一个整体，而启发式搜索算法关注的是为单个当前状态找到最优路径，并为了效率将其他状态剪枝。

另外，大多数启发式搜索算法以同样的方式使用动态规划更新和遍历状态空间。它们构建了从给定开始状态到目标状态的树，为搜索树中的所有状态维护开始距离估计。内部节点位于 Closed 列表，叶子节点位于 Open 列表。它们反复挑选搜索树的叶子节点并进行扩展。即为挑选的叶子节点生成其在状态空间中的后继，并将后继添加到搜索树中作为后代。（搜索算法的区别在于它们所挑选的叶子节点。）当它们打算扩展一个目标状态时，搜索算法停止。此时能够找到一条从起始状态到任何给定目标状态的路径，并返回从搜索树的根节点到这个目标状态的唯一路径。当搜索算法已经扩展了搜索树的所有叶子节点而停止时，此时可以找到从开始状态到所有其他状态的路径。我们区分了无提示搜索和有提示搜索算法。无提示搜索算法除了其所搜索的图以外不再利用其他信息。在此背景下，我们讨论了深度优先搜索、广度优先搜索、Dijkstra 算法、Bellman Ford 算法和 Floyd-Warshall 算法。

有提示（或启发式）搜索算法利用节点的目标距离估计（启发式值）。这比无提示搜索算法更有效。在此背景下，我们讨论了 A*算法。我们详细讨论了 A*算法的性质。这是因为后面章节中将要讨论 A*算法的多个变种。一致启发式 A*算法具有许多理想的性质。

（1）即使 A*算法至多将每个状态扩展一次，它仍可以找到一条最短路径。没有必要将已扩展的状态再次扩展。

（2）A*算法至少与其他搜索算法一样高效，在某种意义上说，每个搜索算法（与 A*算法具有相同的启发式值）至少需要扩展 A*算法所扩展的状态（取模打破平局，即可能一些 f 值等于最短路径长度的状态除外）。

（3）具有任意给定启发式值的 A*算法与具有由给定启发式值支配的启发式值的 A*算法相比（采用取模打破平局），前者无法扩展更多的状态。

这些算法的很多性质都来自 Dijkstra 算法，因为对于一个给定的搜索问题和启发式值的 A*算法的行为，与可以从给定搜索问题通过改变边的权值以包含启发式值的搜索问题上的 Dijkstra 算法的行为相同。

表 2.5 总结了无提示和有提示搜索算法，即如何实现其 Open 和 Closed 列表、它们是否可利用启发式值、边的耗费可采取哪些值、是否能够找到最短路径、是否可以重新扩展已扩展的状态（描述伪代码的章节号在括号中给出）。大多数搜索算法基于深度优先搜索或广度优先搜索而构建，其中深度优先搜索在运行时间和最优性之间权衡以获得一个较小的内存消耗，而广度优先搜索正好相反。许多讨论的算法与广度优先搜索算法相关：Dijkstra 算法是 A*算法在无启发式值可用情况下的特化版本。它也是 Bellman-Ford 算法在所有边耗费非负情况下的特化和优化版本。反之，广度优先搜索是 Dijkstra 算法在边耗费相同情况下的特化和优化版本。最后，我们讨论了对操作耗费的代数扩展以及针对边耗费为数值向量的搜索问题的代数扩展（如执行一个动作所需的耗费和时间），解释了动态规划往往不能像解决边耗费为数值的图一样有效地解决耗费为向量的搜索图问题。其原因是动态规划经常需要维护从开始状态到搜索树状态的很多路径。

表 2.5 隐式图搜索算法概述

算法	Open	Closed	启发式	权值	最优	重新打开
DFS (2.1/2.3)	堆栈	集合	—	单位	—	—
BFS (2.1/2.3)	队列	集合	—	单位	√	—
Dijkstra (2.1/2.4)	pq	集合	—	$IR_{\geq 0}$	√	—
Bellm.-Ford (2.7/2.8)	队列	集合	—	IR	√	√
A (2.1/2.5)	pq	集合	—	IR	√	√
Node-Sel.A (2.1/2.6)	集合	集合	—	IR	√	√
Floyd-Warshall (2.9)	行	集合	—	IR	√	—
A*, cons. (2.1/2.4)	pq	集合	√	$IR_{\geq 0}$	√	—
A*, admis. (2.1/2.5)	pq	集合	√	$IR_{\geq 0}$	√	√
Policy-Iteration (2.11)	集合	集合	—	概率	√	√
Value-Iteration (2.12)	集合	集合	√	概率	$\in$	√

2.5 习题

2.1 传教士和食人兽（或霍比特人和兽人）问题定义如下（图 2.22）。河的一侧有三个传教士和三个食人兽。他们有一条船，此船每次可以运输至多两个人。所有人的目标是过河。原因很明显，任何时候都不应使得食人兽的数量超过传教士的数量。

（1）画出问题图并给出其邻接表表示。
（2）通过 DFS 算法和 BFS 算法解决这个问题，使用数字对图进行注释。
（3）考虑对位于河一侧的人数进行计数的启发式函数。你观察到不一致了吗？
（4）考虑具有对应于两次连续渡河动作的压缩问题图。使用之前的相同启发式函数。它是一致的吗？

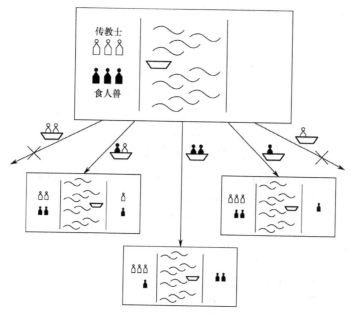

图 2.22 传教士和食人兽问题

2.2 最优地解决如下两个额外的著名渡河问题。

（1）一个人、一只狐狸、一只鹅和一些玉米一起位于河的一侧。船一次可以运载这个人和一个其他对象。目标是将他们移动到另一侧。鹅和玉米、狐狸和鹅不能单独留下。

（2）四对夫妇需要跨越具有一个岛的河流。船每次运载两个人。由于伴侣之间的嫉妒，不能将一个人与其伴侣之外的异性单独留下。

2.3 骑士周游在一个 $n \times n$ 大小的棋盘上寻找一个方块不相交路径。即覆盖整个棋盘的路径且访问每个方块仅一次。

（1）说明在 4×4 棋盘上不存在骑士周游路径。

（2）一个 5×5 棋盘上的骑士周游如下：

1	18	13	22	7
12	23	8	19	14
17	2	21	6	9
24	11	4	15	20
3	16	25	10	5

为 $6 \times 6, 7 \times 7, 8 \times 8$ 和 9×9 棋盘计算从左上角开始且在左下角右侧第二个方块结束的骑士周游路径。

（3）6×6棋盘上遗漏右下角一个1×1的方块开始于右上角，结束于左下角右侧第二个方块的骑士周游问题如下所示：

32	3	14	9	26	1
13	24	33	2	15	10
4	31	12	25	8	27
23	20	29	34	11	16
30	5	18	21	28	7
19	22	35	6	17	

为具有2×2方块遗漏的7×7的棋盘、具有3×3方块遗漏的8×8的棋盘和具有4×4方块遗漏的9×9的棋盘构建类似路径。

（4）使用之前的结果为任意$n×n$棋盘设计一个开始于右上角的骑士周游策略，$n>6$。需要沿着坐标轴和对角线反转一些子路径模式。

2.4 考虑 ACGTACGACGT 和 ATGTCGTACACGT 间的多序列比对问题。采用与习题 1.16 同样的耗费函数。

（1）填充动态规划表。如何最好的遍历它？

（2）在表填满后，显示提取的解路径。

2.5 考虑图 2.23 中的图。表示 DFS 算法、BFS 算法、A*算法和具有欧式距离估计的贪心最佳优先搜索的扩展节点的顺序和它们的 f 值。为了解决平局，节点应该根据它们的字母表顺序插入到对应的数据结构。

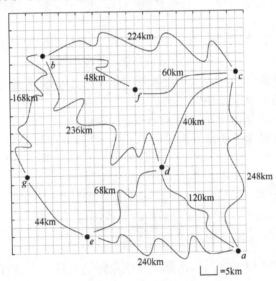

图 2.23　一张地图

2.6 令图 $G=(V,E,w)$ 是一张加权图，T 是目标节点集合。假设对于从源节点可达的每个节点 $u \in V$，我们有 $\delta(u,T) = \min\{\delta(u,t)|t \in T\} \geq 0$。说明图中不包含任何可从源节点到达的负环。

2.7 考虑（连通图上的）Bellman-Ford 算法。

（1）说明一个节点重新打开次数的界限是一条最优解路径的长度 L（边的数量），因此算法复杂度是 $O(L \cdot |E|)$。

（2）为输入图的节点分配一个顺序 $v_1, v_2, \cdots, v_n$，并分割 E 为 E_f 和 E_b，其中 $E_f = \{(v_i, v_j) \in E : i < j\}$，$E_b = \{(v_i, v_j) \in E : i > j\}$。$G_f = (V, E_f)$ 是无环图且拓扑顺序为 $v_1, v_2, \cdots, v_n$，$G_b = (V, E_b)$ 是无环图且拓扑顺序为 $v_n, v_{n-1}, \cdots, v_1$。现在对于 $\{v_1, v_2, \cdots, v_n\}$ 中的所有 v_i，松弛 E_f 中所有离开 v_i 的边。对于 $\{v_n, v_{n-1}, \cdots, v_1\}$ 中的所有 v_i，松弛 E_b 中所有离开 v_i 的边。说明 $n/2$ 次遍历就足够了。

（3）另一个改进是，如果 $(V_j, E_j), j \in \{1, 2, \cdots, l\}$ 是 G 的强连通分支。（如果 a 可以到达 b 且 b 可以到达 a，则 a 与 b 位于同一个强连通分支）说明现在算法的运行时间为 $O(|E| + \sum_j |V_j||E_j|)$。

2.8 背包问题具有如下输入：重量 $w_1, w_2, \cdots, w_n$、效用 $u_1, u_2, \cdots, u_n$ 和重量限制 W。将一个物品 i 放入背包增加 w_i 的背包重量，并给出额外的效用 u_i。优化问题是在所有可能的装填方案集合中最大化效用，且遵循重量限制。对应的决策问题额外的将效用界限 U 作为输入。

（1）说明背包问题可以通过动态规划在 $O(nW)$ 时间内解决。

（2）用扩展算法计算最优装填方案。

2.9 大小分别为 $n \times m$ 和 $m \times l$ 两个矩阵 A 和 B 的乘积为 C 定义为 $c_{ij} = \sum_{k=1}^{m} a_{ik} \cdot b_{kj}$，$1 \leq i \leq n$ 且 $1 \leq j \leq l$。设计一个动态规划算法使用最少次数的乘法计算 $A_1, \cdots, A_6$（大小分别为 $6 \times 2, 2 \times 6, 6 \times 3, 3 \times 2, 2 \times 7$ 和 7×8）的矩阵乘积。

（1）确定计算 $(((((A_1 A_2) A_3) A_4) A_5) A_6)$ 和 $(((A_1 A_2) A_3)(A_4 (A_5 A_6)))$ 所需的乘法次数。

（2）找到具有最少次数乘法的括号排列。

（3）有多少种排列括号的选择？

2.10 证明耗费代数搜索变体的正确性。

（1）说明 Dijkstra 算法的耗费代数版本可以在多边图上解决最优性问题。

（2）说明一致性估计的耗费代数 A* 算法可以在多边图上解决最优性问题。

（3）证明耗费代数启发式搜索的不变性条件。

（4）推断具有重新打开的耗费代数 A* 算法可以在多边图上为容许估计解决最优性问题。

2.11 证明如果 C_1 和 C_2 都是严格保序的，则 $C_1 \times C_2$ 严格保序。

2.12 找到并讨论值迭代（算法 2.12）和 Bellman-Ford（算法 2.8）的异同。

2.13 通过值迭代和策略迭代解决如下怪兽世界问题：一个4×3网格，在(2,2)处有一个洞，有两个目标(4,3)和(4,2)。智能体从(1,1)开始；到达(4,3)，收益是1，到达(4,2)，收益是-1。四个可能移动方向的转移概率如下。移动成功概率为0.8。在直角处（每个）移动方向错误的概率为0.1。如果遇到一堵墙，智能体呆在它的位置。折扣值δ取24/25。对于两种情况限制迭代次数为50。

（1）通过状态和转移概率表示随机转移系统。

（2）给出收益耗费表。

2.14 说明关于π_q的ε贪心策略是每个具有$\pi(u,a) > 0$策略的改进。

2.6 书目评述

最短路径搜索是组合优化领域中的一个经典话题。在具有非负边权值的图中寻找最短路径的 Dijkstra（1959）算法是计算机科学中最重要的算法之一。Tarjan（1983）和 Mehlhorn（1984）给出了最短路径搜索的充分介绍。Lawler（1976）给出了无环图的线性时间最短路径算法。

使用下界来修剪搜索可以回溯到20世纪50年代后期，那时提出了分支限界搜索。首次使用距离目标估计来引导状态空间搜索可能归功于 Doran 和 Michie（1966）在称为 GraphTraverser 的项目中所使用的方法。原始 A*算法由 Hart，Nilsson 和 Raphael（1968）参考 Dijkstra 算法提出，但在多数 AI 教科书中，指向标准图理论的链接都消失了。Cormen，Leiserson 和 Rivest（1990）在 Johnson（1977）的每对顶点间的最短路径问题背景下提出了重加权转换。这使得如下事实很清楚。即，启发式不改变一个空间的分支因子但影响目标的相对深度。这也是在预测 IDA*搜索工作量时强调的问题。在包含负长度环的图中寻找最短路径的一般问题是 NP 难的（Garey 和 Johnson，1979）。

Bellman（1958）以及 Ford 和 Fulkerson（1962）各自独立发现了在负图中寻找最短路径搜索的算法。Ahuja，Magnanti 和 Orlin（1989）讨论了一个非确定性版本。Gabow 和 Tarjan（1989）说明如果 C 是最大边权值，Bellman-Ford 算法可以改进为 $O(\sqrt{n}e\lg(nC))$。为了缓解 A*算法中指数数量的节点扩展问题，Martelli（1977）提出了一个 Bellman-Ford 算法的变体，它在每次考虑一个新节点时对已扩展节点的整个集合执行松弛。Bagchi 和 Mahanti（1983）略微更新了 Martelli 的算法。Bellman-Ford 算法的启发式搜索版本命名为 C, Prob$A$ 和 Prob$C$（Bagchi 和 Mahanti，1985）。Mero（1984）分析了算法 B'中具有可更改估计的启发式搜索，B'算法扩展了 Martelli（1977）的 B 算法。Deo 和 Pang（1984）给出了最短路径搜索的分类，Pijls 和 Kolen（1992）提出了包含启发式搜索的一般框架。

Sturtevant，Zhang，Holte 和 Schaeffer（2008）为 A*搜索算法分析了不一致启发式，并为更好的折中提出了引入延迟列表的一个新算法。

动态规划技术由 Bellman（1958）提出。这个原理在计算机科学中最重要的应用可能是解析上下文无关语言（Hopcroft 和 Ullman，1979；Younger，1967）。使用动态规划计算编辑距离可追溯到 Ulam 和 Knuth 等数学家。在计算生物学中，Needleman 和 Wunsch（1981）的工作被认为是第一次发表，它应用动态规划计算两个字符串的相似性。用于编译这本书的一个简洁引用是 Knuth 和 Plass（1981）的最优换行算法。关于动态规划一个好的介绍可以在 Cormen（1990）的教科书中找到。Gupta，Kececioglu 和 Schaffer（1996）在 MSA 程序中采用了多序列比对的格子状的边表示。

AI 文献中出现的术语最佳优先搜索具有两个不同的含义。Pearl（1985）使用这个术语定义了一个通用搜索算法，此算法将 A*算法作为一个特例。其他文献使用这个术语描述总是扩展估计最靠近目标节点的算法。Russell 和 Norvig（2003）发明了术语贪心最佳优先搜索以避免混淆。在我们的表示中，如果一个算法计算出的路径最短解路径，那么它是最优的。如 Pearl（1985）所做的那样，我们选择最优而不是容许算法。在我们的符号中，最优性并不意味着最优效率。Dechter 和 Pearl（1983）给出了具有一致启发式的 A*算法的节点扩展数量的最优性效率论证。Holte（2009）强调了常见的关于启发式搜索的误解。

耗费形式化使用一个额外的集合扩展了 Sobrinho（2002）中的耗费，启发式函数映射到这个集合上。Bistarelli，Montanari 和 Rossi（1997）为半环定义的笛卡儿积和幂构建的问题中提供了偏序。Mandow 和 de-la Cruz（2010a,b）提供了关于多目标 A*算法的观察。Coego，Mandow 和 de-la Cruz（2009）考虑了多目标 IDA*算法。Berger，Grimmer 和 Müller-Hannemann（2010）研究了 Dijkstra 类搜索算法的加速技术。多目标搜索的进展也包括 Galand，Perny 和 Spanjaard（2010）在最小生成树以及 Delort 和 Spanjaard（2010）在背包问题上的工作。

第3章 字典数据结构

算法的探索效率往往是根据扩展/生成的问题图节点数来衡量的，如 A*算法。但算法实际运行时间严重依赖于 Open 和 Closed 列表的实现方式。本章中，应当仔细看看表示这些集合的高效数据结构。

对于 Open 列表，我们考虑了用于实现优先级队列数据结构的不同选项。区分整数和一般的边耗费，并引入桶和高级堆实现。

为了高效地检测和移除重复，我们考虑了哈希字典。人们设计了各种哈希函数，可以高效地进行计算，通过近似均匀分布地址来最大限度地减少冲突数量，即使所选择的关键字集合是非均匀的（几乎总是如此）。下面探索内存节约字典，其空间需求接近信息论下限并提供一个近似字典处理法。

子集字典解决在集合中寻找部分状态向量的问题。集合的搜索称为子集查询或包含查询问题。当从具有固定 k 个字母的单词的文件中检索一个部分指定的输入查询单词时，这两个问题等价于部分匹配检索问题。一个简单的例子是在纵横字谜中搜索一个单词。在状态空间搜索中，子集字典对于存储部分状态向量非常重要，例如泛化修剪规则（见第 10 章）的推箱子问题的绝境模式。

在状态空间搜索中，字符串字典有助于排除生成禁止的动作序列集合，如 n^2-1 数码问题中的 UD 或 RL。这种排除单词的集合通过在可以学习和泛化的（见第 10 章）路径上连接移动标签而形成。因此，字符串字典提供了一个无需哈希检测和消除重复的选项，并且可以帮助减少存储所有被访问状态的工作量。除了字符串的高效插入（和删除），最重要的是确定一个查询字符串是否是所存储字符串的子串，因此必须非常高效地执行。字符串字典的主要应用是网络搜索引擎。高效解决这个动态字典匹配问题的最灵活数据结构是广义后缀树。

3.1 优先级队列

当利用 A*算法探索问题图时，将在 Open 列表中对所有已生成但未扩展的节点 u 按照其优先级 $f(u) = g(u) + h(u)$ 排序。作为基本操作，需要找到最小 f 值的元素；将一个节点及其 f 值一起插入，并且当一个节点由于一个更短的路径而变

为更小的 f 值时更新数据结构。Insert，DeleteMin 和 DecreaseKey 使用的抽象数据结构是优先级队列。

在 Dijkstra 算法的原始实现中，Open 列表是一个节点的朴素数组以及一个用于表明元素当前是否打开的比特向量。通过完整扫描发现最小值，导致执行时间为节点数量的平方时间。目前已设计了改进的数据结构，它们适用于不同类的权值函数。本节将讨论整数和一般权值，对于整数耗费，将考虑桶结构；对于一般权值，我们将考虑改进的堆实现。

3.1.1 桶数据结构

在许多应用中，边权值只能为正整数（有时对于分数值，通过尺度变换也有可能达到这个要求）。作为一个一般假设，我们声明最大和最小关键字的差异小于等于常数 C。

1. 桶

一层桶是优先级队列的一个简单实现。这种优先级队列实现包含 $C+1$ 个桶组成的一个数组，其中每个桶是元素链表的第一个链接。对这个数组，我们关联了三个数值：minValue，minPos 和 n：minValue 表示队列中的最小 f 值，minPos 定位具有最小关键字的桶的索引，n 是存储的元素个数。第 i 个桶 $b[i]$ 包含所有 $f(v) = [\text{minValue} + (i - \text{minPos})] \bmod (C+1), 0 < i < C$ 的元素 v。图 3.1 说明了关键字集合 $\{16, 16, 18, 20, 23, 25\}$ 的一个例子。算法 3.1～算法 3.4 给出了优先级队列四个主要操作 Initialize、Insert、DeleteMin 和 DecreaseKey 的实现。

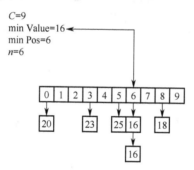

图 3.1 1 层桶数据结构的一个示例

对于 Insert 和 DecreaseKey 操作，通过双向链表（每个元素具有一个前驱和后继指针），我们达到的运行时间为常量，而 DeleteMin 操作在搜索非空桶的最坏情况下消耗的时间为 $O(C)$。对于 DecreaseKey，通常假设可以获得一个指向待删除元素的指针。因此，Dijkstra 算法和 A*算法运行时间为 $O(e + nC)$，其中 e 为（生成的）边的数量，n 为（扩展的）节点数量。

Procedure Initialize
Input：1 层桶数组 $b[0,1,\cdots,C]$（隐含常数 C）
Side Effect：更新的 1 层桶 $b[0,1,\cdots,C]$

$n \leftarrow 0$;;目前还没有元素
$\text{minValue} \leftarrow \infty$;;当前最小值的默认值

算法 3.1

初始化一个 1 层桶

Procedure Insert
Input：1 层桶数组 $b[0,1,\cdots,C]$，元素 x 的关键字是 k
Side Effect：更新的 1 层桶 $b[0,1,\cdots,C]$

$n \leftarrow n+1$;;增加元素数量
if ($k < \text{minValue}$) ;;具有最小关键字的元素
    $\text{minPos} \leftarrow k \bmod (C+1)$;;更新最小值的位置
    $\text{minValue} \leftarrow k$;;更新当前最小值
Insert x in $b[k \bmod (C+1)]$;;插入列表

算法 3.2

插入一个元素到一个 1 层桶

Procedure DeleteMin
Input：1 层桶数组 $b[0,1,\cdots,C]$
Output：具有关键字 minPos 的元素 x
Side Effect：更新的 1 层桶 $b[0,1,\cdots,C]$

Remove x in $b[\text{minPos}]$ from doubly ended list ;;消除元素
$n \leftarrow n-1$;;递减元素数量
if ($n > 0$) ;;结构非空
    while ($b[\text{minPos}] = \emptyset$) ;;填补可能的差距
        $\text{minPos} \leftarrow (\text{minPos}+1) \bmod (C+1)$;;更新指针位置
    $\text{minValue} \leftarrow \text{Key}(x), x \in b[\text{minPos}]$;;更新当前最小值
else $\text{minValue} \leftarrow \infty$;;结构为空
return x ;;反馈结果

算法 3.3

从一个 1 层桶中删除最小元素

> **Procedure DecreaseKey**
> **Input**：1 层桶数组 $b[0,1,\cdots,C]$，元素 x，关键字 k
> **Side Effect**：更新的 1 层桶 $b[0,1,\cdots,C]$，其中 x 已移动
>
> Remove x from doubly ended list   ;;消除元素
> $n \leftarrow n-1$;;递减元素数量
> Insert x with key k in b ;;重新插入元素

算法 3.4

在一个 1 层桶中更新一个关键字

假设在实际状态空间搜索中 f 值可以由常数 $f_{\max}$ 界定，通常可以忽略取模操作 $\mod(C+1)$，这将数组 b 的空间减小到 $O(C)$，并采用由 f 寻址的普通数组代替。若 $f_{\max}$ 事先未知，可应用加倍策略。

2. 多层桶

状态空间搜索经常具有中等大小的边权值。例如，由一个 32 比特的整数实现，对于中等大小来说，大小为 2^{32} 的桶数组 b 太大了，而 2^{16} 是可以接受的。

DeleteMin 的空间复杂度和最坏情况下时间复杂度 $O(C)$ 可以通过使用一个 2 层桶数据结构减小到 $O(\sqrt{C})$ 次操作的摊销复杂性，此 2 层桶具有长度均为 $\lceil \sqrt{C+1} \rceil +1$ 的一个顶层和一个底层。

在这种结构下，有两个指向最小位置的指针 minPosTop 和 minPosBottom，以及底部元素数量 nbot。即像之前一样为底部数组的每个桶保存一系列使用相同关键字的元素，因此顶层要指向低层的数组。如果执行 DeleteMin 操作后产生最小关键字 k，则无需为小于 k 的关键字执行插入操作（实际上 A*算法中的一致性启发式情况就是如此），仅（在 minPosTop）维持一个底部桶并在顶层的更高的桶中收集元素就足够了；仅当当前位于 minPosTop 的桶变为空且 minPosTop 移到一个更高的桶时，才会创建低层桶。其优点之一是，在关键字之间最大距离情况下，DeleteMin 只检查顶层 $\lceil \sqrt{C+1} \rceil +1$ 个桶即可；此外，若实际填充的只有可用范围 C 的一小部分，这样可以节省空间。

例如，取 $C=80$，minPosTop=2，minPosBottom=1 以及元素关键字集合 $\{7,7,11,13,26,35,48,57,63,85,86\}$。顶层桶的间隔和元素为：$b[2]:[6,15]=\{7,7,11,13\}$，$b[3]:[16,25]=\varnothing$，$b[4]:[26,35]=\{26,35\}$，$b[5]:[36,45]=\varnothing$，$b[6]:[46,55]=\{48\}$，$b[7]:[56,65]=\{57,63\}$，$b[8]:[66,75]=\varnothing$，$b[9]:[76,85]=\{85\}$，$b[0]:[86,95]=\{86\}$ 且 $b[1]:[96,105]=\varnothing$。桶 $b[2]$ 使用非空底部桶 1、5 和 7 扩展，其分别包含元素 7、

11 和 13。图 3.2 说明了这个例子。

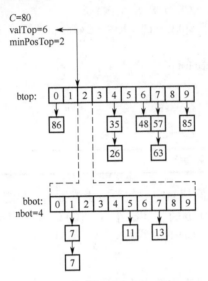

图 3.2 二层桶数据结构的示例

因为 DeleteMin 在底层桶为空时对其进行重用，在某些情况下这很快而在其他情况下这很慢。在 2 层桶的情况下，令 Φ_l 为对于第 l 个操作的顶层桶中元素的数量，在最差情况下 DeleteMin 操作耗费时间为 $O(\sqrt{C}+m_l)$，其中 m_l 为从顶部移动到底部的元素数量。项 $O(\sqrt{C})$ 是最差情况下顶层桶经过的距离，C 为重新分配的工作量，其耗费等于从顶部移动到底部的元素数量。在所有底层中移动的元素被处理之前都需要等待，最差情况下的工作在一个更长的时间周期内摊销。通过摊销有 $O(\sqrt{C}+m_l+(\Phi_l-\Phi_{l-1}))=O(\sqrt{C})$ 个操作。Insert 和 DecreaseKey 操作都在正的和摊销的常数时间内运行。

3. 基数堆

为取得更好的摊销运行时间，即 $O(\lg C)$，所谓的基数堆维持大小为 1,1,2,4,8,16,… 的 $\lceil \lg(C+1) \rceil +1$ 层桶（图 3.3）。它与分层桶的主要区别在于使用大小指数增加的桶而不是层次桶。因此，仅需要 $O(\lg C)$ 个桶。

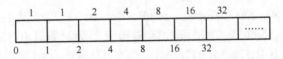

图 3.3 基数堆的一个示例（底层行的数字表示边界 u 的当前值，顶层行的数字代表两个连续 u 值的间隔）

在实现时，维持桶 $b[0,1,\cdots,B]$ 和界限 $u[0,1,\cdots,B+1]$，其中 $B=\lceil\lg(C+1)\rceil+1$ 且 $u[B+1]=\infty$。此外，桶编号 $\phi(k)$ 表示关键字 k 的实际桶的索引。算法的不变量是①所有 $b[i]$ 中的关键字位于 $[u[i],u[i+1]]$；② $u[1]=u[0]+1$；③对于所有的 $i\in\{1,2,\cdots,B-1\}$，有 $0\leqslant u[i+1]-u[i]\leqslant 2^{i-1}$。

操作方法如下。Initialize 根据不变量②和③产生一个空的基数堆。伪代码如算法 3.5 所示。

Procedure Initialize
Input：列表的数组 $b[0,1,\cdots,B]$，界限的数组 $u[0,1,\cdots,B]$
Side Effect：用数组 b 和 u 初始化的基数堆

for each i **in** $[0,1,\cdots,B]$ $b[i]\leftarrow\varnothing$;;初始化桶
$u[0]\leftarrow 0;u[1]\leftarrow 1$;;初始化界限
for each i **in** $\{2,3,\cdots,B\}$ $u[i]\leftarrow u[i-1]+2^{i-2}$;;初始化界限

算法 3.5

创建一个基数堆

为了插入一个关键字为 k 的元素，在一个线性扫描中搜索桶 i，从最大的（$i=B$）开始。然后，具有关键字 k 的新元素被插入到 $i=\min\{j\mid k\leqslant u[j]\}$ 的桶 $b[i]$ 中。算法 3.6 描述了伪代码实现。

Procedure Insert
Input：具有列表数组 $b[0,1,\cdots,B+1]$ 和数组 $u[0,1,\cdots,B+1]$ 的基数堆，关键字 k
Side Effect：更新的基数堆

$i\leftarrow B$;;初始化索引
while $(u[i]>k)i\leftarrow i-1$;;递减索引
Insert k in $b[i]$;;插入元素到列表

算法 3.6

插入一个元素到一个基数堆

对于 DecreaseKey 操作，线性搜索关键字为 k 的元素的桶 i。区别在于，搜索从存储在 $\phi(k)$ 中的关键字 k 的桶 i 开始。其实现显示在算法 3.7 中。

对于 DeleteMin 操作，首先搜索第一个非空桶 $i=\min\{j\mid b[j]\neq\varnothing\}$ 并识别其中具有最小关键字 k 的元素。如果最小桶包含一个元素则将其返回。对于另一种情

况 $u[0]$ 设置为 k，且桶界限根据不变量调整；也就是，$u[1]$ 设置为 $k+1$ 且对于 $j>2$，界限 $u[j]$ 设置为 $\min\{u[j-2]+2^{j-2}, u[j+1]\}$。最后，桶 $b[i]$ 中的元素被分配到桶 $b[0], b[1], \cdots, b[i-1]$ 并且从非空的最小桶中提取最小元素。其实现显示在算法 3.8 中。

Procedure DecreaseKey
Input：具有列表数组 $b[0,1,\cdots,B+1]$ 和数组 $u[0,1,\cdots,B+1]$ 的基数堆，旧的关键字 k 被存储的索引 i，新的关键字 k'
Side Effect：更新的基数堆

while $(u[i]>k')$ $i \leftarrow i-1$	;;递减索引
Insert k' in $b[i]$	;;插入元素到列表

算法 3.7

插入一个元素到一个基数堆

Procedure DecreaseMin
Input：具有列表数组 $b[0,1,\cdots,B+1]$ 和数组 $u[0,1,\cdots,B+1]$ 的基数堆
Output：最小元素
Side Effect：更新的基数堆

$i \leftarrow 0$	;;从第一个桶开始
$r \leftarrow \text{Select}(b[i])$	;;选择（任意）最小关键字
$b[i] \leftarrow b[i] \setminus \{r\}$	;;消除最小关键字
while $(b[i]=\emptyset)$ $i \leftarrow i+1$	;;搜索第一个非空的桶
if $(i>0)$	;;第一个桶为空
$k \leftarrow \min b[i]$	;;选择最小的关键字
$u[0] \leftarrow k,\ u[1] \leftarrow k+1$	;;最新界限
for each j **in** $\{2,3,\cdots,i\}$	;;在数组索引上循环
$u[j] \leftarrow \min\{u[j-1]+2^{j-2}, u[i+1]\}$	;;更新界限
$j \leftarrow 0$	;;初始化索引
for each k **in** $b[i]$	;;需要分发的关键字
while$(k>u[j+1])$ $j \leftarrow j+1$	;;增加索引
$b[j] \leftarrow b[j] \cup \{k\}$	;;分发
return r	;;输出最小元素

算法 3.8

从基数堆中删除最小元素

作为 DeleteMin 的简短例子，考虑如下基数堆配置（写作$[u[j]:b[i]]$）$[0]:\{0\}$，$[1]:\emptyset$，$[2]:\emptyset$，$[4]:\{6,7\}$，$[8]:\emptyset$，$[16]:\emptyset$（图 3.4）。从桶 1 中提取关键字 0 导致：$[6]:\{6,7\}$，$[7]:\emptyset$，$[8]:\emptyset$，$[8]:\emptyset$，$[8]:\emptyset$，$[16]:\emptyset$。现在，关键字 6 和 7 被分配。如果 $b[i] \neq \emptyset$，那么间隔大小最多是 2^{i-1}。在 $b[i]$ 中有 $i-1$ 个桶可用。因为所有 $b[i]$ 中的关键字位于 $[k, \min\{k+2^{i-1}-1, u[i+1]-1\}]$ 之间且所有元素装进 $b[0], b[1], \cdots, b[i-1]$。

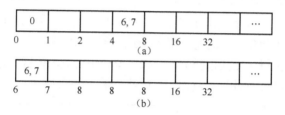

图 3.4 在一个基数堆中 DeleteMin 操作的一个示例

维持一个基数堆的开销的摊销分析为操作 l 使用势 $\Phi_l = \sum_{x \in R} \phi_l(x)$。我们看到 Initialize 运行时间为 $O(B)$，Insert 运行时间为 $O(B)$。DecreaseKey 的摊销时间复杂度为 $O[\phi_l(x) - \phi_{l-1}(x)] + 1 + (\Phi_l - \Phi_{l-1}) = O[\phi_l(x) - \phi_{l-1}(x)] - [\phi_l(x) - \phi_{l-1}(x)] + 1) = O(1)$，DeleteMin 摊销运行时间为 $O(B + [\sum_{x \in b[i]} \phi_l(x) - \sum_{x \in b[i]} \phi_{l-1}(x)] + [\Phi_l - \Phi_{l-1}]) = O(1)$。为 m 个 Insert 和 l 个 DecreaseKey 以及 ExtractMin 操作一共得到的运行时间为 $O(m \lg C + l)$。

利用这种表示，A*算法运行时间为 $O(e + n \lg C)$。对于当前的计算机，包含整个整数范围的 $\lg C$ 的值很小（32 或 64），因此使用基数堆的整数上的 A*算法在实际中运行时间为线性。

4. Van Emde Boas 优先级队列

对于一个关键字全域 $u = \{0, 1, \cdots, N-1\}$，当 $n > \lg N$ 时，Van Emde Boas 优先级队列是高效的。在这个实现中，所有的优先级队列操作约减为后继计算，其消耗时间为 $O(\lg \lg N)$。空间需求是 $O(N \lg \lg N)$。

从考虑元素 $\{0, 1, \cdots, N-1\}$ 上仅定义了三个操作的数据结构 T_N 开始：Insert(x)、Delete(x) 和 Succ(x)，其中前两个具有明显的语义，而最后一个返回 T_N 中大于等于 x 的最小元素。所有的优先级队列操作使用递归操作 Succ(x)，其在结构 T_N 中找到满足 $y > x$ 的最小 y。对于优先级队列数据结构，假如关键字的值为正数，DeleteMin 简单地实现为 Delete(Succ(0))，而 DecreaseKey 是 Delete 和 Insert 操作的组合。

使用普通比特向量，Insert 和 Delete 是常数时间操作，而 Succ 则效率较低。

使用平衡树，所有的操作运行时间均为 $O(\lg N)$。一个更好的解决方案是实现一个具有 $\sqrt{N}$ 个不同 $T_{\sqrt{N}}$ 版本的递归表示。后面的树称为 bottom，元素 $i = a \cdot \sqrt{N} + b$ 由 bottom(a) 中的表项 b 表示。比特向量表示中从 i 到 a 和 b 的转换很简单，因为 a 和 b 是指比特的最高和最低有效位的一半。此外，有另一个称为 top 的 $T_{\sqrt{N}}$ 版本，仅当 a 非空时它包含 a。

算法 3.9 描述了 Succ 的伪代码实现。递归的运行时间是 $T(N) = T(\sqrt{N}) + O(1)$。如果设定 $N \sim 2^k$，那么 $T(2^k) = T(2^{k/2}) + O(1)$，因此 $T(2^k) = O(\lg k)$ 且 $T(N) = O(\lg \lg N)$。Insert 和 Delete 的随后实现显示在算法 3.10 和算法 3.11 中。在 T_N 中插入元素 x 通过首先寻找 x 的后继 Succ(x) 来定位一个可能的位置。这导致的运行时间为 $O(\lg \lg N)$。Deletion 使用双链结构和后继关系。它的运行时间也是 $O(\lg \lg N)$。

Procedure Succ
Input: Van Emde Boas 优先级队列结构 $T_N, i = a\sqrt{N} + b$
Output: $\min\{k \in T_N \mid k \geq i\}$
Side Effect: 更新的 Van Emde Boas 优先级队列结构 T_N

if (maxValue(bottom(a)) $\geq b$)   ;;底部的最大值超过了 b
  $j \leftarrow a\sqrt{N} + \text{Succ}(\text{bottom}(a), b)$;;在底部列表搜索
else   ;;底部结构的最大值小于 b
  $z \leftarrow \text{Succ}(\text{top}, a+1)$;;计算临时变量
  $j \leftarrow c\sqrt{z} + \text{minValue}(\text{bottom}(z))$;;在紧接底层的列表中进行搜索
return j ;;返回获得的值

算法 3.9

在 Van Emde Boas 优先级队列中查找后继

Procedure Insert
Input: Van Emde Boas 优先级队列结构 $T_N, i = a\sqrt{N} + b$
Side Effect: 更新的 Van Emde Boas 优先级队列结构 T_N

if (Size(bottom(a))=0)   ;;底部结构为空
  Insert(top,a)   ;;递归调用
Insert(bottom,b)   ;;插入元素到底层结构

算法 3.10

在 Van Emde Boas 优先级队列中插入元素

> **Procedure Delete**
> **Input:** Van Emde Boas 优先级队列结构 T_N, $i = a\sqrt{N} + b$
> **Side Effect:** 更新的 Van Emde Boas 优先级队列结构 T_N
>
> Delete(bottom,b)   ;;从底层结构中移除元素
> **if** (Size(bottom(a))=0)   ;;底层结构现在为空
>   Delete(top,a)   ;;递归调用
>
> **算法 3.11**
> 从 Van Emde Boas 优先级队列中删除一个元素

Van Emde Boas 优先级队列 k-结构是递归定义的。考虑 $k=4$（意味着 $N=16$）和 5 个元素的集合 $S=\{2,3,7,10,13\}$ 的例子。基于 S 中的值的二进制编码的可能前缀集合，集合 top 是 $\{0,1,2,3\}$ 上的 2-结构。集合 bottom 是一个 2-结构向量（基于 S 中的二进制状态编码前缀），bottom(0)=$\{2,3\}$、bottom(1)=$\{3\}$、bottom(2)=$\{2\}$ 且 bottom(3)=$\{1\}$，因为 $(2)_2=00|10$、$(3)_2=00|11$、$(7)_2=01|11$、$(10)_2=10|10$ 且 $(13)_2=11|01$。将 top 表示为一个 2-结构意味着 $k=2$ 且 $N=4$，使得用 $(0)_2=0|0$、$(1)_2=0|1$、$(2)_2=1|0$、$(3)_2=1|1$ 表示 $\{0,1,2,3\}$ 导致一个 $\{0,1\}$ 上的子 top 结构和两个子 bottom 结构：bottom(0)=$\{0,1\}$ 和 bottom(1)=$\{0,1\}$。

为了在实践中实现这个结构，元素集合的混合表示是合适的。一方面，双重连接的链表包含根据它们在全域中的值排序的元素；另一方面，设计了一个比特向量 b，比特 i 表示值为 b_i 的元素是否包含在链表中。两个结构通过链接互联，其从每个非零元素指向双重连接链表的一个元素。早期的 4-结构的混合表示（比特向量和双端叶表）显示在图 3.5 中（没有展开对单个 top 和 4 个 bottom 结构的引用）。

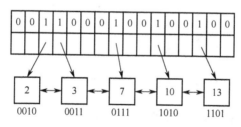

图 3.5 Van Emde Boas 优先级队列的一个 4-结构示例

3.1.2 堆数据结构

假定可以拥有任意（如浮点型）关键字。然后优先级队列的每个操作划分为

比较-交换步骤。对于这种情况，优先级队列的最常见的实现（除了朴素列表之外）是二叉搜索树或堆。

1. 二叉搜索树

二叉搜索树是优先级队列的一个二叉树实现，其中每个内部节点 x 存储一个元素。位于 x 左子树上的关键字小于（或等于）x 的关键字，x 右子树上的关键字大于 x 的关键字。在二叉搜索树上的操作所耗费的时间与树的高度成比例。如果树是节点的线性链，在最差情况下也许会引起线性数量的对比。如果树是平衡的，对数数量的操作对于插入和删除就足够了。因为可能牵涉到平衡，下面讨论更灵活和更快的实现优先级队列的数据结构。

2. 堆

一个堆是一棵完全二叉树；也就是，除了最低层以外所有的层都被完全填满，且最低层从左侧开始填充。这意味着树的深度（以及每条从根到叶子路径的长度）是 $\Theta(\lg n)$。每个内部节点 v 满足堆性质：v 的关键字小于等于它的两个孩子之一的关键字。

完全二叉树可以按如下过程嵌入到一个数组 A 中。元素从左到右逐层存储到数组的升序单元中；$A[1]$ 是根；$A[i]$ 的左孩子和右孩子分别是 $A[2i]$ 和 $A[2i+1]$ 且其父节点是 $A[\lfloor i/2 \rfloor]$。在最近的微处理器中，两个数的乘法操作可以实现为单个位移指令。图 3.6 提供了一个堆的例子（包括其数组嵌入）。

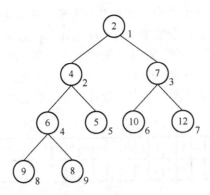

图 3.6 堆示例（数组下标与节点关联）

为了插入一个元素到堆，首先暂时将其放在下一个可用叶子上。因为这可能违反堆性质，当父节点的关键字更大时，通过将元素与其父节点交换来恢复堆性质；然后检查祖父节点的关键字，以此类推，直到堆性质有效或者元素到达根节点位为止。因此，Insert 最多需要的时间为 $O(\lg n)$。在数组嵌入中，从数组 A 中最后一个未使用索引 $n+1$ 开始，并将关键字 k 放入 $A[n+1]$。然后，上溯到前驱直到构建出一个正确的堆为止。算法 3.12 提供了一种方法。

Procedure Insert
Input：关键字 k，大小为 n 的嵌入到数组 A 的堆
Side Effect：更新的大小为 $n+1$ 的堆

$A[n+1] \leftarrow k$; $x \leftarrow n+1$;;将元素放在数组尾部的空白位置
while $(x \neq 1)$ and $(A[\text{parent}(x)] > A[x])$;;除非结束或者访问了根
  Swap(parent(x), x)   ;;交换关键字
  $x \leftarrow \text{parent}(x)$;;沿着结构向上
$n \leftarrow n+1$;;增加大小

算法 3.12

插入一个元素到堆

DecreaseKey 从值已经改变的节点 x 开始执行。这个引用需要与存储的元素一起维持。算法 3.13 显示了减小堆中元素的关键字的一种方法。

Procedure DecreaseKey
Input：堆，改进为值 k 的元素的索引 x
Side Effect：更新的堆

$A[x] \leftarrow k$;;更新关键字值
while $(x \neq 1)$ and $(A[\text{parent}(x)] > A[x])$;;除非结束或者访问了根
  Swap(parent(x), x)   ;;交换关键字
  $x \leftarrow \text{parent}(x)$;;沿着结构向上

算法 3.13

减小堆中元素的关键字

提取最小关键字非常简单：它一直存储在根节点。但是，需要将其删除并保证之后的堆属性。首先，暂时使用树底层的最后一个元素补位到根。然后在下降时每个节点使用两次对比来恢复堆属性。这个操作被称为 SiftDown。也就是，在一个节点确定当前关键字以及子节点的最小值；如果节点实际上是三者中的最小值，那么就完成了，否则节点与最小值交换，并且继续在它之前的位置平衡。因此，DeleteMin 的运行时间在最差情况下也是 $O(\lg n)$。算法 3.14 显示了另一种方法。已知不同的 SiftDown 过程包括：①自顶向下（算法 3.15）；②自底向上（首先沿着更小子节点的特殊路径到达叶子，然后就像在 Insert 中那样移动到根元

素）；③通过（在特殊路径上的）二叉搜索。

Procedure DeleteMin
Input：大小为 n 的堆
Output：最小元素
Side Effect：大小为 $n-1$ 的更新的堆

Swap($A[1], A[n]$)   ;;将最后一个元素交换到根位置
SiftDown(1)   ;;重置堆属性
$n \leftarrow n-1$;;减小大小
return $A[n+1]$;;返回最小元素

算法 3.14

从堆中提取最小元素

Procedure SiftDown
Input：大小为 n 的堆，索引 i
Output：重组的堆

$j \leftarrow 2i$;;第一个孩子
while ($j \leqslant n$)   ;;未到达叶子
  if($j+1 \leqslant n$) and ($A[j+1] \leqslant A[j]$) ;;对比两个孩子
    $j \leftarrow j+1$;;选择第二个孩子
  if($A[j] \leqslant A[i]$)   ;;违反堆的性质
    Swap(i, j)   ;;交换 i 和 j 处的元素
    $i \leftarrow j$;;沿着路径
    $j \leftarrow 2i$;;第一个孩子
  else return   ;;重组堆

算法 3.15

重组堆

使用堆的优先级队列的一个实现产生一个 $O((e+n)\lg n)$ 的 A*算法，其中 n（e）是产生的问题图节点（边）的数量。当 n 较小时，如几百万个元素（实际数量依赖于实现的效率）时，这个数据结构在实际中很快。

3. 配对堆

一个配对堆是一个堆有序（不一定是二叉）的自调整树。配对堆上的基本操作是配对，它通过将具有更大关键字的根作为另一个根的最左边的孩子结合两个

配对堆。更确切地说，对于两个根的值分别为 k_1 和 k_2 的配对堆，如果 $k_1 > k_2$ 那么配对将第一个插入作为第二个的最左边子树，否则就插入第二个作为第一个的最左边子树。配对花费一个固定的时间且最小值位于根节点。

在一个多路树表示中实现优先级队列操作很简单。Insertion 将新节点与堆的根配对。DecreaseKey 首先将节点及其子树从堆上分离（如果此节点不是根），减少这个关键字；然后将其与堆的根配对。Delete 将需要删除的节点与其子树分离，在子树上执行一个 DeleteMin 操作，并将结果树与堆的根配对。DeleteMin 移除并返回根，然后配对剩下的树。最后，剩下的树从右至左被递增配对（见算法 3.16）。

Procedure DeleteMin
Input：配对堆，到根的 h 指针
Output：重组的配对堆

$h \leftarrow \text{first}(h); \text{parent}(h) \leftarrow 0;$	;;消除根元素
$h_1 \leftarrow h; h_2 \leftarrow \text{right}(h)$	;;传递 1
while(h_2)	;;从左到右
$h \leftarrow \text{right}(\text{right}(h_1))$	;;根节点的连续对
pairing$(h_1, h_2);$	;;连接节点
if (h)	;;第一个节点存在
if(right(h))	;;第二个节点存在
$h_2 \leftarrow \text{right}(h); h_1 \leftarrow h;$	;;更新指针
else	;;第二个节点不存在
$h_2 \leftarrow 0;$	;;更新指针
else	;;第一个节点不存在
$h \leftarrow h_1; h_2 \leftarrow 0$	;;更新指针
$h_1 \leftarrow \text{parent}(h); h_2 \leftarrow h;$	;;传递 2
while (h_1)	;;从右到左
pair$(h_1, h_2);$	;;总是最右边的两个节点
$h \leftarrow h_1; h_2 \leftarrow h_1; h_1 \leftarrow \text{parent}(h_1);$	;;更新指针
return $h;$	;;到最前面节点的指针

算法 3.16
重组配对堆

因为多孩子表示很难维持，经常为配对堆使用孩子-兄弟二叉树表示，其中兄弟连接如下。节点的左链连接其第一个子节点，节点的右链连接其下一个兄弟，因此一个节点的值小于等于其左子树上所有节点的值。已经表明，在这个表

示中 Insert 耗费为 $O(1)$、DeleteMin 摊销耗费为 $O(\lg n)$，DecreaseKey 耗费至少为 $\Omega(\lg\lg n)$ 且至多耗费 $O(2^{\sqrt{\lg\lg n}})$ 步。

4. 弱堆

弱堆是通过放松堆要求得到的。它满足三个条件：节点的关键字小于等于其右侧的所有元素，根没有左孩子，叶子仅发现于最后两层。

数组表示使用额外的比特 Reverse$[i] \in \{0,1\}$，$i \in \{0,2,\cdots,n-1\}$。左孩子的位置位于 $2i+$Reverse$[i]$，且右孩子位于 $2i+1-$Reverse$[i]$。通过翻转 Reverse$[i]$，左、右孩子的位置互换。作为一个例子，用 $A=[1,4,6,2,7,5,3,8,15,11,10,13,14,9,12]$ 且 Reverse $=[0,1,1,1,1,1,1,0,1,1,1,1,1,1,1]$ 作为一个弱堆的数组表示。图 3.7 显示了其二叉树等价物。

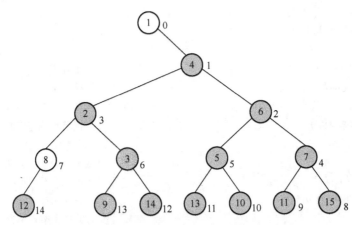

图 3.7 弱堆的一个示例（反射节点显示为灰色）

当 i 是左孩子时，函数 Grandparent 定义为 Grandparent$(i)=$Grandparent (parent(i))，如果 i 是右孩子，函数 Grandparent 定义为 parent(i)。在弱堆中，Grandparent(i) 是指已知的小于等于位于 i 的元素的最深元素的索引。图 3.8 给出了一个说明。

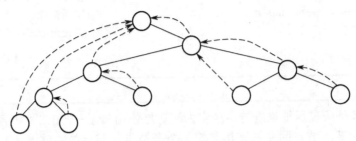

图 3.8 使用虚线箭头指示弱堆中的 Grandparent 关系

令节点 v 为平衡树 T 的根，节点 u 与 T 的左子树而 v 与 T 的右子树各自构成一个弱堆。Merging 合并 u 和 v 产生一个新的弱堆。如果 $A[u] \leqslant A[v]$，那么根为 u，且右孩子为 v 的树是一个弱堆。如果 $A[v] < A[u]$，交换 $A[v]$ 和 $A[u]$ 并反射 T 的子树（图 3.9 (b)）。算法 3.17 提供了 Merge 和 Grandparent 的伪代码实现。

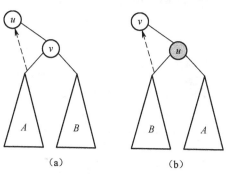

图 3.9 弱堆中的 Merging 操作

(a) 子树反射前；(b) 子树反射后。

Procedure Grandparent
Input：索引 j
Output：j 的 Grandparent 索引

while (Even(j)) $j \leftarrow j/2$;;左孩子
return $\lfloor j/2 \rfloor$;;右孩子

Procedure Merge
Input：Indices i and j, i is (virtual) grandparent of j
Output：Combined sub-Weak Heaps rooted at i and j

if($A[i] > A[j]$)   ;;错误的顺序
  Swap(i,j); Reverse[j] $\leftarrow \neg$Reverse[j]   ;;交换元素并翻转比特

算法 3.17

弱堆的不同子程序的实现

为了恢复弱堆，所有对应于根的孙子节点的子树被结合。算法 3.18 显示了 Merge-Forest 程序的实现。位于位置 m 的元素充当一个根节点。首先我们遍历根的第二大元素所在的孙子节点。然后在自底向上遍历中，通过一系列的 Merge

操作，弱堆性质被恢复。

Procedure Merge-Forest
Input：索引 m
Side Effect：在自底向上合并阶段重组的弱堆

$x \leftarrow 1$;;开始于第二个索引
while$(2x+\text{Reverse}[x] < m)$ $x \leftarrow 2x+\text{Reverse}[x]$;;向左
while$(x > 0)$ Merge(m, x); $x \leftarrow \lfloor x/2 \rfloor$;;向上

算法 3.18

弱堆的恢复操作

对于 DeleteMin，在交换根元素与底层数组的最后一个元素之后恢复弱堆性质。算法 3.19 给出了一个实现。

Procedure DeleteMin
Input：大小为 n 的弱堆
Output：最小元素
Side Effect：大小为 n−1 的更新的弱堆

Swap$(A[0], A[n-1])$;;交换最后一个元素到根位置
Merge-Forest(0) ;;重置弱堆性质
$n \leftarrow n-1$;;减小大小
return $A[n]$;;返回最小元素

算法 3.19

从弱堆中提取最小元素

为了从零开始构建弱堆，对于递减的 i，所有位于索引 i 的节点被合并到它们的祖父，导致最小 $n-1$ 次对比。

对于 Insert，给定一个关键字 k，从数组 A 中最后未使用的索引 x 开始并将 k 放置在 $A[x]$。然后，追溯到祖父直到满足堆性质为止（见算法 3.20）。平均而言，从叶子节点到根的祖父路径长度近似为树深度的 1/2。

对于 DecreaseKey 操作，我们从值发生改变的节点 x 开始。算法 3.21 显示了一个实现。

Procedure Insert
Input：关键字 k，大小为 n 的弱堆
Side Effect：大小为 $n+1$ 的更新的弱堆

$A[n] \leftarrow k; x \leftarrow n$	;;将元素放在数组尾部的空白位置
$Reverse[x] \leftarrow 0$	;;初始化比特
while$(x \neq 0)$ **and** $(A[Grandparent(x)] > A[x])$	;;除非结束或者访问了根节点
$Swap(Grandparent(x), x)$	;;交换关键字
$Reverse[x] \leftarrow \neg Reverse(x)$	;;旋转根在 x 的子树
$x \leftarrow Grandparent(x)$	;;沿着结构向上
$n \leftarrow n+1$	;;增加大小

算法 3.20

插入一个元素到弱堆

Procedure DecreaseKey
Input：弱堆，改进为 k 的元素的索引 x
Side Effect：更新的弱堆

$A[x] \leftarrow k$	;;更新关键字的值
while$(x \neq 0)$ **and** $(A[Grandparent(x)] > A[x])$	;;除非结束或者发现根节点
$Swap(Grandparent(x), x)$	;;交换关键字
$Reverse[x] \leftarrow \neg Reverse[x]$	;;旋转根在 x 的子树
$x \leftarrow Grandparent(x)$	;;沿着结构向上

算法 3.21

减小弱堆中一个元素的关键字

5. 斐波那契堆

斐波那契堆是一种复杂的数据结构，本书不作详细描述仅引出斐波那契堆。直观地，斐波那契堆是二项队列的松弛版本，二项队列自身是二项树的扩展。一个二项树 B_n 是高度为 n、一共包含 2^n 个节点且深度 i 处包含 $\binom{n}{i}$ 个节点的树。B_n 的结构是通过联合 2-结构 B_{n-1} 构建的，其中第一个节点作为额外后继添加到第二个节点上。

二项队列是堆有序二项树的联合。图 3.10 显示了一个示例。如果 n 的二进制表示中第 i 个比特被设置，那么树 B_i 就表示在队列 Q 中。因为对于给定数字仅存在一个二进制表示，所以二项队列结构 Q 到树 B_i 的分割是唯一的。因为最小值总是位于一个 B_i 的根，操作 Min 耗费时间为 $O(\lg n)$。大小为 n_1 和 n_2 二项队列 Q_1 和 Q_2 通过模拟 n_1 和 n_2 的二进制加法进行融合。这对应于 Q_1 和 Q_2 的根列表的并行扫描。如果 $n \sim n_1 + n_2$，那么融合可以在 $O(\lg n)$ 时间内执行。需要融合队列 $Q_1 = (B_2, B_1, B_0)$ 和 $Q_2 = (B_0)$ 产生一个队列 $Q_3 = (B_3)$。

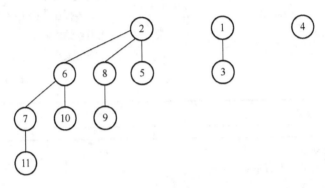

图 3.10　二项队列的一个示例

二项队列自身就是优先级队列。Insert 和 DeleteMin 操作都使用 Meld 程序作为子程序。前者创建一个具有一个元素的树 B_0，后者提取包含最小元素的树 B_i 并将其分解为其子树 $B_0, B_1, \cdots, B_{i-1}$。在这两种情况下，将结果树与剩余队列合并执行更新操作。元素 v 的 DecreaseKey 通过自底向上传播元素改变来更新 v 所在的二项树 B_i。所有操作运行时间为 $O(\lg n)$。

一个斐波那契堆是一个堆有序二项树的集合，以环形双向链接无序根节点列表的形式维护。不同于二项队列，多于一个的度为 i 的二项树可能表示在一个斐波那契堆中。合并遍历线性列表并合并度相同的树（每个度是唯一的）。为了这个目的，设计了一个额外的数组以支持在根列表中找到度相同的树。通过一个根列表中的指针，一个斐波那契堆的最小元素可以在 $O(1)$ 时间内存取。Insert 使用单件树执行融合操作。

对于关键操作 consolidate（见算法 3.22），当一个节点失去一个孩子时将其标记。在它被两次标记之前，需要执行一个 cut（切割）操作，它将节点与其父节点分离。这个节点的子树被插入到根列表（其中节点再次变为未标记）。随着它传播到父节点，这个切割可能产生 cascade（级联）。图 3.11 显示了级联切割的一个例子。具有关键字 3、6 和 8 的节点已经被标记。现在我们将关键字 9 减小到 1，因此 3、6 和 8 会失去它们的第二个孩子。

Procedure Consolidate
Input：大小为 n 的斐波那契堆，比特向量 o, p
Side Effect：大小为 $n+1$ 的简化的斐波那契堆

$\Delta \leftarrow 1+1.45\lg n$	;;启发式程度
if($\|o\| \leq \Delta$) **return**	;;如果仅有一些树，进行循环
$r \leftarrow$ head	;;从列表的头指针开始
do	;;构建临时数组 A 和比特向量
$d \leftarrow$ degree(r)	;;二项式树大小
set(o, d)	;;设置占用比特
if($A[d]$)	;;列表非空
set(p,d)	;;在成对比特向量中设置比特
link(r)$\leftarrow A[d]$; $A[d] \leftarrow r$; $r \leftarrow$ right(r)	;;前进到下一个元素
while($r \neq$ head)	;;完全处理了圆形列表
while($\|p\|$)	;;成对比特向量的比特存在
$d \leftarrow$ Select(p)	;;选择任意比特
$x \leftarrow A[d]$; $y \leftarrow$ link(x); link(x)$\leftarrow 0$	;;移除 x
$z \leftarrow$ link(y); link(y)$\leftarrow 0$; $A[d] \leftarrow z$	;;移除 y
if($z=0$)	;;列表为空
clear(o, d); clear(p, d)	;;在比特向量中删除比特
else if(link(z)=0) clear(p, d)	;;在成对比特向量中删除比特
set($o, d+1$)	;;在占用比特向量中删除比特
if($A[d+1]$) set($p,d+1$)	;;设置成对比特向量中的比特到下一个程度
if($x \leq y$)	;;关键字对比
Swap(x, y)	;;交换链接
Cut(x, y)	;;切断 x 并联合 x 和 y
link(y)$\leftarrow A[d+1]$; $A[d+1] \leftarrow y$	;;插入 y
if(head=x) head$\leftarrow y$	;;根列表的新头

算法 3.22

斐波那契堆中合并比特向量和启发式因子

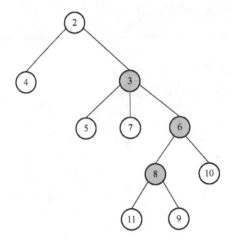

图 3.11 堆有序树中的级联切割

DecreaseKey 在堆有序树的元素上执行更新。它从其父节点的孩子列表移除更新的节点，将其插入到根列表且更新最小值。DeleteMin 提取最小值、包含所有的子树到根列表并合并根列表。

可以设置一个启发式参数来减少调用合并的频率。此外，一个比特向量可以改善合并的性能，因为它避免了额外的链接且能够更快地访问需要合并的具有相同度的树。在一个变体中，斐波那契堆在任何时候维持合并堆存储。

6. 松弛弱队列

松弛弱队列是最差情况下高效的优先级队列，即斐波那契堆的运行时间是最差情况的而不是摊销的。

弱队列产生如下观察结论，即完美弱堆通过仅采用由 Grandparent 关系定义的边，继承了与二项队列的一一对应。注意到在完美弱堆中根的右子树是一棵完全二叉树。一个弱队列存储 n 个元素并且是基于二进制表示 $n = \sum_{i=0}^{\lfloor \lg n \rfloor} c_i 2^i$ 的不相交（非嵌入的）完美弱堆的集合。在它的基本形式中，当且仅当 $c_i = 1$ 时，一个弱队列包含一个大小为 2^i 的完美弱堆 H_i。

松弛弱队列放松了弱队列中的一个给定度恰好有一个弱堆的需求，且容许一些违反弱堆性质的不一致元素。类似于斐波那契堆，一个称为堆存储的结构（对数大小）维持度相同的完美弱堆。每个度至多两个堆足以高效地实现堆的注入和弹出。为了保持最差情况复杂度界限，通过在具有相同度的完美弱堆数量序列上维持如下结构特性延迟合并度相同的弱堆。

度序列 $(r_{-1}, r_0, \cdots, r_k) \in \{0,1,2\}^{k+1}$ 是正则的，如果任意数字 2 前面都是一个数字 0，可能有一些数字 1 在中间。一个形式为（01^l2）的子列称为一个块（block）。

也就是说，每个数字 2 必须是一个块的一部分，但是可能存在数字 0 和 1 不是任何块的一部分。例如，度序列（1011202012）包含 3 个块。为了注入一个弱堆，我们连接前两个大小相同的弱堆。通过扫描度序列来发现它们。为了 $O(1)$ 访问速度，一个称为连接调度的挂起连接的堆栈负责实现挂起的连接度序列。对于弹出，从堆序列中消除最小弱堆，并且如果这个完美弱堆与另一个完美弱堆形成一对，那么连接调度的顶端也被取出。

为了保持 DecreaseKey 的复杂度恒定，解决弱堆顺序违反的操作也被延迟。节点存储的主要目的是跟踪和减少潜在违反节点的数量，这些节点的关键字可能小于其祖父的关键字。标记潜在的违反节点。如果一个标记节点是其父节点的左孩子并且父节点也被标记，则该节点是困难的。由单个非困难标记节点跟随的一连串连续困难节点称为一个运行。一个运行中的所有困难节点称为其成员；这个运行的单个非困难标记节点称为先导。一个运行中的既不是成员也不是先导的标记节点称为一个单件。总之，可以将所有节点的集合划分为 4 个不相交的节点类型分类：未标记节点、运行成员、运行先导和单件。

一对（type,height）指示一个节点的状态，其中 type 为未标记、成员、先导或单件，height 是 $\{0,1,\cdots,\lfloor \lg n \rfloor -1\}$ 中的一个值。变换引起常数次的状态转换。这种变换的一个简单例子是一个加入（join），其中新根的高度必须增加 1。其他的操作是清除、父节点、兄弟和成对变换（图 3.12）。假设其邻居和父节点未标记，清除变换将一个标记的左子节点旋转为一个标记的右子节点。父节点变换减少标记节点的数量或者将标记节点提高一个等级。兄弟变换通过消除一个等级中的两个标记，并且在高一等级产生一个新的标记来减少标记。成对变换（pair transformation）具有类似的效果，并且对于非连通树有效。

所有的变换运行时间都是常数。节点存储由不同的包含节点标记类型的列表元素组成，节点标记类型可以是一个运行的"伙伴""主席""先导""成员"，其中伙伴和主席改进了单件的概念。伙伴是一个标记节点，如果它是一个左孩子，那么它具有未标记父节点。如果多于一个伙伴具有某一高度，它们中间之一被选举为主席。执行单件变换需要主席列表。一个标记父节点的左孩子节点是成员，而这种运行的父节点定名为先导。执行一个运行变换时需要先导列表。

四个主要的变换结合为 λ 约减，它要么调用单件变换要么调用运行变换（见算法 3.23）。单件变换将给定等级的标记数量减少了一个且不在上一等级产生一个标记；或者它将某一等级的标记数量减少两个并在上一等级产生一个标记。类似的观察也适用于运行变换，因此在两个变换中，标记数量在常数的工作量和比较中至少减少一个。每个 DecreaseKey 操作中调用一次 λ 约减。一旦标记节点数量超过了 $\lfloor \lg n \rfloor -1$，它要么调用单件变换，要么调用运行变换并且被增强。

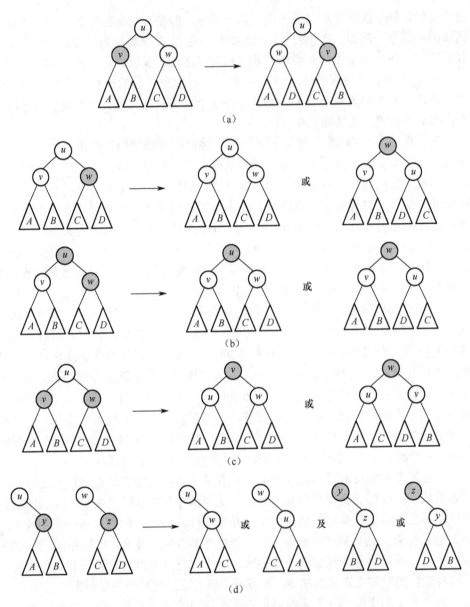

图 3.12 λ 约减的主要变换

(a) 清除变换；(b) 父节点变换；(c) 兄弟变换；(d) 成对变换。

表 3.1 测量了插入 n 个整数（随机分配从 n 到 $2n-1$ 之间的值）的微秒时间（对每个操作）。下面，它们的值减 10，然后最小元素被删除 n 次（有一行缺少元素是由于斐波那契堆空间用尽）。

第 3 章 字典数据结构

```
Procedure λ-Reduction
In/Output: 松弛的弱堆

if(chairmen≠∅)                                                    ;;在某个等级上的伙伴对
    f←first(chairmen); firstparent←parent(f)                      ;;第一个元素和其父节点
    if(left(firstparent)=f and marked(right(firstparent)) or      ;;两个子节点
       left(firstparent)≠f and marked(left(firstparent)))         ;;被标记
         siblingtrans(firstparent); return                        ;;满足情况(c)
    s←second(chairmen); secondparent←parent(s)                    ;;第二个元素
    if(left(secondparent)=s and marked(right(secondparent)) or    ;;两个子节点
       left(secondparent)≠s and marked(left(secondparent)))       ;;被标记
         siblingtrans(secondparent); return                       ;;满足情况(c)
    if(left(firstparent)=first) cleanintrans (firstparent)        ;;切换孩子标记
    if(left(secondparent)=second) cleaningtrans(secondparent)     ;;情况(a)适用
    if(marked(firstparent) or root(secondparent)                  ;;也标记父节点
         parenttrans(firstparent); return                         ;;情况(b)适用
    if(marked(secondparent) or root(secondparent))                ;;也标记父节点
         parenttrans(secondparent); return                        ;;情况(b)适用
    pairttrans(firstparent, secondparent)                         ;;情况(d)适用
else if(leaders≠∅)                                                ;;先导存于某个等级
    leader←first(leaders); leaderparent←parent(leader)            ;;选择先导和父节点
    if(leader=right(leaderparent))                                ;;先导是右子节点
       parenttrans(leaderparent)                                  ;;转换到左子节点
       if(¬marked(leaderparent) ∧ marked(leader))                 ;;父节点也被标记
          if(marked(left(leaderparent)))siblingtrans(leaderparent); return ;;情况(c)
          parenttrans(leaderparent)                               ;;情况(b)首次适用
       if(marked(right(leaderparent)))parenttrans(leader)         ;;情况(b)再次适用
    else                                                          ;;先导是左子节点
       sibling←right(leaderparent)                                ;;临时变量
       if(marked(sibling))siblingtrans(leaderparent); return      ;;满足情况(c)
       cleaningtrans(leaderparent)                                ;;切换先导的孩子的标记
       if(marked(right(sibling)))siblingtrans(sibling); return    ;;满足情况(c)
       cleaningtrans(sibling)                                     ;;切换兄弟的子节点的标记
       parenttrans(sibling)                                       ;;情况(b)适用
       if(marked(left(leaderparent)))siblingtrans(leaderparent)   ;;满足情况(c)
```

算法 3.23

减少松弛弱队列的标记数量

表 3.1　n 个整数的优先队列数据结构性能

	$n = 25000000$			$n = 50000000$		
	Insert	Dec.Key	Del.Min	Insert	Dec.Key	Del.Min
松弛弱队列	0.048	0.223	4.38	0.049	0.223	5.09
配对堆	0.010	0.020	6.71	0.009	0.020	8.01
斐波那契堆	0.062	0.116	6.98	—	—	—
堆	0.090	0.064	5.22	0.082	0.065	6.37

3.2　哈希表

重复检测对于状态空间搜索避免冗余扩展很重要。因为没有事先给出对所有状态的访问，所以需要提供表示状态集合的动态增长的字典。对于 Closed 列表，记住已经被扩展的节点，并且对于每个生成的状态都要检查它是否已经被存储了。我们也在 Open 列表中搜索重复，因此需要另一个字典来辅助优先级队列中的查询。字典（Dictionary）问题在于提供一个具有 Insert、Lookup 和 Delete 操作的数据结构。在搜索应用中，删除并非总是必要的。稍容易的成员问题忽略了任何相关的信息。但是，很多成员数据结构的实现可以容易地通过增加一个指针泛化到字典数据结构。更经常地，Open 和 Closed 列表被共同维护在一个组合字典中，而不是分别维护在两个字典。

实现字典有两种主要的技术：（平衡）搜索树和哈希。前一类算法可以达到在最差情况下所有操作在 $O(\lg n)$ 时间内完成且需要的存储空间为 $O(n)$，其中 n 为存储元素的数量。一般地，对于哈希要求常数时间的查询操作，集中精力于哈希字典。首先介绍不同的哈希函数和算法。增量哈希对于提高计算哈希地址的效率很有帮助。在完全哈希中，我们考虑状态到地址的双射映射。在通用哈希中，考虑一类对于更一般的完全哈希策略有用的哈希函数。因为内存是状态空间搜索关注的重点，我们也会涉及内存节约字典数据结构。本节最后说明如何通过不精确表示（即当其不在字典中时也可以显示在字典中）节约额外的空间。

3.2.1　哈希字典

哈希是高效存储和检索状态 $u \in S$ 的一种方法。可能关键字的全域 $S = \{0, 1, \cdots, N-1\}$ 上的一个字典（dictionary）是从一个子集 $R \subseteq S$（存储的关键字）到某个集合 I（关联的信息）的一个部分函数。在状态空间哈希中，每个状态 $x \in S$ 被分配到一个关键字 $k(x)$，它是唯一识别 S 的表示的一部分。注意到每个状态表示可以看作一个二进制整数。那么并不是所有全域中的整数会对应于有效的状态。为简单起见,下面使用它们的关键字来识别状态。

关键字被映射到一个线性数组 $T[0,1,\cdots,m-1]$,称为哈希表。映射 $h:S\to\{0,1,\cdots,m-1\}$ 被称为哈希函数(图 3.13)。缺少双射会导致地址碰撞;即不同的状态会映射到同一个表位置。粗略地讲,哈希都是关于计算关键字和检测碰撞的。哈希的整体时间复杂度依赖于计算哈希函数的时间、碰撞策略以及存储的关键字数量与哈希表大小的比值,但是通常不依赖于关键字的大小。

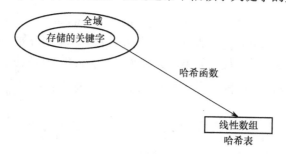

图 3.13 哈希的基本原理

哈希的核心问题在于选择好的哈希函数。在最差情况下,所有的关键字被映射到相同的地址;例如,对于所有 $x\in S$,有 $h(x)=\text{const}$,其中 $0\leqslant\text{const}<m$。最佳情况下,没有碰撞且对一个元素的访问时间为常数。一个特殊情况是,对于固定存储集合 R 和一个至少 m 个表项的哈希表,一个合适的哈希函数是 $h(x_i)=i$, $x_i\in R$, $0\leqslant i<m$。

这两种极端情况只是理论性的。实际中,可以通过适当的哈希函数设计避免最差情况。

3.2.2 哈希函数

一个好的哈希函数可以高效计算且最小化地址碰撞数量。给定关键字的返回地址应该均匀分布,即使 S 中选择的关键字集合是非均匀的(几乎总是这样)。

给定一个大小为 m 的哈希表和需要插入的关键字序列 $k_1,k_2,\cdots,k_n$,对于每一对关键字 (k_i,k_j),$i,j\in\{1,2,\cdots,n\}$,定义一个随机变量:

$$X_{ij}=\begin{cases}1, & h(k_i)=h(k_j)\\ 0, & \text{其他}\end{cases}$$

那么,$X=\sum_{i<j}X_{ij}$ 是碰撞的总数。假定一个均匀分布的随机哈希函数,期望的 X 值为

$$E(X)=E\left(\sum_{i<j}X_{ij}\right)=\sum_{i<j}E(X_{ij})=\sum_{i<j}\frac{1}{m}=\binom{n}{2}\cdot\frac{1}{m}$$

使用大小为 $m = 10^7$ 的哈希表，对于一百万个元素，大约有 $\binom{10^6}{2} \cdot \frac{1}{m} \approx 4999$ 个地址碰撞。

1. 余数方法

如果 S 能扩展到 $\mathbb{Z}$，那么 $\mathbb{Z}/m\mathbb{Z}$ 就是商空间，其等价类 $[0],[1],\cdots,[m-1]$ 由如下关系引入：

$$z \sim w, \text{当且仅当} z \bmod m = w \bmod m$$

因此，$h(x) = x \bmod m$ 的映射 $h: S \to \{0, 1, \cdots, m-1\}$ 将 S 分布到 T 上。为了均匀性，m 的选择很重要；例如，如果 m 是偶数，当且仅当 x 是偶数时 $h(x)$ 是偶数。

对于某个 $w \in \mathbb{N}$，选择 $m = r^w$ 是不合适的，因为对于 $x = \sum_{i=0}^{l} a_i r^i$，有

$$x \bmod m = \left(\sum_{i=w}^{l} a_i r^i + \sum_{i=0}^{w-1} a_i r^i \right) \bmod m = \left(\sum_{i=0}^{w-1} a_i r^i \right) \bmod m$$

这意味着这个分布仅考虑最后的 w 位数字。

m 的一个好的选择是对于小的 j 无法被数字 $r^i \pm j$ 整除的素数，因为 $m | r^i \pm j$ 等价于 $r^i \bmod m = \mp j$，有（如果是 +）

$$x \bmod m = j \cdot \sum_{i=0}^{l} a_i \bmod m$$

也就是，具有相同数字之和的关键字映射到同一个地址。

2. 乘法哈希

在这个方法中，计算关键字和一个无理数 ϕ 的乘积并且保留小数部分，产生一个到 $[0,1) \subset \mathbb{R}$ 的映射。这可以以如下方式用于一个将关键字 x 映射到 $\{0, 1, \cdots, m-1\}$ 的哈希函数，即

$$h(x) = \lfloor m(x\phi - \lfloor x\phi \rfloor) \rfloor$$

乘法哈希中 ϕ 的最佳选择之一是 $(\sqrt{5} - 1)/2 \approx 0.6180339887$，即黄金比例。例如 $k = 123456$、$m = 10000$；那么 $h(k) = \lfloor 10000 \cdot (123456\phi) \rfloor = 41$。

3. Rabin 和 Karp 哈希

对于基于 Rabin 和 Karp 想法的增量哈希，状态被解释为固定字母表上的字符串。假如没有自然字符串表示存在，将一个状态的二进制表示解释为字母表 $\{0,1\}$ 上的一个字符串是可能的。为了增加方法的有效性，比特字符串可能被划分为块。例如，由字节组成的一个状态向量产生 256 个不同的字符。

Rabin 和 Karp 想法源自于匹配一个模式字符串 $M[1, 2, \cdots, m] \in \Sigma^m$ 到一个文本 $T[1, 2, \cdots, n] \in \Sigma^n$。对于一个特定的哈希函数 h，模式 M 映射到数字 $h(M)$，假设

$h(M)$ 装进单个内存单元并且可以在常数时间内处理。对于 $1 \leq j \leq n-m+1$，算法检查是否 $h(M) = h(T[j, j+1, \cdots, j+m-1])$。由于可能的碰撞，这个检查是 M 和 $T[j, j+1, \cdots, j+m-1]$ 有效匹配的必要但非充分条件。为了验证这个匹配在 $h(M) = h(T[j, j+1, \cdots, j+m-1])$ 时是确实有效的，需要执行逐字符比较。

为了在常数时间内计算 $h(T[j, j+1, \cdots, j+m-1])$，需要进行增量计算——算法考虑已知值 $h(T[j, j+1, \cdots, j+m-1])$ 来使用一些 CPU 运算确定 $h(T[j+1, j+2, \cdots, j+m])$。需要仔细的选择哈希函数以适合于增量计算；例如，基于类似 $h(M) = \sum_{i=1}^{m} M[i] r^i \bmod q$ 的基数表示的线性哈希函数是合适的，其中 q 是一个素数且基数 $r = |\Sigma|$。

算法层面，这个方法工作如下。令 q 是一个足够大的素数且 $q > m$。假设 $q \cdot |\Sigma|$ 大小的数字可以装进一个内存单元，因此所有的操作可以通过单精度运算执行。为了符号表示方便，通过它们的顺序识别 Σ 中的字符。算法 3.24 展示 Rabin 和 Karp 算法执行匹配过程。

Procedure Rabin-Karp
Input：字符串 T，模式 M，字母表 Σ
Output：M 在 T 中的出现

$p \leftarrow t \leftarrow 0$; $u \leftarrow |\Sigma|^{m-1} \bmod q$	;;初始化
for each i **in** $\{1, 2, \cdots, m\}$	;;遍历模式位置
$p \leftarrow (|\Sigma| \cdot p + M[i]) \bmod q$	;;预先计算模式的哈希函数
for each i **in** $\{1, 2, \cdots, m\}$	;;遍历文本前缀
$t \leftarrow (|\Sigma| \cdot p + T[i]) \bmod q$	;;预先计算文本前缀的哈希函数
for each j **in** $\{1, 2, \cdots, n-m+1\}$	;;主对比循环
if($p = t$)	;;哈希函数匹配
if(check($M, T[j \cdots j+m-1]$))	;;提取要求的字符串对比
return j	;;在位置 j 发现模式
if($j \leq n-m$)	;;文本完全被处理
$t \leftarrow ((t - T[j] \cdot u) \cdot |\Sigma| + T[j+m]) \bmod q$	;;使用 Horner 规则移动

算法 3.24

Rabin 和 Karp 算法

基于如下观察，算法是正确的。

定理 3.1（Rabin-Karp 正确性）假设算法 3.24 中的步骤关于循环计数器 j 编号。在第 j 次迭代开始时，有

$$t_j = \left(\sum_{i=j}^{m+j-1} T[i] \mid \Sigma \mid^{m-i+j-1} \right) \bmod q$$

证明： 当然，$t_1 = \left(\sum_{i=1}^{m} T[i] \mid \Sigma \mid^{m-i} \right) \bmod q$ 并且归纳地，有

$$\begin{aligned} t_j &= ((t_{j-1} - T[j-1] \cdot u) \cdot \mid \Sigma \mid + T[j+m-1]) \bmod q \\ &= \left(\left(\left(\sum_{i=j-1}^{m+j-2} T[i] \mid \Sigma \mid^{m-i+j-2} \right) - T[j-1] \cdot u \right) \cdot \mid \Sigma \mid + T[j+m-1] \right) \bmod q \\ &= \left(\sum_{i=j}^{m+j-1} T[i] \mid \Sigma \mid^{m-i+j-1} \right) \bmod q \end{aligned}$$

以 $\Sigma = \{0,1,\cdots,9\}$ 和 q=13 为例。此外，令 M=31415，T=2359023141526739921。图 3.14 说明了映射 h 的应用。

$$\underbrace{23590}_{8}\ \underbrace{231415}_{7}\ \underbrace{267399}_{7}\ 21$$

图 3.14　字符串匹配的 Rabin 和 Karp 哈希示例

我们看到 h 引起碰撞。增量计算工作包括：

$$\begin{aligned} h(14152) &\equiv (h(31415) - 3 \cdot 10000) \cdot 10 + 2 (\bmod 13) \\ &\equiv (7 - 3 \cdot 3) \cdot 10 + 2 (\bmod 13) \equiv 8 (\bmod 13). \end{aligned}$$

计算所有哈希地址的运行时间为 $O(n+m)$，这也是最佳情况的整体运行时间。在最差情况下，匹配的量级仍然是 $\Omega(nm)$，例如在 $T = 0^n$ 中搜索 $M = 0^m$ 的情况。

4. 增量哈希

对于一个状态空间搜索，一个状态转换经常仅改变表示的一部分。在这种情况下，哈希函数的计算可以增量执行。我们称呼这个方法为增量状态空间哈希。字母表 Σ 代表需要哈希的字符串中的字符集合。在状态空间搜索中，集合 Σ 用来代表状态变量的值域。

以 15 数码问题为例。$\Sigma = \{0,1,\cdots,15\}$，状态 u 的一个自然向量表示是 $(t_0, t_1, \cdots, t_{15}) \in \Sigma^{16}$，其中 $t_i = l$ 意味着标签为 l 的滑块位于位置 i 并且 $l = 0$ 是空格。因为后继产生很快并且曼哈顿距离启发式可以在常数时间内增量计算（使用一个由滑块标签 $l \in \Sigma \setminus \{0\}$ 编址的表格，滑块的移动方向 $d \in \{U, D, L, R\}$，并且 $p \in \Sigma$ 是正在移动的滑块的位置），计算负担主要在于计算哈希函数。

15 数码问题中状态 u 的一个哈希值是 $h(u) = \left(\sum_{i=0}^{15} t_i \cdot 16^i \right) \bmod q$。令表示为 $(t_0', t_1', \cdots, t_{15}')$ 的状态 u' 是 u 的一个后继。我们知道在 t 和 t' 之间仅有一次转置。令 j 为 u 中空格的位置且 k 是 u' 中空格的位置。有 $t_j' = t_k$，$t_k' = 0$ 成立，并且对于所

有的 $1 \leq i \leq 16$（$i \neq j$、$i \neq k$），$t_i' = t_i$ 成立，则

$$h(u') = \left(\left(\sum_{i=0}^{15} t_i \cdot 16^i\right) - t_j \cdot 16^j + t_j' \cdot 16^j - t_k \cdot 16^k + t_k' \cdot 16^k\right) \bmod q$$

$$= \left(\left(\left(\sum_{i=0}^{15} t_i \cdot 16^i\right) \bmod q\right) - 0 \cdot 16^j + t_j' \cdot 16^j - t_k \cdot 16^k + 0 \cdot 16^k \bmod q\right) \bmod q$$

$$= (h(u) + (t_j' \cdot 16^j) \bmod q - (t_k \cdot 16^k) \bmod q) \bmod q$$

为了节省时间，可以对每个 k 和属于 $\{0,1,\cdots,15\}$ 的 l 预先计算 $(k \cdot 16^l) \bmod q$。如果要为每个 j、k 和 l 值存储 $(k \cdot 16^j) \bmod q - (k \cdot 16^l) \bmod q$，可以节省一次加法。因为 $h(u) \in \{0,1,\cdots,q-1\}$ 且 $(k \cdot 16^j) \bmod q - (k \cdot 16^k) \bmod q \in \{0,1,\cdots,q-1\}$，可以进一步通过更快的算术运算替换最后一个取模操作（mod）。

作为一个特例，考虑 15 数码问题的一个实例，其中滑块 12 将从其所在位置 11 被下移到位置 15。有 $h(u') = (h(u) - 12 \cdot (16^{11}) \bmod q + 12 \cdot (16^{15}) \bmod q) \bmod q$。

下面推广我们的观察。当存储向量增长时节省更大。对于 $n^2 - 1$ 数码问题，非增量哈希导致 $\Omega(n^2)$ 时间，而在增量哈希中工作量仍然是常数。此外，增量哈希对于很多服从静态向量表示的搜索问题是有效的。因此，假设状态 u 是一个向量 $(u_1, u_2, \cdots, u_k)$，其中 u_i 属于有限域 $\Sigma_i (i \in \{1, 2, \cdots, k\})$。

定理 3.2（增量哈希的效率） 令 $I(a)$ 为状态向量中当应用 a 时改变的索引集合，并且 $I_{\max} = \max_{a \in A} |I(a)|$。给定 u 的哈希值，通过 u 的一个给定哈希值得到 v 的哈希值在如下时间内可得，其中 u 是 v 的后继。

（1）$O(I(a))$；使用一个 $O(k)$ 大小的表。

（2）$O(1)$；使用一个 $O\left(\binom{k}{I_{\max}} \cdot (\Sigma_{\max})^{I_{\max}}\right)$ 大小的表，其中 $\Sigma_{\max} = \max_{1 \leq i \leq k}\{|\Sigma_i|\}$。

证明：定义 $h(u) = \sum_{i=1}^{k} u_i M_i \bmod q$ 作为哈希函数，$M_1 = 1$ 且 $M_i = |\Sigma_1||\Sigma_2|\cdots|\Sigma_{i-1}|(1 \leq i \leq k)$。对于情况 1，为所有的 $1 \leq i \leq k$ 在预先计算表中存储 $M_i \bmod q$，因此需要 $|I(a)|$ 次查询。对于情况 2，为所有可能的动作 $a = (u, v)$ 计算 $\sum_{j \in I(a)} -u_j M_j + v_j M_j \bmod q$。动作的数量界限是 $\binom{k}{I_{\max}} \cdot (\Sigma_{\max})^{I_{\max}}$，因为最多 $\binom{k}{I_{\max}}$ 个索引可能改变到最多 $(\Sigma_{\max})^{I_{\max}}$ 个不同的值。

注意，可能的动作数量在实践中要小得多。增量哈希的有效性依靠两个因素：状态向量的局部性（多少状态变量被一个状态转换影响）以及节点扩展效率（产生一个后继的所有其他操作的运行时间）。在魔方中，利用局部性是受限的。如果我们将每个子立方体的位置和方向表示为状态向量中的数字，那么每次转动魔方时，8～20 个表项会改变。相比之下，推箱子中节点扩展效率很低；因为在

移动执行中,需要与板布局成线性时间内确定可推球的集合,并且最小匹配启发式的(增量)计算需要至少球数量的平方时间。

对于增量哈希,其产生的技术是非常高效的。但它也存在缺点,需要加以注意。例如,与普通哈希一样,需要解决所提机制造成的碰撞。

5. 全域哈希函数

全域哈希要求一个哈希函数集合对于任意存储的关键字子集平均具有好的分布。它是 FKS 和布谷鸟哈希的基础且具有很多好的性质。当使用一个不同的哈希函数重启一个随机化的不完备算法时,全域哈希经常用于状态空间搜索中。

令 $\{0,1,\cdots,m-1\}$ 为哈希地址集合且 $S \subseteq \mathbb{N}$ 是可能关键字的集合。一个哈希函数集合 H 是全域的,如果对于所有 $x, y \in S$,有

$$\frac{|\{h \in H \mid h(x) = h(y)\}|}{|H|} \leq 1/m$$

设计全域哈希函数的直觉是在哈希计算内部包含一个合适的随机数发生器。例如,Lehmer 发生器是指线性同余。它是产生随机数的最常用方法之一。关于常数三元组 a、b 和 c,可以根据如下方式递归产生一系列的伪随机数 x_i,即

$$x_0 \leftarrow b$$

$$x_{i+1} \leftarrow (ax_i + c) \bmod m \quad i \geq 0$$

全局哈希函数产生平均情况下较好的值分布。如果从 H 中随机抽取 h 且 S 是需要插入到哈希表中的关键字集合,每次查询(Lookup)、插入(Insert)和删除(Delete)操作的期望耗费的界限是 $(1+|S|/m)$。我们给出一类全域哈希函数的一个例子。令 $S \subseteq \mathbb{N}$,p 为一个素数且 $p \geq |S|$。对于 $1 \leq a \leq p-1$ 和 $0 \leq b \leq p-1$,定义

$$h_{a,b} = ((ax+b) \bmod p) \bmod m$$

那么

$$H = \{h_{a,b} \mid 1 \leq a \leq p-1, 0 \leq b \leq p-1\}$$

是一个全域哈希函数集合。以 $m=3$ 且 $p=5$ 为例。那么在 H 中有 20 个函数,即

$$\begin{array}{cccc} x+0 & 2x+0 & 3x+0 & 4x+0 \\ x+1 & 2x+1 & 3x+1 & 4x+1 \\ x+2 & 2x+2 & 3x+2 & 4x+2 \\ x+3 & 2x+3 & 3x+3 & 4x+3 \\ x+4 & 2x+4 & 3x+4 & 4x+4 \end{array}$$

都是通过 $\bmod 5 \bmod 3$ 得到的。哈希 1 和哈希 4 导致如下地址碰撞,即

$$(1 \cdot 1 + 0) \bmod 5 \bmod 3 = 1 = (1 \cdot 4 + 0) \bmod 5 \bmod 3$$
$$(1 \cdot 1 + 4) \bmod 5 \bmod 3 = 0 = (1 \cdot 4 + 4) \bmod 5 \bmod 3$$
$$(4 \cdot 1 + 0) \bmod 5 \bmod 3 = 1 = (4 \cdot 4 + 0) \bmod 5 \bmod 3$$
$$(4 \cdot 1 + 4) \bmod 5 \bmod 3 = 0 = (4 \cdot 4 + 4) \bmod 5 \bmod 3$$

为了证明 H 是全域的，考虑两个关键字 $x \neq y$ 被哈希函数的内部映射到位置 r 和 s 的概率，即

$$P([(ax+b) = r(\bmod p)] \text{ and } [(ay+b) = s(\bmod p)])$$

这意味着 $a(x-y) = r-s(\bmod p)$，它恰有一个解 $(\bmod p)$，因为 $Z_p^* = (\mathbb{Z}/p\mathbb{Z} \setminus \{[0]\}, \cdot)$ 是一个域（我们需要 $p \geq |S|$ 以保证 $x \neq y \bmod p$）。r 不能等于 s，因为这会隐含 $a=0$，与哈希函数的定义相反。因此假设 $r \neq s$。那么 a 具有正确值的机会为 $1/(p-1)$。给定 a 的这个值，我们需要 $b = r - ax(\bmod p)$，得到 b 的概率为 $1/p$。因此，内部函数将 x 映射到 r 且将 y 映射到 s 的整体概率是 $1/p(p-1)$。

现在，x 和 y 碰撞的概率等于这个 $1/p(p-1)$，乘以对的数量 $r \neq s \in \{0, 1, \cdots, p-1\}$ 使得 $r = s(\bmod m)$。对于 r 有 p 种选择，且随后对于 s 的选择最多是 $\lceil p/m \rceil - 1$（-1 的意思是不允许 $s=r$）。为整数 v 和 w 使用 $\lceil v/w \rceil \leq v/w + 1 - 1/w$，乘积最多是 $p(p-1)/m$。

综上，得到 x 和 y 间一个碰撞的概率为

$$P((ax+b \bmod p) \bmod m = (ay + b \bmod p) \bmod m) \leq \frac{p(p-1)}{m} \cdot \frac{1}{p(p-1)} = \frac{1}{m}$$

6. 完全哈希函数

能否找到一个哈希函数使得（除了计算哈希函数的工作量）所有查询需要常数时间呢？答案是肯定的——这就是完全哈希。$|R| = n < m$ 的 R 到 $\{1, 2, \cdots, m\}$ 的双射被称为一个完全哈希函数；它允许没有碰撞的访问。如果 $n = m$，得到一个最小完全哈希函数。完全哈希的设计产生一个最优的最差情况性能为 $O(1)$ 次的访问。因为完全哈希唯一地确定一个地址，给定 $h(S)$，经常可以重建状态 S。

如果投入足够的空间，完全（和增量）哈希函数不难得到。在 8 数码问题的例子中，对于向量表示为 $(t_0, t_1, \cdots, t_8)$ 的状态，我们可以为 $9^9 = 387420489$ 个不同的哈希地址（约等于 46MB 空间）选择 $(\cdots((t_0 + 9 + t_1) \cdot 9 + t_2) \cdots) \cdot 9 + t_8$。但这个方法使得多数哈希地址为空。一个更好的哈希函数是以某个给定的顺序计算排列的编号，导致 9! 个状态或大约 44KB 空间。

7. 词典序排序

排列 π（大小为 N）的词典序的编号为 $\text{rank}(\pi) = d_0 \cdot (N-1)! + d_1 \cdot (N-2)! + \cdots + d_{N-2} \cdot 1! + d_{N-1} \cdot 0!$，其中系数 d_i 称为倒排索引或阶乘的基。

通过考虑排列树，容易看到这样一个哈希函数是存在的。树的叶子是所有的排列且在等级 i 的所有节点，第 i 个向量值被选择，减小了等级 $i+1$ 中可得的值的范围。这产生一个 $O(N^2)$ 的算法。它的一个线性算法将一个排列映射到其阶乘基 $\sum_{i=0}^{k-1} d_i \cdot i!$，$d_i$ 等于 t_i 减去小于 t_i 的元素 t_j 的数量且 $j < i$；也就是 $d_i = t_i - c_i$，逆序对的数量 c_i 设置为 $|\{0 \leq l < t_i \mid l \in \{t_0, t_1, \cdots, t_{i-1}\}\}|$。例如，排列 $(1,0,3,2)$ 的词典序的编号等于 $(1-0) \times 3! + (0-0) \times 2! + (3-2) \times 1! + (2-2) \times 0! = 7$，对应于 $c = (0,0,2,2)$ 和 $d = (1,0,1,0)$。在线性时间内通过查询一个大小为 2^{k-1} 的表 T 计算值 c_i。在表 T 中存储一个值的二进制表示中 1 的数量，$T(x) = \sum_{i=0}^{m} b_i$，$(x)_2 = (b_m, b_{m-1}, \cdots, b_0)$。为了计算哈希值，在处理向量位置 t_i 时，我们对比特向量 x 中的比特 t_i 做标记（初始设置为 0）。因此，x 代表目前已经看到的滑块并且可以取 $T(x_0, x_1, \cdots, x_{i-1})$ 作为 c_i 的值。因为这个方法消耗指数空间，所以需要讨论时间–空间折中。

为了设计滑块拼图问题的最小完全哈希函数，我们观察到在一个词典序排序中每两个连续的排列具有一个可交替的标志（逆序对数量的奇偶性）且区别恰为一个转置。对于 n^2-1 数码问题状态到 $\{0,1,\cdots,n^2!/2-1\}$ 的最小完全哈希，可以计算词典序的编号并将其除以 2。为了解序，需要确定问题的两个未压缩排列中的哪一个可达。这相当于找到排列的标志，这允许我们分离可解和不可解状态。标志计算方式是 $\text{sign}(\pi) = (\sum_{i=0}^{N-1} d_i) \bmod 2$。例如，$N = 4$ 时有 $\text{sign}(17) = (2+2+1) \bmod 2 = 1$。

关于空格还有一个小问题。简单地将最小完全哈希值作为 S_{n^2} 中的交替组是不够的，因为将滑块与空格交换不一定触发可解状态（如它可能是一个移动）。为了解决这个问题，我们将状态空间沿着空格位置进行分割。令 $B_0, B_1, \cdots, B_{n^2}$ 代表空格投影的状态集合。那么每个 B_i 包含 $(n^2-1)!/2$ 个元素。给定索引 i 和 B_i 内部的编号，很容易重建状态。

8. Myrvold 和 Ruskey 排序

下面介绍 Myrvold 和 Ruskey 提出的备选排列目录。基本动机是根据 π_i 与 π_r 的交换产生一个随机排列，其中 r 是一个从 $0,1,\cdots,i$ 中均匀选择的随机数且 i 从 $N-1$ 减少到 1。

算法 3.25 显示了一个（递归的）算法 Rank。根据排列初始化排列 π 及其逆 π^{-1}，并需要为排列确定一个编号。

对于所有的 $i \in \{0,1,\cdots,k-1\}$，可以通过设置 $\pi^{-1}_{\pi_i} = i$ 计算 π 的逆 π^{-1}。以排列 $\pi = \pi^{-1} = (1,0,3,2)$ 为例。它的编号是 $2 \cdot 3! + \text{Rank}(102)$。这展开为 $2 \cdot 3! + 2 \cdot 2! + 0 \cdot 1! + 0 \cdot 0! = 16$。在线性时间内将一个编号编译回一个排列也是可能的。算法 3.26 显示了以恒等排列初始化的逆过程 Unrank。深度值 N 初始化为排列的大小，编号 r

是算法 3.25 计算得到的值（作为一个附带效果，如果算法在第 N 步终止，那么位置 $N-l, N-l+1, \cdots, N-1$ 保留的是数字 $\{0,1,\cdots,N-1\}$ 中一个随机 l 排列）。

算法 3.27 显示了 Myrvold 和 Ruskey 提出的另一个（非递归情况下的）解序算法。它也高效检测逆序对数量的奇偶性（排列的标志）并放入算法 3.28 中的排序函数。表 3.2 中列出了所有 $N=4$ 的排列和它们的标志以及根据这两个方法的排序。

Procedure Rank
Input：深度 N，排列 π，逆排列 π^{-1}
Output：π 的编号
Side Effect：π 和 π^{-1} 被修改

if $(N=1)$ **return** 0 ;;递归结束
$l \leftarrow \pi_{N-1}$;;记忆位置
Swap$(\pi_{N-1}, \pi_{\pi_{N-1}^{-1}})$;;更新 π
Swap$(\pi_l^{-1}, \pi_{N-1}^{-1})$;;更新 π^{-1}
return $l \cdot (N-1)!+$Rank$(N-1, \pi, \pi^{-1})$;;递归调用

算法 3.25
排列的 Rank 操作

Procedure Unrank
Input：值 N，度 r，排列 π
Side Effect：更新的全局排列

if$(N=0)$ **return** ;;递归结束
$l \leftarrow \lfloor r/(k-1)! \rfloor$;;确定交换位置
Swap(π_{N-1}, π_l) ;;进行交换
Unrank$(N-1, r-1 \cdot (N-1)!, \pi)$;;递归调用

算法 3.26
排列的 Unrank 操作

Procedure Unrank
Input：值 r 大小 N
Output：排列 π 及其签名

$\pi \leftarrow$ id ;;使用恒等初始化排列

```
parity←false                        ;;初始化排列的签名
while(N>0)                          ;;在排列大小上循环
    i←N−1; j←r mod N                ;;临时变量
    if(i≠j)                         ;;仅当存在变化时
        parity←¬parity              ;;切换签名
        swap(π_i, π_j)              ;;交换值
    r←r div N                       ;;计算减少的数量
    n←n−1                           ;;减小大小
return (parity,π)                   ;;发现排列
```

算计 3.27

无递归 Unrank 和签名计算

表 3.2 Myrvold 和 Ruskey 的完全排列哈希函数

索引	算法 3.26	标志	算法 3.27	标志
0	(2,1,3,0)	0	(1,2,3,0)	0
1	(2,3,1,0)	1	(3,2,0,1)	0
2	(3,2,1,0)	0	(1,3,0,2)	0
3	(1,3,2,0)	1	(1,2,0,3)	1
4	(1,3,2,0)	1	(2,3,1,0)	0
5	(3,1,2,0)	0	(2,0,3,1)	0
6	(3,2,0,1)	1	(3,0,1,2)	0
7	(2,3,0,1)	0	(2,0,1,3)	1
8	(2,0,3,1)	1	(1,3,2,0)	1
9	(0,2,3,1)	0	(3,0,2,1)	1
10	(3,0,2,1)	0	(1,0,3,2)	1
11	(0,3,2,1)	1	(1,0,2,3)	0
12	(1,3,0,2)	0	(2,1,3,0)	1
13	(3,1,0,2)	1	(2,3,0,1)	1
14	(3,0,1,2)	0	(3,1,0,2)	1
15	(0,3,1,2)	1	(2,1,0,3)	0
16	(1,0,3,2)	1	(3,2,1,0)	1
17	(0,1,3,2)	0	(0,2,3,1)	1
18	(1,2,0,3)	1	(0,3,1,2)	1
19	(2,1,0,3)	0	(0,2,1,3)	0
20	(2,0,1,3)	1	(3,1,2,0)	0
21	(0,2,1,3)	0	(0,3,2,1)	0
22	(1,0,2,3)	0	(0,1,3,2)	0
23	(0,1,2,3)	1	(0,1,2,3)	1

定理 3.3（Myrvold-Ruskey 排列标志） 给定 Myrvold-Ruskey 编号（见算法 3.28），一个排列的标志可以在算法 3.27 中在 $O(N)$ 时间内计算得到。

证明：在 unrank 函数中，一直有 $N-1$ 个元素交换。为了交换分别位于位置 i 和 j（$i \neq j$）的两个元素 u 和 v，我们计算 $2 \cdot (j-i-1)+1$ 个转置：$uxx\cdots xxv \to xux\cdots xxv \to \cdots \to xx\cdots xxuv \to xx\cdots xxvu \to \cdots \to vxx\cdots xxu$。因为 $2 \cdot (j-i-1)+1 \bmod 2 = 1$，每个转置要么增加要么减少逆序对数量的奇偶性以及每个迭代切换的奇偶性。唯一的例外是当 $i=j$ 时，没有发生改变。因此，排列的标志可以通过执行 Myrvold-Ruskey 算法在 $O(N)$ 时间内确定。

定理 3.4（交替组压缩）令 $\pi(i)$ 为 Myrvold 和 Ruskey 的 Unrank 函数（见算法 3.28）为索引 i 返回的值。那么除了调换 π_0 和 π_1 以外，$\pi(i)$ 与 $\pi(i+N!/2)$ 匹配。

证明：算法 3.27 中最后一次调用 $\mathrm{swap}(n-1, r \bmod n)$ 是 $\mathrm{swap}(1, r \bmod 2)$，它要么分解为 $\mathrm{swap}(1,1)$ 要么分解为 $\mathrm{swap}(1,0)$。只有后一个引起一个改变。如果 $r_1, r_2, \cdots, r_{N-1}$ 代表 Myrvold 和 Ruskey 的 Unrank 函数在迭代 $1, 2, \cdots, N-1$ 中的 $r \bmod n$ 的索引，那么 $r_{N-1} = \lfloor \cdots \lfloor r/(N-1) \rfloor \cdots /2 \rfloor$，当 $r \geq n!/2$ 和 $r < n!/2$ 时它分别取值为 1 和 0。

Procedure Rank
Input：深度 N，排列 π，逆排列 π^{-1}
Output：π 的编号
Side Effect：π 和 π^{-1} 被修改

for each i **in** $\{1, 2, \ldots, N-1\}$;;遍历向量
   $l \leftarrow \pi_{N-i}$;;临时变量
   $\mathrm{swap}(\pi_{N-i}, \pi_{\pi_{N-i}^{-1}})$;;更新 π
   $\mathrm{swap}(\pi_l^{-1}, \pi_{N-i}^{-1})$;;更新 π^{-1}
   $\mathrm{rank}_i \leftarrow l$;;存储中间结果
return $\prod_{i=1}^{N-1} (\mathrm{rank}_{N-i+1} + i)$;;计算结果

算法 3.28
排列的无递归排序操作

3.2.3 哈希算法

存在两种处理碰撞元素的标准选项：链接法和开放寻址法。在具有链接的哈希中，关键字 x 被保存在溢出链表中。字典操作 Lookup、Insert 和 Delete 相当于计算 $h(x)$ 然后执行 $T[h(x)]$ 中的纯列表操作。算法 3.29 到算法 3.31 提供了它们的伪代码实现。它们假设一个空（null）指针 $\perp$ 和到链接表中的后继的一个链接 Next。操作 Insert 和 Delete 在它们调用之前隐含了一个 Lookup 调用以确定元素是否包含在哈希表中。图 3.15 描述了在一个 10 个元素的表中关于它们的词典序模

10 哈希术语 heuristic search 中字符的一个例子。

Procedure Lookup
Input：链接哈希表 T，关键字 x
Output：指向元素的指针或者 x 不在 T 中时返回 $\perp$

$p \leftarrow T[h(x)]$;; 表项
while $(p \neq \perp)$ **and** $(p \neq x)$;; 直到发现或者为空
  $p \leftarrow \text{Next}(p)$;; 进入链接列表的下一个元素
if $(p \neq \perp)$ **return** p ;; 反馈结果，发现元素
else return $\perp$;; 反馈结果，未发现元素

算法 3.29
链接哈希表的搜索

Procedure Insert
Input：链接哈希表 T，关键字 x
Output：更新的哈希表 T

$p \leftarrow T[h(x)]$;; 表项
if $(p = \perp)$ $T[h(x)] \leftarrow x$; **return** ;; 释放位置，设置表项并退出
while $(\text{Next}(p) \neq \perp)$ **and** $(p \neq x)$;; 直到发现或为空
  $p \leftarrow \text{Next}(p)$;; 进入链接列表的下一个位置
if $(p \neq x)$ Next $(p) \leftarrow \perp$;; 如果未包含则插入

算法 3.30
插入一个元素到链接哈希表中

Procedure Delete
Input：链接哈希表 T，关键字 x
Output：更新的哈希表 T

$p \leftarrow T[h(x)]$;; 表项
$T[h(x)] \leftarrow \text{RecDelete}(p, x)$;; 删除和反馈修改的列表

Procedure RecDelete
Input: Table entry p, key x
Output: Pointer to modified chain

if $(p = \perp)$ **return** $\perp$;; 检测到列表结束
if $(p = x)$ **return** $\text{Next}(p)$;; 发现元素
$\text{Next}(p) \leftarrow \text{RecDelete}(\text{Next}(p), x)$;; 递归调用

算法 3.31
从链接哈希表删除一个元素

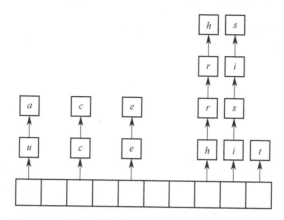

图 3.15 通过链接哈希术语 heuristic search 中的字符

具有开放寻址法的哈希将碰撞元素聚合到哈希表中的自由位置；也就是，如果 $T[h(x)]$ 被占用，它就为 x 搜索一个备用位置。搜索关键字 x 时从 $h(x)$ 开始在探测序列中寻找直到找到 x 或者一个空的表项为止。当删除一个元素时，一些关键字可能被向后移动以填充查询序列中的空洞。

线性探测策略为 $0 \leqslant j < m$ 考虑 $(h(x) - j) \bmod m$。通常，对于探测函数 $s(j, x)$，有序列

$$(h(x) - s(j,x)) \bmod m,\ 0 \leqslant j < m$$

存在很多合适的探测序列，如

$$s(j,x) = j \qquad \text{（线性探测）}$$

$$s(j,x) = (-1)^j \cdot \left\lceil \frac{j}{2} \right\rceil^2 \qquad \text{（二次探测）}$$

$$s(j,x) = j \cdot h'(x) \qquad \text{（双重哈希）}$$

$$s(j,x) = r_x \qquad \text{（理想哈希）}$$

式中：r_x 为依赖于 x 的一个随机数；h' 为一个辅助函数，它确定双重哈希中探测序列的步长。

为了利用整张表，$(h(x) - s(0,x)) \bmod m$，$(h(x) - s(1,x)) \bmod m, \cdots, (h(x) - s(m-2,x)) \bmod m$ 和 $(h(x) - s(m-1,x)) \bmod m$ 应该是 $\{0, 1, \cdots, m-1\}$ 的一个排列。

算法 3.32 提供了通用探测函数 s 的 Lookup 程序的一个实现。这个实现假设一个额外的数组 Tag，其为每个元素关联 Empty、Occupied 或 Deleted 中的一个值。删除（算法 3.33）通过为被删除关键字对应的单元设置 Deleted 标签进行处理。查询会跳过删除的单元，插入（见算法 3.34）则覆写删除的单元。

Procedure Lookup
Input：大小为 q 的开放哈希表 T，关键字 x，探测函数 s
Output：指向元素的指针或者 x 不在 T 中时返回 $\perp$

$i \leftarrow h(x)$;;计算初始位置
$j \leftarrow 1$;;探测序列的索引
while (Tag[i]≠Empty) **and** ($x \neq T[i]$) ;;遍历序列
  $i \leftarrow (h(k) - s(j, x)) \bmod q$;;下一个位置
  $j \leftarrow j+1$;;下一个索引
if ($x = T[i]$) **and** (Tag[i]=Occupied) ;;发现元素
  return $T[i]$;;反馈元素
else return $\perp$;;元素未发现

算法 3.32
在开放哈希表中搜索一个元素

Procedure Delete
Input：开放哈希表 T，关键字 x
Output：更新的哈希表 T

$p \leftarrow$ Lookup(x) ;;找到关键字的位置
if ($p \neq \perp$) ;;状态包含在表中
  Tag[p] $\leftarrow$ Deleted ;;更新标记

算法 3.33
插入一个元素到开放哈希表中

Procedure Insert
Input：大小为 q 的开放哈希表 T，关键字 x
Side Effect：更新的哈希表 T

$j \leftarrow 1$;探测序列中的下一个索引
$i \leftarrow h(x)$;;计算初始位置
while (Tag[i]=Occupied) ;;遍历序列
  $i \leftarrow (h(k) - s(j, x)) \bmod q$;;下一个位置
  $j \leftarrow j+1$;;下一个索引
$T[i] \leftarrow x$;;插入元素
Tag[i] $\leftarrow$ Occupied ;;更新标记

算法 3.34
从开放哈希表删除一个元素

当哈希表几乎填满时，失败的搜索导致过长的探测序列。一种优化是有序哈希，它维持所有的探测序列有序。因此，一旦达到探测序列中的一个更大关键字，就可以终止 Lookup 操作。算法 3.35 描述了插入一个关键字 x 的算法。它由一个搜索阶段和一个插入阶段组成。首先，沿着探测序列直到一个要么为空要么包含一个比 x 更大元素的表项。插入阶段恢复排序条件以使得算法正确地运行。如果 x 代替一个元素 $T[i]$，后者需要依次被重新插入到其各自的探测序列中。这导致了一系列更新，它会在发现一个空箱后结束。可以表明，插入一个关键字到哈希表的平均探测数量与普通哈希相同。

```
Procedure Insert
Input：关键字 x，哈希表 T
Side Effect：更新的哈希表 T


i←h(x)                                              ;;计算哈希函数
while (Tag[i]=Occupied) and (T[i]≥x)                ;;搜索阶段
  if (T[i]=x) return                                ;;关键字已经出现
  i←(i+h'(x))mod m                                  ;;下一个探测位置
while (Tag[i]=Occupied)                             ;;插入阶段
  if (T[i]<x) Swap (T[i], x)                        ;; x 位于其探测链的正确位置
  i←(i+h'(x))mod m                                  ;;下一个探测位置
T[i]←x                                              ;;在链的尾部发现自由空间
Tag[i]←Occupied                                     ;;更新标记
```

算法 3.35
插入一个元素到有序哈希中

对于存储了 n 个关键字且大小为 m 的哈希表，商 $\alpha = n/m$ 称为装载因子。装载因子确定了哈希表操作的效率。分析 h 的均匀性；也就是对于所有的 $x \in S$ 和 $0 \leq j \leq m-1$，$P(h(x) = j) = 1/m$。在这个先决条件下，插入和失败的查询的期望内存探测数量为

$$\text{线性探测} \approx \frac{1}{2}\left(1 + \frac{1}{(1-\alpha)^2}\right)$$

$$\text{二次探测} \approx 1 - \frac{\alpha}{2} + \ln\left(\frac{1}{1-\alpha}\right)$$

$$\text{双重哈希} \approx \frac{1}{1-\alpha}$$

$$\text{链接哈希} \approx 1 + \alpha$$

$$理想哈希 \approx \frac{1}{\alpha} \ln\left(\frac{1}{1-\alpha}\right)$$

因此，对于任意 $\alpha \leq 0.5$，根据探测数量我们获得如下排序顺序：理想哈希、链接哈希、双重哈希、二次探测和线性探测。最后四种方法的顺序对于任意 α 成立。

虽然根据内存探测来说链接法很有利，但这个对比并不完全公平，因为它动态分配内存并使用额外的线性空间来存储指针。

1. FKS 哈希机制

对于全域哈希函数的一类 H 中的一个哈希函数 h，如果不介意花费平方数量的内存，我们可以容易地获得常数查询时间。也就是说，要分配大小为 $m = n(n-1)$ 的哈希表。因为在 R 中有 $\binom{n}{2}$ 个对，相互间的碰撞概率为 $1/m$，哈希表中一个碰撞概率的界限即为 $\binom{n}{2}/m \leq 1/2$。换句话说，为存储的关键字集合得到一个完全哈希函数的概率是 $1/2$。对于每个给定哈希函数，存在一个存储关键字的最差集合，该函数将这些关键字映射到同一个桶，算法的关键部分是一个随机化重哈希：如果选择的 h 确实导致一个碰撞，那么仅使用另一个从 H 中以均匀概率得到的哈希函数再次尝试。

完全哈希在访问列表中存储和获取信息具有重要改进，并且对于快速模式数据库查找也同等重要（第 4 章）。实际搜索中的一个问题是，是否可以减少完全哈希的内存消耗。所谓的 FKS 哈希机制（以发明者 Fredman，Komlós 和 Szemerédi 名字的首字母命名）结束了研究中的一个关于是否可能通过线性存储大小 $O(n)$ 达到常数访问时间的长期争论。该算法使用一个两层机制：首先，哈希到一个大小为 n 的表，它会产生一些碰撞；然后对于每个结果桶，按照刚刚的描述对其重新哈希，哈希桶大小变为原来大小的平方以获得零碰撞。

以 R_i 代表映射到桶 i 的元素子集，且 $|R_i| = n_i$。我们利用性质：

$$E\left[\sum_{i=0}^{n-1}\binom{n_i}{2}\right] < \frac{n(n-1)}{m} \tag{3.1}$$

这可以通过注意到 $\sum_{i=0}^{n-1}\binom{n_i}{2}$ 是落入表中同一个桶的有序对的总数来理解，有

$$E\left[\sum_{i=0}^{n-1}\binom{n_i}{2}\right] = \sum_{x \in S}\sum_{y \in S, y \neq x} P(x 和 y 位于同一个桶)$$

$$< n(n-1) \cdot \frac{1}{m} (根据全域哈希函数的定义)$$

使用马尔可夫不等式 $P(X \geqslant a) \leqslant E[X]/a$ 和 $a = t \cdot E[X]$ 说明 $P(X \geqslant t \cdot E[X]) \leqslant 1/t$，则

$$P\left(\sum_{i=0}^{n-1}\binom{n_i}{2} < \frac{2n(n-1)}{m}\right) \geqslant 1/2$$

选择 $m = 2(n-1)$，这意味着对于至少一半函数 $h \in H$，有

$$\sum_{i=0}^{n-1}\binom{n_i}{2} < n \tag{3.2}$$

在第二层，使用相同属性选择，哈希表大小为 R_i，$m_i = \max\{1, 2n_i(n_i-1)\}$。那么，对于至少 $1/2$ 的函数 $h \in H_{m_i}$ 可得

$$\sum_{j=0}^{|m_i|-1}\binom{n_{ij}}{2} < 1$$

式中：n_{ij} 为 R_i 的第二层桶 j 中元素的数量；换句话说，对于所有 j，$n_{ij} \leqslant 1$。

因此，总的空间使用为第一个表使用的 $O(n)$（假设它存储每个哈希函数耗费常数量的空间），加上

$$O\left(\sum_{i=0}^{n-1} 2n_i(n_i-1)\right) = O\left(4 \cdot \sum_{i=0}^{n-1}\frac{n_i(n_i-1)}{2}\right) = O\left(\sum_{i=0}^{n-1}\binom{n_i}{2}\right) = O(n)$$

对于最后一个等式，使用了式（3.2）。

2. 动态完全哈希

FKS 哈希机制仅适用于静态情况，其中哈希表使用固定关键字集合创建一次，且之后不允许插入和删除。

稍后这个算法被泛化以允许更新操作。为了删除一个元素，首先对其进行标记，然后忽略标记的关键字，并在稍后对其进行覆写。

使用一个标准的加倍策略来处理存储元素数量的增加或缩小。每次预先确定的最大更新操作数量发生时，结构就从零开始以静态情况下的相同方式被重新创建，但是略微大于实际需要以容纳未来的插入。更精确地，将结构设计为最大容量为 $m = (1+c) \cdot n$，其中 n 是当前存储的关键字的数量。顶层哈希函数包含 $s(m)$ 个桶，定义为 $O(n)$ 的函数。每个二层桶被分配两倍于其包含元素数量的容量 m_i；也就是，如果 n_i 个关键字落入桶 i，它的大小被选择为 $2m_i(m_i-1)$，其中 $m_i = 2n_i$。产生的新结构会在随后的至多 $c \times n$ 个更新操作中使用。

在达到这个最大更新数量之前，insert 操作首先尝试根据给定结构和哈希函数插入元素；这是可能的，如果式（3.2）仍然有效，元素映射到的桶 i 具有一些多余容量剩余（即 $n_i < m_i$）并且二层哈希函数分配的桶 i 内的位置为空。

如果仅最后一个条件不成立，通过随机获得一个新的二层哈希函数重新组织桶 i。如果 $n_i \geq m_i$，在重新组织之前桶的容量翻倍（从 m_i 到 $2m_i$）。另外，如果违反式（3.2），则需要选择一个新的顶层哈希函数，所以整个结构必须重新创建。

可以表明这个机制使用 $O(n)$ 的存储；Lookup 和 Delete 在常数最差时间内被执行，而 Insert 在常数摊销期望时间内运行。

3. 布谷鸟哈希

FKS 哈希是复杂的并且不清楚这个方法是否可以增量实现。对于第一层哈希函数这是可能的，但是对于为每个桶选择全域哈希函数，我们仍缺乏答案。

因此，我们提出一个备选的碰撞策略。布谷鸟哈希使用两个哈希表 T_1 和 T_2 以及两个不同的哈希函数 h_1 和 h_2 来实现字典。每个关键字要么包含在 $T_1[h_1(k)]$ 要么包含在 $T_2[h_2(k)]$ 中。算法 3.36 提供了搜索一个关键字的伪代码实现。如果一个元素在第一个表中产生了碰撞，检测到的同义词被删除并被插入另一个表。图 3.16 给出了一个例子，其中箭头指向另一个哈希表中的备用桶。如果 D 被哈希到第一个哈希表且其抢占了 C，那么 C 需要进入第二个哈希表且其抢占了 B，B 需要进入第一个哈希表且其发现了一个空位置。在插入过程中箭头需要被反向。也就是，被移动到第一个表的 B 指向第二个表中的 C，被移动到第二个表的 C 现在指向第一个表中的插入元素 D。

Procedure Lookup
Input：关键字 k，哈希表 T_1 和 T_2
Output：如果 k 存储在字典中，输出真值

$\text{return}(T_1[h_1(k)]=k) \text{ or } (T_2[h_2(k)]=k)$　　　　　　　　　　　　　　;;常数时间查找

算法 3.36

在布谷鸟哈希表中查找一个关键字

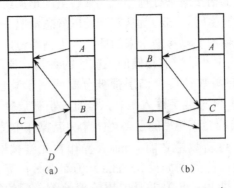

图 3.16　通过布谷鸟哈希成功插入一个元素

存在一个很小的概率使得布谷鸟过程根本不会终止且永远循环；图 3.17 给出了一个例子。如果 D 被哈希到第一个哈希表中抢占 C 的位置，那么 C 需要进入第二个哈希表中抢占 A 的位置，A 需要进入第一个哈希表中抢占 E 的位置，E 需要进入第二个哈希表抢占 B 的位置，B 需要进入第一个哈希表抢占 D 的位置，D 需要进入第二个哈希表中抢占 G 的位置，G 需要进入第一个哈希表抢占 F 的位置，F 需要进入第二个哈希表中抢占 D 的位置，D 需要进入第一个哈希表抢占 B 的位置，诸如此类。分析显示这种情况不太可能，因此可以在失效固定数量 t 次后挑选一个新的哈希函数并重新哈希整个结构。算法 3.37 提供了这个插入过程的一个实现。

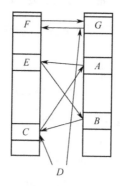

图 3.17　一个无限布谷鸟过程（需要重新哈希）

Procedure Insert
Input：关键字 k，哈希表 T_1 和 T_2
Side Effect：更新的哈希表 T_1 和 T_2

if (Lookup(k)) **return**　　　　　　　　　　;; 查找是否元素已经位于词典中
for each i **in** $\{1,2,\cdots,t\}$　　　　　　　　;; 循环直到超过预定义的最大值
　Swap($k, T_1[h_1(k)]$)　　　　　　　　　　;; 交换关键字和表元素
　if ($k = \emptyset$) **return**　　　　　　　　　　;; 找到了关键字的空位置
　Swap($k, T_2[h_2(k)]$)　　　　　　　　　　;; 交换关键字和表元素
　if ($k = \emptyset$) **return**　　　　　　　　　　;; 找到了关键字的空位置
Rehash　　　　　　　　　　　　　　　　;; 没找到空位置，重新组织整个词典
Insert(k)　　　　　　　　　　　　　　　;; 递归调用从而将元素放入重新组织的结构中

算法 3.37
插入一个关键字到布谷鸟哈希表中

虽然重新组织耗费线性时间，但它对期望运行时间的贡献很小。分析揭示：

如果 t 被适当地固定为（$3\lceil\lg_{1+\varepsilon}r\rceil$，$r$ 为单个哈希表的大小且 $n>(1+\varepsilon)r$），则重新哈希的概率为 $O(1/n^2)$。因此，重新哈希 n 个元素导致没有递归重新哈希的概率是 $O(1-1/n)$。因为插入一个元素的期望时间是常数，所以重新插入所有的 n 个元素的总的期望时间是 $O(n)$。这也是重新哈希的总的期望时间。

总之，布谷鸟哈希具有最差情况的常数访问时间和摊销最差情况插入时间。它实现简单实践高效。

3.2.4 内存节约字典

存储一个大小为 N 的全域哈希表的大小为 n 的子集所需比特数量的信息论下界是 $B=\lg\binom{N}{n}$，因为我们需要可以表示从 N 中选择 n 个值的所有可能的组合。使用斯特灵公式定义 $r=N/n$，可得

$$B\approx n\lg\frac{N}{n}=n\lg r$$

误差小于 $n\lg e$，其中 e 为欧拉常数，则

$$\lg\binom{N}{n}=\lg\frac{N\cdot(N-1)\cdots(N-n+1)}{n!}=\sum_{j=N-n+1}^{N}\lg j-\sum_{j=1}^{n}\lg j$$

可以使用两个对应的积分来近似对数。如果适当地偏移积分上限，则可以保证计算一个下界：

$$\lg\binom{N}{n}\geqslant\int_{N-n+1}^{N}\lg(x)\mathrm{d}x-\int_{2}^{n+1}\lg(x)\mathrm{d}x$$

对于动态字典情况（其中完全支持插入和删除），我们想要维持可变大小的子集，也就是，0 到最大 n 个元素。这产生一个最小比特数为

$$\left\lceil\lg\left(\sum_{i=0}^{n}\binom{N}{i}\right)\right\rceil$$

对于 $n\leqslant(N-2)/3$（这通常是重要搜索问题面临的情况），则有

$$\binom{N}{n}\leqslant\sum_{i=0}^{n}\binom{N}{i}\leqslant 2\cdot\binom{N}{n}$$

其正确性遵照二项式系数性质，对于 $i\leqslant(n-2)/3$，$\binom{N}{i}/\binom{N}{i+1}\leqslant 1/2$。我们仅对对数感兴趣，因此可以推断：

$$\lg\binom{N}{n}\leqslant\lg\left(\sum_{i=0}^{n}\binom{N}{i}\right)\leqslant\lg\left(2\cdot\binom{N}{n}\right)=\lg\binom{N}{n}+1$$

在这个限制范围内,集中精力于最后一个二项式系数就足够了。我们估计的误差最多是一个比特。最后,因为我们考虑的是对数,动态情况与静态情况并没有太大区别。

如果与 n 相比 N 很大,在一个哈希表中列举所有元素接近于 B 比特的信息论最小值。在其他边界情况,对于很小的 r,以大小为 N 的比特向量形式列举答案是最优的。更困难的部分是为中等尺寸找出合适的表示。

后缀列表: 给定 B 比特内存,为了空间高效的状态存储,我们想要在插入和成员关系查询时维持动态进化的被访问列表。为了表示方便,Closed 表项是 $\{0,1,\cdots,n\}$ 中的整数。使用具有开放寻址的哈希,Closed 中节点的最大数量 m 的界限是 $O(n/\lg n)$,因为编码一个状态需要 $\lg n$ 比特。只有当我们可以利用状态向量集合的冗余时,才可以期望收益。接下来描述一个简单但高效的具有较小的更新和查询时间的方法。

令 $\text{bin}(u)$ 为集合 Closed 中的一个元素 $u \in \{1,2,\cdots,n\}$ 的二进制表示。分解 $\text{bin}(u)$ 为 p 个高位比特和 $s = \lceil \lg n \rceil - p$ 个低位比特。此外,$u_{s+p-1}, u_{s+p-2}, \cdots, u_s$ 代表 $\text{bin}(u)$ 的前缀且 $u_{s-1}, u_{s-2}, \cdots, u_0$ 代表 $\text{bin}(u)$ 的后缀。

后缀列表数据结构包含一个大小为 2^p 的线性数组 P 和一个大小为 $m(s+1)$ 的二维数组 L。后缀列表的基本想法是存储一些表项的共同前缀作为 P 中的单个比特,而不同的后缀组成 L 中的一个组。P 被存储为一个比特数组。L 可以拥有一些组,每个组由 $s+1$ 比特的倍数组成。L 中的每个 $s+1$ 比特行的第一个比特作为组比特。第一个组的前 s 比特后缀表项具有组比特 1,组中其他元素的组比特为 0,我们将一个组的元素以词典序放在一起(图 3.18)。

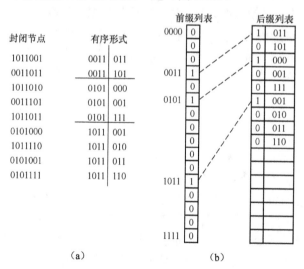

图 3.18 $p=4, s=3$ 的后缀列表示例

首先，计算 $k = \sum_{i=0}^{p-1} u_{s+i} \cdot 2^i$，它给出了在前缀数组 P 中的搜索位置。然后从位置 $P[0]$ 开始计算 P 中 1 的数量直到到达 $P[k]$。令 z 为这个数字。最后，彻底搜索 L 直到找到 L 中组比特为 1 的第 z 个后缀。如果需要执行成员关系查询，就简单地搜索这个组。注意到搜索单个表项可能需要扫描主存储器中的很大区域。

为了插入表项 u，首先搜索对应的组。假使 u 打开了 L 内的一个新组，这涉及设置 P 和 L 中的组比特。u 的后缀插入到其组中且维持组中的元素有序。注意到一个插入可能需要移动 L 中的很多行以在期望的位置创造空间。可以在 B 比特中存储的元素的最大数量 m 限制如下：对于 P 我们需要 2^p 比特，对于 L 的每个表项，需要 $s+1 = \lceil \lg n \rceil - p + 1$ 个比特。因此，选择 p 使得 r 最大化满足：

$$m \leqslant \frac{B - 2^p}{\lceil \lg n \rceil - p + 1}$$

对于 $p = \Theta(\lg B - \lg\lg(n/B))$，$P$ 和 L 中的后缀的空间需要足够小以保证 $m = \Theta\left(\dfrac{B}{\lg(n/B)}\right)$。

现在说明如何加速操作。当搜索或插入一个元素 u 时，需要计算 z 以找到 L 中的正确组。维持检查点 one-counters 存储目前看到的 1 的数量，以代替为每个单独的查询扫描 P 和 L 中潜在的很大部分。检查点应足够靠近，以支持快速搜索，但其消耗不能超过主存储器的一小部分。当 $2^p < m$ 时，对于两个数组有 $z \leqslant m$，因此对于每个 one-counter 来说 $\lceil \lg m \rceil$ 比特就足够了。

每 $c_1 \cdot \lfloor \lg m \rfloor$ 个表项之后保持 one-counter 限制了总的空间需求。在 P 的 one-counter 上的二叉搜索将计算 z 的正确值的扫描区域减少为 $c_1 \cdot \lfloor \lg m \rfloor$ 比特。

在 L 中搜索更加困难，因为组可以在 2^s 个表项上扩展，因此潜在地跨越多个具有相同值的 one-counter。不过，在状态边界内找到大组的开始和结束是可能的。因为我们是在有序组中维持元素，另一个在实际表项上的二叉搜索足够在 L 中定位位置。

我们现在关注插入。在插入时仍然存在两个问题：增加一个元素到一个组可能需要移动大量数据。而且，在每次插入后检查点必须要更新。一个简单的解决方法是使用一个辅助缓存数据结构 BU，它空间效率稍低但支持快速插入和查询。当 BU 中元素的数量超过特定阈值时，BU 与旧的后缀列表合并以获得一个最新的空间高效的表示。选择一个合适的 BU 大小之后，摊销分析显示插入操作达到了改进的计算界限，且与图搜索算法实现了近似相同的阶段的量级。

注意，成员关系查询也必须扩展到 BU。对于具有开放寻址的哈希，我们将 BU 实现为一个数组。对于某个小常量 c_2，BU 存储至多大小为 $p + s = \lceil \lg n \rceil$ 的

$c_2 \cdot m / \lceil \lg n \rceil$ 个元素。只要在 BU 中存在 10%的空间剩余，就继续插入元素到 BU；否则，BU 被排序且后缀被从 BU 中移动到 L 中的合适的组。不利用全部哈希表大小的原因也是限制 BU 内的期望搜索和插入时间为某个常数数量的测试。总而言之，可以证明如下定理。

定理 3.5（后缀列表的时间复杂性） 空间限制下，在一个后缀列表中搜索和插入 n 个元素总计运行时间为 $O(n \lg n)$。

证明：对于成员关系查询，我们分别在 $\lceil \lg m \rceil$ 或 s 比特上执行二叉搜索。因此，为了搜索一个元素，我们需要 $O(\lg^2 m + s^2) = O(\lg^2 n)$ 比特操作，因为 $r \leq n$ 且 $s \leq \lg n$。

$O(m / \lg n)$ 个缓存表项中的每一个都由 $O(\lg n)$ 比特构成，因此排序缓存可以通过

$$O\left(\lg n \cdot \frac{m}{\lg n} \cdot \lg \frac{m}{\lg n}\right) = O(m \lg n)$$

个比特操作完成。从最大出现的关键字合并开始可以通过 $O(1)$ 次内存扫描执行。这也包含了更新所有的 one–counter。尽管有额外的数据结构，仍然有

$$r = \Theta\left(\frac{B}{\lg(n/B)}\right)$$

因此，n 个插入和成员关系查询的总的比特复杂性如下：
$O(\#buffer\text{-}runs \cdot (\#sorting\text{-}ops + \#merging\text{-}ops) +$
$\#elements \cdot \#buffer\text{-}search\text{-}ops + \#elements \cdot \#membership\text{-}query\text{-}ops) =$
$O(n/m \cdot \lg n \cdot (m \cdot \lg n + B) + n \cdot \lg^2 n + n \cdot \lg^2 n) =$
$O(n/m \cdot \lg n \cdot (m \cdot \lg n + r \cdot \lg(n/B)) + n \cdot \lg^2 n) = O(n \cdot \lg^2 n)$

假设一个机器字长度为 $\lg n$，$O(\lg n)$ 比特出现在后缀列表中的表项的任意修改或对比可以使用 $O(1)$ 次机器操作完成。因此，总的复杂性约减为 $O(n \lg n)$ 次操作。

该常数可以基于如下观察进行改进：在 $n = (1 + \varepsilon)B$ 情况下，对于一个小的 $\varepsilon > 0$，P 中近半数的表项会一直是 0，也就是那些词典序大于 n 自身后缀的那些。在这个位置上切割 P 可以为 L 留下更多空间，这反过来使得我们可以保存更多元素。

表 3.3 对比了后缀列表数据结构和具有开放寻址的哈希。选择后缀列表的常数，使得 $2 \cdot c_1 + c_2 \leq 1/10$，这意味着如果可以处理 m 个元素，留出 $m/10$ 比特来加速内部计算。对于具有开放寻址的哈希，我们也留出 10%的空余内存以保持内部计算时间适中。当使用一个后缀列表而不是哈希时，注意只有 n 和 B 的比值是重要的。

因此，后缀列表数据结构可以弥补搜索算法中在最佳可能和普通方法间的内存差距，例如在具有开放寻址的哈希中。

表 3.3 在后缀列表和具有开放寻址方式的哈希中可以容纳的 n 的比例

n/B	上界	后缀列表	哈希	
			$n=2^{20}$	$n=2^{30}$
1.05	33.2%	22.7%	4.3%	2.9%
1.10	32.4%	21.2%	4.1%	2.8%
1.25	24.3%	17.7%	3.6%	2.4%
1.50	17.4%	13.4%	3.0%	2.0%
2.00	11.0%	9.1%	2.3%	1.5%
3.00	6.1%	5.3%	1.5%	1.0%
4.00	4.1%	3.7%	1.1%	0.7%
8.00	1.7%	1.5%	0.5%	0.4%
16.00	0.7%	0.7%	0.3%	0.2%

注意：n 是保存在主存中的搜索空间的大小，B 是为了存储数据的可用的比特总数。表中各列表示依据信息理论边界得到的可以存储的状态空间的最大比例，以及普通哈希中依据 n 的两个实际值计算的最大比例。

3.2.5 近似字典

如果松弛成员关系数据结构的需求，允许存储与预期略微不同的关键字集合，那么新的空间约减的可能性就出现了。

错误字典的想法最早被 Bloom 利用。一个布隆过滤器是一个长度为 m 的比特向量 v，以及 k 个独立的哈希函数 $h_1(x), h_2(x), \cdots, h_k(x)$。初始时，$v=0$。为了插入一个关键字 x，需要为所有的 $i=1,2,\cdots,k$ 计算 $h_i(x)$，并设置每个 $v[h_i(x)]=1$。为了查询一个关键字，检查 $v[h_1(x)]$ 的状态；如果它是 0，x 就没有被存储，否则继续检查 $v[h_2(x)], v[h_3(x)], \cdots$。如果所有这些数据都被设置，则报告 x 在过滤器中。但是，因为它们可能已经由不同的关键字打开，因此过滤器可能出现误报。这个数据结构不支持删除，但是可以用计数器替换，计数器在插入时递增而不是仅设置为 1。

1. 比特状态哈希

对于大问题空间，通过成员关系数据结构应用结合重复检测的深度优先策略是最有效的。比特状态哈希是一种无须保存完整状态向量的布隆过滤器存储技术。如果问题包含多达 2^{30} 个状态或更多（这意味着内存消耗 1GB 乘以状态向量的字节大小），需要依靠近似哈希。显然地，算法不再保证找到一个最短的解（或者任何解决方案，在此情况下）。作为比特状态哈希的一个说明，图 3.19～图 3.21 描述了可能的哈希结构的范围：具有链接法的普通哈希、单比特哈希和双比特哈希。

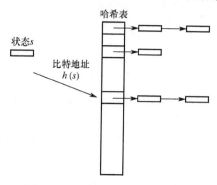

图 3.19　具有链接法的普通哈希

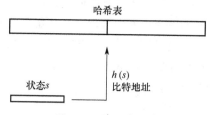

图 3.20　单比特哈希

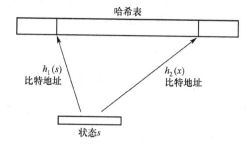

图 3.21　双比特哈希

令 n 为可达状态的数量，m 为最大可用比特数量。作为 $n<m$ 的单比特哈希的大致近似，搜索过程误报错误的平均概率 P_1 的界限为

$$P_1 \leqslant \frac{1}{n}\sum_{i=0}^{n-1}\frac{i}{m} \leqslant n/2m$$

因为第 i 个元素与已插入的 $i-1$ 个元素的碰撞概率至多是 $(i-1)/m$ $(1\leqslant i \leqslant n)$。对于使用 h 个（独立）哈希函数的满足 $hn<m$ 的多比特哈希，平均碰撞概率 P_h 减少到 $P_h \leqslant \frac{1}{n}\sum_{i=0}^{n-1}\left(h\cdot\frac{i}{m}\right)^h$，因为 i 个元素占用至多 hi/m 个地址（$0\leqslant i \leqslant n-1$）。在双比特哈希的特殊情况下，这简化为

$$P_2 \leq \frac{1}{n}\left(\frac{2}{m}\right)^2 \sum_{i=0}^{n-1} i^2 = 2(n-1)(2n-1)/3m^2 \leq 4n^2/3m^2$$

补救部分搜索的不完整性的一种方法是使用不同的哈希函数多次调用算法来改善搜索树的覆盖范围。这种技术称为连续哈希，接连检查搜索树中的不同方向（直到特定的阈值深度）。在相当大的问题中，连续哈希成功地找到了解决方案（但经常返回很长的路径）。作为错误概率的粗略估计，我们采取如下方法。如果在连续哈希探索中第一个哈希函数覆盖了搜索空间的 c/n，状态 x 在 d 次独立运行中未生成的概率为 $(1-c/n)^d$，到达 x 的概率为 $1-(1-c/n)^d$。

2. 哈希紧凑

为了增加搜索空间的覆盖范围，已经在实践中考虑进一步的有损压缩技术以最佳地利用有限数量的内存。类似比特状态哈希，哈希紧凑技术的目的是减少状态表的内存需求。但它在传统哈希表中存储一个压缩状态描述符，而不是在一个比特向量中设置对应于状态描述符的哈希值的比特。压缩函数 c 映射一个状态到 $\{0,1,\cdots,2^b-1\}$ 中的一个 b 比特数字。因为不同的状态可以具有相同的压缩，可能产生误报错误。但是，注意如果独立于状态计算探测序列和压缩，那么可以在表中的不同位置产生相同的压缩状态。

在分析中假设使用开放寻址的有序哈希的广度优先搜索。令目标状态 s_d 位于深度 d，并且 $s_0, s_1, \cdots, s_d$ 是到它的最短路径。

可以表明，给定表中已经包含的 k 个元素，误报错误的概率 p_k 近似为

$$p_k = 1 - \frac{2}{2^b}(H_{m+1} - H_{m-k}) + \frac{2m+k(m-k)}{m2^b(m-k+1)} \tag{3.3}$$

式中：$H_n = \sum_{i=1}^{n}\frac{1}{i} = \ln n + \gamma + \frac{1}{2n} - \frac{1}{12n^2} + O(\frac{1}{n^4})$ 为一个调和数。

令 k_i 为算法完整地探索等级 i 中的节点之后存储在哈希表中的状态数量。然后当我们尝试插入 s_i 时哈希表中存在至多 k_i-1 个状态。因此，没有位于解路径上的状态被忽略的概率 P_{miss} 界限为

$$P_{\text{miss}} \geq \prod_{i=0}^{d} p_{k_i-1}$$

如果算法运行达到最大深度 d，可以在线记录 k_i 值并在结束后报告这个忽略概率的下界。

为了获得一个先验估计，需要关于搜索空间深度和 k_i 的分布的知识。为了得到一个粗略近似，我们假设表完全填满（$m=n$）且解路径上的半数状态在插入过程中经历的是空表，且另一半经历的是仅有一个空位置的表。这（大致）模拟了在等级 $0,1,\cdots,d$ 上的钟形状态分布。进一步假设式（3.3）中的单个值足够接近 1 以

求和近似乘积，我们可以获得近似，即

$$P_{\text{miss}} = \frac{1}{2^b}(\ln n - 1.2)$$

更保守的假设对于所有位于解路径上的状态仅有一个空位置会将这个估计增加 2 倍。

3. 收缩压缩

一个相关的内存节约策略是收缩压缩。它以一种有效的方式存储复杂状态向量。主要想法是将状态空间的不同部分存储在分开的描述符中，且将实际状态表示为到相关状态的一个索引。收缩压缩是基于如下观察设计的，即虽然不同搜索状态数量可能变得很大，但是状态向量的不同部分的数量通常较小。相比之下，就像后缀列表那样共同存储状态向量的主要部分，状态的不同部分可以被共享（跨越所有被存储的已访问状态）。当状态向量仅改变一小部分时，这特别重要且避免当一个新状态被访问时存储整个向量。

本质上，不同的组件存储在分开的哈希表中。每张表中的每个表项给定了一个唯一数字。然后整个状态向量由一个哈希表中对应组件的数字向量标识。这极大地减少了存储已探索状态集合的需求。图 3.22 是收缩压缩的效果。除了状态组件的内存容量，收缩压缩额外地需要一个整体哈希表来表示组合状态。收缩状态向量由单个组件的（哈希）ID 组成。因此，仅当收缩的单个状态组件本身是复杂的数据结构时才有收益。收缩压缩可以以无损或有损方式实现。

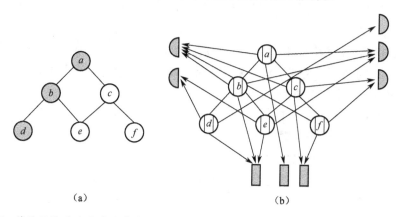

图 3.22 收缩压缩的效果（图（a）是一棵搜索树；在图（b）中，状态被分割为三个部分，三个部分单独存储并通过标记共同编址，当从 a 移动到 b 时，仅中间状态向量部分改变且需要重新存储）

(a) 搜索树；(b) 状态分割。

3.3 子集字典

在一个元素集合中找出一个元素使得这个元素是查询的一个子集（或超集）的问题出现在很多搜索应用中；例如，匹配大量生产规则、AI 规划中识别不一致的子目标、为构建或解决纵横字谜游戏找到字符串实现。此外，高效的存储和搜索部分信息是很多搜索过程的核心。这个问题也发生于允许用户搜索包含给定单词集合的搜索应用中，因此扩展了之前章节的设定。

对于一个状态空间搜索，存储的集合通常对应于部分特定状态向量（模式）。作为一个例子，考虑纸牌游戏推箱子（第 1 章）以及精选的绝境模式。因为每个给定状态是无解的，如果绝境模式是它的子集，那么我们想要快速检测这样一个绝境模式是否出现在数据结构中（第 10 章）。我们假设模式为来自特定全域 Γ（推箱子中的坐标集合）的元素集合。

定义 3.1（子集和包含查询问题，子集字典）令 D 为全域 Γ 上的 n 个子集的集合。子集查询（包含查询）问题寻找任意查询集合 $q \subseteq D$，如果存在任何 $p \in D$ 且 $q \subseteq p$（$p \subseteq q$）。

子集字典是一个提供了插入集合到 D 且支持子集和包含查询的抽象数据结构。

当且仅当其补集是 q 的补集的超集时，p 是 q 的子集，所以这两个查询问题是等价的。

对于推箱子问题，我们知道每个板的位置是 Γ 的一个元素。插入一个模式相当于插入 Γ 的一个子集到子集字典。随后，确定一个状态是否匹配存储的模式就转化为字典的一次包含查询。

从实现的视角出发，可以认为子集字典是包含关于问题状态集合广义信息的哈希表。但在深入到实现问题之前，得到另一个等式，且很有必要对其进行证明。

定义 3.2（部分匹配）令 "*" 代表一个特殊的"不在意"字符，它可以匹配字母表中的每个字符。给定字母表 Σ 上 n 个向量的集合 D，部分匹配问题寻找一个数据结构，它对于任意查询 $q \in \Sigma \cup \{*\}$ 检测在 D 中是否存在任意表项 P 使得 q 匹配 P。

这个问题的应用是解决信息检索中的近似匹配问题。一个简单的应用是纵横字谜游戏字典。在纵横字谜游戏中类似 B*T**R 的查询会使用类似 BETTER、BITTER、BUTLER 和 BUTTER 的单词回答。

定理 3.6（部分匹配和子集查询问题的等价关系）部分匹配问题等价于子集

查询问题。

证明：因为通过使用二进制表示来处理二进制符号，可以为解决部分匹配问题调整任何算法，所以考虑字母表 $\Sigma = \{0,1\}$ 就足够了。

为了约减部分匹配为子集查询问题，对于所有的 $i = 1,2,\cdots,|\Gamma|$，使用所有对 (i,p_i) 的集合替换每个 $p \in D$。此外，如果 q 不是不在意符号 "*"，使用所有对 (i,p_i) 的集合来替换每个查询 q。解决这个子集查询问题的实例也解决了部分匹配问题。

为了约减子集查询为部分匹配问题，我们使用其特性向量替换每个数据库集合，并将每个查询集合 q 替换为其特性向量，它中间的 0 已经被替换为不在意字符。

因为子集查询问题等价于包含查询问题，后者也可以通过部分匹配的算法解决。简单起见，下面的数据结构中我们限制部分匹配问题的字母表为 $\{0,1\}$。

3.3.1 数组和列表

这些问题具有两个直接的解决方案。第一个方法是在一个大小为 2^m 的（完全）哈希表或数组中存储所有查询的所有可能答案，$m = |\Gamma|$。查询时间是计算哈希地址的 $O(m)$。对于包含查询，每个哈希表表项包含一个来自数据库的对应于查询（状态）的集合列表，它反过来被解释为比特向量。但是，这个实现的内存需求对于多数实际应用来说太大了，因为我们需要为所有查询（对应于整个状态空间）保留一个表项。

另一个极端的情况是，列表表示中每个列表元素包含一个数据库入口。$O(n)$ 的存储需求是最优的，但搜索一个匹配对应的时间为 $O(nm)$，这对于实际应用来说还是太大了。下面，我们提出在存储普通数组和列表间的折中。

3.3.2 单词查找树

一个可能实现是单词查找树，它对比一个查找字符串与存储的表项集合。一棵单词查找树是一种搜索树结构，其中每个节点至多派生 $|\Sigma|$ 个孩子。转换标记为 $a \in \Sigma$，且一个状态的两个后继是互相排斥的。叶子节点对应于存储的字符串。一棵单词查找树是一个字符串集合的天然和唯一的表示。

因为在单词查找树中插入和删除字符串很简单，在算法 3.38 中为了搜索而遍历查找树。为计数方便，考虑早前介绍的部分匹配问题。递归程序 Lookup 最初随着单词查找树的根和层次 1 调用。查询表达为 $q = (q_1, q_2, \cdots, q_m)$，$q_i \in \{0,1,*\}$ ($1 \leq i \leq m$)。期望检查的节点总量已估计为 $O(n^{\lg(2-s/m)})$，其中 s 为在一个查询中指定的索引的数量。

```
Procedure Lookup
Input: 单词查找树节点 u, 查询 q, 层 l
Output: 显示所有 q 匹配 p 的表项 p


if(Leaf(u))                                    ;;叶子节点存储的表项
  if (Match(Entry(u),q))                       ;;找到匹配
    print Entry(u)                             ;;返回匹配元素
if ($q_l \neq *$)                              ;;位置 l 处的普通符号
  if (Succ($u,q_l$)$\neq \bot$)                ;;后继存在
    Lookup(Succ($u,q_l$),q,l+1)                ;;一个递归调用
else                                           ;;不在意符号
  if (Succ(u,0)$\neq \bot$)                    ;;0-后继存在
    Lookup(Succ(u,0),q,l+1)                    ;;第一个递归调用
  if (Succ(u,1)$\neq \bot$)                    ;;1-后继存在
    Lookup(Succ(u,1),q,l+1)                    ;;第二个递归调用
```

算法 3.38

为部分匹配搜索一个单词查找树

3.3.3 哈希

减少数组表示的空间复杂性的一个备选是将查询集合哈希到一个更小的表。链接哈希表的列表再次对应于数据库集合。但是，需要搜索列表来过滤匹配的元素。

适合于推箱子的数组方法的一个改进实现是：构建所有在位置 i 共享一个球的模式的容器 L_i。在对位置 u 的模式查询中，测试 $L_1 \cup L_2 \cup \cdots \cup L_k$ 是否为空。插入和检索时间契合 $|L_i|$ 的大小和它们各自的存储结构（如有序列表、比特向量、平衡树）。

推广这个想法到部分匹配问题会产生如下哈希方法。令 h 为映射 Σ^m 到链接哈希表的哈希函数。当且仅当 $j \in h(p)$ 时，将一个记录 p 存储到列表 L_j 中。

为了映射查询 q，需要哈希 q 覆盖 Σ^m 中的所有匹配元素，并定义 $h(q)$ 为使得 q 匹配 P 的所有 P 的并集。Lookup 程序的实现显示在算法 3.39 中。

计算集合 $h(q)$ 的复杂性很大程度取决于选择的哈希函数 h。对于一个平衡哈希函数，考虑 h 引起的 Σ^m 的分割产生块 $B_j = \{p \in \Sigma^m | h(p) = j\}$。如果对于所有的 j，$|B_j|$ 等于 $|\Sigma^m|$ 除以哈希表大小 b，那么一个哈希函数是平衡的。

> **Procedure Lookup**
> **Input:** 链接哈希表 T, 哈希函数 h, 查询 q
> **Output:** 所有 q 匹配 p 的表项 p
>
> $L \leftarrow \emptyset$;;初始化匹配列表
> **for each** $j \in h(q)$;;为哈希查询确定所有地址
>   **for each** $p \in L_j$;;在桶中遍历列表
>   **if** (Match$(p,q))L \leftarrow L \cup p$;;报告匹配
> **return** L ;;反馈所有匹配
>
> **算法 3.39**
> 为部分匹配搜索一个哈希表

对于大的字母表（就像在纵横字谜游戏问题中那样），哈希表大小 b 可能扩展到大于 2^m 的某个值且字母可以单独映射。更确切地说，假设一个将 Σ 映射到一个 b 比特的小集合的辅助哈希函数 h'。h(BETTER) 由级联 h'(B)h'(E)h'(T)h'(T)h'(E)h'(R) 确定。对于查询 q 的类似 B*T**R 的部分匹配查询，可以通过检查 $h(q)$ 中所有的 $2^{(m-s)/b}$ 个表项进行回答，其中 s 是固定比特的数量。

对于小的字母表（如二进制的情况），有 $2^m > b$。一个合适的方法是提取每个记录的前 $l = \lceil \lg b \rceil$ 个比特作为第一个哈希表索引。但是，最坏情况的行为可能会很差：如果没有比特在前 m 个位置上出现，那么必须搜索每个列表。

为了在最坏情况下也获得好的哈希函数，它们需要依赖每个输入字符。

3.3.4 无限分支树

单词查找树和哈希表子集字典数据结构间的折中是单词查找树的有序列表，称为无限分支树。插入类似于普通单词查找树的插入。区别在于，我们为集合的有序表示中的第一个元素维持一个独特的根。

图 3.23 显示了在插入 {1,2,3,4}、{1,2,4} 和 {3,4} 时的无限分支树数据结构。在图 3.23（a）中，第一个子集产生了一个新的无限分支树。图 3.23（b）中我们看到插入可以导致分支。图 3.23（c）中被执行插入显示，一个新的单词查找树被插入到根列表。对应的伪代码显示在算法 3.40 中。算法遍历根列表来检测一个匹配的根元素是否出现。如果不建立一个新的根元素，就调用对应单词查找树（未显示）的普通插入程序实现。如果没有这种元素，构建一个新的元素并将其添加到列表。

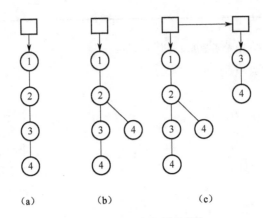

图 3.23 无限分支树的演化

(a) 产生一棵新的无限分支树；(b) 插入导致分支；(c) 插入一棵新的单词查找树。

算法的运行时间是 $O(k+l)$，其中 k 为当前单词查找树列表的大小且 l 是有序集合的大小，加上对元素排序的时间 $O(l\lg l)$。与例子中一样，通常情况下所有的元素选自集合 $\{1,2,\cdots,n\}$，使得算法整体运行时间是 $O(n)$。

为解决子集查询和包含查询问题，设计了这个数据结构。算法 3.41 给出了包含查询的一个可能实现。首先，取回所有的匹配查询的根元素。然后，为了可能的查询匹配，单独搜索对应的单词查找树。因为查询和存储的集合都是有序的，在关于查询集合的线性时间内可获得匹配。需要处理的根元素的数量可能会显著增长，其界限是全域 Γ 的大小。

算法 3.40 和算法 3.41 在最坏情况的运行时间是 $O(km)$，其中 k 是当前单词查找树列表的大小且 m 是查询集合的大小，加上排序元素的时间 $O(m\lg m)$。如果所有集合元素已经被从集合 $\{1,2,\cdots,n\}$ 中选择，最坏情况运行时间界限是 $O(n^2)$。

Procedure Insert
Input：无限分支树 $L=(T_1,T_2,\cdots,T_k)$，有序集合 $p=\{p_1,p_2,\cdots,p_l\}$
Side Effect：修改的无限分支树数据结构

for each i **in** $\{1,2,\cdots,k\}$;;考虑所有单词查找树
  if (p_1=root(T_i))   ;;匹配根列表
    Trie-Insert(T_i,q); **return**   ;;插入到单词查找树并退出
Generate a new trie T' for p ;;插入集合的临时单词查找树
Insert T' into list L ;;包含新的单词查找树到有序列表

算法 3.40

在无限分支树中插入一个集合

```
Procedure Lookup
Input: 无限分支树 L=(T_1,T_2,…,T_k)，查询 q={q_1,q_2,…,q_m}
Output: 表示 p 是否包含在 L 中且 q ⊇ p 的标记

Q←∅                                          ;;初始化队列
for each i in {1,2,…,k}                      ;;考虑所有单词查找树
    if (root(T_i) ∈ q)                       ;;匹配根列表
        Q←Q ∪ {T_i}                          ;;插入单词查找树到候选集合
for each T_i in Q                            ;;处理队列
    if (Trie-Lookup(T_i, q)) return true     ;;搜索单个单词查找树
return false                                 ;;搜索失败
```

算法 3.41

在一个无限分支树中搜索子集

已经通过使用来自基于规则的产生式系统的数据结构减少了匹配的工作量。Rete 算法利用了如下事实，即规则触发或移动仅改变状态的一些部分，并且结构相似，意味着相同的子模式可以在多个规则中出现。Rete 算法使用一个有根无环有向图，即 Rete，其中除了根以外的节点都表示模式，且边表示依赖（前面定义的关系"⊆"可以直接映射）。

3.4 字符串字典

字符串字典提供子串和超字符串查询，是专门化的子集字典，因为子串和超字符串是不包含缝隙的连续字符向量。下面基于后缀树研究字符串字典。

一棵后缀树是给定字符串的所有后缀的一个紧凑的单词查找树表示。存储在每个后缀节点的子串信息简单地由第一个和最后一个字符的索引给出。下面，详细解释后缀树数据结构及其线性时间构建算法。

插入字符串 m 的每个后缀到一棵单词查找树会产生一棵后缀树。为了避免在终端节点产生碰撞，我们附加一个特殊字符 \$ 到 m。为了表述方便，下面这个标签通常解释为 m 的一个不可分割的部分。后缀树的一个例子显示在图 3.24 中。后缀树中的每个节点恰好对应 m 中的一个唯一子串。但它可以由 $\Omega(|m|^2)$ 个节点组成。以 $1^k 0^k \$$ 形式的字符串为例。它们包含 $k^2 + 4k + 2$ 个不同的子串（见习题）。

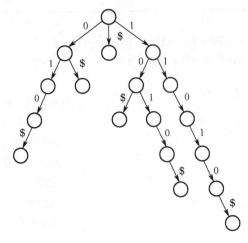

图 3.24　字符串 11010$ 的后缀单词查找树

3.4.1 后缀树

一棵后缀树（图 3.25）是一棵后缀单词查找树的紧凑表示，其中仅有一个后缀的每个节点与其父节点合并（一棵单词查找树的这种压缩结构有时称为实际算法的部分单词查找树以获取以字母数字编码的信息）。m 的后缀树中的每个节点具有多于一个的后继和 $|m|$ 个叶子。因此，它至多消耗 $O(|m|)$ 空间。

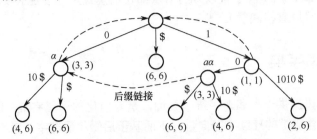

图 3.25　具有后缀链接的同一个字符串的后缀树

为了高效构建后缀树，我们需要一些定义。一条部分路径是一个开始于根的边的连续序列。一条路径是一条在叶子结束的部分路径。字符串 α 的轨迹是位于 α 的路径（如果存在）最后的节点。字符串 α 的一个扩展是那些将 α 作为前缀的每个字符串。α 的扩展轨迹是 α 的最短扩展的轨迹。字符串 α 的收缩轨迹是 α 的最长前缀的轨迹。术语 suf_i 是指开始于 i 的 m 的后缀，因此 $\text{suf}_1 = m$。字符串 head_i 是 suf_i 的最长前缀，它也是 suf_j 对于某个 $j < i$ 的一个前缀，tail_i 定义为 $\text{suf}_j - \text{head}_i$；也就是，$\text{suf}_j = \text{head}_i \text{tail}_i$。以 $ababc$ 为例，$\text{suf}_3 = abc$，$\text{head}_3 = ab$ 且 $\text{tail}_3 = c$。一种简单的方法是，对于递增的值 i，从空树 T_0 开始并插入 suf_{i+1} 来

从 T_i 构建 T_{i+1}。

为了高效地生成后缀树，后缀链接是有帮助的，其中后缀链接从 $a\alpha$ 的轨迹指向 α 的轨迹，$a \in \Sigma$，$\alpha \in \Sigma^*$。后缀链接在构建和搜索中用作捷径。head_i 是 suf_i 的最长前缀，suf_i 在 T_{i-1} 具有一个扩展轨迹，因为在 T_i 中所有后缀 suf_j 已经具有一个轨迹，$j < i$。

为了插入 suf_i，T_{i+1} 可以按如下方式从 T_i 构建（图 3.26）。首先，确定 T_i 中的扩展轨迹 head_i，将通向它的最后一条边划分为两条新边，并引入一个新节点、然后，为 suf_{i+1} 创建一个新叶子。对于给定例子字符串，图 3.27 描述了将 T_2 转换为 T_3 的修改。

图 3.26　插入 suf_i

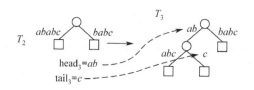

图 3.27　在示例字符串中插入

算法耗费线性数量的步骤。如果在 T_i 中发现了 head_{i+1} 的扩展轨迹，那么可以在常数时间内完成树的扩展。算法 3.42 具有两个阶段。首先，它在摊销常数时间内在 T_i 中确定 head_{i+1}。然后，它设置另一个后缀链接。

我们观察到对于字符 a 和一个（可能为空的）字符串 γ，如果 $\text{head}_i = a\gamma$，那么 γ 为 head_{i+1} 的一个前缀。令 $\text{head}_i = a\gamma$，根据 head_i 的定义，那么存在一个 $j < i$，使得 $a\gamma$ 是 suf_i 和 suf_j 的前缀。因此，γ 为 suf_{i+1} 和 suf_{j+1} 的前缀。

算法的循环不变量是：① T_{i-1} 中的所有内部节点在 T_i 中有一个正确的后缀链接（I1）；② 在 T_i 的构建中，head_i 在 T_{i-1} 中的收缩轨迹被访问（I2）。当 $i=1$ 时不变量肯定是正确的。如果 $i>1$，那么（I2）意味着从 T_i 构建 T_{i+1} 可以从 T_{i-1} 中 head_i 的收缩轨迹开始。如果 $\text{head}_i \neq \varepsilon$，那么令 α_i 是到没有第一个字符 a_i 的 head_i 的收缩轨迹的路径上的边标签的级联。此外，$\beta_i = \text{head}_i - a_i\alpha_i$；也就是 $\text{head}_i = a_i\alpha_i\beta_i$。如果 $\text{head}_i \neq \varepsilon$，那么 T_i 可以可视化为图 3.28。

> **Procedure Construct-Suffix-Tree**
> **Input**：前缀树 T_i
> **Output**：后缀树 T_{i+1}
> 阶段 1：插入 head_{i+1} 的轨迹
> 1. 沿着 head_i 的收缩轨迹 v' 的后缀链路到达节点 u。
> 2. 如果 $\beta_i \neq \varepsilon$，在 T_i 中重新扫描 β_i；也就是说，在 T_i 中从 u 开始沿着一条路径，使得边的标记是 β_i。
> （1）如果 T_i 中 $\alpha_i\beta_i$ 的轨迹 w 确实存在，则从 w 开始扫描 γ_{i+1}。也就是说，在 T_i 中从 w 开始沿着一条路径，使得边的标记与 suf_{i+1} 重合，直到在边 (x,y) 处不再重合。
> （2）如果 T_i 中 $\alpha_i\beta_i$ 的轨迹 w 不存在，令 x 为 $\alpha_i\beta_i$ 的收缩轨迹，y 为 $\alpha_i\beta_i$ 的扩展轨迹。那么 $\text{head}_{i+1} = \alpha_i\beta_i$。
> 3. 为 head_{i+1} 的轨迹在 (x,y) 处创建一个内部节点 z，并为 suf_{i+1} 的轨迹创建一个叶子。
> 阶段 2：插入 head_i 的轨迹 v 的后缀链接。
> 1. 沿着 head_i 的轨迹 v' 的后缀链接到达 u。
> 2. 如果 $\beta_i \neq \varepsilon$，在 T_i 中重新扫描 β_i 直至的 $\alpha_i\beta_i$ 轨迹 w。将 head_i 的轨迹 v 的后缀链接设置为 w。
>
> **算法 3.42**
> 在线性时间构建后缀树

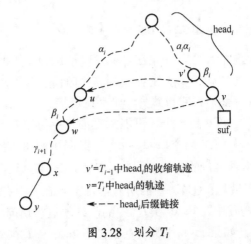

图 3.28　划分 T_i

基于这个引理，有 $\text{head}_{i+1} = \alpha_i\beta_i\gamma_{i+1}$。从 head_i 的收缩轨迹 v' 中，根据（I1），已经得到了 T_i 中到节点 u 的一个正确后缀链接。为了在 T_i 中构建 head_{i+1} 的轨迹，在朴素方法中从 u 而不是 T_i 的根开始。在实际实现中，两个阶段需要交叉。

引理 3.1 如果 T_i 中 $\alpha_i\beta_i$ 的轨迹不存在,那么 $\text{head}_{i+1} = \alpha_i\beta_i$。

证明: 令 v 为收缩轨迹且 w 是 $\alpha_i\beta_i$ 的扩展轨迹。令到 v 的路径的边的标签等于 γ 且令 (v,w) 的标签等于 $\delta_1\delta_2$, $\delta_1,\delta_2 \neq \varepsilon$ 且 $\gamma\delta_1 = \alpha_i\beta_i$。那么所有具有前缀 $\alpha_i\beta_i$ 的后缀被包含在 T 的根节点为 w 的子树中,且 T 中的所有后缀具有前缀 $\alpha_i\beta_i\delta_2$。因此,$j < i+1$ 且 suf_j 具有前缀 $\alpha_i\beta_i$。因此,suf_j 具有前缀 $\alpha_i\beta_i\delta_2$。我们需要说明 $\text{suf}_j = \alpha_i\beta_i a \cdots$ 且 $\text{suf}_{j+1} = \alpha_i\beta_i b \cdots$,$a \neq b$。

令 $\text{suf}_{j'}$ 是具有前缀 $\text{head}_i = a_i\alpha_i\beta_i$ 的一个后缀。那么 $\text{suf}_{j'+1}$ 具有前缀 $\alpha_i\beta_i\delta_2$ 且 $\text{suf}_{j'}$ 具有前缀 $a_i\alpha_i\beta_i\delta_2$。因为 $\text{head}_i = a_i\alpha_i\beta_i$,$\delta_2$ 的第一个字母 a 和 suf_i 中 $a_i\alpha_i\beta_i$ 后的第一个字母 b 是不同的。因此,suf_{j+1} 的前缀是 $\alpha_i\beta_i b$ 且 suf_j 的前缀是 $\alpha_i\beta_i a$,因此最长共同前缀是 $\alpha_i\beta_i$。

以 $W = b^5abab^3a^2b^5c$ 为例。图 3.29 显示了通过插入 $\text{suf}_{14} = bbbbbc$ 到 T_{13} 中从 T_{13} 构建 T_{14}。

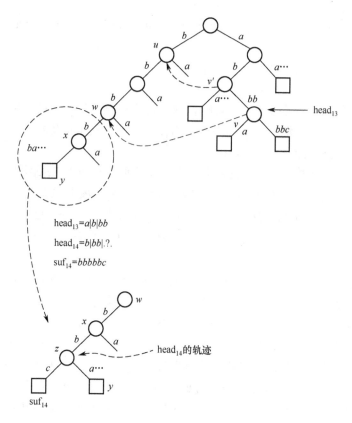

图 3.29 从 T_{13} 中构建 T_{14}

定理 3.7（后缀树构建的时间复杂性） 算法 3.42 耗费 $O(|m|)$ 时间为 m 产生一棵后缀树。

证明：在每一步中 m 的一个后缀被扫描和重新扫描，首先分析重新扫描。因为 $\alpha_i\beta_i$ 是 head_{i+1} 的一个前缀，在一条边上仅需要测试在 β_i 中需要跳过多少个字符。随后，为每个遍历的边我们需要常数时间，因此在重新扫描中总的步骤数量与遍历的边的数量成比例。令 $\text{res}_i = \beta_{i-1}\gamma_i\text{tail}_i$。在重新扫描 β_{i-1} 时遍历的每条边 e，字符串 α_i 被边 e 的 δ 扩展；也就是，δ 在 res_i 中，但是不在 res_{i+1} 中。因为 $|\delta|\geq 1$，我们有 $|\text{res}_{i+1}|\leq |\text{res}_i|-k_i$，$k_i$ 为在步骤 i 中重新扫描的边的数量，则

$$\sum_{i=1}^{n}k_i \leq \sum_{i=1}^{n}|\text{res}_i|-|\text{res}_{i+1}|=|\text{res}_1|-|\text{res}_{n+1}|\leq n$$

下面分析扫描。在步骤 i 中扫描的字符数量等于 $|\gamma_{i+1}|$，$|\gamma_{i+1}|=|\text{head}_{i+1}|-|\alpha_i\beta_i|=|\text{head}_{i+1}|-(|\text{head}_i|-1)$。因此，扫描字符的总数为

$$\sum_{i=0}^{n-1}|\gamma_{i+1}| = \sum_{i=0}^{n-1}|\text{head}_{i+1}|-|\text{head}_i|+1 = n+|\text{head}_n|-|\text{head}_0|\in O(n)$$

3.4.2 广义后缀树

广义后缀树是一个适合于 Web 搜索和解决计算生物学问题的字符串数据结构。在引入广义后缀树后，首先考虑更新信息问题以获得最优空间性能，即使在动态环境中也是如此。

后缀树的高效构建可以通过构建字符串 $m_1\$_1m_2\$_2\cdots m_n\$_n$ 的后缀树自然的扩展到多于一个字符串。不难说明（见习题），$m_1\$_1m_2\$_2\cdots m_n\$_n$ 的后缀树同构于 $m_1\$_1$ 的所有后缀一直到 $m_n\$_n$ 的所有后缀的紧凑单词查找树。此外，这些树除了附带在叶子上的边的标签以外都是相同的。这个事实允许我们插入和搜索一个字符串到一个现有后缀树。

简单地删除字符串会导致问题，因为存储在随后节点处的每条边包括一些之前插入字符串的子串间距信息。因此，更新程序也需要更新树中的子串引用。这个重要问题的解决方案是基于维护一个额外的倒排单词查找树完成的。令 M 为在广义后缀树 S 中的字符串集合，令 T 为包含所有倒排字符串的单词查找树。那么存在一个 T 中节点集合到 S 中叶子节点集合的一个双射：一方面，字符串 m_i 的每个后缀对应于一个叶子节点；另一方面，对于 m_i^{-1} 的每个前缀，存在 T 中的一个前缀。图 3.30 显示了插入字符串 11010\$ 到一个具有倒排单词查找树的广义后缀树的快照。具有相同索引的节点表明了双射。

第 3 章 字典数据结构

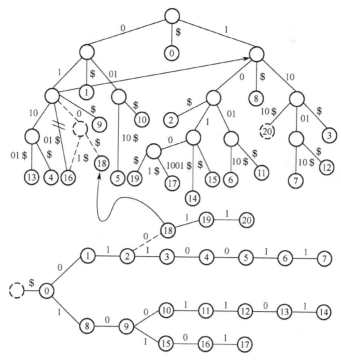

图 3.30 在 11010$ 插入过程中的泛化后缀树

给定关联的倒排单词查找树，从最长后缀中删除一个字符串到最短字符串是可能的。因此，在每一步中后缀链接是正确的。文献中经常没有处理的问题是在广义树内部确实需要删除的字符串。改进的想法是扩展从 T 的底部到内部节点给出的叶子的唯一表示。因此，提出了双胞胎结构，它是指叶子产生的历史。图 3.31 给出了一个双胞胎结构示例。

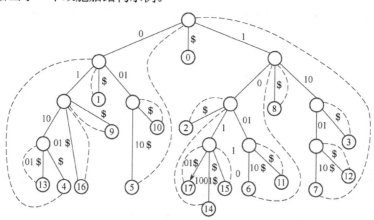

图 3.31 广义后缀树中的双胞胎结构

如同在构建普通后缀树的算法中一样，插入过程可以划分为更新操作序列。在算法 3.43 中的伪代码实现中，假设了一个插入后缀到现有的轨迹的程序，和一个分离现有边的程序。如算法 3.44 所示，通过为每个移除节点调用一个子程序完成，该子程序移除一个叶子且删除倒排单词查找树 T 中的倒排字符串。如果移除一个叶子，我们使用和调整一个双胞胎的字符串表示。正确性论据基于如下结果。

引理 3.2 令 Internal 和 Leaves 是广义后缀树中所有内部和叶子节点的集合。令 $Succ(p)$ 为 p 的后继集合且 $Succ'(p)$ 为 p 的双胞胎后继集合，有如下不变量成立。

Procedure Insert
Input：字符串 m_j，指针 $head_{j-1}$，关联的字符串 uvw，收缩轨迹 cl，扩展轨迹 el，当前偏移 at
Output：指针 $head_j$ 和关联的分节 uvw
Side Effect：修改的 cl，el，at

Decompose uvw into u, v and w　　　　　　　　　　;;分割字符串 uvw
if ($v = \varepsilon$) $cl \leftarrow el \leftarrow$ root **else** $cl \leftarrow el \leftarrow$ link(uv)　　;;通过后缀链路的捷径
if (Rescan(w, at, cl, el))　　　　　　　　　　　　;;如果重新扫描结束于现有节点
　if (link($head_{j-1}$) = $\perp$) link($head_{j-1}$) $\leftarrow el$　　;;设置后缀链路
　if (Scan(m_j, at, cl, el))　　　　　　　　　　;;如果扫描结束于现有节点
　　Insert m_j at cl　　　　　　　　　　　　;;在现有节点上插入后缀
　　$head_j \leftarrow cl$　　　　　　　　　　　　　;;设置下一个 head 为现有节点
　else　　　　　　　　　　　　　　　　　;;扫描结束于边缘
　　Insert m_j between cl and el at distance at　;;产生新的节点 inner
　　$head_j \leftarrow$ inner　　　　　　　　　　;;更新新的 head
else　　　　　　　　　　　　　　　　　;;w 不匹配，$z = \varepsilon$，不扫描
　Insert m_j between cl and el at distance at　　;;产生新的节点 inner
　if (link($head_{j-1}$) = $\perp$) link($head_{j-1}$) $\leftarrow$ inner　;;设置旧 head 的后缀链路
　head $\leftarrow$ inner　　　　　　　　　　　　;;设置新的 head 到新的节点
Generate new string uvw from $head_j$　　　　　;;新的 head 确定新的前缀

算法 3.43
在广义后缀树中插入一个后缀

Procedure Delete
Input：字符串 m，广义后缀树，关联的倒排单词查找树 T
Output：更新的广义后缀树

$Stack \leftarrow$ Trie-Remove(T, m^{-1})	;;删除一个节点并初始化堆栈
while (Stack$\neq \emptyset$)	;;只要我们可以减少
Pop q from Stack	;;从堆栈中删除节点
$s \leftarrow$ parent(q); $p \leftarrow$ parent(twin(q))	;;确定 q 的(双胞胎)前驱
if ($|\text{Succ}'(q)|>0$) **return**	;;至少两个后缀指向 q
Find label j of edge (twin$(p),q$)	;;出边的标记
Remove child q from s; Remove child q from twin(p)	;;删除叶子 q
Let r be some twin child of twin(s)	;;找到 s 的双胞胎后继
if ($s=p$)	;;直接前驱不匹配
if ($|\text{Succ}'(s)|>1$)	;;s 具有多于一个的后继
Change string reference at s to the one of r	;;调整表示
else	;;s 至少具有一个后继
Remove s	;;删除内部节点
else	;;直接前驱匹配
Remove child r from twin(s)	;;提取两个孩子节点
Add child r to twin(p) with label j	;;为下一个节点提供双胞胎孩子
Change string reference at twin(r) to the one of r	;;调整表示
if (Succ$'(s)>1$)	;;多于一个后继
Let r' be some twin child of twin(s)	;;找到另一个双胞胎后继
Change string reference at twin(s) to the one of r'	;;调整表示
else	;;仅有一个后继
Remove s	;;删除内部节点

算法 3.44

在广义后缀树中删除一个字符串

(Ia) 对于所有 $p \in$ Internal，存在一个 $q \in$ Leaves，$q \in$ Succ$'(p)$，它与 p 具有相同的字符串表示。

(Ib) 对于所有 $p \in$ Internal，有 $|\text{Succ}'(p)|=|\text{Succ}(p)|-1$；也就是说，普通后继的数量总是比双胞胎后继的数量大 1。

证明：为了证明这个结果，我们执行一个案例研究。

在给定节点插入一个后缀。一个新插入的叶子为现有节点使用一个元素扩展了集合 Succ 和 Succ'。叶子和现有节点的字符串表示设置为插入的字符串 m。因此，不变量仍然满足。

在两个节点间插入一个后缀。在这种情况下，新产生节点指的是 m，因此我们得到(Ia)。内部节点有两个后继和一个双胞胎后继（新的叶子节点）。因此，$2=|\text{Succ}(p)|=|\text{Succ}'(p)|+1$ 且（Ib）成立。

移除一个叶子。令 q 为待删除的节点，s 为它的前驱且 p 是其双胞胎前驱。算法考虑两种情况。

（1）$s=p$。因为 q 位于 $\text{Succ}(s) \cap \text{Succ}'(s)$，因此不变量（Ib）成立。如果 $|\text{Succ}(s)|>1$，那么在 $\text{Succ}'(s)$ 中存在一个叶子 r。叶子 r 改变了字符串表示使得 s 不再是 q 的字符串表示。因此，我们对于节点 s 得到了（Ia）。但是，如果 $|\text{Succ}(s)|=1$，那么 s 被永久删除，不需要做任何解释。

（2）$s \neq p$。这种情况很棘手。如果 $|\text{Succ}(s)|=1$，那么 s 被删除。此外，$\text{Succ}'(p)$ 被设置为 $\text{Succ}'(p)-\{q\} \cup \{r'\}$ 使得 $|\text{Succ}'(p)|$ 不改变。否则，$|\text{Succ}(s)|=k>1$。使用（Ib），那么当 q 被删除时，有 $k+1$ 个后继和 s 的 k 个双胞胎后继。因此，除 r' 以外，存在 s 的另一个双胞胎后继 r。这个节点用来确定 p 的字符串表示；也就是，$\text{Succ}'(p)$ 设置为 $\text{Succ}'(p) \setminus \{q\} \cup \{r\}$。我们看到两个不变量都被保持。

因此，我们可以证明如下结果。

定理 3.8（广义后缀树的空间最优性） 令 S 为一个在任意数量插入和删除操作后的广义后缀树，且 $d_{\max}=\max_i d_i$ 为词典 M 中字符串的所有字符特征的最大数量；也就是，$d_i = \sum_{m \in M_i} |m|$，其中 i 为操作步骤。S 的空间需求界限为 $O(d_{\max})$。

为了找出给定字符串 m 的一个子串，可以确定存储在广义后缀树中从位置 i 开始匹配 m 的字符串的最长模式前缀 h，$i \in \{1,2,\cdots,|m|\}$。类似地，我们可以确定存储在广义后缀树中到位置 i 结束匹配 m 的字符串的最长子串 h。在两种情况下，需要检查 h 是否为最大；也就是，是否已经到达一个对应于词典中一个完整字符串 m 的路径的接受节点。

3.5 小结

前面讨论的搜索算法需要跟踪生成和扩展的状态。例如，A*算法可以检查一个状态是否位于 Open 列表，以给定 f 值插入一个状态到 Open 列表，减少 Open 列表中一个状态的 f 值，从 Open 列表中提取具有最小 f 值的状态，检查是否一个状态位于 Closed 列表，插入一个状态到 Closed 列表，或从 Closed 列表中删除一个状态。这些操作需要快速完成，因为在每次搜索中要执行很多次操作。因此，本章讨论实现了它们的算法和数据结构。

Open 列表从根本上说是一个优先级队列。优先级的值（如 A*算法的 f 值）

确定 Open 列表上的操作可以如何实现。如果优先级是浮点值，那么操作可以用堆实现，包括高级堆结构和数据结构。堆是一个在每个节点存储一个状态的完全二叉树，以便一个节点上的状态的优先级总是高于节点的孩子上的状态的优先级。斐波那契堆、弱堆和弱队列以不同方式松弛了这个需求。如果优先级是整数，那么操作也可以使用具有固定或大小指数增加（基数堆）的桶或分层桶结构实现，包括 Van Emde Boas 优先级队列。桶由在连续优先级范围标记的连续地址范围内可随机访问的存储位置构成，其中每个存储位置存储位于其优先级范围内的状态集合。使用桶的实现通常快于那些使用堆的实现。

表 3.4 给出了本章介绍的优先级数据结构的一个综述。基于整数方法的复杂性由指令数量度量。对于一般权重，可以比较数量表达的复杂性。参数 C 为最大边权重；N 为最大关键字；n 为存储的节点；e 为访问的节点；星号（*）为摊销耗费。

Closed 列表是一个简单集合。因此，它上面的操作可以使用比特向量、列表、搜索树或哈希表实现。比特向量为集合中的每个状态分配一个比特。如果状态在集合中，那么这个比特设置为 1。如果在集合中的状态（与所有状态）的比例很大，这是一个明智的选择。列表简单地表示集合中的所有状态，或许通过仅表示一些状态的相似部分一次（后缀列表）存储状态的压缩版本。当集合中的状态比例很小时它们是明智的选择。问题变为如何高效地测试成员关系。为此，列表通常表示为搜索树或更常见且更快的哈希表而不是链表。哈希表（哈希字典）由在一个连续地址范围内随机访问的存储位置构成。哈希将每个状态映射到一个地址。

表 3.4 优先级队列数据结构；顶部为整数关键字桶结构，底部是通过一个比较函数定义的全排序集合的一般关键字堆结构

数据结构	DecreaseKey	DeleteMin	Insert	Dijkstra/A*
1 层桶(3.1-3.4)	$O(1)$	$O(C)$	$O(1)$	$O(e+Cn)$
2 层桶	$O(1)$	$O(\sqrt{C})$	$O(1)$	$O(e+\sqrt{C}n)$
基数堆(3.5-3.8)	$O(1)$*	$O(\lg C)$*	$O(1)$*	$O(e+n\cdot\lg C)$
EMDE BOAS(3.9-3.11)	$O(\lg\lg N)$	$O(\lg\lg N)$	$O(\lg\lg N)$	$O((e+n)\lg\lg N)$
二叉搜索树	$O(\lg n)$	$O(\lg n)$	$O(\lg n)$	$O((e+n)\lg n)$
二项队列	$O(\lg n)$	$O(\lg n)$	$O(\lg n)$	$O((e+n)\lg n)$
堆(3.12-3.14)	$2\lg n$	$2\lg n$	$2\lg n$	$O((e+n)\lg n)$
弱堆(3.17-3.21)	$\lg n$	$\lg n$	$\lg n$	$O((e+n)\lg n)$
配对堆(3.16)	$O(2^{\sqrt{\lg\lg n}})$	$O(\lg n)$*	$O(1)$	$O(2^{\sqrt{\lg\lg n}}e+n\lg n)$
斐波那契堆(3.22)	$O(1)$*	$O(\lg n)$*	$O(1)$	$O(e+n\lg n)$
松弛弱队列(3.23)	$O(1)$	$O(\lg n)$	$O(1)$	$O(e+n\lg n)$

本章也讨论了不同的哈希函数。完全哈希（类似比特向量）将每个状态映射到其自身地址。为了插入一个状态到哈希表，我们将状态存储在其地址中；为了从哈希表中删除一个状态，我们从其地址移除一个状态；为了检查一个状态是否位于哈希表中，我们比较正在查询的状态与其位置中存储的状态。当且仅当存在一个状态存储在其地址且其匹配正在查询的状态时，那么正在查询的状态位于哈希表中。完全哈希是内存密集的。常规哈希可以映射两个状态到同一个地址，则称为地址碰撞。地址碰撞可以通过链接法或者开放寻址法来处理。链接法通过将哈希表中映射到相同地址的所有状态存储在一个链表中，并存储一个指向这个地址的链表解决。当一些其他状态已经存储在其地址时，开放寻址通过在相同或不同哈希表中的不同地址存储一个状态解决冲突。我们讨论不同的确定其他地址的方式，包括使用多于一个哈希表。

当连续地址碰撞数量太大时，本章也讨论了如何增加哈希表的大小，直到发现一个空地址。常规哈希比完全哈希内存密集度低但仍然是内存密集的。近似哈希通过存储一个不充分数量的信息来实现精确的成员关系测试以节约内存。例如，它可能只在一个或多个哈希表中存储状态的压缩版本。在极端情况下，它可能在一个或多个哈希表中仅设置单个比特为 1 来指示某个状态被存储在一个地址中。在多个哈希表的情况，当且仅当所有的哈希表报告一个状态被存储时，这个状态才被认为存储了。即使一个状态不在 Closed 列表中，近似哈希也可能在确定该状态位于 Closed 列表时犯错误。这意味着一个搜索可能不会扩展一个存在路径的状态，因为它认为它已经扩展了这个状态继续扩展很可能无法找到一条路径。

表 3.5 给出了不同哈希方法和它们的时间复杂性的一个概述。表中指出一个状态是以压缩或以普通方式存储，以及哈希方法是否是有损的。

表 3.5　哈希算法

	Insert	Lookup	Compressed	有损
链接(3.29-3.31)	$O(1)$	$O(Y)$	—	—
开放寻址(3.32-3.35)	$O(p^-(\alpha))$	$O(p^+(\alpha))$	—	—
后缀列表哈希	$O(\lg n)$*	$O(\lg n)$*	√	—
FKS 哈希	$O(1)$*	$O(1)$	—	—
布谷鸟哈希(3.36-3.37)	$O(1)$*	$O(1)$	—	—
比特状态哈希	$O(1)$	$O(1)$	√	√
哈希紧凑	$O(1)$	$O(1)$	√	√

注：用 Y 表示 $\max_y |\{x | h(x) = h(y)\}|$，用 $p^+(\alpha)$ 和 $p^-(\alpha)$ 表示基于当前哈希表负载 α 的成功搜索和不成功搜索的复杂性，更准确的结果依赖于冲突解决策略。

此外，还介绍了部分信息的两种存储结构。子集字典以集合的形式存储部分状态信息，子串字典以子串的形式存储部分路径。在第一种情况下，讨论了解决等价问题之一的不同实现，如子集查询、包含查询和部分匹配；对于第二种情况，主要介绍了后缀树数据结构及其为解决动态字典匹配问题的扩展。

3.6 习题

3.1 说明以下元素 $\{28,7,69,3,24,7,72\}$ 的结构。

（1）二层桶数据结构（$C=80$）。

（2）基数堆数据结构。

3.2 union-find 数据结构是维持一个集合的分割的字典。我们可以使用最右边的元素来表示每个间隔，因此分割 $[1,x_1],\cdots,[x_k+1,n]$ 由集合 $\{x_1,x_2,\cdots,x_k\}$ 表示。考虑具有如下操作的将 $\{1,2,\cdots,n\}$ 表示为间隔的一个分割的数据类型。

① 返回包含 x 的间隔的 Find(x)。

② 联合一个间隔与紧随其后的间隔的 Union(x)。

③ 分割包含 x 的间隔 T 为两个间隔 $I\cap[1,x]$ 和 $I\cap[x+1,n]$ 的 Split(x)。

（1）基本操作如何在这个集合上操作？

（2）使用 Van Emde Boas 优先级队列来实现这个策略。

3.3 在一个具有 n 个表项的随机填充数组中需要找到最小和最大元素。

为简单起见，可以假设 $n\geqslant 2$ 是 2 的幂。

（1）描述一个使用 $3n/2-2$ 次比较的分治算法。

（2）使用弱堆以 $3n/2-2$ 次比较优美地解决这个问题。

（3）说明解决这个问题的下界为 $3n/2-2$ 次比较。

（4）说明搜索第一和第二个最小元素的类似界限。

3.4 （1）说明到一个堆中索引 n 的路径由 n 的二进制表示确定。

（2）令 $f(n)$ 为具有 n 对不同关键字的堆的数量且 s_i 为根 i 的子树的大小（$1\leqslant i\leqslant n$）。说明 $f(n)=n!/\prod_{i=1}^{n}s_i$。

3.5 高效地合并两个具有 n_1 和 n_2 个元素的堆。

（1）假设 n_1 和 n_2 非常不同；如 n_1 远大于 n_2。

（2）假设 n_1 和 n_2 几乎相同，如 $\lfloor n_1/2 \rfloor = \lfloor n_2/2 \rfloor$。

以大 O 形式提供两种情况下的时间复杂性。

3.6 双端队列是允许插入和删除最小和最大元素的优先级队列。

（1）转换一个堆/弱堆到其对偶并估计需要的比较数量。

（2）说明如何以这种比较-交换结构执行元素转置。

3.7 以很小数量的比较在适当的位置将一个弱堆转换为一个堆。

（1）研究基本情况，其中弱堆大小为 8。

（2）开发一个递归算法。为了容易构建，可以假设 $n = 2^k$。

（3）对比使用普通堆构建和自顶向下、自底向上和二叉搜索筛选下降构建的比较次数。

3.8 在一个初始为空的二项队列中执行如下操作。

（1） Insert(45), Insert(33), Insert(28), Insert(21), Insert(17), Insert(14)

（2） Insert(9), Insert(6), Insert(5), Insert(1), DeleteMin

（3） DecreaseKey(33,11), Delete(21), DecreaseKey(28,3), DeleteMin

为所有中间结果显示数据结构。

3.9 考虑具有 11 个表项初始为空的哈希表。根据下面的哈希算法插入关键字 16、21、15、10、5、19 和 8，并显示在最后一个插入之后的表。使用两个哈希函数 $h(x) = x \bmod 11$ 和 $h'(x) = 1 + (x \bmod 9)$。

（1）使用 $s(j,k) = j$ 线性探测，使用 $s(j,k) = (-1)^j \lceil j/2 \rceil^2$ 二次方探测。

（2）双重和有序哈希，单比特状态和双比特状态哈希。

3.10 令 $u = (p_1, p_2, \cdots, p_m)$ 是大小为 $n \times n$ 木板上的原子超人问题的一个状态。我们定义其哈希值为 $h(u) = (\sum_{i=1}^{m} p_i \cdot n^{2i}) \bmod q$。令 v 是 u 的一个直接后继，它与其前驱 u 仅在原子 i 上不同。

（1）使用增量哈希基于 $h(u)$ 确定 $h(v)$。

（2）使用具有 $n^2 \cdot m$ 个表项的预先计算表来加速计算。

（3）使用加法/减法避免计算昂贵的求模操作。

3.11 动态增量哈希考虑可变大小的状态向量哈希。

（1）哈希函数 $h(u) = \sum_i u_i |\Sigma|^i \bmod q$ 将怎样改变：①在现有状态向量 u 的最后增加/删除一个值？②在现有状态向量 u 的开始增加/删除一个值？对于两种情况，设计一个可以在 $O(1)$ 时间内计算的公式。

（2）对于一般情况，即一个值在状态向量 $u = (u_1, u_2, \cdots, u_n)$ 的某个位置改变，在 $O(\lg n)$ 时间内计算哈希地址。

3.12 在图 3.18 后缀列表的示例中，插入 $(0101010)_2$ 并删除 $(0011101)_2$。

3.13 计算：

（1）排列 (472508136) 的完全哈希值。

（2）编号 421,123,837,658 的排列（大小为 15）。

根据词典序排序和根据 Myrvold 和 Ruskey 的排序方法。

3.14 设计两个哈希函数和导致一个无限布谷鸟过程的一系列插入。

3.15 令 $N = 2^k$。一个导航堆是一个具有 $2^{k+1} - 1$ 个节点的完全二叉树。前 $n \leq 2^k$ 个叶子元素每个存储一个元素且剩下的叶子为空。内部节点（分支）以二进制编码相对索引信息的形式包含到叶子节点的链接。对于每个分支，叶子被编址为包含存储在叶子序列中所有元素的最小元素。

导航堆的表示是两个序列：元素 $A[0, 1, \cdots, n-1]$ 和指向 A 中的元素导航信息 $B[0, 1, \cdots, 2^{k+1} - 1]$。

图 3.32 显示了大小为 14 且容量为 16 的导航堆的一个例子。父亲/孩子关系以虚线箭头的形式显示而导航信息以实线箭头的形式显示。

（1）说明所有的导航信息可以以 $2^{k+1} = 2N$ 比特存储。

（2）证明如下操作可以在常数时间内进行：depth、height、parent、first‑leaf、last‑leaf、first‑child、second‑child、root、is‑root 和 ancestor。

（3）说明自底向上构建一个导航堆需要 $n - 1$ 次比较。

（4）说明如何以至多 $\lg \lg n + O(1)$ 次比较和一次元素移动实现 Insert（假设允许 $O(\lg n)$ 次额外指令）。

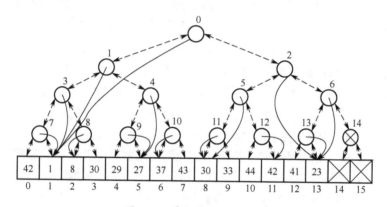

图 3.32　导航堆的一个示例

3.16 为 10100100110001100\$ 画出后缀树，包括后缀链接。

3.17 考虑一个文本 t。

（1）对于两个给定字符串，说明如何报告 t 中位于关于它们词典序之间的所有子串。如 ACCGTA 位于 ACA 和 ACCT 之间。

（2）设计一个高效算法来，找出在 t 中至少出现两次的最长子串。

3.18 在大小为 n 的字符串 T 中有 $n^2 / 2$ 个子串。其中一些子串是相同的。

（1）说明 $1^k 0^k \$$ 具有 $k^2 + 4k + 2$ 个不同的子串。

（2）说明如何以与所有不同子串的总长度成比例的时间内打印它们？

3.19 令 D 为 k 个长度为 $n_1, n_2, \cdots, n_k$ 的字符串的集合。

（1）设计一个高效的算法，为 D 中的每个字符串确定其是否是 D 中另一个字符串的子串。

（2）设计一个为 D 中所有字符串对计算最长共同子串的算法。运行时间应该是 $O(kd)$，其中 d 是 D 中字符串大小的总和。

（3）令 $n_1 = n_2 = \cdots = n_k = m$。设计一个为 D 中所有字符串对计算最长共同前缀的算法。运行时间应该是 $O(km + p)$，其中 p 是共同前缀不为空的字符串对的数量。

3.20 考虑一个字母表 Σ 上的（非常长的）将被搜索最大模式 $P = t_i, t_{i+1}, \cdots, t_j$ 的文本 $T = t_1, t_2, \cdots, t_k$，使得反射 $\widetilde{P} = t_j, \cdots, t_{i+1}, t_i$ 也是 T 中的一个模式。例如，在 $T = 100001111001011111000001$ 中字符串对 $P = 000011110$ 和 $\widetilde{P} = 011110000$ 是最大的。描述一个高效的算法来解决这个问题并提供其时间和空间复杂性。

3.7 书目评述

Dial（1969）创造了一层桶优先级队列数据结构。其变体已经由 Ahuja、Magnanti 和 Orlin（1989）所研究。二层体系结构可以进一步改进为任意数量 k 层桶，其 k 数组大小为 $O(\sqrt[k]{C})$。空间和时间可以改善为 $O(\sqrt[4]{C})$，但实现变得相当复杂。两层基数堆数据结构将 DeleteMin 的界限改善为 $O(\lg C / \lg \lg C)$，且它与斐波那契堆的混合导致一个 $O(\sqrt{\lg C})$ 时间的算法。基于关键字的备选优先级队列数据结构已经被 van Emde Boas，Kaas 和 Zijlstra（1977）所研究。Dementiev，Kettner，Mehnert 和 Sanders（2004）提供了缓存高效的实现。

Fredman 和 Tarjan（1987）给出了斐波那契堆的摊销分析，其在摊销常数时间内应用 Insert 和 DecreaseKey 且在摊销对数时间内应用 DeleteMin。Cherkassy，Goldberg 和 Silverstein（1997b）对比了不同的优先级队列实现且提供了一个高效的最短路径库（Cherkassy，Goldberg 和 Ratzig，1997a）。Mehlhorn 和 Näher（1999）聚合了很多优先级队列实现到 LEDA。

弱队列数据结构由 Dutton（1993）提出并由 Edelkamp 和 Wegener（2000）详细分析。Edelkamp 和 Stiegeler（2002）基于最坏情况下 $O(n \lg n - 0.9n)$ 次比较的弱队列排序和一个在适当位置的平均 $O(n \lg n + 0.2n)$ 次比较的快速排序变体实现了一个排序索引。后一种方法混合使用弱堆排序和最初由 Cantone 和 Cinotti（2002）提出的快速堆排序替代原始堆排序。

Munro 和 Raman（1996）考虑了最小化移动次数。导航堆数据结构由 Katajainen 和 Vitale（2003）提出。它已经应用于排序，产生了具有 $n \lg n + 0.59n + O(1)$ 次比较、$2.5n + O(1)$ 次元素移动和 $O(n \lg n)$ 个进一步指令的算法。独立地，Franceschini 和 Geffert（2003）设计了一个具有少于 $17n + \varepsilon n$ 次移动和

$3n\lg n + 2\lg\lg n$ 次比较的排序算法。其他双端优先级队列结构是 Atkinson，Sack，Santoro 和 Strothotte（1986）提出的极小极大堆。由 Carlsson（1987）提出的 DEAPS 和由 van Leeuwen 和 Wood（1993）提出的间隔堆。

Thorup（1999）已经说明，对于无向图中的整数权值可以设计一个确定性的线性时间算法。它忽略了提取最小元素的需求。这个数据结构被一个增长组件树取代。但是，这个算法相当复杂且更具有理论兴趣，由于其原子堆数据结构要求 $n > 2^{12^{20}}$。Thorup（2000）研究了 RAM 优先级队列。对于一个具有任意单词大小随机访问的机器，可以得到一个在最坏情况下 $O(\lg\lg n)$ 时间内支持 Insert、Delete 和 DeleteMin 操作的优先级队列。对于混合基数堆，这改善了 $O(\sqrt{\lg C})$。

Elmasry，Jensen 和 Katajainen（2005）提出的松弛弱队列（又称运行松弛弱队列）是 Driscoll，Gabow，Shrairman 和 Tarjan（1988）创造的运行松弛堆的二叉树变体，实现了一个最坏情况下的高效优先级队列（对于 Insert 和 DecreaseKey 具有常数时间效率，对于 Delete 和 DeleteMin 具有对数时间效率）。其他达到这个性能的结构是 Brodal（1996）提出的 Brodal 堆和 Kaplan，Shafrir 和 Tarjan（2002）提出的胖堆。通过为平均情况性能牺牲最坏情况性能，等级松弛弱队列达到了更好的实际效率。另一个有希望的此类竞争者是 Elmasry（2010）提出的违反堆。Bruun，Edelkamp，Katajainen 和 Rasmussen（2010）提出了基于策略的基准测试。

Elmasry，Jensen 和 Katajainen（2008c）以及 Elmasry，Jensen 和 Katajainen（2008b）分别讨论了将删除最小值的比较次数减少到 $n\lg n + O(\lg\lg n)$ 和 $n\lg n + O(n)$ 的理论发展。Fredman，Sedgewick，Sleator 和 Tarjan（1986）提议了配对堆。Stasko 和 Vitter（1987）建议了一个改进的实现。Elmasry，Jensen 和 Katajainen（2008a）提供了高效双端优先级队列的一个转换方法和综述。

哈希是状态空间搜索的基础，需要好的分布函数链接来产生伪随机数。Lehmer（1949）提出了一个产生器，Schrage（1979）提出了它的一种改进。Park 和 Miller（1988）分析了好的随机数的分布和选择。

Karp 和 Rabin（1987）提出了字符串搜索的增量哈希。Zobrist（1970）为博弈提出了一个相关的增量哈希。Mehler 和 Edelkamp（2005）提出了其到状态空间搜索和多模式数据库的应用。(Cohen, 1997)提出了递归哈希，并在最主要的软件模型检查器 SPIN 中进行了实现（Holzmann，2004）。Nguyen 和 Ruys（2008）记录 SPIN 中的增量递归哈希的收益。在这个背景下 Eckerle 和 Lais（1998）显示了全域哈希具有优势。在实验中作者显示了在实际中没有发现顺序哈希中错误预测的理想情况，并改进了模型以覆盖预测来匹配这个观察。比特状态哈希已经在协议验证器 SPIN 中被采用，用于解析表达的并发线性时序逻辑协议说明语言（Holzmann，1998）。哈希紧凑由 Stern 和 Dill（1996）提出，Holzmann（1997）以及 Lerda 和 Visser（2001）实现了塌缩压缩。

布隆过滤器由 Bloom（1970）发明且已经由 Marais 和 Bharat（1997）用于 web 环境作为识别哪个页面具有关联的存储评论的机制。Holzmann 和 Puri（1999）提出了一个有限状态机描述，它与二叉决策图有相似之处。Geldenhuys 和 Valmari（2003）的工作显示，对于一些类似哲学家进餐的协议，其实际性能接近信息论界限。与 Edelkamp 和 Meyer（2001）提出的后缀列表一样，构建的目的在于状态向量中的冗余。Choueka，Fraenkel，Klein 和 Segal（1986）考虑了类似的想法，但是那里的数据结构是静态的且没有理论分析。另一个动态变体达到接近等价存储界限的是 Brodnik 和 Munro（1999）。仅为两个静态例子给定了常数。与 Brodnik 的数字相比，动态后缀列表在相同的值范围内可以承载最多 5 倍多的元素。但是，Brodnik 的数据结构提供了常数访问时间。

在线性时间内对排列排序应归功于 Myrvold 和 Ruskey（2001）。Korf 和 Schultze（2005）使用了具有 $O(2^N \lg N)$ 比特空间需求的查询表来计算词典等级，Bonet（2008）讨论了不同的时间空间折中。Mares 和 Straka（2007）为词典排序提出了一个线性时间算法，它依赖于常数时间比特向量操作。

FKS 哈希归功于 Fredman，Komlós 和 Szemerédi（1984）。Dietzfelbinger，Karlin，Mehlhorn，auf der Heide，Rohnert 和 Tarjan（1994）设计了它的第一个动态版本，产生最坏情况常数时间哈希算法。Östlin 和 Pagh（2003）显示了动态完全哈希的空间复杂性显著减少，Fotakis，Pagh 和 Sanders（2003）研究了如何进一步减少空间复杂性到信息论最小值。Botelho，Pagh 和 Ziviani（2007）分析了实际完全哈希，Botelho 和 Ziviani（2007）给出了一个外部内存完全哈希函数变体。复杂性的界限在于需要根据它们在分割步骤中的哈希值排序所有元素。最小完全哈希函数可以以每个元素少于 4 比特被存储。通过布谷鸟哈希，Pagh 和 Rodler（2001）设计了一个更实用且理论最坏情况最优的哈希算法。

后缀树数据结构在 web 搜索（Stephen，1994）和计算生物学（Gusfield，1997）背景下得到了广泛使用。线性时间构建算法归功于 McCreight（1976）。动态字典匹配问题已经被 Amir，Farach，Galil，Giancarlo 和 Park（1994）以及 Amir，Farach，Idury，Poutré 和 Schäffer（1995）提出和解决。Edelkamp（1998b）证明了任意删除的最优空间界限。另一类基于比特操作的字符串搜索由 Baeza-Yates 和 Gonnet（1992）贡献。

部分匹配问题的第一个重要结果可能是 Rivest（1976）获得的。他显示了完全存储解决方案的 2^m 空间可以对于 $m < 2\lg N$ 进行改善。子集查询和部分匹配的新算法已经由 Charikar，Indyk 和 Panigrahy（2002）提供，他们研究了两个具有不同折中的算法。Rete 算法归功于 Forgy（1982）。相关的二维模式字符串匹配问题已经在文献中仔细研究，例如，Fredriksson，Navarro 和 Ukkonen（2005）的研究。Hoffmann 和 Koehler（1999）提出了无限分支树。

第 4 章　自动产生启发式

启发式从何而来？一种常见的观点是，启发式是精确地解决一个松弛问题的问题约束的松弛。一个典型的例子是路由问题中的直线距离估计。这可以解释为向地图中增加直线路线。抽象变换的概念形式化了这个定义，并使其容易为自动产生启发式所理解。这与使用人类直觉的手工设计且依赖于问题域的解决方案相反。然而，一种负面结果表明这样的变换自身无法带来加速；相反，抽象的作用在于将多个具体状态约减为单个抽象状态。

启发式搜索的早期版本通过抽象动态生成启发式估计，而模式数据库为整个抽象搜索空间在查找表中预先计算和存储目标距离。此外，成功的方法通过最大化或累积值来结合多个较小模式数据库的启发式，这种结合在某些不相交条件下是容许的。为了节省空间，使用最优解路径长度的上界并利用专门的数据压缩机制可以限制数据库计算。

因此，抽象是启发式估计自动化设计的关键。应用抽象简化问题，并将简化版本的精确距离作为实际状态空间的启发式估计。基于不同抽象的启发式的结合往往会产生更好的估计。在某些情况下可以建立一个抽象层次。抽象函数的选择通常由用户监督，但首先要展示自动计算抽象的进展。

抽象是一种减少探索大的和无限状态空间的工作量的方法。抽象空间往往小于实际空间。如果抽象系统没有解，则实际系统也没有解。然而，抽象可能会引入所谓的伪解路径，其逆在实际系统中不存在。处理伪解路径的一个选项是设计一个抽象和改进的循环，其中粗糙的抽象被改进为与构建的解路径一致的抽象，从而可以重新开始搜索过程。相比之下，我们利用抽象和启发式搜索的对偶性。探索抽象状态空间以创建一个存储从抽象状态到抽象目标状态集合精确距离的数据库。高效的启发式状态空间搜索算法利用该数据库作为指导，而不是检查抽象路径是否存在于实际系统中。很多抽象移除了状态变量，其他的则基于数据抽象。它们假设一个具有有限域状态组件的状态向量，并将这些域映射到具有较小域的抽象变量。

4.1　抽象变换

研究人员已经在人工智能搜索中研究了抽象变换，并将其作为一种自动产生容许启发式的方法。

定义 4.1（抽象变换） 抽象变换 $\phi: S \to S'$ 将实际问题空间中的状态 u 映射为抽象状态 $\phi(u)$，并将实际动作 a 映射为抽象动作 $\phi(a)$。

若实际空间中所有状态 $u, v \in S$ 间的距离大于或等于 $\phi(u)$ 和 $\phi(v)$ 间的距离，则抽象空间中的距离可以用作实际搜索空间的容许启发式。要么按需计算启发式值（如在层次 A*算法中那样，见 4.3 节），要么在具有模式数据库的搜索时为所有抽象状态预先计算和存储目标距离（见 4.4 节）是可能的。

直觉上，这与启发式起源的一个常见解释一致，它将启发式看作松弛问题精确解的耗费。松弛问题其实是降低约束的问题（如在移动过程中）。这可能会导致在问题图中插入额外的边或合并节点，或二者兼有。

例如，滑块拼图问题的曼哈顿距离可以看作是在允许多个滑块占据同一正方形的一个抽象问题空间中行动。通过这种松弛可能会有比原来更多的状态，但是问题可以分解成更小的问题。

两种经常研究的抽象变换类型是嵌入和同态。

定义 4.2（嵌入和同态） 如果抽象变换 ϕ 增加边到 S 使得实际和抽象状态集合相同，那么它是一个嵌入变换；即对于所有 $u \in S$，$\phi(u) = u$。同态要求对 S 中所有的边 (u, v)，必须在 S' 也存在一条边 $(\phi(u), \phi(v))$。

根据定义可知，嵌入是同态的一种特殊情况。这是由于已有边在抽象状态空间中仍然有效。同态变换集合实际状态以创建一个单一抽象状态。图 4.1 可视化了这个定义。

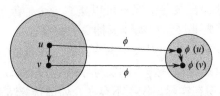

图 4.1 实际状态和实际边映射到抽象状态并通过状态空间同态连接边（注意实际状态空间可以比抽象状态空间更大，包括一个潜在的大的映射到相同抽象状态的状态集合）

一些罕见的抽象是解保持，这意味着抽象问题的一条解路径也会在具体问题中引入另一条解路径。在此情况下，抽象并没有引入伪解路径。

作为一个简单的引入伪解路径的例子，考虑实际空间中的边 (u, y) 和 (x, v)。那么在具体空间中不存在从 x 到 y 的路径，但是当 u 和 v 合并后则存在一条从 x 到 y 的路径。

举一个解保持抽象的例子，假设 v 是 u 的唯一后继，并且抽象会将二者合并。那么从 u 到 v 的实际边转变为一个自环，这使抽象空间中引入了无数条路径。但是，当且仅当实际问题存在一条解路径时抽象问题才会存在一条解路径。

一些解保持约减并非同态变换。例如，实际状态空间的两条路径(x,u,y)和(x,v,y)在抽象状态空间中被约减为(x,u,y)和(x,v)。换句话说，移动换位破坏了菱形子图。

另一个问题是抽象的路径耗费是否低于或等于实际路径耗费。在这个例子中，通常假设抽象空间中的动作耗费与实际空间中的耗费相同。多数情况下是指单位耗费问题图。如下结果说明了源自抽象变换的启发式的有用性。

定理 4.1（抽象启发式的容许性和一致性） 设S是一个状态空间，$S' = \phi(S)$是S的任一同态抽象变换。令状态u和目标t的启发式函数$h_\phi(u)$定义为S'中从$\phi(u)$到$\phi(t)$的最短路径的长度。那么h_ϕ是容许的、一致的启发式函数。

证明：若$p = (u = u_1, u_2, \cdots, u_k = t)$是$S$中的一个最短路径解，$\phi(u_1), \phi(u_2), \cdots, \phi(t)$是$S'$中的一个解，它显然无法比$S'$中的最优解决方案更短。

如果对S中所有u和u'，$h(u) \leq \delta(u, u') + h(u')$成立，那么$h$是一致的。因为$\delta_\phi(u, t)$是$\phi(u)$和$\phi(t)$之间的最短路径长度，对所有$u$和$u'$，有$\delta_\phi(u, t) \leq \delta_\phi(u, u') + \delta_\phi(u', t)$。代入$h_\phi$得到对于所有$u$和$u'$，$h_\phi(u) \leq \delta_\phi(u, u') + h_\phi(u')$。由于$\phi$是一个抽象，$\delta_\phi(u, u') \leq \delta(u, u')$，因此对于所有$u$和$u'$，$h_\phi(u) \leq \delta(u, u') + h_\phi(u')$。

抽象的类型通常取决于状态表示。例如，在逻辑形式化描述中（如STRIPS），从状态空间描述中省略谓词的技术会产生同态。从初始状态和目标以及动作列表的前提（和效果）中删除这些谓词。

STAR抽象是另一种通过邻域组合状态的一般方法。从一个具有最大邻居数的状态u开始，构造一个抽象状态，其范围包括u在一个固定边数内可到达的所有状态。

另一种抽象变换是域抽象，它适用于1.8.2节介绍的PSVN表示法描述的状态空间。域抽象是一种标签映射$\phi: L \to L'$。它通过重新标记实际状态和动作的所有常量来产生状态空间抽象；抽象空间包括$\phi(s)$通过应用抽象动作序列可到达的所有状态。显然，域抽象引入了状态空间同态。

例如（图4.2），考虑用向量表示的八数码问题，滑块1、2和7用符号x替换。有$\phi_1(v) = v'$，且当$v_i \in \{0,3,4,5,6,8\}$时$v_i' = v_i$，否则$v_i = x$。除了将滑块1、2和7映射为x之外，在另一个域抽象ϕ_2中，可能将滑块3和4映射到y，将滑块6和8映射到z。这种泛化允许改进松弛粒度。松弛粒度定义为一个向量，表示在实际域中多少个常数被映射到抽象域的常数。在这个例子中，ϕ_2的粒度是(3,2,2,1,1)，因为有三个常量被映射为x，分别有两个被映射为y和z，常量5和0（空白）仍然唯一。

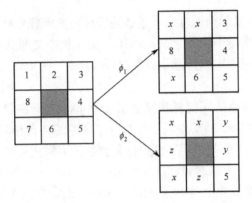

图 4.2　八数码问题的两个抽象（顶部的抽象将所有涉及到的滑块映射到一个符号 x；在底部抽象中，已经引入了两个滑块标签 x 和 y）

在滑块拼图游戏中，粒度 $(g_1, g_2, \cdots, g_k)$ 意味着抽象状态空间的大小为 $n^2!/(c \cdot g_1! g_2! \cdots g_k!)$，其中 $c \in \{1,2\}$ 取决于是否所有状态中的 1/2 由于奇偶性可达（见 1.7 节）。但是，一般而言无法从抽象的粒度获得状态空间的大小，因为 ϕ 可能不是满射的；对于某个抽象状态 u'，可能不存在一个具体状态 u 使得 $\phi(u) = u'$。在这种情况下，抽象空间甚至可能包含比原始空间更多的状态，从而导致该方法适得其反。但是，一般情况下不能有效地判定一个抽象空间是否满射。

4.2　Valtorta 定理

如果没有启发式，那么只能在原始空间中盲目搜索。启发式的使用使我们聚焦于搜索并可节约一些计算工作量。然而，只有当计算 h 的辅助搜索的耗费不超过这些节约时，这才是有益的。Valtorta 发现了有用性的一个重要理论极限。

定理 4.2（Valtorta 定理）　当问题 (s,t) 在 S 中通过 BFS 算法解决时，令 u 是任一必须扩展的状态；$\phi: S \to S'$ 为任一抽象映射；启发式估计 $h(u)$ 通过从 $\phi(u)$ 到 $\phi(t)$ 的盲目搜索计算得到。若该问题由 A*算法使用 h 可解决，那么要么 u 自身将被扩展，要么 $\phi(u)$ 将被扩展。

证明：当 A*算法终止时，u 要么是封闭（closed）的、要么是打开（open）的、要么是未访问的（unvisited）。

(1) 若 u 是封闭的，则它已被扩展。

(2) 若 u 是打开的，则在搜索中必定已计算出 $h_\phi(u)$。$h_\phi(u)$ 通过在 S' 中从 $\phi(u)$ 开始搜索计算得到；若 $\phi(u) \neq \phi(t)$，在该辅助搜索中第一步是扩展 $\phi(u)$；否则，若 $\phi(u) = \phi(t)$ 则 $h_\phi(u) = 0$，且 u 本身必定被扩展。

(3) 若 u 是未访问的，则在每条从 s 到 u 的路径上，必然存在一个状态（从未被扩展）加入到 Open 列表中。

令 v 是从 s 到 u 的最短路径上的任一状态。由于 v 是打开的，$h_\phi(v)$ 必然已被计算。这里将说明在计算 $h_\phi(v)$ 时，$\phi(u)$ 必定被扩展。

基于盲目搜索必定扩展 u 的事实，有 $\delta(s,u) < \delta(s,t)$。因为 v 位于最短路径上，有 $\delta(s,v) + \delta(v,u) = \delta(s,u) < \delta(s,t)$。基于 v 从未被 A*算法扩展的事实，有 $\delta(s,v) + h_\phi(v) \geq \delta(s,t)$。结合这两个不等式，可以得到 $\delta(v,u) < h_\phi(v) \geq \delta_\phi(v,t)$。由于 ϕ 是一个抽象映射，有 $\delta_\phi(v,u) < \delta(v,u)$，可得 $\delta_\phi(v,u) < \delta_\phi(v,t)$。因此 $\phi(u)$ 必定被扩展。

注意： Valtorta 定理对目标是否算作已扩展比较敏感。包括本书在内的很多教科书，假设 A*算法在扩展目标之前立即停止。

由于 $\phi(u) = u$ 是一个嵌入，我们立即获得 Valtorta 定理的如下推论。

推论 4.1 对于一个嵌入 ϕ，A*算法（使用在抽象问题空间中通过盲目搜索计算得到的 h）必定扩展每个在原始空间中盲目搜索所扩展的状态。

当然，这假定启发式针对单个问题实例计算一次；若该启发式被存储并在多个实例中重用，其计算会被摊销。

与嵌入的情况相反，Valtorta 定理的否定结果无法以这种方式适用基于同态的抽象；由于抽象空间往往比原始空间小，抽象能减少搜索工作量。

例如，考虑在常规 $N \times N$ 网格中寻找角落 $(1,1)$ 和 $(N,1)$ 之间的路径问题，抽象变换中忽略第二坐标（对于 $N = 10$，见图 4.3；读者或许会直接指出被扩展的节点并与有提示搜索所扩展的节点进行比较）。无提示搜索将扩展 $\Omega(N^2)$ 个节点。另外，一个在线启发式需要 $O(N)$ 步。若 A*算法在原始空间中应用这个启发式，并利用偏好更大的 g 值解决 f 值相等的节点之间的平局，则问题需要 $O(N)$ 次扩展。

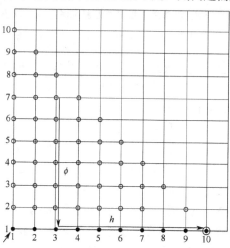

图 4.3 说明 Valtorta 定理有效性的初始状态是 $(1,1)$ 且目标状态是 $(10,1)$ 的二维网格问题（抽象投射一个状态到其 x 轴，使得 h 值是从投射点到目标的直线的尺寸）

4.3▲ 层次 A*算法

层次 A*算法利用任意数量的抽象变换层 $\phi_1, \phi_2, \cdots$。无论何时需要基础层问题节点 u 的启发式值时,寻找 $\phi_1(u)$ 和 $\phi_1(t)$ 之间最短路径的抽象问题会在返回到原始问题之前被按需解决。接着,第二层的搜索利用第三层计算得到的启发式作为 $\phi_2(\phi_1(u))$ 和 $\phi_2(\phi_1(t))$ 之间的最短路径,以此类推(图 4.4)。

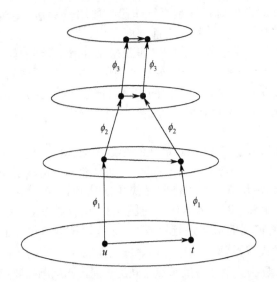

图 4.4 层次 A*算法中根据三层抽象关于当前状态 u 和
目标状态 t 的层次抽象(在原始状态空间中)

这个简单的机制会重复解决基础层的不同状态要求的更高层上的相同实例。针对这种重复的开销,一种即时的解决办法是,缓存在一个抽象层次上计算得到的最短路径上的所有节点的启发式值。

由此产生的启发式将不再是单调的:以搜索获得的解路径上的节点可以有高的 h 值,而它们的不在这条路径上的邻居仍然具有原始的启发式值。一般来说,一个非单调启发式会导致节点的重新打开;即使到它们的最短路径还未被发现,它们也可能被关闭。然而,在此情况下不关心这个问题:如果每条最短路径都通过某个最短路径已知的节点 v 时,节点才会被过早关闭。如果从 s 到 t 的最短路径上没有这样的 v,也没有 u,则是否提前关闭是无关紧要的。另一方面,从 v 到 t 的最短路径上的所有节点的精确估计都已被缓存,因此这些节点将仅被扩展一次。

一种称为最优路径缓存的最优化技术，不仅记录 $h^*(u) = \delta(u,T)$ 的值，也记录发现的精确解路径。那么，无论何时在搜索中遇到具有已知值 $h^*(u)$ 的状态 u，可以直接插入一个目标到 Open 列表，而不是显式地扩展 u。

在控制抽象粒度时，需要做出一个折中。粗粒度抽象产生可以更有效地进行搜索的较小问题空间；然而，由于大量的实际状态被分配了相同的估计，启发式变得不易鉴别因而提供的信息量更少。

4.4 模式数据库

在之前的设置中按需计算启发式值。有了缓存，随着时间的推移越来越多的启发式值将被存储。一种替代方法是在基础层搜索之前完整地评估抽象搜索空间。对于一个固定目标状态 t 和任一抽象空间 $S' = \phi(S)$，对于 $t \in T$，模式数据库是一个由 $u' \in S'$ 索引的包含从 u' 到 S' 中的 $\phi(t)$ 的最短路径长度的查找表。模式数据库的大小为 S' 中的状态数量。

从 $\phi(t)$ 开始通过在相反方向进行广度优先搜索创建一个模式数据库是容易的。假设对每个动作 a，我们可以设计一个逆动作 a^{-1} 使得当且仅当 $u = a^{-1}(v)$ 时 $v = a(u)$。若反向动作集合 $A^{-1} = \{a^{-1} | a \in A\}$ 等于 A，则该问题是可逆的（产生一个无向问题图）。对于反向模式数据库的构建，动作的逆的唯一性是充分条件。状态 u 上应用逆动作产生的状态集合表示为 $Pred(u)$。它是由逆后继生成函数 $Expand^{-1}(u)$ 产生的。模式数据库能够处理加权状态空间。此外，通过额外关联最短路径前驱到每个状态，维持到达抽象目标的最短抽象路径是可能的。为了构建加权图的模式数据库，在抽象空间中采用逆动作和 Dijkstra 算法探索最短路径。

算法 4.1 显示了一种构建模式数据库的可能实现。不难看出，构建事实上是在抽象空间中反向执行（对于抽象状态 $\phi(u)$ 而不是 u，具有后继集合生成 $Expand^{-1}$ 而不是 Expand）的 Dijkstra 算法一个变体（见第 2 章）。即使在很多情况下模式数据库的构建是针对单个目标状态 t 的，它也可以很好地扩展为到多个目标状态 T 的搜索。因此，使用 T 初始化算法 4.1 中的 Open 列表。

为了伪代码的可读性，我们经常对 Open 和 Closed 列表访问使用集合表示法。在实际实现中，需要使用第 3 章的数据结构。这种模式数据库的构建过程有时也被称为回溯分析。

```
Procedure Backward-Pattern-Database-Construction
Input: 具有抽象开始节点 φ(s)，抽象目标节点 φ(t), t ∈ T，权值函数 w 和抽象逆后继生成
       函数 Expand⁻¹ 的抽象问题图
Output: 模式数据库


Closed ← ∅                                          ;; 初始化扩展节点集合
Open ← {φ(t), t ∈ T}                                ;; 插入抽象初始状态到搜索前沿
while (Open ≠ ∅)                                    ;; 只要存在范围节点
    Remove φ(u) from Open with minimum f(u)         ;; 选择最有希望的节点
    Insert φ(u) into Closed                         ;; 更新扩展节点列表
    Pred(φ(u)) ← Expand⁻¹(φ(u))                     ;; 扩展记忆前驱
    for each φ(v) in Pred(φ(u))                     ;; 对于 φ(u) 所有抽象后继 φ(v)
        Improve(φ(u), φ(v))                         ;; 设置反向距离
return Closed                                       ;; 列表和距离一起构成了模式数据库

算法 4.1
```

使用反向搜索构建模式数据库

模式数据库代表抽象空间中已扩展节点集合 Closed。哈希表是用于存储和检索计算得到的距离信息的一种简单实现。正如第 3 章介绍的，有许多不同的选项可用，如链接法、开放寻址、后缀列表以及其他的哈希表。对于具有规则结构（如 n^2-1 数码问题）的搜索域，数据库可以在时间和空间上有效地实现为一个完全哈希表。在这种情况下，哈希地址唯一地标识了搜索的状态，哈希表项自身仅包含最短路径距离值。状态本身也没有被存储。由状态组件进行编址的多维数组是这种完全哈希表的一种简单、快速（虽然并非高效使用内存）的实现。第 3 章介绍了更多的置换游戏的空间高效的索引。它们可以适用于部分状态或模式地址。

模式数据库技术首先应用于为滑块拼图游戏定义启发式。构建模式数据库所需空间的界限是抽象目标距离编码长度乘以完全哈希表大小。

4.4.1 15 数码问题

对于这种情况，问题抽象由忽略板上一个选定的滑块子集构成。滑块的标签替换为一个特殊的"不在意"的符号；剩余滑块集称为模式。边缘和角落模式示例如图 4.5 所示。

实验已经证明，与仅使用曼哈顿距离的算法相比，采用曼哈顿距离最大值和边缘（角落）模式数据库可以减少两个数量级的扩展节点数量。一起使用这两种数据库甚至会减少三个数量级。表 4.1 显示了 15 数码问题在减少搜索节点数量和

增加平均启发式值上的进一步探索的结果。

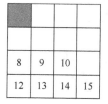

图 4.5 15 数码问题的边缘和角落目标模式

表 4.1 模式数据库在 15 数码问题中的作用

启发式	节点	平均启发值
曼哈顿距离	401189630	36.942
线性冲突启发式	40224625	38.788
5 滑块模式数据库	5722922	41.562
6 滑块模式数据库	3788680	42.924

4.4.2 魔方

魔方的状态（见 1.7.2 节）由 8 个角立方体和 12 个边立方体的位置和方向来唯一指定。可以表示为 20 个元素的数组，每个立方体一个元素。这些值将位置和方向编码为 24 个不同的值之一——角立方体表示为 8×3 个值，边立方体表示为 2×12 个值。

因为生成的节点数增长迅速，所以在大型魔方问题中进行无提示搜索是不切实际的。在深度 10，期望的节点数量为 244686773808，在深度 18 的节点数大于 2.46×10^{20}。

如果我们将 8 个角立方体作为一个模式，最后一个立方体的位置和方向由剩下 7 个决定，因此实际上有 $8! \times 3^7 = 88179840$ 种可能的组合。从目标状态出发使用反向广度优先搜索，我们可以枚举这些状态并构建一个模式数据库。可以使用完全哈希，为每个抽象状态的启发式值分配 4 个比特进行编码。平均启发式值约为 8.764。此外，我们可以分开考虑边立方体。若考虑所有的边立方体会产生一个超出存储能力的模式数据库，可以分开边立方体集合，从而产生两个大小为 $12!/6! \times 2^6 = 42577922$ 的模式数据库。所有三个模式数据库的最大启发式值的平均启发式值约为 8.878。

使用之前的数据库，Korf 最优地解决了 10 种魔方移动的随机实例。通过从目标状态开始进行 100 次随机移动来生成这些可解的实例。表 4.2 给出了 Korf 的结果。最难可能实例的最优解包括 20 次移动（见第 1 章）。

表 4.2 10 个随机魔方实例的解

问题	深度	生成的节点
1	16	3720885493
2	17	11485155726
3	17	64937508623
4	18	126005368381
5	18	262228269081
6	18	344770394346
7	18	502417601953
8	18	562494969937
9	18	626785460346
10	18	1021814815051

4.4.3 有向搜索图

上述构建的前提条件是动作可逆的；即必须可以有效地计算能够变换成目标状态的可达状态集合。对于规则问题这个条件为真，如 n^2-1 数码问题和魔方。然而，应用可逆动作并不总是可能的。例如，在 PSVN 算法中，动作 $(A, A, \_) \rightarrow (1, 2, \_)$ 是不可逆的，这是因为在反方向并不清楚将哪个标签设置在第一和第二个位置（虽然我们知道它必定是同一个）。换句话说，我们不再有一个逆抽象后继生成函数来构建集合 Pred。

幸运的是，仍然存在一些希望。若逆动作不可用，将正向链接法搜索生成的状态空间图进行反向。对每个节点 v，我们附上所有前驱节点 u 的列表（假设 $v \in \text{Succ}(u)$），v 从 u 生成。如果遇到目标时遍历仍未终止，此时抽象目标状态已被收集在一个（优先级）队列中。接下来，从抽象目标状态排队集合开始，在（可能是加权）状态空间图的逆上调用反向遍历。建立的到抽象目标状态的最短路径距离与哈希表中每个状态相关联。算法 4.2 显示了一个可能的实现。本质上，执行前向搜索来探索整个状态空间，记住所有状态的后继；然后就可以构建它们的前驱；最后执行反向模式数据库构建，而无须应用逆节点扩展。

Procedure Forward-Pattern-Database-Construction
Input: 具有开始节点 $\phi(s)$，权重函数 w（包含 f），抽象后继生成函数和抽象目标谓词的抽象问题图
Output: 模式数据库

Closed←∅   ;;初始化扩展节点集合的结构
Open←{$\phi(s)$}   ;;插入抽象起始状态到搜索前沿

```
while (Open≠∅)                                      ;;只要存在范围节点
    Remove some ϕ(u) from Open                      ;;基于标准选择节点
    Insert ϕ(u) into Closed                         ;;更新扩展节点列表
    if (Goal(ϕ(u))) Q←Q ∪ {ϕ(u)}                    ;;如果发现了抽象目标，将其存储
    Succ(ϕ(u))←Expand(ϕ(u))                         ;;扩展记忆前驱
    for each ϕ(v) in Succ(ϕ(u))                     ;;对于 ϕ(u) 所有抽象后继 ϕ(v)
        if (v ∉ Open ∪ Closed)                      ;;首次到达后继
            Pred(ϕ(v))←∅                            ;;初始化集合
        else                                        ;;已经存储了后继
            Pred(ϕ(v))←Pred(ϕ(v)) ∪ {ϕ(u)}          ;;更新集合
        Improve(ϕ(u), ϕ(v))                         ;;设置前向距离
Closed←∅                                            ;;反向搜索的初始化结构
Open←Q                                              ;;插入抽象目标到搜索前沿
while(Open≠∅)                                       ;;只要存在范围节点
    ϕ(u)←arg min_f Open                             ;;选择最有希望的节点
    Open←Open\{ϕ(u)}                                ;;更新搜索范围
    Closed←Closed ∪ {ϕ(u)}                          ;;更新扩展节点列表
    for each ϕ(v) in Pred(ϕ(u))                     ;;第一次搜索存储的前驱
        Improve(ϕ(u),ϕ(v))                          ;;设置反向距离
return Closed                                       ;;列表和反向距离一起构成了模式数据库
```

算法 4.2

有向和加权问题图中的模式数据库构建

4.4.4 Korf 猜想

下面关注模式数据库的性能。我们认为，对一个（容许）启发式函数的有效性，期望值是一个很好的预测。这个均值可以通过随机抽样近似得到，或者在模式数据库中定义为数据库值的平均值。在抽象状态空间中这个值对启发式值的分布是精确的，但是由于抽象一般是不均匀的，因此对于实际状态空间仅有近似值。

一般地，容许启发式值越大，对应的数据库判断得越好。这是由于启发式值直接影响原始搜索空间的搜索效率。因此，我们为每个数据库计算平均启发式值。更正式的，表项范围为 $[0, \max_h]$ 的模式数据库（PDB）的平均估计为

$$\bar{h} = \sum_{h=0}^{\max_h} h \cdot |\{u \in \text{PDB} | \text{entry}(u) = h\}| / |\text{PDB}|$$

当利用启发式引导搜索时，基于内存的启发式的一个基本问题是模式数据库的大小和扩展的节点数二者之间的关系。将搜索算法的性能和启发式的精度关联

起来的一个问题是：这很难衡量。对于很大的问题来说确定到目标的精确距离是计算上不可行的。

若每个状态的启发式值等于其期望值 $\bar{h}$，则到深度 d 的搜索等于到深度 $d-\bar{h}$ 的无启发式搜索，这是由于每个状态的 f 值等于其深度加上 $\bar{h}$。然而，这个估计在实际中太小了。差异的原因在于遇到的状态不是随机样本。具有更大启发式值的状态被剪枝，启发式值小的状态生成更多的后代。

另外，可以在搜索过程中预测模式数据库启发式的期望值。覆盖 n 个节点搜索空间的搜索树的最小深度约为 $d = \lg_b n$，b 为常量分支因子。这是因为，通过 d 次移动我们会生成大约 b^d 个节点。由于忽略了可能的重复，这个估计通常太小。

假设 d 是一个随机实例的最优解长度的平均值，且模式数据库通过缓存距离目标至多为 d 的所有状态的启发式值而生成。若抽象搜索树的分支因子也是 b，那么模式数据库启发式的期望值的一个下界为 $\lg_b m$，其中 m 为数据库存储的状态数量（等于抽象状态空间的大小）。在实际状态空间中 $\lg_b m$ 的推导与 $\lg_b n$ 的推导类似。

希望在于将一个过于乐观的估值与一个过于悲观的估值二者结合产生一个更现实的度量值。令 t 为 A*搜索算法（不进行重复检测）生成的节点数。由于 d 是 A*算法必须搜索的深度，故可以估计 $d \approx \log_b n$。而且，如前所述，$\bar{h} \approx \log_b m$ 且 $t \approx b^{d-\bar{h}}$。代入 d 和 $\bar{h}$，得到

$$t \approx b^{d-\bar{h}} \approx b^{\log_b n - \log_b m} = n/m$$

由于这种处理见解深刻但不正式，故这个估计表示为 Korf 猜想；它指出，无重复检测使用模式数据库的 A*搜索算法生成的节点数可能近似为 $O(n/m)$，问题空间大小除以可用内存。使用魔方问题的实验数据表明这种预测非常好。有 $n \approx 4.3252 \times 10^{19}$，$m=88179940+2\times42577920=173335680$，$n/m=149527409904$，并且 $t=352656042894$，其偏离因子仅为 1.4。

4.4.5 多模式数据库

最成功的模式数据库应用都使用多个模式数据库。

这就提出了改进主存储器消耗的问题：使用一个大的数据库，还是将可用空间划分为几个小的数据库更好？假设 m 是我们可以存储在可用内存中的模式数量，p 是模式数据库的个数。许多关于大小为 m/p 的 p 个模式数据库（如在滑块拼图游戏和魔方的问题域中）性能的实验表明小的 p 值是次优的。一般观察是，利用最大化的较小模式数据库减少了节点数量。例如，8 数码问题中，与大小为 252 的 20 个模式数据库和大小为 5040 的 1 个模式数据库相比，前者启发式

搜索扩展较少的状态（前者为318，后者为2160）。

若在一系列不同的数据库分割中进行最大化操作，则上述观察仍是正确的。24数码问题中的第一个启发式分割滑块为4组，每组包含6个滑块。当分割24个滑块为8个不同的模式数据库，其中4个具有5个滑块的模式数据库和1个具有4个滑块的模式数据库，则产生$8 \times (4 \times 25!/20! + 25!/21!) = 206448000$个模式。与产生$4 \times 25!/19! = 510048000$个模式的第一个启发式相比，这大概是其1/3。但是，第二个启发式表现得更好，产生节点的比例为1.62~2.53。

当然，模式数据库的数量不能扩展到任意数量。只有很少状态的抽象状态空间中的距离是非常不精确的。此外，由于滑块拼图游戏中节点生成是非常快的，处理多个模式数据库并计算最大值可以均衡较小节点数量取得的收益。

许多较小的模式数据库可能比一个大的模式数据库表现更好，这一现象主要有两种解释。

（1）用较小的模式数据库替代一个大的模式数据库通常会减少具有高h值的模式的数量；最大化较小模式数据库的值可以使得具有低h值的模式数量显著小于在更大模式数据库中的低值模式的数量。

（2）与保持大的h值相比，消除低h值对于提高搜索性能更重要。

第一种解释直观清晰。较小的模式数据库意味着较小的模式空间和较少的具有高h值的模式。最大化较小模式数据库会减少具有非常小h值的模式数量。

第二种解释是指扩展的节点个数。如果模式数据库的区别仅在于它们的最大值，这只会影响具有大的h值的节点，通常对应于少量节点。与此相反，如果两个模式数据库的区别在于具有较小h值的节点的比例，这对扩展的节点个数有很大的影响。这是因为分享这些h值的节点个数通常很大。

因为多模式数据库查找可能非常耗时，因此在搜索之前计算启发式估值的界。若超过界限则避免查找数据库，从而获得更高的效率。

4.4.6 不相交模式数据库

不相交模式数据库对产生容许估计非常重要。显然，两个启发式的最大值是容许的。另一方面，我们想将两个模式数据库的启发式估计相加以产生更好的估计。但启发式相加并不一定能维持容许性。若一个子问题的耗费仅来自对应的模式对象的耗费，那么可以应用可加性。对于n^2-1数码问题，每次操作仅移动一个滑块，而魔方是一个反例。

考虑一个较小的图的例子。该图包含四个节点s、u、v和t，并沿着一条路径排列（图4.6），其中s是开始节点，t是目标节点。第一次抽象合并节点s和u，第二次抽象合并u和v。因为自环对最优解没有贡献，所以已在抽象图中删除它们。在两次抽象中仍然保留了到 t 的入边，在状态 v 的累积抽象距离值 2，这大于实际距离 1。

我们仅采用八数码问题中边启发式和角启发式的最大值的原因在于，想避免将某些动作计算两次。存储在数据库中的最小移动次数并不只涉及滑块运动。滑块运动是实际模式的一部分。对其他模式而言，非模式移动可以是抽象解路径的一部分，两个值相加可能会产生非容许启发式。

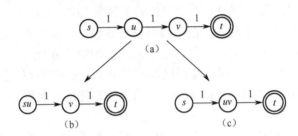

图 4.6 通过合并(a)图的节点 s 与 u (b)以及 u 与 v (c)产生的两个非加性抽象

问题的一个解决方案是不记录总的解路径长度，而仅为计算启发式估计对模式中滑块移动次数进行计数。因为在每个时间点只移动一个滑块，这使得加和启发式值而非最大化启发式值是可能的。作为一个极端情况，我们可以把曼哈顿距离看作每个包含一个滑块的 n^2-1 个模式的总和。由于每次移动仅仅改变被移动的滑块，因此加法是容许的。一般来说，若可以确定子目标解是独立的，则我们可以借助这种分割技术。

可以使用它们的启发式的最大值来结合不同的不相交模式数据库。例如，解决 24 数码问题的随机实例时，可以计算两个可加组的最大值，每组包含 4 个不相交模式数据库。

如图 4.7 所示，每个滑块组（由封闭的区域表示）包含 6 个滑块，产生的数据库具有 25!/19!=127512000 个模式（用黑色方块表示空白的位置）。

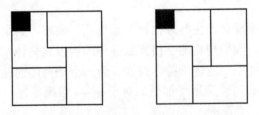

图 4.7 24 数码问题的不相交模式数据库（为模式选择的（在目标处的）滑块显示在一起）

如果对所有状态应用同样的分割，我们称为静态分割不相交模式数据库。存在一个替代方法，它在一些可能的分割中动态地选择具有最大启发式值的一个分割。例如，对于滑块拼图问题，曼哈顿距离的一种简单泛化是预先计算每对滑块的最短解，而不是单独考虑每个滑块。然后，我们可以通过选择这些滑块对中的一半使得每个滑块仅被覆盖一次，以此构造一个容许启发式。对于奇数个滑块，其中之一将被排除在外。被排除的滑块仅简单地贡献其曼哈顿距离就可以了。

为了对于一个给定状态计算最准确的启发式，必须解决最大加权二部图匹配问题。图中两个集合中的每个顶点对应一个滑块，两个集合之间的每条边标记为相应滑块对的成对解耗费。已知的完成该任务的算法需要 $O(k^3)$ 时间，其中 k 是滑块的数量。然而，已经表明，滑块三元组对应的匹配问题是 NP 完全的。因此，一般情况下动态分割可能不是有效可计算的，所以我们将不得不求助于近似的最大启发式值。

如果将状态变量划分为不相交的子集（模式），使得没有动作会影响一个以上子集中的变量，则一个实例最优解的下界是解决每个模式的最优耗费之和，其中每个模式对应该实例的变量值。

定义 4.3（不相交状态空间抽象）若动作会在抽象状态空间图中引起自环，则该状态是无价值的（一个 no-op）。如果对于所有的由 ϕ_1 在抽象中产生的非平凡动作 a' 和所有的由 ϕ_2 在抽象中产生的非平凡动作 a''，有 $\phi_1^{-1}(a') \cap \phi_2^{-1}(a'') = \emptyset$，其中 $\phi_i^{-1}(a') = \{a \in A \mid \phi_i(a) = a'\}, i \in \{1,2\}$，则两个状态空间抽象 ϕ_1 和 ϕ_2 不相交。无价值动作对应问题图中的自环。

若具有多于一个的模式数据库，那么对实际空间中的每个状态 u 和每个抽象 ϕ_i，$i \in \{1,2,\cdots,k\}$，计算值 $h_i(u) = \delta_{\phi_i}(u,t)$。启发式估计 $h(u)$ 为不同抽象耗费的累积耗费；即 $h(u) = \sum_{i=1}^{k} h_i(u)$。为了保持容许性，我们要求不相交性，其中，若对所有的 $u \in S$ 有 $\delta_{\phi'}(u,T) + \delta_{\phi''}(u,T) \leq \delta(u,T)$，则两个模式数据库关于抽象 ϕ' 和 ϕ'' 是不相交的。

定理 4.3（不相交模式数据库的可加性）两个不相交模式数据库是可加的，意味着它们的距离估计可相加但仍可以为最优解路径长度提供下界。

证明：设 P_1 和 P_2 为 $P=<S,A,s,T>$ 分别根据 ϕ_1 和 ϕ_2 的抽象，设 $\pi = (a_1, a_2, \cdots, a_k)$ 为 P 的一个最优序列规划。那么，抽象规划 $\pi_1 = (\phi_1(a_1), \phi_2(a_2), \cdots, \phi_1(a_k))$ 是状态空间问题 P_1 的一个解，$\pi_2 = (\phi_2(a_1), \phi_2(a_2), \cdots, \phi_2(a_k))$ 是状态空间问题 P_2 的一个解。假设 π_1 和 π_2 中存在无效动作，那么它们都已经被移除。令 k_1 和 k_2 为 π_1 和 π_2 各自产生的长度。由于模式数据库不相交，对所有的 $a' \in \pi_1$ 和 $a'' \in \pi_2$，则有 $\phi_1^{-1}(a') \cap \phi_2^{-1}(a'') = \emptyset$。因此 $\delta_{\phi_1}(u,T) + \delta_{\phi_2}(u,T) \leq k_1 + k_2 \leq \delta(u,T)$。

考虑对包含四个节点 s、u、v 和 t 的示例图的轻微修改，现在节点排列如图 4.8 所示。第一个抽象将节点 s 和 u 以及 v 和 t 合并。第二个抽象将节点 s 和 v

以及 u 和 t 合并。现在每条边仅在一个抽象中仍然有效，所以在状态 v 给出的累积抽象距离值是 1，这等于实际距离 1。

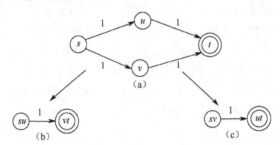

图 4.8　一张小图的不相交抽象（通过合并 s 和 u、合并 v 和 t、合并 s 和 v、合并 u 和 t 得到）

图 4.9 给出了一个普通模式数据库和一对不相交模式数据库。所有模式数据库（灰色条形）是指下面的部分状态向量（表示为窄矩形）。这两种情况下的第一个矩形表示原始空间中的状态向量，且它的所有部分是相关的（无阴影）。第二个（和第三个）矩形表示每个抽象的状态向量中的不在意变量选择的部分（黑色阴影）。竖立在状态向量顶部的模式数据库条的高度表示模式数据库的大小（存储的状态数），模式数据库标尺的宽度与状态向量的选择部分相关。模式数据库大小的最大值由可用主存储器决定，并被表示为数据库上面的一条线。

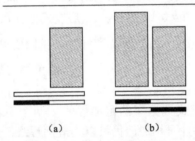

图 4.9　单个和两个不相交数据库（条形的高度指示模式数据库的大小，条形顶部的水平线指示主存储器限制，条形下的标尺指示在一个状态向量中选择的模式部分）
（黑色代表不在意变量，白色指示一个模式变量）

一般情况下，很难找到不相交状态空间的抽象。因此，在模式数据库实践中，使用一种执行不相交性的替代方法：如果一个动作与一个或一个以上选择的模式有一个非空交集，则在除了一个以外所有的数据库中为它分配的耗费为 0。或者，对于一个抽象，我们为其分配的耗费为 1 除以动作有效的次数。

对于 n^2-1 数码问题，一次至多移动一个滑块。因此，若我们将计数限制为仅模式滑块的移动，则可以添加具有不相交滑块集的模式数据库条目。表 4.3 显示了不相交模式数据库减少搜索节点数量和增加平均值启发式值的作用。

表 4.3 15 数码问题中不相交数据库的作用

启发式	节点	平均启发式值
曼哈顿距离	401189630	36.942
不相交 7 滑块和 8 滑块模式数据库	576575	45.632

重新考虑具有四个节点 s、u、v 和 t 的图的例子，四个节点沿着一条具有两个抽象函数的路径排列。第一个抽象中，到达 t 的边分配的耗费为 1，第二个抽象中其赋值为 0，使得在状态 v 时，当前累积抽象距离值为 1，这等于实际距离 1。产生的映射如图 4.10 所示。

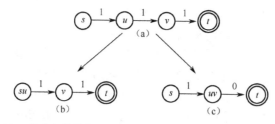

图 4.10 通过合并节点 s 和 u 以及 u 和 v，调整边的权值以避免
多个边计数得到的小图容许但不相交抽象

一般情况下，我们不能期望每个动作只对一个模式数据库贡献耗费。在这种情况下，实际动作可以在不同的抽象中计算多次。这意味着推导的启发式不再是容许的。为了说明这一点，假设该动作直接到达目标，即耗费为 1。与此相反，在两个抽象中非空的累积耗费是 2。

另一种选择是仅在一个抽象中对一个动作进行计数。在改良的广度优先模式数据库构建算法中，可以按照如下方法实现这种选择。在每个 BFS 等级，计算零耗费动作的传递凸包：应用每个零耗费动作直到没有零耗费动作可用。换句话说，只有当一个动作不在另一个模式数据库的构建中出现时，才将其影响增加到总耗费中。

通过给每条边分配两个权值，一个主耗费 w_P 和一个剩余耗费 w_R，可以在一个有向抽象图上定义可加状态空间的一般理论。给每条抽象边分配两个而不是一个耗费，其动机是：以不同的方式对不在意移动和重要移动进行计数。在这个例子中，主耗费是与重要移动相关的耗费，而剩余耗费是与不在意移动相关的耗费。

不难看出，若对原始空间中所有的边 (u,v) 和状态空间抽象 ϕ_i，边 $(\phi_i(u),\phi_i(v))$ 包含在抽象空间中，并且若对原始空间中的所有路径 π 有 $w_P(\pi) \geq w_P(\phi_i(\pi)) + w_R(\phi_i(\pi))$，则产生的启发式是一致的。而且，若对所有的路径 π 有 $w_P(\pi) \geq \sum w_P(\phi_i(\pi))$，则产生的可加启发式是一致的。

4.5* 自定义模式数据库

到目前为止,我们考察的是手动选择模式变量。一方面,这意味着模式数据库设计并非领域无关的。另一方面,一个模式数据库的设计涉及寻找好的模式,因为有指数种可能的选择。当考虑一般抽象和多模式数据库时,模式选择问题将变得更糟。最后,模式数据库的质量并不明显。

4.5.1 模式选择

自动化模式选择过程是一个挑战。对于领域无关的模式选择,我们要控制这个选择对应的抽象状态空间的大小。固定大小状态向量的状态空间可以解释为单个状态变量的状态空间抽象的乘积。抽象状态空间的上界是原像乘以剩余变量。

抽象空间大小的上界可用于分配模式变量。由于状态变量数目可能相当大,我们将寻找状态向量合适的模式分割问题简化为装箱问题的一种形式。因此,自动化模式选择的目的是分配状态变量到抽象状态空间箱子中,使得所使用的箱子数量最少。状态变量添加到一个已存在的箱子,直到(期望的)抽象状态空间大小超过主存储器为止。

与普通的累加物体大小的装箱问题相比,模式装箱变体更适合于自动化模式选择。对模式装箱,领域大小用于估计抽象状态空间的乘性增长。更正式地讲,在一个模式中加入一个变量对应于领域大小和(已计算的)抽象状态大小的乘积(除非它超过了 RAM 限制)。例如,$|\text{dom}(v_1)| \times |\text{dom}(v_2)|$ 确定变量 v_1 和 v_2 的抽象状态空间上界,其中 $\text{dom}(v_i)$ 指示 v_i 可能的赋值集合。增加 v_3 生成抽象状态空间大小的上界是 $|\text{dom}(v_1)| \times |\text{dom}(v_2)| \times |\text{dom}(v_3)|$。

图 4.11 描述了一个例子,画出了模式数据库大小与选择的抽象集合的对应。装箱问题是 NP 完全的,但有效近似值(如首次或最佳适应策略)已成功地应用于实践中。

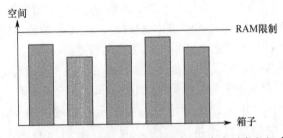

图 4.11 自动化模式选择的装箱问题(条形描述了每个模式数据库的内容,并且横线指示了主存储器的限制)

如上所述，平均启发式值 $\bar{h}$ 的线性收益对应于搜索的指数收益。对于模式选择问题，结论是：存储的平均距离越高，对应的模式数据库越好。为了计算多个模式数据库的强度，我们为每个数据库单独计算平均启发式值并将结果相加（或取最大值）。

下面说明有一种唯一的方式将多个模式数据库启发式结合成一个。

定义 4.4 （典型模式数据库启发式） 令 C 为抽象 $\phi_1,\phi_2,\cdots,\phi_k$ 的集合，且 X 为 C 的所有不相交子集 Y 的关于集合包含的集合。令 h_i 为 ϕ_i 的模式数据库。典型模式数据库启发式 h^C 定义为

$$h^C = \max_{Y \in X} \sum_{\phi_i \in Y} h_i$$

定理 4.4 （典型模式数据库启发式的一致性和质量） 典型模式数据库启发式是一致的，并大于等于最大值和加和的任一容许组合。

证明：直观上讲，该证明基于如下事实，即所有总和的最大值等于最大值的总和，使得没有最大值仍然嵌套在内。我们针对两个模式数据库说明这一点。假设给定四个抽象 $\phi_1,\phi_2,\phi_3,\phi_4$，其中 ϕ_i 和 ϕ_j 不相交，$i \in \{1,2\}$ 且 $j \in \{3,4\}$。令 $h' = \max\{h_1,h_2\} + \max\{h_3,h_4\}$ 且 $h'' = \max\{h_1+h_3, h_1+h_4, h_2+h_3, h_2+h_4\}$。我们说明 $h' \leqslant h''$ 且 $h'' \leqslant h'$。由于对所有 u，值 $h''(u)$ 是所有总和 $h_i(u)+h_j(u)$ 的最大值，$i \in \{1,2\}$ 且 $j \in \{3,4\}$，它不可能小于从 h' 选择的特定对 $h_{i'}(u)+h_{j'}(u)$。反过来，$h''(u)$ 的最大值通过 $h_{i''}(u)+h_{j''}(u)$ 获得，$i'' \in \{1,2\}$ 且 $j'' \in \{3,4\}$。由于从不同的项推导得到模式数据库启发式，这意味着 $i' = i''$ 且 $j' = j''$。

当且仅当对所有的 $u \in S$，$h(u) \geqslant h'(u)$ 成立时，启发式 h 支配启发式 h'。容易看出 h^C 支配所有的 h_i ($i \in \{1,2,\cdots,k\}$)（见习题）。

4.5.2 对称和对偶模式数据库

许多单人游戏，如 n^2-1 数码问题，可以通过对称操作映射到自身，如沿着一些板轴进行对称操作。从一个数据库被所有对称状态空间抽象所重用的意义上来说，这种自同构可以用来改善模式数据库的内存消耗。例如，n^2-1 数码问题关于板的 0°、90°、180° 和 270° 旋转映射对称，并关于竖轴和横轴的映射对应。

所需要的是，保持关于抽象目标的最短路径信息的对称性。因此，对称模式数据库查找利用对于目标状态确实存在的问题的物理对称性。例如，在 n^2-1 数码问题中由于沿主对角线的长度保持对称性，为滑块 2、3、6 和 7 构建的模式数据库可用于估计模式 8、9、12 和 13 所需的移动次数，如图 4.12 所示。对于给定的具有状态 $u = (u_0, u_1, \cdots, u_{n^2-1})$ 的 n^2-1 数码问题和对称 $\psi: \{0,1,\cdots,n^2-1\} \to \{0,1,$

…,n^2-1},以 $u_i' = \psi(u_{\psi(i)})$ 在状态 u' 上执行对称查找,其中 $i \in \{0,1,…,n^2-1\}$ 且 $\psi = \{0,4,8,12,1,5,9,13,2,6,10,14,3,7,11,15\}$。

另一个例子是众所周知的汉诺塔问题。汉诺塔问题包含三个具有不同大小圆盘的木桩,它们按照大小递减顺序排列在一个木桩上。一个解必须将所有的圆盘从初始的木桩移动到目标木桩,要求小的圆盘在大的圆盘之上。利用两个非目标木桩是不可区分的,可以找到一个模式数据库对称。请注意,三木桩问题不再是一个具有挑战性的组合问题,这是因为通过一个递归解的简单论据可以匹配 2^n-1 次移动的上界和下界(为构建一个从木桩 A 到 C 的 n 塔,首先顶部 $n-1$ 塔移动到 B;然后将最大的圆盘从 A 移动到 C;最后再将 $n-1$ 塔从 B 移动到 C)。然而,四木桩汉诺塔问题是一个搜索挑战。

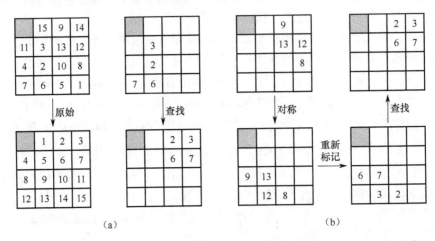

图 4.12　原始(左)和对称(右)模式数据库(为获得精确的目标距离,查找滑块沿主对角线反射、重新标记并在原始模式数据库中查询)

对称的一个相关方面是对偶性。对偶模式数据库查找需要领域的对象和位置之间的双射,在这个意义上,每个对象都位于一个位置,每个位置只占用一个对象。有三个主要假设:每一个状态是一个排列,动作是基于位置的,动作是可逆的。图 4.13 给出了一个示例。对偶问题的产生是通过如下步骤,首先为模式位置(逆)中的滑块选择目标位置,然后用滑块的索引替代滑块。对偶查找本身可以重用数据库。

实验结果表明,当使用对称或对偶或二者都用时,平均启发式值会增加。对称模式数据库查找用于与原始模式数据库查找同样的搜索方向,而对偶查找为反向搜索产生估计。

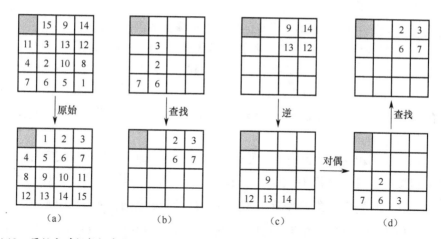

图 4.13 原始和对偶数据查找初始和目标状态（a）；原始模式数据库为滑块 2、3、6 和 7 的查找（b），模式自身显示在顶部，其各自的目标显示在底部；对于一个对偶查找，产生一个对偶问题（c），从顶部到底部；随后在模式数据库中对滑块 2、3、6 和 7 的一个查找（d），底部到顶部

4.5.3 有界模式数据库

多数模式数据库启发式假设为整个状态空间计算一个基于内存的启发式，计算耗费被多个问题实例摊销。某些情况下，为单个问题实例计算模式数据库启发式可能是有用的。如果知道原始空间 S 的最小耗费解决方案 f^* 的一个上界 U，减小存储需求的一种选项是，将抽象空间中的探索限制为与实际状态空间搜索中被查询的状态相关的状态的超集。假设在抽象空间的反向遍历中采用耗费函数为 f 的 A* 搜索，以此朝着抽象开始状态 $\phi(s)$ 引导搜索。当在 $\phi(s)$ 终止时，并非所有的相关抽象目标距离都被计算。模式数据库构建必须根据不同的终止条件进行。下面这个简单的观察将探索限制在了抽象空间的焦点遍历。换句话说，根据下面的结果可以安全地忽略一些特定抽象状态的目标距离。

定理 4.5（模式数据库的有界计算） 令 U 是 f^* 的一个上界，f^* 是原始问题的最优解耗费，设 ϕ 是状态空间抽象函数，f 为抽象空间反向遍历的耗费函数。仅当 $f(\phi(u)) < U$ 时需要为 u 计算一个模式数据库表项。

证明：由于一个抽象状态 $\phi(u)$ 的 f 值提供了抽象空间最优解耗费的一个下界，而这又是原始问题最优解耗费的一个下界，因此对任意的 f 值超过 U 的投射状态 $\phi(v)$ 而言，由于不可能产生耗费小于 U 的更好的解，故可以在计算中安全地忽略 $\phi(v)$。

这种情形如图 4.14（a）所示，其中实际状态空间在抽象状态空间之上。可由顶层搜索查询的相关部分以阴影表示。它包含在覆盖 $C = \{\phi(u) \mid f(\phi(u)) < U\}$ 中。

因此，当条件 $f(\phi(u)) < U$ 不满足时，用于模式数据库创建的 A*算法终止。下列结果表明该技术在计算一系列不相交模式数据库启发式时特别有用。

定理 4.6 （不相交模式数据库的有界构建） 令 Δ 为原始问题最优解耗费的上界 U 和下界 $L = \sum_i h_i(\phi_i(s))$ 之间的差异，其中 h 是一致性启发式，$\phi_i(s)$ 是抽象问题的初始状态。仅当 $f_i(\phi_i(u)) < h_i(\phi_i(s)) + \Delta$ 时不相交模式数据库启发式构建才需要处理状态 $\phi_i(u)$。

证明：在不相交模式数据库启发式中，每个抽象问题最优解耗费可以被相加以得到原始问题的一个容许启发式。因此，可以看出，只有当 $\sum_i f_i(\phi_i(u)) < U$ 时才会为 $\phi_i(u)$ 计算模式数据库启发式。然后，对每个抽象 ϕ_j 有 $f_j(\phi_j(u)) < U - \sum_{i \neq j} f_i(\phi_i(u))$。因为所有的启发式是一致的，则有 $f_i(\phi_i(u)) \geqslant h_i(\phi_i(s))$，其结果为

$$f_j(\phi_j(u)) < U - \sum_{i \neq j} f_i(\phi_i(u)) \leqslant U - \sum_{i \neq j} h_i(\phi_i(s))$$

由于 $\sum_{i \neq j} h_i(\phi_i(s)) = \left\{\sum_i h_i(\phi_i(s))\right\} - h_j(\phi_j(s))$，则

$$f_j(\phi_j(u)) < U + h_j(\phi_j(s)) - \sum_i f_i(\phi_i(s)) = U - L + h_j(\phi_j(s)) = \Delta + h_j(\phi_j(s))$$

4.5.4 按需模式数据库

减少模式数据库占用空间的另一个选项是，不在抽象空间中应用启发式反向搜索。为简单起见，我们假设一个问题图，其初始状态和目标状态是唯一的。在抽象空间中，使用一个估计到抽象初始状态距离的启发式来从目标状态反向构建模式数据库。当到达初始模式时，暂停模式构建。抽象空间中扩展的节点集合可用于正向搜索查找，这是因为它们包含到达目标状态的最优距离值（假设一致启发式且维持 g 值）。

考虑图 4.14 所示的情况。图（a）显示实际状态空间，以及初始状态 s 和目标状态 t 到它们对应的抽象副本的映射。我们看到，实际状态空间中的 A*算法和抽象状态空间中执行的抽象 A*算法没有完全遍历它们的状态空间。在抽象状态空间中一旦发现目标则暂停搜索，以及对应部分构建的模式数据库计算的信息。

最好情况下，实际搜索中查询的所有状态将被映射到抽象状态空间中已生成的状态。然而，在图 4.14（b）中看到，原始 A*算法（由另一个标有 A*算法的椭圆表示）的查询所生成的抽象状态可以位于一个抽象 A*搜索算法已生成的状态集合之外。在这种情况下，必须按需计算实际状态空间的启发式值。恢复抽象状态空间中暂停的探索，直到被查询的状态包含在扩大的集合中。因此，模式数据库动态增长（直到内存耗尽）。

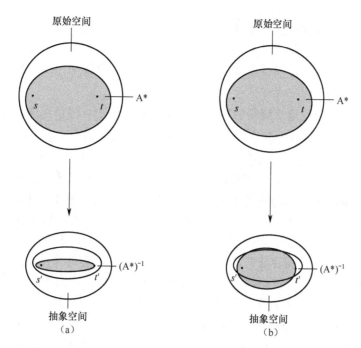

图 4.14 成功的单程 A*模式数据库构建（a），以及抽象状态空间（b）的辅助 A*搜索算法的扩展需求（在原始空间中 A*搜索的节点和数据库查找需要的状态是灰色阴影，在反向抽象空间图中 A*搜索的节点，简称$(A*)^{-1}$，由椭圆表示）

存在一个微妙的问题影响该方法的运行时间。为了让辅助搜索被引导向新的抽象查询状态（使查找程序失败的状态），必须重新组织暂停的抽象 A*搜索算法的整个搜索前沿。设 $h_{t'}$ 为第一次的启发式，$h_{t''}$ 为之后的抽象目标的估计量，则搜索前沿中的优先级从 $g(u)+h_{t'}(u)$ 变为 $g(u)+h_{t''}(u)$。

4.5.5 压缩模式数据库

一般来说，模式变得越大，在降低搜索工作量上启发式的功能越强大。但是由于模式的规模我们可能很快达到计算机物理内存的限制。因此，考虑哈希压缩技术来进一步增加极限是有益的。

压缩模式数据库将抽象状态空间分割为节点群或节点组。这有助于缓解可能生成超过主存储器限制的抽象搜索空间这一事实。虽然生成了这些空间，但并未完全存储，或者忽略来自搜索的访问集合（见第 6 章），或者将状态空间保存在外部硬盘上（见第 8 章）。

压缩映射减小模式数据库的哈希表表示。一组表项被投影到一个代表性位置，如果检测到哈希碰撞，则存储的表项将是映射到同一地址所有模式的最小值，以此来保证容许性。但是这使得启发式可能比边耗费下降更快，从而产生不一致。

定理 4.7（邻近模式数据库压缩） 设对两个抽象状态 $\phi(u)$ 和 $\phi(v)$ 有 $\delta_\phi(u,v) \leq c$，则 $h_\phi(u) - h_\phi(v) \leq c$。

证明：通过应用最短路径的三角不等式 $\delta_\phi(u,v) + \delta_\phi(v,T) \geq \delta_\phi(u,T)$，得到
$$h_\phi(u) - h_\phi(v) = \delta_\phi(u,T) - \delta_\phi(v,T) \leq \delta_\phi(u,v) \leq c。$$

因此，如果压缩邻近的模式，那么丢失的信息是有界的。在抽象搜索图中找到保持局部性的领域相关问题映射是一种挑战。一种压缩技术基于搜索空间中出现且使用投影函数收缩的连通子图。最典型的例子是最大子图，即通过边完全连接的节点集合。在这种情况下，这些节点在模式数据库的表项之间相差至多为 1。当然，模式空间中的最大子图是领域相关的，且并非在每个问题图中都存在。此外，当最大子图存在时，它们对于模式数据库压缩的使用很大程度上依赖于所使用的索引函数。然而，至少对于排列类的问题域，最大子图会经常出现。

假设模式空间的 k 个节点形成了一个最大子图。如果能确定 k 个相邻表项的一般子图结构，则可以通过收缩该子图来压缩模式数据库。将子图中的所有节点映射到一个表项上，而不是存储 k 个表项。一个容许压缩存储 k 个节点的最小值。

可以泛化这种压缩并将其包含到模式数据库构建过程中。假设可以生成但无法完全存储一个抽象状态空间。每生成一个抽象状态，就将其映射到一个较小范围，并给这个压缩索引范围的模式数据库哈希表编址。因为在压缩模式数据库中几个抽象状态现在会共享相同的地址，所以存储最小距离值。表 4.4 提供了一个示例。

表 4.4 压缩一个模式数据库：原始模式数据库和压缩数据库

地址	值	（存储的）压缩地址	（未存储的）原始地址	（存储的）值
1	4	1	{1,2}	4
2	5	2	{3,4}	6
3	6	3	{5,6}	3
4	7	4	{7,8}	1
5	5			
6	3			
7	2			
8	1			

从不同的视角来看，这种压缩是一个等价关系形式的哈希抽象。它将具有相同哈希值的节点聚集到一起，更新耗费并使用最小值。模式数据库压缩和其他哈

希压缩技术存在一个紧密联系，例如比特状态哈希（见第 3 章）。

对于压缩来说，遍历的状态空间大于存储的状态空间。必须空间高效地维持探索整个抽象空间的搜索边界，如保存在硬盘上（见第 8 章）。

遍历更大的抽象状态空间确实取得了成功。我们将说明，压缩模式数据库的值一般显著优于由可用内存界定的对应的未压缩数据库中产生的那些值。

定理 4.8（模式数据库压缩的性能） 对于具有 n 个变量的排列问题和 p 个变量的模式，当抽象 k 时，令 h_ψ^k 表示数据库启发式，当移除 p 个变量中的 k 个时，令 h_ϕ^k 表示数据库启发式。那么，模式数据库的大小相匹配，并且对于所有的状态 u 有 $h_\psi^k(u) \geq h_\phi^k(u)$。

证明：两个抽象搜索空间都包含 $n!/(n-p+k)!$ 个状态。ϕ 简单地忽略了 k 个变量，而 ψ 采用了 k 个变量所有可能组合的最小值。

4.5.6 紧凑模式数据库

减少模式数据库空间需求的另一种备选是，利用将状态表示为一个字符串以及模式数据库的单词查找树实现。对于每个模式，在单词查找树中生成一条路径，而启发值位于叶子节点。这种表示对于描述模式的字符串中的字符顺序很敏感，并且可能被优化为更好的空间消耗。具有共同启发式值的叶子可以被合并，且同构子树可以被消除。与模式数据库压缩形成对比的是，这种压缩是无损的，因为模式数据库的精确性未受影响。

最后，文献中存在多种已知压缩技术（如运行长度、哈夫曼和 Lempel-Ziv），它们可应用于模式数据库来减少其内存消耗。这些技术的核心问题是查找模式数据库（或其中的一部分）之前必须对其解压。

4.6 小结

若 A*算法及其变体使用目标距离的启发式估值，寻找最短路径可能远远快于使用无提示的零启发式，那么 A*算法及其变体更具有针对性。因此，在本章中讨论了获得这种信息的启发式的不同方法，这些工作往往是手工完成的，但在一定程度上可以自动化。

简化搜索问题的抽象是设计提示启发式的关键。抽象搜索问题的精确目标距离可以作为原始搜索问题的一致启发式。按需计算抽象搜索问题的目标距离不减少扩展状态的个数，而只记忆目标距离。可以结合一些抽象的目标的距离从而为原始搜索问题产生更有提示的启发式。可以通过进一步抽象搜索问题来层次化地使用抽象。对于某些搜索问题，人为设计的大多数一致启发式可以证明是同一搜索问题的一个抽象版本的精确目标距离。要么通过累加动作（嵌入）要么通过将状态分组为抽象状态获得该启发式。例如，可以通过删除操作的前提条件来获得嵌入，而分组可以通过聚集邻近状态、删除状态的 STRIPS 表示谓词或将谓词更换为与其参数无关的不在意符号（产生所谓的模式）而获得。这种见解使得我们能够通过解决搜索问题的抽象版本而自动获取一致启发式。

  本章讨论了嵌入的一个反向加速结果。假设 A*算法的一个版本使用零启发式来解决一个搜索问题。进一步假设 A*算法的一个不同版本使用更有提示的启发式解决同一搜索问题。如果需要，后一个版本 A*算法的启发式是通过为使用零启发式的 A*搜索问题的一个嵌入确定目标距离获得的。然后说明了第二种机制至少扩展了第一个机制扩展的所有状态，因此无法比第一个机制更快地找到最短路径。这个结果并不适用于分组的情况。但是，这意味着仅当产生的启发式被用来解决一个以上的搜索问题，或它们被用来解决具有与标准版本 A*算法不同的搜索方法的单个搜索问题时，嵌入才是有用的。

  本章讨论了两种通过将状态分组为抽象状态来获得启发式的方式。首先，层次 A*算法按需计算启发式，层次 A*算法使用提示启发式解决搜索问题。如果需要的话，通过为一组使用 A*算法的搜索问题确定目标距离而获得该提示启发式。在确定目标距离时，A*算法或者使用零启发式，或者使用在需要时通过为搜索问题的进一步分组确定目标距离而获得的启发式。一旦计算了启发式，就将其与发现的路径一起存储，因此可以重复使用。其次，模式数据库在一个查找表中为一个组的抽象状态存储预先计算的启发式。典型地，这个组对应属于抽象状态的任意状态的原始状态空间的最小目标距离。

  模式数据库已经针对许多搜索问题产生了非常强大的已知启发式。我们讨论了 Korf 猜想，即由 A*算法（无重复检测）使用模式数据库生成的状态数量近似与状态空间的状态数量和模式数据库大小的比值成比例。通过使用一些更小的而不是一个很大的模式数据库，并取最大值或当每个操作应用在模式数据库中最多计算一次时（产生所谓的不相交模式数据库）取它们启发式的加和，我们经常可以获得更有提示的一致启发式。有时候，也可以利用对称和对偶（对称的一种特殊形式）从一个普通的模式数据库中获得更有提示的一致启发式。

  我们可以手工设计好的模式数据库，或为所有抽象状态或仅为相关状态的超集（如果已知最短路径长度的一个上界）自动地计算存储在模式数据库的启发式。预先或按需计算这些启发式，以压缩或未压缩形式存储这些启发式，并静态或动态选择结合哪些模式数据库以保证模式数据库是不相交的。

  表 4.5 总结了构建模式数据库的不同方式，其中 k 是模式（不一定是不相交的）数量，l 是不相交模式数量。然后分别列出了用于前向搜索和反向搜索的搜索方法。一字线（−）表示在给定方向上无须一个（额外的）搜索，星号（*）表

示可使用任意搜索方法。用户列出了由模式数据库设计者提供的信息，查找列出了从模式数据库得到的用于计算一个状态启发式的数量。容许列出了产生容许启发式的条件。对号（√）表示任意情况下均可保证它们是容许的，否则就显示如何结合几个模式数据库的启发式保证容许性。

表 4.5 模式数据库概述：ϕ 为一个状态空间抽象，ψ 为一个状态空间分割；maxMem 为关于模式数据大小阈值使用自动化模式选择；U 为原始状态空间的搜索问题的最短路径长度的上界；符号 √ 表示当模式数据库启发式是容许时那么对偶也是容许

模式数据库	前向	反向	用户	查找	容许
普通	—	BFS 算法	ϕ	1	√
有向	任意	BFS 算法	ϕ	1	√
加权	任意	Dijkstra 算法	ϕ	1	√
多个	$k \times$ 任意	$k \times *$	ϕ_i, maxMem	k	max
不相交	$l \times$ 任意	$l \times *$	ϕ_i, maxMem	l	add
多个不相交	$kl \times$ 任意	$kl \times *$	ϕ_i, maxMem	kl	add/max
有界	—	BFS 算法	ϕ, U	1	√
按需	—	A*算法	ϕ	1	√
对称	—	—	ϕ, Symmetry	s	√
对偶	—	—	ϕ, Duality	2	√ ⇒ √
压缩	—	BFS 算法	ϕ, ψ	1	√

4.7 习题

4.1 考虑滑块的所有标签被移除的 15 数码问题。展示抽象状态空间并注释到目标的距离。

4.2 35 数码问题是 $n^2 - 1$ 数码问题当 $n = 6$ 时的变体。

（1）为模式中递增的滑块数量确定抽象状态空间的大小。

（2）假设每个表项占 1 字节的完全哈希表，估计一个 6 滑块不相交集合和 7 滑块不相交集合模式数据库需要的内存。

4.3 提供一个 PSVN 算法中一个操作可逆的充分条件。

4.4 箭头谜题寻求在一个排列中改变箭头的顺序，且每次翻转两个相邻的箭头。

（1）变换起始状态"↑↑↑↓↓↓"到"↑↓↑↓↑↓"。

（2）通过解决任意 4 箭头谜题子问题设计一个抽象。你获得了多少个子问题？

（3）说明解长度线性减少，但状态空间指数减少。

4.5 考虑具有小、中、大三个圆盘以及三个木桩的三圆盘汉诺塔问题。
（1）描述整个状态空间（层次 0）。它具有多少个状态？
（2）为提供了小圆盘和中圆盘两个圆盘（层次 1）的问题描述整个状态空间，该空间有多少个状态？
（3）为提供了小圆盘（层次 2）的问题描述整个状态空间，该空间有多少个状态？
（4）展示为起始状态形成的抽象层次的层次 0、1 和 2。

4.6 在一个涉及 n 个积木 b_i 的积木问题中，定义 n 个模式并按如下方式松弛是可能的。变量 $pos(b_i)$ 编码积木 b_i 的位置。如果 b_i 位于桌子上，那么 $pos(b_i)$ 的值为 0，如果它位于另一个积木 b_j 上，那么 $pos(b_i)$ 的值为 $j(j \neq i)$。
（1）说明这个模式是不相交的；也就是，没有动作影响多于一个变量。
（2）对于在桌子上的用于构建一个 n 塔的所有积木，说明一个对应的模式数据库启发式结果为值 n。
（3）对于一个 n 塔，其中仅两个最底层的积木将被交换，说明前述模式数据库启发式结果为值 1。

4.7 对于 15 数码问题实例（14,13,15,7,11,12,9,5,6,0,2,1,4,8），计算关于目标状态的不相交数据库值并回答：
（1）每个模式一个滑块。启发式的名字是什么？
（2）每个模式两个滑块；也就是，对滑块 (1,2)，(1,3)，⋯，(14,15) 进行分组。

4.8 考虑图 4.7 中的不相交 6 滑块模式数据库。
（1）验证规则 6 滑块模式数据库的最大深度为 35 并解释为何仅构建三个模式数据库中的一个就足够了。
（2）不规则 6 滑块模式数据库包含了空白，这限制了滑块的最后两次移动（如对于问题的标准布局，最后可以被移动的滑块要么是滑块 1 要么是滑块 5）。这个技术将起始最大深度从 32 增加到什么程度？这是否影响数据库的一致性，为什么？

4.9 解释当抽象状态空间包含多于一个抽象目标状态时如何构建一个模式数据库？

4.10 说明：
（1）ϕ_1 和 ϕ_2 诱导的 $\max\{h_1, h_2\}$ 支配 h_1 和 h_2。
（2）不相交 ϕ_1 和 ϕ_2 诱导的 $h_1 + h_2$ 支配 h_1 和 h_2。
（3）通过统一 ϕ_1 和 ϕ_2 产生的 ϕ' 的 h' 支配 $\max\{h_1, h_2\}$ 以及 $h_1 + h_2$。
（4）h^C 支配所有的由 ϕ_i 诱导的 $h_i (i \in \{1,2,\cdots,k\})$。

4.11 解释为何在推箱子中需要使用最小权值匹配,但是在滑块拼图问题中需要使用最大权值匹配来合并子问题。

4.12 对于 n^2-1 数码问题的 2×2 实例。

(1)展示将所有标签映射到 1 生成的实际和抽象状态空间。

(2)说明引入两个空格导致没有任何具体化的伪状态。

(3)给出一个不生成伪状态的一般特征描述。

4.13 考虑一个 4×4 网格,其起始状态在左下角且目标状态在右上角。此外,沿着对角线插入边,并为所有 i 的可用值通过无向边连接 (i,i) 和 $(i+1,i+1)$。令 h_r 表示一个节点到目标的行距离且 h_c 为列距离。

(1)在问题上执行 BFS 算法。

(2)说明单独使用 h_r 或 h_c 可以减少 1/2 搜索总量。

(3)说明最大化两个启发式导致一个直接沿着对角线边上的最优解路径的搜索。

4.14 考虑一个 15 数码问题实例(5,10,14,7,8,3,6,1,15,0,12,9,2,11,4,13)。

(1)通过在抽象空间中计算每次移动为两个模式滑块选择(1,2,4,5,6,8,9,10)和(3,7,11,12,13,14,15)确定抽象目标距离。最大化这些值以计算一个容许启发式估计。

(2)通过在抽象空间中计算每次移动为两个模式滑块选择(1,2,3,4,5,6,7)和(8,9,10,11,12,13,14,15)确定抽象目标距离。将这些值相加以计算一个容许启发式。

4.15 给定一个加权图,序列排序问题寻求一个从开始节点到目标顶点的最小耗费哈密顿路径,它也遵守优先约束。问题的一个实例可以由一个耗费矩阵定义,其中的条目为边的耗费,或者为 -1 以表示在解路径上第一个节点必须在第二个节点之前。一个状态对应于部分完成的旅行。它记录当前部分旅行中的最后一个顶点以及尚未被到达的节点。

(1)以点阵的形式提供一个状态空间表示,开始状态位于顶部且目标状态位于底部。点阵的层次数量应该与图中的节点数量相同。画出具有三个节点的示例问题。

(2)构建一个具有相同数量层次但具有更少状态数量的抽象状态空间点阵。抽象点阵应该通过聚集位于同一层次的状态获得。在选择的例子中,应该合并层次 1 中的节点 1 和 3,并合并层次 2 和 3 中的节点 1 和 2。说明抽象的结果。

(3)描述对耗费矩阵的修改并证明这个抽象是一个下界。

4.16 解释为何两个启发式的最大化可能无法比单个探索之一产生更好的搜索结果。提示:使用 n^2-1 数码问题中 f 值的奇偶性。

4.17 对于 8 数码问题,使用将滑块向量(1,2,3,4,5,6,7,8,0)映射到向量

$(x,x,3,4,5,6,x,8,0)$ 域抽象 ϕ_1 以及将 $(1,2,3,4,5,6,7,8,0)$ 映射到 $(x\ x,y,y,5,z,x,z,0)$ 的抽象 ϕ_2。

(1) 确定由 ϕ_1 和 ϕ_2 生成的抽象空间大小。

(2) 为何将值映射到多于一个的不在意符号更好？

4.18 域抽象的粒度是一个向量，它指示在原始域中有多少个常量映射到抽象域中的每个常量。例如，习题 4.17 中 ϕ_2 的粒度是 $(3,2,2,1,1)$，因为三个常数被映射到 x，两个被映射到 y，两个被映射到 z 且常数 5 和 0 仍然是唯一映射。

(1) 确定 ϕ_1 的粒度。

(2) 基于粒度 $(3,3,2,1)$ 确定 8 数码问题的抽象空间的期望大小，首先确定 n，即具有这个粒度的不同域抽象的数量以及 m，即每个抽象的模式空间大小。

(3) 提供一个 8 数码问题的例子，它可以说明不同的粒度可以产生具有相同大小的模式状态空间。

4.19 图抽象保证如果在实际耗费代数图中存在一个起始目标路径，那么在抽象系统中也存在一个，并且在实际系统中的最优起始目标路径的耗费小于（关于 $\preceq$）抽象系统中的最优起始目标路径耗费。

(1) 描述在一个（多条边）图中合并两个节点 v_1 和 v_2，图中存在边 $v_1 \xrightarrow{e_1} v_3$、$v_2 \xrightarrow{e_2} v_3$、$v_3 \xrightarrow{e_3} v_1$ 和 $v_3 \xrightarrow{e_2} v_2$。

(2) 说明合并节点到超级节点会产生图抽象。

(3) 说明如何合并边来减少搜索工作量。

(4) 说明可以消除自环，因为它们对于更好的解没有帮助。

4.20 魔方（见第 1 章）是应用对称性的最佳例子之一。包括反射在内，立方体具有 48 个对称性。说明这些对称性可以由 4 个基本对称性产生。

4.21 考虑魔方的共轭，图论中的一个基本概念。例如，操作 $g = RUR^{-1}RU^2R^{-1}R^{-1}L^{-1}U^{-1}LU^{-1}L^{-1}U^2L$ 转动一面上的两个特定角块。对于立方体组的任意元素 h，$h^{-1}gh$ 会转动某一对角块。重复共轭操作 n 次产生 $h^{-1}(g)^n h$。

(1) 如在魔方中所定义的，说明共轭是一个等价关系。

(2) 枚举 S_4 的共轭类。

(3) 考虑魔方和应用变换子 $RUR^{-1}U^{-1}$ 以及共轭变换子 $F(RUR^{-1}U^{-1})F^{-1}$。给出结果。

(4) 现在提升共轭到一个幂次，$F(RUR^{-1}U^{-1})^2 F^{-1}$ 和 $F(RUR^{-1}U^{-1})^3 F^{-1}$ 等。

4.22 如果转动一个解决了的立方体的面且不移动 R、R^{-1}、L、L^{-1}、F、F^{-1}、B 和 B^{-1}，你仅会产生所有可能立方体的一个子集。这个子集由 $G_1 = (U, D, R2, L2, F2, B2)$ 表示。在这个子集中，角和边的朝向无法改变且 UD 切片（位于 U 面和 D 面之间）的四条边仍然是孤立的。

（1）说明映射一个实际立方体位置到 G_1 中的一个状态是一种状态空间抽象。
（2）G_1 中包含多少个状态？
（3）使用反向 BFS 算法确定 G_1 中的目标状态。
（4）设计一个两阶段算法，它首先为任意状态搜索到 G_1 中的一个状态的最短路径，然后搜索 G_1 内的最短路径。这个策略是最优的吗（即它能产生最优解吗）？

4.8 书目评述

使用抽象变换引导搜索可以追溯到 Minski，他在 20 世纪 60 年代早期将抽象定义为简化问题的联合和改进。ABSTRIPS 解算器技术归功于 Sacerdoti（1997）。容许启发式的自动化创建的历史包括 Gaschnig（1979b），Pearl（1985）和 Preditis（1993）的早期工作和 Guida 和 Somalvico（1979）。Gaschnig 提出解的耗费可以在辅助空间中由精确解计算。他观察到具有抽象信息的搜索可以比广度优先搜索消耗更多时间。Valtorta（1984）证明了这个猜想并发表了一个原创性论文，这些论文已经被 Holte，Perez，Zimmer 和 Donald（1996）所重新考虑。Valtorta 的结果的一个更新应归于 Hansson，Mayer 和 Valtorta（1992）。层次 A*算法已被 Holte，Grajkowski 和 Tanner（2005）重新考虑。作者也发明了层次 IDA*算法。Mostow 和 Prieditis（1989）的 Absolver 是第一个打破定理施加壁垒的系统。他们实现了搜索抽象空间的想法并加速了变换。在后来的研究中，作者之一提出在一个哈希表中在基础层搜索之前存储所有的启发式值。

模式数据库由 Culberson 和 Shaeffer（1998）在 15 数码问题背景下引入。这个名字把不在意模式称为抽象。在这里建议将名字修改为抽象数据库，因为可以使用任意抽象（基于或不基于模式）。尽管有这样的尝试，如 Qian（2006），在 AI 研究中术语模式数据库已经稳定下来。它们已经被 Korf（1997）以及 Korf 和 Felner（2002）显示在最优地解决魔方以及 24 数码问题的随机实例中非常有效。Holte 和 Hernádvölgyi（1999）为模式数据库搜索（Korf，Reid 和 Edelkamp，2001）给出了一个时间-空间的折中方法。Felner，Korf 和 Hanan（2004a）提出了加性模式数据库，加性状态空间抽象的一般理论由 Yang，Culberson，Holte，Zahavi 和 Felner（2008）给出。Edelkamp（2002）显示了如何用符号表示构建模式数据库。Hernádvölgyi（2000）已经应用了模式数据库来显著缩短宏操作的长度。

多模式数据库由 Furcy，Felner，Holte，Meshulam 和 Newton（2004）在解谜背景下研究出来的。作者也讨论了不同模式分割的局限性和可能性。Breyer 和

Korf（2010a）已经说明独立加性启发式乘性减少搜索工作量。Zhou 和 Hansen（2004b）分析了模式数据库的一个紧凑的空间高效表示。多值模式数据库由 Linares López（2008）提出，是多目标模式数据库的变体，其改善了单值模式数据库在实践中的性能，由 Linares López（2010）提出的向量模式数据库通过识别容许启发式值来产生非一致启发式函数。

多模式数据库搜索的机器学习方法，包括它们的选择和压缩，由 Samadi，Felner 和 Schaeffer（2008a）以及 Samadi，Siabani，Holte 和 Felner（2008b）进行讨论。对称模式数据库已经被 Culberson 和 Schaeffer（1998）所考虑。基于位置和状态向量元素对偶性的查找已经被 Felner，Zahavi，Schaeffer 和 Holte（2005）进行研究。在 Zahavi，Felner，Holte 和 Schaeffer（2008b）中，讨论了对偶性的一般概念，但是局限于基于位置的排列。按需或实例依赖的模式数据库由 Felner 和 Alder（2005）引入，压缩数据库归功于 Felner，Meshulam，Holte 和 Korf（2004b）。基于两比特 BFS 算法的比特向量模式数据库由 Breyer 和 Korf（2010b）提出。学习好的压缩的一种方法由 Samadi 等（2008b）提出。对于大范围的规划域，Ball 和 Holte（2008）说明了 BDD 算法有时达到非常大的压缩比。状态空间搜索中 BDD 算法的增长的第一个理论研究由 Edelkamp 和 Kissmann（2008c）提供。违反直觉的，不一致性（如由于模式数据库的随机选择）减少了搜索工作量，见 Zahavi，Felner，Schaeffer 和 Sturtevant（2007）的工作。应用机器学习到自举由 Jabbari，Zilles 和 Holte（2010）提出。

抽象与启发式的相互关系由 Larsen，Burns，Ruml 和 Holte（2010）所强调。避免伪状态的必要和充分条件已经被 Zilles 和 Holte（2010）所研究。具有真实距离启发式的基于抽象的启发式已经由 Felner 和 Sturtevant（2009）所考虑，他们将其作为一个为显式状态空间获得容许启发式的方法。在一个称为入口启发式的变体中，问题域被分割为区域，且标识区域间的入口。存储和使用所有入口对间的距离，从而为 A*搜索算法获得容许启发式。

模式数据库的应用是多方面的。第 1 章介绍的多序列比对问题要求 n 个序列的集合被关于某个相似性测度最优对齐。如 Korf 和 Zhang（2000）；McNaughton，Lu，Schaeffer 和 Szafron（2002）以及 Zhou 和 Hansen（2004b）所应用的启发式估计的目的是为 $k<n$ 个序列的不相交子集的对齐找到和增加查找值。Klein 和 Manning（2003）将模式数据库与 A*算法一起应用以找到一个句子的最佳解析。这个估计与完成一个部分解析的耗费相关且由简化语法导出。在服务质量路由问题（见第 2 章）中找到一个最小耗费路径已经由 Li，Harms 和 Holte（2007）所考虑，对每个资源具有不同的估计函数。每个估计通过仅考虑所考虑资源的约束导出。服从多重约束找到最短路径相关的方法由 Li，Harms 和 Holte（2005）提出。

序列排序问题由 Hernádvölgyi（2003）使用模式数据库进行了分析。另一个模式数据库的应用领域是交互式娱乐。对于计算机游戏中的合作规划，多个智能体寻找单独路径但被允许相互帮助以争取成功。Silver（2005）说明了如何包含基于内存的启发式。在约束优化中，Kask 和 Dechter（1999）提出的桶消除与模式数据库相似，提供了解耗费的一个乐观界限。

Knoblock（1994）发现：从领域无关的动作规划的状态空间中彻底丢弃一个谓词的技术是同态的。Haslum，Bonet 和 Geffner（2005）已经在最优规划的背景中讨论了模式数据库的自动化选择。该文章扩展了 Edelkamp（2001a）的工作。Edelkamp（2001a）已经应用模式数据库搜索到 AI 规划中（见第 15 章）。

抽象是模型检验中的一个基本概念（Clarke，Grumberg 和 Long，1994）。Cleaveland，Iyer 和 Yankelevich（1995）展示了一个备选设置。路径保留的概念被称为模拟且已经被 Milner（1995）所解释。Merino，del Mr Gallardo，Martinez 和 Pimentel（2004）展示了一个工具来为通信协议验证执行数据抽象。谓词抽象是一个相关的抽象方法，它对于软件程序中控制分支很重要且已经被 S. Graf 和 H. Saidi（1997）所介绍。它是 Clarke，Grumberg，Jha，Lu 和 Veith（2001）发明的反例引导的抽象和改进范式的基础，并被融入到当前的工具中，如 Ball，Majumdar，Millstein 和 Rajamani（2001）。模式数据库在验证中的第一个应用归功于 Qian 和 Nymeyer（2004）以及 Edelkamp 和 Lluch-Lafuente（2004）。

第 2 部分
内存约束下的启发式搜索

第 5 章 线性空间搜索

A*算法总是以得到一个最优解终止，并可用于对一般状态空间问题的求解。然而，不足的是，它的内存需求会随着时间的推移快速增长。假设存储一个状态及其相关的所有信息需要 100 个字节，并且算法每秒产生 100000 个新状态，那么这大概需要每秒 10MB 的空间消耗，1GB 的主存会在不到两分钟内耗尽。本章介绍主存需求与搜索深度呈线性变化的搜索技术，其折中方法是增加时间开销（有时会是显著的）。

作为一个边界情况，我们会指出利用对数空间解决一个搜索问题的可能性。然而，时间开销使得这种算法仅具有理论意义。线性空间的标准搜索算法是深度优先迭代加深（DFID）算法和迭代加深 A*(IDA*)算法，二者通过执行一系列的深度或耗费有界（深度优先）搜索分别模拟 BFS 算法和A*探索算法。这两种算法分析的搜索树可能远远大于基本问题图。当然，也存在减少重复评估开销的技术，本书将在后面进行介绍。

本章还将对 DFID 算法和 IDA*算法在所谓的"正则搜索空间"的受限类工作时的运行时间进行预测。我们会指出如何计算蛮力搜索树的大小及其渐近分支因子，并利用这一结果，来预测使用一致启发式的 IDA*扩展的节点数量。我们把这个问题形式化为对一组联立方程组的求解，同时给出了解析和数值计算两种方法以计算给定深度的确切节点数量并确定渐近分支因子，还指出如何确定蛮力搜索树的确切大小，而不管深度多大，同时给出该过程收敛的充分条件。另外，给出 IDA*搜索算法的改进方法，如通过改进确定阈值以更自由地控制阈值的增加，以及采用稍微更多的内存来备份信息的递归最佳优先搜索。

本章还会通过深度优先分支限界（DFBnB）阐述指数增长的搜索树。该方法通过计算解质量的下界和上界来修剪搜索（树），当算法下界与对应于已得解耗费的推定上界互补时，常常使用 DFBnB 算法。

5.1▲ 对数空间算法

首先探求空间约减的极限，假设算法不允许修改输入。例如，在节点中存储部分搜索结果。这对应于如下情形，即大量的数据保存在只读（光存储）介质中。

给定具有 n 个节点的图，为单源最短路径问题设计出两个 $O(\lg n)$ 空间算法：一个用于单位耗费图；另一个用于有界边耗费图。

5.1.1 分治 BFS 算法

给定具有 n 个节点的无权图，我们关注计算所有节点层级（路径的最小长度）的算法。为了应对非常有限的空间，采用分治算法递归求解这个问题。顶层程序 DAC-BFS 调用 Exists-Path（见算法 5.1），其通过两次调用自身报告是否存在一条从 a 到 b 的具有 l 条边的路径。若 $l=1$，并且从 a 到 b 存在一条边，则程序立即返回为真。否则，对每个索引为 j（$1 \leq j \leq n$）的中间节点，递归调用 Exists-Path $(a,j,\lceil l/2 \rceil)$ 和 Exists-Path $(j,b,\lfloor l/2 \rfloor)$。递归栈最多要存储 $O(\lg n)$ 个帧，其中，每个帧包含 $O(1)$ 个整数。所以，算法空间复杂度为 $O(\lg n)$。

Procedure DAC-BFS
Input: 具有 n 个节点的显式问题图 G，开始节点是 s
Output: 每个节点的层级

for each i **in** $\{1,2,\cdots,n\}$;;对于所有节点 i
  for each l **in** $\{1,2,\cdots,n\}$;;对于所有距离 l
    if(Exists-Path(s,i,l))   ;;如果长度为 l 的路径存在
      print(s,i,l); **break**   ;;输出层级并终止

Procedure Exists-Path
Input: 节点 a 和 b，a 和 b 之间的期望距离 l
Output: 布尔值，表示这个长度的路径是否存在

if($l=1$)   ;;如果路径退化为一条边
  return$((a,b) \in E)$;;如果 a 和 b 之间存在边则返回
for each j **in** $\{1,2,\cdots,n-1\}$;;对于所有的中间值
  if(Exists-Path$(a,j,\lceil l/2 \rceil)$ **and** Exists-Path$(j,b,\lfloor l/2 \rfloor)$)   ;;递归检验
    return true   ;;如果两个调用都成功，则存在路径
return false   ;;没有可能路径

算法 5.1

使用对数空间计算 BFS 层级

但是，这个空间效率是以较高的时间复杂度为代价的。确定是否存在一条具有 l 条边的路径所需的时间，我们设为 $T(n,l)$，其中 n 为节点的总数。T 遵循递归关

系 $T(n,1)=1$ 且 $T(n,l)=2n\times T(n,l/2)$，则每次测试的时间为 $T(n,n)=(2n)^{\lg n}=n^{1+\lg n}$。改变 b 并在 $\{1,2,\cdots,n\}$ 范围迭代 l 给出的整体性能至多耗费 $O(n^{3+\lg n})$ 步。

5.1.2 分治最短路径搜索算法

如果将整数权值的界限设为常数 C，可对单源最短路径问题进行推广（见算法5.2）。这种情况下，可更新权值为

$\lfloor w/2 \rfloor - \lceil C/2 \rceil$ 对于路径 $a \to j$, $\qquad \lfloor w/2 \rfloor + \lceil C/2 \rceil$ 对于路径 $j \to b$,
$\lfloor w/2 \rfloor - \lceil C/2 \rceil + 1$ 对于路径 $a \to j$, $\qquad \lfloor w/2 \rfloor + \lceil C/2 \rceil - 1$ 对于路径 $j \to b$,
$\vdots$
$\lfloor w/2 \rfloor + \lceil C/2 \rceil$ 对于路径 $a \to j$, $\qquad \lfloor w/2 \rfloor - \lceil C/2 \rceil$ 对于路径 $j \to b$

```
Procedure DAC-SSSP
Input：具有 n 个节点的显式问题图 G，开始节点是 s
Output：每个节点的权重距离

for each i in {1,2,…,n}                         ;;对于所有节点
  for each w in {1,2,…,Cn-1}                    ;;对于所有中间权重
    if(Exists-Path(s,i,w))                      ;;权重为 w 的路径存在
      print(s,i,w); break                       ;;输出距离并终止

Procedure Exists-Path
Input：节点 a 和 b，a 和 b 之间的期望权重 w
Output：布尔值，表示这个长度的路径是否存在

if(w(a,b)=w) return true                        ;;如果边上的权重一致，则报告发现路径
for each j in {1,2,…,n}                         ;;对于每个中间节点
  for each s in {max{1,⌊w/2⌋-⌈C/2⌉},…,          ;;从最小权重开始
       min{w-1,⌊w/2⌋+⌈C/2⌉}}                    ;;到最大权重
    if (Exists-Path(a,j,s) and Exists-Path(j,b,w-s))  ;;分治
      return true                               ;;发现耗费为 w 的路径
return false                                    ;;没有发现路径
```

算法 5.2

以对数空间搜索最短路径

假设界限都含于区间 $[1,2,\cdots,w-1]$ 内，如果存在一条总权值为 w 的路径，则该路径可以被分解为这些分割中的一个。权值约减的最差情况为 $Cn \to Cn/2 +$

$C/2 \to Cn/4+3C/4 \to \cdots \to C \to C-1 \to C-2 \to C-3 \to \cdots \to 1$。

由此可以看出，递归深度的界限为 $\lg(Cn)+C$，也就是空间需求为 $O(\lg n)$ 个整数。类似在 BFS 情况下，运行时间为指数（权值分割的放大因子为 C）。

5.2 探索搜索树

不消除重复的搜索算法，必然将搜索树节点集合视为搜索空间的单个元素。所以将算法表示为路径空间中的一个搜索，也许是用来解释它们如何工作的最好方式。相比问题图来说，分析搜索树更容易，这是因为每个节点都存在可达的唯一路径。

换句话说，就是以搜索树的形式来研究状态空间（正式地讲，根位于开始节点 s 的图的树扩展），这样搜索空间中的元素就是路径了。我们模仿树搜索算法，并将其观点内化于状态空间研究中。

回想一下，为证明 A*搜索算法的最优性，曾在权值函数上强加了容许性条件，即

$$\delta(u,T) = \min\{\delta(u,t) | t \in T\} \geq 0, \quad u \in S$$

在搜索树环境中，这个假设可这样阐述：搜索树问题空间通过状态集 S 来刻画，其中每个状态都是始于 s 的一条路径；对于所有止于目标节点的路径集合，标记为 $T \subseteq S$，对于扩展权值函数 $w: S \to \mathbb{R}$，容许性意味着对所有的路径 $p \in S$ 有 $\min\{w(q) | (p,q) \in T\} \geq 0$。

定义 5.1（有序搜索树算法） 令 $w_{\max}(p_v)$ 为一条给定路径 $p_v \in S$ 的任意前缀的最大权值。即

$$w_{\max}(p_v) = \max_{p_m \in S}\{w(p_m) | \exists q : p_v = (p_m, q)\}$$

有序搜索树算法按照 $w_{\max}$ 值递增的顺序扩展路径。

引理 5.1 若 w 是容许的，则对所有的解路径 $p_t \in T$，有 $w_{\max}(p_t) = w(p_t)$。

证明：若对 S 中的所有 p_u 有 $\min\{w(q) | p_t = (p_u,q) \in T\} \geq 0$，则对所有的 $p_t = (p_u, q) \in T$ 且 p_u 属于 S 有 $w(q) \geq 0$，尤其是对于 $w_{\max}(p_t) = w(p_u)$ 的路径 p_u。这意味着，$w(p_t) - w_{\max}(p_t) = w(p_t) - w(p_u) = w(q) \geq 0$。另外，$w(p_t) \leq w_{\max}(p_t)$，因此 $w(p_t) = w_{\max}(p_t)$。

下述定理给出了在搜索树上执行任一算法的最优性条件。

定理 5.1（搜索树算法的最优性） 令 G 为一个问题图，w 为其容许权重函数。那么，所有在问题图 G 上运行的有序搜索树算法满足：当选择 $p_t \in T$ 时，$w(p_t) = \delta(s,T)$。

证明：假设 $w(p_t) > \delta(s,T)$；即存在一条满足 $w(p_t') = \delta(s,T) < w(p_t)$ 的未被选择的解路径 $p_t' \in T$。终止时，这意味着存在一个遇到的满足 $p_t' = (p_u,q) \in T$ 的未扩展路径 $p_u \in S$。根据引理 5.1，有 $w_{\max}(p_u) \leqslant w(p_t') = \delta(s,T) \leqslant w(p_t) = w_{\max}(p_t)$，这与搜索树算法的定序和 p_t 的选择矛盾。

5.3 分支限界

分支限界（BnB）法是一个通用的规划范式，可用来解决困难的组合优化问题。分支是产生子问题的过程，限界是指忽略不优于当前最优解的部分解。为此，需要维护下界 L 和上界 U。由于解质量的全局控制值随着时间而改进，分支限界在解决优化性问题上是有效的，其中需要找到问题变量的一个耗费最优赋值。

为了在一般状态空间问题上应用分支限界搜索，我们关注利用上下界扩展的 DFS 算法。在这种情况下，分支对应于后继的产生，使得 DFS 算法可以被转换为产生一个分支限界搜索树。我们已经看到，获得问题状态 u 的下界 L 的一种方式是采用一个容许启发式 h，或简称 $L(u) = g(u) + h(u)$。通过构建任意解，可以获得一个初始的上界，如通过贪心方法构建一个解。

采用标准的 DFS 算法，首次得到的解可能不是最优的。但是，使用 DFBnB 算法，解的质量将会与目标值 U 一起随着时间的推移而改善，直到最终某个节点 u 的下界 $L(u) = U$ 为止。此时，也就找到了一个最优解，搜索终止。

DFBnB算法的实现方式如算法 5.3 所示。搜索开始时，以起始节点和上界 U 调用该程序，上界 U 被设定为某个合理的估值（此估值可能已经使用某种启发式获得；估值越小，搜索树剪枝越多，但是若无已知的上界，可以将其设置为 ∞）。全局变量bestPath跟踪实际的解路径。

Procedure DFBnB-Driver
Input：具有开始节点 s，权重函数 w，启发式 h，后继生成函数 Expand 和目标谓词 Goal 的隐式问题图
Output：到某个目标节点 $t \in T$ 的最短路径，如果路径不存在则返回 $\emptyset$

Initialize upper bound U ;;如 ∞
bestPath ← $\emptyset$;;初始化解路径
DFBnB(s,0,U)   ;;调用算法 5.4
return bestPath   ;;输出最优解路径

算法 5.3

深度优先分支限界算法

算法 5.4 描述了递归搜索程序。一种可选的算法优化方案是根据递增的 L 值对后继集合进行排序，这通常会有助于搜索加速，以便发现早期解。

Procedure DFBnB
Input：节点 u，路径耗费 g，上界 U
Side effects：更新的阈值 U，解路径 bestPath

if(Goal(u))   ;;发现目标
　if($g<U$)   ;;对当前最短路径的改进
　　bestPath←Path(u)   ;;记录解路径
　　$U \leftarrow g$;;更新全局最大值
else   ;;非目标节点
　Succ(u)←Expand(u)   ;;生成后继集合
　Let $\{v_0,v_1,\cdots,v_n\}$ be Succ(u), sorted according to h ;;优化搜索顺序
　for each j **in** $\{1,2,\cdots,n\}$;;对后继进行迭代
　　if ($g+h(v_j)<U$)   ;;应用上界剪枝
　　　DFBnB ($v,g+w(u,v),U$)   ;;递归调用

算法 5.4

深度优先分支限界子程序

定理 5.2（深度优先分支限界的最优性） 深度优先分支限界算法对容许权值函数是最优的。

证明：如果搜索过程中无剪枝发生，那么每个可能的解都会产生，这样最终可以找到最优解。基于 L 值进行孩子排序对算法的完备性不会产生影响，条件 $L(v_j)<U$ 用以确保节点的下界小于全局上界。否则，由于探索子树的容许权值函数产生的解不可能比 U 所存储的解更好，搜索树将被剪枝。

分支限界算法的一个突出优点是：可以控制期望解的质量，即使其尚未被发现。最优解的耗费至多为 U-L，小于计算得出的最佳解的耗费。

DFBnB 算法的一个原型示例是 TSP，如第 1 章所述。作为分支的一个选择，可以通过分配边到一个部分解产生搜索树，这样的话，可能会很快发现一个次优解。

这里，将图 5.1 的 TSP 与最小生成树启发式一起进行考虑，这对应的分支限界搜索树如图 5.2 所示。本示例中，我们选择了一个不对称的诠释和分支规则，此规则在可能情况下利用一条边来扩展部分解。若出现平局，左孩子优先，我们发现在第一次尝试中未找到最优解，所以 U 的第一个值是 15。经过一段时间发现最优解耗费为 14。这个例子对于下界而言太小，以至于无法根据条件 $L>U$ 对

搜索树进行剪枝。

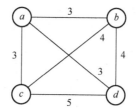

图 5.1　往返需要访问四个城市的 TSP

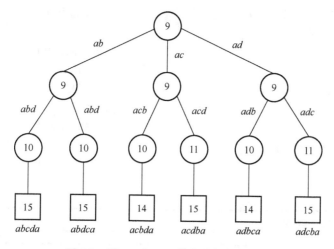

图 5.2　图 5.1 中 TSP 算法的分支限界树

类似于深度优先机制，也可以修改 BFS 算法为广度优先分支限界创建一个算法。该搜索按照广度优先的顺序扩展节点，并使用界限修剪搜索空间。

5.4　迭代加深搜索算法

从前面的分析可以看出，DFBnB 算法找到的第一个解不必是最优的。另外，启发式边界较弱的话，搜索也会变成穷举。深度优先迭代加深（DFID）算法试图控制此类问题。该搜索算法使用一系列搜索范围递增的深度优先搜索，来模仿一个广度优先搜索。它结合了 BFS 算法的最优性以及 DFS 算法的低空间复杂性特点。其求解耗费维持在一个连续递增的全局阈值 U 中，其上界是递归 DFS 算法扩展节点的开销。

算法的主循环（见算法 5.5）维护 U 和 U'，这里 U 是下一次迭代的界限。算法通过反复调用算法 5.6 的 DFID 算法子程序来搜索阈值搜索树中的最优目标路

径 p_t。对于全局变量 U' 则更新为所有生成节点的最小权值（除了当前迭代中未扩展节点以外），并为下次迭代产生新的阈值 U。需要注意的是，如果图是无目标且是无限的，则该算法将会一直运行下去；如果图是有限的，则 f 值也将是有界的，那么当 U 达到此值时，U' 将不会更新，并在最后一次搜索迭代之后变为 ∞。与 A* 算法相比，DFID 算法可以跟踪堆栈上的解，从而可忽略前驱链接（见第 2 章）。

Procedure DFID-Driver
Input：具有开始节点 s，权重函数 w，启发式 h，后继生成函数 Expand 和目标谓词 Goal 的隐式问题图
Output：到某个目标节点 $t \in T$ 的最短路径，如果路径不存在则返回 $\emptyset$

$U' \leftarrow 0$;;初始化全局阈值
bestPath $\leftarrow \emptyset$;;初始化解路径
while(bestPath=$\emptyset$ and $U' \neq \infty$) ;;没有发现目标，还有未探索节点
  $U \leftarrow U'$;;重设阈值
  $U' \leftarrow \infty$;;初始化新的全局阈值
  bestPath $\leftarrow$ DFID$(s,0,U)$;;在 s 上调用算法 5.6
return bestPath ;;以解路径终止

算法 5.5

深度优先迭代加深算法

Procedure DFID
Input：节点 u，路径长度 g，上界 U
Output：解路径，如果没有找到解路径则返回 $\emptyset$
Side effects：更新阈值 U'

if(Goal(u)) ;;发现目标
  return (u) ;;输出解路径
Succ(u) $\leftarrow$ Expand(u) ;;生成后继集合
for each v **in** Succ(u) ;;对于所有后继
  if($g+w(u,v) \leq U$) ;;节点在阈值树内
    $p \leftarrow$ DFID$(v,g+w(u,v),U)$;;递归调用
    if($p \neq \emptyset$) **return** (u,p) ;;找到解路径
  else if($g+w(u,v)<U'$) $U' \leftarrow g+w(u,v)$;;设置新阈值

算法 5.6

DFIF 搜索的 DFS 子程序

现在考虑图 5.3 的例子，它是第 1 章中介绍的一个示例图的加权版本。表 5.1 给出了 DFID 在这个图上的执行过程。以子程序的挂起调用的形式提供搜索前沿的内容。为简明起见，假设节点 u 的前驱不会再次生成（为 u 的后继），且在递归调用之前更新 U' 的值。

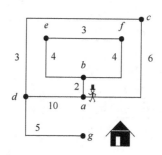

图 5.3 起始节点 a 和目标节点 g 的加权图的例子

表 5.1 图 5.3 例子中（带前驱消除的）DFID 算法步骤

步骤	迭代	选择	挂起的调用	U	U'	备注
1	1	{}	{(a,0)}	0	∞	
2	1	a	{}	0	2	$g(b), g(c)$，且 $g(d) > U$
3	2	{}	{(a,0)}	2	∞	新迭代开始
4	2	a	{(b,2)}	2	6	$g(c)$ 且 $g(d) > U$
5	2	b	{}	2	6	$g(e)$ 且 $g(f) > U$
6	3	{}	{(a,0)}	6	∞	新迭代开始
7	3	a	{(b,2),(c,6)}	6	10	$g(d) > U$
8	3	b	{(e,6),(f,6),(c,6)}	6	10	
9	3	e	{(f,6),(c,6)}	6	10	$g(f) > U$
10	3	f	{(c,6)}	6	10	$g(e) > U$
11	3	c	{}	6	9	$g(d)$
12	4	{}	{(a,0)}	9	∞	新迭代开始
13	4	a	{(b,2),(c,6)}	9	10	$g(d) > U$
14	4	b	{(c,6),(e,6),(f,6)}	9	10	
15	4	c	{(e,6),(f,6),(d,9)}	9	10	
16	4	e	{(f,6),(d,9),(f,9)}	9	10	
17	4	f	{(d,9),(f,9),(e,9)}	9	10	
18	4	d	{(f,9),(e,9)}	9	10	$g(g)$ 且 $g(c) > U$
19	4	f	{(e,9)}	9	10	$g(b) > U$
20	4	e	{(d,9)}	9	10	$g(b) > U$
⋮	⋮	⋮	⋮	⋮	⋮	⋮

续表

步骤	迭代	选择	挂起的调用	U	U'	备注
44	7	{}	{(a,0)}	14	∞	新迭代开始
45	7	a	{(b,2),(c,6),(d,10)}	14	∞	
46	7	b	{(c,6),(d,10),(e,6),(f,6)}	14	∞	
47	7	c	{(d,10),(e,6),(f,6)}	14	∞	
48	7	d	{(e,6),(f,6),(e,9),(c,13)}	14	15	$g(g)>U$
49	7	e	{(f,6),(d,9),(c,13),(f,9)}	14	15	
50	7	f	{(d,9),(c,13),(f,9),(e,9)}	14	15	
51	7	d	{(c,13),(f,9),(e,9),(g,14)}	14	15	
52	7	c	{(f,9),(e,9),(g,14)}	14	15	$g(a)>U$
53	7	f	{(e,9),(g,14),(b,13)}	14	15	
54	7	e	{(g,14),(b,13),(b,13)}	14	15	
55	7	g	{(b,13),(b,13)}	14	15	到达目标

定理 5.3（深度优先迭代加深的最优性） 对于具有容许权值函数的单位耗费图，算法 DFID 是最优的。

证明： 需要表明通过假设边的均匀权值，DFID 算法是有序的。在 while 迭代次数 k 上进行归纳证明。令 E_k 是在迭代 k 中新遇到的路径集合，R_k 为所有已生成但并未扩展的路径集合。此外，设 U_k 是迭代 k 的阈值。首次迭代后，对所有的 $p \in E_1$，我们有 $w_{\max}(p)=0$。并且，对所有的 $q \in R_1$，我们有 $w_{\max}(q)=1$。对所有的 $p \in E_k$，令 $w_{\max}(p)=U_k=k-1$。这意味着对 R_k 中所有的 q 有 $w_{\max}(q)>U_k$。因此 $U_{k+1}=\min_{q \in R_k}\{w_{\max}(q)\}=k$。对于所有的 $p \in E_{k+1}$，有 $w_{\max}(p)=U_{k+1}=k$。因此，对于所有的 $p \in E_{k+1}$，条件 $U_k<w_{\max}(p)=U_{k+1}$ 满足。因此，DFID 算法是有序的。

5.5 迭代加深 A*算法

迭代加深 A*(IDA*)算法是在 DFID 算法思想基础上，通过引入估值 h 扩展到启发式搜索的。当内存需求不允许直接运行 A*算法时，最常用 IDA*算法替代。对于 DFID 算法，当隐式问题图是一棵树时，算法最有效。在这种情况下，无需重复检测，算法消耗空间与解长度呈线性关系。

算法 5.7 和算法 5.8 以伪代码的形式提供了 IDA*算法的一种递归实现：值 $w(u,v)$ 是边 (u,v) 的权值，$h(u)$ 和 $f(u)$ 分别是节点 u 的启发式估计和组合耗费。在一个深度优先搜索阶段，只有 f 值不大于 U（当前阈值）的节点被扩展。同时，该算法为下次迭代维持阈值的一个上界 U'。这个阈值为大于当前阈值 U 的已生成节点的最小 f 值。这个界限的最小增加保证下次迭代至少扩展一个新节点。而且，它保证我们能够在遇到第一个解时停止。这个解必须确实是最优的，由于在最后一次迭代中未发现 f 值小于或等于 U 的解，U' 是之前未探索的任意路径的最小耗费。

Procedure IDA*-Driver
Input：具有开始节点 s，权重函数 w，启发式 h，后继生成函数 Expand 和目标谓词 Goal 的隐式问题图
Output：到某个目标节点 $t \in T$ 的最短路径，如果路径不存在则返回 $\emptyset$

$U' \leftarrow h(s)$;;初始化全局阈值
bestPath $\leftarrow \emptyset$;;初始化解路径
while (bestPath=$\emptyset$ **and** $U' \neq \infty$) ;;没有发现目标，还有未探索节点
  $U \leftarrow U'$;;重设全局阈值
  $U' \leftarrow \infty$;;初始化新的全局阈值
  bestPath $\leftarrow$ IDA*($s, 0, U$) ;;在 s 调用算法 5.8
return bestPath ;;以解路径终止

算法 5.7

IDA*算法的主循环

Procedure IDA*
Input：节点 u，路径长度 g，上界 U
Output：到某个目标节点 $t \in T$ 的最短路径，如果路径不存在则返回 $\emptyset$
Side effects：更新阈值 U'

if(Goal(u)) **return** Path(u) ;;终止搜索
Succ(u) $\leftarrow$ Expand(u) ;;生成后继集合
for each v **in** Succ(u) ;;对于所有后继
  if($g+w(u,v)+h(v) > U$) ;;耗费超过了旧的界限
    if($g+w(u,v)+h(v) < U'$) ;;耗费小于新的界限
      $U' \leftarrow g+w(u,v)+h(v)$;;更新新的界限
  else ;;f 值低于当前阈值
    $p \leftarrow$ IDA*($v, g+w(u,v), U$) ;;递归调用
    if($p \neq \emptyset$) **return**(u, p) ;;找到解
rerurn $\emptyset$;;不存在路径

算法 5.8

IDA*算法无重复检测

表 5.2 追踪 DFID 算法在示例图上的执行。注意，启发式显著降低了搜索量，从 DFID 算法的 55 步降到了 IDA*算法的 7 步。

表5.2 图 5.3 中例子的（带前驱消除的）IDA*算法的步骤（括号内的数字代表 f 值）

步骤	迭代	选择	挂起的调用	U	U'	备注
1	1	{}	{(a,11)}	11	∞	$h(a)$
2	1	a	{}	11	14	$f(b), f(d)$, 和 $f(c)$ 比 U 大
3	2	{}	{(a,11)}	14	∞	新迭代开始
4	2	a	{(c,14)}	14	15	$f(b), f(d) > U$
5	2	c	{(d,14)}	14	15	
6	2	d	{(g,14)}	14	15	$f(a) > U$
7	2	g	{}	14	15	到达目标

f 值越多样化，通过重复评估引入的开销就越大。因此，在实际应用中，迭代加深受限于具有少量不同整数权值的图。尽管如此，它在许多应用中表现良好。例如，使用曼哈顿距离启发式实现的迭代加深首次解决了 15 数码（Fifteen-Puzzle）问题的随机实例。由于不再重新生成与节点前驱相等的后继节点，这将产生问题图的最短回路长度缩减为 12，因而，起码对于浅度搜索该空间"几乎"是一棵树。

定理 5.4（迭代加深 A*的最优性）对于具有容许权值函数的图，IDA*算法是最优的。

证明：证明 IDA*算法是有序的。对 while 迭代次数 k 进行归纳证明。设 E_k 是在迭代 k 中新近遇到的路径集合，R_k 为所有已生成但未扩展的路径集合。此外，令 U_k 是第 k 次迭代的阈值。

首次迭代后，对所有的 $p \in E_1$，有 $w_{\max}(p) = U_1$。并且，对所有的 $q \in R_1$，有 $w_{\max}(q) > U_1$。对所有的 $p \in E_k$，令 $w_{\max}(p) = U_k$。这意味着对 R_k 中所有的 q 有 $w_{\max}(q) > U_k$。因此 $U_{k+1} = \min_{q \in R_k} \{w_{\max}(q)\}$。对所有的 $p \in E_{k+1}$，有 $w_{\max}(p) = U_{k+1}$，这是由于假设反命题与 $w_{\max}$ 的单调性矛盾，因为只有 $w(p) < U_{k+1}$ 的路径 p 是新扩展的。因此，对所有的 $p \in E_{k+1}$，满足条件 $U_k < w_{\max}(p) = U_{k+1}$。因此，IDA*算法是有序的。

但是，如果搜索空间是一个图，则路径数量会比节点数量多指数倍；另外，节点也会源于不同的父节点被多次扩展。由此可以看出，重复检测非常重要。此外，在最差情况下，每次迭代 IDA*算法仅扩展一个新节点。考虑一个由路径 $p = (v_1, v_2, \cdots, v_k)$ 表示的线性空间搜索，若 n_{A^*} 表示 A*算法扩展的节点数，那么 IDA*算法将多扩展 $\Omega((n_{A^*})^2)$ 个节点。这种最坏情况并不仅限于列表。如果搜索树中的所有节点有不同的优先级（如果权值函数是有理数，这种情况很常见），IDA*算法也会降低到扩展 $\Omega((n_{A^*})^2)$ 个节点。

5.6　IDA*搜索算法的预测

本节将考虑树形问题空间。之所以考虑这一点是基于以下原因，许多搜索空间本质上是图，但是 IDA*搜索算法会探索到达给定节点的每条路径，并按 5.5 节所述的搜索树进行搜索；鉴于搜索空间的规模，重复检测的完整性无法得到保证。

蛮力搜索树的规模由解的深度 d 及其分支因子 b 进行表征。回顾前面的知识，我们知道，节点的分支因子也就是它的子节点个数。但是，在大多数树中，不同的节点会有不同子节点数量。针对这种情况，定义渐近分支因子，可表示为：当深度趋于无穷大的极限情况下，一个给定深度的节点个数除以下一较浅深度的节点个数。

5.6.1　渐近分支因子

考虑 1.7.2 节中描述的具有两个修剪规则的魔方问题。这里，将立方体的面分为两大类；旋转第一面后，可以旋转任何一个第二面，而旋转第二面之后无法立即旋转其相反的第一面。将最后一次移动是旋转第一面的节点称为 1 型节点，而将那些最后一次移动时旋转第二面的节点称为 2 型节点。这两种类型的分支因子分别为 12 和 15，这也给出了渐近分支因子的边界。

为了精确确定渐进分支因子，我们需要 1 型节点和 2 型节点的比值。在深度很大的极限情况下，定义 1 型节点的均衡比率为：给定深度的 1 型节点个数除以该深度所有节点的数量。2 型节点的均衡比率等于 1 减去 1 型节点的均衡比率。均衡比率不是 1/2：因为每个 1 型节点产生 $2\times3=6$ 个 1 型节点后代和 $3\times3=9$ 个 2 型节点后代，其区别在于不能再次旋转同一个第一面。每个 2 型节点产生 $2\times3=6$ 个 1 型节点和 $2\times3=6$ 个 2 型节点，由于接下来无法旋转对立的第一面或同一个第二面。因此，给定深度的 1 型节点数目是前一深度的 1 型节点数目的 6 倍。给定深度的 2 型节点数目是前一深度的 1 型节点数目的 9 倍加上前一深度的 2 型节点数目的 6 倍。

在给定深度下，令 f_1 为 1 型节点的比率，$f_2=1-f_1$ 为 2 型节点的比率。若 n 为该深度下的节点总数，则该深度下有 nf_1 个 1 型节点和 nf_2 个 2 型节点。在深度很大的极限情况下，1 型节点的比率将收敛到均衡比率，并保持不变。因此，在深度很大时，有

$$f_1 = \frac{6nf_1 + 6nf_2}{6nf_1 + 6nf_2 + 9nf_1 + 6nf_2} = \frac{6f_1 + 6f_2}{15f_1 + 12f_2} = \frac{6}{3f_1 + 12} = \frac{2}{f_1 + 4_2}$$

交叉相乘得到二次方程 $f_1^2 + 4f_1 = 2$，其正根为 $f_1 = \sqrt{6} - 2 = 0.44949$。这给出的渐近分支因子为 $15 \times f_1 + 12 \times (1 - f_1) = 3\sqrt{6} + 6 \approx 13.34847$。

一般而言，这种分析生成一个联立方程系统。对另一个例子，考虑 5 数码问题，这是一个著名的拼图谜题，其 2×3 版本如图 5.4（a）所示。在这个问题中，节点的分支因子取决于空白所在位置。位置被标记为 s 和 c，分别表示边位置和角位置（图 5.4（b））。我们将不生成节点的父节点作为其子节点，以避免重复节点表示同一个状态，这需要跟踪当前和之前的空白位置。令 cs 表示空白当前在一个边位置且上一个空白位置是一个角位置的节点。类似地定义 ss、sc 和 cc 节点。因为每个 cs 和 ss 节点具有两个孩子，且每个 sc 和 cc 节点仅有一个孩子，我们需要知道这些不同类型节点的均衡比率以确定渐近分支因子。图 5.4（c）显示了不同类型的状态，箭头指示它们生成的孩子的类型。例如，从 ss 节点到 sc 节点的双箭头表示每个 ss 节点在下一等级产生两个 sc 节点。

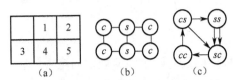

图 5.4 2×3 联立方程系统

（a）5 数码问题；（b）空白的角位置和边位置的位置类型，未剪枝的搜索；
（c）具有前驱剪枝的搜索。

令 $N(t,d)$ 是搜索树中深度 d 下 t 类型节点的数量。则从图 5.4 可得下列递推关系。例如，最后一个方程来源于这样一个事实，即从 ss 节点到 sc 节点有两个箭头，从 cs 节点到 sc 节点有一个箭头即

$$\begin{cases} N(cc,d+1) = N(sc,d) \\ N(cs,d+1) = N(cc,d) \\ N(ss,d+1) = N(cs,d) \\ N(sc,d+1) = 2N(ss,d) + N(cs,d) \end{cases}$$

初始条件为：首次移动要么生成一个 ss 节点和两个 sc 节点，要么生成一个 cs 节点和一个 cc 节点，这分别取决于空白开始于边位置或角位置。

计算分支因子的一个简单方式是数值计算这些递推的连续项，直到不同状态类型的相对频率收敛。设 f_{cc}、f_{cs}、f_{ss} 和 f_{sc} 分别为在给定深度下每种类型节点的数量除以该深度下总的节点数量。经过 100 次迭代后得到均衡比率 $f_{cc} = 0.274854$、$f_{cs} = 0.203113$、$f_{ss} = 0.150097$ 且 $f_{sc} = 0.371936$。由于 cs 和 ss 状态分别生成了两个孩子，其他状态每个生成了一个孩子，因而渐进分支因子为

$f_{cc} + 2 \cdot f_{cs} + 2 \cdot f_{ss} + f_{sc} = 1.35321$。或者,也可以简单地计算两个连续深度下总节点数之比以得到分支因子。这个算法的运行时间为不同类型状态数量(如这种情况下是 4 个)和搜索深度的乘积。相比之下,搜索实际树到深度 100 将生成超过 10^{13} 个状态。

为精确计算分支因子,假设均衡比率最终收敛到一个常量,这样递推就产生一组方程。令 b 表示渐近分支系数,则递归重写为如下方程组,最后一个方程将均衡比率的总和限制为 1,即

$$\begin{cases} bf_{cc} = f_{sc} \\ bf_{cs} = f_{cc} \\ bf_{ss} = f_{cs} \\ bf_{sc} = 2f_{ss} + f_{cs} \\ 1 = f_{cc} + f_{cs} + f_{ss} + f_{sc} \end{cases}$$

对于具有 5 个方程、5 个未知变量的系统,重复替换以消除变量,可将其约减为一个方程 $b^4 + b - 2 = 0$,它的一个解为 $b \approx 1.35321$。一般情况下,多项式的次数将是不同类型状态的数量。对于没有前驱消除的 15 数码问题,一般有三种类型状态,即节点分支因子为 2 的 c 节点、节点分支因子为 3 的边节点或 s 节点、节点分支因子为 4 的中间节点或 m 节点。图 5.5 给出了 8 数码、15 数码和 24 数码转换图的类型。

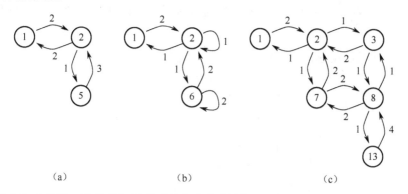

(a) (b) (c)

图 5.5 8 数码、15 数码和 24 数码的状态类型转换图;节点标记对应于谜题的目标状态的滑块标记;权值代表沿着边产生的后继的数量

(a) 8 数码的状态类型转换图;(b) 15 数码的状态类型转换图;
(c) 24 数码的状态类型转换图。

不过对于 24 数码问题,两个边状态或两个中间状态的搜索树或许会不同。在这种情况下需要 6 种类型,根据图 1.10 的滑块标记可知这些类型中空白位于 1、2、3、7、8 和 13。一般情况下(不带前驱消除的)n^2-1 数码问题中不同节点分支类型的数目为

$$\sum_{i=0}^{\lceil n/2 \rceil} i = \binom{\lceil n/2 \rceil}{2} = \lceil n/2 \rceil (\lceil n/2 \rceil - 1)/2$$

这仍然比根据一次因子分解的 n^2 个等价类的分割要好（节约大约 1/8），当然，也比整个搜索空间的 $(n^2)!/2$ 要好（指数级节约）。

令 F 为节点频率向量，P 是状态类型图 G 的矩阵表示的转置矩阵，隐含的数学问题就变成了一个特征值问题。对于单位矩阵 I，变换 $bF = PF$ 得到 $0 = (P - bI) = 0$。b 的解为特征方程 $\det(P - bI) = 0$ 的根，其中 $\det$ 为矩阵的行列式。由于 $\det(P - bI) = \det(P^T - bI)$，等价图矩阵的变换维持 b 的值。对于具有角节点、边节点和中间节点的 15 数码问题，有

$$\det \begin{pmatrix} 0-b & 2 & 0 \\ 1 & 1-b & 1 \\ 0 & 2 & 2-b \end{pmatrix} = 0$$

上式可简化为 $(1-b)(b-2)b + 4b - 4 = 0$。该方程的解为 1、$1+\sqrt{5} = 3.236067978$ 和 $1-\sqrt{5} = -1.236067978$。$1+\sqrt{5}$ 的值与渐近分支因子的实验数据相匹配。

等式 $N^{(d)} = PN^{(d-1)}$ 展开后为 $N^{(d)} = P^d N^{(0)}$，可以简要地概括出如何针对很大的 d 值计算 P^d。若存在一个可逆矩阵 C 和一个对角矩阵 Q 使得 $P = CQC^{-1}$，则矩阵 P 可对角化。由于 $P^d = CQ^d C^{-1}$（消除剩余项 $C^{-1}C$），可以简化 P^d 的计算。通过 Q 的对角形，Q^d 的值可通过简单地对矩阵元素 $q_{i,i}$ 求 d 次幂获得。这些元素为 P 的特征值。

对于 15 数码问题，基本转换矩阵 C 及其逆 C^{-1} 分别为

$$C = \begin{pmatrix} 1 & -1 & 1 \\ 1-\sqrt{5} & -1 & 1+\sqrt{5} \\ 3/2 - 1/2\sqrt{5} & 1 & 3/2 + 1/2\sqrt{5} \end{pmatrix}$$

$$C^{-1} = \begin{pmatrix} 1/50(5+3\sqrt{5})\sqrt{5} & -1/50(5+\sqrt{5})\sqrt{5} & 1/5 \\ -2/5 & -1/5 & 2/5 \\ 1/50(-5+3\sqrt{5})\sqrt{5} & -1/50(-5+\sqrt{5})\sqrt{5} & 1/5 \end{pmatrix}$$

节点数向量为

$$N^{(d)} = \begin{pmatrix} 1/50(1-\sqrt{5})^d(5+3\sqrt{5})\sqrt{5} + 2/5 \\ +1/50(1+\sqrt{5})^d(-5+3\sqrt{5})\sqrt{5} \\ 1/50(1-\sqrt{5})(1-\sqrt{5})^d(5+3\sqrt{5})\sqrt{5} + 2/5 \\ +1/50(1+\sqrt{5})(1+\sqrt{5})^d(-5+3\sqrt{5})\sqrt{5} \\ 1/50(3/2-1/2\sqrt{5})(1-\sqrt{5})^d(5+3\sqrt{5})\sqrt{5} - 2/5 \\ +1/50(3/2+1/2\sqrt{5})(1+\sqrt{5})^d(-5+3\sqrt{5})\sqrt{5} \end{pmatrix}$$

则在深度 d 中节点总数的精确值为

$$1/50(7/2-3/2\sqrt{5})(1-\sqrt{5})^d(5+3\sqrt{5})\sqrt{5}+2/5$$
$$+1/50(7/2+3/2\sqrt{5})(1+\sqrt{5})^d(-5+3\sqrt{5})\sqrt{5}$$

角节点个数（1, 0, 2, 2, 10, 26, 90,…），边节点个数（0, 2, 2, 10, 26, 90, 282,…），中间节点个数（0, 0, 6, 22, 70, 230,…）增长符合预期。在 d 值很大的极限情况下，最大特征值 $1+\sqrt{5}$ 将主导搜索树的增长。

当搜索中包含剪枝时，基本图结构的对称性可能会受到影响，这里考虑 8 数码问题。前驱消除的邻接矩阵现在包括四类：cs、sc、mc 和 cm，其中 ij 类表示在搜索树中 j 节点的前驱是一个 i 节点，m 代表中心位置。

$$\begin{pmatrix} 0 & 1 & 0 & 0 \\ 1 & 0 & 0 & 1 \\ 2 & 0 & 0 & 0 \\ 0 & 0 & 3 & 0 \end{pmatrix}$$

在这种情况下，无法根据实数集推断可对角化性。但是由于迭代过程是实数，故分支因子是一个正实数。因此，可以执行所有的计算来预测具有复杂数量的搜索树的增长，为此进行特征多项式因式分解。分支因子和搜索树生长可以进行解析计算并且迭代过程最终收敛。

在这个例子中，（复数）特征值集合为 $i\sqrt{2}, -i\sqrt{2}, \sqrt{3}$ 和 $-\sqrt{3}$。因此，渐进分支因子为 $\sqrt{3}$。向量 $N^{(d)}$ 可以表示为

$$\begin{pmatrix} 1/5(i\sqrt{2})^d+1/5(-i\sqrt{2})^d+3/10(\sqrt{3})^d+3/10(-\sqrt{3})^d \\ -1/10i\sqrt{2}(i\sqrt{2})^d+1/10i\sqrt{2}(-i\sqrt{2})^d+1/10\sqrt{3}(\sqrt{3})^d-1/10\sqrt{3}(-\sqrt{3})^d \\ 3/20i\sqrt{2}(i\sqrt{2})^d-3/20i\sqrt{2}(-i\sqrt{2})^d+1/10\sqrt{3}(\sqrt{3})^d-1/10\sqrt{3}(-\sqrt{3})^d \\ 1/10(i\sqrt{2})^d-1/10(-i\sqrt{2})^d+1/10(\sqrt{3})^d+1/10(-\sqrt{3})^d \end{pmatrix}$$

最终，深度 d 中的节点总数为

$$n^{(d)}=1/5(1/2+1/4i\sqrt{2})(i\sqrt{2})^d+1/5(1/2-1/4i\sqrt{2})(-i\sqrt{2})^d$$
$$+1/10(4+2\sqrt{3})(\sqrt{3})^d+1/10(4-2\sqrt{3})(-\sqrt{3})^d$$

对于小的 d 值，值 $n^{(d)}$ 等于 1, 2, 4, 8, 10, 20, 34, 68, 94, 188 等。

表 5.3 给出了直至 10×10 的 n^2-1 数码问题的偶数深度和奇数深度分支因子。当 $n\to\infty$ 时，所有的值收敛到 3，即一个无穷的滑块拼图谜题的分支因子，这是由于大多数位置有四个邻居，其中一个是之前的空白位置。

表 5.3 带前驱消除的 n^2-1 数码问题的渐近分支因子；最后一列是几何平均（它们乘积的平方根）；整体分支因子的最佳估计

n	n^2-1	偶数深度	奇数深度	均值
3	8	1.5	2	$\sqrt{3}$
4	15	2.1304	2.1304	2.1304
5	24	2.30278	2.43426	2.36761
6	35	2.51964	2.51964	2.51964
7	48	2.59927	2.64649	2.62277
8	63	2.69590	2.69590	2.69590
9	80	2.73922	2.76008	2.74963
10	99	2.79026	2.79026	2.79026

在一些问题空间中，每个节点具有相同的分支因子。在其他空间中，每个节点可能具有不同的分支因子，这需要进行穷举搜索来计算平均分支因子。前面描述的技术决定了中间情况下蛮力搜索树的大小，其中有少量的不同类型状态，其产生遵循正则模式。

5.6.2 IDA*算法搜索树预测

我们通过节点扩展数量来测量 IDA*算法的时间复杂度。如果一个节点可以被扩展并且其孩子可以在常数时间内被评估，则 IDA*算法的渐近时间复杂度只是扩展的节点数量。否则，其复杂度为扩展的节点数量与扩展一个节点所需时间的乘积。给定一个一致的启发式函数，A*算法和 IDA*算法二者都必须扩展所有总耗费 $f(u) = g(u) + h(u)$ 小于 c 的节点，c 为最优解耗费。一些具有最优解耗费的节点也可能被扩展，直到选择扩展一个目标节点时算法终止。换句话说，$f(u) < c$ 是 A*算法和 IDA*算法扩展节点 u 的一个充分条件，$f(u) \leq c$ 是一个必要条件。对于最差情况下分析，我们采用较弱的必要条件。

理解节点扩展条件的一种简单方法是：任何保证最优解的搜索算法必须继续扩展每一条可能的解路径，只要该路径小于最优解耗费。在 IDA*算法的最后一次迭代中，耗费阈值将等于最优解耗费 c。最差的情况下，IDA*算法将扩展 $f(u) = g(u) + h(u) \leq c$ 的所有节点。我们将在后面看到这个最后的迭代决定了 IDA*算法的总体渐近时间复杂度。

我们通过问题空间中节点的启发式值的分布来描述一个启发式函数。换句话说，需要知道启发式值为 0 的状态个数、启发式值为 1 的状态个数、启发式值为 2 的状态个数等。同样，可以通过参数集合 $D(h)$ 指定该分布，这是启发式值小于

或等于 h 的问题的总状态比例。这个值的集合称为启发式的总体分布，$D(h)$ 也可以定义为从问题空间所有状态中随机、均匀地选择出一个状态，其启发式值小于或等于 h 的概率。启发式 h 的范围可以从零到无穷大，但对于所有大于或等于启发式最大值的 h 值，$D(h)=1$。表 5.4 显示了 5 数码问题中曼哈顿距离启发式的总体分布。

表 5.4 5 数码问题的曼哈顿距离的启发式分布：第一列给出了启发式值；第二列给出了具有每个启发式值的 5 数码问题的状态数量；第三列给出了具有给定或更小启发式值的状态数量，这是第二列中值的简单累加和；第四列是整体启发式分布 $D(h)$，这些值通过将第三列的值除以 360（问题空间中状态总数）得到，剩下的列在正文中介绍

h	状态	累加和	$D(h)$	角	边	角累计个数	边累计个数	$P(h)$
0	1	1	0.002778	1	0	1	0	0.002695
1	2	3	0.008333	1	1	2	1	0.008333
2	3	6	0.016667	1	2	3	3	0.016915
3	6	12	0.033333	5	1	8	4	0.033333
4	30	42	0.116667	25	5	33	9	0.115424
5	58	100	0.277778	38	20	71	29	0.276701
6	61	161	0.447222	38	23	109	52	0.446808
7	58	219	0.608333	41	17	150	69	0.607340
8	60	279	0.775000	44	16	194	85	0.773012
9	48	327	0.908333	31	17	225	102	0.906594
10	24	351	0.975000	11	13	236	115	0.974503
11	8	359	0.997222	4	4	240	119	0.997057
12	1	360	1.000000	0	1	240	120	1.000000

对任意启发式，总体分布很容易获得。对于以模式数据库形式实现的启发式，可以通过扫描该表来准确确定分布。另外，对于通过函数计算得到的启发式，如大型滑块拼图问题中的曼哈顿距离，可以随机采样问题空间估计总体分布到任何期望的精确度。对于通过几个不同启发式求最大值获得的启发式，假设每个启发式值是独立的，通过每个启发式的分布来近似该组合启发式的分布。

启发式函数的分布不是其精确性的衡量标准，且很少提及启发式值与实际耗费的关联。启发式的准确性及其分布唯一的联系是，给定两个容许启发式，平均值较高的启发式将比值较小的启发式更精确。

虽然总体分布最容易理解，但 IDA*算法的复杂度因可能不同的分布而异。平衡分布 $P(h)$ 定义为：在深度很大的条件下，在蛮力搜索树的给定深度的所有节

点中，随机、均匀地选择一个节点，其启发式值小于或等于 h 的概率。

如果问题的所有状态在搜索树的很大深度中以相同的频率出现，则均衡分布与总体分布一致。例如，魔方的搜索树就是这种情况。不过，一般而言，均衡分布可能不等于整体分布。例如，在 5 数码问题中，总体分布假设所有状态以及所有空白位置是等可能的。在搜索树的较深层级上，在超过 1/3 的节点中空白位于边位置，少于 2/3 的节点中空白位于角位置。在很大深度的限制下，边位置的均衡频率为 $f_s = f_{cs} + f_{ss} = 0.203113 + 0.150097 = 0.35321$。同样地，角位置的频率为 $f_c = f_{cc} + f_{sc} = 0.274854 + 0.371936 = 0.64679 = 1 - f_s$。因此，为了计算均衡分布，我们不得不考虑这些均衡比率。表 5.4 中标记 corner 和 side 的第五和第六列针对每个启发式值分别给出了空白位于角位置或边位置的状态个数。第七和第八列给出了启发式值小于或等于每个特定启发式值的角和边状态的累计个数。最后一列给出了均衡分布 $P(h)$，某个节点启发式值小于或等于 h 的概率 $P(h)$为：它是角节点的概率 0.64679 乘以其启发式值小于等于 h 的概率，加上它是边节点的概率 0.35321 乘以其启发式值小于等于 h 的概率。例如，$P(2) = 0.64679 \times (3/240) + 0.35321 \times (3/120) = 0.016915$。这不同于整体分布 $D(2) = 0.016667$。

均衡启发式分布不是问题的一个属性，而是问题空间的一个属性。例如，将一个节点的父节点作为其后代，这会改变不同类型状态的均衡比率，从而影响均衡分布。当均衡分布不同于整体分布时，仍然可以从模式数据库评估均衡分布，或通过问题空间的随机抽样结合不同类型的状态的均衡比率来评估。

为了给主要结论提供一些直观认识，图 5.6 给出了一个利用 IDA*算法求解抽象问题实例迭代产生搜索树的示意图，其中所有的边耗费都是 1 个单位。这里假设每个节点生成两个子节点，且其中一个启发式值小于或等于父节点的启发式值，另一个的启发式值大于父节点的启发式值。例如，在深度为 3 的节点中启发式值为 2 的有 6 个，其中有一个节点的父节点启发式值为 1，有两个节点的父节点启发式值为 2，有三个节点的父节点启发式值为 3。在这个例子中，启发式的最大值是 4，起始状态的启发式值是 3。

在分析中，假设启发式是一致的。基于这个原因，并且由于该例子中所有的边具有单位耗费（对所有的 u,v，$w(u,v) = 1$），一个孩子的启发式值必须至少是其父节点的启发式值减 1。我们对 IDA*算法的这个迭代假设 8 次移动的截止阈值。实箭头表示能育节点，这些节点将被扩展，虚箭头表示不育节点，由于它们的总耗费 $f(u) = g(u) + h(u)$ 超过了截止阈值，因此这些不育节点不会被扩展。

图 5.6 最右边的值显示了在每个深度上扩展的节点数量，即当前深度下能育节点的数量。N_i 是蛮力搜索树中深度 i 上的节点数，$P(h)$ 是均衡启发式分布。生成的节点数量为分支因子乘以扩展的数量。

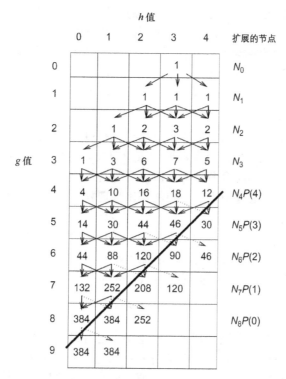

图 5.6 分析 IDA*算法的采样树（纵轴表示一个节点的深度，这也是其 g 值，横轴表示一个节点的启发式值。每个盒子表示在同一深度具有相同启发式值的节点集合，以这种节点的数量标记，箭头表示父节点和孩子节点集合的关系。粗对角线将能育与不育节点分开）

从上到下考虑这个图。深度 0 中有一个根节点，该节点生成了 N_1 个孩子。这些节点在深度 2 上共同生成了 N_2 个后代。因为截止阈值为 8 次移动，故在最坏情况下，所有总耗费为 $f(u) = g(u)+h(u) \leq 8$ 的 n 个节点将会被扩展。因为 4 是最大的启发式值，所有深度为 8-4 = 4 以下的节点都将会被扩展。因此，对于 $d \leq 4$，深度 d 上扩展的节点数量将为 N_d，与蛮力搜索中一样。因为 4 是最大启发式值，因此 $P(4)=1$，因此 $N_4 P(4) = N_4$。

深度 5 上扩展的节点为能育节点，或者是那些 $f(u) = g(u)+h(u) = 5+h(u) \leq 8$ 或 $h(u) \leq 3$ 的节点。在足够大的深度上，启发式值的分布收敛为均衡分布。假设深度 5 上的启发式分布近似为均衡分布，深度 5 上 $h(u) \leq 3$ 的节点比例大约是 $P(3)$。由于深度 4 上所有节点被扩展，深度 5 上的节点总数为 N_5，并且能育节点量为 $N_5 P(3)$。

深度 6 上存在启发式值 0~4 的节点，但它们的分布不同于均衡分布。特别地，相对均衡分布，启发式值为 3 和 4 的节点是未被充分表示的，这是因为这些节点是由启发式值从 2 到 4 的父节点生成的。然而，在深度 5 中启发式值为 4 的节点是不育的，它们在深度 6 上不产生后代，从而降低了深度 6 上启发式值为 3 和 4 的节点数量。然而深度 6 中启发式值 $h(u)\leq 2$ 的节点数量完全不受任何剪枝的影响，这是由于它们的父节点是深度 5 中 $h(u)\leq 3$ 的节点，这些节点均是能育的。换句话说，深度 6 中 $h(u)\leq 2$ 的节点（这些节点为能育节点）数量与蛮力搜索树中的完全一致，或者为 $N_6 P(2)$。

由于启发式函数的一致性，能育节点的所有可能父节点本身也是能育的。因此，图 5.6 中对角线左边的节点数量与蛮力搜索树中的完全一致。换句话说，树的启发式剪枝没有影响能育节点的数量，尽管它的确影响了不育节点。如果启发式是不一致的，那么能育节点的分布将在出现剪枝的每一层级上改变，这使得分析更为复杂。

当所有的边都为单位耗费时，深度 i 上的节点数量为 $N_i P(d-i)$，其中 N_i 为蛮力搜索树深度 i 上的节点个数，d 为截止深度，P 为均衡启发式分布。由 IDA* 算法的一个到达深度 d 的迭代扩展的节点总数为

$$\sum_{i=0}^{d} N_i P(d-i)$$

现在，针对非单位耗费，把这个结论推广进行讨论。首先，假设有一个最小边耗费；不失一般性，可以将所有耗费表示为这个最低耗费的倍数，从而可以将这个最小边耗费标准化为 1。此外，为便于论述，这些转变动作和启发式均假定为整数；注意该限制可以轻易被解除。

我们用 $g(u)$ 替代一个节点的深度，$g(u)$ 为从根到该节点的边耗费之和。设 N_i 为蛮力搜索树中 $g(u)=i$ 的节点 u 的数量。假设启发式是一致的，这意味着对任何两个节点 u 和 v 有 $h(u)\leq \delta(u,v)+h(v)$，其中 $\delta(u,v)$ 是从 u 到 v 的一条最优路径的耗费。

定理 5.5（节点预测公式） 对于较大的 c 值，给定一个问题空间树，耗费为 i 的节点个数为 N_i，具有一个由均衡分布 P 表征的启发式，则由 IDA*扩展算法的耗费至多为 c 的节点期望个数为

$$E(N,c,P) = \sum_{i=0}^{c} N_i P(c-i)$$

证明： 考虑 $g(u)=i$ 的节点 u，即蛮力搜索树中耗费为 i 的节点集合。这样的节点有 N_i 个。可由 IDA*算法在一个耗费阈值为 c 的迭代中扩展的、耗费为 i 的节点是那些 $f(u)=g(u)+h(u)=i+h(u)\leq c$ 或 $h(u)\leq c-i$ 的节点。由 P 的定义可得，在 i 很大的极限情况下，蛮力搜索树中这些节点的数量为 $N_i P(c-i)$。这也表明蛮力搜索树中所有这些节点也在 IDA*算法产生的树中。

考虑这种类型节点 u 的一个父节点 v。在树中 u 和 v 之间只存在一条路径，且

$g(u) = i = g(v)+w(v,u)$，其中 $w(u,v)$ 是从 v 到 u 的路径耗费。由于 $f(v)=g(v)+h(v)$ 且 $g(v)=i-w(v,u)$、$f(v)=i-\delta(v,u)+h(v)$。由于启发式是一致的，故 $h(v) \leqslant \delta(v,u)+h(u)$，其中 $\delta(u,v) \leqslant w(u,v)$ 是该问题图中从 v 到 u 的一条最优路径的耗费，因此，$h(v) \leqslant w(u,v)+h(u)$。所以，$f(v) \leqslant i-w(v,u)+w(v,u)+h(u)$ 或 $f(v) \leqslant i+h(u)$。由于 $h(u) \leqslant c-i$，故 $f(v) \leqslant i+c-i$ 或 $f(v) \leqslant c$。这意味着节点 m 为能育节点，将在搜索中被扩展。因此，由于节点 u 的所有父节点均为能育的且将被扩展，节点 u 本身最终必会被产生。换句话说，蛮力搜索树中所有 $f(u)=g(u)+h(u) \leqslant c$ 的节点 u 也在 IDA*算法产生的树中。由于 IDA*树中不存在一个节点不在蛮力搜索树中，故 IDA*树中层级 i 上的这类节点数为 $N_i \times P(c-i)$，这意味着定理成立。

早期迭代（小 c 值）对 IDA*时间复杂度的影响取决于连续迭代中节点扩展的增长速度。启发式分支因子为：搜索耗费阈值 c 下扩展的节点数量除以搜索耗费阈值 $c-1$ 下扩展的节点数量，或 $E(N,c,P)/E(N,c-1,P)$，其中标准化的最小边耗费为 1。假设蛮力搜索树大小以指数方式增长 $N_i = b^i$，其中 b 是蛮力分支因子。在这种情况下，启发式分支因子 $E(N,c,P)/E(N,c-1,P)$ 可定义为

$$\frac{\sum_{i=0}^{c} b^i P(c-i)}{\sum_{i=0}^{c-1} b^i P(c-1-i)} = \frac{b^0 P(c) + b^1 P(c-1) + b^2 P(c-2) + \cdots + b^c P(0)}{b^0 P(c-1) + b^1 P(c-2) + \cdots + b^{c-1} P(0)}$$

分子的第一项 $b^0 P(c) \leqslant 1$，能够被去掉而不会显著影响该比值。将 b 对于其余分子进行因式分解得到

$$\frac{b(b^0 P(c-1) + b^1 P(c-2) + \cdots + b^{c-1} P(0))}{b^0 P(c-1) + b^1 P(c-2) + \cdots + b^{c-1} P(0)} = b$$

因此，如果蛮力树以分支因子 b 呈指数增长，那么 IDA*算法连续迭代的运行时间以分支因子 b 呈指数增长。换句话说，启发式分支因子与蛮力分支因子相同。在这种情况下，容易看出 IDA*算法的总体时间复杂度是 $b/(b-1)$ 乘以最后一次迭代的复杂度（见习题）。

我们的分析表明，在一个指数树中，启发式的影响将搜索的复杂度从 $O(b^c)$ 减少到 $O(b^{c-k})$，k 为常数且仅取决于启发式函数；然而，与先前的分析相反，分支因子基本上是相同的。

5.6.3▲ 收敛性判别准则

对于计算渐近分支因子过程的收敛条件，我们尚未深入分析。

计算节点种群的矩阵蕴含 $N^{(d)} = PN^{(d-1)}$，$N^{(d)}$ 为不同类型节点数量的向量。渐近分支因子 b 是 $\|N^d\|_1 / \|N^{(d-1)}\|_1$ 的极限，其中 $\|x\|_1 = \sum_i |x|$。通过观察发现，在多数情况下，对任意 $i \in \{1,2,\cdots,k\}$，都有 $\|N^d\|_1 / \|N^{(d-1)}\|_1 = N_i^{(d)} / N_i^{(d-1)}$，其中，$k$ 是状

态类型数。基于递增深度 d，评估 $N_i^{(d)}/N_i^{(d-1)}$ 恰是 Van Mises 算法中为近似 P 的最大特征值（以绝对项计算）所考虑的，这个算法称为幂迭代法。

前提条件是，算法要求 P 是可对角化的。这也就意味着要有 n 个不同的特征值 $\lambda_1, \lambda_2, \cdots, \lambda_n$，并且每个多样性为 α_i 的特征值 λ_i 具有 α_i 个线性独立的特征向量。不失一般性，假设特征值以降序给出，即 $|\lambda_1| \geq |\lambda_2| \geq \cdots \geq |\lambda_k|$。算法进一步要求起始向量 $N^{(0)}$ 具有以特征向量为基的表示，其中对于 λ_1 来说没有系数是无关紧要的。

分别考虑以下两类情况：$|\lambda_1| > |\lambda_2| \geq \cdots \geq |\lambda_k|$ 和 $|\lambda_1| = |\lambda_2| > \cdots \geq |\lambda_k|$。在第一种情况下，可得到 $\lim_{d \to \infty} N_j^{(d)}/N_j^{(d-1)} = |\lambda_1|$（不依赖 $j \in \{1,2,\cdots,k\}$ 的选择）。在第二种情况下，可得出 $\lim_{d \to \infty} N_j^{(d)}/N_j^{(d-2)}$ 其实是 λ_1^2。对于 $l > 2$ 时的情况，$|\lambda_1| = \cdots = |\lambda_l| > \cdots \geq |\lambda_k|$ 也采取类似的处理。算法输出结果是 $|\lambda_1|^l$，所以具有不同 l 的层次中节点数量的极限也是 $|\lambda_1|^l$，几何平均结果也是 $|\lambda_1|$。

这里，仅给出第一种情况的证明。P 是可对角化的，也就暗含着一组特征向量基 $b_1, b_2, \cdots, b_k$。由于 $|\lambda_1| > |\lambda_2| \geq \cdots \geq |\lambda_n|$，对于很大的 d 值，$|\lambda_i/\lambda_1|^d$ 的系数收敛到 0。如果起始向量 $N^{(0)}$ 关于特征基由 $x_1 b_1 + x_2 b_2 + \cdots + x_k b_k$ 给出，基于 P 的线性度，结合 P_d 可得到 $x_1 P^d b_1 + x_2 P^d b_2 + \cdots + x_k P^d b_k$，根据特征值和特征向量的定义，可进一步约减为 $x_1 b_1 \lambda_1^d + \lambda_2^d x_2 b_2 + \cdots + \lambda_n^d x_k b_k$。对于递增的 d 值，求和主要由 $x_1 b_1 \lambda_1^d$ 项决定。对商式 $N_j^{(d)}/N_j^{(d-1)}$ 分子中的 λ_1^d 和分母中的 λ_1^{d-1} 进行因式分解，可生成 $x_1 b_1 \lambda_1^d + R$ 形式的方程式，其中，$\lim_{d \to \infty} R$ 的界限是一个常数，这是由于除了首项 $x_1 b_1 \lambda_1^d$，R 中的分子和分母仅涉及 $O(|\lambda_i/\lambda_1|^d)$ 的表达式。因此，为了解析地找到渐近分支因子，确定 P 的特征值集合并取最大值就足够了，这也对应于 n^2-1 数码问题中的渐近分支因子的结果。

在 15 数码问题中，对于递增深度 d，值 $N_1^{(d)}/N_1^{(d-1)}$ 等于 1, 3, 13/5, 45/13, 47/15, 461/141, 1485/461, 4813/1485, 15565/4813, 50381/15565, 163021/50381, 527565/163021=3.236178161，诸如此类，一个序列近似 $1+\sqrt{5}=3.236067978$。此外，$n^{(d)}$ 和 $(1+\sqrt{5})^d$ 的比值快速收敛到 $1/50(7/2+3/2\sqrt{5})(-5+3\sqrt{5})\sqrt{5}=0.5236067984$。

5.7▲ 改进的阈值确定

IDA*算法的一个缺点在于它在不同迭代中重复节点评估引入的计算时间开销。如果搜索空间是一棵均匀加权树，这不成问题，因为每次迭代比上次迭代多探索 b 倍的节点，其中，b 是有效分支因子。如果解位于第 k 层，那么 A*算法中扩展数量 n_{A^*} 满足

$$1+\sum_{i=0}^{i=k-1}b^i = 2+\frac{b(b^{k-1}-1)}{b-1} \leqslant n_{A^*} \leqslant 1+\frac{b(b^{k-1}-1)}{b-1} = \sum_{i=0}^{i=k}b^i$$

取决于在上一层中解的随机位置。

另外，在上次迭代中与 A*算法类似，IDA*算法执行介于 $2+\frac{b(b^{k-1}-1)}{b-1}$ 和 $1+\frac{b(b^{k-1}-1)}{b-1}$ 之间次扩展，以及在之前所有迭代中的额外的

$$\sum_{i=0}^{k}\frac{b(b^i-1)}{b-1} = \frac{b}{b-1}\sum_{i=0}^{k}(b^i-1) = \frac{b^2(b^k-1)-k(b-1)}{(b-1)^2}$$

次扩展。因此，忽略低阶项，$k>2$ 时在迭代的次数范围内的开销是

$$\frac{2b}{b-1} \leqslant \frac{n_{\text{IDA}^*}}{n_{A^*}} \leqslant \frac{2b^2}{b-1}$$

换句话说，由于一棵树中叶子数量比内部节点数量大约（$b-1$）倍，到非叶层级的有界搜索的开销是可接受的。但是，对于一般搜索空间，IDA*算法的性能可以差得多。在最差情况下，如果所有耗费都不相同，在每次迭代中仅探索一个新节点，使得其扩展 $1+2+\cdots+n = O(n^2)$ 个节点。例如，如果图是一个链，那么会发生类似的退化。为了在一般图中加速 IDA*算法，已经提出不是一直为下次迭代使用最小的可能阈值增加，而是通过更大的数量增加它。我们需要记住的一件事情是：在这种情况下，无法在首次遇到解时终止搜索，这是由于可能在搜索迭代尚未探索的部分存在耗费更低的解。这必然引入过度调节行为；也就是，扩展值大于最优解的节点。

想法是动态调整增量使得开销有界，类似均匀树的情况。这样做的一个方法是选择一个阈值序列 $\theta_1, \theta_2, \cdots$，使得对于某个固定比率 r，在阶段 i 扩展的数量 n_i 满足

$$n_i = rn_{i-1}$$

如果选择的 r 太小，重新扩展的数量和计算时间会快速增加；如果选择的 r 太大，那么最后一次迭代的阈值可能显著超过最优解耗费，因此我们会探索很多不相关的边。假设对于某个值 p，$n_0 r^p \leqslant n_{A^*} \leqslant n_0 r^{p+1}$。那么 IDA*算法会执行 $p+1$ 次迭代。在最差情况下，如果 A*算法恰好在之前的阈值之上找到最优解 $n_{A^*} = n_0 r^p + 1$，那么过度调节为最大。扩展的总数是 $n_0 \sum_{i=0}^{p+1} r^i = n_0 \frac{r(r^{p+1}-1)}{r-1}$，比率 ν 变为近似 $\frac{r^2}{r-1}$。通过设置这个表达式的导数为 0，我们发现 r 的最优值为 2；即从一个搜索阶段到下一个阶段的扩展次数应该翻倍。如果达到翻倍，我们所扩展的节点数量至多为 A*算法所扩展节点数量的 4 倍。

虽然扩展的累积分布是问题相关的，但函数类型常特定于待解问题的类型，并且其参数取决于单个问题实例。我们记录扩展数量序列的运行时间信息以及先前搜索阶段获得的阈值，然后使用曲线拟合来估计更高阈值时的扩展数量。例如，对于 f 值小于等于阈值 c 的节点，如果其分布可以采取指数方程进行建模为

$$n_c = A \cdot B^c$$

如果参数 A 和 B 选择合适的话，试着扩展数量翻倍，根据下式选择下一个阈值：

$$\theta_{i+1} = \theta_i + 1/\lg B$$

这种动态调整阈值的方式使得在下一个阶段扩展节点的估计数量以恒定比率增加，称为 RIDA*算法，即运行时间回归 IDA*算法。

5.8▲ 递归最佳优先搜索算法

尽管算法 RBFS（递归最佳优先搜索）和 IE（迭代扩展）是独立开发的，但它们非常相似。因此，这里只介绍 RBFS 算法。

RBFS 算法是对 IDA*算法的改进，主要是通过以最佳优先的顺序扩展节点，以及备份启发式值使节点选择更有提示性。即使耗费函数是非单调的，RBFS 算法仍以最佳优先顺序扩展节点。鉴于迭代加深使用一个全局耗费阈值，RBFS 算法为每个递归调用使用一个局部耗费阈值。RBFS 算法存储位于当前搜索路径上的节点和它们的所有兄弟姐妹；这些节点的集合被称为搜索框架。因此，RBFS 算法比 IDA*算法使用的内存略多，也就是 $O(db)$ 而不是 $O(d)$，其中 b 是搜索树的分支因子。基本观察是通过一个容许启发式，备份的启发式只可能增加。因此，当探索一个节点的孩子时，具有最小 f 值的孩子的子节点应首先被探索，直到搜索边界的所有节点的价值超过了第二好的孩子的 f 值为止。该算法最容易被描述为一个递归程序，其参数为一个节点和一个界限（见算法 5.9）。在根节点，调用它的参数是起始节点和 ∞。

已经提出增强 RBFS 算法使得它可以利用额外可用的内存来减小扩展的数量。产生的算法被称为内存感知的递归最佳优先搜索（MRBFS）算法。不同于基本的 RBFS 算法将搜索框架存储在堆栈上，在 MRBFS 算法中，生成的节点需要被永久分配；它们不随着一个递归程序调用的结束而自动丢弃。仅当到达整体主内存限制时，除框架上的以外，之前生成的节点都被丢弃。提出的三个剪枝策略包括：剪枝除框架以外的所有节点、剪枝以框架为根的最差子树、剪枝具有最高备份值的单个节点。在实验中，最后一个策略被证明是最有效的。通过使用一个单独的优先级队列进行删除实现最后一个策略。当进入一个递归调用时，节点从

队列中移除，因为它是框架的一部分且无法被删除；相反地，一旦终止，它被插入到队列。

```
Procedure RBFS
Input：节点 u，上界 U
Output：大于 U 的一个边缘节点的最小 f 值

if (f(u)>U) return f(u)                                    ;;超过阈值
if (Goal(u)) exit with Path(u)                             ;;成功放弃搜索
    Succ(u)←Expand(u)                                      ;;生成后继集合
if (Succ(u)=∅)                                             ;;没有后继
    return ∞                                               ;;没有界限
else if (|Succ(u)|=1)                                      ;;一个后继
    return RBFS(v_0,U)                                     ;;将调用转移到孩子
else                                                       ;;超过一个后继
    Succ(u)←Expand(u)                                      ;;生成后继集合
    for each v ∈ Succ(u)                                   ;;对于所有后继
        backup(v)=max{f(u)+w(u,v), backup(u)}              ;;初始化更新值
    Let{v_0,v_1,…,v_n} be Succ(u), sorted according to backup   ;;先验排序
    while (backup(v_0)<U)                                  ;;小于阈值
        backup(v_0)←RBFS(v_0,min{U,f(v_1)})                ;;为第一个后继递归调用
        Let{v_0,v_1,…,v_n} be Succ(u), resorted according to backup  ;;后验排序
    return backup(v_0)                                     ;;反馈 f 值
```

算法 5.9

递归实现的 RBFS 算法

5.9 小结

本章我们指出了分治方法可以找到最优解，而且内存消耗仅与状态数量呈对数关系，这是如此之小，它们甚至不能在内存中存储最短路径。但是，由于这些搜索方法需要很长的运行时间，所以它们并不实用。深度优先搜索算法的内存消耗与其深度限呈线性关系，尽管它仅存储从搜索树的根节点到当前扩展状态的路径。这允许深度优先搜索以合理的运行时间搜索更大的状态空间。我们讨论了深度优先分支限界，通过维持解耗费的一个上界（通常是目前找到的最优解耗费）减少深度优先搜索的运行时间的深度优先搜索的一个版本。维持解耗费上界允许深度优先分支限界修剪搜索树中容许耗费估计大于当前上界的任意分支。但是，

深度优先搜索需要搜索到深度截止，如果深度截止很大，这会浪费计算资源，并且不能在其一旦找到一条从起始状态到任意目标状态的路径时停止（由于深度也许不是最优的）。广度优先搜索和 A*算法没有这些问题，但其可能数分钟内就会填满可用内存，因而无法解决大的搜索问题。

研究人员通过折中它们的内存消耗和运行时间解决这些问题，这大幅增加了它们的运行时间。他们开发了一个广度优先搜索的版本，称为深度优先迭代加深（DFID），以及 A*算法的一个广度优先搜索的版本，称为迭代加深 A*（IDA*）算法，其内存消耗与从起始状态到任一目标状态的最短路径的长度呈线性。这些搜索方法背后的理念是使用一系列具有递增深度截止的深度优先搜索来实现广度优先搜索和 A*算法，就它们与广度优先搜索和 A*算法相同的顺序首次扩展状态的意义而言，它们集成了广度优先搜索和 A*算法的最优性和完整性性质。深度截止设置为在之前的深度优先搜索中所有生成但未扩展状态的最小深度或 f 值。因此，每个深度优先搜索至少首次扩展一个状态。

本章也讨论了 IDA*算法的一个更激进的增加深度截止的版本，其尝试从一个到下一个深度优先搜索时翻倍首次扩展状态的数量。当然，DFID 算法和 IDA*算法重复扩展一些状态，都是从一个深度优先搜索到下一个深度优先搜索以及在同一个深度优先搜索内的状态。第一个缺点意味着仅当每个深度优先搜索扩展都首次扩展很多（而不是一个）状态时，搜索方法的运行时间很小。第二个缺点意味着，当状态空间是一棵树时这些搜索方法工作的最好，但是假使状态空间不是一棵树，那么可以通过不生成搜索树中一个节点 s 的那些已经位于从搜索树的树根到状态 s 的路径上的那些孩子（之前在深度优先搜索上、下文中讨论的一个剪枝方法）来缓解。但是，注意由于内存限制，剪枝的可用信息是有限的，如由于内存限制阻止存储一个封闭列表。

当状态空间是一棵树时，我们预测了 IDA*算法的运行时间。我们说明了如何解析地和数值地计算在给定深度上节点的数量及其渐近分支因子，并使用这个结果预测具有一致启发式的 IDA*算法扩展的节点数量。IDA*算法基本上仅存储从搜索树树根到当前扩展状态的路径。同时讨论了递归最佳优先搜索（RBFS），A*算法的一个更复杂的版本，其中内存消耗对于从起始状态到任意目标状态的最短路径也是线性的（假如分支因子是有界的）。RBFS 算法与 IDA*算法存储相同路径加上所有路径上所有状态的兄弟姐妹并在搜索中处理它们的 f 值，它不再由一系列深度优先搜索组成但仍然与 A*算法以同样的顺序首次扩展状态，这个性质即使对于非容许启发式来说仍然成立。

表 5.5 给出了本章介绍的算法的一个概述，并且提到算法的伪代码，模仿的算法和其空间复杂度。在 DFID 算法、IDA*算法和 DFBnB 算法中，复杂度 $O(d)$ 假设存储一个节点的至多一个后继来执行回溯。如果存储所有后继，复杂度会像

RBFS 算法一样增加到 $O(db)$。

表 5.5 线性空间算法；d 为搜索深度，b 为最大分支因子

算法	模仿	复杂性	最优	有序
DAC-BFS(5.1)	BFS	logarithmic in $|S|$	√	—
DAC-SSSP(5.2)	Dijkstra	logarithmic in $|S|$	√	—
DFID(5.6, 5.5)	BFS	$O(d)$	√	√
IDA*(5.7, 5.8)	A*	$O(d)$	√	√
RBFS(5.9)	A*	$O(db)$	√	√
DFBnB(5.3, 5.4)	BnB	$O(d)$	√	—

5.10 习题

5.1 应用 DAC-BFS 到 3×3 网格。起始节点位于左上角且目标节点位于右下角。
（1）拟定对 Exists-Path 的所有调用。
（2）描述 print 的所有输出。

5.2 我们已经看到 DFID 算法模仿 BFS 算法，且 IDA*算法模仿 A*算法。设计一个模仿 Dijkstra 算法的算法。需要加上哪些针对权值函数的假设？

5.3 考虑图 5.7 中具有 10 个城市的随机 TSP。使用深度优先分支限界解决这个问题。
（1）没有下界。
（2）最小生成树的耗费作为一个下界。

6838	5758	113	7515	1051	5627	3010	7419	6212	4086
7543	5089	1183	5137	5566	6966	4978	495	311	1367
524	8505	8394	2102	4851	9067	2754	1653	6561	7096
1406	4165	3403	5562	4834	1353	920	444	4803	7962
4479	9983	8751	3894	8670	8259	6248	7757	5629	3306
5262	7116	2825	3181	3134	5343	8022	1233	7536	9760
2160	4005	729	7644	7475	1693	5514	4139	2088	6521
6815	4586	9653	6306	7174	8451	3448	6473	2434	8193
2956	4162	4166	4997	7793	2310	1391	9799	7926	4905
965	120	2380	5639	6204	4385	2475	5725	7265	3214

图 5.7 TSP 的一个距离矩阵

在 α 每次改进时，表示它的值。

5.4 迷宫是一个有墙的规模为 $m \times n$ 的网格。为 $n = 100$、$m = 200$ 产生一个随机迷宫，且形成墙的概率为 30%。利用下面的搜索算法写出一个找到从开始到目标的路径或报告路径不可解的程序。

（1）广度优先和深度优先搜索。

（2）深度优先迭代加深搜索。

（3）带曼哈顿距离启发式的迭代加深 A*搜索算法。

计算扩展和生成的节点数量。

5.5 使用 IDA*算法、曼哈顿距离启发式和前驱消除步数最优方法，解 24 数码问题实例（17, 1, 20, 9, 16, 2, 22, 19, 14, 5, 15, 21, 0, 3, 24, 23, 18, 13, 12, 7, 10, 8, 6, 4, 11），并报告每次迭代产生的状态数量。你需要有效的后继生成。

5.6 为了理解为何在 n^2-1 数码问题中偶数和奇数分支因子是不同的，以西洋跳棋棋盘模式对谜题的位置着色。如果像在 5 数码和 15 数码中一样，不同颜色方块集合等价，那么只有一个分支因子。但是，如果不同颜色方块集合不同，那么会有不同的偶数和奇数分支因子。

（1）对于 2×7 和 4×6 棋盘（具有前驱消除）检验此断言。

（2）证明此断言。

5.7 为无前驱消除的 8 数码问题、15 数码问题和 24 数码问题，计算后继生成矩阵。以图 5.5 作为状态类型转换图。

5.8 在无前驱消除的 8 数码和 24 数码问题的蛮力搜索树中，从空白位于左上角开始，通过递归应用递归方程式系统，确定确切节点数向量 $N^{(d)}$。

5.9 在无前驱消除的 8 数码和 24 数码问题中计算 $(P-bI)$ 的特征值和确切节点数向量 $N^{(d)}$。提供基变换矩阵。对于 8 数码问题，这可以手工完成；对于 24 数码问题，需要符号数学工具。

5.10 通过预测使用曼哈顿距离启发式的 IDA*算法在 15 数码问题上的性能实验性地测试理论分析。使用一百万个可解实例的一个随机样本来近似启发式。对于 N_i，使用迭代关系计算得到的位于深度 i 的确切节点数量。

（1）平均启发式值和最大移动次数。

（2）平均解长度和预测的相对误差。

5.11 说明如果蛮力树随分支因子 b 指数增长，那么 IDA*算法的整体时间复杂度是 $b/(b-1)$ 乘以最后一次迭代的复杂度。

5.12 解释在证明定理 5.5 中启发式的一致性在哪里是重要的以及为何是重要的，关于样本树分析，根据下面的两个估计后继能发生什么。

（1）一个容许但不一致的估计？

（2）甚至不是一个容许的估计？

5.13 提供一个状态空间图的例子，使得对于该状态空间图，RBFS 算法比 IDA*算法给出更好的搜索结果。

5.11 书目评述

最小空间广度优先和单源最短路径搜索的原理类似于 Savitch（1970）提出的模拟非确定性图灵机。对于相同的限制内存设置，类似的节点可达性问题（确定在两个节点间是否存在一条路径）和图连通性问题已被使用随机行走策略（Feige，1996，1997）有效解决。Reingold（2005）开发了一个确定性的对数空间算法，它在无向图中解决开始到目标节点的连通性问题。其结果暗含了在对数空间中，引导一个经过任意连通图的所有顶点的确定性行走的方向的固定序列的构建方法。

迭代加深搜索的起源可追溯到 20 世纪 60 年代后期，当程序员寻找一个可靠机制来控制新出现的国际象棋比赛程序的时间消耗时，因此搜索进程可以在手头的最佳可用答案处停止。Korf（1985a）在解决 15 数码问题时发明了 IDA*算法。在这个工作中，Korf 提供了已被 IDA*搜索解决的 100 个随机问题实例的列表。通过更自由地增加阈值以减少重新生成数量的算法包括 Russell（1992）的 IDA*_CR 算法、Rao，Kumar 和 Korf（1991）的 DFS*算法、Wah（1991）的 MIDA*算法。这些算法找到的第一个解通常是最佳可能解。需要类似分支限界的扩展来保证最优解。Breyer 和 Korf（2008）提供了预测 IDA*搜索算法的最近结果。

Edelkamp 和 Korf（1998）给出了对于正则搜索空间的平均分支因子的分析。Korf 和 Reid（1998）研究了这里展示的 IDA*算法的搜索树预测。两个方面有一些重叠；Korf，Reid 和 Edelkamp（2001）给出了一个联合阐述。Edelkamp（2001b）给出了确切节点数和充分收敛准则。基于以条件分布的形式包含后继值曲面，Zahavi，Felner，Burch 和 Holte（2008a）提供了一个更复杂的预测公式。它扩展了本章讨论的分析到不一致启发式的情况，并说明了创建更准确分析的不同方式（通过考虑不同长度的依赖性甚至为特定状态做出预测）。由于不一致在类似自动规划的设定中很常见且被证明在其他设定中是有益的，在预测不一致启发式函数的性能方面，Zahavi，Felner，Schaeffer 和 Sturtevant（2007）以及 Zhang，Sturtevant，Holte，Schaeffer 和 Felner（2009）已经做了一些工作。

Holte 和 Hernádvölgyi（1999）以及 Haslum，Botea，Helmert，Bonet 和 Koenig（2007）使用搜索树预测公式选择搜索的有表现力的模式数据库。Furcy，Felner，Holte，Meshulam 和 Newton（2004）利用预测公式来证明为何，更小数

据库的更大集合通常比大数据库的更小集合表现更好。Korf 和 Felner（2002）计算了 15 数码问题的平均解长度。

之前的多数启发式搜索的理论分析集中于 A*算法；例如，见 Gaschnig（1979a）的博士论文、Pearl（1985）的书和 Pohl（1977b）的工作。基于不同的假设，作者假设一个启发式函数的效果是将搜索复杂度从 $O(b^c)$ 降低到 $O(a^c)$，$a < b$，减少有效分支因子。所有的都使用一个抽象问题空间树，其中每个节点具有 b 个孩子，每条边具有单位耗费，在深度 d 存在一个单个目标节点。启发式的特征是其估计实际解耗费的误差。这个模型预测，具有常数绝对误差的启发式产生线性时间复杂度，常数相对误差产生指数时间复杂度。这个模型存在一些局限。第一个局限是它假定从开始到目标状态仅有一条路径，而多数问题空间包含到每个状态的多条路径。第二个局限在于，为了在单个状态上确定启发式的准确性，需要从那个状态确定最优解耗费，该过程是计算成本非常高。对于很大的问题，为大量状态这样做是不切实际的。最后，其结果仅是渐近的，且不预测生成节点的实际数量。

Huyn, Dechter 和 Pearl（1980）给出了 A*算法的概率分析的一个尝试。但是，与类似分析相似（例如，Sen 和 Bagchi，1988，以及 Davis，1990），这个方法仅涉及树搜索中的 A*算法。Zhang, Sen 和 Bagchi（1999）理论分析了在很多搜索问题中 A*算法在无环图中的行为。作者考虑了例如在作业安排定序问题和 TSP 探索算法中出现的图结构。为了在启发式估计上分配一个概率分布，完成了关于三个模型的平均分析：线性、低于线性和对数。对于线性模型和一些进一步假设，不同节点的期望数量是指数的，对于对数模型和一些进一步假设，不同节点的期望数量仍是多项式的。Dinh, Russell 和 Su（2007）预测了使用精确启发式的 A*搜索算法。

Land 和 Doig（1960）首先表述了分支限界。Dakin（1965）提供了一个简单的实现。Korf（1993）以线性空间搜索算法的形式提出了深度优先分支限界。

第 6 章　内存受限搜索

在第 5 章中，我们看到了搜索图的实例，这些例子图很大，因此要求算法在有限内存资源条件下能够运行。到目前为止，已经对算法描述进行了限制，要求算法消耗的内存最多与搜索深度呈线性增加。由于 IDA*算法的内存需求较低，因此 IDA*算法能够解决一些 A*算法无法解决的问题。另一方面，由于对节点的回访无法避免，因此，存在许多 A*算法和 IDA*算法都无法解决的问题，这是因为 A*算法会耗光内存，而 IDA*算法则耗时太长。为此，曾经提出过几种解决方案，这些方案可以更有效地使用整个主存来存储更多关于潜在副本的信息。但引入内存来消除重复的一个问题是与深度有界搜索的可能交互。我们观察到一种异常：即使目标的耗费小于选定的阀值，搜索也无法发现它们。

我们可以粗略地将这些尝试进行分类，即通过标记是否牺牲完备性或最优性，以及是否对 Closed 列表、Open 列表或二者进行剪枝。首先介绍这样一大类算法，就是使用所有可用内存将状态临时存储在缓存中的算法，以减少再次扩展的状态数量。我们从考虑深度有限和迭代加深搜索中的固定大小哈希表开始分析。接下来，考虑内存受限状态缓存算法，它们动态地扩展搜索前沿。这些算法必须决定在内存中保留以及删除哪个状态。

如果牺牲最优性或完整性，则还有可以更快地获取良好解的算法。这一类算法包括在最佳优先搜索中增强搜索启发式影响的探索方法，以及限制覆盖范围只看部分搜索空间的搜索算法。非最优但完备的方法主要用于克服启发式评价函数中的非容许性以及那些牺牲完备性的启发式。

另一类算法减少了扩展的节点集，这是由于算法可能不需要完整的信息，从而避免了冗余的工作。这种约减对于那些产生较小搜索前沿的问题是有效的。大多数情况下，假设搜索空间的常规结构（如一个无向或无环图结构）。由于解决路径上的状态可能已经不存在了，所以当发现目标后必须重建相应的路径。

最后一类算法就是减少搜索前沿节点集。一般的假设是搜索前沿大于已搜索过的节点集合。在某些情况下避免存储所有的后继节点。另一个重要的发现是广度优先搜索前沿小于最佳优先搜索的边界，这产生了耗费有界的 BFS 算法。与 IDA*算法相比，这种更接近 A*算法的算法，在给定内存限制下不保证总能找到最优解，但会显著改善内存需求。

6.1 利用额外内存的线性变量

目前,已经有多种算法被提出来保证找到最优解,并且可以利用额外的可用内存来减少扩展的数量,由此减少运行时间。

为了强调为重复检测引入空间可能出现的问题,让我们在 DFS 算法中引入一个 Closed 列表。但是,将深度界定在某个值 d(如为了改善一些之前遇到的目标)并不一定意味着搜索深度小于 d 的可达状态都会最终被访问。为了说明这一点,考虑在图 6.1 的搜索树中应用深度限界的 DFS 算法。

首先访问节点 u(图 6.1 底部左方的副本)并存储 u;由于深度受限无法到达 u 的子树中的目标节点 t;当搜索树沿着一个较浅的路径(图 6.1 顶部右方的副本)第二次到达 u 时,由于 u 已被存储故停止扩展后继节点;因此,即使目标位于小于限定值的深度上也未被发现。

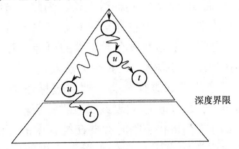

图 6.1 深度限界 DFS 算法中的异常

这种异常可以通过在到达较小的 g 值时重新打开已扩展的节点或应用一种迭代加深策略来避免。该策略在应用大的阈值之前已经搜索了低耗费的解。以图 2.1 为例,表 6.1 给出了这种深度优先迭代加深的探索以及完全重复检测的执行过程(见第 5 章的图 5.3)。

表 6.1 (带重复检测的)DFID 算法在图 5.3 的例子上的扩展步骤

步骤	迭代	选择	Open	Closed	U	U'	备注
1	1	{}	{a}	{}	0	∞	
2	1	a	{}	{a}	0	2	g(b)
3	2	{}	{a}	{}	2	∞	新迭代开始
4	2	a	{b}	{a}	2	6	g(c)且g(d)>U
5	2	b	{}	{a,b}	2	6	
6	3	{}	{a}	{}	6	∞	新迭代开始
7	3	a	{b,c}	{a}	6	10	g(d)>U
8	3	b	{e,f,c}	{a,b}	6	10	

（续）

步骤	迭代	选择	Open	Closed	U	U'	备注
9	3	e	{f,c}	{a,b,e}	6	10	重复
10	3	f	{c}	{a,b,e,f}	6	10	重复
11	3	c	{}	{a,b,e,f,c}	6	9	g(d)
12	4	{}	{a}	{}	9	∞	新迭代开始
13	4	a	{b,c}	{a}	9	10	g(d)>U
14	4	b	{e,f,c}	{a,b}	9	10	
15	4	e	{f,c}	{a,b,e}	9	10	重复
16	4	f	{c}	{a,b,e,f}	9	10	重复
17	4	c	{d}	{a,b,e,f,c}	9	10	d 重复
18	4	d	{}	{a,b,e,f,c}	9	10	
19	5	{}	{a}	{}	10	∞	新迭代开始
20	5	a	{b,c,d}	{a}	10	∞	
21	5	b	{e,f,c,d}	{a,b}	10	∞	
22	5	e	{f,c,d}	{a,b,e}	10	∞	重复
23	5	f	{c,d}	{a,b,e,f}	10	∞	重复
24	5	c	{d}	{a,b,e,f,c}	10	∞	
25	5	d	{}	{a,b,e,f,c,d}	10	14	g(g)
26	6	{}	{a}	{}	14	∞	新迭代开始
27	6	a	{b,c,d}	{a}	14	∞	g(d)>U
28	6	b	{e,f,c,d}	{a,b}	14	∞	
29	6	e	{f,c,d}	{a,b,e}	14	∞	重复
30	6	f	{c,d}	{a,b,e,f}	14	∞	重复
31	6	c	{d}	{a,b,e,f,c}	14	∞	
32	6	d	{g}	{a,b,e,f,c,d}	14	∞	
33	6	g	{}	{a,b,e,f,c,d}	14	∞	到达目标

6.1.1 置换表

置换表的存储技术来自于二人游戏；这个名字来源于通过以不同的顺序执行同样的移动，可到达重复的游戏位置。特别是对于单智能体搜索而言，置换表名称是不成功的，因为它是检测重复的灵活字典，即使重复并非来自于移动置换。

至少对于快速后继生成的问题（如 n^2-1 数码问题），与 IDA*算法类似的深度优先搜索方法相比，构建和维护生成的搜索空间是一项非常耗时的任务。以哈希字典（见第 3 章）的形式实现的置换表可保持较高的性能。置换表保存访问过的节点 u 以及搜索期间更新的耗费值 $H(u)$。

这里，给出一个使用置换表的 IDA*算法的变种（见算法 5.8）。假设实现了一个与 IDA*算法的相匹配的顶层驱动程序（见算法 6.1），唯一的区别在于 Closed 被另外初始化为空集。此外，我们看到算法 6.2 为下一次迭代返回了阈值 U'。Closed 存储之前扩展的节点 u 以及阈值 $H(u)$，那么，从根出发通过 u 到达后继的路径耗费为 $g(u)+H(u)$。每个新生成的节点 v 都先针对 Closed 进行测试；这样所存储的值 H 是一个比 $h(v)$ 更紧凑的界限。

Procedure IDA*-TT-Driver
Input：具有开始节点 s，权重函数 w，后继生成函数 Expand 和谓词 Goal 的隐式问题图
Output：从 s 到某个目标节点 $t \in T$ 的最短路径，如果路径不存在则返回 ∅

$U \leftarrow h(s)$;;初始化全局阈值
while($U \neq \infty$) ;;没有发现目标，还存在未探索节点
　$U \leftarrow$ IDA*-TT(s, U) ;;在 s 调用算法 6.2

算法 6.1

具有置换表的 IDA*算法驱动程序

Procedure IDA*-TT
Input：节点 u，上界 U
Output：到一个目标节点的最短路径，或者下次迭代的界限

if (Goal(u)) exit with Path(u) ;;终止搜索
Succ(u) $\leftarrow$ Expand(u) ;;生成后继集合
for each v in Succ(u) ;;对于所有后继
　$U' \leftarrow \infty$;;新的界限
　if(v in Closed) ;;节点 v 在置换表中
　　$b(v) \leftarrow w(u,v)+H(v)$;;使用修改的耗费
　else ;;节点 v 不在置换表中
　　$b(v) \leftarrow w(u,v)+h(v)$;;计算启发式估计
　if($b(v) > U$) ;;耗费超过了旧的界限
　　$t \leftarrow b(v)$;;使用计算的值
　else ;;耗费低于旧的界限
　　$t \leftarrow w(u,v)+$IDA*-TT($v, U-w(u,v)$) ;;递归调用
　$U' \leftarrow \min\{U', t\}$;;更新新的界限
Insert u into Closed with $H(u) \leftarrow U'$;;在置换表中保存节点和界限
return U' ;;解不存在

算法 6.2

具有置换表和耗费修改的 IDA*算法

对示例问题应用该算法，如表 6.2 所列，可以看到（剩余）上界减小了。该方法比原始的 IDA*算法少了一步，这是由于仅考虑了一次节点 d。

表 6.2 对于图 5.3 中例子，(具有置换表的) IDA*算法的执行步骤

步骤	迭代	选择	Open	Closed	U	U'	备注
1	1	{}	{a}	{}	11	∞	$h(a)$
2	1	a	{}	{a}	11	14	$b(b), b(c)$ 和 $b(d)$ 超过 U
3	2	{}	{a}	{(a,14)}	14	∞	新迭代开始 starts
4	2	a	{c}	{(a,14)}	14	∞	$b(b)$ 和 $b(d)$ 超过 U
5	2	c	{d}	{(a,14)}	8	∞	$b(a)$ 超过 U
6	2	d	{g}	{(a,14)}	5	∞	$b(a)$ 超过 U
7	2	g	{}	{(a,14)}	0		发现目标

当然，如果在置换表中存储所有扩展节点，最终将以与 A*算法相同的内存需求结束，这违背了 IDA*算法的初衷。该问题的一个解决方法是在算法中嵌入一个替换策略。一种可能是以先入先出队列的形式组织表格。最坏的情况下，这将不会提供任何加速。通过敌对策略增强，正在请求刚刚被删除的节点与情况可能会经常发生。

随机节点缓存可以有效减少回访次数。置换表总是缓存尽可能多的扩展节点，而随机节点缓存则随机地缓存已扩展节点。每当扩展一个节点时，通过翻转（可能是有偏的）硬币来决定是否在内存中保存该节点。这种选择性的缓存以较高的概率存储被访问最频繁的节点。该算法需要一个额外的参数 p，这是节点每次扩展时被缓存的概率。它遵循这样的规则：节点被扩展 t 次后被缓存的总概率是 $1-(1-p)^t$；同一个节点被扩展的越频繁，它被缓存的概率就越大。

6.1.2 边缘搜索算法

边缘搜索算法也能降低 IDA*算法中的回访次数。边缘搜索可看作是 A*算法的一个变体，其主要思想是不需要对 Open 完全排序，从而避免了使用复杂的数据结构。保证最优解的本质属性与 IDA*算法是一样的：除非 Open 中不存在具有较小 f 值的状态，否则不会扩展那些 f 值超过目前已扩展的最大 f 值的状态。

边缘搜索沿着搜索树的前沿迭代。该数据结构是两个简单的链表：$Open_t$ 为当前迭代链表，$Open_{t+1}$ 为下一次迭代链表；$Open_0$ 初始化为初始节点 s，$Open_1$ 初始化为空集。

该算法是模拟 IDA*算法的，直到发现目标位置。检查 $Open_t$ 的第一个节点 u（头节点）。若 $f(u) > U$，则从 Open 中移出 u，然后将 u 插入 $Open_{t+1}$（u 插入到其尾端）。当前迭代中只会生成节点 u 而不会对其进行扩展，因此将其保存到下一次迭代中。如果 $f(u) \leq U$ 则生成其后继并插入到 $Open_t$（插入到前端），然后丢弃 u。当目标未被发现而迭代完成时，增加搜索阈值。此外，$Open_{t+1}$ 变成 $Open_t$，$Open_{t+2}$ 设置为空。不难看出，边缘搜索的扩展节点顺序与 IDA*算法完全相同。

与 A*算法相比，边缘搜索可能会访问与当前迭代不相关的节点，A*算法必

须将节点插入一个优先级队列结构中（导致了一些开销）。与此相反，A*算法的排序意味着可能更快找到一个目标。

算法 6.3 给出了伪代码。这个实现有一定技巧，这是因为它将 $Open_t$ 和 $Open_{t+1}$ 嵌入到一个链表结构中。位于刚扩展节点的之前的所有节点属于 $Open_{t+1}$ 中下一个搜索前沿，而位于刚扩展节点之后的所有节点属于当前搜索前沿 $Open_t$。在 $f(v)>U$ 的情况下，通过执行 continue 语句简单地略过节点 u，并将其从一个链表移到另一个链表。删除其他扩展节点，因为它们不属于下一个搜索前沿。生成后继节点后，检查它们是否是已扩展节点或已生成节点的副本。若匹配某个状态，则保留具有最好 g 值的节点（这与 f 值一致，因为节点的 h 值都一样）。否则，将这个新的状态直接插入到已扩展节点的后面作为待处理节点。选择插入顺序以保证扩展顺序与深度优先策略一致。

```
Procedure Fringe Search
Input: 具有开始节点 s，权重函数 w，启发式 h，后继生成函数 Expand 和谓词 Goal 的隐
       式问题图
Output: 解存在时到一个目标节点的最短路径

Insert s into Open                              ;;初始化搜索边界
Insert pair (0, ⊥) for s into Closed            ;;初始化访问的列表
U ← h(s)                                        ;;初始化边界
while (Open≠∅)                                  ;;除非问题不可解
  U' ← ∞                                        ;;下一个搜索阈值
  for each u in Open                            ;;遍历搜索边界
    Lookup(g, parent) for u in Closed           ;;搜索存储的表项
    f ← g+h(u)                                  ;;计算路径耗费，调用估计
    if (f>U)                                    ;;超出阈值
      U' ← min{f, U'} continue                  ;;下一个阈值
    if (Goal(u)) return Path(u)                 ;;终止节点，构建解
    Succ(u) ← Expand(u)                         ;;生成后继
    for each v ∈ Succ(u)                        ;;遍历后继
      g(v) ← g+w(u, v)                          ;;计算 g 值
      if (v in Closed)                          ;;已经访问了后继
        Lookup(g', parent) for v in Closed      ;;搜索存储的表项
        if (g(v)≥g') continue                   ;;在后继处没有改进
      if (v ∈ Open)                             ;;后继已经出现
        Delete v from Open                      ;;从搜索边界中消除这个后继
      Insert v into Open after u                ;;模仿深度优先搜索
      Insert (g',u) into Closed                 ;;为已扩展节点更新深度值
    Delete u from Open                          ;;移除已扩展的节点
  U ← U'                                        ;;设置新的界限
```

算法 6.3

边缘搜索算法

图 6.2 比较了边缘搜索算法与 IDA*算法。启发式估计是到达叶子的距离（节点的高度）。两个算法的初始阈值均为 $h(s)=3$。在算法证明耗费阈值为 3，即无解之前，扩展了两个节点，生成了两个节点。一个扩展节点产生了其后代。一个生成节点是 1 且未被搜索，这是因为其 f 值超过了阈值。在下一次迭代中，阈值增加为 4。

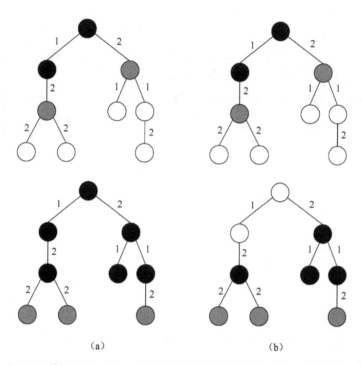

图 6.2 比较 IDA*算法和边缘搜索算法的头两次迭代（黑色节点表示扩展节点，灰色节点表示生成的节点，边缘搜索的搜索树根部的空心节点表示可能的节约）

(a) IDA*算法；(b) 边缘搜索算法。

6.1.3▲ 迭代阈值搜索算法

内存受限的迭代阈值搜索（ITS）算法非常类似于 IDA*算法。与边缘搜索类似，其探索顺序为深度优先而非最佳优先。边缘搜索假设内存足够可用，无须复杂的数据结构来支持其搜索。与边缘搜索相反的是，ITS 算法需要一些树的数据结构在内存用完时回收节点。

与之前的方法相比，ITS 算法提供了一个策略在内存中用耗费值取代存储的元素。一个显著的特征是它不仅保留节点的信息，而且还保留边的信息。值 $f(u,v)$ 存储基于边 (u,v) 的一条解路径的较小的下界估值。无须产生节点 v，只需要知道产生它的操作就足够了，无需实际应用这个操作。当第一次创建节点 u 时，将所有的估计 $f(u,v)$ 初始化为常见的界限 $f(u) = g(u)+h(u)$。为了处理 u 无后继的特殊情况，假设一个虚拟节点 d，并令 $f(u,d)=\infty$。为简便起见，该操作并未展示在伪代码中。v 未被创建的边 (u,v) 称为顶端边；所有出边都是顶端边的节点称为顶端节点。

算法 6.4 和算法 6.5 给出了该方法的一种实现。与 IDA* 算法的相似性不太明显，这是因为它是迭代而不是递归描述的。因为递归描述更加简单。需要注意的是，IDA* 算法采用了由后继生成的任意但顺序固定且隐式定义的节点顺序。在后面的描述中，采用同样的顺序，如图 6.2 最左或最右顶端节点。

Procedure ITS
Input：具有开始节点 s，权重函数 w，启发式 h，后继生成函数 Expand 和谓词 Goal 的隐式问题图

Output：从 s 到某个目标节点 $t \in T$ 的最短路径，如果路径不存在则返回 $\emptyset$

$g(s) \leftarrow 0$;;初始化初始耗费
$Succ(s) \leftarrow Expand(s)$;;扩展节点
for each u **in** $Succ(s)$;;考虑根节点的所有后继
 $f(s,u) \leftarrow g(s)+h(s)$;;初始化估计
$Open \leftarrow \{s\}$;;初始化搜索树结构
$U \leftarrow 0$;;初始化耗费阈值
while($U \neq \infty$)   ;;除非满足终止条件
 Select left-most u,v with $f(u,v)<U$, u in Open, v **not in** Open   ;;顶端边
 or break   ;;不存在这种节点
 if(Goal(u)) **return** Path(u)   ;;成功终止搜索
 MemoryControl (Open, U, maxMem)   ;;调用算法 6.5 分配空间
 $g(v) \leftarrow g(u)+w(u,v)$;;初始化出边
 $Succ(v) \leftarrow Expand(v)$;;扩展节点
 for each $w \in Succ(v)$;;考虑节点的所有后继
  $f(v,w) \leftarrow g(v)+h(v)$;;初始化估计
 Insert v into Open   ;;更新搜索边界
 $U \leftarrow \min\{f(u,v) | u \in Open, v \notin Open\}$;;所有顶端节点的最小 f 值
return $\emptyset$;;解不存在

算法 6.4

ITS 算法

Procedure MemoryControl
Input：Open 列表，上界 U，内存阈值 maxMem
Side effects：从内存中删除没有希望的节点，备份它们的启发式值

if (|Open|$\geq$maxMem **and** |$\{u \in$ Open$|v \notin$ Open **for each** $v \in$ Succ(u)$\}$|$\geq$2)
            ;;达到内存限制，至少存在两个顶端节点

 Select left-most u in Open such that ;;最左边的顶端节点
  $f(u,v) > U$, v **not in** Open **for each** $v \in$ Succ(u) ;;不存在这种节点
 or
 Select right-most u in Open such that
  v **not in** Open **for each** $v \in$ Succ(u) ;;最右边的顶端节点
 $f(\text{parent}(u), u) \leftarrow \min\{f(u, v) \mid v \in \text{Succ}(u)\}$;;沿着边备份 f 值
 Remove u from Open   ;;从搜索树结构中删除节点

算法 6.5

ITS 算法中的修剪节点

  如前所述，上界阈值 U 用于限制深度优先搜索的阶段。展开搜索树直到找到解或所有顶端节点超过阈值。然后将阈值增加尽可能小的增量以包含一条新的边，并开始一次新的迭代。如果没有为 ITS 算法给出比（普通）IDA*算法更多的内存，则 ITS 算法生成的每个节点同样也会由 IDA*算法生成。然而，当有额外内存可用时，ITS 算法通过存储部分搜索树以及备份启发式值作为更有提示的界限以减少扩展的节点数量。

  内部搜索循环总是选择最左边的顶端分支，其 f 值至多为 U。扩展该边缘的尾部；也就是说，计算它的 g 值和 f 值并将它的后继结构初始化为这个值。最后，将它插入到搜索树中。

  全局内存消耗由阈值 maxMem 限制。如果达到此限制，算法首先尝试选择删除一个其所有后继边均超过上界的节点。若存在几个这样的节点，则选择最左边的节点。否则，选择最右边的顶端节点。在删除节点之前，备份其后继的最小 f 值到其父节点以改善后者的估值，从而减少必要的再扩展数量。因此，即使删除了实际节点，扩展它们所获得的启发式信息也会被保存。

  图 6.3 给出了一个树形结构问题图示例，顶部的采用了 IDA*算法，底部的采用了 ITS 算法。通过平凡启发式（$H \equiv 0$）搜索这棵树。初始节点是根节点，单目标节点位于该树的底部。经过三次迭代（图 6.3（a））后，搜索树的上半部分的所有节点已经被算法遍历。由于到达解路径左侧的边不通向目标，因此它们的

耗费赋值为∞。因此，ITS 算法避免了回访下部的子树节点。相比之下，IDA*算法将多次重新探索这些节点。特别是，在最后一次迭代（图 6.3（b））中，IDA*算法回访顶部的几个节点。

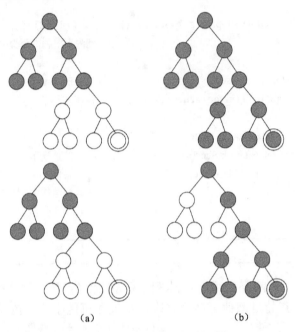

图 6.3 IDA*算法（顶部）和 ITS 算法（底部）在一个搜索树中两个选定的迭代
（暗色的是在迭代中生成的节点，圆圈环绕的是目标状态）

6.1.4 MA*算法、SMA 算法和 SMAG 算法

在更名为 SMA*算法以及后来的 SMAG 算法过程中，原 MA*算法进行了一些改进。我们仅描述后者。

与 A*算法相反，SMAG 算法（见算法 6.6）一次生成一个后继。与 ITS 算法相比，它的缓存决策基于问题图中的节点而不是边。基于维护，引用计数（器）进行内存恢复。若计数器变为 0，则不再保存该节点。该算法针对 Open∪Closed 中分配的边的数量假定一个固定的上界。达到此界限时，通过一次动态删除一个先前扩展的节点进行空间再分配，并且如果有必要，将其父节点移回到 Open 以使得该节点可以被再次生成。一个具有最小可能性的节点（具有最大 f 值的节点）将被替换。如果有几个具有相同最大 f 值的节点，则选取最浅的节点。选择具有最小 f 值的节点进行扩展；相应地，打破平局的规则偏好搜索树中深度最大的节点。

Procedure SMAG
Input：具有开始节点 s，权重函数 w，启发式 h，后继生成函数 Expand 和谓词 Goal 的隐式问题图
Output：解存在时到一个目标节点的最短路径

Closed←∅	;;初始化结构
$f(s)←h(s); g(s)←0$	;;初始化价值和耗费值
depth$(s)←0$	;;初始化深度值
next$(s)←0$; ref$(s)←0$	;;初始化链接结构
Open←$\{s\}$	;;将 s 插入到搜索边界
while (Open≠∅)	;;只要还有边界节点
Let M be the nodes in Open with minimum $f(u)$	;;最小元素
Select u from M with minimum depth(u)	;;最小深度元素
Remove u form Open	;;具有最佳 f 值的最深节点
if (Goal(u)) **return** Path(u)	;;如果发现目标，则返回解
$v←$next(u)-th successor of u	;;一次生成一个后继
next$(u)←$next$(u)+1$	;;递增 u 的后继迭代
next$(v)←0$	;;初始化 v 的后继迭代
Improve(u, v)	;;调用算法 6.7
if (next$(u)>$last(u))	;;已经检查了所有后继
Backup(u)	;;备份值(算法 6.9)
if (Succ$(u)\subseteq$ Open $\cup$ Closed)	;;所有后继都存储在内存中
if (ref$(u)=0$)	;;引用计数器为 0
DeleteRec(u)	;;递归调用，算法 6.10
else	;;引用计数器不为 0
Insert u into Closed	;;更新已扩展节点列表
else	;;还有未检查后继
Insert u into Open	;;保存部分扩展节点
return ∅	;;解不存在

算法 6.6
SMAG 算法程序

更新程序 Improve 见算法 6.7。在这里，引用计数器和深度值是自调节的。若引用计数（在某个父辈的位置）减小到零，对未使用的节点引用一个（可能递归的）节点删除程序。该函数的工作类似于像 Java 等编程语言的动态内存区域的垃圾收集器。若 v 等于初始节点 s，则在 ref(parent(v))中，执行空操作。

Procedure Improve
Input：节点 u 和 v，v 是 u 的后继
Side effects：更新 v 的父节点、Open、Closed

if (v **not in**(Open$\cup$Closed))	;;新生成的节点
MemoryControl	;;如果有必要，通过剪枝创造空间（算法6.8）
$g(v) \leftarrow g(u)+w(u,v)$	;;初始化路径耗费
$f(v) \leftarrow \max\{g(v)+h(v), f(u)\}$	;;应用路径最大启发式
depth(v)$\leftarrow$depth(u)+1	;;设置深度值
ref(v)$\leftarrow$0	;;设置引用计数
parent(v)$\leftarrow u$	;;设置父节点链接
ref(u)$\leftarrow$ref(u)+1	;;父节点的引用计数累加
Insert v into Open	;;更新搜索边界
else if ($g(u)+w(u,v)<g(v)$)	;;找到了更短路径
if (v **in** Closed)	;;节点已经被访问
Remove v from Closed	;;更新扩展节点的列表
$g(v) \leftarrow g(u)+w(u,v)$	;;更新路径耗费
$f(v) \leftarrow \max\{g(v)+h(v), f(u)\}$	;;应用路径最大启发式
depth(v)$\leftarrow$depth(u)+1	;;增加深度值
ref(v)$\leftarrow$0	;;设置引用计数
ref(u)$\leftarrow$ref(u)+1	;;新的父节点的引用计数累加
ref(parent(v))$\leftarrow$ref(parent(v))-1	;;更新旧的父节点的引用计数
if (ref(parent(v))=0)	;;之前的父节点不在一条解路径上
DeleteRec (parent(v))	;;调用算法6.10
parent(v)$\leftarrow u$	;;更新前驱链接
if(v **not in** Open)Insert v into Open	;;重新插入

算法6.7

对于新生成节点，SMAG算法中的更新程序

因此，Open 列表包含部分扩展的节点。为所有的节点存储指向后继的指针是不可行的；相反地，我们假设每个节点跟踪一个迭代索引 next 用于指示最小的未检查的后代。通过如下方式保留遗忘的节点信息，即备份其完全扩展子树中的后代的最小 f 值（见算法6.9）。由于 $f(u)$ 是通过 u 的解路径的最低耗费估值，并且该解路径仅限于通过 u 的一个后继，所以可以通过下式获得一个更好的估值，即

```
Procedure MemoryControl
Input: 节点 u 和 v，内存限制 maxMem
Side effects: 从内存中删除没有希望的节点

if (|Closed|+|Open|≥maxMem)                              ;;达到内存限制
    Let M be the nodes in Open with maximum f(u)         ;;最小元素
    Select u from M with maximum depth(u)                ;;最小深度元素
    Remove u from Open                                    ;;具有最大 f 值的最深节点
    next(parent(u))←min{next(parent(u)), index(u)}       ;;将 u 添加到 parent(u) 的列表
    ref(parent(u))←ref(parent(u))−1                      ;;更新旧的父节点的引用计数
    if (parent(u)) not in Open                            ;;父节点没在搜索边界中
        Insert parent(u) into Open                        ;;重新插入
    if (parent(u) in Closed)                              ;;已经扩展了父节点
        Remove parent(u) from Closed                      ;;更新已扩展节点列表
```

算法 6.8

在 SMAG 算法中检测没有希望的节点

```
Procedure Backup
Input: 节点 u
Side effects: 更新 u 的祖先的启发式估计

U←min{f(v) | v∈Succ(u)}                                  ;;最佳后继价值
if (U > f(u))                                             ;;比当前价值要差
    f(u)←U                                                ;;根据新的 f 值对边界重新排序
    if (parent(u)≠∅ and
        Succ(parent(u)) ⊆ Open ∪ Closed)                 ;;所有后继
                                                          ;;包含在内存中
        Backup(parent(u))                                 ;;递归调用
```

算法 6.9

在 SMAG 算法中备份启发式估值

$$\max\{f(u), \min\{f(v) | v \in Succ(u)\}\}$$

如果 u 的所有后继都被丢弃，那么我们将不知道从 u 出发走哪条路径。但我们仍然有这样的想法，就是知道哪一条值得去。这是因为，备份的值提供了一个更有提示性的估值。

当再次生成遗忘节点时，为了减少重复扩展的次数，我们将会使用最有提示

性的估值。但各个路径的估值都已丢失。一种重要的改进方法是采取所谓的路径最大启发式（见 2.2.1 节）：如果启发式至少是容许的，采用界限 $\max\{f(v), f(u)\}$ 是有效的，其中 $v \in \text{Succ}(u)$，这是由于后代的由边耗费确定的目标距离只可能比父节点的小。

该算法的复杂性在于，需要对 Closed 链表中不在通往任一边缘节点的最佳路径上的节点进行剪枝。由于这些节点基本上是无用的，因此它们可能会导致内存泄漏。这个问题可以通过为每个节点引入一个引用计数器加以解决，用以跟踪父节点指针指向它们的后继节点数量。当这个计数变为 0 时删除该节点；而且，这可能会造成连锁的祖先删除，如算法 6.10 所示。

Procedure DeleteRec
Input：节点 u
Side effects：删除引用计数为 0 的节点

if (parent(u)≠∅)   ;;如果父节点存在
  ref (parent(u))←ref (parent(u))−1   ;;更新引用计数
if (ref(parent(u))=0)   ;;如果父节点不再存在
  DeleteRec(parent(u))   ;;递归调用
Delete(u)   ;;物理改变

算法 6.10

递归检测未用的 Closed 节点

由于该算法需要同时选择最小和最大的 f 值，故其实现需要一个精细的数据结构。例如，可以使用两个堆或一个平衡树实现该算法。为了根据深度选择节点，也可以采用树结构。

作为 SMAG 算法中状态生成的一个例子，采用如图 6.4 所示的带有 6 个节点的搜索树。假设内存中至多可存储三个节点。最初，节点 a 被存储在内存中，其耗费为 20，然后生成了节点 b 和 c，其耗费分别为 25 和 30。现在，为了继续探索必须删除一个节点。我们选择节点 c，这是因为它具有最高的耗费，节点 a 被注解为耗费 30，这是其删除后代的最小耗费。生成节点 b 的后继节点 d，其耗费为 45。由于节点 d 不是一个解，故将其删除，节点 b 被注解为耗费 45。生成 b 的下一个后代节点 e。由于节点 e 也不是一个解，故删除节点 e，节点 c 被再次生成，这是因为节点 c 是下一个具有最好耗费的节点。当再次生成节点 c 时，节点 b 被删除，从而发现耗费为 0 的目标节点 f。

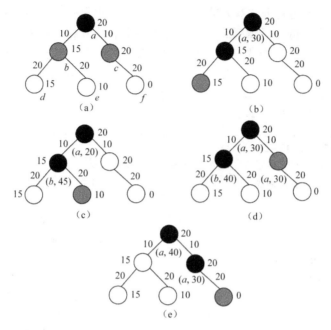

图 6.4 SMAG 算法的示例（阶段是从左到右，自顶至底）（节点的注释包括其唯一的标签和与之相关联的 h 耗费，边的注释是其权值。此外，提供了备份 f 值。黑色节点说明被扩展，灰色节点为缓存中生成的节点，缓存容量为 3，中空的节点是从内存中删除的节点）

6.2 非容许搜索算法

在 2.2.1 节，已经看到使用容许启发式保证算法 A*算法可找到一个最优解。但其问题图规模很大，如果考虑算法执行完成所需的主存限制，等待算法终止将变得不可接受。因此，提出了许多启发式搜索算法的变种，这些变种不坚持寻找最优解，而是一个在可行的时间和空间上寻求好的解。尽管一些策略牺牲完整性，并可能无法找到可行解，但是这些算法通常采用降低这种错误可能性的策略。此外，对于 IDA*算法和 A*算法无法求解的问题，它们往往能够获得最优解。

6.2.1 增强爬山算法

爬山算法是一个贪婪搜索引擎，它根据评价函数 h 选择最佳后继节点，并对其进行搜索，然后把后继看作实际节点，并继续搜索。当然，爬山算法并非一定能找到最优解。而且，它还可能陷入具有绝境的状态空间问题图中。不过，该方法被证明对一些问题是非常有效的,特别是最简单的问题。

一个更稳定的版本是增强爬山。只有当某个后继节点比当前节点有一个严格意义上更好的估值时才会选择它。由于这个节点可能不在当前节点的近邻,强迫爬山以广度优先的方式搜索该节点。算法 6.11 中描述了其伪代码。算法 6.12 给出了 BFS 算法过程的实现方法。当且仅当 t 是一个目标时,我们设定一个 $h(t) = 0$ 的启发式。图 6.5 给出了一个示例。

Procedure Enforced-Hill-Climbing
Input:具有开始节点 s 和后继生成函数 Expand 的隐式给定图
Output:到节点 $t \in T$ 的路径

$u \leftarrow s; h \leftarrow h(s)$;;初始化搜索
while($h \neq 0$)   ;;只要没有发现目标节点
　$(u', h') \leftarrow$ EHC-BFS(u, h) ;;搜索改进
　if ($h' = \infty$) **return** $\emptyset$;;找不到更好的评估
　$u \leftarrow u'$;;为下一次迭代更新 u
　$h \leftarrow h'$;;更新 h
return Path(u)   ;;返回解路径

算法 6.11

增强爬山算法

Procedure EHC-BFS
Input:评价为 $h(u)$ 的节点 u
Output:评价 $h(v) < h(u)$ 的节点 v 或者失败

Enqueue(Q, u)   ;;将起始节点添加到队列
while($Q \neq \emptyset$)   ;;只要队列非空
　$v \leftarrow$ Dequeue(Q)   ;;从队列取出第一个节点
　if ($h(v) < h(u)$) **return** $(v, h(v))$;;放弃搜索
　Succ(v) $\leftarrow$ Expand(v)   ;;生成后继集合
　for each w **in** Succ(w)   ;;对于所有后继
　　Enqueue(Q, w)   ;;将结果添加到队列尾部
return ($\cdot, \infty$)   ;;未找到改进

算法 6.12

搜索更好的状态 v 的 BFS 算法

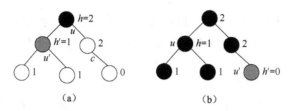

图 6.5 增强爬山示例（两次迭代）（黑色节点在 BFS 算法内扩展，灰色节点为退出状态；从根（h 值等于 2）开始的第一次 BFS 迭代（a）生成了一个具有更小 h 值（h 值为 1）的后继；第二次 BFS 迭代（b）搜索 h 值比 1 更小的节点；这次迭代生成了目标节点，故算法终止）

定理 6.1（增强爬山算法的完备性）如果状态空间图不包含绝境，则算法 6.12 会找到一个解。

证明： 只存在一种情况算法找不到解；即，对于某些中间节点 u，无法找到更好的评价节点 v。由于 BFS 算法是一个完备的搜索方法，它会找到一个具有较好的估值、位于解路径上的节点。事实上，如果算法不是在 $h(v) < h(u)$ 的情况下而是在 $h(v) = 0$ 的情况下终止，则会找到一个完整解路径。

如果有一个无权问题图，则它不包含绝境。此外，任何完备算法都可以用来代替 BFS 算法。但是无法保证所获得解路径的性能。图 6.6 给出了由增强爬山算法产生的搜索高原。产生的高原不必是不相交的，这是因为某一层上的中间节点会超过调用 BFS 搜索算法时的 h 值。

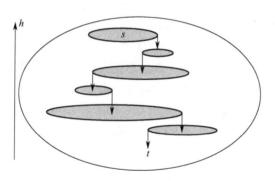

图 6.6 强迫爬山产生的搜索高原（起始节点 s 位于第一层（顶层），在最后一层（底层）发现目标节点 t）

除了有向图中的不完备性，算法还有其他缺点。有证据显示，当启发式估值不是很精确时，增强爬山很容易停滞或误入歧途。

6.2.2 加权 A*算法

经常有启发式 h 大大低估了真实距离的情况。因此，可以通过提高一些参数的影响得到一个更真实的估值。这虽然降低了最优性，却可以显著加速搜索过程；所以，对于时间或空间有限的搜索，这是一个不错的选择。

如果我们进行参数化设置：$f_l(u) = l \cdot h(u) + (1-l) \cdot g(u)$，其中 $l \in [0,1]$，得到一系列连续的最佳优先搜索变种 A_l，也可以将其标记为加权 A*算法。$l=0$ 时，在问题空间模拟了广度优先遍历；$l=1$ 时为贪婪最佳优先搜索。算法 $A_{0.5}$ 选择节点的顺序与 A*算法相同。

如果我们选择适当的 l 则会保持 f 的单调性。

引理 6.1 对于 $l \leq 0.5$ 和一致性估计 h，f_l 是单调的。

证明：因为 h 是一致的，故 f 单调；也就是说，对解路径上的所有的 (u,v) 有 $f(v) \geq f(u)$。由于 $(1-l) \times w(u,v) - l \times w(u,v) = w(u,v)(1-2l) \geq 0$，有

$$\begin{aligned}
f_l(v) &= l \times h(v) + (1-l) \times g(v) \\
&= l \times h(v) + (1-l) \times (g(u) + w(u,v)) \\
&\geq l \times (h(u) - w(u,v)) + (1-l) \times (g(u) + w(u,v)) \\
&= l \times h(u) + (1-l) \times g(u) + (1-2l) \times w(u,v) \\
&\geq l \times h(u) + (1-l) \times g(u) = f_l(u)
\end{aligned}$$

现在放松对 l 的限制以获得尽管非容许但更高效的算法。在如下情形下该算法的解质量仍然是有界的。

定义 6.1（ε 最优性）若搜索算法终止并获得最大耗费为 $(1+\varepsilon) \times \delta(s,T)$，则该算法是 ε 最优的，其中 ε 表示一个任意小的正数。

引理 6.2 对于 A*算法，若 $f(u) = g(u) + (1+\varepsilon) \times h(u)$，且 h 为容许估计，则 A*算法是 ε 最优的。

证明：对于 Open 中的节点 u，满足不变式（I）（见引理 2.2）。由于重加权处理，有 $f(u) = \delta(s,u) + h(u)$ 且 $g(u) = \delta(s,u)$。则

$$\begin{aligned}
f(u) &\leq \delta(s,u) + \delta(u,T) + \varepsilon \times \delta(u,T) \\
&\leq \delta(s,T) + \varepsilon \times \delta(u,T) \\
&\leq \delta(s,T) + \varepsilon \times \delta(s,T) \\
&\leq (1+\varepsilon) \times \delta(s,T)
\end{aligned}$$

因此，若选择节点 $t \in T$，则 $f(t) \leq (1+\varepsilon) \times \delta(s,T)$。

ε 最优性允许更自由地选择节点进行扩展。

引理 6.3 令 Focal$=\{u \mid f(u) \leq (1+\varepsilon) \times \min_{u' \in \text{Open}} f(u')\}$，则在 Focal 中选择任意节点都会产生一个 ε 最优算法。

证明：令 u 为不变式（I）中的节点（见引理 2.2），并且 $f(u) = \delta(s,u) + h(u) \leq \delta(s,u) + \delta(u,T) = \delta(s,T)$。令 v 为 Open 中具有最小 f 值的节点，则 $f(v) \leq f(u)$，并且对于目标 t 有 $f(t) \leq f(v) \times (1+\varepsilon) \leq f(u) \times (1+\varepsilon) \leq \delta(s,T) \times (1+\varepsilon)$。

6.2.3 高不一致 A*算法

我们可以重复使用之前执行的搜索结果,重新对 A*算法进行形式化描述。要做到这一点,我们定义不一致节点的概念,然后将 A*搜索算法表述为对不一致节点的反复扩展。该表述可以简单地通过识别所有不一致节点来重用之前执行的结果。

首先,引入一个新的变量 i。直观地说,这些 i 值是开始距离的估值,就像 g 值一样。尽管 $g(u)$ 永远是当前从 s 到 u 的最好路径的耗费,而 $i(u)$ 将始终等于 u 最后一次扩展时发现的从 s 到 u 的最佳路径耗费。若 u 从未被扩展,则 $i(u)$ 设置为 ∞。因此,每一个 i 值初始化为 ∞,然后当节点被扩展时它总是被重设为节点的 g 值。维持这些 i 值的 A*算法伪代码如算法 6.13 所示。

Procedure A* with Inconsistent Nodes
Input:具有开始节点 s,权重函数 w,后继生成函数 Expand 和谓词 Goal 的隐式问题图
Output:从 s 到某个目标节点 $t \in T$ 的路径

$g(s) \leftarrow 0, i(s) \leftarrow \infty$, Open $\leftarrow \{s\}$;;初始化搜索
while(Open$\neq \emptyset$) ;;未达到目标状态
  Remove u with the smallest $f(u)$ from Open ;;提取要扩展的节点
  if (Goal(u)) **return** Path(u) ;;使用算法 2.2 重构解
  $i(u) \leftarrow g(u)$;;设置已扩展节点的不一致值
  Succ(u) $\leftarrow$ Expand(u) ;;生成后继集合
  for each v in Succ(u) ;;对于 u 的所有后继 v
    if (v was never initialized) ;;新的后继
      $i(v) \leftarrow g(v) \leftarrow \infty$;;初始化不一致值
    if ($g(v) > g(u) + w(u,v)$) ;;找到了更好的路径
      $g(v) \leftarrow g(u) + w(u,v)$;;改进 g 值
      Insert/Update v in Open with $f(v) = g(v) + h(v)$;;更新结构

算法 6.13
具有 i 值的 A*搜索算法

由于在开始扩展 u 时,我们设置 $i(u) = g(u)$,并且假设边耗费为非负,所以当 u 被扩展时 $i(u)$ 仍等于 $g(u)$。因此,将 $g(v)$ 设置为 $g(u) + w(u,v)$ 相当于将 $g(v)$ 设置为 $i(u) + w(u,v)$。其结果是,引入 i 值的一个优点是 A*算法始终保持下列不变量:对于每个节点 $v \in S$,有

$$g(v) = \begin{cases} 0 & , v = t \\ \min_{z \in \text{Pred}(z)} \{i(z) + w(z,v)\}, & \text{其他} \end{cases} \quad (6.1)$$

更重要的是，事实证明 Open 正好包含所有的、搜索访问的 $i(u) \neq g(u)$ 的节点 u。最初是这种情形：除 s 之外所有节点的 i 值和 g 值均为无穷，并且 Open 只包含 s，且 $i(s) = \infty$，$g(s) = 0$。之后，每次选择扩展一个节点，则将其从 Open 中移出，并在下一行将其 i 值设置为 g 值。最后，无论何时任何节点的 g 值修改时，其 g 值降低，因而严格小于相应的 i 值。每次修改 g 值之后，该节点必定位于 Open 中。

这里，$i(u) \neq g(u)$ 的节点 u 称为不一致节点，而 $i(u) = g(u)$ 的节点 u 为一致节点。因此，Open 始终只包含那些不一致的节点。由于所有扩展的节点均来自于 Open，因此 A*搜索只扩展不一致节点。

在不一致节点扩展方面，A*算法操作的直观解释如下所述。由于每次扩展时通过设置节点 i 值等于其 g 值使节点成为一致节点，一旦其 g 值被降低则节点变为不一致直到该节点下一次被扩展。也就是说，假设对于某个节点 v，一致的节点 u 是其最佳前驱：$g(v) = \min_{z \in \text{Pred}(z)} \{i(z) + w(z,v)\} = i(u) + w(u,v) = g(u) + w(u,v)$。然后，若 $g(u)$ 降低，则 $g(v) > g(u) + w(u,v)$，因此 $g(v) > \min_{z \in \text{Pred}(z)} \{g(w) + w(w,v)\}$。也就是说，$g(s)$ 的减小导致 u 的 g 值和 u 的后继的 g 值之间的不一致。另外，每当 u 被扩展时，通过重新评估 u 的后继的 g 值修正这种不一致性。这又使得 u 的后继不一致。以这种方式通过一系列的扩展不一致被传播到 u 的后代。最终，后代不再依赖 u，它们的 g 值不再降低，也不会被插入到 Open 列表中。

这一新形式的 A*搜索算法的操作与 A*搜索算法的原始版本相同。变量 i 使我们很容易识别所有不一致节点：$i(u) \neq g(s)$ 的节点 u。事实上，在子程序的这个版本中，g 值只会降低，并且由于 i 值初始化为无穷，所以所有不一致节点都有 $i(u) > g(u)$。这样的节点称为高不一致，而 $i(u) < g(u)$ 的节点 u 为低不一致。

在刚刚介绍的 A*算法的版本中，所有节点有自己 g 值和 i 值，并在开始进行了初始化。我们设定所有节点的 i 值为无穷大，设置除 s 之外的所有节点的 g 值为无穷大，并设置 $g(s)$ 为 0。现在，删除这个初始化步骤，给出唯一的限制是没有节点是低不一致的且除 $g(s)$ 外的所有 g 值满足式（6.1）。这种任意高不一致的初始化将使我们在运行多个搜索时能够重新使用之前的搜索结果。

该初始化下的伪代码见算法 6.14。对于任意低不一致初始化，唯一需要改变的是 while 循环的终止条件。简单起见，我们假设一个单一的目标节点 $t \in T$。一旦 $f(s)$ 小于或等于下一个将扩展节点的关键字时终止循环，即 Open 中最小的关键字（假设空集的 min 运算符返回 ∞）。这样做的原因是：在这个新的初始化中，如果 t 已经被正确初始化，那么它可能永远不会被扩展。例如，如果所有的节点以这样一种方式初始化,则所有的节点都是一致的,然后 Open 初始为空,并且未进行任何扩展就会搜索结束。这是正确的,因为当所有节点都是一致的并且 $g(s)=0$,那么对于每个节点 $u \neq s$ 有 $g(u) = \min_{v \in \text{Pred}(u)} \{i(v) + w(v,u)\} = \min_{v \in \text{Pred}(u)} \{g(v) + w(v,u)\}$,这意味着 g 值等于相应的开始距离并且无需搜索——从 s 到 t 的解路径是一个最优解。

Procedure Overconsistent A*
Input:具有开始节点 s 和目标节点 t 的问题图,每个初始化的节点 u 必须满足 $i(u) \geq g(u)$ 且关于式(6.1)设置 $g(u)$,Open 必须恰好包含所有 $i(u) \neq g(u)$ 的节点
Output:从 s 到 t 的解路径

while($f(t) > \min_{u \in \text{Open}} \{f(u)\}$)   ;;终止条件
  Remove u with the smallest $f(u)$ from Open   ;;提取要扩展的节点
  $i(u) \leftarrow g(u)$;;设置不一致值
  Succ(u) ← Expand(v)   ;;生成后继集合
  for each v **in** Succ(u)   ;;对于 u 的所有后继 v
    if (v was never initialized)   ;;节点是新生成的
      $i(v) \leftarrow g(v) \leftarrow \infty$;;为新节点设置不一致值
    if ($g(v) > g(u) + w(u, v)$)   ;;找到了更好的路径
      $g(v) \leftarrow g(u) + w(u, v)$;;改进 g 值
    Insert/Update v in Open with $f(v) = g(v) + h(v)$;;更新结构
return Path(t)   ;;重构解

算法 6.14
具有任意高不一致初始化的 A*算法

就像原始 A*搜索算法那样,对于一致性启发式,当 while 循环测试执行时,对于 $h(u) < \infty$ 且对于 Open 中所有节点 v 满足 $f(u) \leq f(v)$ 的节点 u,提取的从 u 到 t 的解路径是最优的。

鉴于该性质以及算法的终止条件,很显然该算法结束后返回的解是最优的。此外,该性质导致这样一个事实:若启发式是一致的,则没有节点会被多次扩展:一旦一个节点被扩展,则它的 g 值最优且之后不会再减少,节点永远不会被再次插入到 Open 列表中,这些特性均与 A*搜索算法的性质类似。但是,与 A*搜索算法不同的是,Improve 函数不会扩展与最短路径计算相关的所有所需节点;它不扩展 i 值已经等于相应起始距离的节点。在重复搜索时,利用这个性质能够节省大量计算开销。在 Improve 函数执行过程中节点 u 至多扩展一次,并且仅当调用前 $i(u)$ 不等于 u 的起始距离时扩展一次。

6.2.4 随时修正 A*算法

在许多领域，具有夸大启发式的 A*搜索算法（即 f 值等于 g 加上 ε 倍 h 值，$\varepsilon \geqslant 1$）可以大大减少产生解之前必须检查的节点数。然而搜索返回的路径可能是次优的，这类搜索还提供了次优性的一个界限，也就是启发式所夸大的 ε。因此，当 ε 为 1 时，也就是具有非夸大启发式的标准 A*算法，由此产生的路径确保是最优的。当 $\varepsilon > 1$ 时，搜索发现的路径长度不大于最优路径长度的 ε 倍，而这种搜索通常比未夸大启发式版本快得多。

为构建具有次优界限的随时修正算法，我们可以运行具有渐减的夸大启发式的一系列 A*搜索算法。这种朴素的方法会产生一系列解，每个解都有一个等于相应夸大因子的次优因子。这种方法可以控制次优界限，但也浪费了大量的计算，这是因为每个搜索迭代重复了之前搜索的大多数工作。下面将解释随时修正 A*（ARA*）算法，该算法是一种高效的随时启发式搜索。该算法也连续运行具有夸大启发式的 A*算法，但它会重复利用之前搜索结果，以这样的方式仍可以满足次优界限。因此，不再重复计算之前迭代中已经正确计算的节点值，从而获得大幅加速。

随时修正 A*算法是通过多次选取不同 ε 来启动执行 A*算法工作的，起初 ε 较大，然后在每次执行前逐渐减少 ε 直到 $\varepsilon = 1$。其结果是，每次搜索后的解确保在最优的 ε 因子范围内。ARA*算法利用高不一致 A*算法子程序来重复使用先前的搜索结果，因此可以大幅度提高效率。

复杂性在于 ε 所夸大的启发式算法结果可能不再一致。事实证明，当启发式不一致时，相同的函数也应用得很好。此外，一般情况下，当一致启发式夸大时，A*搜索算法的节点可以被多次扩展。但是，如果我们将扩展限制到每个节点不超过一次，则 A*搜索算法仍然是完备的并具有 ε 次优性：找到解的耗费不大于一个最优解的 ε 倍。

这对于子程序同样成立。因此使用 Closed 集合限制函数中的扩展（见算法 6.15）：首先，Closed 为空；然后，每个扩展的节点都被添加到 Closed 中，并且已在 Closed 中的节点不会插入到用于扩展的 Open 中。虽然这限制了每个节点扩展不超过一次，但是 Open 可能不再包含所有不一致的节点。事实上，Open 仅包含尚未扩展的不一致节点。然而，需要跟踪所有不一致节点，这是因为它们将是未来搜索迭代中不一致性传播的起点。为此，在算法 6.15 中使用集合 Incons 维持所有不在 Open 中的不一致节点。因此，Incons 和 Open 的并集正是所有不一致节点的集合，并且可以在每次调用子程序之前用于重设 Open。

> **Procedure APA***
> **Input**: 具有开始节点 s 和目标节点 t 的问题图
> **Output**: 从 s 到 t 的解路径
>
> Closed←Lncons←∅   ;;初始化结构
> **while**($f(t) > \min_{u \in \text{Open}} \{f(u)\}$)   ;;终止条件
>   Remove u with the smallest $f(u)$ from Open   ;;提取要扩展的节点
>   Insert u into Closed   ;;扩展已访问集合
> $i(u) \leftarrow g(u)$;;设置 i 值
>   Succ(u)←Expand(u)   ;;生成后继集合
>   **for each** v **in** Succ(u)   ;;对于 u 的所有后继 v
>   **if** (v was never initialized)   ;;节点是新生成的
> $i(v) \leftarrow g(v) \leftarrow \infty$;;设置新节点的 i 值
>   **if** ($g(v) > g(u)+w(u,v)$)   ;;找到了更好的路径
> $g(v) \leftarrow g(u) \leftarrow w(u,v))$;;改进 g 值
>   **if** ($v \notin$ Closed)   ;;节点未被访问
>   Insert/Update v in Open with $f(v)=g(v)+\varepsilon h(v)$;;更新结构
>   **else**   ;;节点已经在封闭列表中
>   Insert v into Lncons   ;;移动到临时列表

算法 6.15

随时修正 A* 算法的子程序

ARA* 算法的主函数（见算法 6.16）执行一系列搜索迭代。它执行初始化，包括设置 ε 为一个较大的值 ε_0，并反复调用具有渐减 ε 值的一系列子程序。然而，在每次调用子程序之前，需要通过将集合 Incons 移到 Open 中来构建一个新的 Open 列表。因此，在每次调用子程序之前，Open 包含所有不一致节点。由于 Open 必须根据当前节点的 f 值进行排序，因此它会被重新排序。在每次调用函数之后，ARA* 算法会发布一个 ε 次优解。更一般地，对于任意 f 值小于或等于 Open 中最小 f 值的节点 s，我们计算出了一条在 ε 次优范围内的从 s 到 u 的解路径。

当 $f(t)$ 不再大于 Open 中的最小关键字时，子程序运行结束，这意味着提取出的解路径是在 ε 最优范围内的。由于每次迭代前 ε 递减，ARA* 算法会逐渐降低次优性界限，并找到新的满足界限的解。

```
Procedure Anytime RepairingA*
Input: 具有开始节点 s 和 t 以及一致性启发式的问题图
Output: 一系列解

g(t)←i(t)←∞ ; i(s)=∞                                    ;;初始化搜索
g(s)←0; Open←Ø; ε = ε₀                                  ;;初始化次优界限
insert s into Open with f(s)=g(s)+ ε h(s)               ;;初始化结构
ARA*(s,t)                                               ;;调用搜索子程序
print ε -suboptimal solution                            ;;报告当前最佳解
while( ε >1)                                            ;;在 ε =1时鉴定的最优
    decrease ε                                          ;;调用搜索子程序
    move nodes from Incons into Open                    ;;重新初始化搜索
    for each u∈Open                                     ;;准备重新启动
        update the priorities according to f(u)=g(u)+ ε h(u)  ;;权重 A*算法
    ARA*(s,t)                                           ;;调用搜索子程序
    print ε -suboptimal solution                        ;;报告当前最佳解
```

算法 6.16

随时修正 A*算法的主函数

图 6.7 给出了一个简单的迷宫示例中 ARA*算法的操作。一次迭代结束时，不一致节点用星号表示。虽然第一次调用（$\varepsilon = 2.5$）与同样 ε 值下的加权 A*算法相同，但是第二次调用（$\varepsilon = 1.5$）只扩展了一个单元格。这与同样 ε 值下的 A*搜索扩展大量单元格完全不同。对于这两次搜索，次优因子从 2.5 减少到 1.5。最后，第三次调用时 ε 设置为 1，只扩展了 9 个单元格。

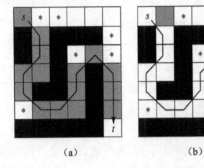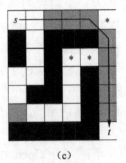

图 6.7 ARA*算法示例

(a) 第一次搜索（∈=2.5）；(b) 第二次搜索（∈=1.5）；(c) 第三次搜索（∈=1.0）。

ARA*算法的效率收益取决于以下两个性质：首先，每次搜索迭代保证节点扩展不多于一次；其次，在子程序调用函数前不扩展 i 值已被之前迭代搜索正确计算的节点。

每个 ARA*算法发布的解带有一个等于 ε 的次优性。此外，可以根据 $g(t)$ 与不一致节点的最小无权 f 值的比值计算一个更紧凑的次优界限：$g(t)$ 给出最优解耗费的上界，f 值给出最优解耗费的下界。只要比值大于或等于 1 则该次优性有效。否则，$g(t)$ 等于一个最佳解的耗费。因此，ARA*算法发布的每个解的实际次优界限，ε' 计算为 ε 和这个新界限之间的最小值，即

$$\varepsilon' = \min\left\{\varepsilon, \max\left\{1, \frac{g(t)}{\min_{u \in \text{Open} \cup \text{Incons}}\{g(u) + h(u)\}}\right\}\right\} \quad (6.2)$$

ARA*算法的随时修正行为严重依赖于它们所使用的启发式的性质。特别地，它依赖于一个假设，即足够大的夸大因子 ε 大大加快了搜索过程。虽然在许多领域这个假设是真实的，但并不一定保证成立。事实上，构造病态例子是可能的，其中具有大 ε 值的搜索的最佳优先性质可导致更长的处理时间。一般情况下，要取得 ARA*算法的随时修正行为的关键是找到与真实距离之间差值是一个具有较浅的局部最小值的函数的启发式。要注意的是，这与启发式值和真实距离之间差值的幅度是不一样的。相反，如果启发式函数与真实距离函数有相似的形状，则这个差值将有浅的局部最小值。例如，在机器人导航中，局部最小值可以是一个位于机器人到目标的直线上的 U 形障碍物（假设启发式函数是欧氏距离）。障碍物的大小决定了加权 A*算法以及 ARA*算法在获得最小值之前将必须访问的节点数量。得出的结论是：对于 ARA*算法，为各种困难的搜索领域设计一个随时规划器的任务，变成了设计一个能够产生浅的局部最小值的启发式函数的问题。许多情况下（尽管并不一定总是）对于解决手头问题来说，设计这样的启发式函数可能比设计一个全新的随时搜索算法简单得多。

6.2.5 k 最佳优先搜索算法

一个非常不同的非最优搜索策略，通过考虑更大的节点集合而不破坏其内部的 f 顺序来修改优先级队列数据结构中的选择条件。k 最佳优先搜索算法是最佳优先搜索的泛化：每个循环从 Open 中扩展最佳的 k 个节点而不是仅扩展第 1 个最佳节点。在扩展完其余的之前 k 最佳节点之前不会检查后继节点。算法 6.17 给出了伪代码实现。

根据算法 6.17，最佳优先搜索可视为 1 最佳优先搜索，而广度优先搜索可视为 ∞ 最佳优先搜索，这是因为在每个扩展循环内扩展 Open 中的所有节点。

> **Procedure k-Best-First-Search**
> **Input**：具有开始节点 s，权重函数 w，启发式 h，后继生成函数 Expand，谓词 Goal 和内存限制 k 的隐式问题图
> **Output**：从 s 到某个目标节点的最短路径，如果路径不存在则返回 $\emptyset$
>
> Closed ← $\emptyset$;;初始化结构
> Open ← $\{s\}$;;将 s 插入到搜索边界
> $f(s) \leftarrow h(s)$;;初始化估计
> **while**(Open ≠ $\emptyset$)   ;;只要还有边界节点
> $k' \leftarrow \min\{k, |\text{Open}|\}$;;没有比边界中更多的节点了
>   Remove elements $u_1, u_2, \cdots, u_{k'}$ from Open with smallest $f(u_i)$;;选择 k 节点
>   Insert $u_1, u_2, \cdots, u_{k'}$ into Closed   ;;更新已扩展节点列表
>   **for** i in $\{1, 2, \cdots, k'\}$;;扩展所有选择的节点
>   Succ(u_i) ← Expand(u_i)   ;;生成后继集合
>   **for each** v **in** Succ(u_i)   ;;对于 u_i 的所有后继 v
>   **if**(Goal(v)) **return** Path(v)   ;;找到目标，返回解
>   Improve(u_i, v)   ;;调用松弛子程序
> **return** $\emptyset$;;解不存在

算法 6.17

k 最佳优先搜索算法

该算法的基本原理是：当非容许启发式函数的不精确程度增大时，k 最佳优先搜索避免在错误的方向运行并暂时放弃高估的最优解路径。在许多领域已经证明，该算法优于最佳优先搜索。

另外，与容许和单调启发式相结合也未必会有优势。这是由于在这种情况下，必须扩展所有耗费小于最优解路径的节点。然而，若次优解可行，则 k 最佳优先搜索是一个简单且高效的选择。从这个角度来看，k 最佳优先搜索是加权 A* 算法（$l > 0.5$）而不是 A* 算法的一个天然对手。

6.2.6 束搜索算法

k 最佳优先搜索的一个变种是 k 束搜索（见算法 6.18）。前者将所有节点保存在 Open 链表中，而后者则在每次扩展之前丢弃除最佳 k 个节点之外的所有节点。参数 k 也称为束宽度，可根据主存限制进行缩放。与 k 最佳优先搜索不同的是，束搜索做本地决策，不会移动到搜索树的另一部分。

第 6 章 内存受限搜索

```
Procedure k-Beam-Search
Input：具有开始节点 s，权重函数 w，启发式 h，后继生成函数 Expand，谓词 Goal 和内存
       限制 k 的隐式问题图
Output：从 s 到某个目标节点的最短路径，如果路径不存在则返回 ∅

Closed ← ∅                                           ;;初始化结构
Open ← {s}                                           ;;将 s 插入到搜索边界
f(s) ← h(s)                                          ;;初始化估计
while(Open ≠ ∅)                                      ;;只要还有边界节点
    k' ← min{k,|Open|}                               ;;没有比边界中更多的节点了
    Remove elements u₁,u₂,…,u_k' from Open with smallest f(uᵢ) ;;选择 k 节点
    for i in {1,2,…,k'}                              ;;更新已扩展节点列表
        Succ(uᵢ) ← Expand(uᵢ)                        ;;生成后继集合
        for each v in Succ(uᵢ)                       ;;对于 uᵢ 的所有后继 v
            if(Goal(v)) return Path(v)               ;;找到目标，返回解
            Insert v as successor of uᵢ into Open    ;;将 v 作为 uᵢ 的后继插入到打开列表
return ∅                                             ;;解不存在
```

算法 6.18

k 束搜索算法

由于受广度优先搜索的盲目探索的限制，只有问题图每一层级中最有希望的节点才会被选中用于生成接下来的分支，而其他节点被永久剪除。该修剪规则是非容许的。也就是说，它不保证搜索算法的最优性。牺牲最优性并限制束宽的主要动机是主存的限制。通过改变束宽就可以改变搜索行为：宽度为 1 对应于贪婪搜索行为，宽度没有限制则对应于使用 A*算法的完整搜索。通过限定宽度，搜索的复杂性与搜索深度呈线性而并不是指数。更确切地说，束搜索的时间和存储复杂度为 $O(kd)$，其中 d 为搜索树的深度。迭代加宽（又名迭代弱化）执行一系列束搜索，其中在每次迭代中使用一个较弱的剪枝规则。这种策略不断迭代直到获得具有足够质量的解决方案，如图 6.8（a）所示。

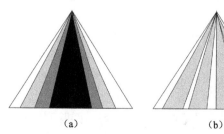

图 6.8 改进覆盖

(a) 迭代加宽；(b) 扩大束宽重新开始。（关于不同的哈希函数）

6.2.7 局部 A*算法和局部 IDA*算法

在局部哈希函数的研究中，如比特状态哈希、双比特状态哈希和哈希紧凑（见第 3 章），我们已经看到，可以显著减小哈希表的大小。这是通过放弃搜索的最优性获得的，因为一些状态不能再进行歧义消除。正如我们所看到的，局部哈希是对全状态存储算法空间需求的一种折中，可以认为是对传统启发式搜索算法的一种非容许简化。在极端情况下，局部搜索算法甚至不完备，这是因为它们可能由于错误剪枝而错过存在的目标状态。可以通过增大剩余向量的比特位数或者重新调用具有不同哈希函数的算法来减少这种可能性（图 6.8（b））。

局部 A*算法为 A*算法的 Closed 链表应用比特状态哈希。哈希表退化为一个没有任何冲突策略的比特向量（为突出区别标记为 Closed[i]）。需要注意的是，即使估值是非容许的，应用局部 A*算法时也无须重新打开。这是因为由此产生的算法也无法保证解的最优性。局部状态存储的效果如图 6.9 所示。如果只存储部分状态，则更多的状态可以放到主存中。

图 6.9 局部状态存储与全状态存储的效果（阴影区域说明主存容量）

(a) 全状态存储；(b) 局部状态存储。

为了分析使用不可逆压缩方法产生的结果，我们在此专注于比特状态哈希。这是基于这样一个事实：比特状态哈希可以将状态显著地压缩为一个或几个比特，突出了深度优先搜索算法的优势。算法 6.19 描述了具有（单个）比特状态哈希的 A*搜索算法。

给定 M（比特）内存，单个比特状态哈希能够存储 M 个状态。这样可以节省 $\Omega(\lg|S|)$ 倍内存，这是由于一个显式状态的空间需求至少为 $\lg|S|$ 比特。对于大状态空间和低效状态编码来说，比特状态哈希在状态空间覆盖上的收益更加可观。

首先，搜索前沿的状态几乎无法压缩；然后，跟踪到达每个状态的路径经常是必要的。另外一个现象是，许多启发式函数和算法必须访问到达状态的最优路径的长度（或耗费）。

```
Procedure Partial-A*
Input: 具有开始节点 s，权重函数 w，启发式 h，后继生成函数 Expand，谓词 Goal 和哈希
       表大小 M 的隐式问题图
Output: 到某个目标节点的最短路径，如果路径不存在则返回 ∅

for each i in {1,2,⋯,M}Closed[i]←false              ;;初始化比特状态列表
Open←{s}                                           ;;初始化搜索边界
f(s)←h(s)                                          ;;设置初始耗费值
while(Open ≠ ∅)                                    ;;循环直到发现目标或目标不可达
    Remove u from Open with minimum f(u)           ;;选择节点进行扩展
    Closed[hash(u)]←true                           ;;标记已访问的元素
    if (Goal(u))                                   ;;检查终止
        return Path(u)                             ;;返回解
    Succ(u)←Expand(u)                              ;;生成后继集合
    for each v in Succ(u)                          ;;对于 u 的所有后继
        if(v in Open)                              ;;位于搜索边界的后继
            f(v)←min{f(v),g(u)+w(u, v)+h(v)}       ;;更新耗费
        if(v not in Open and Closed[hash(v)]=false) ;;后继是新的
            f(v)←g(u)+w(u, v)+h(v)                 ;;计算耗费
            Insert v into Open                     ;;更新搜索边界
return ∅                                           ;;解不存在
```

算法 6.19

具有(单个)比特状态哈希的 A*搜索算法

这些问题有两种解决方案：或者遍历到达该状态的路径来重新计算信息，或者将其与状态一起存储。第一种称为状态重构的方法增加了时间复杂度，第二种方法增加了内存需求。状态重构需要存储前驱链接，这对一个 W 位的处理器而言通常需要 W 比特。

分析用于存储 Open 集合所需的信息量并不简单，特别是考虑到不规则的问题图。然而，实验结果表明，该搜索前沿经常随搜索深度呈指数增长，使得压缩封闭的状态集合没有太大的帮助。因此，对于 BFS 类的搜索算法，应用比特状态哈希并不如在 DFS 算法中应用有效。

非容许比特状态哈希也可以与线性 IDA*搜索算法组合使用。局部 IDA*算法的实现如算法 6.20 所示。比特状态哈希可结合置换表来更新返回到根的传播 f 值或 h 值，但是因为剪枝技术是不完备的且在局部存储状态上标注任何信息都会占用大量内存，因此在每次迭代时初始化哈希表比较简单。

```
Procedure Partial-IDA*
Input：节点 u，路径耗费 g，上界 U，哈希表大小 M，哈希函数 hash
Output：到一个目标节点 t∈T 的最短路径，如果路径不存在则返回 ∅
Side effects：更新阈值 U'

if (Goal(u)) exit with Path(u)                  ;;终止搜索
Succ(u)←Expand(u)                               ;;生成后继集合
for each v in Succ(u)                           ;;对于所有后继
  if not (Closed [hash(v)])                     ;;状态不在哈希表中
    Closed[hash(v)]←true                        ;;插入指纹
    f(v)←g+w(u, v)+h(v)                         ;;计算启发式估计
    if( f(v)>U )                                ;;耗费超过了旧的界限
      if( f(v)<U' )                             ;;耗费小于新的界限
        U'←f(v)                                 ;;更新新的界限
      else                                      ;;f 值小于当前阈值
        Partial-IDA*(v, g+w(u, v))              ;;递归调用
return ∅                                        ;;解不存在
```

算法 6.20

具有（单个）比特哈希的局部 IDA*算法

实际上，更新大比特向量表在实际操作中很快，但对于具有较少扩展节点的浅搜索而言可以通过对于较小阈值时调用具有置换表更新的普通 IDA*算法，并且仅当深度较大时应用比特向量探索对该机制进行改进。

6.3 Closed 链表约减

当搜索树结构状态空间时，Closed 链表通常比 Open 链表要小得多，这时因为产生的节点数量随搜索深度呈指数增长。然而，一些问题域中，Closed 链表的大小实际上可能主导整个内存需求。例如，在网格问题中，Closed 链表大致描述为二次方程式大小的区域，而 Open 链表为线性大小。我们将看到，可以修改搜索算法使得在搜索过程中内存用完时，可以暂时抛弃大部分或全部 Closed 链表，并且之后只有部分被重建以获得解路径。

6.3.1 隐式图中的动态规划

多数动态规划算法的主要前提条件是，搜索图必须是无环的。这就确保了节点的拓扑顺序 $\preceq$，使得无论何时 u 是 v 的祖先时，$u \preceq v$。

例如，多序列比对问题的矩形网格案例。通常，算法被描述为显式地填写一个固定大小、预先分配的矩阵单元格。但是，直接通过修改 Dijkstra 算法来使用一个节点的层级而不是其 g 值作为堆关键字，可以将这种表示等价地转换为隐式定义图。如果能够将其修剪为针对部分网格的计算，那么可能会节省空间。通过形成不相交、穷举以及连续子序列的节点排序，可以将拓扑排序分割为不同的层级 $level_i$。通过在行、列、反对角以及更多可能的划分上可以计算对齐。

当动态规划遍历反对角中的一个 k 维晶格时，Open 链表包含至多 k 个层级（例如，$k=2$ 时，位于 level 的单元格 u 的左侧和上部的父节点位于 level-1，其左上和对角线的父节点位于 level-2）；因此，其量级为 $O(kN^{k-1})$，比搜索空间 $O(N^k)$ 减少一维。

存储 Closed 链表的唯一原因是一旦到达目标就可以追溯解路径。减少用于重构路径而必须存储的节点数目的一个办法是：与 6.1.4 节类似为每个节点关联一个引用计数，该计数维持节点所在的最优路径的后代个数。算法 6.21 给出了伪代码，相应的节点松弛步骤如算法 6.22 所示，其中的程序 DeleteRec 与算法 6.10 中的相同。

Procedure Dynamic-Programming
Input: 具有开始节点 s，权重函数 w，启发式 h，后继生成函数 Expand，谓词 Goal 和函数 level(u)的隐式问题图
Output: 到某个目标节点 $t \in T$ 的最短路径，如果路径不存在则返回 Ø

Closed ← Ø   ;;初始化结构
$g(s)$ ← 0   ;;初始化路径耗费
Open ← {s}   ;;将 s 插入到搜索边界
while (Open ≠ Ø)   ;;只要还有边界节点
  Remove u from Open with minimum level(u)   ;;逐层扩展
  if (Goal(u)) **return** Path(u)   ;;如果发现目标，返回解
  Succ(u) ← Expand(u)   ;;生成后继集合
  for each v **in** Succ(u)   ;;对于所有后继
    Improve(u, v)   ;;更新搜索结构，g 值和 f 值
                                                    ;;（算法 6.22）
  if(ref(u)=0)   ;;子树中未发现目标
    DeleteRec(u)   ;;调用算法 6.10
return Ø   ;;解不存在

算法 6.21
动态规划搜索算法

```
Procedure Improve
Input: 节点 u 和 v, v 是 u 的后继
Side effects: 更新的 v 的父节点, g(v), Open 和 Closed

if (v not in (Open ∪ Closed) or g(u)+w(u, v)＜g(v))      ;;新的或者更短的
    g(v)←g(u)+w(u, v)                                    ;;更新最短发现路径
    ref(u)←ref(u)+1                                      ;;新的父节点的引用计数递增
    if (parent(v)≠∅)                                     ;;之前的父节点存在
        ref (parent(v))←ref (parent(v))−1                ;;旧的父节点的引用计数递减
        if (ref(parent(v))=0)                            ;;节点 v 是最后一个孩子
            DeleteRec (parent(v))                        ;;不再有用(算法 6.10)
    parent(v)←u                                          ;;重设父节点
    if (v not in Open)                                   ;;节点未生成
        Insert v into Open                               ;;更新搜索边界
    if (v in Closed)                                     ;;节点已经被访问
        Remove v from Closed                             ;;v 更新已扩展节点列表
```

算法 6.22

动态规划中的边松弛步骤

一般情况下，实验已经证明引用计数能够大大降低所存储的 Closed 链表的大小。

6.3.2 分治解重构

Hirschberg 最先注意到，当只关心确定一个最优比对的耗费时，没有必要存储整个矩阵；例如，当逐行进行时，一次跟踪其中 k 个就足够了，一旦下一行完成时就可以删除该行。这将空间需求减少了一维，从 $O(N^k)$ 降到 $O(kN^{k-1})$；对于长序列而言是相当大的改进。但这种方法并没有提供实际的解路径。为了在搜索终止后恢复解决路径，需要重新计算丢失的单元格值。解决方法是在一半网格上应用算法两次，一次在向前方向，另一次在向后方向，并在某个中间传递层相交。通过添加相应的向前和向后距离，能够恢复位于最优路径上的单元格。这个单元格本质上将问题分解成两个较小的子问题，一个从左上角落开始，另一个从右下角落开始，可以使用相同的方法递归解决这两个问题。由于在两个维度上，解决一半问题计算量将减少 4 倍，因此总的计算时间至多是存储整个 Closed 链表时的 2 倍；维度更高时开销降低更多。Hirschberg 算法的进一步完善是利用额外的内存来存储最优路径上的多个节点，从而减少重新计算的次数。

6.3.3 前沿搜索算法

前沿搜索算法尝试将 Hirschberg 算法实现的 Closed 链表的空间减少推广为一个一般的最佳优先搜索。它主要适用于无向或无环但已扩展至更一般的图类型的问题图。Closed 与 Open 链表大小的比值较大时，前沿搜索尤其有效。图 6.10 显示了无向网格问题中的前沿搜索。所有生成节点以及所使用的入操作的标记都阻止重新进入已扩展节点。已扩展节点最初仅包括开始状态。

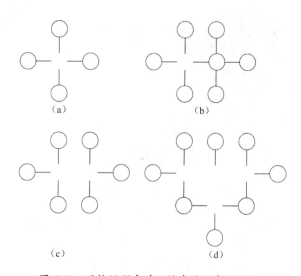

图 6.10　网格问题中前沿搜索过程中的快照

（a）扩展第一个节点后的情形；（b）扩展另一个节点存储入边的情形；
（c）删除一个已扩展节点后的情形；（d）之后进行两个扩展的情形。

在有向无环图中前沿搜索更为明了。图 6.11 示意性地描述了一个二维比对问题的一个快照，其中 f 值不大于当前 $f_{\min}$ 的所有节点都已经被扩展。由于启发式的准确性随着与目标的距离增加而减小，产生了典型的洋葱状的分布结果。大多数更靠近开始节点，并朝着更高层次逐渐变细。

然而，与 Hirschberg 算法相反的是，A*算法仍然存储 Closed 链表中的所有探索节点。作为补救，我们得到两个新的算法。

分治双向搜索进行双向广度优先搜索，且忽略 Closed 链表。当两个搜索前沿相遇时，发现一条最优路径，以及最优路径上的搜索前沿交点。在这一点上，为两个子问题递归调用该算法：一个从开始节点到中间节点，另一个从中间节点到目标节点。

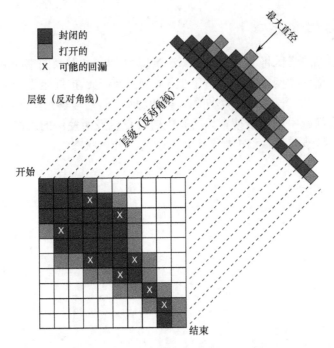

图 6.11 两两比对中的搜索快照

分治前向前沿搜索仅在向前的方向上进行搜索，无须 Closed 链表。第一阶段搜索最优耗费为 f^* 的目标 t。第二阶段在约 $f^*/2$ 处的中继层级重新调用搜索。当遇到一个中继层节点时，它的所有子节点将其作为父节点存储。随后，所有经过中继层次的节点在中继层次保存各自的祖先，这些祖先节点位于开始节点到当前位置的路径上。搜索结束时，存储在中继层次的节点是中间节点大约是一条最优解路径的一半。检测 s 到 t 的中继状态 i，最后阶段为两个子问题递归调用该算法。这两个子问题分别是从 s 到 i 和从 i 到 t。图 6.12 显示了递归步骤和搜索前沿太小时落回到当前搜索前沿之后的有向图问题。对于这种情况，产生了多个重复。

除了跟踪解路径以外，A*算法使用存储的 Closed 列表以防止如下场景的搜索反向渗入。一致性启发式保证（正如 Dijkstra 算法中那样）当扩展一个节点时，其 g 值是最优的，因而该节点不会被再次扩展。但是，如果我们尝试删除 Closed 节点，那么在 Open 中存在具有更高 f 值的拓扑上更小的节点；当在稍后阶段扩展这些节点时，它们会导致重新生成具有非最优 g 值的节点。这是由于第一个实例已经不可用，从而无法用于重复检验。在图 6.11 中，可能会被重新扩展的节点标记了 X。在最佳优先搜索中，约减 Closed 链表的主要障碍在于搜索前沿反向渗入到之前扩展的 Closed 节点。

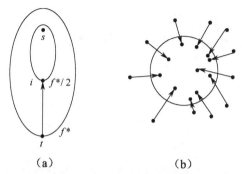

图6.12 分治前向前沿搜索和反向渗入问题；s为起始状态，t为目标状态，i为位于中继层的一个中继状态，该中继层位于或靠近$\lfloor \delta(s,t)/2 \rfloor$

（a）分治前向前沿搜索；（b）反向渗入问题。

一种建议的变通方法是在每个状态存储一个移动操作列表，该列表描述了通向 Closed 节点的禁止移动。但是，这意味着节点表示不是恒定的，会随着问题维度而指数增长。另一个方法是插入一个已扩展节点的所有可能的父节点到 Open 中，并特别标记其中未到达的节点。但是，这会使得 Open 链表膨胀，并与很多其他剪枝机制不兼容。

6.3.4▲ 稀疏内存图搜索算法

前沿搜索的约减启发了即将介绍的大多数算法。稀疏内存图搜索（SMGS）是内存约减的一种有效尝试。SMGS 基于对 Closed 列表的一种压缩表示。这种表示允许移除很多但不是所有 Closed 链表中的节点。与前沿搜索相比，SMGS 描述了处理反向渗入的一种备选机制。

令 Pred(v) 表示节点 v 的前驱集合；即，Pred(v) = $\{u \mid (u,v) \in E\}$。已访问节点集 Closed 的核 K(Closed) 定义为所有前驱已经包含在 Closed 中的节点

$$K(\text{Closed}) = \{u \in \text{Closed} \mid \forall v \in \text{Pred}(u): p \in \text{Closed}\}$$

Closed 中的其余节点被称为边界 B(Closed)：

$$B(\text{Closed}) = \text{Closed} \setminus K(\text{Closed}) = \{v \in \text{Closed} \mid \exists u \in \text{Pred}(v), u \notin \text{Closed}\}$$

Closed 节点在搜索空间中形成了包含开始节点在内的一个区域；此区域外部的节点在不穿越边界的情况下无法到达区域内的任何节点。因此，存储边界足以避免反向渗入。

一条稀疏解路径是一个有序列表（$s = v_0, v_1, \cdots, v_d = t$），其中 $d \geqslant 1$ 且 $\sum_{i=1}^{d-1} \delta$(v_i, v_{i+1}) = $\delta(s,t)$。也就是说，它包含了在一条最优路径上的祖先节点序列，其中

v_i 不必是 v_{i+1} 的直接父节点。可以删除除边界以外的所有 Closed 节点和中继节点，比如那些用来从稀疏表示中重构对应解路径的节点。SMGS 尝试仅在由于算法的内存消耗逼近计算机极限时延迟删除节点，从而最大化可用内存的利用。

SMGS 算法假定可以计算得到每个节点 v 的入度 $|\text{Pred}(v)|$。除此以外，启发式 h 必须是一致的，对于所有的边 u,v，$w(u,v)+h(u)-h(v) \geqslant 0$ 成立，因此，不会发生重新打开问题。除了解路径重构以外，SMGS 非常类似于标准算法，如图 6.23 所示。从一个目标节点开始，我们仍然沿着一个祖先指针。但是，如果我们遇到一个空位，就通过对搜索程序的递归调用来解决问题。位于稀疏路径上的两个连续的节点被当作开始和目标节点。注意到，目前为止这些分解问题比原始问题更小也更容易解决。

Procedure Path
Input: 目标节点 u
Output: 从 s 到 u 的完整解路径

  Path←(u) ;;初始化路径
  while(ancestor$(u) \neq \emptyset$)   ;;尚未到达根节点
    if(ancestor(u) **in** Pred(u))   ;;普通边
      Path←(ancestor(u),Path)   ;;将祖先添加到路径
    else   ;;收缩边
      subPath←SMGS(ancestor(u), u)   ;;递归调用以填补空隙
      Path←(sutPath, Path)   ;;增加部分路径
    u←ancestor(u) ;;继续循环
  return Path   ;;路径完成

算法 6.23

稀疏内存图搜索中的解重构

算法 6.24 描述了 SMGS 的边松弛步骤。每个生成和存储的节点 u 将未扩展的前驱数量记录在变量 ref(u) 中。考虑到节点的父节点，其初始赋值为节点的入度减 1。在扩展过程中，ref 值被相应地减少；通过 ref$(u)=0$ 条件可以容易的识别核节点。

剪枝过程（算法 6.25）分两步修剪节点。在删除核节点之前，其将核节点的边界后继的祖先指针更新为下一个更高的边界节点。通过设置其 ref 值为无穷大阻止了更进一步的修剪由此导致的中继节点。

Procedure Improve
Input：节点 u 和 v，v 是 u 的后继；内存限制 maxMem
side effects：更新 v 的父节点，Open 和 Closed；如果达到内存限制，删除 Closed 节点

```
if (v in Open)                                   ;;节点已经位于搜索边界
    ref(v)←ref(v)−1                              ;;递减前驱引用计数
    if(g(u)+w(u,v)+h(v)<f(v))                    ;;新的路径更短
        f(v)←g(u)+w(u,v)+h(v)                    ;;DecreaseKey 操作
        ancestor(v)←u                            ;;更新前驱
else if (v in Closed)                            ;;节点已经扩展了
    ref(v)←ref(v)−1                              ;;递减前驱引用计数
else                                             ;;新节点
    ref(v)←|Pred(v)|−1                           ;;计算入度
    ancestor(v)←u                                ;;设置祖先
    Insert v into Open with f(v)                 ;;增加新节点到搜索边界
    if(|Open ∪ Closed|>maxMem)                   ;;超过内存容量
        PruneClosed                              ;;释放内存（释放算法 6.25）
```

算法 6.24

SMGS 算法的 Improve 程序

Procedure PruneClosed
Side effects：删除引用计数为 0 的 Closed 节点

```
for each(u in Open ∪ Closed)                     ;;对于所有生成的节点
    if(ancestor(u) in Pred(u))                   ;;祖先是前驱
        v←ancestor(u)                            ;;设置临时变量
        while (v in Closed and ref(v)=0)         ;;节点 v 被访问且完成
            v←ancestor(v)                        ;;移动到祖先
        if (v≠ancestor(u))                       ;;如果临时不是初始祖先
            ancestor(u)←v                        ;;设置祖先
            ref(v)←∞                             ;;不移除中继节点
for each(u ∈ Closed)                             ;;对于所有访问的节点 u
    if(ref(u)=0)                                 ;;如果前驱值是 0
        Remove u from Closed                     ;;释放内存
```

算法 6.25

在 SMGS 算法中修剪扩展节点的列表

图 6.13 给出了此算法在多序列比对问题中的一个示例。输入由两个字符串 TGACTGC 和 ACGAGAT 组成，假设一个匹配的耗费为 0，一个不匹配的耗费为

1，一个空位的耗费为2。

	A	C	G	A	G	A	T
	0	2	4	6			
T	2	1	3	4	6		
G	4	3	2	4	4	6	
A	6	4	4	3	5	4	6
C		6	4	5	4	6	5
T							
G							
C							

	A	C	G	A	G	A	T
	0			6			
T				4	6		
G					4	6	
A	6	4			5	4	6
C		6	4	5	4	6	5
T							
G							
C							

(a)   (b)

图 6.13 使用 SMGS 修剪多序列比对问题的示例

(a) 约减 Closed 链表之前的探索过程；(b) 约减之后的压缩表示（Closed 中的节点进行了加粗强调）。

6.3.5 广度优先启发式搜索算法

广度优先启发式搜索是具有分层重复检测的稀疏内存算法广度优先分支限界搜索的缩写。这是基于存储节点有两个目的的观察结论提出的。第一，重复检测允许识别沿不同路径可以到达的状态。第二，在找到目标后，使用到前驱的链路可以重构解路径。IDA*算法可以看作放弃重复检测的方法，广度优先启发式搜索则放弃了解重构。

广度优先搜索将问题图分割为深度逐渐增加的层次。如果问题图是单位耗费图，那么位于同一层的节点具有相同的 g 值。而且，正如在前沿搜索中那样，至少对于正则图来说，我们可以忽略 Closed 列表并基于一个现有的保持在内存中的中继层重构解路径。

随后，广度优先启发式搜索结合了带上界剪枝机制（其允许根据组合耗费函数 $f = g + h$ 修剪边界节点）的广度优先搜索和前沿搜索来消除已经扩展的节点。假设广度优先和最佳优先搜索的搜索前沿规模不同，且对于广度优先搜索来说使用分治解重构可以更高效地利用内存。

算法维护父节点的一个层次的集合，而不是与每个问题图的节点一起维护已用操作边。在无向图中，两个父层次就足够了，这是因为如果一个节点的后继重复了，那么它要么出现在其实际层次要么出现在前一个节点的层次中。更正式地讲，假设已经正确计算了 $Open_0, Open_1, \cdots, Open_{i-1}$。我们考虑节点 u 的一个后继 v，其中 $u \in Open_{i-1}$：从 s 到 v 的距离至少是 $i-2$，否则其到 u 的距离会小于 $i-1$。因此，$v \in Open_{i-2} \cup Open_{i-1} \cup Open_i$。所以，可以从 $Open_{i-1}$ 的所有后继集合中正确的减去 $Open_{i-1}$ 和 $Open_{i-2}$，从而为下一层次构建无重复的搜索前沿 $Open_i$。

假设最优解耗费 f^* 的一个上界 U 已知。那么，节点扩展时可以立刻丢弃那些 f 值大于 U 的后继节点。算法 6.26 和算法 6.27 分别展示了在无向图中使用两个 BFS 层存储状态的伪代码实现。沿着节点的深度值分割 Open 和 Closed 列表。中继层 r 初始设置为 $\lfloor U/2 \rfloor$。在 l 层的处理过程中，元素从 $Open_l$ 移动到 $Closed_l$，新的元素被添加到 $Open_{l+1}$。l 在完成每一层后增加。l 层的 Closed 列表和 $l+1$ 层的 Open 列表初始化为空集。如果发现一个解，则递归调用算法从而进行从 s 到 m 和从 m 到建立目标 u 的分治解构建，其中 m 是位于中继层 r 且实现了关于 u 的最小耗费的节点。使用链路 ancestor(u) 发现节点 m，如果上一层次被删除，那么就按照如下方式更新 ancestor(u)。对于所有低于中继层的节点 u，这里设置 ancestor(u) = s。对于所有高于中继层的节点，除非我们遇到一个中继层的节点，否则设置 ancestor(u) = ancestor(ancestor(u))。（DeleteLayer 的实现留作练习题）。

Procedure BFHS
Input：具有开始节点 s，权重函数 w，启发式 h，后继生成函数 Expand，谓词 Goal 和阈值 U 的隐式问题图
Output：到一个目标节点 $t \in T$ 的最短路径，如果路径不存在则返回 $\emptyset$

```
ancestor(s) ← ∅                              ;;初始化解重构的链路
Open₀ ← {s}; Open₁ ← Closed₀ ← ∅              ;;初始化结构
l ← 0; r ← ⌊U/2⌋                             ;;初始化 BFS 层级和中继层
while (Openₗ ∪ Openₗ₊₁ ≠ ∅)                  ;;范围非空
   while (Openₗ ≠ ∅)                          ;;当前层级非空
      Remove u from Openₗ with minimum f(u)   ;;提取最佳边界节点
      Insert u into Closed                    ;;更新已扩展节点列表
      if (Goal(u))                            ;;到达终止节点
         m ← ancestor(u)                      ;;节点位于中继层
         if (u in Succ(s))                    ;;节点 m 是 s 的直接后继
            P₁ ← (s, m)                       ;;简单路径
         else P₁ ← BFHS(s, m g(m))            ;;递归调用
         if (u in Succ(s))                    ;;节点 u 是 m 的直接后继
            P₂ ← (m, u)                       ;;简单路径
         else P₂ ← BFHS(m, u g(u)–g(m))       ;;递归调用
         return P₁P₂                          ;;连接两条路径
      Succ(u) ← Expand(u)                     ;;生成后继集合
      for each v in Succ(u)                   ;;遍历后继集合
         Improve(u, v)                        ;;改变列表并根据 U 剪枝
   if (l ≠ r)                                 ;;中继层未相遇
      PruneLayer(l)                           ;;移除层次，更新祖先链接
   l ← l+1; Openₗ₊₁ ← Closedₗ ← ∅             ;;准备下一层
return ∅                                      ;;未发现解
```

算法 6.26
广度优先启发式搜索

```
Procedure Improve
Input：节点 u 和 v，v 是 u 的后继，层次 l
Side effects：更新 v 的祖先链接，改变 Open_{l+1}

    if (g(u)+w(u, v)+h(v)≤U)                       ;;搜索阈值条件
        if (v not in Closed_{l-1} ∪ Closed_l)       ;;边界剪枝条件
            ancestor(v)←u                           ;;初始化前驱链接
            Insert v into Open_{l+1} with f(v)      ;;更新下一个搜索边界

算法 6.27
```
在算法 6.26 中更新一个问题图的边

如果所有节点都存储在内存中，广度优先启发式搜索经常会遍历比 A*算法更多的节点。但是，类似于稀疏内存图搜索，广度优先启发式搜索的主要影响在于它与分治解重构的结合。我们已经遇到了在启发式搜索算法中该技术的主要障碍，即反向渗入问题。为了避免重复生成节点，需要维护显式生成的搜索图的前沿和内部间的边界，这决定了算法的空间需求。关键的观察是，广度优先搜索的这种边界比最佳优先搜索小得多；图 6.14 给出了一个实例。本质上，固定数量的层次足够隔离更早的层次。另外，广度优先搜索实现更容易。

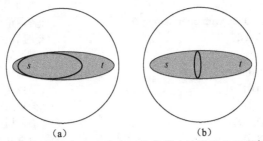

图 6.14 广度优先启发式搜索的效果（A*扩展算法的区域为阴影部分，最佳优先搜索前沿和广度优先搜索前沿表示为黑体椭圆）
(a) 最佳优先搜索前沿；(b) 广度优先搜索前沿。

正如之前所说，BFHS 在最优解耗费 f^* 上假设一个上界 U 作为输入。存在不同的找到 U 的策略。一种选择就是使用近似算法，比如爬山或加权 A*算法。或者，我们可以像 IDA*算法那样使用迭代加深方法，从 $U \leftarrow h(s)$ 开始并连续增加界限。因为基本搜索策略是 BFS，所以算法已经被称为广度优先迭代加深。

6.3.6 局部性

完全检测重复需要多少层次通常依赖于搜索图的一个称为局部性的性质。

定义 6.2（局部性）对于一个加权问题图 G，局部性定义为

$$\text{locality}_G = \max\{\delta(s,u) - \delta(s,v) + w(u,v) \mid u \in S, v \in \text{Succ}(u)\}$$

对于无向和无权图，有 $w \equiv 1$。此外，$\delta(s,u)$ 和 $\delta(s,v)$ 最多相差 1，因此，局部性的结果为 2。局部性决定了在搜索中需要避免重复的搜索前沿的厚度。注意，当前扩展的层次被包含在局部性计算中但当前生成的层次没有被包含进来。

局部性依赖于问题图，重复检测范围还依赖于应用的搜索算法。当一个搜索图中的每个节点被维持在匹配其 g 值的桶里时，该图称为一个 g 有序最佳优先搜索图。对于广度优先搜索，以渐增的路径长度产生搜索树。然而对于加权图，以渐增的路径耗费产生搜索树（这对应于 Dijkstra 算法在 1 层桶数据结构中的探索策略）。

定理 6.2（局部性确定边界）对于一个 g 有序最佳优先搜索图，需要保持以阻止重复搜索工作的桶的数量等于搜索图的局部性。

证明：考虑两个节点 u 和 v（$v \in \text{Succ}(u)$）。假设 u 已被首次扩展，生成后继 v，其已经出现在第 $0, \cdots, \delta(s,u) - \text{locality}_G$ 层，意味着 $\delta(s,v) \leqslant \delta(s,u) - \text{locality}_G$。有

$$\text{locality}_G \geqslant \delta(s,u) - \delta(s,v) + w(u,v) \geqslant \delta(s,u) - \delta(s,v) - \text{locality}_G + w(u,v)$$
$$= \text{locality}_G + w(u,v)$$

这与 $w(u,v) > 0$ 相矛盾。

为了在搜索之前确定最短路径层次的数量，为搜索图的局部性建立充分的阈值是重要的。但是，对于所有节点 u 和 $v \in \text{Succ}(u)$，最大化条件 $\delta(s,u) - \delta(s,v) + w(u,v)$ 并不是一个在搜索之前可以容易检验的属性。因此问题是是否能为其找到一个充分条件或者上界？下面的定理证明了这样一个界限的存在性。

定理 6.3（局部性上界）问题图的局部性的界限是从后继节点 v 返回到 u 的最小距离，对于所有的 u 取最大值，加上 $w(u,v)$。

证明：对于图中的任意节点 s,u,v，满足最短路径的三角形性质 $\delta(s,u) \leqslant \delta(s,v) + \delta(v,u)$，尤其是当 $v \in \text{Succ}(u)$ 时。因此，$\delta(v,u) \geqslant \delta(s,u) - \delta(s,v)$ 且 $\max\{\delta(v,u) \mid u \in S, v \in \text{Succ}(u)\} \geqslant \max\{\delta(s,u) - \delta(s,v) \mid u \in S, v \in \text{Succ}(u)\}$。对于正数加权图，我们有 $\delta(v,u) \geqslant 0$，使得 $\max\{\delta(v,u) \mid u \in S, v \in \text{Succ}(u)\} + w(u,v)$ 大于局部性。

定理 6.4（加权图中的上界）对于具有最大边权值 C 的无向图，有 $\text{locality}_G \leqslant 2C$。

证明：对于具有最大边权值 C 的无向图，有

$$\text{locality}_G \leqslant \max_{u \in V, v \in \text{Succ}(u)}\{\delta(v,u)\} + C = \max_{u \in V, v \in \text{Succ}(u)}\{\delta(u,v)\} + C$$
$$= \max_{u \in V, v \in \text{Succ}(u)}\{w(u,v)\} + C = 2C$$

6.4 Open 列表约减

这一节分析约减搜索前沿上的节点数量的不同策略。首先，考虑可以与分支

限界算法结合的不同的遍历策略。

即使存储的层数 k 少于图的局部性时,在广度优先搜索算法中一个节点可以被重新打开的次数仅与搜索的深度呈线性关系。这与线性空间深度优先搜索策略中可能指数数量的重新打开形成了对比。

6.4.1 束堆栈搜索算法

我们已经看到束搜索通过在每一层维护固定数量（maxMem）的而不是仅 1 个节点加速了搜索过程。搜索图的任何一层都不允许增长到大于束的宽度,因此当内存满时会修剪那些最没有希望的节点。但这个非容许剪枝机制意味着不保证算法在结束时找到最优解。

束堆栈搜索是束搜索的一种泛化,实际上将其变成了容许算法。它首先找到与束搜索相同的解,但之后继续回溯以修剪节点,从而随着时间改进解。它也可以看作是分支限界搜索的一种修正,深度优先分支限界搜索和广度优先分支限界搜索都是其特例。深度优先分支限界搜索中束宽度是 1,广度优先分支限界搜索的束宽度大于等于最大层的大小。

通向束堆栈搜索的第一步是分治束搜索。它限制广度优先搜索的层次宽度为可用内存总量。对于无向搜索空间,分治束搜索为重复检测存储了三个层次和一个为解重构准备的中继层。与传统束搜索的区别在于它使用分治解重构来减少内存消耗。分治束搜索在规划问题中优于加权 A*算法。但正如束搜索一样,它既不完备也非最优。该策略的一个例证见图 6.15。在图 6.15（a）中可以看到当前存储的广度优先启发式搜索的四个层次（包括中继层）。在图 6.15（b）中可以看到分治束搜索探索了一个更小的通道,导致更少的节点被存储在主内存中。

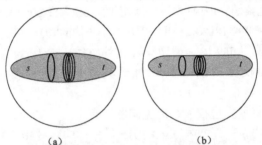

图 6.15 对比广度优先启发式搜索和分治束搜索（A*扩展算法的区域是阴影部分,广度优先搜索前沿和中继层显示为椭圆）

(a) 广度优先启发式搜索；(b) 分治束搜索。

束堆栈搜索算法利用了一个专门的数据结构,称为束堆栈,这也是 DFS 使用的普通堆栈的一种泛化。除了节点,每个层次也包含了一个广度优先搜索图的记录。为了允许回溯,束堆栈利用了节点可以通过它们的耗费函数 f 加以排序的事实。假定耗费是唯一的,且通过将耗费函数改进为某个二阶对比准则打破平局。在堆栈的每一层存储一个半开区间 $[f_{min}, f_{max})$,使得修剪所有 $f(p_u) < f_{min}$ 的节点 u 且消除所有 $f(p_u) > f_{max}$ 的节点。所有的层次中该区间被初始化为 $[0, U)$,其中 U 为当前的上界。

图 6.16 给出了束堆栈搜索的一个说明。算法被调用时的束宽度为 2,初始上界为 ∞。问题图显示在图的上方。当前被考虑的节点是阴影节点。浅阴影对应于由于内存限制不能存储的节点。图的底部提供了当前的 U 值和束堆栈的内容。这里突出了 4 次迭代。第一次迭代扩展了开始节点,生成了下一搜索深度的三个后继中的两个。因为所有的权值都是整数,下一个可能的值 3 作为第一层次的上界存储。当扩展第二层时,一个节点无法满足宽度要求。在下一次迭代中,在两条可能的路径上达到了目标,暗示着最小解是 8。这个值覆写了初始上界且被自底向上传播,使得 8 成为下一次开始时的上界。因为已经搜索了所有对应解的值小于 3 的路径,所以下界设置为 3。最后一步显示了搜索解区间为[3, 8]时的情况。它显示了束堆栈搜索最终找到了值为 6 的最优解,这反过来被赋值给 U 并记录在根节点。

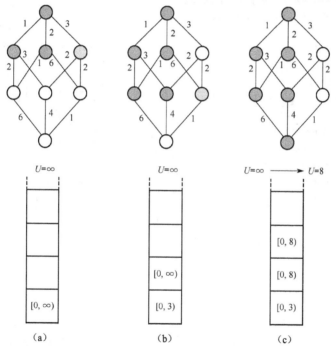

图 6.16 束堆栈搜索的四次迭代(待搜索图显示在当前束堆栈内容的顶端;图的顶端节点是起始状态,最底层的节点是目标状态)

分治束堆栈搜索结合了分治解重构和束堆栈搜索。如果内存变满,那么将具有最高 f 值的节点从 Open 列表中删除。在分治束堆栈搜索中,需要解决两个难题。首先，分治解重构需要与回溯相结合。因为在内存中仅存在有界数量的层次，算法回溯到的层次可能不在内存中因而需要进行恢复。束堆栈搜索包含 f 值的区间来恢复一个缺失的层。算法回退到开始节点并根据对应的束堆栈元素生成每一层的后继节点，直到缺失层之前的层次中所有节点都被扩展为止。另一个问题是解重构或继续搜索的决策，如果算法开始使用大量内存重构解路径，那么目前为止计算的搜索信息将会被影响。对于这些情况，延迟解重构方法是有用的。仅当搜索算法回溯时才开始解重构，因为这无论如何都会删除搜索层次。

算法 6.28 显示了搜索算法的一个递归伪代码实现。初始时，整个区间 $[0,U]$ 被压入束堆栈。只要没有发现解，这意味着在束堆栈中存在未探索区间，则从起始节点的一个区间内运行一个递归搜索程序 beam-stack-search。如果发现了一个解，那么更新上界值。随后，改进的上界值截断和消除束堆栈上的区间。如果超过了上界，那么就发现了一个目标，否则就可以根据已经探索的部分缩短区间。

Procedure Beam-Stack-Search
Input：束搜索的层级 l，主存界限 maxMem
Side effects：改进全局变量 U，bestPath

$f_{\min,l} \leftarrow 0; f_{\max,l} \leftarrow U$;;初始化束堆栈的顶部
while ($f_{\max,l} < U$)   ;;存在有希望的节点
  while (Open$_l \neq \emptyset$)   ;;层次 l 中的未探索节点
    Select u from Open$_l$ with minimum $f(u)$;;选择节点进行扩展
    if (Goal(u))   ;;遇到目标
      $U \leftarrow f(u)$; bestPath $\leftarrow$ Path(u) ;;更新界限和解路径
    Succ(u) $\leftarrow$ Expand(u)   ;;生成后继集合
    Open$_{l+1}$ $\leftarrow$ Open$_{l+1} \cup$ Succ(u) ;;层次完成，开始下一层次
    PruneLayer($l+1$, maxMem)   ;;移除不再需要的节点
  Beam-Stack-Search($l+1$)   ;;调用递归搜索
  $f_{\min,l} \leftarrow f_{\max,l}; f_{\max,l} \leftarrow U$;;更新束堆栈的顶部

Procedure PruneLayer
Input：束搜索等级 l，主内存限制 k
Side effects：更新 Open$_l$, $f_{\max,l-1}$

if ($|$Open$_l| > k$)   ;;层次太大
  $\{u_{i_1}, u_{i_2}, \cdots, u_{i_k}\} \leftarrow$ Sort(Open$_l$) ;;根据增加的 f 值排序打开列表
  $f_{\max,l-1} \leftarrow f(u_{i_{k+1}})$;;更新父亲束搜索等级
  Open$_l \leftarrow \{u_{i_1}, u_{i_2}, \cdots, u_{i_k}\}$;;用更大的 f 值修剪后继

算法 6.28

束堆栈搜索算法

为了达到 $O(d \times \text{maxMem})$ 个元素的线性空间性能，PruneLayer 程序限制存储的节点数量。当束搜索修剪某一层中的节点时，它改变之前层的堆栈元素的 $f_{\max}$ 为已经被修剪的节点的最小耗费。这保证了搜索算法不会在回溯到这层之前生成任何 f 耗费更大的后继。如果当前层中节点的所有后继具有大于 U 的 w 值时，调用回溯。每次回溯时，束堆栈搜索通过移位 $(f_{\min}, f_{\max}]$ 区间强制搜索集束接纳一个不同的后继集合；即新的 $f_{\min}$ 值由 $f_{\max}$ 初始化，$f_{\max}$ 初始化为 U。

定理 6.5（束堆栈搜索的最优性）束堆栈搜索保证可以找到一个最优解。

证明：我们首先说明束堆栈搜索总会终止。如果 $\varDelta > 0$ 是最小操作耗费，那么路径的最大长度和束堆栈的最大深度至多为 $\lceil U/\varDelta \rceil$。如果 b 是最大可应用操作的数量（也就是问题图的最大出度），束堆栈搜索的回溯次数的界限是 $O(b^{\lceil U/\varDelta \rceil})$。

此外，束堆栈搜索通过移位路径耗费区间 $(f_{\min}, f_{\max}]$ 系统地枚举一层的所有后继。因此，没有路径会被永远忽视，除非束堆栈包含一个 $f(p_u) > U$ 的节点 u 或者到一个节点的更低耗费路径已经被发现。因此，最终必然会发现一条最优路径。

因为束堆栈搜索是两个其他之前提到的分支限界算法的泛化，通过这个证明也说明了它们的最优性。

图 6.17（b）提供了分治束堆栈搜索的一个说明。不同于普通束堆栈搜索（图 6.17（a）），从主存中消除了中间层。如果已经找到了一个解，它需要被重构。束宽度由主存资源所主导。

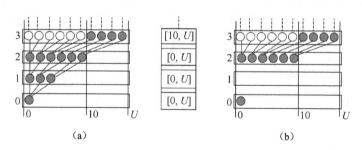

图 6.17 普通和分治束堆栈搜索的快照（自底向上生成搜索树以匹配束堆栈区间，包含在集束中的活跃节点用阴影表示。每个 BFS 层次按照 f 值排序）

(a) 普通束堆栈搜索；(b) 分治束堆栈搜索。

6.4.2 部分扩展 A*算法

提出部分扩展 A*算法（PEA*）的主要观察是：经典 A*搜索算法总是通过

生成所有后继来扩展一个节点。然而，这些节点大多都具有比最优解大的 f 值，因此永远不会被选择，它们仅会使得 Open 列表混乱并浪费空间。

在 PEA*算法中（见算法 6.29 和算法 6.30），每个节点存储一个额外的值 F，即尚未生成孩子的最小 f 值。在每次迭代中，仅扩展 $Succ_{\leq}$ 中 F 值最小的一个节点，且仅将那些 $f = F$ 的孩子插入 Open 列表。扩展之后，当且仅当一个节点没有更多的未产生后继时，它才被移动到 Closed 列表；否则，更新其 F 值以反映由于 $Succ_{>}$ 集合收缩带来的可能的 f 值增加。

Procedure PEA*

Input：具有开始节点 s，权重函数 w，启发式 h，后继生成函数 Expand，谓词 Goal 和常数 C 的隐式问题图

Output：到一个目标节点 $t \in T$ 的最短路径，如果路径不存在则返回 $\emptyset$

Closed $\leftarrow \emptyset$;; 初始化已访问列表结构
$g(s) \leftarrow 0$;; 初始化路径耗费
$F(s) \leftarrow h(s)$;; 初始化价值
Open $\leftarrow \{s\}$;; 将 s 插入到搜索边界
while(Open $\neq \emptyset$) ;; 只要还有边界节点
  Select node u from Open with minimum $F(u)$;; 选择节点进行扩展
  if (Goal(u)) **return** Path(u) ;; 如果发现目标，返回解
  Succ(u) $\leftarrow$ Expand(u) ;; 生成后继集合
  $Succ_{\leq}(u) \leftarrow \{v | v \in Succ(u), f(v) \leq F(u)+c\}$;; 最小后继
  $Succ_{>}(u) \leftarrow \{v | v \in Succ(u), f(v) > F(u)+c\}$;; 非最小后继
  for each v in $Succ_{\leq}(u)$;; 对于 u 的所有后继 v
    Improve(u, v) ;; 更新搜索结构，g，f 和 F 值
  if($Succ_{>}(u) = \emptyset$) ;; 生成了所有后继
    Insert u into Closed ;; 更新已扩展节点列表
  else ;; 仍存在未生成的后继
    $F(u) \leftarrow \min\{f(v) | v \in Succ_{>}\}$;; 更新 F 值
    Insert u into Open with $F(u)$;; 以一个新值重新打开
return $\emptyset$;; 解不存在

算法 6.29

PEA*算法

> **Procedure Improve**
> **Input**: 节点 u 和 v, v 是 u 的后继
> **Side effects**: 更新 v 的父节点, Open 和 Closed
>
> **if** (v **not in** (Open ∪ Closed) **or** $g(u)+w(u,v)<g(v)$) ;;新的或更短的
> $f(v) \leftarrow g(u)+w(u,v)+h(v)$;;更新最短发现路径
> $F(v) \leftarrow f(v)$;;初始化 F 值为常用价值
> **if** (v **not in** Open) ;;节点未包含在搜索边界中
>   Insert v into Open ;;更新搜索边界
> **if** (v **in** Closed) ;;节点已经被扩展了
>   Remove v from Closed ;;更新已扩展节点列表
>
> **算法 6.30**
> 对于新生成节点的 PEA*算法的更新程序

该算法的优势在于, 仅生成 f 值比最优耗费小的节点, 并且这是无法完全避免的。在多序列比对领域的试验结果中, 我们看到, 它可以将内存空间需求减小为原来的 1%。但是, 其计算时间的开销会相当大。这是因为追求最小决策, 至少需要考虑所有可能的边。实际上, 仅有部分边会被保留。作为一种弥补方法, 可以通过一次生成所有满足 $f \leq F+c$ 的孩子来松弛条件, 其中 c 是某个小的常数。

图 6.18 给出了 PEA*算法的一个例子。我们看到了前四个扩展步骤。第一次扩展中, 根的 f 值被初始化为 1。在这个扩展中仅存储 1 个孩子节点, 因为其 f 值等于根的 f 值。根的 f 值被修正为 2, 并被再次插入到 Open 列表。第二次扩展中, 没有与扩展的节点 f 值相同的后继, 因此这次扩展中什么也没存储。扩展的节点被再次插入到 Open 列表, 其 f 值被修正为 3。在第三次扩展中, 再次扩展根节点且存储第二个后继。根的 f 值被修正为 4, 且再次被插入到 Open 列表。

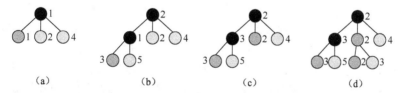

图 6.18   一个示例图中, PEA*算法的前四次迭代; 黑色节点表示存储的节点, 灰色节点表示忽略的状态 (数字代表节点的 f 值, 每次扩展后需要修改 f 值)

注意该算法的基本想法与 RBFS 算法 (见 5.8 节) 的相似性。当节点的 f 值

开始超过兄弟姐妹时,RBFS 算法也修剪该节点下的搜索树。

6.4.3 2 比特广度优先搜索算法

2 比特广度优先搜索将一个紧的压缩方法聚合到 BFS 算法中。该方法是为求解大的搜索问题而设计的,因为它需要一个可逆的最小完全哈希函数。在每个状态两比特的广度优先搜索中,它为比特向量状态空间表示应用了空间高效的表示。

算法 6.31 展示了如何根据比特向量生成状态空间。运行时间大概由搜索空间的规模乘以最大 BFS 层次(乘以生成孩子节点的工作量)所确定。

```
Procedure Two-Bit-Breadth-First-Search
Input: 具有开始节点 s,后继生成函数 Expand,比特向量 Open,(具有 Rank 和 Unrank 的)
       可逆完全哈希函数的隐式问题图

for each i in {0,1,…,|S|-1}                ;;扫描数组
    Open[i]←3                              ;;初始化数组
Open[Rank(s)]←level←0                      ;;插入起始状态
loop                                       ;;直到遇到更多的新状态
    level←level+1                          ;;递增 BFS 算法层次
    for each i in {1,2,…,|S|-1}            ;;扫描数组
        if (Open[i]=(level-1) mod 3)       ;;状态在搜索边界上
            Succ←Expand(Unrank(i))         ;;重构状态并生成孩子
            for each v in Succ             ;;考虑所有后继
                if (Open[Rank(v)]=3)       ;;仅考虑未访问的状态
                    Open[Rank(v)]←level mod 3  ;;设置深度值
```

算法 6.31

两比特的广度优先搜索算法

算法使用两比特编码数字 0~3,其中 3 表示未访问状态,0、1、2 表示当前深度模 3 之后的值。主要作用是在当前扫描的层中区分新生成的和已经访问过的状态。如果一个比特设置为已扩展,数组下标未排序且后继被生成。使用一个排序函数计算后继状态比特,然后以它们的深度模 3 后的值进行标识。

在移动变更属性出现之前,先区分 BFS 层的状态与之前我们为每个状态仅使用 1 个比特的比特向量 BFS 的状态。对于属性随每个深度而变化的例子,考虑列数为偶数的 n^2-1 数码问题。可以使用空白的位置获得 BFS 层的奇偶性(列数为奇数的问题中的空白位置在偶数 BFS 层中为偶数,在奇数 BFS 层中为奇数)。

两比特广度优先搜索建议使用比特向量来压缩模式数据库,每个抽象状态

lg 3 ≈ 1.6 比特（未访问状态的值 3 被淘汰）。如果我们在一个哈希表中存储 BFS 层次模 3 的值，我们可以通过反向增量构建确定其绝对值。因为模 3 值为 BFS 层次 k 的最短路径前驱包含在 $k-1$ 模 3 层次中。

6.5　小结

我们已经看到相当大数量的尝试在主存有限情况下控制状态空间爆炸。利用各种混合 A*算法和 IDA*算法的探索已经产生了在重新生成一个节点的时间和存储它来检测重复的空间之间的不同折中。假如没有更好的已知引导的情况下，书中所描述的技术提供了在主存的边界处理一个挑战性的状态空间探索问题的组合。

本节解决了三个 IDA*算法低效的问题。首先，在一个存在多条路径到达一个节点的图中，由于存在大量的重复，所以 IDA*算法需要重复工作。其次，每次 IDA*算法迭代重复所有之前迭代的所有工作。这是必要的，因为 IDA*算法本质上不使用存储。IDA*算法自左至右遍历搜索前沿。如果阈值增加太快，IDA*算法可能会扩展多于必要的节点。相比之下，A*算法以有序形式维持搜索前沿，以最佳优先的方式扩展节点，这导致了处理数据结构的一些耗费。

使用一个置换表作为已访问状态的缓存已经解决了重复状态问题。这个表通常被实现为一个大的哈希字典以最小化查询开销。一个置换表条目实质上存储和更新 h 值。它服务于两个目的且其信息可以被分离在这个状态的最小 g 值和从搜索这个状态获得的备份 f 值。g 值用来从搜索中消除可证实为非最优的路径。f 值用来说明对于当前迭代阈值来说，在节点上的额外搜索是不必要的。对于更大的状态向量，通过应用非容许压缩方法（如比特状态哈希）已经达到对搜索空间的更好覆盖。

如果一些启发式很弱，可以在加权启发式搜索中扩大它们的影响，如加权 A*算法使用节点优先级 $f(u) = g(u) + \lambda \cdot h(u)$。在某些情况下，解质量的损失界限为获得 ε 最优解。另一个完整性保持策略是 k 最佳优先搜索。k 最佳优先搜索从优先级队列中选择 k 个最佳节点，特别适合于不一致性启发式。其更激进的变种是 k 束搜索，它从队列中移除所有其他节点，经常更快但不完备。

ITS 的目标是跨越 A*算法和 IDA*算法之间的差距，通过使用任何可用的内存来减少导致 IDA*算法低效的重复节点的生成。SMA*算法选择扩展最深且 f 耗费最小的节点。相比之下，ITS 算法探索的顺序，是自左至右深度优先。新的节点被插入到一个表示搜索树的数据结构，选择被扩展的节点是最深的、最左边的节点，且其 f 值不超过当前的耗费界限。如果内存耗尽，ITS 算法需要整个树结构来收回节点。边缘搜索也从左至右探索后继，但是其数据结构更简单。

状态缓存算法的优势在于它们探索了 IDA*算法和 A*算法搜索的时间和空间

之间的中间道路。很多状态缓存算法的劣势在于它们的成功的可能性实际上很小，状态缓存区分目前已经被遍历的虚拟搜索树及其驻留在内存中的部分。主要挑战是根据（可能是不对称地）不断增长的搜索树动态地改变存储的节点集合，而不损失节点扩展的效率收益。我们观察到在搜索深度及其广度之间的折中，或者更一般地说，在搜索空间的探索和利用之间的折中。

另一个内存受限算法集合，包括前沿搜索、广度优先启发式搜索、稀疏内存图搜索和束堆栈搜索，从内存中消除已经扩展的节点且阻止算法采用反向边从而落在搜索前沿后面。最大的这种反向边定义了局部性。该局部性由问题图的结构决定。在无向图中，仅三个 BFS 层次需要存储在 RAM 中，而在无环图中仅需要存储 1 层。

某些算法，如广度优先启发式搜索、稀疏内存图搜索和束堆栈搜索，额外的强调了这个事实：对于一个有限重复检测范围，具有解耗费上界的广度优先搜索节约了更多内存。基于存储在中继层的信息，使用分治方法考虑重构解路径问题。

为了约减搜索前沿，已经查看了部分扩展算法，其扩展节点但仅存储一个后继。当搜索前沿指数增长时，这些算法显示出了优势。

此外，已经说明了假如有一个完全和可逆的哈希函数，两个比特足以在搜索空间中进行一个完整的广度优先遍历。

表 6.3 总结了针对内存受限搜索提出的方法。我们给出了算法实现的信息和是否其主要约减 Open 或 Closed 列表来节约空间。我们也给出了是否状态限制是状态数量或比特，或者算法是否是状态空间规模的对数。我们提供了问题图中可能的边权值的信息。对于常数深度解重构实现，假设问题图是无向图。多数算法可以扩展到加权和有向问题图。但是，包括这些扩展可能是复杂的。最后，表 6.3 显示了当假定容许启发式估计时算法是否是最优的。

表 6.3　内存受限搜索算法概述

名字	约减	空间	权重	最优
IDA*-TT 算法(6.2)	无	maxMem 节点	$\mathbb{N}$	√
随机节点缓存算法	—	maxMem 节点	$\mathbb{N}$	√
边缘搜索算法(6.3)	无	maxMem 节点	$\mathbb{N}$	√
权重 A*算法	二者	maxMem 节点	$\mathbb{R}$	—
ARA*算法(6.15, 6.16)	二者	maxMem 节点	$\mathbb{R}$	—
k 最佳算法(6.17)	二者	maxMem 节点	$\mathbb{R}$	—
k 束算法(6.18)	二者	kd 节点	$\mathbb{R}$	—
部分 A*算法(6.19)	Closed	M 比特	$\mathbb{R}$	—
部分 IDA*算法(6.20)	Closed	M 比特	$\mathbb{N}$	—

（续）

名字	约减	空间	权重	最优
ITS 算法(6.4, 6.5)	Open	maxMem 节点	$\mathbb{N}$	√
(S)MA*/SMAG 算法(6.6~6.10)	Open	maxMem 节点	$\mathbb{N}$	√
动态规划/边界搜索算法(6.21, 6.22)	Closed	maxMem 节点	$\mathbb{N}$	√
SMGS 算法(6.23~6.25)	Closed	maxMem 节点	$\mathbb{R}$	√
BFHS 算法(6.26, 6.27)	Closed	maxMem 节点	均匀	√
束堆栈搜索算法(6.28)	二者	maxMem 节点	均匀	√
PEA*算法(6.29, 6.30)	Open	maxMem 节点	$\mathbb{R}$	√
两比特 BFS 算法(6.31)	二者	$2|S|$比特	均匀	√

对于在主存边界的探索，很明显由于内存页交换的时间开销，节约内存最终节约了时间。

6.6 习题

6.1 考虑（具有重复检测的）深度优先搜索，当已经发现一个目标且搜索的界限为此状态的深度减 1 时继续探索。初始时，存在一个用户设置为特定上界值的深度界限。

（1）说明此策略仍可能陷入正文中描述的异常。

（2）给定一个由不超过 6 个节点组成的无权问题图的例子，异常会产生在哪？深度界限有多大？

（3）修正这个问题使得算法是容许的。

6.2 图 6.19 提供了 SNC 算法影响的一个示例。左边显示了具有置换表的 IDA*算法，按扩展顺序缓存节点 a、b 和 d。相比之下，SNC 算法可能存储更经常被访问的节点 e。因为 e 被检测为一个重复状态，e 下的整个子树（未显示）没有被重复探索。

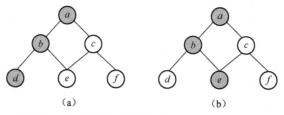

图 6.19 对比 IDA*-TT-DFS 算法和 IDA*-SNC-DFS

(a) IDA*-TT-DFS 算法；(b) IDA*-SNC-DFS 算法。

(1)产生一个随机 100 迷宫并画出缓存节点 $P=0$、$P=0.2$、$P=0.4$、$P=0.6$、$P=0.8$ 和 $P=1$ 时的缓存节点关于相同节点被扩展的次数的概率。

(2)当 $P=0$ 和 $P=1$ 时,SNC 算法退化成什么算法?

6.3 在扩展的 IDA*算法(见算法 6.32)中,以类似 A*算法的方式扩展状态。其区别在于,不能超过优先级队列的最大耗费值。运行内存有界的 IDA*算法时,第一阶段收集最多 m 个状态。队列额外地允许访问最大耗费的元素。在算法的第二阶段,选择和扩展 D 中收集的前沿节点。如果 u 的后继节点 v 是安全的(也就是,如果 D 未满且 v 的 f 值小于优先级队列的最大 f 值),那么将它们重新插入到 D 中。该过程持续直到 D 最终变为空。第二阶段中最后扩展的节点给出了下一次 IDA*算法探索的界限。

Procedure Extended IDA*
Input: 问题图 G,开始节点 s,堆栈 S,优先级队列 D
Output: 当解存在时到一个目标节点 $t \in T$ 的最短路径

Push($S, s, h(s)$); $U' \leftarrow U \leftarrow h(s)$;;初始化堆栈和阈值
while($U' \neq \infty$)   ;;新的阈值非平凡
  $U \leftarrow U'$; $U' \leftarrow \infty$;;更新阈值
  while($S \neq \emptyset$)   ;;循环直到堆栈为空
    $(u, f(u)) \leftarrow$ Pop(S)   ;;提取顶端节点
    if (Goal(u)) **return** Path((u))   ;;检查终止
    Succ(u) $\leftarrow$ Expand(u)   ;;扩展节点
    for each v **in** Succ(u)   ;;对于所有后继
      if ($f(u)+w(u,v)-h(u)+h(v) \leq U$)   ;;小的耗费值
        Push ($S, v, f(u)+w(u,v)-h(u)+h(v)$)   ;;继续 IDA*算法
      else   ;;大的耗费值
        insert v with $f(u)+w(u,v)-h(u)+h(v)$ into D ;;收集边界节点
  while($D \neq \emptyset$)   ;;处理队列结构
    $u \leftarrow$ **arg min**$_f D$;;选择最小
    if (Goal(u)) **return** Path((u))   ;;检查终止
    Succ(u) $\leftarrow$ Expand(u)   ;;扩展节点
    for each v **in** Succ(u)   ;;考虑后继
      if ($f(u)+w(u,v)-h(u)+h(v) \leq$ **max**$_f D$) ;;如果耗费不太大
        insert v with $f(u)+w(u,v)-h(u)+h(v)$ into D ;;包含到队列
    $U' \leftarrow f(u)$;;设置新的阈值

算法 6.32
扩展的 IDA*算法

(1) 所有 D 中未被扩展的 x。

(2) 对于每个 D 中的 x，对于所有生成但未扩展的节点 u，有 $f(x) \geqslant U'$ 且 $f(x) \leqslant f(u)$。

(3) 对于所有扩展节点 u，有 $U' > f(u)$。如果 u 已经被扩展，那么 $f(u) < U'$。

(4) 算法终止于一个最优解。

6.4 在增强爬山搜索中，给出下列词汇的定义：

(1) 一个无害的，一个识别的和一个未识别的绝境。

(2) 一个局部极小值和一个（最大）退出距离。

6.5 使用增强爬山算法与曼哈顿距离估计一起解决 15 数码问题。为实例 (15,2,12,11,14,13,9,5,1,3,8,7,0,10,6,4) 产生一个解以测试你的方法。

6.6 研究节点不一致的概念。

(1) 假设状态空间中的每个节点是一致的。说明从 s 到 t 的一条解路径是图中的一条最优路径。

(2) 假设状态空间中没有节点是一致性不足的。你能说出从 s 到 t 的一条解路径耗费与 $g(t)$ 间的关系么？如果可以，证明这个关系。

(3) 假设状态空间中每个一致性不足节点 s 满足 $v(s)+h(s)>g(t)$。能说出从 s 到 t 的一条解路径耗费与 $g(t)$ 间的关系么？如果可以，证明这个关系。

6.7 任意时刻 A*算法根据同一个优先级函数在找到第一个解之后继续扩展节点，从 Open 中修剪掉那些未加权 f 值（$g(u)+h(u)$，其中 $h(u)$ 是未夸大的）大于目前找到的最优解耗费 $g(t)$ 的节点。

分析任意时刻算法产生它们的第一个解的工作量（根据扩展节点的数量）。假定所有的算法在具有相同扩展优先级的两个节点间选择时具有相同的平局决胜标准。

(1) 给定相同的一致性启发式，在产生第一个解之前有没有可能 ARA*算法比（未夸大）A*算法做更多的工作？证明这个答案。

(2) 给定相同的一致性启发式和同一个起始 ε，在产生第一个解之前有没有可能 ARA*算法比任意时刻 A*算法做更多的工作？证明这个答案。

(3) 给定相同的一致性启发式和同一个起始 ε，在每个算法产生第一个解时有没有可能任意时刻 A*算法比 ARA*算法的 Open 列表中节点更多？相反呢？证明你的答案。

6.8 在一个随机产生的包含 15 个节点的图上，在具有一致性启发式和非容许启发式情况下，对比 k 最佳优先搜索与加权 A*算法和束搜索。为了产生问题图，掷一个有偏的硬币以 20% 的概率在一对顶点间画一条边。

6.9 图 6.20 显示了 SMAG 中的一棵典型树，其中左子树已经被剪枝从而为更有希望的右子树腾出空间。f 耗费自底向上传播并显示它们最初的 f 耗费。节点按它们的编号生成。修剪的区域也显示出来了。

（1）以什么顺序修剪节点？

（2）解释为何节点 9 收到的值为 5，虽然已知它的值为 6。

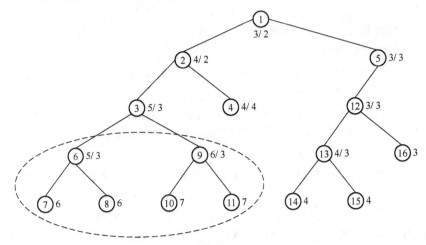

图 6.20　SMAG 中的内存受限搜索的示例问题图

6.10　在网格问题中运行前沿广度优先搜索。

（1）计算层次 i 中节点的确切数量。

（2）确定在层次 $1, 2, \cdots, i$ 中累积节点数量。

（3）量化给定层次中 Open 和 Closed 列表大小的比值。

（4）确定对于一个大的 BFS 等级在极限情况下 Open 和 Closed 列表大小的比值。

6.11　构建一个小的例子，其中广度优先搜索前沿和最佳优先搜索前沿的大小具有显著区别。

6.12　填完整图 6.13 中使用 SMGS 对多序列比对问题剪枝的表格。

（1）计算最优比对耗费。

（2）调用一个额外的内存约减阶段。

（3）重构解路径。

6.13　以伪代码的形式为广度优先启发式搜索实现 PruneLayer 程序。

6.14　束堆栈搜索的一个问题是大量停滞节点具有相同的 f 值并超过了内存容量。讨论束堆栈变体。

（1）通过改进对比操作来解决问题。

（2）完全使用磁盘来探索这种停滞。

（3）通过考虑状态的词典序排序来改进单调耗费函数。

6.15 2 比特广度优先搜索算法的一种简化，允许我们仅使用 1 比特生成整个状态空间。算法 6.33 从由 n^2-1 数码问题（见第 3 章）的最小完全哈希函数决定的隐式排序开始进行。因为算法不区分 Open 和 Closed 节点，所以算法可能多次扩展一个节点。如果后继的位置小于实际的位置，它会在下次运行中扩展，否则就在同一次运行中被扩展。

（1）说明算法 one-bit-reachability 中扫描数量的界限是最大 BFS 层次。
（2）你能避免多次节点扩展么？

```
Procedure One-Bit-Reachability
Input：具有开始节点 s，后继生成函数 Expand，比特向量 Open，（具有 Rank 和 Unrank
        的）可逆完全哈希函数的隐式问题图

for each i in {0,···,N! / 2−1}                ;;初始化数组
    Open[i] ← false                            ;;设置每个比特为未访问
Open [Rank(s) mod N! / 2] ← true              ;;插入起始状态
loop                                           ;;无限循环直到覆盖整个状态空间
    for each i in {0,···,N! / 2−1}            ;;执行扫描
        if (Open[i]=true)                      ;;之前看到的状态
            (valid, π) ← Unrank(i)             ;;完全哈希函数的逆
            if (¬valid) Swap(π₀, π₁)          ;;未压缩谜题状态
            Succ ← Expand(π)                   ;;生成孩子
            for each v in Succ                 ;;逐个考虑
                Open [Rank(v) mod N! / 2] ← true  ;;标记后继
```
算法 6.33
每个状态使用 1 个比特遍历搜索空间

6.7 书目评述

近 30 年来学者们已经从多个不同角度研究了内存受限搜索。我们仅讨论了一些重要事件。还有很多其他的研究，类似 Ibaraki（1978）的 m 深度搜索和 Gooley 和 Wah（1990）的推测性搜索。Edelkamp，Leue 和 Lluch-Lafuente（2004c）描述了深度有界 DFS 算法的异常。容许 DFS 算法已经被 Holzmann（2004）的模型检验器 SPIN 实现。

最早的内存受限算法之一是 Sen 和 Bagchi（1989）提出的递归最佳优先搜索算法 MREC。该算法是 IDA*算法的使用额外内存的一种泛化。它扩展一个显式

搜索图直至达到主存限制。内存使用是静态的且不支持缓存策略。如果池的大小设置为 0，那么 MREC 行为与 IDA*算法相同。类似 IDA*算法，MREC 从根节点开始所有迭代，因此基本问题图被重复搜索。这避免了生成节点列表的优先级队列表示。

在改进解谜背景中，Reinefeld 和 Marsland（1994）为 IDA*算法探索提出了置换表。该术语继承自两人博弈搜索，其中通过哈希检测移动转换。避免从相同节点的多次搜索，置换表显著地加速了博弈/搜索树的搜索。随机节点缓存应归于 Miura 和 Ishida（1998）并被成功地应用于多序列比对问题。不同于正文的解释，SNC 算法是在 MREC 算法的背景下提出的。

MA*算法由 Chakrabarti，Ghose，Acharya 和 DeSarkar（1989）提出。Russell（1992）简化了解释并通过合并路径最大化启发式（SMA*）算法改进了它。Kaindl 和 Khorsand（1994）将其泛化到了图搜索算法（SMAG）。Zhou 和 Hansen（2003b）在重新打开节点时改进了其效率。迭代阈值搜索（ITS）算法由 Ghosh、Mahanti 和 Nau（1994）提出。具有比特状态哈希的 IDA*算法在协议验证背景下由 Edelkamp，Leue 和 Lluch-Lafuente（2004b）首次提出。Hüffner，Edelkamp，Fernau 和 Niedermeier（2001）将其引入到 AI 来最优地解决另类推箱子实例。

正如文中所述，早期的内存受限搜索方法在 A*算法与 IDA*算法中间地带的探索中仅获得了部分成功。一个原因就是，通常无法接受实现缓存策略的开销。最近出现的算法更关注于适用性测试，它们通常假设无环或无向搜索空间。例如，Wah 和 Shang（1994）提出的算法 RIDA*。Zhou 和 Hansen（2003a）提出了方法来修剪 A*算法中的 Closed 列表，Yoshizumi，Miura 和 Ishida（2000）提出了部分扩展 A*算法。Hirschberg（1975）的算法影响了 Korf（1999）为多序列比对问题中边界搜索的分治策略的开发。这个方法已经被 Korf 和 Zhang（2000）改进为前向搜索算法。分治束搜索已经被 Zhou 和 Hansen（2004a）提出，Zhou 和 Hansen（2005b）提出了它到束堆栈搜索的扩展。

已经为算法 DBIDA*确定了 SMAG 的时间复杂性，由 Eckerle 和 Schuierer（1995）提出。它动态平衡搜索树。该算法的双向变体和下界的例子已经被 Eckerle（1998）所研究。Linares López 和 Borrajo（2010）在内存受限的 k 广度优先搜索算法背景下提出了如何增加搜索多样性的问题。

在加权 A*算法中非容许启发式的讨论相当短。Pearl（1985）已经将一整章用于这个主题。在第 2 章中我们看到重新打开的数量可以是指数的。我们遵循 Likhachev（2005）的非容许节点的方法。在 Zahavi，Felner，Schaeffer 和 Sturtevant（2007）以及 Zhang，Sturtevant，Holte，Schaeffer 和 Felner（2009）的工作之上，Thayer 和 Ruml 既研究了一个非容许启发式以快速找到一个解也研究了一个容许启发式来保证最优性。

增强爬山算法由 Hoffmann 和 Nebel（2001）在动作规划背景中提出。Hoffmann（2003）将其适应于命题和数值规划。在一个有向问题图中失效情况下，规划器选择最佳优先搜索（默认 $f = g + 5h$）作为完整的后端。在 Hoos 和 Stützle（2004）的书中展示了迭代改善算法的伪代码。这个算法与增强爬山算法具有很多相似性且在增强爬山算法被提出之前就已知名了。

Pohl（1977a）详细研究了调整 A*算法中的权重。具有基于搜索工作量的节点选择的 A*算法的 ε 近似的描述引用了 Pearl（1985）展示的结果。k 最佳优先搜索算法由 Felner（2001）提出并在具有绝境的（在滑块拼图问题和偶数拆分问题中的）增量随机树中进行了实验评价。虽然束搜索经常与广度优先策略关联，Rich 和 Knight（1991）提出了将其应用到最佳优先搜索。一个更一般的定义由 Bisani（1987）给出，其中任意使用剪枝规则来丢弃没有希望的备选的搜索算法被称为束搜索。Zhang（1998）提供了一个适应于深度优先分支限界搜索算法的例子。他使用 Provost（1993）提出的迭代弱化来恢复完整性。一个紧密相关的技术是由 Ginsberg 和 Harvey（1992）提出的迭代加宽。束搜索已经被 Wijs（1999）应用于加快模型检验中的缺陷搜索。

任意时刻搜索的想法不久前在 AI 社区被提出（Dean 和 Boddy，1988），之后很多工作被用来开发任意时刻规划算法（如 Ambite 和 Knoblock，1997；Hawes，2002；Pai 和 Reissell，1998；Prendinger 和 Ishizuka，1998；Zilberstein 和 Russell，1993）。A*算法及其变体，例如加权 A*算法，当启发式将搜索引导到错误的方向或状态空间很大时可以很容易地耗光内存。因此，这些扩展到任意时刻算法的属性是基于加权 A*算法的，例如 Likhachev（2005）的 ARA*算法。特定的内存受限的任意时刻启发式搜索已经被开发，例如 Furcy（2004）、Kumar（1992）和 Zhang（1998）。术语潜力搜索由 Stern，Puzis 和 Felner（2010b）发明来描述一个贪心任意时刻启发式搜索方法。Thayer 和 Ruml（2010）提供了任意时刻启发式搜索的一个框架。

一个任意时刻搜索算法在时间很关键的条件下，适合于解决复杂的规划问题。增量搜索适合于需要经常重新规划（例如，动态环境）的规划领域。动态图更新的搜索方法已经在算法文献中被提出；例如 Ausiello，Italiano，Marchetti-Spaccamela 和 Nanni（1991）；Even 和 Shiloach（1981）；Even 和 Gazit（1985）；Edelkamp（1998a）；Feuerstein 和 Marchetti-Spaccamela（1993）；Franciosa，Frigioni 和 Giaccio（2001）；Frigioni，Marchetti-Spaccamela 和 Nanni（1996）；Goto 和 Sangiovanni-Vincentelli（1978）；Italiano（1988）；Klein 和 Subramanian（1993）；Lin 和 Chang（1990）；Ramalingam 和 Reps（1996）；Rohnert（1985）；以及 Spira 和 Pan（1975）。它们都是无提示的，也就是，它们没有使用启发式来集中它们的搜索，但是它们假设不同；例如，是否解决单源或所有节点对之间的

最短路径问题、使用哪个性能测量、何时更新最短路径、适用于哪类图拓扑和边耗费以及图拓扑和边耗费如何被允许随着时间变化（见 Frigioni，Marchetti-Spaccamela 和 Nanni，1998）。如果允许任意序列的边插入、删除或权值改变，那么动态最短路径问题被 Frigioni，Marchetti-Spaccamela 和 Nanni（2000）称为完全动态最短路径问题。终身规划 A*算法（与 Ramalingam 和 Reps，1996 的无提示算法紧密关联）是解决完全动态最短路径问题的增量搜索方法，但不同于早前引用的增量搜索方法，它使用启发式来集中其搜索，因此结合了两个不同的技术来减少其搜索工作量。如 Likhachev 和 Koenig（2005）所示，它也可以被配置以返回任意次优界限的解。因此，它也可以适合于最优规划所不可行的领域。

广度优先启发式搜索、广度优先迭代加深和分治束搜索由 Zhou 和 Hansen（2004a）提出。这些先进算法基于 Zhou 和 Hansen（2002a）的内存有界 A*搜索算法的早期发现。束堆栈搜索由 Zhou 和 Hansen（2005b）提出作为深度优先和广度优先分支限界搜索的泛化。它在为 Strips 类规划问题寻找最优解中显示出了良好性能。

具有两个边界比特的广度优先搜索中空间高效的表示已经由 Kunkle 和 Cooperman（2008）应用于状态空间搜索，该想法可以追溯到 Cooperman 和 Finkelstein（1992）。对于煎饼问题的大的实例，2 比特广度优先搜索已经由 Korf（2008）应用。Breyer 和 Korf（2010b）已经基于 Cooperman 和 Finkelstein（1992）的观察构建了压缩的模式数据库。也就是，在 BFS 构建之后，3 比特的信息满足每个状态的相对深度的需要。1 比特广度优先搜索变体已经被 Edelkamp，Sulewski 和 Yücel（2010b）所讨论。

第 7 章　符号搜索

通过前面章节学习了解到，研究人员对于搜索算法可扩展性的改进一直都是有强烈兴趣的。算法搜索规模增长的核心挑战在于状态（空间）爆炸问题，即状态空间的规模随着状态变量（问题组件）的数量呈指数增长。近年来，符号搜索技术，这种最初为验证领域所开发的方法，在改进 AI 搜索上产生了深远的影响。术语"符号搜索"源于研究领域，目前已用于对比显式状态搜索。

符号搜索在问题图上执行函数式探索。符号状态空间搜索算法使用布尔函数表示状态集。根据普通搜索算法的空间需求，它们主要通过共享部分状态向量来节约空间。通过利用状态集的函数表示实现共享。术语函数式在计算机科学中经常具有不同的含义（无损的、强调函数作为一阶对象）。相比之下，这里指集合以特征函数的形式表示。例如，n^2-1 数码问题中，空白相对于状态向量 $(t_0, t_3, \cdots, t_{n^2-1})$ 位于第二或第四个位置时的所有状态集合由特征函数 $(t_1 = 0) \vee (t_3 = 0)$ 表示。状态集的特征函数可以比它表示的状态数量小得多。符号搜索的主要优势是其运行于状态和动作的函数表示之上。这对于设计可用搜索算法有显著影响，因为需要改变已知显式状态算法以探索状态集。

本章首先介绍如何用（特征）函数表示状态和动作；然后简略地解决获得一个高效状态编码的问题。状态和动作的函数表示允许在特定操作中计算后继或镜像集合的函数表示也可以有效地确定前驱或原象的函数表示。

对于状态或动作集在一个数据结构中的函数（或隐式）表示，我们称为符号表示。选择二叉决策图（BDD）作为合适的特征函数数据结构。BDD 是有向、无环和有标记的图。简单地说，这些图是受到确定性有限自动机限制的，接受包含在底层集合中的状态向量（二进制编码）。在开始于 BDD 开始节点的一个状态向量扫描中，在每个中间的 BDD 节点上，以固定的变量顺序处理一个状态变量。扫描要么结束于标记为 false（或 0）的非接受叶节点，也就是一个状态没有包含在状态集中，要么结束于一个标记为 true（或 1）的接受叶节点，这意味着状态包含在集合中。与许多布尔公式的模糊不清的表示相比，BDD 的表示是唯一的。在常见的 BDD 库中，不同的 BDD 共享它们的结构。这些库具有有效的结合 BDD 的操作且支持镜像计算。此外，BDD 程序包通常支持具有 BDD 的有限域变量上的算术运算。为了避免本章中的标记冲突，将问题图的顶点表示为状态，BDD 的顶点表示为节点。

本章介绍了符号无提示搜索算法（如符号广度优先搜索和符号最短路径搜索），以及符号启发式搜索算法（如符号 A*算法，符号最佳优先搜索和符号分支限界搜索）。对于符号 A*算法，复杂性分析显示，假设一致性启发式时，算法需要许多镜像。镜像数量至多为最优解长度的平方。

我们也考虑用符号搜索覆盖一般耗费函数。因为状态向量具有有限域性质，这种耗费函数需要 BDD 的算术。

描述算法之后，考虑搜索的不同实现增强。下面，介绍将整个图以 BDD 的形式作为输入的符号算法。

7.1 状态集的布尔编码

符号搜索避免了（或至少减少了）随着问题规模变大涉及状态集指数内存需求相关的耗费。以二进制表示固定长度的（有限域的）状态向量并不复杂。例如，可以容易地以 64 比特编码 15 数码问题，其中 4 比特编码每个滑块的标记。一个更具体的描述是，与滑块状态相关的排列的序数的二进制编码产生 $\lceil \lg 16!/2 \rceil = 44$ 比特（见第 3 章）。对于推箱子，具有不同的选项；要么单独地编码球体的位置，要么编码它们在木板上的布局。类似地，对于命题规划，可以通过使用一个状态的有效命题索引的二进制表示对其进行编码，或者取所有事实的比特向量为真或假。一般地，可以通过编码向量的域表示一个状态向量，或假设一个状态向量的完全哈希时，使用哈希地址的二进制表示。

给定搜索问题的一个固定长度二进制状态向量，特征函数代表状态集。当且仅当状态是集合的一个成员时，特征函数评价此给定状态向量的二进制表示为真。因为映射是一对一的，所以特征函数可以看作等同于状态集。

考虑下面的滑块拼图的例子。给定了一个分割为四个位置的横条（图 7.1），一个滑块在相邻位置间移动。在起始状态，滑块在最左边的位置 $0 = (00)_2$。在目标状态，滑块到达位置 $3 = (11)_2$。因为仅具有四个位置，两个变量 x_0 和 x_1 就足够唯一地描述滑块的位置和每个单独的状态。这里指的是状态的比特数，所有状态的特征函数如表 7.1 所列。

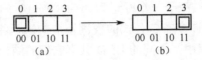

图 7.1 滑块拼图及其二进制编码

表 7.1 滑块拼图的状态编码

状态 ID	状态角色	二元编码	布尔方程
0	起始	00	$\neg x_0 \neg x_1$
1	—	01	$\neg x_0 x_1$
2	—	10	$x_0 \neg x_1$
3	目标	00	$x_0 x_1$

两个或多个状态组合的特征函数是对每个单独状态特征函数的析取。例如，两个位置 $0 = (00)_2$ 和 $1 = (01)_2$ 的组合表示是 $\neg x_0$。我们观察到，这两个状态的表示小于对每个单独状态的表示。但是，对于一些状态的符号表示并不总是小于某个显式状态的表示。考虑两个状态 $0 = (00)_2$ 和 $3 = (11)_2$。它们的组合表示是 $\neg x_0 \neg x_1 \vee x_0 x_1$。给定表示术语的偏差，在这种情况下显式表示实际更好，但是通常共享编码的收益更大。

动作也被形式化为关系；即表示为状态对的集合，或者表示为这个集合的特征函数。转换关系具有状态编码的两倍的变量。转换关系 Trans 定义方法是，如果 x 是给定位置的编码且 x' 是一个后继状态的二进制编码，那么 Trans(x,x') 评价为 true。为了构造 Trans，我们观察到它是所有单独状态转换的析取。在这种情况下，我们具有 6 个动作 $(00) \to (01)$、$(01) \to (00)$、$(01) \to (10)$、$(10) \to (01)$、$(10) \to (11)$、$(11) \to (10)$，那么

$$\text{Trans}(x,x') = (\neg x_0 \neg x_1 x_0{'} x_1{'}) \vee (\neg x_0 x_1 x_0{'} \neg x_1{'}) \vee (\neg x_0 x_1 x_0{'} \neg x_1{'}) \vee$$
$$(x_0 \neg x_1 \neg x_0{'} x_1{'}) \vee (x_0 \neg x_1 x_0{'} x_1{'}) \vee (x_0 x_1 x_0{'} \neg x_1{'})$$

表 7.2 将显式状态启发式搜索的概念关联到它们的符号对应。作为一个特性，本章所有的算法工作于初始状态集，并报告一条从某集合成员到目标的路径。为了一致性，我们仍然坚持单件。加权转换关系 Trans(w,x,x') 包含以二进制编码的动作耗费值。启发式关系 Heur(value,x) 根据以 value 编码的启发式估计分割状态空间。

表 7.2 对比显式状态和符号搜索中的概念

显式概念	记号	符号概念	记号
状态	u	特征函数	$\phi_{\{u\}}(x)$
状态集合	S	特征函数	$\phi_S(x)$
搜索边界	Open	特征函数	Open(x)
扩展的状态	Closed	特征函数	Closed(x)
起始状态	s	特征函数	$\phi_{\{s\}}(x)$
后继状态集合	Succ	特征函数	Succ(x)

显式概念	记号	符号概念	记号
目标（状态集合）	T	特征函数	$\phi_T(x)$
动作	a	单独转换关系	$\text{Trans}_a(x, x')$
动作集合	A	完全转换关系	$\text{Trans}(x, x')$
动作耗费	$w(a)$	加权转换关系	$\text{Trans}(w, x, x')$
启发式函数	h	启发式函数	$\text{Heur}(value, x)$

7.2 二叉决策图

BDD 是很多应用领域的基础方法，如模型检验和硬件电路合成。在 AI 搜索中，它们用于大规模状态集的空间高效表示。

在引言部分非正式地将 BDD 表示为确定性有限自动机。更正式地说，一个二叉决策图 G_f 是一个用来表示布尔函数 f（作用于变量 $x_1, x_2, \cdots, x_n$）的数据结构。变量的赋值要么是 true，要么是 false。

定义 7.1（BDD） BDD 是一个有向节点和边都有标记的无环图，具有单个根节点和两个标记为 1 和 0 的汇聚节点。节点标记为变量 $x_i (i \in \{1, 2, \cdots, n\})$，边标记要么是 1，要么是 0。

为了评估一个给定输入的表示函数，记录一条从根节点到某个汇聚节点的路径，非常类似于使用决策树的方法。BDD 与决策树的区别在于使用了两个约减规则，检测不必要的变量测试和子图中的同构，产生一个对于很多感兴趣函数的唯一表示。这种表示是关于这些函数的比特字符串长度的多项式。

定义 7.2（约减和有序的 BDD） 约减和有序的 BDD 保持每条路径上变量的固定顺序（有序的 BDD），忽略具有相同后继的节点且合并同构的子 BDD（约减的 BDD）。

图 7.2 显示了这两个规则的应用。图 7.3 显示了对于问题图目标状态的一个未约减的和约减的 BDD 表示。

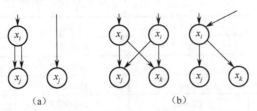

图 7.2 BDD 约减（共同边和共同后继集合）

(a) 共同边；(b) 共同后继集合。

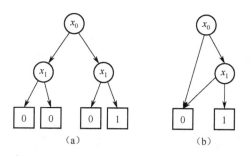

图 7.3 未约减和约减的 BDD（左边的边代表 0 后继，右边的边表示 1 后继）

(a) 未约减的 BDD；(b) 约减的 BDD。

在本章中，仍然记为 BDD，但这里更强调约减和有序的 BDD。由于 BDD 中的每个节点代表一个基本的子函数，所以约减表示是唯一的。布尔函数的 BDD 表示的唯一性意味着可满足性测试可以在 $O(1)$ 时间内完成（如果 BDD 仅仅由一个 0 汇聚构成，那么它是不可满足的，否则它是可满足的）。这对于根据库克定理来说属于 NP 难问题的布尔方程的通用可满足性测试来说具有明显的好处。一些其他的 BDD 操作如下。

（1）SAT 计数。

输入：BDD G_f。

输出：$|f^{-1}(1)|=|\{a\in\{0,1\}^n\,|\,f(a)=1\}|$。

运行时间：$O(|G_f|)$。

描述：算法考虑 BDD 中节点的拓扑排序。它在每个内部节点自底向上传播可能赋值的数量。

应用：对于状态空间搜索，该操作确定由 BDD 表示的显式状态的数量。在 AI 相关研究文献中，该操作也称为模型计数。

（2）合成。

输入：BDD G_f 和 G_g，算子 $\otimes \in \{\wedge, \Leftrightarrow, \oplus, \Rightarrow, \vee, \cdots\}$。

输出：$f \otimes g$ 的 BDD。

运行时间：$O(|G_f\|G_g|)$。

描述：这个实现并行遍历两个输入图并通过自底向上合并匹配子树产生结果。两个并行深度优先搜索之间的同步是通过变量排序实现的。如果在第一个 BDD 中的索引大于另一个 BDD，它需要等待。因为遍历是深度优先的，所以自底向上构建是后序组织的。为了返回一个约减 BDD，在并行遍历中包含了两种约减规则的应用。

应用：对于状态空间搜索，合成是构建状态集的并集与交集的主要操作。

（3）否定。

输入：BDD G_f。

输出：$\neg f$ 的 BDD。

运行时间：$O(1)$。

描述：算法简单地交换汇聚的标记。类似于可满足性测试，它假定汇聚在常量时间内可达。

应用：在状态空间搜索中，在移除状态集时需要否定，因为集合的差集是通过合取与否定的结合实现的。

（4）常数置换。

输入：BDD G_f，变量 x_i 和常数 $c \in \{0,1\}$。

输出：BDD $f|_{x_i=c}$。

运行时间：$O(|G_f|)$。

描述：算法设置 x_i 的所有 $1-c$ 后继为 0 汇聚（然后是 BDD 约减）。

应用：在状态空间搜索中，重构解路径时需要常数置换的变体。

（5）量化。

输入：BDD G_f，变量 x_i。

输出：BDD $\exists x_i : f = f|_{x_i=0} \vee f|_{x_i=1}$（或 $\forall x_i : f = f|_{x_i=0} \wedge f|_{x_i=1}$）。

运行时间：$O(|G_f|^2)$。

描述：算法为 $f|_{x_i=0}$，$f|_{x_i=1}$ 和 $\vee$（或 $\wedge$）应用合成算法。

应用：在状态空间搜索中，当投影一个状态集到变量子集时，使用量化。

（6）相关乘积。

输入：BDD G_f 和 G_g，变量 x_i。

输出：BDD $\exists x_i : f \wedge g = (f \wedge g)|_{x_i=0} \vee (f \wedge g)|_{x_i=1}$（或 $\forall x_i : f \Rightarrow g = (f \Rightarrow g)|_{x_i=0} \wedge (f \Rightarrow g)|_{x_i=1}$）。

运行时间：$O((|G_f \| G_g|)^2)$。

描述：基本算法为 $(f \wedge g)|_{x_i=0}$，$(f \wedge g)|_{x_i=1}$ 和 $\vee$（或 $(f \Rightarrow g)|_{x_i=0}$，$(f \Rightarrow g)|_{x_i=1}$ 和 $\wedge$）应用合成算法。算法 7.11（见习题）显示了如何结合量化与额外算子 $\wedge$（或 $\rightarrow$）。

应用：在状态空间搜索中，当计算状态集合的镜像和原象时使用相关乘积。

（7）变量置换。

输入：BDD G_f，变量 x_i 和 x_i'（f 不依赖于 x_i'）。

输出：BDD $f[x_i' \leftrightarrow x_i] = f|_{x_i = x_i'}$。

运行时间：$O(|G_f|^2)$。

描述：函数 $f|_{x_i=x_i'}$ 可以被写作 $f|_{x_i=x_i'} = \exists x_i : f \wedge x_i = x_i'$，因此变量的置换是一个相关乘积（如果 x_i' 在变量排序中接着 x_i，算法简单地在 $O(|G_f|^2)$ 时间内将所有 x_i 重新标记为 x_i'）。

应用：在状态空间搜索中，改变变量标记时需要变量置换。

变量排序对于 BDD 的规模（根据存储的节点数量确定的空间复杂性）具有很大影响。例如，如果排序与排列（$1,2,3,4,\cdots,2n-1,2n$）匹配，那么函数 $f = x_1x_2 \vee x_3x_4 \vee \cdots \vee x_{2n-1}x_{2n}$ 具有线性规模（即 $2n+2$ 个节点）。如果与排列（$1,3,\cdots,2n-1,2,4,\cdots,2n$）匹配，那么函数 f 为指数规模。但是，为一个给定的函数 f 找到最优排序（最小化 BDD 规模的排序）是 NP 困难的。最差情况下，函数对于所有排序具有指数规模（见习题），因此不建议使用 BDD。

对于转换关系，变量排序也是重要的。标准变量排序简单地根据一个状态的二进制表示增添变量，如 (x_0,x_1,x_0',x_1')。交叉变量排序交替 x 和 x' 变量，如 (x_0,x_0',x_1,x_1')。

图 7.4 显示了非交替变量排序的转换关系 $\text{Trans}(x,x') = (\neg x_0 \neg x_1 \neg x_0' x_1') \vee (\neg x_0 x_1 \neg x_0' \neg x_1') \vee (\neg x_0 x_1 x_0' \neg x_1') \vee (x_0 \neg x_1 \neg x_0' x_1') \vee (x_0 \neg x_1 x_0' x_1') \vee (x_0 x_1 x_0' \neg x_1')$ 的 BDD（画出交叉排序的 BDD 留作习题）。

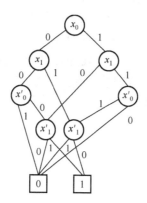

图 7.4 滑块拼图问题中转换关系 Trans 的 BDD（为清楚起见，删去了箭头）

提出一个问题的状态编码以及状态变量之间的合适排序有很多不同的方法。更明显的那些做法经常浪费很多空间。因此，找到一个好的排序所花的功夫是值得的。很多应用基于对可得输入信息的近似分析选择排序。一种方法是冲突分析。它决定某个状态变量赋值对另一个赋值的依赖程度。相互依赖的变量在变量编码时应尽可能靠近。

已经开发了高级变量排序技术，例如筛选算法。可以粗略地将其描述如下：因为一个 BDD 需要按照每条路径上的变量排序，所以根据具有相同变量索引（index）的节点层次来分割 BDD 是可能的。令 $L(x_i)$ 表示具有变量索引 i 的节点的层次（$i \in \{1, 2, \cdots, n\}$）。筛选算法通过将一个变量（或一整个组的变量）在当前顺序中上移或下移，重复地为其在变量排序中寻找一个更好的位置，并通过测量产生的 BDD 规模来评估结果。事实上，选择那些在 BDD 中层次 $L(x_i)$ 最宽的变量 x_i；即 $|L(x_i)|$ 最大的变量 x_i。有趣的是，在计算过程中，可以动态调用重排序技术。

执行算术运算对于很多基于 BDD 的算法来说是必须的。下面给出如何使用 BDD 进行有限域变量加法（乘法也类似地处理）。因为多数 BDD 包支持有限域变量，我们从二进制表示中抽象。因为不难将一个域 $[\min, \max]$ 转换为 $[0, \max - \min]$。不失一般性，下面假设所有的变量域开始于 0 并结束于值 max。

首先，编码了二元关系 $a+1=b$ 的 BDD $Inc(a,b)$ 可以通过枚举所有可能的 $(i, i+1)$ 形式的赋值来构建（$0 \leq i \leq \max$），即

$Inc(a,b) = ((a=0) \land (b=1)) \lor ((a=1) \land (b=2)) \lor \cdots \lor ((a=\max-1) \land (b=\max))$，

假定由底层 BDD 包提供的二元关系 $Equal(a,b)$ 写为 $a=b$。

BDD $Add(a,b,c)$ 代表三元关系 $a+b=c$。对于构建，可以枚举所有可能的对变量 a、b 和 c 的赋值。但是，对于大的域，应该优先下面的递归计算：

$Add(a,b,c) = ((b=0) \land (a=c)) \lor \exists b', c'(Inc(b', b) \land Inc(c', c) \land Add(a, b', c'))$。

因此，Add 是定点计算的结果。从基本情况 $(b=0) \land (a=c)$ 开始，将所有依据关系为"真"的情况进行统一，Add 的闭包是通过应用方程的第二部分直到 BDD 表示不再改变为止计算得到的。算法 7.1 显示了伪代码。为了允许多个量化，在每次迭代中交换变量的集合（对于参数 b 和 c，表示为 $[b \leftrightarrow b', c \leftrightarrow c']$）。From 和 New BDD 代表相同的集合，但是以不同的概念维持：一个用来检测终止，另一个用来初始化下一次迭代。

Procedure Construct-Add
Input: 关系 Inc 的 BDD
Output: 关系 Add 的 BDD

$Reach(a,b,c) \leftarrow From(a,b,c) \leftarrow (a = c \land b = 0)$　　　　　　　;;初始化构建
repeat　　　　　　　　　　　　　　　　　　　　　　　　　　　　　　;;直到收敛
　$To(a,b',c') \leftarrow From(a,b,c)[b \leftrightarrow b', c \leftrightarrow c']$　　　　　　　　　　　;;改变 BDD 中的变量标记
　$To(a,b,c) \leftarrow \exists b', c'(Inc(b', b) \land Inc(c', c) \land To(a,b',c'))$　　　　;;应用等式
　$From(a,b,c) \leftarrow New(a,b,c) \leftarrow To(a,b,c) \land \neg Reach(a,b,c)$　　;;准备下一次迭代

Reach(a,b,c)←Reach(a,b,c) ∨ New(a,b,c)	;;更新关系
until(New(a,b,c)= ∅)	;;达到定点
return Reach (a,b,c)	;;定点是关系 Add
算法 7.1	
基于定点计算的 BDD 算术	

7.3 计算状态集的镜像

到目前为止，已经完成了什么？在状态空间问题中重新将初始和最终状态公式化为 BDD。该成果自身意义不大。我们感兴趣的是一个将初始状态转换为满足目标的状态的动作序列。

通过连接转换关系和描述状态集合的公式，并且量化前驱变量，我们可以计算所有能够从输入集合中的某个状态一步可达的所有状态的表示。这就是相关乘积算子。因此，我们真正感兴趣的是一个状态集合 S 关于转换关系 Trans 的镜像，这等价于应用以下运算：

$$\text{Image}_S(x') = \exists x(\text{Trans}(x,x') \wedge \phi_S(x))$$

式中：ϕ_S 为集合 S 的特征函数，输出结果是 S 中的状态一步可达的所有状态的特征函数。

对于正在运行的实例，状态集合 $\{0,2\}$ 的表示为 $\phi_S = \neg x_1$ 的镜像由下式给出，即

$$\text{Image}_S(x') = \exists x_0 \exists x_1 \neg x_1 \wedge ((\neg x_0 \neg x_1 \neg x_0' x_1') \vee (\neg x_0 x_1 \neg x_0' \neg x_1') \vee$$
$$(\neg x_0 x_1 x_0' \neg x_1') \vee (x_0 \neg x_1 \neg x_0' x_1') \vee (x_0 \neg x_1 x_0' x_1') \vee (x_0 x_1 x_0' \neg x_1'))$$
$$= \exists x_0 \exists x_1 (\neg x_0 \neg x_1 \neg x_0' x_1') \vee \exists x_0 \exists x_1 (x_0 \neg x_1 \neg x_0' x_1') \vee$$
$$\exists x_0 \exists x_1 (x_0 \neg x_1 x_0' x_1') = \neg x_0' x_1' \vee \neg x_0' x_1' \vee x_0' x_1' = x_1'$$

并表示状态集合 $\{1,3\}$。

更一般地，布尔变量的向量 x 与两个布尔函数 f 和 g 的相关乘积在一步中结合了量化和合取，并定义为 $\exists x(f(x) \wedge g(x))$。因为布尔函数 f 中的布尔变量 x_i 的存在量化等于 $f|_{x_i=0} \vee f|_{x_i=1}$，整个向量 x 的量化结果是一个子问题析取序列。虽然（为整个向量）计算相关乘积一般是 NP 难的，但针对很多实际应用的镜像特定的算法已经被开发出来。

7.4 符号盲搜索算法

我们首先关注起源于符号模型检验中的无向搜索算法。

7.4.1 符号广度优先树搜索算法

在 BFS 算法的符号变体中,确定出 i 步内从起始状态 s 可以到达的状态集合 S_i。搜索初始化时, $S_0 = \{s\}$。给定 $\phi_{S_{i-1}}$ 和转换关系 Trans,下面的镜像方程确定 ϕ_{S_i} 即

$$\phi_{S_i}(x') = \exists x(\phi_{S_{i-1}}(x) \wedge \text{Trans}(x,x'))$$

如果 x' 在集合 S_{i-1} 中具有一个前驱 x 且存在一个算子将 x 转换为 x',则状态 x' 属于 S_i。注意到相比于左侧的 x',上式右侧的 ϕ 依赖于 x。因此,有必要在下次迭代中在 ϕ_{S_i} 中用 x' 代替 x。不需要重排序或约减,因为代换可以在 BDD 中通过节点标记的文本替换完成。

为了终止搜索,我们测试一个状态是否被包含在集合 S_i 和目标状态集合 T 的交集中。因为枚举集合 $S_0, S_1, \cdots, S_{i-1}$,第一个 $S_i \cap T \neq \emptyset$ 的迭代索引 i 代表最优解长度。

令 Open 表示搜索前沿且 Succ 表示后继集合的 BDD。那么符号广度优先树搜索可以用算法 7.2 所示的伪代码实现(简单起见,在这个和后面的算法中一般假定开始状态不是一个目标状态)。它导致了例子问题的三次迭代(图 7.5)。我们从起始状态开始,它由函数 $\neg x_0 \neg x_1$ 的包含两个内部节点的 BDD 表示。在第一次迭代后,我们获得函数 $x_0 \wedge \neg x_1$ 的一个 BDD 表示。下一次迭代为 $\neg x_1$ 产生一个包含一个内部节点的 BDD,最后一次迭代产生了包含目标状态 x_1 的一个 BDD。对应的 Open 列表的内容表示在表 7.3 中。

Procedure Symbolic-Breadth-First-Tree-Search
Input: 具有转换关系 Trans 的状态空间问题
Output: 最优解路径

Open$(x) \leftarrow \phi_{\{s\}}(x)$;;初始化搜索边界
do   ;;Repeat-until 循环
    Succ$(x') \leftarrow \exists x(\text{Open}(x) \wedge \text{Trans}(x,x'))$;;确定后继集合
    Open$(x) \leftarrow \text{Succ}(x')[x' \leftrightarrow x]$;;用新搜索边界迭代
while(Open$(x) \wedge \phi_T(x)$=false)   ;;直到找到目标
return Construct(Open$(x) \wedge \phi_T(x)$)   ;;重构解

算法 7.2
使用 BDD 实现的符号广度优先树搜索

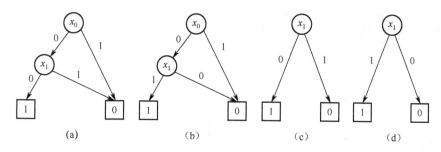

图 7.5 符号广度优先树搜索的 4 次迭代

表 7.3 符号广度优先搜索树的 4 次迭代的状态集合

步骤	状态集合	二元编码	布尔方程
0	{0}	{00}	$\neg x_0 \neg x_1$
1	{1}	{01}	$\neg x_0 x_1$
2	{0,2}	{00,10}	$\neg x_1$
3	{1,3}	{01,11}	x_1

定理 7.1（符号广度优先树搜索的最优性和复杂性） 符号广度优先树搜索返回的解具有最少数量的步骤且应用相同数量的镜像。

证明：算法以广度优先方式重复镜像操作在搜索树中生成每个可达状态，使得遇到的第一个目标状态具有最优深度。

通过追踪中间的 BDD，可以提取链接起始状态和一个目标状态的合法状态序列。它反过来可以被用来发现一个对应的动作序列。目标状态在最优路径上。在一个最优路径上比检测到的目标状态早出现的状态必须被包含在之前的 BFS 算法层次中。因此，将目标的前驱与这个层次取交集。所有在交集中的状态都是在最优步数中可达的并且可在最优步数内到达目标，因此任何一个这些状态都可以被选择来继续解重构直到找到起始状态。

如果所有之前的 BFS 算法层次仍然在主存中，那么顺序解重构就足够了。如果某些层次被消除（就像在前沿搜索中；见第 6 章），推荐从刷新到磁盘的 BFS 算法层次开始解重构。

7.4.2 符号广度优先搜索算法

引入包含所有曾经扩展过的状态的 Closed 列表，是在显式状态探索中避免重复的常见方法。在符号广度优先搜索（见算法 7.3）中，该技术通过为后继状态集合 Succ 改进 Succ ∧ ¬Closed 实现。这种运算称为前向或前沿集合简化。还有一个优点是该算法在无解时会终止。

```
Procedure Symbolic-Breadth-First-Search
Input: 具有转换关系 Trans 的状态空间问题
Output: 最优解路径

Closed(x) ← Open(x) ← φ_{s}(x)                          ;;初始化搜索集合
do                                                       ;;Repeat-until 循环
    if(Open(x)=false)return "Exploration completed"     ;;已经看到了完整图
    Succ(x) ← ∃x(Open(x) ∧ Trans(x,x'))[x' ↔ x]         ;;镜像计算
    Open(x) ← Succ(x) ∧ ¬Closed(x)                      ;;删除已扩展状态集合
    Closed(x) ← Closed(x) ∨ Succ(x)                     ;;更新已访问列表
While (Open(x) ∧ φ_T(x) = false)                        ;;直到找到目标
return Construct(Open(x) ∧ φ_T(x))                      ;;生成解
```

算法 7.3

符号 BFS 算法

探索滑块拼图的 BDD 如图 7.6 所示，公式表示列举在表 7.4 中。对于更大的例子，通过在 BDD 中应用函数状态集合表示的内存节约期望会增加。图 7.7 显示了一个典型行为。

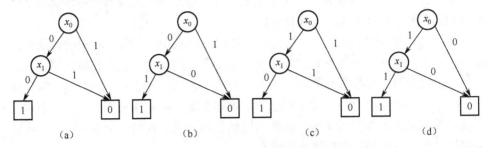

图 7.6 符号 BFS 算法的四个步骤

表 7.4 符号 BFS 的 4 次迭代的状态集合

步骤	状态集合	二元编码	布尔方程
0	{0}	{00}	$\neg x_0 \neg x_1$
1	{1}	{01}	$\neg x_0 x_1$
2	{2}	{10}	$x_0 \neg x_1$
3	{3}	{11}	$x_0 x_1$

定理 7.2（符号 BFS 算法的最优性和复杂性） 符号 BFS 算法返回的解具有最少数量的步骤。镜像的数量等于解长度。如果问题无解那么它会停止。

证明：算法扩展问题图中每个可能的节点，重复镜像运算最多一次。因此遇到的第一个目标状态具有最优深度。如果没有目标被返回，则已经探索了整个可达搜索空间。

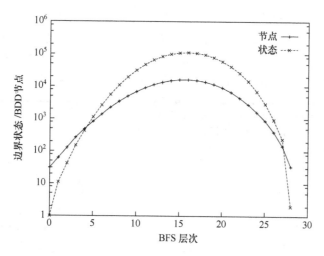

图 7.7 符号 BFS 算法中的状态和 BDD 增长

在第 6 章，我们看到了对于类似无向或无环图的一些问题类，重复消除可以从所有层次被限制到约减数量的 BFS 算法层次。在无向搜索空间，也可能应用前沿搜索（见第 6 章）。在 n^2-1 数码问题中，对于每个 BFS 算法层次，所有置换（向量）都具有相同的奇偶性（转换状态向量到恒等式模 2 需要的最小置换，要么是奇数要么是偶数）。这意味着奇数深度的状态不能重新出现在一个偶数深度，反之亦然。因此，仅需要从 BFS 算法层次 i 中减去 BFS 算法层次 $i-2$ 以从搜索中移除所有重复。

7.4.3 符号模式数据库

我们已经看到，在搜索实践中应用模式数据库的主要限制在于主存总量。符号搜索的目标是使用 BDD 节点表示大的状态集合。

符号模式数据库是已经被符号化构建的模式数据库，可以在后续符号或显式启发式搜索中应用。这是基于如下事实的优势建立的，即已经将 Trans 定义为一种关系。在反向广度优先搜索中，我们从目标集合 $B_0 = T$ 出发并且持续迭代直到我们遇到起始状态。然后依据如下公式依次计算原像，即

$$\phi_{B_i}(x) = \exists x'(\phi_{B_{i-1}}(x') \wedge \text{Trans}(x, x'))$$

每个状态集合可以由一个对应的特征函数高效表示。不同于状态集合的后部

压缩，构建本身就工作于压缩的表示之上，从而允许构建更大的数据库。

为了构建符号模式数据库，需要使用反向符号 BFS 算法。对于抽象函数 ψ，用投影目标状态集合 $\psi(T)$ 初始化符号模式数据库 Heur(value, x)。只要存在新遇到的状态，就接受边界节点的当前列表并产生关于抽象转换关系 Trans_ψ 的前驱列表。然后，将当前 BFS 等级附加到新状态，将它们与已经到达的状态集合合并，并迭代。在算法 7.4 中，Closed 是为反向搜索建立的已访问状态集合，Open 是搜索边界的当前抽象，Pred 是抽象前驱状态的集合。

Procedure Construct-Symbolic-Pattern-Database
Input: 关于 ψ 和转换关系 Trans_ψ 的抽象状态空间问题
Output: 符号模式数据库 $H_\psi(\text{value}, x')$

Closed(x') ← Open(x') ← $\psi(T)(x')$　　　　　　　　;; 初始化搜索
$i \leftarrow 0$　　　　　　　　　　　　　　　　　　　　　　;; 初始化 BFS 层次
while (Open(x') ≠ false)　　　　　　　　　　　　　;; 是否完全遍历了抽象状态空间
　Pred(x') ← ∃x'(Open(x') ∧ $\text{Trans}_\psi(x, x')$)[$x \leftrightarrow x'$]　　;; 确定前驱集合
　Open(x') ← Pred(x') ∧ ¬Closed(x')　　　　　　;; 边界集合简化
　$H_\psi(\text{value}, x')$ ← $H_\psi(\text{value}, x')$ ∨ (value = i ∧ Open(x'))　;; 添加到数据库
　Closed(x') ← Closed(x') ∨ Open(x')　　　　　;; 增加已探索状态集合
　$i \leftarrow i+1$　　　　　　　　　　　　　　　　　　　　;; 增加 BFS 层次
return $H_\psi(\text{value}, x')$　　　　　　　　　　　　;; 探索完毕

算法 7.4

符号模式数据库构建

注意，除了具有在探索中表示大状态集合的能力以外，符号模式数据库对于显式模式数据库具有一个进一步的优势：快速初始化。在多数问题定义中，目标不是以状态集合而是以需要满足的方程的形式给出的。在显式模式数据构建中，需要生成所有目标状态并插入到反向探索队列中。但是对于符号构建来说，初始化是通过为目标方程构建 BDD 立刻完成的。

如果考虑在模式中具有 x 个滑块的 35 数码问题的例子，抽象状态空间由 $36!/(36-x)!$ 个状态组成。对于 35 数码问题的一个完全哈希表，其空间需求为 43.14MB($x=5$)、1.3GB($x=6$) 和 39.1GB($x=7$)。图 7.8 中给出了存储符号模式数据库的内存需求，意味着关于对应的显式构建的一个中等但显著的约减；即 7 滑块模式数据库需要 6.6GB 的 RAM。在其他领域，已经观察到符号模式数据库的节约可以扩展到几个数量级。

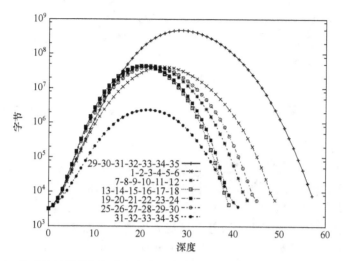

图 7.8 符号 35 数码问题模式数据库的内存轮廓（对数刻度）（选择了 6 个 6 滑块模式数据库（其中一个数据库包含 5 个滑块）和一个 7 滑块模式数据库；使用每种抽象中用到的滑块来标记每条曲线）

符号模式数据库的另一个关键性能是快速构建时间。考虑到模式构建是抽象状态空间中的一种探索，在某些情况下，可在一秒内产生数十亿状态所对应搜索的性能。

7.4.4 耗费优化符号广度优先搜索算法

符号 BFS 算法在解步骤的数量内找到最优解。BDD 也可以在问题空间上空间高效地优化耗费函数 f。在本节中，除了 f 作用于有限域变量上以外，关于 f 不进行任何特定的假设（如单调或由 g 或 h 组成）。这个问题在（过配置的）动作规划领域已经变得很突出，其中一个耗费函数编码和累积对满足规划目标的柔性约束的要求，需要将其最大化。作为一个例子，考虑到除了一个普通的目标描述，在积木世界中偏好于将特定的积木块放在桌子上。简单起见，我们关注于最小化问题。这意味着我们想要找到具有最小 f 值的到 T 中的一个目标节点的路径。

为了为耗费函数 $f(x)$ 在一个有限域状态变量集合 $x=(x_1,x_2,\cdots,x_k)$ 上计算一个 BDD $F(\text{value},x)$，其中 $x_i \in [\min_{x_i},\max_{x_i}]$，我们首先计算 f 可以取的最小和最大值。这定义了需要被二进制编码的范围为 $[\min_f,\max_f]$。例如，如果 f 是一个线性函数 $\sum_{i=1}^{k}a_i x_i$，其中 $a_i \geq 0, i \in \{1,2,\cdots,k\}$，那么 $\min_f = \sum_{i=1}^{k}a_i \min_{x_i}$ 且 $\max_f = \sum_{i=1}^{k}a_i \max_{x_i}$。

为了构建 $F(\text{value}, x)$，我们建立子 BDD $\text{Partial}(\text{value}, x)$，其中 value 表示 $a_i x_i$ $(i \in \{1, 2, \cdots, k\})$，并使用关系 Add 来结合中间结果得到关系 $F(\text{value}, x)$。因为 a_i 有限且关系 $\text{Partial}(\text{value}, x)$ 可以使用 $\text{value} = x_i + \cdots + x_i$（$a_i$ 次）或改写三元关系 Mult 计算得到。这说明了所有构建 F 的运算可以使用 BDD 上的有限域算术实现。实际上，在 $O(\sum_{i=0}^{n} |a_i|)$ 时间和空间内直接从系数构建一个线性函数的 BDD 具有一个直接的选项。

算法 7.5 显示了增量地改进解耗费上界 U 的符号 BFS 算法的伪代码。算法应用符号 BFS 算法直到已经遍历整个搜索空间并存储当前最优解。如之前一样，以 BDD 的形式表示状态集合。此外，搜索前沿被约减到那些耗费值最大为 U 的状态。假使找到与目标的交集，暂停广度优先探索从而为交集中的状态构建一个具有最小 f 值的解。耗费给出了一个新的上界 U，表示当前最优解减 1。在找到最小耗费解之后，恢复广度优先遍历。

```
Procedure Cost-Optimal-Symbolic-BFS
Input: 具有转换关系 Trans 和耗费关系 F 的状态空间问题
Output: 耗费最优解路径

U ← max_f                                              ;; 初始化界限 U
Closed(x) ← Open(x) ← φ_{s}(x)                         ;; 初始化搜索集合
Intersect(x) ← φ_{s}(x) ∧ φ_T(x)                       ;; 搜索边界相交
loop                                                    ;; 无限循环
    Bound(value, x) ← F(value, x) ∧ ⋁_{i=min_f}^{U} (value = i)   ;; 从边界中忽略状态
    loop                                                ;; 直到完成了改进
        if (Open(x) = false) return sol                 ;; 看到了完整状态空间
        Succ(x) ← ∃x(Trans(x, x') ∧ Open(x))[x ↔ x']   ;; 确定后继集合
        Open(x) ← Succ(x) ∧ ¬Closed(x)                  ;; 减去看到过的状态
        Closed(x) ← Closed(x) ∨ Succ(x)                 ;; 更新可达状态集合
        Intersect(x) ← Open(x) ∧ φ_T(x)                 ;; 搜索边界相遇
        Eval(value, x) ← Intersect(x) ∧ Bound(value, x) ;; 评估完整解耗费
        if (Eval(value, x) ≠ false)                     ;; 找到解
            fot each  i ∈ {min_f, ⋯, U}                 ;; 找到最佳解
                if (F(value, x) ∧ (value = i) ∧ Eval(value, x) ≠ false)   ;;（离散化）
                    U ← i − 1                           ;; 降低界限
                    sol ← Construct(Eval(value, x))     ;; 生成解
                    break                               ;; 不寻找更差的解
```

算法 7.5
耗费最优符号 BFS 算法

定理 7.3（耗费最优符号 BFS 算法的最优性和复杂性） 耗费最优符号 BFS 算法构建的解具有最小耗费。镜像数量的界限是最大 BFS 算法层次。

证明： 算法应用重复检测并遍历整个状态空间。它恰好生成每个可能的状态 1 次。最后会找到具有最小 f 值的状态。仅从耗费评价中丢弃那些大于等于最优解 f 值的目标状态。如果已经生成了所有 BFS 算法层次，那么探索终止。因此，镜像数量匹配最大 BFS 算法层次。

7.4.5 符号最短路径搜索

在讨论有向搜索的符号算法之前，我们更仔细的解决搜索问题的具有动作耗费的 Dijkstra 算法单源最短路径算法的桶实现。

有限动作耗费是一个自然的搜索概念。在很多应用中，耗费只能是正整数（有时对于分数通过重缩放达到这个要求也是可能和有益的）。因为 BDD 可以进行状态集合的高效表示，所以具有整数值耗费函数的搜索问题的优先级队列可以被分割为一系列的桶。这里假设最高动作耗费和 f 值的界限是某个常数。

具有整数值耗费函数的搜索问题的优先级队列可以被实现为二值对的一个集合，二值对的第一个组件是 f 值，第二个组件是 x 值。在函数表示中，二值对对应于满足 BDD Open(f,x) 中的路径。编码 f 的变量可以比编码 x 的变量分配更小的索引。因为，除产生更小 BDD 的潜力以外，这允许直观理解 BDD 及其与优先级队列之间的联系。图 7.11（a）展示了以 BDD 形式表示优先级队列。

Dijkstra 算法的符号版本可以以算法 7.6 的形式实现。简单起见，算法没有 Closed 列表，因此它可以包含具有不同 f 值的同一个状态（正如符号广度优先树搜索一样，添加重复消除并不难，但是可能会给 BDD 造成额外的复杂性）。

Procedure Symbolic-Shortest-Path-Search
Input: 具有加权转换关系 Trans 的状态空间问题
Output: 最优解路径

Open$(f,x) \leftarrow (f = 0) \land \phi_{\{s\}}(x)$;;初始化搜索边界
loop   ;;无限循环
  $f_{min} \leftarrow \min\{f \mid \exists f'. f = f' \land \text{Open}(f',x) \neq \text{false}\}$;;找到最小桶
  Min$(x) \leftarrow \exists f(\text{Open}(f,x) \land f = f_{min})$;;提取最小桶
  if (Min$(x) \land \phi_T(x) \neq \text{false}$)   ;;如果找到目标
    return Construct(Min$(x) \land \phi_T(x)$)   ;;生成解
  Rest$(f,x) \leftarrow \text{Open}(f,x) \land \neg \text{Min}(x)$;;从队列中删除状态集合
  Succ$(f,x) \leftarrow \exists x, f', w$;;Min 桶的耗费赋值镜像

$$(\text{Min}(x) \wedge \text{Trans}(w,x,x') \wedge \text{Add}(f',w,f) \wedge f' = f_{\min})[x \leftrightarrow x']$$
$$\text{Open}(f,x) \leftarrow \text{Rest}(f,x) \vee \text{Succ}(f,x) \quad \text{;;将后继集合包含到边界}$$
$$\text{;;直到找到目标}$$

算法 7.6

使用 BDD 实现 Dijkstra 算法

算法工作过程如下。BDD Open 被设置为表示 f 值为 0 的起始状态。除非我们建立了一个目标状态，否则在每次迭代中提取所有具有最小 f 值 $f_{\min}$ 的状态。找到 $f_{\min}$ 的下一个值的最容易的选项是测试所有从上次的 $f_{\min}$ 开始的所有内部 f 值与 Open 的交集。一个更有效的选项是假使 f 变量在 BDD 之上编码时利用 BDD 的结构。

下面，给定 $f_{\min}$ 确定后继集合并更新优先级队列。提取优先级队列中所有具有 $f_{\min}$ 值的所有状态的 BDD Min，产生了剩余状态集合的 BDD Rest。如果没有发现目标状态，Min 中的变量（应用转换关系 $\text{Trans}(w,x',x)$）确定后继状态集合的 BDD。为了计算 $f = f_{\min} + w$ 并将新的 f 值附加到这个集合上，存储旧的 f 值 $f_{\min}$。最后，通过析取后继集合与剩余队列得到下次迭代的 BDD Open。

定理 7.4（符号最短路径搜索的最优性） 对于动作权重 $w \in \{1,2,\cdots,C\}$，由符号最短路径搜索算法计算得到的解是最优的。

证明：算法模仿在 1 层桶结构上的 Dijkstra 算法单源最短路径算法（见第 3 章）。最后，找到具有最小 f 值的状态。因为 f 是单调增加的，所以达到的第一个目标具有最优耗费。

定理 7.5（符号最短路径搜索的复杂性） 对于正的转移权重 $w \in \{1,2,\cdots,C\}$，符号最短路径搜索算法的迭代次数（BDD 镜像）是 $O(f^*)$，其中 f^* 是最优解耗费。

证明：迭代次数（BDD 镜像）依赖于在探索过程中考虑的桶的数量。因为边权重是正整数，我们具有最多 $O(f^*)$ 次迭代，其中 f^* 为最优解耗费。

7.5 BDD 的局限和可能性

为了揭示 BDD 性能优缺点的原因，分析 BDD 在多个领域中增长的上、下界。

7.5.1 指数下界

首先考虑在 $(0,1,\cdots,N-1)$ 上的排列游戏，如 n^2-1 数码问题，其中 $N = n^2$。如果包含 $\lceil \lg N \rceil$ 变量的每个块对应于一个整数的二进制表示且 N 个整数的每条满足路径是一个排列，那么 $(0,1,\cdots,N-1)$ 上的所有排列的特征函数 f_N 具有 $N\lceil \lg N \rceil$ 个二进制状态变量且评估为 true。

众所周知，对于任意变量排序，f_N 的 BDD 需要多于 $\lfloor \sqrt{2^N} \rfloor$ 的 BDD 节点。这意味着排列游戏对于 BDD 探索来说很难。

7.5.2 多项式上界

在其他状态空间，我们使用 BDD 获得一个指数收益。这里考虑一个简单的规划域，称为手爪。图 7.9 给出了问题域的描述。有一个机器人从房间 A 运输 $2k=n$ 个球到另一个房间 B。机器人具有两个手爪来捡起和放下一个球。

```
(define (domain gripper)
  (:predicates (room ?r) (ball ?b) (gripper ?g)
               (at-robby ?r) (at ?b ?r) (free ?g) (carry ?o ?g))
  (:action move
     :parameters (?from ?to)
     :precondition (and (room ?from) (room ?to) (at-robby ?from))
     :effect (and (at-robby ?to) (not (at-robby ?from))))
  (:action pick
     :parameters (?obj ?room ?gripper)
     :precondition (and (ball ?obj) (room ?room) (gripper ?gripper)
   (at ?obj ?room) (at-robby ?room) (free ?gripper))
     :effect (and (carry ?obj ?gripper)
                  (not (at ?obj ?room)) (not (free ?gripper))))
  (:action drop
     :parameters (?obj ?room ?gripper)
     :precondition (and (ball ?obj) (room ?room) (gripper ?gripper)
   (carry ?obj ?gripper) (at-robby ?room))
     :effect (and (at ?obj ?room) (free ?gripper)
                  (not (carry ?obj ?gripper)))))
```

图 7.9 手爪问题的 STRIPS 规划域描述

不难观察到状态空间指数增长。因为我们具有 $2^n = \sum_{i=0}^{n} \binom{n}{i} \leq n\binom{n}{k}$，在一个房间具有 k 个球的所有状态的数量是 $\binom{n}{k} \geq 2^n/n$。所有可达状态的准确数量是 $S_n = 2^{n+1} + n2^{n+1} + n(n-1)2^{n+1}$，其中 $S_n^0 = 2^{n+1}$ 对应于手爪中没有球的所有状态的数量。

基本观察是：所有在每个房间中具有偶数数量球的状态（除了所有球在一个房间且机器人在另一个房间中的两个状态）是最优规划的一部分。因此，对于更大的 n 值，即使启发式搜索规划器固定误差仅为 1 也注定会失败。

在任意最优路径中，将两个球从一个房间传送到另一个房间的机器人的循环具有长度 6（捡起两个球，从一个房间移动到另一个房间，放下两个球，返回），使得每 6 个 BFS 算法层包含没有球在手爪上的最优规划上的状态。但是，仍然存在指数数量的这种状态,也就是 $S_n^0 - 2$。

定理 7.6(手爪的指数表示差距) 存在一个二进制状态编码和一个相关的变量排序,其中在手爪的广度优先探索任意最优路径上状态的特征函数的 BDD 规模是 n 的多项式。

证明:为了编码手爪中的状态,需要 $1+2\lceil \lg(n+1) \rceil + 2n$ 比特:1 比特机器人位置,每个手爪 $\lceil \lg(n+1) \rceil$ 比特来表示其当前携带的球,2 比特是每个球的位置。根据 BFS 算法,将在最优路径上的状态划分为层次 l($0 \leq l \leq 6k-1$)。如果两个手爪都是空且机器人在右侧房间,那么所有在右侧房间具有 $b = 2d$ 个球的可能状态都要表示,可以使用 $O(bn)$ 个 BDD 节点完成这种表示。至少有 b 个球位于房间 B 的 BDD 表示如图 7.10 所示。恰好 b 个球位于房间 B 的 BDD 表示是一个小的扩展,包含一个额外 $O(n)$ 个节点的尾部(见习题)。编址在 $2\lceil \lg(n+1) \rceil$ 变量中的手爪中具有一个或两个球的选择的数量的界限是 $n+n^2 = O(n^2)$,使得中间层次会导致最多一个二次方的增加。因此,限制于最优规划上的状态的每一层一共包含少于 $O(n^2 \cdot dn) = O(dn^3) = O(n^4)$ 个 BDD 节点。沿着路径累加数量,且路径规模与 n 呈线性,我们得出整个探索需要少于 $O(n^5)$ 个 BDD 节点的结论。

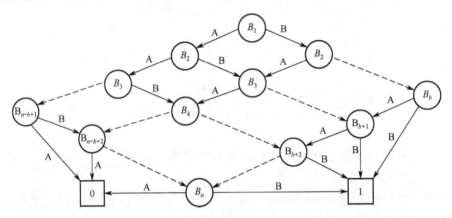

图 7.10 在手爪问题域中,表示至少 b 个球位于房间 B 的 BDD 结构(变量的节点标记为考虑的球的数量;标记为 A 的 0 边表示球位于房间 A,标记为 B 的 1 边表示球位于房间 B)

我们下面介绍推箱子问题域,其中观察显式状态和符号表示之间的另一个差距。

因为有 $\binom{n}{k} \leq \binom{n}{k}^k$,所以所有可达状态的数量明显是指数的。

定理 7.7(推箱子的指数表示差距) 在推箱子中,如果所有具有 k 个球在

一个具有 n 个单元格迷宫里的 $\binom{n}{k}(n-k)$ 个配置是可达的,那么存在一个二进制状态编码和一个相关的变量排序,其中在推箱子中所有可达状态的特征函数的 BDD 规模是 n 的多项式。

证明:为了编码推箱子的状态,需要 $2n$ 比特;也就是,每个单元格(石头/玩家/空)2 比特。如果忽略玩家,会观察到如图 7.10 所示的相似模式,其中左分支表示一个空的单元格而右分支表示一个石头,产生一个 $O(nk)$ 个节点的 BDD。集成玩家之后产生第二个规模为 $O(nk)$ 的 BDD,具有第一个到第二个 BDD 的链路。因此,表示所有可达的推箱子位置的复杂性需要多项式数量的 BDD 节点。

7.6 符号启发式搜索算法

我们已经看到在启发式搜索中,对于搜索空间中的每个状态我们关联一个下界估计 h 到最优解耗费。而且,至少对于一致性启发式,通过对边重加权,A*算法简化为 Dijkstra 算法。节点的秩是生成路径长度 g 和估计 h 的组合值 $f = g + h$。

7.6.1 符号 A*算法

A*算法可以修改为具有(一致性)启发式的 Dijkstra 算法的变体。随后,在 A*算法的符号版本里,相关乘积算法确定在一个镜像运算中具有最小 f 值的状态集合的所有后继。算法仍然确定它们的 f 值。对于出队列状态 u,我们有 $f(u) = g(u) + h(u)$。因为可以使用 f 值,但是通常无法使用 g 值,所以后继 v 的新 f 值需要以如下方式计算:

$$f(v) = g(v) + h(v) = g(u) + w(u,v) + h(v) = f(u) + w(u,v) - h(u) + h(v)$$

估计器 Heur 可以看作一个二元组 $(value, x)$ 的关系,当且仅当由 x 表示的状态的启发值等于 value 表示的数字时,它为 true。假设对于整个问题空间(见图 7.11 (b))启发式关系 Heur 可以表示为一个 BDD。

确定 Heur 具有不同的选项。一种方法尝试直接从其规范(见在 $n^2 - 1$ 数码问题中实现曼哈顿距离启发式的实现)中实现。另一个选项是模仿显式模式数据库(见第 4 章),Heur 是在抽象空间中的一个符号反向 BFS 算法或 Dijkstra 探索的结果。符号 A*算法的实现显示在算法 7.7 中。因为所有后继状态被重新插入到队列,所以以广度优先的方式扩展搜索树。

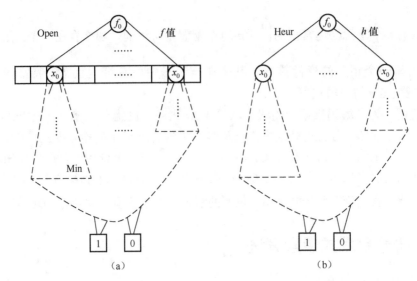

图 7.11 优先级队列的 BDD 表示和估计关系的示意图(在 BDD 的顶层查询在有限域编码 f 值 (a) 和 h 值 (b) 的变量,这些变量也自然地分割了 BDD 底层查询的状态集合。图 (a) 表示了采用状态的 BDD 数组形式的优先级队列的备选桶表示。可以通过定位第一个非空桶(Min)找到具有最小值的状态集合。该桶对应于到 BDD 中的一个状态变量节点的最左边分支)

(a) 优先级队列的 BDD 表示;(b) 优先级队列的估计关系。

Procedure Symbolic-A*
Input: 具有加权转换关系 Trans 和估计关系 Heur 的状态空间问题
Output: 最优解路径

$\text{Open}(f,x) \leftarrow \text{Heur}(f,x) \wedge \phi_{\{s\}}(x)$;;初始化和评估实施边界
loop   ;;无限循环
  $f_{\min} \leftarrow \min\{f \mid \exists f'. f = f' \wedge \text{Open}(f',x) \neq \text{false}\}$;;计算最小优先级
  $\text{Min}(x) \leftarrow \exists f(\text{Open}(f,x) \wedge f = f_{\min})$;;根据状态集合确定
  if $(\text{Min}(x) \wedge \phi_T(x) \neq \text{false})$;;如果发现了目标
    return $\text{Construct}(\text{Min}(x) \wedge \phi_T(x))$;;生成解
  $\text{Rest}(f,x) \leftarrow \text{Open}(x) \wedge \neg \text{Min}(x)$;;从队列中提取集合
  $\text{Succ}(f,x) \leftarrow \exists w,x,h,h',f' \, \text{Min}(x) \wedge \text{Trans}(w,x,x') \wedge$;;具有估计的镜像
    $\text{Heur}(h,x) \wedge \text{Heur}(h',x') \wedge \text{Formula}(h,h',w,f',f) \wedge f' = f_{\min}[x \leftrightarrow x']$
  $\text{Open}(f,x) \leftarrow \text{Rest}(f,x) \vee \text{Succ}(f,x)$;;插入结果到优先级队列

算法 7.7
使用 BDD 实现的 A* 算法

基于旧的和新的启发式值（分别是 h 和 h'）以及旧的和新的耗费（分别为 f 和 f'）计算关系 Formula(h,h',w,f',f) 的 BDD 算术如下：

$$\text{Formula}(h,h',w,f',f) = \exists t_1,t_2 \text{Add}(t_1,h,f') \wedge \text{Add}(t_1,w,t_2) \wedge \text{Add}(h',t_2,f)$$

符号 A*算法的最优性和完整性继承自如下事实，即给定一个容许启发式，显式状态 A*算法会找到一个最优解。

通过放入变量，Succ 的计算可以被简化为

$$\exists w,x'(\text{Min}(x) \wedge \text{Trans}(w,x,x') \wedge \exists h(\text{Heur}(h,x) \wedge \exists h'(\text{Heur}(h',x') \wedge \text{Formula}(h,h',w,f_{\min},f)))$$

再次考虑滑块拼图的例子。估计 h 的 BDD 描述在图 7.12 中，其中将状态 0 和状态 1 的估计设置为 1，将状态 3 和状态 4 的估计设置为 0。最小 f 值是 1。假设 f^* 的界限为 4，我们仅需要两个变量，f_0 和 f_1，来编码 f（通过将 1 增加到二进制编码值）。

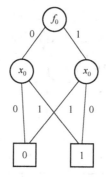

图 7.12 滑块拼图谜题的启发式函数的 BDD（顶部的变量表示启发式估计值，竖条左边的两个状态值为 1，竖条右边的两个状态值为 0。为了区分这些两状态集合，根本不需要查询变量 x_1）

初始化步骤之后，用项 $\neg x_0 \neg x_1$ 表示用起始状态填充的优先级队列 Open。h 值是 1，因此最初 f 值也是 1（由 $(00)_2$ 表示）。起始状态仅有一个后继，也就是 $\neg x_0 x_1$，其 h 值为 1，所以 f 值是 $2 \equiv (01)_2$。应用 Trans 到结果 BDD，我们获得索引 0 和 2 的状态的组合特征函数。它们的 h 值差别为 1。因此，项 $x_0 \neg x_1$ 被分配一个 f 值为 $2 \equiv (01)_2$ 而 $\neg x_0 \neg x_1$ 被分配为 $3 \equiv (10)_2$（优先级队列的状态描述在图 7.13（a））。下一次迭代中，提取值为 2 的 $x_0 \neg x_1$ 且找到后继集合，在这种情况下它由 $1 = (01)_2$ 和 $3 = (11)_2$ 构成。通过结合特征函数 x_1 和估计 h，将 x_1 的 BDD 分解为两部分，因为 $x_0 x_1$ 与 h 值 0 相关，而 $\neg x_0 x_1$ 与 1 相关（产生的优先级队列如图 7.13（b）所示）。因为 Min 现在与目标特征函数具有一个非空交集，所以找到了一个解。表示的状态集合和它们的二进制编码显示在表 7.5 中。最小 f 值是 3，与期望相符。

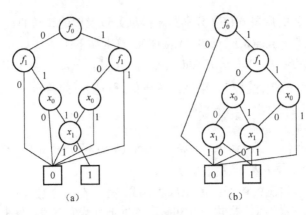

图 7.13 对于滑块拼图示例（符号 A*算法搜索在 2 次（a）和 3 次（b）搜索步骤后的优先级队列 Open。编码 f 值的变量通过使用 f_0 和 f_1 进行编码。编码 x 值的变量通过使用 x_0 和 x_1 进行编码。2 次搜索步骤之后，显示了函数 $(f_0 \neg f_1 \neg x_0 \neg x_1) \vee (\neg f_0 f_1 x_0 \neg x_1)$ 的 BDD，3 次搜索步骤之后，显示了函数 $(f_0 \neg f_1 \neg x_0 \neg x_1) \vee (f_0 f_1 \neg x_0 x_1) \vee (f_0 \neg f_1 x_0 x_1)$ 的 BDD）（表示集合列举在表 7.5 中）

(a) 2 次探索步骤后的优先级队列；(b) 3 次探索步骤后的优先级队列。

表 7.5 符号 A*算法的 4 次迭代的状态集合（属于状态集合 Min 的状态加粗表示）

步骤	Open 集合	二元编码	布尔方程
0	{(1,0)}	{(00,00)}	$\neg f_0 \neg f_1 \neg x_0 \neg x_1$
1	{(2,1)}	{(01,01)}	$\neg f_0 f_1 \neg x_0 x_1$
2	{(3,0),(2,2)}	{(10,00),(01,10)}	$(f_0 \neg f_1 \neg x_0 \neg x_1) \vee$ $(\neg f_0 f_1 x_0 \neg x_1)$
3	{**(3,0)**,(4,1),(3,3)}	{(**10,00**),(11,01),(10,11)}	$(f_0 \neg f_1 \neg x_0 \neg x_1) \vee$ $(f_0 f_1 \neg x_0 x_1) \vee$ $(f_0 \neg f_1 x_0 x_1)$

为了例证这个方法的有效性，我们考虑推箱子问题。为了给图 1.14 所示问题计算步骤最优解，调用符号 A*算法，其启发式是计数不在目标位置的球的数量。符号 BFS 算法在 230 次迭代后找到最优解，峰值 BDD 具有 250000 个节点（表示 61000000 个状态），而符号 A*算法产生了 419 次迭代，峰值 BDD 为 68000 个节点（表示 4300000 个状态）。

7.6.2 桶实现

符号 A*算法适用于无权图或具有整数动作耗费的图。通过使用比 BDD 更具表现力的表示形式（类似由对整数的线性约束产生的状态集合自动机），其功能实现甚至可以被应用到无限状态空间。

对于小的 C 值和最大 h 值 $\max_h$，避免使用 BDD 的算术计算是可能的。我们

假定单位动作耗费且启发式关系被分割为 Heur[0](x),···,Heur[$\max_h$](x)，其中

$$\text{Heur}(\text{value}, x) = \bigvee_{i=0}^{\max_h} (\text{value} = i) \wedge \text{Heur}[i](x)$$

我们为 BDD 使用二维桶布局，如图 7.14 所示。该布局有两方面优势：第一，下一个要扩展的状态集合通常更小，希望 BDD 表示也是如此；第二，给定编址状态集合的桶，每个状态集合已经具有附加到它的 g 值和 h 值，所以不再需要用来计算后继集合的 f 值的算术计算。符号 A*算法的改进的伪代码实现显示在算法 7.8 中。

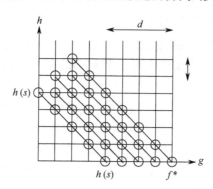

图 7.14 符号 A*算法中的迭代次数

Procedure Symbolic-A*
Input: 具有加权转换关系 Trans 和估计关系 Heur 的状态空间问题
Output: 最优解路径

Open[0,$h(s)$](x) ← $\phi_{\{s\}}(x)$;;初始化边界桶
$f_{\min}$ ← $h(s)$;;初始化最小值
while ($f_{\min} \neq \infty$)   ;;搜索边界非空
  g ← min$\{i \mid$ Open[$i, f_{\min} - i$](x) ≠ false$\}$;;确定最小深度
  while ($g \leq f_{\min}$)   ;;只要未超过价值
    Min(x) ← Open[$g, f_{\min} - g$](x)   ;;根据状态集合确定
    if (Min(x) ∧ $\phi_T(x)$ ≠ false)   ;;发现目标
      return Construct(Min(x) ∧ $\phi_T(x)$) ;;生成解
    Succ(x') ← ∃x Min(x) ∧ Trans(x,x')[$x \leftrightarrow x'$] ;;计算镜像
    for each $h \in \{0,···,\max_h\}$;;变量所有可能的 h 值
      Open[$g+1,h$](x) ← Open[$g+1,h$](x) ∨ Succ(x) ∧ Heur[h](x) ;;分布
    g ← $g+1$;;增加深度
  $f_{\min}$ ← min$\{i + j > f_{\min} \mid$ Open[i,j](x) ≠ false$\} \cup \{\infty\}$;;最小 f 值

算法 7.8
桶实现的符号 A*算法

定理 7.8（符号 A*算法的最优性） 给定一个单位耗费问题图和一个一致性启发式，符号 A*算法计算得到的解耗费是最优的。

证明：算法模仿 Dijkstra 算法的重加权版本在 1 层桶结构上的执行。最终，会遇到具有最小 f 值的状态。因为重加权动作耗费是非负的，所以 f 是单调增加的。因此，第一个遇到的目标状态具有最优的耗费。

对于一个最优启发式，确切来说就是正确估计最短路径距离的那个启发式，在符号 A*算法中的最多迭代为 $h(s)=f^*$。另外，如果启发式等价于 0 函数（广度优先搜索），也需要 f^* 次迭代。

定理 7.9（符号 A*算法的复杂性） 给定一个单位耗费问题图和一个一致性启发式，符号 A*算法的最差数量的迭代（BDD 运算）是 $O((f^*)^2)$，f^* 为最优解长度。

证明：在搜索过程中最多遇到 f^*+1 个不同的 h 值和最多 f^*+1 个不同的 g 值。因此，对于每个位于两个最小 f 值连续增加之间的期间，具有最多 f^* 次迭代。考虑图 7.14，其中关于 h 值画出了 g 值，使得具有相同 g 值和 h 值的节点出现在对角线上 $f=g+h$。每个桶至多被扩展一次。所有的迭代（由一个圆所标记）位于或低于 f^* 对角线，因此 $O((f^*)^2)$ 是迭代次数的上界。

对于不一致的启发式，我们不能在遇到的第一个目标处终止（见习题）。一个解决方案是限制 g 值小于当前最佳解耗费值 f。

7.6.3 符号最佳优先搜索算法

本节算法是 A*算法符号执行的一个变体，称为符号贪心最佳优先搜索。该搜索是通过仅根据 h 值对优先级队列 Open 进行排序得到的。这种情况下，后继关系的计算简化为 $\exists x'(\text{Min}(x') \wedge \text{Trans}(x',x) \wedge \text{Heur}(f,x))$，如算法 7.9 中的伪代码所示，旧的 f 值被忽略。

```
Procedure Symbolic-Greedy-Best-First-Search
Imput：具有加权转换关系 Trans 和估计关系 Heur 的状态空间问题
Output：最优解路径

Open(x) ← Heur(f,x) ∧ φ_{s}(x)                    ;;插入和评估起始状态
do                                                 ;;Repeat-until 循环
    f_min ← min{f | f ∧ Open(f,x) ≠ false}         ;;确定最小优先级
    Min(x) ← ∃f Open(f,x) ∧ f = f_min              ;;计算对应的状态集合
    Rest(f,x) ← Open(f,x) ∧ ¬Min(x)                ;;提取状态集合
    Succ(f,x) ← ∃x' Min(x) ∧ Trans(x,x') ∧ Heur(f,x')[x ↔ x']   ;;计算镜像
```

```
    Open(f,x) ← Rest(f,x) ∨ Succ(f,x)              ;;确定新的边界列表
while (Open(f,x) ∧ φ_T(x) ≡ false)                 ;;直到找到目标
return Construst(Open(f,x) ∧ φ_T(x))               ;;生成解
```

算法 7.9

使用 BDD 实现的贪心最佳优先搜索算法

不幸的是，即使对于容许启发式，该算法也不是最优的。但在巨大的问题空间中，算法的估计足够好以引导求解程序到一个有希望的方向。因此，非容许启发式特别适合于支持这个目的。

在解路径上启发式值最终减少。因此，符号贪心最佳优先搜索得益于这样一个事实，即最有希望的状态位于优先级队列的前面并被首先探索。相比之下，符号 A*算法中解路径上的 f 值最终增加。

在 A*算法和贪心最佳优先搜索之间，存在不同的最佳优先算法。例如，类似于加权 A*算法中的缩放启发式估计如下。如果 Heur(f,x) 代表启发式关系，可以通过构建 Heur$(\lambda \cdot h, x)$ 引入一个权重因子 λ。

7.6.4 符号广度优先分支限界

即使对于符号搜索来说，内存消耗仍然是成功探索的关键资源。这促进了在搜索空间中使用广度优先而不是最佳优先（在第 6 章中广度优先启发式搜索上下文中展示的那样）。

符号广度优先分支限界以广度优先而不是最佳优先的顺序生成搜索树。用 U 作为最优解长度的界限调用核心搜索程序。U 可以由用户提供或者用类似束搜索的非最优搜索算法自动推断。基于界限 U，那些 $g+h$ 值大于 U 的桶将会被忽略。

算法 7.10 展示了符号搜索的这种策略的一个实现。算法以逐渐增加的深度 g 遍历桶矩阵 (g,h)，其中每个广度优先层基于界限 U 进行剪枝。

```
Procedure Symbolic-Breadth-First-Branch-and-Bound
Input: 具有加权转换关系 Trans，估计关系 Heur 和界限 U 的状态空间问题
Output: 解路径

Open[0, h(s)](x) ← φ_{s}(x)                        ;;初始化边界桶
for each g ∈ {0,1,⋯,U}                             ;;广度优先遍历状态集合
    for each h ∈ {0,1,⋯,U − g}                     ;;修剪超过界限的 h 值
        Min(x) ← Open[g,h](x)                      ;;选择状态集合
```

```
if (Min(x) ∧ φ_T(x) ≠ false)                            ;;发现目标
    return Construct(Min(x) ∧ φ_T(x))                    ;;生成解
Succ(x) ← ∃x Min(x) ∧ Trans(x,x')[x ↔ x']                ;;计算镜像
for each h' ∈ {0,1,⋯,U − g − 1}                          ;;根据可能的 h 值分布
    Open[g+1,h'](x) ← Open[g+1,h'](x) ∨ ∃h(Succ(x) ∧ Heur[f](x) ∧ f = h')
```

算法 7.10

使用桶的符号广度优先分支限界

在阐述这个策略时，再次假定输入是一个单位耗费图以及实现了一个提取解路径的构建算法的实现（如通过在主存中维持一个额外的中继层以使用分治方法）。为清楚起见，我们忽略了符号重复消除。

如果图已经被完全探索但没有产生任何解，那么我们就知道不存在长度小于等于 U 的解。因此，如果值 U 在提供解时进行了最小化选择，那么广度优先分支限界返回最优解。因此，具有逐渐增加阈值 U 的广度优先迭代加深 A*算法是最优的。

如果提供给算法的解长度界限 U 是最小的，也可以期望符号 A*算法搜索节约时间和内存，因为既不生成也不存储超过给定阈值的状态。但是，如果该界限不是最优的，那么迭代加深算法也许比符号 A*算法探索更多的状态，但仍然保持内存使用方面的优势。

定理 7.10（符号广度优先分支限界的复杂性） 假设最优耗费阈值 $U = f^*$，符号广度优先分支限界（没有重复消除）在最多 $O((f^*)^2)$ 次镜像运算内计算最优解。

证明：如果 $U = f^*$，该算法考虑的 $g + h$ 值小于或等于 f^* 的桶与符号 A*算法相同。该算法也考虑 g 值上升的位于对角线上的桶。随后，可以获得相同数量的镜像。

在搜索实践中，该算法展现了一些内存优势。在 15 数码问题的一个实例中，显式状态 A*算法消耗了 1.17GB 内存，而广度优先启发式搜索消耗了 732MB，符号 A*算法消耗了 820MB，符号启发式（分支限界）搜索消耗了 387MB。

正如所说的那样，可以包含找到最优耗费阈值，并且迭代计算比应用 A*算法搜索消耗更多的时间。此外，可以用延迟扩展策略实现符号 A*算法。考虑具有曼哈顿距离启发式的 $n^2 − 1$ 数码问题实例，其中对于每个 f 值每个桶被扩展两次。第一次，仅生成位于活跃对角线上的后继，而不考虑位于 $f + 2$ 对角线上后继的生成。在第二步，生成剩下的位于 $f + 2$ 对角线上的后继。因为所有不属于

桶 $(g+1,h-1)$ 的后继状态属于桶 $(g+1,h+1)$，所以我们可以避免两次计算估计。第二次，我们可以生成所有后继且从结果中去掉桶 $(g+1,h-1)$。该策略的复杂性从探索 $E=\{(u,v)|v\in \text{Succ}(u)\wedge f(u)\leqslant f^*\}$ 的边减小为探索 $E'=\{(u,v)|v\in \text{Succ}(u)\wedge f(v)\leqslant f^*\}$。因此，扩展每个状态两次可以补偿在 f^* 对角线之上大量生成在第一次中没有存储的节点。

7.7▲ 改进

除了前向集合简化，还存在一些改进方法可以改进 BDD 探索的性能。

7.7.1 改进 BDD 规模

任何小于后继集合 Succ 和大于后继集合 Succ 但具有包含已到达所有状态简化集合 Closed 的集合都会是下次迭代前沿 Open 的有效选择。

关于另一个函数 g 的布尔函数 f 的香农扩展，由 $f=(g\wedge f_g)\vee(\neg g\wedge f_{\neg g})$ 定义，这在位置 $(x_1,x_2,\cdots,x_n)$ 确定了 f_g 和 $f_{\neg g}$，其中 $g(x_1,x_2,\cdots,x_n)=1$ 且 $\neg g(x_1,x_2,\cdots,x_n)=1$。但是，如果 $g(x_1,x_2,\cdots,x_n)=0$ 或 $\neg g(x_1,x_2,\cdots,x_n)=0$，那么具有一些灵活性。因此，选择一个最小化 BDD 表示而不是最小化所表示状态集合的集合。这就是约束算子 $\Downarrow$ 的思想，其自身是对限制算子 $\downarrow$ 的改进。因为两个算子都依赖于排序，假设排序 π 是平凡排列。定义长度为 n 的两个布尔变量的距离 $|a-b|$ 为 $|a_i-b_i|\cdot 2^{n-i}$ 的加和 $(i\in\{1,2,\cdots,n\})$。对于两个布尔函数 f 和 g 在一个向量 a 的限制算子 $f\downarrow g$：如果 $g(a)=1$，它被确定为 $f(a)$；如果 $g(a)=0$ 且 $g(b)=1$ 并且 $|a-b|$ 为最小，它被确定为 $f(b)$。约束算子 $f\Downarrow g$ 现在包含了这个事实，即对函数 $h=\exists x_i g$ 我们有 $g\wedge f_g=g\wedge f_h$。在没有引入更多细节的情况下，在很多 BDD 包中都可以获得这些优化算子。

7.7.2 分割

状态集合 Open 关于转换关系 Trans 的镜像 Succ 已经被计算为 $\text{Succ}(x')=\exists x(\text{Trans}(x,x')\wedge \text{Open}(x))$。在这个镜像中，$\text{Trans}(x,x')$ 被假定为整体的；换言之，它表示为一个大的关系。对于一些领域来说，在搜索之前构建这样一个转换关系消耗了大量的可用计算资源。幸运的是，不需要显式构建 Trans。因此，我们保持其分割的状况。记住，对于每个单独的转换关系 Trans_a 和每个迭代 $a\in A$，$\text{Trans}=\vee_{a\in A}\text{Trans}_a$。

现在镜像如下：

$$\text{Succ}(x') = \exists x \left(\bigvee_{a \in A} \text{Trans}_a(x,x') \land \text{Open}(x) \right) = \bigvee_{a \in A} (\exists x (\text{Trans}_a(x,x') \land \text{Open}(x)))$$

因此，可以绕开 Trans 的整体构建。析取的执行序列对于整体运行时间是有影响的。推荐的实现方法以平衡树的形式组织这个分割的镜像。

对于在一个小的整数范围可以增量计算的启发式函数，存在一个选择，即聚合具有相同启发式差异 d 的状态对 (u,v)。这产生了一个关系 $\text{Heur}(u,v,d)$ 的有限集。例如，对于曼哈顿距离启发式，u 的所有后继 v 具有 $h(u) - h(v) \in \{-1,1\}$。对于这种情况，分解可能的转换 $\text{Heur}(x,x',d)$ 为两部分 $\text{Heur}_1(x,x',-1)$ 和 $\text{Heur}_2(x,x',+1)$。具有坐标 g 和 h 的一个前沿桶 Open 的后继现在可以要么插入到桶 $[g+1, h-1]$ 要么插入到桶 $[g+1, h+1]$ 中。

通过分支分割可以在镜像中利用这种增量计算。根据抽象修改的变量分割这些抽象的转换表示。例如，转换集合 $(0,0) \to (1,0)$，$(0,1) \to (1,1)$ 和 $(1,0) \to (0,0)$ 修改变量 x_0，$(0,0) \to (0,1)$ 和 $(1,1) \to (1,0)$ 修改变量 x_1。图 7.15 描述了转换系统，实线箭头表示一个而虚线箭头表示另一个分支分割。

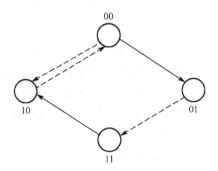

图 7.15　分支分割的一个转换系统

7.8　显式图的符号算法

对于经典图算法，类似拓扑排序、强连通分支、单源最短路径算法、所有节点对之间的最短路径和最大流等，符号搜索方法仍然在理论和实验研究当中。与初期隐式设定的区别在于：现在期望图是算法的一个输入。换句话说，给定一个图 $G=(V,E,w)$，源 $s \in V$ 以布尔函数或 BDD 图的形式表示：$V \times V \times \{0,1,\cdots,C\} \to \{0,1\}$，使得当且仅当对于所有的 u 和 v，$(u,v) \in E$ 且 $0 \leqslant w(u,v) \leqslant C$ 时，$\text{Graph}(u,v,w)=1$。

使用长度为 $k = \lceil \lg |V| \rceil$ 的比特字符串编码 $|V|$ 个节点，因此使用一个具有 $2k$ 个变量的关系表示边。为了在线性时间进行相等检查 $x = y$，交叉排序

$(x_{k-1}, y_{k-1}, \cdots, x_0, y_0)$ 比顺序排序 $(x_{k-1}, \cdots, x_0, y_{k-1}, \cdots, y_0)$ 更好。

因为一条路径上的最大累积权重可以是 nC，权重函数编码的固定大小为 $O(\lg nC)$。众所周知，l 个变量上的布尔函数的 BDD 规模的界限是 $O(2^{l-\lg l}) = O(2^l/l)$ 个节点，因为给定约减结构，最深的层次需要收敛到两个汇聚。为 V 和 nd 中的权重使用二进制编码，我们有最差情况下 BDD Graph 的规模量级是 $O(2^{2\lg n + \lg(nC)}/(2\lg n + \lg(nC))) = O(n^2 nC/\lg(nC)) = O((nC)^3/\lg(nC))$。希望在于，很多结构化的图具有规模为 $O(nC)$ 的次线性 BDD。在最差情况下，我们无法期望在一般图上取得收益。所以，将显式图算法的符号版本设计为在特殊图形上的次线性运行时间和可接受的平均情况行为。

符号单源最短路径算法以 BDD Dist 的形式维护距离函数 $f: V \to N \cup \{\infty\}$ 使得当且仅当 $f(v) = d$ 时 $\text{Dist}(v, d) = 1$。如之前讨论的，Dijkstra 算法考虑已经具有一条最短路径的 Closed 集合中的节点，选择 $u \in \text{Open} = V \setminus \text{Closed}$ 且具有最小 $f(u)$ 的节点，并将 u 添加到 Closed。然后根据 $f(v) = \min\{f(v), f(u) + w(u, v)\}$ 为 u 的邻居 v 更新 f。n 是图中节点的数量，一次迭代可以通过 $O(\lg(nC))$ 个 BDD 运算完成。因为迭代次数至多是 $O(n)$，所以一共最多有 $O(\lg(nC))$ 次 BDD 运算。

对于 Bellman-Ford 算法，以 $f(u) + w(u, v) < f(v)$ 松弛每个 $(u, v) \in E$ 的节点，并随后更新 $f(v)$。这可以使用变量上的 Relax 的 BDD 表示达到，对 u、v 和 d 来说，当 $f(u) + w(u, v) = d < f(v)$ 时其评估为 true。换句话说，Relax 关系可以定义为

$\exists d_1, d_2 (f(u, d_1) \wedge \text{Graph}(u, v, d_2) \wedge d = d_1 + d_2) \wedge (\exists d_1 (f(v, d_1) \wedge (d_1 \le d)))$

一共有 $O(ne\lg(nC))$ 个 BDD 运算。因为符号集合是结构化的，所以 Dijkstra 算法产生了很多更快的运算；而 Bellman-Ford 算法并行松弛边，从而产生了更少的运算，但是每个运算都相当慢。随机图上的试验显示，即使 Dijkstra 需要近似线性的对于输入图的 BDD 规模的空间，Bellman-Ford 算法通常更快。

7.9 小结

符号搜索算法基于有限域状态编码使用函数表示来表达大的但是有限的状态集合。我们选择 BDD 作为这些函数的空间高效的唯一表示。布尔函数的其他表示（如代数判决图（ADD）、与门反向图和可分解否定范式（DNNF））不改变探索算法。其他符号数据结构（如 Presburger 自动机和差异约束矩阵）可以覆盖无限状态集，但是遵循类似的算法原理。

使用 BDD 表示状态集合的符号搜索的优势包括：

(1) 在状态向量中探索相似性（由于 BDD 图结构中的路径共享）。

(2) 多项式规模 BDD 的观察结果也许包含指数路径。

(3) 表示的唯一性（在表示集合内避免了任何形式的重复检测）。

(4) 状态空间的函数式[①]探索（其避免在探索过程中的中间未压缩表示）。

在探索过程中，一个最小化的二进制变量编码（例如，对于 $x=3$ 是 $x_0x_1=(11)_2$）胜过谓词的一元编码（如对于 $x=3$ 是 $x_0x_1x_2=(111)_1$）。使用一个合适的关于变量依赖的关联测量，可以获得好的变量排序从而产生更小的 BDD。作为一个直接结果，先决条件和结果变量应该是交叉的。排列游戏可能对 BDD 来说很难，然而选择不可分对象的游戏似乎对于 BDD 来说更容易。

符号搜索依赖于转换关系，它采用了两倍数量的状态变量。关系的特色是既可以前向也可以反向搜索且可以被扩展以包含动作耗费。如果可能，转换关系应该被保持分割状态，从而使得容易处理更大的问题的最昂贵的镜像运算。因为对于一个隐式图搜索来说，枚举所有的问题图的边是无法完成的，所以我们通过个体动作（析取分割）、抽象距离值（模式数据库分割）、哈希差异（分支分割）和离散动作耗费（耗费值分割）引入了分割。使用离散成 $f=(g,h)$ 的桶，可以避免 BDD 算术。

关于之前探索集合的重复检测不一定是一个优势，因为它可能会使得 BDD 表示复杂化。但是作为一种折中，完整探索使我们可以检测一个不可解的搜索问题。即使很难通过一系列子问题析取形式化，表示状态的数量似乎对于计算一个状态集合的镜像的难度有一些影响。需要在 RAM 中维护之前层次的数量以保持完全重复检测。上面的章节已对此进行了介绍（见第 6 章）。

我们已经强调了与其他隐式图搜索算法的相似性，并为广度优先搜索、Dijkstra 搜索和 A*算法提出了符号搜索变体。在合适的抽象空间中，使用两个盲搜索算法构建模式数据库。显式状态模式数据库的优势在时间和空间上都是可见的。

符号启发式和分支限界搜索是压缩（使用 BDD）和剪枝（使用 f 耗费剪枝）显然的集成。与符号 A*算法不同，分支限界的符号版本将解界作为一个额外的输入参数。迭代加深适用于状态集合规模指数增加的问题。

表 7.6 总结了所描述的方法。我们指出了析取转移函数分解是否可以用来计算镜像，也表示了提供的实现是否使用一个已访问列表进行重复检测（DDD）算法。表格也显示了是否使用 BDD 算术，搜索是否由一个启发式关系引导以及结

[①] 函数式已经具有特定含义，例如具有非破坏性，并着重于函数（一阶）对象。这里我们是指次函数的形式表示集合。

果是否是最优的。

表 7.6 符号搜索算法概述

名称	分割	DDD 算法	算术	引导	最优
符号-BFTS 算法（7.2）	√	—	—	—	长度
符号-BFS 算法（7.3）	√	√	—	—	长度
符号-SSSP 算法（7.6）	√	—	—	—	权重
符号-A*算法（7.7~7.8）	√	—	√/—	—	权重
符号-GBFS 算法（7.9）	√	—	—	√	—
符号-BFBnB 算法（7.10）	√	—	—	√	权重
耗费最优-符号-BFS 算法（7.5）	√	√	√	—	耗费

此外，我们已经看到符号搜索方法的一个备选应用。我们已经明确讨论了在显式和符号化表示图中解决单源最短路径问题的一个符号算法。

7.10 习题

7.1 用 BDD 扩展有限域上的算术以执行乘法。
（1）基于 Add 关系写出 Mult 的递归布尔方程。
（2）提供计算 Mult 的伪代码。

7.2 给出函数 $f = x_1x_2 \lor x_3x_4 \lor \cdots \lor x_{2n-1}x_{2n}$ 关于等同排列顺序和顺序 $(1, 3, \cdots, 2n-1, 2, 4, \cdots, 2n)$ 的 BDD 结构。

7.3 说明隐加权比特函数 $HWB(x) = x_{|x|}$ 的 BDD 对于所有变量排序具有指数大小，因此不建议使用 BDD，其中 $|x|$ 指示 x 的赋值中的 1 的数量。

7.4 在算法 7.11 中已经描述了由合取、删除变量和存在量化导致的子树析取交叉执行组成的相关乘积算法的非平凡伪代码实现。程序使用了两个哈希表：一个是用来检测节点是否已经被事先构建的置换表 TT；另一个是用来应用同构子树约减规则的唯一表 UT。
（1）伪代码在额外的调用 if$(x - \text{index}(m))$ return Synthesis$(s_0, s_1, \lor)$ 中扩充了普通的 ∧ 合成算子。说明根据变量顺序 (x_1, x_2, x_3) 连接两个布尔函数 $f(x) = x_1x_2$ 和 $g(x) = x_1 \lor x_3$ 的两个 BDD 的这个算法。
（2）描述计算关系乘积 $\exists x_2 (f \land g)$ 中的这个算法。

7.5 有多少个 $B^n \to B$ 的布尔函数？说明（降阶的）BDD 表示的数量恰好一样。

```
Procedure RelationalProduct
Input:    Trans(x,x') 和 S(x) 的两个 BDD
Output:   BDD $G_{\exists x(Trans(x,x') \wedge S(x))}$

if (Search(TT, root($G_{Trans}$), root($G_S$)))              ;;两次访问节点
    return Search(TT, root($G_{Trans}$), root($G_S$))        ;;返回发现的节点
if ($sink_0(G_{Trans})$ or $sink_0(G_S)$) return $sink_0$    ;;返回 0 汇聚
if ($sink_1(G_{Trans})$) return $sink_1$                     ;;返回 1 汇聚
if (index(root($G_{Trans}$)) < index(root($G_S$)))           ;;$G_{Trans}$ 中的变量索引更小
    $s_0 \leftarrow$ RelationalProduct(left($G_{Trans}$), $G_S$)   ;;使用 $G_{Trans}$ 中的 0 边
    $s_1 \leftarrow$ RelationalProduct(right($G_{Trans}$), $G_S$)  ;;使用 $G_{Trans}$ 中的 1 边
else if (index(root($G_{Trans}$)) > index(root($G_S$)))      ;;$G_S$ 中的变量索引更小
    $s_0 \leftarrow$ RelationalProduct($G_{Trans}$, left($G_S$))   ;;使用 $G_S$ 中的 0 边
    $s_1 \leftarrow$ RelationalProduct($G_{Trans}$, right($G_S$))  ;;使用 $G_S$ 中的 1 边
else                                                         ;;$G_{Trans}$ 和 $G_S$ 中的索引相等
    $s_0 \leftarrow$ RelationalProduct(left($G_{Trans}$), left($G_S$))   ;;使用 $G_{Trans}$ 和 $G_S$ 中的 0 边
    $s_1 \leftarrow$ RelationalProduct(right($G_{Trans}$), right($G_S$)) ;;使用 $G_{Trans}$ 和 $G_S$ 中的 1 边
$m \leftarrow \min\{$index(top($G_{Trans}$)), index(top($G_S$))$\}$      ;;$G_{Trans}$ 和 $G_S$ 的最小索引
if ($s_0 = s_1$) return $s_0$                                ;;约减规则 1
if (Search(UT, $s_0, s_1, m$)) return Search(UT, $s_0, s_1, m$)  ;;约减规则 2
if (x-index(m)) return Synthesis($s_0, s_1, \vee$)           ;;如果量化，计算析取
return new($s_0, s_1, m$)                                    ;;否则生成节点并将其包括到 TT 和 UT 中
```

算法 7.11

计算状态集合镜像的关系乘积算法

7.6 提供主要 BDD 运算的伪代码实现。

（1）具有集成约减规则应用的常数置换。

（2）支持内部节点等值的 SAT 计数。

7.7 给出 15 数码问题的 64 比特二进制编码。

（1）描述在这个编码中目标状态的特征函数。

（2）解释在这个编码中如何将曼哈顿距离函数计算为一个 BDD。对于每个滑块你可以从子 BDD 开始，并在临时变量上使用一个相关乘积连接它们，以构建整体的和。

7.8 为关卡 1 推箱子实例（见第 1 章）提供两个不同的编码机制。

（1）一个机制基于迷宫布局的索引以二进制编码每个球。

（2）一个机制用 1 比特编码每个球。

（3）尝试改善你的编码，如通过忽略寻解过程中可以排除的方块。
（4）你需要多少个变量？
（5）哪一个是更好的编码，你怎么编码游戏中的人？

7.9 提供 STRIPS 类规划问题中状态和动作的一个编码（见第 1 章）。说明如何结合算子编码到一个整体转换关系。你可以为每个基本命题使用 1 比特来得到具有 $|AP|$ 比特的状态描述。注意在起始或目标状态中未提及的状态。

7.10 给出交叉排序的滑块拼图问题的转换关系 Trans 。

7.11 基于转换集合执行一个分割 BFS 搜索算法。转换关系包括修改变量 x_0 的 $(0,0) \to (1,0)$、$(0,1) \to (1,1)$ 和 $(1,0) \to (0,0)$ 以及修改变量 x_1 的 $(0,0) \to (0,1)$ 和 $(1,1) \to (1,0)$。开始节点是 $(0,0)$。

7.12 为学术知识数据库验证例子给出一个一致和非冗余的规则集合。
（1）显示所有实例化规则的 BDD。
（2）计算一个正向链接算法可以到达的 BDD 标签。

7.13 导出手爪问题域中表示 B 房间中恰好 b 个球的 BDD。

7.14 证明：在基于知识的系统中标记方法产生的表达式可以需要指数大小，其指数是规则集合的深度。

7.15 对于容许启发式来说，在符号 A*算法中可能存在编址在 $f_{\min}$ 对角线以下的一个桶的后继。此外，对于显式搜索，我们已经看到如 A*算法那样一直考虑最小的桶可能导致指数数量的重新打开。

说明对于容许估计存在一个符号 A*算法的实现，其镜像数量界限为 $O((f^*)^4)$ 。

7.16 基于桶的 Dijkstra 算法的实现如下。在一次迭代中首先选择具有最小 f 值的桶以及具有这个值的优先级队列中的所有状态的 BDD Min 。下面，$c(a)=i$ 的分割转换关系 $Trans_a$ 应用来确定可以以耗费 i 到达的所有后继状态的子集的 BDD。为了附加新的 f 值到这个集合，简单的插入结果到桶 $f+i$。算法 7.12 显示了此过程的伪代码。

（1）使用 1 层桶优先级队列（见第 3 章）给出优先级队列的略微更加紧凑的实现。
（2）将重复消除集成到这个算法。

7.17 在扩展符号 A*算法到算法 7.13 所示的离散权重过程中，我们确定具有最小 f 值的状态集合的所有后继、当前总耗费 g 和动作耗费 i。需要通过在一个（多个）模式数据库中的查找确定它们的 h 值。
（1）用解释来注释伪代码。
（2）动态的执行多个模式数据库条目 $PDB_1, PDB_2, \cdots, PDB_k$ 的查询和结合

（取和或者取最大）。提供伪代码。

（3）证明对于转换权重 $w \in \{1,\cdots,C\}$，算法最多用 $O(C \cdot (f^*)^2)$ 个镜像找到最优解，其中 f^* 是最优解耗费。

Procedure Symbolic-Shortest-Path-Search
Input: 具有 $\phi_{\{s\}}(x)$，$\phi_T(x)$ 和 $\text{Trans}_a(x,x')$ 以符号形式表示的离散耗费状态空间规划问题
$P = (S, A, s, T)$
Output: 最优解路径

$\text{Open}[0](x) \leftarrow \phi_{\{s\}}(x)$
for each $f = 0, 1, \cdots, f_{\max}$;;扫描桶
    $\text{Min}(x) \leftarrow \text{Open}[f](x)$;;提取最小状态集合
    if $(\text{Min}(x) \wedge \phi_T(x) \neq \text{false})$;;如果发现了目标
        return $\text{Construct}(\text{Min}(x) \wedge \phi_T(x))$;;生成解
    for all $i = 1, 2, \cdots, C$;;考虑所有动作耗费
        $\text{Succ}_i(x) \leftarrow \bigvee_{a \in A, w(a) = i} (\exists x'(\text{Min}(x) \wedge \text{Trans}_a(x,x'))[x \leftrightarrow x'])$;;镜像
        $\text{Open}[f+i](x) \leftarrow \text{Open}[f+i](x) \vee \text{Succ}_i(x)$;;插入结果到搜索边界
return "Exploration completed"   ;;已经看到了整张图

算法 7.12

桶上的 Dijkstra 算法

Procedure Symbolic-A*
Input: 具有 $\phi_{\{s\}}(x)$，$\phi_T(x)$ 和 $\text{Trans}_a(x,x')$ 最短路径局部性 L 的以符号形式表示的离散耗费状态空间规划问题 $P = (S, A, s, T)$
Output: 最优解路径

for all $h = 0, 1, \cdots, h_{\max}$
  $\text{Open}[0, h](x) \leftarrow \text{Evaluate}(s, h)$
for all $f = 0, 1, \cdots, f_{\max}$
  for all $g = 0, 1, \cdots, f$
    $h \leftarrow f - g$
    for all $l = 1, 1, \cdots, L$ with $g - l \geqslant 0$
      $\text{Open}[g, h](x) \leftarrow \text{Open}[g, h](x) \setminus \text{Open}[g-l, h](x)$
    $\text{Min}(x) \leftarrow \text{Open}[g, h](x)$
    if $(\text{Min}(x) \wedge \phi_T(x) \neq \text{false})$
      return $\text{Construct}(\text{Min}(x) \wedge \phi_T(x))$

> **for all** $i = 1, 2, \cdots, C$
> $\text{Succ}_i(x) \leftarrow \exists x \bigvee_{a \in A.w(a)=i} (\text{Min}(x) \wedge \text{Trans}_a(x, x'))[x \leftrightarrow x']$
>   **for each** $h \in \{0, 1, \cdots, h_{\max}\}$
> $\text{Open}[g+i, h](x) \leftarrow \text{Open}[g+i, h](x) \vee \text{Evaluate}(\text{Succ}_i, h)$
> **return** *false*
>
> 算法 7.13
> 桶上的最短路径 A*算法

7.18 使用表示为一个 BDD 的单调增加的目标函数 $f = g + h$，改写符号分支限界算法为一个耗费最优搜索。

7.19 BDD 可以作为解决子集查询或包含查询问题（见第 3 章）的备选数据结构。将每个遇到的模式的特征函数与子集字典的布尔表示进行析取。在推箱子的例子中，如果变量 b_i 表示在位置 i 上存在一个球，我们构建如下布尔函数：

$$\text{PatternStore} \leftarrow \bigvee_{p \in D} \bigwedge_{i \in p} b_i.$$

（1）说明怎样添加一个模式到模式库并导出插入的时间复杂性。

（2）说明如何为模式库中包含的一个模式搜索一个位置并导出这个操作的复杂性。

7.11 书目评述

Bryant（1992）使得 BDD 及其高效操作变得出名，但二叉决策图要追溯到 Lee（1959）和 Akers（1978）。Minato，Ishiura 和 Yajima（1990）显示了如何在一个连接结构中存储多个 BDD。最佳库之一是由 Fabio Somenzi 维护的 CUDD。改善的实现问题由 Yang 等（1988）发现。作者说明了子问题析取的数量是一个在计算镜像过程中执行工作的好的平台无关的测度。Sieling（1994）研究了下界和一些泛化的 BDD 结构。Wegener（2000）给出了 BDD 理论和应用的综述。

使用 BDD 进行模型检验，称为符号模型检验，由 McMillan（1993）引入。基于 BDD 进行符号模型检验的实现包括 Cimatti, Giunchiglia, Giunchiglia 和 Traverso（1997）的 nuSMV 和 Biere（1997）的 µcke。使用 BDD 的符号探索的备选包括 Biere, Cimatti, Clarke 和 Zhu（1999）引入的有界模型检验器，其基于阈值 SAT 求解，如同 Kautz 和 Selman（1996）在约束可满足问题规划中所做的那样。显式和符号模型检验工具的启发式搜索程序（例如，Edelkamp, Leue 和 Lluch-Lafuente, 2004b, 以及 Qian 和 Nymeyer, 2004 提出的）说明学科间的协同增效效应是多方面的。

符号 A*算法（别名 BDDA*算法）由 Edelkamp 和 Reffel（1998）在解决 n^2-1 数码问题和推箱子的背景下发明。这个工作估计最大迭代数量。这个算法已经被移植到硬件验证问题中（Reffel 和 Edelkamp, 1999）并且已经由 Edelkamp 和 Helmert（2001）聚合到提出的规划上下文中。Hansen，Zhou 和 Feng（2002）开发的 ADDA*算法是具有 ADD 算法的符号 A*算法的一个备选实现。Jensen，Bryant 和 Veloso（2002）改进了符号 A*算法中的分割。作者也已经利用了 g 值和 h 值的矩阵表示。Jensen（2003）提供了一个扩展的处理，包括在非确定性和对抗性领域中的应用。符号分支限界搜索由 Jensen，Hansen，Richards 和 Zhou（2006）提出。

在一个实验研究中，Qian 和 Nymeyer（2003）指出对于具有更小范围启发式因而 BDD 结构更简单的 BDD 搜索，有时比更复杂的启发式（具有更多涉及到的 BDD）更加能够加速整体搜索过程。但是，尚未表明这是一个一般的趋势。

对于传统图算法的不同符号方法正在进行理论和实验研究。对于 n 个变量使用的 BDD 大小的上界为 $O(2^n/n)$ 是由 Breitbart，Hunt 和 Rosenkrantz（1995）提出的。事实上，Breitbart，Hunt 和 Rosenkrantz（1992）已经确定了这个下界以及一个相称的上界函数。文中所描述的拓扑排序的研究由 Woelfel（2006）提出。最大流已经被 Hachtel 和 Somenzi（1992）所研究，Sawatzki（2004b）给出了一个改进。基于整个状态空间的符号表示的最短路径的处理也是目前的研究主题；例如，所有节点对之间的最短路径问题已经被 Sawatzki（2004a）所研究。

第8章 外部搜索

在通常情况下，搜索空间太大会导致即使在压缩形式下仍然无法装进主存。实际在每次执行搜索算法过程中，仅有图的一部分被放在主存中处理，其余部分都被存储在磁盘上。

英特尔公司共同创始人戈登-摩尔的定律已向外部设备延伸了，这一点大家都注意到了。在他的预测中，也就是俗称的摩尔定律，芯片上的晶体管数量大约每两年就增加 1 倍。当前，大容量磁盘空间成本已经大幅度下降，但是硬盘的访问操作速度仍然比主存慢 $10^5 \sim 10^6$ 倍，每年的技术进步会带动处理器速度增加 40%左右，而磁盘传输只提高 10%。随着差距的不断增长，近年来人们对于设计输入/输出（I/O）高效的算法也越来越关注。

大多数现代操作系统向程序员隐藏对于辅助存储器访问，但是提供了一个一致的可以大于内存的虚拟内存地址空间。当程序执行时，将虚拟地址转换成物理地址。只有程序当前执行所需的部分被复制到主存中。开发了缓存和预取启发式方法以减少页面错误的数量（所引用页面没有驻留在缓存中且必须从更高的内存等级加载）。然而，从本质上说，这些方法并不总是能够充分利用算法中的固有局部性。显式地管理内存层次结构的算法会取得明显的加速，因为它们更明智地预测和调整未来的内存访问。

本章首先介绍更一般的 I/O 高效算法的主题。介绍使用最广泛的计算模型，其根据到辅助存储器的固定大小的块传输记录进行 I/O 计数。因为外部存储器算法通常运行几周和几个月，所以需要一个容错硬件架构，随后的正文中会进行讨论。我们描述了一些基本的外部存储器算法，如扫描和排序，并引入了图搜索相关的数据结构。

然后转向外部存储器图搜索的主题。在这一部分主要关心的是处理存储在磁盘上的图的广度优先和单源最短路径搜索算法，本章也提供关于外部（存储器）深度优先搜索的理解。一般情况下，通过利用某些特定图类型的属性改善复杂性。

对于状态空间搜索采用外部广度优先搜索适应隐式图。由于在哈希表中使用早期重复剪枝是有限的，所以在外部存储器搜索中，剪枝的概念变成了前沿搜索的术语，即延迟重复检测。需要减少 I/O 复杂性以最小化无外部访问邻接列表的可能。

外部广度优先分支限界为更一般的耗费函数进行耗费有界的状态空间遍历。外部广度优先搜索的另一个影响是，它可以作为外部增强爬山的一个子程序。下面，展示外部广度优先搜索怎样扩展为特色 A*算法。因为外部 A*算法在状态集合上操作，它与第 7 章所介绍的 A*算法的符号实现具有一定相似性。

下面，首先讨论不同种类的实现改进，如改善正则图的 I/O 复杂性且创建外部模式数据库以计算更好的搜索启发式，然后转向外部存储器算法的不确定性和概率性搜索空间。使用外部值迭代，我们为在磁盘上求解马尔可夫决策过程问题提供了一个通用的解方案。

8.1 虚拟内存管理

现代操作系统提供了一种虚拟内存通用机制，来处理大于可用主存的数据。为了对程序透明，交换要按需从磁盘来回移动部分数据。通常，虚拟地址空间的划分，以页为单位；在物理内存中，大小相等的相应单元被称为页框。页表将虚拟地址映射到页框并跟踪它们的状态（加载或空）。当一个页面发生错误时（一个程序试图使用一个未映射的页面时），CPU 被中断；操作系统则选择一个极少访问的页框，并将其内容写回磁盘。接着，它将涉及的页面嵌入到刚释放的页框，改变映射并重启被困指令。在现代计算机中，内存管理是由硬件实现的，一个页面大小一般固定在 4096 字节。

为了最小化页面错误，人们一直在探索各种分页策略。Belady 已经指出，一个最优离线页面交换策略会删除长期不用的页面。但是，系统不同于应用程序本身，无法事先知道这一点。随后，人们提出几种不同的分页问题在线算法，如后进先出（LIFO）、先进先出（FIFO）、最近最少使用（LRU）和最不常用（LFU）等算法。尽管 Sleator 和 Tarjan 证明 LRU 是针对该类问题的最好通用在线算法，但通过设计表现出内存局部性的数据结构可进一步减少页面错误，从而使得连续操作倾向于访问邻近的内存单元。

有时，显式控制辅助存储器的操作也是很有必要的。例如，读取大于系统页面大小的数据结构可能需要多个磁盘操作。文件缓冲区可以被视为一种软件分页，它粗粒度的模拟交换。一般来说，应用程序可以比操作系统的内存管理做得更好，因为它消息更灵通且可以预测未来的内存访问。

尤其对于搜索算法，系统分页常常成为主要瓶颈。在应用 A*算法到路径规划领域时已经遇到到了这个问题。此外，A*算法不考虑内存局部性；它按照 f 值的严格顺序探索节点，而不管它们的邻居，因此会以空间不相关的方式来回跳跃。

8.2 容错

通常，外部算法运行很长一段时间后，需要关于现有硬件的可靠性保持健壮性。硬盘上不可恢复错误率大概为：每 10^{14} 比特中出现 1 比特错误。如果这样的错误发生在关键系统区域，整个文件系统将损坏。在一般使用中，每 10 年此类错误发生一次。然而，在现有每秒文件 I/O 量级为太字节（TB）时，这种最糟糕的情况可能每周都发生。一种解决此类问题的办法，就是选择一个廉价磁盘冗余阵列（RAID）[①]。等级主要有：0（分段：在不引入冗余情况下对于多个磁盘访问有效改进探索）；1（镜像：由于选择恢复数据的选择导致搜索的可靠性改进）；5（性能和校验：搜索的可靠性和效率改进，自动从 1 比特磁盘失效中恢复）。

长期实验的另一个问题是，环境因素产生的错误导致供电中断。即使数据是被存储在磁盘上，在失效情况下，也不能确定所有数据仍然是可以访问的。这是因为硬盘会有各自的读写缓冲区，应用程序或操作系统可能无法完全控制磁盘访问。因此，就有可能出现以下情况：就是一个文件被删除了，而文件读取缓冲区仍未处理。解决这个问题的一种方案就是采取不间断电源（UPS）供电，这将有助于易失的数据写入硬盘。在类似外部广度优先搜索的很多情况下，它将从类似完全展开的上一层次的可证实的刷新开始继续搜索。

8.3 计算模型

最近，硬件的发展明显偏离了冯·诺依曼体系结构。例如，新一代处理器有多核处理器和多个处理器缓存等级（图 8.1）。类似缓存异常的后果是众所周知的，与其他理论上更强的排序算法相比，类似快速排序的递归程序在实践中表现出乎意料的好。

用于比较外部算法性能的常用模型，主要由一个处理器、可容纳 M 个数据项的小内存和无限的辅助存储器组成。输入问题的规模（根据记录的数量）缩写为 N，此外，块大小 B 控制了内存传输的带宽。用块来指代这些参数通常很方便，因此我们定义 $m=M/B$ 且 $n=N/B$。通常假设在算法开始时，输入的数据存储在外部存储器的连续块上，且输出也是如此。只对块的读和写的数量计数，并且内存中的计算不导致任何耗费（图 8.2）。模型的扩展考虑可以同时访问 D 个磁

[①] 现在这个缩略词也用于独立磁盘冗余阵列。

盘。当并行使用磁盘时，磁盘分段技术基本上可以采用以因子 D 增加块的大小。连续块分布在不同的磁盘。正式地，这意味着如果从 0 开始枚举记录，第 j 个磁盘的第 i 块包含 $(iDB+jB) \sim (iDB+(j+1)B-1)$ 的记录。通常假设 $M<N$ 且 $DB<M/2$。

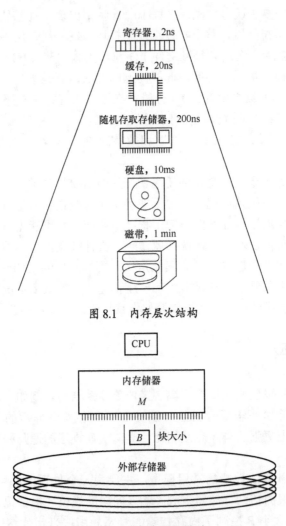

图 8.1　内存层次结构

图 8.2　外部存储器模型

我们区分两个外部存储器算法的一般方法：可以首先设计算法来解决特定的计算问题同时显式控制辅助存储器访问，或者可以开发通用的外部存储器数据结构，如栈、队列、搜索树、优先级队列等；然后类似于在内存中那样在算法中使用它们。

8.4 基本原语

使用两个经常发生的原语操作来表达外部存储器算法的复杂性往往是方便的。表 8.1 总结了这些原语及其复杂性。最简单的操作是外部扫描，这意味着读取存储在辅助存储器上的记录流。在这种情况下，利用磁盘和块的并行性是微不足道的。I/O 的数量是 $N/DB = n/D$。

表 8.1 外部存储器算法的原语

操作	复杂性	达到最优性
scan(N)	$(N/DB) = (n/D)$	平凡顺序访问
sort(N)	$\Theta\left(\dfrac{N}{DB}\lg_{M/B}\dfrac{N}{B}\right) = \Theta\left(\dfrac{n}{D}\lg_m n\right)$	合并或分类排序

排序是出现在几乎所有计算机科学领域一个根本性的问题。对于启发式搜索探索，排序对于将相似的状态安排在一起是必不可少的。例如，寻找重复。为了这个目的，排序对于消除 I/O 访问是有用的。已经提出的外部排序算法分为两大类：基于合并范式的和基于分布范式的。

外部合并排序使用内存排序将输入转换成一些长度为 M 的基本有序的序列。随后，反复应用合并步骤，直到只剩下一个序列。k 序列 $S_1, S_2, \cdots, S_k$ 的集合可以通过以块的方式读取每个序列在 $O(N/B)$ 次 I/O 操作后合并为一个。在内存中，为每个序列维持 k 个指针 p_k；此外，它为每个运行包含一个缓存锁和一个输出缓存。在 p_k 指向的元素里，具有最小关键字的那个被选择，假设是 p_i；元素被拷贝到输出缓存且 p_i 被增加。不论何时输出缓存达到块大小 B 时，将其写入到磁盘且将其清除。类似地，不论何时输入序列的缓存的块被完全读取时，它被位于外部内存中的此次运行的下一个块所替换。当为每个序列使用一个内部缓存块和一个输出缓存时，每个合并阶段使用 $O(N/B)$ 个操作；当 k 选的尽量大时（$k = M/B$），达到最佳结果。然后排序可以在 $O(\lg_{M/B} \frac{N}{B})$ 个阶段完成，导致整体最优复杂性。

另外，外部快速排序将输入数据分割为不相交的集合 $S_i (1 \leq i \leq k)$，使得当 $i < j$ 时 S_i 中每个元素的关键字小于任意 S_j 中的任意元素的关键字。为了产生这个分割，首先选择了一组分裂器 $-\infty = s_0 < s_1 < \cdots < s_k < s_{k+1} = \infty$，且 S_i 定义为 $x \in S$ 且 $s_i < x < s_{i+1}$ 的元素的子集。分裂可以通过将输入数据流注到输入缓存，并使用一个输出缓冲使 I/O 能高效完成。然后每个子集 S_i 被递归地处理，除非其大小允许在内存中排序。最后的输出是由连接所有基本排序的子序列产生的。最

优性可以通过一个好的分裂选择达到，使得$|S_i|=O(N/k)$。已经提出基于经典内存选择算法在线性时间内计算分裂器以找到k最小元素。注意到，虽然我们仅关心单个磁盘（$D=1$）的情况，使用$\Theta\left(\dfrac{N}{DB}\lg_{M/B}\dfrac{N}{B}\right)=\Theta\left(\dfrac{n}{D}\lg_m n\right)$次 I/O 最优利用多个磁盘是可能的。但是，简单的磁盘分段不会产生最佳外部排序。需要确保每个读操作带来$\Omega(D)$块，每个写操作必须在磁盘上存储$\Omega(D)$块。对于外部快速排序，桶需要均匀的哈希到磁盘上。这可以通过使用一个随机化机制来完成。

8.5 外部显式图搜索算法

外部显式问题图是存储在磁盘上的问题图，如路径规划系统的大地图。在外部显式图搜索中，我们理解运行在显式指定的太大而无法放入主存的有向或无向图上的搜索算法。现在区分如下情况，分配 BFS 算法或 DFS 算法数字到节点上、分配 BFS 层次给节点或计算 BFS 算法或 DFS 算法树的边。但是，对于无向图中的 BFS 算法，可以表明所有这些形式化都可以在$O(\text{sort}(|V|+|E|))$个 I/O 内互相简化，其中V和E是输入图中的节点和边的集合（见习题）。

输入图由两个数组组成，一个包含所有根据开始节点排序的边和一个大小为$|V|$的数组。对于每个顶点，该数组存储了它在第一个数组中的偏移。

8.5.1▲ 外部优先级队列

本节介绍一般权重的外部优先级队列。通过将优先级队列替换为锦标赛排序树数据结构，单源最短路径问题的 I/O 高效算法可以模拟 Dijkstra 算法。锦标赛排序树数据结构是一个优先级队列数据结构，其开发的初衷是应用于图搜索算法；它类似于一个外部堆栈，但是其拥有额外信息。树存储值对(x,y)，其中$x\in\{1,2,\cdots,N\}$标识元素，y称为关键字。除了可能缺少一些最右边的叶子以外，锦标赛排序树是一棵完全二叉树。它具有N/M个叶子。元素和叶子间的映射是固定的，也就是从$(i-1)M+1$到iM间的 ID 映射到第i个叶子，每个元素恰在树上出现一次。每个节点都有一个大小为$M/2$的到M个元素的关联列表，M个元素是所有子孙中最小的那些。另外，它具有一个大小为M的关联缓存。使用摊销的观点，在包含N个元素的锦标赛排序树上的一个包含k个更新、删除或者删除最小元操作序列需要至多$O\left(\dfrac{k}{B}\lg\dfrac{N}{B}\right)$次对外部存储器的访问。

缓存仓库树是锦标赛排序树的一个变种，它提供了两种操作：Insert(x,y)在关键字y下插入元素x，其中几个元素可以具有相同的关键字。ExtractAll(y)返

回和删除所有具有关键字 y 的元素。类似于锦标赛排序树，关键字来自一个关键字集合 $\{1,2,\cdots,N\}$，并且在静态高度平衡二叉树中的树叶以同样的方式关联到关键字。每个内部节点将元素存储在大小为 B 的缓存中。当缓存变满时，将其递归地分布到两个孩子上。因此，一个 Insert 操作需要 $O(\frac{1}{B}\lg|V|)$ 个 I/O 摊销操作。

一个 ExtractAll 操作需要 $O\left(\lg|V|+\dfrac{x}{B}\right)$ 次对辅助存储器的访问，其中第一项对应于读取从根到正确叶子之间路径上的所有缓存；第二项反映了从叶子中读取 x 个报告的元素。此外，用缓存仓库树 T 记住之前遇到的节点。提取 v 时，每个进入的边 (u,v) 被插入到 T 中的关键字 u 下。如果在后来的某个点提取 u，那么 T 上的 ExtractAll(u) 产生一个不应该遍历的边列表，因为它们会导致重复。算法花费 $O(|V|+|E|/B)$ 次 I/O 来访问邻接表。优先级队列上的 $O(|E|)$ 次操作花费最多 $O(|V|)$ 的时间，导致耗费为 $O(|V|+\text{sort}(|E|))$。此外，在 T 上有 $O(|E|)$ 个 Insert 和 $O(|V|)$ 个 ExtractAll 操作，合计达 $O((|V|+|E|/B)\cdot\lg|V|)$ 个 I/O；这一项也主导了算法的整体复杂性。

利用特定的图形类的性质可以开发更高效的算法。在类似多序列比对问题中产生的有向无环图（DAG）情况下，可以遵循拓扑顺序解决最短路径问题，其中每条边 (u,v) 中 u 的索引都小于 v。开始节点的索引为 0。节点依此顺序处理。由于次序固定，因此可以在 $O(\text{scan}(|E|))$ 时间内访问所有邻接表。因为该过程涉及 $O(|V|+|E|)$ 次优先级队列操作，所以其整体复杂性是 $O(\text{sort}(|V|+|E|))$。

已经表明，对于许多稀疏图子类，单源最短路径问题可以经 $O(\text{sort}(|V|))$ 次 I/O 解决。例如，对于可以以自然的方式画在一个平面上且节点间没有交叉边的平面图。这样的图将平面自然分解为面，如没有桥梁和隧道的路径规划图是平面图。因为大多数特殊情况都是局部的，所以可能插入虚拟路口以利用图的平面性。

接下来考虑对于更一般的图形类的外部 DFS 算法和 BFS 算法。

8.5.2 外部显式图深度优先搜索算法

外部 DFS 算法依赖外部堆栈数据结构。搜索栈通常小于整个搜索，但在最差情况下它可以变得很大。对于外部堆栈，缓存仅是一个包含 $2B$ 个元素的内存数组，其在任意时刻包含最近插入的 $k<2B$ 个元素。我们假设堆栈内容的界限是最多 N 个元素。除非缓存为空，否则 pop 操作不产生 I/O。缓存为空时，$O(1)$ 次 I/O 足以取回包含 B 个元素的一个块。除非缓存满了，否则 push 操作不产生 I/O。缓存满了时，需要 $O(1)$ 次 I/O 来取回包含 B 个元素的一个块。插入和删除在摊销意义上耗费 $1/B$ 次 I/O。

显式图（可能是有向的）的外部 DFS 算法的 I/O 复杂性是 $O(|V|+|V|/M \cdot \text{scan}(|E|))$。存在 $|V|/M$ 个阶段，其中已访问状态集合的内存变满，在此情况下将内存刷新。不是通过排序（就像在外部 BFS 的那样）淘汰重复，而是通过从文件扫描表示的外部邻接表中删除标记的状态。这是可能的，因为邻接关系是在磁盘上显式表示的，并且是通过生成图形的简化拷贝并将其写到磁盘上完成的。将已访问的未探索邻接列表中的后继标记为不能再次生成，使得可以消除内部已访问列表中的所有状态。与显式图中的外部 BFS 算法一样，对外部邻接表的非结构化访问产生 $O(|V|)$ 次 I/O。计算显式图的强连通分支也产生 $O(|V|+|V|/M \cdot \text{scan}(|E|))$ 次 I/O。

但是，像外部 BFS 一样去掉 $O(|V|)$ 次 I/O 却是一个挑战。对于隐式图，无法访问外部邻接表，所以我们不能访问目前为止还未看到的搜索图。因此，隐式图中外部 DFS 探索的主要问题是定义后继关系的邻接不能像对显式图所做的那样进行过滤。

8.5.3 外部显式图广度优先搜索算法

回想标准内存 BFS 算法，利用 FIFO 队列一个接一个访问输入问题图 G 的每个可达节点。提取节点后，检查其邻接表（G 中的后继集合），那些目前还未被访问的节点被依次插入到队列中。直接以相同方式在外部存储器上运行标准内部 BFS 算法，会因对邻接表的非结构化访问而产生 $\Theta(|V|)$ 次 I/O，并花费 $\Theta(|E|)$ 次 I/O 检查是否后继节点已经被访问。对于无向图来说，后一项任务相对更容易，因为无向图中重复被约束为位于相邻层次。

Munagala 和 Ranade 的算法在无向图情况下改进了 I/O 复杂性，其中重复被限制于相邻层次。

算法从 $\text{Open}(i-1)$ 构建 $\text{Open}(i)$ 的过程如下：令 $A(i) = \text{Succ}(\text{Open}(i-1))$ 是 $\text{Open}(i-1)$ 中节点后继的多重集；$A(i)$ 是通过连接 $\text{Open}(i-1)$ 中节点的所有邻接表得到的。然后，算法通过外部排序及之后的外部扫描消除重复。因为结果列表 $A'(i)$ 仍然是有序的，所以通过并行扫描过滤掉已经包含在有序列表 $\text{Open}(i-1)$ 或 $\text{Open}(i-2)$ 中的节点是可能的，因而完成了 $\text{Open}(i)$ 的产生过程。集合 U 维护当图尚未完全连通时必须考虑的所有未访问节点。算法 8.1 提供了 Munagala 和 Ranade 算法的伪代码实现。算法可以使用一个外部数组以额外的 $O(|V|)$ 时间记录节点的 BFS 层次。

定理 8.1（高效显式图外部 BFS 算法） 在一个无向显式问题图上，Munagala 和 Ranade 算法需要至多 $O(|V|+\text{sort}(E))$ 次 I/O 为每个状态计算 BFS 层次。

```
Procedure External-Explicit-BFS
Input: 开始节点为 s 的显式外部问题图
Output: BFS 算法层次 Open(i), i ∈ {0,1,⋯,k}

Open(−1) ← Open(−2) ← ∅; U ← V                    ;;初始化边界和未访问列表
i ← 0                                              ;;初始化迭代计数器
while (Open(i−1) ≠ ∅ ∨ U ≠ ∅)                      ;;循环直到状态可得
  if (Open(i−1)=∅)                                 ;;图组件为空
    Open(i) ← {x}, where x ∈ U                     ;;插入未访问的
  else                                             ;;组件非空
    A(i) ← Succ(Open(i−1))                         ;;确定后继列表
    A'(i) ← RemoveDuplicates(A(i))                 ;;简化列表
    Open(i) ← A'(i) \ (Open(i−1) ∪ Open(i−2))      ;;减去层次
  for each  v ∈ Open(i)                            ;;剩余节点
    U ← U \ {v}                                    ;;标记访问的
  i ← i+1                                          ;;计数器递增
```

算法 8.1

Munagala 和 Ranade 的外部 BFS 算法

证明：为了正确性论证，假设状态层次 Open(0), Open(1),⋯, Open($i−1$) 已经被赋值到正确的 BFS 层次。现在我们考虑节点 $u ∈$ Open($i−1$) 的一个后继 v：从 s 到 v 的距离至少是 $i−2$，否则从 s 到 u 的距离会小于 $i−1$。因此，$v ∈$ Open($i−2$) ∪ Open($i−1$) ∪ Open(i)。这样，就可以正确地将 $A'(i) \setminus$ Open($i−1$) ∪ Open($i−2$) ∪ Open(i) 赋值给 Open(i)。

为了复杂性论证，假设预处理之后，以邻接表形式存储该图。因此，后继生成耗费 $O(|\text{Open}(i−1)| + |\text{Succ}[\text{Open}(i−1)]| / B)$ 次 I/O，后继集合内的重复消除耗费 $O(\text{sort}[A(i)])$ 次 I/O。并行扫描可以使用 $O(\text{sort}(|\text{Succ}(\text{Open}(i−1))|) + \text{scan}(|\text{Open}(i−1)| + |\text{Open}(i−2)|))$ 次 I/O 完成。因为 $\sum_i |\text{Succ}(\text{Open}(i))| = O(|E|)$ 且 $\sum_i |\text{Open}(i)| = O(|V|)$，所以外部 BFS 算法执行需要 $O(|V| + \text{sort}(E))$ 时间，其中 $O(|V|)$ 是由于图的外部表示和使得后继能够有效生成的初始重配置时间。

图 8.3 提供了一个算法的示例。当生成 Succ[Open($i−1$)] 时，结合 Succ(b) = $\{a,c,d\}$ 和 Succ(c) = $\{a,b,d\}$。移除 Succ(b) ∪ Succ(c) 中的重复得到集合 $\{a,b,c,d\}$，移除 Open($i−1$) 后将集合约减为 $\{a,d\}$；忽略 Open($i−2$) 产生最终节点集合 $\{d\}$。

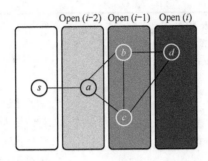

图 8.3 Munagala 和 Ranade 算法的示例

算法的瓶颈是对于邻接表的 $O(|V|)$ 次非结构化访问。Mehlhorn 和 Meyer 的如下改进由一个预处理和一个阶段的 BFS 算法组成，达到的复杂性是 $O(\sqrt{|V| \cdot \text{scan}(|V|+|E|)} + \text{sort}(|V|+|E|))$ 次 I/O。

预处理阶段，将图分割为 K 个内部最短路径距离较小的不相交子图 $\{G_i | 1 \leq i \leq K\}$；邻接表也对应地分割为连续存储集合 $\{F_i | 1 \leq i \leq K\}$。首先以均匀概率 μ 独立地选择种子节点创建分割；然后并行运行 K 个 BFS 算法，从种子节点开始，直到所有图中节点已经被分配到一个子图为止。在每一轮中，扫描位于节点分割边界上的节点活跃邻接表；以分割标识符标记被请求的目的节点并进行排序（任意打破分割之间的平局关系）。然后，对有序请求和图表示的并行扫描可以提取图中未访问的部分，并标记新的边界节点和产生下一轮的活跃邻接表。图分割的期望 I/O 界限是 $O((|V|+|E|)/\mu DB + \text{sort}(|V|+|E|))$；期望的子图内任意两点最短路径距离是 $O(\frac{1}{\mu})$。第二阶段的主要想法是，使用文件 H 上的扫描操作替换对邻接表的节点访问，H 按顺序包含所有的 F_i 使得当前的 BFS 层次至少在 S_i 中拥有一个节点。F_i 中所有的子图邻接表与 H 完全结合，而不是逐个节点结合。因为分割内的最短路径量级是 $O(\frac{1}{\mu})$，所以每个 F_i 最多位于 H 的 $O(\frac{1}{\mu})$ 个层次中。第二阶段一共使用 $O(\mu|V|+(|V|+|E|)/\mu DB + \text{sort}(|V|+|E|))$ 次 I/O；选择 $\mu = \min\{1, \sqrt{(|V|+|E|)/\mu DB}\}$，达到的复杂性是 $O(\sqrt{|V| \cdot \text{scan}(|V|+|E|)} + \text{sort}(|V|+|E|))$ 次 I/O。替代这里描述的随机化策略生成分割的备选方法是围绕最小生成树使用欧拉路径的一个确定性的变体。因此，最差情况下边界也成立。

8.6 外部隐式图搜索算法

隐式图不是驻留在磁盘上的图，而是通过在从搜索前沿选择的节点上，连续地应用一个动作集合所生成的。隐式图的优点是，图是由一个规则集合生成的，因此无须对邻接表的磁盘访问。

考虑 I/O 复杂性，类似那些包含 $|V|$ 的界限是相当误导的，因为经常尝试避免生成所有节点。因此，仅在导出最差情况下的界限时需要值 $|V|$。几乎在所有情况下，可以安全地使用扩展节点的数量代替 $|V|$。

8.6.1 BFS 的延迟重复检测

随着术语前沿搜索的延迟重复检测，提出了隐式图中 BFS 算法的 Munagala 和 Ranade 算法的一个变体。令 s 表示起始节点，Succ 表示隐式后继生成函数。算法在磁盘上维护 BFS 层次。扫描 Open($i-1$) 层，并将后继集合放进大小接近主存容量的一个缓存中。如果缓存变满，内部排序及之后的重复消除阶段产生一个从缓存刷新到磁盘的有序且无重复的节点序列。这个阶段的结果是 k 个预排序的文件。注意到，可以通过在将块刷新到磁盘之前对其使用哈希表改进延迟的内部重复消除。因为无论如何都需要存储哈希表中的节点集合，因此早期重复检测的节约通常较小。

下一步，通过同时扫描应用外部合并将这些文件结合为 Open(i)。适当选择输出文件的大小使得一次操作就足够了。消除了重复。因为文件是预排序的，所以复杂性由所有文件的扫描时间给出。也需要从 Open(i) 中消除 Open($i-1$) 和 Open($i-2$) 以避免重新计算；即不会立刻删除从外部队列提取的节点，而是进行保存直到该层被完全生成和排序，这时候使用并行扫描消除重复。重复该过程直到 Open($i-1$) 为空或者已经找到目标。

对应的伪代码显示在算法 8.2 中。注意到将后继集合分割为块是隐式的。算法没有显式终止，但也没有带来额外的实现问题。

```
Procedure External-BFS
Input：具有开始节点 s 的问题图
Output：最优解路径

Open(−1)←∅，Open(0)←{s}                ;;初始化边界列表
i←1                                     ;;初始化计数器
while (Open(i−1)≠∅)                     ;;循环直到完成
    A(i) ← Succ(Open(i−1))              ;;确定后续列表
    if (Goal(Open(i)))                  ;;终止状态在集合中
        return Construct(Open(i))       ;;生成解路径
    A′(i) ← RemoveDuplicates(A(i))      ;;简化列表
    Open(i) ← A′(i) \ (Open(i−1) ∪ Open(i−2))   ;;移除之前的等级
    i ← i+1                             ;;计数器递增
```

算法 8.2
BFS 算法的延迟重复检测算法

定理 8.2（高效隐式外部 BFS 算法） 在一个无向隐式问题图中，具有延迟重复消除的外部 BFS 算法需要至多 $O(\text{scan}(|V|) + \text{sort}(|E|))$ 次 I/O。

证明：隐式问题图的证明本质上与显式问题图相同。另外，不再需要访问外部磁盘以生成一个状态的后继所产生的最多 $O(|V|)$ 次 I/O。

与 Munagala 和 Ranade 算法一样，延迟重复检测应用 $O(\text{sort}(|\text{Succ}(\text{Open}(i-1))|) + \text{scan}[|\text{Open}(i-1)| + |\text{Open}(i-2)|])$ 次 I/O。因为不需要对邻接表的任何显式访问，根据 $\sum_i |\text{Succ}[\text{Open}(i-1)]| = O(|E|)$ 和 $\sum_i |\text{Open}(i)| = O(|V|)$，总的执行时间是 $O(\text{sort}(|E|) + \text{scan}(|V|))$ 次 I/O。

在具有有界分支因子的搜索问题中，有 $|E| = O(|V|)$，因此隐式外部 BFS 的复杂性降低为 $O(\text{sort}(|V|))$ 次 I/O。如果为稀疏问题图（如简单链）将每个 Open(i) 记录在单独的文件里，文件打开与关闭会累积到 $O(|V|)$ 次 I/O。这种情况的解决方案是将节点存储在内存中连续的 Open(i)、Open($i+1$) 等中。因此，仅当一个层次最多有 B 个节点时需要 I/O。

算法与用于解决多序列比对问题的内部前沿搜索算法（见第 6 章）具有共性。事实上，隐式外部 BFS 算法的实现已经被应用到外部存储器搜索并取得了相当大的成功。BFS 算法适用于具有有界局部性的图。对于这种情况并且为了容易描述接下来的算法，我们假定给定了如算法 8.3 所实现的一个通用的文件求差集函数。

Procedure Subtract
Input：状态集合 Open(i) 和集合 Open(j), $j < i$, 局部性 l
Output：改进的状态集合 Open(i)

for loc ← 1 to l ;; 局限性确定边界
  Open$'$(i) ← Open$'$(i) \ Open(i − loc)   ;; 减去之前的层次

算法 8.3
外部重复消除的文件求差集程序

在一个内部且内存不受限的设定中，通过从目标节点到开始节点的回溯构建一个规划。这是通过每个节点保存一个指向其前驱的指针所完成的。对于内存受限的前沿搜索，需要分治解重构，为此需要在主存中存储特定的中继层。在外部搜索中，因为探索完全位于磁盘上，所以不再需要分治解重构和中继层。

有一个微妙的问题：在磁盘上无法获得指针的前驱。解决方法如下。通过将前缀与每个状态一起保存、通过递减深度扫描存储的文件和通过寻找匹配前驱来构建规划。任何达到的属于当前节点前驱的节点是其在一条最优解路径上的前

驱。这导致的 I/O 复杂性至多与扫描时间 $O(\text{scan}(|V|))$ 呈线性。

即使概念上更简单，也不需要在不同的文件 $\text{Open}(i)(i \in \{0,1,\cdots,k\})$ 中存储 Open 列表。我们可以将连续层次存储附加在一个文件中。

8.6.2▲ 外部广度优先分支限界

在加权图中，具有延迟重复检测的外部 BFS 算法不保证找到一个最优解。BFS 算法的一个自然的扩展是当发现一个目标时仍继续搜索，并持续搜索直到发现一个更好的目标或者搜索空间耗尽。在具有非容许启发式的搜索中，几乎不能以一个大于当前评价值的评价修剪状态。本质上，需要强制考虑所有状态。但是，如果 $f = g + h$ 具有单调的启发式函数 h，我们可以修剪探索。

对于耗费 $f = g + h$ 是单调增加的问题域，具有延迟重复检测的外部广度优先分支限界（外部 BFBnB 算法）不修剪任何位于最优解路径上的节点且最终找到最优解。算法 8.4 展示了算法的伪代码。集合 Open 表示 BFS 算法层次且集合 A、A' 和 A'' 是为下次迭代构建搜索前沿的临时变量。$f(v) > U$ 的状态被修剪且 $f(v) < U$ 的状态产生一个更新的界限。

Procedure External-Breadth-First-Heuristic-Search
Input：具有开始节点 s 的加权问题图
Output：最优解耗费 U

$U \leftarrow \infty$;;初始化上界
$f(s) \leftarrow h(s)$;;评估起始状态
$\text{Open}(-1) \leftarrow \emptyset; \text{Open}(0) \leftarrow \{s\}$;;初始化边界层次
$j \leftarrow 0$;;初始化 BFS 算法迭代计数器
while $(\text{Open}(j-1) \neq \emptyset)$;;终止条件
  $A(j) \leftarrow \text{Succ}(\text{Open}(j-1))$;;生成后继
  for each $v \in A(j), v \in \text{Succ}(u)$;;对于每个后继
    $f(v) \leftarrow f(u) + w(u,v) + h(v) - h(u)$;;集合耗费
    if $(\text{Goal}(v) \text{ and } f(v) < U) U \leftarrow f(v)$;;更新界限
  $A'(j) \leftarrow A(j) \setminus \{u \in A(j) \mid f(u) > U\}$;;修剪节点
  $A''(j) \leftarrow \text{RemoveDuplicates}(A'(j))$;;在层次中移除重复
  $A''(j) \leftarrow \text{Subtract}(A''(j))$;;减去之前的层次
  $\text{Open}(j) \leftarrow A''(j)$;;设置下一层次
  $j \leftarrow j+1$;;迭代计数器递增

return U ;;最优解耗费
算法 8.4
外部广度优先分支限界

定理 8.3（耗费最优的具有延迟重复检测的外部 BFBnB 算法） 对于具有 $f = g + h$ 的状态空间，其中 g 代表深度且 h 是一个一致性估计，具有延迟重复检测的外部 BFBnB 算法终止于最优解。

证明：在具有耗费函数 $f = g + h$ 的 BFBnB 算法中，其中 g 是搜索深度且 h 是一个一致性搜索启发式，每个具有更小深度的重复节点已经被以更小的 f 值所探索。这很容易理解，因为查询节点和重复节点的 h 值匹配，BFS 算法首先生成一个具有更小 g 值的重复节点。此外，如果 $f(u)$ 超过了当前阈值，则 u 可以安全的剪枝，因为到 u 的扩展路径会具有更大的 f 值。因为具有延迟重复检测的外部 BFBnB 算法扩展所有 $f(u) < f*$ 的节点 u，所以算法终止于最优解。

此外可以容易地说明，如果在状态空间中存在多于一个具有不同解耗费的目标节点，具有延迟重复检测的外部 BFBnB 算法会比具有延迟重复检测的完整外部 BFS 算法探索更少的节点。

定理 8.4（外部 BFBnB 算法关于外部 BFS 算法的收益） 如果具有延迟重复检测的外部 BFBnB 算法扩展的 $U \geq f*$ 节点的数量是 n_{BFBnB}，n_{BFS} 是具有延迟检测的外部 BFS 算法的一个完整运行扩展的节点的数量，那么 $n_{BFBnB} \leq n_{BFS}$。

证明：外部 BFBnB 算法不改变一个完整外部 BFS 算法中节点被考虑的顺序。存在两种情况。第一种情况下，仅存在一个目标节点 t，它也是 BFS 算法树的最后一个节点。对于这种情况，很明显 $n_{BFBnB} = n_{BFS}$。第二种情况下，搜索树中存在多于一个的目标节点，令 $t_1, t_2 \in T$ 是两个目标节点且 $f(t_1) > f(t_2) = f*$，$\text{depth}(t_1) < \text{depth}(t_2)$。因为 t_1 会首先被扩展，$f(t_1)$ 会被用作所有下次迭代的剪枝值。在这种情况下，在搜索树中不存在任何位于 t_1 和 t_2 之间且满足 $f(u) > f(t_2)$ 的节点 u，$n_{BFBnB} = n_{BFS}$，否则 $n_{BFBnB} \leq n_{BFS}$。

表 8.2 给出了在一个选择优化问题中耗费最优搜索的效果，报告了在关于之前层的改进之后每一层节点的数量。目标耗费列的条目对应于在那层找到的最好目标的耗费。

表 8.2 在选择搜索问题域中耗费最优搜索的结果

BFS 算法层次	节点	空间/GB	目标耗费
0	1	0.000000536	105
1	2	0.00000107	—

(续)

BFS 算法层次	节点	空间/GB	目标耗费
2	10	0.00000536	—
3	61	0.0000327	—
4	252	0.000137	—
5	945	0.000508	104
6	3153	0.000169	—
7	9509	0.00585	—
8	26209	0.0146	103
9	66705	0.0361	—
10	158311	0.0859	—
11	353182	0.190	101
12	745960	0.401	—
13	1500173	0.805	—
14	2886261	1.550	97
15	5331550	2.863	—
16	9481864	5.091	—
17	16266810	8.735	96
18	26958236	14.476	—
19	43199526	23.197	—
20	66984109	35.968	95
21	100553730	53.994	—
21	146495022	78.663	—
23	205973535	110.601	93
⋮	⋮	⋮	⋮

对于单位耗费搜索图，外部分支限界算法简化为外部广度优先启发式搜索（见第 6 章）。

8.6.3▲ 外部增强爬山算法

第 6 章中已经介绍了增强爬山（也称为迭代改进）作为爬山搜索的更保守的形式。从一个开始状态开始一个针对具有更好启发式的后继（广度优先）搜索。只要发现这样一个后继，即可清除哈希表并且开始一个新的搜索。继续此过程直到达到目标。因为算法在每个状态进行了一个具有严格更优启发值的完整搜索，可以保证在没有绝境的有向图中找到解。

有了外部 BFS 算法，可以通过利用启发式估计构建增强爬山的外部算法。在算法 8.5 中以伪代码形式展示了算法。

```
Procedure External-Enforced Hill-Climbing
Input：具有开始节点 s，后继集合生成函数 Succ 的问题图
Output：到目标节点的路径

u ← s                                          ;;初始化搜索
while (h≠0)                                    ;;只要未找到目标节点
    (u',h') ← External – EHC – BFS(u,h)        ;;搜索改进
    if (h' = ∞) return ∅                       ;;未找到更好的评价
    u ← u'                                     ;;为下一次迭代更新 u
    h ← h'                                     ;;更新 h
return Construct(u)                            ;;返回解路径
```

算法 8.5

外部增强爬山算法的主程序

外在化嵌入在算法 8.6 的子程序中，它为具有改进的启发式估计的状态执行外部 BFS 算法。图 8.4 显示了解决动作规划实例的部分探索。它提供了在选择规划问题中外部增强爬山的 BFS 算法层次中节点数量的柱状图（对数坐标）。

```
Procedure External-EHC-BFS
Input：具有评价 h(u) 的节点 u
Output：具有评价 h(v) < h(u) 的节点 v 或者失败

Open(0,h) ← u                                  ;;添加起始节点到队列
i ← 1                                          ;;初始化 BFS 层次
while (Open(i-1,h)≠∅)                          ;;只要队列非空
    A(i) ← Succ(Open(i-1,h))                   ;;计算后继
    for each v in A(i)                         ;;遍历后继
        if h(v)<h(u)                           ;;找到改进
            return (v, h')                     ;;新的种子状态和新的启发式
    A'(i) ← RemoveDuplicates(A(i))             ;;在当前层次消除重复
    A'(i) ← Subtract(A'(i))                    ;;之前层次中的重复
    Open(i,h) ← A'(i)                          ;;更新下一个边界
    i ← i+1                                    ;;BFS 层次递增
return (i,∞)                                   ;;失败
```

算法 8.6

对于更好状态 v 的外部 BFS 算法搜索

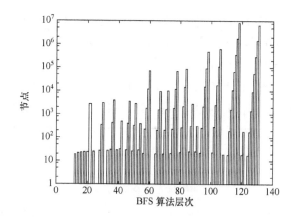

图 8.4 外部增强爬山的典型内存轮廓

定理 8.5（外部增强爬山的复杂性） 令 $h(s)$ 表示起始状态的启发式估计。在具有有界局部性的问题图中，具有延迟重复消除的外部增强爬山至多需要 $O(h(s) \cdot [\text{sort}(|V|) + \text{scan}(|E|)])$ 次 I/O。

证明： I/O 复杂性的界限是调用 BFS 的次数乘以每次运行的 I/O 复杂性，界限是 $O(h(s) \cdot [\text{sort}(|V|) + \text{scan}(|E|)])$ 次 I/O。

增强爬山具有一个重要的缺点：其结果不是最优的。此外，在具有未被识别绝境的有向搜索空间中，它可能会被困住而不能找到可解问题的一个解。

8.6.4 外部 A*算法

下面，研究如何在隐式图中扩展外部广度优先搜索为 A*类算法。如果启发式是一致的，那么在每条搜索路径上，评价函数 f 是非减的，不存在 f 值小于当前节点的后继。因此，以 f 顺序遍历节点的 A*算法至多扩展每个节点一次。例如，滑块拼图问题。因为曼哈顿距离启发式是一致的，对于每两个连续节点 u 和 v，对应的估计评价 $h(u) - h(v)$ 要么是 -1 要么是 1。通过 g 值的增加，f 值要么不变要么 $f(v) = f(u) + 2$。

与以前一样，外部 A*算法在磁盘上维护搜索前沿，可能分割为主内存大小的序列。事实上，磁盘文件对应于优先级队列数据结构桶实现的外部表示（见第 3 章）。在算法运行过程中，每个地址索引 i 的桶包含了在集合 Open 中具有优先级 $f(u) = i$ 的所有节点 u。这个数据结构的外部表示会将每个桶记录在不同的文件中。

我们引入了对数据结构的改进以区分具有不同 g 值的节点，并指定桶 Open(i, j) 到所有具有路径长度 $g(u) = i$ 且启发式估计 $h(u) = j$ 的节点 u。类似于外部 BFS 算法，这里，没有改变标识符 Open 以区分生成的节点和已扩展节点。

在外部 A*算法（见算法 8.7）中，桶 $\text{Open}(i,j)$ 指的是位于当前搜索前沿或属于已扩展节点集合的节点。在探索过程中，只扩展来自当前活跃桶之一 $\text{Open}(i,j)$ 的节点，其中 $i+j=f_{\min}$，一直到桶耗尽为止。以 (i,j) 的词典序选择桶；然后，关闭 $i' < i$ 且 $i'+j' = f_{\min}$ 的桶 $\text{Open}(i',j')$，而 $i'+j' > f_{\min}$ 或 $i' > i$ 且 $i'+j' = f_{\min}$ 的桶是打开的。依赖于实际节点扩展过程，活跃桶中的节点要么打开要么关闭。

Procedure External A*
Input：具有开始节点 s 的问题图
Output：最优解路径

$\text{Open}(0, h(s)) \leftarrow \{s\}$;; 初始化边界桶
$f_{\min} \leftarrow h(s)$;; 初始化价值
while $(f_{\min} \neq \infty)$;; 完全探索的终止条件
  $g_{\min} \leftarrow \min\{i \mid \text{Open}(i, f_{\min}-i) \neq \emptyset\}$;; 确定最小深度
  while $(g_{\min} \leq f_{\min})$;; 只要不超过价值
    $h_{\max} \leftarrow f_{\min} - g_{\min}$;; 确定对应的 h 值
    $A(f_{\min}), A(f_{\min}+1), A(f_{\min}+2) \leftarrow \text{Succ}(\text{Open}(g_{\min}, h_{\max}))$;; 后继
    $\text{Open}(g_{\min}+1, h_{\max}+1) \leftarrow A(f_{\min}+2)$;; 新的桶
    $\text{Open}(g_{\min}+1, h_{\max}) \leftarrow A(f_{\min}+1) \cup \text{Open}(g_{\min}+1, h_{\max})$;; 合并
    $\text{Open}(g_{\min}+1, h_{\max}-1) \leftarrow A(f_{\min}) \cup \text{Open}(g_{\min}+1, h_{\max}-1)$;; 合并
    if $(\text{Goal}(\text{Open}(g_{\min}+1, h_{\max}-1)))$;; 终止状态在集合中
      return $\text{Construct}(\text{Open}(g_{\min}+1, h_{\max}-1))$;; 生成解路径
    $\text{Open}(g_{\min}+1, h_{\max}-1) \leftarrow$;; 简化列表
      $\text{RemoveDuplicates}(\text{Open}(g_{\min}+1, h_{\max}-1))$;; 排序/扫描
    $\text{Open}(g_{\min}+1, h_{\max}-1) \leftarrow \text{Open}(g_{\min}+1, h_{\max}-1) \setminus$;; 从之前等级中忽略重复
      $(\text{Open}(g_{\min}, h_{\max}-1) \cup \text{Open}(g_{\min}-1, h_{\max}-1))$
    $g_{\min} \leftarrow g_{\min}+1$;; 深度递增
  $f_{\min} \leftarrow \min\{i+j > f_{\min} \mid \text{Open}(i,j) \neq \emptyset\} \cup \{\infty\}$;; 找到最小 f 值

算法 8.7

一致性和整数启发式的外部 A*算法

为了再次估计最大桶数量，就像在分析符号 A*算法的迭代次数时（见第 7 章）介绍的那样，考虑图 7.14，其中关于 h 值画出了 g 值，使得具有相同 $f = g + h$ 值的节点位于相同的对角线上。对于在 $\text{Open}(g, h)$ 中扩展的节点，其后继落入 $\text{Open}(g+1, h-1)$、$\text{Open}(g+1, h)$ 或 $\text{Open}(g+1, h+1)$。每个对角线上 0 的数量是需要的桶数量的上界。在第 7 章我们已经看到桶数量的界限是 $O((f^*)^2)$。

根据 n^2-1 数码问题中的 f 值限制,仅需分配约 1/2 的桶。注意到 $f*$ 事先未知,因此需要动态构建和维护文件。

图 8.5 展示了外部 A*算法在 35 数码问题实例(具有 14 个滑块排列)中的内存概况。扩展开始于桶(50,0),在扩展桶(77,1)时终止。类似于外部 BFS 算法但是有别于普通 A*算法,外部 A*算法在生成目标时终止,因为已经扩展了所有在搜索前沿上且 g 值更小的状态。对于这个实验加载了三个不相交的 3 滑块和三个不相交的 5 滑块模式数据库,它们与用于读取和刷新的桶一起消耗了约 4.9GB 的 RAM。总的磁盘空间耗费是 1298389180652 字节(约 1.2TB),每个状态向量为 $188 = 32 + 2 \times (6 \times 12 + 6 \times 1) = 188$ 字节;32 字节用于状态向量加上增量启发式评价的信息;每个存储的值 1 字节,乘以 6 个集合的最多 12 个模式数据库集合以及它们的每个加和的 1 字节。因子 2 是由于对称查找。搜索大约将花费两周。

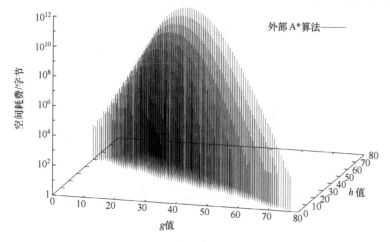

图 8.5　外部 A*算法的内存轮廓(对数坐标)

下面的结果限制重复检测到具有相同 h 值的桶。

引理 8.1　在外部 A*算法中对于所有 i, i', j, j' 且 $j \neq j'$,则有 $\text{Open}(i,j) \cap \text{Open}(i',j') = \emptyset$。

证明:如同在 Munagala 和 Ranade 算法中,我们可以利用如下观察,即在一个无向问题图中,具有 BFS 算法层次 i 的节点的重复至多可以发生在 i、$i-1$ 和 $i-2$ 层。此外,因为 h 是一个全函数,如果 $u = v$,则有 $h(u) = h(v)$。

为了便于描述算法,考虑 Open 列表的每个桶作为一个不同的文件。非常稀疏的图会导致较差的 I/O 性能,因为它们可能会导致包含远少于 B 个元素并主导 I/O 复杂性的桶。下面,通常假设 $(f*+1)^2 = O(\text{scan}(|V|))$ 且 $(f*)^2 = O(\text{sort}(|E|))$ 的大图。

算法 8.7 描述了一致性估计、单位耗费无向图的外部 A*算法的伪代码。算法

维护 g_{min} 和 f_{min} 两个值以编址当前考虑的桶。f_{min} 的桶从 g_{min} 渐增到 f_{min} 所遍历。根据它们不同的 h 值，后继被安排到三个不同的前沿列表：$A(f_{min})$、$A(f_{min}+1)$ 和 $A(f_{min}+2)$；因此，在每个实例中仅有四个桶需要通过 I/O 操作进行访问。对于它们中的每个桶，我们保持一个单独的大小为 $M/4$ 的缓存；这会将内存需求降低为 M。一个缓存变满然后它会被刷新到磁盘。如同在 BFS 算法中一样，使用一个高效的内部算法在一个桶中预排序缓存以方便合并是符合实际的，但是我们可以等价地在外部排序一个桶的未排序缓存。

存在两种情况可以在一个活跃桶中引起重复（图 8.6，黑色桶）：相同前驱桶的两个不同节点生成一个共同的后继，两个属于不同前驱桶的节点生成一个重复。这两种情况可以通过合并所有对应于相同桶的预排序缓存来处理，产生一个有序文件。然后可以扫描这个文件以从中移除重复节点。事实上，合并和重复移除可以同时进行。

另一个重复节点存在的特殊情况发生在当已经在较高层次被评价过的节点被再次生成时（图 8.6）。需要为下一个活跃桶 $\text{Open}(g_{min}+1, h_{max}-1)$ 经由一个文件求差集过程移除这些重复节点，方法是移除任何出现在 $\text{Open}(g_{min}, h_{max}-1)$ 和 $\text{Open}(g_{min}-1, h_{max}-1)$（浅灰色的桶）中的节点。可以通过对预排序文件的小的并行扫描并使用一个临时文件存储中间结果完成这个文件求差集过程。仅在下一个扩展的桶 $\text{Open}(g_{min}+1, h_{max}-1)$ 中移除重复就足够了。另一个桶可能还没有完全生成，因此可以在最里面的 while 循环每次迭代中节约对文件的冗余扫描。

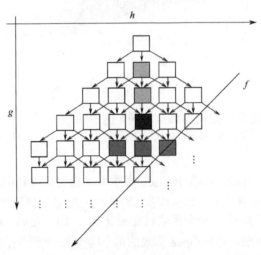

图 8.6 在单位耗费无向图中具有一致启发式的外部 A*算法（扩展深灰色的桶 (g,h)，其后继落入 $(g+1,h-1)$、$(g+1,h)$ 和 $(g+1,h+1)$）。通过排序和扫描且并行扫描排序的文件减去 $(g-2,h)$ 和 $(g-1,h)$ 就足以在 (g,h) 中消除重复）

当合并预排序集合 A' 与之前存在的 Open 桶（都位于磁盘上）时，重复被消除，使得集合 Open($g_{min}+1, h_{max}-1$)、Open($g_{min}+1, h_{max}$) 和 Open($g_{min}+1, h_{max}+1$) 是无重复的。然后下一个活跃桶 Open($g_{min}+1, h_{max}-1$) 被限制为不包含任何 Open($g_{min}-1, h_{max}-1$) 和 Open($g_{min}, h_{max}-1$) 中的节点。这可以通过在更新 Open($g_{min}+1, h_{max}-1$) 之前，对预排序文件进行并行扫描且使用一个文件存储中间结果来实现。仅对于下一个扩展的桶进行懒散的文件求差集就足够了。

定理 8.6（外部 A*算法的最优性） 在一个单位耗费图中外部 A*算法是完备和最优的。

证明：因为外部 A*算法模仿 A*算法且仅改变具有相同 f 值的扩展节点的顺序，完备性和最优性继承自 A*算法的属性。

定理 8.7（无向图中外部 A*算法的 I/O 性能） 在一个具有一致性估计的隐式无权和无向图中，外部 A*算法的复杂性的界限是 $O(\text{sort}(|E|)+\text{scan}(|V|))$ 次 I/O。

证明：通过模拟内部 A*算法，延迟重复消除保证问题图中的每条边最多被考虑一次。类似于外部隐式 BFS 算法的分析，消除后继列表的重复需要 $O(\text{sort}(|\text{Succ}[\text{Open}(g_{min}+1, h_{max}-1)]|))$ 次 I/O。因为每个节点至多被扩展一次，这使得整体运行时间增加了 $O(\text{sort}(|E|))$ 次 I/O。

过滤、评价节点和合并列表在所有被考虑桶的扫描时间内是可得的。在探索期间，每个桶 Open 最多会被涉及 6 次，一次是扩展、最多三次作为后继桶和最多两次作为与当前活跃桶具有相同 h 值的前驱的重复消除。因此，评价、合并和文件求差集为整体运行时间增加了 $O(\text{scan}(|V|)+\text{sort}(|E|))$ 次 I/O。因此，总的执行时间是 $O(\text{sort}(|E|)+\text{scan}(|V|))$ 次 I/O。

如果额外的有 $|E|=O(|V|)$，那么复杂性减少到 $O(\text{sort}(|V|))$ 次 I/O。下面将结果推广到具有有界局部性的有向图中。

定理 8.8（外部 A*算法在有界局部性图中的 I/O 性能） 外部 A*算法在一个具有有界局部性和一致性估计的隐式无权问题图中的复杂性界限是 $O(\text{sort}(|E|)+\text{scan}(|V|))$ 次 I/O。

证明：一致性意味着没有 f 值小于当前最小值的后继。如果从 Open(i,h) 中减去 Open(j,h)，其中 $i<j$ 且 $i-j<l$，可以得到完全的重复检测。因此，在探索每个问题图的过程中，节点和边至多被考虑一次。在每个桶中独立移除节点的累积工作量至多是 $O(\text{sort}(|E|))$ 次 I/O，求差集增加了 $O(\text{locality}_G \cdot \text{scan}(|V|)) = O(\text{scan}(|V|))$ 次 I/O 到整体复杂性。

在这个分析中忽略了内部耗费。因为每个节点在扩展中仅考虑一次，内部耗费是 $|V|$ 乘以后继生成时间 t_{exp}，加上内部重复消除和排序的工作量。通过为一致

性启发式 h 设置所有边 (u,v) 的权重为 $h(u)-h(v)+1$，A*算法可以转换为 Dijkstra 算法的一个变体，它在一个基于桶的优先级队列上需要的内部耗费为 $O(C\cdot|V|)$，$C=\max\{w(u,v)|v$ 是 u 的后继$\}$。由于一致性我们有 $C\leqslant 2$，因此，给定 $|E|=O(|V|)$，内部耗费的界限是 $O(|V|\cdot(t_{\exp}+\lg|V|))$，其中 $O(|V|\lg|V|)$ 是指总的内部排序工作量。

为了重构一条解路径，从目标节点开始，我们将每个节点的前缀信息存储在磁盘上（因此使得状态向量大小翻倍），并应用反向链接。但是，这不是必须的：对于深度为 g 的节点，我们将可能的前缀集合与深度为 $g-1$ 的桶取交集。交集中的任意节点都在某条最优路径上可以达到，因此我们可以迭代这个构建过程。时间复杂性的界限是对所有考虑的桶的扫描时间，也就是 $O(\text{scan}(|V|))$ 次 I/O。

目前为止，我们的假设是单位耗费图。在本节的其他部分，将这个算法推广到权重为 $\{1,2,\cdots,C\}$ 之中的小整数的情况。由于启发式的一致性，对于每个节点 u 以及 u 的每个后缀 v，$h(v)\geqslant h(u)-w(u,v)$ 成立。此外，因为图是无向的，同样的有 $h(u)\geqslant h(v)-w(u,v)$ 或 $h(v)\leqslant h(u)+w(u,v)$；因此，$|h(u)-h(v)|\leqslant w(u,v)$。这意味着活跃桶中节点的后继不再是仅分布在三个桶，而是分布在 $3+5+\cdots+2C+1=C\cdot(C+2)$ 个桶中。在图 8.7 中，后继区域是深灰色，前驱区域为浅灰色。

为了重复约减，在扩展其节点前从活跃桶 $\text{Open}(i,j)$ 中对 $2C$ 个桶 $\text{Open}(i-1,j),\text{Open}(i-2,j),\cdots,\text{Open}(i-2C,j)$ 求差集就足够了（图 8.7 中的阴影矩形所示）。这里假定可以忽略访问文件的 $O(C^2)$ 次 I/O。

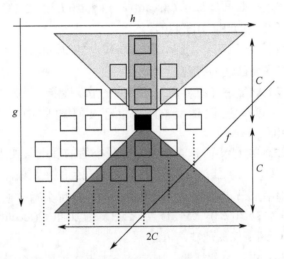

图 8.7　在非单位耗费无向图中具有一致性估计的外部 A*算法

定理 8.9（外部 A*算法在非单位耗费图中的 I/O 性能） 外部 A*算法在隐式无向单位耗费图中的 I/O 复杂性的界限是 $O(\text{sort}(|E|) + C \cdot \text{scan}(|V|))$，其中权值在 $\{1,\cdots,C\}$ 之中，且具有一致性估计。

证明：从 $f = i + j$ 上归纳可知在更小的桶中不存在重复。当 $f \leq 2C$ 时，这个声明是正确的。在归纳步骤，作相反的假设，即对于某个节点 $v \in \text{Open}(i, j)$，$\text{Open}(i', j)$ 中包含一个重复 v' 且 $i' < i - 2C$；令 $u \in \text{Open}(i - w(u,v), j_u)$ 是 v 的前驱。然后，基于无向图结构，必然存在一个重复节点 $u' \in \text{Open}(i' + w(u,v), j_u)$。但是，由于 $f(u') = i' + w(u,v) + j_u \leq i' + C + j_u < i' - w(u,v) + j_u = f(u)$，这与归纳的假设相矛盾。

I/O 复杂性的推导类似于单位耗费的情况；区别在于每个桶至多因为桶求差集和扩展被考虑 $2C + 1$ 次。因此，问题图中的每条边至多被考虑一次。

如果不在最大整数权重上加一个界限 C，或者如果允许有向图，那么运行时间增加到 $O(\text{sort}(|E|) + f^* \cdot \text{scan}(|V|))$ 次 I/O。对于更大的边权重和 f^* 值，桶变得稀疏且应该更小心的处理。

让我们考虑如何解决从内部利用 A*算法和曼哈顿距离估计无法解决的 15 数码问题实例。内部排序通过应用快速排序实现，外部合并通过为每个刷新的缓存维护文件指针并将它们合并到单个有序文件的方式执行。因为有一个操作系统强加的同时文件指针容量的界限，因此应用两阶段合并。在桶文件上的单个访问中执行重复移除和桶求差集。因此，后继与父节点的 f 值区别恰好为 2。

在表 8.3 中说明了在探索一个简单问题实例时得到的节点的对角线模式。表 8.4 展示了重复移除（dr）和桶求差集（sub）对复杂性逐渐增加的问题实例的影响。在某些情况下，实验由于硬盘容量限制而终止。

表 8.3 插入桶的节点，行表示搜索深度（g 值），列表示估计目标举例（h 值）

g/h	1	2	3	4	5	6	7	8	9	10	11
0	—	—	—	1	—	—	—	—	—	—	—
1	—	—	—	—	2	—	—	—	—	—	—
2	—	—	—	4	—	2	—	—	—	—	—
3	—	—	—	—	10	—	4	—	—	—	—
4	—	—	—	7	—	17	—	10	—	—	—
5	—	—	—	—	20	—	34	—	24	—	—
6	—	—	—	6	—	38	—	74	—	44	—
7	—	—	—	—	19	—	71	—	156	—	76
8	—	—	—	8	—	40	—	185	—	195	—
9	—	—	—	—	21	—	97	—	203	—	—

（续）

g/h	1	2	3	4	5	6	7	8	9	10	11
10	—	—	—	3	—	62	—	92	—	—	—
11	—	—	—	—	21	—	46	—	—	—	—
12	—	—	—	5	—	31	—	—	—	—	—
13	—	—	2	—	10	—	—	—	—	—	—
14	—	2	—	5	—	—	—	—	—	—	—
15	2	—	5	—	—	—	—	—	—	—	—

表 8.4 重复移除和桶求差集对生成节点数量的影响

问题实例	N	N_{dr}	N_{dr+sub}
1	530401	2800	1654
2	71751166	611116	493990
3	超过磁盘容量	7532113	5180710
4	超过磁盘容量	超过磁盘容量	297583236
5	超过磁盘容量	超过磁盘容量	2269240000
6	超过磁盘容量	超过磁盘容量	2956384330

从实用的观点来看，这一方法有意思的是在大的问题实例中能够暂停和恢复程序执行。这是可取的，例如在达到辅助存储器的极限的情况下，我们可以使用更多的磁盘空间来恢复执行。

8.6.5▲ 延迟重复检测的下界

外部 A*算法的 I/O 复杂性是最优的么？

第 1 章中大 O 的定义：$f(n) = O(g(n))$，如果存在两个常数 n_0 和 c，使得对于所有 $n \geq n_0$，有 $f(n) \leq c \cdot g(n)$。为了导出外部计算的下界，如下关于大 O 符号的变体是合适的：$f(N) \in O(g(N,M,B))$，如果存在常数 c 使得对于所有的 M 和 B，存在值 N_0 使得对于所有 $N \geq N_0$，有 $f(N) \leq c \cdot g(N,M,B)$。类似地定义 Θ 和 Ω。普遍地量化 M 和 B 的直觉在于对手首先选择机器；然后再评价界限。

该模型中的外部排序具有之前提到的复杂性 $\Omega\left(N \lg \dfrac{N}{B} / B \lg \dfrac{M}{B}\right)$ 次 I/O。因为内部集合不相等、集合包含和集合不相交性至少需要 $N \lg N - O(N)$ 次比较，这些问题的 I/O 数量的下界也是 $\Omega(\text{sort}(N))$。

内部重复消除问题所需的比较数量的已知下界是 $N \lg N - \sum_{i=1}^{k} N_i \lg N_i - O(N)$，其中 N_i 是记录 i 的重数。主要观点是删除重复后，剩余记录的总的量级是已知

的。这个结果可以修改到外部搜索，并且导致的外部延迟重复检测的 I/O 复杂性，即

$$\Omega(\max\left\{\frac{N\lg\frac{N}{B}-\sum_{i=1}^{k}N_i\lg N_i}{B\lg\frac{M}{B}}, N/B\right\})$$

对于具有两个前导桶且分支因子 $b\leq 4$ 的滑块拼图问题，有 $N_i\leq 8$。对于单位耗费图中一般的一致性估计，有 $N_i\leq 3c$，其中 c 是最大分支因子的上界。

定理 8.10（外部 A*算法的 I/O 性能最优性） 如果 $|E|=\Theta(|V|)$，在具有一致性估计的隐式无权和无向图 A*搜索中，延迟重复桶消除至少需要 $\Omega(\text{sort}(|V|))$ 次 I/O 操作。

证明：因为每个节点生成至多 c 个后继，并且在单位耗费图上具有一致性估计的 A*搜索中存在至多三个前导桶，假定之前的桶是相互无重复的，我们具有至多 $3c$ 个相同的节点。因此，所有集合 N_i 的界限是 $3c$。因为 k 的界限是 N，所以有 $\sum_{i=1}^{k}N_i\lg N_i$ 的界限是 $k\cdot 3c\lg 3c=O(N)$。因此，N 个节点的重复消除的下界是 $O(\text{sort}(|N|)+\text{scan}(|N|))$。

一个相关的下界也适用于为解决具有 P 个不同值的 N 个元素建立的重复消除问题的多磁盘模型，需要至少 $\Omega\left(\frac{N}{P}\text{sort}(P)\right)$ 次 I/O，因为任意重复消除问题的决策树深度至少是 $N\lg(P/2)$。对于具有一致性估计和有界分支因子的搜索，假设有 $P=\Theta(N)=\Theta(|E|)=\Theta(|V|)$，因此 I/O 复杂性降低为 $O(\text{sort}(|V|))$。

8.7▲ 改进

作为一个额外的特性，将更大的文件通过单个或多个哈希函数分割为更小的片直到它们适应主存，可以在某种程度上避免外部排序。与上面情况的 h 值一样，节点及其重复会具有相同的哈希地址。

8.7.1 基于哈希的重复检测

设计了基于哈希的重复检测以避免排序的复杂性。它基于一个或两个正交的哈希函数。主哈希函数将节点分布到不同的文件。一旦产生了后继文件，就消除重复。其假设是所有具有相同主哈希函数地址的节点可以装入主存。次要哈希函数（如果可得）将所有重复节点映射到同一哈希地址。该方法可以通过排序包含

52 张卡片的卡片组来展示。如果仅有 13 个内存位置，最佳策略是基于对卡片的一次扫描将卡片哈希到不同的文件中。接下来可以单独地读取每个文件到主存以排序卡片或搜索重复。

这个想法可以追溯到桶排序。在第一阶段，实数 $a \in [0,1)$ 被扔进 n 个不同的桶 $b_i = [i/n, (i+1)/n)$。可以通过某个其他内部排序算法独立排序所有包含在一个桶的列表。b_i 排序的列表被连接为一个完全有序的列表。对于最差的情况，所有元素被扔到相同的桶，使得桶排序无法改善排序性能。但在一般情况下，内部算法更好。令 X_i 表示桶列表 b_i 的长度。对于每个桶可以假设对于 $j \in \{1,2,\cdots,n\}$，一个元素落入桶 b_i 的概率是 $1/n$。因此，X_i 服从参数为 n 且 $p=1/n$ 的二项分布。均值是 $E[X_i] = np = 1$，方差是 $V[X_i] = np(1-p) = 1 - 1/n$。

通过迭代桶排序，不难提出基数排序的外部版本。该版本根据关键字值的基数表示多次扫描文件。我们简要地说明它是如何工作的。例如，有一些以十进制表示的范围在 0~99 之间的一些数，如 48、26、28、87、14、86、50、23、34、69 和 17。我们设计了 10 个桶 $b_0, b_1, \cdots, b_9$，代表数字 $0, 1, \cdots, 9$，并且有两个分类和收集阶段。在第一个阶段，根据最右边数字进行分类，得到 $b_0 = [50]$，$b_1 = [\cdot]$，$b_2 = [\cdot]$，$b_3 = [23]$，$b_4 = [14,34]$，$b_5 = [\cdot]$，$b_6 = [26,86]$，$b_7 = [87,17]$，$b_8 = [48,28]$，$b_9 = [69]$。通过扫描 50、23、14、34、26、86、87、17、48、28、69 收集数据，并根据最左边的数字分类这个集合，从而为产生有序结果的最终扫描得到 $b_0 = [\cdot]$，$b_1 = [14,17]$，$b_2 = [23,26,28]$，$b_3 = [34]$，$b_4 = [48]$，$b_5 = [50]$，$b_6 = [69]$，$b_7 = [\cdot]$，$b_8 = [86,87]$，$b_9 = [\cdot]$。

对于每个板的位置用一个数字表示的以普通向量表示的 15 数码问题，使用 16 个桶的基数排序有 16 个阶段。

如果有基为 b 长度为 l 的基数表示的 N 个数据元素，那么基数排序的内部时间复杂度为 $O(l(N+b))$，内部空间复杂度为 $O(N+b)$。因为所有的操作都可以被缓存，外部时间复杂度降低为 $O(l(\text{scan}(|N|)+b))$ 次 I/O。因为可以假设需要的桶的数量 b 很小，如果 $l \times \text{scan}(|N|) < \text{sort}(n)$，则具有对外部合并排序的改进。

8.7.2 结构化重复检测

结构化重复检测包含了一个将节点映射到抽象问题图的哈希函数；这减少了需要保持在主存中的节点的后继范围。这种哈希投影是状态空间的同态（见第 4 章），使得对于每对连续抽象节点，其原始节点对也是相连的。一个桶现在对应于原始状态的集合，它们都映射到相同的抽象状态。不同于延迟重复检测，结构化重复检测在早期检测重复，即在重复产生时进行检测。在扩展一个桶之前，不仅桶自身，需要加载所有的潜在被后继生成影响的桶并随后将它们装进主存。

这产生了一个不同的局部性定义，它确定了重复检测范围的一个句柄。不同于延迟重复检测的局部性，结构化重复检测的局部性定义为在抽象状态空间 $\phi(S)$ 中的最大节点分支因子 $b_{max} = \max_{v \in \phi(S)} |\text{Succ}(v)|$。

如果存在不同的抽象状态可供选择，建议选择那些最大节点分支因子 b_{max} 与抽象状态空间大小 $|\phi(S)|$ 比值最小的状态。我们的想法是，应该优先更小的抽象状态空间大小，但这通常导致更大的分支因子。

在 15 数码问题例子（图 8.8）中，基于具有相同的空白位置的节点进行投影。这个状态空间抽象也保留了后继集合和扩展集合不相交的属性，导致在抽象问题图中不存在自环。重复范围定义了需要读入主存的后继桶。

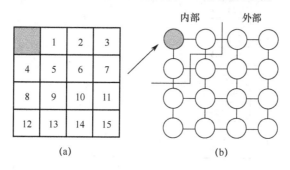

图 8.8　结构化重复检测的一个示例

该方法严重的依赖于适应于内存约束的合适抽象函数 ϕ 的选择和可用性。相比之下，延迟重复检测不依赖于任何启发式函数以外的分割，并且它不要求将重复范围装进主存。

结构化重复检测兼容普通和基于哈希的重复检测；如果需要加载到主存的文件不再合适，我们需要延迟操作。但是，结构化分割可能为重复检测截断文件大小为可管理的数量。每个启发式或哈希函数定义了搜索空间的一个分割，但并非所有分割都提供了关于后继或前驱状态的良好局部性。状态空间抽象是一个专门的哈希函数，可以在其中研究后继关系。

8.7.3　流水线

很多外部存储器算法以有向无环图的形式排列数据流，其节点代表物理源。每个节点写或者读元素流。

流水线是继承自数据库社区的技术，它改进了从缓存文件读取和写入数据的算法。流水线允许算法将输出作为数据流直接供应给消费此输出的算法，而不是将其首先写入磁盘。

将节点流化等价于在非流水线外部存储器算法中的扫描操作。区别在于非流水线传统扫描需要线性数量的 I/O，然而流化不引发任何 I/O，除非节点需要访问外部存储器数据结构。

图 8.9 对比了外部广度优先搜索的非流水线和流水线版本。在流水线版本中，在一个扫描模块中实现整个算法，其读取 Open($i-1$) 和 Open($i-2$) 中的节点并仅扫描一次流，输出在当前层次 Open(i) 和多重集 Succ(Open(i)) 中的节点，这些节点被直接传递给分类器。分类器的输出被扫描一次以删除重复且其输出在下次迭代中被用作 Open($i+1$)。

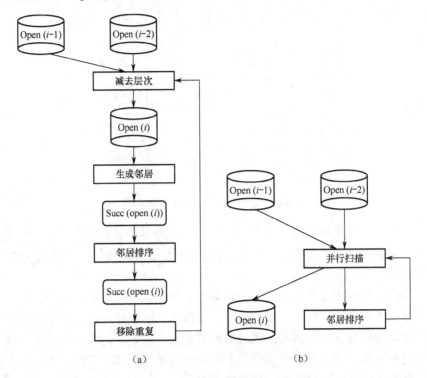

图 8.9 外部 BFS 算法的流水线

流水线可以节约算法 I/O 复杂性的常量因子。因为它通常增加内部计算耗费，所以存在一个折中。

8.7.4 外部迭代加深 A*算法

外部 A*算法的内部读写缓存需要常数数量的内存，IDA*算法需要随搜索深度线性缩放的非常少的内存。外部 A*算法从搜索中移除所有重复，但是其成功需要访问磁盘，这往往较慢。此外，在搜索执行中磁盘空间也有限。因此，一种选择是结合 IDA*算法和外部 A*算法的优点。

作为第一个观察，IDA*算法的剪枝策略（如从后继列表中忽略前驱）可以帮助节约外部空间和访问时间。原因是在后期检测重复时，产生它们也许需要更大量的磁盘空间。

将 IDA*算法集成到外部 A*算法很简单。从外部 A*算法开始，直到预先定义的 f 值 f_{sp}（分裂值）的桶都被产生。然后随着深度的增加，读取所有位于对角线 f_{sp} 的桶，且将所有桶中包含的状态送入 IDA*算法作为起始状态，IDA*算法被初始化为期望的解长度 $U = f_{sp}$。因为所有的运行都相互独立，可以容易地将它们分散（如到不同的处理器核上）。

表 8.5 显示了根据不同的 f 值分裂解决 24 数码问题实例的结果，以证明这种混合算法的潜力。在另一个实例中（最优步规划为 100 次移动），分裂值 94 生成了 367243074706 个节点，使用了 4.9GB 磁盘。分裂值 98 导致 451034974741 个生成节点，使用了 169GB 磁盘。我们看到基于不同的移动顺序存在潜在的节约。通过广度优先排序，外部 A*算法必要地扩展了整个 f^* 对角线，然而通过深度优先排序，IDA*算法不需要检查 f^* 对角线上的所有状态。它可以在遇到的第一个目标处停止。

表 8.5 对于 24 数码问题实例结合 IDA*算法和外部 A*算法

在 f 值分割	解长度	生成的节点
68（IDA*算法）	82	94769462
70（混合算法）	82	133633811
72（混合算法）	82	127777529
74（混合算法）	82	69571621
76（混合算法）	82	63733384
78（混合算法）	82	108334552
80（混合算法）	82	96612234
82（混合算法）	82	229965025
84（外部 A*算法）	82	171814208

8.7.5 外部显式状态模式数据库

外部模式数据库对应于抽象状态空间的完整探索。它们常常对应于具有延迟重复检测的外部 BFS 算法。因为无须重构任何解路径，所以外部模式数据库的构建尤其适合于前沿搜索。

在构建中，每个 BFS 算法层 i 已经被分配给一个独立文件 B_i。所有 B_i 中的状态都具有相同的目标距离，且映射到 i 中的一个状态的所有状态共享启发式估计

i。为了在类似外部 A*算法中给某个给定状态 u 确定 h 值,首先需要扫描文件以找到 u。

因为这是一个耗费密集的操作,所以只要可能,应该延迟模式数据库查找。因此可以在一次扫描中获得一个更大的状态集合的启发式估计。例如,外部 A* 算法根据它们的启发式估计来分布每个桶中的后继状态集合。因此,它可以适应延迟查找,将后继状态集合和文件中具有给定 h 值的抽象状态(表示的状态集合)相交。

为了保持模式数据库分割,我们需要假设可以被同时打开的文件数量不超过 $\Delta = \max\{h(v) - h(u) + 1 \mid u, v \in \text{Succ}(u)\}$。我们观察到 Δ 匹配抽象状态空间图的局部性。

定理 8.11(外部模式数据库搜索的复杂性) 在具有模式数据库抽象 $\phi(G) = (\phi(V), \phi(E))$ 的无权问题图 $G = (V, E)$ 中,具有有界具体和抽象局部性的外部 A*算法需要 $O(\text{sort}(|E|) + \text{scan}(|V|) + \text{sort}(|\phi(E)|) + f^* \cdot \text{scan}(|\phi(V)|))$ 次 I/O。

证明:外部地构建模式数据库产生 $O(\text{sort}(|\phi(E)|) + \text{scan}(\phi(|V|))$ 次 I/O,而没有外部模式数据库查找的外部 A*算法需要 $O(\text{sort}(|E|) + \text{scan}(|V|))$ 次 I/O。如果将后继关于用于产生抽象状态空间的排序准则排序,可以在对整个外部模式数据库的一次扫描中评价整个后继集合。因为在外部 A*算法中最多查看 $O((f^*)^2)$ 个桶,这给出了朴素的界限,即 $O((f^*)^2 \cdot \text{scan}(|\phi(V)|))$ 次 I/O。在具有有界局部性的图中,为每个后继集合至多处理常量的模式数据库文件,使得每个文件至多 $O(f^*)$ 次被作为一个查找的候选。此外,每个后继集合被额外扫描至多常量次。因此,模式数据库查找的额外工作是 $O(f^* \text{scan}(|V|))$ 次 I/O。总计,我们得到 $O(\text{sort}(|E|) + \text{scan}(|V|) + \text{sort}(|\phi(E)|) + f^* \text{scan}(|\phi(V)|))$ 次 I/O。

注意到具有最优界限 $U = f^*$ 的外部广度优先启发式搜索产生 $O(\text{sort}(|E|) + \text{scan}(|V|) + \text{sort}(|\phi(E)|) + f^* \text{scan}(|\phi(V)|))$,次 I/O,但是需要迭代搜索 f^*。

我们能够避免对后继集合的额外排序请求么?一个解决方案是根据抽象空间的顺序排序原始空间的后继集合。为了允许完全重复消除,需要消除同义词。如果对于在原始空间的所有 u,$h(u) < h(u')$ 意味着 $h(\phi(u)) < h(\phi(u'))$,那么称哈希函数 h 是保序的。对于一个模式数据库启发式,不难获得一个保序的哈希函数。在具有状态比较函数 $\leq_c$ 的具体空间中,我们可以包含任意已经被用来在抽象空间中排序状态的哈希函数 h_ϕ 作为 $\leq_c$ 的前缀。我们扩充状态 u 为 $u_h = (h_\phi(\phi(u), u))$ 并当 $h_\phi(\phi(u)) < h_\phi(\phi(u'))$ 或 $h_\phi(\phi(u)) < h_\phi(\phi(u'))$ 且 $u \leq_c u'$ 时定义 $h(u_h) < h(u_h')$。

当在多模式数据库上使用最大化时,关于多个抽象保序的哈希函数更难获得。但是,后继投影和重排序一直有效。因为重排序的后继集合没有重复,所以

外部排序可以归因于集合 V 而不是 E。对这种情况，模式数据库 k 的数量导致整体复杂性为 $O(\text{sort}(|E|)+k\cdot\text{sort}(|V|)+\sum_{i=1}^{k}(\text{sort}(|\phi_i(E)|)+f^*\cdot\text{scan}(\phi(|V|))))$ 次 I/O。

如果节点一生成时就需要启发式估计，那么创建外部存储模式数据库的合适选项是具有结构化重复检测的反向 BFS 算法。这是因为结构化重复已经提供了关于状态空间抽象函数的局部性。然后根据模式块排列构建模式，每个抽象状态一个。当一个具体启发式搜索算法扩展节点时，它必须检查是否模式查找范围内的模式在主存中。如果不在，则从磁盘读取它们。移除不属于当前模式查找范围的模式块。当内存的一部分满时，搜索算法必须确定从内存中移除哪个模式块。例如，通过采用最近最少使用的策略进行移除。

8.7.6 外部符号模式数据库

符号模式数据库也可以外部构建。每个 BFS 算法层（以 BDD 算法的形式）可以被刷新到磁盘，因此可以重用表示这个层次的内存。启发式被分割成文件且延迟进行类似外部 A* 等算法中的模式数据库查找。

因为一个状态集合的 BDD 算法表示是唯一的，所以在符号模式数据库构建期间不需要花费精力消除一个 BFS 算法层的重复。但在扩展一个状态集合之前，我们需要对之前的 BFS 算法层应用重复检测。如果在某些关键层中重复检测过于昂贵，可以容忍一些状态被多于一次的表示，但是需要保证算法可以终止。

对于构建更大的模式数据库，符号后继集合（镜像）的中间结果也变得太大而无法在主存中完成。解决这个问题的一种方案是，我们可以独立计算所有的子镜像（每个独立动作一个），刷新它们，并在一个单独的程序中外部地计算它们的析取（如以二叉树的形式）。

8.7.7 外部中继搜索算法

即使应用所有的改进，外部搜索算法仍有可能太大而无法在磁盘上完成。除了从某些近似搜索开始以外，可以直接在一个完整 f^* 对角线上发现的最佳搜索桶上应用中继搜索。从搜索中消除所有其他的桶，因此可以产生问题实例的上下界。

图 8.10 展示了具有符号模式数据库的解决 35 数码问题完全随机实例的中继解的内存轮廓。这里观察到三个探索峰值，在那里搜索消耗了太多资源且以当前最佳解的桶重新启动。以初始估计 152 作为下界开始，获得的最优解的范围是 [166,214]。大规模探索消耗了 2566708604768 字节+535388038560 字节+58618421920 字节（约 2.9TB）。

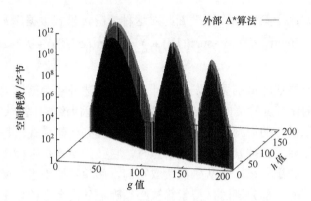

图 8.10　35 数码问题的中继解方案的内存轮廓

8.8▲　外部值迭代

现在讨论扩充搜索模型来覆盖不确定性。更确切地说，扩充值迭代过程（见第 2 章）在无法装进 RAM 的大状态空间上工作。该算法称为外部值迭代。我们的工作在边而不是状态上。对我们而言，一条边是一个 4 元组，即

$$(u,v,a,f(v))$$

式中：u 为前驱状态；v 为存储状态；a 为将 u 转换为 v 的动作；$f(v)$ 为值函数当前对 v 的赋值。

明显地，v 必须属于 $\text{Succ}(a,u)$。在确定性问题中，v 由 u 和 a 确定，因此它可以被完全丢弃，但是对于非确定性问题，v 是必需的。

类似于值迭代的内部版本，外部版本分两阶段工作：一个生成状态空间的前进阶段；一个后退阶段，在此阶段重复更新启发式值直到计算了一个 ε 最优策略或进行了 $t_{\max}$ 次迭代。

下面，使用图 8.11 中的图在一个运行例子中解释算法。状态被从 1～10 编号，起始状态是 1，终止状态是 8 和 10。紧挨着状态的值是起始启发式值。

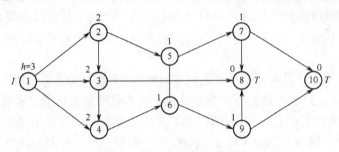

图 8.11　起始（$f=h$）的示例图

8.8.1 前进阶段：状态空间生成

典型地，通过深度优先或广度优先生成一个状态空间，使用哈希表避免状态的再次扩展。我们选择一个外部广度优先探索来处理大状态空间。因为在外部设置中负担不起哈希表，所以我们依赖于延迟重复检测。它由两个阶段组成，首先在新产生的层中移除重复，然后关于之前产生的层移除重复。注意到，当且仅当一条边 $(u,v,a,f(v))$ 的前驱 u、状态 v 和动作 a 匹配一条现有的边时，这条边是重复的。因此，在无向图中，每条无向边存在两条不同的边。对我们而言，基于延迟重复检测排序是最合适的排序次序，并且在后退阶段中被进一步利用。

算法 8.8 以伪代码形式显示了外部值迭代。对于每个深度值 d，算法在磁盘上维护 BFS 算法层 Layer(d)。第一个阶段结束于将所有层连接为一个包含从 s 可达的所有边的 Open 列表。对于有界局部性，这个阶段的复杂性是 $O(\text{scan}(|V|) + \text{sort}(|E|))$ 次 I/O。

Procedure External-Value-Iteration
Input：具有开始节点 s，启发式 h 的问题图，容忍 $\varepsilon > 0$，最大迭代 $t_{\max}$
Output：如果 $t_{\max} = \infty$，（磁盘上的）ε 最优值函数

```
Layer(0) ← {(∅, s, ⊥, h(s))}                  ;;起始状态没有前驱状态和动作
d ← 0                                          ;;初始化深度值
while (Layer(d) ≠ ∅)                           ;;除非完全探索了状态空间
  d ← d+1                                      ;;维护 BFS 层次的深度
  Layer(d) ← {(u,v,a,h(v)) |
    u ∈ Layer(d−1), a ∈ A(u), v ∈ Succ(a,u)}   ;;下一个桶
  Sort Layer(d) with respect to edges (u,v)    ;;准备延迟重复检测
  Remove duplicate edges in Layer(d)           ;;桶内的重复消除
  Subtract duplicate edges from Layer(d)       ;;关于之前桶消除重复
Open₀ ← Layer(0) ∪ Layer(1) ∪ ⋯ ∪ Layer(d−1)   ;;合并 BFS 算法层次
Sort Open₀ with respect to states v            ;;关于第二个组件排序
t ← 0; Residual ← +∞                           ;;初始化迭代和近似精度
while  t < t_max ∧ Residual > ε                ;;终止条件
  Residual ← Backward - Update(Open_t)         ;;调用子程序
  t ← t+1                                      ;;迭代递增
```

算法 8.8
外部值迭代算法

8.8.2 后退阶段：更新值

后退阶段是方法的最关键部分。为了进行状态 v 上的值更新，需要汇集其后继状态的值。因为它们都包含在一个文件中，并且不存在排列可以将后继状态靠近它们的前驱状态，所以拷贝整个图（文件）并有区别地处理当前状态及其后继。为了建立邻接关系，关于节点 u 排序称为 Temp 的第二份拷贝。记住，Open 是关于 v 排序的。

对文件 Open 和 Temp 的并行扫描使得这里可以访问需要在 v 的值上进行更新的所有后继和值。对于例子中的图，这个场景显示在图 8.12 中。$t=0$ 时 Temp 和 Open_t 的内容与目前每条边 (u,v) 计算的启发值一起显示。箭头显示了信息流（点划线和短划线的交替仅是为了显示更清楚）。更新的结果被写入文件 Open_{t+1}，它包含每个状态在 $t+1$ 次迭代之后的新值。一旦计算得到 Open_{t+1}，文件 Open_t 可以被移除因为不再需要它。

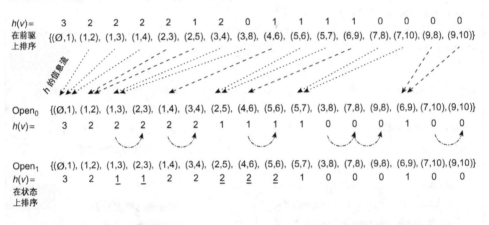

图 8.12 外部值排序的后退阶段（文件 Open_0 和 Temp 存储在磁盘上。对这两个文件的并行扫描从左至右进行。第一次更新的结果是文件 Open_1；在第一次更新中发生改变的值以粗体下划线字体表示）

算法 8.9 显示了 MDP 模型情况下的后退更新算法；其他模型是相似的。首先使用缓存 I/O 操作拷贝 Open_t 列表到 Temp，根据前驱状态 u 排序新的 Temp 列表；然后在 Open_t 的所有边上迭代并搜索在 Temp 中的后继。因为 Open_t 是关于状态 v 排序的，所以算法从不在任何 Open_t 或 Temp 文件中往返操作。注意到所有的读和写都被缓存，因此可以通过一直以块的形式进行 I/O 操作从而高效执行。

```
Procedure Backward-Update
Input：（存储在磁盘上的）边状态空间 Open_t
Output：（存储在磁盘上的）边状态空间 Open_{t+1}
Side Effect：写入文件 Temp 和 Open_{t+1}


Residual ← 0                                      ;;初始化近似精度
Temp ← Open_t                                     ;;赋值文件
Sort Temp with respect to states u                ;;关于第一个组件排序
for each  (u,v,a,f) ∈ Open_t                      ;;扫描整个搜索空间
  if v ∈ T                                        ;;特殊情况（I），发现目标
    Write (u,v,a,f) to Open_{t+1}                 ;;复制值到下一次迭代
  else if v = v_last                              ;;情况（II），后继没有改变
    Write (u,v,a,f_last) to Open_{t+1}            ;;复制值到下一次迭代
  else                                            ;;前驱匹配
    Read (x,y,a',f') from Temp                    ;;情况（IV）是 x=v；情况（III）是 x≠v
    for each  a ∈ A(v) q(a) ← w(a,v)              ;;计算起始 q 值
    while x = v                                   ;;前驱匹配
      q(a') ← q(a') + P_{a'}(y|x)f'               ;;更新 q 值
      Read (x,y,a',f') from Temp                  ;;读取下一个
    Push back (x,y,a',f') in Temp                 ;;检测改变所需的最后一个值
    f_last ← min_{a ∈ A(v)} q(a)                  ;;更新值函数
    v_last ← v                                    ;;复制到临时
    Write(u,v,a,f_last) to Open_{t+1}             ;;刷新信息
    Residual ← max{| f_last − f |, Residual}      ;;刷新近似精度
return Residual                                   ;;生成输出
```

算法 8.9

外部值迭代——后退更新

现在讨论当从 $Open_t$ 中读取一条边 $(u,v,a,f(v))$ 时可能产生的不同情况。在括号中提到了图 8.11 中符合每种情况的状态；h 值的流动显示在图 8.12 中。

（1）情况 I：v 是终止状态（状态 8 和 10）。因为没有必须的更新，边可以被写入 $Open_{t+1}$。

（2）情况 II：v 与上个更新的状态相同（状态 3）。将边与这个最后一个值写入 $Open_{t+1}$（图 8.12 中以弯曲的箭头显示这种情况）。

（3）情况 III：v 没有后继。这意味着 v 是终止状态，因此由情况 I 处理。

（4）情况 IV：v 具有 1 个或多个后继（剩余状态）。对于每个动作 $a \in A(v)$，通过概率和存储值的乘积的加和来计算值 $q(a,v)$。这个值保存在数组 $q(a)$ 中。

对于从 Temp 中读取的边 (x, y, a', f)，有以下两种情况。

（1）情况 A：y 是起始状态，意味着 $x = \emptyset$。因为没有什么要做，所以跳过这条边。通过将 $\emptyset$ 作为最小的元素，Temp 的排序将所有这种边移动到文件的前面（为了简洁起见，未显示这种情况）。

（2）情况 B：$x = v$，这条边的前驱匹配来自 $Open_i$ 的当前状态。这要求更新 $q(a)$ 值。

对于每个 $a \in A(v)$，数组 $q: A \to R$ 被初始化为边权重 $w(a, v)$。一旦处理了所有后继，v 的新值是存储在所有可应用动作的 q 数组中的最小值。

这里需要注意的一个重点是，没有使用从 Temp 中读取的最后一条边。Pushback 操作将这条边放回 Temp 文件。因为 Temp 文件被缓存了，所以该操作不导致任何物理 I/O。最后，为了处理情况 II，最后更新节点的拷贝和它的值分别存储在变量 v_{last} 和 h_{last} 中。

定理 8.12（外部值迭代的 I/O 复杂性） 假设有界局部性，外部值迭代算法至多进行 $O(\text{scan}(|E|) + t_{max} \cdot \text{sort}(|E|))$ 次 I/O。

证明：对于有界局部性，前进阶段需要 $O(\text{scan}(|E|) + \text{sort}(|E|))$ 次 I/O。此外，后退阶段进行至多 t_{max} 次迭代。每个这种迭代由一个排序和两个扫描操作组成，共 $O(t_{max} \cdot \text{sort}(|E|))$ 次 I/O。

作为一个问题域的例子，考虑滑块拼图。进行两个实验：一个具有确定性移动；另一个具有噪声动作。其到达期望效果的概率为 $p = 0.9$，没有效果的概率为 $1 - p$。无法使用内部值迭代解决 3×4 的长方形滑块拼图，因为状态空间无法装进 RAM。外部值迭代共产生 1357171197 条边，耗费 45GB 磁盘空间。后退更新在 72 次迭代后成功完成，使用 1.4GB 的 RAM。起始状态的值函数收敛为 28.8889，剩余小于 $\varepsilon = 10^{-4}$。

8.9▲ 闪存

机械硬盘这些年来已经提供了可靠的服务，它们的优势至少在移动设备上将随着 SSD 的出现而改变。SSD 在电力、机械和软件上都兼容传统（磁性）硬盘驱动器。区别在于存储媒介是不是磁性的（如硬盘）或光学的（如 CD），而是一个固态半导体（NAND 闪存），如电池支持的 RAM 或其他电可擦写的类似 RAM 的芯片。在过去的几年里，NAND 闪存超过了 RAM 的比特密度，且 SSD 市场持续增长。这提供了比磁盘更快的访问时间，因为数据可以随机访问且不依赖于与旋转磁盘同步的一个读/写接口头。磁盘和固态磁盘数据传输带宽和访问时间的典型值如图 8.13 所示（当然，这些值随硬件更改而变化，SSD 似乎比硬盘进步更快）。

特征	硬盘	固态硬盘
读带宽	65 MB/s	72 MB/s
写带宽	60 MB/s	70 MB/s
随机读访问时间	11 ms	0.1 ms
随机写访问时间	11 ms	5 ms

图 8.13 固态硬盘和硬盘驱动器的特征

由 NAND 闪存构建的 SSD 的随机读取速度大致位于 RAM 和磁性硬盘驱动器（HDD）的几何平均值。限制 SSD 大规模传播的唯一因素是设备成本。如果表达为每存储比特，SSD 的每存储比特成本仍明显高于磁盘。

我们观察到随机读取操作在 SSD 上远远快于机械磁盘，而其他参数相似。因此，很自然的问题是是否有必要采用当前 I/O 高效的图搜索算法中已知的延迟重复检测（DDD），或者是否可能使用标准的立即重复检测（IDD）构建高效的 SSD 算法，尤其是哈希。

注意，外部存储器模型不再是很好的匹配，因为它不涉及随机读/写操作的不同访问时间。因此，对于 SSD，扩充刚介绍的外部存储模型是合适的。一种选择是使用不同的读取和写入的缓冲区大小；另一个选择是对于随机读/写操作包含一个惩罚因子 p。

存在不同的选项在状态空间搜索中利用 SSD 算法。首先，研究不利用 RAM 直接访问 SSD，这意味着随机读和随机写操作。其实现作为一个参考，可以扩展到任意已访问状态空间可以装进 SSD 的隐式图搜索。作为改进，RAM 中的比特状态表可以用来避免失败的查找。

接下来压缩内存中的状态以包含辅助存储器中的地址。对于这种情况，按生成顺序将状态写入外部存储器。为了解决哈希同义词，以随机读取形式进行状态查找是必要的。即使线性探测在进行内部哈希时显示了性能缺陷，它仍然是成块策略的明显候选。备选哈希策略可以进一步减少随机读的数量。

第三种方法在内部哈希表一旦变满时将其刷新到外部设备。这种情况下，在内部存储完整的状态向量。对于大量的外部存储和小的向量大小，可以检查大的状态空间。通常在刷新内部哈希表时挂起探索过程。我们观察到随机读/写数量之间的折中，这主要依赖于访问局部性的增加。

8.9.1 哈希

一般的设置（图 8.14）是一个保存在 SSD 上的背景哈希表 H_b，它可以支持 $m = 2^b$ 个表项。额外假设一个拥有 $m' = 2^f$ 个表项的前景哈希表 H_f。因此，前景

和背景的比例是 $r=2^k=2^{b-f}$。碰撞可以产生额外的负担，尤其是背景哈希表的碰撞。因为链接需要存储和跟踪链接的开销，所以剩下的是开放寻址和合适的探索策略。

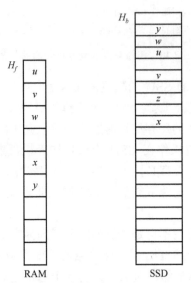

图 8.14 前景和背景哈希表，以 RAM 和 SSD 为例

如以前指出的，SSD 偏好顺序写和顺序读，但是可以处理可接受数量的随机读。因为线性探测通过顺序扫描发现元素，它是 I/O 高效的。对于负载因子 α，一个成功的搜索平均需要约 $1/2(1+1/(1-\alpha))$ 次访问，但是一个不成功的搜索平均需要约 $LP_\alpha = 1/2(1+1/(1-\alpha)^2)$ 次访问。对于一个填充到 50% 的哈希表，平均需要查看少于三个状态，可以很容易地装进 I/O 缓存。考虑到随机访问慢于顺序访问，这意味着除非哈希表变满，否则每个查找每个节点一次 I/O 的线性探测是基于 SSD 的哈希的合适选择。

8.9.2 映射

在图搜索中应用 SSD 算法的最简单方法是，将每个节点存储在文件中它的背景哈希地址上，且如果该地址被占用，则应用磁盘上的冲突解决策略。由于它们大的寻找时间，这个选择对于 HDD 显然不可行，但是在某种程度上它也不适用于 SSD 算法。尽管如此，除了因成块操作因而预期很慢的随机写入的广泛使用以外，这个方法的另一个问题是擦除所有当前存储在背景哈希表中的数据所导致的初始化时间。

因此，我们应用改进来加速搜索。使用一个额外的保持在 RAM 中的比特向量数组表示一个状态是否已经存储在磁盘上。这限制了重设主存中所有比特的初始化时间,速度更快。此外,当使用未使用表项来哈希一个新状态时,可以节约查找时间。图 8.15(a)说明了这个方法。比特向量 occupied 会记住 SSD 上的地址是否在使用中。

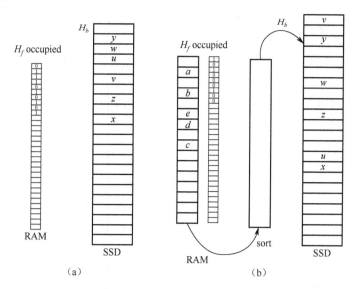

图 8.15 没有和具有合并时的外部哈希

额外的 RAM 数量另外限制了要处理的搜索空间的大小。但是,在一个具有几百字节需要存储在背景哈希表的完整状态向量的搜索实践中,考虑到主存和外部存储间的比例仍然是适度的,所以在 RAM 中为每个状态投入 1 比特是无害的。探索的唯一限制在于可以存储在固态盘上的状态数量,假定其足够大。

为了分析这个方法,令 n 是节点数量且 e 是状态空间图中检查的边的数量。没有 occupied 向量时,这需要 e 次查询和 n 次插入操作。令 B 是块的大小(一次 I/O 操作中获取或写入的数据总量)且 $|s|$ 是状态向量的固定长度。只要 $LP_\alpha \cdot |s| \leqslant B$,每次查询至多读取两个块(当线性探测达到表的末尾时,需要对文件开始部分的一个额外寻找)。对于 $LP_\alpha \cdot |s| > B$,没有额外的随机读访问是必要的。查询之后,一个插入操作导致一个随机写入。这导致了闪存 I/O 复杂性 $O(e + pn)$,其中 p 是随机写入操作的惩罚因子。使用 occupied 向量,假如没有发生碰撞,读操作数量从 e 减少到 n。

因为这个方法的主要瓶颈在于到背景哈希表的随机写入,如同另一个改进一样,可以额外地使用一个前景哈希表作为写入缓存。由于插入操作很多,前景哈希表会变满。因此,需要被刷新到背景哈希表,它会导致写入和随后的读取。一

个称为合并的选择是在刷新之前将内部哈希表关于外部哈希函数进行排序。如果哈希函数是相关的,那么序列已经被预排序了,意味着倒置数量 $\text{inv}(H_f) = |\{(i, j) | h_f(s_i) < h_f(s_j) \wedge h_b(s_i) > h_b(s_j)\}|$ 很小。如果 $\text{inv}(H_f)$ 很小,则使用利用预排序的类似适应性排序算法。在刷新的时候,有一个(由于线性探测策略的)顺序写入,使得总的刷新的最差 I/O 次数的界限是刷新次数乘以顺序写入的工作量。图 8.15(b) 描述了这个方法。因为可以利用顺序数据处理,更新背景哈希表相当于一次扫描(图 8.16)。将块读入 RAM 并与内部信息合并后被刷新回到 SSD。

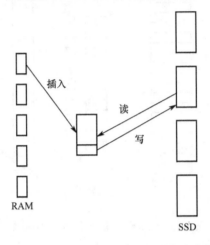

图 8.16　在合并时进行线性探测更新哈希表

8.9.3　压缩

在外部存储设备上的一个文件中存储所有状态向量,并使用其相关的文件指针位置替代状态向量。对于大小为 m 的外部哈希表,每个表项 $\lceil \lg m \rceil$ 比特,一共 $m \lceil \lg m \rceil$ 比特。图 8.17 描述了这个方法,箭头表示外部存储器上的位置。不再需要额外的比特向量。

这个策略也产生 e 个查找和 n 个插入操作。因为 SSD 上状态的顺序不一定对应于在主存上的顺序,线性探测导致的状态查找造成多次随机读取。因此,需要读取的单独块的数量界限是 $LP_\alpha \cdot e$。相比之下,所有的插入操作都顺序执行,在内存中使用 B 字节缓存。随后,这个方法进行 $O(LP_\alpha \cdot e)$ 次对 SSD 的随机读取。只要 $LP_\alpha < 2$,这个方法比映射执行更少的随机读取操作。通过使用另一个外部哈希策略,例如,布谷鸟哈希(见第 3 章),可以将最大查找数量减少到两次。因为顺序写入 s 字节的 n 个状态需要 $n|s|/B$ 次 I/O,总的闪存 I/O 复杂性是 $O(LP_\alpha \cdot e + n|s|/B)$。

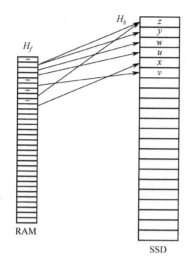

图 8.17 状态压缩策略

8.9.4 刷新

之前的方法要么需要大量的时间根据 h_b 写入数据，要么需要大量的背景内存。还有一些需要接下来进一步考虑的折中方案。

第一个方案称为填充，将整个前景哈希表附加到背景表的已有数据上。因此，背景哈希函数可以被大致表征为 $h_b(s) = i \cdot m' + h_f(s)$，其中 i 为当前刷新的数量，s 为需要被哈希的状态。

写入是顺序的，冲突解决策略继承自内部存储器。对于多个刷新读取，涉及一个应答成员查询的状态，因为搜索一个状态可导致多达 r 次表查询。冲突解决可能导致更差的性能。但是，对于仅超过 RAM 资源一个非常小因子的中等数量的状态，期望的平均性能是好的。只要所有状态都可以驻留在主存中，就不需要访问背景哈希表。

可以安全地假设负荷因子 α 足够小，因此使用块访问的线性探测的额外工作量是显然的。此外，执行了 e 次查询和 n 个插入操作。令 e_i 表示在阶段 i ($i \in \{0,1,\cdots,r-1\}$) 生成的后继的数量。对于阶段 0，无须访问背景表。对于阶段 $i(i>0)$，需要读取至多 $O(i \cdot e_i)$ 个块。与顺序写入 n 个元素（在 r 轮中）一起，这导致的闪存复杂性为 $O(n|s|/B + rp + \sum_{0 \leq i \leq r} i \cdot e_i)$ 次 I/O。图 8.18（a）提供了一个描述。整个前景哈希表已经被刷新了一次，最大刷新数量设置为 3。

明显的备选是将背景哈希表切片，使得 $h_b(s)$ 变为 $h_f(s) \cdot r$ 加上刷新的数量。图 8.18（b）提供了一个描述；这是经过一次刷新之后的情况，再次假定至多三个刷新。

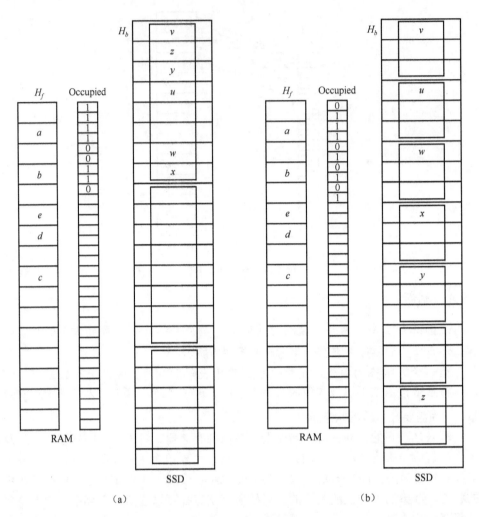

图 8.18 填充和切片策略

在刷新期间处理整个外部哈希表的劣势被如下事实所弥补，即可以同时搜索哈希表的探测序列。对于查找使用一个比特向量（大小等于刷新的数量）监控一个单独探测序列是否终止于一个空的桶。如果所有探测序列失败，则查询本身也失败了。

8.10 小结

随着规模和顺序访问时间的快速增加和价格的快速降低，本章研究了通过利用硬盘探索问题图的外部（存储器）搜索算法。

图搜索算法，如 BFS 算法、深度优先搜索算法和 A*算法，使用重复检测识别在图中何时通过备选路径到达相同节点。这通常涉及到，将已经探索的节点存储在随机访问存储器中，并核对新生成的节点与存储的节点。但是，RAM 的有限大小制造了内存瓶颈，严重限制了这个方法可以解决的问题范围。所有已经被开发的在受限 RAM 中搜索的聪明技术的可扩展性终究是有限的，因为很多实际问题搜索图都太大而无法使用这些技术解决。依赖虚拟内存由于过多的页面错误减缓了探索。我们已经说明了，可以使用外部存储器。例如，磁盘在重复检测中存储生成的节点时显著改善图搜索算法。但是，这需要不同的搜索策略来克服 RAM 和磁盘间 6 个量级的随机访问速度差别。

探索算法而不是底层操作系统监督磁盘访问。因此，算法设计主要关心访问的局部性。有效的设计会提供内部哈希表的备选实现且允许延迟重复检测。如果磁盘空间变得稀疏，就按需调用早期合并延迟重复检测。在基于哈希的重复检测中，粗糙哈希编码对加速外部排序是有效的。如果根据哈希值，将邻居集合装进主存储器，那么结构化重复检测保证 RAM 可以捕获所有重复。

将状态空间分割为桶，与第 7 章中的符号（盲的和启发式的）搜索算法有很多相似之处。因为探索是显式状态的，所以需要通过外部排序及随后的外部扫描操作发现桶内的重复。

外部 BFS 算法是为显式图搜索开发的，但是它在隐式图搜索中更有效。因为隐式图中无须访问邻接表。一些算法技术已经过时了，如预处理显式图。其他的算法变得更有吸引力，例如流水线方法。使用一个文件作为一个队列，在（要么稀疏要么非稀疏的）无向图中外部 BFS 算法是 I/O 最优的。当考察有向图时，问题图的局部性再一次变成确定重复检测范围的重要度量。除了排序以外，局部性对 I/O 复杂性影响最大。

给定最优解界限，外部 A*算法和外部广度优先启发式搜索都随增长的 g 值运行，因此探索相同的状态集合。在包含超长解的非常稀疏的图（如一个状态链）中，外部 A*算法在获得最优解效率方面有困难（每个活跃桶都需要文件缓存）。当搜索具有未知解深度的图时，外部广度优先启发式搜索会有困难（对一个上升的阈值，新状态几乎无法挤入现有文件）。

现在已经将外部存储器搜索从确定性扩展到通用搜索模型，包括类似 MDP 的非确定性和概率性搜索空间。不同于确定性设置，外部值迭代算法生成整个可达状态集合，从而需要多次经过问题图，并且在问题图的边上而不是问题图节点上操作。

表 8.6 给出了本章介绍的外部算法概述。为了便于复杂性表示，假设隐含了

无向图结构的常数局部性并使用 $|G|$ 作为 $|V|+|E|$ 的缩写。尽管如此，多数算法可延伸到整数边加权和有向图。在有向图中，需要遍历更大的桶集合从而从早前搜索层次中去掉重复。在加权图中，需要处理不相邻的桶。显式图搜索仅对于正则图子类有效。对于外部 BFS 算法和具有延迟重复检测的外部 A*算法，我们有一个匹配下界。

表 8.6 外部搜索算法概述。复杂性假设常量的局部性；MR 是 Munagala 和 Ranade 算法；MM 算法是 Mehlhorn 和 Meyer 算法

名字	I/O 复杂性	权重	图	最优
MR 算法（8.1）	$O(|V|+\text{sort}(|E|))$	均匀	无向	√
MM 算法	$O(\sqrt{\text{scan}(|G|)}+\text{sort}(|G|))$	均匀	无向	√
Ext.-SSSP 算法	$O(\text{sort}(|G|))$	$\mathbb{R}$	正则	√
Ext.-BFS 算法（8.2）	$O(\text{scan}(|V|)+\text{sort}(|E|))$	均匀	无向	√
Ext.-A* 算法（8.7）	$O(\text{scan}(|V|)+\text{sort}(|E|))$	均匀	无向	√
Ext.-PDB-A* 算法	$O(\text{sort}(|E|)+\text{scan}(|V|)+\text{sort}(|\phi(E)|)+f*\text{scan}(|\phi(V)|))$	均匀	无向	√
Ext.-BFBnB 算法（8.4）	$O(\text{scan}(|V|)+\text{sort}(|E|))$	$\mathbb{R}$	无向	√
Ext.-BFHS 算法（8.4）	$O(\text{scan}(|V|)+\text{sort}(|E|))$	均匀	无向	√
Ext.-EHC 算法（8.5，8.6）	$O(h(s)\cdot(\text{scan}(|V|)+\text{sort}(|E|)))$	$\mathbb{N}$	无向	—
Ext.-SDD 算法	$O(|G|)$	均匀	结构化	√
Ext.VI 算法（8.8，8.9）	$Q(\text{scan}(|E|)+t_{\max}\cdot\text{sort}(|E|))$	一般	结构化	√

结构化重复检测的 I/O 复杂性被分配为 $O(|G|)$，如果投影函数一致，这是显然的。理论上，这样的最差性能可以在任意迫使从磁盘获取单件节点的抽象中发生。根据缓存遗忘算法，值得提到使用 RAM 和硬盘的局部探索也会优化 CPU 缓存性能。

随着固态盘技术的出现，立刻重复检测变得易于处理，为探索策略的选择提供了更高的灵活性。监视 CPU 性能显示存在 I/O 等待，但不会抖动。随着 SSD 的随机访问时间减少，SSD 可能变得足够快以提高 CPU 利用率达到全速，使得 SSD 完全对用户透明。压缩可能是最佳执行策略，需要大量的主存储器。根据当前的 RAM 和 SSD 空间比例，这没有瓶颈。

8.11 习题

8.1 对于一个外部堆栈，缓存是一个包含 $2B$ 个元素且在任意时刻都包含最近插入的 $k<2B$ 个元素的内存数组。我们假定堆栈内容的界限为至多 N 个元素。

第 8 章 外部搜索

（1）实现一个除了当缓存为空时无须 I/O 的移除操作。在这种情况下允许单次 I/O 获取包含 B 个元素的块。

（2）实现一个除了当缓存满时无须 I/O 的插入操作。在这种情况下允许单次 I/O 写入包含 B 个元素的块。

（3）说明在摊销意义上插入和删除花费 $1/B$ 次 I/O。

（4）为什么堆栈使用的缓存大小为 $2B$ 而不是 B？

（5）使用 2 个堆栈实现一个外部队列，使得插入和删除操作摊销意义上 I/O 次数为 $1/B$。

8.2 一个外部链表保持了局部性：在列表中相互接近的元素必须趋向于存储在相同的块。

（1）说明在每个块中放入 B 个连续元素的简单方法导致对 N 个元素的列表扫描次数为 $O(N/B)$ 次 I/O。

（2）说明这样一个简单方法实现对于插入和删除需要 $\Omega(N/B)$ 次 I/O。

8.3 外部链表的一个改进实现维持如下不变式：在每对连续块中存在多于 $2B/3$ 个元素。

（1）说明顺序扫描的 I/O 数量增长因子至多为 3。

（2）如果一个插入中，块的任何一个邻居变满，那么我们将块分解为两个至多包含 $B/2$ 个元素的块。说明不变式保持。

（3）如果一个删除中，块的邻居之一具有 $2B/3$ 个元素或更少，那么我们合并两个块。说明不变式保持。

（4）说明分解和合并可以在 $O(1)$ 次 I/O 中完成。

（5）说明这个方法保证更新一个链表的 I/O 次数为常数。

（6）说明这个方法对于 N 个连续插入的 I/O 次数为 $O(1+N/B)$。

（7）说明在一次插入之后，至少需要 $B/6$ 次删除来违反不变式。

（8）将空间利用率从 $1/3$ 增加到 $1/\varepsilon$。

8.4 假设给定大小为 n 且超过主存储器大小的三个大数组 A、B 和 C。此外 C 是一个排列 $\{C[1],C[2],\cdots,C[n]\} = \{1,2,\cdots,n\}$。任务是对于 $i \in \{1,2,\cdots,n\}$ 将 $A[i]$ 分配给 $B[C[i]]$。

（1）说明顺序处理输入的朴素方法意味着 $O(n)$ 次 I/O。

（2）设计一个 I/O 复杂性为 $O(\text{sort}(n))$ 的策略。

8.5 令 BFS 算法数量为 BFS 算法遍历中节点的访问顺序，并且 BFS 树是与一个 BFS 搜索关联的树（对于每个节点 v，v 在 BFS 树中的父亲是满足 bfsnum = $\min_{v,w}$ bfsnum(w) 的节点）。说明对于无向图，如下变换可以使用

$O(\text{sort}(|V|+|E|))$ 次 I/O 完成。

（1）BFS 数量到 BFS 树。

（2）BFS 树到 BFS 层次。

（3）BFS 层次到 BFS 数量。

8.6 作为导致 $O(\lg N)$ 次 I/O 的平衡二叉搜索树的一个简单外部实现，已经提出度为 $\Theta(B)$ 的 B 树的泛化。为了外部使用，B 树节点引导搜索到 $\Theta(B)$ 个子树之一。平衡不变式要求（1）对于每个位于小于树高 h 的层次 i 的节点，下面的叶子数量至少为 $(B/8)^i$；（2）对于每个位于层次 $i \leqslant h$ 的节点，它下面的叶子数量至多为 $4(B/8)^i$。说明平衡不变式意味着如下结论。

（1）任意节点至多包含 $B/2$ 个孩子。

（2）B 树的高度至多为 $1+\lceil \lg_{B/8} N \rceil$。

（3）任意非根节点具有至少 $B/32$ 个孩子。

（4）推断搜索一个 B 树的最差情况是 $1+\lceil \lg_{B/8} N \rceil$ 次 I/O。

（5）说明 B 树高度的下界 $\Theta(\lg_B N)$。

（6）解释如何在 $\Theta(\lg_B N)$ 次 I/O 内插入和删除。

8.7 关于图 8.19 中的图，解释开始于节点 1 的 Munagala 和 Ranade 算法的工作过程。对于 $i>0$，$\text{Succ}(\text{Open}(i))$ 中生成的节点是什么？对于每次迭代移除这个集合中的重复并显示剩余的节点。对于每次迭代，移除列表 $\text{Open}(i-1)$ 和 $\text{Open}(i-2)$。

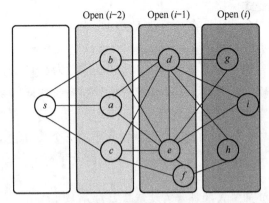

图 8.19 Munagala 和 Ranade 算法的扩展示例

8.8 导出一个使用 $O(k \cdot (\text{sort}(|E|)+\text{scan}(|V|)))$ 次 I/O 的 Bellman Ford 算法隐式版本的外部实现，其中 k 是耗费最优解路径的长度。你可以限制于无向单位耗费问题图。使用 Munagala 和 Ranade 算法的外部 BFS 算法实现的派生且限制重复

消除为允许重新打开。说明为了达到规定的复杂性,每条边和每个节点被考虑至多 k 次。

8.9 说明外部 A*算法在一个具有一致性启发式的单位耗费问题图中考虑的桶的数量 Open(i, j) 的界限是 $(f*+1)^2/3$。

8.10 给出耗费优化搜索的外部 BFS 探索的伪代码实现,递增地改进解耗费的上界 U。使用的状态集合应该以文件的形式表示。搜索前沿指示当前 BFS 层被测试与目标的交集,这个交集根据已经建立的边界被进一步约减。

8.11 说明具有一个模式数据库启发式的外部 A*算法可以在 $O(\text{sort}(|E|) + \text{scan}(|V|) + \text{sort}(|\phi(E)|) + (f*-h(s)) \cdot \text{scan}(|\phi(V)|))$ 次 I/O 内被执行(唯一的变化是因子由正文中的 $f*$ 变为 $(f*-h(s))$)。

8.12 煎饼问题定义如下。给定一个具有不同大小的煎饼的 n 堆栈,前 k 个煎饼需要多少次翻转才能使它们以升序排列?图 8.20 描述了这个问题。已知 $(5n+5)/3$ 次翻转总是足够的,并且 $5n/14$ 是下界。在翻煎饼问题中,煎饼的一面被烤焦且另外的需求是将所有的烤焦的面向下。已知 $(2n-2)$ 次翻转总是足够且 $3n/2$ 是下界。

(1) 说明通过迭代的将下一个最大的元素放在其合适的位置,我们可以用 $2n-3$ 次翻转获得一个解,并且当起始排列没有期望的邻接时,至少需要 n 次翻转。

(2) 翻煎饼问题的一个未证明的猜想是:最差场景是原始堆栈中所有烤焦的面都向上。当 n 为 $1,2,3,4$ 时验证这个猜想。

(3) 导出一个煎饼问题的启发式,其定义在从更小到更大煎饼顺序改变的次数或反之。

(4) 使用外部 BFS 算法解决这个问题,对于原始煎饼问题一直到 $n=16$,对于翻煎饼问题 $n=11$。你能在外部 A*搜索算法上扩展多远?

图 8.20 翻煎饼问题

8.12 书目评述

Aggarwal 和 Vitter（1988）发明了外部存储算法的单磁盘模型。Sanders，Meyer 和 Sibeyn（2002）给出了一个详细介绍。缓存树数据结构应归功于 Arge（1996）。文献中提出了很多外部优先级队列的其他变体（Kumar 和 Schwabe，1996；Fadel 等，1997；Brengel 等，1999）。锦标赛树及其在图搜索中的应用由 Kumar 和 Schwabe（1996）提出，Buchsbaum，Goldwasser，Venkatasubramanian 和 Westbrook（2000）研究了缓存仓库树及其在外部图搜索中的应用。

Munagala 和 Ranade（1999）应用算法对于显式和隐式图并没有很大差异。但是，对于显式图，目前为止预先计算和访问工作量更大。Mehlhorn 和 Meyer（2002）首次尝试提出了对这个算法的扩展以打破对显式图的 $O(|V|)$ 次 I/O 的障碍。延迟重复检测的 I/O 下界参考 Aggarwal 和 Vitter（1987），他们给出了外部排序的一个下界。Arge，Knudsen 和 Larsen（1993）扩展了这个工作到重复检测问题。

术语延迟重复检测由 Korf（2003a）在长方形 ($n \times m$) 数码问题的完整 BFS 探索算法的背景下创造。如本章中所述，这个方法与 Korf，Zhang，Thayer 和 Hohwald（2005）提出的内部前沿搜索具有共性。在 Korf（2003a）出版的解释中，提到了关于之前的列表消除节点。基于哈希函数的外部排序（基于哈希的延迟重复检测）被 Korf 和 Schultze（2005）在 15 数码问题的完整 BFS 背景下提出。对于类似煎饼和翻煎饼的排列问题，Gates 和 Papadimitriou（1976）已经考虑了，特征是快速排序和解序操作，Korf（2008）已经说明了怎样仅使用 2bit 进行 BFS 算法。如果 RAM 仍然耗尽，这个处理讨论了部分刷新比特状态表到磁盘的 I/O 高效的实现。具有完全和不可逆哈希函数的假设在非正则问题域中很难达到。基于相对顺序的煎饼问题的一个有效的启发式由 Helmert 和 Röger（2010）提出。

外部 A*算法由 Edelkamp，Jabbar 和 Schrödl（2004a）提出，结果如正文中给出的。Zhou 和 Hansen（2004c）合并结构化重复检测到外部存储器图搜索。Zhou 和 Hansen（2007a）的一个改进，称为边分割，以更少的 RAM 需求交换结构化重复检测的多次扫描。Korf（2004a）成功的扩展了延迟重复检测到最佳优先搜索且考虑了已访问列表的遗漏，如同在前沿搜索中提出的那样。在他的提议中，证明了三个选项的任意两个是相容的情况下产生如下算法集合：具有延迟重复检测的广度优先前沿搜索、最佳优先前沿搜索和具有外部非约减封闭列表的最佳优先搜索。在最后一种情况下，模拟基于桶的优先级队列中的缓存的遍历。外部 A*算法满足所有三个需求。

Zhou 和 Hansen（2005a）将外部模式数据库与结构化重复检测一起使用。Edelkamp（2005）使用外部显式和符号模式数据库探索了抽象 STRIPS 和多序列比对问题。构建过程是基于外部 BFS 的。在加权抽象问题图中，以对外部 A*算法的派生的形式需要 Dijkstra 算法的外部版本。

外部 BFBnB 与 Zhou 和 Hansen（2004a）的内存受限的广度优先搜索算法有关。Kristensen 和 Mailund（2003）提出了外部模型检验算法的实现，他们为扫描搜索空间提出了一个根据给定偏序的行扫描技术，Jabbar 和 Edelkamp（2005）在外部 A*算法上实现了一个模型检验算法。Jabbar 和 Edelkamp（2006）为模型检验安全性属性提供了 Jabbar 和 Edelkamp（2005）算法的分布式实现，Jabbar 和 Edelkamp（2006c）扩展这个方法到一般 LTL 属性。Edelkamp 和 Jabbar（2006b）在模型检验实时域的背景下提出了外部迭代扩展，Ginsberg 和 Harvey（1992）介绍了内部技术。I/O 高效的具有外部值迭代的概率性搜索指的是 Edelkamp，Jabbar 和 Bonet（2007）的工作。

Edelkamp，Sanders 和 Simecek（2008c）以及 Edelkamp 和 Sulewski（2008）的一些搜索算法已经包含了半外部搜索的完全哈希函数。在外部产生状态空间之后，构建每个状态具有很小数量比特的空间高效的一个完全哈希函数（Botelho 和 Ziviani，2007），其特征是对于基于磁盘的搜索进行立刻重复检测。

如 Ajwani，Malinger，Meyer 和 Toledo（2008）观察到的，闪存设备，类似固态硬盘，与传统硬盘的特征略有不同：SSD 上的随机读取操作大幅快于机械磁盘，而其他参数是类似的。Edelkamp，Sulewski，Barnat，Brim 和 Simecek（2011）基于闪存重新发明了立刻重复检测。改善的辅助存储器维护的库是 MPI 开发的 LEDA-SM（Crauser，2001）和杜克大学开发的 TPIE。大数据集合的其他库是 Dementiev 等（2005）开发的 STXXL。

第 3 部分
时间约束下的启发式搜索

第 9 章 分布式搜索

现代计算机在硬件层采用了并行架构，并行或分布式算法通过同时使用多个处理设备（进程、处理器、处理器核、节点、单元）来解决算法问题。需要并行算法的原因在于，从技术上来说，采用几个相互通信的低速处理器构建系统比采用拥有几倍计算速度的单处理器构建更容易。

多核处理和众核处理单元如今已广泛普及。它们通常允许高速访问共享内存区域，从而避免通过集群内的数据链路慢速传输数据。此外，在 64 位系统中几乎已经消除内存寻址的限制。因此，并行算法大体上遵从时间为主要瓶颈的设计原则。如今的微处理器已经采用了很多并行处理技术，如指令级并行技术、流水线指令存取等。

高效的并行解通常需要提出原始创新算法，这与那些顺序解决问题的方法存在本质的区别。相对于单处理器的解决方案，算法的加速比取决于待解问题的特定性质。在设计并行算法时经常遇到的问题是：与计算机体系结构的兼容性、合适的共享数据结构以及处理和通信开销之间的折中。仅当不同任务之间的组织能被优化和分布，使得可以高效使用系统的工作能力时，才能获得一个高效的解。并行算法通常指的是同步场景，此时通信或者按照规律的时钟间隔运行，或者在执行相同处理或通信任务的计算单元的特定架构中（单指令多数据体系）运行，而不是更普通情况下的多指令多数据计算机。另外，倾向于在采用松耦合处理单元的异步环境下使用分布式算法这个术语。然而，术语的使用并不一致。在人工智能领域，即使对于分布式场景，也更偏向于使用并行搜索。对于工作站集群或者多核处理器环境，在不同进程中分布式运行探索（如后继生成、计算启发式估计等）。在本书中，当调用多于一个搜索进程时，讨论分布式搜索。这可能是由于在进程间划分负载，类似于并行搜索。也可能是由于从搜索空间的不同搜索末端出发，类似双向搜索。分布式搜索中最重要的问题是最小化不同搜索进程间的通信（开销）。

在引入了并行处理的概念后，我们转向并行状态空间搜索算法，从并行深度优先算法开始直到并行启发式搜索。早期的 A*并行算法表述假定图是一棵树，因此没有必要保留一个 Closed 列表来避免重复。如果图不是一棵树，最常见的是采用哈希函数来分配负载。我们区分共享内存算法设计（如多核处理器）和分布式内存架构算法（如工作站集群）的区别。引入了一种以堆和二叉搜索树为特征的分布式数据结构。A*算法的较新的并行实现包括前沿搜索和大量的磁盘空间。高效的数据结构对于搜索前沿的数据并发访问十分必要。在外部算法中，为了最大化输入/输出带宽，并行化通常是必要的。在并行外部搜索中，考虑如何聚合外部和分布式搜索。作为大规模并行外部广度优先搜索的例子，本章将介绍 15 数码问题的一个完整的探索。

不难预测，由于经济压力，在越来越多的中央处理器单元（CPU）和图形处理单元（GPU）核上运行的并行算法对于解决未来的挑战性问题是必要的：世界上最快的计算机由数以千计的 CPU 和 GPU 组成，而混合使用强大的多核 CPU 和众核 GPU 已成为消费市场的标准技术。由于它们对并行搜索算法设计的要求不同，因此我们特别关注基于 GPU 的搜索。

从两个搜索前沿同时搜索的意义上来说，双向搜索算法是分布式的。它们解决成对的最短路问题。多目标通常融合为一个单一的超目标。随后，双向算法从搜索空间的两侧进行搜索。双向广度优先搜索实现代价较低。但是，启发式双向搜索算法却并非如此。最初的设想是两个搜索前沿可以在中间相遇。然而，与直觉相反，由于一些错误的概念，在相当长的时间内双向启发式搜索的优点无法通过实验验证。我们描述了各种方法的发展，分析了它们的缺陷，并阐述了可以最终说明双向思想有效性的改进算法。当划分搜索空间时，多目标启发式搜索十分有效。接下来，利用计算 4 柱汉诺塔问题的最优解阐明了算法的重要性。

在阅读本章时请注意，由于近年来硬件和模型快速变化，现实中的并行搜索算法是覆盖相当大的广度和深度的复杂话题。

9.1 并行处理

本节，从并行随机访问机（PRAM）理论概念开始，然后给出满足这个设定的 n 个数字并行求和的例子。PRAM 模型在现实中存在的一个问题是它无法很好的匹配（也无法很好的推广到不同的）现有的并行计算机环境。例如，多核系统是共享内存结构，在很多方面不同于向量计算机和计算机集群。因此，使用在状态空间探索中已经成功的早期方法引出实际并行搜索，即首次计算 15 数码问题的最差可能输入。为了实现并行重复检测，以合适的哈希函数的形式分割状态空间是很自然的，这样可以减少通信开销。负载均衡问题的备选解在本节最后。

作为并行算法一个说明性的示例，考虑 8 个数字 $a_1, a_2, \cdots, a_8$ 相加的问题。一种选择是顺序计算 $a_1 + (a_2 + (a_3 + (a_4 + (a_5 + (a_6 + (a_7 + a_8))))))$。很明显要进行 7 次加法。另一个选择是 $(((a_1 + a_2) + (a_3 + a_4)) + ((a_5 + a_6) + (a_7 + a_8)))$。对应的计算树如图 9.1 所示。如果有多于一个进程可用，第二个计算序列可以更高效地并行计算。如果我们具有四个进程，只有三个并行步骤是必要的。一般地，使用 $n/2$ 个进程，我们可以将（并行）计算时间从 $O(n)$ 降到 $O(\lg n)$。一个进程 i 的程序如算法 9.1 所示。每个处理器执行 $O(\lg n)$ 次循环。变量 h、x 和 y 是每个进程的局部变量。如果进程采用锁步模式，那么算法是正确的，这意味着这些进程同时执行相同的步骤。图 9.2 给出了一个计算的示例。

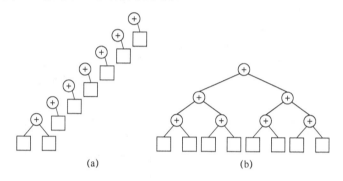

图 9.1 线性和并行计算 8 个数字的和

（a）线性计算；（b）并行计算。

Procedure Sum
Input: 数字 $a_1, a_2, \cdots, a_n, n = 2^k$
Output: $a_1, a_2, \cdots, a_n$ 之和

for each $h \in \{1, 2, \cdots, k\}$　　　　　　　　　　;;迭代
　for each $i \in \{1, 2, \cdots, n/2^h\}$ **in parallel**　;;选择部分
　　$a_i \leftarrow a_{2i-1} + a_{2i}$　　　　　　　　　　　;;计算加和,写回
return a_1　　　　　　　　　　　　　　　　;;特殊情况,进程 1 得到结果

算法 9.1

并行计算 $a_1 + a_2 + \cdots + a_n$ 之和的算法

分析并行算法的一个主要计算模型是 PRAM。PRAM 中有 p 个进程，且每个

进程具有一些本地内存。另外，所有的进程可以访问共享内存，并且每个进程可以直接访问所有的内存单元。这是一个对最常用的计算机体系结构的粗略近似。它主要关注计算部分的划分和保证数据及时出现在适当的点上。PRAM 可以通过使用以进程 ID 为参数的简单程序进行编程。执行的步骤包括三个部分：读、计算和写。PRAM 的原理图如图 9.3 所示。

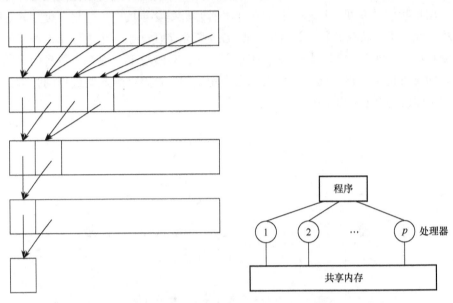

图 9.2　8 个数字求和的 Sum 程序的递归图解　　图 9.3　PRAM 模型

为了度量 PRAM 算法对大小为 n 的问题的性能，用 $p(n)$ 表示进程数目，$t_p(n)$ 表示并行运行时间，则总的工作量为 $w_p(n) = p(n) \cdot t_p(n)$。在一个高效的并行化中，并行算法的工作量匹配顺序执行算法的时间复杂性 $t(n)$。由于这种情况很少发生，用 $t(n)/w_p(n)$ 表示并行算法的效率。有时，如果对于某些常数 k、k'，有 $t_p(n) = O(\lg^k t(n))$ 且 $w_p(n) = O(t(n)\lg^{k'} n)$，则并行算法是高效的，这意味着时间被缩短到对数级且工作量仅是最小可能的工作量的对数因子倍。加速比定义为 $O(t(n)/t_p(n))$，如果 $p = O(t(n)/t_p(n))$，则加速比与进程数目呈线性。在较少的情况下，由于并行化的额外好处，可以获得超线性的加速比。

对于计算 n 个数字总和的示例问题，由于 $t(n)=O(n)$，$t_p(n)=O(\lg n)$，程序 Sum 是高效的。然而，对于 $p(n)= O(n)$ 个处理器，工作量是 $w_p(n)= O(n\lg n)$，其并非最优。n 个数字相加问题的工作量最优算法包括两个步骤。第一步，只使用 $n/\lg n$ 个处理器，每个进程分配 $\lg n$ 个数字，每个处理器在 $O(\lg n)$ 时间内，将 $\lg n$ 个数字顺序求和；第二步，对剩下的 $n/\lg n$ 个数字执行原始的算法进行求和。此时，有

$t_p(n)=O(\lg n)$，$w_p(n)=O(n)$。

采用并行计算不仅可以计算最终结果，$s_n = a_1 + a_2 + \cdots + a_n$，而且还可计算元素的所有前缀和（或部分和），即所有的值 $s_j = a_1 + a_2 + \cdots + a_j$ ($1 \leq j \leq n$)。其思想是以并行方式将所有的元素成对相加获得 $n/2^1$ 个结果，再以并行方式将元素对之和相加获得 $n/2^2$ 个结果，再以并行方式将这些加和相加获得 $n/2^3$ 个结果，以此类推。算法 9.2 给出了并行扫描计算所有前缀和的实现方法，图 9.4 给出了该算法的一个应用实例。由于 $t_p(n)=O(\lg n)$，因此算法 9.2 是高效的，但其工作量为 $O(n\lg n)$，可以约减为 $w_p(n)=O(n)$（见习题）。

Procedure Prefix-Sum
Input: 数字 $a_1, a_2, \cdots, a_n, n = 2^k$
Output: $a_1, a_2, \cdots, a_n$ 的前缀和

for each $j \in \{0, 1, \cdots, k-1\}$;;主循环
  for each $i \in \{2^j, \cdots, n-1\}$ **in parallel** ;;分布式计算
    $a_{i+1} \leftarrow a_{i+1} + a_{i-2^j+1}$;;计算和,写回

算法 9.2
并行计算所有前缀和的算法

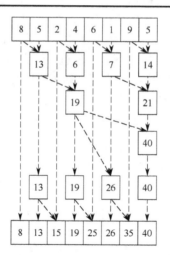

图 9.4 并行计算 8 个数字的前缀和（顶部为输入数组，底部为输出数组，箭头表示计算流；如果箭头相遇，则执行加和）

在许多并行算法中以子程序的方式使用前缀求和算法。例如，它有助于高效压缩稀疏数组或链表或模拟一个有限状态机（见习题）。

并行算法的其他基本组成模块包括列表排序（计算每个元素与列表最后一个元素的距离）、矩阵乘法和欧拉路径（计算遍历所有节点的边不相交路径）。基本的 PRAM 算法包括并行合并和并行排序、平行表达式求值和并行字符串匹配。类似 NP 完全理论，同样存在一个关于 P-完全问题的理论，其顺序简单而非并行高效。该类问题的一个代表是电路值问题：给定一个电路、电路的输入以及电路中的一个门，计算该门的输出。

9.1.1 并行搜索动机

作为并行状态空间搜索的一个早期实例，重新考虑分两阶段计算 15 数码问题的最困难问题实例。首先，确定候选集，其中包含使用某个上界函数而需要超过 k 步移动的所有位置（和一些移动少于 k 步的位置）。然后，对于每个候选，采用曼哈顿距离启发式的迭代加深搜索确定该候选可被排除在候选集外或它需要超过 k 步移动。

在 15 数码问题中，通过对每个位置 u 使用上界函数 U 产生候选集。当 $U(u)>k$ 时，u 是一个候选。对函数 U 的第一个要求是可快速计算，因此可以对所有的 10^{13} 个位置进行评估，其次的要求是 U 为一个好的上界，因而候选集不会包括太多的简单候选。第一个模式数据库存储一个滑块子集的所有排列的最优目标距离，剩下的方块移动到目标位置且不移动第一步固定的滑块。第二个模式数据库包含在剩余的板上的剩余滑块的所有排列的最优目标的距离。

实际求解每个候选的显而易见的方法需要太多时间。为了约减候选集，需要应用一致性约束。例如，令 u 为备选且 v 是其后继。如果 $\min\{U(v)|v\in \text{Succ}(u)\}<U(u)-1$，那么可以为 u 找到一条更短路径。该算法的两个步骤计算复杂度都比较高。

在采用了一致性约束后，对于 $k=79$ 的如下候选集可以通过并行的方式计算：$U=80$ 时，候选位置数量为 33208 个；$U=81$ 时，候选位置数量为 1339 个；$U=82$ 时，候选位置数量为 44 个。剩下的具有 81 个或更多次移动的 1383 个候选位置可以并行处理。限深宏移动产生器避免了搜索树的浅层出现重复位置（粗略地将非常巨大的搜索树中的节点数量减少到原来的本来的 $\frac{1}{4}$）。计算表明所有 1383 个候选位置需要少于 81 次移动，并且 6 个位置需要恰好 80 次移动，如 15, 14, 13, 12, 10, 11, 8, 9, 2, 6, 5, 1, 3, 7, 4, 0。因此，这种并行计算证明，最难的 15 数码位置需要 80 次移动才可以解决。

需要注意的是，对于实际的并行搜索，传统的 PRAM 技术不足以解决难题，需要改进设计。

9.1.2 空间分割

这个案例研究的另一个结果是，并行重复检测是一个挑战。它可能会导致大的通信开销，并且在某些情况下，它会导致相当长的等待时间。所需要的是将搜索空间投影到处理单元中，这些处理单元将节点的后继映射到同一或邻近的进程。

一个重要的步骤是选择合适的分割函数在进程上均匀地分布搜索空间。选项之一是使用基于哈希的分布，哈希函数定义在状态向量上。如果在特定的进程中扩展的状态的后继也以高概率映射到该进程，则基于哈希函数的分布是有效的。这会导致低的通信开销。

独立比用以衡量平均有多少节点可以局部生成和处理。如果独立比等于1，则所有的后继都必须相互通信。这个比值越大，算法的分布性越好。给定100个处理器和随机的后继分布，此时独立比为1.01，接近于最差。状态空间分割函数应达到两个目标：一是在所有的处理单元上平均分配工作量；二是产生大的独立比。

对于很大的状态，完整状态哈希会带来很大的计算量。作为一种解决方法，增量哈希利用状态及其后继之间的哈希值差异（见第3章）；另一种解决方法是部分状态哈希，它在计算哈希函数之前缩短状态向量且限制在那些改变最不频繁的部分。

置换驱动调度是为了重复检测集成了异步搜索和分布式哈希表的解决方案。哈希函数返回的地址包括进程数量和局部哈希表。如果一个扩展节点的后继不在同一个进程，生成的节点迁移到目标进程 P_i 而不是等待结果。该进程搜索局部表 $Closed_i$ 中的节点且将节点存储在其工作队列 $Open_i$ 中。为了减少通信，捆绑打包具有相同源和目的进程的一些节点。

图 9.5 说明了置换驱动调度与分布式响应策略的主要区别，在分布式响应策略中查表的结果是通过网络传输的。相比之下，置换驱动调度将节点 u 的后继节点 v 包含在局部的工作队列中。这简化了异步行为，因为进程 P_2 已无需等待进程 P_1 响应。

当所有节点都已经穷尽了一个给定的搜索阈值时，所有的进程都同步了。该算法使用局部置换表避免了重复搜索，它的优点是所有的通信都是异步的（非阻塞），无须单独的负载均衡策略，这是由哈希函数隐式确定的。

置换驱动调度适用于一般状态空间搜索。在算法 9.3 的伪代码中，我们展示了如何扩展一个节点以及如何基于搜索空间分割将节点后继发送到邻居进程。

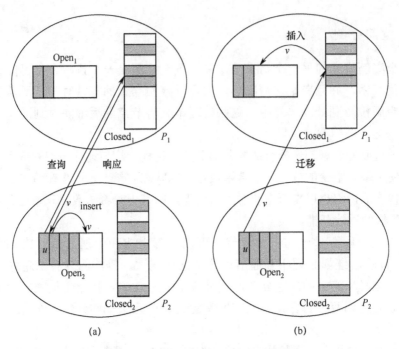

图 9.5 分布式响应策略和置换驱动调度

(a) 分布式响应策略；(b) 置换驱动调度。

Procedure Transposition-Driven Scheduling
Input: 根据分布函数 ψ 和进程数量 N 分割的问题图
Output: 如果解存在就将返回解，否则返回 $\varnothing$

$\text{Open}_{\psi(s)} \leftarrow \{s\}$;; 初始化搜索
for each $i \in \{1, 2, \cdots, N\}$ **in parallel** ;; 分布式计算
  while ($\text{Open}_i \neq \varnothing$ **and not** GoalFound) ;; 还需计算
    Select and eliminate node in Open_i ;; 选择一个节点扩展
    if (Goal(u)) ;; 发现终止状态
      return Announce (GoalFound) ;; 分布式解路径提取
    Succ(u) $\leftarrow$ Expand(u) ;; 生成后继集合
    for each $v \in \text{Succ}(u)$;; 遍历后继集合
      Send($v, P_{\psi(v)}$) ;; 将孩子发送到责任进程
return $\varnothing$;; 未发现目标

算法 9.3
置换驱动的调度

9.1.3 深度切片

采用固定分割函数的静态负载均衡的缺陷在于，会在搜索树的不同层次产生不同的搜索工作量，从而使得远离根节点的进程会频繁遇到空转。负载平衡的后续工作会显著增加，特别是对于小的和中等规模的问题。

适用于共享内存环境的一种动态分割方法是深度切片。其原理是，如果使用一个基于哈希的分割函数，那么有很高的概率使得后继状态不会由生成它们的节点处理，从而导致很高的网络开销。大致说来，深度切片水平切分深度优先搜索树并将每一切片分配给不同的节点。简单起见，假设一个单位耗费状态空间，且可以访问每一个生成节点的局部深度 d。如果 $d(u)$ 超过了界限 L，每个进程就传送一个后继。当传送一个节点时，目标处理单元将产生一个具有新的初始化堆栈的搜索空间。局部深度将被初始化为 0。如果深度再次超过 L，它将再次被传送。此过程的结果是搜索树的一组水平分割集合（图 9.6）。每 L 层，状态从一个进程被传送到另一个进程。这说明大约每 d 模 L 个步骤，将传送一个状态。因此，独立比接近 L。如果没有可用交换区，则进程继续其探索。由于届时所有的进程都很忙，因而负载是均衡的。

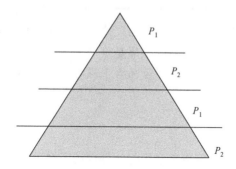

图 9.6 根据深度切分搜索树

因为每个进程只有一个堆栈可用，所以实现算法的剩余问题就是（见算法 9.4）何时从输入队列选择节点、何时从局部堆栈选择节点。如果输入节点是首选，那么搜索可以继续广度优先而不是深度优先。另外，如果首选局部堆栈的节点，则进程不会离开树中它的那一部分。解决办法是在一个 g 值有序列表中维持所有节点，将局部和传送后继插入其中。对于每次扩展，偏好具有最大 g 值的节点。在代码中，下标 i 指的是执行代码的客户端进程 P_i。进程 P_1 称为主进程，它在初始化、终止和协调进程间的工作中往往担当特殊的角色。

```
Procedure Depth-Slicing
Input: 具有开始节点 s，通信信道 In 和 Out，进程数量 N 的问题图
Output: 从 s 到目标节点的路径

Open_i ← {s}                                          ;;主进程取出开始节点
for each  i ∈ {1,2,···,N}  in parallel                ;;分布式计算
  while not (GoalFound)                               ;;终止检验
    Select u with maximal g-value in Open_i ∪ In      ;;选择节点
    Delete u from Open_i                              ;;从搜索边界移除 u
    Succ(u) ← Expand(u)                               ;;选择开始节点
    for each v in Succ(u)                             ;;考虑所有后继
      if (Goal(v)) return Announce (GoalFound)        ;;为了输出解路径
      if (g(u) mod L=0 and avail (Out))               ;;切换深度，打开信道
        Insert u into Out                             ;;将边界线节点插入信道
      else                                            ;;本地继续
        Insert u into Open_i                          ;;在进程上调用子程序
```

算法 9.4

深度切片并行化方法

类似于水平深度切片，可以基于启发式值进行搜索树的垂直切片。此处使用的负载均衡的动机是到目标的期望距离是一个与之前方法使用的到起始状态距离类似的测度。核心优势在于，它不仅适合于深度优先，还适合任何一般的状态扩展策略。

9.1.4 无锁哈希

无锁算法保证并发环境中多个运行的处理线程在系统范围内的进行。关键在于现代 CPU 实施原子比较与交换（CAS）操作，使得总有某个线程可以继续其工作。对于使用多核 CPU 的状态空间中的重复检测，需要一个无锁的哈希表。

然而，在这种设定下，只能提供统计上的进度保证，用 CAS 避免显式锁定，可以产生一个简单的在性能方面没有（明显）下降的实现。

严格地说，一个状态空间搜索中的无锁哈希算法就地锁定——它无需额外变量实现锁定机制。CAS 确保内存修改的原子性且同时保持数据的一致性。这可以通过从内存中读出值，执行期望的计算，并将结果写回。

无锁哈希的问题是，它依赖于（在一个内存单元中）可以存储的数据大小存在上限的低层 CAS 操作。为了存储通常超过一个内存单元大小的状态向量，需

要两个数组：bucket 和 data 数组。

桶将存储的哈希和数据的写状态位存储到 data 数组中。如果 h 是存储的哈希，则桶中可能的值是：空值时为 $(\cdot,\top)$，写阻塞时记为 $(h,\bot)$，解除锁定时记为 $(h,\top)$。在 bucket 中，由 CAS 实现锁机制。特殊值 $(\bot)$ 表示内存单元被写入的位向量。在其他内存单元，哈希值被标记为未锁定。在第二个背景哈希表 data 中，存储状态本身。算法 9.5 给出了一种实现的伪代码。

Procedure Lock-free Hashing
Input: 节点 u，探测界限 Θ 哈希表大小 q
Output: 布尔值，表示是否已经存储状态

```
j ← 1                                        ;;设置探测计数器
while  j < Θ                                 ;;探测计数器足够小
  i ← h(u) − s(j,u) mod q                    ;;沿着探测序列
  if (bucket[i]=∅)                           ;;桶为空
    if (CAS(bucket[i],∅,(h(u),⊥)))           ;;交换元素和锁定
      data[i] ← u                            ;;插入状态
      bucket[i] ← (h(u),⊤)                   ;;释放桶
      return false                           ;;返回失败
  if ((h(u),·)=bucket[i])                    ;;发现元素
    while((·,⊥)=bucket[i])                   ;;直到锁释放
      Wait                                   ;;等待访问
    if (data[i]=u)                           ;;发现状态
      return true                            ;;返回成功
  j ← j + 1                                  ;;累加计数器
```

算法 9.5
在一个无锁哈希表中搜索和插入一个元素

9.2 并行深度优先搜索

本节，在同步和异步设定下考虑并行深度优先搜索，这是指不同（深度优先）搜索进程间的探索信息（节点扩展，重复消除）交换。我们也考虑并行 IDA* 启发的搜索和算法改进，如堆栈分割和并行窗口搜索。

并行深度优先搜索常与并行分支限界同义使用。迭代加深搜索中需要区分同步和异步分配。在第一种情况下，仅在一个迭代内分配工作量；在第二种情况下，一个进程也在下个一迭代内寻求工作量。因此，对于找到的第一个解，IDA*

算法的异步版本不是最优的。

9.2.1▲ 并行分支限界

如上所述，分支限界算法由一个定义了如何生成后继的分支规则、一个定义如何计算界限的限界规则和一个识别和消除无法产生最优解的子问题的消除规则构成。在顺序深度优先分支限界中，一个启发式函数决定其中的子问题分支的顺序，并且在容许情况下定义消除规则。不同的选择或限界规则产生不同的搜索树。

在搜索过程中信息共享的方式是分支限界的并行实现之间的主要区别。它由已经生成的状态、最优解的下界和已产生的上界共同构成。如果基本状态空间是一张图，那么必须进行重复消除。其他参数是单个进程中使用信息的方式以及分割信息的方式。

下面，介绍一个简单的通用高层异步分支定界算法。每个进程存储最优解的耗费，并将每个改进广播给其他进程，这些进程反过来使用全局最优解的信息进行剪枝。

算法 9.6 给出了并行分支限界的一个原型实现。如同对应的顺序版本（见算法 5.3）一样，U 表示全局上限，sol 表示目前发现的最优解。进程 P_i 上的各个搜索调用子程序 Bounded-DFS。该程序与算法 5.4 工作方式相同。它更新 U 和 sol。唯一的区别在于当资源使用超过上限时，搜索就会终止。也就是说，额外的输入变量 k 表示，基于现有的时间和空间资源，每个进程的工作量局限于一个 k-生成节点集合。简单起见，假设该值对于每个参与进程是均匀的。实际上，这个值可以有很大的差异，取决于计算资源的分配。我们进一步假设主进程和子进程的状态集大小是相同的。实际上，需要单独调节初始搜索树和子树规模。

```
Procedure Parallel-Branch-and Bound
Input: 具有开始节点 s，进程数量 N，节点数量 k 的问题图
Output: 从 s 到目标节点的路径，如果未找到则返回 ∅

Open₁ ← Bounded-Search(s,k)              ;;初始化搜索
U ← ∞； sol ← ∅                          ;;初始化全局变量
while (Open₁ ≠ ∅)                        ;;终止条件
  for each  i ∈ {2,3,⋯,N}  in parallel   ;;分布式计算
    u ← Select(Open₁)                    ;;选择下一个开始节点
    Delete u from Open₁                  ;;从搜索边界中移除
    Bounded-DFS(Pᵢ,u,k)                  ;;在进程 i 调用子程序
                                         ;;并在 U 上广播改进
```

```
if (sol≠∅) return sol                               ;;输出解路径
else return ∅                                       ;;未发现目标
```

算法 9.6

具有全局同步的并行分支限界

如果不能在给定的资源约束内完成搜索，那么可以增加 k 值开始新一轮的搜索。此外，可以扩展主进程的搜索前沿。限界 DFS 算法的实现与顺序算法是等价的，直到通信界限和相应的解。真正的实现取决于如何交换信息：在共享内存架构下通过文件交换信息，或者在集群内通过网络通信交换信息。

9.2.2 堆栈分割

下面考虑的并行深度优先变体是一个任务吸引机制，它在进程间按需共享子树。此机制适用于深度优先搜索（见算法 9.7）。但是，这里我们专注于迭代加深搜索。

```
Procedure Stack-Splitting
Input: 具有开始节点 s，进程数量 N，节点数量 k 的问题图
Output: 从 s 到目标节点的路径

Push(S_1,s)                                         ;;初始化搜索
idle←{2,3,…,N}                                      ;;主进程维护空闲进程集合
while not (GoalFound)                               ;;终止条件
  for each  i ∈ {2,3,…,N}  in parallel              ;;分布计算
    if (|S_i|=0)                                    ;;从进程运行工作结束
      idle←idle ∪ {i}                               ;;更新列表
    else                                            ;;从进程还在运行工作
      if (| S_i |> k) and (idle≠∅)                  ;;工作太多，需要分布式执行
        j ← Select(idle)                            ;;选择伙伴进程
        idle ← idle \ {j}                           ;;从空闲列表中移除
        StackSplit(P_i, P_j)                        ;;工作划分
      u ← Pop(S_i)                                  ;;选择节点进行扩展
      if (Goal(u)) return Announce(GoalFound)       ;;终止搜索
      Succ(u) ← Expand(u)                           ;;提取顶部节点
      for each v in Succ(u)                         ;;对于所有后继
        Push(S_i,v)                                 ;;用后继继续搜索
```

算法 9.7

具有堆栈分割的并行 DFS 算法

在之前获得的外延中，考虑了一个同步搜索方法。该方法执行堆栈分割并显式转移节点。其中，堆栈分割将一个由待扩展的挂起节点构成的大的堆栈分割为可在可用空闲进程间分配的片段。在并行堆栈分割搜索中，每一个进程工作于自身的前沿节点的局部堆栈上。当局部堆栈为空时，进程首先向另一个进程发出工作请求；然后被请求进程拆分其堆栈并将其部分工作发送给请求进程。图 9.7 显示了两个栈 P 和 Q，其中请求者 Q 的堆栈起初为空，P 的堆栈进行了分割。

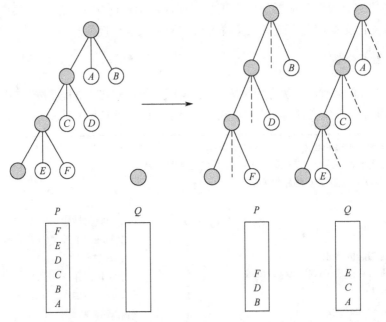

图 9.7 并行 DFS 算法中的堆栈分割（左、右分别是分割前和分割后的搜索树），用于回溯的堆栈中的节点是当前正在搜索的节点的后继

起初，所有工作均交给主进程。其他进程的堆栈均为空，并立即请求工作。如果主进程已经生成了足够的节点，则其拆分堆栈，并将子树发送给请求进程。

存在多种可能的分割策略。如果搜索空间是不规则的，如图 9.7 中一样，挑选高于截止深度 1/2 的状态是合适的。但是，如果强启发式可用，则推荐挑选接近阈值的节点。

9.2.3 并行 IDA* 算法

对于并行启发式搜索，顺序 IDA*算法是一个进行分配的合适算法，因为它与深度优先分支限界算法具有很多共同点。与 A*算法相比，它可以在没有或有限重复检测的情况下运行。

对于某些滑块问题，采用堆栈分割的并行 IDA*算法几乎可以实现线性加速比。但是，这些有利的结果只适用于小通信直径的系统，如超立方体或蝴蝶架构。对于大规模并行系统瓶颈的共同认识是，它需要很长的时间平均分配初始负载，并且递归堆栈分割产生的各个工作分组的处理时间不可预测。此外，堆栈分割方法需要实现可调用的显式堆栈处理程序。算法 9.8 给出了一个全局同步并行 IDA*算法的可能实现。

Procedure Parallel-IDA*
Input: 具有开始节点 s，进程数量 N，节点数量 k，旧阈值 U 和新阈值 $U' \neq \infty$ 的问题图
Output: 从 s 到目标节点的路径

Push($S_1, \{s, h(s)\}$)	;;初始化搜索
idle ← $\{2, 3, \cdots, N\}$	;;主进程维护空闲进程集合
while not (GoalFound)	;;终止条件
for each $i \in \{2, 3, \cdots, N\}$ **in parallel**	;;分布式计算
if ($\mid S_i \mid = 0$)	;;从进程运行工作完毕
idle ← idle $\cup (i)$	;;更新列表
else	;;从进程还有工作
if ($\mid S_i \mid > k$) **and** (idle $\neq \emptyset$)	;;工作太多，需要分布式执行
j ← Select(idle)	;;选择伙伴进程
idle ← idle $\setminus \{j\}$	;;从空闲列表中移除
StackSplit(P_i, P_j)	;;分治工作
u ← Pop(S_i)	;;选择节点进行扩展
if (Goal(u)) **return** Announce(GoalFound)	;;终止搜索
Succ(u) ← Expand(u)	;;提取顶部节点
for each v **in** Succ(u)	;;对于所有后继
if ($f(u) + w(u,v) - h(u) + h(v) > U$)	;;耗费超过阈值
if ($f(u) + w(u,v) - h(u) + h(v) < U'$)	;;低于新阈值
U' ← $f(u) + w(u,v) - h(u) + h(v)$	;;更新新阈值
else	;;f 值小于当前阈值
Push($S_i, \{v, f(u) + w(u,v) - h(u) + h(v)\}$)	;;以 v 继续搜索

算法 9.8
全局同步的并行 IDA*算法

在并行窗口搜索中,每一个进程被赋予了不同的 IDA*搜索阈值。换句话说,可以为不同的进程赋予不同的目标深度估计。以这种方式,并行化可以减少很多错误猜测的迭代。所有进程同时遍历相同的搜索树,但采用不同的耗费阈值。如果一个进程直到完成迭代都没有找到一个解,它就会被赋予新的阈值。一些进程可能用比其他进程更大的阈值考虑搜索树。

并行窗口搜索的优点是,它并非连续执行 IDA*中的冗余搜索。它的另一个优点是,如果问题图中包含更大的目标节点密度,一些进程可能会在给定一个更大阈值时在搜索树上发现一个初解,而其他进程仍在使用更小的阈值进行计算。算法 9.9 给出了算法的伪代码实现。由于顺序 IDA*算法在使用正确的搜索界限后停止搜索,因此并行搜索窗口可能会导致扩展大量的无用节点。

Procedure Parallel-Window-Search
Input: 具有开始节点 s,进程数量 N 和全局解 sol 的问题图
Output: 从 s 到目标节点的路径

$U \leftarrow \infty$;sol$\leftarrow \emptyset$;;初始化全局变量
$k \leftarrow h(s)-1$;;初始化迭代计数器
for each $i \in \{1,2,\cdots,N\}$ **in parallel**   ;;分布式计算
  while $(k < U)$;;终止条件,阈值低于发现的最佳解
    $k \leftarrow k+1$;;下一个未处理的搜索阈值
    IDA*$-$DFS(s,k) ;;在 s 调用 IDA*算法改进全局解 sol 和耗费 U
return sol   ;;发现目标

算法 9.9
关于不同搜索阈值的分布式 IDA*算法

通过结合并行窗口搜索与节点排序,可以消除二者的弱点并保持各自的优势。在普通 IDA*搜索中,从左至右以深度优先的方式扩展子树,由耗费阈值限定深度。在并行窗口搜索中,搜索算法扩展搜索树的多个层级,并通过递增的 h 值对搜索前沿进行排序。每次迭代都更新前沿集合。搜索偏好具有更小 h 值的节点。产生的合并快速找到近似最优解,改进解直到其最优,然后取决于可用时间最终保证最优性。

图 9.8 提供了搜索树的节点如何在不同的进程间分布的示例。可以看到,阈值为 5 的进程比阈值为 4 的进程更早找到一个次优解。

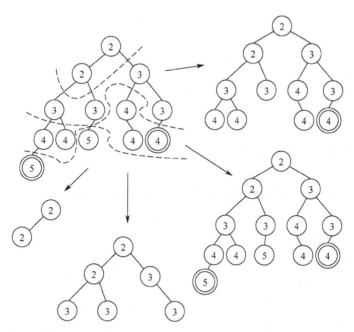

图 9.8 并行窗口搜索中 IDA*搜索树的分布（节点以对应的 f 值注释；虚线表示不同阈值的搜索树的分割；并行执行的不同 IDA*算法迭代以顺时针方向显示）

9.2.4 异步 IDA*算法

异步系统上高度并行迭代加深搜索的一种通用机制是异步 IDA*算法。该算法是基于数据分割进行的，其中搜索空间的不同部分由分布式处理单元上并行运行的顺序程序异步处理。算法分为三个阶段。

（1）数据分割：所有进程冗余地扩展树的前几个层次直至生成足够数量的节点。

（2）分配：每个进程从第一阶段的前沿节点中选择一些进行进一步扩展。获取广泛分布节点的方法之一是将节点 $i, p+i, \cdots, K\cdot(p+i)$ 分配给进程 i。为随后的异步搜索阶段扩展节点以产生大量的工作分组，例如，数千个细粒度的工作分组。

（3）异步搜索：进程生成并以迭代加深的方式搜索不同的子树，直至找到一个或所有解。由于每个工作包中扩展节点的数量通常不同且事先未知，因此需要采取动态负载平衡。

上述三个阶段都不需要硬同步。只要完成了前一个阶段，处理器即可继续进行下一阶段工作。只有在第三阶段，需要某种机制以保持所有进程大致工作在相同的搜索迭代中。然而，这是一种弱同步。如果一个进程工作结束，它从指定的邻近区域中请求没有完成的工作包（原始算法运行在晶片机系统中，而处理器则采用一个二维网格结构连接）。如果能找到这样的包，它的所有权被转移到先前空闲的处理器。否则，允许该进程继续进行下一次迭代。负载均衡保证所有的处理器在大约相同的时间完成迭代。

9.3 并行最佳优先搜索算法

最佳优先搜索比 IDA*算法更难并行化。挑战在于 Open 和 Closed 列表的分布式管理。它不再保证第一个目标就是最优的。有可能最优解由某个其他进程计算得到，因此需要建立一个全局终止条件。一个非容许方案是，仅当没有其他进程具有更好的 f 值节点可以扩展时，接受一个进程发现的目标节点。

从不同的建议中，我们示范性地选择了一个全局性方法，此方法采用共享内存和灵活数据结构来沿着树旋转锁。对于基于搜索空间哈希分割的局部 A*搜索，讨论了不同的负载均衡和剪枝策略。

9.3.1 并行全局 A^* 算法

称为并行全局 A*算法的简单并行化方法，遵循异步并发方案。它使得所有可用进程在同一节点上同时并行工作，访问存储在全局共享内存中的数据结构 Open 和 Closed 列表。与此相反，并行局部 A*（PLA*）算法中每个进程使用局部数据结构。我们将在下一节讨论它们。

并行全局 A*算法的优点在于其低搜索开销，因为特别是在共享内存的多处理器环境中，全局信息对于所有处理器都是可用的。然而，它也引入了困难性。由于 Open 和 Closed 两个列表是异步访问的，我们需要选择数据结构以确保高效并行搜索的一致性。

如果多个进程希望从 Open 中提取一个节点且修改数据结构，只能通过授予互斥访问权限或锁才能保证一致性。另外，如果 Closed 结构是通过存储指向 Open 中节点的指针来实现的，那么它也必须被部分锁定。这些锁重新序列化算法的部件，并且可以限制加速比。

1.▲ 树堆

一个建议是使用称为树堆的优先级搜索树数据结构同时表示 Open 和 Closed。这就可以不必管理两个独立的数据结构。

树堆可以同时呈现二叉搜索树和堆的性质（见第 3 章）。令 X 是由 n 个元素构成的集合，且每个元素关联一个 key 和一个 priority。key 和 priority 来自两个无需相同的有序空间。X 的树堆表示为节点集合为 X 的二叉树，此二叉树的优先级满足堆性质，如同在普通的搜索树中一样关键字以顺序遍历的方式排序。更准确地说，对于节点 u 和 v，如下不变式成立：

(1) 如果 v 是 u 的左孩子，则 $key(v) < key(u)$。
(2) 如果 v 是 u 的右孩子，则 $key(v) > key(u)$。
(3) 如果 v 是 u 的孩子，则 $priority(v) > priority(u)$。

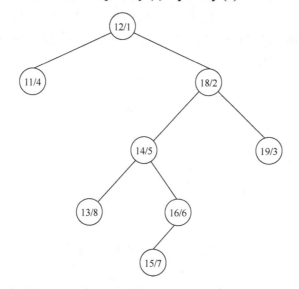

图 9.9 一个树堆的示例（关键字（图中的第一个组件）构成搜索树，优先级
（图中的第二个元素）构成堆）

容易看出，对于任何集合 X 都存在一个树堆，并且根据优先级的堆属性，具有最小优先级的元素位于树根。为了从头为 X 构建树堆（假设 key 是唯一的），首先选择具有最小优先级的元素 $x \in X$。然后，将 X 划分为 $X' = \{y \in X \mid key(y) < key(x)\}$ 和 $X'' = \{y \in X \mid key(y) > key(x)\}$，并为集合 X' 和 X'' 递归构建树堆，直至到达一个对应于一个叶节点的单件集合。图 9.9 显示了（priority, key）对构成的集合 $\{(11,4), (12,1), (13,8), (14,5), (15,7), (16,6), (18,2), (19,3)\}$ 的一个树堆。

树堆 T 中的访问操作如下。Lookup（key）使用二叉树搜索在 T 中查找与 key 匹配的元素 x。Insert(x)将元素 x 加入到 T 中。设 y 是在 T 中与 key 匹配的一个已存在元素。如果 y 的优先级小于 x，则不插入 x；否则，移除 y 并插入 x。DeleteMin 选择和删除具有最小优先级的元素 x，Delete(x) 将 x 从 T 中移除。

　　插入操作利用子树旋转操作，此操作来自其他（平衡）二叉搜索树实现（图 9.10）。首先，使用 x 的关键字，寻找关于节点间的顺序和堆有序的位置。当找到一个优先级比 x 的优先级大的元素 y 时，或遇到一个与 key 匹配的元素 z 时，搜索停止。第一种情况下，元素 x 被插入 y 和 y 的父节点之间；第二种情况下，不能将 x 插入到树堆中，因为 x 的优先级比 z 的大。在修改后的树中，所有节点都是堆有序的。为了重新建立顺序，需要采用展开操作将以 x 为根节点的子树分割为两部分：一个节点关键字比 x 小的子树和一个节点关键字比 x 大的子树。在展开操作中，所有恰好具有相同关键字的节点 y 都将被删除。该展开操作利用一系列旋转来实现。

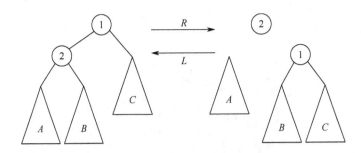

图 9.10　重构一个树堆的旋转操作

　　Delete 和 DeleteMin 操作结构上是相似的。两个都是向下旋转 x 直到它成为一个叶子，在那里可以将其删除。每个操作的时间复杂度都与树堆的深度成正比，在最差情况下可能是线性关系，但对于随机优先级，呈对数关系。

2.▲ 锁定

　　使用树堆，可以一定程度上缓解对于独占锁的需要。每个树堆上的操作采用相同的自上而下的方向操作数据结构。此外，它可以分解成连续的基本操作。树的部分锁协议使用用户视图序列化的范例。每一个进程持有树中节点滑动窗口的独占访问。它可以将这个窗口在树上向下移动，这使得其他进程可以在同一时间访问不同的不重叠的窗口。

　　在不同体系结构下，采用部分锁树堆的并行 A*算法已用来解决 15 数码问题，对于 8 个处理器的加速比在 2~5 之间。

9.3.2 并行局部 A^* 算法

在并行局部 A^* 算法中,为每个进程被分配搜索空间中的一个不同部分,可以用进程的局部数据结构表示。在这种情况下,多个列表的不一致导致了效率低下。执行完工作后的进程变为空闲状态。由于进程执行局部而不是全局最佳优先搜索,因此很多进程可能会扩展不重要的节点,从而造成额外的内存开销。在状态空间搜索图中,不同的进程中会出现重复,因此需要负载均衡以最小化不重要的工作,并且需要剪枝策略以避免重复工作。

研究者已经提出了多种负载均衡方案。早期方法要么使用类似轮询法、邻域平均法的定量均衡策略,要么使用类似随机通信、AC 和 LM 的定性策略。在轮询策略中,进程在执行完任务后以循环方式从繁忙的邻居请求工作。在邻域平均策略中,平均化相邻处理器之间活跃节点的数量。在随机通信中,每个处理器将在每次迭代中新生成的子节点贡献给一个随机邻居。在 AC 和 LM 策略中,每个处理器将 Open 中节点耗费的非减列表定期报告给其邻居,并计算其相对负载以决定转移哪些节点。定量和定性负载均衡之间的一个折中是质量均衡。在质量均衡中,处理器利用邻近进程的负载信息通过最近邻工作转移来均衡负载。总之,多数负载均衡方案把捐赠处理器的工作转移到受体处理器。

有两种本质不同的剪枝策略:全局和局部哈希。对于全局哈希,如乘法哈希函数(见第 3 章)适用。通过使用哈希函数也可以均衡负载,所有重复节点将被哈希到相同的进程从而可以被消除。这种方法的一个缺点是,重复剪枝的传输是全局性的从而增加消息延迟。在局部哈希中,需要搜索空间的分割机制。这确保了任何重复节点集合仅出现在一个特定的进程组中。寻找合适的局部哈希函数是领域相关的任务且对并行架构敏感。已经使用的设计原则是图分层、聚类和折叠。状态空间图分层适用于许多组合优化问题,并且每个搜索节点具有唯一的层次。在聚类策略中,分析了重复剪枝吞吐率需求的影响,折叠是为了在并行硬件子结构下实现静态负载均衡。全局哈希得到的加速比比未采用哈希时好,但往往比局部哈希的加速比小。在这两种情况下,质量均衡大大地改善了加速比。

并行 A*搜索中产生的节点数量能够快速增加,因此很有必要设计采用受限或固定内存情况下的搜索策略。这种情况下,我们采用内存受限的搜索算法(见第 6 章),其中主存储器变得很少,即使它在不同的处理器之间被共享。部分扩展是提高并行运行 A*算法进程性能的最佳选择之一。

9.4 并行外部搜索算法

良好的并行和 I/O 高效的设计具有很多共同点。此外,大规模并行分析往往超出主存容量。因此,在诸如多处理器计算机和工作站集群的分布式环境中,复合的并行和外部搜索执行外部存储器的探索(见第 8 章)。一个主要的优点是,通常可使用并行重复检测而避免并发写入。

类似于 PRAM 的并行内存模型,Vitter 和 shriver 提出的分布式内存模型是 PDISK 模型。每个处理器有它自己的局部硬盘,且进程通过网络相互通信并访问全局硬盘(图 9.11)。

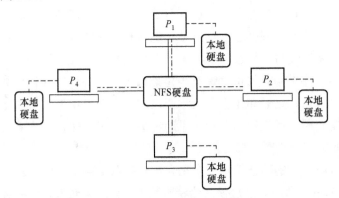

图 9.11 具有四个处理器的分布式内存模型

与 PRAM 模型一样,由于磁盘转移或内部计算可能成为计算瓶颈,所以复杂性分析并非总是映射到实际性能。

本节,在完整探索 15 数码问题的例子中首先考虑采用延迟的基于哈希的重复检测的并行外部 BFS 算法。接下来,考虑并行化基于抽象状态空间分割的结构化重复检测,以及基于 g 值和 h 值分割的外部 A*算法。以基于并行和磁盘的启发值计算结束本节,该启发值基于所选模式和对应分布式(可能是附加的)数据库。

9.4.1 并行外部广度优先搜索算法

在具有延迟重复检测的并行外部广度优先搜索中,将状态空间分割成不同的文件,并使用全局哈希函数分配和定位状态。例如,在类似正则排列游戏的 15 数码问题状态空间中,可以将每个节点完全哈希到一个唯一的索引,且状态向量的某个前缀可以用于分割。回想一下，如果状态空间是无向的，那么前沿搜索（见 6.3.3 节）可以区分已经探索和尚未探索的邻居节点，反之，忽略 Closed 列表。

图 9.12 描述了状态空间的外部分割上的分层探索，此探索采用了一个为了后继节点将当前的父层和子层都分割到文件中的哈希函数。当一层探索结束时，重命名子文件为父文件，从而迭代探索过程。事实证明，即使对于单个处理器，多线程也可以最大化磁盘性能。原因在于在磁盘的读取和写入操作完成前，单线程实现将会阻塞。

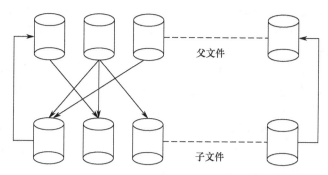

图 9.12　具有父文件和子文件的外部存储状态空间

在状态向量前缀上采用基于哈希的延迟重复检测，可以很好的为 15 数码问题生成一个合适分割。在一次迭代中，多数文件访问可以独立进行。只有当同时扩展具有共同子文件的两个父文件时，两个进程才会冲突。

为了实现并行处理，需要维持一个工作队列，它包含了待扩展的父文件和待合并的子文件。在每次迭代开始时，该队列被初始化为包含所有父文件。一旦子文件的所有父文件都已被扩展，那么将子文件插入到队列中进行早期合并。

每个进程的工作过程如下。首先，锁定工作队列。算法检查第一个父文件是否与任意其他文件扩展相冲突。如果冲突，那么算法扫描队列以找到一个无冲突的父文件。它将找到的无冲突父文件与队列头部的父文件交换位置，获取无冲突文件，解锁队列，并扩展该文件。对于生成的每一个文件，它会检查此文件的所有父文件是否已被扩展。如果已被扩展，它将子文件放在队列的头部进行扩展，然后，返回队列继续运行。如果队列中没有更多的工作可做，则空闲进程进行等待直到当前迭代完成。每次迭代结束时，工作队列将被重新初始化以包含下次迭代的所有父文件。算法 9.10 给出了一个伪代码实现。图 9.13 显示了三个处理器间的一个桶的分布。

```
Procedure Parallel-External-BFS
Input: 具有开始节点 s，进程数量 N，哈希分割 ψ 的无向问题图
Output: 分割的 BFS 算法层次 $Open_i(i), i \in \{0,1,\cdots,k\}, j \in \{1,2,\cdots,N\}$

  g ← 0                                                      ;;主进程初始化层次
  $Open_1(g) \leftarrow \{s\}$                               ;;主进程初始化搜索
  while ( $\bigcup_{i=1}^{N} Open_i(g) = \emptyset$ )        ;;搜索没有终止
    for each  $j \in \{1,2,\cdots,N\}$  in parallel         ;;分布式计算
      if (Goal($Open_j(g)$))                                 ;;终止状态在集合中
        return Announce(GoalFound)                           ;;生成解路径
      $A_j \leftarrow$ Succ($Open_j(g)$)                     ;;生成后继
      RemoveDuplicates($A_j$)                                ;;排序/扫描当前元素
    for each  $j \in \{1,2,\cdots,N\}$  in parallel         ;;分布式计算
      $A'_j \leftarrow \{v \in \bigcup_{i=1}^{N} A_i \mid \psi(v) = j\}$  ;;获得节点排序
      RemoveDuplicates($A'_j$)                               ;;排序/扫描
      $Open_j(g+1) \leftarrow A'_j \setminus (Open_j(g) \cup Open_j(g-1))$  ;;边界约减
    g ← g + 1                                                ;;增加深度
  return  $Open_j(i), i \in \{0,1,\cdots,k\}, j \in \{1,2,\cdots,N\}$
```

算法 9.10

并行外部广度优先搜索算法

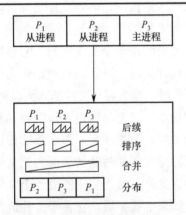

图 9.13 并行外部 BFS 算法的桶的分布（顶层的桶是实际扩展层次的桶，底层的桶是产生后继的下一层次的桶。一个称为主处理器的专有处理器合并数据，其他的作为从处理器。以并行方式生成后继且延迟重复检测。锯齿曲线显示了文件中状态关于比较函数的部分排序，其作为主存中排序的结果）

已经执行了具有 16!/2 个状态的 15 数码问题的完整搜索，最多使用 1.4TB 的磁盘存储。两个处理器上的三个线程花费约四周完成了这个搜索。结果如表 9.1 所列，验证了 15 数码问题的直径是 80。

表 9.1 15 数码问题中，关于 BFS 算法层次的状态数量

d	$|S_d|$	d	$|S_d|$	d	$|S_d|$	d	$|S_d|$
1	2	21	3098270	41	83099401368	61	232306415924
2	4	22	5802411	42	115516106664	62	161303043901
3	10	23	10783780	43	156935291234	63	105730020222
4	24	24	19826318	44	208207973510	64	65450375310
5	54	25	36142146	45	269527755972	65	37942606582
6	107	26	65135623	46	340163141928	66	20696691144
7	212	27	116238056	47	418170132006	67	10460286822
8	446	28	204900019	48	500252508256	68	4961671731
9	946	29	357071928	49	581813416256	69	2144789574
10	1948	30	613926161	50	657076739307	70	868923831
11	3938	31	1042022040	51	719872287190	71	311901840
12	7808	32	1742855397	52	763865196269	72	104859366
13	15544	33	2873077198	53	784195801886	73	29592634
14	30821	34	4660800459	54	777302007562	74	7766947
15	60842	35	7439530828	55	742946121222	75	1508596
16	119000	36	11668443776	56	683025093505	76	272198
17	231844	37	17976412262	57	603043436904	77	26638
18	447342	38	27171347953	58	509897148964	78	3406
19	859744	39	40271406380	59	412039723036	79	70
20	1637383	40	58469060820	60	317373604363	80	17

9.4.2 并行结构化重复检测

结构化重复检测（见第 6 章）在 RAM 中执行早期重复检测。每个抽象状态表示一个文件，该文件包含了所有映射到它的实际状态。由于所有相邻的抽象状态都被加载到主存中，因此实际后继状态的重复检测仍在 RAM 中进行。

当最优解长度已知时，我们假定基本搜索算法为广度优先启发式搜索（见第 6 章），该算法以递增的深度生成搜索空间，并使用 f 值对搜索空间进行剪枝。如果最优解长度未知，则使用外部 A*算法或迭代加深的广度优先启发式搜索。

结构化重复检测可以很好地进行并行化实现。在并行结构化重复检测中，将

抽象状态与其抽象邻居一起分配给一个进程。因为不同深度的并发扩展可能会影响算法的最优性，因此假定并行化在一次广度优先搜索迭代完成后进行同步。

如果在一个 BFS 算法层次上，两个抽象节点连同其后继没有重叠，则它们的扩展可以在不同的处理器上完全独立地执行。更一般地，设 $\phi(u_1)$ 和 $\phi(u_2)$ 为两个抽象节点；如果 $\text{Succ}(\phi(u_1)) \cap \text{Succ}(\phi(u_2)) = \emptyset$，则 $\phi(u_1)$ 和 $\phi(u_2)$ 的范围是不相交的。这个并行化仅为抽象空间维护锁。单独的状态不需要锁。

该方法同时适用于共享和分布式内存体系结构。在共享内存实现中，每个处理器都有一个私有内存池。只要内存池耗尽，它向主进程（即催生自己作为子进程的进程）请求更多其他进程探索完毕所释放出来的内存。

为了无向搜索空间中合适（无冲突的）的工作分布，数字 $I(\phi(u))$ 被分配给每个抽象节点 $\phi(u)$，表示目前正在运行的进程施加给该节点的累积影响。如果 $I(\phi(u)) = 0$，可以在当前空闲的任一处理器中选择抽象节点 $\phi(u)$ 进行扩展。函数 I 更新如下。第一步，对于所有 $\phi(v) \neq \phi(u)$ 且 $\phi(u) \in \text{Succ}(v)$，$\phi(v)$ 的值增加 1。由于选择了 $\phi(u)$ 进行扩展，因此不能扩展所有包括 $\phi(u)$ 的抽象节点。第二步，对于所有的 $\phi(v) \neq \phi(u)$ 且 $\phi(v) \in \text{Succ}(u)$ 以及 $\phi(w) \neq \phi(v)$ 且 $\phi(w) \in \text{Succ}(v)$，$\phi(v)$ 的值增加 1。不能扩展所有包含 $\phi(v)$ 作为 $\phi(u)$ 后继的抽象节点，因为它们也被分配给处理器了。

图 9.14 显示了 15 数码问题的并行结构化重复检测，其中当前扩展的抽象节点标记为阴影。图 9.14（a）显示了抽象问题图，四个进程独立工作扩展抽象状态。每个抽象节点 $\phi(u)$ 关联了数字 $I(\phi(u))$。图 9.14（b）显示了一个进程执行完毕后的情况，图 9.14（c）显示了进程被分配了一个新抽象状态后的情况。

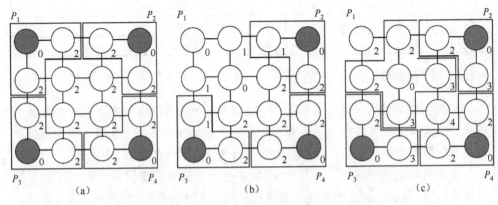

图 9.14 具有 4 个进程的并行结构化重复检测的示例
(a) P_1 释放其工作前；(b) P_1 释放其工作后；(c) P_1 分配新工作后。

9.4.3 并行外部 A*算法

外部 A*算法的分布式版本，称为并行外部 A*算法，基于如下观察结论，即外部 A*算法的每个桶的内部工作可以在不同的进程之间并行化。更准确地说，桶 Open(g,h) 中的任意两个状态可以在不同的进程中同时扩展。如图 9.15 所示，表明对于每个 Open(g,h) 桶，可以进行均匀分割。我们讨论基于磁盘的消息队列以在不同进程间分配负载。

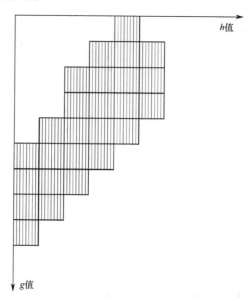

图 9.15　并行外部 A*算法中桶的分割（概要视角，根据不同处理器状态集合的独立扩展，桶被切片为多个部分）

1. 基于磁盘的队列

为组织进程间通信，需要在磁盘上维持一个工作队列。工作队列中包含了探索 (g,h) 桶的一些部分的请求以及文件中需要考虑的部分由于进程可能具有不同的计算能力且进程可以动态加入和离开探索，因此状态空间的规模不一定与进程数量匹配。通过利用队列，也可以期望一个进程多次访问一个桶。但是，为了便于初步理解，假设任务在进程间均匀分配更简单。为了改进效率，假设一个具有一个主进程和多个从进程的分布式环境。在实现中，主进程事实上是一个定义为完成桶的工作的普通进程。这同时适用于每个从进程拥有单独硬盘或多个从进程在同一个（属于主机的）硬盘上共同工作的情况。我们不期望所有进程运行于同一个机器上，允许从进程登录到主机，适合于工作站集群。主进程和从进程的消息传递完全在文件上完成，因此所有进程是完全自主的。即使杀死从进程，它们的工作也可以由其他可用的空闲进程重新完成。

一个称为扩展队列的文件包含了当前对文件中包含的节点集合的所有探索请求（图 9.16）。文件名由当前的 g 值和 h 值组成。

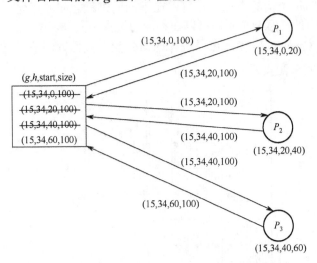

图 9.16 启发式搜索的一个并行工作队列（左）（将要被扩展的状态集合包含在 $g=15$ 且 $h=34$ 的桶中。在三个处理器（右）成功请求到工作之后的快照；每个进程负责一部分，修改队列中剩余的总工作量并释放队列中的访问锁。）

文件较大时，提供处理部分文件的文件指针以更好的均衡负载。存在多个策略可将文件分割为多个等距部分，这取决于登录客户机的数量和性能。因为希望保持分布式的探索过程，这里选择为扩展节点将文件指针窗口划分为固定数量的 C 字节等距部分。为了改进的 I/O，数量 C 应该可以整除系统的分块大小 B。由于多数操作系统允许并发读操作，因此多个进程读取同一个文件不会导致并发冲突。

扩展队列由主进程产生，并使用第一个待扩展的块初始化。此外，需要维持总的请求数量、队列大小以及当前满足请求的数量。任意登录的客户机读取请求且在其完成时增加计数。在扩展过程中，在客户名称索引的子目录中，登录的客户机产生由后继节点的 g 值和 h 值索引的不同文件。

另一个队列是改进队列，它是由主进程在所有进程都完成后产生的。它的组织形式与扩展队列类似，并且允许客户请求工作。改进队列包含以上已经生成的文件名，也就是客户端名称（不需要匹配当前进程的名字）、块号以及 g 值和 h 值。为了合适的处理，主进程会将从文件从由从属名字索引的子目录移动到由块号索引的子目录下。因为这是由主线程执行的顺序操作，所以改变文件的位置实际上很快。

为了避免多余的工作，每个进程将请求从队列中消除。此外，在完成任务后，进程写入一个确认到关联的文件，因此每个进程可以访问当前的探索状态，并确定一个桶是否已被完全探索或排序。

不同的进程间的所有通信都可以通过共享文件完成,因此无需消息传递单元。然而,一个互斥机制是必要的。避免并发写入访问的一个简单高效的方法如下。当一个进程需要写入一个共享文件时,该进程发起一个重命名此文件的操作系统命令。若命令失败,就意味着此文件正被另一进程所使用。

2. 排序与合并

对于考虑的每一个桶,在算法 9.11 中建立了四个阶段。这些阶段在图 9.17 中自上而下显示。锯齿形曲线表明文件中的节点关于使用的比较函数的顺序。因为状态在内存中已被预先排序,因此每个峰值对应于一个刷新缓冲区。排序准则首先由节点的哈希关键字定义,然后由基于(压缩的)状态向量的低层对比定义。

Procedure Parallel-External-A*
Input: 具有开始节点 s,目标谓词 Goal,进程数量 N,哈希分割 ψ 的无向问题图
Output: 最优解路径

$g \leftarrow 0$; $h \leftarrow h(s)$	;;初始化桶
$\text{Open}_1(g,h) \leftarrow \{s\}$	;;主进程初始化搜索
while not (goalFound)	;;搜索未终止
for each $j \in \{1,2,\cdots,N\}$ **in parallel**	;;分布式计算
if $(\text{Goal}(\text{Open}_j(g,h)))$	;;终止状态在集合中
return Announce (GoalFound)	;;生成解路径
$A_j(h-1), A_j(h), A_j(h+1) \leftarrow \text{Succ}(\text{Open}_j(g,h))$	;;生成后继
$\text{Open}_j(g+1,h+1) \leftarrow A_j(h+1)$	;;准备下一等级
$\text{Open}_j(g+1,h) \leftarrow A_j(h) \cup \text{Open}_j(g+1,h)$	;;准备下一等级
$\text{RemoveDuplicates}(A_j(h-1))$	;;排序/扫描
for each $j \in \{1,2,\cdots,N\}$ **in parallel**	;;分布式计算
$A'_j(h-1) \leftarrow \{u \in \bigcup_{i=1}^{N} A_i(h-1) \mid \psi(u) = j\}$	;;分配工作
$\text{Open}_j(g+1,h-1) \leftarrow A'_j(h-1) \cup \text{Open}_j(g+1,h-1)$	;;准备下一等级
$\text{RemoveDuplicates}(\text{Open}_j(g+1,h-1))$	;;排序/扫描
$\text{Open}_j(g+1,h-1) \leftarrow \text{Open}_j(g+1,h-1) \setminus$	;;消除重复
$(\text{Open}_j(g,h-1) \cup \text{Open}_j(g-1,h-1))$	
$f \leftarrow \min\{k+l \mid \bigcup_{i=1}^{N} \text{Open}_i(k,l) \neq \emptyset\}$	;;更新 f 值
$g \leftarrow \min\{l \mid \bigcup_{i=1}^{N} \text{Open}_i(l, f-l) \neq \emptyset\}; h \leftarrow f-g$	;;下一个非空桶

算法 9.11
一致和完整启发式的并行外部 A*算法

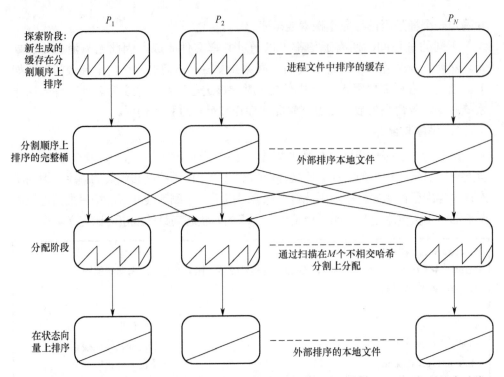

图 9.17 并行外部 A*算法中，并行桶扩展中的排序扩展阶段（锯齿线指示由于内部排序（第一行）或分配阶段（第三行）的部分排序数据；直线表示关于分割顺序或状态向量顺序的完全有序文件）

在探索阶段（产生图 9.17 中的第一行），每个进程 P 刷新后继到其自身且具有特定 g 值和 h 值的文件 (g,h,p) 中。每个进程都有自己的哈希表，并消除已存储在主存中的重复表项。哈希表是基于链接法的，链接沿着节点比较函数排序。然而，如果输出缓存超出内存容量，那么进程将整个哈希表写入到硬盘。通过使用早前给出的排序准则，该操作可以通过扫描哈希表实现。

在第一个排序阶段（产生图 9.17 中的第二行），每个进程排序自己的文件。在分布式环境中，利用文件可以并行排序的优势减少内部处理时间。此外，所需文件指针的数量由刷新缓冲区的数量限制，并由图中的峰值数量表示。基于这个限制，只需合并不同的有序缓冲区。

在分配阶段（产生图 9.17 中的第三行），在预先排序文件中的所有节点都根据哈希值的范围进行分配。由于所有输入文件都是预先排序的，因此这是一个简单的扫描。无须生成包含所有内容的文件，保持各个文件规模较小。这一阶段可能成为并行执行的一个瓶颈，这是因为进程需要等待分配阶段完成。然而，如果期望文件位于不同的硬盘驱动器上，那么文件复制的流量可以并行化。

在第二个排序阶段（产生图 9.17 中的最后一行），进程重新排序文件（关于哈希值的范围预先排序缓存）以找到进一步的重复。每个单独文件的峰值数量由输入文件的数量（等于进程数量）限制，输出文件的数量由哈希索引范围的所选划分决定。使用哈希索引作为排序关键字，可以证明文件的联接是有序的。

图 9.18 显示了将状态分配到具有三个处理器的桶中。

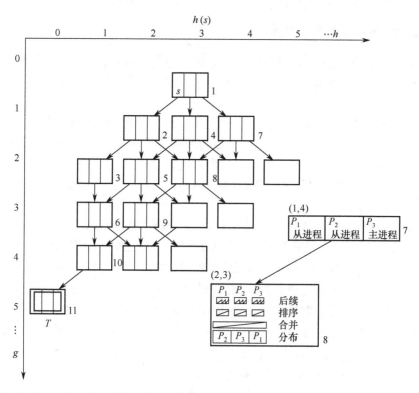

图 9.18　使用三个处理器的并行外部 A*算法的分配（下标数字表示沿着 f 值的遍历顺序。后继沿着箭头产生并根据启发值的变化进行分配。扩展桶（1,4）以及其产生到桶（2,3）的后继的过程被放大显示在右侧）

3. 复杂度

在具有一致性估计的隐式单位耗费图 A*搜索中，延迟重复消除的 I/O 复杂性的下限是 $\Omega(\text{sort}(|E|))$，其中 E 是搜索图中探索的边的集合。如果可以利用结构化性质，则可以预期更少的 I/O。但通过假设足够数量的文件指针，外部存储器排序复杂性降低到 $\Omega(\text{scan}(|E|))$ 次 I/O，因为常数次的合并迭代足以对文件进行

排序。

严格说来，无法通过并行搜索减少总的 I/O 次数。但是，更多的磁盘可以减少 I/O 次数，即 scan($|E|$) = $O(|E|/DB)$。如果磁盘数量 D 等于进程数量 N，那么通过局部或全局的硬盘访问可以获得加速比 N。基于此，对于延迟重复消除和排序，实际中可以实现线性数量 I/O。

一个重要的观察是，投入的进程越多，状态空间分割越精细，单个文件的大小越小。因此，拥有更多进程的效果之一是 I/O 性能的改善。

9.4.4 并行模式数据库搜索

可以高度并行化构建不相交模式数据库。但是，由于存在很多大的模式数据库，随后的搜索面临非常高的内存消耗问题。这是因为按需加载模式数据库显著降低了性能。

解决方案之一是将查找分配到多个进程。对于外部 A*算法来说，工作原理如下。由于桶是完全扩展的，因此桶中的顺序并不重要，可以分配工作进行扩展、评估并消除重复。对于 35 数码问题，选择一个主进程将生成的状态分配到 35 个从进程 P_i，每个负责一个滑块 $i(i \in \{1,2,\cdots,35\})$。所有从进程单独运行并通过共享文件进行通信。

在扩展一个桶的过程中（见图 9.19），主进程为每个从进程 P_i 写入一个文件 T_i ($i \in \{1,2,\cdots,35\}$)。一旦它完成了一个桶的扩展，主进程 P_m 宣布每个 P_i 应该开始评估 T_i。此外，将前 g 值和 h 值通报给从进程。之后，主进程 P_m 挂起，等待所有 P_i 完成任务。为了减轻主进程的负载，在分配过程中不进行排序。接下来，从进程开始评估 T_i，把它们的结果放入 $E_i(h-1)$ 或 $E_i(h+1)$ 中，这取决于 h 值中观察到的差异。所有文件 E_i 被另外排序以消除重复，即内部（当刷新缓冲区）和外部（为每个生成的缓冲区）排序。因为只有三个桶同时打开（一个用于读取，两个用于写入），关联的内部缓冲区可能很大。

评估阶段完成后，挂起所有 P_i。当所有从进程都完成后，主进程 P_m 恢复并将 $E_i(h-1)$ 和 $E_i(h+1)$ 的文件合并到 $E_m(h-1)$ 和 $E_m(h+1)$。合并过程保持文件 $E_i(h-1)$ 和 $E_i(h+1)$ 中的顺序，因此文件 $E_m(h-1)$ 和 $E_m(h+1)$ 都是已经排序的，且所有桶内的重复都被消除。现在，减去 $E_m(h-1)$ 中的桶$(g-1,h-1)$同时减去 $E_m(h+1)$中的桶$(g-1,h+1)$，并通过并行扫描两个文件从搜索中消除重复。

除了潜在的加快评估，所选分配主要可以节省空间。一方面，主进程不需要任何额外的内存用于加载模式数据库。它可以将其所有可用内存用于内部缓冲区进行节点的分配、合并和消除。另一方面，在从进程 P_i 的整个生命周期内，它仅需维护包含滑块 i 的模式数据库 D_j（见图 9.20）。

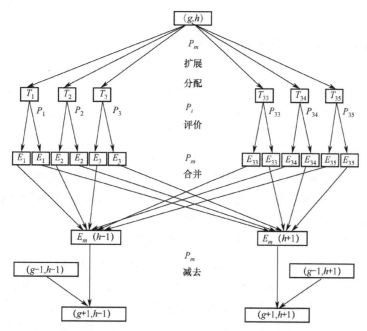

图 9.19 35 数码问题示例中使用分布式模式数据库（根据移动的滑块将一个桶的后继状态分配到 35 个桶，首先关于包含所选滑块的模式数据库的分布式启发式评估；然后，显示了合并到桶 $h-1$（或 $h+1$）；最后，减去位于 $(g-1,h-1)$（或 $(g-1,h+1)$）中的状态，产生桶 $(g+1,h-1)$（或 $(g+1,h+1)$）中的结果且消除了重复）

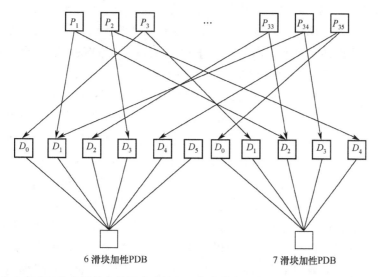

图 9.20 为分布式评估选择模式数据库（例如，负责滑块 t_1 的处理器 p_1 需要具有 6 滑块模式数据库 D_1 和 7 滑块模式数据库 D_2 的一部分本地拷贝以评估一个状态）

9.5 GPU 上的并行搜索算法

在过去的几年中，GPU 的性能和功能有了明显的提高。现代 GPU 不仅功能强大，也是具备高运算能力和内存带宽的并行可编程处理器。已经设计了高层的可编程接口将 GPU 作为普通计算设备使用。在高性能计算中，通用 GPU 编程（GPGPU）技术努力将 GPU 作为传统微处理器令人信服的替代品。GPU 的可编程性和能力的迅速增加激发了研究人员将计算要求苛刻、复杂的问题映射到 GPU。然而，有效地利用这些大规模并行处理器，实现效率和性能目标仍是一个挑战。这限制了应在 GPU 上的执行的程序。

由于内存卡和主板之间的快速总线传输速度极快，GPU 已经成为加快大规模计算的一个明显候选。本节考虑 GPU 上高时效的状态空间生成，可通过转自/转到主存储器和辅助存储器使得状态集可用。这里首先描述现有 GPU 的典型样子。在算法方面，重点是 GPU 加速的 BFS 算法、延迟重复检测和状态压缩。然后观察 GPU 加速比特向量广度优先搜索。这里选择滑块拼图探索作为一个应用领域。

9.5.1 GPU 概述

GPU 通过内核进行编程，内核被选择为运行在每个处理核上的线程，处理核作为线程集合进行执行。内核的每个线程执行同样的代码。内核的线程按块进行分组。每个块由其索引唯一标识，且每个线程由它在块内的索引所唯一标识。在加载内核的时候指明线程的维度以及线程块。

API 为 GPU 编程提供了便利，且 GPU 编程支持特殊声明以将变量显式放置在一些（如共享的、全局的、局部的）内存中、包含块和线程 ID 的预定义关键字（变量）、线程间协作的同步声明、内存管理的运行时 API（分配和回收）以及在 GPU 上开始运行函数的声明。这最小化了软件对给定硬件的依赖性。

内存模型松散地映射到程序线程-块-内核的层次结构。每个线程都有自己的速度很快的片上寄存器和速度相当慢的片外局部内存。每个块都一个片上共享内存。块内的线程通过片上共享内存进行合作。如果多个块并行执行，那么将共享内存均匀的分割给它们。所有的块以及块内的线程以 RAM 的速度访问片外全局内存。全局内存主要用于主机和内核之间的通信。同一个块内的线程还可以通过轻量级同步进行通信。

GPU 拥有多个核心，但其计算模型与 CPU 不同。核心是一个具有一些浮点数和算术逻辑单元的流处理器。与一些特殊的功能单元一起，流处理器被组合在一起形成流式多处理器（见图9.21）。

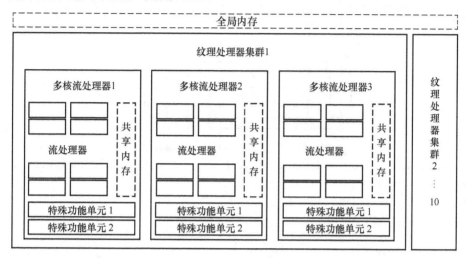

图 9.21　GPU 体系结构示例

GPU 编程需要特殊的编译器，此编译器将代码转化为本机的 GPU 指令。GPU 体系结构模仿了一个单指令多数据计算机，在所有处理器上运行相同的指令。它支持不同层次的内存访问。GPU 禁止同时向一个内存单元写入，但支持并发读取。

在 GPU 上，内存按照结构层次组织，首先是称为 GPU 全局内存的图像随机存取存储器或 VRAM。对此内存的访问速度很慢，但可以通过合并进行加速。合并时，小于字宽数量位的邻近访问被组合为全字宽访问。每个流式多处理器包括少量的称为 SRAM 的内存，这个内存由所有流处理器所共享，而且可以与访问寄存器相同的速度进行访问。附加寄存器也位于每个流式多处理器，但不在流处理器之间共享。数据都被复制到 VRAM 供线程访问。

9.5.2　基于 GPU 的广度优先搜索算法

假定一个由 SRAM（很小，但可快速并行访问）和 VRAM（很大，但访问缓慢）构成的层次 GPU 内存结构。其一般设置如图 9.22 所示。下面说明如何执行基于 GPU 的广度优先搜索生成整个搜索空间。

算法 9.12 显示了运行在 GPU 上的主要搜索算法。对于每个 BFS 算法层次，分为两个在 GPU 上执行的计算部分：执行动作生成后继集合和基于 GPU 排序以延迟方式检测和消除重复。

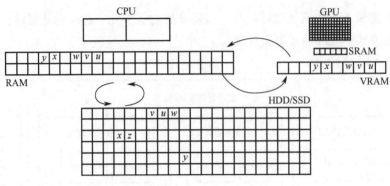

图 9.22 利用 GPU 的外部存储器搜索

```
Procedure GPU-BFS
Input: 起始状态为 s 的状态空间问题
Output: 分割为 BFS 算法层次的状态空间

g ← 0; Layer[g] ← {s}                                          ;;初始化搜索
while (Layer[g]≠∅)                                             ;;直到搜索层次结束
  Layer[g+1]←SuccLayer←LayerPart←∅                             ;;初始化集合
  for each u in Layer[g]                                       ;;处理 BFS 算法层次
    LayerPart←LayerPart∪{u}                                    ;;增加节点到部分
    if (|LayerPart|=|VRAM|)                                    ;;VRAM 的临时 RAM
      SuccLayer←SuccLayer∪GPU-ExpandLayer(LayerPart)           ;;调用内核
      LayerPart←∅                                              ;;重新初始化结构
  SuccLayer←SuccLayer∪GPU-ExpandLayer(LayerPart)               ;;调用内核函数
  for each v ∈ SuccLayer                                       ;;考虑所有后继
    H[hash(v)] ← H[hash(v)]∪{v}                                ;;插入桶
    if H[hash(v)]full                                          ;;桶中溢出
      Sorted ← GPU - DetectDuplicates(H)                       ;;调用内核函数
      CompactedLayer ← ScanAndRemoveDuplicates(Sorted)         ;;压缩
      DuplicateFreeLayer ← Subtrat(CompactedLayer,Layer[0,1,…,g])  ;;减去
      Layer[g+1] ← Merge(Layer[g+1],DuplicateFreeLayer)        ;;结果组合
      H[0,1,…,m] ← ∅                                           ;;重设 BFS 层次
  Sorted ← GPU - DetectDuplicates(H)                           ;;调用内核函数
  CompactedLayer ← ScanAndRemoveDuplicates(Sorted)             ;;压缩
  DuplicateFreeLayer ← Subtract(CompactedLayer,Layer[0,1,…,g]) ;;减去
  Layer[g+1] ← Merge(Layer[g+1],DuplicateFreeLayer)            ;;结果组合
```

```
    g ← g + 1                                          ;;下一个 BFS 层次
    return Layer[0,1,···,g-1]                          ;;磁盘上的最终结果
```

算法 9.12
GPU 上的大规模广度优先搜索算法

算法 9.13 和算法 9.14 给出了在图形卡上执行的两个相应的内核函数。为清楚起见，没有显示 GPU 计算所需的从硬盘到 RAM 的传输和将不适合于 RAM 的 BFS 算法层次传回、从 RAM 到 VRAM 和从 VRAM 到 SRAM 的复制。

```
Procedure GPU-Kernel ExpandLayer
Input:   Layer = {u_1, u_2, ···, u_k}
Output:  SLayer = {v_1, v_2, ···, v_l}

for each group g do                          ;;选择部分
  for each thread t do in parallel           ;;分布式计算
    u_i ← SelectState(Layer, g, t)           ;;将 VRAM 映射到 SRAM
    V_i ← Expand(effects, u_i)               ;;生成后继
    SLayer ← SLayer ∪ V_i                    ;;写后继
return SLayer                                ;;反馈结果给 CPU
```

算法 9.13
在 GPU 上扩展一个层次

```
Procedure GPU-Kernel DetectDuplicates
Input:  H(未排序的)
Output: H(部分排序的)

for each group g                             ;;选择部分
  i ← SelectTable(H, g)                      ;;表分割
  H'[i] ← Sort(H[i])                         ;;调用双调排序
return H'                                    ;;反馈部分排序的结果给 CPU
```

算法 9.14
通过 GPU 上的排序检测重复

一个细微差别的例子是为了更好地在 RAM 和磁盘上进行压缩，保持搜索前沿和访问状态集合不同，因为只有搜索前沿需要以未压缩的形式访问。

1. GPU 上的延迟重复检测

为了延迟重复消除，使用一个（排序阶段）作用在状态上的比较函数对 BFS 算法层次进行排序。然后扫描该数组并删除重复项（精简）。考虑正交、不相交和简明的哈希函数的强假设集合，普通的基于哈希的延迟重复检测往往不可行。因此，通过应用哈希函数填充的桶进行排序，提出一个基于排序的和基于哈希的延迟重复检测的折中。目的在于，RAM 中的哈希执行开销更大的远程数据移动，而后序的排序解决局部变化，并且可以通过恰当选择桶的大小在 GPU 上执行。如果桶可以装入 SRAM，那么可以并行处理桶。

基于磁盘的排序是 GPU 计算的主要成功应用之一。研究者提出了多种不同实现，包括双调排序变体和基于 GPU 的快速排序。但是，将算法应用到更大的状态向量却失败了，这是因为算法在 VRAM 内的移动显著减缓了计算速度。尝试对索引数组进行排序也失败了，因为比较运算符超出了 SRAM 的边界。这产生了状态空间搜索中 GPU 排序的一种备选设计。

2. 基于哈希的分割

在双调排序中，排序较小块的第一阶段很快，但合并预先排序的序列形成总的顺序降低了性能。因此在 CPU 上使用基于哈希划分将元素分配到合适大小的桶中（图 9.23）。扫描一次待排序的状态数组。使用哈希函数 h 和 VRAM 到 k 块的划分，状态 s 写入到索引为 $h'(s) = h(s) \bmod k$ 的桶里。如果哈希函数的分配是合适的且最大桶大小不是太小，那么当整个哈希表占用达到 $1/2$ 以上时发生第一次溢出。所有剩余元素被设置为一个预定义的非法状态向量，此向量实现状态排序的最大可能值。

将此哈希分割的状态向量复制到图形卡中，由第一阶段的双调排序进行排序。重要的观察结论是，由于采用了预先排序，数组不仅对于运行于状态 s 上的比较函数是部分有序的，并且对于运行于 $(h'(s), s)$ 上的扩展比较函数是完全有序的。排序后的向量从 VRAM 复制回到 RAM 中，并且通过另一次对元素的扫描消除重复压缩数组。通过扫描所有之前驻留在磁盘上的 BFS 算法层次可以去除已访问的状态。最后将当前 BFS 算法层次的无重复的文件刷新到磁盘中，并进行迭代。为了加快区分并服从磁盘上施加的顺序，将哈希桶值 $h'(s)$ 添加到状态 s 的前面。

如果一个 BFS 算法层次变得太大以致无法在 GPU 上排序，那么可以将搜索前沿分割成可装进 VRAM 中的片段。这会产生一些额外状态向量文件，需要将这些文件去掉以获得无重复的 BFS 算法层次。在实践中，时间性能仍然由扩展和排序决定。对于减去额外的文件变得更困难的情况，可以利用哈希分割，将以前的状态插入到由相同的哈希值分割的文件中。具有匹配哈希值的状态都被映射到同一个文件中。假设排序顺序首先定义在哈希值上，然后定义在状态向量自身之上，在文件连接之后（即使分别排序），可以得到状态集合总的顺序。这意味着可以限制重复检测包括减去具有匹配哈希值的状态。

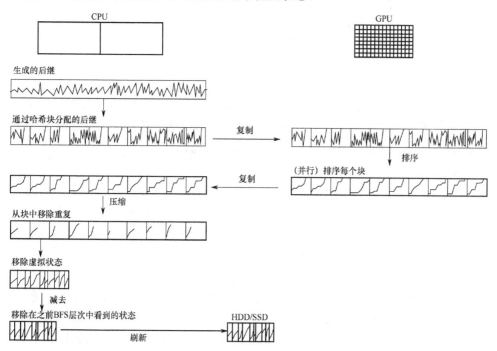

图 9.23 基于 GPU 的搜索中基于哈希的分割的示意图（未排序后继哈希到固定长度的桶并在 GPU 上排序。部分排序的块与哈希值一起给出了一个总序。在 GPU 上消除重复，在与外部存储设备合并之前压缩状态集合）

可能立即使用连接法，检查每个单独的后继是否存在一个与存储在桶中的状态相同的副本，而不是等桶都填满后再对其进行排序。与 GPU 上的桶并行排序相比，如同有序哈希一样保持状态列表的有序可以加速搜索，但这要求进行额外的插入工作且无法加快计算。一种改进方法将要插入到桶里的状态与顶部元素相比以快速检测某些重复。

3. 状态压缩

采用 64 位哈希地址，即使在非常大的状态空间中，碰撞都极少发生。今后，给定哈希函数 h，我们将状态向量 u 压缩为 $(h(u), i(u))$，其中 $i(u)$ 是 RAM 中需要扩展的状态向量的索引。我们根据 h 的词典序在 GPU 上对 $(h(u), i(u))$ 进行排序。状态向量越短，一个组中可以放入的元素越多，GPU 的预期加速比越好。

为了估计错误概率，假设一个包含 $n=2^{30}$ 个元素的状态空间，这些元素均匀哈希到长度为 64 位的 $m=2^{64}$ 个可能的比特向量。根据生日问题可知，没有重复

的概率是 $m!/(m^n(m-n)!)$。一个已知上限是 $e^{-n(n-1)/2m}$，在本例中导致完全没有碰撞的概率低于 96.92%。但是能低到多少呢？为了对我们的算法有更大的置信度水平，需要一个下限，有

$$m!/(m^n(m-n)!) = m\cdots(m-n+1)/m^n = m/m\cdots(m-n+1)/m$$
$$\geq ((m-n+1)/m)^n \geq (1-n/m)^n$$

例子中的意思是将整个状态空间哈希到（每个状态）64 比特时，至少有 93.94% 的置信度不出现重复。仅当丢失的状态是到达目标的必由之路时，丢失一个重复的状态才是有害的。如果置信度过低，那么可能使用另一个独立哈希函数重新运行实验，保证整个状态空间被遍历的机会超过 99.6%。

4. 数组压缩

排序状态集合的压缩操作可以按如下方式使用额外的 unique 向量在并行机器上进行加速。向量初始化为全 1，表示初始假设状态是唯一的。在并行扫描中，首先将状态与它的左邻居进行比较，然后将那些不唯一状态的表项标记为 0。接下来，计算前缀和以计算压缩的最终索引。

先前层次的重复可以按照如下方式并行消除。首先尽可能多的 BFS 算法层次映射到 GPU。处理器 p_i 扫描当前 BFS 算法层次 t 和一个选定的先前层次 $i \in \{0,1,\cdots,t-1\}$。由于 Open(t) 和 Open(i) 两个数组都是有序的，并且数组必须从 RAM 映射到 VRAM 并映射回来，因此并行扫描的时间复杂度是可接受的。如果找到匹配项，那么更新数组 unique，将 Open$_t$ 中对应的位设置为 0。对于层次削减，获得并行化是由于处理不同的 BFS 算法层次，对于排序和扫描，获得并行化则是由于数组分割。因为所有的处理器都读取数组 Open$_i$，因此允许并发读取。此外，允许每个处理器写入数组 unique。由于之前的层是彼此不相交的，没有处理器会访问相同的位置，因此算法保持了独占写入。

5. GPU 上的扩展

剩余的瓶颈在于生成后继时 CPU 的性能，这种瓶颈也可以采用并行计算加以减少。为此，我们将状态空间扩展引入 GPU 将并行化搜索。

对于 BFS 算法，一个桶内的扩展顺序并不重要，所以，无须线程间通信。每个处理器只需处理它的部分并开始扩展。对于每个状态有固定的适用动作集合，根据可应用动作数量复制每个待扩展的状态，在 GPU 上直接并行生成后继。所有生成的状态被复制回 RAM（或通过直接应用 GPU 排序）。

9.5.3 比特向量 GPU 搜索算法

在完全和可逆哈希函数（见第 3 章）出现后，就可以使用比特向量搜索了

（见第 6 章）。在扩展过程中，GPU 辅助的探索可以对状态进行排序或解序。

整个（或部分）状态空间比特向量保存在 RAM 中，而将索引（等级）数组复制到 GPU 中。需要对比特向量进行一次额外扫描，从而将其比特转换为整数的等级。在 GPU 上，解序、生成后继和排序的工作对于所有线程都是相同的。如果事先知道后继数量，那么在每个等级我们为其后继预留空间。在更大的超过主存容量的实例中，在 RAM 中另外维持写入缓冲区从而避免在磁盘上随机存取。一旦缓冲区已满，将其刷新到磁盘。然后在一个流式访问中，设置所有相应的比特位。

考虑图 9.24 所示的 n^2-1 数码问题。分割 $B_0, B_3, \cdots, B_{n^2-1}$ 为多个桶的优点在于，可以确定某个状态属于奇数还是偶数的 BFS 算法层次以及某个后继属于哪个桶。通过这个移动-交替性质，可以完成 1bit 而不是 2bit BFS 算法，其加速比结果如表 9.2 所列。为了避免不必要的内存访问，可以使用第一个子节点的等级覆写给定的需扩展等级。

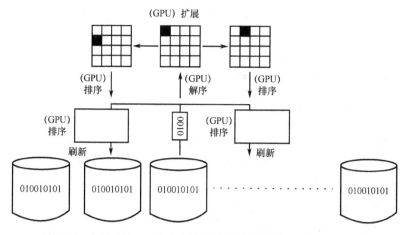

图 9.24 存储为 RAM 中的比特向量的滑块拼图问题的 GPU 探索

表 9.2 多个滑块拼图问题中 1 比特和 2 比特 BFS 的 CPU 和 GPU 性能对比
（o.o.m. 代表内存不足，o.o.t. 代表时间不足）

问题	2 比特		1 比特	
	GPU 时间	CPU 时间	GPU 时间	CPU 时间
(2×6)	70s	176s	163s	1517s
(3×4)	55s	142s	98s	823s
(4×3)	64s	142s	104s	773s
(6×2)	86s	160s	149s	1110s
(7×2)	o.o.m.	o.o.m.	13590s	o.o.t.

9.6 双向搜索算法

双向搜索是一种从搜索空间的两端的起始节点和目标节点开始执行的分布式搜索。

双向广度优先搜索可以以指数因子加速探索。双向算法是否比单向算法效率更高特别取决于搜索空间的结构。启发式搜索中，最大的状态集通常位于搜索空间的中部。在较浅深度，由于有限可达性，探索状态集合很小，而在较大深度，由于启发式的剪枝能力，探索状态集合也很小。当搜索边界在中间相遇时，与单向搜索相比，已投入 2 倍空间存储 Open 列表。如果搜索前沿更早或更晚相遇，可以大量节省搜索。

在说明了双向 BFS 算法的应用后，本节介绍了 Pohl 的路径算法及其波动整形备选，称为启发式前前搜索。本节提供了波动整形的非最优近似和 Pohl 算法的一个改进。启发式算法和广度优先搜索的一个相对可行的折中是外围搜索，目标放大的一种形式。由于它们在实践中的成功，我们包含了双向符号搜索以节约内存，包含了岛搜索在一小部分中间状态已知时分割搜索空间。最后，以对多目标启发式搜索方法的研究来结束本节。

9.6.1 双向前后搜索算法

第一种双向搜索算法是双向启发式路径算法（BHPA）。它应用从前端到后端的评估；即，启发式评价函数 $h_d(u)$ 根据搜索方向 $d \in \{0,1\}$ 分别估计从 u 到 s 或到 t 的距离。两个 A*类搜索算法同时进行；即搜索方向不时改变。基准标准选择元素数量最少的 Open 列表。如果两个搜索前沿相遇，就找到了一条解路径。然而，即使搜索路径的两部分都是最优的，串联起来也不一定是最优的。因此，算法终止条件是，迄今发现的最佳解的耗费不大于任意 Open 列表中的两个最小 f 值的最大值。

最坏的情况，除了至少一个节点扩展以外，BHPA 算法可能需要完整执行这两个 A*搜索算法；如果只是在最后一步找到最优解，则终止条件随后立即满足，而且在反向的前沿上可以省去一次扩展。

但是，实验研究表明其性能实际上接近最坏情况。那时，将其错误地归因于假设前沿擦肩而过，从而引出下一节描述的算法。事实上，两个搜索前沿相互穿过，并且两次探索一个很大的搜索子空间。

这可以通过改进的算法 BS*加以避免，它利用了四个优化方法。

(1) 修剪：如果从 Open 中提取的节点的 f 值大于当前最佳解的 f 值，则可以立刻将其丢弃。

（2）筛选：f 值大于当前最佳解的后继节点不需要插入到 Open 中。

（3）阻止：如果从 Open_d 中提取的节点已经位于 Closed^{1-d} 中，那么不需要展开它。

（4）剪枝：在相同情况下，可以删除 Open^{1-d} 中节点的后代。

算法 9.15 给出了 BS 算法的伪代码；BHPA 算法是将算法中所有标记 BS*算法的行删除后得到的。图 9.25 说明了搜索策略。

Procedure BHPA/BS
Input: 图 G, 开始节点 s, 目标节点 t
Output: 从 s 到 t 的最短路径

$\text{Open}^0 \leftarrow \{s\}; \text{Open}^1 \leftarrow \{t\}$	;;初始化搜索边界
$\text{Closed}^0 \leftarrow \{\}; \text{Closed}^1 \leftarrow \{\}$	;;初始化已访问列表
$\alpha \leftarrow \infty$	;;目前发现的最佳解耗费
while ($\alpha > \max\{\min\{f_0(x)\|x \in \text{Open}^0\}, \min\{f_1(x)\|x \in \text{Open}^1\}\}$)	;;终止
Fix search direction d	;;执行前向或后向搜索
Select and delete u in Open^d	;;删除最小
Insert u into Closed^d	;;根据已访问列表更新
if ($f(u) \geq \alpha$) **continue**	;;*BS*算法：修剪
if ($u \in \text{Closed}^{1-d}$)	;;发现解路径
$\alpha \leftarrow \min\{\alpha, g_d(u) + g_{1-d}(u)\}$	;;更新阈值
Delete descendants from u in Open^{1-d}	;;*BS*算法：剪枝
continue	;;*BS*算法：阻止
$\text{Succ}^d(u) \leftarrow \text{Expand}^d(u)$	;;生成后继
for all v **in** $\text{Succ}^d(u)$	;;考虑后继
if ($g_d(u) + w(u,v) + h_d(v) \geq \alpha$) **continue**	;;*BS*算法：筛选
$\text{Improve}_d(u,v)$	;;插入 v 到 Open^d
	;;如果发现了更短路径，从 Closed^d 中删除 v
return α	

算法 9.15

具有 BHPA 算法的双向搜索

与 BHPA 算法相比，BS*算法虽然节省了大量的时间和内存，但是在实验中它的表现仍无法明显优于 A*搜索算法。通常，前沿会相遇，在计算早期就发现了最优解路径；大部分的工作都用于证明发现的路径确实是最优的。

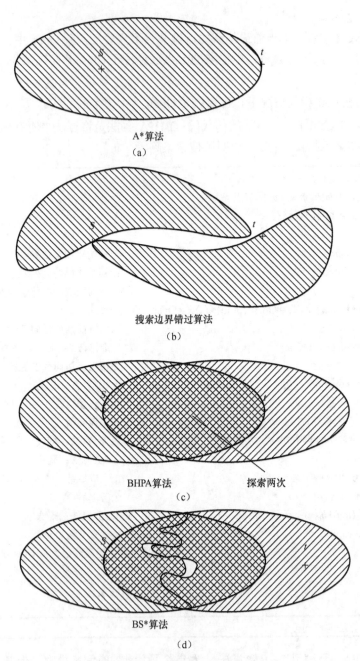

图 9.25 （概要的）搜索空间探索

（a）普通 A*搜索算法；（b）双向搜索中假定的搜索前沿的错过；（c）BHPA 中的冗余评估；
（d）BS*算法的改进。

9.6.2▲ 双向前前搜索算法

很长时间内，研究人员认为 BHPA 算法实验效率低下是由于搜索前沿彼此擦肩而过（错过）造成的。因此，发明了波动整形技术指导两个搜索前沿相向进行。这些算法使用前端到前端的评估，直接估计搜索前沿之间的距离。

双向启发式前前算法（BHFFA）为所有节点对 $(u,v) \in \text{Open}^0 \times \text{Open}^1$ 计算 $f(u,v)$ 值：$f(u,v) = g_0(u) + h(u,v) + g_1(v)$。然后在两个搜索前沿中，算法选择两个节点 $u_{\min}$ 和 $v_{\min}$ 进行扩展，使得 f 值最小化，$f(u_{\min}, v_{\min}) \in \min\{f(u,v) | (u,v) \in \text{Open}^0 \times \text{Open}^1\}$。不同于之前前端到后端的评估，该算法可以容许地终止于发现的第一条解路径。前端到前端方法有一些小问题：BHFFA 算法的第一个版本的错误在于它未能找到最优解。

实验证明，BHFFA 算法根据节点扩展改进了单向搜索。然而，其计算复杂度非常高，大大超出了这个优势。在直接实现中，每一步都需要 $n_0 \cdot n_1$ 次启发式评估，n_i 是搜索前沿 i 中的节点数量。总的时间复杂度是 $O(n^3)$，因为对于 n 次扩展，最多有 n 次迭代。当将结果存储在 $O(n_0 \cdot n_1)$ 的内存中时，每次扩展评估的数量可以减小为扩展节点的后继节点数量乘以反向搜索前沿的大小。

为了缓解这种开销，Politowski 和 Pohl 提出了 BHFFA 算法的另一个重要改进算法，称为 d 节点重定向。它仅将搜索前沿导向反向搜索前沿的一个中央节点，称为 d 节点，其中 d 固定为离起始点最远的搜索节点。每 k 次迭代，切换搜索方向，在反向搜索前沿计算一个新的 d 节点。

但是，d 节点重定向也是非容许的。此外，必须仔细选择参数 k。参数 k 较小时，两个搜索前沿相遇时我们会得到更差的解；参数 k 较大时，我们模仿单向搜索。

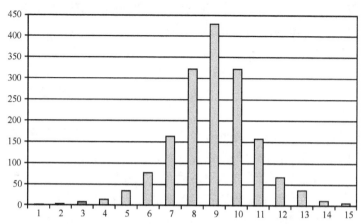

图 9.26　A*算法中关于给定搜索深度的生成节点数量的分布

可以避免维护两个逐渐增长的搜索树相关的问题。前向和后向搜索的一个结合是考虑一棵由前向和后向状态对组成的搜索树。对于每个状态，要么扩展前向状态要么扩展后向状态。

然而，最具挑战性的问题是双向启发式搜索算法在实践中为什么经常表现的相当差，而在盲搜索中，双向状态空间遍历取得的节约是明显的。答案之一来自于考虑对于给定搜索深度 A*探索算法的节点数量。选择一个采用曼哈顿距离启发式和 A*算法的简单的 15 数码问题的例子。图 9.26 给出了对于逐渐增加的搜索深度，A*算法生成的节点数量。不同于广度优先搜索，搜索两端展开节点的数量下降明显。原因在于对于更接近目标的节点，启发式估计效果更好。根据 IDA*搜索树预测，在深度 i，对于大的 f 耗费阈值 c，期望的节点数量为 $N_iP(c-i)$。如果假设 P 近似正态分布且 N_i 约等于 b^i，b 为蛮力分支因子，经常观察到对于较小的 x 值，P 的减少幅度大于 N_i 的增加幅度，因此最终 $N_iP(c-i)$ 呈指数下降。

分布的均值当然不是恰好等于解深度的 1/2，但它往往在这个值周围。对于例子和数据值 $v_i(i \in \{1,2,\cdots,15\})$，计算 $\sum_{i=1}^{15} v_i = 1647$ 和 $\sum_{i=1}^{15} i \cdot v_i = 14761$，因此均值为 8.962。

9.6.3 外围搜索算法

外围搜索试图继承前端到前端评估的优点，同时避免重定向启发式到一个不断变化的搜索前沿时的计算工作量。搜索方向只改变一次。它从目标节点开始进行深度有界广度优先搜索；位于最终搜索前沿的节点被存储下来，称为外围节点。然后从 s 开始，对这些节点采用前端到前端评估，进行前向搜索。PS*算法以类似 A*算法的方式完成此过程，IDPS*算法和 BIDA*算法执行 IDA*算法完成这个过程。后两者的区别在于 BIDA*算法移除那些不影响启发式评估的外围节点。为了获得解路径，要么存储最优解路径与每个节点，要么存储所有节点与指向它们父节点的指针。此外，IDPS*算法评估到每个外围节点的距离，BIDA*算法更加巧妙一些，因为它引入了一个条件，以避免存在一致启发式函数时考虑过多的外围节点。

在搜索期间，计算参数以外的每个节点的启发式值，这个值是到每个外围节点的启发式估计的最小值加上外围的直径。外围搜索的主要优势在于最小启发式值与直径一起通常比单个启发式值更准确，一旦发现了一个外围节点中的状态，搜索便可终止。缺点在于存储外围节点的内存需求很大，特别是，存储多个启发式计算的内存需求是相当大的。对于前一个缺点，已经证明很小的外围即可显著增强启发式估计。稍后我们将看到在模式数据库环境中，可以绕开后一个缺点。

前向搜索的评价函数为 $H(u) = \min_{p \in P}\{h(u,p) + \delta(p,t)\}$。这表明，对于所有 $u \in P$，$H(u) = \delta(u,t)$。

定理 9.1（H 的容许性） 如果 h 是容许的，则启发函数 $H(u)$ 是容许的。

证明：需要说明对所有的 $u \in V \setminus P$，$H(u) \leqslant \delta(u,t)$。由于 $h(u,v) \leqslant \delta(u,o)$，则

$$\delta(u,t) = \min_{v \in P}\{\delta(u,v) + \delta(v,t)\} \geqslant \min_{v \in P}\{h(u,v) + \delta(v,t)\} = H(u)$$

定理 9.2（H 的一致性） 如果 h 是一致的，则启发函数 $H(u)$ 是一致的。

证明：需要说明 $H(u) \leqslant H(v) + w(u,v)$：

$$H(v) + w(u,v) = \min_{w \in P}\{h(v,w) + \delta(w,t)\} + w(u,v)$$
$$= \min_{w \in P}\{h(v,w) + w(u,v) + \delta(w,t)\}$$
$$\geqslant \min_{w \in P}\{h(u,w) + \delta(w,t)\} = H(u)$$

对于外围搜索的正确性，可以考虑 G 的外围约减 G_p。其中，整个外围被约减为一个超级节点 t^*，并且所有从 u 开始到外围的入边重分配为 $w(u,t^*) = w(u,v) + \delta(v,t)$。

定理 9.3（外围约减）对于 G 的外围约减图 G_p 中的所有非目标节点 u，$\delta_G(s,t) = w_{G_p}(s,t^*)$ 成立。

证明：设 $p = \{u_0, u_1, \cdots, u_k\}$ 是 G 中从 s 到 t 的一条解路径，那么可以得到一个前缀 $p' = \{u_0, u_1, \cdots, u_l\}$ 且 (p', t^*) 是 G_p 中的一条解路径。有 $g(p) = w(u_0, u_1) + \cdots + w(u_{l-1}, u_l) + w(u_l, u_{l+1}) + \cdots + w(u_{k-1}, u_k)$。条件 $w(u_l, u_{l+1}) + \cdots + w(u_{k-1}, u_k) \leqslant \delta(u_l, u_t)$ 意味着 $g(p) \leqslant g(p', t^*)$。此外，对于一条最优解路径，$\delta_G(s,t) = \delta_G(s, u_{l-1}) + \cdots + w(u_{l-1}, u_l) + \delta(u_l, t^*) = \delta_{G_p}(s, t^*)$ 成立。

1. ▲ **外围搜索改进**

为了在计算 $\min_{p \in P}\{h(u,p) + \delta(p,t)\}$ 时节省时间，提出了如下更新过程。然而，在每个节点，它需要 $O(|P|)$ 的空间以存储经过每个外围节点到目标的估计距离；因此，对于很大的问题，它只能与迭代加深程序（IDPS*算法）一起使用。

基于以下观察进行改进：即采用一致启发式，对于每个 v 和 u，$|h(v) - h(u)| \leqslant w(u,v)$ 成立，其中 $w(u,v)$ 是 u 和 v 之间边的权重。因此，从 v 到外围节点的估计至多变化 $w(u,v)$，其中 u 是 v 的父节点。因此，如果启发式值不能改变到足以影响最小值，就不需要重新计算启发式值。

搜索开始时，在开始节点为每个外围节点完整地使用一次启发式，并存储这些估计值以及最小值的索引。首先，当从 u 生成节点 v 时，重新计算当前最小的启发式值；然后，从其余存储的启发式值中减去边的权值 $w(u,v)$；如果这些值中

的任意一个小于当前的最小值，就使用 h 对其重新计算。

在 15 数码问题中，BIDA*算法只扩展了一小部分 A*扩展算法的节点。这种扩展数量的减少需要与启发式评估所增加的计算时间进行平衡。结果是，当外围直径改变时，整体运行时间在深度为 16 时最小；在这一点上，它的运行时间为 A*算法运行时间的 27.4%，其扩展节点数量为 A*扩展算法节点数量的 0.9%。

当分析改进时，可以清晰地看到，双向方法的好处主要在于动态改善的启发式估计。例如，在 15 数码问题中，仅使用外围为 1 时（包含两个节点）就可以节省约 1/2 的 IDA*算法生成的节点。外围搜索找到了曼哈顿距离启发式的一种改进，称为末次移动启发式。在多数情况下，启发式增加两个单位，末次移动将空白移动到其目标位置。因此，在此之前，其邻居滑块之一必然位于空白的目标位置，其不包含在曼哈顿距离中。

然而，也许令人惊讶的是，在其他领域，很难使用外围搜索取得任何实际改善。例如，相同曼哈顿距离下迷宫的情况。原因在于，同样的外围获得启发式的相同的绝对改进；然而，因为迷宫的解比 15 数码问题的解要长数个数量级，因此外围搜索产生的相对影响微不足道。若要获取相同的扩展节省，需要计算大得多的外围，这使得外围搜索耗费过多的计算量和存储。

2.▲ 外围搜索的前端到前端的变体

为了避免前端到前端评估增加的计算工作量，建议结合前端到前端评估在外围搜索中使用相同的机制，仅改变一次搜索方向并在第二次搜索中使用第一次搜索时存储的节点。对于两个搜索阶段，可以实例化不同 A*类算法和 IDA*类算法（分别称为 BAA 算法和 BAI 算法）。如果在后向搜索阶段遇到一个 Closed 节点，则找到一条解路径，也不必对其进一步扩展（可以阻止它）。如果目前为止发现的最佳解不大于（A*算法的）最小 f 值，或者不大于（IDA*算法的）下一个更高的阈值，那么搜索终止。

此外，双向搜索允许动态改进启发式，在单向搜索中这是不可能的。其中一个方法叫做加和方法。令 MinDiff 是 t 附近外围启发式的最小误差，即 $\text{MinDiff} = \min\{g_1^*(u) - h_0(u) | u \in P\}$。

引理 9.1（启发式函数的非增误差） 如果 h_0 是一致的，那么在一条最优路径上启发式函数 $\text{Diff}_0 = g_1^*(u) - h_0(u)$ 的误差不会增加。

证明：假设 u 和 v 是到 t 的最优路径上的两个后继节点，则
$$\text{Diff}_0(v) = g_1^*(v) - h_0(v) \leqslant g_1^*(u) + w(u,v) - h_0(u) = g_1^*(u) - h_0(u) = \text{Diff}_0(u)$$

根据这个引理，当给启发式增加最小误差时，它仍然是乐观的。

定理 9.4（加和方法的质量界限） $H_0(u) = h_0(u) + \text{MinDiff} \leqslant h_0^*(u)$。

证明：从 u 到 t 的最优路径必通过某个外围节点 p，即

$$H_0(u) = h_0(u) + \text{MinDiff} \leq h_0(u) + \text{Diff}_0(p) \leq h_0(u) + \text{Diff}_0(u) = h_0^*(u)$$

现在，在所有启发值上加一个常数丝毫不会影响单向 A*搜索算法。然而，回忆在 BAI 算法和 BAA 算法中，比较当前最佳解与 Open 中的最小估计。因此，加和可以导致搜索更早结束。为了进一步优化以最大化 MinDiff，外围产生搜索总是可以选择启发式搜索中具有最大误差的节点；这个变体称为 Add-BDA。

第二个方法称为最大化方法，它使用估计 $h_0'(u) = f_{\min,1} - h_1(u)$，其中 $f_{\min,1}$ 是外围的最小 f 值，$f_{\min,1} = \min\{g_1^*(u) + h_1(u) | u \in P\}$。

定理 9.5（最大化方法的容许性） $h_0'(u) \leq h_0^*(u)$。

证明：从 u 到 t 的最优路径必通过某个外围节点 p，即

$$h_0'(u) = f_{\min,1} - h_1(u) \leq h_1(p) - h_1(u) + g_1^*(p) \leq \delta(u,p) + g_1^*(p) = h_0^*(u)$$

这种动态评价函数并非总是优于静态函数，但由于两者都是容许的，可以将二者合并为 $H_0(u) = \max\{h_0(u), f_{\min,1} - h_1(u)\}$。

实验研究表明，在 15 数码问题上带有置换表的 Max-BAI 算法性能超过 IDA*算法（和所有双向搜索算法），并且在迷宫问题上，Add-BDA 超过了 A*算法（和所有其他双向搜索算法）。

3. 近最优外围搜索算法

当 $\lambda > 1$ 时，在 A*算法中选择 $f(u) = g(u) + \lambda h(u)$ 会导致非容许启发式和非最优解。增加 λ 会提高搜索速度，代价是解长度的增加。对于外围搜索，计算所有这些启发式然后计算加权版本似乎是不合理的。在近最优外围搜索中，启发函数定义为 $h(u,t)$ 而不是 $h(u,P)$，加上外围的深度（与外围搜索一样）。对于近最优外围搜索，只需要常数时间处理每个生成或扩展的节点。可以在常数时间内完成一个新节点与存储在哈希表中的外围节点的匹配。

定理 9.6（外围搜索的质量界限） 令 d 为外围 P 的深度，且对于一个容许启发式 h，令 $H_P = \min_{p \in P}\{h(p,t)\}$。令 $\delta(s,t)$ 为一个最优解路径的长度，W 为近最优外围搜索发现的解的耗费，那么我们得到 $\delta(s,t) \leq W \leq \delta(s,t) + d - H_P$。

证明：对于第一个不等式，注意到到达目标的任意路径的耗费不会小于最优路径的耗费。由于 W 由路径耗费 $g(u)$ 和启发式估计 $H_P = \min_{p \in P}\{h(p,t)\} \leq h(u) \leq h^*(u)\}$ 构成，其组合耗费 $g(u) + H_P$ 不会大于 $\delta(s,t)$。

由于近最优外围搜索使用容许启发式，因此 $0 \leq H_P \leq d$ 且 $d - H_P \geq 0$。设 u 为在外围上遇到的第一个节点，那么有 $W = g(u) + d$。由于 A*的耗费函数和近最优外围搜索满足 $f(u) = g(u) + h(u) \leq \delta(s,t)$，有 $g(u) + d \leq \delta(s,t) + d - h(u)$。最坏

情况下，可以取外围中所有节点的最小启发值，得到 $W \leq \delta(s,t)+d-H_P$。

值 $d-H_P$ 可以看作外围中所有节点启发值的最大误差。

9.6.4 双向符号广度优先搜索算法

作为构建符号模式数据库的符号搜索的副产品，我们已经看到迁移关系 Trans 执行后向搜索的优势。对于状态集 S_i，通过对于不断增加的索引 i 计算 $\phi_{S_i}(x') = \exists x(\phi_{S_{i-1}}(x) \wedge \text{Trans}(x',x))$，可以相继确定目标集合的原象。由于搜索是符号化的，因此大的目标集合不增加搜索过程的负载。

在双向广度优先搜索中，前向和后向搜索是并发进行的。一方面，有前向符号搜索前沿 $\phi_{\{S\}}$；另一方面，有后向搜索前沿 ϕ_G。当两个搜索前沿在 f 次前向和 b 次后向迭代后相遇时，得到了一个长度为 $f+b$ 的最优解。通过两个范围 Open^0 和 Open^1，算法 9.16 给出了算法实现的伪代码。

Procedure Symbolic-Bidirectional-BFS
Input: 具有迁移关系 Trans，目标集合 T 和开始节点 s 的状态空间问题
Output: 最优解路径

$\quad \text{Open}^0(x) \leftarrow \phi_{\{s\}}; \text{Open}^1(x) \leftarrow \phi_T$;;初始化范围列表
while $(\text{Open}^0(x) \wedge \text{Open}^1(x) \equiv \text{false})$;;如果搜索边界未相遇则循环
$\quad$ Fix search direction d ;;执行前向或后向搜索
$\quad$ **if** $(d=0)$;;前向搜索
$\quad\quad \text{Open}^0(x') \leftarrow \exists x((x = x') \wedge \text{Open}^0(x))$;;变量替换
$\quad\quad \text{Succ}(x) \leftarrow \exists x'(\text{Open}^0(x') \wedge \text{Trans}(x',x))$;;前向镜像
$\quad\quad \text{Open}^0(x) \leftarrow \text{Succ}(x)$;;用新的搜索边界迭代
$\quad$ **else** ;;后向搜索
$\quad\quad \text{Pred}(x') \leftarrow \exists x(\text{Open}^1(x) \wedge \text{Trans}(x',x)$;;后向镜像
$\quad\quad \text{Open}^1(x') \leftarrow \text{Pred}(x')$;;用新的搜索阈值迭代
$\quad\quad \text{Open}^1(x') \leftarrow \exists x((x = x') \wedge \text{Open}^1(x'))$;;变量替换
return $\text{Construct}(\text{Open}^0(x) \wedge \text{Open}^1(x))$;;生成解

算法 9.16
采用 BDD 实现的双向 BFS 算法

在单位耗费图中，迭代次数仍然等于最优解长度 f^*。现在解重构由建立的交集开始到各自起始状态。搜索方向的选择往往是一次成功探索的关键。存在三个简单的标准：BDD 大小、描述的状态数目和更小的探索时间。由于前两者无法

很好地适用于预测下一次迭代的计算工作量，因此首选第三个标准。

9.6.5▲ 岛搜索算法

考虑一个城市的路网，城市中有一条南北贯穿的河流（图 9.27）。假设试图找到从西部到东部目的地的最短路径；则该路径被局限于穿过这条河的桥梁之一。岛搜索的想法是在桥的前后把路径分成两个部分以改进搜索效率，到达桥梁可以视为需要首先实现的子目标。

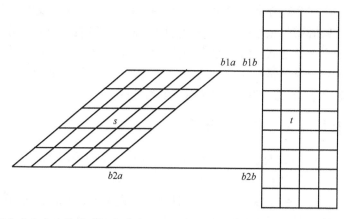

图 9.27 城市中南北方向贯穿的河流（为了从 s 到达 t，要么穿过 b1a 要么穿过 b2a（或者等价的 b1b 和 b2b），因此，最短路径问题可以分解为找到从 s 到任意桥梁的最短路径，然后找到从桥梁到 t 的最短路径）

对于一般的搜索图 $G=(V,E)$，假设已知（不是太大的）节点子集 $I \subset V$，使得任意解路径必须包含一个元素。换句话说，I 代表 G 的一个分割。这使得我们可以通过一个更严格的启发式估计提高搜索效率。对于 $i \in I$，可以为节点在分割之前得到更好的界限 $\min\{h(u|i)\}$，其中 $h(u|i)$ 表示从 u 到 t 的必须通过节点 i 的最小路径估计长度，而不是在所有地方使用从节点 u 到目标 t 的距离 $h(u)$。例如，在路径规划实例中，可以用从当前位置到桥的距离再加上这座桥到目标的距离之和替换从当前所在的位置到目标的空中距离，并对所有的桥进行最小化。

岛搜索可以融合到 A*类算法和 IDA*类搜索算法。在原始文献中，通过使用 Open 和 Closed 列表描述 A*算法；然而，这不是绝对必要的。只要每个节点存储一个额外的标记就足够了，此标记说明节点生成的路径是否包含 I 中的一个祖先。扩展一个节点时，后继继承其标记，但当此节点属于 I 时，后继不继承节点的标记，这种情况下，此节点被打开。

根据它的值，用传统方式或约束形式估计 h 值。岛搜索与 A*算法或 IDA*算法的本质区别在于改善的启发式。因此，如果后者是容许的，该算法能够保证当存在最优解时找到一条最优路径。

此外，假设三角不等式 $h(x,y) \leq h(x,z)+h(z,y)$ 适用于启发式估计；对于示例中的空间距离测度，这显然成立。那么，岛搜索的 A*算法变体至少与 A*算法一样高效；即它不会扩展更多的节点。

原算法已推广到了超过两个岛。这种情况下，对于一条最优路径必须通过的最小桥数量，存在一个用户提供下限 E。每个节点为其祖先传递的分割存储一组标记集合；仅当这个集合具有 E 个元素时，将目标距离用作启发式。

岛搜索的实际结果依赖于搜索图分割的好坏。一般地，搜索图分割必须在搜索之前以领域特定的方式完成。获得小的分割集合大小很重要。这限制了启发式增加的计算耗费，且通常产生更大的改善。例如，在路径规划应用中，我们将地图分割为相对少量的公路和主干道连通的城市地区。

9.6.6▲ 多目标启发式搜索算法

在前面讨论的多数搜索算法都对多目标有效，其中测试 Goal 条件。然而，到目前为止对于双向搜索，我们仅限于一对一最短路径搜索。此外，外围搜索将目标集合从一个扩展到了多个状态，并且我们想避免一到多启发式的前沿计算。

3 柱汉诺塔问题显示了递归的威力。要从柱子 1 移动 n 个盘子到柱子 2，首先从柱子 1 移动 $n-1$ 个盘子到柱子 3，然后将盘子 n 从柱子 1 移动到柱子 2，最后将 $n-1$ 盘子从柱子 3 移动到柱子 2。这导致 2^n-1 次移动。三根柱子和 n 个盘子的汉诺塔问题，移动的最小次数是 2^n-1，所以，此策略是最佳的。

关于 4 柱汉诺塔问题（图 9.28）的一个未经证实的猜想说明最优解开始于形成一个 k 个最小盘子的子栈，然后移动其余盘子，最后再移动这 k 个盘子，k 待确定。如果在 4 柱 n 盘汉诺塔问题中，我们采用两个比特编码盘子所在的柱子，那么我们得到长为 $2n$ 的状态向量。

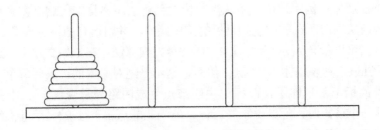

图 9.28　4 柱汉诺塔问题

基于这个猜想，可以计算最小移动次数。结果如表 9.3 所列。已经使用并行外部启发式搜索对至多达 30 个盘子进行了验证，30 个盘子对应的状态空间大小为 4^{30}。并行搜索探索了超过 710 万个状态且需要约 1.28TB 磁盘空间。

表 9.3 解决 4 柱汉诺塔问题的移动次数猜想

n	1	2	3	4	5	6	7	8	9	10	11	12	13	14	15	16	17
f(n)	1	3	5	9	13	17	25	33	41	49	65	81	97	113	129	161	193
n	18	19	20	21	22	23	24	25	26	27	28	29	30				
f(n)	225	257	289	321	385	449	513	577	641	705	769	897	1025				
n	31	32	33	34	35	36	37	38	39	40							
f(n)	1153	1281	1409	1537	1665	1793	2049	2305	2561	2817							
n	41	42	43	44	45	46	47	48									
f(n)	3073	3329	3585	3841	4097	4609	5121	5633									

汉诺塔问题的目标状态与起始状态是对称的。这允许 4 柱汉诺塔问题中的搜索深度减半。启发式搜索的目标是任意中间的状态，在此状态下除最大盘子外，所有盘子分布在两个非目标和非起始柱子上。如果在深度 l 找到一个中间状态，则总是可以在深度 $2l+1$ 上构建一个完整的解。因此，一个 30 个柱子深度 1025 的搜索问题可以约减为深度 512 以证明不存在更小的解。

单目标模式数据库的大小受限于主存的大小，1GB 情况下是 2^{30}B。若假设抽象解长度小于 256 步，则模式数据库限定于 15 个盘子。为了构建具有 15 个盘子的模式数据库，产生 15 个盘子分布在两个柱子上的状态并分配深度 0 以初始化后向启发式搜索。然后生成了大小为 4^{15} 的整个状态空间。

多目标模式数据库搜索可以克服外围搜索的局限性。构建数据库时，可以用外围中的所有状态反向构建数据库。在整个搜索过程中，通过简单的查找表可以发现最小启发式估计。这种技术要求外围和抽象空间计算是兼容的。

9.7 小结

扩展一个问题通常意味着扩展一个状态引入新的动作，并且为产生启发式和后继的启发式评估增加内部计算时间。极端情况下，内部时间会超过磁盘访问时间。本章将分布式搜索分成了两个同等重要的部分：一个是并行搜索；另一个是多方向搜索。如果手头有更多处理器可用，那么任意多方向的搜索都可以并行化，即便一些技术会增加更多的通信开销。

并行搜索算法被设计为使用处理器网络解决算法问题，并在处理器间分配工作量。进程通过文件或者消息传递进行通信。如果不同的任务可以以高效利用各个处理器工作能力的方式进行有效的分配,那么可以获得高效的解。如果负载可以均匀地分布且进程间通信量很小时,可以获得加速比。在位于同一个或不同机器上的不同处理器间分配内部的工作量。

  同步是指当一个进程完成其工作时发生的事情;要么进程等待其他进程完成它们的任务,要么进程立刻开始新的任务。在同步并行搜索中,搜索空间中的每个节点被分配到一个进程,并在此进程上执行搜索。随后的工作由此进程分配到空闲的接收进程上。采用这种方式,所有的进程收到工作并顺序执行搜索。通过共享当前位于本地磁盘上的作业进行工作量分配。强制进行同步执行通常会增加通信复杂度。在异步并行搜索中,不会在所有的进程间进行工作量均衡。唯一广播的共享信息是当前上界和解的质量。作为一个副作用,信息交换的不同计时可能导致不确定行为。另一方面,不确定性并不一定意味着计算结果不正确。确定的解耗费要么是已发现的最好解的值,要么是剩余子问题的最佳解的值。在这种异步环境中,因为并非所有进程都拥有完整的搜索知识,所以信息交流产生延迟。

  本章考虑了不同的深度优先启发搜索策略的并行实现,包括并行分支限界和并行迭代加深 A*搜索算法。为了消除重复,一个(静态或动态的)将状态分配到进程的函数至关重要,意味着查找请求或需要传送的整个状态。松散耦合(异步的)计算通常比紧耦合的(同步)计算速度快,但它需要问题的结构化知识。这里,搜索树通常产生到某个搜索深度,且在不同的处理器之间分配搜索前沿,因为负载均衡堆栈的一个选项是进行分割。在采用并行窗口搜索的 IDA*算法的选项中,提出了一个较为简单的并行化。为了并行化 A*搜索算法,需要在一个合适的数据结构中维护搜索前沿。对于共享内存体系结构,树堆使用 f 值诱导的关键字最佳优先顺序替代访问优先级。对于更松散的耦合,即所谓局部 A*搜索算法,负载均衡与控制扩展次优状态的额外工作量是一种挑战。

  采用外部并行广度优先和最佳优先搜索,本章对多处理器和多硬盘环境提出了改进的分布式重复检测的机制。假设一个典型的网络场景,其中计算机通过以太网或 TCP/IP 互联。计算机能够通过网络文件系统访问一个共享的硬盘,并且每台计算机可以具有一个本地硬盘。这种设定可以扩展到多核或多处理器系统。外部设计往往导致并行计算的新的解决方案。除了并行延迟重复检测外,还研究了并行结构化重复检测。为了利用面向计算机网络模式的更大的共同 RAM 容量,并行评估基于内存的启发式。例如,讨论了解决 n^2-1 数码问题的客户端-服务器体系结构,其假设是计算启发式比生成后继节点集合需要更多的时间。在不相交模式数据库的分配下，每个从进程负责在其模式中包含特定滑块的（全部）模式数据库。它利用了如下事实，即基于滑块移动选择模式数据库。减少了每个模式数据库的 RAM 需求，允许在一个进程中保存更大的模式数据库。

表 9.4 总结了前面介绍的并行搜索算法，包括算法如何执行重复检测的信息、同步还是异步、节点集合是本地还是全局保存、方法是否是增量的（随着时间的推移改进解的质量）、算法是否在计算终止时报告最优解。

表 9.4 并行搜索算法和同步选项（sync）重复检测策略（DD）概述

名字	DD	同步	状态集合	迭代	最优
并行 BnB 算法（9.6）	—	—	局部	√	√
并行 DFS 算法（9.7）	—	√	局部	—	—
并行 IDA*算法（9.8）	—	√	局部	√	√
异步 IDA*算法（9.8）	—	—	局部	√	√
并行窗口搜索算法（9.9）	—	—	局部	√	√
TDS 算法（9.3）	√	√	局部	√	√
并行局部 A*算法	√	√	局部	—	√
并行全局 A*算法	√	√	全局	—	√
并行外部 BFS 算法（9.10）	延迟	—	全局	—	√
并行 SDD 算法	早期	—	全局	√	√
并行外部 A*算法（9.11）	延迟	—	全局	—	√

已经看到，集成 GPU 计算可以极大改进搜索。在单个中等先进的图形卡上，尤其在最近的图形卡或多个图形卡上，获得超过一个数量级的加速比是可能的。我们限制于阐述大规模广度优先搜索。本书讨论的许多其他外部存储器算法都可以流化并移植到 GPU 上。

本章还介绍了 BS/BHPA 和 BHFFS 双向算法，它们要么使用前端到后端要么使用前端到前端评估。它们通常逐渐提高解的质量。说明了为什么在搜索实践中，从双向广度优先搜索得到的节约无法满足。作为一种解决方案，外围搜索避免合并两个相反方向的搜索启发式，并在搜索空间的一端使用完整搜索以增加另一侧搜索的效率，因为需要存储外围中的所有节点。岛搜索是一个多向算法，该算法利用问题空间的结构将其分割为不同的块进行单独搜索。

表 9.5 总结了双向和多向搜索算法。我们指出了状态表示、前向和后向搜索中应用的搜索方法（如果存在）、算法是否随着时间（任意时间）改进解质量和算法最终是否最优。

表 9.5 双向搜索算法综述

名字	图	前向	后向	任意时刻	最优
符号双向 BFS 算法（9.16）	符号	盲目	盲目	—	√
BHPA/BS 算法（9.15）	显式	引导	引导	√	√
BHFFS 算法	显式	引导	引导	√	√
岛搜索算法	显式	k 引导	—	—	√
外围搜索算法	显式	引导	盲目	—	√
多目标 A*算法	显式	引导	盲目	—	√

当在两个搜索方向之间进行处理器时间切片时，双向搜索已经可以加速单处理器搜索。在超过两个处理器上实现双向搜索也是可能的，例如，通过使用在本章中讨论的搜索方法分配一个（或两个）方向上的搜索工作量。

9.8 习题

9.1 消息传递接口库，像 MPI，提供不同进程之间消息处理的基本程序。解释在 MPI 中如何避免读和写的临界区，并与正文所述的通过（消息）文件的替代通信进行比较。

9.2 有界 DFS 算法依赖于如何交换信息。请给出两种不同信息共享方法的伪代码。

9.3 考虑一组数字 $(a_1, a_2, \cdots, a_8) = (5,3,9,4,6,2,4,1)$。

（1）通过显示程序 Sum 每次遍历循环后的数组，解释求 $a_1, a_2, \cdots, a_8$ 之和的并行计算过程。

（2）通过显示程序 Prefix-Sum 每次遍历循环后的数组，解释求 $a_1, a_2, \cdots, a_j$ 的前缀和的并行计算过程。

（3）说明如何可以使得程序 Prefix-Sum 工作最优。

（4）在互联网上搜索 GPU（如在 CUDA 中）的一个实现并进行解释。

9.4 为了使用前缀和计算模拟有限状态自动机，使用状态集合 $Q = \{1,2,3,4\}$ 和迁移字母表 $\Sigma = \{a,b\}$ 作为一个例子。令 $q_0 = 1$ 且令 δ 包含八个迁移，$1 \overset{a}{\to} 2$，$2 \overset{a}{\to} 3$，$3 \overset{a}{\to} 4$，$4 \overset{a}{\to} 1$，$1 \overset{b}{\to} 3$，$2 \overset{b}{\to} 1$，$3 \overset{b}{\to} 2$ 和 $4 \overset{b}{\to} 4$，如图 9.29 所示。

令输入字符串为 *abbaabba*。

（1）通过结合了迁移的顺序应用的关联函数 $\otimes$ 计算前缀和。例如，因为 $1 \to 2 \otimes 2 \to 1$ 得到 $1 \to 1$，因此字符串 *ab* 的组合转移函数是 $1 \to 1$，$2 \to 2$，

$3 \to 4$ 和 $4 \to 3$。

（2）通过在转移函数中插入初始状态 q_0，表示每个可能的前缀能到达的状态。

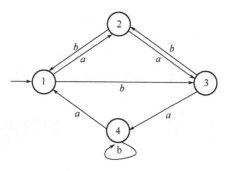

图 9.29 一个有限状态机的状态迁移图

9.5 采用之前习题的方法在并行对数时间内计算两个二进制数字 x 和 y 的和。

（1）设计一个两状态有限状态自动机来传播进位位。这个自动机的状态表示从第 i 个到第 $i+1$ 个状态的进位位。它取决于两比特 x_i 和 y_i 的和，所以迁移字母表是 $\Sigma = \{0, 1, 2\}$。

（2）用两个数字 $u = \{01010111\}_2$ 和 $v = \{00010011\}_2$ 测试你构建的自动机。使用 Prefix Sum 算法在并行对数时间内模拟自动机。

（3）计算加法的结果。对每比特位置，进位位需要添加到输入比特。如果解是偶数则结果为 0，否则结果为 1。

9.6 展示在一个有序序列中如何使用前缀求和来消除重复。使用一个额外的数组来标记相同的元素。

9.7 将 (17, 0) 插入图 9.9 所示的树堆中。

（1）包含 (17, 0) 的节点最终位于何处？

（2）你需要多少步旋转以满足树堆的性质？区分左、右旋转。

（3）显示每次旋转之后的树堆。

9.8 考虑一个由随机化搜索树表示的包含 n 个数字的集合 S 的树堆，其中优先级是均匀分布的随机数。

（1）说明随机化搜索树的平均路径长度是 $O(\lg n)$。

（2）计算插入的平均时间（这是一个困难的工作，因为你必须要考虑数字 $\{1, 2, \cdots, n\}$ 的所有排列）。

（3）计算删除的平均时间。你可以重用（2）的结果吗？

9.9 在 GPU 上对大型状态集合进行排序（如随机字符串）。

（1）双调排序如何提供帮助？

（2）你能打败 CPU 快速排序算法吗？

（3）设计一个策略实现并行化快速排序。需要解决哪些问题？

9.10 将图 9.30（a）描绘的黑白交替棋子变换为图 9.30（b）所示的排列方式。在这个跳棋重排问题中，允许你一次移动两个颜色不同的跳棋，保留其原始次序和排列。你可根据需要引入空位。

（1）手工找到问题的一个解。反向推导，减少选项集合。

（2）在后向搜索中使用评价函数计算颜色迁移的数量以应用贪心启发式搜索推理。

图 9.30 跳棋重排问题

9.11 考虑两个罐子：一个包含 7 个单位的水，而另一个包含三个单位的水。

（1）找到一个由填充和倒出操作构成的解序列使得一个罐子包含五个单位的水。

（2）反向推导高效求解。

9.12 为逐渐增加搜索深度的 15 数码问题实例（14 19 6 4 8 12 5 7 2 3 0 10 11 13 15）绘制采用曼哈顿距离的 A*扩展（生成）算法的节点数量的直方图。将你的结果与双向广度优先搜索结果进行对比。

9.13 为局部性为 L 的问题图 $G=(V,E)$，采用 Vitter/Shriver 提出的分布式搜索模型，使用 N 个具有本地磁盘的处理器进行搜索。说明并行外部 BFS 算法需要 $O((\frac{|E|}{NB}\lg_{M/B}\frac{|E|}{B})+L\times|V|/NB)$ 次 I/O 操作。

9.14 说明一致启发式并行外部 A*算法终止于从起始状态到目标状态的最短路径，且不会扩展任何比 T 中某个状态具有更高 f 值的节点。

9.15 此习题涉及汉诺塔问题的直径，即任意节点与起始状态的最大距离。

（1）对于 3 柱汉诺塔问题，说明通过执行一个完整的 BFS 算法，最小移动次数 2^{n-1} 是问题的直径。

（2）对于 4 柱汉诺塔问题，直径并不总是等于深度。虽然对于规模较小的值 n 此条件满足，但是 15 个盘子的情况下不满足此条件。在包含 15 个盘子的 4 柱汉诺塔问题上运行 BFS 算法，验证最优解长度为 129，直径为 130。在深度 130 上有多少状态？

9.16 计算围绕目标节点的外围大小为 3 的 15 数码问题的所有实例。

9.17 实现采用外围搜索的 IDA*算法来解决 15 数码问题的一些随机实例。

9.18 设想图 9.27 的单位耗费图。使用如下启发式确定 $b1b$ 和 $b2b$ 的中间 f 值。

（1）没有额外启发式。

（2）一个统计实际节点和目标节点之间非水平线的数量的启发式（如 $h(s)=4$）。

说明给出两个节点处的信息，岛搜索如何持续执行。

9.9 书目评述

Jajá（1992）编写的教材涵盖了并行计算的基本概念。Zomaya（1996）编写的教科书可能更加适合于高级读者。Eppstein 和 Galil（1988）研究了前缀求和的应用。

大量并行与分布式搜索方法大大提高了搜索过程的性能。已经为采用最佳优先遍历策略的分支限界程序提出了一些并行化方法。

Kumar, Ramesh 和 Rao（1987）对并行最佳优先搜索进行了综述。Kale 和 Saletore（1990）为首个具有一致线性加速比的解考虑了并行状态空间搜索。最小并行窗口搜索由 Powley 和 Korf（1991）提出。Mahapatra 和 Dutt（1999）分析了并行内存受限搜索并提出了一种迭代推断耗费界限的算法。应用领域是旅行商问题。通过最小二乘曲线拟合发现了精确推断，并已导出了更快的近似推断。Dijkstra 和 Scholten（1979）提出了一种分布式终止条件。

Bruengger, Marzetta, Fukuda 和 Nievergelt（1999）开发了并行搜索平台 ZRAM，ZRAM 通过说明最难的初始配置需要 80 次移动解决 15 数码问题。作者发现了两种之前未知的位置，需要恰好 80 次移动才能解决。采用基于哈希的延迟重复消除的大规模并行广度优先搜索已由 Korf 和 Schultze（2005）实现，可以完整列举 15 数码问题的所有状态。Zhou 和 Hansen（2007b）展示了如何并行结构化重复检测。

Dutt 和 Mahapatra（1994）讨论了不同的负载均衡算法，Dutt 和 Mahapatra（1997）研究了重复检测的全局和局部哈希策略。Cook 和 Varnell（1998）提出的适应性并行迭代加深 A*结合了许多不同方法的优点到并行启发式搜索。15 数码问题、机器人手臂运动问题、人工搜索空间和规划问题等的研究结果表明，该系统能够极大地减少这些应用的搜索时间。Nau, Kumar 和 Kanal 讨论了普通的和并行的分支限界搜索（1984）。Evett, Hendler, Mahanti 和 Nau（1990）为互连计算机提出了一种并行实现 PRA*算法。Romein, Plaat, Bal 和 Schaeffer（1999）提出了置换驱动的调度，Kishimoto（1999）将其扩展至二人博弈。最近的 A*算法及其衍生在多核机器上的实现包括由 Kishimoto, Fukunaga 和 Botea

(2009) 提出的 HDA*算法以及由 Burns 等提出的 PBFS (2009a, 2009b)。前者改进了置换驱动的调度,后者改进了结构化重复检测。Zhou,Schmidt,Hansen,Do 和 Uckun (2010) 提出了适合于多核搜索的另一种包含边分割的改进。

Laarman,van de Pol 和 Weber (2010) 说明,Lock-free (或 wait-free) 哈希表在以可达性为目的的状态空间搜索中是有效的。使用原子 compare-and-swap 操作无需显式锁变量来实现锁。Sulewski,Edelkamp 和 Kissmann (2011) 说明了一个利用图形卡处理能力的领域无关的规划器。为了加强前提条件检查和 GPU 上的影响变量的赋值,使用了表达式的后缀表示法,并且采用了产生最优解的无锁哈希表进行重复检测。

在形式化方法领域,不同的作者提出了在工作站集群系统中的内存需求分配问题的解决方案。最早的方案或许是 Aggarwal,Alonso 和 Courcoubetis (1988) 提出的。Stern 和 Dill (1997) 采用基于哈希的分割方案将整个状态空间分配到多个计算节点上。它们提出的方法是在 Murϕ 验证器上实现的。Lerda 和 Sisto (1999) 实验了不同的分割函数。它们的哈希函数的原理在于,系统中的迁移通常仅执行一些局部改变,因此后继有很高的概率属于当前节点。Haverkort,Bell 和 Bohnenkamp (1999) 介绍了随机 Petri 网的分布式搜索。Bollig,Leucker 和 Weber (2001) 给出了 μ 算子中的分布式的验证,Inggs 和 Barringer (2006) 给出了 CTL*中的验证。Behrmann,Hune 和 Vaandrager (2000) 尝试分布式环境中的实时设置,Garavel,Mateescu 和 Smarandache (2001) 以及 Bollig 等 (2001) 尝试在分布式环境中求解 SAT。Edelkamp,Jabbar 和 Sulewski (2008a) 使用状态重构与增量哈希技术并行化了一个 C++软件模型检验器。Lluch-Lafuente (2003a) 提出了基于划分 Büchi 自动机的分配。另一种基于 BDD 的分布式模型检验方法由 Grumberg,Heyman 和 Schuster (2006) 提出。

Jabbar 和 Edelkamp (2006) 为 SPIN 中的模型检验安全性引入了具有延迟重复检测的并行外部搜索。该方法与长度可变的状态向量是兼容的。该方法已由 Edelkamp 和 Jabbar (2006c) 扩展到 LTL 性质。在安全性和活性分布式验证中,由 Paradis 实验室贡献的一系列重要结果大多在 Divine 环境中实现(Barnat 等,2006)。Barnat,Brim 和 Chaloupka (2003) 提出了一种基于并行广度优先搜索的 LTL 模型检验的分布式循环检测算法。对它的一种扩展贡献了相同算法的外部存储器变体(Barnat,Brim 和 Simecek,2007)。Holzmann 与 Bosnacki (2007) 采用深度切片提出了 N 核安全性模型检验方法。他们的活性属性算法仅限于双核系统。

Owens 等 (2008) 综述了 GPU 性能和能力的显著提高。Kruege 和 Westermann (2003) 以及 Harris,Sengupta 和 Owens (2007) 说明,GPU 在数值算法上已经超过了 CPU。其应用包括 Jaychandran,Vishal 和 Pande (2006) 研究

的蛋白质折叠行为和由 Phillips 等人（2005）进行的生物分子系统仿真。由于板卡和主板之间的快速总线速度可达约 1GB 每秒，Govindaraju、Gray、Kumar 和 Manocha（2006）以及 Cederman 和 Tsigas（2008）提出 GPU 已经成为加快大规模计算的一个明显的候选对象，如在磁盘上对数值数据排序。GPU 在基于排序的延迟重复检测方面的应用是显然的。通过使用完全哈希函数，Edelkamp，Sulewski 和 Yücel（2010b）探讨了 GPU 上的单智能体搜索问题，Edelkamp，Sulewski 和 Yücel（2010a）探讨了解决二人博弈。Bosnacki，Edelkamp 和 Sulewski（2009），Edelkamp 和 Sulewski（2010）将显式状态概率模型检验问题移植到了 GPU 之上。

McCreight（1985）发明了优先级搜索树。Aragon 和 Seidel（1989）提出了树堆数据结构，Cung 和 LeCun（1994）实现了基于前两者的 A*算法。

Pohl（1971）是最早提及双向搜索的工作之一。该方法的有效性后来由 Kaindl 和 Kainz（1997）进行了研究。Manzini（1995）引入了 BIDA*算法。Pohl（1969）发明了 BHPA 算法。Kwa（1994）提出了 BHPA 算法的一种改进算法 BS*。DeChampeaux 和 Sint（1977）提出了前端到前端策略。BHFFA 算法的第一个版本不能够保证最优性，DeChampeaux 在 1983 年解决了该问题。Politowski 和 Pohl（1984）建议使用 d 节点以集中搜索。Eckerle 和 Ottmann（1994）提出了一种时间改进算法。采用要么扩展第一个状态要么扩展第二个状态的状态对，存在一个有趣的变换将双向搜索变为单向前沿搜索（Felner，Moldenhauer，Sturtevant 和 Schaeffer，2010）。

外围搜索由 Dillenburg 和 Nelson（1994）以及 Manzini（1995）独立提出。详细阐述可以在 Dillenburg（1993）的博士论文中找到。Felner（2001）的博士论文中提供了对外围搜索和近最优外围搜索的改进。Linares López 和 Junghanns（2003）证明了非常小的外围能显著增强启发式估计。

两种方法结合了模式数据库构建与外围搜索。Anderson，Schaeffer 和 Holte（2007）提出了由一些抽象节点构成部分模式数据库，这些节点到目标节点的距离小于某个下界阈值。Felner 和 Ofek（2007）使用外围构建模式数据库，使得外围充当一个目标节点。Korf 和 Felner（2007）实现了用于求解四柱汉诺塔问题的多目标启发式搜索，该算法同样建议使用外围模式数据库。Chakrabarti，van den Berg 和 Dom（1999）以及 Diligenty，Coetzee，Lawrence，Giles 和 Gori（2000）解决了另一个用于网页爬取的多目标任务。

第 10 章 状态空间剪枝

修剪搜索树（从搜索树上切断分支）是最有效的解决大规模问题空间的方法之一。剪枝的原因很多。一些分支可能不会通向目标状态，一些会导致劣解；一些分支会产生其他不同路径已经到达的位置，一些分支产生的结果是冗余的；虽说这些分支可能产生解，但仍存在一些其他的产生解的分支。

所有的状态空间剪枝技术都通过减少搜索树的节点（以及搜索树的平均）分支因子，以使得所需分析的后继节点数量更少。由于仅生成了一小部分状态空间，剪枝同时节省了搜索的时间和空间。然而，两者之间可能存在一种折中。一些技术需要相当复杂的数据结构，从而可能涉及维护剪枝信息。

剪枝本身无须绑定到特定的搜索算法。一些剪枝规则使用在类似 IDA*算法的存储受限搜索算法上，以增强重复检测。其他剪枝规则可以支持 A*搜索算法，以避免陷入死胡同。我们将从存储和访问剪枝信息效率方面分析不同的实现备选。

大多数剪枝方法依靠利用搜索空间中观察到的规律减少搜索工作量。这种规律可由领域专家提供。在其他情况下，可以完全自动地构造剪枝知识。通常通过搜索一些更简单的空间推断这些信息，如已分解的搜索空间。

静态剪枝技术在主搜索程序之前检测修剪知识。其他剪枝规则在其搜索算法开始时可能未知，而需要在程序执行期间进行推断，这就产生了分层搜索算法。在顶层搜索中，搜索算法寻找问题的解，而在频繁调用的低层搜索中改进剪枝知识。

如果从起始状态至少可以达到一个最优解，我们说剪枝规则是容许的；如果在约减的状态空间中至少存在一条从起始状态到目标状态的路径，剪枝规则是解保持的。虽然容许剪枝策略和容许估计是本质不同的概念，但两种改进都能够使类似 IDA*算法和 A*算法的启发式搜索算法返回最优路径，并经常被共同应用以克服大规模状态空间的搜索瓶颈。之后分保持最优性和不保持最优性两类介绍剪枝算法。

对于容许状态空间剪枝，首先介绍在搜索中忽略了一组被禁止的操作序列的子串剪枝。然后转向绝境检测，为其设计一个分解方法。最后介绍对称约减，其通过关注代表性约减状态空间。

对于解保持状态空间剪枝，首先介绍将宏操作加入到状态空间从而构建的状态空间。在宏问题求解器中，构建了一张包含解决子问题的宏表。当解决状态空间问题时，首先求解器查看这张表中的表项以循序地改进当前状态到目标状态。然后考虑相关性约减，以阻止搜索算法在每个状态尝试每个可能的移动。偏序约减利用了移动的可交换性，它根据一个给定的局部目标约减状态空间。

10.1 容许状态空间剪枝

正如所说，容许剪枝是指一种约减状态空间分支因子同时保持最优解的存在性，从而使得类似 A* 和 IDA* 的算法能够发现最优解的技术。

10.1.1 子串剪枝

大多数存储受限搜索算法的实现已经进行了基本形式的剪枝；在生成一个节点的后继时，它们禁止使用使搜索返回到节点的父节点的逆操作。例如，在一个具有 U、D、L 和 R 四个动作的无限大的网格状态空间中（图 10.1 (a)），动作序列 LR 总会产生一个重复的节点。拒绝包括 RL、UD 和 DU 在内的逆动作对可以将搜索节点的子节点的数量从四个减少到三个（图 10.1 (b)）。

本节描述了根据这个思想进行重复节点剪枝的方法。该方法适用于像 IDA* 算法这种由于存储受限而具有不完美重复检测的启发式搜索算法；它可以看作是使用置换或哈希表的一种替代。

利用多数组合问题都是隐式描述的事实，并考虑以标记表示法表示的问题空间，Σ 是一组不同标记的集合。子串剪枝的目的是从搜索进程中修剪路径，该搜索进程包含了 Σ^* 上禁忌词集合 D 中的一个词。这些称为重复的词是被禁止的，因为预先已知相同的状态可以通过不同的可能更短的动作序列达到；该动作序列称为捷径，并且只有捷径是允许的。

为了区分捷径和重复，在 Σ 的动作集上使用了词典序 $\leq_l$。在网格世界中，能够根据以下规则进一步约减搜索：首先，如果可以，在 x 方向上直走；然后，如果可以，在 y 方向上直走，至多进行一次转向。根据这个规则，在搜索空间中拒绝重复 DR、DL、UR 和 UL（各自的捷径为 RD、LD、RU 和 LU）将产生如图 10.1 (c) 的状态空间。因此，网格中的每个点 (x,y) 由一条唯一的路径生成。该规则将搜索树的复杂性约减到最优的节点数量（搜索深度的 2 次方），取得指数收益。我们检查的剪枝规则集合依赖于如下事实，即一些路径总是生成其他路径已经生成的节点的重复。

如何才能找到这样字符串对 (d,c) 呢？其中 d 是一个重复，c 是一条捷径，如何在最优解不被拒绝的情况下保证容许剪枝呢？

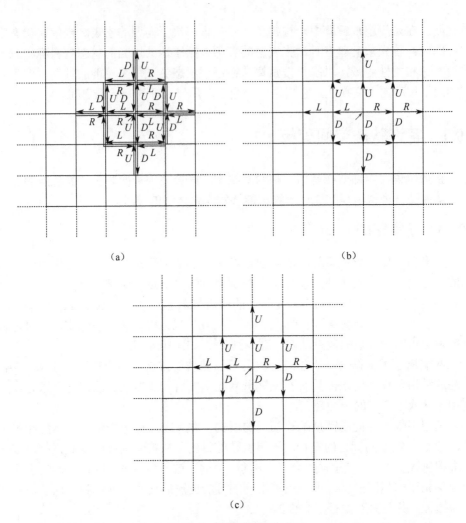

图 10.1　网格世界搜索空间

(a) 不剪枝；(b) 基于消除前驱节点的剪枝；(c) 根据小规则集合的剪枝。

首先可以进行初始探索（如广度优先）到一个固定深度的阈值。用一个哈希表记录遇到的所有状态。每当遇到哈希冲突指示的重复时，将更大词典序的动作序列标记为重复。

另一种适用于无向搜索空间的选择是搜索循环，将新生成的搜索树节点与位于其生成路径上的所有节点进行对比。由此产生的环被分割为一个（或多个）重复和捷径（对）。例如，表 10.1 分割了 n^2-1 数码问题中的环 *RDLURDLURDL*，这个环的逆是 *DRULDRULDRUL*。分割一个完整的环时，需要反转一部分（其所有动作都被反转）。如果一个字符串的长度等于另一个字符串的长度时，需要某个进一步的标准来区分二者。一种有效的选择是动作集 Σ 上的词典序（以及随后在动作字符串 Σ^* 上的词典序）。对于动作 $\Sigma = \{U, R, D, L\}$，令 $U \leqslant_l R \leqslant_l D \leqslant_l L$。问题图是无向的，因此令 L 为 R 的逆（写作 $L^{-1} = R$），U 为 D 的逆。

表 10.1 将一个环分割为重复和捷径

第一部分（重复）	第二部分	逆（捷径）	第一部分（重复）	第二部分	逆（捷径）
RDLURDLURDL	ε				
RDLURDLURDL	U	D	DRULDRU	LURDL	RDLUR
RDLURDLURD	LU	DR	DRULDRUL	LURD	RDLU
RDLURDLUR	DLU	DRU	DRULDRULD	LUR	RDL
RDLURDLU	RDLU	DRUL	DRULDRULDR	LU	RD
RDLURDL	RDLUR	DRULD	DRULDRULDRU	L	R
RDLURD	RDLURD	DRULDR	DRULDRULDRUL	ε	ε

对于 $RDLURDLURDLU$ 和重复 $DRULDR$，其对应的捷径为 $RDLURD$。图 10.2 解释了这个例子。

为了产生环，可以采用一个最小化回到搜索发起的起始状态的启发式。对于环检测搜索，状态向量上的类似汉明距离的逐状态估计是合适的。

单位耗费状态空间图的设定可以自然地延伸至加权状态空间，该空间在动作字符串集合上具有权值函数 w。

定义 10.1（剪枝对） 令 G 是一个具有动作标记集合 Σ 和权值函数 $w: \Sigma^* \to \mathbb{R}$ 的加权问题图。一个对 $(d,c) \in \Sigma^* \times \Sigma^*$ 是一个剪枝对，存在以下三个条件。

（1）当 $w(d) > w(c)$，或者当 $w(d) = w(c)$ 时，$c \leqslant_l d$。

（2）对于所有 $u \in S$：当且仅当 c 在 u 中可适用时，d 在 u 中适用。

（3）对于所有 $u \in S$：如果将 d 应用于 S 与将 c 应用于 S 产生相同结果，并且二者均适用，那么 $d(u) = c(u)$。

对于一个滑块拼图游戏，一个操作序列的适用性（条件 2）仅取决于空白的位置。如果空格在 c 中比在 d 中向 x 方向和 y 方向移动更大的距离，则 c 不可能是捷径；也就是说对于某些位置，d 适用而 c 不可用。图 10.3 给出了一个示例。如果剪枝对的三个条件都满足，则不再需要捷径，只能依靠发现的重复改进搜索，它反过来容许地修剪搜索。显然，截断一条包含 d 的路径维持了到目标状态的一条最优路径的存在性（见习题）。

有时，需要在实际搜索过程中动态检验这些条件。如果不满足条件（2）和条件（3），需要测试一个 (d,c) 对的有效性。通过在每一个遇到的状态上执行序列 $d^{-1}c$ 测试条件（2），而条件（3）通过比较执行 $d^{-1}c$ 前后的状态进行测试。

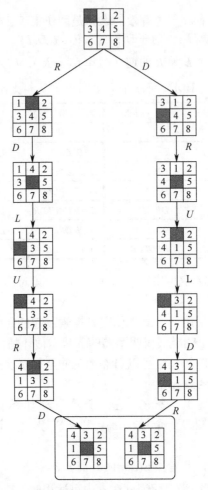

图 10.2　8 数码问题的重复和捷径（字符串）的例子

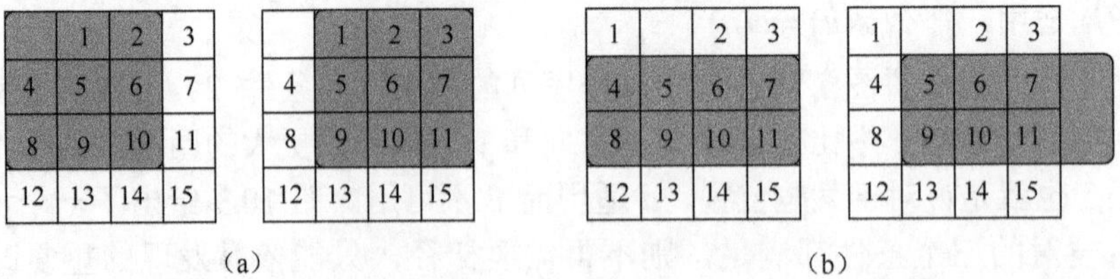

图 10.3　n^2-1 数码问题中移动空白：重复（a）和捷径（b）
（动作应用的有效区域是灰色区域）

需要注意的是，在应用 d^{-1} 测试条件（2）和条件（3）的时候，状态空间无须包括逆动作。相反，我们可以用 $|d^{-1}|$ 的父节点指针来回溯从此状态开始的搜

索树。

1. 剪枝自动机

假设无须为遇到的每个状态检验条件（2）和条件（3），特别是对于类似 IDA*算法的深度优先引导搜索算法，当潜在重复很多时，在当前搜索树路径（的前缀）搜索重复会显著降低探索速度。

在文本中高效地寻找特定字符串称为书目搜索问题；此问题可以通过以有限状态自动机的形式构建子串受体，并将文本发送给这个受体有效解决。

自动机与原始探索同步运行，并在达到可接受状态时修剪搜索树。每个原始迁移都引起一个自动机迁移，反之亦然。因为常数时间的剪枝工作很好地适应了增强 DFS 探索算法，所以子串剪枝对于类似 IDA*的搜索算法来说很重要。原因在于，很多情况下为这些算法生成一个后继的时间已被减少为一个常数。

举例来说，图 10.4（a）展示了具有字符串 DU 的子集剪枝的自动机。起始状态是最左边的状态，可接受状态是最右边的状态。图 10.4（b）描述了忽略了可接受状态的完全前驱消除的自动机。

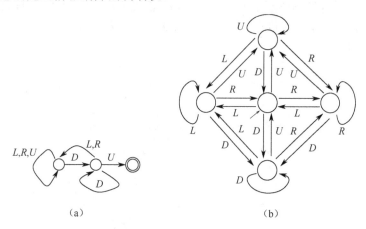

图 10.4　字符串 DU 的自动机以及完全前驱消除的自动机

（a）字符串 DU 的自动机；（b）完全前驱消除的自动机。

表 10.2 展示了子串剪枝对于 n^2-1 数码问题和魔方问题（见第 1 章）的影响。注意到，魔方问题的分支因子 13.34 已经是在分支因子为 18 的原始空间中应用子串剪枝的结果了，而 n^2-1 数码问题的分支因子已经是前驱消除（见第 5 章）后的结果了。表中应用了不同类型的构建方法：BFS 算法表示以广度优先的方式产生重复，哈希冲突表示两条不同搜索路径的冲突。寻找重复的一个备选方法是循环检测启发式最佳优先搜索（CDBF）算法。通过统一产生的重复的集合，两种搜索方法可以并行应用（表示为 BFS+CDBF）算法。我们展示了剪枝自

动机中的状态数量，以及作为子串匹配禁忌词的重复字符串的数量。

表 10.2 通过子串剪枝减少分支因子

谜题	构建	重复	状态	无剪枝	有剪枝
8 数码问题	BFS 算法	35858	137533	1.732	1.39
15 数码问题	BFS 算法	16442	55441	2.130	1.98
15 数码问题	CYC 算法	58897	246768	2.130	1.96
24 数码问题	BFS+CDBF 算法	127258	598768	2.368	2.235
2^3 魔方问题	BFS 算法	31999	24954	6.0	4.73
3^3 魔方问题	BFS 算法	28210	22974	13.34	13.26

因为剪枝策略切断了搜索树的分支，因此它们减少了平均节点分支因子。所以展示了有子串剪枝和无子串剪枝时的平均分支因子（假设已经应用了某种基本剪枝规则）。

子串剪枝自动机可以包含到搜索树增长预测中（见第 5 章）。图 10.5 展示了通过消除前驱进行的网格子串剪枝。一开始（深度 0），只有 1 个状态。在下一个迭代中（深度 1）有 4 个状态，接着 6 个（深度 2）、8 个（深度 3）、10 个（深度 4），以此类推。

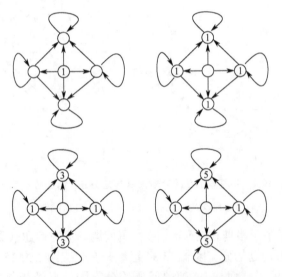

图 10.5 具有子串剪枝自动机的搜索树预测

为了能够接受一些字符串 $m_1, m_2, \cdots, m_n$，一个方案就是构建一个非确定性自动机，此自动机接受这些字符串为子串，代表正则表达式 $\Sigma^* m_1 \Sigma^* | \Sigma^* m_2 \Sigma^* | \Sigma^* m_n \Sigma^*$，然后将非确定性自动机转换为确定性自动机。虽然这个方法是可能

的，但转换和最小化的过程计算十分困难。

2. Aho-Corasick 算法

Aho 和 Corasick 算法为大量的搜索字符串构造了一个确定性有限状态机。

第一步，它生成重复字符串集合的单词查找树。图 10.6 展示了网格状态空间在深度为 2 时的重复单词查找树。每个叶子对应一个禁止的动作序列，并被考虑接受。

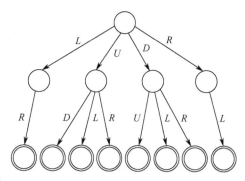

图 10.6 网格中产生重复的动作序列单词查找树

第二步，算法在单词查找树的节点集合上计算失效函数。基于失效函数，可以在线性时间内进行子串搜索。令 u 为单词查找树的一个节点，string(u) 为对应的字符串。失效节点 failure(u) 定义为 string(u) 中的最长合适前缀的位置，它同时也是单词查找树中字符串的前缀（图 10.7）。

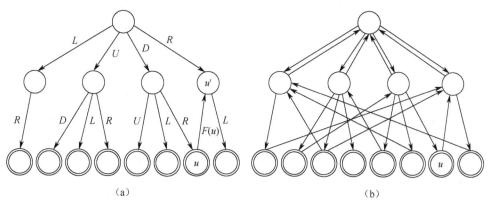

图 10.7 一个字符串集合上的部分和完全失效函数

(a) 部分失效函数；(b) 完全失效函数。

failure 值以完全广度优先遍历的方式进行计算，也就是深度 i 中计算得到的 failure 值依赖深度 j 的计算结果，其中 $j<i$。算法 10.1 展现了相应的伪代码。为

了强调在单词查找树和搜索树中不同的分支,用 $T(u,a)$ 表示一个可能的通过 a 的 u 的后继,并当沿着 a 的 u 的后继不可得时记作 $\perp$。

```
Procedure Aho-Corasick-Failure
Input: 根为 s 的单词查找树 T
Output: 失效函数 failure

failure(s) ← s                              ;;初始化失效函数
for each a∈∑                                ;;对于所有动作字符
  v←T(s,a)                                  ;;确定孩子
  if(v≠⊥)                                   ;;如果非空
    Dequeue(Q,v)                            ;;包含到队列中
    failure(v)←s                            ;;等级 1 的失效都链接到根
while (Q≠∅)                                 ;;只要还有单词查找树节点
  u←Dequeue(Q)                              ;;取出下一个节点
  for each a∈∑                              ;;对于所有动作字符
    v←T(u,a)                                ;;确定孩子
    if(v≠⊥)                                 ;;如果非空
      Dequeue(Q,v)                          ;;将孩子包含到队列
      f←failure(u)                          ;;初始化失效节点
      while (T(f,a)=∅ ∧ f≠s)                ;;确定失效节点
        f←failure(f)                        ;;固定失效节点
      if(T(f,a)= ∅) failure(v) ← s          ;;回送
      else failure(v) ← T(f,a)              ;;为孩子设置失效函数
```

算法 10.1

计算失效函数

首先确定所有位于 BFS 算法第一层的节点并将其插入到队列 Q 中。对于这个例子,这包括了第一层的四个节点。只要 Q 非空,就删除顶部元素 u 并处理其后继 v。为了计算 failure(v),确定序列 failure(u)、$\text{failure}^2(u)$、$\text{failure}^3(u)$中的节点,这使得具有所选字符 a 的迁移成为可能。作为一个理由,如果 string(failure(u))是单词查找树中 string(u)的最长后缀,且 failure(u)有一个标记为 a 的子迁移可用,那么字符串 string(failure(u))a 是单词查找树中 string(u)的最长后缀。

在这个示例中,为了确定位于第 2 层应用了动作 R 产生的节点 u 的失效值,

我们通过其前驱的链接回到根节点 s 并应用标记为 R 的迁移到达 u'。因此，failure$(u)=u'$。

每个节点仅处理一次，假设字母表大小限制为一个具有摊销分析的常数，我们可以证明，计算失效函数总共需要 $O(d)$ 时间，其中 d 是 D 中的字符串长度的总和，即 $d = \sum_{m \in D} |m|$。

定理 10.1（失效计算的复杂性） 令 D 是重复集合，d 是 D 中所有字符串的总长度。构建失效函数复杂性的是 $O(d)$。

证明：假设 |string(failure(u))| 是 string(u) 的最长合适后缀的长度，string(u) 是 D 中的一个字符串的前缀。如果一个字符串非空，那么该字符串是合适的。如果节点 u' 和 u 位于从根节点到 T 中的节点 i 的路径上，且 u' 是 u 的前驱，那么有 |string(failure(u))| $\leq$ |string(failure(u'))| $+1$。

在单词查找树中为 D 任选一个对应于路径 p_i 的字符串 m_i。那么 m_i 的失效函数值长度总的增加为 $\sum_{u \in p_i}$ |string(failure(u))| $-$ |string(failure(u'))| $\leq |m_i|$。另外，每次失效迁移时 |string(failure(u))| 至少减少 1 且始终非负。因此，在 p_i 上 u 的失效函数字符串总的增加至多为 $|m_i|$。

为了从 T 中构建子串剪枝自动机 A，这里仍然使用广度优先搜索，使用其失效函数遍历单词查找树 T。换言之，我们需要为所有自动机状态 u 以及 Σ 中的所有动作 a 计算 $\Delta_A(u,a)$。A 的框架是单词查找树 T 自身。对于 $u \in T$ 和 $a \in \Sigma$，不在框架中的迁移 $\Delta_A(u,a)$ 可以通过如下方式从函数 failure 中导出。对于给定节点 u，用已经计算的值 $\Delta_A($failure$(u),a)$ 在 failure(u) 上执行 a。在这个例子中，已经在图 10.8 中包含了节点 u 的迁移。生成 A 的时间复杂性是 $O(d)$。

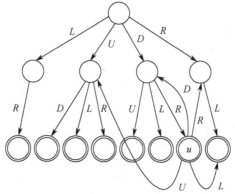

图 10.8 在字符串集合上子串剪枝的部分自动机

只需简单遍历自动机 A 就可以在线性时间内搜索现有的长度为 n 的子串（路

径）。可以得出如下结果。

定理 10.2（子串匹配的时间复杂度） 可在 $O(n+d)$ 时间内在长度为 n 的文本中确定总长度为 d 的 k 个字符串的最早匹配。

现在，自动机 A 也可以以如下方式用于子串剪枝。与搜索过程中的每个节点一起，存储一个值 state(u)，这个值表示自动机的状态；由于 A 有 d 个状态，所以对于每一个状态大概需要 $\lg_2 d$ 位的内存空间。如果 u 具有后继 v，且 v 具有标记为 a 的动作，那么有 state(v) = $\Delta_A(a,s)$。此操作在常数时间内可行。因此，可以在常数时间内检验生成的到 u 的路径是否有一个重复的字符串作为后缀。

3.▲ 增量重复学习 A*算法

在执行搜索算法时如何动态应用子串剪枝是一个挑战。事实上，这里需要解决动态字典匹配问题的一个变体。但是，Aho 和 Corasick 算法不适合解决这个问题。

与静态字典约减搜索空间的方法相比，广义后缀树（见第 3 章）使得在保持快速子串搜索的前提下插入和删除字符串成为可能。它们可以以如下方式适用于字典自动机。

对于具有一个字符串集合的增量重复剪枝，需要一个有效的方法为状态 q 和动作字符 a 确定 $\Delta(q,a)$，避免在搜索树中重建到当前状态的路径。

定理 10.3（作为 FSM 算法的广义后缀树） 令字符串 a 从 a_1 读取到 a_{j-1}。存在一个程序 Δ 为输入 a_j 返回 $a_1,a_2,\cdots,a_j$ 的最长后缀 $a_i,a_{i+1},\cdots,a_j$，这个后缀也是存储在广义后缀树中的一个字符串 m 的子串。Δ 的摊销时间复杂度是常数。

证明：广义后缀树自动机中的自动机状态 q 是由延伸轨迹 l 和一个关联到 l 的收缩边的当前索引 i 组成的二元组 $q=(i,l)$。在 l 处的子串表示为存储字符串的间隔[first, last]。

为了找到开始于状态 (i,l) 的 $q'=\Delta(q,a)$，寻找一个新的延伸位置 l' 和一个新的整数偏移 i'，使得 a 对应于存储在位置 l 的子串的 first + i 索引位置的迁移。如果字符 a 不匹配，则利用收缩轨迹的现有后缀链接以及可能的重扫描，直到为 a 发现一个可能的延续。边的延伸位置和到达的子串索引 i' 为下个状态确定 (l',i')。如果到达一个对应于完全后缀的后缀树节点，那么就可以得到一个可接受的状态 q^*。q^* 中的返回值是对应于从根节点到新位置的路径。通过摊销，可以确立声明的结果。

对于一个动态学习算法，用 A*算法交叉重复检测。因为 A*算法已经具有基于哈希表中所存储状态的完全重复检测，因此使用子串剪枝是可选的。然而，按照这种情况，不难应用动态子集剪枝到其他内存受限搜索算法。简单起见，也假设存储在广义后缀树的字符串 m 相互非子串；也就是说，没有哪个字符串是另一个字符串的子串。

由此产生的算法表示为增量重复学习 A* (IDLA*)算法。其伪代码如算法 10.2 所示。照例，在调用 Improve 时隐含了对基本数据结构 Open 和 Closed 的更新，这个更新主要实现在松弛步骤 $f(v) \leftarrow \{f(v), f(u)+w(u,v)\}$。算法输入参数为状态空间问题和一个（空的或预先初始化的）字典自动机结构 D。如果根据假设的搜索空间的正则性，检测的元组 (d,c) 是剪枝对，那么我们只需要存储字符串 d。如果不确定 d 的字典自动机的接受状态处的正则性，我们另外存储捷径 c 并检查其是否实际适用。不管怎样，因为继承了 A*算法的最优性，所以搜索算法的输出是一条最优解路径。

Procedure IDLA*
Input: 具有开始节点 s, 字典自动机 $D=(q_0, Q, F, \Sigma, \Delta)$ 的状态空间问题
Output: 最优解路径

Open←{s}; Closed←∅; $q(s) \leftarrow q_0$	;;初始化结构
while (Open≠∅)	;;如果 open 为空，无解
$u \leftarrow$ **arg min**$_f$ Open	;;找到最佳节点
Open←Open\ {u}; Closed←Closed ∪ {u}	;;改变列表
if (Goal(u)) **return** Path(u)	;;如果达到目标，返回解路径
Succ(v)←Expand(u)	;;生成后继
for each $v \in$ Succ(u), $u \varpi v, a \in \Sigma$	;;对于所有后继和使能的动作
$q(v) \leftarrow \Delta(q(u),a)$	;; $q(v)$是一个新的自动机状态
if ($q(v) \in F$) **continue**	;;子串剪枝自动机接受，修剪
if ($v \in$ Closed)	;;遇到重复状态
$v' \leftarrow$ Lookup(Closed, v)	;;找到同义词
if ($w($ Path(v)) < w(Path(v')))	;;到 v 的路径更短
$m \leftarrow$ Path(v')	;;v'生成重复字符串
else	;;到 v'的路径更短
$m \leftarrow$ Path(v)	;;生成重复字符串
$m \leftarrow m[\text{lcp}(\text{Path}(v), \text{Pah}(v')),\cdots,|m|]$	;;移除最长共同前缀
$D \leftarrow D \cup \{m\}$	;;插入新的重复
Improve(u,v)	;;调用更新子程序

算法 10.2
A*算法中的增量学习重复

该算法结合了重复检测与使用。在搜索哈希表中的节点之前，如果在 D 中遇

到一个可接受状态，我们才进行搜索。根据搜索空间的正则性，可能检查也可能不检查提出的捷径是否有效。如果不接受 D，那么利用哈希表寻找 u 的后继节点 v 的同义词 v'。如果未能找到一个匹配，那么仅在原来的搜索结构中插入一个新的节点。

如果对于 Closed，哈希表中具有 v 的配对 v'（使用一般的 Lookup 程序计算；见第 3 章），那么可以修剪两条生成路径的最长共同前缀（lcp）以构建 (d,c)。这种方法有助于提高 (d,c) 的通用性和剪枝能力。字符串越短，剪枝潜力越大。正确性论证很简单：如果 (d,c) 是一个剪枝对，那么每一个共同前缀的延伸仍是一个剪枝对。因此，约减的剪枝对被插入到词典中。

简单举一个曾经讨论过的网格示例，采用曼哈顿距离估计启发式。假设算法由起始状态(3, 3)开始调用，且目标状态是(0, 0)。最初有 Open = {((3,3),6)}，其中第一项是以网格位置表示的状态向量；第二项表示其启发式估计。扩展初始状态可以得到后继集合 {((4,3),8),((3,4),8),((3,2),6),((2,3),6)}。因为没有哈希任何后继，所以所有元素都被插入到 Open 和 Closed 列表中。下一步，插入 $u = ((2,3),6)$，同时一个后继 $v = ((3,3),8)$ 将会在哈希表中存在一个与其对应的 $v' = ((3,3),6)$。这样就会得到重复 LR 以及其对应的捷径，同时这会被插入到字典自动机数据结构中。接下来，扩展((3,2),6)。这里建立另一个拥有捷径序列的重复字符串 DU。此外，会遇到剪枝对（LD, DL）等。

10.1.2 修剪绝境

在类似 15 数码问题的问题域中，每一个可以通过执行任意移动序列到达的配置仍是可解的。然而，事实并非总是如此。在某些特定的领域中，存在一些永远无法逆转的动作（我们经过后大门可能就会关闭）。这会直接导致无法得到解的情况。

在推箱子的例子中，将箱子推入角落即可得到绝境的一个简单案例，在角落里箱子无法移动。绝境剪枝的目的是识别并尽早避免这些分支。当然也存在例外，当且仅当角落位置不是目标域时，角落才是绝境。在接下来的讨论中，这种微妙的问题将被排除在外。

本节提出了一种算法，可以生成、存储和泛化这些绝境的情况。存储不可解子位置的策略很普遍，但是为了避免引入大量的符号，可以以推箱子问题（见第 1 章）作为开始案例。

在推箱子游戏中，可以用 IsolatedField 和 Stuck 两个程序来识别一些特殊情况的绝境。IsolatedField 程序负责检测一个或两个被球包围，并且当人不推球就无法到达的连通且空置的区域。如果仅从区域外推动周围的球无法连通这些方格时，则将这个位置标识为绝境。后一个程序 Stuck 则用于检测某个球是否为自由球，即是否该球没有水平或垂直方向的邻接球。首先，将所有的非自由球排成一个队列；然后，忽略所有的自由球，多次迭代从队列中移除自由球并将其删除，直到队列为空或者队列中无法再检测到自由球。如果在一次迭代中，每个球都还保留在队列中，其中的一些球也不位于目标区域，则将这个位置标识为绝境。在最坏的情况下，对于 n 个球，Stuck 程序需要执行 $O(n^2)$ 次操作；在多数情况下，程序执行时间为线性。程序正确性基于如下事实：当可以在一个给定位置将一个球变为自由球时，这个球的至少两个邻接球必须是自由球。

图 10.9 展示了程序执行过程，并给出了推箱子游戏中绝境的一个示例。球 1、2、5、6 无法移动，球 3、4、7、8 可以移动。很显然，如果不检测这些球中的绝境，这个位置就可以是一棵超大搜索树的根。最初，所有的球都在一个队列中。如果一个球是自由球，则将该球从队列中删除，否则将其重新排队；几次迭代后，到达固定点。球 1、2、5、6 不能设为自由球。只有当所有的球被正确地放置在目标区域时，这个位置才会是一个有效的结束状态。

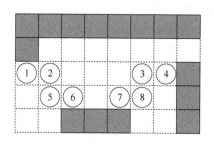

图 10.9 一个发现的绝境

在每个节点扩展之前，可以执行上述这些检查。但值得注意的是，这些检测只提供检测绝境的充分非必要条件。可以通过以下两点加强剪枝能力。

（1）一个绝境位置可以递归的定义为任何一个可以立即被识别为绝境的位置；或者是每个可能的移动都会进入绝境的非目标位置。如果这个位置的所有后继都是绝境，那么该位置本身也是一个绝境。

（2）很多领域都可以进行绝境模式的泛化；定义一个关系 $\sqsubseteq$，并且当 v 是 u 的一个子问题时，记 $v \sqsubseteq u$。如果 v 不可解，那么 u 也不可解。例如，在推箱子游戏中，一个（部分）绝境位置在加入更多的球后依旧是绝境。所以 $\sqsubseteq$ 就是一个简单的模式匹配关系。

将一个问题分解为多个部分这一思想已经成功应用于分治算法中，存储已解决子问题的解称为记忆。与这些方法的主要差异在于我们更关注于被搜索的位置的一部分。对于推箱子游戏，分解一个位置应当分离不连接的位置并删除可移动的球，从而更加关注于导致绝境的本质模式。例如，图 10.9 中的那个位置可以通过将球分为两个组进行分解。位置分解的思想是隔离区域启发式的自然推广：具有人永远无法达到的非目标域位置很可能是一个绝境。取出图中所有的空方格组成的图 G，并（以线性时间）将 G 分割为连通分支。独立检查每个分支。如果游戏中的人可以到达每个空方格，那么这个位置很可能是活的。如果这个位置的某个分支是一个绝境，那么整个位置本身也是一个绝境。

我们的目标是在搜索过程中遇到绝境时进行学习和泛化；一些作者也将这一方面作为自举方法。每个找到和插入子集词典的（见第 3 章）绝境子问题，都可以立即用来修剪搜索树，从而在搜索树中搜索得更深。

根据给定的资源和启发式，可以在每个扩展步骤调用分解算法，或偶尔调用，或仅在关键情况下调用。应仔细选取分解算法，从而可以快速地检测绝境并产生浅层搜索。需要找到好的折中：一方面，导致绝境的特征只能出现在一个分支中；另一方面，分解后的问题部分应当远比原来的问题更容易分析。对于推箱子游戏，可以考虑程序 Stuck 无法安全移除的球组成的局部位置。

介绍方法实现之前，研究如图 10.10 所示的推箱子谜题的搜索树。该图展示了如何结合前述的两个观察结果和简单的绝境检测，可以使用自底向上传播方法泛化到更为复杂的模式。

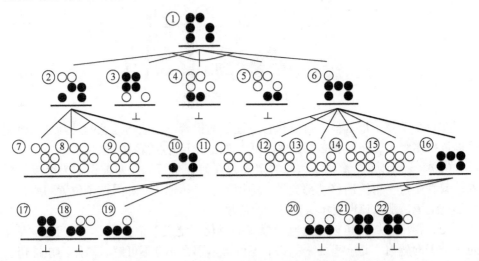

图 10.10 推箱子中的一个学习绝境位置的例子

根位置 s 是一个绝境，虽然 IsolatedField 程序可以迅速识别这个绝境，但我们假设仅使用 Stuck 程序来检测基础的绝境。最初，子集字典为空且 s 的状态未定义。扩展 u 并生成它的后继集合 Succ(u)。Succ(u) 中 5 个元素中的 3 个是绝境；对绝境有贡献的球标记为填充圆。上述标记可用布尔数组实现，true 代表与绝境相关的球，false 则表示与绝境无关的球。对于普通迁移，如果一个球对一个后继状态的不可解负有责任，那么这个球就是绝境模式的必要成分；因此，用布尔操作来统一 relevant 向量。通常，如果 relevant(u) $\sqsubseteq u$ 是绝境，那么状态 u 为一个绝境。最初，对于所有状态，relevant 是一个总是取值为假的函数。

因为在这种情况下，两个后继的状态是未定义的，整体可解性仍是未定的。所以，最左边和最右边的节点都被扩展（细边）和分解（粗边）。首选的是分解，通过将新产生的子节点的 g 值分配为 0 完成分解。

扩展部分状态较为简单，并且可以在一步之内发现这些部分状态的所有后继绝境。因为根是绝境，所以想通过反向传播方法找到一个最小责任模式。通过合并，发现倒数第二层扩展节点的所有球都是相关的。这些位置是新发现的绝境，且都被插入到子集字典中。因为已经到达一个分解节点，所以复制相关的部分到父节点就足够了；一个分支的失效就意味着整个状态的失效。在 Succ(u) 中生成的所有节点都是绝境，可以通过后继相关信息的析取来进一步自底向上地传播我们的知识。最后，将根插入子集字典。

算法 10.3 中给出了上述自底向上传播方法对应的伪代码。这里假定除了标记向量 relevant，每个节点维护一个计数器 succ，用来计算非绝境子节点的数量。

Procedure PropagateDeadEnd
Input: 要传播的部分状态 u
Output: 与搜索树节点关联的更新信息

PatternStore ← PatternStore ∪ {u}　　　　　　　　　　　;;更新子集字典
if (u = root) **return**　　　　　　　　　　　　　　　　　　;;传播结束
p ← parent(u)　　　　　　　　　　　　　　　　　　　;;u 的前驱
if (decomposed(u))　　　　　　　　　　　　　　　　　　;;节点 u 是分解的结果
　relevant(p) ← relevant(u)　　　　　　　　　　　　;;复制相关状态
　succ(p) ← 0　　　　　　　　　　　　　　　　　　　　;;没有后继
else　　　　　　　　　　　　　　　　　　　　　　　　　;;节点 u 是扩展的结果
　relevant(p) ← relevant(p) ∪ relevant(u)　　　　;;结合相关标记
　succ(p) ← succ(p) − 1　　　　　　　　　　　　　　;;非绝境孩子数量递减
if (succ(p) = 0) PropagateDeadEnd(p)　　　　　　　　;;递归调用

算法 10.3
在搜索分解树中自底向上传播

主程序 Abstraction-Decomposition-A*（见算法 10.4）以交叉形式实现了对（可能是分解的状态）可解性以及（在主搜索树中）最优解的搜索；标记 decomposed(u) 记录当前应用于状态 u 的是两种模式中的哪一种。此外，solvable(u) 用于跟踪 u 的状态有：真（true）、假（false）或未知（unknown）。

Procedure Abstraction-Decomposition-A*
Input: 具有开始节点 s 的状态空间问题
Output: 到目标节点的最短路径

```
Open←{s}; Closed ←∅; PatternStore ←∅            ;;初始化搜索.
while (Open≠∅)                                   ;;如果范围为空那么无解
    u←arg min_f Open                             ;;节点 u 保存在 H 中以重新打开
    if (Goal(u))                                 ;;发现目标
        if (decomposed(u)) solvable(u)←true      ;;在子搜索中
        else return Path(u)                      ;;在主搜索中
    if (solvable(u) = unknown)                   ;;u 的状态未定义
        if (DeadEnd(u)) or (u∈PatternStore)      ;;已存储或是简单的绝境
            solvable(u)←false                    ;;设置 u 为不可解
    if (solvable(u) = false)                     ;;节点 u 是绝境
        PropagateDeadEnd(u)                      ;;自底向上传播
        continue                                 ;;节点 u 既未扩展也未分解
    if (alive(u)) or (solvable(u))               ;;节点 u 是活的
        PropagateAlive(u)                        ;;自底向上传播自由位置
        continue                                 ;;节点 u 既未扩展也未分解
    Δ(u)←Decompose(u)                            ;;调用分解
    for each v∈ Δ(u) decomposed(v)←true          ;;标记分解的状态
    Succ(u)←expand(u)                            ;;计算后继集合
    for each v∈ Δ(u)∪Succ(u)                     ;;检查后继集合
        Improve(u,v)                             ;;更新 Open 和 Closed
```

算法 10.4

分解和自底向上传播算法

与在 A* 算法中类似，总是选取具有最佳 f 值的节点，直到优先级队列为空。如果所选节点是一个目标节点并且我们位于顶部搜索层次，那么这时就找到了整个问题的解并且可以终止搜索；否则，部分位置显然是可解的。对于非目标节点，可以尝试用一个简单的绝境检测（如用 Stuck 程序），或通过识别一个先前存储的模式来确立它们的可解性。不可解的局部位置可以通过前面阐述的反向传播来搜索更大的绝境模式。

因为只关注分解节点的可解性，所以无须一直搜索子问题到结束。如果我们具有足够的信息确定子问题是活的（alive），那么可以以类似的方式在搜索树中证实这个知识。只要不影响整体容许性（如令 alive 程序过度乐观），也可以允许单侧错误。

与普通 A*搜索算法的主要不同之处在于，对于 u 的节点扩展，除了后继节点集合 Succ(u)以外，生成分解位置 $\Delta(u)$ 并将其插入到 Open 列表中，分解位置的 g 值设为 0 以区分新的根和其他搜索树节点。与普通 A*算法一样，后继被插入、丢弃或重新打开。在学习过程中也可尝试主动产生绝境的搜索，而不是使用一个下界估计 h 来解决谜题。

高效地存储和搜索绝境（子）位置是整个学习过程的核心。我们称提供到子结构的插入和查询的抽象数据结构为模式库。第 3 章提供了这种字典数据结构的可能实现。

10.1.3 惩罚表

本节描述了一个与 Abstraction-Decomposition-A*有关的方法。此方法也尝试泛化、存储和重用最小的绝境模式，但它使用辅助的单独模式搜索，而不是一个专用的分解/泛化程序。

该方法可以方便地在推箱子问题中进行描述。这里将涉及两种不同的迷宫：原始的迷宫（即包含所有当前位置的球的迷宫）和用于模式搜索的测试迷宫。模式搜索算法设计是迭代进行的，并且当发现一个绝境位置时开始。只有最后一次移动的球被放入测试迷宫，并且算法试图解决这个简化的问题。如果它成功，就会触发另一个 A*测试搜索，并添加原始迷宫中的某个其他球；首选那些在先前的解中妨碍人或球的路径的球。如果找不到解，就将会检测到一个绝境。图 10.11 给出了一个例子。因为这种模式并不一定是最小的，所以后续迭代尝试每次移除一个球的同时保留绝境的性质。

为了微调主要和辅助搜索之间的折中，使用了很多参数控制算法的运行，例如，每个单独的模式搜索中扩展的最大数量 $\max_n$、最大模式大小 $\max_b$ 和模式搜索的频率（frequency）。确定频率的一个方法是，当在主要搜索中探索的一个位置的后代数量超过一定的阈值时，触发此位置的模式搜索。

为了提高搜索效率，可以对 A*算法程序做一些进一步的简化：因为模式搜索只关注可解性，所以作为一个启发式，考虑每个球到任意目标区域的最短距离就足够了，而不是像通常的那样计算最小匹配。此外，可以立即移除那些位于目标区域或者可达且自由的球。

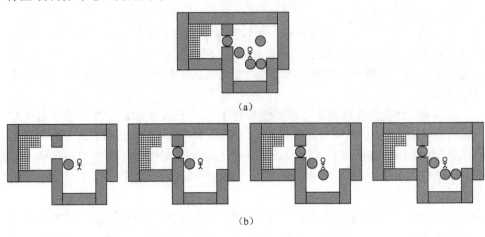

图 10.11 模式搜索的例子

(a) 死锁例子（顶部）；(b) 测试迷宫序列。

可以把一个绝境子集字典看成是一个把每个匹配位置与一个启发式值 ∞ 相关联的表。这种想法导致了绝境检测对惩罚表的简单扩展。惩罚表维护着更简单的程序上的启发式与真实目标距离间相差的修正量。当一个局部位置已经被证明实际上可解时，找到的解距离可能大于标准启发式所指示的距离；换句话说，后者是错误的。如果模式不重叠，可以添加来自多个可应用模式的多个修正。惩罚表可能的实现是第 3 章中讨论的子集字典。

为了在其他领域中应用模式搜索，需要两个性质：启发式的可归约性和启发式关于状态向量的可分性。这些条件定义如下。如果对于 S 的任何两个不相交的子集 S_1 和 S_2，有 $\delta(S) = \delta(S_1) + \delta(S_2) + \delta(S \setminus (S_1 \cup S_2)) + C$，则一个状态描述 S（视为一组值的集合）是可分的；这意味着 S 的解至少与两个子解相加一样长。第三项是既不在 S_1 中也不在 S_2 中的条件所需的额外步骤，C 代表子问题的交互。如果对于 $S' \subseteq S$，$h(S') \leqslant h(S)$，则启发式是可归约的。如果对于 S 的任意两个不相交的子集 S_1 和 S_2，满足 $h(S) = h(S_1) + h(S_2) + h(S \setminus (S_1 \cup S_2))$，则启发式是可分的。第 1 章中介绍的最小匹配启发式是不可分的，但到最近目标的距离之和产生一个可分的启发式。

如果一种启发式是容许的，那么对于 $S' \subseteq S$ 我们可能有一个额外的间隙 $\delta(S') - h(S') \geqslant 0$。我们定义关于 S' 的惩罚为 $\mathrm{pen}(S') = \delta(S') - h(S')$。

定理 10.4（加性惩罚） 令 h 是一个容许、可归约和可分的启发式；S 是一个状态集；$S_1, S_2 \subseteq S$ 是 S 的不相交子集。则有 $\mathrm{pen}(S) \geqslant \mathrm{pen}(S_1) + \mathrm{pen}(S_2)$。

证明：利用 h 的容许性和惩罚的定义，推导如下：

$$\begin{aligned}
\text{pen}(S) &= \delta(S) - h(S) \\
&= \delta(S_1) + \delta(S_2) + \delta(S \setminus (S_1 \cup S_2)) + C - (h(S_1) + h(S_2) + h(S \setminus (S_1 \cup S_2))) \\
&= \delta(S_1) - h(S_1) + \delta(S_2) - h(S_2) + \delta(S \setminus (S_1 \cup S_2)) - h(S \setminus (S_1 \cup S_2)) + C \\
&= \text{pen}(S_1) + \text{pen}(S_2) + \text{pen}(S \setminus (S_1 \cup S_2)) + C \\
&\geq \text{pen}(S_1) + \text{pen}(S_2)
\end{aligned}$$

作为一个必然结果，因为 $h'(S) \leq h(S) + \text{pen}(S) = \delta(S)$，所以改进的启发式 $h'(S) = h(S) + \text{pen}(S_1) + \text{pen}(S_2)$ 是容许的。换句话说，假设领域和启发式的可归约性和可分性，非重叠模式的惩罚可以在不影响容许性的情况下相加。

模式搜索是解决很多推箱子实例最有效的技术之一，已用来在滑块拼图领域中提高搜索性能。与曼哈顿距离启发式相比，在 15 数码问题中，模式搜索可以节约 3~4 个数量级的节点数量。

10.1.4 对称性约减

对于模式数据库的多个查询（见第 4 章），我们已经利用状态空间对称性的影响减少了搜索工作量。对于目标中每一个有效物理对称，将其应用于当前状态并得到另一个估计，此估计反过来又可以比原始查找更大并产生更强的剪枝。本节，我们扩展该观察并将其嵌入到更一般的场景中。

作为一个通过问题描述中的现有对称性对状态空间进行约减的例子，考虑箭头谜题，其任务是改变箭头的顺序从↑↑↑↓↓到↑↑↓↑↓，允许的一组操作仅限于一次反转两个相邻的箭头。对于这个问题的快速解的一个重要观察是，箭头反转顺序不重要。这个观察利用了问题固有的动作对称性。此外，两个最外面的箭头不参与最优解并且需要至少三次反转。因此，任意交换箭头索引对 (2,3)、(3,4) 和 (4,5) 的排列都会产生问题的一个最优解。

对于期望由领域专家提供的关于对称性的状态空间约减，这里使用等价关系。令 $P = (S, A, s, T)$ 是第 1 章中已经介绍的一个状态空间问题。

定义 10.2（等价类、商数、余） 如果同时满足以下三个条件，则关系 $\sim \subseteq S \times S$ 是等价关系：$\sim$ 是自反的（对于 S 中的所有 u，有 $u \sim v$）；$\sim$ 是对称的（对于 S 中的所有 u 和 v，有如果 $u \sim v$，那么 $v \sim u$）；$\sim$ 是传递的（对于 S 中所有 u、v 和 w，如果 $u \sim v$ 和 $v \sim w$，那么 $u \sim w$）。等价关系自然产生等价类 $[u] = \{v \in S \mid u \sim v\}$，以及对于某个 k 将搜索空间（不相交的）分割为等价类 $S = [u_1] \dot\cup [u_2] \dot\cup \cdots \dot\cup [u_k]$。状态空间 $(S/\sim) = \{[u] \mid u \in S\}$ 称为商数状态空间。如果对于所有 $u, u' \in S$ 且 $u \sim u'$，以及动作 $a \in A$ 且 $a(u) = v$，存在一个 $v' \in S$ 且 $v \sim v'$ 以及一个动作 $a' \in A$ 且 $a'(u') = v'$，则 S 的一个等价关系 $\sim$ 是 P 上的一个同

余关系。所有同余关系都暗含一个商状态空间问题 $(P/\sim) = ((S/\sim), (A/\sim), [s], \{[t] \mid t \in T\})$。在 $(P/\sim)$ 中，动作 $[a] \in (A/\sim)$ 定义如下：当且仅当存在一个动作 $a \in A$ 将 u 映射到 v 使得 $u \in [u]$ 且 $v' \in [v']$ 时，$[a]([u]) = [v]$。

注意，当说同余关系 $\sim$ 分割了动作空间 A 时，$(A/\sim)$ 是松散的。

定义 10.3（对称） 如果对于所有的 $t \in T$，$\phi(s) = s$ 且 $\phi(t) \in T$，并且对于 u 的任意后继 v，存在从 $\phi(u)$ 到 $\phi(v)$ 的动作，那么称双射 $\phi: S \to S$ 是一个对称。任意对称集合 Y 产生称为对称组的一个子组 $g(Y)$。子组 $g(Y)$ 暗含一个状态上的等价关系 $\sim_Y$，定义为当且仅当 $\phi(u) = v$ 且 $\phi \in g(Y)$ 时，$u \sim_Y v$。这样的等价关系称为 P 上由 Y 诱导的对称关系。

在 P 上的任意对称关系也是 P 上的一个同余关系。此外，当且仅当从 $[s]_Y$ 到 $[u]_Y$ 可达时，u 是从 s 可达的。这将对目标 $t \in T$ 的搜索约减为到状态 $[t]_Y$ 的可达性搜索。

为了关于状态对称探索状态空间，每次生成新的后继节点时都使用函数 Canonicalize（规范化），此函数为每个等价类确定一个代表性元素。需要注意的是，自动查找对称性是不容易的，因为其关系到图同构的计算问题，这是很难的问题。

如果已知一个对称，那么可以立刻实现对称检测。这是因为 Open 和 Closed 两个集合都可以简单地维护 Canonicalize 动作的结果。

一个特定的查找对称性的技术如下。在一些搜索问题中，状态对应于（变量）估价并且通过局部估价确定目标。通常，动作的定义对于变量赋值来说是透明的。例如，（参数）规划领域的一个重要特征是，对于绑定参数到对象来说动作是通用的。

因此，在当前和目标状态的变量排列形式的对称对于参数动作集合没有影响。

令 V 是一个变量集合，$|V| = n$。则存在 V 的 $n!$ 种可能排列，这个数字对于对称检查来说很可能太大了。考虑变量类型的类型信息将所有可能的变量排列数量减小为 $\binom{n}{t_1, t_2, \cdots, t_k}$，其中 t_i 是类型为 i 的变量数量（$i \in \{1, 2, \cdots, k\}$）。即使是中等大小的问题域，这个数字很可能还是太大。为了将潜在对称性的数目减少到易处理的大小，进一步将对称限制为变量置换 $[v \leftrightarrow v']$（仅两个变量 $v, v' \in V$ 的排列），对此至多有 $n(n-1)/2 \in O(n^2)$ 个候选。使用类型信息，这个数量减少到 $\sum_{i=1}^{k} t_i(t_i - 1)/2$，对于对称检测这个数量通常是一个实用的值。

用 M 表示变量置换的集合。应用到状态 $u = (v_1, v_2, \cdots, v_n)$ 的变量置换 $(v, v') \in M$ 的结果记为 $u[v \leftrightarrow v']$，定义为 $(v_1', v_2', \cdots, v_n')$，其中，如果 $v_i \notin \{v, v'\}$ 则 $v_i' = v_i$，如果 $v_i = v$ 则 $v_i' = v'$，如果 $v_i = v'$ 则 $v_i' = v$。可以容易地扩展这个定义到

参数动作。

在图 10.12 所示的例子中，有变量表示人的位置，因此，可以写为
$$(at\ scott\ A)[scott \leftrightarrow dan] = (at\ dan\ A)$$

可以看出，$u[v \leftrightarrow v'] = u[v' \leftrightarrow v]$ 且 $u[v \leftrightarrow v'][v \leftrightarrow v'] = u$。

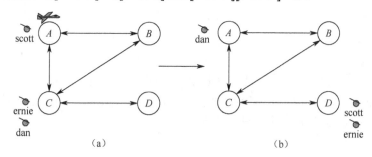

图 10.12 置换问题中的对称性例子（其中三个乘客（dan、ernie 和 scott）
从他们的原始位置飞到他们各自的目的地

(a) 原始位置；(b) 目的地。

定义 10.5（对象对称性检测的时间复杂性） 为一个对称问题 $P = (S, A, s, T)$ 确定所有变量置换集合的最差情况下的复杂性的界限是 $O(|M| \cdot n)$ 次操作。

证明：如果 $s[v \leftrightarrow v'] = s$ 且 $T[v \leftrightarrow v'] \in T$，则一个状态空间问题 $P = (S, A, s, T)$ 关于变换 $[v \leftrightarrow v']$ 对称，缩写为 $P[v \leftrightarrow v']$。蛮力计算 $u[v \leftrightarrow v']$ 的时间复杂性是 $O(n)$。但是，通过为所有的 $(v, v') \in M$ 预先计算一个包含索引 $u' = u[v \leftrightarrow v']$ 的查询表，这个复杂性可以降低到一次查询。

对于示例问题，目标包含 dan、ernie 和 scott 三个目标位置。在起始状态，因为 $s[scott \leftrightarrow ernie] \neq s$ 且 $T[dan \leftrightarrow ernie] \neq T$，所以问题不包含任何对称。在从起始状态 s 开始向前探索状态空间的前向链接搜索中，在 s 上出现的对称可能会消失或再现。但是，目标并不随时间改变。因此，在离线计算中，可以将对称集合 M 改进为 $M' = \{(v, v') \in M | T[v \leftrightarrow v'] = T\}$。通常，$|M'|$ 比 $|M|$ 小得多。对于示例问题，留在 M' 中唯一的变量对称是 scott 和 ernie 的变换。剩下的任务是为处于当前状态 u 的对称计算集合 $M''(u) = \{(v, v') \in M' | u[v \leftrightarrow v'] = u\}$。在示例问题的起始状态 s，有 $M''(s) = \emptyset$。但是，一旦 scott 和 ernie 在一个状态 u 中共享同一个位置，这个变量对就被包含在 $M''(u)$ 中。对于定理 10.5，这个额外的限制将检测所有剩余变量对称的时间复杂性减少为 $O(|M'| \cdot n)$。

如果一个当前状态为 $c \in S$ 的状态空间问题关于变量置换 $[v \leftrightarrow v']$ 是对称的，那么忽略动作的应用可以显著减少分支因子。适用动作集 $A(u)$ 的剪枝集 $A'(u)$ 是所有具有对称配对且具有最小索引的动作集合。

定理 10.6（对称剪枝的最优性） 在探索状态空间问题 $P = (S, A, s, T)$ 的过程

中，对于所有状态 u，将动作集合 $A(u)$ 约减为 $A'(u)$ 仍然保持最优性。

证明：假设对于某个扩展状态 u，在探索规划问题 $P=(S,A,s,T)$ 的过程中，将动作集合 $A(u)$ 约减为 $A'(u)$ 时无法保持最优性。此外，令 u 是在搜索顺序中具有这个性质最大的状态。那么，在 $P_u=(S,A,u,T)$ 中存在一个具有关联状态序列 $(u_0=u,\cdots,u_k\in T)$ 的解 $\pi=(a_1,a_2,\cdots,a_k)$。显然，$a_i\in a(u_{i-1})$（$i\in\{1,2,\cdots,k\}$）。根据剪枝集的定义，存在具有可以适用于 u_0 的最小索引的 $a_1'=a_1[v\leftrightarrow v']$。

因为 $P_u=(S,A,u,T)=P_u[v\leftrightarrow v']=(S,A,u[v\leftrightarrow v']=u,T[v\leftrightarrow v']=T)$，得到一个以相同耗费到达目标 T 的具有状态序列 $(u_0[v\leftrightarrow v']=u_0,u_1[v\leftrightarrow v'],u_2[v\leftrightarrow v'],\cdots,u_k[v\leftrightarrow v']=u_k)$ 的解 $a_1[v\leftrightarrow v'],a_2[v\leftrightarrow v'],\cdots,a_k[v\leftrightarrow v']$。这与约减集合 $A(u)$ 为 $A'(u)$ 不保持最优性的假设矛盾。

10.2 非容许状态空间剪枝

本节考虑以牺牲解的最优性大幅提高搜索效率的不同方法。

10.2.1 宏问题解决

在某些情况下，可以将一系列操作符组合起来建立一个新的操作符。这使得问题求解器可以一次应用多个原始操作符。修剪新的组合操作符以代替原有操作符，使得我们可以约减某个状态的适用操作符集合。剪枝的影响在于，当忽略每个序列内部的选择时，此策略需要更多的整体决策。当然，当操作符替代过于宽松时，可能无法找到目标。

这里考虑一种形成组合操作符的方法，此方法可能会修剪掉最优解，但至少保留一条解路径。宏算子（简称宏）是共同执行的基本操作符的一个固定序列。更正式地，对于具有边集 E 和节点集 V 的问题图，一个宏是指 $V\times V$ 中的一条额外的边 $e=(u,v)$。对于这条边，$V\times V$ 中存在多条边 $e_1=(u_1,v_1),e_2=(u_2,v_2),\cdots,e_k=(u_k,v_k)\in E$，其中 $u=u_1,v=v_k$ 并且对于 $1\leqslant i\leqslant k-1$，$v_i=u_{i+1}$。换句话说，$e$ 是 u 和 v 之间的路径 $(u_1,u_2,\cdots,u_k,v_k)$ 的捷径。

宏将无权问题图变为加权问题图。宏的权重是原始的边的累积权重 $w(u,v)=\sum_{i=1}^{k}w(u_i,v_i)$。很明显，插入边并不会影响节点的可达性状态。如果没有备选后继时，$\text{Succ}(u_i)=\{v_i\}$，宏可以简单地替换原始边而不造成信息丢失。以推箱子中宽度为 1 的迷宫区域（隧道）为例。

如果节点之间有多条路径，为了维护基本搜索算法的最优性，需要采用最短的一条 $w(u,v)=\delta(u,v)$。这些宏被称为容许的。Floyd-Warshall 的所有节点对之间的最短路径算法（见第 2 章）可以看作是将容许宏引入搜索空间的一个例子。在算法的最后，所有的节点对均被连接起来（并分配了最小路径耗费值）。不再需要原始的边确定最短路径值，因此，忽略原始的边并不会破坏约减图中搜索的最优性。

不幸的是，对于我们考虑的搜索空间的规模，在整个问题图中计算所有节点对之间的最短路径是不可行的。因此，尝试了不同的方法来近似编码在宏中的信息。如果仅对计算某个解感兴趣，可以在引入一些但并非全部容许的宏后，使用非容许宏或删除问题图中的边。宏在搜索实践中的重要性在于它们可以在全局搜索开始之前就被确定。这个过程称为宏学习。

使用非容许宏的一种方法是将它们以小于最优权重 $\delta(u,v)$ 的权重 $w(u,v)$ 插入，这样就能够以更高的优先级使用它们；另一方法是，将搜索完全限制到宏上而忽视所有原始的边。仅当目标仍然可达时这个选项是可能的。

本节的剩余部分给出了一个关于宏问题求解器如何将一个搜索问题转化为一个算法机制的例子：将问题分解为一个子目标的有序列表，并且为每一个子目标定义了一个将一个状态变换为下一个子目标的宏集合。

我们以 8 数码问题作为示例，再次使用空白移动的方向标记动作。宏表 10.3 中的第 r 行第 c 列中的表项（表 10.3）拥有将位于位置 r 的滑块移动到位置 c 的操作符序列，使得位于 (r,c) 的宏执行之后，位于位置 1 到 $r-1$ 上的滑块的位置仍然正确。

表 10.3　8 数码问题的宏表

	0	1	2	3	4	5	6
0							
1	DR						
2	D	LURD					
3	DL	URDL	URDL				
	LURD						
4	L	RULD	RULD	LURRD			
	LURD		LULDR				
5	UL	DRUL	RDLU	RULD	RDLU		
	DLUR	RULD	RDLU				
6	U	ULDR	DRUULD	URDL	DRUL	LURRD	
	ULDR	DLUR	RDRU	DLUU	DLURU		
			LLDR		LLDR		

（续）

	0	1	2	3	4	5	6
7	UR	LDRU	ULDDR	LDRUL	DLUR	DRULDL	DLUR
		ULDR	ULURD	URDRU	DRUL	DRRDLU	
				LLDR			
8	R	ULDR	LDRR	LURDR	LDRRUL	DRUL	LDRU
			UULD	ULLDR		LDRU	
						RDLU	

图 10.13 显示了宏操作的连续应用。对于滑块 i（$1 \leqslant i \leqslant 6$），确定其当前的位置 c 和目标位置 r，并应用相应的宏。

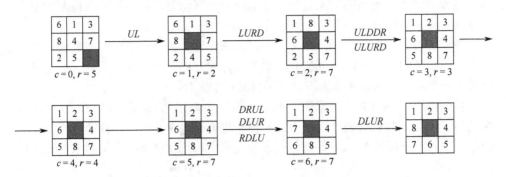

图 10.13　8 数码问题的宏求解

给定一个宏表，可以通过各列中最大字符串大小的和来估计宏求解器所需的最差情况的解长度。对于 8 数码问题，可以得到的最大长度为 2+12+10+14+8+14+4=64。作为对于平均解长度的一个估计，可以将列中宏长度的算术平均数求和，得到 12/9+52/8+40/7+58/6+22/5+38/4+8/3=39.78。

构建宏表的最有效的方法是从每个目标状态各自进行后向 DFS 或 BFS 搜索。为此，我们需要反向操作符（其本身无须是有效的操作符）。

宏 m 的行 $r(m)$ 是 $p_c(m)$ 的所在位置，在下一个宏应用中此位置需要移至 $c(m)$。宏 m 的逆记为 m^{-1}。

例如，从第 7 个子目标开始，我们将遇到一条路径 $m^{-1} = LDRU$，此路径将目标位置从 $p' = (0,1,2,3,4,5,6,7,8)$ 更改为 $p = (0,1,2,3,4,5,8,6,7)$。它的逆是 $DLUR$；因此，$c(m) = 6$ 且 $r(m) = 7$，匹配到图 10.13 中的最后一个宏应用。

10.2.2　相关性约减

人类可以通过使用元推理进行大状态空间导航。这种元策略之一就是要区分相关和不相关的动作。他们倾向于把一个问题划分为若干子目标,然后依次完成每个子目标。与此相反,类似 IDA*的标准搜索算法,始终考虑在每个位置所有可能的移动。因此,可以很容易构建人类能解决但标准的搜索算法无法解决的例子。例如,在一个镜像对称的推箱子位置,很明显每一半都可以独立解决;但是,IDA*算法会探索人类永远都不会考虑的策略,并在两个子问题间来回切换很多次。

相关性约减试图限制搜寻过程选择其下一步的动作的方式,以防止该程序尝试所有可能的移动序列。该方法的核心是影响(influence)的概念;不会彼此影响的移动被称为远隔移动。如果在最后的 m 次移动中,发生了超过 k 次的远隔移动(对于适当选择的 m 和 k),那么一个移动可以被切断;或者,如果它远离最后一次移动,但不在最后 m 次移动之中。

远隔移动的定义通常取决于应用领域;这里可以描述推箱子的一种方法。首先,要为 influence 建立一个测度。我们预先计算一个每个方格对其他方格影响的 influence 表格。影响关系反映了方块间的路径数量;存在的可选路径越多,影响越小。例如,在图 10.14 中,a 和 b 彼此间的影响低于 c 和 d 彼此间的影响。最优路径上的方块应该比其他方块更有影响。由可能的推球连接的相邻方块彼此间的影响,此人只能在两者间移动的方块影响更大。例如,在图 10.14 中,a 对 c 的影响超过了 c 对 a 的影响。在一个隧道里,影响与隧道长度无关。注意,影响关系不一定对称。

给定相关性表,如果一个移动 M_2 的开始方块对之前移动 M_1 的开始方块的影响低于某个阈值 θ,那么认为 M_2 是远隔 M_1 的。

有两种可能的方式修剪一个移动:第一,如果在最后 k 次移动的集合中,做出了超过 l 次远隔移动,这种削减不鼓励在迷宫中的不相关区域间的任

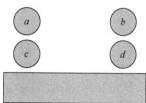

图 10.14 推箱子中方格的影响

意切换;第二,一个移动与其前一步是远隔的,但对于前 k 次移动不是远隔的。这将不允许切换回到之前工作和刚被放弃的区域。如果设置 $l=1$,第一项准则就蕴含了第二个准则。通过相关性约减所施加的限制,将无法保证解的最优性。然而,可以基于此技术处理之前无法解决的很多推箱子问题的实例。为了避免修剪掉最优解,可以将随机性引入到相关性约减的决定。这个概率确定了是否应用一个相关性约减,也反映了相关性约减的信心。

已经利用 IDA*搜索算法的理论模型分析了相关性约减(见第 5 章)。但是,在一个实证研究中,此模型被证明无法处理推箱子问题中搜索空间的非均匀性。

10.2.3 偏序约减

偏序约减方法利用动作的可交换性减小状态空间的规模。所产生的状态空间

与原始状态空间的构造方式相同。产生约减的状态空间的算法只探索了状态的某一些后继。节点 u 的使能动作集合称为使能集合，表示为 enabled(u)。算法选择并跟踪这个集合的一个称为 ample 集的子集，记为 ample(u)。当 ample(u)= enabled(u)时，动作 u 被称为完全扩展的，否则它就是部分扩展的。

偏序约减技术基于如下观察，即一些动作的执行顺序是无关的。这就引出了动作之间独立性的概念。

定义 10.4（独立动作） 如果对于每个状态$u \in S$，以下两个性质成立，那么两个动作 a_1 和 a_2 是独立的。

（1）保持使能性：a_1 和 a_2 不会相互导致失效。

（2）a_1 和 a_2 是可交换的$a(a'(u)) = a'(a(u))$。

我们选择命题性 STRIPS 规划作为一个案例进行分析，此规划的目标由一个命题集合进行部分描述。

定义 10.5（独立 STRIPS 规划动作） 如果 del(a')$\cap$(add(a)$\cup$pre(a)) = $\emptyset$ 并且 (add(a')$\cup$pre(a'))$\cap$del(a) = $\emptyset$，那么两个 STRIPS 规划动作 a = (pre(a),add(a), del(a)) 和 a' = (pre(a'),add(a'),del(a')) 是独立的。

定理 10.7（独立 STRIPS 动作的可交换性） 两个独立 STRIPS 动作是使能性保持且可交换的。

证明： 令 v 是状态 $(u \setminus \text{del}(a)) \cup \text{add}(a)$，$w$ 是状态 $(u \setminus \text{del}(a')) \cup \text{add}(a')$。由于 (add($a'$)$\cup$del($a'$))$\cap$pre($a$) = $\emptyset$，因此 o 在 w 中是使能的。由于 (add(a)$\cup$del(a))$\cap$pre(a') = $\emptyset$，因此 o' 在 v 中是使能的。此外

$$a(a'(u)) = (((u \setminus \text{del}(a')) \cup \text{add}(a')) \setminus \text{del}(a)) \cup \text{add}(a)$$
$$= (((u \setminus \text{del}(a')) \setminus \text{del}(a)) \cup \text{add}(a')) \cup \text{add}(a)$$
$$= u \setminus (\text{del}(a') \cup \text{del}(a)) \cup (\text{add}(a') \cup \text{add}(a))$$
$$= u \setminus (\text{del}(a) \cup \text{del}(a')) \cup (\text{add}(a) \cup \text{add}(a'))$$
$$= ((u \setminus (\text{del}(a)) \setminus \text{del}(a')) \cup \text{add}(a)) \cup \text{add}(a')$$
$$= ((u \setminus (\text{del}(a)) \cup \text{add}(a)) \setminus \text{del}(a')) \cup \text{add}(a') = a'(a(u))$$

一个进一步的基本概念是有些动作是关于目标不可见的。如果对于每个状态对 u,v，当 $v = \alpha(u)$ 时我们有 $u \cap T = v \cap T$，那么动作 α 关于目标 T 中的命题集合是不可见的。

图 10.15 说明了动作的独立性和不可见性。动作 α、β 和 γ 是两两独立的。其中动作 α、β 关于命题集合 $T = \{p\}$ 不可见，但 γ 关于命题集合 $T = \{p\}$ 可见。这个图同时表明了为何说偏序约减技术利用了一个系统的菱形性质。

构建充分集（ample set）的主要目标是选择状态的一个后继子集，使得约减状态空间关于一个目标与完整状态空间是近似等价的。这种构建应提供无须高计

算开销的显著约减。必须保持足够的路径以得到正确的结果。对一个给定目标构建适当的偏序约减状态空间,如下四个条件是必要和充分的。

(1) C_0:当 enabled(u) 为空时,ample(u) 为空。

(2) C_1:在完整状态空间中从状态 u 开始的每条路径上,依赖于 ample(u) 中的某一动作的一个动作不会在 ample(u) 中的动作未先发生的情况下发生。

(3) C_2:如果状态 u 未完全扩展,那么 u 的充分集中的每个动作关于目标必须是不可见的。

(4) C_3:如果对于约减状态空间中的一个环中的每个状态,动作 α 都是使能的,那么 α 必须位于环中的某个状态的某个后继的充分集中。

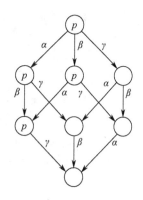

图 10.15 动作独立性和不可见性说明

产生后继约减集合的一般策略是为一个给定状态生成和测试有限数量的充分集,如算法 10.5 所示。条件 C_0、C_1 和 C_2 或者它们的近似可以独立于所使用的特定搜索算法进行实现。检查 C_0 和 C_2 很简单且与搜索算法无关。检查 C_1 较为复杂。事实上,已经证明检查 C_1 至少和为完整状态空间建立目标一样困难。然而,这通常可以通过检查独立于搜索算法的更强条件进行近似。应当看到,检查条件 C_3 的复杂性依赖于所使用的搜索算法。

Procedure CheckAmple
Input: 状态 u,充分集 ample(u)
Output: 潜在约减的后继集合 Succ(u)

if (C_0(ample(u)) and C_1(ample(u)) and C_2(ample(u)) and C_3(ample(u))))
  Succ(u)←{v|∃ α ∈ample(u) :α(u)= v}   ;;约减集合
else   ;;条件不满足
  Succ(u)←{v|∃ α ∈enabled(u):α(u)= v}   ;;未约减集合
return Succ(u)   ;;返回 u 的后继

算法 10.5
一个检查充分集的算法

检查 C_3 可约减为在搜索过程中检测环。在深度优先搜索中可以很容易地建立环:每个环都包含一条反向边,指向在搜索栈中存储的状态。因此,当使用

IDA*算法时，除了状态完全扩展，其他情况都要避免充分集中包含反向边，这样可以保证满足条件 C_3，因为 IDA*算法执行深度优先遍历。所产生的基于栈的环条件 C_{3stack} 可以声明如下。

C_{3stack}：如果状态 u 未完全扩展，那么在充分集 ample(u)中至少有一个动作不会通向搜索栈中的状态。

考虑图 10.16 中左边的示例。条件 C_{3stack} 没有将集合 $\{\alpha_1\}$ 描述为充分集的有效备选。条件 C_{3stack} 接受 $\{\alpha_1,\alpha_2\}$ 为一个有效充分集，因为此集合中至少一个动作 α_2 指向一个不在深度优先搜索的搜索栈中的状态。

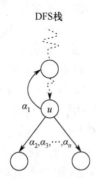

图 10.16　深度优先搜索的约减示例

DFS 策略的 C_{3stack} 的实现标记了栈上的每个已扩展状态，因此可以在常数时间内检查栈包含。

使用不执行状态空间深度优先遍历的一般搜索算法进行环检测更加复杂。存在环时，必须要达到一个已经生成的状态。如果在搜索过程中，发现一个状态已经生成，检查这个状态是否属于环的一部分需要检查这个状态是否从自身可达。这使得算法的时间复杂性从与状态空间规模呈线性增加到与状态空间规模呈二次方。因此，通常采用的方法是发现一个已经生成的状态就假设存在一个环。使用这个想法导致了较弱的约减，幸运的是，对于可逆状态空间，自身可达性检查是不重要的。

如果没有搜索栈，那么无法使用循环条件 C_{3stack}，因为无法有效地检测环的存在。因此，这里提出一个备选条件以增强环条件 C_3，这个条件足够保证正确的约减。

条件 $C_{3duplicate}$：如果节点 u 未完全扩展，那么在充分集 ample(u)中至少有一个动作不会通向已经生成的节点。

为了验证在一般节点扩展算法下使用 $C_{3duplicate}$ 条件的偏序约减的正确性，可以基于节点扩展排序进行归纳，从完整探索开始并关于遍历算法反向移动。对于

节点 u，在搜索结束后，可以保证每个执行的使能动作要么在 u 的充分集中，要么在稍后的扩展过程中出现的一个节点上。因此，没有忽略任何动作。应用结果到所有节点 u 意味着蕴含 C_3，这反过来保证了约减的正确性。

偏序约减保持了搜索算法的完整性（没有丢失解），但并不保持最优性。事实上，在约减状态空间中，到目标的最短路径或许比完整状态空间中到目标的最短路径要长。直观地说，原因在于近似等价的概念并不会假设等价块的长度。

假设图 10.17 所示的动作 α、β 是独立的，并且 α 关于命题集合 p 是不可见的。进一步假设我们想要寻找一个目标 $\neg p$，其中 p 是一个原子命题。通过这些假设，例子的约减状态空间近似等价于完整状态空间。约减状态空间中的违反不变性的最短路径由动作 α 和 β 组成，其长度为 2。在完整状态空间中，拥有动作 β 的起始路径是到一个目标状态的最短路径，其对应的解长度为 1。

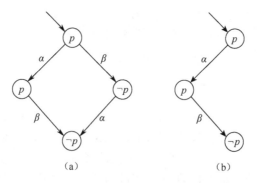

图 10.17　完整状态空间和非容许约减的示例

(a) 完整状态空间；(b) 非容许约减。

可以通过后续处理的方法部分避免这个问题。直观的想法是忽略那些独立于直接通向目标状态动作的动作，因为它们是无关的。为了得到一条有效的解路径，要求那些被忽略的动作无法使能在原始解中出现在它们之后的动作。这种方法也许能缩短建立的解路径，但是产生的解可能不是最优的。图 10.18 描绘了一个完整状态空间以及可能约减的例子。如图 10.17 中的示例所示，目标状态是命题 p 不成立的一个状态。假定如下动作对是独立的——(α_3, α_4)、(α_6, α_7) 和 (α_6, α_8)，只有 α_6 和 α_4 可见并且忽略命题 p 的值。那么，虚线区域中由动作 α_1、α_2、α_3 和 α_4 组成的路径可以作为约减状态空间中的最短路径。应用这种算法可以产生长度为 3 的解路径 $\alpha_1 \alpha_2 \alpha_4$。由于 α_3 是不可见的，独立于 α_4 且无法使能 α_4，因此这是可能的。另一方面，在完整状态空间中最优解更短：$\alpha_5 \alpha_6$。

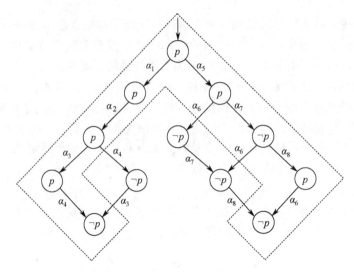

图 10.18 完整状态空间和约减（虚线区域）的另一个示例

10.3 小结

本章，研究了应用剪枝使得搜索更加高效。剪枝意味着忽略搜索树的部分内容（减小了分支因子）以节省运行时间和内存。由于我们想要找到开始状态到任一目标状态（容许剪枝）的最短路径，或当路径存在时，找到一条从开始状态到一个目标状态的路径（解保持剪枝），因此剪枝可能会变得很棘手。并且，剪枝本身需要耗费运行时间和内存，因此我们需要确保对应的节约耗费能够超过这些耗费。剪枝通常利用了状态空间的正则性，这些知识可以由专家提供或者自动学习得到。学习可以发生在搜索前（静态剪枝），或发生在搜索期间（动态剪枝）。静态搜索通常在与需要搜索的状态空间相比类似但更小的搜索空间中进行。如果发生在搜索过程中，它可以作为寻找从开始状态到目标状态路径的一部分，也可以作为两层架构的一部分。在两层架构中，顶层搜索寻找开始状态到目标状态的路径，低层搜索获取额外的剪枝知识。

本章讨论以下容许剪枝策略。

子串剪枝修剪称为重复的动作序列，这些序列会与至少一个耗费不会更高的非剪枝序列生成相同的状态（称为捷径）。因此，这种剪枝策略是避免搜索算法重新生成已生成状态的一种备选，这些搜索算法不在内存中存储所有之前生成的状态，如 IDA* 算法，因此它们无法轻松检测到重复状态。本章讨论了两种寻找重复动作序列的静态方法，即通过广度优先搜索找到在一个状态中执行时导致相同状态的动作序列，以及产生的状态与其所执行状态相同的动作序列（环）。例如，在空的网格中，*URDL* 是一个环，这意味着 *UR* 是 *RU* 的重复动作序列（*DL* 的逆），*ULD* 是 *R* 的重复动作序列（*L* 的逆）。我们还讨论了在 A*算法搜索时以动态方式寻找重复动作序列。为了有效检测重复的动作序列，可以将它们编码为有限状态机。例如，使用 Aho-Corasick 算法进行编码。用 8 数码问题说明了子串剪枝。

绝境剪枝修剪那些从其开始无法到达任何目标状态的状态。如果一个状态的所有后继状态都是绝境，或者它的一种简化（称为分解）是一个绝境，则此状态是一个绝境。我们讨论了一种寻找绝境的静态方法（称为自举方法），也就是使用惩罚表。惩罚表是学习和存储更多启发式信息的一种方式，并且一个无限的启发式意味着一个绝境。同样，讨论了在 A*搜索算法中的寻找重复的动作序列的一种动态方式（产生抽象分解 A*算法）。我们利用推箱子说明了绝境剪枝。

对称性约减修剪具有相同耗费的非剪枝动作序列类似（对称）的动作序列。讨论了对称性约减的一种动态方法，该方法利用状态变量置换，并且使用了目标状态变量间的预编译的对称性知识。

本章又讨论了下列非容许剪枝策略。

宏问题求解修剪动作时偏好一些动作序列（称为宏）。它不仅减少了分支因子，还减少了搜索深度。讨论了一种用于 8 数码问题的静态宏学习方法，宏将滑块一块接一块的移动到位置上而不影响已经移到位置上的滑块。

相关性约减修剪在一个状态中是不重要的动作，因为这些动作无益于当前追求的子目标。互不影响的动作被称为远隔动作。例如，在下列两种情况下相关性约减可以对一个动作进行剪枝：一是当最近已经执行了超过一定数量的远隔动作时（因为此动作无益于最近执行动作追求的子目标）；二是当此动作远隔最后执行的动作但与最近执行的一定数量的动作不是远隔时（因为此动作对于最后一个动作追求的子目标没有贡献，这个动作切换了之前执行的动作所追求的子目标）。我们利用推箱子说明了相关性约减。

最后，偏序约减修剪那些与至少一个非剪枝动作序列产生相同状态的动作序列。与子串剪枝不同，非剪枝动作序列可能比剪枝动作序列耗费更多。非剪枝动作被称为充分动作。我们讨论了一种确定充分动作的方法，该方法利用动作的性质，如它们的独立性和不可见性，因此仅当从开始到目标的动作序列近似等价于从起始到被搜索目标的动作序列时，才不会搜索此动作序列。我们讨论了利用事后处理来缩短已发现动作序列的方法，尽管偏序约减序列和事后处理序列都不能保证最短。

表 10.4 比较了不同的状态空间剪枝方法。根据策略是否是容许的（即保持优化求解器的最优解）或是否是增量的（即允许在搜索期间检测和处理剪枝信息）进行划分。剪枝规则是硬性标准，可以看作为搜索分配一个启发式估计∞。一些

规则也适用于容许搜索启发式的改进，改进下界。分类不是固定的；参考本章的描述。根据剪枝场景的弱化（加强）假设，容许剪枝技术可能会变得非容许（反之亦然）。我们也提供了存储和应用剪枝的一些时间效率，此效率取决于对应的数据结构实现并忽略了一些本章中的细节。针对子串剪枝，我们假设了 Aho-Corasick 自动机（IDA*算法）或后缀树（IDLA*算法）。对于绝境剪枝和模式搜索，需要一个基于部分状态的存储结构。对称性可以由领域专家提供，也可以由系统（动作规划）推断得出。为了简化标记，在动作规划和推箱子中，假设原子集合（方块）的一元布尔编码，以形成状态向量。

表 10.4　状态空间剪枝概述；$l(n)$为重复（解路径的）长度，S 为大小为 k 的状态向量，P 为模式集合，M 为对称集合（*表示摊销复杂性）

数据库	容许	增量	存储	检索
子串剪枝（IDA*算法）	√	—	$O(l)$	$O(1)$*
子串剪枝（IDLA*算法）	√	√	$O(l)$	$O(1)$*
模式搜索（原始的）		√	$O(k)$	$O(k \cdot |P|)$
对称性（规划）	√	√	$O(k)$	$O(k \cdot |M|)$
宏算子	—	—	$O(n)$	$O(n)$
相关性削减	—	—	$O(k^2)$	$O(k)$
偏序约减	—	√	$O(1)$	$O(n)$

10.4　习题

10.1　假设已经根据定义找到了一个剪枝对 (d,c)。说明从搜索路径 p 上修剪子串 d 是容许的。

10.2　通过在搜索空间的广度优先搜索枚举的深度 6 上执行一个哈希查找，为累积长度是 12 的 n^2-1 数码问题确定所有的重复/捷径字符串对。利用字符的词典序区分重复和捷径。建立接受重复字符串的对应有限状态机。

10.3　推箱子中经常遇到复杂的绝境位置。

（1）寻找推箱子中包含超过 8 个球的绝境模式 u。

（2）描述模式搜索如何确定 u 的值∞。

（3）说明学习绝境位置的根为 u 的树结构。

10.4　在 Dijkstra 的哲学家就餐问题中（图 10.19），n 个哲学家围坐在一张桌子边吃午餐。有 n 个盘子（每个哲学家一个）、n 个叉子，每个盘子左右各一个叉子。由于吃盘子中的意大利面需要两个叉子，所以所有的哲学家不能同时进餐。此外，除了取放叉子以外，不允许其他交流。任务是设计一个策略使得每一个哲学家最终能够吃到意大利面。最简单的解是，先访问左边的叉子，然后访问右边的叉子，但是这种方法存在一个明显问题。如果所有哲学家都在等待第二个叉子空闲，就无法取得进展：发生了绝境。

（1）给出哲学家就餐问题的一种状态空间描述，此描述满足一个旋转对称 $\sim_r$。如果存在一个 $k \in \{0, 1, \cdots, n-1\}$，且 $(v_{(1+k) \bmod n}, v_{(2+k) \bmod n}, \cdots, v_{(n-1+k) \bmod n}) = (w_0, w_1, \cdots, w_{n-1})$，则 $(v_0, v_1, \cdots, v_{n-1}) \sim_r (w_0, w_1, \cdots, w_{n-1})$。

（2）证明 $\sim_r$ 是一种等价关系。

（3）证明 $\sim_r$ 是一种同余关系。

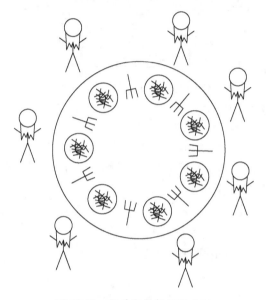

图 10.19 哲学家就餐问题示例

10.5 为了计算包含 10 个城市、10 辆卡车、5 架飞机、15 个包裹的逻辑规划问题域的对称性，试确定以下对称性数量。

（1）遵从类型信息的对称性数量。

（2）遵从变量类型的变量对称性数量。

10.6 相关性分析预先计算一个影响数量矩阵 D。影响数量越大，影响越小。计算 D 的一种提议如下。在开始和目标方块间的路径上的每个方块上，为球的每条备选路径增加 2，并为人的每条备选路径增加 1。一条最优路径上的每个方块仅增加该值的一半。如果从路径上的之前方块到当前方块的连接可以由一个球占据，则增加 1，否则增加 2。如果之前的方块是一个隧道，则不管其他性质，增加 0。

(1) 计算图 10.20 中问题的相关性矩阵 $\boldsymbol{D}$。
(2) 运行最短路径算法找到每两个方块间的最大影响。

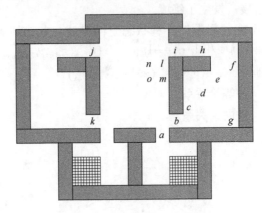

图 10.20 推箱子的相关性分析

10.7 为（三个块）积木世界问题提供宏。

(1) 基于动作 stack、pickup、putdown 和 unstack 展示状态空间问题图。

(2) 形成所有的三步宏，并建立一个宏解，其中从配置开始，a 在 b 上，b 在 c 上，且所有的块都在桌子上。

10.8 解释如何利用宏解决魔方问题（见第 1 章）。

(1) 为魔方问题定义一个允许你构建宏表的状态向量表示。你的表有多大？

(2) 因特网上具有增量解决魔方的不同方法。基于 18 个基本的转动动作构建一个宏表。

(3) 通过编写一个计算机程序为每个表项搜索一个（最短的）宏以自动构建一张宏表。

10.9 只有当问题可以序列化时，宏问题解决才是可能的。也就是，寻找总体目标可以分解为增量目标的过程。

(1) 基于问题的状态向量表示 $(v_1, v_2, \cdots, v_k)$ 给出宏问题解决所需的序列化形式特征。

(2) 给出一个不可序列化的问题域的例子。

10.10 说明条件 C_3 对偏序约减的必要性！考虑图 10.21（a）所示的原始状态空间。假设命题 p 包含在目标描述中。从 S_1 开始选择 $\text{ample}(S_1) = \alpha_1$，对于 S_2 选择 $\text{ample}(S_2) = \alpha_2$，对于 S_3 选择 $\text{ample}(S_3) = \alpha_3$。

(1) 解释为何 β 是可见的。

(2) 说明 3 个充分集满足条件 C_0、C_1 和 C_2。

（3）说明图 10.21（b）中的约减状态图不包含任何序列，其中 p 由 true 变为 false。

（4）证明环中所有状态都将 β 推迟为一个可能的未来状态。

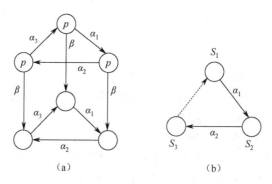

图 10.21　原始和约减的状态空间

10.11 为深度优先、广度优先、最佳优先和 A*算法类的搜索机制，根据条件 $C_{3duplicate}$ 证明偏序约减的正确性。说明对于每个节点 u，如下结论是正确的：当一般搜索算法的搜索终止时，每个动作 $\alpha \in$ enabled(u) 要么在 ample(u) 中选择，要么在节点 v 上选择使得 v 在 u 后被扩展。

10.5　书目评述

Aho 和 Corasick（1975）的模式匹配算法是 Knuth，Morris 和 Prat 的算法（1977）的一种泛化。后者已被扩展至包括字符通配符。对于基于 Aho 和 Corasick 算法的有限状态机剪枝算法，在 Taylor 的博士论文（1997）中有最好的阐述。Edelkamp（1997）提出了状态空间搜索中后缀树的可用性。

Junghanns 和 Schaeffer（1998）首次研究了推箱子中的绝境剪枝。本章描述的 A*算法中的抽象和分解算法是基于 Edelkamp（2003a）的类似发现。Junghanns 和 Schaeffer（1998）提出了模式搜索。其理念与 Ginsberg（1996）的划分搜索类似，泛化了哈希表以存储问题状态集合信息。模式搜索是冲突驱动的自上而下的正确性证明，而 Adelson-Velskiy，Arlazarov 和 Donskoy（2003）的类比法则是自底向上的启发式近似。

在状态空间搜索文献中，经常遇到基于对称性关系的状态空间约减。对称性在 Culberson 和 Schaeffer（1998）的模式数据库上、下文中被提到。Fox 和 Long（1999），Rintanen（2003）和 Edelkamp（2003c）对动作规划对称性进行了深入研究。在模型检验领域，对称性约减也是最基本的。Lluch-Lafuente（2003b）给出了设计容许对称性估计时对称性约减和定向搜索的一种组合。

Korf（1985b）的宏问题求解器可以参考其博士论文。在机器学习中对于宏的形成有许多相关工作（Langley，1996）。STRIPS，如今作为动作规划中的基本描述语言的首字母缩写词，实际上指 Fikes 和 Nilsson（1971）提出的一个基于宏的规划系统。Botea，Muller 和 Schaeffer（2005）提出了所谓偏序宏的一个应用以扩展动作规划器。

Junghanns 和 Schaeffer（2001）在推箱子问题中提出并理论研究了相关性约减。在双人搜索中，提出了大量元推理，如空移动搜索（Goetsch 和 Campbell，1990）和徒劳截断（Schaeffer，1986）。

偏序技术主要有两类：第一类基于 Bornot，Morin，Niebert 和 Zennou（2002）提出的网展开；另一类则基于所谓的菱形性质。我们集中研究后者，它被称为偏序约减技术。目前，提出了多种偏序约减方法，如 Valmari（1991）提出的基于顽固集的方法，Godefroid（1991）提出的基于持久集的方法，Peled（1996）提出的基于充分集的方法。尽管细节不同，但是它们都基于类似的理念。根据方法的流行程度，我们主要介绍了充分集方法。尽管如此，这一章中出现的大部分推理可以推广到任意其他方法。有关偏序约减方法的扩展描述，参考了 Peled（1998）。

第11章 实时搜索

Sven Koenig

本章介绍实时（启发式）搜索并通过例子进行说明。实时搜索被用来描述动作执行之间仅需常数搜索时间的搜索方法。但是，在本章中使用实时搜索的一个更加严格的定义，也就是将实时搜索作为以智能体为中心的搜索的一个变体。对于直接与世界交互的智能系统（智能体）来说，交叉或重叠搜索和动作执行通常具有优势。智能体为中心的搜索将搜索限制到围绕智能体当前状态的部分状态空间。例如，移动机器人的当前位置或一个游戏棋盘的当前位置。智能体当前状态周围的部分状态空间是与位于其当前位置的智能体立刻相关的那部分状态空间的一部分（因为它包含智能体很快会达到的状态），且有时可能仅是智能体了解的状态空间的一部分。智能体为中心的搜索通常不搜索从起始状态到目标状态的所有道路。反之，它确定局部搜索空间，对其进行搜索，并确定在此空间中执行哪些动作。然后，它执行这些动作（或仅执行第一个动作）并从其新状态重复这个过程直到它到达一个目标状态。

智能体为中心的搜索中最出名的例子可能是游戏，例如下国际象棋（如第12章所研究的）。在这种情况下，状态对应于棋盘位置且当前状态对应于棋盘的当前位置。游戏程序围绕当前棋盘位置执行一个有限前瞻（搜索视野）最小化最大搜索以确定下一步执行哪个移动。仅执行一个有限局部搜索的原因在于，实际游戏的状态空间太大从而无法在合理的时间内在合理的内存数量下执行完整的搜索。对手的未来移动无法进行确定性预测，使得搜索任务具有非确定性。这导致了只能通过枚举对手所有可能的移动来克服信息限制，这将导致很大的搜索空间。执行智能体为中心的搜索允许游戏程序在合理的时间内选择移动决策，并且关注于状态空间中与下次移动决策最相关的一部分。

传统搜索方法类似于A*算法，首先确定最小耗费路径然后沿着这些路径搜索。因此，它们是离线搜索方法。另外，智能体为中心的搜索方法交叉搜索和动作执行，因此是在线搜索方法。它们可以描述为具有贪心动作选择的循环搜索方法，贪心动作步骤解决次优搜索任务。由于它们寻找从起始状态到一个目标状态的任意路径（动作序列），因此它们是次优的。智能体为中心的搜索方法执行的动作序列就是这样一条任意路径。由于它们重复相同的过程直到它们到达一个目标状态，因此它们是循环的。智能体为中心的搜索方法具有如下两个优点。

（1）时间约束。 因为智能体为中心的搜索方法的局部搜索空间的规模与状态空间规模无关，并且可以保持很小，因此它们可以在柔性或硬性时间约束下执行动作。这种情况下的搜索目标是近似最小化执行耗费，并满足动作执行之间的搜索耗费（这里指运行时间）的上界约束。例如，在及时合理的行动比长延迟之后的最小化执行耗费更重要的情况下，包括在驾驶一辆车时的驾驶决策或穿越一个闹市时的移动决策。

（2）搜索和执行耗费的总和。 智能体为中心的搜索方法在它们的完整结果已知之前执行动作，因此很可能导致产生一些执行耗费。但是这通常比降低搜索耗费重要，因为它们能够折中搜索和执行耗费，并且因为它们允许智能体在非确定状态空间中提早收集信息，这减少了对未遇到过的情况下需要执行的搜索数量。因此，与首先确定最小耗费路径并沿该路径搜索的搜索方法相比，智能体为中心的搜索方法通常减少了搜索和执行耗费的总和。这对于仅需解决一次的搜索任务来说很重要。

智能体为中心的搜索方法需要保证它们不会因循环而停止朝一个目标状态前进。由于它们在结果完全已知之前执行动作，因此这是一个潜在的问题。智能体为中心的搜索方法需要保证仍有可能达到目标并且最终会达到。如果不存在执行之后不可能达到目标状态的动作时，或者智能体为中心的搜索方法可以在这些动作存在的情况下避免执行它们时，或者智能体为中心的搜索方法具有重置智能体到起始状态的能力时，目标仍然是可达的。实时搜索方法是存储一个称为 h 值的智能体为中心的搜索方法，它记录在搜索中遇到的每个状态，并随着搜索进程更新，既为了聚焦搜索也为了避免循环，记录和更新占据了每个搜索片段大量搜索时间。

11.1 LRTA*算法

实时学习 A*（LRTA*）算法可能是最流行的实时学习搜索方法，这里将本章中所有的实时搜索方法与其相关联。LRTA*算法的 h 值近似状态的目标距离。它们可以使用一个启发式函数初始化。如果不能得到更有提示性的 h 值，它们可以全为 0。图 11.1 用一个简化的已知地形上起始单元格确定的目标导向的导航任务说明 LRTA*算法的行为。机器人可以向北、东、南或西移动一个单元格（除非此单元格被阻塞）。所有动作耗费均为 1。机器人的任务是导航到给定的目标单元格并停止。在这种情况下，目标对应于单元格，当前状态对应于机器人当前所在的单元格。假定在行动和感知上不存在不确定性。使用曼哈顿距离初始化 h 值。在时间压力下，机器人可以进行如下推理：其当前单元格 C_1 不是一个目标状

第 11 章 实时搜索

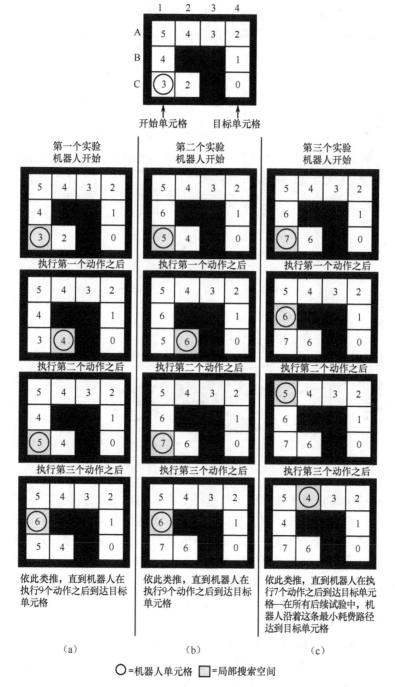

图 11.1 Koenig（2001）给出的一个简单网格中的 LRTA*算法

态。因此，它需要移动到与其当前单元格相邻的单元格之一进而到达一个目标单元格。一个动作的代价是其动作耗费加上执行这个动作后达到的后继状态的目标距离估计。这个距离估计由后继状态的 h 值给出。如果它移动到单元格 B_1，那么动作耗费是 1 且由 B_1 单元格的 h 值给出的从 B_1 的估计距离是 4。移动到单元格 B_1 的代价函数是 5。类似地，移动到 C_2 单元格的代价函数是 3。因此，移动到单元格 C_2 看起来更有希望。图 11.2 可视化了由初始 h 值形成的 h 值曲面。但如果机器人总是执行具有最小代价函数的移动从而在初始 h 值曲面上执行最速下降，那么它无法到达目标单元格。由于 h 值曲面在单元格 C_2 上的局部最小导致它会在单元格 C_1 和 C_2 之间来回移动并永远循环。

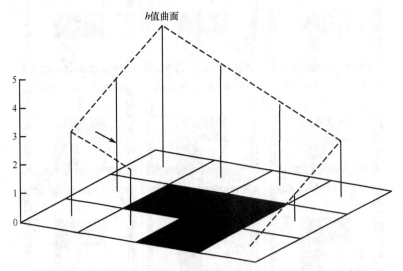

图 11.2　Koenig（2001）给出的初始 h 值曲面

我们能够通过轻微地随机化动作选择过程，同时当执行耗费变得很大之后重置机器人到一个起始状态（随机重新开始）来避免这个问题。但是，LRTA*算法通过增加 h 值来填充 h 值曲面的局部最小值来避免这个问题。图 11.3 说明了如果 LRTA*算法以北、东、南和西的顺序打破动作间的平局，它会如何围绕机器人的当前状态执行一个搜索来确定下面执行哪个动作。

（1）局部搜索空间生成步骤。LRTA*算法在局部搜索空间上做出决定。局部搜索空间可以是包含当前状态的非目标状态的任意集合。当且仅当一个局部搜索空间仅包含当前状态时，我们说它是最小的局部搜索空间。例如，在图 11.1 中，局部搜索空间是最小的。在这种情况下，LRTA*算法可以围绕当前状态构建一棵搜索树。局部搜索空间由搜索树的所有非叶状态组成。图 11.3 显示了在初始状态 C_1 时决定执行哪个动作。

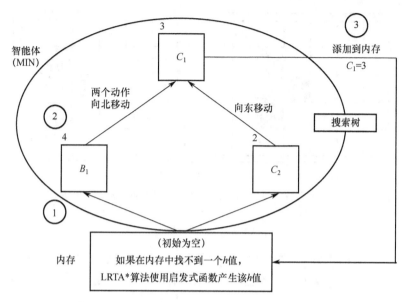

图 11.3　Koenig（2001）给出的 LRTA*算法的说明

（2）值更新步骤。假设恰好位于局部搜索空间外部的状态的 h 值对应于它们正确的目标距离，LRTA*算法为局部搜索空间中的每个状态分配其正确目标距离。换句话说，它为局部搜索空间中的每个状态分配从它到达恰好位于局部搜索空间外部的一个状态的最小执行耗费，加上由恰好位于局部搜索空间外部的状态的 h 值给出的从它们到达一个目标状态的剩余执行耗费。

这样做的原因在于，局部搜索空间不包含任何一个目标状态。因此，从局部搜索空间中的一个状态到一个目标状态的最小耗费路径需要包含一个恰好位于局部搜索空间外部的一个状态。因此，从一个状态通过一个恰好位于局部搜索空间外部的一个状态到一个目标状态的所有路径的最小估计耗费是此状态的目标距离的一个估计。因为这个前瞻值是局部搜索空间中状态的目标距离的一个更准确的估计，LRTA*算法将其存储在内存中，覆写状态的现有 h 值。

在例子中，局部搜索空间是最小的，并且假设 LRTA*算法忽略所有使得当前状态不变的动作时，它可以简单地根据如下规则更新局部搜索空间中状态的 h 值。LRTA*算法首先为搜索树中的每个叶子节点分配对应状态的 h 值。代表 B_1 单元格的叶子被分配的 h 值为 4，表示 C_2 单元格的叶子分配的 h 值为 2。这一步在图 11.3 中标注为"①"。之后，代表单元格 C_1 的搜索树的根节点的新 h 值是可以在 C_1 上执行的动作的代价函数的最小值，也就是 5 和 3 的最小值"②"。然后，这个 h 值被存储在单元格 C_1 的内存中"③"。图 11.4 说明了当局部搜索空间不是最小时的一个例子的一个值更新步骤。

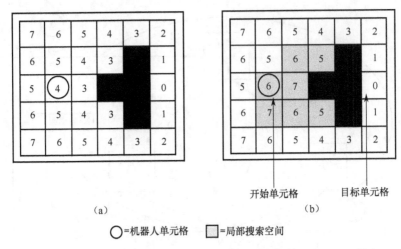

图 11.4 Koenig（2001）给出的具有更大局部搜索空间的 LRTA*算法

(a) 值更新步骤之前的 h 值；(b) 值更新步骤之后的 h 值。

（3）动作选择步骤。LRTA*算法选择执行那个有希望最小化从当前状态到一个目标状态（可以任意打破平局）执行耗费的动作。在该示例中，LRTA*算法选择具有最小代价函数的动作。因为移动到单元格 B_1 的代价函数为 5，而移动到单元格 C_2 的代价函数为 3，LRTA*算法决定移动到单元格 C_2。

（4）动作执行步骤。LRTA*算法执行选择的动作并更新机器人的状态，并从机器人的新状态开始重复这个过程直到机器人到达一个目标状态。如果新状态位于局部搜索空间之外，那么它需要重复局部搜索空间生成和值更新步骤。否则，它可以重复这些步骤或直接进入动作选择步骤。在生成下一个局部搜索空间之前执行更多的动作通常导致更小的搜索耗费（因为 LRTA*算法的搜索次数更少）；执行更少的动作通常导致更小的执行耗费（因为 LRTA*算法基于更多的信息选择动作）。

图 11.1（a）的列说明了例子中 LRTA*算法开始几步的结果。灰色单元格中的值是值更新步骤计算的新 h 值，因为对应的单元格是局部搜索空间的一部分。机器人在 9 次动作执行后到达目标单元格，也就是说执行耗费为 9。这里假定地形已知且使用实时搜索的原因是时间压力。另一个使用实时搜索的原因可能是地形知识的缺失并且期望限制局部搜索空间为地形的已知部分。

现在为确定性和非确定性搜索任务使用下列假设和符号形式化 LRTA*算法，这些假设和符号在本章都会使用：S 代表状态空间中的有限状态集，$s \in S$ 是起始状态，$T \subseteq S$ 是目标状态集合。$A(u) \neq \emptyset$ 表示可以在状态 $u \in S$ 上执行的（可能是非确定性的）动作的有限、非空集合。$0 < w(u,a) < \infty$ 表示在状态 $u \in S$ 上执行动作 $a \subseteq A(u)$ 后产生的动作耗费。除非另外声明，假设所有的动作耗费都是 1。$w_{\min} = \min_{u \in S, a \in A(u)} w(u,a)$ 表示任意动作的最小动作耗费。$Succ(u,a) \subseteq S$ 表示在状

态 $u \in S$ 上执行动作 $a \subseteq A(u)$ 后生成的后继状态集合。$a(u) \in \text{Succ}(u,a)$ 在状态 $u \in S$ 上实际执行动作 $a \subseteq A(u)$ 后生成的状态。在确定性状态空间中，$\text{Succ}(u,a)$ 仅包含一个状态，并且我们使用 $\text{Succ}(u,a)$ 表示这个状态。因此，在这种情况下，$a(u) \in \text{Succ}(u,a)$。从起始状态开始的一个智能体需要移动到一个目标状态。智能体总是观察它的当前状态然后选择并执行它的下一个动作，这个动作会产生一个到可能后继状态的状态迁移。当智能体到达一个目标状态时，搜索任务解决。用 $n = |S|$ 表示状态的数量，用 $e = \sum_{u \in S} |A(u)|$ 表示状态-动作对（松弛的称为动作）的数量；也就是可以在多个状态上应用的动作多次计数。此外，$\delta(u,T) \geq 0$ 表示状态 $u \in S$ 的目标距离；也就是可以从状态 u 开始到达一个目标状态的最小执行耗费。状态空间的深度 d 是其最大目标距离 $d = \max_{u \in S} \delta(u,T)$。表达式 $\arg\min_{x \in X} f(x)$ 返回最小化 $f(x)$ 的一个来自 $\{x \in X | f(x) = \min_{x' \in X} f(x')\}$ 的元素 $x \in X$。除非另外声明，假设所有搜索任务都是确定性的，并在 11.5.7 节和 11.6.4 节讨论非确定性状态空间。

算法 11.1 显示了在确定性状态空间中的 LRTA*算法的伪代码。它为每个状态 $u \in S$ 关联一个非负 h 值 $h(u)$。实际上，它们没有提前初始化但可以按需初始化。LRTA*算法由一个终止检查步骤、一个局部搜索空间生成步骤、一个值更新步骤、一个动作选择步骤和一个动作执行步骤组成。LRTA*算法首先检查它是否已经到达一个目标状态从而成功终止。如果没有到达一个目标状态，它生成局部搜索空间 $S_{\text{lss}} \subseteq S$。虽然我们仅要求 $u \in S_{\text{lss}}$ 且 $S_{\text{lss}} \cap T = \emptyset$，实践中 LRTA*算法经常使用前向搜索（从当前状态到目标状态的搜索）选择围绕智能体当前状态 u 的状态空间的连续部分。例如，通过围绕状态 u 使用广度优先搜索到某个给定深度，或者使用（前向）A*搜索算法直到扩展完给定数量的状态（在两种情况下，将要扩展一个目标状态），LRTA*算法可以确定局部搜索空间。局部搜索空间中的状态对应于对应搜索树中的非叶节点，因此都不是目标节点。在图 11.1 中，首先扩展两个状态的一个（前向）A*搜索算法选择由扩展状态 C_1 和 C_2 组成的局部搜索空间；然后 LRTA*算法更新局部搜索空间中所有状态的 h 值。基于这些 h 值，LRTA*算法确定下面执行哪个动作；最后执行选择的动作，更新其当前状态，并重复这个过程。

Procedure LRTA*
Input: 具有起始 h 值的搜索任务
Side effect: 更新的 h 值

$u \leftarrow s$;;从开始节点开始
while $(u \notin T)$;;只要未达到目标
   Generate S_{lss} with $u \in S_{\text{lss}}$ and $S_{\text{lss}} \cap T = \emptyset$;;生成局部搜索空间

```
Value-Update-Step(h, S_lss)                              ;;更新 h 值，见算法 11.2
repeat                                                    ;;重复
    a ← arg min_{a∈A(u)}{w(u,a) + h(Succ(u,a))}          ;;选择动作
    u ← a(u)                                              ;;执行动作
until (u ∉ S_lss)                                         ;;直到局部搜索空间退出(可选)
```

算法 11.1

LRTA*算法

算法 11.2 说明了 LRTA*算法如何使用 Dijkstra 算法的一个变体在局部搜索空间中更新 h 值。在局部搜索空间中的所有状态的 h 值都没有过高估计正确目标距离，且局部搜索空间外部的所有状态的 h 值对应于它们正确的目标距离的假设下，LRTA*算法为每个状态分配其目标距离。首先，LRTA*算法为局部搜索空间中的所有状态分配无穷大的 h 值。然后，LRTA*算法确定搜索空间中的一个状态，其 h 值仍然是无穷大，并且它最小化了它之前的 h 值的最大值和状态上所有动作的代价函数的最小值。然后，这个值变为这个状态的 h 值，并且此过程重复进行。h 值更新的方式保证了局部搜索空间中的状态按照它们增加的新 h 值的顺序更新。这保证了局部搜索空间中的每个状态的 h 值至多更新一次。当局部搜索空间中的每个状态的 h 值已经被赋予某个有限的值，或者当一个 h 值要被赋予无穷大时，该方法终止。在后一种情况下，局部搜索空间中的所有剩余状态的 h 值也会被赋值为无穷大，这也是它们的当前值。

```
Procedure Value-Update-Step
Input: 具有 h 值和局部搜索空间的搜索任务
Side effect: 更新的 h 值

for each u ∈ S_lss                                        ;;对于局部搜索空间的每个状态
    temp(u) ← h(u)                                        ;;备份 h 值
    h(u) ← ∞                                              ;;初始化 h 值
while (|{u ∈ S_lss| h(u)=∞}|≠0)                          ;;只要无限的 h 值存在
    v ← arg min_{u∈S_lss|h(u)=∞}
        max{temp(u), min_{a∈A(u)}{w(u,a) + h(Succ(u,a))}} ;;确定状态
    h(v) ← max{temp(v), min_{a∈A(v)}{w(v,a) + h(Succ(v,a))}} ;;更新 h 值
    if (h(v)=∞) return                                    ;;没有可能的改进
```

算法 11.2

LRTA*算法的值更新步骤

引理 11.1 对于所有时间 $t = 0, 1, 2, \cdots$（直到终止）：考虑 LRTA*算法的第 $(t+1)$ 次值更新步骤（例如，调用算法 11.1 中的 Value-Update-Step（值更新）程序）。令 S_{lss}^t 为其局部搜索空间。令 $h^t(u) \in [0, \infty]$ 和 $h^{t+1}(u) \in [0, \infty]$ 分别为值更新步骤之前和之后的 h 值。那么，对于所有状态 $u \in S$，值更新步骤终止于

$$h^{t+1}(u) = \begin{cases} h^t(u), & s \notin S_{\text{lss}}^t \\ \max\{h^t(u), \min_{a \in A(u)}\{w(u,a) + h^{t+1}(\text{Succ}(u,a))\}\}, & \text{其他} \end{cases}$$

证明：通过归纳值更新步骤内的迭代次数证明（见习题）。

引理 11.2 LRTA*算法每次值更新步骤后，容许初始 h 值（也就是，初始 h 值是对应目标距离的下界）仍然是容许的并且是单调非减的。类似地，在 LRTA*算法每次值更新步骤后，一致性初始 h 值（即初始 h 值满足三角形不等式）仍然是一致的并且是单调非减的。

证明：使用引理 11.1，通过归纳值更新步骤的数量证明（见习题）。

在值更新步骤更新 h 值后，LRTA*算法在当前非目标状态 u 贪心地选择具有最小代价函数 $w(u,a) + h(\text{Succ}(u,a))$ 的动作 $a \in A(u)$ 以最小化到达目标状态的估计执行耗费。虽然我们后面会解释打破平局可能很重要，但在此可以任意打破平局。然后，LRTA*算法具有一个选择权。其可以生成另一个局部搜索空间，更新它包含的所有状态的 h 值，并选择执行另一个动作。当算法 11.1 中的 repeat-until 循环语句仅执行一次时这个版本的 LRTA*算法将产生结果，这也是我们称这个版本为无 repeat-until 循环 LRTA*算法的原因。如果新状态仍然是局部搜索空间的一部分（该空间用来确定执行后生成新状态的动作），LRTA*算法也可以基于当前 h 值选择另一动作进行执行。当算法 11.1 中的 repeat-until 循环被执行，直到新状态不再是局部搜索空间的一部分（如伪代码所示）时，这个版本的 LRTA*算法将产生结果，这也是我们称这个版本为带 repeat-until 循环 LRTA*算法的原因。它搜索更少，因此往往具有更少的搜索耗费，但是执行耗费更大。可以分析无循环的 LRTA*算法，因为带 repeat-until 循环 LRTA*算法是无 repeat-until 循环 LRTA*算法的一种特殊情况。当 LRTA*算法在某个局部搜索空间中使用值更新步骤之后，如果 LRTA*算法在同一个局部搜索空间或其子集中再次使用值更新步骤，那么 h 值不再改变。无论何时 LRTA*算法重复循环体，新的当前状态仍然是局部搜索空间 S_{lss} 的一部分因而不是一个目标状态。所以，LRTA*算法现在可以搜索 S_{lss} 中包含了新的当前状态的一个子集。例如，使用一个最小局部搜索空间，这不改变 h 值，因此可以跳过。

11.2 带一步前瞻的 LRTA*算法

现在按照文献中经常使用的陈述方式描述一个具有最小局部搜索空间的 LRTA*算法的变体。算法 11.3 说明了带一步前瞻的 LRTA*算法的伪代码。其动作选择步骤和值更新步骤可以解释如下。动作选择步骤在当前非目标状态 u 上,贪心地选择具有最小代价函数 $w(u,a) + h(Succ(u,a))$ 的动作 $a \in A(u)$ 进行执行,以最小化到一个目标状态的估计执行耗费(代价 $w(u,a) + h(Succ(u,a))$ 主要是从 u 朝向目标状态的一个 A*搜索算法的状态 $Succ(u,a)$ 的 f 值)。基于可以在状态上执行的动作代价函数,值更新步骤使用一个更准确的状态目标距离估计替换当前状态的 h 值,这类似于增强学习中的时间差分学习。如果所有 h 值都是容许的,那么 $h(u)$ 和可以在状态 u 执行的动作代价函数的最小值是其目标距离的下界。这两个值越大,估计越准确。然后,值更新步骤使用这个值代替状态 u 的 h 值。LRTA*算法的值更新步骤有时表示为 $h(u) = w(u,a) + h(Succ(u,a))$。稍微更复杂的变体保证 h 值是非减的。因为 h 值仍然是容许的,并且更大的容许 h 值往往比更小的容许 h 值能更好地引导搜索,所以没有理由减小它们。如果 h 值是一致的,那么两个值更新步骤是等价的。因此,LRTA*算法为最小耗费路径以类似于 Dijkstra 算法的方式接近贝尔曼最优条件。但是,具有容许初始 h 值的 LRTA*算法的 h 值从下面接近目标距离且是单调非减的,而 Dijkstra 算法的对应值从上面接近目标距离且是单调非增的。

Procedure LRTA*-with-Lookahead-One
Input: 具有起始 h 值的搜索任务
Side effect: 更新的 h 值

$u \leftarrow s$;;从开始节点开始
while ($u \notin T$)   ;;只要未达到目标
    $a \leftarrow \arg\min_{a \in A(u)}\{w(u,a) + h(Succ(u,a))\}$;;选择动作
    $h(u) \leftarrow \max\{h(u), w(u,a) + h(Succ(u,a))\}$;;更新 h 值
    $u \leftarrow a(u)$;;执行动作

算法 11.3

带一步前瞻的 LRTA*算法

在非目标状态执行的所有动作必定导致状态改变(即它不能使得当前状态不

变）的状态空间中，带一步前瞻的 LRTA*算法和具有最小局部搜索空间的 LRTA*算法表现相同。一般地，不能保证导致状态改变的动作可以从状态空间中安全地删除，因为如果存在一条路径，那么总是存在一条不包含它们的路径（如最小耗费路径）。具有任意局部搜索空间的 LRTA*算法，包括最小和最大局部搜索空间，从不执行那些使得当前状态不变的动作，但带一步前瞻的 LRTA*算法会执行它们。为了使它们相同，可以将带一步前瞻的 LRTA*算法的动作选择步骤改为 $a \leftarrow \arg\min_{a \in A(u)|\text{Succ}(u,a) \neq u} \{w(u,a) + h(\text{Succ}(u,a))\}$。但是，文献中很少这样做。

下面，当分析 LRTA*算法的执行耗费时，我们指的是算法 11.1 中显示的 LRTA*算法而不是算法 11.3 中显示的带一步前瞻的 LRTA*算法。

11.3 LRTA*算法的执行耗费分析

LRTA*算法的一个缺点是它无法解决所有的搜索任务。这是因为它交替搜索和动作执行。所有的搜索方法仅可以解决起始状态目标距离是有限的搜索任务。交替搜索和动作执行限制了可解搜索任务，因为动作可以在知道其完整结果之前被执行。因此，即使起始状态的目标距离是有限的，LRTA*算法意外地执行一个导致具有无限目标距离状态的动作是可能的，如"炸毁世界"动作，在这个点上搜索任务对于智能体来说是不可解的。但是，在安全可探索状态空间中，LRTA* 算法可以保证解决所有搜索任务。状态空间是安全可探索的，当且仅当所有状态的目标距离是有限的；也就是，深度是有限的（对于所有动作耗费都为 1 的安全可探索状态空间，$d \leq n-1$ 成立）。确切地讲：首先可以删除状态空间中那些从起始状态可能无法到达的或者从起始状态仅可以通过一个目标状态到达的所有状态。所有剩余状态的目标距离必定是有限的。安全可探索状态空间保证 LRTA*算法可以到达一个目标状态，而不管它过去已执行的动作。例如，强连通状态空间（其中每个状态可以从任意其他状态到达）是安全可探索的。在无法安全探索的状态空间中，LRTA*算法要么停止在一个目标状态，要么到达一个目标距离为无穷大的状态然后永远执行动作。可以修改 LRTA*算法并使用来自其局部搜索空间的信息来检测其无法到达一个目标状态（如因为 h 值已经大大增加了），但这很复杂，在文献中很少这样做。下面假设状态空间是安全可探索的。

在所有安全可探索状态空间中，LRTA*算法总是通过有限的执行耗费到达一个目标状态，可以通过矛盾性说明（循环论证）。如果 LRTA*算法无法最终到达一个目标状态，那么它会一直循环。因为状态空间是安全可探索的，所以必然存在某种方式跳出循环。我们说明了 LRTA*算法最终执行一个动作将其带出循环，这是一个矛盾；如果 LRTA*算法无法最终到达一个目标状态，它会一直执行动作。在这种情况下，存在一个时间 t，在 t 之后 LRTA*算法仅访问那些它无限次经常访问的状态；它在状态空间的一部分中循环。循环中状态的 h 值增加并能够超过任意界限，因为 LRTA*算法至少使用任意动作的最小动作耗费 $w_{\min}$ 重复增加状态的 h 值和循环中的最小 h 值。它陷入循环中具有最小 h 值的状态 u，然后其所有后继状态具有不小于其自身的 h 值。令 h 表示值更新步骤之前的 h 值且 h' 代表值更新步骤之后的 h 值。根据引理 11.1，状态 u 的 h 值设置为

$$h'(u) = \max\{h(u), \min_{a \in A(u)}\{w(u,a) + h'(\mathrm{Succ}(u,a))\}\} \geqslant \min_{a \in A(u)}\{w(u,a) + h'(\mathrm{Succ}(u,a))\}$$
$$\geqslant \min_{a \in A(u)}\{w(u,a) + h(\mathrm{Succ}(u,a))\} \geqslant \min_{a \in A(u)}\{w_{\min} + h(u)\} = w_{\min} + h(u)$$

特别地，循环中状态的 h 值可以比循环边界的所有状态的 h 值增加任意大的数量。由于在安全可探索状态空间中的目标状态可以从每个状态到达，所以这种状态存在。但是，在时间 t 和离开循环之后，LRTA*算法之后被强制访问这个状态，这是一个矛盾。

LRTA*算法的性能通过其到达一个目标状态的执行耗费进行度量。LRTA*算法的复杂性是其在相同规模状态空间的所有可能拓扑、所有可能的起始和目标状态以及不可区分动作间的所有平局决胜规则上的最差情况执行耗费。我们对状态空间变得更大时确定复杂性如何增加感兴趣。我们测量状态空间的规模为非负整数并使用测度 x，使得 $x = nd$，即状态数量与深度的乘积。对于大于某个常数的每个 x，复杂性上界 $O(x)$ 成立。因为我们最感兴趣的是复杂性下界的一般趋势（而不是异常值），复杂性下界 $\Omega(x)$ 仅对无限数量的不同 x 成立。此外，仅改变 x。如果 x 是一个乘积，则不独立改变它的两个因子。这对于我们的目的来说足够了。一个紧的复杂性界限 $\Theta(x)$ 同时意味着 $O(x)$ 和 $\Omega(x)$。为了仅根据状态数量表达复杂性，经常做如下假设，即状态空间是合理的。合理状态空间是 $e \leqslant n^2$ 的安全可探索状态空间（或者动作数量的增加不快于状态数量的平方的状态空间）。例如，在同一个状态上执行不同动作产生不同的后继状态的安全可探索状态空间是合理的。对于所有动作耗费为 1 的合理状态空间，$d \leqslant n-1$ 且 $e \leqslant n^2$ 成立。我们也研究欧拉状态空间。在欧拉状态空间中，离开一个状态的动作数量与进入它的动作数量一样多。例如，无向状态空间是欧拉状态空间。无向状态空间是这样一个空间，在状态 u 上执行后产生一个特定后继状态 v 的每一个动作，在状态 v 上具有一个唯一的执行后产生状态 u 的对应动作。

11.3.1 LRTA*算法执行耗费上界

本节为无 repeat-until 循环 LRTA*算法的复杂性给出一个上界。围绕引理 11.3 的不变性为中心进行分析。时间上标 t 是指紧靠着 LRTA*算法的第 $t+1$ 个值更新步骤前的变量的值。例如，u^0 表示起始状态 s，a^{t+1} 是指在 $t+1$ 个值更新步骤后立

刻执行的动作。类似地，$h^t(u)$ 表示在值更新步骤前的 h 值，$h^{t+1}(u)$ 代表第 $t+1$ 个值更新步骤后的 h 值。下文证明一个执行耗费的上界，在其之后，LRTA*算法被保证在安全可探索状态空间中到达一个目标状态。

引理 11.3 对于所有时间 $t = 0, 1, 2, \cdots$（直到终止），如下结论成立，即具有容许初始 h 值 h^0 的 LRTA*算法在时刻 t 的执行耗费至多是 $\sum_{u \in S} [h^t(u) - h^0(u)] - (h^t(u^t) - h^0(u^0))$（求和符号比其他运算符具有更高的优先级。例如，$\sum_i x + y = \sum_i [x] + y \neq \sum_i [x+y]$）。

通过归纳法证明：根据引理 11.2，时刻 t 的 h 值是容许的。因此，它们是上方有界的，且上界为目标距离。由于状态空间是安全可探索的，所以目标距离是有限的。对于 $t=0$，执行耗费及其上界都是 0，并且引理仍然成立。假设引理在时刻 t 成立。执行耗费以 $w(u^t, a^{t+1})$ 增加，且上界以如下值增加，即

$$\sum_{u \in S \setminus \{u^{t+1}\}} h^{t+1}(u) - \sum_{s \in S \setminus \{u^t\}} h^t(u)$$

$$= \sum_{u \in S \setminus \{u^t, u^{t+1}\}} [h^{t+1}(u) - h^t(u)] + h^{t+1}(u^t) - h^t(u^{t+1})$$

$$\overset{11.1}{=} \sum_{u \in S \setminus \{u^t, u^{t+1}\}} [h^{t+1}(u) - h^t(u)] + \max\{h^t(u^t), \min_{a \in A(u^t)} \{w(u^t, a) + h^{t+1}(\text{Succ}(u^t, a))\}\} - h^t(u^{t+1})$$

$$\geq \sum_{u \in S \setminus \{u^t, u^{t+1}\}} [h^{t+1}(u) - h^t(u)] + \min_{a \in A(u^t)} \{w(u^t, a) + h^{t+1}(\text{Succ}(u^t, a))\} - h^t(u^{t+1})$$

$$\geq \sum_{u \in S \setminus \{u^t, u^{t+1}\}} [h^{t+1}(u) - h^t(u)] + w(u^t, a^{t+1}) + h^{t+1}(u^{t+1}) - h^t(u^{t+1})$$

$$= \sum_{u \in S \setminus \{u^t\}} [h^{t+1}(u) - h^t(u)] + w(u^t, a^{t+1})$$

$$\overset{11.2}{\geq} w(u^t, a^{t+1})$$

并且引理仍然继续成立。

定理 11.1 基于引理 11.3 得到执行耗费的上界。

定理 11.1（LRTA*算法的完备性） 具有容许初始 h 值 h^0 的 LRTA*算法到达一个目标状态的执行耗费至多是 $h^0(s) + \sum_{u \in S} [\delta(u, T) - h^0(u)]$。

证明：根据引理 11.3，执行耗费至多是

$$\sum_{u \in S} [h^t(u) - h^0(u)] - (h^t(u^t) - h^0(u^0)) \overset{11.2}{\leq} \sum_{u \in S} [\delta(u, T) - h^0(u)] + h^0(u^0)$$

$$= h^0(s) + \sum_{u \in S} [\delta(u, T) - h^0(u)]$$

因为在安全可探索状态空间中目标距离是有限的且任意动作的最小动作耗费 $w_{\min}$ 是严格为正的，定理 11.1 说明具有容许初始 h 值的 LRTA*算法在安全可探索状态空间中经过有限次动作执行后到达一个目标状态；即它是完备的。更准确

地：LRTA*算法到达一个目标状态的执行耗费至多是 $\sum_{u \in S} \delta(u,T)$，因此最多经过 $\sum_{u \in S} \delta(u,T)/w_{\min}$ 次动作执行。因此，在安全可探索状态空间中，它经过有限的执行耗费到达一个目标状态。这个结果的一个推论是，相比于所有状态不围绕目标状态的状态空间，LRTA*算法更容易解决所有状态都围绕目标状态聚集的状态空间中的搜索任务。例如，考虑滑块拼图问题，由于具有较小的目标密度，有时它们被认为是困难的搜索任务。8 数码问题具有 181440 个状态但仅具有 1 个目标状态。但是，（目标配置为滑块围绕中心形成一个环的）8 数码问题的平均目标距离仅为 21.5，且其最大目标距离仅为 30。这意味着即使 LRTA*算法犯了一个错误且执行了一个没有降低目标距离的动作时，它也从未远离目标状态。这使得相对于具有相同状态数量的其他状态空间，LRTA*算法更容易搜索 8 数码问题。

11.3.2　LRTA*算法执行耗费下界

LRTA*算法到达一个目标状态的最大执行耗费是 $\sum_{u \in S} \delta(u,T)$，并且在所有动作耗费都为 1 的安全可探索状态空间中 $\sum_{u \in S} \delta(u,T) \leqslant \sum_{i=0}^{n-1} i = n^2/2 - n/2$ 成立。现在假设具有最小局部搜索空间的 LRTA*算法是用零初始化的，这意味着它是无提示的。下文说明对于无穷多的 n，其复杂性上界是紧的。图 11.5 显示了一个示例，在这个示例中具有最小局部搜索空间的零初始化 LRTA*算法到达一个目标状态的执行耗费在最差情况下是 $n^2/2 - n/2$。图的上部显示了状态空间。所有动作耗费都为 1。状态都通过其目标距离、初始 h 值和名字进行注释。图的下部显示了 LRTA*算法的行为。

图 11.5 的右侧显示了值更新步骤之后但动作执行步骤之前的状态空间及其 h 值，当前状态加粗显示。图 11.5 的左侧显示了产生右侧 h 值的搜索。再一次，使用值更新步骤之后但在动作执行步骤之前的 h 值对状态进行注释。当前状态位于顶部。椭圆显示的是局部搜索空间，虚线说明了 LRTA*算法将要执行的动作。对于示例搜索任务，在 LRTA*算法已经访问了一个状态一次后，在它可以第一次访问另一个状态之前，它需要再次穿过所有之前访问过的状态。因此，执行耗费是状态数量的二次方。如果 LRTA*算法打破平局时偏好具有更小下标的后继状态，那么其执行耗费 $f(n)$ 满足递归方程 $f(1) = 0$ 且 $f(n) = f(n-1) + n - 1$，直至其到达目标状态。因此，其执行耗费是 $f(n) = n^2/2 - n/2$（对于 $n \geqslant 1$）。由于 LRTA*算法是零初始化的且其最终 h 值等于目标距离，因此执行耗费恰好等于目标距离之和。例如，对于 $n=5$，$n^2/2 - n/2 = 10$。这种情况下，LRTA*算法的路径为 $s_1, s_2, s_1, s_3, s_2, s_1, s_4, s_3, s_2, s_1, s_5$。总的来说，之前的章节说明了对于所有动作耗费为 1 的状态空间，具有最小局部搜索空间的零初始化 LRTA*算法的复杂性是

$O(nd)$,且本节的例子说明其复杂性是 $\Omega(nd)$。因此,对于所有动作耗费都为 1 的所有状态空间,它的复杂性是 $\Theta(nd)$,对于所有动作耗费为 1 的安全可探索状态空间,它的复杂性是 $\Omega(n^2)$(见习题)。

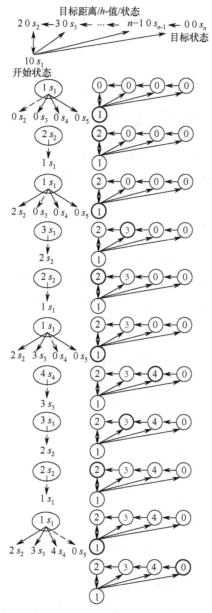

图 11.5 Koenig(2001)给出的具有最差情况执行耗费的状态空间中的 LRTA* 算法

11.4 LRTA*算法特性

本节解释 LRTA*算法的三个关键特性。

11.4.1 启发式知识

LRTA*算法使用启发式知识引导其搜索。其初始 h 值越大，定理 11.1 提供的其执行耗费的上界越小。例如，当且仅当其初始 h 值等于状态的目标距离时，LRTA*算法是完全有提示的。在这种情况下，定理 11.1 预测 LRTA*算法到达一个目标状态的执行耗费至多是 $h^0(s) = \delta(s,T)$。因此，其执行耗费是最差情况最优的并且没有其他搜索方法可以在最差情况下做得更好。一般地，初始 h 值更有提示时，执行耗费更小，虽然这种关联无法保证是完美的。

11.4.2 细粒度控制

通过变换其局部搜索空间的规模，LRTA*算法允许对动作执行间的搜索量进行细粒度的控制。例如，带 repeat-until 循环和最大或（更一般地）足够大局部搜索空间的 LRTA*算法执行一个无须交叉搜索和动作执行的完整搜索将会很慢，但能产生最小耗费路径从而最小化执行耗费。另外，具有最小局部搜索空间的 LRTA*算法在动作执行之间几乎不执行任何搜索。这种细粒度的控制具有一些优势。

当存在时间约束时，LRTA*算法可以被用作任意时刻压缩算法以确定下面执行哪个动作，这允许它将两次动作执行间的搜索总量调整为机器人的搜索和执行速度，或者一个游戏程序中做出一步移动时玩家愿意等待的时间。任意时刻压缩算法是对于任意给定的搜索耗费界限都可以解决搜索任务的搜索方法，因此其解的质量往往随着可用搜索耗费而增加。

动作执行间的搜索总量不仅影响搜索耗费也影响执行耗费以及二者之和。典型地，减少动作执行间的搜索总量减少了（整体）搜索耗费但增加了执行耗费（因为 LRTA*算法基于更少的信息选择动作），虽然理论上如果执行耗费显著增加（由于 LRTA*算法执行更多的搜索），搜索耗费也会增加。最小化搜索和执行耗费之和的动作执行间的搜索总量依赖于智能体的搜索和执行速度。

（1）快速行动智能体。动作执行间更少量的搜索往往有益于那些相比于它们的搜索速度来说执行速度足够快的智能体，因为导致的执行耗费增加与产生的搜索耗费的减少相比很小，特别是当启发式知识充分地集中于搜索时。例如，随着执行速度增加，搜索和执行耗费之和接近搜索耗费，并且通过减少动作执行间的搜索总量经常可以减少搜索耗费。当 LRTA*算法被用来离线解决搜索任务时，它仅移动计算机内的一个标记（代表一个虚构智能体的状态），因此动作执行很快。因此，小的局部搜索空间对于解决具有曼哈顿距离的滑块拼图问题是最优的。

(2) 慢速行动智能体。动作执行间大量搜索对于那些相比它们的执行速度来说搜索速度足够快的智能体来说是需要的。例如，随着搜索速度增加，搜索和执行耗费之和接近执行耗费，并且经常可以通过增加动作执行间的搜索总量来减少执行耗费。多数机器人是慢速执行智能体的例子。

我们在本章的后面讨论，更大的局部搜索空间有时允许智能体避免执行那些它们无法在非安全可探索状态空间中恢复的动作。另外，更大的局部搜索空间在那些事先未知且需要在执行时学习的状态空间中可能是不切实际的，因为将搜索限制在状态空间中的已知部分可能是有利的。

11.4.3 执行耗费改进

如果初始 h 值不是完全有提示的并且局部搜索空间很小，那么 LRTA*算法的执行耗费不大可能是最小的。例如，在图 11.1 中，机器人可以在 7 步动作执行后到达目标单元格。但是，LRTA*算法改进了其执行耗费，虽然不一定是单调的，因为它在相同状态空间中解决具有相同目标状态集合的搜索任务（即使起始状态不同）直到其执行耗费是最小的；即直到它收敛。因此，LRTA*算法总是可以具有很小的搜索和执行耗费之和，并且当类似搜索任务未预料地重复时仍然最小化执行耗费，这也是其名字中包含学习的原因。假定 LRTA*算法在同一个具有相同目标状态集合的状态空间中解决了一系列搜索任务。起始状态不一定相同。如果 LRTA*算法的初始 h 值对于第一个搜索任务来说是容许的，那么它们在 LRTA*算法解决了搜索任务后对于第一个搜索任务也是容许的，并且至少与初始一样是逐状态有提示的。因此，对于第二个搜索任务，它们也是容许的，并且 LRTA*算法可以跨搜索任务继续使用相同的 h 值。由于 h 值的容许性不依赖于起始状态，因此搜索任务的起始状态可以不同。通过这种方式，LRTA*算法可以将获得的知识从一个搜索任务转移到下一个任务，因此使得其 h 值更加有提示。最终，更有提示的 h 值产生改进的执行耗费，虽然这个改进不一定是单调的（这也解释了为何 LRTA*算法可以在任意状态被打断并在一个不同的状态恢复执行）。下面的定理在错误有界的误差模型中形式化了这种知识转移。错误有界的误差模型是通过限制它们出错的数量来分析学习方法的一种方式。这里，当 LRTA*算法以大于起始状态的目标距离的执行耗费到达一个目标状态，未遵循一条从起始状态到目标状态的最小耗费路径时，计算为一次错误。

定理 11.2（LRTA*算法的收敛性） 假设 LRTA*算法在同一个安全可探索状态空间中的一系列具有相同目标状态集合的搜索任务间维护 h 值。那么，具有容许起始 h 值的 LRTA*算法以大于 $\delta(s,T)$（其中 s 是当前搜索任务的起始状态）的执行耗费到达一个目标状态的搜索任务的数量有上界。

证明：容易理解如果智能体沿着一条从起始状态到目标状态的路径，并且路径上每个状态的 h 值等于其目标距离时，那么智能体遵循了一条从起始状态到目标状态的最小耗费路径。如果智能体不沿着这样一条路径，那么它至少从一个 h 值不等于目标距离的状态 u 到 h 值等于其目标距离的状态 v 迁移一次，由于它到达一个目标状态且目标状态的 h 值为 0，因为根据引理 11.2，h 值仍然是容许的。令 a 表示在状态 u 执行的产生状态 v 的动作。令 h 表示在值更新步骤之前的 h 值且 h' 表示值更新步骤之后的 h 值。根据引理 11.1，状态 u 的 h 值设置为

$$h'(u) = \max\{h(u), \min_{a \in A(u)}\{w(u,a) + h'(\text{Succ}(u,a))\}\} \geq \min_{a \in A(u)}\{w(u,a) + h'(\text{Succ}(u,a))\}$$

$$= w(u,a) + h'(\text{Succ}(u,a)) \geq w(u,a) + h(\text{Succ}(u,a)) = w(u,a) + \delta(\text{Succ}(u,a),T) \geq \delta(u,T)$$

因此，根据引理 11.2，h 值无法变得非容许，所以 $h'(u) = \delta(u,T)$。在状态 u 的 h 值被设置为其目标距离之后，h 值不能再改变，因为根据引理 11.2，它只能增加。但是这会使得 h 值非容许，根据引理 11.2，这是不可能的。因为状态数量是有限的，状态的 h 值被设置为其目标距离仅能够发生有限次。因此，智能体不遵循一条从起始状态到一个目标状态的最小耗费路径的次数是有界的。

假设 LRTA*算法从同一个起始状态重复解决相同任务，并且动作选择步骤总是根据固定的动作顺序在当前状态上打破动作间的平局。那么，在有限次搜索后，h 值不再改变，并且在所有未来搜索中，LRTA*算法遵循从起始状态到目标状态的最小耗费路径（如果 LRTA*算法随机打破平局，那么它最终找到从起始状态到目标状态的所有最小耗费路径）。图 11.1（所有的列）显示了 LRTA*算法的这个方面的内容。在例子中，具有最小局部搜索空间的 LRTA*算法以如下顺序打破后继单元格间的平局：北、东、南和西。最后，机器人总是遵循一条到目标单元格的最小耗费路径。图 11.6 显示了最终 h 值形成的 h 值曲面。如果机器人一直移动到具有最小 h 值的后继单元格上（并且以给定顺序打破平局），因而在最终 h 值曲面上执行最陡下降，那么它到达最小耗费路径上的一个目标单元格。

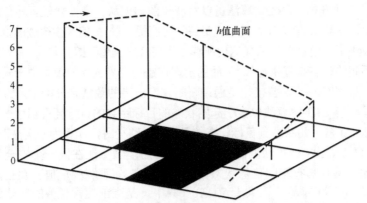

图 11.6 Koenig（2001）给出的收敛之后的 h 值曲面

11.5 LRTA*算法变体

本节讨论一些 LRTA*算法的变体。

11.5.1 局部搜索空间规模可变的变体

局部搜索空间很小的 LRTA*算法执行大量的动作,以避开 h 值曲面的洼地(也就是山谷)(见习题)。它可以通过在搜索中改变其局部搜索空间的大小避免洼地,也就是增加它在洼地的局部搜索空间的大小。例如,LRTA*算法可以使用最小局部搜索空间直到它到达一个洼地的底部。它可以检测这种情况,因为当前状态的 h 值小于所有在其之上可以执行的动作(在其执行值更新步骤之前)的代价函数。这种情况下,它确定包含洼地一部分的所有状态的局部搜索空间,通过从其当前状态开始之后重复增加在局部搜索空间中状态的后继状态到局部搜索空间,使得一旦添加一个后继状态,局部搜索空间中每个状态的 h 值小于可以在它上面执行的所有动作的代价函数,并且产生位于局部搜索空间外部的后继状态。

当无法添加更多状态时,局部搜索空间是完备的。例如,在图 11.1(a)中,当位于状态 C_1 时,LRTA*算法选择仅包含状态 C_1 的最小局部搜索空间。当其位于状态 C_2 时,它注意到其到达一个洼地的底部并选择由状态 B_1、C_1 和 C_2 组成的局部搜索空间。然后,其值更新步骤分别设置 B_1、C_1 和 C_2 的 h 值为 6、7 和 8,这完全消除了洼地。

11.5.2 具有最小前瞻的变体

LRTA*算法需要预测动作的后继状态(也就是动作的执行所产生的后继状态)。如果将值关联到状态-动作对而不是状态,我们可以进一步减少其前瞻。算法 11.4 显示了 Min-LRTA*算法的伪代码,它为每个可以在状态 $u \in S$ 执行的动作 $a \in A(u)$ 关联一个 q 值 $q(u,a)$。q 值类似于 SLRTA*算法使用的符号和增强学习方法使用的状态-动作值,如 Q 学习,和对应于动作的代价函数。q 值随着搜索进行而更新以集中搜索并避免循环。Min-LRTA*算法具有最小前瞻(实际上前瞻为 0),因为它仅使用当前状态的局部 q 值来确定执行哪个动作。

因此,它甚至不事先投影一个动作执行。这意味着它不需要学习状态空间的动作模型,这使得它可以应用到动作模型事先未知的情况,因此智能体无法在它至少执行一次动作之前预测动作的后继状态。Min-LRTA*算法的动作选择步骤总是贪心地在当前状态选择一个具有最小 q 值的动作。Min-LRTA*算法的值更新步骤使用一个更准确的前瞻值替换 $q(u,a)$。可以解释如下:任意状态-动作对的 q 值

$q(v,a')$ 是状态 v 的动作 a' 的代价函数,因此如果从状态 v 开始执行动作 a' 然后最优运行,那么它是目标距离的下界。因此,$\min_{a'\in A} q(v,a')$ 是状态 v 的目标距离的下界,并且如果从状态 u 开始执行动作 a 并最优运行,$w(u,a)+\min_{a'\in A(\text{Succ}(u,a))} q(\text{Succ}(u,a),a')$ 是目标距离的一个下界。在所有安全可探索状态空间中,Min-LRTA*算法总是通过有限的执行耗费到达一个目标状态,可以类似于 LRTA*算法相同性质的证明方式用一个循环证明加以说明。

Procedure Min-LRTA*
Input: 具有初始 q 值的搜索任务
Side Effect: 更新的 q 值

$u \leftarrow s$;;从开始节点开始
while $(u \notin T)$;;只要未达到目标
  $a \leftarrow \arg\min_{a\in A(u)} q(u,a)$;;选择动作
  $q(u,a) \leftarrow \max\{q(u,a), w(u,a)+\min_{a'\in A(\text{Succ}(u,a))} q(\text{Succ}(u,a),a')\}$;;更新 q 值
  $u \leftarrow a(u)$;; 执行动作

算法 11.4

Min-LRTA*算法

定理 11.3(具有最小前瞻的实时搜索的执行耗费) 在所有动作耗费都为 1 的状态空间中,在执行动作至少一次之前无法预测动作的后继状态的实时搜索方法的复杂性是 $\Omega(ed)$。而且,在所有动作耗费为 1 的合理状态空间中,复杂性是 $\Omega(n^3)$。

证明: 图 11.7 显示了一个复杂状态空间,它是一个合理状态空间,其中所有状态(除了起始状态)具有一些可以回到起始状态的动作。所有动作耗费都为 1。每个在它执行动作至少一次之前无法预测动作的后继状态的实时搜索方法,在复杂状态空间中至少需要执行 $\Omega(ed)$ 个,或者备选的在最差情况下 $\Omega(n^3)$ 个动作达到一个目标状态。在最差情况下,它需要执行那些非目标状态中偏离目标状态的 $\Theta(n^2)$ 个动作至少一次。在所有这些情况下,对于一共 $\Omega(n^3)$ 个动作,它平均需要执行 $\Omega(n)$ 个动作以从动作中恢复。特别的,在它到达一个目标状态之前,它至少可以执行 $n^3/6-n/6$ 个动作(对于 $n\geq 1$)。因为 $e=n^2/2+n/2-1$(对于 $n\geq 1$)和 $d=n-1$(对于 $n\geq 1$),因此复杂性是 $\Omega(ed)$ 和 $\Omega(n^3)$。

定理 11.3 提供了零初始化 Min-LRTA*算法执行的动作数量的下界。它证明了对于所有动作耗费都为 1 的所有状态空间,这些下界是紧的,并且对于所有

无向状态空间和所有动作耗费都为 1 的欧拉状态空间,这些下界也是紧的(见习题)。

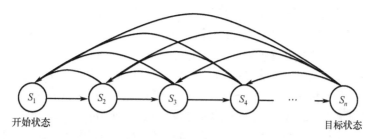

图 11.7 Koenig 和 Simmons(1993)给出的复杂状态空间

11.5.3 具有更快值更新的变体

实时适应性 A*(RTAA*)算法是一种类似于 LRTA*算法的实时搜索方法,但其值更新步骤更快。假定我们需要在相同状态空间,以相同目标状态集合但可能不同的起始状态执行多个具有一致 h 值的(前向)A*搜索算法。假设 v 是在这样的一个 A*搜索算法中扩展的状态。从起始状态 s 通过状态 v 到任意目标状态的距离,等于从起始状态 s 到状态 v 的距离加上状态 v 的目标距离 $\delta(v,T)$。显然它无法小于起始状态 s 的目标距离 $\delta(s,T)$。因此,状态 v 的目标距离 $\delta(v,T)$ 不小于起始状态 s 的目标距离 $\delta(s,T)$(即,当 A*搜索算法终止时将要扩展的目标状态 $\overline{u}$ 的 f 值 $f(\overline{u})$)减去从起始状态 s 到状态 v 的距离(即当 A*搜索算法终止时状态 v 的 g 值 $g(v)$),即

$$\begin{cases} g(v)+\delta(v,T) \geq \delta(s,T) \\ \delta(v,T) \geq \delta(s,T)-g(v) \\ \delta(v,T) \geq f(\overline{u})-g(v) \end{cases}$$

因此,$f(\overline{u})-g(v)$ 为状态 v 的目标距离 $\delta(v,T)$ 提供了一个非过高估计并且可以快速计算。通过为 A*搜索算法中扩展的每个状态计算和分配这个差值,可以获得更有提示的一致 h 值,这些状态位于 A*搜索算法终止时的封闭列表。现在使用这个想法来设计 RTAA*算法,当它的局部搜索空间最大时约减为上述情况。

算法 11.5 显示了 RTAA*算法的伪代码,它效仿了 LRTA*算法的伪代码。RTAA*算法的 h 值近似状态的目标距离。可以使用一个一致性启发式函数初始化这些 h 值。之前提到 LRTA*算法可以使用(前向)A*搜索算法来确定局部搜索空间。RTAA*算法确实是这么做的。伪代码中的(前向)A*搜索算法是一个普通 A*搜索算法,它使用当前 h 值从智能体的当前状态向目标状态进行搜索直至将要扩展一个目标状态或者已经扩展了前瞻(lookahead > 0)个状态。A*搜索算法之

后，我们要求当 A*算法终止时将扩展的状态是 $\bar{u}$。我们始终使用 $\bar{u}$ 代表这个状态。当 A*搜索算法由于空的打开列表而终止时，我们要求 $\bar{u}$ = false，在这种情况下不可能从当前状态通过有限的执行耗费达到一个目标状态，RTAA*算法因此返回失败。否则，$\bar{u}$ 要么是一个目标状态要么是 A*搜索算法已经将其作为第 (lookahead+1) 个状态进行扩展。我们要求封闭列表 Closed 包含 A*搜索算法中扩展的状态以及所有产生的状态 v 的 g 值 $g(v)$，包括所有已扩展状态。我们为这些状态 v 定义 f 值 $f(v) = g(v) + h(v)$。已扩展状态 v 形成局部搜索空间，并且 RTAA*算法通过设置 $h(v) = f(\bar{u}) - g(v) = g(\bar{u}) + h(\bar{u}) - g(v)$ 更新它们的 h 值。其他状态的 h 值不变。在 11.6.2 节给出了 RTAA*算法运行的一个示例。例如，考虑图 11.16。封闭列表中的状态用灰色显示，箭头指向状态 $\bar{u}$。

Procedure RTAA*
Input: 具有初始 h 值的搜索任务
Side Effect: 更新的 h 值

$u \leftarrow s$;;从开始状态开始
while $(u \notin T)$;;只要未达到目标
  $(\bar{u}, \text{Closed}) \leftarrow A^*(u, \text{lookahead})$;;执行 A*搜索算法直到 lookahead 个状态已被扩展
  if $(\bar{u} = \text{false})$ **return** false ;;如果目标不可达则返回
  for each $v \in \text{Closed}$;;对于每个扩展的状态
    $h(v) \leftarrow g(\bar{u}) + h(\bar{u}) - g(v)$;;更新 h 值
  repeat ;;重复
    $a \leftarrow \text{SelectAction}(A(u))$;;在从 u 到 $\bar{u}$ 的最小耗费路径上选择动作
    $u \leftarrow a(u)$;;执行动作
  until $(u \notin \text{Closed})$;直到局部搜索空间退出（可选的）

算法 11.5

RTAA*算法

在所有安全可探索状态空间中，RTAA*算法总是可以使用有限执行耗费到达一个目标状态，不管它如何选择前瞻值以及它是否使用 repeat-until 循环，这可以使用一个循环证明通过类似于 LRTA*算法相同性质的证明加以说明。现在证明无 repeat-until 循环 RTAA*算法的一些额外性质。我们使用具有一致性 h 值的 A*搜索算法的如下已知性质。第一，它们扩展每个状态至多一次；第二，每个扩展状态 v 和 $\bar{u}$ 的 g 值分别等于起始状态到状态 v 和状态 $\bar{u}$ 的距离，因此知道从起始状态到所有未扩展节点和节点 $\bar{u}$ 的最小耗费路径；第三，随着时间扩展状态序列的

f 值是单调非减的。因此，当 A*搜索算法终止时，对于所有扩展状态 v，$f(v) \leq f(\overline{u})$，对于所有已生成但未扩展的状态 v，$f(\overline{u}) \leq f(v)$。

引理 11.4 在 RTAA*算法的每个值更新步骤之后，一致性初始 h 值仍然是一致的，并且是单调非减的。

证明：首先说明 h 值是单调非减的。假设状态 v 的 h 值被更新。那么，状态 v 已经被扩展且 $f(v) \leq f(\overline{u})$ 成立。因此，$h(v) = f(v) - g(v) \leq f(\overline{u}) - g(v) = g(\overline{u}) + h(\overline{u}) - g(v)$ 且值更新步骤无法减小状态 v 的 h 值，因为它通过 $g(\overline{u}) + h(\overline{u}) - g(v)$ 改变 h 值。现在我们通过归纳 A*搜索算法数量来说明 h 值仍然是一致的。初始 h 值由用户提供并且是一致的。因此，对于所有目标状态 v，$h(v) = 0$。由于目标状态未被扩展并且它们的 h 值未更新，因此这仍然成立（即使 RTAA*算法更新状态 $\overline{u}$ 的 h 值，由于 $f(\overline{u}) - g(\overline{u}) = g(\overline{u}) + h(\overline{u}) - g(\overline{u}) = h(\overline{u})$，它会使得状态的 h 值不变。因此，即使在那种情况下，目标状态的 h 值仍然为 0）。由于 h 值是一致的，因此对于所有非目标状态 v 以及可以在它们之上执行的动作 a，$h(v) \leq w(v, a) + h(\text{Succ}(v, a))$ 成立。

令 h 和 h' 分别表示值更新步骤前后的 h 值。我们为所有非目标状态 v 以及可以在它们之上执行的动作 a 区分三种情况。

（1）状态 v 和 $\text{Succ}(v, a)$ 已被扩展，这意味着 $h'(v) = g(\overline{u}) + h(\overline{u}) - g(v)$ 且 $h'(\text{Succ}(v, a)) = g(\overline{u}) + h(\overline{u}) - g(\text{Succ}(v, a))$。并且，由于 A*搜索算法发现从当前状态通过状态 v 到状态 $\text{Succ}(v, a)$ 的一条执行耗费为 $g(v) + w(v, a)$ 的路径，所以 $g(\text{Succ}(v, a)) \leq g(v) + w(v, a)$。因此，$h'(v) = g(\overline{u}) + h(\overline{u}) - g(v) \leq g(\overline{u}) + h(\overline{u}) - g(\text{Succ}(v, a)) + w(v, a) = w(v, a) + h'(\text{Succ}(v, a))$。

（2）状态 v 已被扩展但 $\text{Succ}(v, a)$ 未被扩展，这意味着 $h'(v) = g(\overline{u}) + h(\overline{u}) - g(v)$ 且 $h'(\text{Succ}(v, a)) = h(\text{Succ}(v, a))$。并且与第（1）种情况的原因相同，$g(\text{Succ}(v, a)) \leq g(v) + w(v, a)$，由于状态 $\text{Succ}(v, a)$ 已被生成但未被扩展，所以 $f(\overline{u}) \leq f(\text{Succ}(v, a))$，则

$$h'(v) = g(\overline{u}) + h(\overline{u}) - g(v) = f(\overline{u}) - g(v) \leq f(\text{Succ}(v, a)) - g(v) = g(\text{Succ}(v, a))$$
$$+ h(\text{Succ}(v, a)) - g(v)$$
$$= g(\text{Succ}(v, a)) + h'(\text{Succ}(v, a)) - g(v) \leq g(\text{Succ}(v, a)) + h'(\text{Succ}(v, a))$$
$$- g(\text{Succ}(v, a)) + w(v, a)$$
$$= w(v, a) + h'(\text{Succ}(v, a))$$

（3）状态 v 未被扩展，这意味着 $h'(v) = h(v)$。并且，由于相同状态的 h 值随时间是单调非减的，因此 $h(\text{Succ}(v, a)) \leq h'(\text{Succ}(v, a))$。因此，$h'(v) = h(v) \leq w(v, a) + h(\text{Succ}(v, a)) \leq w(v, a) + h'(\text{Succ}(v, a))$。

所以，在所有三种情况下，$h'(v) \leq w(v, a) + h'(\text{Succ}(v, a))$ 且 h 值仍然是一致的。

定理 11.4（RTAA*算法的收敛性） 假设在具有相同目标状态的安全可探索状态空间中 RTAA*算法为一系列搜索任务维护 h 值。那么，具有一致性初始 h 值的 RTAA*算法以多于 $\delta(s,T)$（其中 s 是当前搜索任务的起始状态）的执行耗费到达一个目标状态的搜索任务的数量是有上界的。

证明：除了当智能体从一个 h 值不等于目标距离的状态 v 迁移到 h 值等于其目标距离的状态 w 时，我们证明状态 v 的 h 值设置为其目标距离的那一部分以外，本证明与定理 11.2 的证明相同。当智能体在状态 v 执行某个动作 $a \in A(v)$ 并迁移到状态 w 时，状态 v 在上次调用 A*算法生成的搜索树中是状态 w 的父节点，因此如下结论成立：①状态 v 在上次调用 A*算法时被扩展；②状态 w 在上次调用 A*算法时被扩展或者 $w = \overline{u}$；③$g(w) = g(v) + w(v,a)$。令 h 和 h' 表示在值更新步骤前后的 h 值，那么 $h'(v) = f(\overline{u}) - g(v)$ 且 $h'(w) = f(\overline{u}) - g(w) = \delta(w,T)$。后一个等式成立是因为我们假设状态 w 的 h 值等于其目标距离，因此它无法再改变。因为 w 的 h 值根据引理 11.4 仅可以增加，但是这会使得 h 值非容许因而不一致，根据引理 11.4 这是不可能的。因此，$h'(v) = f(\overline{u}) - g(v) = \delta(w,T) + g(w) - g(v) = \delta(w,T) + w(v,a) \geqslant \delta(v,T)$，证明 $h'(v) = \delta(v,T)$，因为大的 h 值会使得 h 值容许因而不一致，根据引理 11.4 这是不可能的。因此，状态 v 的 h 值设置为其目标距离。

RTAA*算法和 LRTA*算法的一个使用相同（前向）A*搜索算法确定局部搜索空间的变体的区别仅在于它们在（前向）A*搜索算法后如何更新 h 值。现在证明以相同方式打破平局的最小局部搜索空间 LRTA*算法和最小局部搜索空间 RTAA*算法行为相同。对于更大的局部搜索空间，它们表现不同，我们给出 LRTA*算法的 h 值往往比具有同样局部搜索空间的 RTAA*算法的 h 值更有提示性的一个非正式论证。另外，更新 h 值花费 LRTA*算法更多时间且更难实现，原因如下：LRTA*算法执行一次搜索来确定局部搜索空间并执行第二个搜索（使用算法 11.2 中 Dijkstra 算法的变体）来确定在局部搜索空间中如何更新状态的 h 值，因为它无法将第一个搜索的结果用于此目的。因此，在搜索耗费和执行耗费之间存在一个折中。

定理 11.5（RTAA*算法和 LRTA*算法的等价性） 当具有一致性初始 h 值和最小局部搜索空间的 RTAA*算法和 LRTA*算法以相同方式打破平局时，二者表现相同。

证明：通过归纳 RTAA*算法中 A*搜索算法的数量来说明这个性质。两种搜索方法的 h 值都使用相同的启发式函数初始化，因此在 RTAA*算法的第一次 A*搜索算法之前它们是相同的。现在考虑 RTAA*算法的任意 A*搜索算法，并令 $\overline{u}$ 是当 A*搜索算法终止时将要扩展的状态。令 h 和 h' 分别表示值更新步骤前后 RTAA*算法的 h 值。类似地，令 $\overline{h}$ 和 $\overline{h}'$ 分别表示值更新步骤前后 LRTA*算法的 h

值。假定 RTAA*算法和 LRTA*算法位于相同状态，以相同方式打破平局，并且对于所有状态 v，有 $h(v) = \bar{h}(v)$。我们说明对于所有的状态 v，$h'(v) = \bar{h}'(v)$。两种搜索方法都是仅扩展智能体的当前状态 u 因而仅更新这个状态的 h 值。$h'(u) = g(\bar{u}) + h(\bar{u}) - g(u) = g(\bar{u}) + h(\bar{u})$ 成立，且

$$\bar{h}'(u) = \max\{\bar{h}(u), \min_{a \in A(u)}\{w(u,a) + \bar{h}'(\text{Succ}(u,a))\}\} = \min_{a \in A(u)}\{w(u,a) + \bar{h}'(\text{Succ}(u,a))\}$$
$$= \min_{a \in A(u)|\text{Succ}(u,a) \neq u}\{w(u,a) + \bar{h}'(\text{Succ}(u,a))\}$$
$$= \min_{a \in A(u)|\text{Succ}(u,a) \neq u}\{g(\text{Succ}(u,a)) + \bar{h}(\text{Succ}(u,a))\}$$
$$= g(\bar{u}) + \bar{h}(\bar{u}) = g(\bar{u}) + h(\bar{u})$$

因为根据引理 11.2，LRTA*算法的 h 值仍然是一致和单调非减的，这意味着对于所有 $a \in A(u)$，$\bar{h}(u) \leq \bar{h}(\text{Succ}(u,a)) \leq \bar{h}'(\text{Succ}(u,a))$。因此，两种搜索方法都设置当前状态的 h 值为相同的值，并且，如果它们以相同方式打破平局，然后移动到状态 $\bar{u}$。所以，它们表现相同。

现在我们给出非正式的论证，为何具有更大局部搜索空间的 LRTA*算法的 h 值往往比具有相同局部搜索空间的 RTAA*算法的 h 值更有提示性（如果两种实时搜索方法在每次搜索后执行相同数量的动作）。这不是一个证明但给出了关于两种搜索方法行为的一些观察。令 h 和 h' 表示 RTAA*算法在值更新步骤前后的 h 值。类似地，令 $\bar{h}$ 和 $\bar{h}'$ 分别表示在 LRTA*算法值更新步骤前后的 h 值。假定具有一致初始 h 值的两种搜索方法位于相同状态，以相同方式打破平局，并且对于所有状态 v，$h(v) = \bar{h}(v)$。现在证明对于所有状态 v，$h'(v) \leq \bar{h}'(v)$。如果两种搜索方法以相同方式打破平局，那么二者的 A*搜索算法是相同的。因此，它们扩展相同的状态因而更新相同状态的 h 值。现在我们说明如果至少对于一个状态 v，$h'(v) > \bar{h}'(v)$，那么 h' 是不一致的，与引理 11.4 矛盾。假设至少对于一个状态 v，$h'(v) > \bar{h}'(v)$。选择一个 $h'(v) > \bar{h}'(v)$ 的具有最小 $\bar{h}'(v)$ 的状态 v，并选择一个 $a = \arg\min_{a \in A(v)}\{w(v,a) + \bar{h}'(\text{Succ}(v,a))\}$ 的动作 a。由于 $h(v) = \bar{h}(v)$ 但 $h'(v) > \bar{h}'(v)$，那么状态 v 一定是一个非目标状态且已经被扩展。然后，根据引理 11.1，$\bar{h}'(v) \geq w(v,a) + \bar{h}'(\text{Succ}(v,a))$ 成立。因为 $\bar{h}'(v) \geq w(v,a) + \bar{h}'(\text{Succ}(v,a)) > \bar{h}'(\text{Succ}(v,a))$ 且状态 v 是 $h'(v) > \bar{h}'(v)$ 且具有最小 $\bar{h}'(v)$ 的状态，那么 $h'(\text{Succ}(v,a)) \leq \bar{h}'(\text{Succ}(v,a))$。综上，$h'(v) > \bar{h}'(v) \geq w(v,a) + \bar{h}'(\text{Succ}(v,a)) \geq w(v,a) + h'(\text{Succ}(v,a))$ 成立。这意味着 h' 是不一致的。但是，根据引理 11.4，它们仍然是一致的，这是一个矛盾。因此，对于所有状态 v，$h'(v) \leq \bar{h}'(v)$。但是，这个证明并不意味着 LRTA*算法的 h 值总是（微弱地）支配 RTAA*算法的 h 值，这是因为搜索方法可以移动智能体到不同的状态之后更新不同状态的 h 值，但是它暗示了具有更大局部搜索空间的 LRTA*算法的 h 值往往比具有相同局部搜索空间的 RTAA*算法的 h

值更有提示性，因此具有同样局部搜索空间的 LRTA*算法往往比 RTAA*算法执行耗费更小（如果两种搜索方法在每次搜索后执行同样数量的动作）。

11.5.4 检测收敛的变体

可以使用容许初始 h 值修改 LRTA*算法，以追踪哪些 h 值已经等于对应的目标距离。例如，LRTA*算法可以标记状态。当且仅当 LRTA*算法知道其 h 值等于其目标距离时，一个状态被标记，类似于定理 11.2 的证明。假设具有最小局部搜索空间的 LRTA*算法在一系列位于同一个安全可探索状态空间并具有相同目标状态集合的搜索任务间维护 h 值和标记。初始时，仅标记目标状态。如果多个动作连接到动作选择步骤并且执行它们中的至少一个会产生一个标记的状态（或者当执行仅有的一个动作产生一个标记的状态），那么 LRTA*算法选择这样一个动作执行并同时标记其当前状态。那么，这样产生的 LRTA*算法具有如下性质：当一个状态被标记时，其 h 值等于其目标距离并不再改变。一旦 LRTA*算法到达一个标记状态，它遵循一条从那儿到一个目标状态的最小耗费路径，并且路径上所有状态都已标记。一旦 LRTA*算法的起始状态被标记，它遵循一条到目标状态的最小耗费路径。如果 LRTA*算法的起始状态未标记，那么等到它到达一个目标状态时，它已经标记一个额外的状态（见习题）。

11.5.5 加速收敛变体

可以用不同方式加速 LRTA*算法的收敛。例如，可以增加其局部搜索空间的大小。但是，对于具有最小局部搜索空间的 LRTA*算法我们也有很多选择。

（1）可以在状态空间抽象（其中状态的集群形成元状态）中使用 LRTA*算法，这有效地增加了其局部搜索空间的大小。

（2）可以使用更有提示性的（但仍然是容许的）初始 h 值。

（3）在动作选择和值更新步骤中，我们可以通过使用 $\lambda \times h(\text{Succ}(u,a))$ 而不是 $h(\text{Succ}(u,a))$ 从而更大程度地使用 h 值。常数 $\lambda > 1$，类似于加权的 A*算法，这也是 ε-LRTA*算法所做的（见习题）。

（4）如果值更新步骤增加当前状态的 h 值，我们可以修改 LRTA*算法以回溯到之前的状态（如果可能）而不是执行动作选择步骤选择的动作。想法在于，之前状态的动作选择步骤可能选择一个与之前不同的动作，这也是 SLA*算法所做的（LRTA*算法也可以使用一个学习限额，并且仅当一些状态的 h 值增加之和大于学习限额时进行回溯，这也是 SLA*T 算法所做的）。

也存在一些考虑，如果 LRTA*算法的动作选择步骤不是随机地或朝向具有最大 f 值的后继状态而是朝向具有最小 f 值的后继状态打破平局，可以在无向状态空间中加速 LRTA*算法的收敛。朝向具有最小 f 值的后继状态打破平局是由 A* 算法启发的，通过总是扩展具有最小 f 值的搜索树的叶子，可以有效地确定一条最小耗费路径。如果 g 值和 h 值是完美提示的（也就是每个状态的 g 值等于其起始距离且其 h 值等于其目标距离），那么具有最小 f 值的状态恰好位于从起始状态到目标状态的最小耗费路径上。因此，如果 LRTA*算法朝向具有最小 f 值的后继状态打破平局，那么它朝向一条最小耗费路径打破平局。如果 g 值和 h 值不是完美提示的（更常见的情况），那么 LRTA*算法朝向当前看起来像一条最小耗费路径的路径打破平局。

为了实现这个平局打破规则，LRTA*算法需要维护 g 值。除了使用前驱而不是后继状态以外，它可以以类似更新 h 值的方式更新 g 值。算法 11.6 显示了具有一步前瞻的 LRTA*算法变体的伪代码。它执行具有最小代价函数的动作，并朝向执行后产生具有最小 f 值的后继状态的动作打破平局。快速学习和收敛搜索（Fast Learning and Converging Search，FALCONS）算法更严格地实现了这个原则：它最小化后继状态的 f 值并朝向具有更小代价函数的动作打破平局。为了理解它为何以这种方式打破平局，考虑完美提示的 g 值和 h 值。在这种情况下，所有位于一条最小耗费路径上的状态具有相同的（最小）f 值。并且，朝向具有更小代价函数的动作打破平局以保证 FALCONS 算法向一个目标状态移动。因此，LRTA*算法将 h 值更新集中于它相信是从其当前状态到一个目标状态的最小耗费路径，而 FALCONS 将 h 值更新集中于它相信是从起始状态到一个目标状态的一条最小耗费路径。LRTA*算法贪心地尝试更快地到达一个目标状态，而 FALCONS 算法贪心地尝试更快地到达从起始状态到一个目标状态的一条最小耗费路径，如图 11.8 所示。如果它在同一个安全可探索状态空间中为多个具有相同起始状态和目标状态集合的一系列搜索任务维护其 g 值和 h 值，当它增加路径上一个状态的 g 值和 h 值时，它可能不再认为这条路径是从起始状态到一个目标状态的一条最小耗费路径，然后再次贪心地尝试更快地到达从起始状态到一个目标状态的一条最小耗费路径并沿着这条路径，直至其最终收敛于起始状态到一个目标状态的一条最小耗费路径。

算法 11.7 显示了 FALCONS 算法的伪代码。初始 g 值和 h 值必须是容许的（即它们分别是对应的起始和目标距离的下界）。我们移动终止检查步骤到值更新步骤之后，因为在目标状态更新 g 值是合理的。如果 FALCONS 算法在同一个安全可探索状态空间中为多个具有相同起始状态和目标状态集合的一系列搜索任务维护其 h 值，为了保证它不会无限循环并收敛到从起始状态到一个目标状态的一条最小耗费路径，需要小心行事。这也解释了为何值更新步骤如此复杂。例如，当 h 值一致时，h 的值更新步骤基本上简化为带一步前瞻的 LRTA*算法的值更新步骤（见习题）。

Procedure Variant-of-LRTA*-1
Input: 具有起始 g 值和 h 值的搜索任务
Side Effect: 更新的 g 值和 h 值

$u \leftarrow s$;;从开始状态开始
while (true)   ;;一直重复
  $a \leftarrow \arg\min_{a \in A(u)}\{w(u,a) + h(\text{Succ}(u,a))\}$;;选择动作
  ;;以偏好使得状态 $\text{Succ}(u,a)$ 具有最小 f 值的动作 a 打破平局，其中
  $f(\text{Succ}(u,a)) = g(\text{Succ}(u,a)) + h(\text{Succ}(u,a))$

  if ($u \neq s$)   ;;如果当前状态不是开始状态：
    $g(u) \leftarrow \max\{g(u), \min_{v \in S, a' \in A(v)|\text{Succ}(v,a')=u}\{g(v) + w(v,a')\}\}$;;更新 g 值
  if ($u \notin T$)   ;;如果当前状态不是开始状态
    $h(u) \leftarrow \max\{h(u), \min_{a' \in A(u)}\{w(u,a') + h(\text{Succ}(u,a'))\}\}$;;更新 h 值
  else return   ;;如果达到目标则返回
  $u \leftarrow a(u)$;;执行动作

算法 11.6　LRTA*算法变体(1)

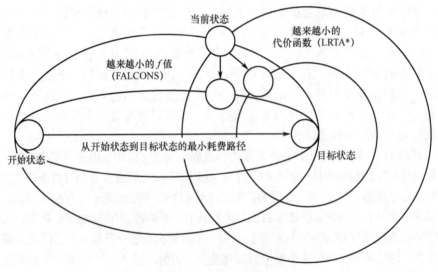

图 11.8　FALCONS 图解

```
Procedure FALCONS
Input: 具有起始 g 值和 h 值的搜索任务
Side Effect: 更新的 g 值和 h 值

u ← s                                                                      ;;从开始状态开始
while (true)                                                               ;;一直重复
    a ← arg min_{a∈A(u)} max {g(Succ(u,a)) + h(Succ(u,a)), h(s)}            ;;选择动作
                                                                           ;;以偏好具有最小代价函数
                                                                           g(Succ(u,a)) + h(Succ(u,a))的
                                                                           动作 a 的方式打破平局
    if (u ≠ s)                                                             ;;如果当前状态不是开始状态
        g(u) ← max{g(u),                                                   ;;更新 g 值
            min_{v∈S,a'∈A(v)|Succ(v,a')=u} {g(v) + w(v,a')},
            max_{a'∈A(u)}{g(Succ(u,a')) − w(u,a')}}
    if (u ∉ T)                                                             ;;如果当前状态不是开始状态
        h(u) ← max{h(u),                                                   ;;更新 h 值
            min_{a'∈A(u)}{w(u,a') + h(Succ(u,a'))},
            max_{v∈S,a'∈A(v)|Succ(v,a')=u}{h(v) − w(v,a')}}
    else return                                                            ;;如果达到目标则返回
    u ← a(u)                                                               ;执行动作
```

算法 11.7

FALCONS 算法

11.5.6 不收敛变体

存在大量基本操作类似 LRTA*算法但使用具有不同语义的 h 值因而值更新步骤不同于 LRTA*算法的实时搜索方法。如果它们在同一个安全可探索状态空间中的一系列具有相同目标状态的搜索任务间维护它们的 h 值，这些更新步骤允许它们到达一个目标状态但阻止它们收敛。

1. RTA*算法

LRTA*算法的一个非收敛变体是实时 A*(RTA*)算法。其 h 值对应于状态目标距离的近似值，就像 LRTA*算法的 h 值。带一步前瞻的 RTA*算法使用如下值更新步骤：

$$h(u) \leftarrow \max\{h(u), \min_{a'\in A(u)|\mathrm{Succ}(u,a')\neq \mathrm{Succ}(u,a)} \{w(u,a') + h(\mathrm{Succ}(u,a'))\}\}$$

其他方面与带一步前瞻的 LRTA*算法相同（空集的最小值为无穷大）。因

此，RTA*算法基本上基于第二个动作的代价函数更新当前状态的 h 值，而 LRTA*算法根据最好动作的代价函数更新当前状态的 h 值。因此，RTA*算法的 h 值不一定是容许的但 LRTA*算法的 h 值是容许的。在所有安全可探索状态空间中，RTA*算法总是通过有限的执行耗费到达一个目标状态，可以通过一个循环证明以类似于证明 LRTA*算法相同性质的方式加以说明。虽然适用于所有安全可探索状态空间，其值更新步骤的动机源自树形状态空间。在树形状态空间中，再次进入当前状态的唯一原因是执行当前第二好的动作（如果执行一个再次进入当前状态的动作并再次执行当前最佳动作，那么这两个动作一起没有影响因而不需要被执行）。例如，考虑图 11.9 中显示的状态空间。所有动作耗费都为 1。带一步前瞻的 LRTA*算法和带一步前瞻的 RTA*算法在起始状态向东移动。但是，在 LRTA*算法被强制向东移动之前，它可以向西和向东移动，而 RTA*算法被强制立刻向东移动。一般地，RTA*算法往往比 LRTA*算法具有更小的执行耗费，但是当它在相同安全可探索状态空间中的一系列具有相同目标状态的搜索任务间维护 h 值时，它不收敛。

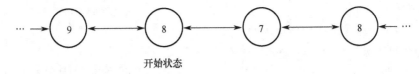

图 11.9　示例状态空间（1）

2. 节点计数

LRTA*算法的另一个非收敛变体是节点计数。其 h 值对应于状态已经被访问的次数。使用一个启发式函数初始化它们是不合理的。

使用 0 对它们进行初始化。然后节点计数使用如下值更新步骤：
$$h(u) \leftarrow 1 + h(u)$$

因为当前状态又被多访问一次，但是在所有动作耗费都为 1 的状态空间中，其他部分都与来自算法 11.3 的带一步前瞻的 LRTA*算法相同。在所有安全可探索状态空间中，节点计数总是通过有限数量的动作执行和有限的执行耗费到达一个目标状态，可以用一个循环证明以类似于 LRTA*算法相同性质证明的方式加以说明。

现在更详细地分析节点计数，并在所有动作耗费都为 1 的状态空间中将其与 LRTA*算法进行比较。定理 11.1 说明在所有动作耗费都为 1 的安全可探索状态空间中，LRTA*算法总是通过有限的执行耗费到达一个目标状态。此外，在所有动作耗费都为 1 的状态空间中，具有最小局部搜索空间的零初始化 LRTA*算法的复杂性是 $\Theta(nd)$，在所有动作耗费都为 1 的安全可探索状态空间中，其复杂性为

$\Theta(n^2)$。已经证明对于所有无向状态空间和所有动作耗费都为 1 的欧式状态空间，这些复杂性仍然是紧的（见习题）。在所有动作耗费都为 1 的状态空间中，零初始化节点计数的复杂性至少是 n 的指数级。图 11.10 是一个重置状态空间，这是一个合理状态空间，其中（除起始状态外）所有状态具有一个最终重置到起始状态的动作。所有动作耗费均为 1。在重置状态空间中，在最差情况下，节点计数需要执行至少 n 的指数次的动作以到达一个目标状态。

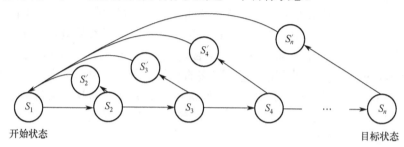

图 11.10　重置状态空间

特别地，如果节点计数偏好具有更小下标的后继状态来打破平局，那么在其到达目标状态之前（对于 $n \geqslant 3$）它执行 $2^{n/2+1/2} - 3$ 个动作。因此，在所有动作耗费均为 1 的状态空间中，零初始化节点计数的复杂性至少是 n 的指数量级。已经证明，即使在所有动作耗费均为 1 的合理无向状态空间以及所有动作耗费均为 1 的合理欧拉状态空间，包括（平面）无向树，零初始化节点计数的复杂性仍然至少为 n（的平方根）的指数量级（见习题）。

因此，在所有这些情况下，零初始化 LRTA*算法的复杂性均小于零初始化节点计数的复杂性。LRTA*算法相比节点计数还有其他优势，这是由于 LRTA*算法可以使用启发式知识引导其搜索且可以考虑动作耗费，因此允许更大的局部搜索空间。并且，当 LRTA*算法在同一个安全可探索状态空间中的一系列具有相同目标状态集合的搜索任务间维护 h 值时，它会收敛。

3. 边计数

LRTA*算法的另一个非收敛变体是边计数，它与节点计数有关，类似 Min-LRTA*算法与 LRTA*算法的关系。它的 q 值对应于动作已经被执行的次数。使用一个启发式函数初始化 q 值是不合理的。因而，使用 0 对它们进行初始化。在所有动作耗费均为 1 的状态空间中，边计数使用如下值更新步骤：

$$q(u,a) \leftarrow 1 + q(u,a)$$

其他部分都与 Min-LRTA*算法相同。边计数的动作选择步骤总是选择执行那些被执行次数最少的动作。这与随机行走达到同样的结果（即从长期来看在一个状态公平地执行所有动作），但是是通过确定性的方式。例如，边计数的一个特别的打破平局规则是根据一个固定顺序，在一个状态轮流重复执行所有动作，产生边蚂蚁行走。换句话说，当边计数第一次访问某个状态时，它根据给定顺序执行第一个动作，当它下次访问同一个状态时，它以给定顺序执行第二个动作，以此类推。在所有安全可探索状态空间中，边计数总是通过有限次动作执行和有限耗费到达一个目标状态，可以用一个循环证明以类似于 LRTA*算法相同性质证明的方式加以说明。

在所有动作耗费均为 1 的所有状态空间（甚至所有动作耗费均为 1 的所有合理状态空间）中，零初始化边计数的复杂性至少是 n 的指数量级。图 11.11 所示为重置状态空间的一个变体，这是一个合理状态空间，其中（除起始状态以外的）所有状态都具有一个重置到起始状态的动作。所有动作耗费均为 1。在重置状态空间中，在最差情况下，边计数需要执行至少 n 的指数次的大量动作来到达一个目标状态。特别的，如果边计数在打破平局时更偏好具有更小下标的后继状态，那么在到达目标状态之前，它执行 $3 \times 2^{n-2} - 2$ 个动作（对于 $n \geq 2$）。

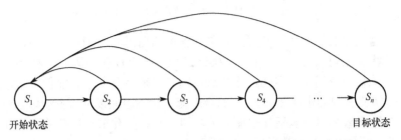

图 11.11　Koenig 和 Simmons（1996）给出的重置状态空间的变体

因此，在所有动作耗费均为 1 的所有状态空间中，零初始化 Min-LRTA*算法的复杂性小于零初始化边计数。但是，已经证明，对于所有动作耗费均为 1 的无向状态空间和所有动作耗费均为 1 的欧拉状态空间，零初始化边计数的复杂性是 $\Theta(ed)$（见习题）。此外，对于所有动作耗费均为 1 的所有合理无向状态空间和所有动作耗费均为 1 的欧拉状态空间，其复杂性是 $\Theta(n^3)$。因此，零初始化 Min-LRTA*算法的复杂性等于在这些状态空间中的零初始化边计数的复杂性。

11.5.7　非确定性和概率性状态空间的变体

在非确定性和概率性状态空间中的搜索通常比确定性搜索空间中的搜索更加耗时，因为仅可通过枚举所有可能性来克服信息局限，这会导致很大的搜索空间。因此，智能体考虑它们的搜索耗费以有效解决搜索任务甚至更重要。非确定性和概率性搜索空间中的实时搜索与确定性状态空间中的实时搜索相比具有一个额外的优势，也就是它允许智能体提早收集信息。这个信息可以被用来解决一些不确定性因而减少为未遇到情况执行的搜索量。如果不通过交叉搜索和动作执行，不管在其执行中出现哪种可能，智能体都需要确定一个解决搜索任务的完整条件规划。这样一个规划可能会很大。另外，当交叉搜索和动作执行时，智能体不需要为每个可能的情况进行规划。它仅需要确定一个完整规划的开始。在执行这个子规划后，它可以观察结果状态并从子规划实际产生的状态而不是从其执行可能产生的所有状态开始重复这个过程，这也是游戏程序利用的一个优势。

1. 极小化极大 LRTA*算法

极小化极大实时学习 A*（min-max LRTA*）算法使用极小化极大将 LRTA*算法泛化到非确定性状态空间。它将非确定性状态空间中的动作看作双人游戏，它在当前状态可用的动作中选择一个动作。这个动作确定可能的后继状态，一个称为自然的虚构智能体从中选择一个状态。Min-max LRTA*算法假定自然显示最恶意的行为并总是选择最差可能的后继状态。

在伪代码中 LRTA*算法简单地使用仅有的后继状态的 h 值，Min-max LRTA*算法使用一个给定状态执行一个给定动作可以产生的所有后继状态的最大 h 值。因此，如果算法 11.1～算法 11.3 和算法 11.8 中的每个 $h(Succ(u,a))$ 都被 $\max_{v \in Succ(x,a)} h(v)$ 所替换，那么 Min-max LRTA*算法的伪代码与 LRTA*算法的伪代码相同。例如，带一步前瞻的 min-max LRTA*算法使用如下动作选择步骤：

$$a \leftarrow \arg \min_{a \in A(u)} \{w(u,a) + \max_{v \in Succ(u,a)} h(v)\}$$

和如下更新步骤：

$$h(u) \leftarrow \max\{h(u), w(u,a) + \max_{v \in Succ(u,a)} h(v)\}$$

但是，其他地方都与带一步前瞻的 LRTA*算法相同。因此，在确定性状态空间中，min-max LRTA*算法与 LRTA*算法完全相同。已经证明 min-max LRTA*算法与 LRTA*算法具有相似的性质，但一个状态 u 的目标距离 $\delta(u,T)$ 是指其最大目标距离；即使对于自然的最恶意行为，这个状态也可以以最小执行耗费到达目标状态。例如，当且仅当所有状态的极小化极大目标距离是有限时，状态空间是安全可探索的，当且仅当 h 值是对应的极小化极大目标距离的下界时，它们是容许的。那么，具有容许起始 h 值的 min-max LRTA*算法到达一个目标状态的执行耗费至多是 $\sum_{u \in S} \delta(u,T)$。因此，在安全可探索状态空间中，它通过有限的执行耗费到达一个目标状态。

Min-max LRTA*算法的 h 值接近状态的极小化极大目标距离。（有提示的）容许 h 值可以通过如下方式获得：我们假定不管何时在状态 $u \in S$ 执行动作 $a \in A(u)$ 时，自然会事先确定选择哪个后继状态 $g(u,a) \in Succ(u,a)$；所有可能的状态都可以。如果自然真的以这种方式表现，那么状态空间会高效的确定化。对于这个确定性状态空间是容许的 h 值，在非确定性状态空间中也是容许的。这也是因为额外的后继状态允许一个恶意的自然导致更多的损害。在非确定性状态空间中获得的 h 值有多大提示性，取决于在确定性状态空间中它们有多大提示性，以及假定的自然的行为与其最恶意行为有多相近。

假设 min-max LRTA*算法在同一个安全可探索状态空间中具有相同目标状态集合的一系列搜索任务间维护 h 值。已经证明具有容许初始 h 值的 min-max LRTA*算法到达一个目标状态的执行耗费大于 $\delta(s,T)$（其中 s 是当前搜索任务的起始状态）的搜索任务的数量是上有界的。如果 min-max LRTA*算法在同一个安全可探索状态空间中具有相同目标状态集合的一系列搜索任务间维护 h 值，在收敛后其执行的动作序列取决于自然的行为且不一定是唯一确定的，但是它们的执行耗费至多与起始状态的极小化极大目标距离一样大。因此，min-max LRTA*算法的执行耗费要么是最差情况最优的要么优于最差情况最优。这是可能的，因为自然也许不像极小化极大搜索所假定的那样恶意。min-max LRTA*算法可能无法通过内省检测到具有很大极小化极大目标距离的后继状态的存在，因为它不执行完整的极小化极大搜索，而是部分依赖于观察动作的实际后继状态，并且自然可以等到任意长的时间以揭示其存在性或选择根本不揭示它的存在性。

这可以阻止遇到状态的 h 值在有界的执行耗费（或有界数量的搜索任务）后收敛，这也是使用错误有界差错模型分析 LRTA*算法行为的原因，虽然对于 LRTA*算法，如果其动作选择步骤总是在当前状态根据固定动作顺序打破动作间的平局，这个问题不会发生。认识到这个很重要，因为 min-max LRTA*算法依赖于观察动作的实际后继状态，即使与完整极小化极大搜索相比在一些搜索事件中它具有计算优势。这是某些后继状态在实际中没有发生的情况，因为 min-max LRTA*算法仅为那些在搜索中实际遇到的状态进行规划。

2. 概率性 LRTA*算法

min-max LRTA*算法假设自然选择对于智能体来说最差的后继状态。轮到自然移动的极小化极大搜索树中，节点的 h 值是计算出的孩子的最大 h 值，且 min-max LRTA*算法尝试最小化最差情况的执行耗费。使用 min-max LRTA*算法的一个优势在于它不依赖对自然属性的假设。如果对于自然的最恶意行为，min-max LRTA*算法到达一个目标状态，当自然使用一个不同的且较小恶意的行为时，它也到达一个目标状态。但是，关于自然选择对于智能体来说最差的后继状态的假设经常过于悲观，因而错误地使得搜索任务看起来不可解。例如，如果一个恶意自然可以不管智能体执行哪个动作而强制智能体无限循环。在这种情况下，min-max LRTA*算法可以改变为假设自然根据一个依赖于当前状态和执行动作的概率分布选择后继节点，产生一个完全可观察的马尔可夫决策过程（Markov decision process，MDP）问题。在这种情况下，轮到自然移动的概率搜索树中的一个节点

的 h 值就计算为其孩子的加权平均 h 值，权值为概率分布确定的孩子节点的出现概率。

概率 LRTA*算法是 min-max LRTA*算法的一个概率变体，尝试最小化平均执行耗费而不是最差情况执行耗费。在伪代码中 LRTA*简单地使用仅有的后继状态的 h 值，而概率 LRTA*算法使用在一个给定状态执行一个给定动作生成的后继状态的期望 h 值。令 $p(v|u,a)$ 表示在状态 $u \in S$ 执行动作 $a \in A(u)$ 产生后继状态 $v \in S$ 的概率。那么，如果在算法 11.3 和算法 11.8 中 $h(Succ(x,a))$ 的每次出现都被 $\sum_{v \in Succ(x,a)} p(v|x,a)h(v)$ 替换，那么概率 LRTA*算法的伪代码与 LRTA*算法的伪代码相同。例如，带一步前瞻的概率 LRTA*算法使用如下动作选择步骤：

$$a \leftarrow \arg\min_{a \in A(u)} \{w(u,a) + \sum_{v \in Succ(u,a)} p(v|u,a)h(v)\}$$

和如下更新步骤：

$$h(u) \leftarrow \max\{h(u), w(u,a) + \sum_{v \in Succ(u,a)} p(v|u,a)h(v)\}$$

但是其他地方都与算法 11.3 中带一步前瞻的 LRTA*算法相同。但是，算法 11.2 中的 Dijkstra 算法变体无法通过这个变化直接使用，这是因为在局部搜索空间中为每个状态分配新的 h 值，要求多次更新局部搜索空间中每个状态的 h 值。为了达到这个目的，可以使用值迭代、策略迭代或其他方法解决 MDP 问题。在确定性状态空间中，概率 LRTA*算法与 LRTA*算法等价。已经证明概率 LRTA*算法与 LRTA*算法具有类似性质，但是现在状态的目标距离是指其期望目标距离。例如，当且仅当所有状态的期望目标距离有限时，状态空间是安全可探索的，当且仅当 h 值是对应的期望目标距离的下界时，它们是容许的。

11.6 如何运用实时搜索

现在以 LRTA*算法为基础讨论如何使用实时搜索。除了下文的案例以外，实时搜索也被用于移动机器人的其他非确定状态空间，包括移动目标搜索和抓住移动捕食者的任务。

11.6.1 案例研究：离线搜索

很多来自人工智能的传统状态空间都是确定性的，包括滑块拼图和积木世界。在确定性状态空间中，可以确定无疑地预测动作的后继状态。在这些状态空间中，实时搜索方法可以通过在状态空间中移动一个虚构的智能体解决离线搜索任务，从而为 A*算法等传统搜索方法提供替代选择。它们已经被成功地应用于传统搜索任务和 STRIPS 类的搜索任务。例如，实时搜索方法可以容易地确定 24

数码问题、具有超过 10^{24} 个状态的滑块拼图问题和具有超过 10^{27} 个状态的积木世界的次优解。对于这些搜索任务，实时搜索方法可以与更快确定次优解的启发式搜索方法（如贪心（最佳优先）搜索）或者内存消耗更少的线性空间最佳优先搜索竞争。

11.6.2 案例研究：地形未知的目标定向导航

在地形预先未知的目标引导导航，要求机器人在一个预先未知的地形中移动到一个目标位置。机器人知道积木世界的起始和目标单元格，但是不知道哪些单元格被阻塞。它可以重复地向北、东、南或西移动一个单元格（除非这个单元格被阻塞）。所有动作耗费均为 1。在每个单元格，车载传感器告诉机器人四个邻接单元格（北、东、南或西）中的哪些被阻塞。机器人的任务是移动到给定的目标单元格，我们假定这是可能的。在第 19 章中会再次研究这个搜索任务。机器人使用来自机器人学的一个导航策略：它维护目前为止它知道的单元格的阻塞状态。它总是沿着从当前单元格向目标单元格的一条推测的路径移动，直至它访问到目标单元格。一条推测的非阻塞路径是一个邻接单元格序列，该序列不包含机器人已知的阻塞单元格。机器人在朝向目标单元格的推测非阻塞路径上移动，但当其观察到推测路径上有一个阻塞单元格或者到达路径终点时它立即重复这个过程。因此，它需要重复搜索。

状态空间中的状态对应于单元格，动作对应于从一个单元格移动到一个相邻的单元格。可以在搜索之间增加动作耗费。初始时，它们都是 1。当机器人观察到一个单元格阻塞时，它移除所有进入或离开此单元格的动作，这对应于设置这些动作的动作耗费为无穷大。由于当动作耗费增加时，一致性（或容许的）h 值仍然是一致的（或容许的），因此，LRTA*算法和 RTAA*算法适用于这个场景。

图 11.12 显示了在预先未知地形中的一个简单的目标引导的导航任务，我们用其说明重复（前向）A*算法（即从机器人的当前单元格重复搜索目标单元格）、带 repeat-until 循环的 LRTA*算法、带 repeat-until 循环的 RTAA*算法的行动。黑色单元格被阻塞。所有的单元格都以其初始 h 值标记，此 h 值为曼哈顿距离。当搜索方法的当前路径上某个动作的动作耗费增加时，或者对于 LRTA*算法和 RTAA*算法来说，当新状态位于它们的局部搜索空间之外时，它们开始一个新的搜索事件（即运行另一个搜索），并在具有相同 f 值的单元格间偏向于具有更大 g 值的单元格打破平局，并按照从最高到最低优先级的顺序（东、南、西、北）打破剩下的平局。图 11.13～图 11.16 将机器人显示为一个小的黑色圆圈。箭头显示了发现的从机器人的当前单元格到目标单元格的路径，目标单元格位于右下角。机器人已经观察到阻塞的单元格为黑色。所有其他单元格的 h 值在左下角。产生的单元格的 g 值位于左上角而其 h 值位于右上角。已扩展单元格是灰色的，

对于 RTAA*算法和 LRTA*算法，其更新的 h 值在右下角，这使得对比位于左下角的它们更新前的 h 值很容易。

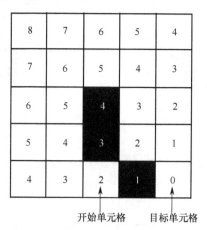

图 11.12 Koenig 和 Likhachev（2006）给出的在简单未知网格中目标引导的导航任务

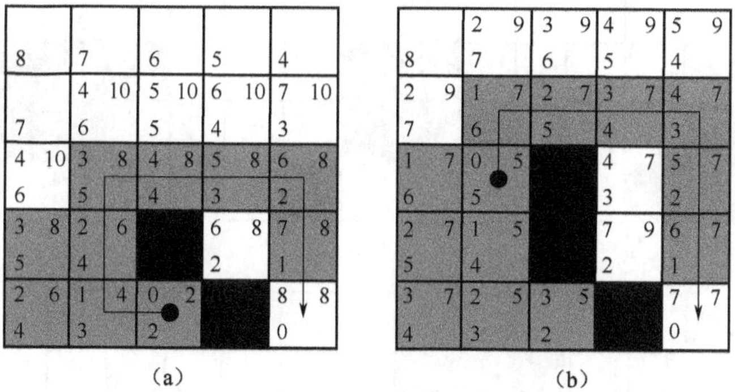

图 11.13 Koenig 和 Likhachev（2006）给出的简单网格中的重复（前向）A*搜索算法

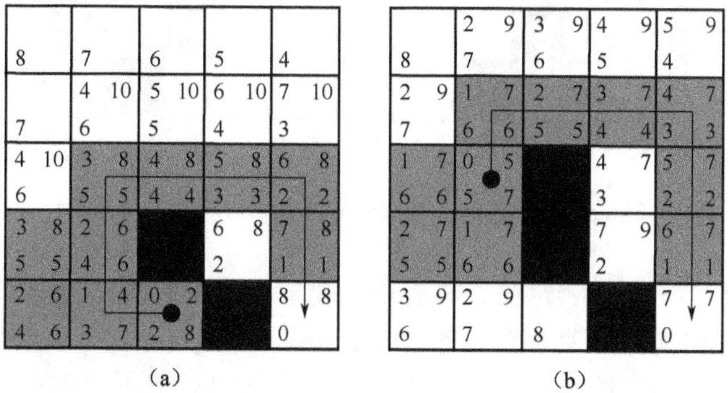

图 11.14 Koenig and Likhachev（2006）给出的简单网格中具有最大局部搜索空间的 RTAA*算法

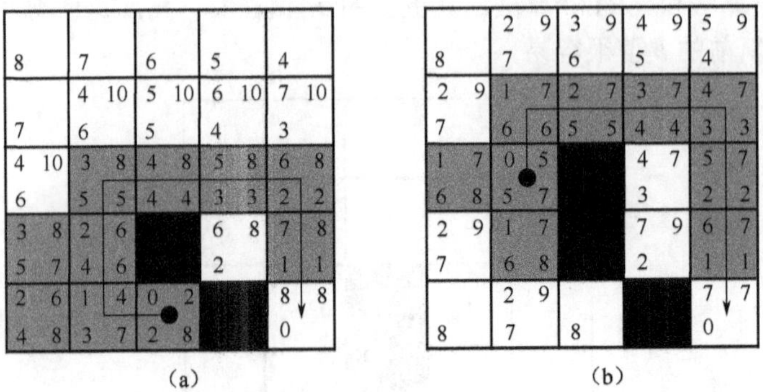

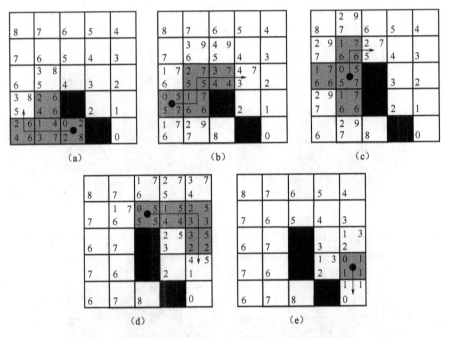

图 11.15 Koenig 和 Likhachev（2006）给出的简单积木世界中具有最大局部搜索空间的 LRTA*算法

图 11.16 Koenig 和 Likhachev（2006）给出的简单积木世界中 lookahead =4 的 RTAA*算法

如果重复（前向）A*算法、具有最大局部搜索空间的 RTAA*算法（即前瞻为 ∞）和具有相同局部搜索空间的 LRTA*算法以相同方式打破平局，那么它们遵循相同的路径。它们的区别仅在于机器人到达目标单元格时扩展的单元格数量，重复（前向）A*算法（23 个）大于具有最大局部搜索空间的 RTAA*算法

（20个），大于具有最大局部搜索空间的LRTA*算法（19个）。第一个性质是由于RTAA*算法和LRTA*算法更新h值，但（前向）A*算法不更新h值。因此，重复（前向）A*算法深受h值曲面上的局部最小之害，两次扩展了最下面一行最左侧的三个单元格，而RTAA*算法和LRTA*算法避免了这些单元格扩展。第二个性质是由于LRTA*算法的某些h值更新大于RTAA*算法的h值更新。但是，多数更新的h值是一样的，虽然这一般无法保证。我们也对比了lookahead = 4的RTAA*算法和具有最大局部搜索空间的RTAA*算法（即lookahead= ∞）。图11.15和图11.16说明更小的局部搜索空间会增加执行耗费（10~12），但减小单元格扩展的数量（20~17），因为更小的局部搜索空间意味着在每次搜索任务时使用更少的信息（因为下一个要扩展目标单元格，所以lookahead =4的RTAA*算法的最后一个搜索任务仅扩展一个单元格）。

对于未知地形中目标引导的导航，更小的局部搜索空间往往增加了LRTA*算法和RTAA*算法的执行耗费，但往往减少扩展单元格的数量和搜索耗费。增加执行耗费往往增加搜索事件的数量。随着局部搜索空间变得更小，最终搜索事件数量增加的速度往往大于每次搜索事件中前瞻和时间减少的速率，因此扩展单元格的数量和搜索耗费再次增加。重复（前向）A*算法的单元格扩展数量和搜索耗费往往大于RTAA*算法，RTAA*算法往往大于LRTA*算法。具有既不是最大也不是最小局部搜索空间的RTAA*算法往往每次更新时增加的h值少于具有同样局部搜索空间的LRTA*算法。因此，其执行耗费和扩展单元格的数量往往大于具有同样搜索空间的LRTA*算法。但是，它往往比具有同样搜索空间的LRTA*算法更快更新h值，产生更小的搜索耗费。总的来说，对于每个搜索事件的给定时间范围，RTAA*算法的执行耗费往往小于LRTA*算法的执行耗费，因为它往往比LRTA*算法更快地更新h值，这允许它使用更大的局部搜索空间并补偿其提示性略小的h值。

11.6.3 案例研究：覆盖

覆盖要求机器人单次或重复访问其地形上的每个位置。考虑一个没有任何目标状态的强连通状态空间。强连通状态空间保证不管实时搜索方法过去执行了哪些动作，它们总可以到达所有状态。那么，带一步前瞻的LRTA*算法、带一步前瞻的RTA*算法和节点计数反复访问所有状态，这可以使用类似于证明LRTA*算法通过有限的执行耗费到达一个目标状态的循环证明加以说明。事实上，最差情况的覆盖时间（覆盖时间为所有状态至少被访问一次的执行耗费）等于当对手可以选择目标状态时到达目标的最差情况执行耗费，例如，对手选择目标状态为当覆盖状态空间时最后一个访问的状态。因此，前面的复杂性结果在覆盖问题中仍然成立。

实时搜索方法重复访问强连通状态空间中的所有状态的性质已被用于构建蚂蚁机器人——具有有限感知和计算能力的简单机器人。蚂蚁机器人的优势在于它们容易编程且构建便宜。这使得部署蚂蚁机器人组并利用产生的容错和并行性变为可能。由于蚂蚁机器人有限的感知和计算能力，它们无法使用传统搜索方法。为了克服这些限制，蚂蚁机器人可以使用实时搜索方法在状态空间中留下其他蚂蚁机器人可读的标记，类似于实际的蚂蚁使用化学痕迹（信息素）引导其导航。例如，使用 LRTA*算法的所有蚂蚁机器人仅需要感知它们的邻接状态的标记（以 h 值的形式），并改变它们当前状态的标记。即使蚂蚁机器人异步移动，它们也可以单次或重复覆盖所有状态，除了通过标记以外互相不通信、没有任何形式的存储、不知道且无法学习状态空间的拓扑也不决定完整路径。蚂蚁机器人甚至不需要被定位，这完全消除了复杂和耗时的定位任务，即使当它们在未察觉时被移除（如被撞上它们的人所移除），某些蚂蚁机器人失效且某些标记被摧毁时健壮地覆盖所有状态。

本章讨论的很多实时搜索方法可以用来实现蚂蚁机器人。例如，当边计数被用来实现蚂蚁机器人时，除了其重复执行所有动作以外，已知以下性质。一个欧拉回路是指在每个状态恰好执行每个动作一次并返回起始状态的一个动作执行序列。考虑在一个状态根据固定顺序依次重复执行所有动作的边计数的变体，称为边蚂蚁行走。换句话说，当边计数首次访问某个状态时，它根据给定顺序执行第一个动作，当它再次访问同一个状态时，它根据给定顺序执行第二个动作，以此类推。已经证明，在没有目标状态的欧拉状态空间中，边计数的这个变体在至多执行 $2ed'$ 个动作后重复执行一个回路，其中状态空间的直径 d' 是其任意状态对之间的最大距离。此外，考虑 k 个蚂蚁机器人，每个机器人在每个时间步中执行一个动作，它们在一个状态根据固定顺序依次重复执行所有动作。换句话说，在一个状态执行动作的第一个蚂蚁机器人根据给定顺序执行第一个动作，在同一个状态，下一个执行动作的蚂蚁机器人根据给定顺序执行第二个动作，以此类推。事实证明，在没有目标状态的欧拉状态空间中，在至多 $2(k+1)ed'/k$ 时间步之后，任意两个动作执行的次数差别最多为 2 倍。

总的来说，在网格中使用节点计数来实现蚂蚁机器人可能是最容易的，因为每个蚂蚁机器人此时标记单元格，且总是以同样的数量增加其当前单元格的 h 值。图 11.17 显示了一个简化的例子。每个蚂蚁机器人可以重复向北、东、南或西移动一个单元格（除非此单元格被阻塞）。假设在行动和感知时不存在不确定性。机器人以给定序列顺序移动（虽然这一般是不必要的）。如果一个单元格包含一个蚂蚁机器人，它的一个角落被标记。不同的角落代表不同的蚂蚁机器人。图 11.17（a）显示了单个蚂蚁机器人如何覆盖网格，图 11.17（b）显示了三个蚂蚁机器人如何覆盖网格。在每个单元格留下更多信息的蚂蚁机器人（如完整地图）往往更快地覆盖地形。

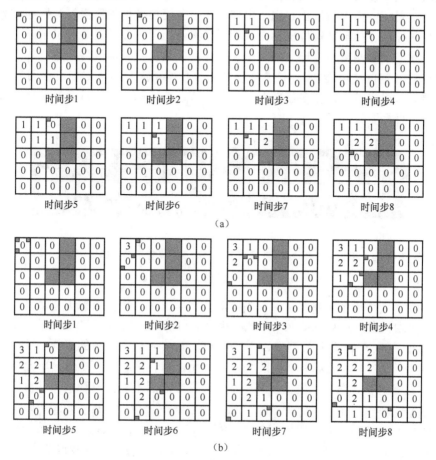

图 11.17 Koenig, Szymanski 和 Liu（2001）给出的在简单网格中蚂蚁机器人使用节点计数
(a) 一个蚂蚁机器人；(b) 三个蚂蚁机器人。

11.6.4 案例研究：姿势不确定下的定位和目标引导的导航

考虑图 11.18 中显示的具有姿势不确定的目标引导的导航任务。机器人知道网格，但它对其起始姿势不确定，姿势是指一个单元格和方向（北、东、南或西）。它可以向前移动一个单元格（除非此单元格被阻塞），左转 90° 或右转 90°。所有动作耗费均为 1。对于每个姿势，车载传感器告知机器人四个邻接单元格（北、东、南或西）被阻塞的情况。我们假定在行动和感知时不存在不确定性，并考虑两个导航任务。定位要求机器人获得关于其姿势的确定性然后停止。第 19 章将再次研究这个搜索任务。具有姿势不确定性的目标引导的导航要求机器人导航到任意给定目标姿势然后停止。由于也许存在很多姿势使传感器报告为目标姿势，这个导航任务包括高效定位机器人，使得当其停止时它知道它是否位于一个目标姿势。我们要求网格是强连通的（每个姿势可以从每个其他姿势到达）且不是完全对称的（定位是可能的）。这个适度的假设使得所有机器人导航任务可解，因为机器人总可以首先定位自己然后（对于具有姿势不确定性的目标导航任务）移动到一个目标姿势。

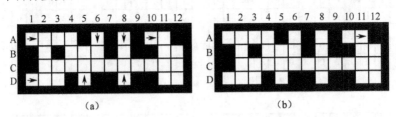

图 11.18　Koenig（2001）给出的在一个简单网格中的具有姿势不确定性的目标引导的导航任务

(a) 可能的开始姿势（起始信念）；(b) 目标姿势。

现在正式使用如下符号描述导航任务。其中，P 为可能机器人姿势的有限集合；$A(p)$ 为机器人可以在姿势 $p \in P$ 上执行的可能动作的有限集合：左、右和可能的向前。$\text{Succ}(p,a)$ 是在姿势 $p \in P$ 上执行动作 $a \in A(p)$ 后产生的姿势。$o(p)$ 是机器人在姿势 $p \in P$ 上的观察：在四个方向（北、东、南或西）毗连的单元格是否存在被阻塞的单元格。机器人从姿势 $p_s \in P$ 开始然后重复做出观察，并执行一个动作直至它决定停止。它知道网格，但是它不确定其起始姿势。起始姿势可能是 $p_s \subseteq P$ 的任意姿势。我们仅要求对于所有 $p, p' \in P_s$，$o(p) = o(p')$，在第一个观察后这自动成立，并要求 $p_s \in P_s$，这对于 $P_s = \{p | p \in P \land o(p) = o(p_s)\}$ 自动成立。

因为机器人不知道其起始姿势，导航任务无法被形式化为确定性的小状态空间中的搜索任务，其中状态是姿势（姿势空间）。相反地，机器人需要维持关于其当前姿势的一个信念。搜索方法执行耗费的分析结果通常是它们的最差情况执行耗费（这里，最差可能起始姿势的执行耗费）而不是它们的平均情况执行耗费，特别是当机器人无法关联概率或其他似然估计到姿势时。那么，它所有能做的就是以可能姿势集合的形式维持一个信念，即它可能位于的姿势。因此，其信念是姿势集合且它们的数量可以与姿势的数量呈指数。机器人的信念依赖于其观察，由于机器人不确定其姿势，因此它无法确定性预测。例如，对于来自图 11.18 中的具有姿势不确定性的目标引导的导航任务，它无法预测当它向前移动时，它前面的单元格是否会被阻塞。因此，导航任务是在非确定性的大状态空间中的搜索任务，其中状态是机器人的信念（信念空间）。机器人经常会不确定其当前姿势但总可以确定其当前信念。例如，对于来自图 11.18 中的具有姿势不确定性的目标引导的导航任务，如果机器人不知道其起始姿势，但观察除了它前面以外的围绕它的所有阻塞单元格，那么其起始信念包含如下 7 个姿势 $A_1 \to, A_6 \downarrow, A_8 \downarrow, A_{10} \to, D_1 \to, D_5 \uparrow$ 和 $D_8 \uparrow$。

现在使用如下符号形式化描述导航任务的状态空间：B 为信念集合；b_s 为起始信念；$A(b)$ 为当信念是 b 时可以执行的动作集合。$O(b,a)$ 代表当信念是 b 时在执行动作 a 后可以做出的可能观察的集合。$\mathrm{Succ}(b,o,a)$ 表示当信念是 b 时在执行动作 a 后观察是 o 时的后继信念。那么对于所有 $b \in B, a \in A(b)$ 且 $o \in O(b,a)$，有

$$\begin{cases} B = \{b | b \subseteq P \wedge o(p) = o(p'), p, p' \in b\} \\ b_s = P_s \\ A(b) = A(p), p \in b \\ O(b,a) = \{o(\mathrm{Succ}(p,a)) | p \in b\} \\ \mathrm{Succ}(b,a,o) = \{\mathrm{Succ}(p,a) | p \in b \wedge o(\mathrm{Succ}(p,a)) = o\} \end{cases}$$

为了理解 $A(b)$ 的定义，注意到在先前的观察之后，由于观察决定了可以执行的动作，因此对于所有 $p, p' \in b$，$A(p) = A(p')$。

对于具有姿势不确定性的目标引导的导航任务，机器人需要导航到 $\emptyset \neq P_t \subseteq P$ 中的任意姿势并停止。在这种情况下，定义目标信念集合为 $B_t = \{b | b \subseteq P_t \wedge o(p) = o(p'), p, p' \in b\}$。为了理解这个定义，注意到当且仅当机器人的信念是 $b \in B_t$ 时，它知道它位于一个目标姿势。但是，如果信念包含多于一个姿势，机器人不知道它位于哪一个目标姿势。然而，如果机器人知道其位于哪一个目标姿势重要时，我们使用 $B_t = \{b | b \subseteq P_t \wedge |b| = 1\}$。对于定位任务，我们使用 $B_t = \{b | b \subseteq P \wedge |b| = 1\}$。

那么，信念空间定义如下（因为假设所有导航任务是可解的，因此它是安全可探索的）：

$$\begin{cases} S = B \\ s = b_s \\ T = B_t \\ A(u) = A(b), b = u \\ \mathrm{Succ}(u,a) = \{\mathrm{Succ}(b,o,a) | o \in O(b,a)\}, b = u \end{cases}$$

对于具有姿势不确定性的目标引导的导航，可以使用容许目标距离启发式，$h(u) = \max_{p \in u} \delta(p, P_t)$（因此，当机器人知道它当前位于信念状态的某个姿势时，它为每个姿势确定它需要执行多少个动作以到达一个目标姿势。那么，这些值的最大值是信念状态的极小化极大目标距离的一个近似）。例如，对于早前使用的起始信念状态，目标距离启发式是 18，即 $A_1 \to$ 的 18、$A_6 \downarrow$ 的 12、$A_8 \downarrow$

的 10、$A_{10} \to$ 的 1、$D_1 \to$ 的 17、$D_5 \uparrow$ 的 12 和 $D_8 \uparrow$ 的 9 的最大值。$\delta(p, P_t)$ 的计算不牵涉姿势不确定性，且可以通过在姿势空间中使用传统搜索方法有效完成，而无须交替搜索和动作执行。因为姿势空间是确定性的并且很小，所以这是可能的。h 值是容许的，因为在最差情况下，机器人从姿势 $p' = \arg\max_{p \in u} \delta(p, P_t)$ 开始解决具有姿势不确定性的目标引导的导航任务，即使它知道它从这个姿势开始时，它也至少需要 $\max_{p \in u} \delta(p, P_t)$ 的执行耗费。h 值经常是部分提示的，因为它们未考虑机器人可能不知道其姿势并需要执行额外的定位动作来克服其姿势的不确定性。另外，对于定位任务，相比零初始化的 h 值，更难获得更有提示的初始 h 值。

图 11.19（除了虚线的部分）显示了带一步前瞻的 min-max LRTA*算法围绕机器人的当前信念状态，如何执行极小化极大搜索以确定下面执行哪个动作。局部搜索空间由轮到机器人移动（图中标记为"智能体"）的极小化极大树的所有非叶节点组成。min-max LRTA*算法首先为极小化极大树中的所有叶子分配其对应信念状态的启发式函数确定的 h 值①。然后，min-max LRTA*算法将这些 h 值备份到极小化极大树的树根。轮到自然移动的极小化极大树中的一个节点的 h 值是其孩子 h 值中的最大值，因为自然选择能够最大化极小化极大目标距离的后继状态②。轮到机器人移动时，极小化极大搜索树中的一个节点的 h 值，是其之前 h 值以及节点上的所有动作的动作耗费加上对应孩子的 h 值之和的最小值的最大值，因为 min-max LRTA*算法选择最小化极小化极大代价的动作③。

最后，min-max LRTA*算法选择位于根节点且最小化动作耗费加上对应孩子 h 值的动作。因此，它决定向前移动。然后，min-max LRTA*算法执行选择的动作（可能已经搜索动作序列以应对它接下来可能做出的观察），做出一个观察，基于这个观察更新机器人的信念状态，并从机器人的新的信念状态重复这个过程直至解决导航任务。

min-max LRTA*算法需要保证它不会一直循环。它可以使用如下两种方法之一在动作执行之间获得信息从而保证前进：

（1）直接信息收益。如果 min-max LRTA*算法使用足够大的局部搜索空间，那么它就如下意义获得信息收益。在执行选择的动作后，能够保证机器人要么解决了导航任务要么至少减少了它可以位于的姿势的数量。通过这种方式，它保证朝着一个解前进。例如，在图 11.18 所示的具有姿势不确定性的目标引导的导航任务中，向前移动将可能的姿势数量从 7 减少到至多为 2。在第 19 章中，我们研究一种具有直接信息收益的称为贪心定位的搜索方法，因为它执行智能体为中心的搜索而不是实时搜索。

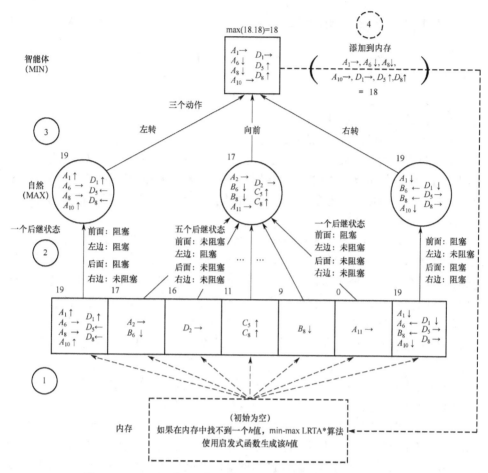

图 11.19 Koenig（2001）给出的极小化极大 LRTA*算法的说明

(2) 间接信息收益。具有直接信息收益的 min-max LRTA*算法无法应用到所有搜索任务。即使它可以应用，需要保证直接信息收益的局部搜索空间和搜索耗费可能会很大。为了以更小的局部搜索空间操作，它可以使用实时搜索。然后，除了以下两点改变以外，它如之前一样运行。第一，在值更新步骤中，当 min-max LRTA*算法需要一个恰位于局部搜索空间以外的一个信念状态的 h 值（即极小化极大树中一个叶子节点的 h 值）时，它首先检查是否已经在内存中为这个信念状态存储了一个 h 值。如果已经存储了，则使用存储的 h 值；如果没有存储，则与之前一样，使用启发式函数计算 h 值。第二，在轮到机器人移动的局部搜索空间中，在 min-max LRTA*算法已经计算了一个信念状态的 h 值后，它将计算的 h 值存储在内存中，覆盖对应信念状态的任意现有 h 值。图 11.19（包括虚线部分）简要说明了在具有间接信息收益的 min-max LRTA*算法决定向前移动之前的步骤。见引理 11.3 的证明，潜在 $\sum_{u \in S \setminus \{u'\}} h'(u)$ 的增加可以解释为一个间接信息收益，它保证 min-max LRTA*算法在安全可探索状态空间中到达一个目标信念状态。具有间接信息收益的 min-max LRTA*算法相比具有直接信息收益的 min-max LRTA*算法的一个缺点是，机器人需要在内存中潜在的存储在其搜索过程中遇到的每个信念状态的 h 值。但实际上，实时搜索方法的内存需求经常看起来很小，特别是当初始 h 值具有良好提示性因而更好的聚焦搜索时，这使得它们不会遇到大量不同的信念状态。此外，实时搜索方法仅需要在内存中存储那些与初始 h 值不同的信念状态的 h 值。如果 h 值相同，当它们未在内存中发现时，它们可以被自动重新产生。例如，对于图 11.19 中的例子，没有必要在内存中存储为起始信念状态所计算的 h 值 18。

与具有直接信息收益的 min-max LRTA*算法相比，具有间接信息收益的 min-max LRTA*算法的一个优势是，它可以在更小的局部搜索空间上运行，甚至是仅包含当前信念状态的局部搜索空间；另一个优势是，当它在相同地形上的一系列定位任务或在相同地形上具有相同目标姿势集合的具有姿势不确定性的目标引导的导航任务间维护其 h 值时，它改善了它的最差情况执行耗费直至其收敛，虽然这没必要是单调的。机器人的实际起始位置或机器人关于其起始位置的信念不需要相同。

到目前为止，假定机器人可以从每个动作的执行中恢复。如果情况不是这样，那么机器人需要保证，每个动作的执行不会使得到达一个目标信念状态成为不可能。通过增加实时搜索方法的局部搜索空间，这通常是可能的。例如，如果 min-max LRTA*算法应用于存在不可逆动作的具有姿势不确定性的目标引导的导航任务，并且总是执行动作，因此产生的信念空间保证要么仅包含目标姿势、要么仅包含机器人当前信念状态的一部分、要么仅包含机器人起始信念状态的一部分，那么目标引导的导航任务在最差情况下要么仍然可解、要么在最差开始情况下它不可解。我们还假设不存在执行或感知噪声。具有执行但不存在感知噪声的搜索任务可以使用 MDP 建模，具有执行和感知噪声的搜索任务可以使用部分可观察 MDP 建模（POMDP）。我们已经说明 MDP 可以使用概率 LRTA*算法解决。一个 POMDP 可以表达为一个 MDP，其中状态空间是在 POMDP 所有状态上的概率分布集合。因此，产生的 MDP 的状态空间是连续的，并且我们在其上使用概率 LRTA*算法之前需要进行离散化。

11.7 小结

本章阐明了实时搜索的概念，描述了它适合于哪类搜索任务，并讨论了一些实时搜索方法的设计和性质。实时搜索方法已经被应用于多种搜索任务,包括传统离线搜索、STRIPS 类规划、移动目标搜索、MDP 和 POMDP 搜索、增强学习和机器人导航(如未知地形的目标引导的导航、覆盖和定位)。我们知道实时搜索方法具有几个优点。第一,不同于很多现有的交替搜索和动作执行的自组织搜索和规划方法,它们具有扎实理论基础并且是状态空间独立的。第二,它们允许对动作执行之间的搜索量进行细粒度的控制。第三,它们可以使用启发式知识引导它们的搜索,这可以减少搜索耗费且无须增加执行耗费。第四,它们可以在任意状态中断并在另一个不同的状态恢复执行。换句话说,若需要,其他控制程序可以在任意时刻接管。第五,它们在多个搜索事件上摊销学习,这允许它们快速确定一个具有次优执行耗费的解,并在之后当它们执行类似搜索任务时改善执行耗费,直至执行耗费满意或最优。因此,从长远来看,当类似搜索任务意外地重复时,它们仍然渐进的最小化了执行耗费。第六,一些智能体通常可以通过单独进行实时搜索并共享搜索信息合作解决搜索任务,从而减少了执行耗费。例如,通过在每个处理器上运行一个实时搜索并共享它们的 h 值,离线搜索任务可以在多个处理器上并行解决。

虽然这些性质可以使得实时搜索方法成为搜索方法的选择,但我们也知道它们并非适合于每个搜索任务。例如,实时搜索方法在完全知道动作的后果之前执行它们,因而当它们首次解决一个搜索任务时,无法保证很小的执行耗费。如果很小的执行耗费很重要,也许在开始执行动作之前需要执行完整搜索。此外,实时搜索方法折中搜索和执行耗费但不明确考虑折中。特别地,有时更新远离当前状态的 h 值是有益的,重复前向搜索也许无法高效确定这些状态。例如,时间有界 A*算法仅执行一个完整的(前向)A*搜索算法并贪心的执行动作直到这个搜索完成。最后实时搜索方法需要在内存中为它们搜索过程中遇到的每个状态存储一个 h 值,因此当初始 h 值无法很好的聚焦搜索时,它们可能有很大的内存需求。

表 11.1 提供了本章中介绍的实时搜索方法的一个概述,以及它们的状态空间类型、局部搜索空间的大小以及它们是否完备和收敛。我们将 LRTA*算法作为原型实时搜索方法讨论并分析了它的性质,包括其完备性、执行耗费和收敛性。然后我们讨论了一些 LRTA*算法的变体,包括具有最大和最小局部搜索空间的变体、带一步前瞻的(类似于最小局部搜索空间的)和前瞻为 0 的(称为最小前瞻,这里所有信息对于当前状态都是局部的)变体。讨论比 LRTA*算法更快更新 h 值(称为 RTAA*算法)、检测收敛、加速收敛(包括 FALCONS 算法)和不收敛的(包括 RTA*算法、节点计数和边计数的)LRTA*算法变体。我们也讨论了非确定状态空间的 LRTA*算法的变体(min-max LRTA*算法)和概率性状态空间的 LRTA*算法的变体(概率 LRTA*算法)。

表 11.1 实时搜索方法概述

实时搜索方法	状态空间	局部搜索空间或前瞻的大小	h 值	完备性	收敛
LRTA*算法（11.1/11.2）	确定性的	1 到无穷大	容许的	是	是
带一步前瞻的 LRTA*算法（11.3）	确定性的	1	容许的	是	是
Min-LRTA*算法（11.4）	确定性的	0	容许的	是	是
RTAA*算法（11.5）	确定性的	1 到无穷大	一致的	是	是
FALCONS 算法（11.7）	确定性的	1	容许的	是	是
RTA*算法	确定性的	1（到无穷大）	容许的	是	否
节点计数	确定性的	1	0	是	否
边计数	确定性的	0	0	是	否
极小化极大 LRTA*算法	非确定性的	1（到无穷大）	容许的	是	是
概率 LRTA*算法	概率性的	1（到无穷大）	容许的	是	是

11.8 习题

11.1 考虑如下解决 n^2-1 数码问题的算法：当 $n \leqslant 3$ 时，使用蛮力解决。否则，使用贪心方法将第一行和第一列的滑块位置归位，然后逐个滑块递归调用算法解决剩下的行和列。找到一个贪心方法，可以在不打乱已在位滑块的情况下将第一行或第一列的一个额外滑块放到位置，且它在第一个动作执行之前以及动作执行之间仅需常数搜索时间（已经证明存在具有这个性质的一个贪心算法，使得产生的算法使用至多 $5n^3+O(n^2)$ 次动作解决 n^2-1 数码问题）。

11.2 列举游戏程序使用的 min-max LRTA*算法以及极小化极大实时搜索方法的一些相似和不同之处。

11.3 在计算机上使用带曼哈顿距离的 LRTA*算法解决 8 数码问题，如果局部搜索空间由（前向）A*搜索算法产生直到将要扩展一个目标状态或已经扩展了 lookahead > 0 个状态，用实验方法确定哪个前瞻值可以最小化搜索耗费（运行时间）。

11.4（1）在使用初始 h 值标记状态的状态空间中（图 11.20），手工模拟带一步前瞻的 LRTA*算法。所有动作耗费均为 1。显然，具有小的局部搜索空间的 LRTA*算法执行大量的动作以逃离 h 值曲面的洼地。

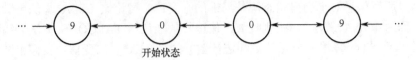

图 11.20 示例状态空间（2）

(2) 说明在这个例子中，具有搜索中可变局部搜索空间的 LRTA*算法和带一步前瞻的 RTA*算法如何避免这种行为。

(3) 实现这三种实时搜索方法并在你选择的更实际的状态空间中对比它们。

11.5 可以在带一步前瞻的 LRTA*算法的值更新步骤和动作执行步骤之间增加额外的值更新步骤 $h(\text{Succ}(u,a)) \leftarrow \max(h(\text{Succ}(u,a)), h(u) - w(u,a))$，因为状态的 h 值更新不仅基于状态的后继状态的 h 值更新，也根据其前驱状态之一的 h 值更新。解释为何仅当 h 值是不一致时，这才是一个好的想法。

11.6 假设具有最小局部搜索空间的 LRTA*算法在同一个安全可探索状态空间中具有相同目标状态集合的一系列搜索任务间维持 h 值和标记。初始，仅目标状态被标记。如果一些动作在动作选择步骤中呈平局且至少其中之一的执行会产生一个标记的状态（或者仅执行唯一的动作产生一个标记的状态），那么 LRTA*算法选择这样一个动作执行并且也标记其当前状态。证明产生的具有初始容许 h 值的 LRTA*算法的变体的如下性质。

(1) 当一个状态被标记时，其 h 值等于其目标距离且不会再改变。

(2) 一旦 LRTA*算法达到一个标记的状态，它沿着从那里到一个目标状态的最小耗费路径并且路径上的所有状态都被标记。

(3) 如果 LRTA*算法的起始状态未被标记，那么它需要到达一个目标状态时标记一个额外的状态。

11.7 假定当具有容许初始 h 值的 LRTA*算法执行一个动作后，其（很少）移动到一个距其当前状态很近的状态。这如何改变其性质？

(1) 其初始 h 值仍然是容许的么？

(2) 它能保证在安全可探索状态空间中到达一个目标状态么？

(3) 如果它在同一个安全可探索状态空间中具有相同目标状态集合的一系列搜索任务间维护 h 值，它能保证收敛到一条最小耗费路径么？

11.8 证明引理 11.1 和引理 11.2。

11.9 以类似于 LRTA*算法对应性质的证明方式证明在所有动作耗费均为 1 的所有状态空间中，零初始化 Min-LRTA*算法的复杂度是 $O(ed)$。作为一个中间步骤，以类似于引理 11.3 和定理 11.1 的方式，为 Min-LRTA*算法证明结果。

11.10 在所有动作耗费均为 1 的状态空间中，当某些位于非目标状态的动作使得当前状态不变时，对于带一步前瞻的 LRTA*算法，引理 11.3 和定理 11.1 如何改变？

11.11 使用图 11.21 所示的无向棒棒糖状态空间，证明在所有动作耗费均为 1 的所有无向状态空间和所有动作耗费均为 1 的欧拉状态空间中，零初始化 Min-LRTA*算法和零初始化边计数的复杂度均为 $\Omega(ed)$。

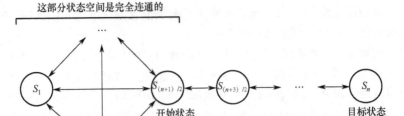

图 11.21　Koenig 和 Simmons（1996）给出的棒棒糖状态空间

11.12 证明即使对于所有动作耗费均为 1 的合理无向状态空间和所有动作耗费均为 1 的所有合理欧拉状态空间，零初始化节点计数的复杂度至少为 n 的指数级。

11.13 在所有动作耗费均为 1 的状态空间中，零初始化边计数和零初始化节点计数是相关的。考虑任意状态空间 X 和状态空间 Y，Y 由状态空间 X 使用两条通过一个中间节点连接的有向边替换 X 中的每个有向边导出。图 11.22 给出了一个示例。那么，状态空间 Y 中的节点计数、状态空间 Y 中的边计数以及状态空间 X 中的边计数行为相同（如果以相同方式打破平局）。这意味着状态空间 Y 中的节点计数和状态空间 Y 中的边计数执行相同数量的动作，这是状态空间 X 中边计数执行动作数量的两倍（因为它们需要为状态空间 X 中边计数执行的每个动作执行两个动作）。LRTA*算法和 Min-LRTA*算法之间存在类似关系么？

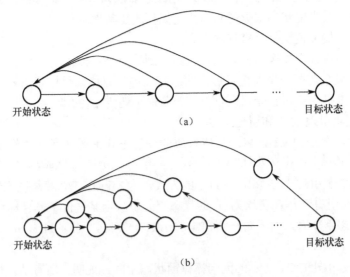

图 11.22　具有中间状态的状态空间

（a）状态空间 X=重置状态空间；（b）状态空间 Y。

11.14 11.6.2 节的最后一段提到一些实验结果。为未知地形下的目标引导导航实现重复（前向）A*算法、LRTA*算法和 RTAA*算法，并确认或驳斥这些结果。

11.15 已经证明重复前向 A*算法（从机器人的当前单元格到目标单元格重复搜索）比重复后向 A*算法（从目标单元格到机器人的当前单元格重复搜索）能够以更少的单元格解决未知地形下目标引导的导航，其中，单元格被随机阻塞，两种 A*算法变体的 h 值都使用曼哈顿距离初始化，并且统计所有单元格扩展，直到机器人到达目标单元格。即使分支因子在两个方向上相同时，差别也很大。解释这个现象然后在所有动作耗费均为 1 的网格中进行实验来支持你的假设。

11.16 实现一个具有五个蚂蚁机器人的网格，其中机器蚂蚁从相同单元格开始，并使用带一步前瞻的 LRTA*算法来重复覆盖网格。所有动作耗费均为 1。测试使得蚂蚁机器人更快或更均匀的覆盖网格的不同想法。

（1）你能够通过使得蚂蚁机器人更快互相偏离，进而更快或更均匀的覆盖网格么？

（2）你能够使蚂蚁机器人都使用节点计数而不是 LRTA*算法来使它们更快或更均匀的覆盖网格么？

（3）LRTA*算法和节点计数的实验覆盖时间能够反映它们的复杂度区别么？

11.17 为算法 11.8 中不限制状态 h 值更新顺序的 LRTA*算法的变体证明引理 11.3、定理 11.1 和定理 11.2 的变体，其有时被称为基于试验的实时动态规划。我们可以将其看作在它执行动作选择步骤之前使用不同的局部搜索空间（至少其中之一包含当前状态）重复值更新步骤。

11.18 描述在 h 值接近状态的期望目标距离时，我们如何获得概率 LRTA*算法（有提示的）的容许 h 值。

11.19 考虑在图 11.1 中的网格中执行边蚂蚁行走的蚂蚁机器人，且起始单元格由图形给出。在最差情况下，它需要执行多少动作以访问这个无向状态空间中的每个状态至少一次（也就是，对于每个状态可能的最差动作顺序）。最差情况下在其重复执行一个欧拉回路之前它需要执行多少个动作？

11.20 对于常数 $\lambda > 1$，考虑在动作选择和值更新步骤中使用 $\lambda \times h(\text{Succ}(u,a))$ 代替 $h(\text{Succ}(u,a))$ 的带一步前瞻的 LRTA*算法。假设这个 LRTA*算法变体在同一个安全可探索状态空间中具有相同目标状态集合的一系列搜索任务间维持 h 值。证明或反驳，这个具有容许初始 h 值的 LRTA*算法变体到达一个目标状态的执行耗费大于 $\lambda \times \delta(s, T)$（其中 s 是当前搜索任务的起始状态）的搜索任务数量是有上界的。

Procedure Variant-of-LRTA*-2
Input: 具有起始 h 值的搜索任务
Side Effect: 更新的 h 值

$u \leftarrow s$;;从开始节点开始
while $(u \notin T)$;;只要未达到目标
 while desired   ;;重复零次或多次(按需)
  $v \leftarrow$ SelectNongoalState(S)   ;;选择任意非目标状态
  $a \leftarrow \arg\min_{a \in A(v)} \{w(v,a) + h(\text{Succ}(v,a))\}$;;选择动作
  $h(v) \leftarrow \max\{h(v), w(v,a) + h(\text{Succ}(v,a))\}$;;更新 h 值
 $a \leftarrow \arg\min_{a \in A(u)} \{w(u,a) + h(\text{Succ}(u,a))\}$;;选择动作
 $h(u) \leftarrow \max\{h(u), w(u,a) + h(\text{Succ}(u,a))\}$;;更新 h 值
 $u \leftarrow a(u)$;;执行动作

算法 11.8

LRTA*算法的变体（2）

11.21 LRTA*算法的局部搜索空间规模越大，其执行耗费往往越小。但是，在更大的局部搜索空间中更新 h 值是耗时的。为了更快运行，LRTA*算法可以近似地在其局部搜索空间中更新 h 值，这就是 RTAA*算法和算法 11.8 中 LRTA*算法变体所做的。也存在执行分支限界搜索的 LRTA*算法的变体，称为极小化最小搜索，其设置当前状态的 h 值为算法 11.2 中由 Dijkstra 算法变体计算出的值，并且保持局部搜索空间中的其他状态的 h 值不变。在这种一般环境下，考虑算法 11.9 的 LRTA*算法变体。初始的，非负 h' 值为 0，s' 值为 NULL。当 $s'(\text{Succ}(s,a)) = s$ 时，我们使用 $h''(s,a)$ 作为 $h'(\text{Succ}(s,a))$ 的简写，否则就作为 $h(\text{Succ}(s,a))$ 的简写。

（1）它与具有更大的局部搜索空间的 LRTA*算法有什么关系？
（2）它与 RTA*算法有什么关系？
（3）它有哪些性质？
（4）你能改进它么？

11.22 证明在所有动作耗费均为 1 的所有安全可探索状态空间中，边计数总是通过有限数量的动作执行和有限的执行耗费到达一个目标状态。

11.23 证明定理 11.5 本质上意味着 11.3 节的复杂度结果也适用于具有一致初始 h 值的 RTAA*。

11.24 当 FALCONS 算法的初始 g 值和 h 值一致时，简化其值更新步骤。

```
Procedure Variant-of-LRTA*-3
Input: 具有起始 h 值的搜索任务
Side Effect: 更新的 h 值


u←s                                                    ;;从开始节点开始
while (u ∉ T)                                          ;;只要未达到目标
    a←arg min_{a∈A(u)}{w(u,a) + h''(u,a)}              ;;选择动作
    h(u)←max{h(u), w(u,a) + h'' (u,a)}                 ;;更新 h 值
    s'(u)←Succ(u,a)                                    ;;选择后继状态
    h'(u)←max {h(u), min_{a∈A(u)|Succ(u,a)≠s'(u)}{w(u,a) + h'' (u,a)}}  ;;更新 h 值
    u←a(u)                                             ;;执行动作

算法 11.9
```

LRTA*算法的变体(3)

11.25 在所有动作耗费均为 1 的所有状态空间和所有动作耗费均为 1 的所有安全可探索状态空间中，具有最小局部搜索空间的零初始化 LRTA*算法的复杂度分别是 $\Theta(nd)$ 和 $\Theta(n^2)$。证明在所有动作耗费均为 1 的所有无向状态空间和欧拉状态空间上这些复杂度仍然是紧的。RTAA*算法对应的复杂度是多少？

11.9 书目评述

Koenig（2001b）创造了术语智能体为中心的搜索；Korf（1990）发明了术语实时启发式搜索；Barto，Bradtke 和 Singh（1995）发明了术语基于踪迹的实时动态规划。Korf（1990）最初使用实时搜索寻找大的离线搜索任务的次优解，例如 99 数码问题。实时搜索与卵石算法有关，智能体可以使用彩色鹅卵石标记另外的不可区分状态来覆盖状态空间（Blum，Raghavan 和 Schieber，1991）。实时搜索也与规划包络法有关，规划包络法在 MDP 上运行，通过仅搜索很小的局部搜索空间减少搜索耗费，类似概率 LRTA*算法。如果在执行中离开局部搜索空间，那么从新状态重复这个过程直至它们到达一个目标状态（Dean，Kaelbling，Kirman 和 Nicholson，1995）。但是，它们使用接近至少一个目标状态且在执行中不太可能离开的局部搜索空间，搜索从起始状态到一个目标状态的所有方式。最后，实时搜索也类似于增强学习（见 Thrun，1992 以及 Koenig 和 Simmons，1996a 的工作）和增量搜索（见 Koenig，2004 的工作）。Korf（1990，1993）将实时搜索应用于传统搜索任务；Bonet，Loerincs 和 Geffner（1997）将其应用于

STRIPS 类的规划任务；Ishida（1997）以及 Koenig 和 Simmons（1995）将其应用于移动目标搜索任务；Wagner，Lindenbaum 和 Bruckstein（1999），Koenig，Szymanski 和 Liu（2001a）以及 Svennebring 和 Koenig（2004）将蚂蚁机器人应用于覆盖；Koenig（2001a）将其应用于定位；Barto，Bradtke 和 Singh（1995）将其应用于 MDP；Bonet 和 Geffner（2000）将其应用于 POMDP 算法。

Korf（1990）描述了 LRTA*算法（包括极小化最小搜索），Koenig（2001a）分析了 LRTA*算法；Shue 和 Zamani（1993）描述了 SLA*算法；Shue，Li 和 Zamani（2001）描述了 SLA*T 算法；Ishida（1997）描述了 ε-LRTA*算法；Koenig 和 Likhachev（2006）描述了 RTAA*算法；Korf（1990）描述了 RTA*算法；Koenig 和 Szymanski（1999）描述了节点计数，Koenig，Szymanski 和 Liu（2001a）分析了节点计数；Koenig 和 Simmons（1996a）描述了 Min-LRTA*算法；Edelkamp 和 Eckerle（1997）描述了 SLRTA*算法；Koenig 和 Simmons（1996b）描述了边计数；Yanovski，Wagner 和 Bruckstein（2003）描述了边蚂蚁行走；Furcy 和 Koenig（2000）描述了 FALCONS 算法；Koenig（2001a）描述了极小化极大 LRTA*算法。

Russell 和 Wefald（1991）研究了 LRTA*算法的变体；Bonet 和 Geffner（2000）以及 Hernández 和 Meseguer（2005 和 2007a,b）研究了 min-max LRTA*算法的变体；Balch 和 Arkin（1993），Pirzadeh 和 Snyder（1990）以及 Thrun（1992）研究了节点计数的变体；Sutherland（1969）研究了边计数的变体。Edelkamp 和 Eckerle（1997），Ishida（1997），Moore 和 Atkeson（1993），Pemberton 和 Korf（1992，1994），Russell 和 Wefald（1991），Sutton（1991），Thorpe（1994），Bulitko，Sturtevant 和 Kazakevich（2005）报告了这些实时搜索方法的改进。Bulitko 和 Lee（2006）统一了这些改进中的一部分。

Ishida（1997），Knight（1993），以及 Felner，Shoshani，Altshuler 和 Bruckstein（2006）除了研究蚂蚁机器人的实时搜索还研究了合作智能体的实时搜索。Ishida（1997）用一本书长度的综述概述了实时搜索并包括了他在实时搜索方面的很多研究结果。Björnsson，Bultiko 和 Sturtevant（2009）以及 Parberry（1995）分别为任意状态空间（称为时间有界 A*算法）和滑块拼图描述了不满足我们的定义，但在首次动作执行之前以及动作执行之间仅需要常数搜索时间的实时搜索方法。

第 4 部分

启发式搜索变体

第 12 章　敌对搜索

敌对搜索为搜索过程引入了不确定性因素。玩游戏是敌对搜索的一个典型模型，作为分层树搜索的一个特例，已经有专门算法对其进行了深入研究。这些研究表明，最优策略带来最完美的游戏。在游戏的多数配置中，玩家轮流地独立采取行动。本章将讨论标准博弈算法 negmax 和 minimax 并讨论类似 $\alpha\beta$ 算法的剪枝技术。博弈树搜索是深度有界的而非耗费有界的，其叶子节点的值是通过一个静态评估函数计算得到的。另外，回溯分析从胜利和失败位置开始在反方向计算分类位置的整个数据库；这些数据库可作为残局查找表并配合特定游戏程序使用。多人和一般游戏扩展了这个范畴。

在非确定性或概率性情景中，敌对指的是自然的不可预测行为。相比于确定性搜索模型，在某个状态采取动作后的输出结果并不是唯一的。每一个允许的动作都可能会产生几个后继。出现这种不确定性的主要原因有以下几个方面：真实世界的随机性、缺少对真实世界的精确建模知识、无法控制环境的动态变化性、不精确的传感器和执行器等。

对不确定和概率性搜索任务的解决办法是将状态映射为动作，而不是动作序列。另外，与线性解序列相反，敌对搜索需要遍历状态空间，并以树或图的形式返回解策略。这种返回策略通常以值函数的形式来表示。即为每一个状态分配一个值。对于确定性配置，这个值函数起到启发式的作用，即逐步接近到目标距离。这将敌对搜索问题的求解过程与先前提到的实时搜索联系起来，而确定性搜索模型的值函数是随时间改进的。

为了将策略应用于真实世界，我们将解以有限状态控制器的形式嵌入到环境中。也就是说，解可以被解释成一段响应输入的程序，即通过在当前内部状态采取一个动作并基于环境的响应改变状态。

在概率环境，随机搜索问题的标准形式是一个马尔可夫决策过程。更简单的不确定性模型是"与/或（AND/OR）"图，其中，求解器控制"或"节点，环境运行在"与"节点。两者的主要区别在于当执行动作时，出边标有概率。

本章将确定性、非确定性和概率性搜索的求解统一到一个模型中。与确定性搜索一样，我们通常搜索最优策略。而对于不确定性和概率性环境，期望的效果有可能实现也有可能无法实现。这种情况下,我们就最大化期望收益(或最小化期望耗费)。

12.1 二人游戏

按约翰·麦卡锡的说法,国际象棋称为"人工智能的果蝇"(类比果蝇常被生物学家用来研究遗传学)。从 20 世纪 50 年代初,人工智能在国际象棋(图 12.1)的应用就已成为 AI 领域的主要成果之一,其主要的表现就是在比赛中击败了人类国际象棋世界冠军。尽管如此,大家还可能会争论基于密集计算的搜索与人类选手采用的智力方法的类似之处。

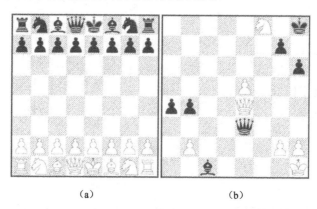

图 12.1 国际象棋的初始布局图和一步将杀的布局(轮到白棋走)

(a) 初始布局图;(b) 一步将杀的布局图。

一般来说,在符合相应棋子移动规则下,国际象棋的移动就是将玩家的棋子运输到一个不同的方格。最多有一个例外,即玩家可以通过移动自己的棋子至某个对手棋子占有的方格并吃掉对手的棋子。这样,对手的棋子将从棋盘上移除,退出剩下的比赛。如果"王"处于被将死的局面,那么我们将有一个"将杀"位置,也意味着比赛结束。(如图 12.1(b),在一步内就可获得将杀位置)。如果一个棋手无法进行任何合规的棋子移动,而王却没有被将时,那么这就是和局。如果同一个玩家在一个同样的位置重复移动三次,那么他同样能够宣称和局。

图 12.1(b)给出了备受关注的人类世界冠军挑战深弗里茨(Deep Fritz)程序人机大赛中的一步。最终,计算机以 4:2 赢得比赛。不过,首次击败世界冠军的计算机系统深思者(Deep Thought),使用了大规模并行的、面向硬件的搜索机制,并在 1s 内基于有限精度评估函数和大量人造的开局,对上亿次的运算节点进行了评估和存储。

除了竞技比赛，一些组合国际象棋问题，如 33439123484294 骑士周游问题也都采用搜索方法解决。

一字棋游戏（图 12.2（a））中，两名玩家在3×3的棋盘上交替摆放○和×标记。如果玩家可以将属于自己的标记摆成一行、一列或者一条对角线，那么他将赢得游戏。不难看出，由于每个区域要么是未标记，要么标记为×或○。这个游戏的状态空间大小为：$3^9 = 19683$。完整的枚举方法表明，任意一方并没有获胜策略。即最优策略下该游戏是和局。

Nim 游戏是一个二人游戏。玩家通过一次移除一支或多支单行中的火柴进行游戏。移除最后一根火柴的玩家赢得比赛。图 12.2（b）给出了经典的 Nim 游戏示例。通过应用组合博弈理论，不需要太多搜索就可得到最优游戏策略（见习题）。

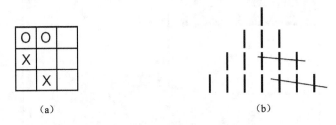

图 12.2　一字棋游戏和 Nim 游戏的中间状态

(a) 一字棋游戏；(b) Nim 游戏。

好的围棋程序更注重以人的方式思考，而非理想计算机下的蛮力搜索方法。从这一点来看，依据麦卡锡的说法，围棋可能会成为人工智能领域的下一个"果蝇"。已经尝试了很多技术，比如基于规则的知识表示、模式识别和机器学习。两个玩家通过在19×19的棋盘上放置石子竞争占有领地。每一个玩家都试图将领地用自己的石子围起来，并且吃掉对手的石子。这个游戏的目的是看谁围的领地最大。这个游戏已采用不同的策略进行求解。在一些游戏残局中，采用分治方法可以获得指数级的节约，即将一些棋局分解成易于处理的局部游戏问题之和。另一个有影响力的搜索方法是利用随机棋局样本中的结构。

在四子棋（Connect 4）游戏中，如图 12.3（b）所示，玩家必须把棋子放在每一列最靠下的未被占领区域。要赢得比赛，玩家必须要先于对手，将己方四枚棋子以纵、横、斜方向连成一线。已经证明，采用基于知识的极小化极大搜索方法可以使得最先开始的玩家在最优策略下赢得比赛。这种方法是在博弈搜索树评估中，引入了第三个值 unknown。该方法的存储开销随搜索树的大小线性增长，而传统的 $\alpha\beta$ 剪枝仅要求存储开销与树的深度呈线性关系。

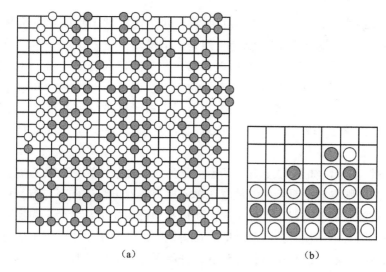

图 12.3 围棋程序的中间位置和四子棋的终止位置

(a) 围棋；(b) 四子棋。

棋盘游戏西瓜棋（Nine-Men-Morris），如图 12.4 所示，以连成一条垂直或水平的线为目标。也就是形成一个"磨坊"。当一方有三个棋子连成一线，也就是形成一个"磨坊"时，就可以立刻移除棋盘上对手的一个没有形成工厂的棋子。特殊情况下，对手的所有棋子都形成了"磨坊"，玩家就可以移除一个工厂。初始时，玩家将己方颜色的棋子放置在没有被占据的点上，直到所有 18 个棋子都布置完成。随后，游戏玩家交替沿棋盘上的线条移动棋子到相邻的点上。当一方只剩下两个棋子或者他的所有棋子都不能移动时就算输。西瓜棋已经被基于并行搜索和大量残局库的方法破解。游戏完整搜索的结果是平局。

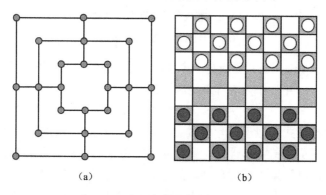

图 12.4 西瓜棋和西洋跳棋的初态

(a) 西瓜棋；(b) 西洋跳棋。

在西洋跳棋中，如图 12.4（b）所示，两个玩家试图吃掉对手所有的棋子或使其不能移动。普通的棋子都是沿斜角前向移动到未占区域。当棋子到达最后一行时，其变成国王，此时其可以沿斜角前向或后向移动。棋子（或国王）只能移动到未占据区域。棋子的移动还包括一步或多步的跳跃，并吃掉跳过的敌方棋子。当前，对于棋盘包含 10 个及以下棋子的位置完整信息，西洋跳棋程序可基于网络工作站和若干高端计算机经过大量回溯分析生成。西洋跳棋是一个平局。

六贯棋（Hex，如图 12.5（a）所示）是另一个复杂性为 PSPACE 完全的棋盘游戏。玩家分别将自己颜色的球放置在单元格上。双方都试图将己方颜色的单元格连成一条链。由于游戏不存在平局，所以易于证明先下棋者会赢得比赛，否则他只能采取第二个下棋者的获胜策略来赢得比赛。在六贯棋中，当前的程序采用了一种独特的方法，即利用电路理论的方法将子位置（虚连接）的影响组合成更大的影响。虚拟的半连接允许两组棋子连接，只要其中的一组棋子可以移动即可。虚拟全连接允许两组棋子连接而不用关心对手的移动（图 12.6）。

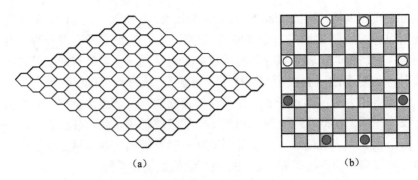

图 12.5　六贯棋和亚马孙人游戏的初态

（a）六贯棋；（b）亚马孙人游戏。

亚马孙人（Amazons）游戏是一个棋盘游戏，如图 12.5（b）所示。近几年这种游戏非常流行，并且作为博弈理论和 AI 游戏搜索研究的一个平台。这个游戏的规则是玩家在 $n \times n$（通常为 10×10）的棋盘上移动王后。被称为王后或亚马孙人的棋子的移动方式类似于国际象棋的王后。作为每次移动的一部分，从移动的棋子射出一个箭头。箭头落地的位置是从目标位置可达的，并将其从游戏区域消除，使得箭头最终阻塞王后的移动。最后完成移动的玩家获胜。亚马孙人游戏复杂度是 PSPACE 的，因为不像国际象棋和围棋游戏，在亚马孙人游戏中移动的数量是多项式有界的。但确定 $n \times n$ 亚马孙人的结果是 PSPACE 难的。

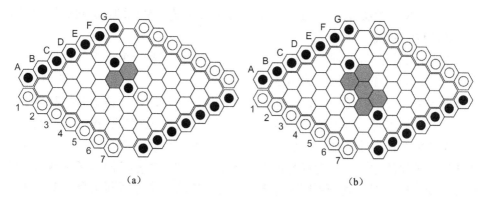

图 12.6 六贯棋的虚拟和半虚拟连接

(a) 虚拟连接；(b) 半虚拟连接。

12.1.1 博弈树搜索

在二人游戏中，为了选取最优移动，计算机构造了一棵博弈树，每个树节点代表一种配置（如棋盘位置）。树根对应于当前位置，节点的子节点表示一步移动可达的配置。每隔一层对应于对手的移动。根据 12.4 节的形式化描述，博弈树就是"与或"图的一个特例。该特例具有"与"节点和"或"节点的交替层。这里重点关注零和博弈（一方玩家的收益等于另一方玩家的损失），双方玩家都具有完整信息（不同于卡牌游戏）。

一般来说，由于树太大，很难进行完整搜索，所以分析一般限制在某个固定层次，产生的末端节点最终由一个称为静态评估函数的启发式程序进行评估。二人游戏搜索与实时搜索的一个类似特征在于，需要更快做出决策而不是确定最优移动和有界的范围估计。

评估程序为每个位置分配一个启发式数值，较大的值代表的位置对于当前移动玩家更适宜。静态评估器无须正确，唯一的要求是产生准确的末端位置值（如象棋中的将死或和棋配置）。平均下来，预期结果是为更好的位置关联更高的数值。与单人游戏不同，此处没有容许性的说法。静态评估器可以使用任意适当的表示加以实现。一个常见的简单形式就是基于游戏专有特性的加权和，如材料差异性、人物移动性、被攻击的人物等。

编写健壮的计算机游戏，主要窍门就在于设计好的评估函数。不过，挑战在于在给定指示性值与计算开销之间取得平衡。实际上，可以完整搜索简单的游戏，所以任何启发式算法都会这么做。另外，如果我们手头有总是正确的评估函数，那么从一开始就没必要进行搜索。通常来说，评估函数都是由专家通过艰难、细致、反复的实验后设计出来的。不过，后面我们会谈到计算机通过学习得到评估函数的方法。

要为游戏找到好的评估函数，以进行高效的计算是一个真正的挑战。一般来说，计算静态评估函数分为两步：首先，提取一些特征；然后，将特征结合到全局评估函数中。这些特征一般由人类专家进行描述。评估函数经常需手工推导得到，但也可通过程序学习或优化得到。不过这里存在这样一个问题，考察所有的特征的值将会使评估函数非常复杂。为了解决这个问题，我们给出一种基于分类树的方法。分类树是前面提到的决策树的自然扩展。后续章节会给出这种分类树如何在 $\alpha\beta$ 搜索算法中进行高效的应用及如何利用自举方法来查找评估函数。

假设对于某个位置的值来说，从两个玩家来看是相反的。主差异定义为从根节点开始每个玩家的最佳行棋路径；也就是，每选择一步，都使得自己最坏情况下的收益最大化（由树的叶子节点的静态评估器度量）。可通过对每个内部节点标记其子节点的值的负数的最大值来找到主差异。那么主差异被定义为从根节点到叶子节点的一条路径，其中沿着每个节点到其值最小的子节点延伸。从第一个玩家的角度来看，根节点的值就是这条路径达到的末端节点的值。这个标记过程被称为 negmax 算法（负极大值算法），其伪代码见算法 12.1。

Procedure Negmax
Input: 位置 u
Output: 根节点的值

if (leaf(u)) **return** Eval(u)　　　　　　　　　　　　　　　　;;没有后继，静态评估
res ← $-\infty$　　　　　　　　　　　　　　　　　　　　　　　　　;;为当前帧初始化值 res
for each $v \in$ Succ(u)　　　　　　　　　　　　　　　　　　　;;遍历后继列表
　　res ← max{res, −Negmax(v)}　　　　　　　　　　　　　　;;更新值 res
return res　　　　　　　　　　　　　　　　　　　　　　　　　;;返回最终评估

算法 12.1

negmax 算法的标记过程

极小–极大搜索（min-max Search）算法是 negmax 算法的等效形式。区别在于，双方玩家的评估值无须互为负数。这类搜索树包括两种不同类型的节点，一种是使得玩家可能收益最小化的 MIN 节点，另一种是使得另一个玩家收益最大化的 MAX 节点（见算法 12.2）。

```
Procedure Minimax
Input: 位置 u
Output: 根节点的值


if(leaf(u)) return Eval(u)                         ;;没有后继，静态评估
if(max-node(u)) val←-∞                             ;;为 MAX 节点初始化返回值
else val←+∞                                        ;;为 MIN 节点初始化返回值
for each v∈ Succ(u)                                ;;遍历后继列表
  if(max-node(u)) val←max{val,Minimax(v)}          ;;在 MAX 节点递归调用
  else val←min{val, Minimax(v)}                    ;;为 MIN 节点递归调用
return res                                         ;;返回最终评估

算法 12.2
```

极小极大博弈树搜索

除个别游戏，几乎对所有游戏来说都无法完全评估博弈树。在实际应用中，可探索的树层数依赖于该次移动的时间限制。从这一点来看，计算和动作的交替方法类似于实时搜索（见第 11 章）场景。由于无法事先预知实际所需的计算时间，多数游戏程序应用了迭代加深的方法，也就是依次搜索到 2，4，6…层，直到可用时间耗尽。搜索到 k 层可以提供加速更深的 $k+2$ 层搜索的有价值信息。

12.1.2 $\alpha\beta$ 剪枝

我们已经看到 negmax 搜索过程如何执行深度优先的博弈树搜索以及为每个节点分配一个值。$\alpha\beta$ 剪枝的分支限界方法确定根节点的 negmax（负极大）值，并且避免了对树的相当大的一部分进行检查。为了限制搜索量，该方法需要两个界限。一般统称为 $\alpha\beta$ 窗口：α 表示玩家可以达到的最小值，而对手可以保证它的值小于 β。如果初始窗口为 $(-\infty,+\infty)$，那么 $\alpha\beta$ 程序将确定正确的根节点估值。该程序通过截断方法避免了对很多节点的处理。对此，有两种不同的方法，即浅层截断和深层截断方法。

我们首先来探讨浅层截断方法。考虑图 12.7 的情况，其中一个子节点估值为-8。那么根估值至少是 8。接下来，节点 d 的估值被确定为 5，依次类推节点 c 的估值至少为-5。因此，在根节点的玩家将始终最先移动到 b，而 c 的其他子节点的结果都是无关紧要的。

在深层截断方法中，用于截断的界限不仅来自父节点，也可来自任意祖先节点。考虑图 12.8，通过评估节点 e 的第一个子节点 f，可以确定 e 的估值必须至

少为 -5。但是，第一位玩家通过移动到 b，使得根节点估值已经达到 8，那么他就不会从 d 移动到 e，那么尚未考察的 e 的剩下的子节点就可以裁剪掉。$\alpha\beta$ 搜索的实现如算法 12.3 所示。

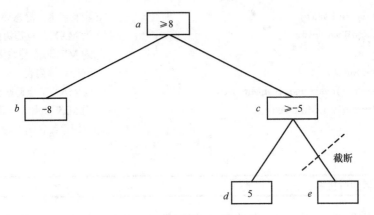

图 12.7　$\alpha\beta$ 剪枝中的浅层截断

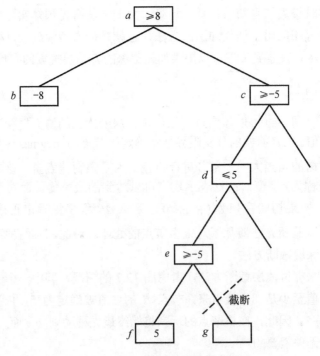

图 12.8　$\alpha\beta$ 剪枝中的深层截断

```
Procedure NegmaxAlphaBeta
Input: 位置 u, 界限 α, β
Output: 根节点的值

if(leaf(u)) return Eval(u)                          ;;没有后继，静态评估
res←α                                                ;;为当前帧初始化值 res
for each v ∈ Succ(u)                                 ;;遍历后继列表
    val←−NegmaxAlphaBeta(v, −β, −res)               ;;初始化截断值
    if(val > res) res←val                            ;;更新 res
    if(res≥β) return res                             ;;执行截断
return res                                           ;;返回最终评估
```

算法 12.3

αβ 负极大值博弈树剪枝

对于任意节点 u，β 表示用于限制 u 下面节点的上界。当确定 u 的负极大值大于等于 β 时，就发生一次截断。在这种情况下，对手已经选择了一个移动，以避免节点 u 的值不大于 β。在对手看来，候选的移动不比 u 差，因此继续搜索 β 以下的节点是没有必要的。我们说 u 是被驳斥的。可以直观地将 αβ 剪枝扩展到极小极大搜索（见算法 12.4）。所谓的容错 α、β 搜索，将变量 res 初始化为 $-\infty$，而不是 α。这种改进，使得这种搜索方法可以应用到初始窗口区间小于 $(-\infty,+\infty)$ 的更一般的情况。如果搜索失败（即根估值在区间之外），则估计过程返回，告知真实值小于 α 或大于 β。

```
Procedure MinimaxAlphaBeta
Input: 位置 u, 值 α, 值 β
Output: 根节点的值

if (leaf(u)) return Eval(p)                          ;;没有后继，返回评估
if (max-node(u))                                     ;;MAX 节点
    res←α                                            ;;初始化结果值
    for each v ∈ Succ(u)                             ;;遍历后继列表
        val←MinimaxAlphaBeta(v, res, β)              ;;为 α 递归
        res←min{res, val}                            ;;取最大值
        if (res≥β)                                   ;;结果超过阈值
            return res                               ;;传播值
else                                                 ;;MIN 节点
```

```
res←β                                    ;;初始化结果值
for each v∈Succ(u)                       ;;遍历后继列表
    val←MinimaxAlphaBeta(v, α, res)      ;;为β递归
    res←min{res, val}                    ;;取最小值
    if (res≤α)                           ;;结果超过阈值
        return res                       ;;传播值
return res                               ;;传播值
```

算法 12.4

具有 $\alpha\beta$ 剪枝的极小极大（Minimax）博弈树搜索

定理 12.1（具有 $\alpha\beta$ 剪枝的极小极大搜索的正确性） 令 u 是游戏过程中的任意位置，并且 $\alpha < \beta$，那么以下三个结论成立。

（1） $\text{MinimaxAlphaBeta}(u,\alpha,\beta) \leq \alpha \Leftrightarrow \text{Eval}(u) \leq \alpha$。

（2） $\text{MinimaxAlphaBeta}(u,\alpha,\beta) \geq \beta \Leftrightarrow \text{Eval}(u) \geq \beta$。

（3） $\alpha < \text{MinimaxAlphaBeta}(u,\alpha,\beta) < \beta \Leftrightarrow \alpha < \text{Eval}(u) < \beta$。

证明：这里仅证明第二条断言，其他的可以类似推导。令 u 是 MAX 节点。当且仅当存在一个 $\text{res} \geq \beta$ 的后继时，有 $\text{MinimaxAlphaBeta}(u,\alpha,\beta) \geq \beta$。由于所有更远的后继只能拥有更大的 res，所选状态的 res 值是所有之前 res 值（包括 α）的最大值，所以对于某个 $\text{res}' < \text{res}$ 所选状态的 res 等于 $\text{MinimaxAlphaBeta}(u,\alpha,\beta) \geq \beta$。利用归纳法，可以得到 $\text{Eval}(u) \geq \beta$。

在相反的方向，假设 $\text{MinimaxAlphaBeta}(u,\alpha,\beta) < \beta$，也就是所有后继的 res 值都小于 β。那么，所有后继的 val 值都小于 β，且 $\text{Eval}(u) < \beta$。

图 12.9 给出了一个具有 $\alpha\beta$ 剪枝的极小极大博弈树搜索的例子。另外，也说明了当额外应用移动排序时剪枝的积极作用。

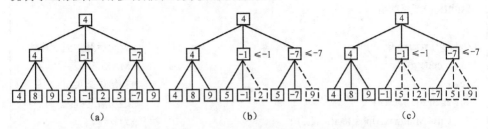

图 12.9 具有 $\alpha\beta$ 剪枝的 Minimax 博弈树搜索以及额外移动排序

1. $\alpha\beta$ 剪枝的性能

为了获得 $\alpha\beta$ 剪枝的性能界限，必须证明对于任意博弈搜索树，存在一个被任意搜索算法测试过的极小（子）树，不管末端节点的值。这棵树被称为关键

树，它的节点被称为关键节点。为了更加便于处理，将节点分为三种类型，分别是 PV、CUT 和 ALL。下面的规则用来确定关键节点。

（1）根节点是 PV 节点。
（2）PV 节点的第一个子节点是 PV 节点，剩下的子节点都是 CUT 节点。
（3）CUT 节点的第一个子节点是 ALL 节点。
（4）ALL 节点的所有子节点都是 CUT 节点。

如果我们不实现深层截断，那么仅有三条规则用于确定最小树：
（1）根节点是 PV 节点。
（2）PV 节点的第一个子节点是 PV 节点，剩下的子节点都是 CUT 节点。
（3）CUT 节点的第一个子节点是 PV 节点。

对于一个高度为 d 的完全均匀的 b 进制子树，其末端叶子数量为
$$b^{\lceil d/2 \rceil} + b^{\lfloor d/2 \rfloor} - 1$$

这可由以下方法得出。为了证明根值至少为 v，必须检查 $b^{\lceil d/2 \rceil}$ 个叶子节点，因为一次移动必须考虑每个玩家的层次以及每个对手所在层次的所有移动（这棵子树也称为玩家的策略）。相反地，为了证明这个值至多为 v，必须生成 $b^{\lfloor d/2 \rfloor} - 1$ 个叶子节点（对手的策略）。主差异位于二者的交集。

如果以最佳优先的顺序对树进行搜索（总是首先选择最佳的移动），那么 $\alpha\beta$ 仅搜索关键树。因此，为了提高算法性能，应用移动排序很重要（根据它们的预期价值，用启发式对移动进行排序）。

注意，前一项近似为 $2\sqrt{n}$，其中 $n = b^d$，是整棵（未剪枝）树的叶子数量。因此，可以说 $\alpha\beta$ 剪枝具有使得搜索深度翻倍的潜力。

2. 扩展剪枝到静态评估器

依赖于其复杂性，在博弈树搜索中，静态评估占据了大多数计算工作量。减少不必要开销的一个想法是将 $\alpha\beta$ 剪枝扩展到评估自身。不再将其看作一个原子操作。例如，在权值累加和类型的评估器中，一次计算一个特征，每一步得到一个部分估计。假设所有的特征的效用值和权值都是正的，这一般是符合实际情况的，那么只要部分和超过 $\alpha\beta$ 搜索窗口，就可丢弃该位置，而不必考虑剩下的特征。

当以树的形式表示启发式时，这类剪枝是非常强大的。决策树的每个内部节点都包含一个测试判决条件（如将属性与一个阈值相比较），该条件决定接下来下降到哪一个分支。它的叶子包含评估的实际结果。可以从标注的训练样本中自动导出决策树。不足在于，如果一个属性值接近阈值，那么评估会基于输入特征的任何变化发生突然的跳变。作为一种补救，就是将决策树泛化应用到游戏中，以使其决策边界是"软"或"模糊"的。

12.1.3 置换表

与单智能体搜索类似，置换表（见 6.1 节）是用于值重用的搜索信息的内存密集词典（见第 3 章）。置换表用来测试是否已经在不同子树的搜索中计算了某个特定状态的值。这可以显著降低有效搜索博弈树的规模。因为在二人游戏中，具有到达同一个位置的不同移动序列（或者相同移动的不同顺序）很普遍。

置换表的一般实现方式是基于哈希的。为了解决快速哈希函数评估和大规模哈希表的问题，一种紧凑的状态表示方法被提出。我们将置换表查找应用到具有 $\alpha\beta$ 剪枝的 negmax 搜索算法中。算法 12.5 给出了一种合适的实现。为了解释不同的存储标示，回想在 $\alpha\beta$ 剪枝机制中，并非所有 α 和 β 的值都服从根节点的值。有三个集合需要区分：valid 表示算法的值与 negmax 搜索的值匹配；lbound 表示算法的值是 negmax 搜索的值的下界；ubound 表示算法的值是 negmax 搜索的值的上界。

```
Procedure NegmaxAlphaBeta-TT
Input: 位置 u, 值 α, 值 β, 值 d
Output: 根节点的值

if (leaf(u) or d = 0 return Eval(p)                        ;;没有后继，返回评估
if (Search(u) ≠ nil)                                       ;;置换表包含 u 的表项
   (val, flag, depth)←Search(u)
   if (depth ≥ d)                                          ;;确定存储的评估至少为 d
      if (flag = valid) return val                         ;;存储的值与负极大值匹配
      if (flag = lbound) α← max{α, val}                    ;;负极大值的下界
      if (flag = ubound) β← min{β, val}                    ;;负极大值的上界
      if (α ≥ β) return val                                ;;剪枝
res←α                                                      ;;初始化结果值
for each v ∈ Succ(u)                                       ;;遍历后继列表
   val←-NegmaxAlphaBeta-TT(v, -β, -res, d-1)               ;;为 α 递归
   res←max{res, val}                                       ;;取最大值
   if (res ≥ β)                                            ;;结果超过阈值
         Insert(u, (res, lbound, d))                       ;;将值插入 TT
         return res                                        ;;传播值
if (res > α)
   Insert(u, (res, valid, d))                              ;;插入计算值到 TT
else
   Insert(u, (res, ubound, d))                             ;;插入上界到 TT
```

return res	;;传播值

算法 12.5

将置换表查找应用到具有 $\alpha\beta$ 剪枝的 negmax 搜索算法

另外，需要指出的是，可能在树的不同深度遇到同样的位置。这个深度也被存储在置换表中。仅当存储的搜索深度大于或等于剩下的搜索深度时，其结果可以替代搜索执行。

算法的主要细微差别在于对置换表表项覆盖的时间。在算法 12.5 中，使用了"始终替换"机制，也就是简单地覆盖已经存在的内容。这可能不是最佳的方案。事实上，有大量的实验工作试图优化该方案。一种替代方案是："如果深度相同或更深就取代。"这样的话，除非新节点的深度大于或等于表内节点的深度，否则就保持表内的节点不变。

就像 12.1.2 节介绍的 $\alpha\beta$ 剪枝一样，首先搜索好的移动使得搜索更加高效。这产生了置换表除了消除重复工作以外的另一个重要应用：与位置的 negmax 值一起，它也可以存储已发现的最优移动。所以，如果在哈希元素内发现存在一个最优移动，可以首先搜索它。并且，可以经常改进你的移动顺序，因此减少了有效分支因子。

特别地，如果采用了迭代加深的搜索方案，那么在当前迭代中，从先前的浅层搜索迭代的最佳移动往往也是当前最佳的移动。历史启发式，是另一个采用额外内存改善移动排序的技术。如果可以事先枚举所有可能的移动，那将是最高效的。例如，在国际象棋比赛中，可以将棋盘起始到末端形成的区域编码存储到 64×64 数组中。不用关心搜索树中发生的具体事件，历史启发式都会为每一个移动关联一个统计。该统计表明这个移动在搜索中进行截断的效用。已经证明，这些统计对于高效移动排序非常有用。

12.1.4▲ 具有受限窗口的搜索

1. 期望搜索

期望搜索是一种对高截断率 $\alpha\beta$ 的不精确近似。$\alpha\beta$ 剪枝采用初始窗口 $W = (-\infty, +\infty)$，所以最终可以发现博弈理论值。如果将窗口初始化为某个较小的范围，将会增加剪枝的概率。例如，可以采用窗口 $(v_0 - \varepsilon, v_0 + \varepsilon)$，其中 v_0 是对根值的静态估计。若界限选的过大，使得任意位置的值都至少比确信获胜的值要大，那么精确结果不再重要。另外，如果窗口选得过小，容错 $\alpha\beta$ 会为 α 或 β 返回改进的界限 α' 或 β'。然后，采用适当扩大的窗口 (α', ∞) 或 $(-\infty, \beta')$ 重新进行搜索。期望是增加的剪枝要高于偶尔的重新搜索带来的开销。

2. 空窗口搜索

采用受限窗口搜索的一个特例是空窗口搜索。该算法主要利用这样一个事实，即 α 和 β 的值都是整型的，所以可以设定初始窗口为 $(\alpha-1,\alpha)$，这样的话没有其他值可以落在这个区间内。这个过程经常失效，或低或高；其作用主要是确定某个位置是高于还是低于某个给定阈值。空窗口搜索多数用作更多高级算法的一个子程序，后面会给出具体的描述。

3. 主差异搜索

主差异搜索（见算法 12.6）与期望搜索理念相同。也就是，尝试通过尽量缩减评估窗口来裁剪搜索树。一旦获取某一次移动的值，那就假定这一步是最佳的；执行一系列的空窗口搜索来证明其备选移动是较差的。如果空窗口搜索失败，必须以正确的界限重新搜索。

Procedure PVS
Input: 位置 u，界限 α，β
Output: 根节点的值

if (leaf(u)) **return** Eval(u)	;;没有后继，静态评估
$v_0 \leftarrow$ first(Succ(u))	;;首先尝试最有希望的后继
res$\leftarrow$ $-$PVS($v_0, -\beta, -\alpha$)	;;为当前帧初始化值 res
for each $v \in$ Succ(u)\\{v_0}	;;遍历后继列表
if (res$\geq\beta$) **return** res	;;CUT 节点
if (res$>\alpha$) $\alpha\leftarrow$res	;;更新界限
val$\leftarrow$ $-$PVS($v, -\alpha, -1, -\alpha$)	;;空窗口搜索
if (val$>$res)	
if (val$>\alpha$ **and** val$<\beta$)	
res$\leftarrow$ $-$PVS($v, -\beta, -$val)	;;以更大的窗口重新搜索
else	
res$\leftarrow$val	;;改进的值
return res	;;返回最终评估

算法 12.6
主差异搜索应用于 negmax 算法

---

4. 内存增强的测试框架

与主差异搜索相比，这类算法仅依赖一系列空窗口搜索以确定位置的负极大值。这类框架的一般形式如算法 12.7 所示。

```
Procedure MTD
Input: 位置 u
Output: 根节点的值


lower←-∞
upper←∞
test←InitBound(u)                                    ;;设置起始测试值
repeat
    g←NegMaxAlphaBeta-TT(u, Bound-1, Bound)          ;;空窗口搜索
    if(g≤test) upper←g else lower←g                  ;;更新界限
    test←UpdateBound(u, g, lower, upper)             ;;确定下一个测试界限
    until upper = lower                              ;;间隔缩小为 0
return g                                             ;;返回最终评估

算法 12.7
```

MTD 算法框架

它需要程序员实现以下两个函数：InitBound 函数和 UpdateBound 函数，前者用于计算在首次空窗口搜索中的测试界限，后者依据上次搜索的结果计算所有后续迭代搜索的测试界限。目的就是尽快地成功提炼出真实 negmax 值存在的区间（lowerBound, upperBound）。为了弥补重复评估的开销，采用置换表。

一个典型的案例被称为 MTD(f)。它采用以下程序更新界限：

$$\text{if} \quad (g = \text{lower}) \quad \text{test} \leftarrow g+1 \quad \text{else} \quad \text{test} \leftarrow g$$

也就是，采用上一次空窗口搜索得到的新界限分割区间。

显然，如果开始搜索时采用很接近负极大值的估计，则会极大地减少迭代次数，从而加快收敛。获得这种估计的一个方法就是利用静态评估。更好的是，如果采用了迭代加深方案，可以在 InitBound 函数中使用先前浅层搜索的结果。

除了 MTD(f) 以外，MTD 框架的其他可能实例还包括：

（1）MTD(∞)：InitBound 返回 ∞，UpdateBound 设定 testBound 为 g。MTD(f) 可以称为务实的，而 MTD(∞) 可以称为是乐观的。因为在某种程度上来说，它连续降低了上界。

（2）MTD(-∞)：InitBound 返回 -∞，UpdateBound 设定 testBound 为 g+1。这个悲观算法连续增加下界。

（3）MTD(bi)：UpdateBound 设置 testBound 为 lowerBound 和 upperBound 的均值，将可能的结果一分为二。

（4）MTD(step)：类似 MTD(∞)，连续降低上界。然而，通过更大的步长，

降低了搜索次数。为此，UpdateBound 设置 testBound 为 $\max(\text{lower}+1, g-\text{stepsize})$。

5. 最佳优先搜索

在引入 MTD 框架之前的十多年时间里，最佳优先搜索在二人游戏理论中已被证明比 $\alpha\beta$ 算法具有理论优势。类似 A*算法，SSS*算法维护一个未扩展节点的 Open 列表。通过一套规则约束，在每一步中选择具有最佳估计的节点，并被一些其他节点、其孩子节点或父节点替换。在一些情况下，Open 列表须清除某个节点的所有祖先节点。

已经证明，在一个静态有序的博弈树中，SSS*算法支配 $\alpha\beta$，表现在其评估的叶子节点数量通常少于 $\alpha\beta$，并且经常可以显著减少。然而，该算法从来没有发挥实际相关的作用，因为存在以下几个明显的缺陷。

（1）从原始的公式看，算法非常难于理解。

（2）非常大的内存需求。

（3）清除祖先节点的过程非常慢。

这些问题在下面的改进和变体算法中仍然难以完全解决。例如，递归方程和一种类似于 SSS*算法的连续增加负极大值下界的算法。

现在，有了先前章节中描述的 MTD 框架，通过对之前无法比较的深度优先搜索和最佳优先搜索之间的关系进行分类，取得了在博弈树搜索研究中的惊人突破。特别是，采用了足够大的置换表，$\text{MTD}(\infty)$ 和 SSS*算法等效于以相同的顺序扩展同样的节点。由于 MTD 算法只能围绕标准 $\alpha\beta$ 搜索添加一次循环，所以不难看出，SSS*算法可以扩展更少的叶子节点的原因在于，采用空窗口搜索允许更多的剪枝。对于内存需求，通过在置换表中分配较小的空间，其内存需求可以依赖可用主存大小弹性的减弱（尽管对于当今的计算机，SSS*算法的这个目标不再有效）。在实现中，不再需要成本较高的优先队列操作，置换表通常采用哈希表实现，产生恒定的访问时间。

在西洋跳棋和国际象棋中比较了不同的最佳优先和深度优先算法在真实游戏条件下的实验对比，设定所有的算法都有相同的内存空间约束。实验结果背离了先前认为正确的许多观点。不管是在扩展数量方面还是执行时间方面，$\text{MTD}(f)$ 都被证明优于其他算法。SSS*算法仅比 $\alpha\beta$ 算法有适度的提高，且有时劣于深度优先和最佳优先算法。其中一个原因就是，SSS*算法优于 $\alpha\beta$ 算法的主要证明是假设静态移动排序；在迭代加深机制中，当置换表被用来首先探索之前迭代的最佳移动时，$\alpha\beta$ 可以优于 SSS*算法。与早期采用人工产生的树得出的结果矛盾的是，最佳优先在实际应用中并非明显优于深度优先，甚至有时会更差。原因是附加的普遍应用的搜索增强机制（有些将会进行简单的讨论）在提高效率和减少其优势方面非常有效。

从经验算法的实验比较中得出的另一个重要的经验就是，在实际应用中采取搜索增强机制时，所有算法的效率区别多数在 10%左右。因此，我们可以说，在高性能游戏程序中，采用搜索增强机制，对于搜索效率的改善在一定程度上和关键树紧密相关。所以对于采取哪种算法并不再是首要的问题。

12.1.5 累积评价

在一些领域，如一些卡牌游戏中，叶子节点的总估值实际上是其内部节点的估值之和。在这种情况下，必须小心实现用于极小极大搜索的 $\alpha\beta$ 程序。普通 $\alpha\beta$ 剪枝的问题是，所计算的用于在置换表中查找比较的累积值会受搜索路径的影响。算法 12.8 给出了这种情况的可能实现。

```
Procedure AccMinimaxAlphaBeta
Input: 位置 u，界限 α，β，叶子节点的评估是中间节点值的加和
Output: 根节点的值

if (leaf(u)) return 0                                                    ;;没有后继，返回 0
for each v ∈ Succ(u)                                                     ;;遍历后继列表
    if (max node(u))                                                     ;;MAX 节点
        α←max{α, Eval(v)+AccMinimaxAlphaBeta′(v, α−Eval(v), β−Eval(v))}
                                                                         ;;为 α 递归
    else                                                                 ;;MIN 节点
        β←min{β, Eval(v)+AccMinimaxAlphaBeta′(v, α−Eval(v), β−Eval(v))}
                                                                         ;;为 β 递归
    if α≥β break                                                         ;;剪枝
if (max node(u))                                                         ;;MAX 节点
    return α                                                             ;;传播值
else                                                                     ;;MIN 节点
    return β                                                             ;;传播值
```

算法 12.8

用于累积节点评估的极小极大博弈树搜索程序

定理 12.2（用于累积估计的 $\alpha\beta$ 正确性） 令 u 是游戏的任意位置，则 $\text{AccMinmaxAlphaBeta}'(u, \alpha - \text{Eval}(u), \beta - \text{Eval}(u)) + \text{Eval}(u) = \text{AccMinmaxAlphaBeta}(u, \alpha, \beta)$。

证明：采用归纳法证明。令 $\alpha' = \alpha - \text{Eval}(u)$、$\beta' = \beta - \text{Eval}(u)$，那么调用 AccMinmax AlphaBeta$'(u, \alpha', \beta')$ 使得 α' 变为

$$\alpha' = \max\{\alpha', \text{Eval}(v) + \text{AlphaBeta}'(\alpha' - \text{Eval}(v), \beta' - \text{Eval}(v))\}$$
$$= \max\{\alpha', \text{Eval}(v) + \text{AlphaBeta}'(\alpha - \text{Eval}(u) - \text{Eval}(v), \beta - \text{Eval}(u) - \text{Eval}(v))\}$$
$$= \max\{\alpha, \text{AlphaBeta}(v, \alpha, \beta)\} - \text{Eval}(v)$$

因此，$\alpha = \max\{\alpha, \text{AlphaBeta}(v, \alpha, \beta)\}$，并且更新规则都是等同的。对于 MIN 节点的证明类似。

12.1.6▲ 分割搜索

分割搜索是具有置换表的 $\alpha\beta$ 搜索的变种。区别在于，这里的置换表不仅包含单个位置，而且包含所有等价的位置集合。

引入分割搜索的主要动机在于这样一个事实，即在状态描述器中，一些局部的变化不会必然的改变可能的结果。例如，在国际象棋中，"将死"情况与卒在 a_5 或 a_6 是无关的。在卡牌游戏中，改变手里的两张卡牌（可能是相邻的）可以产生相同的树。首先，我们对单个的卡牌集合加入一个顺序 $\prec$。如果 $c, c' \in C_1$ 并且对于所有 $d \in C_2$，当且仅当 $c' \prec d$ 时，有 $c \prec d$，那么可以说 c 和 c' 关于两手牌 C_1 和 C_2 等价。

这个技术取决于对相关归纳集合进行有效表示。这些形式化方法与处理抽象搜索空间（见第 4 章）的方法相似。特别地，我们需要三个归纳函数 P、C 和 R，用来将位置映射为集合。令 U 为所有状态集，集合 $S \subseteq U$，$u \in U$。

（1）$P: U \to 2^U$ 将位置映射到集合，使得 $u \in P(u)$；另外，如果 u 是叶子节点，则对于任一 $u' \in P(u)$，$\text{Eval}(u) = \text{Eval}(u')$，即 P 是关于末端状态评估的任一归纳函数。

（2）$R: U \times 2^U \to 2^U$ 将位置和集合映射到集合。如果 S 中的某个位置从 u 是可达的，则 $u \in R(u, S)$。另外，对于任意 $u' \in R(u, S)$ 在 S 内必须有后继，也就是说 R 是对 u 的归纳，这里 u 仅包含在 S 内状态的前驱。

（3）$C: U \times 2^U \to 2^U$ 也将位置和集合映射到集合。如果 u 的所有后继都是 S 中的元素，则 $u \in C(u, S)$ 成立；另外，对于任意 $u' \in C(u, S)$，u' 的所有后继都需约束在 S 内。也就是说，C 是对 u 的归纳，这里 u 仅包含后继都约束在 S 的子集内的状态。

需要指出的是，如果集合 S 内的所有状态的评估值最少为 val；那么对于 $R(p, S)$ 这也是成立的。类似的，S 内位置的评估值上界也是 $C(p, S)$ 内位置评估值的上界。结合以上两点，如果令 S_{all} 表示为位置 u 的所有等值后继的超集，S_{best} 是等值最优移动的归纳，那么 $R(u, S_{\text{best}}) \cap C(u, S_{\text{all}})$ 中的所有状态将和 u 具有

相同的值。这是算法 12.9 的基础。试验表明，在桥牌游戏中，相比 $\alpha\beta$ 剪枝，分割搜索经常可以减少搜索量。

Procedure PartitionSearch
Input: 位置 u，值 α，值 β，值 d
Output: 根节点的值

if (leaf(u) **or** d=0 **return** (Eval(p), $P(u)$) ;;没有后继，返回评估
$S_{res} \leftarrow U$; $S_{best} \leftarrow S_{all} \leftarrow \emptyset$;;初始化集合
if (Search(u)≠**nil**) ;;置换表包含 u 的表项
  (S_{res}, val, flag, depth)←Search(u)
  if (depth≥d) ;;确定存储的评估至少为 d
    if (flag=valid) **return** (val, S_{res}) ;;存储的值与负极大值匹配
    if (flag=lbound) $\alpha \leftarrow \max\{\alpha, \text{val}\}$;;负极大值的下界
    if (flag=ubound) $\beta \leftarrow \min\{\beta, \text{val}\}$;;负极大值的上界
    if($\alpha \geq \beta$) **return** (val, S_{res}) ;;剪枝
res←α ;;初始化结果值
for each $v \in$ Succ(u) ;;遍历后继列表
  (val, S_{new})←−PartitionSearch(v, −β, −res, d−1) ;;为 α 递归
  if (val＞res) (res, S_{best})←(val, S_{new}) ;;更新最佳移动
  $S_{all} \leftarrow S_{all} \cup S_{new}$
  if (res≥β) ;;结果超过阈值
    $S_{res}=S_{res} \cap R(u, S_{best})$;;备份归纳
    Insert(u, (S_{res}, res, lbound, d)) ;;将值插入 TT
    return (S_{res}, res) ;;传播值
if (res＞α)
  $S_{res}=S_{res} \cap R(u, S_{best}) \cap C(u, S_{all})$;;备份归纳
  Insert(u, (S_{res}, res, valid, d)) ;;插入计算值到 TT
else
  $S_{res}=S_{res} \cap C(u, S_{best})$;;备份归纳
  Insert(u, (S_{res}, res, ubound, d)) ;;插入上界到 TT
return (res, S_{res}) ;;传播值

算法 12.9
分割搜索

12.1.7▲ 其他改进技术

在现代游戏程序的开发过程中，出现了一些对标准深度优先的 $\alpha\beta$ 搜索方案

的改进和变种，这些工作都极大地促进了算法在实际中的成功应用。

（1）搜索博弈树到某个固定深度的一个通常缺点在于视界效应。例如，如果上一步探索的移动是"吃子"，那么静态评估可能会忽略对手取其他棋子作为交换的可能性而变得任意差。因此，静止搜索技术将评估扩展到超过固定深度，直到到达一个稳定或静止的位置。除了玩家必须经过的空移动，仅考虑某些极大地改变位置评估值的破坏性移动，如吃子。

（2）单步扩展在强制移动中能增加搜索深度。对于深度为 d、值为 v 的 MAX 位置 p，如果它的所有同辈 p' 的值最大为 $v-\delta$，其中 δ 是适当选择的边际，那么 p 就定义为一个单步。在国际象棋程序世界冠军 Deep Thought 中，单步扩展被认为非常重要。

（3）对策搜索可以看作是静止搜索和单步扩展的泛化。这种搜索方法背后的基本机理在于动态调整继续搜索，直到根值的置信度值达到某一确定值。这个置信度是通过一些叶子节点度量得到的，这些叶子节点试图共同改变它们的值以击败该策略。因此，一个节点的对策数越大，那么它的值对于静态评估函数的不准确性就越健壮。可以通过增加根节点对策数的方式进行树搜索，从而提高根值的置信水平，并尽可能地减少节点扩展。

ABC 程序工作过程与 $\alpha\beta$ 相近，只是固定深度阈值被替换为两个独立的对策深度阈值（每个玩家一个）。选择列表被递归传递到叶子节点，作为一个额外的函数参数。为了解释位置值之间的依赖性，对策深度的度量可以改进为应用到所有的兄弟组的调整函数之和。一个典型的函数应当表现为收益渐减，并且接近大的选择集合的最大值。作为特例，如果选择的是常值函数，则算法就退化为 $\alpha\beta$ 搜索。

前向剪枝是指在树的最深层中断广度搜索的不同裁剪技术。如果在叶子的上一层轮到 MAX 节点，并且当前位置的静态评估已经优于 β，那么后继生成将被裁剪；这里的基本假设是 MAX 的移动将仅以它的喜好改进形势。前向剪枝可能会不安全，例如会忽视迫移（zugzwang）位置。

内部节点识别是游戏中的另一种记忆技术，它以评分值的形式包含博弈理论信息，从而在 $\alpha\beta$ 搜索引擎中为内部节点评估截断整棵子树。当置换表查找失败时，调用识别器。

蒙特卡罗搜索（随机博弈）是一种新兴技术，目前已在 9×9 围棋游戏中得到成功应用。它们的值源于自某个位置开始计算机自我挑战的大量模拟的完整游戏，而不是依赖于启发式对该位置可用的移动进行排序（然后选择最佳移动）。

开始游戏之前，玩家对所有将输出的可用的移动形成一个有序列表。接着，他们不管对手的移动以轮流的方式执行自己的移动（直到不可能的情况，简单地跳到下一步)。

这里的基本假设是,可以独立于移动执行的时间对其进行评估。尽管这样会过于简化,但对于大多数游戏都是满足的,即每隔一层的一个好的移动在前面存在两个隔层移动时仍然是好的[①]。一个移动的值是所有它出现的比赛的平均值,并在每次游戏后更新。

当产生移动列表时,首先将所有的移动按值排序。接着在第二阶段,每个元素以较小的概率与别的元素进行交换。将 n 个位置移动到列表下部的概率为 $p(n) = e^{-n/T}$。其中,T 为所谓温度参数,在游戏中间,它的值缓慢地向零度降低。不难看出,这种退火方案在开始阶段允许较大的波动,目的是粗略查找好的解所在的"地理区域"。随着 T 逐渐变小,置换变得越来越不可能时,允许解的改进,或采取空间类比寻找所选区域内的谷底。最后,序列固定下来,计算机实际执行列表中的第一个移动。

UCT 算法是一种基于值的强化学习算法。通过一张表近似动作值函数,该表包含了所有状态-动作对的一个子集。通过蒙特卡罗模拟为树中的每个状态-动作对估计一个独特的值。UCT 算法采取的策略在探索和利用之间取得平衡。UCT 算法分为两个阶段。在每个阶段的开始,它根据搜索树内含有的知识选择动作(见算法 12.10)。但是,一旦它离开其搜索树的范围时,就没有先验知识了,开始随机行动。因此,通过蒙特卡罗模拟估计树中的每个状态的值。随着更多的信息在树上向上传播,策略得到改进,从而可以基于更准确的收益进行蒙特卡罗估计。令 $n(u,a)$ 表示自状态 u 开始,动作 a 被选择的次数(初次访问时初始化为 1)。令 $(s_1,a_1,s_2,a_2,\cdots,s_k)$ 表示模拟路径。如果该路径存在,均匀地选择未采用的动作,如果所有适用的动作都被选择,就以 q 值确定优先权。更新过程为:$n(u_t,a_t) = n(u_t,a_t) + 1$, $q(u,a) = q(u_t,a_t) + (r_t - q(u_t,a_t))/n(u_t,a_t)$,其中,$r_t$ 为 $q(u,a)$ 的初始化常数。对于二人游戏,在一定假设条件下,UCT 算法可在对评估函数无任何先验知识的条件下收敛到极小极大值。UCT 算法也可应用到有大分支因子的单智能体的状态空间优化问题中(如 Morpion 单人纸牌游戏和同色游戏,见习题)。

在多人游戏或类似桥牌这种不完整信息下的游戏中,可依据可用信息基于蒙特卡罗采样对对手进行建模。接着,对给定移动选项的采样集合的准确评估可以提供一个好的决策程序。通常采用高效生成部分状态的随机算法实现采样方法。采样的缺陷是不能很好地处理信息收集过程中的移动。

---

① 可以称为零阶算法。一阶算法会根据对手的前次移动记录某个移动的值,以此类推。反过来,这也会显著增加到达一个可接受精度之前需要玩的游戏数量。

```
Procedure UCT-Iteration
Input: 根为 s 的搜索树，常数 C
Output: 根节点的值

u←s                                              ;;从根节点开始
while (u is not a leaf)                          ;;确定 UCT 树中的叶子节点
  Succ(u)←Expand(u)                              ;;生成后继集合
  umax←0
  for each v ∈ Succ(u)                           ;;对于所有后继
    if (visits(v)=0)                             ;;偏好访问未探索的孩子
      uct(v)←∞                                   ;;默认值
    else                                         ;;所有其他访问的孩子
```
$$\text{umax} \leftarrow \max\left\{\text{umax},\ \text{uct}(v) + C \cdot \sqrt{\frac{\ln(\text{visits}(u))}{\text{visits}(v)}}\right\}$$;;应用 UCT 公式

$$u \leftarrow \left\{v \in \text{Succ}(u) | \text{umax} = \text{uct}(v) + C \cdot \sqrt{\frac{\ln(\text{visits}(u))}{\text{visits}(v)}}\right\}$$;;选择最佳

```
if (umax=∞ and Succ(u)≠∅)                        ;;到达叶子节点
  u←Extend-UCT(u)                                ;;用一个节点扩展 UCT 树
value←Monte Carlo(u)                             ;;对游戏采样直至游戏结束
Update-Value(u, value)                           ;;自底向上评估，传播计数和 UCT 值
```

算法 12.10

UCT 算法的一次迭代

12.1.8 学习评估函数

就像前面提到的一样，构建一个好的游戏程序关键在于设计领域特定的评估启发式。这需要花费专家大量的时间和精力来优化这个定义。因此，从计算机游戏开始，研究者们就试图实现自动优化，使其成为机器学习早期方法的测试床。例如，在使用专有特性值加权和作为评估函数的常见情况中，可基于先前比赛经验调整权重参数以改进程序的质量。这种情况与 MDP 算法中确定一个最优策略紧密关联（见 1.8.3 节）。因此，就像估计值的备份一样的元素在这里起到一定作用也就不足为奇了。然而，MDP 算法策略通常被构想或隐式地假定为一张大表，其中每个状态都有一个表项。对于非平凡游戏，由于可能的状态数量太大，这类机械学习就变得不可行。因此，可把静态评估器看作是完整表的近似，将具有类似特性的状态映射为相似的值。在统计学和机器学习领域，对这种近似

方法已开发了很多种框架，可以应用到线性模型、神经网络、决策树、贝叶斯网络等很多方面。

假设有一个参数化评估函数 $\text{Eval}_w(u)$，依赖于权值向量 $w=(w_1,w_2,\cdots,w_n)$ 和一组训练样本 $(u, \text{Eval}*(u))$。其中，训练样本是"老师"提供的，老师是由位置和相应的真值对组成的。如果我们调整函数使其尽可能逼近老师的评估，实现这个目的的一种方法就是梯度下降法。权值必须以较小的步长修改以降低误差 E，误差 E 可采用当前输出与目标值的平方差进行度量，即 $(\text{Eval}_w(u)-\text{Eval}*(u))^2$。误差函数的梯度 $\nabla_w E$ 是偏微分矢量，所以学习规则通过下式改变 w：

$$\Delta w = \alpha(\text{Eval}*(u)-\text{Eval}_w(u))\cdot \nabla \text{Eval}_w(u)$$

式中：α 为较小的常数，称为学习率。

监督学习需要知识渊博的领域专家提供有标记的一组训练样本。这就使得训练静态评估器的过程变得工作量大且易于出错。一种替代方法是，在与其他对手甚至与自身的游戏中，应用无监督学习过程来改进策略。这些过程也称为强化学习，因为它们仅有的输入是对所选动作的结果好坏程度的观测，并不提供给定位置的真值。

在玩游戏过程中，游戏双方经过大量移动后，在游戏结束时才知道结果。那么怎么找出哪些移动应该负责或受罚，以及其程度呢？这个一般性问题就是时间信用分配问题。称为时序差分学习的这类方法基于如下思想，即对移动序列的连续评估应是一致的。

例如，通常认为一个位置 u 的 min-max 比应用于 u 的静态评估器更准确。这里 u 的极小极大值正是前面的 d 步移动位置的静态评估值的备份。因此，min-max 可以直接用作 u 的训练信号。由于评估器可基于其自身确定的博弈树的方式进行改进，所以这也是一个自举过程。

在更加一般的设定中应用了折扣函数：即在状态 u 执行动作 a 获得瞬时收益为 $w(u,a)$。在策略 π 下的总收益 $f^\pi(u)$ 为 $w(u,a)+\delta\cdot f(v)$，其中 a 为策略 π 在状态 u 选择的动作，v 为结果状态。对于状态序列 u_0, u_1 等，采取策略 π 下相应的动作序列 $a_0, a_1, \cdots$，则其收益为

$$w(u_0,a_0)+\delta\cdot w(u_1,a_1)+\delta^2\cdot w(u_2,a_2)\cdots$$

最优策略 $\pi*$ 是使得 $f*$ 最大化的值。

动作值函数 $Q*(u,a)$ 定义为在状态 u 采取动作 a 的总（折扣）收益。容易得出，$f*(u)=\max_a Q*(u,a)$，同样可得最优策略为 $\pi*(u)=\arg\max_a\{Q(u,a)\}$。

时序差分学习，从对 $Q*(u,a)$ 的估计 $Q(u,a)$ 开始，并迭代改进 $Q(u,a)$ 直到其

充分逼近 $Q^*(u,a)$（见算法 12.11）。为了实现这一点，需要按照策略 π 重复生成片段，并基于随后的状态和动作更新 Q 估计。在图 12.10（a）中，给出了一个简单的有向图，并突出显示了起始和目的节点。图的右侧给出了最优解。对于没有后继的节点，分配到边的耗费（瞬时收益）为 1000。对于目的节点，分配为 0，如果是内部中间节点就分配为 1。

Procedure Temporal Difference Learning
Input: 马尔可夫决策过程问题，错误界限 ε
Output: 优化的策略 π

$\pi \leftarrow$ InitialPolicy   ;;初始化策略
while (Error bound on $Q > \varepsilon$)   ;;收敛条件
  select some $u \in S$;;选择起始节点
  while ($u \notin T$)   ;;没有到达目标
    $a \leftarrow \pi(u), v \leftarrow a(u), a' \leftarrow \pi(v)$;;确定动作和后继
    $Q(u,a) \leftarrow Q(u,a) + \alpha \cdot (w(u,a) + \delta \cdot Q(v,a'))$;;更新值
    $u \leftarrow v$;;执行移动
  Update π ;;例如，使用 arg min
return π

算法 12.11
时序差分学习

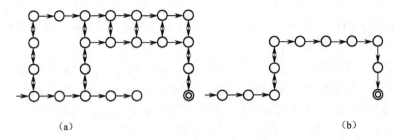

图 12.10　待搜索图及其最优解
（a）待搜索图；（b）待搜索图的最优解。

图 12.11 给出了应用时序差分学习或 Q 学习的（最终）效果。图的左半部分是最优值函数，图的右半侧是最优动作值函数。向上、向下耗费值是通过双向箭头的左、右表示的。

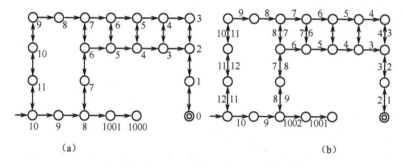

图 12.11 最优值函数和最优动作值函数

(a) 最优值函数；(b) 最优动作值函数。

由于 TD(λ) 系列技术在实际中的成功应用，它们已经得到特别的关注。这里，权值校正是尽量修正位置序列 $u_1, u_2, \cdots, u_t$ 的连续估计间的差异。我们考虑折扣因子 $\delta = 1$、除了末端（赢或输）位置所有收益都为 0 的特殊情况。TD(λ) 的一个特征就是其不仅在当前步骤这样做而且在所有先前估计中都如此处理。对先前观测的影响进行参数为 λ 的指数折扣处理，则

$$\Delta w_t = \alpha (\text{Eval}_w(u_{t+1}) - \text{Eval}_w(u_t)) \cdot \sum_{k=1}^{t} \lambda^{t-k} \nabla \text{Eval}_w(u_k)$$

有两个极端情况：当 $\lambda = 0$ 时，在当前步骤之前没有反馈发生，并且公式变得与有监督梯度下降一样，但是目标值替换为下一时间步的估计值；当 $\lambda = 1$ 时，误差无任何失真的从任意远处及时反馈回来。

可以使用折扣函数而非指数，从计算的角度来看，这种结构更有吸引力。当从一个时间步骤到下一个时，累加和因子可以递增计算，不用分别存储所有的梯度信息，即

$$e_{t+1} = \sum_{k=1}^{t+1} \lambda^{t+1-k} \nabla \text{Eval}_w(u_k)$$

$$= \nabla \text{Eval}_w(u_{t+1}) + \sum_{k=1}^{t} \lambda^{t+1-k} \nabla \text{Eval}_w(u_k)$$

$$= \nabla \text{Eval}_w(u_{t+1}) + \lambda \cdot e_t$$

在算法 12.11 中，也采用了相同的优化策略以选择下一个更新状态。然而，为了保证收敛性，要求在无穷序列中，所有可能的动作都可无限次地选择。保证这一点的一个方法就是令 π 除了以较小的概率 ε 选择其他任意动作外，贪婪地选择当前最佳动作。这个问题就是在强化学习中有名的探索-利用困境。期望依据我们的模型应用最佳动作，但是如果没有偶尔采取探索性的、很可能次优的移动，那么我们永远也得不到好的模型。

一种方法是采用单独的探索策略。这是 Q 学习所采用的方法（见算法 12.12）。需要注意的是：

$$Q(u,a) \leftarrow \alpha(w(u,a) + \delta \cdot \max_{a'}\{Q(v,a') - Q(u,a)\})$$
$$= (1-\alpha)Q(u,a) + \alpha \cdot (w(u,a) + \delta \cdot \max_{a'}\{Q(v,a')\})$$

最后要提到的是，除了学习评估函数的参数以外，通过机器得出与游戏位置评估相关的有用特性的方法也得到了研究。一些基于逻辑的形式化方法表现突出，其在归纳逻辑程序设计中基于训练样本试图找到 if-then 分类规则，这些样本是一个描述棋盘上的棋子之间位置和关系的基本事实的集合。

Procedure Q-Learning
Input: 马尔可夫决策过程问题，差错界限 ε，探索策略 π
Output: 优化的估计 Q

$Q \leftarrow$ InitialValueAction　　　　　　　　　　　　　　　　;;初始化 Q 值
while (Error bound on $Q > \varepsilon$)　　　　　　　　　　　　;;收敛条件
　　select some $u \in S$　　　　　　　　　　　　　　　　　　;;选择起始节点
　　while ($u \notin T$)　　　　　　　　　　　　　　　　　　　;;未达到目标
　　　$a \leftarrow \pi(u), v \leftarrow a(u)$　　　　　　　　　　　　　　　　;;确定动作和后继
　　　$Q(u,a) \leftarrow Q(u,a) + \alpha(w(u,a) + \delta \cdot \max_{a'}\{Q(v,a') - Q(u,a)\})$　;;更新 Q 值
　　　$u \leftarrow v$　　　　　　　　　　　　　　　　　　　　　;;执行移动

算法 12.12
Q 学习

基于解释的学习应用于游戏残局类中，以归纳位置的整棵极小极大树，使其可应用于其他类似位置。为了以逻辑形式表示极小极大树（或更一般的情况，与或树），需要定义一个通用的基于解释的学习机制。该机制允许负的先决条件（直觉上，如果某个位置不存在使得对手位置为非胜的移动时，可以将此位置分类为失败）。

12.1.9　回溯分析

在一些国际象棋残局游戏中，虽只有很少的棋子留在棋盘上，但为了最优游戏，需要的解长度仍会超出 $\alpha\beta$ 搜索能力。不过，在这类游戏中所有位置的总数量可能会很少，所以足够将每个位置的值显式地存在数据库中。这样的话，很多国际象棋程序就可应用这样的特殊数据库而非前向搜索。在过去的十几年，建立了很多这样的数据库，并且一些复杂度较低到中等的游戏已被完全解决。在接下

来的章节中将对这些数据库的生成方法进行介绍。

术语回溯分析是指一种计算方法，其目的是在一些受限类别的位置（如特定的国际象棋残局，或者搜索到有限深度）中，为所有可能的棋盘位置找到最优玩法。可以将其看作动态规划概念的一个特例（见 2.1.7 节）。这种方法的特征就是执行后向计算，并且为了复用，将所有的结果都存储起来。

在初始化阶段，从所有的处于立刻赢或输的位置开始，别的位置暂时都标记为平局（这些标注在后面可能会改变）。从末端状态开始，连续交替"获胜备份"和"失败备份"阶段，通过执行反向移动在第一、第二以及更深层中计算所有的获胜或失败位置。失败备份产生第 n 层中玩家失败状态的前驱；这些前驱也是玩家的对手在第 $n+1$ 层获胜的备份。获胜备份需要更多的处理，它为玩家标识了选手在第 n 层的所有获胜，并产生它们的前驱。

对于对手在 $n+1$ 层失败的位置，该位置在第 n 层的所有前驱对玩家来说都是获胜位置。迭代执行该过程直至无法标注新的位置。在算法过程中无法被标注获胜或失败的状态要么是平局，要么不可达，换句话说，是非法位置。

在获胜备份阶段对每个位置的前驱进行显式检查是极其低效的。取而代之的是可以使用一个计数器域存储尚未证明为对手获胜的后继数量。如果发现某个位置是一个获胜位置的前驱，则计数器简单的递减。当计数器为零时，已经证明所有后继都是对手的获胜位置，那么可该位置标注为失败。

12.1.10▲ 符号回溯分析

本节延续在第 7 章所描述的符号搜索方法，介绍如何符号化地进行回溯分析。获胜和失败位置集合以布尔表达式来表示，可以通过 BDD 算法有效地实现。

这里以井字棋游戏为例，介绍计算可达状态集合以及集合内的博弈理论值的算法思想。分别称两玩家为 white 和 black。

为了对井字棋编码，所有的位置索引如图 12.12 所示。我们给出两个谓词：如果位置 i 被占领，$Occ(x,i)$ 为 1；如果位置 i（$1 \leqslant i \leqslant 9$）被玩家 2 标记，则 $Black(x,i)$ 评估为 1。产生的总状态编码长度为 18 位。玩家 1 失败的所有最终位置，以下面行、列和两条角线形式枚举：

$WhiteLost(x) =$

$(Occ(x,1) \land Occ(x,2) \land Occ(x,3) \land Black(x,1) \land Black(x,2) \land Black(x,3)) \lor$
$(Occ(x,4) \land Occ(x,5) \land Occ(x,6) \land Black(x,4) \land Black(x,5) \land Black(x,6)) \lor$
$(Occ(x,7) \land Occ(x,8) \land Occ(x,9) \land Black(x,7) \land Black(x,8) \land Black(x,9)) \lor$
$(Occ(x,1) \land Occ(x,4) \land Occ(x,7) \land Black(x,1) \land Black(x,4) \land Black(x,7)) \lor$
$(Occ(x,2) \land Occ(x,5) \land Occ(x,6) \land Black(x,2) \land Black(x,5) \land Black(x,8)) \lor$

$$(\text{Occ}(x,3) \wedge \text{Occ}(x,6) \wedge \text{Occ}(x,9) \wedge \text{Black}(x,3) \wedge \text{Black}(x,6) \wedge \text{Black}(x,9)) \vee$$
$$(\text{Occ}(x,1) \wedge \text{Occ}(x,5) \wedge \text{Occ}(x,9) \wedge \text{Black}(x,1) \wedge \text{Black}(x,5) \wedge \text{Black}(x,9)) \vee$$
$$(\text{Occ}(x,3) \wedge \text{Occ}(x,5) \wedge \text{Occ}(x,7) \wedge \text{Black}(x,3) \wedge \text{Black}(x,5) \wedge \text{Black}(x,7))$$

图 12.12　井字棋游戏的某个状态和棋盘的标记

(a) 井字棋的某个状态；(b) 棋盘的标记。

谓词 BlackLost 的定义类似。为了详细说明转换关系，我们固定一帧，即从状态 s 到状态 s' 的转换，这里仅考虑实际单元格 i 的移动，其他保持不变，则

$$\text{FrameField}(x,x',j) = (\text{Occ}(x,j) \wedge \text{Occ}(x',j)) \vee (\neg\text{Occ}(x,j) \wedge \neg\text{Occ}(x',j)) \wedge$$
$$(\text{Black}(x,j) \wedge \text{Black}(x',j)) \vee (\neg\text{Black}(x,j) \wedge \neg\text{Black}(x',j))$$

这些谓词都是关于棋盘位置 i 表示的，保持其他每个单元的状态，即

$$\text{Frame}(x,x',i) = \bigwedge_{1 \leqslant i \neq j \leqslant 9} \text{FrameField}(x,x',j)$$

现在可以表示黑方移动的关系。作为先决条件，要有一个单元格 i 是未被占领的。这个动作的作用是单元格 i 在状态 s' 被占领且是黑色的，即

$$\text{BlackMove}(x,x') = \bigvee_{1 \leqslant i \leqslant 9} \neg\text{Occ}(x,i) \wedge \text{Black}(x',i) \wedge \text{Occ}(x',i) \wedge \text{Frame}(x,x',i)$$

谓词 WhiteMove 的定义类似。

为了设计对转移关系 $\text{Trans}(x,x')$ 中所有移动的编码，我们引入一个额外谓词 Move，它对于所有黑方移动状态取值为真，即

$$\text{Trans}(x,x') = (\neg\text{BlackMove}(x) \wedge \neg\text{WhiteLost}(x) \wedge \text{WhiteMove}(x,x') \wedge \text{Move}(x')) \vee$$
$$(\text{BlackMove}(x) \wedge \neg\text{BlackLost}(x) \wedge \text{BlackMove}(x,x') \wedge \neg\text{Move}(x'))$$

这里有两种情况，如果轮到黑方移动并且此时它还没有失败，则执行所有的黑方移动；下一次则为白方移动。另一种情况如下：如果白方须移动并且它还没有失败，则执行所有可能的白方移动，并由黑方移动继续。

1. 可达性分析

通常，并不是所有领域语言可表达的位置都能从初始状态可达。例如，在井字棋游戏中，不会出现在一行中有三个白方和黑方同时被标记。为了高效的进行符号回溯分析，我们可将注意力限制到可达状态上。因此，这里首先介绍符号可达性分析。

从本质上，符号可达性分析相当于一个符号广度优先搜索过程，即通过获取

当前迭代的所有位置集合 From，并应用转移关系获得下一次迭代的所有位置集合 New。

当没有可用的新位置时，算法终止。也就是 New 的表达不一致。所有新位置的并存储在集合 Reached 中。其实现过程见算法 12.13。

Procedure Reachable
Input: 具有开始状态 s，转移关系 Trans 的状态空间问题
Side effect: 状态空间的后向广度优先搜索枚举

```
Reach←From←s                              ;;初始化集合表示
do                                        ;;循环
    To←Replace(From, x', x)               ;;重命名变量集合
    To← ∃x (Trans(x, x')∧To(x))           ;;对状态集合执行一个隔层
    From←New←To∧¬Reach                    ;;更新搜索边界
    Reach←Reach ∨ New                     ;;更新已访问列表
while (New≠false)                         ;;循环直到没有新状态为止
```

算法 12.13
计算可达位置集合

---

2. 博弈理论分类

如上所述，基于完美信息的二人游戏可以迭代分类。因此，与可达性分析相比，搜索过程的方向是向后的，而且后向搜索不产生任何问题。这是因为所有移动的表示已经被定义为一个关系。这里假设最优游戏，并且从一个玩家的所有目标态开始（这里是黑方的失败位置），计算所有之前获胜的位置（白方获胜的位置）。如果某个位置的所有移动都产生中间的获胜位置，在该中间位置白方可以强制黑方向后移动到一个失败位置，则该位置对于黑方来说是失败位置。

$$\text{BlackLose}(x) = \text{BlackLost}(x) \vee \forall x'(\text{Trans}(x,x') \Rightarrow (\exists x'' \text{ Trans}(x',x'') \wedge \text{BlackLost}(x'')))$$

这也被称为强原象。选择动作 ∧ 对于存在量化（弱原象）很关键，而 ⇒ 对于全称量化（强原象）很关键。

符号分类的伪代码见算法 12.14。假设是最优游戏，算法 Classify 从黑方最终失败的所有位置集合开始，交替黑方（移动中）将失败的位置和白方（移动中）可以获胜的位置。在每次迭代中，每个玩家移动一次，相当于在分析中的两个量化。执行的布尔运算恰是在先前递归描述中建立的。一个重要的问题是将玩家与其移动相关联，这是由于在向后遍历中可能无法获得这类信息。另外，通过合取可以将计算限制在可达状态集合内。总之，给定合适的状态编码 Config，对于特

定二人优游的符号探索和分类，程序员必须实现以下接口程序。

（1）Start(Config)：为可达性分析定义初始态。

（2）WhiteLost(Config)：白方的最终失败位置。

（3）BlackLost(Config)：黑方的最终失败位置。

（4）WhiteMove(Config,Config)：白方移动的转移关系。

（5）BlackMove(Config,Config)：黑方移动的转移关系。

Procedure Classify

Input: 具有开始状态 s，转移关系 Trans 的状态空间问题

Side effect: 状态空间的后向广度优先搜索枚举

WhiteWin←false	;;初始化获胜位置集合
BlackLose←From←BlackLost(x)	;;初始化失败位置集合
do	;;循环
To←Replace(From, x, x')	;;改变变量集合
To←$\exists x'$ (Trans(x, x')$\wedge$To(x'))	;;在层上执行
To←To$\wedge \neg$ Move(x)	;;更新边界
WhiteWin←WhiteWin $\vee$ To	;;更新获胜位置
To←Replace(WhiteWin, x, x')	;;改变变量集合
To←$\forall x'$ (Trans(x, x') $\Rightarrow$ To(x'))	;;在层上执行
To←To$\wedge$Move(x)	;;选择玩家
From←New←To$\wedge \neg$ BlackLose	;;更新边界
BlackLose←BlackLose $\vee$ New	;;更新失败位置
while (New≠false)	;;只要存在新状态

算法 12.14

分类

12.2▲ 多人游戏

在计算机游戏研究中，大部分工作集中于二人游戏。对于三人或更多玩家游戏关注的较少。几乎所有的多人游戏都涉及一定程度的协商或联盟构建，使得定义一个最优策略所含内容显得十分困难。

游戏状态的值被形式化描述为长度为 p 的一个向量，其中元素 i 表示玩家 i 的值。在轮流游戏的根节点，轮到先走棋者选择移动；在博弈树的第一层，是第二个走棋者的移动，以此类推，直到这个队列在 p 层后重复。这样的树被称为

Max^n 树。

负极大搜索的表示是基于零和假设以及如下事实进行描述的，即在二人游戏中一方的得分对另一方影响不大。因此，在接下来的分析中，我们采取极小极大描述。其基本评估过程可以方便地应用到多人游戏的情况：在每个节点，待移动玩家 i 基于最大化得分向量的第 i 个元素来选择移动。

然而，当采取如 $\alpha\beta$ 搜索的二人游戏裁剪策略时，计算难度将增加。更准确地说，如果能够提供玩家收益的最大最小或总得分的界限并且提供总得分，那么浅层剪枝以同样方式工作；但是，这无法应用深层剪枝。

令 minp、maxp 分别是玩家能达到的最小、最大得分，minsum、maxsum 分别是所有玩家得分之和的最小、最大值。对于零和博弈，二者是相等的。图 12.13 给出了三个玩家的浅层剪枝例子，其中 maxsum=10。玩家 1 可通过从根节点 a 移动到 b 取得的得分为 8。接下来假设节点 d 评估的得分是 3。由于玩家 2 可在 c 获得的得分是 3，则在 c 剩下的未扩展子节点上，两个其他玩家至多得分为 10−3=7。因此，不管准确输出是什么，玩家 1 将不会选择移动到 c，所以可将它们剪枝。下面的引理指出，浅层剪枝要求任何玩家的最大可达得分必须至少为最大总得分的 1/2。

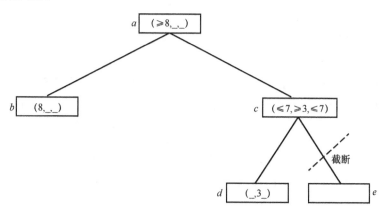

图 12.13　三个玩家的 max^n 树中的浅层截断

引理 12.1　假设 minp=0。则在 max^n 树的浅层剪枝需要满足 maxp $\geqslant$ maxsum/2。

证明：　在图 12.13 中，设定玩家 1 在 b 处的值为 x，玩家 2 在 d 处的值为 y。截断要求 x 比在 c 处可以获得的最大值大，或者 $x \geqslant$ maxsum $- y - (n-2) \cdot$ minp，取 minp=0，则上式等效为 $x+y \geqslant$ maxsum。结合 $2 \cdot$ maxp $\geqslant x+y$，可得出上述引理。

在最佳情况下，具有浅层剪枝的 $\max^n$ 树的渐进分支因子为 $(1+\sqrt{4b-3})/2$，其中 b 为无剪枝下的分支因子。对于一个具体的游戏，剪枝的潜力很大程度上取决于玩家数量以及 maxp、minsum 和 maxsum 的值。

现在来考虑深层截断。初看上去，对于图 12.14 的位置，依据二人游戏情况下的类似观点，应当裁剪掉 d 处除了第一个以外的所有子节点。这样玩家 3 至少可以获得值 3，这样就使得玩家 1 最佳获得值为 7，低于其通过移动 a 到 b 的获得值 8。然而，由于 e 的其他子节点的值不是根节点的最终结果，因此它们仍会影响结果。如果第二个子节点的值为 (6,0,4)，那么它将被玩家 3 选中；在 c 处，玩家 2 将优先选择其右侧值为 (9,1,0) 的子节点 e，这反过来产生根的值。相比之下，如果玩家 3 已经选择了左孩子 f，那么这个分支将与最终结果无关。

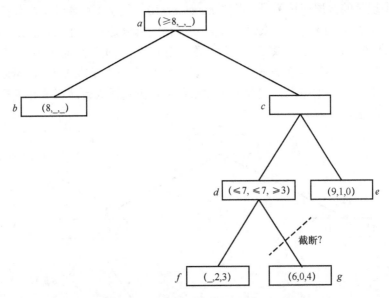

图 12.14　深层剪枝在 $\max^n$ 树中不可行

在先前讨论的浅层剪枝中，从 maxsum 减去玩家 1 可达的最小得分，可以得到玩家 2 的上界。但当所有玩家下界或上界都可获得时，通常能够给出更紧的值。一个典型的例子就是卡牌游戏，其中，对计谋数或计谋中的卡牌值进行计数。从玩家已经获胜的计谋中产生下界，而上界从留在表中的优秀的卡片中产生；即那些尚未被其他玩家得分的卡片。

最终算法的递归描述如算法 12.15 所示。假设函数 $h_{\text{low}}(u,k)$、$h_{\text{up}}(u,k)$ 分别是玩家 k 在状态 u 得分的下界和上界。程序通过在父节点得到的当前最佳解计算出界限，并以此为基础进行浅层剪枝。

```
Procedure MultiPlayerAlphaBetaBnB
Input: 节点 u, 玩家 i, i 的评分的界限 U
Output: 最佳评估向量

U' ← U − ∑_{k≠i, k≠i−1} h_low(u, k)            ;;计算改进的界限
if (h_up(u, i−1) ≤ maxsum − U')                 ;;浅层剪枝
    return static value
best ← (0, ···, 0)                              ;;用最小可能评分初始化最佳评分向量
for each v ∈ Succ(u)                            ;;对于 u 的所有孩子
    current ← AlphaBetaBnB(v, i+1, maxsum−best[i])  ;;递归调用
    if (current[i] > best[i])                   ;;发现更好的解
        best ← current                          ;;更新
    if (best[i] ≥ U' or best[i] = h_up(u, i))
        return best                             ;;浅层 BnB 截断
return best
```

算法 12.15

多人游戏的 $\alpha\beta$ 分支限界算法

一个替换 $\max^n$ 的方法是将树评估简化为二人游戏的情况来处理。通过一个大胆的假设实现这种约减，即所有玩家形成一个同盟以共同对抗位于根部的玩家。这可能导致非最优游戏，却可极大减少搜索开销。玩家 max 以分支因子 b 移动，而玩家 min 联合所有剩下的玩家，因此有 b^{p-1} 个选择。简化树的深度为 $D = 2 \cdot d/p$，其中 d 为原树的深度。对于 max，最好情况下的考察节点数量为 $b^{(p-1) \cdot D/2}$，对于 min，该数量为 $b^{D/2}$，一起是 $O(b^{(p-1) \cdot D/2})$，关于原树是 $O(b^{(p-1)/p})$。

12.3 一般游戏策略

在一般游戏中，策略计算是问题域无关的，即不知道当前在玩的是什么游戏。换句话说，AI 设计者不知道任何规则。玩家都是试图使得自己的结果最大化。为了执行有限游戏，深度通常采用步骤计数器来限定。

设计了游戏描述语言（GDL）用来定义完全信息游戏。GDL 是一阶逻辑的子集。GDL 是一种基于数据记录的语言，主要是针对每个玩家有不相关结果的有限游戏。宽泛的讲，每一种游戏说明都描述了游戏的状态、合法移动以及玩家获胜的必要条件。这种游戏的定义类似于传统博弈论的定义，但有两个例

外。游戏是一张图而不是一棵树，这使得游戏的描述可以更加紧凑，也易于使玩家高效游戏。GDL 与经典博弈论的另外一个重要区别就是，游戏状态的描述更加简洁，即采用逻辑命题而不是显式树或图。图 12.15 给出了采用 GDL 符号的游戏示例。

```
(init (cell 1 1 b))
...
(init (cell 3 3 b))
(init (control xplayer))
(<= terminal (line x))
(<= terminal (line o))
(<= terminal (not open))
(<= (goal xplayer 100) (line x))
(<= (goal xplayer 50) (not (line x)) (not (line o)) (not open))
(<= (goal xplayer 0) (line o))

(<= (row ?m ?x) (true (cell ?m 1 ?x)) (true (cell ?m 2 ?x)) (true (cell ?m 3 ?x)))
...
(<= (diagonal ?x) (true (cell 1 1 ?x)) (true (cell 2 2 ?x)) (true (cell 3 3 ?x)))

(<= (line ?x) (row ?m ?x))
...
(<= (line ?x) (diagonal ?x))
(<= open (true (cell ?m ?n b)))

(<= (next (cell ?m ?n x)) (does xplayer (mark ?m ?n)) (true (cell ?m ?n b)))
(<= (next (cell ?m ?n ?w)) (true (cell ?m ?n ?w)) (distinct ?w b))
(<= (next (cell ?m ?n b)) (does ?w (mark ?j ?k)) (true (cell ?m ?n b))
                          (or (distinct ?m ?j) (distinct ?n ?k)))
(<= (next (control oplayer)) (true (control xplayer)))
(<= (legal ?w (mark ?x ?y)) (true (cell ?x ?y b)) (true (control ?w)))
```

图 12.15　GDL 描述的井字棋游戏，收益与每个终止状态相关联

另外一个例子是 Peg 游戏，其初始态如图 12.16 所示。在棋盘上，32 个桩放置在图示的位置上。玩家可以跳过被占领区，移动一个桩到未被占领的位置。这种跳跃只能沿水平或垂直方向执行。接着这个桩移动到先前为空的区域，使得其开始跳跃的位置变为空。同时，被跳跃的桩也从棋盘上移除，其位置也变为空。当不存在可能的跳跃时，游戏结束。由于每次跳跃就有一个桩被移除，所以最多出现 31 次跳跃。主要的目标是移除掉其他所有桩而只留下一个。这个桩应位于正中间，即目标是初始状态的逆。这种具有 26856243 个状态的情况被分类为得到 100 分。我们也对其他最终状态给定一定的得分：仅剩一个桩且不是在正中间时（只有 4 个状态获得这个评估值）的状态得到 99 分，依次设定 90，⋯，10 分，分别对应剩余 2，⋯，10 个桩，其分类集合的状态数量分别是 134095586、79376060、83951479、25734167、14453178、6315974、2578583、1111851 和 431138。剩下 205983 个状态中，棋盘上剩下的桩超过了 10 个。

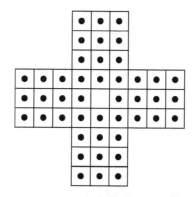

图 12.16　Peg 游戏的初始状态

一般游戏策略的解法包括符号分类求解、$\alpha\beta$ 搜索变种、蒙特卡罗和 UCT 搜索方法。

12.4　与或图搜索

与以往类似，以图的形式描述状态空间。图的每个节点代表一个问题状态，每条边代表执行一个动作。与或图有两个传统表示方法，要么以显式的与节点和或节点表示，要么是一张超图。

在前一种表示中，存在三种类型的节点。除了末端（目标）节点以外，内部节点都有关联的类型，即 AND（与）或 OR（或）节点。不失一般性，假设 AND 节点的子节点只能为 OR 节点，反之亦然。如果不满足这个准则，可以将其进行转换。与正则搜索树类似，为每条边分配权值或耗费。在状态 u 应用动作 a（假设它是可以应用的）后的耗费可以表示为 $w(u,a)$。与或图通常应用到人工智能中来建模问题约减机制。

为了求解复杂问题，可以将其分解为一些更小的子问题。依据分解条件，成功解决部分问题将会找到原始问题的最终解。

与或图的一个简单例子如图 12.17（a）所示。为了打网球，必须满足两个合取条件，即好的天气与可用的球场。球场可以是公共的或私有的。前一种情况下没有更多的必要条件了。如果场地是私有的，我们将不得不预订并付出押金。

超图是与或图的一种等效形式。不同于使用弧来连接一对节点，在超图中，存在超弧连接 k 个节点的集合。这两个表示可以通过插入或吸收与节点互相转换，如图 12.18 所示。

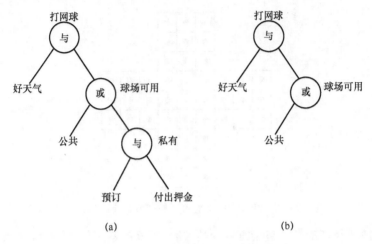

图 12.17 打网球的例子和求解树

(a) 打网球的例子; (b) 求解树。

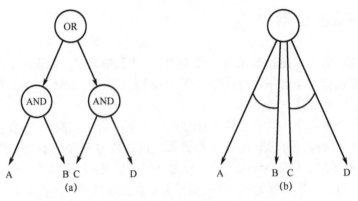

图 12.18 与或图与超图的转换

(a) 与或图; (b) 超图。

与或图和超图都可以用不同的方式解释。在确定性解释中，或节点对应于原始搜索树的节点类型，其足以求解单后继的问题。相比之下，必须轮流求解与节点的所有后继状态，并且它们都是全局求解的必要部分。另一方面，在随机最短路径问题中，如果某个动作以一定概率 $p(v|u,a)$ 将某个状态转换为一些可能的后继状态，则该动作被认为是随机的。其中，$p(v|u,a)$ 表示将动作 a 应用到状态 u 产生到状态 v 的转换的概率。

由于超弧有多个后继状态，与或图搜索将解的概念从一条路径泛化为一棵树。或者更一般的，如果相同的子目标出现在不同的分支上，则泛化为有向图。从初始状态开始，与或图搜索为每一个状态恰好选择一个超弧，它的每一个后继都属于解图；每个叶子都是一个目标节点。搜索算法的目标是找到一个拥有最小期望耗费的解树（图12.17（b））。

一个解图 π 满足以下性质：根是解图的一部分；或节点仅有一个后继包含在解图中；与节点的所有后继都是解图 π 的一部分；最深有向路径必须终止于目标节点。打网球的例子有两个可能的解图。

解图中可以将每个节点与求解该节点对应问题的耗费关联起来。节点 u 的耗费自底向上递归定义如下。目标节点的耗费 $f(u)=0$。在内部节点，应用动作 a。如果 v 是或节点 u 的后继，有 $f(u)=f(v)+w(u,a)$，如果 u 是与节点，则

$$f(u) = w(u,a) + \sum_{v \in \text{Succ}(u,a)} f(v)$$

在概率解释中，上面的公式变为

$$f(u) = w(u,a) + \sum_{v \in \text{Succ}(u,a)} p(v|u,a) \cdot f(v)$$

换句话说，最小耗费解的目标泛化为具有最小期望耗费的解，即一个动作的所有可能结果取平均。

12.4.1 AO*算法

现在描述在与或树中，采取启发式搜索算法生成最小耗费解图。算法从初始节点开始，利用后继生成子程序 Expand 创建与或图。每次迭代中，算法都维护一定数量的候选部分解。除了一些末梢节点可能不是末端节点以外，这些部分解也都是以解的形式定义的。为了获得最佳部分解，在每个节点标记当前已知的最佳动作；这样就可以从根节点开始沿着标记边，自顶向下将最佳部分解提取出来。

AO*算法如算法 12.16 所示。它不断重复放大最佳部分解，直到找到完全解。可以通过为每次迭代关联一个选择扩展的当前最佳部分解的非末端节点的末梢节点缓解最佳部分解。末梢节点可以沿着自根开始的标记路径获取。f 值记录了期望解耗费的下界。对于每个后继，f 值初始化为其 h 值，如果它是目标节点，则初始化为 0。

最后，通过跟踪标记边，获得最小耗费解图，根标记为可解。算法的性能取决于搜索启发式的提示性。

Procedure AO*
Input: 具有起始状态（根）s 的状态空间与或图问题
Output: 最优解图 π

```
NTT←{s}; f(s)←0                                        ;;初始化非终止末梢节点和耗费值
repeat until solved(s) or (NTT=∅)                      ;;除非证明或证反
    π←best partial solution                            ;;沿着标记的动作扩展最佳部分解
    NTT←nonterminal tip nodes of π
    u←Select(NTT)                                      ;;选择任意范围节点
    NTT←NTT\{u}                                        ;;节点不再是末梢
    Succ(u)←Expand(u)                                  ;;生成后继
    for each v ∈ Succ(u)\NTT                           ;;处理后继
        NTT←NTT ∪ {v}                                  ;;新的末梢节点
        f(v)←h(v)                                      ;;用启发式初始化耗费
        if (Goal(v)) solved(v)←true                    ;;发现目标
    Z←{u}                                              ;;开始备份归纳
    while Z≠∅                                          ;;除非完成
        x←Select(Z) such that π_x∩Z=∅                  ;;Z 中没有 x 的子孙
        Z←Z\{x}                                        ;;消除 x
        if (AND(x))                                    ;;与节点
            f(x)←∑_{y∈Succ(x)} f(y) + w(x,y)           ;;计算耗费
            for each y ∈ Succ(x): mark(x,y)←true       ;;更新 π
            solved(x)←∧_{y∈Succ(x)} solved(y)          ;;更新可解性状态
        else                                           ;;或节点
            best←arg min_{y∈Succ(x)}{f(y)+w(x,y)}      ;;计算最佳后继
            solved(x)←solved(best)                     ;;更新可解性
            mark(x,best)←true                          ;;更新 π
            if ((f(x)>f(best)+w(x,y)) or solved(x))    ;;必要更新
                f(x)←f(best)+w(x,y)                    ;;更新 x 处的耗费
                Z←Z ∪ {z|z ∈ ancestor(x), mark(parent(z),z)}  ;;插入祖先
if (solved(s)) return π(s)                             ;;发现解
else return ∅                                          ;;未发现解
```

算法 12.16

与或树的 AO* 搜索算法

　　由于节点的解耗费取决于其后继，所以当后继的估计发生变化时必须对其进行更新。因此，算法交替进行前向扩展和使用备份归纳的动态规划步骤。可能受节点 u 扩展影响的节点集合 Z 包括 u 与其所有祖先。更准确地说，只有 u 位于最小耗费路径上时，这些祖先节点才可改变它们的值。集合 Z 内的节点按次序更新，以便节点 x 所有的后继都能在 x 之前被处理。对于或节点，我们标记通向最

小启发式估计的边。对于与节点，标记所有的边。注意，这些更新可以改变部分解树。

为了完整性，算法 12.17 列出了随机环境下 AO*算法的等效形式化描述。这次给出随机版本，设概率为 $p(v|u,a)$。将概率设置为 1 就可以得到确定性算法。简洁起见，这里省略了可解节点的标记。

Procedure AO*
Input: 概率性状态空间问题
Output: 最短路径子图 π

NTT←{s}; f(s)←0   ;;初始化非终止末梢节点和耗费值
loop
  π←best partial solution   ;;沿着标记的动作扩展最佳部分解
  NTT←nonterminal tip nodes of π
  if (NTT=Ø)   ;;没有非终止节点
    return π ;;返回解图
  u←Select(NTT)   ;;任意非终止节点
  NTT←NTT\{u}   ;;节点不再是末梢
  Succ(u)←Expand(u)   ;;生成后继
  for each $v \in$ Succ(u)   ;;遍历后继列表
    f(v)←h(v)   ;;用启发式初始化耗费
    if (Goal(v)) solved(v)←true   ;;发现目标
  Z←{u}   ;;开始备份归纳
  while Z≠Ø   ;;除非完成
    x←Select(Z) such that $\pi_x \cap Z$=Ø   ;;Z 中没有 x 的子孙
    Z←Z\{x}   ;;消除 x
    $f(x) \leftarrow \min_{a \in A}\{w(x,a) + \sum_y p(y|x,a) \cdot f(y)\}$;;更新耗费
    $\pi(a) \leftarrow \arg\min_{a \in A}\{w(x,a) + \sum_y p(y|x,a) \cdot f(y)\}$;;最佳动作

算法 12.17
用于随机最短路径的 AO*搜索算法

算法 12.16 和算法 12.17 都包含了对于用于扩展的最优部分解的多个末端节点选择的不确定性。这个选择会极大影响整个算法的效率。可能的备选包括选择具有最小耗费的节点或者选择到达概率最高的节点。

12.4.2 IDAO*算法

类似在正则搜索图中 IDA*算法对 A*算法所做的那样,设计一个迭代加深的 AO*算法变种处理与或图也是可能的。这个方法利用了如下事实:值函数通常映射为一个较小的整数。这里重新利用了确定性情况下的 IDA*算法思想。算法 12.18 中 IDAO*算法的主要驱动循环是通过连续增加上界阈值 U 触发搜索。

Procedure IDAO*
Input: 状态空间与或图问题,开始节点 s 和耗费界限 b
Output: 解子树的最优耗费

solved(s)←false
$U \leftarrow h(s)$
while ($U < b$ and not solved(s))
   $U \leftarrow$ IDAO*-DFS(s, U)
return U

算法 12.18
IDAO*搜索算法

IDAO*算法与 IDA*算法的主要区别在于 DFS 算法子程序(见算法 12.19)。当展开与节点时,IDAO*算法递归的调用主程序而非 DFS 算法函数。结果是,对于与节点的每个后继,IDAO*算法以不断增加的耗费界限执行了一系列搜索,即从后继节点的启发式估计开始,到发现解或达到前驱与节点的耗费界限结束。这是因为我们优先选择耗费更低的部分解,尽管总耗费(由所有孩子的最大值确定)没有增加。返回的耗费值总是已扩展节点最优耗费的下界,当节点可解时,返回值等于最优耗费。

Procedure IDAO*-DFS
Input: 当前节点 u 和耗费界限 U
Output: 新的耗费界限

if (Goal(u))   ;;遇到终止节点
  solved(u)←true   ;;节点是平凡可解的
  return 0   ;;从节点到自身的耗费
Succ(u)←Expand(u)   ;;生成后继
if (and-node(u))   ;;与节点

```
   for each v ∈ Succ(u)                              ;;遍历后继列表
      f(v)←IDAO*(v, U)                               ;;调用主程序
      if (f(v)>U) return f(v)                        ;;超过阈值
   solved(u)← ∧_{v∈Succ(u)} solved(v)                ;;所有后继都可解
   f(u)← max{f(u), max_{v∈Succ(u)} f(v)}             ;;存储了耗费值
   return f(u)                                       ;;耗费值最大化
else                                                 ;;或节点
   for each v ∈ Succ(u)                              ;;遍历后继列表
      if (w(u, v)+h(v)≤U)                            ;;耗费低于阈值
         f(v)←IDAO*-DFS(v, U−w(u, v))                ;;调用子程序
         if (solved(v)) return f(v)                  ;;后继是终止节点
         else f(v)←w(u, v)+h(v)                      ;;在范围节点赋予耗费
   f(u)← min{f(u), min_{v∈Succ(u)} w(u,v) + f(v)}    ;;存储了耗费值
   return f(u)                                       ;;反馈结果耗费

算法 12.19
IDAO*-DFS 搜索算法子程序
```

对于与节点后继的搜索，只要发现有耗费大于当前界限的节点时，IDAO*算法就立即停止。因为，这意味着与节点的耗费也会增加界限。然而，因为算法以不断增加的界限重复执行深度优先搜索，所以整个问题最终会得到解决。

算法给出了节点的 f 值是如何通过复制其子节点的值从而持续变得更加精确的。当这些改进的界限存储在置换表中时，由于这些置换表总是先于节点扩展被查阅，所以算法可极大地提速。

为简洁起见，这里没有给出最优解的重构过程。与 AO*算法相比，重构是自底向上完成的。从叶子节点开始，组合内部节点的子节点的部分解构成最终解。为了实现这个目的，可以要求返回值不仅包含解的耗费，也包含部分与或树。

12.4.3▲ LAO*算法

不同于动态规划，启发式搜索从给定态 s 开始，可在不评估整个状态空间的情况下找到最优解图。考虑到与马尔可夫决策过程的相似性，问题在于与或图搜索是否可扩展到该场景中以改进效率。

在可转移性方面的主要问题是在 MDP 算法中存在循环。也就是，执行一个动作后，可能有一定的机会状态保持不变。规划可能不得不重复执行一个动作直到成功。因而，MDP 算法被认为具有无限范围，因为不能确定解长度最坏情况的上界。

LAO*算法是 AO*算法的简单泛化，它可以发现带循环的解（见算法 12.20）。AO*算法的备份归纳步骤可以认为是动态规划的一个特例，因此可以被策略迭代或值迭代替代（见第 2 章）。与 AO*算法类似，LAO*算法主要有两步：前向搜索和动态规划。前向搜索与 AO*算法中的相同，只是其允许解图包含循环。此时，部分解图的前向搜索在到达目标节点、非末端的末梢节点或循环回到的已扩展节点时终止。

Procedure LAO*
Input: 带环的状态空间与或图问题，启发式估计 h
Output: 带循环的解子结构 π

$NTT \leftarrow \{s\}; f\{s\} \leftarrow h(s)$;;初始化非终止末梢节点和耗费值
loop
  $\pi \leftarrow$ best partial solution   ;;沿着标记的动作扩展最佳部分解
  $NTT \leftarrow$ nonterminal tip nodes
  if $(NTT = \emptyset)$;;没有非终止节点
    return π ;;返回解图
  $u \leftarrow$ Select(NTT) ;;任意非终止节点
  $NTT \leftarrow NTT \backslash \{u\}$;;节点不再是末梢
  Succ$(u) \leftarrow$ Expand(u) ;;生成后继
  for each $v \in$ Succ(u) ;;遍历后继列表
    $f(v) \leftarrow h(v)$;;计算估计
  $Z \leftarrow$ ancestor(u) ;;扩展节点和祖先
  while $(Z \neq \emptyset)$;;备份归纳
    $x \leftarrow$ Select$(Z \backslash \pi_x)$;;w 中没有 Z 的子孙
    $Z \leftarrow Z \backslash \{x\}$;;更新 Z
    do either Policy-Iteration(Z) ;;直到在 Z 中收敛
    or Value-Iteration(Z) ;;一次或多次迭代
    mark$(x) \leftarrow \arg\min_{a \in A} \{w(x, a) + \sum_y p(y|x, a) \cdot f(y)\}$;;标记最佳动作

算法 12.20
LAO*算法

对于容许估计和策略迭代，LAO*算法具备以下特征。

定理 12.3（LAO*算法对策略迭代的最优性）如果 h 是容许的，并在 LAO*算法中采用策略迭代执行动态规划。

（1）每步之后，对于每个状态 u，有 $f(u) \leqslant f^*(u)$。

(2) 终止后，对于最优解图 π 中每一个状态 u，有 $f(u) = f^*(u)$。

(3) LAO*算法经过有限迭代后终止。

证明：第一条结论可采用归纳法证明。已知 h 是下界，则对于显式图中的每一个节点 u，有初始启发值 $h(u) \leqslant f^*(u)$。前向搜索步骤扩展了最佳部分解图并且不改变任意节点的耗费，所以考虑动态规划步骤就足够了。为了构建不变性条件，我们引入如下归纳假设，即在步骤前，对于每一状态 u，有 $f(u) \leqslant f^*(u)$。如果所有末梢节点都有最优耗费，则所有非末梢节点必须通过策略迭代收敛于它们的最优耗费。但是，根据归纳假设，所有的末梢节点具有容许耗费。所以，当仅在非末梢节点上执行策略迭代时，它们必须收敛到与最优相同或更好的耗费。

为了证明第二条结论，我们观察到搜索算法仅在解图完整条件下才会终止；也就是，没有未扩展节点。对于解图中的每一个状态 u，假设 $f(u) < f^*(u)$ 会导致矛盾，因为这意味着存在一个比最优更好的完全解。结合第一部分可得 $f(u) = f^*(u)$。

下面证明最后一条结论。显然，如果图是有限的，或者 MDP 算法中的状态数量有限时，LAO*算法在有限次迭代后结束。对于容许估计和值迭代算法，可证明 LAO*算法具有类似性质。

定理 12.4 （值迭代 LAO*算法的最优性）如果 h 是容许的，并且在 LAO*算法中采用值迭代执行动态规划。

(1) 在执行 LAO*算法的每个步骤后，对于每一状态 u，$f(u) \leqslant f^*(u)$。

(2) 对于最优解图 π 中每一个状态 u，极限情况下 $f(u)$ 收敛到 $f^*(u)$。

证明：对于第一条结论的证明也是采用归纳法。已知 h 是下界，则对于显式图中的每一个节点 u，我们有初始启发值 $f(u) = h(u) \leqslant f^*(u)$。假设对于每一状态 u，有 $f(u) \leqslant f^*(u)$。如果执行值迭代，则基于 Bellman 最优方程，可得

$$f(u) = \min_{a \in A} \left\{ w(u,a) + \sum_{v \in S} p(v|u,a) \cdot f(v) \right\}$$
$$\leqslant \min_{a \in A} \left\{ w(u,a) + \sum_{v \in S} p(v|u,a) \cdot f^*(v) \right\} = f^*(u)$$

为了证明第二条结论，观察到图是有限的，所以 LAO*算法最终必须找到一个完全解图。极限情况下，根据值迭代的收敛证明，解图中的节点必须收敛到它们的准确耗费。根据显式图中所有节点耗费的容许性，解图一定是最优的。

LAO*算法将解表示为从状态到动作的映射，其形式是循环解图或有限状态控制器。这种表示泛化了解的图形表示，例如 A*搜索算法采用的简单路径以及 AO*算法采用的无环图。

12.5 小结

本章以不同方式泛化了确定性最短路径问题。确定性最短路径问题假设后继状态完全由当前状态和执行的动作决定。然而，动作执行后有时会产生多个后继状态，根据概率或者对手从中选择一个。这种情况下，搜索问题要么成为一个概率化或极小极大最短路径问题，要么是必须找到状态的期望或最坏情况目标距离。以上两种情况下，最优行为就是每次在给定状态下应执行的动作（策略）。

我们将这些搜索问题泛化为具有三种不同节点的搜索问题。第一种节点是目标节点，它们具有给定值。第二种节点是 OR 节点或 MIN 节点。MIN 玩家在这些节点选择可用的动作。它们的值是所有出边（动作）中最小的，这里出边是移动到后继节点的耗费（即执行动作的耗费）与后继节点值之和。第三种节点取决于搜索问题：对于概率最短路径问题，称为 AVE 节点。在这些节点中，自然从选定动作的结果中选择一个。它们的值是所有出边（也就是结果）耗费的均值，由移动到后继节点的耗费（典型情况为 0）与后继节点的值之和得到。

我们接着讨论了概率最短路径问题可用具有目标状态的 MDP（马尔可夫决策过程）模型描述。对于极小极大最短路径问题，第三种节点是 MAX 节点。MAX 节点是指对手（也就是 MAX 玩家）在此处选择所选动作的一个结果。它们的值在所有出边（结果）中是最大的，这里的出边是移动到后继节点的耗费（通常为 0）与后继节点值的加和。我们也讨论了与或搜索问题，其主要解决树型状态空间问题。对于与或搜索问题，第三种节点是与节点，与节点中已选动作被分解为多个需要执行的动作。它们的值是所有出边的和，这里的出边是移动到后继节点的耗费与后继节点值的加和。

我们还讨论了确定以上这些搜索问题所有节点值的方法。对于树型状态空间（即根节点为开始节点，叶子节点是目标节点），可从目标节点开始，并仅扩展每个节点一次。其中一个例子就是求解极小极大最短路径问题的极小极大搜索方法。极小极大最短路径问题的求解可采取类似 Dijkstra 的搜索方法，即从目标节点开始展开每个节点一次。甚至对具有更一般拓扑的状态空间，只要仅存在正耗费的循环，都可以求解。这是因为如果所有节点的值是有限的，那么最优策略是无环的。然而对于概率性最短路径问题，通常不能采取展开节点一次的方法求解，这是因为即使所有节点的值是有限的，也可能不存在无环最优策略。我们讨论了几个求解概率性最短路径问题的动态规划方法，包括策略迭代、值迭代和 Q 学习。在 Q 学习中，动作的结果和耗费是未知的，需要通过执行动作进行学习（强化学习问题）。接着，我们还通过利用折扣的方法来保证节点的值是有限的，将这三种搜索方法泛化于没有目标节点的概率最短路径问题。

我们还讨论了利用开始节点的知识避免确定所有节点的值。这种情况下可以利用泛化了 A*算法的启发式搜索方法。这些方法从开始节点开始，利用启发式朝着目标节点的方向搜索。用于与或搜索问题的 AO*算法（及其节约内存的迭代加深版本）和用于 MDP 的 LAO*算法都是此类案例。表 12.1 总结了这类算法，表中指出每个算法的伪代码是假设非确定性或概率性环境，以及与或结构假设为一棵树还是一般的图。最后还提到算法在单源还是多源上运行。

表 12.1 与或搜索算法概览

算法	环境	结构	源
AO*算法(12.16)	非确定性的	树	单源
AO*算法(12.17)	概率性的	树	单源
IDAO*算法(12.18,12.19)	非确定性的	树	单源
Q学习算法(12.12)	非确定性的	图	单源
LAO*算法(12.20)	概率性的	图	单源

接着将视角移向具有当前状态完整信息的二人零和博弈（如国际象棋和西洋跳棋的棋盘布局），并简要讨论了如何将这些方法应用到有完整和不完整信息的多人零和博弈中。在具有当前状态完整信息的二人零和博弈中，在假设对手（MIN 玩家）也采取了最优移动的条件下，我们尽力找到玩家（典型地假设为 MAX 玩家）的最佳移动。如果发现一个健壮移动，那么这种假设是合理的，因为如果对手的移动非最优的话，我们的移动仍保持健壮。所以，博弈问题本质上是 MIN-MAX 最短路径问题，只是这里的所有动作耗费都为 0。目标状态就是末端状态。它们的值对于 MAX 玩家赢（也就是 MIN 玩家输）的话是无穷大，对于 MAX 玩家输（也就是 MIN 玩家赢）的话是负无穷大。

这些极小极大最短路径问题可基于极小极大搜索方法求解。围绕目标状态，可以简单地离线（回溯分析）计算状态的准确值，并且将其存储在残局库中。然而，状态空间通常比可用内存大得多，因此不能存储所有的状态。实际上，我们是在 MAX 玩家每次移动时执行搜索，围绕当前状态只会产生部分状态空间（即局部搜索空间），那么局部搜索空间的边缘状态就变成目标状态。它们的值反映了根据静态评估启发式，状态对 MAX 玩家的适用性。其中，启发式可以是手工编写的，也可以是采取包含强化学习在内的机器学习方法从经验中学习得到的。更大的局部搜索空间有助于极小极大搜索方法发现误导性的静态评估，从而可实现更好的决策（尽管这一点并不能保证）。极小极大搜索方法在实现中通常是深度优先搜索，因此运行于多次包含多个状态的树上。然后，它采取置换表的方式检测已经计算过的状态，从而无须再次计算，这极大地提高了效率。

我们还讨论了进一步提高搜索效率的不同方法。这些方法不评估在最优游戏中无法达到的不重要状态值。例如，$\alpha\beta$ 搜索方法，它在极小极大搜索中维持 α 值和 β 值。其中，α 值是 MAX 玩家保证达到的最优值，初始值是 MAX 玩家的失败值；β 值是 MIN 玩家保证达到的最优值，初始值是 MIN 玩家的失败值。树根节点的值要保证在 α 值和 β 值之间。如果某个状态的 α 值不严格小于 β 值，那么就没必要计算该状态的值。给定相同局部搜索空间，$\alpha\beta$ 搜索方法与极小极大搜索方法计算一样的值，采取的动作也一样。但是，$\alpha\beta$ 搜索计算的状态值却少得多，所以相比极小极大搜索，同样时间内它可以搜索的局部搜索空间更大（即如果状态上的行为按照其对于在此状态做出动作的玩家的强度的递减顺序排序，那么可以搜索两倍深度的树），因此选择的动作也更优。

我们还讨论了 $\alpha\beta$ 搜索的变种，即将 α 值和 β 值初始化为不同的值。那么，只有根节点的值位于 α 值和 β 值之间时，才能对其精确计算。典型的变种包括期望搜索、主差异搜索以及内存增强的测试框架。我们还讨论了其他几种 $\alpha\beta$ 搜索的增强方法，包括归纳相似状态的方法、采用值向量的静态评估的方法，以及通过不断放大局部搜索空间范围直到静态评估稳定以避免视界效应的方法。

还有其他搜索方法，包括最佳优先搜索方法，但它们比基于深度优先的 $\alpha\beta$ 搜索形式要复杂得多。对于类似国际象棋的游戏，它们的效率并不会更高。然而对于较大分支因子的游戏，比如围棋，却需要根本不同的方法，如基于蒙特卡罗搜索或者问题分解。对于含有不确定元素的游戏（如西洋双陆棋以及其他需要掷骰子的游戏）或者不完整信息的游戏（如很多卡牌游戏）可通过极小极大或 $\alpha\beta$ 搜索的变体求解。例如，对于卡牌游戏，先基于可用信息猜测对手的牌，我们接着就可以类似已知对手的牌进行游戏，这相当于将其转化为一个完整信息问题，也就可以使用 $\alpha\beta$ 搜索的变种进行求解。

表 12.2 概述了本章介绍的基本游戏程序。其中，勾选符号表示是前向或后向搜索，玩家数是表示多少人参与游戏，同时表中还给出了该算法的典型游戏应用场景。分析类似西洋双陆棋的游戏机会将随机方法与博弈树搜索相关联。

表 12.2 游戏搜索算法概览

算法	前向	玩家	典型	内存
MAX 算法（12.1）	√	2	棋盘	$O(d)$
MIN–MAX 算法（12.2）	√	2	棋盘	$O(d)$
MAX $\alpha\beta$ 算法（12.3）	√	2	棋盘	$O(d)$
MIN-MAX $\alpha\beta$ 算法（12.4）	√	2	棋盘	$O(d)$
MAX $\alpha\beta$-TT 算法（12.5）	√	2	棋盘	$O(|T|)$

(续)

算法	前向	玩家	典型	内存
主差异搜索算法（12.6）	√	2	棋盘	$O(d)$
内存测试驱动算法（12.7）	√	2	棋盘	$O(|T|)$
累积 min-max $\alpha\beta$ 算法（12.8）	√	2	卡牌	$O(d)$
分割搜索算法（12.9）	√	2	卡牌	$O(|T|)$
可达性算法（12.13）	√	2	棋盘	$O(|T|)$
分类算法（12.14）	—	2	棋盘	$O(|T|)$
$A\beta$ BnB 算法（12.15）	√	k	卡牌	$O(kd)$

12.6 习题

12.1 设定游戏的状态空间为 $Q = S \times \{0,1\}$。游戏有一个初始状态和某个谓词 goal，用于确定游戏是否终止。假设每条从初始状态到最终状态的路径长度是有限的。对于目标状态集合 $T = \{u \in Q | \text{Goal}(u)\}$，定义一个评估函数 $\text{Eval}: T \to \{-1, 0, 1\}$，$-1$ 表示失败位置，1 表示获胜位置，0 为平局。在游戏中明确每个状态的博弈理论值，则该评估函数扩展为 $\text{Eval}: Q \to \{-1, 0, 1\}$。令 L_i 是玩家 i 的失败位置集合（$i \in \{0,1\}$）。

（1）假设为最优游戏，递归地定义集合 L_1 和 L_2。

（2）令 R 是所有可达状态的集合。关于初始位置和游戏规则，确定平局集合。

12.2 高效的描述 Connect 4 游戏，并估计棋盘宽高在 4~9 之间时的可达状态数量。

12.3 在 Hex 游戏中，一种目标模式是在棋盘两边形成一个虚连接，见图 12.19。

（1）说明如何在无限分支树中（见第 3 章）高效存储目标模式，并将图 12.19 的模式插入到字词典中。

（2）如图 12.19 所示例的那样，通过变换、反射和旋转可获得更多模式。试确定对称性数量，并将例子中的所有对称模式插入到无限分支树中。

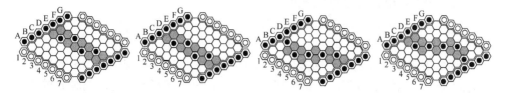

图 12.19　Hex 游戏目标模式

12.4 在图 12.20 这个部分完成的井字棋游戏问题中，玩家双方都是专家，也就是任何一方都不会给对方赢的机会。那么下图中第一步和最后一步移动是什么？

图 12.20 部分完成的井字游戏

12.5 Nim 理论的关键是忽略所有进位的数字二进制和。例如，$(011)_2$、$(100)_2$、$(101)_2$ 和 $(010)_2$。最优策略是以和为 0 完成每一步的移动。

（1）对于配置 (3,3,5)，其最优移动是什么？

（2）说明从数字和不等于 0 的状态到数字和为 0 的状态总是存在一个移动。

（3）说明在数字和为 0 的状态下，所有可能的移动都会导致和非 0。

12.6 在游戏中使用的增量哈希函数，最通用的实现方法是 Zobrist 哈希。给定具有几个方格和 p 个不同类型棋子（包括空白）的棋盘，大小为 $n \times 2p$ 的数组 Z 以随机数填充。哈希数值是对整个棋盘上所有被占领方格的异或。对于特定游戏，哈希数值可以增量计算。

如果一个棋子被移动了，则需要对当前的哈希值与 Zobrist 数进行异或，这里的 Zobrist 数对应着棋子移动需要的两个格子。对于二人游戏，通常是对移动方的另一个随机数的异或。请将 Zobrist 哈希扩展到吃掉棋子。

12.7 给出基于置换表剪枝的极小极大 $\alpha\beta$ 算法的伪代码。

12.8 在 2004 年度的国际象棋冠军比赛中几乎都是 Kramnik 赢。然而，Leko（执黑棋）在非常有限的时间内赢得了第 8 局，在如图 12.21（a）的棋盘中，其找到了一个妙招，从而最终使黑子获胜。

现在，Leko 领先。但最终局比赛，Kramnik 以最终结果 7:7 再次获胜。最后，他发现在图 12.21（b）棋盘中，可以在最多三步之内将死对手。

（1）手动找出赢得比赛的着数。

（2）采用任何可用的国际象棋游戏程序找到获胜的着数。通过解释搜索树评估说明计算机的分析。

12.9 五子棋接龙是一个钢笔和铅笔的游戏，在由交叉标记为初始态的集合 S 组成的无穷的网格上进行。在每步移动中，$k-1$ 个交叉点被覆盖，同时通过放置有 $k-1$ 条边的一条（水平、垂直或对角）线产生一个新的交叉点。两条线的边不能重叠。通常 S 设置为希腊十字，有 $36 = 6 \times 4 + 6 \times 2$ 个标记的交叉点，k 设置为 5，如图 12.22 所示。从搜索的角度来看，五子棋接龙是一个最长路径状态空间问题。最佳人工解要追溯到 1976 年 4 月，为 170 步。在 2010 年，采用蒙特卡罗搜索和网格计算机，创造了一个 172 步的新记录。

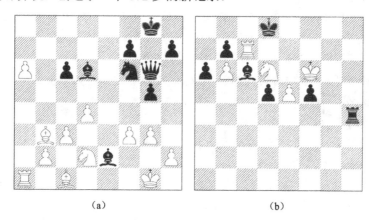

(a)　　　　　　　　　　　(b)

图 12.21　移动黑棋获胜和移动白棋三步之内获胜的国际象棋

（a）移动黑棋获胜的国际象棋；（b）移动白棋三步内获胜的国际象棋。

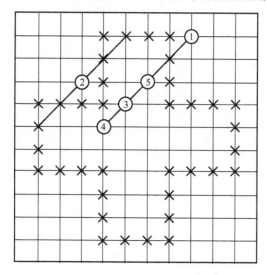

图 12.22　画了 5 条直线的五子棋接龙

（1）解释待搜索图可以简化为一棵树。

（2）说明在通用配置 $k=5$ 下游戏是有限的。

（3）找出一个好的状态编码方法，并对采用线状堆的不同的位图编码进行比较。

(4) 实现广度优先的树搜索器。能够达到深度是多大？

(5) 实现一个随机深度优先的树搜索器。能够达到的最大深度是多少？

(6) 对问题应用 UCT 算法，分析利用和探索的折中。

12.10 同色游戏是一个单智能体游戏。它是在由 k 种颜色的 nm 个球覆盖的 $n \times m$ 网格上进行的。一般情况下，$n = m = 15$，$k = 5$。如果球连接成包含至少 l 个元素的连通组时，它们将被移除。移动的收益为 $(l-2)^2$ 分。如果一个球组被移除，那么其余球沿网格掉落。游戏的目标是收益最大化。如果全部清除，则得到额外的 1000 分。

加速蒙特卡罗搜索。

(1) 指出 $O(nm)$ 时间内足以确定一个网格状态的所有有效后继（首先传播连通性，接着是球组的大小）。

(2) 导出禁忌颜色的概念，应该长时间不动从而形成一个更大的球组。什么是好的选择颜色？

(3) 给定一个评估函数，为每个后继分配正值，得出一个随机选择模型（考虑用于加权随机选择的轮盘赌）。

(4) 什么是好的评估函数？尝试以质量换取执行时间。

12.11 斯卡特牌（Skat）是一个流行的三人卡牌游戏，一共 32 张牌。当一个玩家叫分后再与其他两个玩家对弈。叫分后，Skat 计算机使用双模拟策略进行游戏，该策略遍历将两个对手集合在一起的两人搜索树（为了确定手牌的强度，可以在双模拟求解器上放置蒙特卡罗模拟）。

(1) 找出 Skat 是如何工作的，也就是指出每张卡牌的值以及游戏规则。

(2) 找到一个针对手牌的 32 位编码，解释如何翻转映射，并确定一个 card-to-index 程序，该程序允许你高效确定某个卡牌是否优于另一个。

(3) 解释在 $O(1)$ 内在现代计算机上通过计算最重要的位选择 1 张卡牌？

(4) 分析下面 7 张牌的游戏（♣是王牌，玩家 1 先开始）。

玩家 1：♣J ♣10 ♡8 ♡K ♡10 ♠7 ♠K
玩家 2：♠J ♡J ♣8 ♢9 ♢Q ♢10 ♢A
玩家 3：♣7 ♣Q ♢7 ♠8 ♠9 ♡7 ♡A

12.12 采用符号模型检查工具（如 SMV 或 μcke），运用符号化回溯分析井字棋游戏。

12.13 21 点（Blackjack）是一个卡牌游戏，玩家试图通过获得卡牌值的总和使其大于庄家将其击败，和的极限值是 21。庄家在值达到 17 时就不再拿牌。解释如何利用 Q 学习求解 21 点。作为输入，选取训练片段的数量、每个片段的游戏数，输掉或赢得比赛的增强值、步长参数、折扣因子。利用 epsilon-greedy 算法进行动作选择。更高的 epsilon 值意味着更高的探索。请给出赢得比赛的比例以及当前学习得到的 Q 值。

12.14 在俄罗斯方块（Tetris）游戏中，给玩家连续提供形状不同的方块，通过定位和旋转，这些形状块落在下面的块上。游戏中，后续的每一个块形状都是随机的。当形状块开始成堆后，玩家需尽量高效地将其堆放好。如果玩家设法将这些块堆成一行，那么该行消失，释放出更多空间。在不直接规划策略的条件下，描述一个学习对弈 Tetris 游戏的增强策略。给定一个要增加的随机块时，该策略将对所有有效放置位置进行评估，并基于评估函数选择一个最佳的动作。改变值学习的参数值，并比较 Q 学习和时序差分学习的效率。

12.7　书目评述

Owen 在 1982 年，Osborne 和 Rubinstein 在 1994 年都对博弈理论，给出了很好的介绍。而对二人博弈给出通用介绍的是在 Rapoport 在 1966 年写的书中。计算机游戏要追溯到计算科学的先驱（Turing 等，1953）以及信息理论的奠基者（Shannon，1950）。1950 年，Turing 编写了第一个计算机国际象棋程序。同年，他提出了图灵测试，也就是那时，计算机能够通过编程获得与人的智能相竞争的能力，比如下棋。在如国际象棋之类的游戏中，如果一个人看不到是别的人或计算机，他（她）可能不知道人和计算机的差别。

在文献中，可能存在对一些术语的不同写法，如 Negmax/Negamax 和 MinMax/MiniMax。Neg（a）max 的思想来自 Baudet（1978）。Schaeffer（1989）提出了几种包含历史启发的 $\alpha\beta$ 搜索的改进方法。Marsland 和 Reinefeld（1993）对主差异搜索进行处理。Plaat，Schaeffer，Pijls 和 de Bruin 描述了 MTD 框架及其应用。Stockman（1997）提出了 SSS*算法，Anantharaman，Campbell 和 Hsu（1990）描述了单步扩展的概念。Breiman，Friedman，Olshen 和 Stone（1984）讨论了分类树和回归树，Heinz 和 Hense（1993）讨论了将其应用到 $\alpha\beta$ 评估函数中。而这种评估函数也被证明存在缺陷，如 Nau（1983）的工作。Korf 和 Chickering（1994）提出了最佳优先的极小极大搜索方法，明确提升了 Othello 玩家的质量。Ibaraki（1986），Marsland 和 Reinefeld（1993）分别对 $\alpha\beta$ 搜索和 SSS*的泛化进行了探讨。

McAllester（1988），McAllester 和 Yuret（2002）提出了对策数搜索，在该方

法中搜索博弈树的方式是以改变根评估为目的来改变叶子节点评估。Allis，van der Meulen 和 van den Herik（1994）引入了证明数搜索，用来证明或反驳博弈理论值。为了实现这一点，它将值赋给根节点，来说明该值等于极小极大值。在每个节点，存储了一个证明数（和一个非证明数），表示证明（或反驳）博弈理论值所需检查的最小后继数量。由于证明数搜索通常是考虑对根节点产生最大影响的节点，所以它是最佳优先的一个变种，并且其存储需求是线性的。证明集搜索是最近提出的一种对证明数搜索的改进（Müller，2002），它以节点探索换取更高的内存消耗。

Samuel（1959）是首位将学习应用到国际象棋游戏程序实现的研究者，还在电视上进行了展示。他的 min-max 算法包含了很多启发式扩展和截断，也就是现在所说的 $\alpha\beta$ 剪枝。他作为时序差分学习的奠基人，也是第一个将机器学习用于改进评估函数的人。程序通过将成千上万的游戏与自身的不同版本进行比赛，并在比赛中两个真实的层后，调整权值参数以逼近位置的极小极大值。Sutton（1988）提出了 TD(λ)，它是在资格迹上对 TD(0) 的扩展。TD(λ) 最有影响的应用就是 Tesauro（1995）的 TDGammon，其被评估为接近最好人类玩家的水平。Bruegmann（1993）实现了蒙特卡罗围棋，并且在 9×9 围棋游戏完成了比赛。由 Kocsis 和 Szepesvári（2006）发明的最成功的围棋程序采用了 UCT 算法。UCT 算法自身可以追溯到 Auer，Cesa-Bianchi 和 Fischer（2002）的工作。已知的围棋程序参考了 Gelly，Silver（2007）和 Coulom（2006）等人的前期工作。

Schrödl（1998）将失败即否定引入到基于解释的学习中，并利用该方法得到了 king-rook 对 kingknight 象棋残局的极小极大树泛化逻辑描述，并且速度可提高 10 倍。

组合博弈理论最全面的参考书是 Berlekamp，Conway 和 Guy（1982）的专著《Winning Ways》。在该书中，游戏被分解成易于处理大小的局部游戏的和。分治分解搜索方法是 Müller（2001）提出的，该方法在博弈树中传播相对评估，可以应用于所有的极小极大搜索算法，如 $\alpha\beta$ 搜索和证明数搜索。已经证明，该方法在围棋残局中很有效（Müller，1995），它在一些位置可以达到指数的节约。Hex 游戏（由 Danish mathematician Hein 发明）和亚马孙人（由 Walter Zamkauskas 发明）游戏是 PSPACE 难的，该结论由 Reisch（1981）以及 Furtak，Kiyomi，Uno 和 Buro（2005）给出。

Heinz（2000）写了计算机国际象棋入门，介绍了很多标准和一些先进的技术。对于残局库的一些早期工作，van den Herik 和 Herschberg（1986）进行了综述。目前，对于国际象棋社区最重要的就是 Edward 的表库和 Thompson 的数据库。在西洋跳棋中，对于非常大数据库的分布式生成最终显示了计算机的优势。

击败世界冠军的故事可在 Schaeffer（1997）的书中看到。

Allis（1998）已经证明，对于四子棋游戏，先下棋者如果采取最优步骤可以赢得比赛。Edelkamp 和 Kissmann（2008b）基于二叉决策图给出了可达的位置数。Gasser（1995）采用大型数据库解决了 Nine-Men-Morris 游戏，即在初始配置后，每个位置都被给定其博弈理论值。该结果已被 Edelkamp，Sulewski 和 Yücel（2010a）验证，在每个可达状态都是最优博弈的前提下，他们利用 GPU 和最小完全哈希函数将状态空间压缩，从而计算出健壮解。Romein 和 Bal（2003）应用了另外一种并行回溯分析的方法（没有 GPU）在比特向量中健壮求解非洲豆游戏。

Luckhardt 和 Irani（1986）考虑了多人游戏。Korf（1991）则将剪枝引入 max^n 树中。Sturtevant 和 Bowling（2006）提出的 $Soft-max^n$ 算法避免了对打破平局的预测。Edelkamp 和 Kissmann（2008a）采用 BDD 实现了该算法。Sturtevant 和 Korf（2000）提出了用于多人游戏的分支划界的 $\alpha\beta$ 剪枝策略。Sturtevant（2008）研究了将 UCT 算法用于多人游戏。在五子棋接龙游戏中，Chris Rosin 第一个打破了保持了 34 年、由 C.-H. Bruneau 创造的 170 次移动记录。

早期桥牌玩家采用的分层规划是 Smith，Nau 和 Throop（1998）提出的。目前基于蒙特卡罗采样设计的桥牌游戏程序是由 Ginsberg（1999）给出的。斯卡特牌程序要归功于 Kupferschmid 和 Helmert（2006），后来 Keller 和 Kupferschmid（2008）采用竞价系统对此进行了扩展。Frank 和 Basin（1998）指出蒙特卡罗采样不能确定最优博弈。

在一般游戏博弈中，就像 Love，Hinrichs 和 Genesereth（2006）指出的那样，游戏是采用来自 KIF（knowledge interchangeable format，知识互换格式）的语法描述的。早期的玩家要归功于 Schiffel 和 Thielscher（2007）以及 Clune（2007）。近期的玩家经常采用 UCT 算法（Finnsson 和 Björnsson，2008）。对于二人一般游戏博弈，Edelkamp 和 Kissmann（2008b）提出了基于 BDD 的分类算法，Kissmann 和 Edelkamp（2010b）采用其提出的实例模块（Kissmann 和 Edelkamp（2010a））进行了改进。

Nilsson（1980）引入了 AO*搜索算法。Bercher 和 Mattmüller（2008）给出了用于敌对规划的 AO*算法实现方法。Hansen 和 Zilberstein（1998）通过扩展适于马尔可夫决策过程（MDP）问题的 AO*算法提出了 LAO*算法。Barto，Bradtke 和 Singh（1995）提出的实时动态规划是基于第 11 章介绍的 LRTA*搜索算法的。与 LAO*算法的不同之处在于，它基于试验的状态空间探索确定状态耗费更新的顺序。另外，LAO*算法以 A*算法和 AO*算法的方式系统地扩展搜索图来寻找解。这些算法交替调用动态值更新和前沿扩展。代数决策图（Algebraic decision diagrams，ADDs）常用来求解 MDP 问题，比如开放库 SPUDD（Hoey，St-Aubin，Hu 和 Boutilier，1999）所示。

Feng 和 Hansen（2002）给出了如何将导引融合到 MDP 问题求解中，并且设计实现了 LAO*符号启发式搜索方法。博弈应用在模型检查中的工作主要包括 Bakera，Edelkamp，Kissmann 和 Renner（2008）的工作。含有置换表的 IDAO* 算法是 Haslum（2006）在最优时序规划背景下给出的。

Bonet 和 Geffner（2005）提出的 Learning DFS（LDFS）是 IDA（O）*算法对于与或图和 MDP 的变体。IDA*算法包含一串 DFS 迭代，用于在遇到耗费高于给定阈值的状态时进行后向跟踪，LDFS 包含一串 DFS 迭代，用于后向记录与子节点值不一致的状态。

LDFS 遇到这些不一致状态时，更新它们的值并后向跟踪，同时也沿路径更新其祖先状态。另外，当某个状态下的 DFS 不能找到不一致状态时，就将其标记为已求解或不再扩展。有界 LDFS 是 Bonet 和 Geffner（2005）提出的 LDFS 的小的变体，采用一个明确的界参数将其搜索集中于关键路径上。对于二人游戏，有界 LDFS 简化为内存测试驱动算法 MTD($-\infty$)。

Bonet，Loerincs 和 Geffner（1997）指出了实时搜索在他们的规划器 HSP 的早期开发阶段的可应用性（Bonet 和 Geffner，2001）。Bonet 和 Geffner（2000）扩展了这种方法来实现通用规划工具求解部分可测 MDP 问题。一种类似于这里提到的方法的状态抽象技术，已经由 Dietterich（2000）应用到 Q 学习中。Dearden（2001）提出了一种区分优先顺序的状态抽象方法，其采用了状态空间的结构化表示。

第 13 章 约束搜索

约束技术已演变成最有效的搜索选项之一。这一点是不难理解的,因为它的声明形式化使其易于使用。这项技术是开放的、可扩展的,因为它区分了分支、传播和搜索。约束搜索已经集成到许多现有的编程语言中(如以库的形式),并在许多实际应用中显得非常高效,尤其在时间桌游戏、物流和调度领域。

搜索约束是对搜索问题可能解集合的限制。对于目标的约束(状态空间搜索的标准设置),我们指定目标状态,将这些约束加在目标上。在这种情况下,约束是指解路径的终端,表示对可能末端状态集合的限制。对于路径约束,约束是指的整条路径。

它们以时序逻辑的形式表示,也是一种软件系统所需性质描述的常见形式。例子就是,必须总是满足或者在一个解路径的执行期间内至少有时达到的条件。

在约束建模中,必须确定有关的变量、它们的域和约束。对同样的问题进行编码有许多不同的选择,但一个好的编码可能对于高效求解过程非常重要。

约束可以是非常不同的类型,二进制和布尔约束是两个特例。前者在特征高效传播规则中的每个约束至多包括两个约束变量,而后者指约束变量恰好有两个可能的赋值(true 和 false),也称为可满足性问题。

我们进一步区分硬约束和柔性约束,硬约束是必须要满足的,满足柔性约束是首选的但不是强制性的。计算柔性约束的主要挑战在于它们可能是矛盾的。这种情况下称问题是超额认购的。我们用一个带系数的线性目标函数评估柔性约束,并用系数表示它们的可取性。

约束可对不完整的信息进行表示,如表示未知状态变量上的性质和关系。限制可能的变量赋值集合需要搜索。将值赋给变量的搜索过程称为标注。任何赋值都对应于在所选变量上施加约束。或者,引入额外约束的一般分支规则可能用来分割搜索空间。

收紧和扩展约束集的过程称为约束传播。在约束搜索中,标注和约束传播是交替进行的。作为最重要的传播技术,本章我们探讨弧一致性和路径一致性。特定一致性规则可进一步提高传播效率。作为一个例子,本章我们诠释全异约束基础上的推理,它要求所有变量赋值互不相同。

搜索启发式决定遍历搜索树的一种顺序。它们可以用来增强剪枝或提高搜索成功率。例如，通过为可行解选择更有希望的节点达到上述目标。不同于前面章节的观察，分散的路径被证明对于约束搜索很重要。因此，作为一个启发式搜索选项，可以利用它与标准后继生成模块差异的数量来控制搜索。

文中大部分内容都是解决约束满足问题的策略，也就是要求满足一组有限域变量的赋值。针对解决约束优化问题的更一般设定，我们也进行了讨论，这个问题主要是在额外给定的目标函数下寻求最优值分配。例如，通过引入额外的惩罚违反偏好约束的状态变量，具有柔性约束的问题可以建模为一个约束优化问题。接下来将看到如何将以下界形式表达的搜索启发式纳入约束优化，以及如何应用更一般的搜索启发式。

本章的后面部分主要探讨利用专门的约束求解器通过搜索解决一些知名的 NP 难问题。我们会考虑 SAT、偶数分拆、装箱、矩形件排样以及图问题，如图分割和顶点覆盖问题。提出启发式估计和进一步搜索求精，来提高搜索（最优）解的性能。

时序约束是限制一组可能时间点的约束；例如，早上 7 点到 8 点之间起床。对于这种情况，变量域是无穷的。本章将介绍两种可以处理时序约束的算法化方法。

13.1　约束满足

约束满足是一种建模和求解组合问题的技术。它的主要部分是域过滤和局部一致性规则，以及遍历结果状态空间的改进搜索技术。约束满足依赖于声明问题的描述。该描述由包含各自域的变量集合组成。每个域自身由一组可能的值构成。约束限制了变量的可能组合。

约束通常以一组未知变量的算术（不）等式表示。例如，一元整数约束 $X \geq 0$ 和 $X \leq 9$，表示 X 包含一位数字。组合一组约束可以利用信息并产生一组新的约束。算术线性约束，如 $X+Y=7$ 和 $X-Y=5$，可以简化为约束 $X=6$ 和 $Y=1$。在实际约束求解中，初等微积分往往不足以确定一组可行解。事实上，我们考虑的大多数约束满足域是 NP 难的。

定义 13.1（CSP，约束，解）　一个约束满足问题（CSP）包含一组有限的变量 $V_1, V_2, \cdots, V_n$（其有限域为 $D_{V_1}, D_{V_2}, \cdots, D_{V_n}$）和一个有限约束集合，其中约束是变量集合上的一（任意 n）种关系。约束可以用一组兼容的元组进行扩展，或者以公式的形式表示目的性。CSP 的一个解是满足所有约束的完全变量赋值。为简单起见，本定义没有考虑连续变量，在本章的后面会以时序约束的方式考虑这类例子。

二元约束是仅涉及两个变量的约束。二元 CSP 是仅有二元约束的 CSP。一元约束可转化为二元约束。例如，通过增加一个赋值为 0 的约束变量即可实现转换。

任何 CSP 都可通过二重编码转化为二元 CSP，其中将变量和约束进行了转换。约束变量被封装，意思是其分配的域是各个变量域的笛卡尔乘积。原变量的估值可通过封装变量的估值提取。例如，原始（非二元的）CSP：$X+Y=Z$，$X<Y$，其中 $D(X)=\{1,2\}$、$D(Y)=\{3,4\}$、$D(Z)=\{5,6\}$。其等价的二元 CSP 包含两个封装变量 $V=\{(X,Y,Z)|X+Y=Z\}$ 和 $W=\{(X,Y)|X<Z\}$，它们对应的域分别为 $D_V=\{(1,4,5),(2,3,5),(2,4,6)\}$ 和 $D_W=\{(1,3),(1,4),(2,3),(2,4)\}$。$V$ 和 W 之间的二元约束要求指向同一个原始变量的分量相互匹配；例如，V 的第一个分量（X）等于在 W 上的第一分量，V 的第二个分量（即 Y）等于在 W 的第二分量。

一个例子是八皇后问题（图 13.1）。任务是将八皇后放置于棋盘，但要求同一行、列或对角线上，最多有一个皇后。设变量 V_i 表示女王在某 i 行的列值（$i \in \{1,2,\cdots,8\}$），则 $D_{V_1}=\cdots=D_{V_8}=\{1,2,\cdots,8\}$。给一个变量的赋值将会限制对其他变量的可能赋值，那么不造成冲突的约束条件是 $V_i \neq V_j$（垂直威胁）以及 $|V_i - V_j| \neq |i-j|$（对角线威胁），其中 $1 \leq i \neq j \leq 8$（在约束模型中已经考虑了水平威胁）。

图 13.1 八皇后问题的解；没有皇后威胁其他皇后

这样的问题需要一个有效的搜索算法找到一个可行的变量赋值。赋值表示棋盘上皇后的有效放置。一个直观的策略是考虑所有可能的 8^8 种赋值，这可以容易地约减到 8!。一种改进的方法是维持向量的一个部分赋值向量。该向量随着深度增加而增长，并随着搜索回溯而缩减。为了在搜索过程中限制分支，我们另外维护一个全局数据结构来标记所有与当前赋值冲突的位置。

在美国，数独（图 13.2）是一个日益流行的谜题，但它在亚洲和欧洲有着悠久的传统。规则很简单：将所有空方块用数字$\{1,2,\cdots,9\}$填充，使得在每一列、每一行以及在每个3×3块中，1～9 的数字都恰好被选择一次。如果变量$V_{i,j}$表示对单元格(i,j)的赋值，其中$D_{V_{i,j}}=\{1,2,\cdots,9\}$（$i,j\in\{1,2,\cdots,9\}$）则有以下性质。

（1）$V_{i,j}\neq V_{i,j'}$，对于所有$i\in\{1,2,\cdots,9\},1\leqslant j\neq j'\leqslant 9$（垂直约束）；

（2）$V_{i,j}\neq V_{i',j}$，对于所有$i\in\{1,2,\cdots,9\},1\leqslant i\neq i'\leqslant 9$（水平约束）；

（3）$V_{i,j}\neq V_{i',j'}$，对于所有$(i,j)\neq(i',j'),\lfloor i/3\rfloor=\lfloor i'/3\rfloor,\lfloor j/3\rfloor=\lfloor j'/3\rfloor$（子块约束）。

			2		4			
	7			9			4	
5				8		2		7
9	8						6	5
		2	9		5	4		
4	6						7	2
8		9		2		6		1
				5			3	
			1		8			

图 13.2 数独（空方块用数字$\{1,2,\cdots,9\}$填充，使得所有行、列和块都是$1,2,\cdots,9$的排列）

作为另一典型的 CSP 例子，考虑一个覆面算（又名加密算术难题或字母算术）。这里，需要给每个单独的变量分配数值，从而使方程 SEND+MORE=MONEY 为真。这一组变量集为{S,E,N,D,M,O,R,Y}。每个变量是 0～9 的整数，开头字符、S 和 M 不能被分配为 0。要解决的问题是对变量分配两两不同的值。考查不难得出[S,E,N,D,M,O,R,Y] = [9,5,6,7,1,0,8,2]（矢量标记）是该问题（唯一）的解。

因为只考虑采用十进制数字的问题，所以最多有 10! 种不同的数字到变量赋值方案。所以，覆面算是一个有限状态空间问题，但将其推广到其他非十进制的基被证明是（NP 完全）难的。

另一个著名的 CSP 问题是孤独的 8 问题。其任务是在图 13.3 的划分中确定所有百搭牌（通配符）。对于使用基本微积分和排除法的人，不难得到的唯一方案是 10020316/124=80809。不过，由于没有使用专门约束，CSP 求解器常常面临相当大的工作量。

```
????????  /  ???  =  ??8??
   ???
   - - -
    ????
     ???
    - - - -
     ????
```

图 13.3　孤独的 8 问题（分配非零数至百搭牌使得方程为真）

13.2　一致性

一致性是一种推断机制，它会去除特定的变量赋值，这反过来会增强搜索。最简单的一致性检查是基于约束集测试当前赋值。对于一组变量赋值和一组约束，算法 13.1 给出了这种简单的一致性算法。使用 Variables(c) 表示约束 c 中提到的变量集，使用 Satisfied(c, L) 表示约束 c 是否满足当前标记集合 L（将值赋给变量）。

Procedure Consistent
Input: 标记集合 L，约束 C
Output: L 满足 C，true 或 false

for each c **in** C　　　　　　　　　　　　　　　　　　　　;;考虑所有约束
　if (Variables(c) $\subseteq L$)　　　　　　　　　　　　　　　　;;所有变量被标记
　　if not (Satisfied(c,L))　　　　　　　　　　　　　　　;;检验赋值
　　　return false　　　　　　　　　　　　　　　　　　　;;没有冲突
return true　　　　　　　　　　　　　　　　　　　　　　;;反馈成功或失败

算法 13.1

简单的一致性算法

下面将介绍更强大的推理方法，如弧一致性和路径一致性，并讨论类似全异约束的专有一致性技术。

13.2.1　弧一致性

弧一致性是最强大的二元约束传播技术之一。对于约束中变量的每一个值，

搜索一个分配给其他变量的支持值。如果没有，那么该值可放心淘汰。否则，该约束是弧一致的。

定义 13.2（弧一致性）　如果对每个 $X \in D_X$，都存在一个 $Y \in D_Y$，使得分配 $X = x$ 和 $Y = y$ 满足所有 X 和 Y 之间的二元约束，则约束变量对 (X,Y) 是弧一致的。对于一个 CSP，如果所有的变量对都是弧一致的，则该 CSP 是弧一致的。

考虑一个简单的 CSP，包含变量 A 和 B，各自域为 $D_A = \{1,2\}$ 和 $D_B = \{1,2,3\}$，以及二元约束为 $A < B$。我们看到，基于 A 上的约束和限制，可以从 D_B 中安全地移除值 1。

一般地，可以主动利用约束从问题中删除不一致性。如果到达一个在任何解中都不包含的值时，就产生了不一致性。为了从不同的推理机制中进行抽象，假定一个附在每一个约束上的程序 Revise，它负责管理域限制的传播。

1. AC-3 算法和 AC-8 算法

AC-3 算法是组织和执行弧一致性约束推理的一种方式。该算法的输入是一组变量 V、一组域 D 和约束集 C。在算法中，经常修改约束的一个队列。每次当一个变量的域发生变化时，这个变量所有的约束都重新入队。该算法的伪代码如算法 13.2 所示。例如，采用以下 CSP：三个变量 $D_X = D_Y = D_Z = \{1,2,3,4,5,6\}$，二元约束为 $X < Y$ 和 $Z < X - 2$。由于 $X < Y$，有 $D_X = \{1,2,3,4,5\}$、$D_Y = \{2,3,4,5,6\}$ 和 $D_Z = \{1,2,3,4,5,6\}$。因为 $Z < X - 2$，可推出 $D_X = \{4,5\}$、$D_Y = \{2,3,4,5,6\}$ 和 $D_Z = \{1,2\}$。现在再次利用约束 $X < Y$ 找到弧一致集 $D_X = \{4,5\}$、$D_Y = \{5,6\}$ 和 $D_Z = \{1,2\}$。在图 13.4 中给出了选择变量 c 后算法的快照。

```
Procedure AC-3
Input: 变量集合 V，域集合 D，约束集合 C
Output: 可满足性 true/false，域的限制集合

Q←C                                              ;;初始化队列
while (Q≠∅)                                      ;;只要约束可用
    c←Select(Q)                                  ;;选择一个约束
    D'←Revise(c,D)                               ;;基于该选择的限制域
    if (exists d in D' with d=∅) return (false,D')   ;;问题不可行
    Q←(Q∪{c'∈ C| ∃x ∈ Variables(c'): D'_x ≠ D_x })\{c}   ;;更新队列
    D←D'                                         ;;更新域集合
return (true, D)                                 ;;返回解
```

算法 13.2

弧一致性 AC-3 算法

一种替代 AC-3 算法的方法是使用变量的队列而不是约束的队列。修改后的算法被称为 AC-8 算法。它假定用户为每个约束说明何时执行约束修订。该方法的伪代码如算法 13.3 所示，其逐步骤示例如图 13.5 所示。

Q	D	c
$X<Y, Z<X-2$	$D_X = D_Y = D_Z = \{1,2,3,4,5,6\}$	$X<Y$
$Z<X-2$	$D_X = \{1,2,3,4,5\}, D_Y = \{2,3,4,5,6\},$ $D_Z = \{1,2,3,4,5,6\}$	$Z<X-2$
$X<Y$	$D_X = \{4,5\}, D_Y = \{2,3,4,5,6\}, D_Z = \{1,2\}$ $D_X = \{4,5\}, D_Y = \{5,6\}, D_Z = \{1,2\}$	$X<Y$

图 13.4　执行 AC-3 算法（Q 为约束队列，D_X 为变量 X 的域，c 为选择的约束）

Procedure AC-8
Input: 变量集合 V，域集合 D，约束集合 C
Output: 可满足性 true/false，域的限制集合

$Q \leftarrow V$;;初始化队列
while ($Q \neq \emptyset$)   ;;只要变量可用
　$v \leftarrow \text{Select}(Q)$;;选择一个变量
　$Q \leftarrow Q \setminus \{v\}$;;从队列中消除变量
　for each c **in** C **with** v **in** Variables(c) ;;确定各自的约束
　　$D' \leftarrow \text{Revise}(c, D)$;;基于该约束的限制域
　　if (exists d in D' with $d = \emptyset$) **return** (false,.)   ;;问题不可行
　　$Q \leftarrow Q \cup \{u \in \text{Variables}(c) | D'_u \neq D_u\}$;;更新变量队列
　　$D \leftarrow D'$;;更新域集合
return (true, D)

算法 13.3

弧一致性 AC-8 算法

Q	D	c
X, Y, Z	$D_X = D_Y = D_Z = \{1,2,3,4,5,6\}$	X
X, Y, Z	$D_X = \{4,5\}, D_Y = \{2,3,4,5,6\}, D_Z = \{1,2\}$	X
Y, Z	$D_X = \{4,5\}, D_Y = \{5,6\}, D_Z = \{1,2\}$	Y
Z	$D_X = \{4,5\}, D_Y = \{5,6\}, D_Z = \{1,2\}$ $D_X = \{4,5\}, D_Y = \{5,6\}, D_Z = \{1,2\}$	Z

图 13.5　执行 AC-8 算法（Q 为变量队列，D_X 为变量 X 的域，v 为选择的变量）

13.2.2 边界一致性

弧一致性在二元约束 CSP 中工作效果很好。但是如果面临涉及两个以上的变量（例如，$X=Y+Z$）约束，弧一致性的应用将受到限制。此时涉及超弧一致性技术，其类似集合覆盖和 $n \geqslant 3$ 的图着色 NP 难问题。问题在于，我们必须确定哪些变量的值是合法的，这是一个非平凡问题。

诀窍是以区间的形式近似可能的赋值集。域范围 $D=[a,b]$ 表示整数集 $\{a,a+1,\cdots,b\}$，其中 $\min_D = a$ 和 $\max_D = b$。

对于边界一致性，仅考察在有限域变量范围内的算术 CSP，其所有约束都是算术表达式。如果对于约束中的每个变量 X，存在对所有其他变量（在它们域范围内）的一个赋值与设置 X 为 $\min_D$ 和设置 X 为 $\max_D$ 相兼容，那么原始约束是边界一致的。如果每个原始约束都是边界一致的，那么算术 CSP 是边界一致的。

考虑约束 $X=Y+Z$，将其重写为 $X=Y+Z$，$Y=X-Z$，$Z=X-Y$。推理右侧的最小值和最大值，可建立以下 6 个必要条件：$X \geqslant \min_D(Y)+\min_D(Z)$，$Y \geqslant \min_D(X)-\min_D(Z)$，$Z \geqslant \min_D(X)-\min_D(Y)$，$X \leqslant \max_D(Y)+\max_D(Z)$，$Y \leqslant \max_D(X)-\min_D(Z)$ 和 $Z \geqslant \max_D(X)-\min_D(Y)$。例如，域 $D_X=[4,\cdots,8]$，$D_Y=[0,\cdots,3]$ 和 $D_Z=[2,\cdots,2]$ 被细化为 $D_X=[4,\cdots,5]$，$D_Y=[2,\cdots,3]$ 和 $D_Z=[2,\cdots,2]$，并且不会遗漏任何解。

13.2.3▲ 路径一致性

弧一致性的优点是在实际应用中速度很快。但弧一致性不能检测所有的不一致。作为一个简单的例子，考虑有三个变量 X,Y,Z 以及域 $D_X=D_Y=D_Z=\{1,2\}$ 的 CSP，如图 13.6（a）所示，满足 $X \neq Y$、$Y \neq Z$ 和 $X \neq Z$。该 CSP 是弧一致的，但是不可解的。因此这里引入更强的一致性形式。

定义 13.3（路径一致性） 对于一条路径 $(V_0, V_2, \cdots, V_m)$，如果对于 V_0 域中所有的 x 以及 V_m 域中满足 V_0 和 V_m 的所有二元约束的所有 y，存在一个到 $V_1, V_2, \cdots, V_{m-1}$ 的赋值，满足所有 V_i 和 V_{i+1} 间的所有二元约束（$i \in \{0,1,\cdots,m-1\}$），那么该路径是一致的。

如果每一条路径都是一致的，则 CSP 是一致的。

这个定义很长，但并不难理解。在两个变量之间的二元约束之上，路径一致性确保了路径上变量间的二元一致性。不难看出，路径一致性隐含了弧一致性。用一个例子来说明，如图 13.6（b）所示，这条路径一致性仍然是不完整的。

为了限制计算开销，探讨长度为 2 的路径就够了（见习题）。为了给出一个路径一致性算法，我们考虑下面的例子，即含有三个变量 A、B、C，域

$D_A = D_B = D_C = \{1,2,3\}$，满足 $B>1$，$A<C$，$A=B$ 和 $B>C-2$。每个约束可表示为一个（布尔）矩阵，用来指示变量组合是否可能，即

$$B>1 \sim \begin{pmatrix} 000 \\ 010 \\ 001 \end{pmatrix}, A=B \sim \begin{pmatrix} 100 \\ 010 \\ 001 \end{pmatrix}, A<C \sim \begin{pmatrix} 011 \\ 001 \\ 000 \end{pmatrix}, B>C-2 \sim \begin{pmatrix} 110 \\ 111 \\ 111 \end{pmatrix}$$

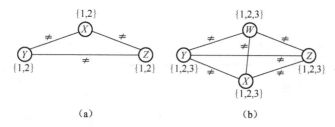

图 13.6 路径一致而弧非一致的完整图和路径一致性不完整的图

(a) 路径一致而弧非一致的完整图；(b) 路径一致性不完整图。

令 $R_{i,j}$ 为变量 i 和 j 之间的约束的矩阵项，$R_{k,k}$ 建模 k 的域。那么，路径 (i,k,j) 的一致性可以递归地通过如下方程确定：

$$R_{i,j} \leftarrow R_{i,j} \wedge (R_{i,k} R_{k,k} R_{k,j})$$

级联对应布尔矩阵乘积，如矩阵的行和列的内积。最后的合取是逐元素计算得到的。

对于例子 $R_{A,C} \leftarrow R_{A,C} \wedge R_{A,B} R_{B,B} R_{B,C}$，有

$$\begin{pmatrix} 000 \\ 010 \\ 001 \end{pmatrix} \wedge \begin{pmatrix} 100 \\ 010 \\ 001 \end{pmatrix} \cdot \begin{pmatrix} 011 \\ 001 \\ 000 \end{pmatrix} \cdot \begin{pmatrix} 110 \\ 111 \\ 111 \end{pmatrix} = \begin{pmatrix} 000 \\ 001 \\ 000 \end{pmatrix}$$

我们观察到，路径的一致性限制了约束内可能的实例化集合。

对于路径一致 CSP，这里需要重复路径的早期修改。相应的伪代码如算法 13.4 所示。这是对 Floyd 和 Warshall 的所有节点对之间的最短路径算法（见第 2 章）的一个直接扩展。从数学上讲，它是将相同的算法用于一个不同的半环上，其中用合取取代最小化、乘法取代加法。

Procedure Path-Consistency
Input: 变量集合 V，$n=|V|$，约束矩阵 C 的集合（任意变量对和每个变量之间一个矩阵）
Output: 路径一致性约束矩阵

$Y^n \leftarrow C$　　　　　　　　　　　　　　　　　　　　　;;临时矩阵集合
repeat
　　$Y^0 \leftarrow Y^n$　　　　　　　　　　　　　　　　　　　;;初始矩阵

```
    for each k in {1,2,⋯,n}                    ;;迭代数量上循环
        for each i in {1,2,⋯,n}                ;;开始节点上循环
            for each j in {1,2,⋯,n}            ;;结束节点上循环
                Y_{i,j}^k ← Y_{i,j}^{k-1} ∧ (Y_{i,k}^{k-1} Y_{k,k}^{k-1} Y_{k,j}^{k-1})    ;;执行更新
until (Y^n=Y^0)                                 ;;建立定点
return Y^0                                       ;;返回路径一致性约束矩阵
```

算法 13.4

路径一致性算法

13.2.4 专门一致性

由于路径一致性相对于弧一致性较缓慢，它并不总是整体求解 CSP 的最佳解决方案。某些情况下，专门约束(与有效传播规则结合）通常更有效。

一个重要的专门约束是全异（AD）约束。在本章开始，我们对数独和覆面算部分的分析已经涉及 AD 约束。

定义 13.4（全异约束） 全异约束涵盖了一个所有变量之间的二元不等式约束的集合：$X_1 \neq X_2$，$X_1 \neq X_3, \cdots, X_{k-1} \neq X_k$，即

$$AD(\{X_1, X_2, \cdots, X_k\}) = \{(d_1, d_2, \cdots, d_k) | \forall i: d_i \in D_i \wedge \forall i \neq j: d_i \neq d_j\}$$

传播全异约束，可以实现强剪枝。其高效实现是基于匹配二部图完成的，其中节点集合 V 被分割为两个不相交的集合V'和V''：对于每条边，它的源和目标节点包含在不同的集合中，并且匹配是边的节点不相交的选择。

对全异约束的赋值图包括两个集合：一方面是变量；另一方面是值。这些值至少在一个变量的域内。满足全异约束的任意对变量的赋值都称为最大匹配。在图 $G=(V,E)$ 中，求解二部图匹配问题的运行时间为 $O(\sqrt{|V|}|E|)$（采用最大流算法）。图 13.7 给出了一个全异约束传播的例子。

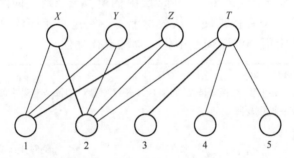

图 13.7 一个全异约束传播的例子（变量为 $\{X,Y,Z,T\}$，$D_X = D_Y = D_Z = \{1,2\}$，$D_T = \{2,3,4,5\}$；匹配（加粗）边显示了所选的赋值）

13.3 搜索策略

与路径一致性一样，即使强传播技术往往也是不完全的。需要搜索解决对当前变量赋值尚存的一系列不确定性。

跨越一棵搜索树的最重要的方法就是标记，也就是为变量分配不同的值。从更一般的观点来看，解决约束满足问题的搜索就是解决析取。例如，一个赋值不仅在一个分支中分配变量，也表示该值不再用于搜索树的其他分支。

该观察导致了生成一棵 CSP 搜索树的不同分支规则。规则定义了搜索树的形状。作为一个例子，我们可为一个特定值 x 设置 $X = x \vee X \neq x$ 且仅在这两个约束上进行分支，生成一棵二叉搜索树。另一个重要的分支的规则是域分割，它也生成一棵二叉搜索树。一个例子是根据 $X < 3 \vee X \geqslant 3$ 分割搜索树。下一个选项是变量排序的分割，如 $X < Y \vee X \geqslant Y$。

沿着这样的思路，我们看到每个搜索树节点都可被视为一个约束集合，表明求解问题中变量集合的当前已知知识。例如，为了生成当前搜索树节点 u 将变量 X 赋值为 x，会将约束 $X = x$ 添加到前驱节点 parent(u) 的约束集中。

接下来，将关注于标记以及选择下一个标记的变量。一个经常应用的搜索启发式是失败优先。它偏好于实例化之后具有最高失败概率的变量。该策略的潜在意思是首先处理简单问题。因此，该策略随后的规则就是首先测试具有最小域的变量。另外，可以首先选择约束最多的变量。

对于值选择，成功优先原则表现出较好的性能，它偏好于具有最高属于解的概率的值。值选择标准定义了探索分支的顺序，并且通常是问题相关的。

13.3.1 回溯

标记过程是与修剪搜索空间的一致性技术结合使用的。对于每一个搜索树节点，可以传播约束使问题局部一致，这反过来减少了标记的选择。标记程序将在失败时进行回溯，并继续搜索尚未完全解析的搜索树节点。

这种回溯方法的伪代码如算法 13.5 所示。在初始阶段调用递归子程序 Backtrack，变量赋值集合 V 被划分为已标记变量集 L 和未标记变量集 U。如果所有变量赋值成功，那么问题得以解决，返回赋值。与一致性算法一样，一个额外的标志被附加到返回值用于区分成功和失败。

```
Procedure Backtrack
Input: 标记/未标记变量 L/U, 域 D, 常数 C
Output: C 可满足 true/false 和变量赋值

if (U=∅) return (true,L)                              ;;反馈标记的变量
x←Select(U)                                           ;;选择变量
for each v in D_x                                     ;;检验选择变量的域
    (b,D')←AC-x(L,D,C∪ {x=v})                         ;;调用子程序,例如算法 13.2 或算法 13.3
    if (b)                                            ;;子问题一致
        (b,R)←Backtrack(U\{x},L∪ {(x,v)},D',C∪ {x=v}) ;;递归调用
        if (b) return (true,R)                        ;;发现解
return(false,.)                                       ;;问题不一致


Procedure Backtracking
Input: 变量 V, 域 D, 约束 C
Output: 如果 C 可满足, 返回 V 的赋值, 否则返回 false

(b,L)←Backtrack(∅, V, D, C )                          ;;调用递归程序
if (b) return L else return false                     ;;反馈成功或失败
```

算法 13.5

回溯搜索算法

在搜索和传播的时间开销上存在一个折中。一致性调用将匹配弧一致算法 AC-3 和 AC-8 的参数。由此,不难包括更强大一致性方法,如路径一致性。另一方面,更激进的一致性机制仅检查当前赋值是否导致与当前约束集的矛盾。这种纯回溯算法如算法 13.6 所示。其他一致性技术,从连接的但当前未标记的变量中删除不兼容的值。该技术被称为前向检查。前向检查复杂度很低,它不会增加纯回溯的时间复杂度,因为这种检查只在搜索过程的早期进行。

```
Procedure PureBacktrack
Input: 标记/未标记变量 L/U, 常数 C
Output: C 可满足 true/false 和变量赋值

if (U=∅) return (true,L)                              ;;反馈标记的变量
x←Select(U)                                           ;;选择变量
for each v in D_x                                     ;;检验选择变量的域
    b←Consistent(L,C)                                 ;;调用子程序, 匹配算法 13.1
```

if (*b*)	;;子问题一致
(*b*,*R*)←PureBacktrack(*U*\{*x*}, *L* ∪ {(*x*,*v*)},*C*)	;;递归调用
if (*b*) **return** *R*	;;返回解
return (*false*,.)	;;问题不一致
Procedure PureBacktracking	
Input: 变量 *V*, 约束 *C*	
Output: 如果 *C* 可满足,返回 *V* 的赋值,否则返回 false	
(*b*,*L*)←PureBacktrack(∅, *V*, *C*)	;;调用递归程序
if (*b*) **return** *L* **else return** false	;;反馈成功或失败
算法 13.6	
纯回溯搜索算法	

13.3.2 后退跳跃法

回溯过程中的一个缺点是它抛弃了产生冲突的原因。假设给定约束变量 A、B、C、D,它们的域是 $D_A = D_B = D_C = D_D = \{1,2,3,4\}$,约束为 $A > D$。从标记 $A=1$ 开始回溯,然后在发现 A 需要大于 1 之前,尝试所有的 B 和 C 的赋值。更好的选择是在首次标记 D 时跳回到 A,因为这是冲突的根源。

下面以一个例子解释后退跳跃算法的工作过程。给定变量 A、B、C、D、E,它们的域都是 $\{1,2,3\}$,约束为 $A \neq C$、$A \neq D$、$A \neq E$、$B \neq D$、$E \neq B$、$E \neq D$。相应的约束图如图 13.8 所示。在图 13.9 中给出了后退跳跃算法对该例子的快照图,图中绘制了变量沿着标记顺序可能的赋值。

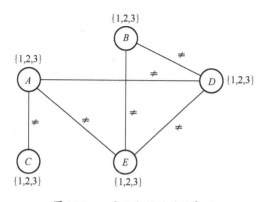

图 13.8 一个运行例子的约束图

	1	2	3
A	√		
B		√	
C	×	√	
D	×	×	√
E	×	×	×

(a)

	1	2	3
A	√		
B		√	
C	×	√	
D	×	×	×
E			

(b)

	1	2	3
A	√		
B	√	×	
C	×	√	
D	×	×	
E	×	×	√

(c)

图 13.9 图 13.8 的中后退跳跃算法的冲突矩阵演化

矩阵元素表明不可能的赋值，对号表示当前的赋值。进行赋值直到在 E 的首次回溯（图 13.9 (a)）。从 E 回溯到之前层次之后，不存在可能的变量赋值（图 13.9 (b)）。后退跳跃到变量 B，因为这是冲突的源头，最后找到一个满足赋值（图 13.9 (c)）。

后退跳跃算法的伪代码如算法 13.7 所示。算法额外的参数是先前产生程序调用的层次。返回值包括跳跃层次而非简单地表示成功或失败。值 $|L|+1=|V|+1$ 是为了成功而选择的其他原本不可能的跳跃值。算法的实现非常有技巧性。它调用一个（简单的）一致性检查变体，除了对约束的满足性进行测试以外，还用于计算最近的冲突层次。伪代码如算法 13.8 所示。它的参数包括当前标记集合 L，约束集合 C 以及后退跳跃层次 l。算法 13.8 的实现与算法 13.1 没有很大的区别，其返回一个布尔值，用于指示一致性检查是否成功，以及检测到冲突的层次 j。j 的更新需要考虑当前的标记集合 L。L 由三元组构成，其中第三个组件是一个变量所分配到的层次。接着，值 j 确定算法 13.7 中的返回值以及下一个回退跳跃的层次 m。

对于 B 和 D 之间的变量 C 的重赋值实际上是不需要的。这为我们引出了下一个搜索策略。

```
Procedure Backjump
Input: 标记/未标记变量 L/U，约束 C，之前层次 p
Output: 满足 C 的标记集合或者跳跃到冲突变量的层次

if (U=∅) return (|L|+1,L)                    ;;反馈标记的变量
x←Select(U)                                   ;;选择未标记变量
m←0                                           ;;初始化跳跃变量
for each v in D_x                             ;;检验所选变量的域
    (b,j)←Consistent(L,C,p+1)                 ;;计算最近冲突层次，算法 13.8
    if (b)                                    ;;测试一致性成功
```

```
        m←p                                              ;;标准回溯
        (r,R)←Backjump(U\{x},L ∪ {(x, v, p+1)},C,p+1)    ;;递归调用
        if (r≠p+1) return(r,R)                           ;;成功或后退跳跃
    else                                                 ;;在等级 j 冲突
        m←max(m, j)                                      ;;更新跳跃变量
return (m,.)                                             ;;跳跃到冲突变量


Procedure Backjumping
Input: 变量 V, 约束 C
Output: 如果 C 可满足, 返回 V 的赋值, 否则返回 false


(r,L)←Backjump(∅, V, C, 0)                               ;;调用子程序
if (r = |V|+1) return L else return false                ;;反馈成功或失败
```

算法 13.7

后退跳跃搜索算法

```
Procedure Consistent
Input: 约束 C, 层次 l
Output: 到冲突变量的层次


j←l                                                      ;;要跳跃到的层次
b←false                                                  ;;表示一个冲突的标志
for each c in C                                          ;;考虑所有约束
    if (Variables)(c)⊆L                                  ;;所有变量都被标记
        if not (Satisfied(c,L))                          ;;检验赋值
            b←true                                       ;;没有冲突
            j←min{j,max{k|v ∈ Variables(c) ∧ (x, v, l) ∈ L ∧ k<l}}  ;;更新
if (b) then return (false, j) else return (true,.)       ;;反馈成功或失败
```

算法 13.8

后退跳跃的简单一致性

13.3.3 动态回溯

对后退跳跃的一种改进是动态回溯。它用于处理跳回时丢失中间的赋值的问题。动态回溯记忆冲突源、监控冲突源并改变变量顺序。

再回到图 13.8 的例子。图 13.10 给出了如何与变量赋值一起维护冲突源以

及这个信息是如何最终允许改变变量顺序的。如果 A 赋值为 1、B 为 2，那么这里无需冲突信息。当 C 赋值为 2 时，可以将变量 A 作为选择 1 的冲突源存储在 C 中。D 赋值为 3 会导致存储与 A（值 1）和 B（值 2）的冲突。当前，E（图 13.10（a））还没有更进一步的赋值，因此跳回到 D，但将冲突源 AB 由变量 E 带到 D（图 13.10（b））。这将产生另一个从 D 到 C 的跳跃，并会改变变量 B 和 C（图 13.10（c））的顺序。最终的赋值为：A 为 1、C 为 2（含冲突源 A）、B 为 1（含冲突源 A）、D 为 2（含冲突源 A）、E 为 3（含冲突源 A 和 B）。不同于回退跳跃，顶点 C 没有重新赋值。

	1	2	3
A	✓		
B		✓	
C	A	✓	
D	A	B	✓
E	A	B	D

(a)

	1	2	3
A	✓		
B		✓	
C	A	✓	
D	A		AB
E	A	B	

(b)

	1	2	3
A	✓		
B	A	✓	
C		✓	
D	A	✓	
E	A	B	✓

(c)

图 13.10 图 13.8 的动态回溯的冲突矩阵演化（矩阵元素表示所选赋值的冲突源，对号表示当前赋值，加粗变量是换位的）

13.3.4 后退标示法

回溯的另一个问题是重复地进行不必要的约束检查带来的冗余工作。比如，对于变量 A、B、C、D，$D_A = D_B = D_C = \{1, \cdots, 10\}$，约束为 $A + 8 < C$，$B = 5D$。考虑以顺序 A、B、C、D 标记生成的搜索树。那么在不同的子树中，当标记变量 C（设置 $B = 1$，$B = 2, \cdots, B = 10$ 后）时存在大量的冗余计算。原因在于，B 中的变化根本没有影响到变量 C。因此，需要减少约束检查冗余。

提出的解决方法是对先前的赋值（或好或坏）进行记忆。这也就是称为后退标示的算法，其通过记忆正负测试来减少冗余约束检查。该算法维护以下两个值。

（1）$Mark(x, v)$，即冲突标示，标示与当前赋值 v 冲突的最远（实例化）变量 x；

（2）$Back(x)$，即回溯标示，标示自上次尝试实例化 x 以来我们回溯到的最远变量。

对于 $Mark(x, v) < Back(x)$ 的情况，可以忽略约束检查。图 13.11 给出了一个例子。我们发现，在树的左分支上 $X \sim 1$ 的赋值与 $Y \sim 1$ 的赋值是不一致的，但是与所有 X 上的其他变量是一致的。在树的右分支上 $X \sim 1$ 的赋值与 $Y \sim 1$ 的赋值仍

然是不一致的，没有必要再次检查。

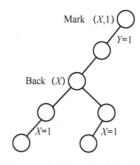

图 13.11 后退标示法的幸运情况

作为纯回溯算法的扩展，其实现伪代码如算法 13.9 所示。可以看到，在每次一致性检查之前，都会检查冲突标示是大于还是等于回溯标示。算法还阐明了如何更新 Back 值。假设与每次赋值一起存储冲突标示。需要指出的是，与回退跳跃算法（见算法 13.8）一样，假定每次调用一致性程序时也计算冲突层次。

Procedure Backmark
Input: 标记/未标记变量 L/U，约束 C，层次 l
Output: 满足 C 的标记集合

if $(U \neq \emptyset)$ **return** $(true, L)$;;反馈标记的变量
$x \leftarrow$ Select(U) ;;选择未标记变量
for each v **in** D_x ;;检验所选变量的域
  if (Mark$(x,v) \geqslant$ Back(x))   ;;检验标示
    if (Consistent$(L \cup \{(x,v)\}, C, l)$) ;;检验一致性
      $(b,R) \leftarrow$ BackMark$(U \setminus \{x\}, \{(x,v)\} \cup L, C, l+1)$;;递归调用
      if (b) **return** R ;;返回标记集合
Back$(X) \leftarrow l - 1$;;跳跃到之前的变量
for each Y **in** U ;;广播该跳跃
  Back$(Y) \leftarrow \min\{l-1, $Back$(Y)\}$;;更新回溯标示
return $(false, .)$;;未发现赋值

Procedure Backmarking
Input: 变量 V，约束 C
Output: 如果 C 可满足，返回 V 的赋值，否则返回 false

$(b,L) \leftarrow$ BackMark$(\emptyset, V, C, 0)$;;调用子程序

```
if (b) return L else return false                    ;;反馈成功或失败
```

算法 13.9

后退标示搜索算法

图 13.12 给出了后退标示法求解图 13.1 中的八皇后问题的例子。在棋盘上标明了最远冲突皇后（冲突标示），回溯标示写在棋盘的右侧。尽管第五皇后可以赋值，但第六皇后无法赋值，使得后续对第五皇后的赋值都被丢弃。不难看出，后退标示可与后退跳跃结合使用。

○								1
1	1	○						1
1	2	1	2	○				1
1	○							1
1	4	2		1	2	3		1
1	3	2	4	3	1	2	3	5

图 13.12 后退标示法求解八皇后问题（圈代表皇后，数字代表最远冲突皇后，最右侧一列表示后退标示）

13.3.5 搜索策略

在约束满足实际用于现实生活中的问题时，我们经常面临搜索空间巨大的问题，以至于无法完全探索。

这即提示使用启发式将搜索过程引导到满足约束和优化目标函数的赋值方向。在约束满足搜索中，启发式经常被编码在标记算法中用于推荐赋值的值。这种方法往往会在早期试验中得到一个相当不错的解。

回溯主要负责搜索树的底部。它主要修复后期而非早期的赋值。因此，回溯搜索依赖于这样一个事实，即启发式搜索在搜索树的顶端部分引导的较好。缺点在于，在搜索树的前面部分回溯不太可靠。这是由于如下事实，即随着搜索过程的进行，可用的信息越来越多，违背启发式搜索的数量实际上很小。

1. 有限差异搜索

在有限差异搜索（LDS）环境下，研究了启发式值的误差。LDS 可以被看作是深度优先搜索的变体。在处理困难组合问题时，如偶数分拆，它优于传统的深度优先搜索。

给定一个启发式估计，将节点的后继根据它们的 h 值排序并选择左边一个用于首先扩展是最有利的。一个搜索差异意味着在某个节点偏离该启发式偏好，去检查非启发式估计建议的其他节点。

为了叙述方便，假定为二叉搜索树（每个节点的扩展有两个后继节点）。事实上，在文献中，二叉搜索树是文献中仅有的案例，扩展到多叉树的情况不多。一个差异对应有序树的一个右支。LDS 执行一系列深度优先搜索直到最大深度 d。在首次迭代中，它先考察最左边无差异的路径，然后考察采取一个右分支的所有路径、然后是采用两个右分支的所有路径，以此类推。图 13.13 给出了在二叉树中，路径含 0（第一路径）、1（接下的三条路径）、2（接下的三条路径）以及三个差异（最后一条路径）的情况。为了测量 LDS 的时间复杂度，我们统计探索叶子的数量。

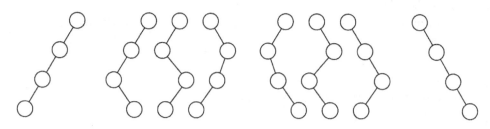

图 13.13　具有 0~3 个差异的路径

定理 13.1（LDS 的复杂度）　一个深度为 d 的完全二叉树内，有限差异搜索生成的叶子数量是 $(d+2)2^{d-1}$。

证明：具有 k 个差异的独特路径数为 $\binom{d}{k}$。因此，对于完全搜索深度为 d 的树的所有 $d+1$ 次迭代，我们需要评估的总和是：

$$S = (d+1)\binom{d}{0}+(d)\binom{d}{1}+\cdots+2\binom{d}{d-1}+\binom{d}{d}$$

以逆序重写这一项，并将两个等式相加得：

$$2S = (d+2)\binom{d}{0}+(d+2)\binom{d}{1}+\cdots+(d+2)\binom{d}{d-1}+(d+2)\binom{d}{d}$$

则在给定 $\binom{d}{d}=\binom{d}{0}$ 条件下：

$$S = \frac{d+2}{2}\left(\binom{d}{0}+\binom{d}{1}+\cdots+\binom{d}{d-1}+\binom{d}{d}\right) = (d+2)2^{d-1}$$

LDS 的伪代码如算法 13.10 所示。图 13.14 可视化了线性差异搜索的不同迭代中选择的分支（粗线）。

Procedure Probe
Input: 左/右后继分别是 left(u)/right(u)的节点 u，差异 k
Output: 如果遇到就输出目标节点，深度值

if (Goal(u))   ;;节点 u 是一个叶子节点
   return (true,0)   ;;返回目标节点或空集
(t,d_l)←Probe(left(u), k)   ;;尝试左孩子
if (t) **return** (true,1+d_l)   ;;如果发现目标，退出
if ($k > 0$)   ;;剩余一些差异
   (t,d_r)←Probe(right(u),k−1)   ;;尝试右孩子
   if (t) **return** (true,1+d_r)   ;;如果发现目标，退出
return(false,.)   ;;返回遇到的深度

Procedure LDS
Input: 具有开始节点 s 的二叉树，差异 K 的上界
Output: 解深度值或失败

for each k **in** $\{0,1,\cdots,K\}$;;对于所有可能的差异
   (b,d)←Probe(s,k)   ;;调用子程序
   if (b) **return** d ;;发现解
return false   ;;无解

算法 13.10
有限差异搜索的一次迭代

这个基本机制的一个明显的缺点是，在第 i 次迭代产生的所有路径都含 i 个或更少差异，因此它复制前一次迭代的工作。特别地，为了探索上一次迭代中最右边的路径，LDS 要再次生成整棵树。后来，利用树的最大深度的上界，改进了 LDS。在第 i 次迭代中，它访问深度界限上恰好有 i 个差异的叶子节点。修改后的改进 LDS 伪代码如算法 13.11 所示。图 13.15 给出了一个例子。这样的修改可将搜索数量减少 $\frac{(d+2)}{2}$ 倍。

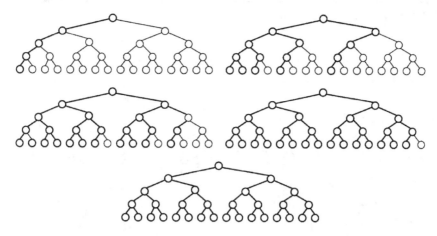

图 13.14 二叉树内改变扩展序列的有限差异搜索（从左至右，根据差异（右分支）的数量对路径进行排序）

Function Probe
Input: 节点 u，深度 d，差异 k
Output: 如果遇到就输出目标节点，深度值

if (Goal(u))	;;发现目标或遇到深度阈值
if ($d = 0$) **return** (false,.)	;;达到深度界限
return (true,0)	;;返回目标节点或空集
if ($d > k$)	;;深度超过了差异
$(t,d_l)\leftarrow$Probe(left(u),$d-1$,k)	;;尝试左孩子
if (t) **return** (true,1+d_l)	;;如果发现目标，退出
if ($k > 0$)	;;剩余一些差异
$(t,d_r)\leftarrow$Probe(right(u),$d-1$,$k-1$)	;;尝试右孩子
if (t) **return** (true,1+d_r)	;;如果发现目标，退出
return (false,.)	;;返回遇到的深度

Procedure Improved-LDS
Input: 具有开始节点 s 的二叉树，深度界限 D，差异 K 的上界
Output: 解深度值或失败

for each k **in** $\{0, 1, \cdots, K\}$	;;对于所有可能的差异
$(b,d)\leftarrow$Probe(s, D, k)	;;调用子程序
if (b) **return** d	;;发现解

return false   ;;无解
算法 13.11
改进 LDS 的一次迭代

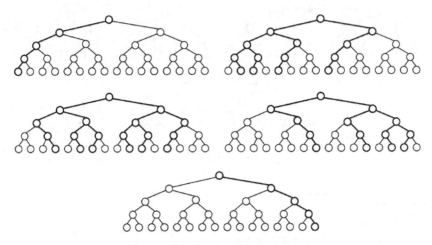

图 13.15 改进 LDS：限制迭代中的差异数量

定理 13.2（复杂度改进的 LDS） 一个深度为 d 的完全二叉树内，改进的有限差异搜索生成的叶子数量为 2^d。

证明：由于改进的 LDS 每次迭代生成的路径恰好有 k 个差异，所以对于所有 2^d 个叶子结点，每个叶子恰生成一次。

稍微不同的策略，称为深度有界差异搜索，通过迭代加大深度界限使得搜索朝着搜索树中差异升高的方向偏转。在第 i 次迭代，深度有界差异探索在深度为 i 或更小时发生差异的那些分支。算法 13.12 给出了深度有界差异搜索的伪代码。简单起见，再次仅考虑在二叉树中的遍历。

Function Probe
Input: 节点 u，深度 d，差异 k
Output: 如果遇到就返回目标节点，深度值
if (Goal(u)) **return** (true,0)   ;;返回目标节点
if ($d = 0$) **return** (false,.)   ;;达到深度界限
if ($k = 0$)   ;;没有差异
(t,d_l)←Probe(left(u),$d-1$,0)   ;;向左
if (t) **return** (true,1+d_l)   ;;如果发现目标，退出

```
if (k = 1)                                          ;;一个差异
    (t,d_r)←Probe(right(u),d−1,0)                   ;;向右
    if (t) return (true,1+d_r)                      ;;如果发现目标, 退出
if (k > 1)                                          ;;超过一个差异
    (t,d_l)←Probe(left(u),d−1,k)                    ;;尝试左孩子
    if (t) return (true,1+d_l)                      ;;如果发现目标, 退出
    (t,d_r)←Probe(right(u),d−1,k−1)                 ;;尝试右孩子
    if (t) return (true,1+d_r)                      ;;如果发现目标, 退出
return (false,.)                                    ;;返回遇到的深度

Procedure Depth-Bounded Discrepancy Search
Input: 具有开始节点 s 的二叉搜索, 深度界限 D, 差异 K 的界限
Output: 解深度值或失败

for each k in {0, 1, ⋯, K}                         ;;对于所有可能差异
    (b,d)←Probe(s, D, k)                            ;;调用子程序
    if (b) return d                                 ;;发现解
return false                                        ;;无解
```

算法 13.12

深度有界差异搜索

相比改进 LDS, 深度有界 LDS 在搜索树的顶部探索更多差异（图 13.16）。而改进差异搜索在深度为 d 的二叉树中进行探索时, 第一次迭代中选择最多有一个差异的分支, 深度有界搜索则探索至多有 $\lg d$ 个差异的分支。

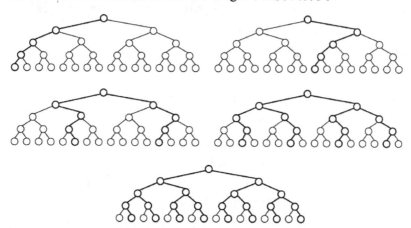

图 13.16　深度有界 LDS: 限制差异值直到给定深度

13.4 NP 难问题求解

对于 NP 完全问题 L，问题的要求如下。

(1) NP 包含：一个在多项式时间内能够识别 L 的不确定性图灵机 M。

(2) NP 难：对于 NP 内的每个问题 L' 的一个多项式时间转换 f，使得当且仅当 $f(x) \in L$ 时，$x \in L'$。

M 的运行时间定义为到达一个最终状态的最短路径长度。一个确定性图灵机在指数时间内可能会模拟 M 所有可能的计算。因此，NP 问题是具有 M 的配置状态空间的状态空间问题，算子是到后继配置的转换，起始状态是 M 的初始配置，目标由最终配置定义。

NP 完全性使得缩放成功的方法很难。然而，对于实际中已分类的成千上万问题的搜索实践来说，经常遇到难问题。

13.4.1 布尔可满足性

布尔型 CSP 是指所有变量域都是布尔型的 CSP。因此，允许的赋值仅有两个，即 true 和 false。如果仅关注于有限域的变量，任何 CSP 都可以通过对变量域的编码转换为布尔型 CSP。在此类编码中，需要对每个变量 X 和每个值 $x \in D_X$ 加上 $X = x$ 形式的分配。

文字是正或负的布尔变量，子句是文字的析取。这里等价地使用真值 true/false 和它们的等效数字 0/1。

定义 13.5（可满足性问题） 在可满足性（SAT）中给定一个公式 f，f 是文字 $\{x_1, x_2, \cdots, x_n\} \cup \{\overline{x_1}, \overline{x_2}, \cdots, \overline{x_n}\}$ 上子句的合取。任务是为 $x_1, x_2, \cdots, x_n$ 搜索到一个赋值 $a = (a_1, a_2, \cdots, a_n) \in \{0,1\}^n$，使得 $f(a) = \text{true}$。

通过设置 x_3 为 false，示例函数 $f(x_1, x_2, x_3) = (x_1 \vee x_2 \vee \overline{x_3}) \wedge (\overline{x_2} \vee \overline{x_3}) \wedge (\overline{x_1} \vee x_2 \vee \overline{x_3})$ 是可满足的。

定理 13.3（SAT 复杂性） SAT 是 NP 完全问题。

证明：我们只给出证明的思想。SAT 的 NP 包含是不重要的，因为我们可以在线性时间内测试一个不确定的所选赋值。为了说明对于所有 $L \in$ NP，有多项式约减到 SAT，用（多项式数量的）子句模拟为 L 计算一个不确定性图灵机。

定义 13.6（k 可满足性） 在 k-SAT 中，SAT 实例包括形如 $l_1 \vee l_2 \vee \cdots \vee l_k$ 的子句，其中 $l_i \in \{x_1, x_2, \cdots, x_n\} \cup \{\overline{x_1}, \overline{x_2}, \cdots, \overline{x_n}\}$。

可以直接处理长度小于 k 的子句。例如，通过添加冗余单字 $\overline{x_2}$ 到第二子句，f 可转化为 3-SAT 表示法。即使 k-SAT 实例比一般的 SAT 问题简单，$k \geq 3$ 的 k-

SAT 问题仍然很难处理。

定理 13.4（k-SAT 复杂性） $k \geq 3$ 时，k-SAT 是 NP 难的。

证明：该证明应用一个简单的局部替换策略。对于在原公式中的每个子句 C，引入额外的 $|C|-2$ 个变量一起连接更短的子句。例如，$l_1 \vee l_2 \vee l_3 \vee l_4$ 的可满足性等同于 3-SAT 式子 $(l_1 \vee l_2 \vee y_1) \wedge (\bar{y}_1 \vee l_3 \vee l_4)$ 的可满足性。

众所周知，2-SAT 属于 P 问题。由于 $a \vee b$ 等价于 $\bar{a} \Rightarrow b$ 和 $\bar{b} \Rightarrow a$，我们可构造图 G_f，其包含节点 $\{x_1, x_2, \cdots, x_n\} \bigcup \{\bar{x}_1, \bar{x}_2, \cdots, \bar{x}_n\}$ 以及隐含的蕴含所对应的边。不难看出，当且仅当 G_f 有一个包含同一变量的环时，即一次为正一次为负，f 是不可满足的。

1. David-Putnam Logmann-Loveland 算法

求解布尔可满足性问题最通用方法是改进的 Davis-Putnam Logmann-Loveland（DPLL）算法。DPLL 算法（见算法 13.13）是一个具有单位（子句）传播的深度优先变量标记策略。单位传播检测具有强制赋值的子句中的文字 l，因为子句中的所有其他文字都是 false。对于给定的赋值 a，这种情况我们写作 $c|_a = l$。DPLL 算法增量地构建一个赋值，并当部分赋值已暗示公式不可满足时进行回溯。DPLL 算法的改进实现简化了子句，并消除那些证明不可满足的变量。而且，如果生成了只有一个文字的子句，那么偏好该文字并通过公式进行传播，这可以导致早期回溯。

Procedure DPLL
Input: 布尔函数 f 的子句集合 C 部分赋值 $a = (a_1, a_2, \cdots, a_k)$
Output: 如果 C 可满足，返回 true，否则返回 false

if ($\wedge_{c \in C} c|_a$) **return** true　　　　　　　　　　　;;a 中所有子句为 true
if not ($\vee_{c \in C} c|_a$) **return** false　　　　　　　　　　;;a 中有一个子句为 false
if (exists c in C with　$c|_a = l$)　　　　　　　　;;检测到单位子句
　　return DPLL($C, a \cup \{l \leftarrow \text{true}\}$)　　　　　　　;;偏好单位子句
if (DPLL($C, a \cup \{l_{k+1} \leftarrow \text{true}\}$))　　　　　　　　;;尝试设置下一个文字
　　return true　　　　　　　　　　　　　　　　　　;;发现满足的赋值
return DPLL($C, a \cup \{l_{k+1} \leftarrow \text{false}\}$)　　　　　　;;回溯，尝试使得下一个文字失效

算法 13.13
DPLL 算法

对于基本算法有很多改进版本，在此仅讨论其中一些。首先，可以进行输入预处理，以允许算法继续运行而不会尽可能远的进行分支。此外，预处理可以在

搜索中帮助学习冲突。

DPLL 算法对于下一个变量的选择是敏感的。已经应用了许多启发式方法，目标是取得计算启发式的效率和指导搜索过程的提示性之间的折中。作为一个经验法则，最好不要在搜索期间太频繁改变策略，要选择经常出现在公式中的变量。对于单位传播，必须知道有多少文字已经不是 false 了。这些数字的更新可能很耗时。相反，每个子句中两个文字被标记为观察文字。对于每个变量 x，维护一个其中 x 为真的子句的列表和一个其中 x 为假的子句的列表。如果赋予 x 一个值，那么在其列表中的所有子句被验证，而这些子句中的另一个变量被观察。该方法的主要优点是，在回溯期间无须更新观察列表。

可以分析冲突以决定何时在哪个深度进行回溯。这样的后退跳跃是一种非时序回溯，它不记录当前冲突集合中的变量赋值，并表现出一致的性能提升。

正如所说，DPLL 算法的运行时间取决于搜索树最高层次分支变量的选择/排序。重启是指在花费一些固定时间没有找到解后，重新启动算法。对于每个重启，可以选择一组不同的分支变量，从而产生一棵完全不同的搜索树。往往在几个变量赋值中只需要一个不错的选择，以显示可满足或不可满足。这就是为什么快速重启往往比继续搜索更有效的原因。

解决较大可满足性问题的另一种方法是 GSAT 算法，它是一种进行随机局部搜索的算法。该算法抛出一枚硬币，执行一些变量翻转以增加满足子句的数量。如果不同的变量同样好则随机选择一个。第 14 章将考虑这种以及更高级的随机策略。

2. 阶段转换

一个观察结论是，许多随机产生的公式要么是简单可满足的要么是简单不可满足的。这反映了 NP 难问题的复杂性分析中的一个基本问题。即使最坏的情况可能是难的，但很多实例也可以很简单。由于在一些其他 NP 难问题中也存在这种情况，研究者们开始通过更接近解决实际问题的结果分析平均复杂性。另一个选择是将问题实例分割成较难的和一般的子类，并由难到易或由易到难随机选择实例来研究问题参数。这一变化称为阶段转换。换句话说，这些实例可看作是 NP 难的证据。常常通过实证方法研究阶段转换。但在一些领域，可以获得参数的以上界和下界形式表示的理论结果。

对于可满足性，可以通过子句数 m 与变量数 n 的比值分析一个阶段转换的效果。

在 3-SAT 中，生成 $m = \alpha n$ 的随机公式很简单。例如，通过随机选择变量并随机确定它们的符号（正或者负），即可达到此目标。

在这种随机 3-SAT 样本中，已在 $\alpha = 4.3$ 检测到了实证地难题。此外，复杂性顶点（通过平均计算耗费度量）看起来独立于算法的选择。比值小于 4.3 的问题是欠约束的，易于满足。比值大于 4.3 的问题是过约束的，不易满足。

不可满足性的一个简单界限导出如下。根据固定赋值 a，具有三个（不同）文字的随机子句可满足的概率是 7/8（只有一个赋值不满足公式）。因此，对于固定赋值 a，整个公式满足的概率是 7/8。设 2^n 是不同赋值的数量，这意味公式可满足的概率小于等于 $2^n(7/8)^m$，不可满足的概率大于等于 $1-2^n(7/8)^m$。因此，若 $m \geq (n+1)/\lg_2(8/7) \approx 5.19n$，不可满足概率大于 50%。在很多其他问题中也观察到了类似结论。

3. 骨干和后门

SAT 问题的骨干是一个文字集合，它们在每个满足的真值指派中为真。如果一个问题有较大的骨干，那么有许多机会选择关键变量的错误赋值。搜索耗费与骨干的大小相关。如果在搜索早期阶段给关键骨干变量赋予了错误的值，改正这种错误代价很大。骨干变量难于寻找。

定理 13.5（发现骨干的困难性） 如果 $P \neq NP$，对于所有公式来说，没有算法可以在多项式时间返回一个（非空）SAT 骨干的骨干文字。

证明：假设存在一个这样的算法。若骨干是非空的，它返回一个骨干文字。我们为该文字赋值为真从而简化公式。然后，调用程序并重复运行。那么当存在可满足赋值时，程序能够在多项式时间内找到这种赋值，这与 SAT 是 NP 难的假设相矛盾。

SAT 实例的后门是一个变量集合，它们能够便于求解该实例。给定一个可满足实例，如果变量集合定义了多项式可满足的公式，那么该后门是弱的。对可满足或不可满足问题，如果该集合给出多项式易处理的公式，称其为强的。例如，存在强的 2-SAT 或 Horn 后门。一般地，后门取决于应用的算法，但是在单位传播可以直接解决剩余问题的条件下，后门可能被增强。

不难看出，骨干和后门不是强相关的。存在骨干和后门不相交的问题例子。然而，二者看起来存在统计联系。困难的组合 SAT 问题似乎具有大量强的骨干和后门。另有说法，强的骨干和后门是问题困难性的良好预测。

计算后门的一个简单算法简单地测试文字的每种组合，直到达到固定的基数。算法 13.14 对于小的问题具有优势，它生成了直到给定大小的每个弱和强的后门。但是，这个程序仅可以应用于小的问题。

Procedure Backdoor
Input: 公式 f，最大基数 $c_{\max}$
Output: 强后门集合 B_S 和弱后门集合 B_W

```
B_S ← B_W ← ∅                                              ;;初始化后门集合
for each X ⊆ {x_1, x_2, ···, x_n} ∪ {x̄_1, x̄_2, ···, x̄_n}, |X| ≤ c_max    ;;子集文字
    b ← true                                               ;;初始化分支标志
    for each L ⊆ X                                         ;;不同的文字集合
        b_L ← Unit-Propagate(f|_L)                         ;;标志表示单位传播就足够了
        if (b_L) B_W ← B_W ∪ L                             ;;无须分支，弱后门
        b ← b ∧ b_L                                        ;;更新标志
    if (b) B_S ← B_S ∪ L                                   ;;无须分支，强后门
return B_S, B_W                                            ;;生成输出
```

算法 13.14

计算强弱后门

13.4.2 偶数分拆

将一组数字拆分为等和的两部分，其问题定义如下。

定义 13.7 令 $a = (a_1, a_2, \cdots, a_n)$ 表示一个数字集合，$N = \{1, 2, \cdots, n\}$，在偶数分拆中，我们搜索索引集合 $I \subseteq N$，使得 $\sum_{i \in I} a_i = \sum_{i \in N \setminus I} a_i$。

作为一个例子，令 $a = (4, 5, 6, 7, 8)$，由于 4+5+6=7+8，则可能的索引集合是 $I = \{1, 2, 3\}$。仅当 $\sum_{i \in N} a_i$ 是偶数时，问题是可解的。该问题是 NP 完全的，因此不能期望在多项式时间内求解它。

定理 13.6（偶数分拆复杂性） 偶数分拆是 NP 难的。

证明：可以从如下（专门）背包问题约减得到偶数分拆问题：给定 $a = (a_1, a_2, \cdots, a_n)$ 以及一个整数 A，确定是否存在集合 $I \subseteq N$ 满足 $\sum_{i \in I} a_i = A$（通过从 SAT 约减，可以证明背包问题自身是 NP 难的）。给定 $a = (a_1, a_2, \cdots, a_n, A)$ 作为背包问题的输入，则偶数分拆的一个实例可以导出为 $(a_1, a_2, \cdots, a_n, 1-A+\sum_{i \in N} a_i, A+1)$。如果 I 是背包问题的一个解，那么 $I \cup \{n+1\}$ 是偶数分拆的解，这是因为 $\sum_{i \in I} a_i + \sum_{i \in N} a_i - A + 1 = \sum_{i \in N \setminus I} a_i + A + 1$。

为了改进列举所有可能分拆的 2^n 平凡算法，将初始的 n 个元素集合任意分拆成大小为 $\lfloor n/2 \rfloor$ 和 $\lceil n/2 \rceil$ 的两个集合。接着，计算所有小集合的子集和并进行排序。最后，将两个列表组合在一个并行扫描中以查找值 $(\sum_{i \in N} a_i)/2$。

例如，生成列表（4,6,8）和（5,7）。排序好的子集和为（0, 4, 6, 8, 10, 12, 14, 18）和（0, 5, 7, 12），目标值为 15。算法需要两个指针 i 和 j：第一个指针开始于

第一列表的开头，是单调增加的；第二个指针开始于所述第二列表的末尾，是单调递减的。对于 $i=1$ 和 $j=4$，有 0+12=12<15，增加 i 得到 4+12=16>15，这稍微偏大。现在，降低 j 使得 4+7=11<15，并轮流增加两次 i 得 6+7=13<15 和 8+7=15，从而得到问题的解。

通过枚举所有子集，可以在 $O(2^{n/2})$ 时间内产生所有子集和。采取任一高效的排序算法（见第 3 章）可在 $O(2^{n/2}\lg(2^{n/2}))=O(n\cdot 2^{n/2})$ 时间内对其完成排序。对于整体时间复杂度 $O(n\cdot 2^{n/2})$，扫描两个列表可以在线性时间内完成。通过应用一个改进排序策略（见习题），运行时间可改善为 $O(2^{n/2})$。

1. 启发式

对于这个问题介绍两种启发式：贪婪和卡马克卡普（Karmakar-Karp）。贪婪法对 a 内的数字按递减顺序排序，并依次放置最大数到较小的子集。上面的例子中，对于最终差 4，我们得到子集和(8, 0)，(8, 7)，(8, 13)，(13, 13)和(13, 17)。算法的排序时间开销为 $O(n\lg n)$，赋值开销为 $O(n)$，总开销为 $O(n\lg n)$。

卡马克卡普启发式也按递减顺序对 a 内数字排序。它依次选择两个最大数，并计算它们的差，然后将其重新插入到剩余列表的排序中。在例子中，排序列表是(8, 7, 6, 5, 4)，取 8 和 7。它们的差是 1，将 1 重新插入到剩余列表(6, 5, 4, 1)。现在，取 6 和 5，得到(4, 1, 1)。下一步得到(3, 1)，最终的差为 2。

为了计算实际的分拆，该算法构建一棵树，每个节点代表一个原始数字。每个操作在节点间增加一条边。大的节点表示差值，所以其在后续的计算中仍然活跃。本例中，我们有(8,7)→1，8 代表差值 1；(6,5)→1，6 代表差值 1；(4, 1)→3，4 代表差值 1；(3, 1)→2，3 表示差值 2。插入的边为(8, 7)，(6, 5)，(4, 8)和(6, 4)。所得图形是节点集上的（生成）树。这个树被两着色以确定实际的分拆。使用一个简单的 DFS，可在 $O(n)$ 时间内得到两着色结果。因此，在上例中，考虑排序的需求，卡马克卡普启发式总的时间开销是 $O(n\lg n)$。

2. 完整算法

完整贪心算法（CGA）生成二叉搜索树如下。左支分配下一个数字到一个子集，右支将其分配给另一个子集。如果两边的差值方程 $\sum_{i\in I}a_i = \sum_{i\in N\setminus I}a_i$ 在一个叶子节点是零，那么找到一个解。该算法首先产生贪婪解，接着连续寻找更好的解。在任意节点，如果当前子集和之间的差值大于或等于所有剩余未赋值数字的总和，则剩余数字被放入总和较小的子集中。一种优化是，一旦两个子集和相等，我们只给其中的一个列表分配一个数字。

完整卡马克卡普（CKKA）算法从左至右建立二叉树，在每个节点替换剩余数字中最大的两个。左支中用它们的差值替换它们，右支中用它们的和替换它们。如上面所说，将差值添加到列表中，和值则被添加到列表的开头。因此，初始解对应于卡马克卡普启发式解，算法会继续寻找更好的分拆，直到找到并验证解。在 CGA 算法中，也有类似的修剪规则。如果一个节点处的最大数大于其他节点的子集和，可以将其安全裁剪。

如果没有解，这两种算法都必须遍历整棵树。因此，上述算法在最坏的情况下执行性能同样差。但是，CKKA 算法能够产生更好的启发价值和更好的拆分。此外，CKKA 算法中的修剪规则更有效。例如，在 CKKA 算法中，(4, 1, 1) 和 (11, 4, 1) 是 (6, 5, 4, 1) 的后继，最大数字比其他的子集和大，使得两个分支都被修剪掉。在 CGA 算法中，差值分别为 5 和 7 的子树的两个孩子都必须展开。

13.4.3▲ 装箱问题

装箱问题是背包问题的一种简化，见图 13.17。

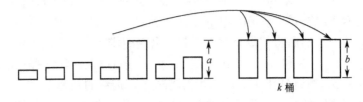

图 13.17 装箱问题

定义 13.8（装箱问题） 给定尺寸分别为 $a_1, a_2, \cdots, a_n$ 的 n 个物体，装箱的任务是要分发它们到尺寸为 b 的箱中，以使得用箱的数量最小。对应的决策问题是要找到一种映射 $\{1, 2, \cdots, n\} \to \{1, 2, \cdots, k\}$，使得对于给定的 k，满足 $f(i) = j$ 的所有物体 a_i 的总和不大于 b。

这里可以看到，优化问题与对应的决策问题是一致的，即将目标阈值优化到某一固定值。

定理 13.7（装箱问题的复杂性） 装箱的决策问题是 NP 难的。

证明：NP 难的可以通过从偶数分拆的多项式约减来证明。令 $(a_1, a_2, \cdots, a_n)$ 是偶数分拆的输入。装箱的输入是大小为 $a_1, a_2, \cdots, a_n$ 的 n 个物体，并且 $A = \lfloor (a_1 + a_2 + \cdots + a_n)/2 \rfloor$。如果 $\sum_{i=1}^{n} a_i$ 是奇数，则偶数分拆是不可解的。如果 $\sum_{i=1}^{n} a_i$ 是偶数，则原始问题是可解的，那么物体将会完美装入尺寸为 A 的两个箱子中。

存在装箱问题的多项式时间近似算法，例如首次适应（最佳适应和最差适应），其不断搜索物体在箱中的第一个（最好，最差）放置（通过剩余空间大小度量适应的质量）。首次适应和最佳适应，已知渐近最坏情况近似比为 1.7，也就是说，在大优化值的限制下，它们通常无法产生比最优值大 1.7 倍更好的解。

首次适应递减和最佳适应递减的修改，会根据物体大小进行预先排序。其出发点是，首先将较大的物体进行放置比最后将其放置要好。通过推迟放置较小的物体，可以获得更好的适应。实际上，采用物体的大小递减顺序，结合首次适应或最佳适应策略，都可保证获得的解偏离最优值的因子最多为 11/9。这两种算法的运行时间都是 $O(n\lg n)$。

1. 箱完成

最优装箱算法是基于深度优先分支限界的（见第 5 章）。物体首先以降序排序。接着算法计算一个近似解作为初始上界，可以使用首次适应、最佳适应和最差适应递减获得近似解。接下来，算法在可以放置物体的不同箱上进行分支。

箱完成策略是基于物体的可行集的，其总和适应于箱的容量。它并不是一次性将物体分配到箱内，而是在不同的可行集上分支，这些可行集可以用来完成每个装箱。除了根节点，搜索树的每个节点，表示物体到一个特定箱的完成分配。根的孩子节点表示完成最大物体装箱的不同方法。下一层次的节点则表示包括剩余最大物体的不同可行集。树的任一分支的深度为对应解中箱子的数目。

使得箱完成更高效的关键性质是箱的可行完成的一个支配条件。例如，令 $A=\{20,30,40\}$ 和 $B=\{5,10,10,15,15,25\}$ 是两个可行集。现在，分割 B 为子集 $\{5,10\}$、$\{25\}$ 和 $\{10,15,15\}$。由于 $5+10 \leq 20$、$25 \leq 30$ 且 $10+15+15 \leq 40$，则集合 A 支配集合 B。

为了高效生成非支配可行集，使用算法 13.15 的递归策略。该算法生成可行集，并立即测试其支配性，所以它永远不会存储多个支配集合。算法输入是包含的、排除的和剩下的物体集合，在不同的递归调用中对它们进行调整。在最初的调用中（未示出），剩余元素集合是所有物体的集合，而其他两个集合都为空。示例分析如下：如果所有的元素都被选择或拒绝，或者有一个完美的适应，那么将继续测试其支配性，否则就选择剩余的最大物体。如果相对剩余的空间，该物体过大，就拒绝它。如果它有一个完美的适应，那立即将其包含（获得箱子的最佳适应）并继续完成剩下的工作；在其他情况下，统一检查包含和排除。Test 程序通过比较包含元素与排除元素的子集和检查支配性，而不是比较集合对完成检查。在最坏情况下，Feasible 程序的运行时间是指数的，这是因为通过约减集合 R 可得到如下递推关系 $T(n) \leq 2T \cdot (n-1)$。

Procedure Feasible
Input: 包含的、排除的和剩下的物品集合 I、E 和 R，剩余容量 U

```
Output: 无；为非支配可行子集调用测试程序

if (R=∅) or (U = 0)                            ;;没有剩下的元素或者完全装入
    Test(I,E,U)                                ;;应用子程序，U 是剩余容量
else                                           ;;继续选择
    x←argmax R                                 ;;x 中元素 R 最大
    if (x > U)                                 ;;超过上界
        Feasible(I,E∪{x},R\{x},U)              ;;丢弃元素
    if (x=U)                                   ;;满足上界
        Feasible(I∪{x},E,R\{x},U−x)            ;;包含 x
    else                                       ;;检验二者
        Feasible(I∪{x},E,R\{x},U−x)            ;;包含 x
        Feasible(I,E∪{x},R\{x},U)              ;;排除 x
```

算法 13.15

为箱完成问题递归计算可行集

2. 改进

改进算法有多种选择。第一种方法是可以减少分支的强迫放置。如果仅可再添加一个物体到箱内，这很容易通过剩余元素集扫描进行检查，然后只需添加最大物体即可，如果只有两个物体可以添加，那么在线性时间内生成所有非支配的两元素完成。

为了修剪搜索空间，可以考虑以下策略：考虑有多个子节点的节点，当搜索任意而不是第一个子节点的子树时，不必考虑将所有在之前探索的孩子节点中用于完成当前箱的物体分配到相同的箱中的箱分配。该规则的一种实现是沿着树传播无用集合（no-good sets）列表。在生成对于给定的箱的非支配完成后，进行逐个检查，看其是否包含任何当前的无用集合作为一个子集。如果包含，那么忽略该箱完成。无用列表修剪如下。每当存在一个无用集合时，若它不是箱完成的一个子集，那么会将其从传递到该箱完成的子节点的无用集合列表中删除。原因在于，通过包含无用集合中的至少一个但不是所有的物体，可保证它不是搜索树中节点以下的任意箱完成的子集。

13.4.4▲ 矩形件排样问题

矩形件排样问题考虑将一组矩形放到一个外切矩形中。对于这个问题，不难得到一个二元 CSP 问题。每个矩形一个变量，该变量的值对应于矩形占据的位置，当此位置不越过外切矩形的边界时，这个值是合法的。此外，每对矩形间存

在一个二元约束，即它们不能重叠。

定义 13.9（矩形件排样） 在矩形件排样问题的决策变量中，给定一组矩形 r_i，其宽为 w_i、高为 h_i（$i \in \{1,2,\cdots,n\}$），外切矩形的宽为 W、高为 H。任务是找到一个赋值，使得对于所有矩形 r_i 的左上角坐标 (x_i, y_i) 满足以下条件。

（1）每个矩形都完全包含在外切矩形中，也就是对于所有 $i \in \{1,2,\cdots,n\}$，有 $0 \leqslant x_i$、$0 \leqslant y_i$、$x_i + w_i \leqslant W$ 以及 $y_i + h_i \leqslant H$。

（2）对于 $1 \leqslant i \neq j \leqslant n$，不存在两个矩形是重叠的，则：
$$(x_i + w_i \leqslant x_j \vee x_j + w_j \leqslant x_i) \wedge (y_i + h_i \leqslant y_j \vee y_j + h_j \leqslant y_i)$$

矩形件排样问题的优化目标寻找使得变量赋值可能的最小外切矩形。

当放置无向矩形时，两个方向都要考虑。

矩形件排样对于 VLSI 设计和调度应用都是非常重要的。考虑以下例子，n 个任务，每个任务 i 需要的机器数量为 m_i，特定处理时间为 d_i（$i \in \{1,2,\cdots,n\}$）。找到一个耗费最小的调度等价于对宽 $w_i = d_i$、高 $h_i = m_i$ 的矩阵件排样（$i \in \{1,2,\cdots,n\}$）。

定理 13.8（矩阵件排样复杂性） 矩阵件排样决策问题是 NP 难的。

证明：可以用多项式时间从偶数分拆中约减得到矩阵件排样，其约减方法如下所述。假设有一个偶数分拆实例 $a = (a_1, a_2, \cdots, a_n)$，那么可构造矩形件排样如下。首先选择一个宽为 W 高为 $H = \sum_{i=1}^{n} a_i / 2$ 的外切矩形。如果 $\sum_{i=1}^{n} a_i$ 是奇数，那么偶数分拆不存在可能的解（这里 W 取得足够小而不能改变矩阵的方向）。要放置的矩形宽度为 2、高度为 a_i。由于要覆盖 $\sum_{i=1}^{n} a_i$ 个单元格组成的整个空间，对于矩阵件排样的任何解也可立即给出偶数分拆的解。如果不能找到矩阵件排样问题的解，很明显也就不存在将 a 分为两个等和集的分拆。

接下来，关注整数大小的矩形。以图 13.18 所示为例，这里给出了用于 1×1 到 25×25 的最小外切矩形。这暗示了一个可选的基于单元格的 CSP 编码。每个单元格 c_{ij}（$1 \leqslant i \leqslant H$、$1 \leqslant j \leqslant W$）对应于一个有限域变量 $C_{ij} \in \{0, 2, \cdots, n\}$。$C_{ij}$ 表示单元格为空（0）或者放置在单元格上的矩形的索引。为了检查矩形重叠，采用一个二维数组表示单元格的实际布局。当放置一个新的矩形时，只需要检查新矩形边界上的所有单元格是否都被占用了。

1. 浪费空间计算

随着矩形的放置，剩下的空白空间被分成更小的不规则区域。这些区域中的很多都无法容纳剩余的任何矩形，并保持为空。所以面临的挑战就是如何在部分解内有效地限制空单元格的数量。

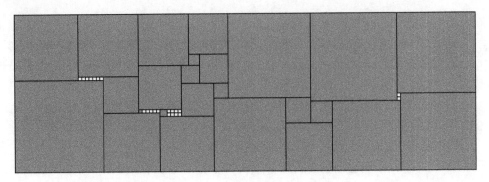

图 13.18　用于 1×1 到 25×25 的最小外切矩形

用于计算浪费空间的第一个选择是对空的空间进行水平和垂直切片。以图 13.19 为例，假设要将一个 1×1 和两个 2×2 的矩形装入空的区域。观察垂直切片，可以发现有 5 个正方形仅可容纳 1×1 矩形，使得 5-1=4 的方格仍不得不为空。另外，11-4=7 的方格不足以容纳总大小为 9 的三个矩形。

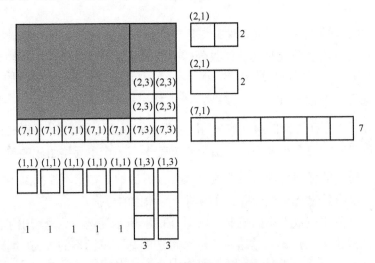

图 13.19　分割矩形件排样问题到装箱问题

改进浪费空间计算的关键思想是统筹考虑垂直和水平维度，而不是在两个维度内独立执行计算以及取最大值。至少当排样有向矩形时，具有不同的选择计算浪费空间。一种是采用新下限，它集成了两个维度但使用的是每个矩形的最小尺寸，来确定其适合哪里。另一个选择是使用新的界限，但同时使用了每个空矩形的高度和宽度。

对于每一个空单元格，存储其占据的空行的宽度和空列的高度。在空单元格的区域内，如果两个空单元的值相匹配则会被组合在一起。我们将这些值作为该组空单元格的最大宽度和高度。

如果一个矩形的宽度或高度分别大于该组的最大宽度或高度，则其不可占用组内的任一空单元格。这就形成了装箱问题（图 13.20）。对于每一组具有相同最大高度和宽度的空单元格，存在一个箱。每个箱的容量是组内空单元格的个数。对于每个欲放置的矩形存在一个元件，它的大小是矩形的面积。

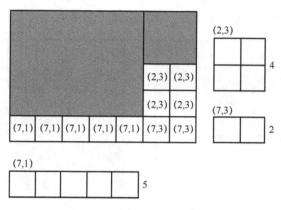

图 13.20 改进矩形件排样问题的分割为装箱问题

在箱和所述元件之间存在双边关系，也就是根据它们的高度和宽度，指定哪些元件可以放置在哪个箱中。这些附加的约束简化了装箱问题。例如，如果任意一个矩形只能放置在一个箱中，而箱的容量比所述矩形的面积小，那么问题是无解的。

如果任意一个矩形只能放置在一个箱内并且箱的容量足以容纳它，则该矩形放置在箱内，并从问题中移除，箱的容量按矩形的面积降低。如果任意一个箱子只能包含单个矩形，并且其容量大于或等于该矩形的面积，则从问题中移除该矩形，箱的容量按矩形的面积减小。如果任一箱子只能包含单个矩形，并且其容量小于矩形的面积，然后将此箱子从问题中移除，而矩形剩余的面积按箱子的容量减少。

再次考虑将一个1×1和两个2×2的矩形装入的例子，由此可以看到，第一个可以容纳一个2×2矩形，第二个2×2矩形就没有合适的空间了。

应用这些简化规则中的任何一个都会带来进一步的简化。当剩余问题不能被进一步简化时，就可以计算浪费空间的下界。我们确定那些可能包含的矩形总面积小于自身容量的箱子。超过的面积就是浪费的空间。从该问题中移除该箱子和涉及的矩形。接下来，就使用该性质去寻找另一个箱子。需要注意的是，箱的顺序可能会影响计算的浪费空间总量。

2. 支配条件

首先将最大的矩形放置在外切矩形的左上角。它的下一个位置向下移动一个单位。这会在矩形上方留下一个单位高的空白长条。这个长条可能被算作浪费空间，如果外切矩形的面积大于待装箱的矩形面积，但是可能不会依据浪费空间修剪掉这个部分解。在放置的矩形左侧、中间或上方留下长条的部分解通常被那些没有留下这种长条的部分解所支配，因此会被考虑修剪掉（图13.21）。

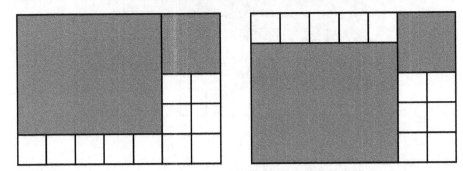

图 13.21　左侧装箱支配右侧装箱

每当存在与紧贴已置入矩形上方的空白长条宽度相同的完美矩形，并且有固定的上、左、右边界时，简单的支配条件是适用的。边界可以由其他矩形或外切矩形的边界组成。类似地，它也适用于与紧贴已置入矩形的左侧有相同高度的空白长条的完美矩形。

13.4.5▲ 顶点覆盖、独立集、团

对于接下来的一组 NP 难问题，给定了一个无向图 $G=(V,E)$。涉及的问题有顶点覆盖问题、团问题和独立集问题，这些问题都是密切相关的。

定义 13.10（顶点覆盖、团、独立集）　顶点覆盖（Vertex Cover）就是找一个节点集 V'，使得对于 E 中所有的边至少有一个结束节点包含在 V' 中。给定 G 和 k，团（Clique）就是确定是否存在一个子集 $V' \subseteq V$ 使得对于所有 $v,v' \in V$，$(v,v') \in E$ 成立。团问题是独立集问题的对偶。独立集问题搜索一个包含 k 个节点的集合，且集合中的任意两点之间不存在边。

定理 13.9（顶点覆盖问题、团问题、独立集问题的复杂性）　顶点覆盖问题、团问题、独立集问题是 NP 难的。

证明：对于团和独立集问题，只需要简单倒置边就可将这两个问题进行转换。为了将独立集约减为顶点覆盖问题，采取一个实例 $G=(V,E)$，独立集大小为 k，令顶点覆盖算法运行在同一图上，并且界限为 $n-k$。具有 k 个节点的独立

集意味着所有其他 $n-k$ 个节点主管所有的边。否则，如果 $n-k$ 节点覆盖边集合，那么所有其他 k 个节点构成一个独立集。

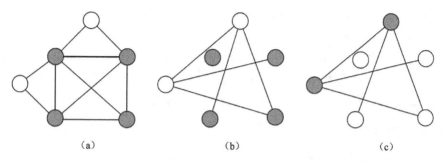

图 13.22 由阴影节点表示的一个团、一个独立集和一个顶点覆盖

(a) 一个团；(b) 一个独立集；(c) 一个顶点覆盖。

因此，我们只需指出三个问题中的一个是 NP 难的即可。这一点采用 3-SAT 到团问题的约减就可很好的实现。给定 3-SAT 公式 C，其包含 m 个子句 $c_1,\cdots,c_m$。团问题的输入定义如下：V 包含 $3m$ 个节点，标记为 (i,j)。节点代表子句中的变量。如果 $i \neq i'$ 并且对应 (i,j) 的文字在 (i',j') 没有被否定的话，集合 E 包含一条 (i,j) 与 (i',j') 之间的边。值 k 被设定为 m。不难看出，当且仅当被选中的节点形成一个大小为 k 的团时，存在一个 C 的可满足赋值。

考虑以上这些等价性，后面的部分我们仅讨论顶点覆盖问题。

1. 枚举

对于图的搜索算法，把术语讲清楚是非常重要的。因此，我们区分搜索树中的节点（nodes）和图的顶点（vertices）。一种蛮力方法枚举所有 2^n 个不同的子集并找到最小的一个顶点覆盖。构建一棵搜索树，内部节点对应于部分赋值并根据顶点是否在 V' 中进行分支，叶子节点对应一个完全赋值。生成一个包括包含和排除顶点的二叉搜索树后，通过遍历树逐渐执行对顶点的检查，产生一个复杂度为 $O(2^n)$ 的算法。对于部分赋值，我们有三个集合：包含集、排除集以及自由顶点集。

在移动 u 的邻近顶点 v 至顶点覆盖时，第一个改进是删除度为 1 的顶点 u。更一般的现象是，如果一个节点不包含在顶点覆盖中，那么它的所有邻居将必须包含在顶点覆盖中。这会导致强制赋值。相反的思想是，将选中节点的所有边都移除掉，这是因为这些边都已经覆盖了。在搜索过程中，可能会产生孤立的自由顶点，需要将它们包含在覆盖中，或者会产生度为 1 的顶点，这些顶点被排除而其邻居在覆盖集中。另一个改进是对搜索树中的节点进行排序，排序的准则是依据节点度的降序。在搜索中，邻居比较多的节点会在树的上方被发现，而有较小邻居数的节点在树的底部被发现。

2. 下界

当在自由图（由未赋值节点产生的剩余图）中考察单个顶点时，不会推断出什么结论。但是考察一对顶点时，能设计出一个非平凡启发式方法，其过程如下：对于自由图中的任意一对节点 (u,v)，定义容许对耗费为 1（如果 $(u,v) \in E$）和 0（其他）。如此会得到一个二部图。由于寻找两个端节点都不在顶点覆盖中的边，所以可在多项式时间内计算出自由图的最大匹配。

13.4.6▲ 图分割

图分割问题（图 13.23）的输入是一个图 $G = (V, E)$。

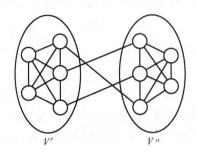

图 13.23 图分割

定义 13.11（图分割问题） 图分割问题就是将图 G 分成两个大小相同的顶点集 $V', V'' \subseteq V$ 并且 $V' \cap V'' = \emptyset$，使得从一个集合到另一个集合的边数 $|\{(v', v'') \in E \mid v' \in V' \wedge v'' \in V''\}|$ 最少。决策变量（最小割问题）采用一个额外变量 k，考察是否满足 $|\{(v', v'') \in E \mid v' \in V' \wedge v'' \in V''\}| \leqslant k$。

这个问题与实际应用紧密相关，最主要的应用可能就是计算机网络的并行处理。假设有 n 个任务和 p 个处理器（$p=2$），存在很多方法将 n 个任务分配给 p 个处理器，有些方法通信开销较低，有些方法开销较高。

定理 13.10（图分割复杂性） 图分割问题是 NP 难的。

证明：这里说明图分割可从简单最大割约减而来。我们知道，通过如下过程从 3-SAT 多项式时间内约减得到的简单最大割问题是 NP 难的（见习题）。给定一个图和整数 k，问题就变成是否存在一个集合 N，使得 $|\{(v', v'') \in E \mid v' \in N \wedge v'' \in V \setminus N\}| \geqslant k$。

对于简单最大割的输入 (V, E, k)，可以构造图分割的输入 (V^*, E^*, k^*) 如下：$V^* = V \cup \{u_1, \cdots, u_n\}$，其中 $n = |N|$，$E^* = \{(v', v'') \in V^* \times V^* \mid (v', v'') \notin E\}$ 并且 $k^* = n^2 - k$。假设存在一个分割 $N = V \cup V'$，使得 $|\{(v', v'') \in E \mid v' \in N \wedge v'' \in V''\}| \geqslant k$。

由于 $k>0$，所以 $V' \neq \emptyset, V'' \neq \emptyset$。令 $j = n - |V_1|$、$W' = V' \cup \{u_1, u_2, \cdots, u_j\}$ 且 $W'' = N \setminus V''$，那么 $N' = W' \cup W''$ 是 $G^* = (V^*, E^*)$ 的一个分割，且 $|W'| = |W''| = n$，$u_1 \in W', u_n \in W''$，有

$$|\{(v', v'') \in E^* \mid v' \in W' \wedge v'' \in W''\}| = n^2 - |\{(v', v'') \notin E^* \mid v' \in W' \wedge v'' \in W''\}|$$
$$= n^2 - |\{(v', v'') \in E \mid v' \in V' \wedge v'' \in V''\}|$$
$$\leqslant n^2 - k = k^*$$

假设现在有一个分割 W' 和 W''，$u_1 \in W', u_n \in W''$，且 $|W'| = |W''| = n$，使得 $|\{(v', v'') \in E^* \mid v' \in W' \wedge v'' \in W''\}| \leqslant k^*$。那么，$N = V \cup V'$，其中 $V' = W' \cup N$ 且 $V'' = W'' \cup N$ 是 $G = (V, E)$ 的一个分割，则：

$$|\{(v', v'') \in E \mid v' \in V' \wedge v'' \in V''\}| = |\{(v', v'') \notin E^* \mid v' \in W' \wedge v'' \in W''\}|$$
$$= n^2 - |\{(v', v'') \in E^* \mid v' \in W' \wedge v'' \in W''\}|$$
$$\geqslant n^2 - (n^2 - k) = k$$

因此，当且仅当 G^* 存在边数小于 k^* 的大小相同子集的分割时，G 就有一个大小大于或等于 k 的割。

如果子集大小没有限制，问题就可在多项式时间内求解（这就是著名的最大割或最小流问题）。但是，图分割的其他变体通常也是 NP 难的。将顶点分成任意数量的集合，且每个集合最多含 M 个顶点的问题，即使取 $M=3$，该问题也是 NP 难的。如果 $M=2$，不难看出，该问题等价于最大匹配问题。

在图分割的有些变体中，引入了边权值。这种扩展的应用就是超大规模集成电路（VLSI）设计，其中顶点就是芯片上的逻辑单元，边是它们的连接线。目标是将逻辑单元置于芯片上以最大限度地减少连接线数量及长度。在高斯消去法中，图分割可以用来对矩阵行和列进行排序，以减少消去过程中生成的非零项的数量。

搜索树中的节点对应一些顶点的部分图分割。在每个这种节点上，左支对应于顶点到 V' 的赋值，在右支上我们分配相同的顶点到 V''。显然，这种搜索树是二叉树并且深度为 $n-1$。我们只关心将顶点分成大小相等子集的叶子节点。当基于 $|V'| > n/2$ 或 $|V''| > n/2$ 修剪节点时，会在搜索树中剩下 $\binom{n}{n/2}$ 个叶子节点。

1. 启发式

未被赋值的顶点称为自由顶点。启发式函数提出了不同的完成策略。因此，我们区分对 V' 内顶点（组 A）的赋值、V'' 内顶点的赋值（组 B）、提出的到 V' 的完成（组 A'）以及提出的到 V'' 的完成（组 B'）。

可以把图中的边分为以下四种类型。

(1) 在 A 和 A' 内或在 B 和 B' 内没有跨越分割的边,将不被任何启发式算法计算。

(2) 从 A 到 B 已跨越分割的边。

(3) 从 A' 到 B 或从 B' 到 A 的连接自由顶点和赋值顶点的边。

(4) 从 A' 到 B' 连接自由顶点的边(图 13.24)。

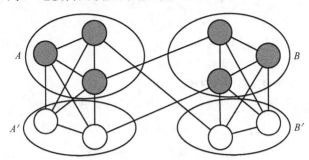

图 13.24　图分割中计算启发式的集合

连接自由顶点 x 到 A(或 B)的有向边数量记为 $d(x,A)$(或 $d(x,B)$)。针对图分割问题,下面给出两种不同的启发式函数。

对于每一个自由顶点,令 $h_1(x)=\min\{d(x,A),d(x,B)\}$。对于一个搜索节点 u,我们定义 $h_1(u)$ 为 u 内所有自由顶点的 $h_1(x)$ 之和。可以看出,取决于打破平局函数,$h_1(x)$ 为每个自由变量 x 隐式地选择一个合适的集合。

令 x 和 y 是由一条边连接的一对自由顶点,定义 $h_2(x,y)=\min\{d(x,A)+d(y,A),d(x,B)+d(y,B),d(x,A)+d(y,B)+1,d(x,B)+d(y,A)+1\}$。这是一定跨越分割的边数量的一个下界。对于搜索节点 u,为了计算 $h_2(u)$,需结合自由变量的 $h_2(x,y)$ 值,如下所述。所有成对距离都被包含进一个点对图中,其中 x、y 之间的边权值设为 $h_2(x,y)$。再次利用最大匹配来避免多次计数一个自由变量的影响。为了将运行时间从三次方改进到二次方,在搜索过程中可以增量计算最大匹配。不幸的是,实践中证明这种启发式法过于复杂。然而,通过在连接 A' 和 B' 内自由顶点的自由图上进行推断能够有效改善启发式(见习题)。

2. 搜索增强

第一种增强搜索过程的方法类似于装箱中的策略,即将图的顶点按度的降序排序,新增加的顶点也是按照这个顺序,而不是采取随机顺序。原因在于,如果在搜索树的顶部处理具有大分支因子的节点,那么在较大深度选择集合时就有更多的灵活性。这种增强改善了 IDA*算法和深度优先分支限界。

在搜索树的底部生成的节点大多数会被修剪掉,并且一些启发式比其他的更复杂。因此,通常更有效的方式是首先检查计算更简单的启发式法来检测失效,而不是仅选择所涉及的那些节点。对于图分割问题，在实践中，每个节点由此降低的平均时间超过 20%。

13.5 时序约束网络

时序约束网络包含一组变量集 $\{x_1, x_2, \cdots, x_n\}$，用来表示时间点。时序约束网络是具有实值变量的 CSP 特例。每个约束可以解析为一组闭区间 $\{I_1, I_2, \cdots, I_k\} = \{[a_1,b_1], [a_2,b_2], \cdots, [a_k,b_k]\}$。

一元约束 $C(i)$ 将变量 x_i 的范围限定为 $(a_1 \leq x_i \leq b_1), (a_2 \leq x_i \leq b_2), \cdots, (a_k \leq x_i \leq b_k)$ 的析取，二元约束 $C(i,j)$ 是将 $x_j - x_i$ 的差的范围限定在 $(a_1 \leq x_j - x_i \leq b_1), (a_2 \leq x_j - x_i \leq b_2), \cdots, (a_k \leq x_j - x_i \leq b_k)$ 的析取。我们隐式地假设以上条件是两两不同的时间间隔。

二元约束网络仅包含一元和二元约束。它可以用一个约束图 $G_C = (V, E)$ 描述，其中 V 表示变量集，E 定义为约束条件。边注明对应约束中的间隔。时序 CSP 的解就是满足所有约束的变量赋值。

最小约束网络是指所有间隔都最小的约束网络。事实证明，如果网络服从一个解，那么确定 x_i 可能赋值的任务是 NP 难的。因此，必须在多项式子类上花工夫。下面将看到如何限制网络进行一致性检查，并在 $O(n^3)$ 时间内计算最小网络。

我们应用的限制条件是每对变量至多采取一个时间间隔。通过这种方式，禁止了析取条件。求解这个简单时序网络子问题，也给出了经由分支限界对整个问题求解的算法，其中分支是通过对给定的边选择或忽略一个间隔而获得的。令 l 为约束图的边数，k 为一个边的最大析取数目。求解一个简单时序网络的时间是 $O(n^3)$，所以接下来求解一个析取时序约束网络需要的时间是 $O(k^l n^3)$（对于每条边，有 k 个可供选择的选项，因此 k 决定了约束生成的深度为 l 的搜索树的分支因子）。

13.5.1 简单时序网络

在一个简单（时序）约束网络中，所有约束形式要么是 $x_i - x_j \leq c$ 要么是 $x_i \leq c$。第一种形式指的是一种二元约束，第二种形式对应于一元约束。一元约束可以通过引入强制为 0 的额外的伙伴变量被消除。因此，可以得到一个具有简单结构的线性规划。变量看作时间点，简单时序网络的约束集合表示时间间隔。考虑下面这个例子，约束集为：$x_4 - x_0 \leq -1$、$x_3 - x_1 \leq 2$、$x_0 - x_1 \leq 1$、

$x_5 - x_2 \leq -8$、$x_1 - x_2 \leq 2$、$x_4 - x_3 \leq 3$、$x_0 - x_3 \leq -4$、$x_1 - x_4 \leq 7$、$x_2 - x_5 \leq 10$ 且 $x_1 - x_5 \leq 5$。

在一个加权距离图中,将权值关联到图的边,图的每个节点表示一个变量。值 $w(i,j)$ 表示不等式 $x_j - x_i \leq w(i,j)$。对于上述约束集例子,其加权距离图如图 13.25 所示。相应地,对于每一条从 $i = i_0$ 到 $i_k = j$ 经由 $i_1, i_2, \cdots, i_{j-1}$ 的路径,有

$$x_j - x_i \leq \sum_{l=1}^{k} w(i_{l-1}, i_l)$$

由于 $i \sim j$ 有多条路径,有 $x_j - x_i \leq \delta(x_i, x_j)$,其中 $\delta(x_i, x_j)$ 是 $\sum_{l=1}^{k} w(i_{l-1}, i_l)$ 的最小值。每一个负环 $C = i_1, i_2, \cdots, i_k = i_1$ 对应于不可满足不等式 $x_{i_1} - x_{i_1} < 0$。

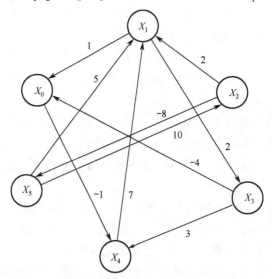

图 13.25 简单时序约束网络图示例

定理 13.11(简单时序网络一致性) 如果距离图中没有环,则简单时序约束网络是一致的。

证明:先从一个没有负环的距离图开始,那么每两个连接的节点之间存在最短路径。对于最短路径耗费 δ,有 $\delta(x_0, x_j) \leq \delta(x_0, x_i) + w(i,j)$ 或 $\delta(x_0, x_j) - \delta(x_0, x_i) \leq w(i,j)$。因此,对变量 $x_i, x_{i+1}, \cdots, x_n$ 的赋值 $(\delta(x_0, x_1), \delta(x_0, x_2), \cdots, \delta(x_0, x_n))$ 是时序网络的一个解。

另外,$(-\delta(x_1, x_0), -\delta(x_2, x_0), -\delta(x_1, x_0), \cdots, -\delta(x_n, x_0))$ 是一个解,其对应于最新和最早的时间点。最小时序约束网络由约束 $[-\delta(x_j, x_i), \delta(x_i, x_j)]$ 定义,对 x_i 可能的赋值集定义为 $[\delta(x_i, x_0), \delta(x_0, x_i)]$。如果对于一个索引 i 有 $\delta(x_i, x_i) < 0$,

则约束网络是不一致的。

根据后面的计算，采用 Floyd 和 Warshall 的所有节点对之间的最短路径变体可在 $O(n^3)$ 时间内完成一致性问题的求解。尽管与第 2 章介绍的算法差别不太大，这里还是给出其伪代码，如算法 13.16 所示。

Procedure Simple-Temporal-Network
Input: 加权约束图
Output: 最短路径表 δ

for each i in $\{1,2,\cdots,n\}$ $\delta(x_i,x_i) \leftarrow 0$　　　　　　　　　　　;;初始化对角线
for each i,j in $\{1,2,\cdots,n\}$ $\delta(x_i,x_j) \leftarrow w(i,j)$　　　　　　;;初始化权值矩阵
for each k in $\{1,2,\cdots,n\}$　　　　　　　　　　　　　　　　;;中间节点上循环
　for each i in $\{1,2,\cdots,n\}$　　　　　　　　　　　　　　　;;开始节点上循环
　　for each j in $\{1,2,\cdots,n\}$　　　　　　　　　　　　　;;结束节点上循环
　　　if $(\delta(x_i,x_j) \geqslant \delta(x_i,x_k)+\delta(x_k,x_j))$　　　　　　　;;发现更好的评估
　　　　$\delta(x_i,x_j) \leftarrow \delta(x_i,x_k)+\delta(x_k,x_j)$　　　　　　　　　;;更新值

算法 13.16
在简单时序网络中计算最小网络

13.5.2▲　PERT 调度

项目评估和查核技术（PERT）是一种确定项目调度关键路径的方法。这里给出一组操作 O 以及它们之间的优先关系。一个简单的例子如图 13.26 所示。令 $e(o_i)$ 为 o_i 的最早结束时间，$d(o_i)$ 为 o_i 的持续时间，那么最早起始时间为 $t_i = e(o_i) - d(o_i)$。

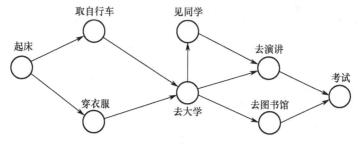

图 13.26　优先网络的一个示例

关键路径就是一组操作序列，使得它们的总运行时间大于或等于所有其他操作路径的耗费。关键路径上的任何延迟都会施加到该项目内的延迟。PERT 调度

问题的核心是一个操作网络连同它们的优先关系 $\preceq_d$，$o_i \preceq_d o_j$ 意味着 o_i 的结束时间小于或等于 o_j 的开始时间。

从算法角度看，PERT 调度可以视作无环图的最短路径算法。众所周知，一个无环图可在线性时间内被拓扑性排序。这意味着一个节点只有在其前驱都已经被处理过后才会被处理。从不同角度来看，PERT 调度可以被解释为简单时序约束网络的一个特例。因为可以采用两个约束变量建模每个操作的开始和结束时间，并将优先关系建模为二元约束。这样做的主要优点是，优先调度问题可以在二次方时间内解决，而简单时序网络分析需要三次方时间。相应的伪代码如算法 13.17 所示。

Procedure PERT
Input: 算子序列 $o_1, o_2, \cdots, o_k$，优先关系 $\preceq_d$
Output: 最优调度的持续时间

for each i **in** $\{1,2,\cdots,k\}$　　　　　　　　　　　　　　;;在当前算子上循环
　$e(o_i) \leftarrow d(o_i)$　　　　　　　　　　　　　　　　　　　;;初始化最早结束时间
　for each j **in** $\{1,2,\cdots,i-1\}$　　　　　　　　　　　;;在之前算子上循环
　　if ($o_j \preceq_d o_i$)　　　　　　　　　　　　　　　　　;;测试优先关系
　　　if ($e(o_i) < e(o_j) + d(o_i)$)　　　　　　　　　　　　;;要求更大的评估
　　　　$e(o_i) \leftarrow e(o_j) + d(o_i)$　　　　　　　　　　　;;更新值
return $\max_{1 \leqslant i \leqslant k} e(o_i)$　　　　　　　　　　　　　　　;;关键路径长度

算法 13.17

基于 PERT 调度计算关键路径

定理 13.12（PERT 调度的最优性和时间复杂度）　PERT 算法定义的调度 $\pi^* = ((o_1, t_1), \cdots, (o_k, t_k))$ 是最优的，并可在时间 $O(k+l)$ 内计算出，其中 l 是 $\preceq_d$ 导致的偏好数量。

证明： 归纳假设经过 i 次迭代后，值 $e(o_i)$ 是正确的。对于基本情况，这是成立的，因为 $e(o_1) = d(o_1)$。对于各步情况，设 $1 \leqslant j < i$ 时假设为真，则存在两种情况。

（1）存在 $j \in \{1,2,\cdots,i-1\}$ 满足 $o_j \preceq_d o_i$。则 $e(o_i) \leftarrow \max_{j<i} \{e(o_j) + d(o_j) \mid o_j \preceq_d o_i\}$。所以，$e(o_i)$ 的值是最优的，因为假定 $e(o_j)$ 是最小时，o_i 不可能在 $\max_{j<i} \{e(o_j) \mid o_j \preceq_d o_i\}$ 之前开始。

（2）不存在 $j \in \{1,2,\cdots,i-1\}$ 满足 $o_j \preceq_d o_i$。那么如同基本情况一样，$e(o_i) = d(o_i)$。

综上所述，值 $\max_{1 \leqslant i \leqslant k} e(o_i)$ 是最优调度的持续时间。

为了计算 $t_1, t_2, \cdots, t_k$，通过设置 $t_i = e(o_i) - d(o_i)$（$i \in \{1, 2, \cdots, n\}$）来确定最早起始时间。算法的时间复杂度是 $O(k^2)$，利用邻接链表可约减到 $O(k+l)$。

13.6▲ 路径约束

路径约束为描述时序扩展目标提供了重要一步。同时，以额外扩展的控制知识的形式，它也被用于修剪搜索。简言之，路径约束声明了在执行一条解路径时所访问的状态序列的执行过程中必须满足的条件。路径约束通常是通过时序模态算子表示的。基本模态算子包括 always、sometime、at-most-once 和 at end（用于目标约束）。使用 within 扩展该集合，用以表示最后期限。此外，类似 sometime-before 和 sometime-after 的条件表示嵌套算子的选项。对于一条解路径 $\pi = (u_0, u_1, \cdots, u_n)$，这些约束的解释如图 13.27 所示，其中 $\models$ 用来表示派生符号。

$$\pi \models \phi \equiv \pi \models (\text{at end } \phi) \quad \Leftrightarrow \quad u_n \models \phi$$

$$\pi \models (\text{always } \phi) \quad \Leftrightarrow \quad \forall 0 \leq i \leq n : u_i \models \phi$$

$$\pi \models (\text{sometime } \phi) \quad \Leftrightarrow \quad \exists 0 \leq i \leq n : u_i \models \phi$$

$$\pi \models (\text{within } t\ \phi) \quad \Leftrightarrow \quad \exists 0 \leq i \leq t : u_i \models \phi$$

$$\pi \models (\text{at-most-once } \phi) \quad \Leftrightarrow \quad \forall 0 \leq i \leq n : u_i \models \phi \Rightarrow$$
$$\exists i < j \leq n : u_j \models \phi \wedge \forall j < l \leq n : u_l \not\models \phi$$

$$\pi \models (\text{sometime-after } \phi\ \psi) \quad \Leftrightarrow \quad \forall 0 \leq i \leq n : u_i \models \phi \Rightarrow \exists i < j \leq n : u_j \models \psi$$

$$\pi \models (\text{sometime-before } \phi\ \psi) \quad \Leftrightarrow \quad \forall 0 \leq i \leq n : u_i \models \psi \Rightarrow \exists 0 \leq j < i : u_j \models \phi$$

$$\pi \models (\text{always-during } t\ t'\ \phi) \quad \Leftrightarrow \quad \forall t \leq i \leq t' : u_i \models \phi$$

$$\pi \models (\text{always-after } t\ \phi) \quad \Leftrightarrow \quad \forall t < i \leq n : u_i \models \phi$$

图 13.27　路径约束

所有这些条件可以用布尔算子 $\wedge$、$\vee$、$\neg$ 组合生成更复杂的表达式。在更一般的设置中，路径约束以线性时序逻辑（LTL）表示。LTL 是一个建立在布尔算子上的命题逻辑，并包含时序模态的任意嵌套。

LTL 是定义在模型 M 中的无限路径上的概念，模型 M 是一个状态序列 $\pi = (u_0, u_1, \cdots, u_n)$。此外，令 π^i 表示从 u_i 开始的 π 的后缀（$i > 0$）。

定义 13.12（LTL 语法和语义）　LTL 公式的格式总是 f，简写为 Af，其中 f 是一个路径公式。如果 p 是一个原子命题，那么 p 是一个路径公式。如果 f 和 g 都是路径公式，那么 $\neg f$、$f \vee g$、$f \wedge g$、Xf、Ff、Gf、fUg 都是路径公式。

对于下一时刻算子 X，我们有 $M, \pi \models Xf \Leftrightarrow M, \pi^1 \models f$。对于截止算子 gUf，我们有 $M, \pi \models gUf \Leftrightarrow \exists 0 \leq k : M, \pi^k \models f \wedge \exists 0 \leq j \leq k : M, \pi^j \models g$。对于终止算子，

有 $M,\pi \models Ff \Leftrightarrow \exists 0 \leq k : M,\pi^k \models f$。对于全局算子,有 $M,\pi \models Gf \Leftrightarrow \forall 0 \leq k : M,\pi^k \models f$。

下面给出以下三个例子(图 13.28)。

(1) LTL 公式 $A(Gp)$ 意味着沿着每一条路径,p 总是成立。

(2) LTL 式 $A(Fp)$ 意味着沿着每一条路径,存在一些状态使得 p 成立。

(3) LTL 公式 $A(FG\ p)$ 意味着沿着每一条路径,存在一些状态使得自它们之后 p 总是成立。

为了在扩展规划条件下执行启发式搜索,对于每个遇到的状态,必须能够实时评估约束是否为真。针对此问题,已有两个建议将公式与当前扩展的状态进行关联。

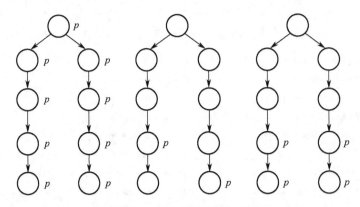

图 13.28 LTL 公式的三个示例

13.6.1 公式演化

对于约束搜索,使用 LTL 公式的一个选择就是公式演化。取决于 LTL 公式 f 的结构,程序 Progress(见算法 13.18)将 f 的可满足性从一个状态传播到其后继。

Procedure Progress
Input: 对节点 u 有效的 LTL 公式 f
Output: 对节点 v 有效的 LTL 公式 f

case of   ;;切换公式结构
    $f = \phi : f' \leftarrow (u \models f)$;;原子公式
    $f = f_1 \wedge f_2 : f' \leftarrow \text{Progress}(f_1,u) \wedge \text{Progress}(f_2,u)$;;合取公式
    $f = f_1 \vee f_2 : f' \leftarrow \text{Progress}(f_1,u) \vee \text{Progress}(f_2,u)$;;析取公式
    $f = \neg f_1 : f' \leftarrow \neg \text{Progress}(f_1,u)$;;否定公式

$f = Xf_1 : f' \leftarrow f_1$	;;公式类型是 next-time
$f = f_1 U f_2 : f' \leftarrow \text{Progress}(f_2,u) \vee \text{Progress}(f_1,u) \wedge f$	;;公式类型是 until
$f = Ff_1 : f' \leftarrow \text{Progress}(f_1,u) \vee f$	;;公式类型是 eventually
$f = Gf_1 : f' \leftarrow \text{Progress}(f_1,u) \wedge f$	;;公式类型是 always
return f'	;;反馈结果

算法 13.18

公式演化算法

这里用积木世界作为实例。假设要传播一个节点的 $G(\text{on }a\,b)$，并且已知 $(\text{on }a\,b)$ 是满足的。可以得到一个公式 $\text{true} \wedge G(\text{on }a\,b)$，并将其进一步简化为 $G(\text{on }a\,b)$。如果 $(\text{on }a\,b)$ 是不满足的，可以得到一个公式 $\text{false} \wedge G(\text{on }a\,b)$，也是 false。

这里简要地讨论一个前向链接搜索算法，该算法采用 LTL 控制规则以修剪搜索树。我们将搜索树的每个节点关联一个公式。当扩展一个节点 u 时，关联公式 f_u 演化到后继节点 v。伪代码如算法 13.19 所示。为了简单起见，这里选择了一个深度优先搜索遍历，但算法可扩展到任何类型的搜索算法（见习题）。

Procedure LTL-Solve
Input: 一个状态空间问题图的起始节点 s，LTL 公式 f
Output: 解路径

if (Goal(u)) **return** Path(u)	;;检测到终止状态
$f' \leftarrow \text{Progress}(f,u)$	;;在当前状态演进公式
if ($f' = \text{true}$)	;;演进成功
Succ(u)←Expand(u)	;;确定后继集合
for each v **in** Succ(u)	;;遍历后继集合
LTL-Solve(v, f')	;;递归调用

算法 13.19

LTL 路径约束求解器

由此不难看出，如果算法 LTL-Solve 终止于一个节点 u，且其关联函数 $f_u = \text{false}$，则没有后继会满足施加的约束（见习题）。将启发式搜索算法集成到 LTL 求解过程中并不简单。然而，如果我们能够确定一个时序公式距离它的满足性的测度，那么就可以依据该测度对状态进行排序，从而偏好于那些更接近满足的状态。

13.6.2 自动机翻译

LTL 公式经常被翻译成等价自动机，它与整体搜索过程采用的转换同时运行，并在约束满足时接受。由于 LTL 公式设计用来表达无限路径的性质，自动机模型是 Büchi 自动机。语法上，Büchi 自动机与有限态自动机是一样的，但其设计是用于接受无限词的。通过具有略微不同的接受条件，它们泛化了有限时的情况。令 ρ 是一条无限的路径，$\inf(\rho)$ 是 ρ 内无限次经常到达的状态集合。如果 $\inf(\rho)$ 和最终状态集合 F 的交集非空，那么 Büchi 自动机就接受。由于路径是有限的，可以把 Büchi 自动机看作一个普通的非确定性有限状态自动机，如果它终止于一个最终状态，那么它就接受一个字。自动机的标签是给定状态内变量集合上的条件。要获取利用 Büchi 自动机进行搜索的更详细的方法，建议读者参考第 16 章。

每个 LTL 公式可以转换成等价的 Büchi 自动机（反之则往往是不可能的，因为 Büchi 自动机显然比 LTL 表达能力更强）。在搜索中应用自动机，就是让它们与普通状态探索同时运行（即原始状态空间的每个算子在自动机中产生一个转换）。如果自动机接受了用于构建自身的 LTL 公式 ϕ，ϕ 就被满足。由于有很多将 LTL 表达式转换成自动机表示的简易工具，这里就不再纠结于如何自动化地构建自动机，只给出一些例子。

对于关于某个约束 ϕ 的（sometime ϕ），为 LTL 公式 $F\phi$ 构建自动机。令 S 是原始状态空间、$A_{F\phi}$ 是为公式 $A_{F\phi}$ 构建的自动机、$\otimes$ 表示状态空间与自动机的交叉（同步）积，则组合状态空间为 $S \otimes A_{F\phi}$，扩展目标是 $T \otimes \{\text{accepting}(A_{F\phi})\}$。搜索问题的初始状态由自动机初始状态扩展，在这种情况下没有接受。

这里考虑积木世界断言：在每条解路径上，两个块 a 和 b 应至少一次放到桌子上。此要求对应于具有 Büchi 自动机的 LTL 公式 $F\text{ontable\_}a \wedge F\text{ontable\_}b$，自动机如图 13.29（a）中所示（&& 相当于 $\wedge$）。声明"在规划遍历的某状态中，块 a 和 b 都在桌子上"可用具有 Büchi 自动机的 LTL 公式 $F(\text{ontable\_}a \wedge \text{ontable\_}b)$ 表示，如图 13.29（b）所示。

对于像（always ϕ）的公式，可以构造交叉积 $S \otimes A_{G\phi}$。对于像（sometime-before $\phi\psi$）的嵌套表达式，其时序公式更复杂，但推理仍是一样的。假设

$$S \leftarrow S \otimes A_{(\neg\phi \wedge \neg\psi)U((\neg\phi \wedge \psi) \vee (G(\neg\phi \wedge \neg\psi)))}$$

并且对应地调整目标和初始状态。

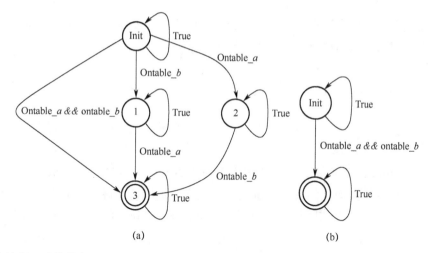

图 13.29　路径约束 $F\text{ontable}\_a \land F\text{ontable}\_b$ 和 $F(\text{ontable}\_a \land \text{ontable}\_b)$ 的 Büchi 自动机

对于（at-most-once ϕ），我们探索组合状态空间 $S \otimes A_{G\phi \rightarrow (\phi U(G\neg\phi))}$。对于（within $t\,\phi$），就像 sometime 一样，先构建交叉积 $S \otimes A_{F\phi}$，此外，强制在 t 步已满足（accepting($S \otimes A_{F\phi}$)）。

在搜索之前构建 Büchi 自动机可能是一个耗时的任务。但是，在搜索过程节省的时间也是相当可观的。因为，对于搜索空间的每一个状态，它只需存储和传播自动机的状态，而不是整个公式的描述。

关于扩展状态空间的启发式，不难为原始状态空间扩展一个距离启发式，而不受 Büchi 自动机中到接受状态的距离限制。换句话说，在自动机中，到接受状态的最小距离是一个容许的启发式。以最小距离作为启发式可以找到原始问题的有效解。可以通过调用自动机中的 All-Pairs Shortest Paths（所有节点对之间的最短路径）或源自目标的反向链接（如在模式数据库中）计算状态到接受状态的距离。

13.7▲　柔性和偏好约束

柔性约束用偏好注释目标条件和时序路径。一个柔性约束就是用户希望看到满足而不是不满足的解生成轨迹的一个条件。但是，由于满足条件的耗费或者是因为与其他约束目标的冲突，用户准备接受不满足该条件。当用户拥有多个柔性约束时，有必要确定当它们彼此间存在冲突时哪个约束优先，或者应证明满足它们的耗费较高。

例如，在积木世界中如果达到一个目标，就可能倾向于将块 a 留在桌子上。在一个更复杂的运输任务中，可能希望每当船舶在一个港口准备好装载它需要运输的集装箱时，所有这样的集装箱都应在该港口准备好。另外，希望所有卡车最后都是清空的，并出现在它们初始位置上。此外，我们更倾向于没有卡车访问任何目的地多于一次。

这种偏好约束被纳入到耗费或目标函数中。这个函数需要搜索耗费最优规划。

目标偏好是指添加到目标条件上的约束。举例来说，如果在规划执行过程中偏好于将块 a 留在桌子上，那么可以将具有指示变量 isviolated$_p$(表示违反 p)的偏好 p(on‐table a)包含到目标函数中。这种指示变量被解释为自然数，是可缩放的，并可与目标函数中的其他变量赋值相组合。更确切地说，如果有一个类型是 preference $p\,\phi_p$ 的柔性约束，那么就构建指示函数 $X_p(u) = ($isviolated$_p \wedge \neg\phi_p(u)) \vee (\neg$isviolated$_p \wedge \phi_p(u))$，并将 isviolated$_p$ 作为变量包含到函数 $f = \sum_p a_p \cdot$isviolated$_p$ 中，需要将该函数最小化。

原则上，可用自动机理论处理规划约束的偏好。自动机理论中，我们期望达到接受状态，但在这里没有达到接受状态将会为目标函数的评估产生耗费。

然而，这里存在一个小问题。由于轨迹约束可能修剪搜索，自动机中的失效转换也会引起偏好背离。比如，类似 $G\phi$ 的约束，将会修剪那些唯一的转换也不满足的每个算子。解决办法是引入额外的转换（每个自动机一个）。引入的转换允许通过强制同步。应用这个转换分配了对应的耗费，并迫使自动机进入绝境状态。从绝境状态开始，将没有返回其他自动机状态的方法。

13.8▲ 约束优化

对于约束满足之上的约束优化，实现方法之一就是采用一个需最小或最大化的函数。由于可否定目标函数，所以可限制约束优化为最小化目标函数，且满足对约束变量的可能值的约束。约束可以是等式约束也可以是不等式约束。

典型的约束优化问题就是最小化某耗费函数 $f(x)$，约束条件为 $g(x) = 0$ 或 $h(x) \leqslant 0$ 形式。这里，函数 f 称为（标量值）目标函数，g 和 h 是向量值约束函数。目标函数的严格凸性并不能保证唯一最小值。此外，约束的每个部分必须是严格凸的，以确保问题具有唯一解。实际上，约束问题的解往往不是鞍点。因此，搜索满足所有约束的鞍点的临时技术通常无效。

如果限制约束和目标函数的分类，我们可以做得更好。如果采用线性约束，取决于 x 的域，这时就相当于线性规划（LP）或整数线性规划（ILP）。LP 是多项式时间可解的，ILP 即使在输入变量 x 为 0 或 1 时也是 NP 完全的。这里限制整数规划仅考虑整数变量上线性约束的合取的可满足性。约束优化问题的更一般形式可参考第 14 章。

约束处理的效率依赖于约束的表示。最近，一种趋势是为有界算术约束和线性表达式采用 BDD（见第 7 章）。为了计算一个线性算术函数 $f(x) = \sum_{i=1}^{n} a_i x_i$ 的 BDD $F(x)$，首先要计算 f 可以取的最小和最大值。这就定义了需要用二进制进行编码的范围。

为了便于说明，考虑 $x_i \in \{0,1\}$。此限制足以处理前面介绍的目标偏好。

定理 13.13（线性算术约束 BDD 的时间和空间复杂性） 用来表示函数 f 的 BDD 至多有 $O(n \sum_{i=1}^{n} a_i)$ 个节点，并且可以用匹配时间性能进行构造。

证明：为了构造，BDD 被解释为串行处理器，它处理以 $x_1, x_2, \cdots, x_n$ 顺序的整数变量。最后，处理器检验是否 $\sum_{i=1}^{n} a_i x_i > a_0$ 或 $-a_0 + \sum_{i=1}^{n} a_i x_i > 0$。如果在任何时间计算失败，则 BDD 归零，否则继续。该处理过程以初始值 $-a_0$ 开始，然后随着 $i \in \{1, 2, \cdots, n\}$ 增长而加上 $a_i x_i$。那么在每一层次需要有多少 BDD 节点呢？其数量界限是迄今考虑的所有系数的部分和。这也就意味着，BDD 中节点的总数至多是 $n \sum_{i=1}^{n} a_i$，由此得证。

该方法可扩展到整数变量 x_i，$1 \leq i \leq n$ 且 $1 \leq x_i \leq 2^b$，也可扩展到几个线性算术公式的合取/析取（见习题）。这意味着，建立在 m 个线性约束合取的可满足性之上的整数规划，可在 $O(nb \prod_{j=1}^{m} \sum_{i=1}^{n} a_{i,j})$ 时间内求解。算法对于 n 和 b 是多项式的，对于约束数量 m 是指数的。如果 n 固定，那么存在伪多项式算法。

13.9 小结

一个（硬）约束是对搜索问题解的一个限制。一般约束满足问题包含一组需要从各自离散域中获得赋值的变量，这里的离散域比如说是红、绿、蓝色之一。约束对可能的赋值进行限制，比如，如果变量 Y 被分配绿色，那么变量 X 不能分配红色。CSP 的一个例子就是地图着色，也就是需要从可用的三种颜色中选择一个颜色为每个国家着色，使得相邻国家颜色不同。本章阐述了如何将涉及三个或更多变量的约束转化为仅包含一个（一元约束）或两个变量（二元约束）的约束。接着讨论了解决 CSP 问题的不同搜索方法。

约束传播背后的思想是排除某些赋值使得后续搜索更有效。如果变量 X 赋值为 x 时，至少有一个涉及的二元约束无法满足，那么弧一致性为变量 X 排除值 x

（如果值是整数，弧一致性可维护值区间而不是值集合，也被称为边界一致性）。路径一致性比弧一致性更强大，它同时检验约束的路径，而不仅是单个约束。比如，变量 X 和 Y 之间的一个二元约束和变量 Y 与 Z 之间的一个二元约束。检查长度为 2 的路径就足够了。也有专门的一致性方法，比如所有变量需成对赋予不同值的约束。

约束传播方法很少造成每个变量只有一个可能值的情况。因此，它不会消除搜索需求。最简单的系统搜索方法就是回溯，也就是深度优先搜索（在第 14 章讨论随机搜索）。回溯以固定顺序逐个对变量赋值，如果有部分赋值违背了某一约束，则立即回溯。针对回溯，存在几种使其更有效的方法。后退跳跃法通过回溯到违反约束的变量而不是先前的变量对回溯进行了改进。动态回溯则通过记忆当前变量与回溯到的变量之间的变量赋值改进了后退跳跃法。后退标示法通过移除额外的约束检查改进了动态回溯。

针对如何决定在各种回溯方法应该考虑的变量顺序以及变量的值顺序，也就是变量和值排序，已经研究了很多种启发式算法。然而，考虑一个固定顺序变量的值是低效的，因为在经过一些回溯后，分配到变量的值会与启发式推荐的值完全不同。不分配给变量启发式推荐的值，就是所谓的差异。有限差异搜索采用回溯方法生成完全的变量赋值，以增加差异数量。有限差异搜索的最简单版本就是在第 i 次迭代中利用最多 $i-1$ 个差异产生完全变量赋值，从而复制第 ($i-1$) 次迭代的工作。

改进的有限差异搜索，是在有限差异搜索基础上，采取用户提供的深度界限，在第 i 次迭代中利用恰好 $i-1$ 个差异生成完全变量赋值。通常，当只有少数变量赋值时，搜索树顶部的启发式不太可靠。深度有界差异搜索通过采取迭代增加深度界限的方法，在第 i 次迭代中仅利用前 $i-1$ 变量的差异生成完全变量赋值。

本章讨论了几类重要的 CSP，其中一些与前面讨论的一般 CSP 不一样，但所有这些都是 NP 难的。我们还讨论了针对特定问题的启发式（如变量或值排序）、修剪规则（通常以完成求解的耗费下限的形式），以及利用特定 CSP 结构快速求解的系统求解技术。许多这些 CSP 都表现出所谓的阶段转换。欠约束 CSP（很少约束的 CSP）比较容易求解，因为很多变量的完全赋值都是解。

同样，过约束 CSP 容易求解或易于证明无法求解的，因为许多部分变量赋值已经违背了约束，因此可在搜索过程的早期予以驳回。然而，在这些极端情况之间的 CSP 是难于求解的。对于一些类别的 CSP，何时其易于求解或难于求解是已知的。

可满足性问题是由一个具有布尔变量的命题公式组成的，布尔变量需要获得分配的真值，以使命题公式为真。命题公式可以以合取范式的形式给出，作为子句的合取。子句是由文字组成的析取；即，变量和它们的否定。k-SAT 问题是由含最多 k 个文字的子句的合取范式命题公式组成。$k=3$ 时，k-SAT 问题是 NP 难的，$k<3$ 时可在多项式时间内求解。对于 $k \geqslant 3$ 的 k-SAT 问题，通常采用 Davis-Putnam Logmann-Loveland 算法的变体进行求解。该算法是一种专门的回溯方法，但也可利用骨干和后门形式的结构进行求解。

偶数分拆问题是由一组需要被拆分成两组累加和相同的整数组成的。偶数分拆问题是 NP 难的。它们往往采用专门的回溯方法结合问题特定的启发式方法进行求解，比如贪婪或 KK 启发式算法。

装箱问题包含一个箱容量和一组整数，这些整数需要被划分成尽可能少的组，并使每一组的整数之和不大于箱容量。装箱问题是 NP 难的，通常采用专门的多项式时间近似算法或特定版本的深度优先分支限界方法求解。

矩形件排样问题包含一个矩形集合和一个外切矩形，其他矩形必须放置在外切矩形内并且不发生重叠，这也取决于问题是任意方向或者具有给定方向。矩形件排样问题是 NP 难的，它们往往采用专用回溯方法结合支配其他矩形放置的矩形放置进行求解，并结合了外切矩形内给定矩形部分放置的不可用空间总量的估计下界。

顶点覆盖问题含有一个无向图，这里需要找到最小的顶点集合，使得每条边的至少一个端点在这个集合中。团问题包含一个无向图，我们需要找到最大顶点集合，使集合中的所有顶点对都通过一条边相连。独立集问题含有一个无向图，我们需要找到顶点的最大集合，使得在该集合内的任意两个顶点之间不存在边相连。这几个问题都是密切相关的，并且都是 NP 难的。它们往往采用专门回溯算法结合问题特定的启发式算法进行求解。

图分割问题包含一个无向图，其中图的顶点必须被分成等同基数的两组集合，使得在不同集合内的顶点组成的边的数目最小。图分割问题是 NP 难的。它们往往采用专门回溯算法结合问题特定的启发式算法进行求解。表 13.1 显示了正文中提到的 NP 问题以及启发式估计。我们给出了粗略的复杂性分析，其中 n、m 是输入参数（n 为待包装物体数量/图中节点数量；m 为子句数量）。

表 13.1 NP 难问题以及启发式算法

问题	启发式	运行时间
k-SAT	#UnSat Clauses	$O(km)$
偶数分拆	贪婪，KK	$O(nlgn)$
装箱	FF, FFD	$O(nlgn)$
	箱完成	指数

（续）

问题	启发式	运行时间
矩形装箱	浪费空间	指数
定点覆盖	最大匹配	$O(n^3)$
图分割	如 h_1	$O(n^2)$

时序约束网络问题由大量变量组成，每个变量都需要赋予一个实值（解释为时间点）。约束施加限制于可能的赋值分配，这些限制由一组时间间隔组成，每个变量都有。一元约束描述了一个给定变量的值区间。二元约束则描述了在一个给定区间中两个变量的差值。时序约束网络问题是 NP 难的。

然而，如果每个约束包含单个时间间隔，也就是形成简单时序约束网络，则可以在多项式时间内采用 Floyd 和 Warshall 算法求解该问题。如果它们是无环的且约束包括单个上界为无穷的时间间隔，也就是形成 PERT 网络，则它们也可以在多项式时间内采用 Dijkstra 算法求解。

到目前为止，约束都将限制加到可能的解上，也就是搜索树的节点上。然而，限制也可施加到从搜索树的根到叶的路径上（路径约束）。这种情况下，当从根到当前节点的路径违反约束时，回溯方法可立即原路返回，因为它的所有完成也会违背约束。路径约束通常以线性时序逻辑的形式表示（一种常见的软件系统期望性质的表示形式），并可以用两种方式增量检查。第一是分割逻辑式，分割出适用于当前节点的一部分并立即检查，另一部分用来适用于该路径的剩余部分，并传播到当前节点的孩子节点。第二是将逻辑式编译进 Büchi 自动机，然后将其与对原始搜索空间的遍历并行执行。

本章还简要讨论了 CSP 的松弛问题，也就是并非所有约束都需要满足（柔性约束）。例如，每一个约束可具有相应的耗费，我们希望违背约束的耗费最小化（或者更一般情况，一些目标函数既考虑哪些约束满足又要考虑哪些约束违背），这就产生了约束优化问题。

总体而言，约束满足和优化技术得到了广泛使用，并且在很多编程语言中以库的形式可用。主要有几个原因：第一，CSP 在应用中非常重要，如时间桌游戏、物流以及调度。第二，CSP 比较容易阐述，即可以纯声明的形式描述。第三，CSP 可以采用通用求解方法求解，也可利用特定 CSP 结构使用专门求解技术更快地找到解。这种求解技术往往是模块化的，对于约束传播方法有多种选择，对于后续搜索也有多种选择。

表 13.2 对本章中不同约束搜索方法进行了分类。

表 13.2 用于 CSP，时序约束网络和路径约束的约束搜索算法：
TEG 表示时序扩展目标，STN 表示简单时序网络

算法	场景	传播	约束	域
AC-3 算法（13.2）	CSP	—	二元	有限
AC-8 算法（13.3）	CSP	—	二元	有限
边界一致性	CSP	√	k	有限
路径一致性	CSP	√	k	有限
回溯（13.5）	CSP	AC-x	k	有限
纯回溯（13.6）	CSP	一致性	k	有限
回退跳跃（13.7）	CSP	一致性	k	有限
后退标示法（13.9）	CSP	一致性	k	有限
动态回溯	CSP	一致性	k	有限
LDS（13.10）	二叉树	—	一般	有限
改进 LDS（13.11）	二叉树	—	一般	有限
深度有界 LDS（13.12）	二叉树	—	一般	有限
DPLL 算法（13.13）	k-SAT	—	k	布尔
STN（13.16）	Temp.CN	—	布尔	有限
PERT（13.17）	Temp.CN	—	布尔	有限
传播（13.18，13.19）	TEG	√	LTL	布尔
自动机	TEG	—	LTL	布尔

13.10 习题

13.1 考虑图 13.30 的 4 个密码算术。

（1）将问题建模为 CSP。

（2）使用采用边界一致性的约束系统求解 CSP。

（3）使用约束求解器求解该 CSP，该求解器使用全异约束。

```
BLAU * ROT           VITA * MAX           YIN              WEG * STADT
-----------          -----------         + YANG            -----------
    ANLR                WXXX             ------              DDAET
     OINL               MWTX              TEILT              TTGNZ
      ALNE              WIWG                                -------
    -------             WCIG                                DISTANZ
    ANTENNE           ---------
                       WICHTIG
```

图 13.30 4 个密码算术

13.2 指出路径一致性足够探索长度仅为 2 的路径。

13.3 我们要选择 3 个水果组成一顿饭，这顿饭要包含所有维生素 A、B1、B2、B3、B6、B12、C、D 和 E。可供选择的水果如下：水果 1，包含 B3、B12、C 和 E；水果 2，含 A、B1、B2 和 E；水果 3，含有 A、B12 和 D；水果 4，含 A、B1、B3 和 B6；水果 5，含有 B1、B2、C 和 D；水果 6，含有 B1、B3 和 D；水果 7，含有 B2、B6 和 E。试问这可能吗？

（1）使用约束满足求解问题。

（2）将这个问题建模为一个 SAT 实例。

（3）将这个问题建模为二元 CSP。

13.4 找到一条通过图 13.31 中街道网络的路径，要求使用每个交叉路口不超过一次，并且满足相邻道路片段到一个街区的数目约束。从左上角开始，在右下角退出。

（1）将这个问题建模为满足性问题。

（2）采用 SAT 求解器求解这个问题。

2	2			2		3	
2	1	1	3	0	1		
	2	2	3		1	0	2
1		1	1		2	2	2
1	0		1			1	
		1					

图 13.31　街道网络路径

13.5 （1）利用 CSP 求解器解决图 13.2 中的问题。

（2）自动生成数独。一种经常使用的方法是，首先以一个填充的数独开始，接着转换一些行和列，然后删除不影响解唯一性的数字。

（3）说明如何使用 CSP 技术为人们求解数独提供线索。

13.6 （1）将一组 n 个男性和一组 f 个女性之间的二部图匹配问题形式化为一个 CSP。

（2）假设我们有 m 个男性和 f 女性组合在一起（即 $m+f=n$ 人），并设计一个篮子实验，把名字记球上。现在，我们一前一后无放回取出两个球。基于 n 确定 m 和 f，使得第一和第二球性别不同的概率为 1/2。例如，$n=4$ 时，我们有 $m=1$ 和 $f=3$，这是因为取一个男性然后是一个女性的概率为概率 $1/4 \times 3/3=1/4$，这与先取一个女性然后一个男的概率 $3/4 \times 1/3=1/4$ 是相等的。你可以假设 n 是一个平方数并且 $f > m$。

13.7 k（k 为 1，2，3）图着色就是从节点集合到 k 种颜色集合的映射，使得不存在两个相邻节点共享相同的颜色。

（1）证明 2 图着色可以在多项式时间内确定。

（2）证明 3 图着色是 NP 难的。

（3）把 3 图着色问题形式化为一个 CSP。

（4）证明含有边（1，2），（1，3），（2，3），（2，4），（3，4），（4，5），（5，6），（3，5），（3，6）的图形可以从颜色集合 {1，2，3} 完成 3 着色。

13.8 n-皇后问题的目的是把 n 个不冲突的皇后放置到大小 $n \times n$ 的棋盘上。写出一个递归回溯搜索程序，以生成一个可行解。为了方便搜索，使用一个数组代表每一行中的皇后位置。在 CPU 时间超过 1h 前，你可以将 n 增加到多大？

13.9 对于 n-皇后问题，试证明没有必要进行搜索。将棋盘沿着两个坐标轴分别数字化为 1~n。在 (i,j) 处定义一个骑士模式 S，表示一个骑士采取右上跳跃可到达的方格集合，即 $S(i,j) = \{(i,j),(i-1,j+2),(i-2,j+4),(i-3,j+6),\cdots\}$。

（1）指出对于所有的在 $\{n \mid (n-2) \bmod 6 \neq 0\} = \{4,6,10,12,16,\cdots\}$ 中的偶数 n，$S(n/2,1) \cup S(n,2)$ 是 n 皇后的一个解。对于 $n=6$ 的例子如下表。

	1	2	3	4	5	6
1					○	
2			○			
3	○					
4						○
5				○		
6		○				

（2）指出对于所有的在 $\{n \mid (n-3) \bmod 6 \neq 0\} = \{5,7,11,13,17,\cdots\}$ 中的非偶数 n，可以得出几乎相同的解。对于 $n=7$ 例子如下表。

	1	2	3	4	5	6	7
1							○
2					○		
3			○				
4	○						
5						○	
6				○			
7		○					

（3）如果把 $S(n/2,1) \cup S(n-1,2)$ 中的最后 3 个皇后重新安排位置，请说明对于在 $\{n|(n-2)\bmod 6 = 0\} = \{8,14,20,\cdots\}$ 中的一个偶数 n，我们能找到一个解。对于 $n=8$ 的一个例子如下表。

	1	2	3	4	5	6	7	8
1							○	
2					○			
3			○					
4	○							
5						○		
6								○
7		○						
8				○				

（4）证明对于在集合 $\{n|(n-3)\bmod 6 = 0\} = \{9,15,21,\cdots\}$ 内的奇数 n，这种情况下的模式可以通过先扩展 $S(\lceil n/6 \rceil,1) \cup S(n,n/3+1)$，然后在列 $(n/3+1)$ 放大 $S(2n/3,2)$ 找到。对于 $n=15$ 例子如下表。

13.10 考虑针对 $X=3Y+5Z$ 的算术约束，其中 $D_X=[2,\cdots,7]$、$D_Y=[0,\cdots,2]$ 且 $D_Z=[-1,\cdots,2]$。

（1）指出该约束与 D 不是边界一致的。

（2）找出对于 X、Y 和 Z 边界一致的域。

	1	2	3	4	5	6	7	8	9	10	11	12	13	14	15
1					○										
2			○												
3	○														
4															○
5													○		
6											○				
7									○						
8						○									
9				○											
10		○													
11														○	
12												○			
13								○							
14							○								
15						○									

13.11 确定约束 $4X+3Y+2Z \leqslant 9$ 的传播规则。

（1）重写表达式为三种形式，每个变量一种。

（2）基于 $\min_D$ 和 $\max_D$ 获取不等式。

（3）以初始域 $D_X = D_Y = D_Z = [0,\cdots,9]$ 测试这个规则。

13.12 一个背包具有有限的 9 个单位的承重量。产品 1 有 4 个单位重量，产品 2 有 3 个单位重量，产品 3 具有 2 个单位重量。产品的收益分别为 15 个单位、10 个单位和 7 个单位。试为背包确定产品选择，以获取 20 个单位或更多的收益。

（1）给出对应于该问题的 CSP。

（2）将边界一致性应用于初始域 $[0,\cdots,9]$。

（3）为了标记，先选择分支 $X=0$ 并再次应用边界一致性。

（4）现在，选择分支 $Y=1$ 并应用边界一致性得到问题的解。Z 值是多少？

（5）确定问题的所有备选解。

13.13 分别给出采用以下方法情况下，在高度为 5 的完全二叉树中选择的前三条路径。

（1）线性差异搜索。

（2）改进 LDS。

（3）深度有界 LDS。

13.14 说明对于深度为 3 的二叉树,原始 LDS 总共产生 19 条不同的路径,仅其中 8 个是唯一的。

13.15 为了计算 LDS 的时间效率,我们要对其生成的所有内部节点进行计数。我们假设一个到均匀深度 d 的完整 b 叉搜索树。

(1) 说明改进 LDS 生成的节点总数与通过深度优先迭代加深搜索生成的节点总数是相同的。

(2) 利用你的结果证明改进 LDS 生成的节点总数近似为 $b\dfrac{b}{b-1}+b^2\dfrac{b}{b-1}+\cdots+b^d\dfrac{b}{b-1}$。

13.16 考虑下面的顺序调度(见下面的程序):前缀是动作的起始时间,动作的持续时间显示在括号内。这里的优先关系包括飞行(flying)(急速移动,zooming)和登机(boarding)(起货(debarking),加油(refueling))之间的冲突。加油、登机和起货动作可同时进行,而飞行和急速移动显然不能。

(1) 使用 PERT 调度计算最佳并行规划。在调度中,动作什么时候开始和结束?

(2) 利用简单时序网络对该问题建模和求解。

```
      0: (zoom plane city-a city-c) [100]
    100: (board dan plane city-c)    [30]
    130: (board ernie plane city-c)  [30]
    160: (refuel plane city-c)       [40]
    200: (zoom plane city-c city-a) [100]
    300: (debark dan plane city-a)   [20]
    320: (board scott plane city-a)  [30]
    350: (refuel plane city-a)       [40]
    390: (zoom plane city-a city-c) [100]
    490: (refuel plane city-c)       [40]
    530: (zoom plane city-c city-d) [100]
    630: (debark ernie plane city-d) [20]
    650: (debark scott plane city-d) [20]
```

13.17 把数字 2, 4, 5, 9, 10, 12, 13 和 16 分割为两个集合。

(1) 为其计算贪婪启发式。

(2) 为其计算 KK 启发式。

(3) 应用 CKKA 找到该问题的一个解;也就是说,画出搜索树。

13.18 说明采用 Horowitz 的 Sahni 的 DAC 策略的偶数分拆,通过精巧的排序策略可以将其运行时间改善到 $O(2^{n/2})$。

13.19 对于一个问题 L 和一个多项式 p，令 L_p 是仅允许具有 $w_{max} \leq p(|w|)$ 输入的子问题，其中 w_{max} 是输入 w 中的最大值。如果 L_p 是 NP 完全的，严格意义上问题 L 是 NP 完全的。

（1）严格意义上偶数分拆是不完全的。

（2）严格意义上 TSP 是 NP 完全的。

13.20 对于矩形件排样问题，采取改进方法就可能将 $1\times1,\cdots,24\times24$ 的方格装进 70×70 的方格。验证必须留下的最小面积为 49 个单位。

13.21 Golumb 的一个相关问题的任务是找到最小外切方格：对于从 1×1 到 $n\times n$ 的方格集合，试问可包含所有这些方格的最小方格是多少？通过基于浪费空间的搜索验证下表。你能扩展到多远？

2	3	4	5	6	7	8	9	10	11	12	13	14	15
3	5	7	9	11	13	15	18	21	24	27	30	33	36

13.22 说明简单最大割可从 3-SAT 约减得到。

（1）说明 MAX-2-SAT 可以从 3-SAT 约减得到。

（2）说明简单最大割可以从 MAX-2-SAT 约减得到。

13.23 通过在连接 A' 和 B' 中的自由顶点的自由图上进行推理，改进图分割中的启发式算法 h_1。

（1）给出 x 的允许边数 $N(x)$，也就是，如果把 x 从一个组件移动到另一个，那么有多少类型为 3 的边将添加到 h_1 中。

（2）从自由图中取尽可能多的边，并形成一个子图，使得没有节点 x 连接的邻居数超过 $N(x)$。用网络流高效地求解暗含的广义匹配问题。

（3）计算的流 F 最终产生了启发式算法 $h_1(u)+F$。说明该算法是容许的。

13.24 对于可满足性的研究影响了人们对于更加灵活的公式描述的兴趣。量化的布尔公式（QBF-SAT）问题需要确定形如 $f' = Q_1 x_1 \cdots Q_n x_n f(x)$ 的公式是否是可满足的，$Q_i \in \{\exists, \forall\}$。

（1）通过扩展 2-SAT 的算法说明 2-QBF-SAT 是 P 难的。

（2）说明 QBF-SAT 是 PSPACE 完全的。

① 为了在 DTAPE(n) 中说明 QBF-SAT，利用如下观察，即在常数空间中 $A_{n-1}(f'|_{x=0})$ 和 $A_{n-1}(f'|_{x=1})$ 可以合并到总体评估 $A_n(f')$。

② 说明对于 PSPACE 中的所有 L，QBF 可以多项式约减为 L。如果 M_L 是确

定性图灵机，空间和时间界限分别为 $p(n)$ 和 $2^{p(n)}$，对于输入 x，构造一个大小为 $O(p(n)^2)$ 的 QBF 公式 Q_x，要求当且仅当 M_L 接受 x 时该公式是可满足的。在两个子公式中避免回归。

13.25 （1）说明如果 LTL-Solve 求解器在节点 u 终止并且相应的 $f_u = \text{false}$，则 u 的后继将永远不会满足施加的路径约束。

（2）扩展伪代码，将公式传播添加到 A^* 算法中。

13.26 将有界算术约束 $\sum_{i=1}^{n} a_i x_i < a_0$ 结果推广到 b 比特变量 $x_i \in \{0, \cdots, 2^b\}$。

（1）通过为 4bit 值的 $2x - 3y \leq 1$ 构建 BDD 算法说明算法 13.20 的工作过程。该算法最初开始于调用 $\text{Node}(1, 0, -a_0)$。

（2）考虑形式为 $\sum_{i=1}^{n} a_{i,j} x_i \leq a_{0,j}, 1 \leq j \leq m$ 的几个线性算术公式的合取/析取。

说明 m 个线性约束的合取的可满足性可在时间 $O\left(nb \prod_{j=1}^{m} \sum_{i=1}^{n} a_{i,j}\right)$ 内求解。

Procedure Node
Input: 不等式约束 C: $\sum_{i=1}^{n} a_i x_i < a_0$
Output: 未约减的 BDD G 在 x_i 的域上表示 C

index ← $j \cdot n + i$	;;设置变量索引
if $(i = n)$ **and** $(j = b-1)$	;;最后一个层次，如果承载为负就接受
if $(c < 0)$ $l \leftarrow \top$	;;承载为负
else $l \leftarrow \bot$	;;承载为正
if $(c + a_v < 0)$ $r \leftarrow \top$	;;承载加系数为负
else $r \leftarrow \bot$	;;承载加系数为正
return new(l, r, index)	;;深度减少
if $(i = n)$	;;最后一个层次，计算承载
if (even(c)) $l \leftarrow$ Node($1, j+1, c/2$)	;;承载是偶数
else $l \leftarrow$ Node($1, j+1, (c-1)/2$)	;;承载是奇数
if (even($c + a_v$)) $r \leftarrow$ Node($1, j+1, (c-a_v)/2$)	;;承载加系数为偶数
else $r \leftarrow$ Node($1, j+1, (c-a_v-1)/2$)	;;承载加系数为奇数
return new(l, r, index)	;;深度减少
return new (Node($i+1, j, c$), Node($i+1, j, c$), index)	;;递归调用

算法 13.20
线性和有界算术约束的 BDD 构建算法

13.11 书目评述

关于 CSP 求解和规划的入门书籍有许多，比如 Mariott 和 Stuckey（1998），Hentenryck（1989），Tsang（1993）或 Rossi，Beek 和 Walsh（2006）。大部分问题与书中的相关讨论（例如，自动规划）有关，并包含搜索启发式。Roman Barták 对约束规划进行了比较全面的综述。

密码算术算法的复杂性由 Eppstein（1987）给出。数独（Su 翻译为数字，doku 翻译为单件）最可能在 20 世纪 70 年代引入。相关内容发表在 1984 年 Nikolist 月刊上，作者为 Kaji Maki。

AC-3 算法源于 Mackworth（1977）。针对 AC-3/AC-8 算法中的遍历进行改进已提出不少方法。例如，由 Mohr 和 Henderson（1986）提出的 AC-4 算法，其计算理想情况下最坏时间的支撑值集。还有 Hentenryck，Deville 和 Teng（1992）提出的 AC-5 算法，其涵盖了 AC-4 算法和 AC-3 算法。Bessiere（1994）提出的 AC-6 算法则通过对每个变量只记忆一个支持值进一步改进了 AC-4 算法，Bessiere，Freuder 和 Regin（1999）提出的 AC-7 算法则利用约束的对称性改进了 AC-6。Bessiere 和 Regin（2001）提出的 AC-2000 算法是 AC-3 算法的一个自适应版本，其要么寻找支持要么传播删除。由 Bessiere 和 Regin（2001）提出的 AC-2001 算法、Zhang 和 Yap（2001）提出的 AC-3.1 算法是对 AC-3 算法实现最优的最近改进版本。

正文中提到的路径一致性算法也源于 Mackworth（1977）。他将其改进为 PC-2 算法，仅修改相关路径的子集。Mohr 和 Henderson（1986）基于 AC-4 算法进一步将 PC-2 算法扩展为 PC-3 算法，但这个扩展是不健全的，可能会删除一致性值。PC-3 算法的修正版本记为 PC-4 算法，是由 Han 和 Lee（1988）提出的。Singh（1995）基于 AC-6 算法的原理提出了 PC-5 版本。基于匹配理论的全异约束是由 Regin（1994）提出的。

对按时间顺序回溯的搜索改进在失效时回溯到倒数第二个变量，Gaschnig（1979c）提出的后退跳跃法在失效时跳回到冲突变量。Ginsberg（1993）提出的动态回溯则在失效时不分配冲突变量，Haralick 和 Elliot（1980）提出的后退标示法则记忆无用集合并在后续搜索中使用。

所有已测试的算法并非都是完全的。比如，Harvey（1995）提出的有界回溯搜索限制了回溯的数目，Cheadle 等人（2003）提出的深度有界回溯搜索限制了探索备选的深度。在 Ginsberg 和 Harvey（1992）提出的迭代加宽中，限制了每个节点后继的数量，即宽度。Cheadle 等（2003）提出的信用搜索是最近提出的一种技术，它计算所探索备选的有限信用并在备选间进行分割。

线性差异搜索是 Harvey 和 Ginsberg（1995）发明的，Korf（1996）对其进行了改进。深度有界差异搜索源于 Walsh（1997），与之相关的策略是交叉深度优先搜索，其由 Meseguer（1997）提出。这种策略并行搜索一些深度优先的所谓活跃子树，并假设在单个处理器上交叉活跃子树上的 DFS。

时序网络及相关应用的介绍主要包含在 Dechter（2004）的著作中。最小时序网络的理论分析要归功于 Shostak（1981），Leiserson 和 Saxe（1983）。Edelkamp（2003c）提出将 PERT 应用到启发式搜索求解器中的部分或完整时序规划调度中。基于简单时序网络的相关方法要归功于 Coles，Fox，Halsey，Long 和 Smith（2009）。

NP 完全性理论要追溯到 Cook（1971）定理，通过对含有 SAT 句子的不确定性图灵机的计算设计一个多项式编码，该定理指出满足性问题 SAT 是 NP 完全的。Garey 和 Johnson（1979）将 NP 完全性理论扩展到更广泛的问题中。一些结果可参见 Garey，Johnson 和 Stockmeyer（1974）的著作。

相位转移问题可追溯到 Erdös 和 Renyi 早期工作中对随机图阈值的分析。相位转移在人工智能领域的研究源于 Cheeseman，Kanefsky 和 Taylor（2001）。对于 3-SAT 中的相位转移参数（子句数与变量数的比值），说明了下界为 $2/3,\cdots,3.42$，上界为 $5.19,\cdots,4.5$。Slaney 和 Walsh（2001）对骨干进行了研究。Zhang（2004b）则在 3-SAT 问题中对骨干和相位转移结合进行了讨论。Zhang（2004a）考虑了上述方法对于局部搜索算法的影响。Beacham（2000）对骨干的困难性进行了分析。Ruan，Kautz 和 Horvitz（2004）对后门进行了分析。Kilby，Slaney，Thiebaux 和 Walsh（2005）则对计算强和弱后门算法进行了研究。

Aspvall，Plass 和 Tarjan（1979）指出了 2-SAT 和 2-QBF-SAT 是 P 难的。在实际应用中，有很多较好的 SAT 求解器，可以参考 Moskewicz，Madigan，Zhao，Zhang 和 Malik（2001）的 Chaff。DPLL 算法的改进可以参考这个实现。将分支限界应用于 MAX-SAT 是由 Hsu 和 McIlraith（2010）提出的，Sutton，Howe 和 Whitley（2010）则提出了应用带梯度的爬山算法到 MAX-k-SAT。

对于偶数分拆，Karmarkar 和 Karp（1982）设计了一个多项式时间的近似算法。后来，KK 启发式算法中最终差异值在某常数 c 下阶数为 $O(n^{c\lg n})$ 的猜想也被证实。Horowitz 和 Sahni（1974）则进一步给出了约减尝试次数为 2^n 的算法。Schroeppel 和 Shamir（1981）在不增加运行时间复杂度的情况下，通过将空间复杂度由 $O(2^{n/2})$ 减少到 $O(2^{n/4})$ 对算法进行了改进。在 Shroepel 和 Shamir 给出的算法中，按需生成子集并在四个等大小的子集上维护子集之和。Korf（1998）将这种近似扩展到完全（任意时间）算法中。2-到 k-偶数分拆问题的扩展（即多方式偶数分拆）主要是 Korf（2009）研究的，Korf（2010）对其方法进行了修正。对于偶数是 k 处理器处理一个工作的时间且目标是最小化完成时间的调度问题，这个问题的重要性是显而易见的。

最优装箱问题是 Korf（2002）在箱完成算法中考虑的，其采用了 Martello 和 Toth（1990）提出的装箱问题的下界。Korf（2003b）基于快速生成所有非支配箱完成的算法和更好的剪枝，对上述算法进行了改进。

矩形件排样的大部分工作都是近似问题而不是最优解问题。然而在资源受限的调度问题中，以及 VLSI 芯片设计中，也就是矩形件排样应用的领域，推导出最优解是非常有实际吸引力的。最优矩形件排样的初始结果由 Korf（2003c）给出，随后 Korf（2004b）又给出了一个新的结果。Moffitt 和 Pollack（2006）则给出了类似的较好的结果，且避免了矩形的离散化。按照 Gardner（1966）的方法，Golumb，Conway 和 Reid 求解了 n 达到 17 的最小外切方格问题。

Stern，Kalech 和 Felner（2010a）提出了利用状态空间搜索方法求解团问题。Richter，Helmert 和 Gretton（2007）则给出了意想不到的好的顶点覆盖近似结果。对于具有较好结果的加拿大旅行者问题的研究兴趣正在增长，例如 Eyerich，Keller 和 Helmert（2010）以及 Bnaya，Felner 和 Shimony（2009）。

在约束处理中，启发式搜索的另一个挑战是计算 Dechter（1999）提出的桶删除算法中树的宽度。它是由变量的任意删除顺序中的最大度决定的。主存中状态太大，应用了重构方案（Dow 和 Korf，2007）。Zhou 和 Hansen（2008）提出了深度优先和广度优先搜索的组合。

应用时序逻辑约束搜索是一个广泛的领域。目前同时使用的有两种方法：一个是 Bacchus 和 Kabanza（2000）提出的公式演进法；另一个是 Wolper（1983）提出的应用于模型检查的自动机。总的来说，哪一种方法更高效目前还没有定论，但 Kerjean，Kabanza，St-Denis 和 Thiebaux（2005）在分析规划综合问题的环境中，给出了一些比较两种方法的初始数据。

路径约束提供了描述时序控制知识（Bacchus 和 Kabanza，2000）和时序扩展目标（DeGiacomo 和 Vardi，1999）的重要步骤。为了同时考虑扩展目标和控制知识，Kabanza 和 Thiebaux（2005）应用了一个混合算法，公式演进用于控制知识、Büchi 自动机分析时序扩展目标。这些方法同时应用于包括当前演进公式扩展状态向量以及 Büchi 自动机的当前状态。

很多规划器支持搜索控制知识，类似 TALPlan（Kvarnström，Doherty 和 Haslum，2000）或 TLPlan（Bacchus 和 Kabanza，2000）。然而用于时序扩展目标的规划器，比如 MBP（Lago，Pistore 和 Traverso，2002；Pistore 和 Traverso，2001）通常没有包含启发式搜索。用于时序扩展目标的启发式搜索模型检查的进展，在 Baier 和 McIlraith（2006）和 Edelkamp（2006）文献中都有详细的探讨。Baier 和 McIlraith（2006）利用派生谓词来编译属性到扩展目标，Edelkamp（2006）应用自动机理论编译时序扩展目标。Rintanen（2000）在 TLPlan 中采用直接转换到规划算子的方式比较了公式演进。他的转换将所有改变应用到算子中，所以产生的规划仍保持不变。他考虑了一组具有 next-time 和 until 的子句，而不是 PDDL 输入。Fox，Long 和 Halsey（2004）考虑了在 PDDL2 规划上下文中，maintenance 和 deadline goals 的转换。他们的设置略有不同，因为他们考虑了 Upc（和 Fpc）类型的公式。这里，直到（或始于）条件 p，条件 c 必须满足。

尽管在 CSP 文献中对于柔性约束已经进行了比较全面的研究，但最近一些研究机构又开始关注它们，比如，Brafman 和 Chernyavsky（2005），Smith（2004），Brie，Sanchez，Do 和 Kambhampati（2004）。最近，规划和偏好约束被集成到 PDDL 中，这是 Gerevini 和 Long（2005）提出的一种动作规划问题描述语言。Baier（2009）利用柔性约束处理了时序扩展目标规划的问题。一系列的启发式和别的搜索算法被提出来，以引导规划器向偏好的规划发展。

Bartzis 和 Bultan（2006）主要对有界算术约束的 BDD 效率进行了研究。他们指出了如何处理乘法、溢出和多界的方法。他们的实验结果也令人印象深刻，因为相对目前其他方法，该方法求解适当模型检查问题时要快几个数量级。

第 14 章　选择性搜索

目前为止，涉及的启发式搜索策略主要是考虑基本状态空间的系统性枚举。搜索启发式加快了达到目标的探索速度。在很多案例中，可以说明搜索过程的完备性，也就是如果存在解就返回。部分搜索和束搜索方法是两个例外，在成功的运行中，它们牺牲完备性以获取更好的运行时间和空间性能。

目前，遇到的很多方法都是确定性的，也就是在每次测试中返回的搜索结果是相同的，即使基本搜索空间不是确定的。我们仅在很少的几处案例中，提到了随机化的概念，如在第 6 章提到的，在访问置换表时利用随机节点缓存。在随机搜索中，我们区分了拉斯维加斯算法和蒙特卡罗方法，拉斯维加斯算法通常是正确的，但是运行时可能出现变化，蒙特卡罗方法仅是几乎正确的。在随机算法中，不再研究最坏情况下的时间复杂度，但是需要考虑平均时间复杂度，也就是对所有可能输入下的平均（通常假设输入为均匀分布）。这是对于确定算法的平均时间复杂度来说的，因为实际上最坏情况分析过于悲观。对于非完备搜索和随机搜索，以不同的参数重启可以抵消它们的一些不足。

本章将研究选择性搜索算法，这个专业术语主要包括局部搜索和随机搜索。选择性搜索策略是令人满意的，也就是它们不一定返回最优解（尽管偶尔也会），返回的是实际中非常好的结果。

局部搜索在组合优化中应用范围非常广。给定状态的（局部）邻域，目的是优化目标函数以找到具有全局最优耗费的状态。由于算法本身是不完备的，所以在局部搜索中至少要找到优于邻域中所有状态的解。就像在 CSP 问题求解过程通用分支规则中看到的那样，邻域与隐式搜索算法中的后继节点集略有不同。后继并非一定是有效（可达）状态。与枚举型方法相比，选择性搜索算法通过修改状态向量，经常允许在搜索空间内有"更大的"跳跃。但是需要解决的问题是，要保证邻居选择操作结果的可行性。

对于状态空间搜索问题，需要评估路径而非单个节点。目标就是在可能路径集合上优化耗费函数。类似博弈（游戏）章节，本章中的目标估计泛化为决定生成路径取舍的评价函数。从这一点来看，下界启发式是该方法的特例，其中对路径的末端节点进行评估。如同实时搜索一样（见第 11 章），对于选择搜索策略来说，移动承诺是至关重要的。前驱状态一旦离开就不再返回。

本章结构安排如下。首先介绍有代表性的局部随机搜索算法：Metropolis 算法、模拟退火、随机禁忌搜索。接下来对几个基于自然界过程模拟的探索策略进行分析。首先是基于进化模拟的策略；然后是基于蚁群模拟的策略。这两种策略都非常适合启发式状态空间搜索。届时将给出简单、无参数的遗传算法（GA），并给出对于 GA 搜索的一些理论探讨。接着，介绍了蚁群算法及其在组合优化问题中的应用。除了简单的蚁群系统，还讨论了用于计算机蚁群的模拟退火的变体，称为泛洪算法。

接下来将考虑使用 MAX-SAT 问题作为运行案例的蒙特卡罗随机搜索。随机策略通常实现简单但分析复杂。这里研究一些复杂性以显示如何简化推导。在深入算法之前，需考虑一些近似算法理论以及近似的极限。

最后将考虑使用拉格朗日乘子（Lagrange multiplier）的优化方法来求解非线性和约束优化问题。并再一次将基于扩展的路径邻域应用于状态空间搜索问题。

14.1 从状态空间搜索到最小化

某种程度上，选择性搜索算法发生在解状态空间中。但是，我们更倾向于提升状态的相反观点。

枚举生成路径序列的范例可提升到状态空间最小化，即在给定评价函数下搜索最佳状态。思想很简单：在提升状态空间中，状态就是路径。路径上最后一个状态的启发式估计可以作为提升状态的评价。

扩展的后继关系，也被称为邻域，不仅在结束状态修改路径，也在中间状态修改路径；或者将两个不同的路径合并为一个。对于这种情况，必须谨慎行事，用于评估的路径是可行的。

一个办法是将路径认定为一个整数向量 $x \in N_k$。令 (S, A, s, T) 是一个状态空间问题，h 是一个启发式。更进一步假设最优解的长度为 k。在后面可以松弛这个假设。

由 x 生成的状态空间路径 $\pi(x)$ 是 $(u_0, u_2, \cdots, u_k)$，其中 $u_0 = s$，u_{i+1} 是 u_i 的 $(x_i \bmod \text{Succ}(u_i))$ 后继（$1 \leqslant i < k$）。如果对于某个 i（$1 \leqslant i < k$），$|\text{Succ}(u_i)| = 0$，那么 $\pi(x)$ 是未定义的。向量 x 的评价是 $h(u_k)$，也就是路径上最后一个状态的启发式评价。如果对于某个 i，$\pi(x)$ 是未定义的（如由于一个 $|\text{Succ}(u_i)| = 0$ 的绝境），则评价为 ∞。

因此，使用启发式对路径评价是迅速的。提升状态空间中的优化问题对应于最小化启发式估计。对于一个目标状态，其估计为 0，是最优的。对于长度为 k

的每个个体 x,至多有一个生成路径 $\pi(x)$ 的状态。

这允许将每个解长度已知的状态空间问题定义为不同的优化问题。为了在扩展的后继关系中修改路径,没必要回到二进制编码,只要直接修改 N^k 中的整数向量。例如,被选择向量位置的简单变化就可以生成完全不同的状态。

到目前为止,已经解决了固定长度解路径的问题。主要存在两种不同的选择来设计一个一般状态空间搜索算法。第一种是可以以迭代加深方式增加深度并等待搜索算法解决。另外一种是允许不同长度的向量成为修改的一部分。不同于目前已考虑的枚举算法集合,通过状态空间最小化,我们允许路径集合的差异化改变,而不仅仅是在一端的扩展和删除。

14.2 爬山搜索算法

在第 6 章已经提到,爬山搜索是在某评价函数 f 下选择最优的后继节点,并将搜索指派给这个节点。接着,后继节点作为实际节点,搜索继续。换言之,爬山搜索(对于最大化问题)或者梯度下降(对于最小化问题)都是确保通过变化改进当前状态,直到无法改进为止。算法 14.1 假设了需要最小化目标函数 f 的状态空间最小化问题。

```
Procedure Hill-Climbing
Input: 具有起始状态 s 和邻居关系 Succ 的状态空间最小化问题
Output: 具有低评估的状态

u←v←s; h←f(s)                        ;;初始化搜索
do                                    ;;循环直到发现局部最优
  Succ(u)←Expand(u)                   ;;生成后继
  for each v ∈ Succ(u)                ;;考虑后继
    if (f(v) < f(u))u←v               ;;评估改进
while (u≠v)                           ;;生成后继
return u                              ;;输出解
```

算法 14.1
爬山搜索算法

在深入分析更一般的选择搜索策略之前,简要分析一下存在的主要问题。第一个问题就是可行性问题。一些生成的实例关于问题约束可能是无效的:搜索空间分成可行域和不可行域(见图 14.1(a))。第二个问题是最优化问题。一些基于贪婪建立的局部最优解可能不是全局最优的。在图 14.1（b）的最小化问题中，必须跳出两个局部最优以最终找到全局最优。

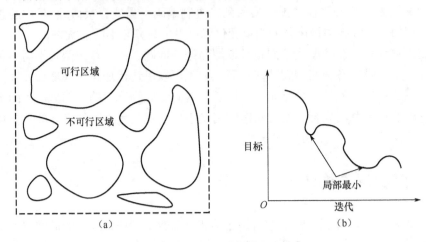

图 14.1　可行性和局部最优性问题

(a) 可行性问题；(b) 局部最优性问题。

克服陷入局部最优的一个可行的方法是记录先前的最优解。这可转换为用于大规模优化的统计机器学习方法。这种方法记忆了所有给定函数下的爬山算法应用中的所有最优解，并估计最优性函数。接着在算法的第一阶段，它采用结束点作为最优估计函数之上爬山的起点。在第二阶段，采用结束点作为给定函数之上的爬山的起点。算法的主要思想如图 14.2 所示。需要最小化振荡函数；图中给出了已知最优和预测的最优曲线。采用这个函数，假定的下一个最优解将作为搜索的起始状态。

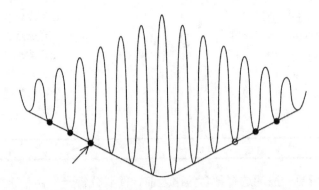

图 14.2　基于记录的爬山改进（箭头显示上次爬山迭代的结束点；额外的曲线是重新估计之后预测下一个爬山起点的估计函数）

14.3 模拟退火

模拟退火是一种基于类似 Metropolis 算法的局部搜索方法，Metropolis 算法本身就是一种随机局部搜索方法。Metropolis 算法通过扰动从状态 u 生成后继状态 v，即以较小的随机扭曲实现从 u 到 v 的转换（如状态向量位置的随机替换）。如果评价函数 f，也称为能量函数，在状态 v 比状态 u 要小，则状态 u 被状态 v 替换，否则以概率 $e^{\frac{f(u)-f(v)}{kT}}$ 接受状态 u，其中，k 为 Boltzmann 常数，这里的动机源于物理学理论。基于热动力学规律，在温度 T 时，能量增加 ΔE 的概率是 $e^{-\frac{\Delta E}{kT}}$。实际上，Boltzmann 分布对于证明 Metropolis 算法的收敛性至关重要。实践中，Boltzmann 常数可以安全的移除，或者为了便于算法设计者以其他值进行替换。

为了描述模拟退火算法，设定具有评价函数 f 的状态空间最小化问题。算法描述如算法 14.2 所示。冷却方案降低了温度。同时，不难看出，缓慢的冷却意味着算法时间复杂度的较大增加。

Procedure Simulated Annealing
Input: 状态空间最小化问题，起始温度 T
Output: 具有低评估的状态

$t \leftarrow 0$;;迭代计数器
$u \leftarrow s$;;从起始状态开始搜索
while ($T > \varepsilon$) ;;T 没有过于靠近 0
    Succ(u) ← Expand(u) ;;生成后继
    v ← Select(Succ(u)) ;;选择（随机）后继
    if ($f(v) < f(u)$) $u \leftarrow v$;;评估改进，选择 v
    else ;;评估更差
        r ← Select(0,1) ;;选择随机概率
        if $\left(r < e^{\frac{f(u)-f(v)}{T}} \right)$;;检验 Boltzmann 条件
            $v \leftarrow u$;;在 v 继续搜索
    $t \leftarrow t+1$;;评估改进，选择 v
    T ← Cooling(T, t) ;;根据迭代计数降低 T
return u ;;输出解

算法 14.2
模拟退火算法

初始温度必须设定的足够大，以便所有操作符都是允许的，与任意两个邻近状态的耗费最大差异一样大。冷却通常通过将 T 乘以常数 c 完成，因此在第 t 次迭代，$T = c^k T$。另一种备选是 $T/\lg(k+2)$。

极限情况下，收敛是可预期的。已经证明，在初始温度为 T 的无向搜索空间中，初始温度至少与足以跳出最深局部最小的最小退化一样大，模拟退火可渐近地收敛。问题在于，即使达到近似解，也必须进行最坏情况下的迭代次数，即搜索空间的二次方，意味着广度优先搜索性能更好。

14.4 禁忌搜索

禁忌搜索是一种局部搜索算法，它通过那些排除在外的邻居限制可行的邻域。tabu（或 taboo）一词是汤加岛上的土著人使用的，用来表示神圣不可触碰的东西。在禁忌搜索中，在称为禁忌列表的数据结构中维护禁忌的状态。这有助于避免陷于局部最优。如果所有的邻居都是禁忌的，则使得目标函数值变差的移动是可以接受的，而普通的最速下降方法会陷入困境。一个改善是蔑视准则，如果在禁忌列表中存在一个改善所有先前解的移动，则忽略禁忌约束。按照提供的选择标准，禁忌搜索仅存储部分先前访问的状态。算法的伪代码如算法 14.3 所示。

```
Procedure Tabu Search
Input: 状态空间最小化问题
Output: 具有低评估的状态

Tabu←{s}                              ;;初始化禁忌列表
best←s                                ;;初始化当前最佳状态
Terminate←false                       ;;初始化终止标志
u←s                                   ;;从起始状态开始搜索
while (¬ Terminate)                   ;;循环
                                      ;;生成后继
    v←Select(Succ(u)\Tabu)            ;;选择（随机的）后继
    if (f(v) < f(u)) best←u           ;;评估改进，选择 v
    Tabu←Refine(Tabu)                 ;;更新禁忌列表
    Terminate←Update(Terminate)       ;;修改标志
    v←u                               ;;用 v 继续
return best                           ;;输出解
```

算法 14.3

禁忌搜索算法

更新禁忌列表的一个简单策略就是禁止在前 k 步中已经访问的任一状态。另一个方法就是要求在搜索中，本地转换不要总是改变状态向量的相同部分，或者在搜索中修改耗费函数。

随机禁忌搜索的伪代码如算法 14.4 所示，可以看作是模拟退火的一种泛化。随机禁忌搜索结合了禁忌列表的后继集合约减和模拟退火中应用的选择机制。可以根据概率递减接受后继而不是 Boltzmann 条件，如基于 $f(u)-f(v)$。在两种情况下，与标准模拟退火一样，我们可以证明渐近收敛。

```
Procedure Randomized Tabu Search
Input: 状态空间最小化问题
Output: 具有低评估的状态

Tabu←{s}                                    ;;初始化禁忌列表
best←s                                      ;;初始化当前最佳状态
Terminate←false                             ;;初始化终止标志
u←s                                         ;;从起始状态开始搜索
while (¬ Terminate)                         ;;循环
                                            ;;生成后继
    v←Select(Succ(u)\Tabu)                  ;;选择（随机）后继
    if (f(v)<f(u)) v←best←u                 ;;评估改进，选择 v
    else                                    ;;评估更差
        r←Select(0,1)                       ;;选择随机概率
        if (r < e^((f(u)-f(v))/T))          ;;检验 Boltzmann 条件
            v←u                             ;;在 v 继续搜索
    Tabu←Refine(Tabu)                       ;;更新禁忌列表
    Terminate←Update(Terminate)             ;;修改标志
return best                                 ;;输出解
```

算法 14.4
随机禁忌搜索算法

14.5 进化算法

由于连续报道进化算法解决了一些组合优化的困难问题，进化算法的应用范围取得了快速增长。重组、选择、变异和适应性这些概念源于算法与自然进化的

相似性。简言之，最适应的生存个体编码了面临问题的最优解。进化过程的模拟就是指对生命有机体遗传的高度抽象。但是，大多数进化算法都是领域依赖的，使用状态空间个体选择的显式编码。实际上，很多探索问题，尤其在人工智能应用领域的一些难题求解和动作规划，都是隐式描述的。但是，我们已经看到，将一般状态空间问题的路径编码为遗传算法的个体是可能的。

14.5.1 随机局部搜索和（1+1）EA 算法

最简单的优化问题可描述如下，即给定 $f:\{0,1\}^n \to \mathbb{R}$，确定使得 f 值最小的赋值。

随机局部搜索（RLS）算法可以认为是进化算法的群体大小为 1 的一个变种。在 RLS 算法中，第一个状态是随机选择的。后代 v 是 u 通过变异得到的。如果后代 v 的适应值 $f(v)$ 大于或等于 $f(u)$（在最小化问题中，小于或等于），那么就基于后代 v 继续搜索，这个过程称为选择。RLS 算法变异操作在算法 14.5 中是这样实现的，即在状态向量中随机选择一个位置 $i \in \{1,2,\cdots,n\}$，并以随机选择的不同值替换它。在这里考虑的比特向量中，这一位被反转。对于 $\Sigma = \{1,2,\cdots,k\}$ 中的向量，则根据均匀分布从 $k-1$ 个不同值中随机选取一个。RLS 算法是具有较小邻域的爬山算法，并且可能会陷于局部最优。因此，已经提出了采用具有较多局部变化的更大邻域的 RLS 算法。

Procedure Randomized Local Search
Input: 布尔函数 $f:\{0,1\}^n$
Output: $\{0,1\}^n$ 中的具有低评估的状态

$u \leftarrow \text{Select}(\{0,1\}^n)$;;选择起始状态向量
while ($\neg$ Terminate) ;;直到达到终止条件
    $v \leftarrow u$;;当前状态的局部复制
    $i \leftarrow \text{Select}(\{0, 1, \cdots, n\})$;;选择比特位置
    $v_i \leftarrow \neg u_i$;;变异比特
    if $(f(v) < f(u))$ $u \leftarrow v$;;选择后继
    Terminate $\leftarrow$ Update(Terminate) ;;修改标志
return u ;;输出解

算法 14.5
随机局部搜索算法

（1+1）EA 算法中的群体数量也是 1。每个位置的变异概率为 $1/n$，且相互独立。（1+1）EA 算法的实现如算法 14.6 所示，它总会在有限期望时间内找到最优点，因为每个在空间 $\{0,1\}^n$ 的个体作为所选状态的后代产生的概率是正的。虽然不会接受更坏的情况，但（1+1）EA 算法却不是纯爬山算法。这是因为它几乎允许任意大的跳跃。

```
Procedure (1+1) EA
Input: 布尔函数 f:{0,1}ⁿ
Output: {0,1}ⁿ 中的具有低评估的状态

p_m←1/n                                           ;;设置变异率
u←Select({0,1}ⁿ)                                  ;;选择起始状态向量
while (¬ Terminate)                               ;;直到达到终止条件
    for each i ∈ {1,2,…,n}                        ;;考虑所有比特位置
        if (Select(0,1)>p_m) v_i←u_i else v_i←¬ u_i  ;;变异比特
    if (f(v)<f(u)) u←v                            ;;选择后继
    Terminate←Update(Terminate)                   ;;修改标志
return u                                          ;;输出解
```

算法 14.6

随机（1+1）EA 算法

这些搜索算法无法得知这些获取的最佳点是否是最优的。因此，在分析中，我们把搜索看作是一个无限随机过程。我们感兴趣的是首次采样到最优输入时刻的随机变量。这个变量的期望值被称为期望运行时间。

对于不同的函数，RLS 和（1+1）EA 算法的期望运行时间与成功概率已经被研究过了。例如，有以下结论成立。

定理 14.1（（1+1）EA 算法的期望运行时间） 对于函数 $f(u)=u_1+u_2+\cdots+u_n$，（1+1）EA 算法的期望运行时间的界限是 $O(n\lg n)$。

证明：令 $A_i=\{u\in\{0,1\}^n\,|\,i-1\leqslant f(u)<i\}$。对于 $x\in A_i$，令 $s(u)$ 是 u 变异到某个 $v\in A_j$ 的概率，其中，$j>i$ 并令 $s(i)=\min\{s(u)|u\in A_i\}$。则转移出 A_i 的平均时间是 $1/s(i)$，所以要得出总期望时间的界限需要计算 $\sum_{i=1}^n 1/s(i)$。在本例中，源于 A_i 的输入有 $n+1-i$ 个邻居具有更大的函数值，有

$$s(i)\geqslant (n+1-i)\left(\frac{1}{n}(1-\frac{1}{n})^{n-1}\right)\geqslant (n+1-i)/en$$

所以，总的期望运行时间界限为

$$\sum_{i=1}^{n} 1/s(i) \leqslant en \sum_{i=1}^{n} 1/(n+1-i) \leqslant en \sum_{i=1}^{n} 1/i \leqslant en \cdot (\ln n + 1) = O(n \lg n)$$

也存在一个仅采用变异作为运算符的遗传算法函数族，但已经证明其性能不如采用重组运算符的进化算法。

14.5.2 简单 GA 算法

很多遗传算法维护一个状态（或它们各自的路径生成向量）的样本群体，而不是逐个状态枚举状态空间。

定义 14.1（简单 GA 算法） 简单遗传算法，简记为简单 GA 算法包含以下要素。

（1）初始群体 C：n 个个体列表，为了正常交配，n 为偶数。

（2）个体集合或染色体 $p \in C$：它们可以是可行和不可行的问题解，将被编码成建立在字母表 Σ 上的一个字符串。

（3）进化函数 $e(p)$：一个依赖于使得一个目标函数最小化的问题。

（4）适应函数 $f(p)$：从函数 $e(p)$ 导出的非负函数，它与 p 的生育选择 $\varphi(p)$ 正相关。

（5）选择函数 φ，满足 $\sum_{p \in C} \varphi(p) = n$：选择函数一般采用 $\varphi(p) = f(p)/\bar{f}$，其中 $\bar{f} = (1/n) \sum_{p \in C} f(p)$。

很多情况下个体是比特向量。

定义 14.2（遗传操作符） 交配和变异运算符定义如下。

（1）交配：将 $p = (p_1, p_2, \cdots, p_n)$ 和 $q = (q_1, q_2, \cdots, q_n)$ 划分为部分序列并重新组合 p' 和 q' 如下。

① 1 点交配：随机选择 $\ell \in (1, 2, \cdots, n-1)$，设置

$$p' = (p_1, \cdots, p_\ell, q_{\ell+1}, \cdots, q_n)$$
$$q' = (q_1, \cdots, q_\ell, p_{\ell+1}, \cdots, p_n)$$

② 2 点交配：随机选择 $\ell, r \in (1, 2, \cdots, n)$，且 $\ell < r$，设置

$$p' = (p_1, \cdots, p_\ell, q_{\ell+1}, \cdots, q_r, p_{r+1}, \cdots, p_n)$$
$$q' = (q_1, \cdots, q_\ell, p_{\ell+1}, \cdots, p_r, q_{r+1}, \cdots, q_n)$$

③ 均匀交配：生成随机比特掩码 $b = (b_1, b_2, \cdots, b_n)$，设置（逐比特布尔运算）

$$p' = (b \wedge p) \vee (\neg b \wedge q)$$
$$q' = (b \wedge q) \vee (\neg b \wedge p)$$

（2）变异：染色体的每一个组件 b 以概率 p_m 修改；例如 $p_m = 0.1\%$ 或

$p_m = 1/n$。

算法 14.7 描述了求解 GA 算法的一般策略。它基于四个基本的程序，即选择、重组/交配、变异和终止。接下来，为了采用遗传算法求解问题，必须为可能解选择编码方式，选择一个评价函数和适应函数，并选择参数 n、p_c、p_m 和终止条件。算法本身是在现有软件库的帮助下实现的。

```
Procedure Simple-Genetic-Algorithm
Input: 状态的起始种群，评估和适应函数 e 和 f，重组和变异速度 p_m 和 p_r
Output: 具有最高适应性的个体

t←1                                          ;;初始化种群计数器
C_t←initial population with |C_t| = n even   ;;得出起始种群
loop                                         ;;直到终止
    for each p ∈ C_t calculate e(p)          ;;计算个体评估
    for each p ∈ C_t compute f(p) from e(p)  ;;计算个体适应性
    if (Terminate(C_t)) break                ;;满足终止条件
    C_{t+1/2}←Selection(C_t)                 ;;中间代
    t←t+1                                    ;;更新种群计数
    C_t←∅                                    ;;初始化下一代
    while (|C_{t-1/2}|≠0)                    ;;只要还有个体
        remove random p, q in C_{t-1/2}      ;;随机取出两对
        (p',q')←Crossover(p,q,p_c)           ;;P_c 等于重组速度
        C_t ∪ {p',q'}                        ;;附加孩子
    for each p ∈ C_t, b ∈ p                  ;;P_m 等于对于所有个体中的所有位置
        b←Mutation(b, p_m)                   ;;P_m 等于变异速度
return p ∈ C_t with max f(p)                 ;;返回解
```

算法 14.7

解字符串上的简单 GA 算法

不可行解必须通过多余条款进行判决，使得生存期望较小。这可以通过以下方式解决。多余条款是一个可行域距离的函数，并且最佳不可行向量总是差于最佳可行向量。

现在考虑下面这个示例。子集和问题可描述为 $w = (w_1, w_2, \cdots, w_n) \in N^n$，$B \in N$。可行解为 $x = (x_1, x_2, \cdots, x_n) \in \{0,1\}^n$，$\sum_{i=1}^{n} w_i x_i \leqslant B$，需最大化的目标函数为 $P(x) = \sum_{i=1}^{n} w_i x_i$。对于简单 GA 算法，该问题可通过如下方式重新构造为最小化

问题：

$$e(x) = \lambda(x)(B - P(x)) + (1 - \lambda(x))P(x)，\text{其中}，\lambda(x) = \begin{cases} 1，\text{如果 } x \text{可行} \\ 0，\text{其他} \end{cases}$$

适应函数为 $f(x) = \sum_{i=1}^{n} w_i - e(x)$。

最大割问题的加权图为 $G = (V, E, w)$，$w(u, v) = w(v, u)$，且对于所有 $u \in V$，$w(u, u) = 0$。问题的可行解集合为 $V_0, V_1 \subseteq V$，且 $V_0 \cap V_1 = \emptyset$，$V_0 \cup V_1 = V$。令 $C \leftarrow \{(v, v') \in E | v \in V_0, v' \in V_1\}$。目标函数为 $W(C) = \sum_{(u,v) \in C} w(u, v)$，最优解 C 是 $W(C)$ 最大的那个解。V_0、V_1 的编码由向量 $x = (x_1, x_2, \cdots, x_n)$ 给出，其中仅当 $i \in V_1$ 时 $x_i = 1$。以最大化 GA 问题描述的最大割问题如下：

$$e(x) = \sum_{i=1}^{n-1} \sum_{j=i+1}^{n} w(i, j)[x_i(1 - x_j) + x_j(1 - x_i)]$$

图 14.3 给出了 $n = 10$ 的一条割的例子。

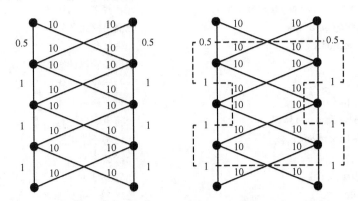

图 14.3 个体数量为 10 的 GA 算法得到的割

取 $n = 100$，经过 1000 次迭代和 50000 次评价后，得到的解与最优解的偏差最大（平均）不超过 5%，并且考虑的状态仅占总状态空间的 $5 \times 10^4 / 2^{100} \approx 4 \times 10^{-24}\%$。

14.5.3 遗传算法搜索探析

现在来深入分析一下 GA 算法，可以说选择和重组等效于革新。让我们考虑 n 立方体的超平面分割的迭代分析。这类图的节点数为 B^n，如果两点的比特反转（或汉明）距离为 1 则二者相互连接。

定义 14.3（模式，阶数，值） 模式是建立在字母表 {0,1,*} 上的一个字符串，且至少包含一个非*字符。阶数 $o(s)$ 是模式 s 中的非*字符数目。值 $\Delta(s)$ 是非

*字符的最大与最小索引之间的长度。

1**1*****0** 的阶数是 3。$\Delta(****1**0**10**)=12-5=7$。1 点交配在模式 s 中有一个交叉的概率是 $\Delta(s)/(n-1)$。

如果 s 通过修改至多一个*变换为 x，则比特字符串 x 是匹配模式 s 的（$x \in s$）。因此，所有匹配 s 的 x 都位于一个超平面上。每个 $x \in B^n$，属于 $\sum_{k=0}^{n-1}\binom{n}{k}=2^n-1$ 个超平面。总共存在 3^n-1 个不同的超平面。对于规模为 n 的随机群体，有很多染色体匹配阶数 $o(s)$ 较小的模式 s。平均下来，我们有 $n/2^{o(s)}$ 个体。对于 x 的评价表现出明显的并行机制。因为 x 包含超过 2^n-1 个模式的信息，GA 算法感知到这个模式，所以在下一代良好模式的表示增加了。

由于信息的丢失，无法仅通过重组期望收敛于最优。我们需要变异，变异对个体进行很小的变化并产生新的信息。选择和变异一起对于执行随机局部搜索就足够了。

在图 14.4 中，$x_1=0$ 的个体要好于 $x_1=1$ 的个体 x，并且生存性更强。因此，在 $f(x) > \overline{f}$ 区域的群体比率增加了。

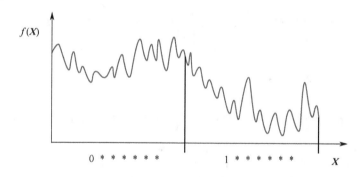

图 14.4 好方案的表示

接下来，我们正式地量化从 C_t 发展到 C_{t+1} 的变化。其结果即模式定理，是 GA 理论的基础。实际上，这个声明不是一个严格意义上的定理，而是一些非常重要且不易推翻的数学观察结果。模式定理估计从 C_t 发展到 C_{t+1} 过程中对模式 s 的期望感知比率的下界。

第 t 次迭代中，模式 s 的势（基数）可以定义为 $M(s,t)=|\{x \in C_t | x \in s\}|$ 和 $M(s,t+1/2)=M(s,t)f(s,t)/\overline{f}$，其中，$f(s,t)=\dfrac{1}{M(s,t)}\sum_{x \in C_t, x \in S} f(x)$。

该结论是基于以下两个保守假设得到的：一是每次交配是破坏性的；二是收益很小。所以，有

$$M(s,t+1) \geq (1-p_c)M(s,t)\frac{f(s,t)}{\bar{f}} + p_c[M(s,t)\frac{f(s,t)}{\bar{f}}(1-d(s,t))]$$
$$= M(s,t)\frac{f(s,t)}{\bar{f}}(1-p_c d(s,t)) \qquad (*)$$

式中：$d(s,t)$ 为模式 s 在迭代 t 中通过交叉运算被破坏的概率。

如果重组 $x, y \in s$，那么没有信息丢失。令 $P(s,t) = M(s,t)/n$ 是一个随机的 $x \in C_t$ 满足 $x \in s$ 且 $d(s,t) = \frac{\Delta(s)}{n-1}(1-P(s,t))$ 的概率。那么将其代入式 (*) 并除以 n 后可以得到模式定理的第一个版本，即

$$P(s,t+1) \geq P(s,t)\frac{f(s,t)}{\bar{f}}[1-p_c\frac{\Delta(s)}{n-1}(1-P(s,t))]$$

假设 $x \in s$ 的伙伴也源于 $C_{t+1/2}$，有 $\tilde{d}(s,t) = \frac{\Delta(s)}{n-1}(1-P(s,t)\frac{f(s,t)}{\bar{f}})$，因此模式定理的第二个版本为

$$P(s,t+1) \geq P(s,t)\frac{f(s,t)}{\bar{f}}[1-p_c\frac{\Delta(s)}{n-1}(1-P(s,t)\frac{f(s,t)}{\bar{f}})]$$

考虑变异的破坏效果，可得

$$P(s,t+1) \geq P(s,t)\frac{f(s,t)}{\bar{f}}[1-p_c\frac{\Delta(s)}{n-1}(1-P(s,t)\frac{f(s,t)}{\bar{f}})](1-p_m)^{o(s)}$$

14.6 近似搜索算法

为了分析次优化算法的特性，这里先简要回顾一下近似算法理论的演化历程。

如果对于所有的输入 I，有下式成立，那么我们说算法 A 计算了一个 c 近似，即

$$m_A(I)/m_{\text{OPT}}(I) \geq c (\textbf{确定性}) \text{ 或 } E[m_A(I)]/m_{\text{OPT}}(I) \geq c (\textbf{概率性})$$

式中：m_A 为近似计算得到的值；m_{OPT} 为最优算法解决最大化问题求解得到的值。根据这个定义，可知 c 的值在[0, 1]内。

14.6.1 近似 TSP 算法

Christofides 算法计算得到近似最优路径 T，且 $d(T) \leq 3 \cdot d(T_{\text{opt}})/2$，$d(T_{\text{opt}})$ 是最优解 T_{opt} 的耗费。算法首先构造一个 MST T'。令 V' 是度为偶数的 T' 中的所有节点集合。接下来，基于复杂度为 $O(|V'|^3)$ 算法找出 V' 上的最小权重匹配 M，并在 $T' \cup M$ 边集上构造欧拉路径 T''。最后，算法对 T'' 上的捷径进行剪枝并返回

剩余的路径 T。所有节点度之和 $D=2e$，所以 D 为偶数。如果 D_e 是度为偶数的节点度的和，则 D_e 也是偶数。所以 $D-D_e=2k$，其中 k 为某个整数。这意味着所有度为奇数的顶点的度之和也是偶数。因此，度为奇数的节点数量是个偶数。因此，V' 上顶点的最小权重匹配是意义明确的。基于 MST 和匹配 M 的欧拉路径开始和结束于同一个节点，并且可以准确地遍历所有的边一次。这是一个完全循环路径，然后可依据三角特性使用捷径进行截短。我们有 $d(T) \leqslant d(T'') = d(T') + d(M) = d(\text{MST}) + d(M) \leqslant d(T_{\text{opt}}) + d(M)$，还需要说明 $d(M) \leqslant d(T_{\text{opt}})/2$。假设我们有仅遍历度为偶数的顶点的最优 TSP 路径 T_o，那么 $d(T_o) \leqslant d(T_{\text{opt}})$。从这条路径中的边进行交替选择。令 M' 和 M'' 是两个边集，且 $d(M') \leqslant d(M'')$。因此有 $d(T_o) = d(M') + d(M'') \geqslant 2d(M')$。由于找到了最小匹配边 M，可得 $d(M) \leqslant d(M') \leqslant d(T'')/2 \leqslant d(T_{\text{opt}})/2$。综合以上结果可得，$d(T) \leqslant d(T_{\text{opt}}) + d(T_{\text{opt}})/2 = 3 \cdot d(T_{\text{opt}})/2$。

14.6.2 近似 MAX-k-SAT 算法

与每个子句有 k 个文字的 k-SAT 决策问题相比，在优化 MAX-k-SAT 变体中，需要搜索可满足性的最大程度。更一般的，对于具有 m 个子句和 n 个变量的方程，任务是需要确定：

$$\max\{1 \leqslant j \leqslant m \mid a \in \{0,1\}^n, a \text{ 满足 } j \text{ 个子句}\}$$

一个确定性的 0.5 近似的 MAX-k-SAT 实现如算法 14.8 所示。$c|_{a_i}$ 表示将 a_i 赋值给变量 x_i 时对子句 c 的简化。不难看出，这个简单的近似算法产生的赋值的偏移因子至多是 2。可以看到，在每次迭代中，满足的子句数量至少与不满足的子句数量一样多。

Procedure Approximate-MAX-SAT
Input: 一个 MAX-k-SAT 方程的子句集合 C
Output: C 中变量的赋值

for each $i \in \{1, 2, \cdots, n\}$　　　　　　　　　　　　;;在集合变量上循环
　if $(|\{c \in C \mid x_i \in c\}| > |\{c \in C \mid \overline{x_i} \in c\}|)$
　　$a_i \leftarrow \text{true}$　　　　　　　　　　　　　　　　;;x_i 比 $\overline{x_i}$ 出现在更多子句上
　if $(|\{c \in C \mid \overline{x_i} \in c\}| > |\{c \in C \mid x_i \in c\}|)$
　　$a_i \leftarrow \text{false}$　　　　　　　　　　　　　　　;;$\overline{x_i}$ 比 x_i 出现在更多子句上
　$C \leftarrow C \setminus \{c \mid c|_{a_i} = \text{ture}\}$　　　　　　　　　　　　　;;移除所有满足的子句
　$C \leftarrow C \setminus \{c \mid c|_{a_i} = \text{false}\}$　　　　　　　　　　　　;;移除所有不满足的子句

return a	;;返回发现的赋值

算法 14.8

MAX-k-SAT 的确定性近似算法

14.7 随机搜索

随机化的概念可以使得很多算法增速。比如，随机快速排序通过对主元选择的随机处理来迷惑对手，并将数组划分为不对等的两个部分。这类算法通常是正确的，并且（数次运行）有更好的平均时间性能，被称为 Las Vegas 算法。在蒙特卡罗设定中，对于随机搜索的概念，我们期望算法只要大部分准确即可（两个术语中使用的前导字符 MC 可能有助于记住分类）。

接下来，举例分析随机算法的本质。这里以最大化 k-SAT 为例，其包含的子句形式为 $u_1 \vee u_2 \vee \cdots \vee u_l$，满足 $u_i \in \{x_1, x_2, \cdots, x_n\} \bigcup \{\bar{x}_1, \bar{x}_2, \cdots, \bar{x}_n\}$。搜索满足随机 SAT 实例的赋值近似于大海捞针。幸运的是，在问题中通常存在使得启发值的选择和赋值策略有效的更多结构。

用于 SAT 的穷举算法共花费 2^n 个赋值来检测是否满足公式。顺序测试时，其运行时间为 $O(n \cdot 2^n)$，当以二叉搜索树的形式测试时，运行时间为 $O(2^n)$。

一个简单策略表明存在改进的空间。为前 k 个变量赋值为值中的一个产生具有 2^k 个分支的树。如果选择 k 个变量确定一个子句的真值，那么 2^k 个不同的赋值中至少有一个将其评价为假，否则的话，这个子句将对于所有赋值都为真，从而可以忽略。因此，至少一个分支导致了回溯，并且后续不必再考虑。这意味着如果沿着子句选择变量顺序，那么回溯方法运行时间为 $O((2^k-1)^{n/k})$。有些情况下，根据子句结构，可以修剪多个分支。

Monien-Speckenmeyer 算法是一个确定性的包含一个递归过程的 k-SAT 求解器，如算法 14.9 所示并且运行于 f 结构之上。对于 $k=3$ 的情况，算法进行如下赋值：首先 $u_1 \leftarrow 1$；然后 $u_1 \leftarrow 0 \wedge u_2 \leftarrow 1$；最后 $u_1 \leftarrow 0 \wedge u_2 \leftarrow 0 \wedge x_3 = 1$。算法的循环关系形式为 $T(n) \leq T(n-1) + \cdots + T(n-l)$。假设 $T(n) = \alpha^n$ 导致对于一般的 k，$\alpha^k \leq \alpha^{k-1} + \cdots + \alpha^1 + 1$，并且对于 $k=3$，$\alpha^3 \leq \alpha^2 + \alpha^1 + 1$，所以 $\alpha \approx 1.839$。因此，Monien-Speckenmeyer 算法的时间复杂度为 $O(1.839^n)$。通过一些技巧可以使得运行时间减少到 $O(1.6181^n)$。

第 14 章 选择性搜索

Procedure Monien-Speckenmeyer
Input: MAX-k-SAT 实例 f
Output: f 的赋值

  if (f trivial) **return** result   ;;终止条件
  $\{u_1, u_2, \cdots, u_l\} \leftarrow$ SelectShortest   ;;选择最短子句
  for each $i \in \{1, 2, \cdots, l\}$;;对于所有文字
    if (MonienSpeckenmeyer($f|_{u_1 \leftarrow \text{false}, \cdots, u_{i-1} \leftarrow \text{false}, u_i \leftarrow \text{true}}$))   ;;递归调用
      return true   ;;传播成功
  return false   ;;传播失败

算法 14.9

Monien-Speckenmeyer 算法

令找到满足赋值的概率为 p。那么，在 t 次尝试后没有找到满足条件赋值的概率为 $(1-p)^t$。因为 $1-x \leq e^{-x}$，所以 $(1-p)^t \leq e^{-tp}$。因此，需要选择迭代次数 t 使得 $e^{-tp} \leq \varepsilon$，即 $t \geq \ln(1/\varepsilon)/p$。

另一个 k-SAT 的简单随机算法是 Paturi, Pudlák 和 Zane 提出的。该算法的迭代过程如算法 14.10 所示。它每次通过选择和设置合适的变量完成一次赋值，并连续修改一个随机种子。

Procedure PPZ
Input: MAX-k-SAT 实例 f
Output: f 的赋值

  $\pi \leftarrow$ SelectPermutation$(1, 2, \cdots, n)$;;选择随机序列
  for each $i \in \{1, 2, \cdots, n\}$;;对于所有变量
    if $(\{x_{\pi(i)}\} \in f)$ $a_{\pi(i)} \leftarrow$ true   ;;设置变量
    else if $(\{\overline{x_{\pi(i)}}\} \in f)$ $a_{\pi(i)} \leftarrow$ false   ;;清除变量
    else $a_{\pi(i)} \leftarrow$ Select(\{false, true\})   ;;掷硬币
    $f \leftarrow f|_{x_{\pi(i)} \leftarrow a_{\pi(i)}}$;;关于赋值简化
  return $(a_1, a_2, \cdots, a_n)$;;反馈赋值

算法 14.10

Paturi, Pudlák 和 Zane 提出的算法

待搜索的状态空间是 $\{\text{false}, \text{true}\}^n$，如图 14.5 所示。不成功的赋值以空心节

点表示，满足赋值则表示为黑色实心节点。Paturi，Pudlák 和 Zane 提出的算法为空间中的 MAX-k-SAT 求解提供了选择。

一次尝试就成功的概率 p 为 $p \geq 2^{-n(1-1/k)}$。因此，经过 $O(2^{n(1-1/k)})$ 次迭代后的成功概率大于等于 $1-o(1)$。对于 3-SAT，算法的期望运行时间为 $O(1.587^n)$。

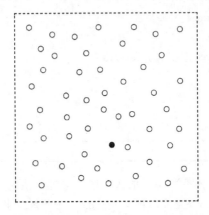

图 14.5 使用 PPZ 算法解决 k-SAT 问题

汉明球（Hamming sphere）算法引入了一个包含参数（a, d）的递归程序，其中参数 a 是当前赋值，参数 d 是深度限制。其实现如算法 14.11 所示，说明如图 14.6 所示。初始深度值设为汉明球的半径。在图中，代表球体的圆中的箭头表示球。由于算法被多次调用，所以我们显示了多个球体，每个球体包含了一个满足赋值。

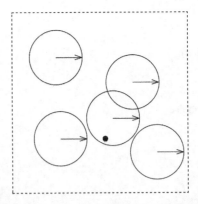

图 14.6 使用汉明球算法解决 k-SAT 问题

算法分析如下：测试程序基于随机的 $a \in \{0,1\}^n$ 和 $d = \beta n$ 被调用 t 次。遍历一个球体的平均时间为 $O(q(n)k^d) \doteq O(k^d)$。半径为 $\beta n \leq n/2$ 的汉明球的大小为

$$\sum_{i=0}^{\beta n}\binom{n}{i} \doteq \binom{n}{\beta n} \doteq 2^{h(\beta)n} = \left[\left(\frac{1}{\beta}\right)^{\beta}\left(\frac{1}{1-\beta}\right)^{1-\beta}\right]^n$$

成功概率是 $p = 2^{(h(\beta)n)}/2^n = 2^{(h(\beta)-1)n}$，因此需要 $t \in O(2^{(1-h(\beta))n})$ 次迭代。当 $\beta = 1/(k+1)$ 时，运行时间 $O\left(\left(2^{(1-h(\beta))}k^\beta\right)^n\right)$ 最小，为 $O((\frac{2k}{k+1})^n)$。

Procedure Hamming-Sphere
Input: MAX-k-SAT 实例 f，当前赋值 a，深度 d
Output: f 的改进赋值

if ($f(a)$ = true) **return** true   ;;发现满足的赋值
if (d = 0) **return** false   ;;超出球的半径
$\{l_1, l_2, \cdots, l_k\} \leftarrow$ SelectUnsatClause   ;;随机选择未满足的子句
for each $i \in \{1, 2, \cdots, k\}$;;对于子句中的所有文字
  if (Hamming-Sphere(flip(a,i),d−1))   ;;反转和递归调用
    return true   ;;传播成功
return false   ;;指示失败

算法 14.11

汉明球算法

基于随机行走求解 k-SAT 的工作机理如算法 14.12 中的迭代过程所示。算法以随机赋值开始，通过对未满足子句中的随机变量的赋值进行反转实现改进。此程序与第 13 章介绍的 GSAT 算法关联紧密。

Procedure Random-Walk
Input: MAX-k-SAT 实例 f
Output: f 的赋值

$a \leftarrow$ Select($\{$false,true$\}^n$)   ;;任意随机赋值
for each $i \in \{1, 2, \cdots, 3n\}$;;随机行走到特定数量步骤
  if ($f(a)$) **return** a ;;找到满足赋值
  $\{l_1, l_2, \cdots, l_k\} \leftarrow$ SelectUnsatClause ;;随机选择未满足子句
  flip(a,Select($\{1, 2, \cdots, k\}$))   ;;反转到随机变量的赋值

算法 14.12

随机行走算法

程序被调用 t 次并在得到一个满足赋值时终止。图 14.7 给出了说明,图中用有向曲线的形式描述随机行走,每条曲线终止于一个满足赋值。

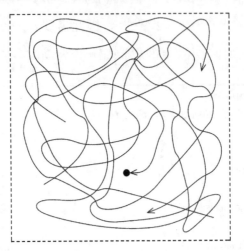

图 14.7　使用随机行走算法解决 k-SAT 问题

对算法的分析是基于具有随机自动机形式的行走模型完成的。此分析借鉴了对赌徒失败问题的分析。首先,根据在一个固定赋值中到目标的汉明距离,产生一个二项分布。接下来,设定朝目标改进≥1/3 和距离目标≤2/3 的转移概率。遇到汉明距离为 0 的概率为

$$p = \sum_{j=0}^{n} \binom{n}{j} 2^{-n} q_j$$

式中

$$q_j \doteq \left(\frac{1}{k-1}\right)^j$$

对于 3-SAT,有

$$q_j \doteq \binom{3j}{2j}\left(\frac{1}{3}\right)^{2j}\left(\frac{2}{3}\right)^j \doteq \left[2^{3h(2/3)}\left(\frac{1}{3}\right)\left(\frac{2}{3}\right)^2\right]^j = \left[\left(\frac{3}{2}\right)^2\left(\frac{3}{1}\right)\left(\frac{4}{3^3}\right)\right]^j = \left(\frac{1}{2}\right)^j$$

如果把这个结果代入方程,可得 $p = 2^{-n}\left(1+\dfrac{1}{k-1}\right)^n$。因此,可得出随机行走策略下的平均时间复杂度界限 $\doteq O(1/p) = O\left(\left(2\cdot\left(1-\dfrac{1}{k}\right)\right)^n\right)$。

14.8 蚁群算法

遗传算法是一种模拟生物进化的算法。其成功应用使得通过对自然界中的优化过程建模的仿生算法研究不断加强。很多新的算法模拟了蚁群搜索，如考虑图 14.8 中所示的一些自然蚁群觅食的过程。蚁群间的通信是基于信息素完成的，它们用随机决策换得适应性决策。与自然蚁群相比，计算机蚁群有以下特点。

（1）基于决策序列求解优化问题。
（2）在信息素或其他准则的引导下进行随机决策。
（3）存储受限。
（4）能够识别可行选择。
（5）根据已形成解的质量按比例分配信息素。

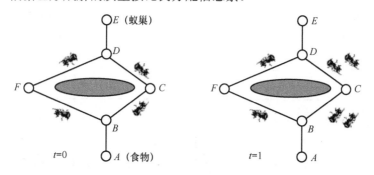

图 14.8 蚂蚁搜索食物

14.8.1 简单蚁群系统

算法 14.13 给出了一个求解 TSP 问题的简单蚁群系统。TSP 问题的简单蚁群系统参数设置如下。

（1）蚂蚁数量 n。通常 $n=c$，即每个蚂蚁起始于不同的城市。
（2）当 $\alpha, \beta \in [0, \infty)$，反映了信息素关于它们的可见性的相对影响。如果 α 过大，则将会过早的终止或利用；如果 α 过小，我们将有迭代启发式或探索。建议的设置为 $\alpha=1, \beta=5$。
（3）当 $\rho \in [0,1]$，影响算法的内存。如果过大，将会过早收敛；如果过小，则缺少显性知识。建议设置为 $\rho=1/2$。
（4）还有一个是值 Q，其决定了新的信息关于初始化 $\tau_{ij}(0)$ 的影响，结果证明其不是决定性的。建议配置为 $Q = 100$。

```
Procedure Ant-Search
Input: TSP 问题实例（进一步的参数参考下文）
Output: 优化的解

t←0;                                              ;;时间
for each i,j ∈ {1,2,⋯,c}                          ;;对于所有城市
  τ_ij←Pheromone(i, j, t)                         ;;计算信息素大小
while not (Terminate)                             ;;不满足终止条件
  t←t+1                                           ;;增加迭代计数
  for each k ∈ {1,2,⋯,n}                          ;;对于所有蚂蚁
    while not (CompleteTour(k))                   ;;除非是哈密顿回路
      j←ChooseCity(k)                             ;;选择
    L_k←TourLength(k)                             ;;评估条件
  for each i,j ∈ {1,2,⋯,n}                        ;;对于所有蚂蚁对
    τ_ij←Pheromone(i, j, t)                       ;;计算信息素浓度
return ShortestTour
```

算法 14.13

解决 TSP 问题的蚁群系统

在算法中，需要实现以下两个子程序。

（1）位于城市 i 的蚂蚁 k 对城市 j 的选择。如果 i 是没有定义的，则初始化 j，否则由以下方式决定。

① j 不必是现有路径的一部分；

② 选择 j 的概率 P_{ij} 正比于 $1/d_{ij}$ 和 τ_{ij}，其中

$$P_{ij} \leftarrow \begin{cases} \dfrac{[\tau_{ij}]^\alpha [\eta_{ij}]^\beta}{\sum_{h \in \Omega(k)}[\tau_{ih}]^\alpha [\eta_{ih}]^\beta}, & j \in \Omega(k) \\ 0, & \text{其他} \end{cases}$$

式中：τ_{ij} 为 (i,j) 上的信息素浓度；α 为 τ_{ij} 的权值；η_{ij} 为 $1/d_{ij}$ 可见性；β 为 η_{ij} 的权值；$\Omega(k)$ 为 k 个未访问城市的集合。

（2）(i,j) 计算信息素大小为 $\tau_{ij}(t)$。如果 $t = 0$，则 τ_{ij} 是新初始化的；否则，τ_{ij} 损失 $1-\rho$ 的比例，并且蚂蚁 k 为其路径上的 (i,j) 分配 Q/L_k 的信息素如下：

$$\tau_{ij}(t+1) \leftarrow \rho \tau_{ij}(t) + \Delta \tau_{ij}$$

第14章 选择性搜索　671

$$\Delta \tau_{ij} = \sum_{k=1}^{\mu} \Delta \tau_{ij}^k$$

$$\Delta \tau_{ij}^k = \begin{cases} Q/L_k, & (i,j) \in \text{Tour}(k) \\ 0, & \text{其他} \end{cases}$$

测试结果表明当参数设置为（$\alpha=1$，$\beta=1$，$\rho=0.9$，$Q=1$，$n \leqslant 33$）时，算法成功。

14.8.2 泛洪算法

优化的另一个重要的选择就是模拟退火。因为我们只关心技术本身的主要特点，所以这里以蚁群搜索的形式进行解释。假设蚂蚁在一块被洪水缓慢淹没的地段行走，如图14.9所示。期望在于，基于可能的最佳评价，蚂蚁最后能够定位到最高的山峰上。

图14.9　洪水在上涨

在算法14.14的伪代码表示中，每一个蚂蚁都有一个位置（通过程序SelectPosition初始化），其位置对应于问题的一个解。其邻居的位置（存储在

Succ 中）可通过应用操作符到达。评价函数 height 度量解的质量。参数 level 表示缓慢上升的水位，对程序 Dry 的调用表明只有未沾水的蚂蚁才能存活。测试表明，对于具有较多邻居的问题，该算法很有效。

```
Procedure Flood
Input: 状态空间问题，起始（水位）level
Output: 优化解的评估

t←1                                              ;;初始化时间
for each i ∈ {1,2,···, n}                        ;;对于所有蚂蚁
  position(i)←SelectPosition                     ;;选择开始位置
  active(i)←true                                 ;;所有蚂蚁都是活跃的
while not (Terminate)                            ;;查找终止条件
  for each i ∈ {1,2,···, n}                      ;;对于所有蚂蚁
    if (active(i))                               ;;只要存活
      position(i)←Succ(i, level)                 ;;后继状态
      active(i)←Dry(i, l)                        ;;幸存者
  level←level+Rain                               ;;更新水位
  t←t+1                                          ;;更新迭代计数
return max{height(i)|i ∈ {1,2,···, n}}           ;;返回最佳解
```

算法 14.14

泛洪算法

与在 GA 算法案例中一样，通过蚁群对路径的编码、一个合适的邻居关系和作为评价函数的启发式估计，泛洪算法可非常容易地应用到一般启发式搜索状态空间问题中。

14.8.3 顶点蚂蚁行走算法

经常与蚁群算法一起提到的一个实时搜索的变种是顶点蚂蚁行走（VAW）算法。其规则定义如算法 14.15 所示，可以看出，算法没有显式终止准则。

只有在尚未访问的状态之间才出现关联。一个状态一旦被访问，它将始终保持唯一的时间戳以避免进一步的关联。

```
Procedure Vertex-Ant-Walk
Input: 具有起始状态 s 的状态空间问题
Output: 状态空间问题中的哈密顿回路
```

```
for each u ∈ S: (h(u), τ(u))←(0,0)
u←s                                                    ;;从起始状态开始
loop                                                   ;;无尽的循环
    v ∈ arg min_{a∈A(v)} {x ∈ Succ(u,a)|(h(x),τ(x))}   ;;动作选择
    τ(u)←t; h(u)←h(v)+1; t←t+1                         ;;值更新
    u←a(v)                                             ;;执行动作
```

算法 14.15

顶点蚂蚁行走算法

定理 14.2（VAW 算法的性质） 算法 14.15 满足以下性质。

（1）对于状态空间问题图 $G=(V,E)$ 中的一条边 (u,v)，$|h(u)-h(v)| \leq 1$ 总是成立。

（2）令 t 表示第 t 次迭代，$h^t = \sum_{v \in V} h^t(u)$ 是第 t 次迭代时的 h 值。对于所有的 t，有 $h^t(G) \geq t$。

（3）一个蚂蚁个体在 $O(nd)$ 内走完任意连通图，其中 n 是顶点数，d 是图的直径。

（4）汉密尔顿环经历 n 次连续遍历后变成一个 VAW 算法有限环。

证明：

（1）对于 $t=0$，结论显然正确。归纳地，我们假设在时刻 t 结论仍然成立。由于 $h(v)$ 是 u 的邻居中最小的，则更新后 $|h(x)-h(y)|$ 的最大差值在 u 和 v 之间，并且这个差值等于 1。

（2）以 $u_1, \cdots, u_t$ 表示截止时刻 t 已经访问过的节点序列，以 $h_t(u)$ 表示经过 t 步完成后顶点 u 的 h 值。对于 h 仅有的变化可能发生在当前访问的顶点，因此，$h_t(G) = h_{t-1}(G) + \Delta_t$，其中 Δ_i 是在时刻 i 时相对 h 的偏移量，即 $\Delta_i = h_i(u_i) - h_{i-1}(u_i)$。按照 VAW 算法规则，当从 u_i 移动到 u_{i+1} 时，$h_i(u_i)$ 的值设置为 $h_i(u_{i+1})+1$，且 $\Delta_i = h_i(u_{i+1}) - h_{i-1}(u_i) + 1$。替换 $i = t-1$，结合 $\Delta_i = h_i(u_i) - h_{i-1}(u_i)$，可得 $h_{t-1}(u_t) = h_{t-2}(u_{t-1}) + \Delta_{t-1} - 1$。应用递归分析，可得

$$h_t(u_t) = h_{t-1}(u_t) + \Delta_t$$
$$= h_{t-2}(u_{t-1}) + \Delta_{t-1} + \Delta_t - 1$$
$$= h_{t-3}(u_{t-2}) + \Delta_t + \Delta_{t-1} + \Delta_t - 3$$
$$\vdots$$
$$= h_0(u_1) - (t-1) + \sum_{i=1}^{t} \Delta_t$$

由于 $h_t(G) = \sum_{i=1}^{t} \Delta_t$，最终可得到 $h_t(G) = h_t(u_t) - h_0(u_1) + (t-1)$。结果服从于规则 $h_0(u_1) = 0$ 以及 $h_t(u_t) \geqslant 1$。

（3）下面证明一个略强的声明，就是最多经历 $d(2n-d-1)/2$ 步，就可以实现图的覆盖。采取反向假设。则至少存在一个节点，设为 u，满足 $h(u)=0$。按照性质（1），那么对于 u 不存在 $h > 1$ 的邻居，并且对于 u 的邻居不存在 $h > 2$ 的邻居，以此类推。因此，至少存在一个 $h = 0$ 和一个 $h = 1$ 的节点，以此类推，直至 $d-1$。对于剩下的至多 $n-d$ 个节点，有 $h \leqslant d$。这导致 $h(G) \leqslant \binom{d}{2} + d(n-d) = d(2n-d-1)/2$。根据第二个引理，在时刻 t 总的 h 值至少为 t，因此最多需要 $d(2n-d-1)/2$ 步就可实现图的覆盖。

（4）如果图是一个汉密尔顿环，那么沿着这个环显然是覆盖图的最短路径。回想起图中的一个恰好访问每个节点一次的封闭路径就是一个汉密尔顿环。我们应该看到，汉密尔顿环可能是 VAW 算法的一个极限。另外，如果蚂蚁碰巧连续 n 次沿着这个环，那么它将会永远沿着这个环运动。

回想起当离开节点 u 时，有 $h_t(u_t) = h_t(u_{t+1}) + 1$。假设在时刻 t 时，蚂蚁已经完成了 n 个汉密尔顿环的序列。那么自从时刻 $t-n+1$ 起 u_{t+1} 都没有被访问过，并且 $h_t(u_{t+1}) = h_{t-n+1}(u_{t+1}) = h_{t-n+1}(u_{t-n+1})$。将第一个等式代入第二个等式，可得：

$$h_t(u_t) = h_{t-n+1}(u_{t-n+1}) + 1$$
$$= h_{t-2(n+1)}(u_{t-2(n+1)}) + 2$$
$$\vdots$$
$$= h_{t-n(n+1)}(u_{t-n(n+1)}) + n$$
$$= h_{t-n(n+1)}(u_t) + n$$

在第 $n+1$ 个环时，蚂蚁将面临与其第一个环时相同的相对 h 模式。加到每一个 h 值的 n 值不改变节点间的顺序关系。因此，采用相同的决策。

界 $O(nd)$ 是紧的。存在一些例子图，其覆盖时间确实为 $O(nd)$。这里考虑由单链连接的三角形的图，并且三角形间存在一个额外的节点（图 14.10）。不难验证，三角形实际上是 VAW 算法的陷阱，会导致蚂蚁回到其起点。存在 n 个顶点，并且直径大约为 $0.8n$。遍历这个图需要的时间为 $\Omega(nd) = \Omega(n^2)$。

上面的结果对于单个蚂蚁是成立的，而对于多个蚂蚁则通常不成立。但下面这个说法是合理的，也就是如果图很大并且蚂蚁在初始时是完全分散开的，负荷就或多或少是均衡的。在边蚂蚁行走（EAW）算法中，标记的是边而非节点。对于这个过程，可以证明，k 个面向最小的蚂蚁最多需要 $O(\delta \cdot n^2 / k)$ 步覆盖一个图，其中，δ 是最大顶点度，n 是节点数量。实际上，VAW 算法通常比 EAW 算法表现要好，因为一般情况下 $nd < \delta \cdot n^2$。

图 14.10 VAW 算法的一个困难的试验台

14.9▲ 拉格朗日乘子

在连续非线性规划（CNLP）中，有连续可微函数 f，$\boldsymbol{h} = [h_1, h_2, \cdots, h_m]^T$ 和 $\boldsymbol{g} = [g_1, g_2, \cdots, g_r]^T$。则非线性规划 P_c 可表示为

$$\min_x f(x), \text{where } x = (x_1, x_2, \cdots, x_v) \in \mathbb{R}$$
$$\text{s.t.} \quad h(x) = 0, g(x) \leq 0$$

对该非线性规划的求解就是在 x 的某一 ε 连续邻域 $N_c(x) = \{x' | \|x' - x\| \leq \varepsilon\}$ 内找到约束局部最小。

如果 x^* 是可行的，并且对于所有 $x \in N_c(x^*)$，$f(x^*) \leq f(x)$ 成立，则点 x^* 是约束局部最小（CLM）。

基于拉格朗日乘子向量 $\boldsymbol{\lambda} = [\lambda_1 \ \lambda_2 \ \cdots \ \lambda_m]^T$ 和 $\boldsymbol{\mu} = [\mu_1 \ \mu_2 \ \cdots \ \mu_r]^T$，$P_c$ 的拉格朗日函数定义为

$$L(\boldsymbol{x}, \boldsymbol{\lambda}, \boldsymbol{\mu}) = f(x) + \boldsymbol{\lambda}^T \boldsymbol{h}(x) + \boldsymbol{\mu}^T \boldsymbol{g}(x)$$

14.9.1 鞍点条件

在 P_c 问题中，x^* 是鞍点的一个充分条件是，如果存在 $\boldsymbol{\lambda}^*$ 和 $\boldsymbol{\mu}^*$，使得对于满足 $\|x - x^*\| \leq \varepsilon$ 的所有 x 以及所有的 $\boldsymbol{\lambda} \in \mathbb{R}^m$ 和 $\boldsymbol{\mu} \in \mathbb{R}^r$，$L(x^*, \lambda, \mu) \leq L(x^*, \lambda^*, \mu^*) \leq L(x, \lambda^*, \mu^*)$ 成立。为了说明这个仅是充分条件，考虑下面的 CLNP：

$$\min_x f(x) = -x^2 \text{ s.t. } h(x) = x - 5 = 0$$

很明显，$x^* = 5$ 是一个 CLM。将拉格朗日函数 $L(x, \lambda) = x^2 + \lambda(x-5)$ 对 x 求微分，并将 $x^* = 5$ 代入可得 $\lambda - 10 = 0$，也就是 $\lambda^* = 10$。然而其二次导数为 $-2 < 0$，所以 $L(x, \lambda)$ 在 x^* 是局部最大而非最小。因此，不存在 $\boldsymbol{\lambda}^*$ 满足充分鞍点条件。

为了推导出鞍点的充分必要条件，采用 P_c 的变换的拉格朗日函数，其定义为

$$L_c(x,\alpha,\beta) = f(x) + \alpha^T|h(x)| + \beta^T\max\{0,g(x)\}$$

式中：$|h(x)|$ 为 $\begin{bmatrix}|h_1(x)| & |h_2(x)| & \cdots & |h_m(x)|\end{bmatrix}^T$；$\max\{0,g(x)\}$ 为 $[\max\{0,g_1(x)\}\ \max\{0,g_2(x)\}\ \cdots\ \max\{0,g_r(x)\}]^T$。

如果约束的梯度向量是线性无关的，则点 $x\in\mathbb{R}$ 对于约束是规则的。

定理 14.3（扩展鞍点条件） 假设 $x^*\in\mathbb{R}$ 是规则的，那么当且仅当存在有限值 $\alpha^*\geqslant 0, \beta^*\geqslant 0$，且对于任意 $\alpha^{**}>\alpha^*$，$\beta^{**}>\beta^*$，满足条件 $L_c(x^*,\alpha,\beta)\leqslant L_c(x^*,\alpha^{**},\beta^{**})\leqslant L_c(x,\alpha^{**},\beta^{**})$，$x^*$ 是 P_c 问题的一个 CLM。

证明：证明包含两个部分。首先，给定 x^*，需要证明存在有限值 $\alpha^{**}>\alpha^*\geqslant 0, \beta^{**}>\beta^*\geqslant 0$ 满足前述条件。由于 x^* 是一个 CLM，则左边的不等式对于所有 α，β 都是成立的，这也意味着 $|h(x^*)|=0$ 并且 $\max\{0,g(x^*)\}\leqslant 0$。

为了证明右边的不等式，需要知道等式的梯度向量以及在 x^* 的活跃不等式约束是线性无关的，这是因为 x^* 是规则点。依据 Karush，Kuhn 和 Tucker 等人提出的 CLM 存在的必要条件（见书目评述），可知存在满足 $\nabla_xL(x^*,\lambda^*,\mu^*)=0$ 的 λ^* 和 μ^*，其中，如果 $g_j(x^*)<0$，则 $\mu\geqslant 0$ 且 $\mu_j=0$。当把 h 和 g 的索引集合分成正的和负的集合时，可得到以下性质

(1) $P_e(x)=\{i\in\{1,2,\cdots,m\}\,|\,h_i(x)\geqslant 0\}$。

(2) $N_e(x)=\{i\in\{1,2,\cdots,m\}\,|\,h_i(x)<0\}$。

(3) $A(x)=\{j\in\{1,2,\cdots,r\}\,|\,g_j(x)=0\}$。

(4) $A_p(x)=\{j\in\{1,2,\cdots,r\}\,|\,g_j(x)\geqslant 0\}$。

将拉格朗日函数 $L(x,\lambda,\mu)=f(x)+\lambda^Th(x)+\mu^Tg(x)$ 对 x 求导，可得

$$\nabla_xf(x^*)+\sum_{i=1}^m\lambda_i^*\nabla_xh_i(x^*)+\sum_{j=1}^r\mu_j^*\nabla_xg_j(x^*)=0$$

假设 $x\in N_c(x^*)$，$\alpha^*=|\lambda^*|$，$\beta^*=\mu^*$，则对于所有 $\alpha^{**}>\alpha^*$，$\beta^{**}>\beta^*$，我们评价 $L(x,\alpha^{**},\beta^{**})$ 如下：

$$\begin{aligned}L(x,\alpha^{**},\beta^{**})&=f(x)+\sum_{i=1}^m\alpha_i^{**}|h_i(x)|+\sum_{j=1}^r\beta_j^{**}\max\{0,g_j(x^*)\}\\&=f(x)+\sum_{i\in P_e(x)}\alpha_i^{**}h_i(x)-\sum_{i\in N_e(x)}\alpha_i^{**}h_i(x)+\sum_{j\in A_p(x)}\beta_j^{**}g_j(x^*)\end{aligned}$$

假设 $x=x+\varepsilon x$，对函数在 x^* 处进行泰勒级数展开，可得

$$\begin{aligned}L(x,\alpha^{**},\beta^{**})=&f(x^*)+\nabla_xf(x^*)^T\varepsilon x+\sum_{i\in P_e(x)}\alpha_i^{**}\nabla_xh_i(x^*)^T\varepsilon x\\&-\sum_{i\in N_e(x)}\alpha_i^{**}\nabla_xh_i(x^*)^T\varepsilon x+\sum_{j\in A_p(x)}\beta_j^{**}\nabla_xg_j(x^*)^T\varepsilon x+o(\varepsilon x^2)\end{aligned}$$

由此则可得出以下性质。

（1）对于所有的 $i \in P_e(x): \alpha_i^{**} \nabla_x h_i(x^*)^T \varepsilon x$。

（2）对于所有的 $i \in N_e(x): \alpha_i^{**} \nabla_x h_i(x^*)^T \varepsilon x < 0$。

（3）对于所有的 $j \in A_p(x): \beta_j^{**} \nabla_x g_j(x) \varepsilon x > 0$。

（4）对于所有的 $j \in A_p(x) \setminus A(x): \beta_j^{**} \nabla_x g_j(x) \varepsilon x > 0$。

通过 $\alpha^{**} > |\lambda^*|$ 且 $\beta^{**} > \mu^* \geqslant 0$，有

$$L(x, \alpha^{**}, \beta^{**}) > f(x^*) + \nabla_x f(x^*)^T \varepsilon x + \sum_{i \in P_e(x)} \lambda_i^{**} \nabla_x h_i(x^*)^T \varepsilon x$$

$$- \sum_{i \in N_e(x)} \lambda_i^{**} \nabla_x h_i(x^*)^T \varepsilon x + \sum_{j \in A_p(x)} \mu_j^{**} \nabla_x g_j(x^*)^T \varepsilon x + o(\varepsilon x^2)$$

$$\geqslant f(x^*) + \nabla_x f(x^*)^T \varepsilon x + \sum_{i=1}^{m} \lambda_i^{**} \nabla_x h_i(x^*)^T \varepsilon x$$

$$+ \sum_{j \in A(x)} \mu_j^{**} \nabla_x g_j(x^*)^T \varepsilon x + o(\varepsilon x^2)$$

$$= f(x^*) + \left(\nabla_x f(x^*) + \sum_{i=1}^{m} \lambda_i^{**} \nabla_x h_i(x^*) + \sum_{j \in A(x)} \mu_j^{**} \nabla_x g_j(x^*) \right)^T \varepsilon x + o(\varepsilon x^2)$$

$$= f(x^*) + o(\varepsilon x^2) \geqslant f(x^*) = L(x^*, \alpha^{**}, \beta^{**})$$

由此证明了右边的不等式。

对于证明的另外一部分，假设条件是满足的，那么只需说明 x^* 是一个 CLM 即可。由于不等式的左边部分仅当 $h(x^*) = 0$ 和 $g(x^*) \leqslant 0$ 时成立，所以点 x^* 是可行的。因为 $|h(x^*)| = 0$ 且 $\max\{0, g(x^*)\} \leqslant 0$，则右边的不等式确保了 x^* 相比 $N_c(x^*)$ 内的其他可行点是局部最小的。因此，x^* 是一个 CLM。

定理要求 $\alpha^{**} > \alpha^*$、$\beta^{**} > \beta^*$ 而不是 $\alpha^{**} \geqslant \alpha^*$、$\beta^{**} \geqslant \beta^*$，是因为当 $\alpha^{**} = \alpha^*$ 且 $\beta^{**} = \beta^*$ 时，L_c 可能不是一个严格局部最小。以 $L_c(x, \alpha) = -x^2 + \alpha|x-5|$ 的 CNLP 为例，在唯一的 CLM $x^* = 5$ 处，当 $\alpha = \alpha^* = 10$ 时 $L_c(x, \alpha)$ 不是严格的局部最小，但是当 $\alpha = 20 > \alpha^*$ 时，$L_c(x, \alpha)$ 是严格局部最小。

基于该定理的算法求解本质上是迭代的，其伪代码如算法 14.16 所示。

定理 14.3 可转移到离散和混合（连续和离散）的状态空间。区别在于，在离散（混合）空间中对离散（混合）邻域 N_d（N_m）的定义。从直观上，N_d 表示从 y 可一步达到的点，不管是否存在这样有效的动作来实现这种转移，我们要求当且仅当 $y \in N_d(y')$ 时 $y' \in N_d(y)$。对于连续空间内的点 x 和离散空间内的点 y，混合邻域 $N_m(x, y)$ 定义为

$$N_m(x, y) = \{(x', y) \mid x' \in N_c(x)\} \cup \{x, y' \mid y' \in N_d(y)\}$$

```
Procedure Extended-Saddle-Point
Input: $P_c$ 的 CNLP
Output: CLM $x^*$

$\alpha \leftarrow 0$；$\beta \leftarrow 0$                                    ;;初始化拉格朗日乘子
while CLM of $P_c$ not found                                                   ;;直到完成
  if ($h_i(x) \neq 0$ resp. $g_i(x) \not\leq 0$)                                ;;确定松弛
    incr. $\alpha_i$ resp. $\beta_i$ by $\delta$                                ;;更新算子
  while (local minimum not found)                                              ;;局部改进
    perform decent on $L_c$ with respect to $x$                                ;;局部搜索算法
return CLM                                                                     ;;反馈解
```

算法 14.16

找到一个 CLM 的鞍点的迭代方法

14.9.2 分割问题

求解状态空间问题的目标可以简化为上述配置。我们的形式化描述假设（可能连续的）时间轴被分割为 $k+1$ 个阶段。在每个阶段 l，$l \in \{0,1,\cdots,k\}$，有 u_l 个局部变量、m_l 个局部等式约束、r_l 个不等式约束。

这种分割将问题的状态变量向量 S 分解为 $k+1$ 个子向量 $S_0, S_1, \cdots, S_k$，其中 $S_l = [S_1(l)\ S_2(l)\ \cdots\ S_{u_2}(l)]^T$ 是阶段 l 时（混合）状态空间中的一个 u_l 元素状态向量，$S_i(l)$ 是阶段 l 的第 i 个动态状态变量。通常 u_2 是固定的。对于这种问题的解就是一个包含对 S 内所有变量进行赋值的一条路径。状态空间搜索问题就可以表示为

$$\min_S J(S)$$
$$\text{s.t.}\quad h_l(S_l) = 0, g_l(S_l) \leq 0, t = 0,1,\cdots,k \quad \text{（局部约束）};$$
$$H(S) = 0,\ G(S) \geq 0 \quad \text{（全局约束）}$$

式中：h_l 和 g_l 为阶段 l 涉及 S_l 和时间的局部约束函数向量；H 和 G 是涉及两个或更多阶段的状态变量和时间的全局约束函数向量。

定义解路径 $p = (S_0, S_1, \cdots, S_k)$ 的邻域如下。路径 p 的可分割（混合）邻域为

$$N(p) = \bigcup_{l=0}^{k} N^{(l)}(p) = \bigcup_{l=0}^{k} \{p' | S_l' \in N(S_l) \text{ and } \forall\ i \neq l: S_i = S_i'\}$$

式中：$N(p_l)$ 为状态向量 S_l 在阶段 l 时的状态空间邻域。直观的，$N(p)$ 被分割成 $k+1$ 个不相交邻域集合，每个扰动一个阶段。

这里 $N(p)$ 包含了除 6 以外所有阶段内与 S 相同的所有路径，而 $S(l)$ 被扰动为 $N(S_l)$ 的一个相邻状态。例如，在三阶段问题中每个阶段，令 $N(2) = \{1,3\}$ 且 $p = (2,2,2)$。那么 $N(p)$ 就是 $\{(1,2,2),(3,2,2)\}$、$\{(2,1,2),(2,3,2)\}$ 和 $\{(2,2,1),(2,2,3)\}$；也就是在阶段 1、2、3 中，p 的扰动的并。

算法 14.17 给出了计算最优解的迭代算法。对于固定的 γ 和 ν，程序求解以下混合整数线性规划问题：

$$\min\nolimits_{S_l} J(S) + \gamma^T H(S) + \eta^T G(S)$$
$$\text{s.t.} \quad h_l(S_l) = 0, g_l(S_l) \leqslant 0$$

因此，原始问题的解被约减为求解多个较小子问题，而将这些子问题的解结合起来对于找到最终解非常必要。因此，该方法显著降低了问题求解的工作量，这是因为每一个分割的大小带来了指数倍复杂度的基底的减少。

需要最小化的完整拉格朗日函数为
$$L(S,\alpha,\beta,\gamma,\eta) = J(S) +$$
$$\sum_{l=0}^{k}\{\alpha(l)^T | h_l(S_l)| + \beta(l)^T \max\{0, g_l(S_l)\}\} + \gamma^T | H(S)| + \eta^T \max\{0, G(S)\}$$

与定理 14.3 中一样，可以建立 L 的必要和充分条件，说明算法拉格朗日搜索终止于一个最优解。

Procedure Lagrangian-Search
Input: 状态空间问题
Output: 最小化目标函数的解路径

$\gamma \leftarrow 0; \eta \leftarrow 0$　　　　　　　　　　　　　　　　　　　　;;初始化全局拉格朗日乘子
while CLM is not found　　　　　　　　　　　　　　　;;全局约束满足
　incr. γ_i (resp. η_i) by δ if $H_i(S) \neq 0$ (resp. $G_j(S) \not\leqslant 0$)　;;更新全局算子
　$\alpha(t) \leftarrow 0; \beta(t) \leftarrow 0$　　　　　　　　　　　　　　　　　　;;初始化局部拉格朗日乘子
　while $h(S_l) \neq 0$ or $g(S_l) > 0$　　　　　　　　　　　　;;局部约束满足
　　if ($h_i(S_l) \neq 0$ resp. $g_i(S_l) \not\leqslant 0$)　　　　　　　　　;;确定松弛
　　　increase $\alpha_i(l)$ resp. $\beta_i(l)$ by δ　　　　　　　　;;更新局部算子
　　while local minimum of L not found　　　　　;;局部改进
　　　perform decent on L with respect to $S \in N^l(S)$　;;局部搜索算法
return CLM　　　　　　　　　　　　　　　　　　　　　　;;反馈解

算法 14.17
找到一个 CLM 的拉格朗日方法

14.10▲ 没有免费午餐理论

尽管在问题求解上取得了很多成功，但清楚的是无法期待一个能够求解所有优化问题的通用求解器。Wolpert 和 Macready 基于他们提出的没有免费午餐理论（no-free-lunch theorem，NFL）指出，任何搜索策略在所有可能的耗费函数取平均情况下执行的性能完全一致。如果某个算法在基于某个函数时性能优于另一个算法，那么基于别的耗费函数情况下，后者一定优于前者。一个通用的最佳算法是不存在的。即使对于随机搜索，在对所有可能搜索空间平均条件下，执行的性能也是一样的。其他的没有免费午餐理论指出，即使引入学习也无任何帮助。因此，没有通用的搜索启发式。然而，希望是有的，即通过考虑实际感兴趣的特定领域分类，这些领域的知识可以提高性能。不准确的讲，就是对选定问题类中的效率收益与其他类中的损失做了一个折中。在搜索启发式算法中编码的知识反映了状态空间可利用的特性。

对于程序员一个好的建议就是学习不同状态空间搜索技术并理解待解问题。区分大师级与中等编程人员的一个技能就是能否针对新的情况设计出实用高效的搜索算法和启发式算法。要提高这种技能的最佳办法就是解决问题。

14.11 小结

本章主要研究了不一定完备但通常能快速找到高质量解的搜索方法。总的来说，本章以销售商问题为例，在求解优化问题中研究了这些方法。这些搜索方法中的很多适用于路径规划问题，如通过对状态的可用动作排序然后将路径编码为动作序列。

没有免费午餐理论表明一个通用的最佳搜索算法是不存在的，因为当对所有可能的耗费函数取平均时，所有这些算法执行的性能一样。因此，搜索算法必须针对搜索问题量身定制。

完备搜索方法能够找到拥有最优质量的解。近似搜索方法则利用搜索问题的结构来寻找解，但这个解的质量距最大值有一定的因子距离。近似搜索方法仅因少数搜索问题而被广泛知晓。更多通用搜索方法典型地无法做出这种保证。它们通常采用爬山（局部搜索）方法改进初始随机解，直到不再改善为止。这一过程经常在自然界中采用，比如在进化中或在蚂蚁路径查找中。它们通常可快速找到高质量的解，但是对于好的程度无从得知。

要采用基于爬山的搜索方法，必须小心的确定哪些解是给定解的邻居，这是因为基于爬山的搜索方法总是从当前解移动到邻居解。基于爬山搜索的方法主要问题是易于陷入局部最大，这是因为其一旦处在局部最大时，就无法再改善当前解了。因此，一些不同的技术被提出来以解决该问题。例如，采取随机重启的方法，可以使得基于爬山的搜索方法能够找到多个解，并且返回质量最好的一个解。随机化使基于爬山的搜索算法贪心性更小但也更简单，比如通过移动到当前解的任意邻居解来改善当前解的质量，但并非只是移动到最大改善当前解的邻居解。模拟退火允许基于爬山的搜索算法移动到可降低当前解质量的邻居解。解质量下降越小，这一移动越早，执行这一动作的概率越大。禁忌搜索允许基于爬山的搜索算法避免之前的解。遗传算法允许基于爬山的搜索算法组合两个解进行扰乱（变异）。

尽管本章大部分是关于离散搜索问题的，我们也给出了如何将爬山算法应用到连续搜索问题中，如文中提到的连续非线性规划。

表 14.1 给出了本章提到的主要选择性搜索算法的总结。所有的算法都是得出局部最优解，但有些情况，给出了局部最优并不远离全局最优的论据。在这种情况下，将全局最优用一个星号进行了标注，表明这仅在理论限可达，实际上不能。后面单独给出了一些理论分析的提示，主要的原理就是通过模拟解决状态激增问题。

表 14.1 选择搜索算法综述

算法	最优	邻居	原则
模拟退火算法（14.2）	全局*	一般	温度
禁忌算法（14.3）	局部	一般	强制切断
随机禁忌算法（14.4）	局部	一般	强制/随机切断
随机局部搜索算法（14.5）	局部	布尔	选择/变异
(1+1) GA 算法（14.6）	全局*	布尔	选择/变异
简单 GA 算法（14.7）	全局*	一般	选择/变异/重组
顶点蚂蚁行走算法（14.15）	覆盖	特定	信息素
蚂蚁搜索算法（14.13）	全局*	特定	信息素
泛洪算法（14.14）	局部	一般	水位
拉格朗日算法（14.16,14.17）	CLM	MIXED	算子

表 14.2 总结了在 k-SAT 问题中应用随机搜索方法得出的结果，表中给出的是运行时间复杂度 $O(\alpha^n)$ 的基底 α。可以看出对于更大的 k 值，这些值基本收敛于 2。实际上，与以 $\alpha=2$ 为基底的 $O(2^k)$ 算法相比，在一般 SAT 问题中没有具有更好的 α 的有效策略。

表 14.2 k-SAT 问题的运行时间

k-SAT, $k=$	3	4	5	6	7	8
穷举算法	2	2	2	2	2	2
回溯算法	1.91	1.97	1.99	1.99	1.99	1.99
Monien-Speckenmeyer 算法（14.9）	1.61	1.83	1.92	1.96	1.98	1.99
Paturi-Pudlák-Zane 算法（14.10）	1.58	1.68	1.74	1.78	1.81	1.83
汉明球算法（14.11）	1.5	1.6	1.66	1.71	1.75	1.77
随机行走算法（14.12）	1.33	1.5	1.6	1.66	1.71	1.75

14.12 习题

14.1 通过随机的生成 3-SAT 公式并运行 SAT 求解器，利用实验验证对于 3-SAT 问题的相变定位在 $m \approx 4.25n$。

14.2 本题开发了一个随机化的 (3/4) 近似的 MAX-2-SAT。

（1）给出一个随机的 $1-2^{-k}$ 近似（RA），它简单地选择一个随机赋值。给定长度为 k 的子句 C，说明满足子句 C 的概率是 $1-2^{-k}$。

（2）说明随机舍入（RR）的工作过程。在 RR 中，SAT 公式通过线性规划（LP）替换。比如，将子句 $C_j = (x_1 \vee \bar{x}_2)$ 转换为

$$\max \sum_{j=1}^{m} z_j \quad \text{s.t} \quad y_1 + (1-y_2) \geqslant z_j, \quad 0 \leqslant y_j, z_j \leqslant 1$$

那么可采用高效 LP 求解器求解。获得的解可用作得到变量赋值的布尔值的概率。

（3）说明 RA 和 RR 组合运行得到 MAX-2-SAT 的 (3/4) 近似。不需要严格的理论证明，只要解决一个小实例即可。

14.3 作为随机算法的另一个例子，选择用于 2-SAT 的三维匹配（3-DM）概率约减。其思路如下。以 1/3 的概率忽略 $f: V \rightarrow \{1,2,3\}$ 中的某一种颜色。问题转变为含有变量 $x_{v,j}$ 的 2-SAT 实例（v 表示节点，j 代表颜色）。子句形式为：$(x_{v,i} \vee x_{v,j})$ 和 $(\bar{x}_{u,1} \vee \bar{x}_{v,1}) \wedge (\bar{x}_{u,2} \vee \bar{x}_{v,2}) \wedge (\bar{x}_{u,3} \vee \bar{x}_{v,3})$。

（1）请说明正确选择颜色的概率是 $(2/3)^n$。

（2）说明对于 $O(\text{poly}(n) \cdot 1.5^n) \doteq O(1.5^n)$ 的运行时间，这里需要 $t \in O(1.5^n \cdot \ln(1/\varepsilon)) = O(1.5^n)$ 次迭代。

（3）利用这个约减原则，说明二元约束下（每个变量的值域是 D）的 CSP 在时间 $O(p(n) \cdot (|D|/2)^n)$ 内是可解的。

14.4 多数 k-SAT 求解器可以扩展到约束满足问题（CSP），其中 k 是约束和赋值的阶数。简单起见，假设所有变量的值域是相同的，都是 D。

（1）对于汉明球，推出其运行时间为 $O\left[\left(|D|\cdot\frac{k}{k+1}\right)^n\right]$。

（2）对于随机行走，证明其运行时间为 $O[(|D|\cdot(1-1/k))^n]$。对于 k=2 的情况，说明随机行走的这个界限与上题中约减获得的结果是匹配的。

14.5 已采取封闭赋值改进了 Monien-Speckenmeyer 算法。如果 f 中至少包含一个变量 b 的约束已满足，则称赋值 b 对于 f 封闭。例如，对于 $f=(\neg x_1 \vee x_2 \vee x_4) \wedge (x_1 \vee \neg x_2 \vee x_3) \wedge (x_3 \vee \neg x_4) \wedge (x_3 \vee x_4 \vee x_5)$，b=(0,0) 是封闭的，因为前两个子句包含 x_1 和 x_2，且这些子句都由 b 设置为 1。

（1）给出 f 的另一个封闭赋值。

（2）说明包含封闭赋值对 Monien-Speckenmeyer 算法的改变。

14.6 将含有 W 和 B 的 "_WWWBBB" 变换顺序为 "WWWBBB_"。假设目标位置是空的，最多容许跳变两个位置。不要求空位置在前面。

（1）手动确定最优解。

（2）采用评价函数计算每个 W 字母左侧的字母 B 的数目，也就是对所有三个 W 字母分析的求和。应用遗传启发式搜索找到一个解。

14.7 考虑适应函数为 $f(x)=3-(x-2)^2$ 的简单 GA 算法，其中 $x\in\{1,2,\cdots,10\}$，采取二元字符串对两个个体 p=1 和 q=10 进行编码。

（1）确定函数的解析最大值。

（2）考虑随机比特位置情况下，算法采取比特变异和 1 点交配是否能够达到最优？

14.8 为同一个实例实现并运行遗传启发式搜索。以随机生成的长度为 65 的 100 条路径开始，并迭代应用算法 1000 次。

14.9 考虑交配应用中的两个父辈 p=(01001101) 和 q=(11100011)。通过以下条件得出 p 和 q 的孩子。

（1）1 点交配（在索引 l=5 处）。

（2）1 点交配 （l=3，r=6）。

（3）均匀交配（b=(00110011)）。

14.10 对图 14.11 执行 VAW 算法。

（1）表示元组 $(u_t, h(u_t), \tau(u_t))$，t 从节点 1 开始，$t\in\{1,2,\cdots,18\}$。

（2）图何时完全覆盖？

（3）极限环的长度是多少？

（4）以正则表达式表示最终路径的节点序列。

(5) 极限环是汉密尔顿环么？

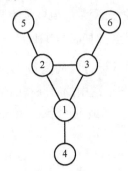

图 14.11　VAW 算法的一个示例图

14.11 对图 14.12 执行 VAW 算法。
（1）表示元组 $(u_t, h(u_t), \tau(u_t))$，t 从节点 1 开始，$t \in \{1, 2, \cdots, 36\}$。
（2）图何时完全覆盖？
（3）极限环的长度是多少？
（4）以正则表达式表示最终路径的节点序列。
（5）极限环是汉密尔顿环么？

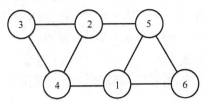

图 14.12　VAW 算法的另一个示例图

14.12 设计一个无向图，它忽略一个不能被 VAW 算法过程识别的汉密尔顿路径（存在一个包含 9 个节点的环）。

14.13 对于泛洪算法，对于 10×10 的网格，优化的函数为 $height(x, y) = -(x-4)^2 + (y-6)^4$。从位于随机位置的 $n = 20$ 个活跃蚂蚁开始。W 初值为 0，每次步进 0.1。

14.14 将 14.13 题表示为以实值 $[0, 10] \times [0, 10]$ 上的连续非线性规划任务。
（1）这个函数的约束局部最小（CLM）为何？
（2）用拉格朗日乘子表示该优化问题。
（3）其是否为全局最优？

14.15 离散领域的启发式通常通过问题描述松弛将整数规划转换为线性规划。
（1）将背包问题形式化为（0/1）整数规划。

（2）松弛整数规划约束推导出背包问题的上界。

14.16 在梯子问题中，如图 14.13 所示，一个探过 5m 高围墙的梯子刚好接触到围墙后 3m 的高墙。

（1）梯子的最小可能长度 l 是多少？采用标准微积分。提示：方程 $(a+3)^2+(b+5)^2=l^2$ 描述的是一个中心为 $(-3,-5)$，半径为 L 的圆。两个小的直角三角形底和高成比例使得 $ab=15$。将其代入第一个等式获得一个一元函数。

（2）给定目标函数 $F(a,b)$ 及其约束函数 $G(a,b)=0$，采用拉格朗日乘子求解该问题，并找出一组三元方程组。

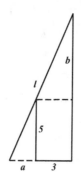

图 14.13　梯子问题

14.17 现在考虑有两个梯子的双梯问题，两个梯子的长度分别为 l 和 l'，其分别探过高度为 $h=10$ 和 $h'=15$ 的两个墙上，两堵墙间的间隙宽度为 $W=50$，如图 14.14 所示。两个梯子的底端距墙分别为 d 和 d'，梯子的顶端交会于墙顶部的一个点。两堵墙支撑着两个梯子，且梯子之间也互相支撑。问题是找到 l 和 l' 之和的最小值。

（1）采用普通微积分对该问题建模并求解。

（2）采用拉格朗日优化问题建模并求解该问题。

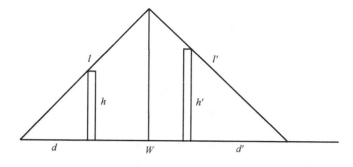

图 14.14　双梯问题

14.13　书目述评

爬山算法和梯度下降算法属于计算机科学的一个小插曲。泛洪算法属于模拟退火的一个版本，由 Kirkpatrick Jr. 和 Vecchi（1983）提出。随机禁忌搜索算法源于 Faigle 和 Kern（1992）的文献。对于采取直接方法难以解决的优化问题，退火可应用其中，如 Marinari 和 Parisi（1992）提出的模拟回火以及 Zheng（1999）提出的群优化，都可用于采取直接方法性能较差的情况。Metropolis 算法（Metropolis，Rosenbluth，Rosenbluth，Teller 和 Teller，1953）是从非均匀分布中基于马尔可夫链蒙特卡罗的标准采样方法。在 Hoos 和 Stützle（2004）文献的开始部分，对于提升空间和解状态空间有很好的探讨。

蚂蚁行走算法通过气味标记模型泛化了递减的使用。Wagner，Lindenbaum 和 Bruckstein（1998）分析了顶点蚂蚁行走算法。Madras 和 Slade（1993）中包含了敏感性 DFS 和自避行走间的合理折中。边蚂蚁行走算法由 Wagner，Lindenbaum 和 Bruckstein（1996）提出。Thrun（1992）描述了基于计数的探索方法，它类似于 VAW 算法，但给出覆盖时间上界是 $O(n^2 d)$，其中 d 是直径、n 是顶点数。

在前面的章节中，对于可以满足性问题已经有所提及。对于 MAX-SAT 的已知近似比为 0.7846；对于 MAX-3-SAT 是 7/8，上界是 7/8；对于 MAX-2-SAT 是 0.941，上界是 21/22=0.954；对于有额外基约束的 MAX-2-SAT 是 0.75；可参考文献 Hofmeister（2003）。很多非近似结果是基于 PCP 理论的，也就是这一类 NP 问题等效于特定类的概率可检验证明（PCP）。比如这一理论说明存在 $\varepsilon > 0$，使得找到 MAX-3-SAT 的 $1-\varepsilon$ 近似是 NP 难的。PCP 理论由 Arora（1995）发明的。在基于 Arora 博士论文的技术报告中包含了对 PCP 理论的完整证明，还包括与近似算法的基本关系。

Schöning（2002）对研究随机行走和汉明球的 Monien 和 Speckenmeyer（1985）的算法以及 Paturi，Pudlák，Zane（1977）的算法都进行了改进。Hofmeister，Schöning，Schuler 和 Watanabe（2002）将 3-SAT 随机求解的运行时间改进为 $O(1.3302^n)$，Baumer 和 Schuler（2003）进一步将其降低为 $O(1.329^n)$。Dantsin，Goerdt，Hirsch 和 Schöning（2000）则提出了性能界为 $O((2-\frac{2}{k+1})^n)$ 的确定性算法。Miltersen，Radhakrishnan 和 Wegener（2005）得出的下界 $O(2^{n-\Theta(n/\lg n)})$ 表明：从合取范式（CNF）到析取范式（DNF）的转换

复杂性几乎是指数的。这意味着针对通用 SAT 问题的 $O(\alpha^n)$ 算法（这里 $\alpha < 2$）不会很快。

遗传算法在其相关社区和会议中应用广泛。Holland（1975）最早提出了遗传规划，包括模式定理。相关的综述可参阅 Koza（1992，1994）、Koza，Bennett，Andre 和 Keane（1999）等文献。Schwefel（1995）将进化算法应用于优化飞机涡轮机。Godefroid 和 Khurshid（2004）介绍了模型检验环境中的遗传路径搜索。

蚁群算法也有很大的应用社区，并且有自己的会议。Dorigo，Gambardella，Middendorf 和 Stützle（2002）等的专刊《蚁群算法和群体智能》以及 Dorigo 和 Stützle（2004）的书是比较好的起点。Gambardella 和 Dorigo（1996）给出了用于解决 TSP 的蚁群算法。Dorigo，Maniezzo 和 Colorni（1996）对其进行了推广。

对于（粒子群）群体优化算法（PSO）近些年关注度越来越高，这是一种基于群体的随机优化技术，最早由 Kennedy 和 Eberhart 提出。该算法与遗传算法很相近，只是采取了不同的重组和变异操作（Kennedy，Eberhart 和 Shi，2001）。其应用包括 Chu，Chen 和 Ho（2006）考虑的时间表，以及 Günther 和 Nissen（2010）考虑的填充物调度等。

数学规划在连续和混合整数优化中有很长的使用历史。Avriel（1976）写的《非线性规划》一书是很好的入门。Karush，Kuhn 和 Tucker（见 Bertsekas，1999）给出了 CNLP 的另外一个必要条件。也就是如果在 P_c 中仅存在等式约束，那么问题就是对存在 $n+m$ 个等式和 $n+m$ 个未知变量 (x,λ) 的求解，通过类似牛顿方法的迭代方法就可得出解。一个静态惩罚方法将 P_c 转换为无约束问题 $L_\rho(x,\alpha,\beta) = f(x) + \alpha^T |h(x)|^\rho + \beta^T \max\{0, g(x)\}^\rho$，非常类似于正文中考虑的问题（令 $\rho = 1$）。但这个算法很难在实际中运行，因为 L_ρ 的全局最优需要对搜索空间的所有点都成立，这就会使得 α 和 β 非常大。

混合整数 NLP 方法通常将 MINLP 分解成子问题，通过这种方式，就可在固定变量的一个子集后，使得每个子问题为凸且易于求解或能够松弛和近似。该方法主要有四种类型：Geoffrion（1972）提出的泛化 Benders 分解；Duran 和 Grossmann（1986）提出的外部近似；Holmberg（1990）提出的泛化交叉分解；Ryoo 和 Sahinidis（1996）提出的分支约减方法。

对于选择性搜索算法的完备性，有一个术语称为概率近似完备性（PAC）（Hoos 和 Stützle，1999）。随机算法本质上是不完备的，其不是 PAC 算法。直觉上，如果算法可无限制的运行下去，当解存在时，PAC 算法总是可找到一个解。换句话说，PAC 算法不会困在搜索空间的非解域。但是，它们可能需要耗费较长的时间跳出这种域，例如，参考文献 Hoos 和 Stützle（2004）。这一理论特性是否对实际造成影响目前还不确定。但如果将其与收敛失效率结合，也许会有不同的效果。

没有免费的午餐理论最早是由 Wolpert 和 Macready（1996）提出的。Culberson（1998b）给出了没有免费的午餐理论的算法视角。关于 NFL 理论的更多最近研究成果主要由 Droste，Jansen 和 Wegener（1999，2002）给出。

第 5 部分

启发式搜索应用

第15章 动作规划

在领域无关动作规划中,一个运行系统必须能够完全自动地发现规划方案并利用搜索知识。本章主要关注确定性规划(应用每个动作恰生成一个后继)。在确定性规划中,环境中没有不确定性因素,并且不存在可以推断出其他不可访问状态变量的观察。规划问题的输入包括一个状态变量集合、以变量赋值形式表示的初始状态、一个目标(条件)和一个动作集合。一个规划就是导致初始状态最终映射到满足目标的某个状态的动作序列(或调度)。

问题域描述语言(PDDL)允许灵活地描述领域模型和问题实例。从 STRIPS 表示法(第 1 章已介绍)开始,PDDL 现已具有非常大的表现力,包括大规模的组合成命题表达式的一阶逻辑片段、描述实值量处理的数值状态变量以及为有效规划集施加额外限制的约束。测度规划引入了具有耗费的规划,时序规划包含了动作持续时间。PDDL 的约定标准包含以下表现层次。

层次一:命题规划。该层次包含所有种类的命题描述语言。它使用抽象描述语言(ADL)统一了 STRIPS 类规划。ADL 准许类型化的领域对象以及附加在该对象上的任何有界量化。ADL 也包括否定和析取的前提条件以及条件效果。前两种语言扩展能够容易地(通过引入否定谓词和分离动作)编译,后者的编译可能在问题描述上出现指数级增长,从这个层面上说,后几种语言是必不可少的。命题规划是可判定但 PSPACE 难的。

层次二:测度规划。该层次引入了数值型状态变量,即所谓的状态谓词,以及能够判断规划质量的待最优化的目标函数(域测度)。关联到每个具体原语的不再是布尔变量,语言扩展使得语言可以处理连续量,这是建模多种真实世界问题域的重要条件。这种增加的表现力代价高昂。即使对于非常受限的问题种类,测度规划也是不可判定的(如果构建一个总是可以终止并产生正确解的可计算函数是不可能的,那么一个决策问题是不可判定的)。但是,这并不意味着测度规划器无法为具体问题实例找到规划。

层次三:时序规划。该层次引入了代表动作执行时间的持续时间。持续时间可以是常量,也可是依赖于当前状态变量赋值的数值表达式。研究者已经提出了两种不同的语义。在 PDDL 语义中,每个时序动作被划分为初始、不变量以及终结事件。然而,许多时序规划器假定一种更为简单的黑盒语义。常见的任务是寻找一个时序规划，即带有各自开始时间的动作集合。该规划可以是顺序的（模拟加性动作耗费），也可以是并行的（允许动作的并发执行）。该时序规划的最小执行时间称为它的完成时间，并且可作为一种目标包含在领域测度中。

越来越多的特性被添加到这种分层结构中。以派生谓词为形式的领域公理引入了推理规则，定时初始事实准许指定动作的执行窗口和最后期限。PDDL的新发展聚焦在规划的时序和偏好约束上。更高的层次支持连续的处理和触发的事件。

两年一次的国际规划竞赛（始于 1998 年）的结果表明，规划器在与语言扩展保持一致的同时，保持了在寻找和优化规划方案时的良好性能。除了算法上的贡献，其成果也提到计算机在处理能力和内存资源上的增强。

因此，现代动作规划明显更适合于为特定问题提供原型解。事实上，动作规划变得越来越面向应用。为了说明现代动作规划的范围和适用性，我们列举了一些已经在国际规划竞赛中作为基准的示例。

（1）机场。任务是控制机场地面交通，为飞机分配行进路线和时间，这样能保证出站流量已起飞，入站流量能够停靠。主要的问题约束是确保飞机的安全性。目标为最小化所有飞机的总行程时间。

（2）管道世界。任务是通过管道网络控制不同且可能存在冲突的原油衍生物的流动，使得特定产品总量能够被运输到它们的目的地。管道网络可建模为由区域（节点）和管道（边）构成的图，其中管道长度可以不同。

（3）线性时序逻辑。任务是验证通信进程中的有效状态属性。特别地，应该能够检测死锁状态，即那些没有任何进程可产生变迁的状态。例如，当一个进程尝试从空的通信信道中读取数据时，该进程可能死锁。

（4）电力供应恢复。任务是重新配置故障的电力网络，从而保证能够提供最大数量的非故障线路。关于网络状态存在着不确定性，并且需要优化多种数值型参数。

（5）卫星。领域的灵感来自美国国家航空航天局（NASA）应用，卫星需要取景各种空间现象并将其发送回地球。在扩展的场景中，加入了将消息发送到地面站的时间表。

（6）星际巡游者。领域（灵感也来自 NASA 应用）为一群行星巡游者的规划进行建模，从而探索巡游者所在的行星。例如，通过拍照和对感兴趣的目标进行采样进行探索。

（7）存储。领域涉及空间推理以及将集装箱中的一定数量的货箱通过升降机移动到仓库。在仓库内部，每个升降机根据连接不同仓库区域的指定空间地图进行行动。

（8）旅行购买问题是旅行商问题的一种推广。有一些产品和市场。为每个市场以已知的价格提供有限数量的每种产品。该任务是找到一个市场的子集，使得可以购买每种产品的给定需求，并且最小化路由和购买耗费。

（9）开放堆。厂商有一些订单，每个订单都是由不同的产品组合而成的，并且每次只能生产一种产品。对每种产品的总的需求是同时产生的。从订单上第一个产品的生产开始到订单上所有的产品都完成为止的时间内，订单都是开放的。在这段时间内，它需要一个堆栈。该问题是安排这些不同产品的生产顺序，从而最小化同时使用的堆栈的最大数量。

（10）卡车。本质上说，这是关于特定约束条件下卡车在不同地点间移动包裹的物流领域。每辆卡车的装载空间按区域组织；仅当当前考虑的区域与卡车门之间的区域是空闲时，一个包裹才能被装进卡车。此外，一些包裹必须按照给定的期限派送。

（11）移民。任务是在无人居住区构建出一套基础设施，包括住房、铁路轨道和锯木厂等。该问题域与众不同的特色是大部分问题域语义是以数值型变量编码的。

（12）通用移动通信系统。任务是优化移动应用的呼叫建立。这个设定的一种精妙的调度需要对呼叫建立期间涉及的应用模块的执行进行排序并加速。

在处理领域无关的规划的内在困难性方面，最重要的贡献是发展一般启发式形式的搜索引导。接下来，将介绍规划启发式的设计并展示如何处理更具表现力的规划形式，如测度和时序规划以及约束规划。

15.1 最优规划

最优规划器计算最佳可能的规划。它们最小化（顺序或并发的）规划步骤数量或根据规划测度优化规划。存在多种最优规划的方法，包括规划图编码、可满足性求解、整数规划和约束满足等，还有其他类似的方法。许多现代的方法考虑基于容许估计的启发式搜索规划。

我们首先通过层次规划图和可满足性规划介绍最优规划。然后，基于动态规划或模式数据库设计容许启发式。

15.1.1 图规划

图规划是命题规划问题的并行最优规划器。图规划算法的大致工作过程如下。首先，参数输入作为基础。从仅包含第一层初始状态的规划图开始，增量构建该图。在算法的一个阶段，使用一个动作和一个命题层扩展规划图，紧接着是一个图提取阶段。若该搜索以无解终止，则多用一层扩展规划的范围。考虑在太空中运输货物的火箭问题域（图 15.1）。表 15.1 显示了问题的层次规划图。

```
(:action move
 :parameters (?r - rocket ?from ?to - place)
 :precondition (and (at ?r ?from) (has-fuel ?r))
 :effect (and (at ?r ?to) (not (at ?r ?from)) (not (has-fuel ?r))))
(:action load
 :parameters (?r - rocket ?p - place ?c - cargo)
 :precondition (and (at ?r ?p) (at ?c ?p))
 :effect (and (in ?c ?r) (not (at ?c ?p))))
(:action unload
 :parameters (?r - rocket ?p - place ?c - cargo)
 :precondition (and (at ?r ?p) (in ?c ?r))
 :effect (and (at ?c ?p) (not (in ?c ?r))))
```

图 15.1 火箭问题域中的一些动作

表 15.1 火箭问题域的层次规划图（命题和动作层次交叉。第一个命题层次包含初始状态。动作层次 i 包含了在命题层次 $i-1$ 中满足前提条件的所有动作。如果一个命题已经包含在 $i-1$ 层，或者存在一个应用动作将此命题作为一个累加效果，那么将此命题加入到第 i 层中）

命题层次 1	动作层次 1	命题层次 2	动作层次 2	命题层次 3
	(load $b\ l$)	(in $b\ r$)	(noop)	(in $b\ r$)
	(load $a\ l$)	(in $a\ r$)	(noop)	(in $a\ r$)
	(move $l\ p$)	(at $r\ p$)	(noop)	(at $r\ p$)
			(unload $a\ p$)	(at $a\ p$)
			(unload $b\ p$)	(at $b\ p$)
(at $a\ l$)	(noop)	(at $a\ l$)	(noop)	(at $a\ l$)
(at $b\ l$)	(noop)	(at $b\ l$)	(noop)	(at $b\ l$)
(at $r\ l$)	(noop)	(at $r\ l$)	(noop)	(at $r\ l$)
(fuel r)	(noop)	(fuel r)	(noop)	(fuel r)

在前向阶段，按如下方法确定下一个动作层次。对于每个动作及其实例，如果任两个前提条件都没被标记为相互排斥的（互斥），那么插入一个节点。如果产生命题 a 的所有选项与产生命题 b 的所有选项都是排斥的，那么命题 a 和 b 标记为互斥。此外，包含了那些所谓的等待动作，这些动作仅将现有命题传播到下一层次。接下来，测试动作的互斥性，并且对于每个动作记录一个互斥的所有其他动作的列表。为了产生下一命题层次，插入了累加效果，并将其作为下一阶段的输入。

当命题集合不再变化时，就达到了一个不动点。作为一个微妙的问题，这种终止测试并不充分。考虑积木世界中的目标（on $a\ b$）、（on $b\ c$）和（on $c\ a$），任意两个条件都是可满足的，但是三个条件一起并不满足。因此，如果先前阶段中的命题集合以及目标集合没有改变，那么前向阶段就会终止。

不难看出，规划图的规模与对象数量 n、动作模式数量 m、初始状态中命题数 p、最长增加列表的长度 l、规划图的层数呈多项式级。令 k 为动作参数的最大值。实例化效果的数量的界限为 $O(ln^k)$。因此，每个命题层次的最大节点数量的界限为 $O(p+mln^k)$。因为每个动作模式最多有 $O(n^k)$ 种不同方式的实例化，所以每个动作层中最大节点数量的界限是 $O(mn^k)$。

在产生的规划图中，图规划构建了一个有效的规划，从目标集进行后向链接。相对其他多数规划器，这种逐层处理的工作方式可较好的保留互斥关系。给定时间步长 t，从时间步长 $t-1$ 开始，图规划试图提取所有可能的动作（包括等待动作），它将当前的子目标作为累加效果。这些动作的前提条件在时间步长 $t-1$ 内构建的待满足的子目标满足时间步长 t 内选择的子目标。如果子目标集合不可解，图规划将会选取一组不同的动作集合进行迭代直到满足所有子目标或排查完所有可能的组合。对于后者，（对于给定的深度阈值）不存在任何规划，因为当且仅当当前规划问题无解时图规划将以失败终止。后向阶段的复杂度是指数级的（除非 PSPACE=P）。通过分层构建，图规划构建了一个具有最少并行规划步骤数量的规划。

15.1.2 约束满足问题规划

为了将完全实例化的动作规划任务转换为可满足性问题，可以为每个命题分配一个时间戳，用于表明命题何时有效。以简单的积木世界为例，对于其初始状态以及目标条件，可生成如下公式：

$$(\text{on } a\, b\, 1) \land (\text{on } b\, t\, 1) \land (\text{clear } a\, 1) \land (\text{on } b\, a\, 3)$$

进一步的，公式可表示动作执行，包括动作效果，如

$$\forall x, y, z, i: (\text{on } x\, y\, i) \land (\text{clear } x\, i) \land (\text{clear } z\, i) \land (\text{move } x\, y\, z\, i) \Rightarrow$$
$$(\text{on } x\, z\, i+1) \land (\text{clear } y\, i+1)$$

和为了命题持续的等待子句。为了表示不能执行任何前提条件不满足的动作，我们可以引入一些规则，其中的额外动作文字隐含了其前提条件，如

$$\forall x, y, z, i: (\text{move } x\, y\, z\, i) \Rightarrow (\text{clear } x\, i) \land (\text{clear } z\, i) \land (\text{on } x\, y\, i)$$

可以类似地处理后续效应。另外，（对顺序规划）必须表示在某个时间点只能执行一个动作，可得

$$\forall x, x', y, y', z, z', i: x \neq x' \lor y \neq y' \lor z \neq z' \Rightarrow \neg(\text{move } x\, y\, z\, i) \lor \neg(\text{move } x'\, y'\, z'\, i)$$

最后，给定步骤阈值 N，我们要求在每一步 $i < N$，必须至少执行一个动作；对于所有的 $i < N$，要求

$$\exists x, y, z: (\text{move } x\, y\, z\, i)$$

该规划问题仅有的模型是（move a b t 1）和（move b t a 2）。约束满足问题规划（Satplan）是规划问题编码与 SAT 求解器的一个组合。规划器的性能与日益高效的 SAT 求解器的发展是分不开的。

Satplan 到并行规划的扩展对规划图以及图规划的互斥进行编码。对于这个方法，Satplan 不是去找拥有最小总步骤数的规划，而是去找并行步骤数最小的规划方案。

15.1.3 动态规划

对启发式搜索规划的最早估计之一就是最大原子启发式。它是求解松弛问题最优耗费的近似方法，在此松弛问题中，忽略了删除列表。图 15.2（a）给出了具体说明。

该启发式是以动态规划为基础的。这里，考虑一个命题和基本命题规划问题 $P=(S,A,s,T)$（见第 1 章），其中，规划状态是 u 和 v，命题是 p 和 q。值 $h(u)=\sum_{p\in T}g(u,p)$ 是 u 到 p 近似值 $g(u,p)$ 的累加和，这里 $g(u,p)=\min\{g(u,p),1+\max_{q\in\text{pre}(a)}g(u,q)\,|\,p\in\text{add}(a),a\in A\}$ 是一个不动点等式。对于 $p\in u$，递归从 $g(u,p)=0$ 开始，否则，从 $g(u,p)=\infty$ 开始。g 值通过迭代计算得到，直到其值不再变化。集合 C 的耗费 $g(u,C)$ 可通过 $g(u,C)=\sum_{p\in C}g(u,p)$ 计算。事实上，可用求和（假设是顺序完成）或求最大值（假设是并行完成）得到完成集合中所有命题的耗费。最大原子启发式选择最大耗费值 $g(u,C)=\max_{p\in C}g(u,p)$。其伪代码如算法 15.1 所示。通过取最大耗费值使得每条边上的启发式至多减少 1，所以这个启发式是连续的。

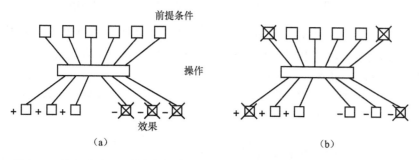

图 15.2 最大原子以及模式数据库启发式的动作抽象示意图（抽象动作的前提条件以顶端的方框显示，效果（以累加（+）和删除（−）效果区分）以底端的方框显示。标记的方框表示问题松弛时已被删除的事实）

（a）最大原子的动作抽象；（b）模式数据库启发式的动作抽象。

```
Procedure Max-Atom
Input: 状态空间规划问题 P
Output: T 的最大原子启发式

for each p ∈ AP : g(p) ← ∞                              ;; 初始化距离数组为默认值
for each p ∈ u : g(p) ← 0                               ;; 初始化到当前状态的距离数组
v ← u; u ← ∅                                            ;; 初始化松弛遍历
while (u ≠ v)                                           ;; 终止条件：没有变化
    for each a ∈ {a' ∈ A | pre(a') ⊆ v}                 ;; 对于所有使能的动作
        p_max ← arg max_{p∈pre(a)} {g(p)}               ;; 耗费最大的前提条件
        for each r ∈ add(a)                             ;; 考虑所有累加效果
            if (1 + p_max ≤ g(r)) g(r) ← 1 + p_max      ;; 改进值
    u ← v                                               ;; 标记之前的状态
    v ← u ∪ add(a)                                      ;; 应用操作（无须删除列表）
return max_{p∈T} g(p)
```

算法 15.1

最大原子启发式

因为启发式确定相对于初始状态的原子后向距离，所以先前的启发式定义只对后向或回归搜索有用。然而，将其进行变化后应用于前向或进展搜索，实现起来也并不困难。

最大原子启发式已扩展成最大原子对，以容纳更大的原子集合，该集合通过近似原子对的耗费扩大提取的信息（不损失容许性）：

$$g_2(u,\{p,q\}) = \min\{\min_{a \in A(p\&q)}[1+g_2(u,\text{pre}(a))],$$

$$\min_{a \in A(p|q)}[1+g_2(u,\text{pre}(a) \cup \{p\})],\ \min_{a \in A(q|p)}[1+g_2(u,\text{pre}(a) \cup \{q\})]\}$$

式中：$p \& q$ 表示 p 和 q 都在动作的累加列表中；$p|q$ 表示 p 在累加列表中，q 既不在累加列表中，也不在删除列表中。如果可预先计算所有的目标距离，那么这些距离可从表中获得，从而实现快速启发式。

用包含 $m \geq 2$ 个元素的原子集合扩展 h^m，必须用如下递归式进行表述：

$$h^m(C) = \begin{cases} 0, & C \subseteq u,\ |C| \leq m \\ \min_{(D,O) \in R(C)}\{1+h^m(D)\}, & C \not\subseteq u,\ |C| \leq m \\ \max_{D \subseteq C, |D|=m} h^m(D), & |C| > m \end{cases}$$

式中：$R(C)$ 为包含 $C \cap \text{add}(a) \neq \emptyset$、$C \cap \text{del}(a) \neq \emptyset$ 并且 $D = (C \setminus \text{add}(a)) \cup \text{pre}(a)$ 的所有 (D,O) 对。现实中很少使用。

图规划里命题的层次化安排可视为 h^2 的搜索的特例。

15.1.4 规划模式数据库

接下来研究如何将模式数据库（见第 4 章）应用到动作规划里。对于（以实例化谓词集合形式表示的）固定的状态向量，给出一个通用的抽象函数。最终目标是完全自动地为规划问题创建容许的启发式。

规划模式略去规划空间中的命题。因此，在关于集合 $R \subseteq AP$ 的抽象规划问题中，通过 $\phi(u) = u|_R = u \cap R$ 导出一个域抽象（后面会讨论如何自动选择 R）。ϕ 可解释为所有不在 R 中的命题的布尔变量被映射到不在意字符。对于命题原子集合 R，命题规划问题 (S, A, s, T) 的抽象规划问题 $P|_R = (S|_R, A|_R, s|_R, T|_R)$ 定义为 $s|_R = s \cap R$、$S|_R = \{u|_R | u \in S\}$、$T|_R = \{t|_R | t \in T\}$、$A|_R = \{a|_R | a \in A\}$，其中对于 $a = (\text{pre}(a), \text{add}(a), \text{del}(a)) \in A$，$a|_R$ 定义为 $a|_R = (\text{pre}(a)|_R, \text{add}(a)|_R, \text{del}(a)|_R)$。图 15.2（b）给出了一个示例。

这意味着可以通过将具体动作的前提条件、累加以及删除列表与抽象中的谓词子集进行交叉，从而从具体动作中导出抽象动作。具体空间中的动作约束可能在抽象规划问题中产生等待动作 $\phi_R(a) = (\emptyset, \emptyset, \emptyset)$，它将被动作集合 $A|_R$ 舍弃。

就命题集合 R 以及命题规划问题 $P = (S, A, s, T)$ 而言，规划模式数据库是 (d, v) 对的集合，其中，$v \in S|_R$ 且 d 是到抽象目标的最短路径。约束 $|_R$ 是解保持的，也就是，对于命题规划问题 P 中的任意顺序规划 π，抽象命题规划问题 $P|_R = (S|_R, A|_R, s|_R, T|_R)$ 都存在一个规划 $\pi|_R$。而且，$P|_R$ 的最优抽象规划应短于或等于 P 的最优规划。如果某些抽象动作是等待动作或在抽象空间中存在更短的路径，则严格不等式成立。也可以证明模式数据库启发式的一致性，方法如下：对每个能够在具体空间中将 u 映射到 v 的动作 a，有 $\phi(a)(\phi(u)) = \phi(v)$。按照最短路径的三角不等式，$\phi(v)$ 的抽象目标距离加上 1 大于或等于抽象目标距离 $\phi(u)$。

图 15.3 分别给出了一个标准模式数据库和一个多模式数据库，表明不同的抽象会涉及状态向量的不同部分。

1. 编码

命题式编码并不是解决命题规划问题最好的状态空间表示方法。多值变量编码通常更好，它将命题规划任务转变成 SAS^+ 规划问题，此问题定义为五元组 $P = (S, X, A, s, T)$，其中，$X = \{v_1, v_2, \cdots, v_n\}$ 为 S 中状态的状态变量集（每个 $v \in X$ 具有有限域 D_v），A 为以 (P, E) 为前提条件和效果的动作集合，s 和 T 分别为以部分赋值形式表示的初始和目标状态。如果已定义 $s(v)$，X 的部分赋值是一个 s 在 X 上的函数，使得 $s(v) \in D_v$。

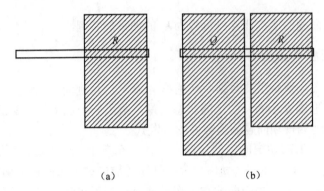

图 15.3 在命题集合 R 和 Q 上的标准和多模式数据库：水平标尺表示状态向量；矩形框说明了在已选的支持原子之上生成的模式数据库（矩形框宽度对应已选的命题集合，高度对应数据库的规模）

(a) 标准数据库；(b) 多模式数据库。

寻找合适的多值变量编码的过程可通过一个简单的规划问题来说明，该问题中卡车要将包裹从洛杉矶派送到旧金山。其中，初始状态可由以下的原子定义，即（ispackage package）、（istruck truck）、（location los-angeles）、（location sanfrancisco）、（at package los-angeles）和（at truck los-angeles）。目标状态需要满足条件（at package san-francisco）。该领域提供了三种动作模式，分别是在特定的地点将特定的包裹装上卡车的模式 load，其相反的模式 unload，以及将卡车从一个地点移动到另一个地点的模式 move。

初始预处理步骤将检测到只有 at（指示卡车和包裹在特定位置出现）以及 in 谓词（表示包裹装入特定的卡车内）随时间而改变并需要进行编码。标签谓词 ispackage、istruck 和 location 不受任何动作影响，因而无须在状态编码中说明。

在接下来的步骤中，会发现一些互斥约束。在本案例中，将发现给定的对象总是位于（at）或在（in）至多一个其他对象中，因此命题（at package los-angeles）和（in package truck）是互斥的。该结果可由事实空间探索（fact space exploration）补充：忽略动作的负面（删除）效果，我们穷举对初始状态应用任意合法动作序列可满足的命题，如此能够剔除非法的命题，如（in los-angeles package）、（at package package）或者（in truck san-francisco）。到此为止，针对该问题，规划器拥有了设计高效状态编码方案所需的所有信息。我们发现需要三个多值变量。第一个用来编码卡车当前的城市，另两个用来编码包裹的状态。

利用多值变量编码，可能规划状态数将会显著收缩，而可达规划状态的数量则保持不变。另一方面，多值变量编码对抽象规划空间的期望规模提供了更好的预测。

2. 多模式数据库

由于抽象规划问题由原子的选择 R 来定义，所以，对于一个模式数据库会存在多种不同的候选。即使对多值变量投影时，该结论依然成立。

这里以积木世界为例阐述几点看法。该案例可以用四种动作模式 pick-up、putdown、stack 以及 unstack 和命题 on、ontable、handempty 和 clear 进行说明。该实例包括四个基础块 a、b、c 和 d。例如，(pick-up a)定义为前提条件列表 {(clear a), (ontable a), (handempty)}、累加列表{(holding a)}和删除列表{(ontable a), (clear a), (handempty)}。该实例的目标列表是{(on $d\ c$), (on $c\ a$), (on $a\ b$)}，初始状态设为{(clear b), (ontable d), (on $b\ c$), (on $c\ a$), (on $a\ d$)}。

该问题域的一个可能的多值变量编码，可由前文所述的静态分析器自动推断的互斥命题组成。该编码包含 9 个变量域：D_{v1} = {(on $c\ a$), (on $d\ a$), (on $b\ a$), (clear a), (holding a)}（对 a 之上的块）；D_{v2}={(on $a\ c$), (on $d\ c$), (on $b\ c$), (clear c), (holding c)}（对 c 之上的块）；D_{v3} = {(on $a\ d$), (on $c\ d$), (on $b\ d$), (clear d), (holding d)}（对 d 之上的块）；D_{v4}={(on $a\ b$), (on $c\ b$), (on $d\ b$), (clear b), (holding b)}（对 b 之上的块）；D_{v5} = {(ontable a), none}（塔最底层的块 a）；D_{v6} = {(ontable c), none}（塔最底层的块 c）；D_{v7}={(ontable d), none}（塔最底层的块 d）；D_{v8} ={(ontable b), none}（塔最底层的块 b）；以及 D_{v9}={(handempty), none}（对手爪而言）。每个状态可由为每个变量选择的命题来表示，这里的 none 指群组中其他所有命题的缺失。

我们可用含偶索引的变量定义抽象 ϕ_{even}，用含奇数索引的变量定义抽象 ϕ_{odd}。生成的规划数据库如表 15.2 所列。可以看出，在目标状态中只有三个原子出现，从而使得模式数据库中有一个只包含了长度为 1 的模式。表中，抽象 ϕ_{even} 对应 v_1，ϕ_{odd} 对应 v_2 和 v_4 的并集。

为了构建显式状态模式数据库，可使用哈希表为每个抽象状态存储目标距离。相比之下，符号规划模式数据库使用 BDD 探索构建规划模式数据库，其后可用于符号化启发式搜索或显式启发式搜索。每个搜索层都由一个 BDD 表示。在规划实践中，一个更好的扩展似乎更偏好符号模式数据库构建。

3. 模式寻址

为了存储模式数据库，需要大哈希表。这样，状态的估计仅仅是一次哈希表查找（每个对应一个模式数据库）。不难设计一个增量哈希机制来改进查找效率。

表 15.2 示例问题的两个模式数据库（表中显示了模式对和目标距离。上面一个数据库是指使用可能的分配(on c a), (on d a), (on b a), (clear a)和(holding a)映射到组 v_1。从(on c a)开始产生这个数据库。第二个数据库从部分目标状态(on d c), (on a b)开始产生并映射到 v_2 和 v_4 的叉乘，v_2 覆盖了(on a c), (on d c), (on b c), (clear c), (holding c)，v_4 覆盖了(on a b), (on c b), (on d b), (clear b)和(holding b)）

	((on c a),0)
	((clear a),1)
	((holding a),2)
	((on b a),2)
	((on d a),2)
((on d c), (on a b),0)	
((on d c)(clear b),1)	((on a b)(clear c),1)
((on d c)(holding b),2)	((clear c)(clear b),2)
((on d c)(on d b),2)	((on a b)(holding c),2)
((on a c)(on a b),2)	
((clear c)(holding b),3)	((clear b)(holding c),3)
((on a c)(clear b),3)	((on d b)(clear c),3)
((holding c)(holding b),4)	((on b c)(clear b),4)
((on a c)(holding b),4)	((on c b)(clear a),4)
((on d b)(holding c),4)	((on a c)(on d b),4)
((on b c)(holding b),5)	((on a b)(on b c),5)
((on d b)(on b c),5)	((on c b)(holding c),5)
((on a c)(on c b),5)	((on c b)(on d c),5)

首先假设一个命题编码。对于 $u \subseteq AP = \{p_1, p_2, \cdots, p_{|AP|}\}$，选择 $h(u) = \left(\sum_{p_i \in u} 2^i\right) \bmod q$ 作为哈希函数，素数 q 表示哈希表的规模。哈希值 $v = (u \setminus \text{del}(a)) \cup \text{add}(a)$ 可以增量计算如下：

$$h(v) = \left(\sum_{a_i \in (u \setminus \text{del}(a)) \cup \text{add}(a)} 2^i\right) \bmod q = \left(\sum_{p_i \in u} 2^i - \sum_{p_i \in \text{del}(a)} 2^i + \sum_{p_i \in \text{add}(a)} 2^i\right) \bmod q$$

$$= \left(\left(\sum_{p_i \in u} 2^i\right) \bmod q - \left(\sum_{p_i \in \text{del}(a)} 2^i\right) \bmod q + \left(\sum_{p_i \in \text{add}(a)} 2^i\right) \bmod q\right) \bmod q$$

$$= \left(h(u) - \left(\sum_{p_i \in \text{del}(a)} 2^i\right) \bmod q + \left(\sum_{p_i \in \text{add}(a)} 2^i\right) \bmod q\right) \bmod q$$

当然，哈希方法引入了一些有限数量的冲突，这些冲突需用第 3 章的技术解决。

因为对于所有 $p_i \in \mathrm{AP}$，可以预先计算 $2^i \bmod q$，所以计算哈希地址的增量运行时间是 $O(|\mathrm{add}(a)|+|\mathrm{del}(a)|)$，对于多数命题规划问题，该时间几乎是个常数（见第 1 章）。对于常数时间复杂度，我们存储每个动作 a 和 $\left(\sum_{p_i \in \mathrm{add}(a)} 2^i\right) \bmod q - \left(\sum_{p_i \in \mathrm{del}(a)} 2^i\right) \bmod q$。与规划状态的规模相比，两种方式复杂度都很小。

将增量哈希寻址扩展为多值变量并不困难。根据变量划分，哈希函数定义如下。令 $v_{i_1}, v_{i_2}, \cdots, v_{i_k}$ 表示当前抽象中选中的变量，并且 $\mathrm{offset}(k) = \Pi_{l=1}^{k} |D_{v_{i_{l-1}}}|$。此外，令 $\mathrm{variable}(p)$ 和 $\mathrm{value}(p)$ 分别是变量索引和命题 p 所在变量组中的位置。那么，状态 u 的哈希值为

$$h(u) = \sum_{p \in u} \mathrm{value}(p) \cdot \mathrm{offset}(\mathrm{variable}(p)) \bmod q$$

对于 $v = (u \setminus \mathrm{del}(a)) \cup \mathrm{add}(a)$，可以直接进行 $h(v)$ 的增量计算。

4. 自动化的模式选择

即使在我们所举的简单示例规划问题中，对于 ϕ_{even} 和 ϕ_{odd}，变量的数量以及产生的模式数据库规模都有显著区别。由于对模式数据库构建执行了完全探索，所以可能耗尽时间和空间资源。因此，在内存空间受限的条件下，需要一个能够自动地找到平衡划分的方法。我们采取的方法是对单个模式数据库的规模设置阈值，而不是对所有模式数据库规模的总和设定上界，该阈值必须适应给定的体系结构。

如第 4 章所示，模式选择的一种选项是模式填充。根据变量的领域规模，模式填充选择一组总规模不超过给定阈值的模式数据库。

接下来，考虑用于改进模式选择的遗传算法，其中，模式基因表示哪一个变量出现在哪个模式中。模式基因具有二维布局（图 15.4）。建议以模式填充初始化基因。为避免初始种群的基因完全一样，可对模式填充的变量顺序进行随机化处理。

模式变异以小概率方式按位反转。这允许我们在模式中增加或删除变量。我们扩展变异操作从而可以对整个模式进行插入和移除。重组后生成的扩大种群可基于它们的适应度使用选择方法缩减为初始规模。归一化的种群适应度可解释为选择下一种群的分布函数。因此，具有更高适应度的基因被选中的概率更高。

在抽象空间中到目标的距离值越大，在具体搜索空间中加速搜索的相应数据库质量也就越好。所以，我们计算每个数据库的平均启发值，并将其增加到模式划分上。假定 PDB_i 是第 i 个模式数据库，$1 \leqslant i \leqslant p$，$h_{\max}^i$ 是其最大 h 值，则基因 g 的适应度为

$$\bar{h}(g) = \max_{i=1}^{p} \sum_{x=1}^{h_{\max}^i} \frac{i \cdot \left|\{u \in \text{PDB}_i \mid h(u) = x\}\right|}{|\text{PDB}_i|}$$

或

$$\bar{h}(g) = \sum_{i=1}^{p} \sum_{x=1}^{h_{\max}^i} \frac{i \cdot \left|\{u \in \text{PDB}_i \mid h(u) = x\}\right|}{|\text{PDB}_i|}$$

其中的操作符取决于多模式数据库的不相交性。

序号	v_1	v_2	v_3	v_4	v_5	v_6	v_7	v_8	⋯	n
1	1	0	0	0	1	1	0	1	⋯	1
2	0	0	1	0	1	0	1	0	⋯	0
3	0	1	1	0	1	1	0	1	⋯	1
4	1	0	0	1	0	0	1	1	⋯	0
5	0	1	0	0	1	0	1	0	⋯	0
6	1	0	1	0	0	1	0	0	⋯	0
7	0	0	0	1	1	0	1	0	⋯	1
8	0	1	1	0	0	1	0	0	⋯	0
⋮	⋮	⋮	⋮	⋮	⋮	⋮	⋮	⋮	⋱	⋮
p	1	1	0	0	0	0	0	1	⋯	0

图 15.4 规划模式选择的基因表示（列是变量，行枚举了模式。第一种模式中出现了变量 v_1、v_5、v_6、v_8 和 v_n，第二种模式中选择了 v_3、v_5 和 v_7）

15.2 次优规划

对于次优规划，本节首先介绍基于多值变量编码的因果图启发式。接着探究松弛规划启发式（见第 1 章）到测度和时序规划领域的扩展。

15.2.1 因果图

松弛规划启发式（见第 1 章）主要存在两个问题。一个是不可解问题变得可解；另一个是距离近似会变得弱化。以图 15.5 所示的两个物流问题为例。在这两个案例中，需要用（初始位于阴影节点处的）货车将包裹派送到（以阴影箭头指示的）其目的地。

第一个案例（图 15.5（a））存在一个松弛规划，但具体的规划问题（假设行程约束由边引起）实际上不可解。

在第二个案例中（图 15.5（b）），存在一个具体的规划，它要求移动货车去装载包裹并将其送回原地。松弛规划启发式会返回一个约为最优规划一半好的规划。如果将该问题扩展到该图下方的部分，那么基于松弛规划启发式的启发式搜索规划器很快就会失败。

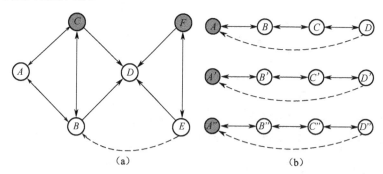

图 15.5 具有松弛规划启发式的问题（第一个问题的松弛规划是移动右边的货车装载包裹，运送至 D 点，并卸下包裹。接着移动左边的货车到 D，装载该包裹，送至 B 点并卸载。对于第二个问题，在松弛规划中包裹由 D 点传送至 A 点，因为（at truck A）在初始状态已经成立）

(a) 第一个问题；(b) 第二个问题。

因果图分析基于以下的多值变量编码。

$X = \{v_1, v_2, v_c\}$，$D_{v1} = D_{v2} = \{A, B, C, D, E, F\}$，$D_{vc} = \{A, B, C, D, E, t_1, t_2\}$，$A = \{(\{v_1 \leftarrow A\}, \{v_1 \leftarrow B\}), (\{v_1 \leftarrow A\}, \{v_1 \leftarrow C\}), (\{v_1 \leftarrow A\}, \{v_1 \leftarrow D\}), \cdots, (\{v_c \leftarrow F, v_1 \leftarrow F\}, \{v_c \leftarrow t_1\}), \cdots\}$，$s = \{v_1 \leftarrow C, v_2 \leftarrow F, v_c \leftarrow E\}$，$T = \{v_c \leftarrow B\}$。

一个变量集合为 X 的 SAS$^+$ 规划问题 P 的因果图是一个有向图 (X, A')。其中，当且仅当 $u \neq v$ 并且存在一个动作 (pre, eff) $\in A$，同时 eff(v) 有定义并且 pre(u) 或 eff(u) 有定义时，$(u, v) \in A'$。如果第二个变量的改变依赖于第一个变量当前的赋值，这意味着存在从一个变量到另一个变量的边。第一个例子（图 15.5（a））的因果图如图 15.6 所示，这些图（实际是无环图）被分成高层变量（v_c）和低层变量（v_1 和 v_2）。

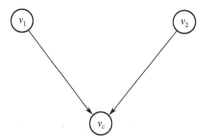

图 15.6 示例问题的因果图（其中一个变量表示货车，另两个变量表示包裹。如果标记节点的变量相互依赖，则生成边。更确切地说，如果变量 v_j 的变化依赖于 v_i 当前的赋值，那么连接 v_i 和 v_j）

给定一个 SAS$^+$ 规划问题，$v \in X$，领域转换图 G_v 是一个节点集合为 D_v 的有向标签图。作为原始状态空间的一个投影，当存在一个动作 (pre, eff)，且 pre(v) = d（或 pre(v) 未定义）且 eff(v) = d' 时，G_v 包含一条边(d, d')。这条边的标签是 pre($X \setminus \{v\}$)。该示例问题的领域转换图如图 15.7 所示。

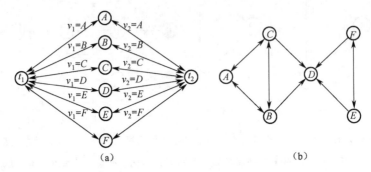

图 15.7 货物变量 v_c 和卡车变量 v_1 和 v_2 的领域转换图（货物可以位于位置 A、B、C、D、E 和 F 或位于卡车 t_1 和 t_2 上，卡车在图（b）上的位置间移动）

在 SAS$^+$ 规划问题中，要证明规划的存在性非常困难。因此，依赖于领域转换图结构，启发式搜索算法近似原始问题。这种近似计算是以执行的规划步骤数为衡量标准的，并常用作（非容许）启发式以引导具体规划空间中的搜索。

距离可由对变量的不同赋值来衡量。将变量 v 的赋值由 d 变到 d' 的（最小）耗费 $\delta_v(d, d')$ 计算如下。如果 v 没有因果前驱，那么 $\delta_v(d, d')$ 为领域转换图中 d 到 d' 的最短距离，如果这样的路径不存在，那么 $\delta_v(d, d') = \infty$。令 X_v 为 P 的因果图中包含变量 v 及其所有的直接前驱的变量集合。令 P_v 是由 X_v 引入的子问题，其中 v 的初始值为 d 且目标值为 d'。此外，令 $\delta_v(d, d') = |\pi|$，其中 π 是近似算法计算得到的最短规划。低层变量的耗费是领域转换图中的最短路径耗费，高层变量的耗费是 1。最终定义多值规划状态 u 的启发式估计为

$$h(u) = \sum_{v \in X} \delta_v(d_s(v), d_T(v))$$

这种近似算法为每个高层变量使用一个队列。它具有多项式运行时间，但存在可解实例无法获得解的情况。基于队列 Q，算法大致的工作流程如算法 15.2 所示。

将该算法应用到图 15.5（b）所示的例子中，Q 初始时包含元素 $\{A, B, C, D, t\}$。算法运行各阶段如下。首先，将 D 从队列中移除，使得 $u = (v_H \leftarrow D, v_L \leftarrow A)$。选择（pickup D）产生 $\pi(t) = ((\text{move } A \ B), (\text{move } B \ C), (\text{move } C \ D), (\text{pickup } D))$。接下来，将 t 从队列中移除，使得 $u = (v_H \leftarrow t, v_L \leftarrow D)$。选择(drop A)产生 $\pi(t) = ((\text{move } A \ B), (\text{move } B \ C), (\text{move } C \ D), (\text{pickup } D), (\text{move } D$

C), (move $C\ B$), (move $B\ A$), (drop A))。选择(drop B), (drop C), (drop D)产生类似但是更短的规划。然后,将 C 从队列中移除,使得 $u=(v_H \leftarrow C, v_L \leftarrow C)$,但并未有所改进。随后,将 B 从队列中移除,使得 $u=(v_H \leftarrow B, v_L \leftarrow B)$,但并未有所改进。最后,将 A 从队列中移除,算法终止并返回 $\pi(A)$。

15.2.2 测度规划

测度规划涉及对连续状态变量和算术表达式的推理。一个对应的 PDDL 动作示例如图 15.8 所示。

Procedure Causal Graph
Input: 状态空间规划问题 P
Output: T 的因果图启发式

if $(d_H = d_S(v_H)\ \pi(d_H)) \leftarrow \varnothing$;; 初始化规划
else $\pi(d_H) \leftarrow \bot$;; 高层规划未定义
$Q \leftarrow D_H$;; 用高层变量初始化队列
while $Q \neq \varnothing$;; 未找到解
    Delete d_H from Q that minimizes $|\pi(d_H)|$;; 假定定义了 $\pi(d_H)$
    $\pi \leftarrow \pi(d_H)$;; 初始化部分规划
    for each t from d_H to d'_H with precondition pre ;; 高层转换
        if (pre satisfied) ;; 在领域转换图或者低层变量中搜索
            $\pi_L \leftarrow$ min-plan satisfying pre ;; 最小步骤规划
            $\pi' \leftarrow (\pi, \pi_L, t)$;; 连接规划
            if $(|\pi(d'_H)| > |\pi'|)$;; 发现改进
                $\pi(d'_H) \leftarrow \pi'$;; 更新部分规划

算法 15.2
使用因果图近似一个规划

```
(:action fly
 :parameters (?a - aircraft ?c1 ?c2 - city)
 :precondition (and (at ?a ?c1)
                    (>= (fuel ?a)
                        (* (distance ?c1 ?c2) (slow-burn ?a))))
 :effect (and (not (at ?a ?c1)) (at ?a ?c2)
              (increase total-fuel-used
                        (* (distance ?c1 ?c2) (slow-burn ?a)))
              (decrease (fuel ?a)
                        (* (distance ?c1 ?c2) (slow-burn ?a)))))
```

图 15.8 PDDL 中的一个动作,层次为 2(动作 fly 中的参数已类型化,fuel 和 slow-burn 是一元谓词,distance 是二元谓词。此外,total-fuel-used 是一个全局变量,随 fuel 减少而增加)

很多现有规划器找到第一个解后会马上终止。然而，测度规划中的最优化问题需要改进的搜索算法。

测度规划实例的状态空间是具有有效值的状态变量的赋值集合。将状态空间投影到表示谓词的组件生成了逻辑状态空间。类似地，将状态空间投影到表示函数的组件生成了数值型状态空间。针对图 15.9 所示的盒子（BOXES）问题域，图 15.10 给出了一个实例化问题。

```
(define (domain Boxes)
(:predicates (in-A-Box1) (in-A-Box2) (in-B-Box1)
             (in-B-Box2) (in-C-Box1) (in-C-Box2))
(:functions (weight-Box1) (weight-Box2))
(:action move-A-Box1-Box2
 :precondition (in-A-Box1)
 :effect (and (not (in-A-Box1)) (in-A-Box2)
              (decrease weight-Box1 5) (increase weight-Box2 5)))
(:action move-A-Box2-Box1
 :precondition (in-A-Box2)
 :effect (and (not (in-A-Box2)) (in-A-Box1)
              (decrease weight-Box2 5) (increase weight-Box1 5)))
(:action move-B-Box1-Box2
 :precondition (in-B-Box1)
 :effect (and (not (in-B-Box1)) (in-B-Box2)
              (decrease weight-Box1 3) (increase weight-Box2 3)))
(:action move-B-Box2-Box1
 :precondition (in-B-Box2)
 :effect (and (not (in-B-Box2)) (in-B-Box1)
              (decrease weight-Box2 3) (increase weight-Box1 3)))
(:action move-C-Box1-Box2
 :precondition (in-C-Box1)
 :effect (and (not (in-C-Box1)) (in-C-Box2)
              (decrease weight-Box1 8) (increase weight-Box2 8)))
(:action move-C-Box2-Box1
 :precondition (in-C-Box2)
 :effect (and (not (in-C-Box2)) (in-C-Box1)
              (decrease weight-Box2 8) (increase weight-Box1 8))))
```

图15.9 问题域BOXES（这里有两个盒子和三个物体。每个物体有一个单独的权重并且仅位于一个盒子里。使用两个谓词描述一个盒子容器。使用两个函数描述一个盒子中所有物体的总的权重。每个物体可以使用6个动作改变其位置）

```
(define (problem Equality)
(domain Boxes)
(:init (in-A-Box1) (in-B-Box1) (in-C-Box1)
       (= weight-Box1 16))
(:goal (= weight-Box1 weight-Box2)))
```

图15.10 等式问题（开始时所有盒子都包含在第一个盒子里。目标是移动盒子使得两个盒子具有相同的权重。）

在测度规划问题中，前提条件和目标以 $exp \otimes exp'$ 的形式表示，其中 exp 和

exp′ 是变量集合以及操作符集合 {+,−,*,/} 之上的算术表达式，⊗ 产生于集合 {≥,≤,>,<,=}。赋值以 $v \leftarrow \exp$ 的方式进行，其中 v 和 exp 是算术表达式（可能包含 v）。另外，可以描述一个领域测度，在所有有效规划的最终状态上需要将该测度最小或最大化。领域测度的耗费是指对数值型状态变量的赋值。

测度规划是重要的语言扩展。因为可以以实数的形式对随机访问机器的工作进行编码，即使对于是否存在规划的决策问题是不可判定的。不可判定性的结果表明通常情况下我们不能够证明问题无解。但是，如果解存在，我们可能能够找到它。此外，因为测度规划问题可能延伸到无限状态空间，所以引导搜索进程的启发式甚至比在有限域规划问题中更加重要。例如，如果每条无限路径上的累积耗费是无界的，即使在无限图上 A*算法也是完备的。

关于启发式估计分析如下。

命题松弛规划启发式的测度版本分析扩展的层次规划图。其中每个事实层包含遇到的命题原子以及数值型变量。规划图的前向构建过程迭代地应用动作，直到满足所有目标。在反向贪婪规划提取阶段，将前提条件中的原子和变量包含在待处理的未决队列中。与命题松弛规划启发式相比，需要对动作的多重应用进行授权，否则单个增量操作符对数值型目标（如 100）的推理无法近似所需的 100 个步骤。对于这种情况，未决队列中的数值型条件需要通过已选择的动作进行反向传播。

因此，这里须使用霍尔演算（Hoare calculus）确定最弱前提条件，霍尔演算是一个确定计算机程序部分正确性的知名概念。其赋值规则如 $\{p[x \backslash t]\} x \leftarrow t;\{p\}$，其中，$x$ 为变量，p 为后置条件，$[x \backslash t]$ 为 x 中 t 的替换。例如，给定后置条件 p 为 $u < 5x$，考虑赋值 $u \leftarrow 3x+17$。为了找到最弱前提条件，取 $t = 3x+17$，使得 $p[u \backslash t]$ 评估为 $3x+17 < 5x$ 并且 $x > 8.5$。对于松弛测度规划应用，假设 $h \leftarrow \exp$ 形式的赋值满足后置条件 exp′，其最弱前置条件可用 exp 替换 exp′ 中的 h 来建立。在树形结构表示中，该方法相当于在所有 exp′ 中对应于 h 的叶子处插入 exp 作为 exp′ 中的子树。通常，一个简化算法改进 $\exp[h \backslash \exp']$ 的结果表示。

算法 15.3 以伪代码形式说明了规划构建过程。松弛规划图中每一层 t 确定了一个活跃命题和数值型约束集合。我们分别用 $p(\cdot)$ 和 $v(\cdot)$ 选择有效命题和变量。为确定可应用的动作集合 A_t，我们假定已经实现了一个递归程序 Test。程序 Test 的输入参数是一个数值型表达式和一个区间集合 $[\min_t^i, \max_t^i]$（$1 \leq i \leq |X|$），该区间描述了每个变量 v_i 赋值的上限和下限。程序 Test 的输出是一个布尔值，指示当前的赋值是否符合对应的界限。同时假设 Update 的一个递归实现，Update 根据一个给定的表达式 exp 将界限 $\min_t$ 和 $\max_t$ 调整为 $\min_{t+1}$ 和 $\max_{t+1}$。

对于算法 15.4 所示的提取过程，首先搜索满足选择条件的最小层。用 $p(G_i)$

和 $v(G_i)$ 表示第 i 层的命题和数值型未决队列。这些队列表示一些特定层次的条件，在构建松弛规划方案时需要达到这些条件。尽管对命题部分的初始化工作在给定复合目标条件的情况下较为简单（见第 1 章的松弛规划启发式），对于数值型条件队列的初始化，渐增的层次 i 的变量区间 $[\min_i, \max_i]$ 被用于测试目标条件的最早满足。

Procedure Relax
Input: 当前规划状态 u，规划目标 T
Output: 松弛的规划图

$P_0 \leftarrow p(u)$;; 初始化命题
for each $i \in \{1,2,\cdots,|X|\}$;; 对于每个变量索引
    $\min_0^i \leftarrow \max_0^i \leftarrow v^i(u)$;; 初始化命题和区间
$t \leftarrow 0$;; 初始化迭代计数器
while $(p(T) \not\subseteq P_t$ **or** $\exists \exp \in v(T) : \text{Test}(\exp, \min_t, \max_t))$;; 更新动作集合
    $A_t \leftarrow \{a \in A \mid p = \text{pre}(a) \subseteq P_t,$;; 更新命题信息
        $\forall \exp \in v(\text{pre}(a)) : \text{Test}(\exp, \min_t, \max_t)\}$
    $P_{t+1} \leftarrow P_t \cup \bigcup_{\text{pre}(a) \subseteq P_t} \text{add}(a)$;; 初始化区间信息
    $[\min_{t+1}, \max_{t+1}] \leftarrow [\min_t, \max_t]$;; 遍历动作集合
    for $a \in A_t, \exp \in v(\text{eff}(a))$
        $\text{Update}(\exp, \min_t, \max_t, \min_{t+1}, \max_{t+1})$;; 更新区间信息
    if (relaxed problem unsolvable) **return** ∞ ;; 终止条件，失败
    $t \leftarrow t+1$;; 迭代计数器递增

算法 15.3
数值型松弛规划启发式的规划图构建

现在逐层反向遍历已构建的规划图。为找到活跃动作集合，我们重复使用集合 A_i，并重新计算已在前向阶段确定的向量 $\min_{i+1}$ 和 $\max_{i+1}$。持续该过程直到检测到集合 A_i 中的某个动作的累加效果或满足一个效果的数值型条件。对这两种情况，我们在松弛规划中加入相应的动作，并将所选动作的命题前提条件传递到松弛规划图的层次中，此层次的前提条件首次被满足时的位置仍有待处理。

剩下的代码部分（从 **for each** $\exp' \in v(\text{eff}(a))$ 开始）研究数值型后置条件如何独自传递。表述简单起见，仅考虑普通赋值。在选择一个赋值之后，如之前所述确定最弱前提条件。并将最弱前提条件加入到其被满足的浅层未决队列。该层可容易地通过对 $j \in \{1,2,\cdots,i\}$ 层迭代调用 Test 确定。

Procedure Extract
Input: 松弛规划图，规划目标 T
Output: 松弛规划长度的近似

$A \leftarrow \emptyset$;; 初始化松弛规划
for $i \in \{1,2,\cdots,t\}$;; 处理前向层次
  $p(G_i) \leftarrow \{g \in p(T) \mid \text{layer}(g) = i\}$;; 初始化 i 层的命题信息
  for each $\exp \in v(T)$;; 初始化 i 层的数值型信息
    if (Test(exp, $\min_i$, $\max_i$)) $v(G_i) \leftarrow v(G_i) \cup \{\exp\}$; $v(T) \leftarrow v(T) \setminus \{\exp\}$
for $i \in \{t, t-1, \cdots, 1\}$;; 处理后向层次
  $[\min_{i+1}, \max_{i+1}] \leftarrow [\min_i, \max_i]$;; 重新初始化区间信息
  for each $a \in A_i$;; 重新遍历 i 层的动作集合
    for each $\exp \in v(\text{eff}(a))$;; 对于每个数值型效果
      Update (exp, $\min_i$, $\max_i$, $\min_{i+1}$, $\max_{i+1}$) ;; 重新计算区间信息
    for $e \in \text{add}(a), e \in p(G_i)$;; 累加效果条件匹配列表
      $A \leftarrow A \cup \{a\}$; $p(G_i) \leftarrow p(G_i) \setminus \text{add}(a)$;; 更新命题列表
      for each $p \in p(\text{pre}(a))$:   ;; 更新命题信息
        $p(G_{\text{layer}(p)}) \leftarrow p(G_{\text{layer}(p)}) \cup \{p\}$
      for each $\exp \in v(\text{pre}(a))$;; 更新数值型信息
        $v(G_{\text{layer}(\exp)}) \leftarrow v(G_{\text{layer}(\exp)}) \cup \{\exp\}$
    for each $\exp \in v(G_i)$;; 遍历数值型列表
      if Test (exp, $\min_{i+1}$, $\max_{i+1}$) ;; 区间条件匹配
        $A \leftarrow A \cup \{a\}$; $v(G_i) \leftarrow v(G_i) \setminus \{\exp\}$;; 更新数值型列表
        $p(G_i) \leftarrow p(G_i) \setminus \text{add}(a)$;; 更新命题列表
        for each $p \in p(\text{pre}(a))$;; 更新命题信息
          $p(G_{\text{layer}(p)}) \leftarrow p(G_{\text{layer}(p)}) \cup \{p\}$
        for each $\exp \in v(\text{pre}(a))$;; 更新数值型信息
          $v(G_{\text{layer}(\exp)}) \leftarrow p(G_{\text{layer}(\exp)}) \cup \{\exp\}$
        for each $\exp' \in v(\text{eff}(a))$;; 发现匹配效果
          $\exp \leftarrow \exp[\text{head}(\exp') \setminus \exp']$;; 计算最弱前提条件
        for each $j \in \{1,2,\cdots,i\}$;; 确定最早匹配层次
          if (Test(exp, $\min_j$, $\max_j$)) $l \leftarrow j$
    $v(G_i) \leftarrow v(G_i) \cup \{\exp\}$;; 更新数值型信息
return $|A|$;; 估计动作集合的大小

算法 15.4
数值型松弛规划的提取

例如，如果在一个动作效果中存在后置条件 $v \geq 100$ 和赋值语句 $v \leftarrow v+1$，那么根据霍尔赋值规则，最弱前提条件为 $v+1 \geq 100$，其等价于 $v \geq 99$。满足该条件的最近的层可能是我们开始的层。因此，如果我们有当前的层 i 中 v 的区间 $[0,100]$，以及在上一层 $i-1$ 中 v 的区间 $[0,75]$，那么将动作置于松弛规划中 25 次，直至 $v \leq 75$，此时将该条件纳入第 $i-1$ 层的未决队列。

15.2.3 时序规划

时序规划领域包括时序修饰语 at start，over all 以及 at end，其中标签 at start 指示动作调用时间的前提条件以及结果，over all 是指必须成立的不变性条件，at end 指动作的终结条件和结果。图 15.11 显示了一个具有数量和持续时间的 PDDL 动作实例。

```
(:durative-action fly
 :parameters (?a - aircraft ?c1 ?c2 - city)
 :duration (= ?duration (/ (distance ?c1 ?c2) (slow-speed ?a)))
 :condition (and (at start (at ?a ?c1))
                 (at start (>= (fuel ?a)
                               (* (distance ?c1 ?c2) (slow-burn ?a)))))
 :effect (and (at start (not (at ?a ?c1)))
              (at end (at ?a ?c2))
              (at end (increase total-fuel-used
                                (* (distance ?c1 ?c2) (slow-burn ?a))))
              (at end (decrease (fuel ?a)
                                (* (distance ?c1 ?c2) (slow-burn ?a))))))
```

图 15.11　PDDL 中的一个动作（层次为 3）

1. 时序模型

将时序信息转换回到具有前提条件和效果的测度规划问题主要有两种方式。第一种情况下，复合动作分解为三个更小的部分：一是针对动作调用；二是针对不变性的保持；三是针对动作终止。该方法是 PDDL2.1 建议的语义（图 15.12（b）图）。不出所料，在不变模式里并不存在效果，因此 $B' = \varnothing$。此外，对于基准来说，at-start 中的新效果是终止控制或不变性维持的前提条件的情况并不常见，因此 $A' \cap (B \cup C) = \varnothing$。对于这些问题，可以应用更简单的模型，此模型为每个时序动作仅使用一个不定时变量（图 15.12（c）图）。对于大多数规划基准来说，假设这种时序模型没有什么问题，在该模型里，每个动作在前一个动作结束之后会立即开始。

因为在开始时检验执行条件并在结束时检查执行效果，所以这些黑盒语义允许丢弃修饰语。图 15.13 给出了盒子问题域的定时版本的实例。

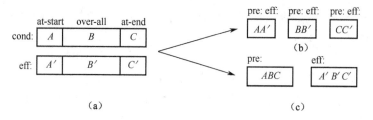

图 15.12 编译时序修饰语到动作中（前提条件和效果分别被分割为 at-start, at-end 和 over-all 事件的原始动作被转换为期望语义或黑盒语义）

(a) 原始动作；(b) 期望语义；(c) 黑盒语义。

```
(define (domain Boxes)
(:predicates (in-A-Box1) (in-A-Box2) (in-B-Box1)
             (in-B-Box2) (in-C-Box1) (in-C-Box2))
(:functions (weight-Box1) (weight-Box2) )
(:durative-action move-A-Box1-Box2
 :duration (= ?duration 2.5) :condition (in-A-Box1)
 :effect (and (not (in-A-Box1)) (in-A-Box2)
              (decrease weight-Box1 5) (increase weight-Box2 5)))
(:durative-action move-A-Box2-Box1
 :duration (= ?duration 2.5) :condition (in-A-Box2)
 :effect (and (not (in-A-Box2)) (in-A-Box1)
              (decrease weight-Box2 5) (increase weight-Box1 5)))
(:durative-action move-B-Box1-Box2
 :duration (= ?duration 0.9) :condition (in-B-Box1)
 :effect (and (not (in-B-Box1)) (in-B-Box2)
              (decrease weight-Box1 3) (increase weight-Box2 3)))
(:durative-action move-B-Box2-Box1
 :duration (= ?duration 0.9) :condition (in-B-Box2)
 :effect (and (not (in-B-Box2)) (in-B-Box1)
              (decrease weight-Box2 3) (increase weight-Box1 3)))
(:durative-action move-C-Box1-Box2
 :duration (= ?duration 6.45) :condition (in-C-Box1)
 :effect (and (not (in-C-Box1)) (in-C-Box2)
              (decrease weight-Box1 8) (increase weight-Box2 8)))
(:durative-action move-C-Box2-Box1
 :duration (= ?duration 6.45) :condition (in-C-Box2)
 :effect (and (not (in-C-Box2)) (in-C-Box1)
              (decrease weight-Box2 8) (increase weight-Box1 8))))
```

图 15.13 为黑盒语义声明的盒子问题域

2. 动作依赖

定义动作依赖有两个目的。第一，两个独立动作的执行顺序中，至少有一个可从搜索树中被裁剪掉；第二，关于生成的动作序列及其因果结构计算顺序规划的最优调度顺序是可能的。如果所有的动作都是依赖的（或就优化器函数而言是无效的），该问题本质上是顺序的，导致所有调度都无法产生任何改进。

两个基本动作是互相依赖的，如果以下条件中有一个成立。

（1）一个动作的命题前提条件集合与另一个动作的累加或删除列表的交集非空（命题冲突）。

（2）一个动作的数值型修饰符的头部包含于另一个动作的某些条件里。直觉上，一个动作修改在另一个动作的条件里出现的变量（直接数值冲突）。

（3）一个动作的数值型修饰符的头部包含于另一个动作的修饰符的公式主体内（间接数值冲突）。

在实现中（至少对时序和数值型规划来说），可提前计算依赖关系并制作成表以便常数时间访问。为提高预先计算效率，一旦基本的动作被构建出来，便将叶子变量集合维持在一个数组中。为了检测那些所有并行化都无法产生任何改进的领域，如果在任何顺序规划方案中所有的动作是依赖的或者是瞬时的（持续时间为 0），那么说一个规划领域是固有顺序的。静态分析器可以通过在搜索之前对比每个动作对以检测近似。

3. 并行顺序规划

一个并行规划 $\pi_c = ((a_1, t_1), (a_2, t_2), \cdots, (a_k, t_k))$ 是动作 $a_i \in A$（$i \in \{1, 2, \cdots, k\}$）的一次调度，该调度能够将初始状态 s 转变到目标状态之一 $t \in T$，其中在 t_i 时刻执行动作 a_i。如果 a_i 和 a_j 互相依赖并且 $1 \leq i < j \leq k$，那么动作集合 $\{a_1, a_2, \cdots, a_k\}$ 引入优先排序 $\preceq_d$ 并且依赖关系由 $a_i \preceq_d a_j$ 给出。

优先排序不是一个偏序，因为其既不具有自反性也不具有传递性。然后，通过计算关系的传递闭包，优先排序可以扩展为偏序。一个时序规划 $a_1, a_2, \cdots, a_k$ 产生一个动作集合上的非循环优先限制集合 $a_i \preceq_d a_j$（$1 \leq i < j \leq k$）。可以观察到，根据 $\preceq_d$，这些约束已经是采用节点顺序 $\{1, 2, \cdots, k\}$ 拓扑排序的。

令 $d(a)$ 是顺序规划中动作 a 的持续时间，$a \in A$。对于遵守 $\preceq_d$ 的并行规划 $\pi_c = ((a_1, t_1), (a_2, t_2), \cdots, (a_k, t_k))$，如果 $a_i \preceq_d a_j$（$1 \leq i < j \leq k$），有 $t_i + d(a_i) \leq t_j$。关于动作序列 $a_1, \cdots, a_k$ 和优先排序 $\preceq_d$ 的最优并行规划是遵守 $\preceq_d$ 的所有备选并行规划 $\pi_c = ((a_1, t_1'), (a_2, t_2'), \cdots, (a_k, t_k'))$ 中执行时间最短的规划 $\pi^* = ((a_1, t_1), (a_2, t_2), \cdots, (a_k, t_k))$。

基于项目评估和核查技术或基于简单时序网络（见第 13 章）实现这种调度器是可能的。

15.2.4 派生谓词

派生谓词是那些不受规划器的任何可用动作影响的谓词。相反，谓词的真值可从形如 if $\phi(x)$ then $P(x)$ 的规则集合中导出。派生谓词的一个例子是积木世界中的 above 谓词，每当 x 传递的（两者之间可能存在一些积木块）位于 y 之上

时,谓词为真。该谓词可以以递归的方式定义如下:

```
(:derived(above ?x ?y - block)
(or(on ?x ?y)(exists(?z - block)(and(on ?x ?z)(above ?z ?y)))))
```

大致的语义是,一个派生谓词的实例被满足当且仅当此实例可由现有规则导出。更正式地说,令 R 为对应派生谓词的规则集合,R 中每个元素形如 $(P(x), \phi(x)) -$ if $\phi(x)$ then $P(x)$。基本事实 u 的集合 $D(u)$ 定义如下:

$$D(u) = \bigcap \{v \supseteq u \mid \forall (P(x), \phi(x)) \in R : \forall c, |c| = |x| : (v \vDash \phi(c) \Rightarrow P(c) \in v)\}$$

该定义使用了状态(在该例中表现为事实集合)和公式之间的模型关系的标准符号"$\vDash$",并使用了用常数向量 c 替换公式 $\phi(x)$ 中的自由变量的标准符号 $\phi(c)$。总而言之,$D(u)$ 为应用规则 R 时封闭的 u 的所有超集的交集,可以通过算法 15.5 中的简单过程计算 $D(u)$。

Procedure Derive

Input: State u, rule set R

Output: Extension for state u

$v \leftarrow u$;; 复制输入状态
while $(\exists c : |c| = |x|, v \vDash \phi(c), P(c) \notin v, (P(x), \phi(x)) \in R)$;; 选择实例化
    $v \leftarrow v \cup \{P(c)\}$;; 更新副本
$D(u) \leftarrow v$;; 更新派生集

算法 15.5

应用规则集合到规划状态的不动点

因此,可以通过推断每一步派生规则的真值将派生规则包含到前向链接启发式搜索规划器中。

假设我们已经把所有的派生谓词建立在规则 (p, ϕ) 之上。ϕ 中可存在进一步的派生谓词,根据派生谓词的无环定义,这些谓词不能直接或间接依赖于 p。对规则 (p, ϕ) 来说,值 p 和 ϕ 是等价的。这意味着 p 仅是表达式 ϕ 的宏指令。可通过使用复杂的描述替换从规划实例中删除所有的派生谓词。就处理派生谓词而言,该替换方法相比于其他方法的优点在于无须扩展状态向量。

15.2.5 定时初始文字

定时初始文字是时序规划的延伸。依照句法来说,它是一种表述外生事件特定约束形式的简单方法:规划器事先知道在特定时间点将变为真或假的事实,与规划器选择执行的动作无关。因此,定时初始文字是确定性无条件的外

生事件。

以购物的规划任务为例进行说明。存在完成目标的单个动作，该动作以商铺正常营业作为其前提条件。商铺在相较于初始状态的时间步骤 9（9:00）开始营业，并在时间步骤 20（20:00）结束营业。可以用两个定时初始文字表示营业时间：

(:init(at 9(shop-open))(at 20(not(shop-open))))

可以按如下方式将定时初始文字插入到启发式搜索规划器中。我们为每个（基本的）动作关联一个所谓的动作执行时间窗口，该窗口确定了执行的区间。该步骤可通过删除与定时初始文字相关的前提条件完成。对于普通文字以及 STRIPS 动作，前提条件的合取导致动作执行时间窗口的交叉。对于重复文字或者析取前提条件列表，需要保留时间窗口，同时简单的执行时间窗口可以集成到 PERT 调度流程中。

15.2.6 状态轨迹约束

对于时序控制知识以及时序扩展目标，状态轨迹或规划约束为 PDDL 提供了重要一步。它们声明了在规划执行过程中需要满足的条件。通过将时序规划分解为规划事件，状态轨迹约束描述了 PDDL 层次的所有等级的特征。例如，约束一个脆弱的块之上无法放置任何东西（a fragile block can never have something above it）可表示如下：

(always(forall(?b - block)(implies(fragile ?b)(clear ?b))))

如第 13 章所述，可以编译规划约束。该方法以线性时序逻辑的形式翻译约束并将它们编译成有限状态自动机。该自动机与搜索并行进行模拟操作。自动机的初始状态可以添加到问题的初始状态中，自动机转换可编译成动作。一个同步机制控制初始动作和自动机动作的交替进行。用自动机的接受状态扩展规划目标。

15.2.7 偏好约束

用偏好注释单个目标条件或状态轨迹约束可对柔性约束建模，并允许关于一个有效规划中必须满足的硬约束衡量满足度。规划目标函数包括标识偏好约束违背的特殊变量，并允许规划器最优化规划。

量化的偏好规则，例如：

(forall(?b - block)(preference p(clear ?b)))

是具体的（每个块对应一条规则），而逆表达式为

(preference p(forall(?b - block)(clear ?b)))

仅产生一条约束。

偏好可作为使用条件效果的变量对待，所以对于有效的规划发现来说，先前得到的启发式仍然是有效的。

15.3 书目评述

Drew McDermott 和一个委员会于 1998 年创建了具有类 Lisp 输入语言描述格式的描述语言（PDDL），这种类 Lisp 语言描述格式包含了 Fikes 和 Nilsson（1971）提出的 STRIPS 规划形式。之后，开始使用由 Pednault（1991）提出的 ADL 语言。时序和测度领域的规划开始于 2002 年。为达到该目的，Fox 和 Long 于 2003 年开发了 PDDL 层次结构，本书正文描述了此结构的前三个层次。这种结构将附加在后文中。以派生谓词形式的领域公理引入了推理规则，定时初始事实允许描述最后期限（Hoffmann 和 Edelkamp，2005）。PDDL 的更新发展主要聚焦于时序和偏好约束（Gerevini 和 Long，2005）以及对象状态谓词（Geffner，2000）。Helmert（2003，2006a）提供了对基准的复杂性分析。Helmert，Mattmüller 和 Röger（2006）对该基准的近似性质进行了研究。Bäckström 和 Nebel（1995）分析了具有多值变量（SAS+规划）的规划的复杂度。

Blum 和 Furst（1995）提出了图规划，Kautz 和 Selman（1996）提出了约束满足问题规划。Haslum 和 Geffner（2000）提出了基于动态规划的容许启发式的规则集合。Edelkamp（2001a）创建了带模式数据库的规划，Edelkamp（2002）将该规划进一步扩展到符号模式数据库。Haslum，Bonet 和 Geffner（2005）提出了多种背包算法。Mehler 和 Edelkamp（2005）提出了针对规划模式数据库的增量哈希。Edelkamp（2007）为领域无关显式状态和具有遗传算法的符号启发式搜索提出了自动模式选择。Zhou 和 Hansen（2006b）为具有结构化重复检测的规划领域（见第 8 章）提出了通用的抽象方法。

Hoffmann（2001）分析了 Hoffmann 和 Nebel（2001）提出的松弛规划启发式，为其在知名的基准领域的有效性提出了一种启发式搜索拓扑。Bonet 和 Geffner（2008）以 DNNF 形式导出了松弛启发式的函数表达。Alcázar，Borrajo 和 Linares López（2010）提出利用从松弛规划最后的动作里提取的信息反向生成中间目标。

Hoffmann（2003）展示了如何通过忽略删除列表将启发式扩展到数值型状态变量。Edelkamp（2004）将该方法扩展到了非线性任务。Rintanen（2006）对确定性规划的统一启发式进行了研究。Coles，Fox，Long 和 Smith（2008）通过解决线性规划优化了启发式规则并提升了松弛性。Fuentetaja，Borrajo 和 Linares

López（2008）引入了处理基于耗费的规划的方法，该方法基于松弛规划图启发式，使用前瞻状态以提升搜索。Linares López 和 Borrajo（2010）研究了如何将搜索多样化添加到规划过程中。

Borowsky 和 Edelkamp（2008）提出了测度规划的最优方法。状态集合和动作被编码为 Presburger 公式，并使用最小有限状态机表示。通过模型检验范式，有助于规划的探索应用符号镜像为后继集合计算有限状态机。

Helmert（2006b）广泛地探讨了因果图启发式并在 Fast-Downward 规划器中进行了实现。Helmert 和 Geffner（2008）表明因果图启发式可看成具有额外上下文的最大原子启发式的变种。他们提出了一种因果图启发式的递归函数描述，这种描述扩展了现有描述，且对于依赖图结构没有限制。

Haslum，Botea，Helmert，Bonet 和 Koenig（2007）研究了自动规划模式数据库设计。由 Dräger，Finkbeiner 和 Podelski（2009）提出的一种更加灵活的设计被 Helmert，Haslum 和 Hoffmann 继续推进，Mattmüller，Ortlieb，Helmert 和 Bercher（2010）研究了非确定性规划的模式数据库启发式。Katz 和 Domshlak（2009）提出了结构化模式数据库启发式，该规则基于因果图的子结构，可产生多项式计算时间。此外，给出了结合不同启发式的通用方法。Richter，Helmert 和 Westphal（2008）通过路标提取建立了很好的启发式，这种路标提取方法参考了 Hoffmann，Porteous 和 Sebastia（2004）的工作。通过对启发式设计中进展的理论分析产生了具有好结果的 LM-cut 启发式（Helmert 和 Domshlak，2009）。Bonet 和 Helmert（2010）通过计算命中集合改进了这个启发式。

Haslum（2009）给出了由 h^m 导出的可选特征。Helmert 和 Röger（2008）记录了规划领域中启发式搜索的范围。

Wehrle，Kupferschmid 和 Podelski（2008）研究了动作使用的剪枝技术。Haslum 和 Jonsson（2000）考虑了动作的约减集合。众所周知，在积木世界中能够轻易地获取近似解（Slaney 和 Thiébaux，2001），并且领域依赖的切割能够大幅约减搜索空间。为将时序逻辑控制编译为 PDDL，Rintanen（2000）将类似 Bacchus 和 Kabanza（2000）提出的 TLPlan 中的公式演化与直接转换为规划动作进行了对比。

为了在复杂领域中高效地优化，Gerevini，Saetti 和 Serina（2006）给出的规划器 LPG 以及 Chen 和 Wah（2004）给出的 SGPLan 应用了拉格朗日优化技术逐步改进（可能无效）初次规划。两个规划器都扩展了松弛规划启发式；前者优化一个动作图数据结构，后者应用约束分割（成为约束更少的子问题）。如 Gerevini，Saetti 和 Serina（2006）所示，规划器 LPG-TD 能够有效地处理多重动作时间窗口。然而，约束分割的卓越性能很可能源自人工帮助。

类似 Coles，Fox，Halsey，Long 和 Smith（2009）提出的 Crikey 规划器，将

规划和调度算法链接到一个规划器中，该规划器可以解决由 Cushing，Kambhampati，Mausam 和 Weld（2007）定义的很多具有同时请求的问题。另外，可以构建领域无关的（启发式）前向链接规划器，该规划器能够处理持续性动作和数值型变量。类似 Do 和 Kambhampati（2003）提出的 Sapa 规划器就遵循了该方法。Sapa 使用了由 Smith 和 Weld（1999）首次在 TGP 问题中提出的规划图的时序版本计算时间戳状态的启发值。Eyerich，Mattmüller 和 Röger（2009）给出了该方法的一个最近版本。

第 16 章　自动系统验证

大量计算设备的出现对设计者生产可靠的软件提出了巨大的挑战。在医学、航空、金融、运输、空间技术和通信领域，我们越来越意识到正确软/硬件设计的重要性。任何的设计失效将会带来金融和商业的灾难，人类的损失和伤亡。然而，现在的系统比以前更加难以验证。测试一个系统是否满足设计需求变得越来越困难。目前，设计团队 50%～70%的时间花在了设计验证方面。较晚地发现设计错误将会带来巨大的代价。事实证明，对于一个典型的微处理器设计，多达半数的资源被用于设计的验证。本章将证明在此背景下启发式搜索的重要作用。

完全自动的属性验证过程称为模型检验，并且将会占据本章的大部分篇幅。给定一个系统的形式化模型和一个属性说明的时序逻辑形式，模型检验的任务是验证在模型中该属性说明是否满足。如果不满足，模型检验器将会返回一个表示系统错误行为的反例，该反例能够帮助设计者进行系统调试。模型检验的主要缺点是扩展能力较差，完全的验证需要检验每一个系统状态。随着启发式集成到搜索过程（称为有引导的模型检验），我们考虑了改进搜索的多种选择。其应用范围包括通信协议、Petri 网、实时系统和图迁移系统的模型检验以及真实软件的验证。我们强调模型检验和动作规划的紧密联系。

对 AI 应用尤其重要的自动系统验证的另一方面是检验基于知识的系统是否一致或包含异常。本章将解释符号化搜索技术如何提供帮助。本章还会给出符号化搜索解决（多错误）诊断问题的例子。

对于自动系统验证，启发式搜索的大部分工作集中在加速证伪。利用有引导的自动定理证明，算法（如 A*算法和贪心最佳优先搜索算法等）被集成在一个演绎系统中。定理证明器在基本的逻辑公理上进行推理，状态空间是证明树的一个集合。更确切地说，证明状态的子句集合被表示成有限树的形式，规则表示如何通过处理输入子句的有限集合得到一个子句。推导步骤主要通过归结实现。因为这些系统是通过函数式编程语言提供的，所以我们考虑搜索算法的函数式实现。

16.1　模型检验

模型检验已逐步发展成为最成功的验证技术之一。其应用范围包括主流的应用如协议验证、软件检测和嵌入式系统验证以及其他领域如商业工作流分析和调度综合等。模型检验的成功主要基于其高效定位错误的能力。如果发现了一个错误，模型检验器将给出一个反例表示错误是如何发生的，这能够极大的方便调试过程。通常，反例是系统的执行，该执行可能是路径（如果使用线性逻辑）或者树（如果使用分支逻辑）。

然而，模型检验器高效地发现了错误状态，反例却常常无谓的复杂，阻碍了错误的解释。这是由于使用了朴素的搜索算法。

模型检验主要有两种方法。①符号化模型检验通常基于二元决策图对状态集进行符号化表达。符号化模型检验中的属性验证就是特定形式的符号化固定点计算。②显式状态模型检验使用系统全局状态图的显式表达，该图通常由状态转移函数给出。显式状态的模型检验器评估模型中时序属性的正确性，属性验证就是在特定状态空间的部分或完全探索。模型检验的成功依赖于按键式自动化的潜力和错误报告能力，模型检验器通常使用深度优先搜索自动完成软件模型状态空间的完全探索。当遇到违反一个状态的一个属性时，搜索栈就包含了一个从系统初始状态到错误状态的轨迹。这种错误轨迹能够极大地帮助软件工程师解释验证的结果。

现实中软件模型可达空间的庞大规模对模型检验技术提出了巨大的挑战。状态空间的完全探索通常是不可能的，需要进行近似处理。同样的，基于深度优先搜索的模型检验器得到的错误轨迹通常极度冗长，很多情况包含成千上万的计算步骤，这将极大地阻碍错误解释。

系统的设计过程包含两个不同的阶段：第一个解释阶段，需要快速定位错误；第二个错误发现阶段，寻找短的错误路径。因为两个阶段的需求不同，所以需要使用不同的策略。在安全属性检验方面，需要使用状态评估函数指导状态空间探索到属性不满足的状态。对于第一个阶段，贪心最佳优先搜索算法是最有希望的候选方法之一，但是会产生非最优的解反例。对于第二个阶段，A*算法已经被成功的运用。如果到错误路径的路径长度的启发式评估是容许的，该算法将以最优的方式给出短的错误路径。即使不能保证所有情况都能够产生最优结果，A*算法仍然会给出非常好的结果。

启发式搜索能够将以前许多不可分析的问题转换为可分析的问题。A*算法得到的结果质量取决于启发式估计的质量，启发式估计专门为并发软件的验证而设计，例如到达死锁状态和不变量违反的具体估计。

16.1.1 时序逻辑

带有命题标签状态的模型能够用 Kripke 结构进行描述。Kripke 结构是一个四元组 $M = (S, R, I, L)$，其中 S 为状态集，R 为状态之间的迁移关系，该迁移关系使用使能操作符之一实现，I 是初始状态集合，$L: S \rightarrow 2^{AP}$ 是状态标记函数。这个公式与第 1 章的状态空间问题的定义很接近，但是不包含终态。I 可能包含多个初始状态，多个初态能够建模一些系统的非确定性。事实上，通过将可能状态集看作信度状态集，这种不确定的形式也能够被编译。

对于模型检验，系统要求的属性应以时序逻辑的形式进行描述。我们已经在第 13 章介绍了线性时序逻辑（LTL）。给定一个 Kripke 结构和一个时序公式 f，模型检验问题就是找出 M 中满足 f 的状态集合并检测初始状态集是否属于该状态集。我们用 $M \vDash f$ 表示。

模型检验问题可通过对系统状态空间的搜索来解决。理想情况下，能够完全自动化地完成验证。主要挑战在于状态空间爆炸。当系统中存在多个可以互相通信的组件时，全局状态数量可能巨大。我们观察到，任何命题规划问题都可建模为 LTL 模型检验问题。这是因为任何命题目标 g 都能表示成 LTL 中的时序公式 $f = A(G\neg g)$ 的反例形式。如果该问题可解，那么 LTL 模型检验器将返回一个反例，该反例能够给出该规划问题的一个解。

反过来通常也是正确的，一些模型检验问题可建模为状态空间问题。事实上，适合表示为拥有简单谓词的状态空间问题的这一类模型检验问题应在每个单独的状态进行评估。这种问题通常称为安全属性。这种属性背后的意思是一些坏的事情不应该发生。比较起来，活性属性是指用（套索形状）反例进行无限运行；直觉上的意思是好的事情最终会发生。

在基于自动机的模型检验中，模型和描述都被转换成能够接受无穷字的自动机。这种自动机看起来与常规自动机无异，但可接受在一个无穷字的模拟期间被无限次访问的状态。这种做法假设系统可以建模为一个自动机。当把模型的基本 Kripke 结构的所有状态转换为可接受时，这种假设是可能的。任何 LTL 公式都可转换成无穷字上的自动机，即使这种构建方法对于公式的规模可能是指数级的。检验正确性归结为检验语言的空洞性。更正式地说，模型检验程序验证用自动机 M 表示的模型满足以自动机 M' 表示的描述。任务是验证模型引入的语言是否包含在描述引入的语言当中，可简写为 $L(M) \subseteq L(M')$。当且仅当 $L(M) \cap \overline{L(M')} = \emptyset$ 时，$L(M) \subseteq L(M')$ 成立。实践中，检验语言的空洞性比检验语言的内涵更加高效。而且，我们经常为 LTL 公式的否定构建属性自动机 N，避免在无穷字上自动机的互补。属性自动机是非确定性的，使得模型和公式都会将分支引入到搜索进程中。

16.1.2 启发式的作用

启发式是评价函数，这些函数能够对将要探索的状态集合进行排序，从而使距离目标更近的状态能够被优先考虑。大多数搜索启发式是状态到目标的距离评估,这些评估基于求解整个搜索问题的简化或抽象。这些启发式可以在搜索到具体的状态空间之前进行线下计算,也可以在遇到每个状态时进行在线计算。一般情况下,启发式生成路径而不仅是状态的评价函数。

寻找程序错误估计的设计严重依赖于待搜索错误的类型。安全属性的错误类型的例子包括系统死锁、断言或不变性违反。为了指导搜索,需要为每个状态对错误描述进行分析和评估。在踪迹引导搜索中,我们对生成的特定错误状态(如通过模拟系统的方式)搜索一个短的反例。

抽象常常是指模型的松弛。如果抽象是一种过度近似(假设抽象空间中的每个行为都在具体空间中有一个对应的具体状态),对抽象空间中描述的正确证明表明了具体空间中的正确性。

抽象和启发式是同一模型的两个方面。启发式对应于某个抽象搜索空间中的精确距离。这导致了抽象引导的模型检验的一般方法(图 16.1)。待验证模型被抽象成某个抽象模型检验问题。如果属性成立,模型检验器返回真。如果不成立,在有引导的模型检验尝试中,同样的抽象可以用来指导具体状态空间的搜索以证明该属性不成立。如果属性不成立,将会返回一个反例。如果属性确实成立,属性就已经被验证。

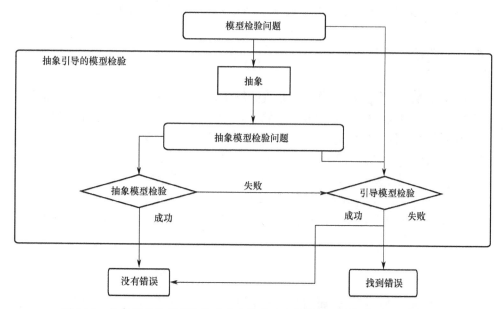

图 16.1 抽象引导的模型检验(首先计算一个抽象。如果抽象系统不正确,那么抽象将作为将搜索引导向错误的启发式)

该框架并未像反例引导的错误求精中那样包含递归,该流程如图 16.2 所示。

如果该抽象（启发式）结果太过粗糙，那么可用一个更好的抽象迭代该过程。

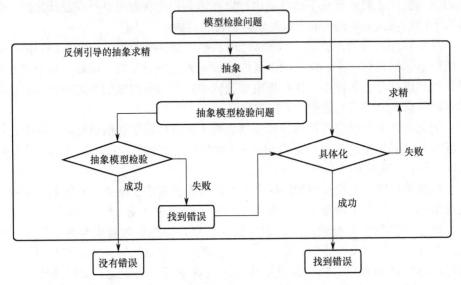

图 16.2　反例引导的错误求精（首先计算一个抽象。如果抽象系统不正确，基于反例的有效性，要么返回反例，要么对抽象进行求精然后系统迭代）

16.2 通信协议

通信协议是有限反应并发异步系统的例子，用于组织计算机网络中的通信。这类协议的重要代表就是 TCP/IP，该协议用于组织互联网的信息交换。控制和数据流是通信协议的本质，通过访问全局/共享变量或通信队列（基本的是 FIFO 通道）进行组织。守护是与每个迁移相关的布尔谓词并确定迁移是否可以执行。变量上的布尔谓词是算术表达条件，队列上的谓词是静态的（如容量、长度）或动态的（如满、空等）。布尔谓词可通过普通的布尔运算组合起来以组织控制流。

下面将介绍启发式搜索，该搜索用于通信协议（安全属性）分析，主要检测死锁和系统不变量或断言的违反。

16.2.1　基于公式的启发式

系统不变量是在每个全局系统状态 u 下都成立的布尔谓词。当搜索不变量违反的时候，评估到达不变量违反状态的迁移数量是有好处的。对给定的公式 f，令 $h_f(u)$ 是从状态 u 开始到达公式 f 成立的状态 v 的迁移次数的评估。类似的，令 $\overline{h}_f(u)$ 表示直到公式 f 违反的状态的迁移次数的启发式。

在图 16.3 中，我们关于 f 递归定义了函数 h_f。在函数 $f = f_1 \wedge f_2$ 的递归定义 h_f 中，加号的使用表明 f_1 和 f_2 相互独立，但这并不一定正确。因此，该评估不是影响 A*算法最优性的下限。如果目标是获得短的非必须最优路径，我们或许可以忍受非容许性。否则可以用最大值代替加法运算。

f	$h_f(u)$	$\overline{h}_f(u)$
true	0	∞
false	∞	0
a	**if** a **then** 0 **else** 1	**if** a **then** 1 **else** 0
$\neg f_1$	$\overline{h}_{f_1}(u)$	$h_{f_1}(u)$
$f_1 \vee f_2$	$\min\{h_{f_1}(u), h_{f_2}(u)\}$	$\overline{h}_{f_1}(u) + \overline{h}_{f_2}(u)$
$f_1 \wedge f_2$	$h_{f_1}(u) + h_{f_2}(u)$	$\min\{\overline{h}_{f_1}(u), \overline{h}_{f_2}(u)\}$

图 16.3 对于布尔表达式 f 和 h_f 的定义（a 是基本命题；f_1 和 f_2 是逻辑子公式）

描述系统不变量的公式可能包含其他项，如关系运算符和队列上的布尔函数。我们扩展了函数 h_f 和 $\overline{h}_f$ 的定义，如图 16.4 所示。

f	$h_f(u)$	$\overline{h}_f(u)$
full(q)	capacity(q) − length(q)	if full(q) then 1, else 0
empty(q)	length(q)	if empty(q) then 1, else 0
$q?[t]$	length of minimal prefix of q without t (+1 if q lacks message tagged with t)	if head(q) $\neq t$ then 0, else maximal prefix of t's
$a \otimes b$	if $a \otimes b$ then 0, else 1	if $a \otimes b$ then 1, else 0

图 16.4 对于 f 中的队列表达和关系运算符和 h_f 的定义（当队列 q 头部的消息标记为类型 t 时，表达式函数 $q?[t]$ 为真。所有其他谓词都是自解释的。符号 $\otimes$ 是关系运算符 $=, \neq, \leq, <, >$ 或 $\geq$ 的通配符）

评估虽然粗糙，但在实际中却非常有效。对特定事例可以改进这些定义。例如，$h_{a=b}$ 可定义为 $a-b$，假设 $a \geq b$ 并且 a 只能减小且 b 只能增加。

控制状态谓词的定义如图 16.5 所示。距离矩阵可使用 Floyd 和 Warshall 的每对顶点间的最短路径算法（见第 2 章）进行计算，时间开销为三次方时间。

f	$h_f(u)$	$\overline{h}_f(u)$
s_i	$\delta_i(u_i, s_i)$	if $u_i = s_i$ 1, else 0

图 16.5 对于 f 中的控制状态谓词和 h_f 的定义（值 $\delta_i(u_i, v_i)$ 表示进程 i 从状态 v_i 开始到达状态 u_i 所必需的最小转移数量）

语句 assert 用逻辑断言扩展了模型。假设使用断言 a 标记一个迁移关系 $t = (u, v)$，其中 $t \in T_i$，如果公式 $f = u_i \wedge \neg a$ 可满足，我们说 a 被违反了。

label(t)	executable(t, u)
$q?x$, q 异步信道	$\neg\text{empty}(q)$
$q?t$, q 异步信道	$q?[t]$
$q!m$, q 异步信道	$\neg\text{full}(q)$
condition c	c

图 16.6 异步通信操作和布尔条件的函数 executable（其中 x 为一个变量，t 为一个标记）

16.2.2 活性启发式

在并发系统中，如果至少有一个进程和资源的子集处于循环等待中，就会出现死锁。如果状态 u 没有到后继状态 v 的传出迁移，并且至少系统中一个进程的一个终态无效，则状态 u 是一个死锁。被标记为 end 的一个局部控制状态表示该状态有效，那就是说，如果进程处于该状态下，系统就可能终止。

有些语句一直可执行。除了其他语句，赋值语句、else 语句、run 语句用来启动进程。另一些语句是否可执行取决于当前系统状态，如发送（send）或接收（receive）操作或包含评估一个守护的语句。例如，如果队列 q 不满，以谓词 $\neg\text{full}(q)$ 表示，发送操作 $q!m$ 才能够执行。如果队列为空，则异步未标记接收操作（$q?x$，x 为变量）是不可执行的，对应的公式为 $\neg\text{empty}(q)$。如果队列头部是一个标注了不同 t 的标签的消息，异步标记的接收操作（$q?t$，标签为 t）不可执行；产生公式为 $q?[t]$。并且，如果项 c 对应的条件值是 false，则条件不可执行。

针对异步操作以及布尔条件，图 16.6 总结了涉及语句和全局系统状态二元组的布尔函数 executable。

为了估计从当前状态到死锁状态需要的最少迁移次数，我们观察到死锁状态中所有进程都必须阻塞。因此，活性进程启发式使用给定状态下活动或非阻塞进程的数量为

$$h_a(u) = \sum_{p_i \in p \wedge \text{active}(i,u)} 1$$

式中，active(i,u) 定义为

$$\text{active}(i,u) \equiv \bigvee_{t=(u_i,v_i) \in T_i} \text{executable}(t)$$

假设 h_a 的范围包含在集合 $\{0,1,\cdots,|P|\}$ 中，活性进程启发方法对于包含少量进程的协议提示作用比较小。

死锁是一种全局系统状态，在该状态下进程都无法执行。显然，死锁状态中，每个进程都被阻塞在一个局部状态并且没有一个使能的迁移关系。定义一种能够将某个状态描述为死锁状态，并同时用作评估函数 h_f 输入的逻辑谓词是困难

的。这里首先解释进程 P_i 在其局部状态 u_i 被阻塞的含义。这种情况可用谓词 blocked_i 表示,表明进程 P_i 的程序计数器一定等于 u_i 且没有从状态 u_i 传出的迁移 t 是可执行的:

$$\text{blocked}_i(u_i) \equiv \bigwedge_{t=(u_i,v_i)\in T_i} \neg \text{executable}(t,u_i)$$

假设可以识别阻塞进程 i 的局部状态,在那些状态中进程 i 能执行一个潜在的阻塞操作。令 C_i 是进程 i 中的潜在阻塞状态集合。如果进程的控制属于某些包含在 C_i 中的局部状态,则进程阻塞。因此,可以定义一个谓词确定进程 P_i 在全局状态 u 下是否发生阻塞,该全局状态是包含在 C_i 中的每个局部状态 c 的 $\text{blocked}_i(c)$ 的析取:

$$\text{blocked}_i(u) \equiv \bigvee_{c\in C_i} \text{blocked}_i(c)$$

然而,死锁是一些全局状态,在这些状态中每个进程都被阻塞。因此,对每个进程 P_i 的 $\text{blocked}_i(u)$ 的析取将产生一个公式,该公式确定一个全局状态 u 是否是一个死锁状态:

$$\text{deadlock}(u) \equiv \bigwedge_{i=1}^{n} \text{blocked}_i(u)$$

现在解决如何识别那些能使进程发生阻塞的局部状态的问题。这些状态称为危险状态。如果状态的每个发出的局部迁移关系都能够发生阻塞,则该局部状态是危险的。注意一些迁移是一直可执行的,例如,那些对应于赋值的语句。相反,条件语句和通信操作并不总是可以执行的。因此,仅含有潜在不可执行迁移的局部状态应归为危险状态。另外,我们允许协议设计者确定危险状态。从这些状态的反向链接出发,能够在线性时间内计算出到关键程序计数器位置的局部距离。

在验证开始之前就构建死锁特征公式 deadlock,并且在搜索中通过应用评估函数 h_f(f 是死锁)使用 deadlock。根据公式的第一个合取项,通过对阻塞每个单独进程的估计距离求和可以评估到死锁状态的距离。这假设进程的行为完全独立,很明显会导致非最优估计。采用进程到达局部危险状态的最小估计距离,可以估计阻塞一个进程所需的迁移次数,并忽略该状态中每个传出迁移的使能性。这可能导致非容许评估,因为假设到每个危险状态的迁移对状态传出迁移的无效没有作用。

应注意到 deadlock 描述了系统从未到达的许多死锁状态的特征。两个进程 P_i、P_j 分别含有局部的危险状态 u、v。假设状态 u 有一个传出迁移,该迁移的使能条件是状态 v 的传出迁移使能条件的否定。在这种特殊的情况下,不可能存在进程 P_i 在局部状态 u 阻塞且进程 P_j 在局部状态 v 阻塞的死锁,因为其中的一个迁移必定可执行。因此，评估更倾向于不会导致死锁的状态。另一个焦点是产生公式的规模。

16.2.3 踪迹引导的启发式

现在描述两种能够利用已建立的错误状态信息的启发式方法：第一个启发式聚焦在错误踪迹中发现的状态；第二个启发式聚焦等价的错误状态。

1. 汉明距离

令 u 是给定的二进制向量编码的全局状态，如向量 $(u_1, u_2, \cdots, u_k)$。令 v 是待寻找的错误状态。从 u 到 v 所需的必要迁移次数的估计称为汉明距离 $h_d(u,v)$，其定义如下：

$$h_d(u,v) = \sum_{i=1}^{k} |u_i - v_i|$$

显然，在二进制编码中，对所有的 $i \in \{1, 2, \cdots, k\}$，$|u_i - v_i| \in \{0, 1\}$ 成立。$h_d(u,v)$ 能在状态的（二进制）编码的线性的时间内计算得到。因为每次迁移可能改变状态向量中的多个位置，所以启发式是非容许的。然而，根据状态的目标距离，汉明距离揭示了重要的状态排序。

2. FSM 距离

另一个距离测度以组件进程的局部状态为中心。FSM 启发式是每一个局部进程 P_i 的目标距离之和，$i \in \{1, 2, \cdots, n\}$。令 u_i 是进程 i 中状态 u 的程序计数器。同时，令 $\delta_i(u_i, v_i)$ 为 P_i 中程序计数器 u_i 和 v_i 的最短路径距离，则：

$$h_m(u) = \sum_{i=1}^{n} \delta_i(u_i, v_i)$$

定义 FSM 启发式的另一种方式是把布尔谓词 f 构建为 $\wedge_{i \in \{1,2,\cdots,n\}} u_i = v_i$。应用基于公式的启发式产生 $h_f(u) = h_m(u)$。

由于局部状态之间的距离可提前计算，所以每个距离都可在常量时间里收集起来，这导致总体的时间复杂度与系统进程的数量呈线性。

与汉明距离相比，FSM 距离从当前队列负载以及局部和全局变量的值中提取。我们期望该搜索能够引导到等价的错误状态，这些错误状态可通过最短路径潜在可达。原因是一些种类的错误依赖于每个组件进程的局部状态，同时变量没有起到任何作用。

16.2.4 活性模型检验

作为安全模型检验方法的活性属性，可以通过将状态向量规模粗略的翻倍将活性模型检验问题转换为安全模型检验问题。最重要的观察是无须重写探索算法。

在提升搜索空间中,无须提前知道循环的开始,就可以搜索最短套索形状的反例。利用 N 中一致的距离启发式 $h_a(u) = \min\{\delta_N(u_N, v_N) \mid v \text{ is accepting in } N\}$,我们能在初始搜索空间中寻找可接受的状态。

提升搜索空间中的状态可简写为二元组 (u,v),其中 u 记录了循环的开始状态,v 是当前搜索状态。如果我们到达一个可接受状态,将立即转向辅助搜索。因此,我们观察到两个不同的情况:①主搜索,此时仍未到达可接受状态;②循环检测搜索,必须重新访问一个可接受状态。辅助搜索中到达的状态 $u = v$ 是目标状态。因为它是辅助状态的后继,所以我们能够将该情形与第一次到达这个状态的时候区分开来。

对于提升搜索空间中所有的延伸状态 $x = (u,v)$,令 $h_a(x) = h_a(u)$ 且 $h_m(x) = h_m(u,v)$。现在准备将启发式合并成一个估计:

$$h(x) = \begin{cases} h_a(u), & u = v \\ h'_m(u,v), & u \neq v \end{cases} \tag{16.1}$$

因为每个反例需要包含至少一个 N 中的可接受状态,对于主状态 x,$h = h_a(x)$ 是一个下界。对于辅助状态 x,有:

$$h(x) = h_m(u,v) = \max\{h_m(u,v), \delta_N(u_N, v_N)\}$$

一个封闭所有循环以及套索的合计下界。因此,h 是容许的。而且,可以强化该结果。

不难看出 h 是一致的,即对 x 的所有后继状态 x',$h(x) - h(x') \leq 1$ 都成立。因为,h_a 和 h'_m 都是单调的,所以二者每次只有一个为真。因此,我们必须说明在到达一个可接受状态的情况下,h 是单调的。具有评估 $h(x) = h_a(x) = 0$ 的前驱 x 使其后继 x' 的评估值为 $h_m(x') > 0$。然而,因为 $h(x) - h(x') \leq 1$ 保持单调性,所以这不会产生任何问题。

有引导的外部 LTL 搜索的模型检验算法是外部 A*算法(见第 8 章)的延伸,该算法沿着递增的 $f = g + h$ 对角线遍历桶文件列表。我们将状态对存储在磁盘上。图 16.7 说明了这个典型的执行过程。

16.2.5 规划启发式

为编码 PDDL 中的通信协议,用一个有限状态机表示每个进程。因为提出一套专门的描述并不困难,所以我们关心的是通用翻译程序;命题编码应该反映出进程和通信队列的图结构。

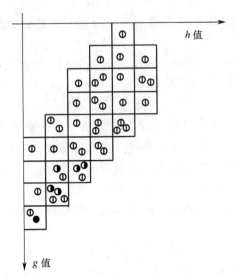

图 16.7 有引导的模型检验 LTL（对于主节点（用两个白色半圆表示），应用启发式 h_a，对于辅助节点（用半黑半白的圆表示），应用估计 h_m。一旦到达一个具有匹配半圆的终止状态（用两个黑色半圆表示），就形成了一个接受的循环）

哲学家就餐问题（见第 10 章）的转换问题示例中，初始状态如图 16.8 所示。

```
(is-a-process philosopher-0 philosopher)
(at-process philosopher-0 state-1)
(trans philosopher trans-3 state-1 state-6)
(trans philosopher trans-4 state-6 state-3)
(trans philosopher trans-5 state-3 state-4)
(trans philosopher trans-3 state-4 state-5)
(trans philosopher trans-6 state-5 state-6)
[...]
(is-a-queue forks-0 queue-1)
(queue-head forks-0 qs-0)
(queue-tail forks-0 qs-0)
(queue-next queue-1 qs-0 qs-0)
(queue-head-msg forks-0 empty)
(queue-size forks-0 zero)
(settled forks-0)
[...]
(writes philosopher-0 forks-0 trans-3) (trans-msg trans-3 fork)
(reads philosopher-0 forks-0 trans-4)  (trans-msg trans-4 fork)
(reads philosopher-0 forks-1 trans-5)  (trans-msg trans-5 fork)
(writes philosopher-0 forks-1 trans-6) (trans-msg trans-6 fork)
```

图 16.8 一个哲学家进程中，（单个）通信信道以及到局部状态迁移的连接通信的 PDDL 编码

与关联图中的改变类似，通信结构的编码基于表达信道中的更新。消息传递通信模型实现了基于环的队列数据结构。如果两个指针都指向相同的队列状态，则队列要么为空要么为满。一个队列可能只包含一个队列状态，因此队列状态 0

的后继桶就是队列状态 0 自身。这种情况下，基本命题编码包含一些动作，其中增加和删除列表共享同一个原子。我们假设删除已经完成。图 16.8（底部）展示了一个队列以及连接两个队列到一个进程的命题。

用数值变量对全局共享变量和局部变量进行建模。局部变量与共享变量的唯一区别是其受限的可视范围，因此局部变量可简单地使用其所在的进程为前缀。如果协议依赖于纯粹的消息传递，则不需要数值状态变量。这就为哲学家就餐问题产生了一种纯粹的命题模型。

PDDL 领域编码使用 7 种动作，动作的名称分别为：activate-trans，queue-read，queue-write，advance-queue-head，advance-empty-queue-tail，advance-nonempty-queue-tail 和 process-trans。进程的激活如图 16.9 所示。

```
(:action activate-trans
  :parameters (?p - process ?pt - proctype
               ?t - transition ?s1 ?s2 - state)
  :precondition (and
    (forall (?q - queue) (settled ?q))
    (trans ?pt ?t ?s1 ?s2)
    (is-a-process ?p ?pt) (at-process ?p ?s1)
  :effect (and (activate ?p ?t)))
```

图 16.9 测试某个迁移是否使能并将其激活，如果所有的队列都完成了更新并且存在一个匹配当前进程状态的迁移，则激活一个挂起进程

简单地说，编码协议语义的动作如下。动作 activate-trans 激活一个给定类型进程中从局部状态 $s_1 \sim s_2$ 的迁移。而且，该动作设置谓词 activate。布尔标志是动作 queue-read 和 queue-write 的前提条件，设置消息读/写初始化的命题。激活迁移中查询消息 m 的队列 Q，分别对应着表达式 $Q?m$ 和 $Q!m$。在读/写操作初始化后，需要应用队列更新动作：advance-queue-head、advance-empty-queue-tail 或者 advance-nonempty-queue-tail。正如需要执行请求的读写操作那样，这些动作分别更新头和尾的位置。这些动作也设置 settled 标志，该标志是每个队列访问动作的前提条件。接着会调用 process-trans 动作。它执行从局部状态 $s_1 \sim s_2$ 的迁移，即设置新的局部进程状态并重置这些标记。

如果读出的消息与请求的消息不匹配，或者队列容量太小或太大，活动的局部状态迁移将会阻塞。如果进程中所有的活动迁移都阻塞，则进程本身也会阻塞。如果所有的进程都阻塞，那么系统就会发生死锁。这些死锁的检测既可以通过特定工程动作的集合实现，也可以通过派生谓词的集合实现。在这两种情形中，都能沿着早先提出的论证路线推断出进程或整个系统发生了阻塞。规划器检测出协议中死锁的目标条件是要求所有进程阻塞的原子公式的合取。基于阻塞读访问的死锁推导的 PDDL 描述如图 16.10 所示。

```
(:derived (blocked-trans ?p - process ?t - transition)
    (exists (?q - queue ?m - message ?n - number)
      (and (activate ?p ?t) (reads ?p ?q ?t) (settled ?q)
            (trans-msg ?t ?m) (queue-size ?q ?n) (is-zero ?n))))))

(:derived (blocked ?p - process)
    (exists (?s - state ?pt - proctype)
      (and (at-process ?p ?s) (is-a-process ?p ?pt)
        (forall (?t - transition)
          (or (blocked-trans ?p ?t)
            (forall (?s2 - state) (not (trans ?pt ?t ?s ?s2)))))))))
```

图 16.10 以 PDDL 在并发系统中导出一个死锁，如果一个进程的所有使能迁移都被阻塞，则该进程阻塞，当系统的所有进程都阻塞时，该系统死锁

通过状态轨迹约束或时序扩展目标可以获得具有 LTL 属性的 PDDL 扩展。

16.3 程序模型检验

自动化验证的一个重要应用是对真实软件的检查，因为它有助于在关键的程序中检测到微小的故障。早期的程序模型检验方法依赖于人工构建的抽象模型或程序源码中产生的抽象模型。其中一个缺点是，程序模型可能从存在的错误中抽象，或报告真实程序中没有的错误。新的程序模型检测器建立于特定的体系结构之上，该体系结构能够解释编译的代码从而避免构建抽象模型。使用的体系结构包括虚拟机和调试器。

在程序模型检验中，从目标代码的层次例证我们的一些思考。基于虚拟处理器，在 C/C++ 源码编译得到的机器码中执行搜索。已编译的代码存储在 ELF 中，即一个二进制常见目标文件格式。而且，利用多线程扩展了虚拟机，这使得它也能对并发程序进行模型检验。这种方法为模型检验软件提供了新的可能性。在设计阶段，可以检验描述是否满足要求的属性。开发者提供了一种与最终产品相同的程序语言编写的测试实现，而不是采用模型检验器的输入语言实现的模型。

在汇编语言级程序模型检验中，只要程序可以编译就可以进行验证，对其没有语法或语义的限制。图 16.11 给出了一个状态的组件，该状态主要由栈的内容、运行线程的机器寄存器以及锁和内存池构成。这些存储池存储着上锁的资源集合以及动态分配内存区域的集合。其他的部分包含程序的全局变量。

图 16.11 中的状态向量可能很大。可能会得出如下结论：由于存储访问状态所需的巨大内存空间，模型检验机器代码并不可行。然而，在实际中，一个程序的大多数状态与它们的直接前驱仅存在微小差异。如果使用指向前驱状态中不变组件的指针，只为变化的组件分配内存空间，那么在内存用完之前可以探索程序的大部分状态空间。

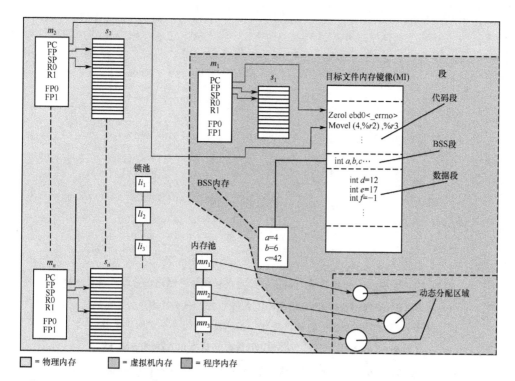

图 16.11 汇编语言级模型检验器中的一个状态（在锁池中维护访问的和未释放的变量，在内存池中维护动态内存锁，在栈中存储（活动线程中的）当前执行结构。在模型检验器开始之前已经加载的目标代码文件中已经包含了类似程序自身和一些全局变量的全局数据）

图 16.12 展示了一个示例程序，该程序从访问共享变量 glob 的抽象线程类中产生两个线程。如果模型检验器发现了导致 VASSERT 语句的程序指令的错误踪迹，同时对应的系统状态违反了布尔表达式，那么模型检验器会打印该踪迹并终止。图 16.13 显示了这条错误踪迹。只有当 Thread 3 先于 Thread 2 执行时，该断言才会被违反。否则，glob 将取值 0、2 和 9。

启发式已成功用于改进并发程序的错误检测。估计器函数对状态进行评估，测算状态到错误状态的距离，使得更靠近错误行为的状态具有更高的优先级并且在探索过程中被优先考虑。如果系统不包含错误，那么就一无所获。

1. 死锁启发式

在程序探索阶段，模型检验器会自动检测死锁。线程可使用 VLOCK 和 VUNLOCK 语句获取和释放对资源的互斥性访问，语句将指向基类或结构的指针作为它的参数。当一个线程尝试对已上锁的资源加锁时，它必须等待拥有该资源的线程释放该锁。死锁描述了一个所有线程等待锁被释放的状态。一个死锁检测的例子是多锁启发式。它偏好更多线程被阻塞的状态。

```
#include "IVMThread.h"              #include <assert.h>
#include "MyThread.h"               #include "MyThread.h"
extern int glob;                    #define N 2

class IVMThread;                    class MyThread;
MyThread::MyThread()                MyThread * t[N];
 :IVMThread::IVMThread(){           int i,glob=0;
}
void MyThread::start() {            void initThreads () {
  run();                             BEGINATOMIC
  die();                               for(i=0;i<N;i++) {
}                                        t[i]=new MyThread();
void MyThread::run() {                   t[i]->start();
  glob=(glob+1)*ID;                   }
}                                    ENDATOMIC
void MyThread::die() {              }
}                                   void main() {
int MyThread::id_counter;            initThreads();
                                     VASSERT(glob!=8);
                                    }
```

图 16.12 程序 glob 的源程序（main 程序应用代码原子锁创建线程。这样的锁由一对 BEGINATOMIC 和 ENDATOMIC 声明定义。一旦创建，由父类的构造函数为每个线程分配一个唯一的标识符 ID。MyThread 的一个实例使用 ID 应用语句 glob=（glob+1）*ID。VASSERT 语句评估布尔表达式 glob!=8）

```
Step 1: Thread 1 - Line 10 src-file: glob.c - initThreads
Step 2: Thread 1 - Line 16 src-file: glob.c - main
Step 3: Thread 3 - Line 15 src-file: MyThread.cc - MyThread::run
Step 4: Thread 3 - Line 16 src-file: MyThread.cc - MyThread::run
Step 5: Thread 2 - Line 15 src-file: MyThread.cc - MyThread::run
Step 6: Thread 2 - Line 16 src-file: MyThread.cc - MyThread::run
Step 7: Thread 1 - Line 20 src-file: glob.c - main
Step 8: Thread 1 - Line <unknown> src-file: glob.c - main
```

图 16.13 glob 程序的错误踪迹（首先，在一个原子步骤中，产生和开始 MyThread 的实例。然后，执行 Thread 3 的 run 方法，接着是 Thread 2 的 run 方法。在步骤 3 之后，glob=(0+1)×3=3，在步骤 5 之后，glob=(3+1)×2=8。最后，到达包含 VASSERT 语句的那一行）

2. 结构启发式

另一个已经建立的用于并发程序中错误检测的评估方法是交叉启发式方法。它依赖于最大化线程执行的交叉数量。该启发式方法不是对状态而是对路径进行赋值，目的是通过对交叉进行优先排序，可在程序探索早期发现并发性缺陷。

此外，锁启发式更偏好拥有更多变量锁和存活线程的状态。锁是线程发生阻塞的前提条件，只有那些处在存活状态的线程能在将来阻塞。

如果线程拥有相同的程序代码并且只有线程 ID 不同，那么它们内在的行为只有微小的区别。在线程 ID 启发式中，线程根据它们的 ID 以线性方式排序，这意味着在状态探索中能够避免执行所有线程。对于每对线程来说，拥有较高 ID

的线程执行的指令更少。未满足该条件的状态将在后面以不影响完整探索的方式进行探索。

最后考虑对共享变量的访问。在共享变量启发式中，我们更偏好全局读/写访问后活动线程的变化。

踪迹引导的启发式以踪迹引导搜索为目标；即给定一个实例的错误踪迹，找出一个更短的可能踪迹。程序员对此有着明显的需求，冗长的错误踪迹在模拟系统以及理解错误行为的本质方面带来了额外的负担。

踪迹引导的启发式的例子，包括之前提到的汉明距离以及 FSM 启发式。在汇编语言级程序模型检验中，基于目标代码的有限状态机表达 FSM 启发式，该目标代码对于每个编译的类是静态可获得的。

为了应用工具特定的启发式，解析的程序输出到规划器的范围已扩展到实数、线程、范围语句、子程序调用、原子区域、死锁以及断言违反检测。然而，这种方法仍然受到 PDDL 的静态结构的限制，几乎没有覆盖动态需求，如内存池的动态需求。

16.4 Petri 网分析

对于分布式系统尤其是无限状态系统的分析来说，Petri 网是基础性的。在 Petri 网中，寻找与属性违反对应的特殊标记可简化为探索一个由可到达标记集合导出的状态空间。典型的探索方法是无引导的并且不考虑 Petri 网的结构。

正式地，标准 Petri 网是四元组 (P,T,I^-,I^+)，其中 $P=\{p_1,p_2,\cdots,p_n\}$ 是库所集合。$T=\{t_1,t_2,\cdots,t_m\}$ 为变迁集合，其中 $1 \leq n,m < \infty$ 且 $P \cap T = \emptyset$。后向和前向关联映射 I^- 和 I^+ 分别将 $P \times T$ 和 $T \times P$ 中的元素映射到自然数集合上并固定 Petri 网结构和变迁标签。

一个标识（状态）将每个库所映射到一个数字，用 $M(p)$ 表示库所 p 处令牌的数量。M 可自然地表示为一个整数向量。

标识对应状态空间中的状态。Petri 网通常有一个初始标识 M_0。如果变迁 t 的所有输入库所包含至少一个令牌，那么变迁 t 有发生权，其中 $M(P) \geq I^-(p,t)$ 对所有 $p \in P$ 成立。如果一个变迁发生，那么它会从每个输入库所删掉一个令牌并在每个输出库所产生一个令牌。一个在标识 m 处激活的变迁 t 可以发生和生成一个新的标识 $M'(p) = M(p) - I^-(p,t) + I^+(p,t)$，对所有 $p \in P$ 成立，记为 $M \to M'$。

如果 $M \xrightarrow{*} M'$，$\xrightarrow{*}$ 是 $\longrightarrow$ 的自反和传递闭包，那么标识 M' 是从 M 可达的。Petri 网 N 的可达集合 $R(N)$ 是所有从 M_0 可达的标识 M 的集合。

如果对所有的库所 p，存在一个自然数 k，对所有 $R(N)$ 中的 M，有 $M(P) \leq k$，则 Petri 网 N 是有界的。如果对 $R(N)$ 中所有的 M，$R(N)$ 中存在一个 M'，满足 $M \xrightarrow{*} M'$，并且 t 在 M' 中具有发生权，那么变迁 t 是活的。如果所有的变迁 t 是活的，那么 Petri 网 N 是活的。从 M_0 开始的发生序列 $\sigma = t_1, t_2, \cdots, t_n$ 是一个变迁的有限序列，其中 t_i 在 M_{i-1} 中具有发生权且 M_i 是在 M_{i-1} 中 t_i 发生的结果。

在复杂系统分析中，库所对条件或对象（例如程序变量）进行建模，变迁则用于建模改变条件和对象值的活动，标识代表条件或者对象的特定值（例如程序变量的值）。

图 16.14 展示了具有两个和四个哲学家的哲学家就餐问题的 Petri 网。不同的哲学家对应不同的列，行中的库所表示他们的状态：思考、等待和就餐。两位哲学家就餐问题的标识对应系统的初始状态。对于四位哲学家就餐问题，展示了导致死锁的标识。

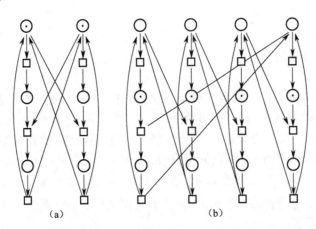

图 16.14 两位和四位哲学家就餐问题的库所-变迁 Petri 网（图形由表示库所的圆圈、表示令牌的圆点、表示变迁的长方形以及表示库所和变迁之间的弧的箭头组成。图（a）的网是初始状态；图（b）的网是死锁状态。此外，左边的网可以看作右边网的一种抽象）

分析 Petri 网有两种技术：可达集分析和不变量分析。后者关注 Petri 网的结构。不幸地是，不变量分析只有当 $|P| \times |T|$ 易于处理时才具有可用性。因此，我们主要关注可达集的分析。Petri 网中节点的令牌数量不是先验有界的，所以可能的状态数量是无限的。

启发式估计达到目标标识条件的必要变迁数量。在 Petri 网环境中，评价函数为每个标识关联一个数值型的值，从而能够对后继节点的探索进行优先级排序。网 N 中的最短发生距离 $\delta_N(M, M')$ 定义为 M 和 M' 之间的最短发生序列的长度。如果

M 和 M' 之间不存在发生序列，那么发生距离是无穷大。$\delta_N(M,\psi)$ 是从 M 开始的到满足条件 ψ 的标识的最短距离，$\delta_N(M,\psi) = \min\{\delta_N(M,M') | M' \vDash \psi\}$。接下来，启发式 $h(M)$ 评估 $\delta_N(M,\psi)$。如果 $h(M) \leq \delta_N(M,\psi)$，那么它是容许的。如果 $h(M) - h(M') \leq 1$ 对于 M 的后继标识 M' 成立，那么它是单调的。$h(M') = 0$ 的单调启发式对所有 $M' \vDash \psi$ 都是容许的。

这里区分两个搜索阶段。在解释模式下，我们探索可达标识集合，标识仅具有针对错误类型 ϕ 的知识。在该阶段，我们仅对快速发现错误感兴趣，无须追求简明的反例发生序列。对于错误查找模式，假设知道错误发生的标识。该知识可通过模拟、测试以及解释模式中的先前运行进行推断。为了缩短发生序列，需要两种标识之间的启发式估计。

1. 汉明距离启发式

汉明距离启发式是一种非常直观的启发式估计：
$$h_H(M,M') = \sum_{p \in P} [M(p) \neq M'(p)]$$

此处，$[M(p) \neq M'(p)]$ 的真值可以解释为集合 $\{0,1\}$ 中的一个整数。因为一个变迁可能增加或者删除多个令牌，所以启发式既不是容许的也不是一致的。然而，如果用变迁中受影响库所的最大数量除以 $h_H(M,M')$，能够得到一个容许的值。在四位哲学家就餐问题中，初始估计值 4 匹配了到死锁的最短变迁距离。

2. 子网距离启发式

更加精确的近似 M 和 M' 之间距离的启发式工作流程如下。基于抽象函数 ϕ，通过忽略一些库所、变迁以及对应的弧，该方法将库所变迁网络 N 映射到 $\phi(N)$。另外，初始的标识集合 M 和 M' 约减为 $\phi(M)$ 和 $\phi(M')$。如图 16.14（a）所示，两位哲学家就餐问题的 Petri 网事实上是其右侧的四位哲学家就餐问题 Petri 网的一种抽象。

子网距离启发式是从 $\phi(M)$ 到 $\phi(M')$ 所需的最短路径距离，其形式化为：
$$h_\phi(M,M') = \delta_{\phi(N)}(\phi(M),\phi(M'))$$

在四位哲学家就餐问题的例子中，我们获得的初始估计值是 2。启发式估计是容许的，即 $\delta_N(M,M') \geq \delta_{\phi(N)}(\phi(M),\phi(M'))$。令 M 是当前标识，M'' 是其直接后继。为证明启发式 h_ϕ 是一致的，需要说明 $h_\phi(M) - h_\phi(M'') \leq 1$。根据 h_ϕ 的定义有

$$\delta_{\phi(N)}(\phi(M),\phi(M')) \leq 1 + \delta_{\phi(N)}(\phi(M''),\phi(M'))$$

该不等式总是成立，因为从 $\phi(M)$ 到 $\phi(M')$ 的最短路径耗费不会大于遍历 $\phi(M'')$ 的最短路径耗费（三角形性质）。

为了避免重复计算，可在搜索前预先计算距离并使用表查询指导探索过程。

子网距离启发式完全探索 $\phi(N)$ 的覆盖范围,并在其上运行每对顶点间的最短路径算法。

如果我们应用两种不同的抽象 ϕ_1 和 ϕ_2,为了保持容许性,只能取其最大值,即

$$h_{\phi_1,\phi_2}^{\max}(M,M') = \max\left\{h_{\phi_1}(M,M'), h_{\phi_2}(M,M')\right\}$$

然而,ϕ_1 和 ϕ_2 的支撑集不相交,即对应的库所集合以及变迁集合都不相交 $\phi_1(P) \cap \phi_2(P) = \emptyset$ 和 $\phi_1(T) \cap \phi_2(T) = \emptyset$,两个单独启发式之和为

$$h_{\phi_1,\phi_2}^{add}(M,M') = h_{\phi_1}(M,M') + h_{\phi_2}(M,M')$$

仍然是容许的。如果对前两个和后两个哲学家使用一个抽象,那么能得到四次发生变迁的最好评估。

3. 活动性启发式

以前的两个启发式测量一个标识到另一个标识的距离,扩展这些步骤满足一个目标并不困难,可通过获取当前状态到所有满足目标的标识的最小距离来实现。然而,正如我们关注死锁一样,实际能够建立避开枚举目标集合的专门启发式。

如果 Petri 网中没有变迁能够发生,那么就会发生死锁。因此,到死锁距离的一种简单估计是计算活动变迁的数量。换句话说,我们有

$$h_a(M) = \sum_{t \in T} \text{enabled}(t)$$

如同汉明距离一样,该启发式既不一致也非容许,因为一个发生的变迁可以改变多个变迁的发生权。在例子的初始状态中,可以找到四个活动的变迁。

4. 规划启发式

接下来,导出一个 Petri 网的 PDDL 编码,这样就可以使用内建的规划启发式加速搜索。我们声明两种对象类型 place 和 transition。为了描述网络的拓扑结构,我们使用谓词(incoming ?s - place ?t - transition)和(outgoing ?s - place ?t - transition)表示集合 I^- 和 I^+。为了简化,所有变迁的权重为 1。唯一需要的数值型信息是变迁处的令牌数量。通过状态谓词实现标识映射(number-of-tokens ?p - place)。变迁发生动作如图 16.15 所示。

初始状态对网络拓扑和初始标识进行编码。它说明了谓词 incoming 和 outgoing 的实例和描述 M_0 的数值型谓词(number-of-tokens)。变迁阻塞的条件可通过派生谓词进行建模如下:

```
(:derived blocked (?t - transition)
    (exists (?p - place)
        (and (incoming ?p ?t) (= (number-of-tokens ?p) 0))))
```

因此,描述为目标条件的死锁可以描述如下:

```
(:derived deadlock (forall (?t - transition) (blocked ?t)))
```
很明显，PDDL 编码与原始 Petri 网是一一对应的。

```
(:action fire-transition
 :parameters (?t - transition)
 :preconditions
   (forall (?p - place)
     (or (not (incoming ?p ?t))
         (> (number-of-tokens ?p) 0)))
 :effects
   (forall (?p - place)
     (when (incoming ?p ?t) (decrease (number-of-tokens ?p))))
   (forall (?p - place)
     (when (outgoing ?t ?p) (increase (number-of-tokens ?p)))))
```

图 16.15　一个 Petri 网变迁的数值规划动作

16.5　探索实时系统

带时间自动机的实时模型检验是一个非常重要的验证场景，并且耗费最优可达性分析也有许多工业应用，包括资源最优调度等。

16.5.1　时间自动机

时间自动机可看作带有时钟及定义在时钟上的约束的传统有限自动机的扩展。这些约束对应状态时被称为不变量，用于限制待在状态的时间。这些约束与迁移连接时被称为保护，它们限制迁移的使用。时钟 C 是实值变量，度量持续时间。系统中所有时钟的值可表示为一个向量，也被称为时钟估值函数，$v: C \to \mathbb{R}^+$。约束定义在时钟之上，并由以下的语法产生：对 $x, y \in C$，约束 α 定义为

$$\alpha ::= x \prec d \mid x - y \prec d \mid \neg \alpha \mid (\alpha \wedge \alpha)$$

此处，$d \in \mathbb{Z}$ 并且 $\prec \in \{<, \leqslant\}$。这些约束产生两种不同类型的迁移。假设 invariant(s) 成立，第一个操作（delay 迁移）等待当前状态 s 的某段持续时间。这只会增加时钟变量。另一个操作（edge 迁移）执行迁移 t 时重置时钟变量。该操作在 guard(t) 成立时是可行的。这里允许不增加时间的情况下执行 edge 迁移。

轨迹是状态和迁移的交替序列，定义了自动机内的一条路径。可达性任务就是确定以普通和时钟变量的部分赋值形式表示的目标是否可达。最优可达性问题是找出最小化整体路径长度的轨迹。

对于时间状态机的可达性分析，我们面临无限状态空间的问题。这种无限性是由于时钟是实值的，因此完全的状态空间探索会遭遇无限的分支。该问题可通过基于区域的划分机制进行解决。基于时钟估值的等价类，区域自动机可以创建

无限状态空间的多个划分。然而，在模型检验工具中，使用了一种称为区域（zone）的比较粗略的表达。一个在时钟集合 C 上的区域 Z 是形如 $x-y \leqslant d$ 或者 $x-y < d$ 的差分约束的有限合取，$x, y \in C$（d 是整数）[①]。

时间自动机中的延迟（delay）和边（edge）迁移的语义是基于一些基本操作的。我们局限于时钟变量的改变。对于时钟向量 u 和区域 Z，如果 u 满足 Z 中的约束条件，那么可以写为 $u \in Z$。时钟区域的两个主要操作是：重置所有时钟 x 的时钟重置（reset）$\{x\}Z = \{u[0/x] | u \in Z\}$ 和延迟（delay）（d 个时间单位）$Z^{\uparrow} = \{u+d | u \in Z\}$。时间自动机中的可达性问题可简化为区域自动机中的可达性分析。区域自动机中的每个状态是一个符号化状态，该状态对应原始时间自动机中的一个或多个状态。新状态可表示成二元组 (l, Z)，l 是包含自动机局部状态的离散部分，Z 是欧几里得空间里的凸 $|C|$ 维超曲面。(l, Z) 在语义上表示所有状态 (l, u) 的集合，其中 $u \in Z$。令 $B(C)$ 表示定义在时钟 C 上的约束集合，2^C 表示 C 的幂集。正式地，时间自动机可表示为一个五元组 $(S, l_0, A, \text{Inv}, T)$，其中，$S$ 为状态集合，(l_0, Z_0) 为具有空区域的初始状态，$A \subseteq S \times B(C) \times 2^C \times S$ 是使状态迁移到后继的迁移关系。假设满足边上的约束，$\text{Inv}: S \to B(C)$ 将把不变量赋值给状态，T 是最终状态集合。

16.5.2 线性定价时间自动机

线性定价时间自动机是具有（线性）耗费变量的时间自动机。表述简单起见，这里限定只有一个耗费变量 c。根据状态中预先定义的速率和迁移中的更新操作增加耗费。最优耗费可达性问题是找到一条最小化整体路径耗费的轨迹。图 16.16 给出了一个时间自动机。到达位置 s_3 的最小耗费是 13，对应的轨迹是 $(d(0), t_1, d(4), t_2)$，也就是在 s_1 等待 0 步，然后采用迁移到 s_2，在此处花费四个时间步直到迁移到目标 s_3。

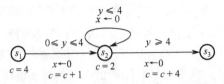

图 16.16 定价时间自动机的一个例子（自动机包括三个状态：s_1（初始状态）、s_2（中间状态）和 s_3（目标状态）。自动机还包括两个时钟变量 x 和 y。时钟约束定义在迁移上。耗费变量 c 在 s_1 的速率是 4，在 s_2 的速率是 2）

[①] 一元约束 $x \leqslant d$ 或者 $x < d$ 对开始时钟变量 x_0 来说，可重写为 $x - x_0 \leqslant d$ 和 $x - x_0 < d$，$x - y \geqslant d$ 写为 $y - x \leqslant -d$ 并且 $x = y$ 写为 $x - y \leqslant 0$ 且 $y - x \leqslant 0$。

与时间自动机类似，我们用定价区域表示定价时间自动机的符号状态。令 Δ_Z 是 Z 的唯一时钟估值，使得对所有的 $u \in Z$ 和 $\forall x \in C$，$\Delta_Z \leq u(x)$ 成立；也就是，$|C|$维超曲面的最底下角落表示一个区域。接下来，将 Δ_Z 称为区域偏移。对于内部状态表示，我们利用定价与区域超平面的耗费呈线性关系的事实。定价区域 PZ 是一个三元组 (Z,c,r)，其中 Z 是区域，整数 c 描述 Δ_Z 的耗费，$r: C \to \mathbb{Z}$ 给出给定时钟的速率。换句话说，区域的定价可以用耗费函数超平面在各个时钟变量轴线方向上的斜率定义。而且，可以用 $f: PZ \to \mathbb{Z}$ 表示基于定价区域 PZ 的耗费评价函数。在定价区域 $PZ = (Z,c,r)$ 中给定时钟 $x \in C$ 的耗费值 f 可按如下方式计算：$c + \sum_{x \in C} r(x)(v(x) - \Delta_Z(x))$。时钟 C 上的线性定价时间自动机是一个六元组 $(S, l_0, A, \mathrm{Inv}, \mathrm{Price}, T)$，其中 S 是位置的有限集合；(l_0, PZ_0) 是具有空的定价区域的初始状态；$A \subseteq S \times B(C) \times 2^C \times S$ 是迁移集合，每个都由一个父状态、迁移上的守护、待重置时钟以及后继状态构成；Inv 将不变量赋值给位置，$\mathrm{Price}: (S \cup A) \to \mathbb{N}$ 为状态和迁移定价。

16.5.3 遍历策略

在定价实时系统中，耗费 f 表示一个单调递增函数，表明对于所有的 $(u,v) \in A$，$f(u) \leq f(v)$ 成立。显然，广度优先搜索不能保证找到耗费最优解。对该方法的一种自然扩展是当找到一个目标时，继续搜索直到发现一个更好的目标或状态空间耗尽。这种分支限界算法是对无提示搜索的扩展，它可裁剪掉所有不能改进上一个解耗费的状态。假设耗费函数是单调的，该算法总是终止于找到最优解。分支限界法的基本遍历策略可借鉴广度优先搜索、深度优先搜索或最佳优先搜索。

启发式既可由用户提供，也可通过泛化 FSM 距离启发式以包含时钟变量从而进行自动推断。启发式的自动构建与测度规划中的过程类似。

实时可达分析和普通可达分析之间的区别之一是区域包含检验。在（延迟）重复消除中，我们忽略所有相同的状态，然而在实时模型检验中我们必须检验形如 $Z \subseteq Z'$ 的包含从而检测重复状态。一旦 Z 蕴含封闭，也就是说 Z 中没有任何约束可在不约减解集合的情况下加强，包含检验的时间复杂度与 Z 的约束数量呈线性关系。

随后，当把实时模型检验算法移植到外部设备时，我们必须为区域消除提供选项。因为我们无法在区域上定义全序，所以普通的外部排序方法在这种情况下是无效的。在外部广度优先搜索中，我们利用了下面的事实：仅当 $l = l'$ 成立时，两个状态 (l, Z) 和 (l', Z') 是可比较的。这启发了区域联盟（zone union）U 的定义，U 中所有的区域对应于共享相同离散部分 l 的状态，并且对所有的

$Z, Z' \in U$，$Z \not\subseteq Z'$ 成立。现在，可以首先根据离散部分 l 的排序移除重复状态，这样可以对所有的共享同一个 l 值的状态进行聚簇，然后在所有的这种状态之间进行一对一比较。该阶段的结果是一个文件，文件中所有的状态会根据离散部分 l 进行排序，形成无重复的区域联盟。当所有共享同一个 l 的状态被读入到内存时，所有区域对特定 l 的一对一的比较才能够高效的 I/O。内化区域联盟的相同方法在前述关于前驱文件进行集合精化期间是可用的。我们从前驱文件以及未求精的文件中加载区域联盟并对蕴含条件进行检验。

16.6 图迁移系统分析

对于涉及通信、面向对象、并发性、分布式和移动性等方面的软件和硬件系统来说，图是一种合适的形式化表示。这类系统的属性主要涉及时序行为和结构性质。作为形式化方法基础的逻辑可以表达这些属性，形式化的成功之处在于发现和报告错误的能力。

使用图关联状态并使用部分图射关联迁移，图迁移系统通过这种方式扩展了传统的迁移系统。直观而言，与迁移关联的部分图射表示与迁移的源状态和目标状态关联的图之间的关系。也就是说，它可对图元素（节点或边）的合并、插入、增加以及重命名进行建模，其中，合并边的耗费是参与合并的边中耗费最小的边的耗费。

以箭头分布式目录协议为例，该协议是一种确保分布式系统中对移动对象进行唯一访问的解决方法。分布式系统用无向图 G 表示，其中顶点和边分别表示节点和通信链路。耗费与链路以常规方式关联，并假设给出了最优路由机制。

该协议工作于 G 的最小生成树。每个节点都带有箭头用以表示对象在树中的方位。如果一个节点拥有或者正在请求对象，那么箭头就指向自身，该节点就是终端节点。由箭头导出的有向图称为 L。简而言之，该协议通过传播请求以及更新箭头的方式工作，使得在任意时刻由箭头导出的路径，称为箭头路径，要么指向拥有对象的终端节点要么指向处于等待对象的终端节点。

精确地说，协议工作方式如下：初始时，设置 L 使得每条路径指向拥有对象的节点。当节点 u 想要获得该对象时，它会向 $a(u)$ 发送一个请求消息 find(u)，箭头的目标从指向 u 开始，并设置 $a(u)$ 为 u。也就是说，u 变成了一个终端节点。当一个节点的箭头没有指向自身并从节点 v 处收到一个 find(v) 请求消息时，它会转发该信息到节点 $a(u)$ 并且设置 $a(u)$ 为 v。另一方面，如果 $a(u)=u$（该对象并非一定在节点 u 处，但是如果不在 u 处，该对象会被 u 接收），箭头按照前述情况进行更新，但这次该请求没有被转发而是入队。如果一个节点拥有对象并且它的请求队列非空，那么它会发送该对象到队列中的节点 u，并发送消息 move(u)

到 v。这条消息以最优的方式通过 G。图 16.17 说明了拥有 6 个节点 $v_0, v_1, \cdots, v_5$ 的协议实例的两种状态。

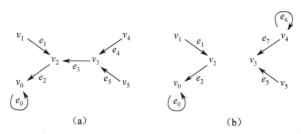

图 16.17　目录的三个状态（图（a）的状态是初始状态：节点 v_0 拥有对象并且所有箭头导出的路径都指向它。图（b）的状态是两步之后的结果：节点 v_4 通过其箭头发送一个对象请求，v_3 通过更新箭头处理了这个请求；即箭头现在指向 v_4 而不是 v_2）

（a）初始状态；（b）运行两步之后的结果。

我们可能会对某些属性感兴趣，如节点 v_i 是终端节点吗？节点 v_i 是终端节点并且所有的箭头路径在 v_i 处结束吗？节点 v 是终端节点吗？节点 v 是终端节点并且所有的箭头在 v 处结束吗？

图迁移系统的属性可使用不同的形式表达。例如，可以使用时序图逻辑，其结合了时序和图逻辑。相似的选择还有空间逻辑，它结合了时序和结构特点。在图迁移系统中，我们可使用规则找到一些特定的图：目标可能是找一个特定转换规则的匹配。然而，为表述简单和通用起见，我们考虑将属性满足或篡改问题约减为找到一个以目标图为特征的目标状态集合和单射态射的存在问题。

根据下面的目标类型确定目标函数的特定类型具有实际作用：①ψ 是恒等的，寻找的恰好是图 G；②ψ 是受限恒等的，要寻找的恰是 G 的子图；③ψ 是一个同构，要寻找的是 G 的同构图；④最一般情况下，ψ 是任意单射图射。

注意这里存在类型层次结构，因为目标类型 1 是目标类型 2 和目标类型 3 的子类型，前三种类型当然又是最一般的目标类型 4 的子类型。目标函数的计算复杂度根据之前的情况会有所变化。对于目标类型 1 和目标类型 2 而言，计算复杂度分别只需要 $O(|G|)$ 以及 $O(|\psi(G)|)$。但是，对于目标类型 3 和目标类型 4，由于寻找同构体，图同构的复杂度增加到 $|G|$ 的指数级，子图同构的复杂度增加到 $|\psi(G)|$ 的指数级。

我们考虑两个分析问题：第一个问题由发现目标状态组成；第二个问题旨在发现到达目标状态的最优路径。这两个问题都可用传统的图探索算法解决。例如，对于可达性问题，我们可以使用深度优先搜索、爬山算法、最佳优先搜索、Dijkstra 算法（以及其最简单的版本，广度优先搜索）或者 A*算法等。对于最优化问题，只有后两个算法适合。

1. 可移除项目启发式

对于图迁移系统，图变换规则暗含了图射，在通信协议中，图射则由进程的操作所暗含。多数情况下，这种迁移通常是局部的并且包含一些项目的插入、删除以及合并。作为启发式，可以在分析之前确定被图射删除和擦掉的项目数量，所以得到一致的启发式并不困难。

2. 同构启发式

目标类型 4 的主要缺点是显而易见的。如果状态图比目标图拥有更多的边和节点，那么产生的启发式完全是盲目的。因此，我们提出用启发式产生的函数去确定同构或子图同构。例如，如果需要确定两个图是否同构，我们会首先检验两个图是否含有相同数量的项目。如果是，则进一步匹配含有相同出度和入度的节点。

显而易见，本节的两个启发式通常都不是一致的或容许的，可以通过改变一些使用的参数来定义其他版本的启发式：如排序标准和向量间的距离等。这些启发式的思想确实能够说明我们可以定义的非容许启发式的广泛变化性。

3. 汉明距离启发式

两个比特向量的汉明距离是比特位不同的向量索引的数量。因为存在不同的图编码，我们选择一个简单的基于内存中状态表示图像的编码。因为在一次迁移中可能有多个比特发生改变（如到达目标前的最后一次迁移），所以启发式既非容许也不一致。

4. 规划启发式

最终，我们受益于那些执行分析的具体工具中特定的启发式。为将规划器应用到图迁移系统中，首先需要使用 PDDL 语言的图迁移系统的命题式描述。规划形式化提供的参数描述便利可以很容易地将态射或部分态射定义为动作。例如，反转一条边的态射可描述如下：

```
(:action morphism-inverse
:parameters(?u ?v - node)
:precondition (and (link ?u ?v))
:effect
  (and (not (link ?u ?v)) (link ?v ?u)))
```

可以借助初始状态中定义图形的谓词描述图迁移问题。可以使用定义图中不同节点之间的边的 link 谓词描述整张图。

PDDL 提供了灵巧简洁的机制公式化目标标准，接下来，提出一些描述以下目标的方法。

性质 1 目标（子图）：或许最简单的描述是类型 1 的目标，因为只需要搜索特定的子图。正如领域的 PDDL 描述那样，能够容易地使用（link u v）谓词声明子图。

性质 2 目标（精确图）：对于性质 2 目标，我们在状态空间中寻找目标图的精确匹配。正如先前的目标类型一样，可使用（link $u\,v$）谓词描述整张图。

性质 3 目标（子图同构）：给定目标图 G，搜索状态空间找到包含与 G 同构的子图的状态。这种情况下，目标更具表现力并且需要简洁描述的所有节点上的存在量词。类型 3 的目标为

```
(:goal (exists (?n0 ?n1 - node) (link ?n0 ?n1))
```

性质 4 目标（同构）：给定目标图 G，搜索状态空间找到包含与 G 同构的图的节点。因为有存在量词，可以使用（link $u\,v$）谓词对图 G 进行描述，例如：

```
(:goal (exists ?n0 ?n1 ?n2 ?n3 ?n4 ?n5 - node)
  (and (link ?n0 ?n0) (link ?n1 ?n0) (link ?n2 ?n0) (link ?n3 ?n1)
       (link ?n4 ?n0) (link ?n5 ?n4))
```

在实践中，启发式搜索规划器的表现优于验证图迁移系统的一般工具。但是，与程序模型检验应用类似，对方法进行建模的规划的静态结构并不能包含图迁移系统中的动态行为。

16.7 知识库中的异常

基于知识的系统（KBS）已用于多个应用中。特别是应用到商业环境中时，KBS 中的错误会导致相当大的损失。大多数 KBS 是基于规则的。检测给定 KBS 中的异常是一个非常重要的工作。这些异常通常可以分为以下几类。

（1）冗余：可以忽略的不影响系统推理的规则。
（2）冲突：有效的初始数据能够产生不兼容的推理。
（3）循环：依赖于自身的推理。
（4）不足：对于有效的数据输入集合没有得到有用的结论。

考虑以下的例子，采用具有以下 5 条规则的知识库判断一个人的学术定位。

（1）（R1）： member-of-university(X) $\wedge$ unroll(X) $\rightarrow$ student(X)
（2）（R2）： student(X) $\wedge$ ¬has-degree(X,D) $\rightarrow$ undergraduate(X)
（3）（R3）： student(X) $\wedge$ has-degree(X,D) $\rightarrow$ graduate(X)
（4）（R4）： enrolled(X) $\wedge$ ¬has-degree(X,D) $\rightarrow$ undergraduate(X)
（5）（R5）： ¬student(X) $\rightarrow$ staff(X)

此外，令 member-of-university(a)，enrolled(a)以及 has-degree(a, bachelor)是可能的输入，undergraduate(a)，graduate(a)以及 staff(a)是互不兼容的输出。为检验规则库，对目标进行标记。因为第一个目标可由两条路径（规则 R4 或者规则 R1 和 R2）到达，所以能够得到两种可能的环境：{enrolled(a),¬has-degree(a,bachelor)}

和 {member-of-university(a), enrolled(a), ¬has-degree(a, bachelor)}，这样我们可获得一条冗余。该规则库也包含一条冲突，即 staff(a) 和 undergraduate(a) 的合取包含了有效组合 {¬member-of-university(a), enrolled(a), ¬has-degree(a, bachelor)}。

标记方法的效率无疑依赖于生成标记的紧度。不难看出这可能需要规则集合深度的指数级规模。今后需要更加高效的表示方法，如 BDD。

这种符号化方法以二进制的形式编码系统的输入，遍历规则库，进而构造 BDD 而非描述系统输入和输出依赖的标签，相互检验 BDD 标签并报告异常。

在该例中，可选择一个 3bit 一元编码 (x_1, x_2, x_3) 分别表示输入 member-of-university(a)、enrolled(a) 和 has-degree(a, bachelor) 的真值或缺失。通过前向或后向链接的方式遍历规则库可以给出标记的 BDD 表示。对于推理空间中每一条规则实例，可使用其祖先文字的标记构建 BDD。对应假设的标记可通过计算所有将该假设作为结果的规则实例的规则标记的析取获得。该例中我们获得了 undergraduate(a) = $x_2 \wedge \neg x_3$，graduate(a) = $x_1 \wedge x_2 \wedge x_3$ 和 staff(a) = $\neg x_1 \wedge \neg x_2$ 的 BDD 表示。通过执行 BDD 表示集合的包含操作可以在探索过程中发现冗余异常。合取 undergraduate(a) 和 staff(a) 的输出 BDD 可以建立不兼容的输出异常。

16.8 诊断

在诊断中，不仅关注错误检测，也关注对这些错误的解释。这种（基于模型的）诊断的应用领域包括智能教学、智能写作以及智能调试系统。这些应用可通过经验模型发现学习者、作者或者程序员等所犯的错误。这种场景与形式化验证中的错误检测不同。在有引导的模型检验中引入了形式化验证作为启发式搜索技术的一种实际应用。

关于系统中存在的一些缺陷，寻找一个好的诊断是一个引导性搜索。一旦发现一个错误概念，必须在论证中根据问题的主题模型寻找缺陷。这一过程是通过在模型中传播这个错误，并在越来越多的具体问题中进行探测完成的。主题模型或者定性依赖网络是定性模拟过程中产生的一个增强无向图。边表示值在一定范围内的离散变量。最简单情况下，变量是布尔变量，表明一个条件为真或为假（车的速率是正的）。在其他的情况中，变量可表示数量的集合（车的加速度很大）。网络中的节点可以操作和传播在入射边中发现的信息。它们表示变量拥有的定性知识以及变量间的影响（如果一个车的速度是正的并且刹车被踩下，那么速度就会下降）。

依赖网络由专家构建、通过实证研究探索或者通过归纳学习算法进行推断。在诊断任务中，可以将学习者的知识与网络进行匹配。主要目的是能够高效地在网络中存储和传播输入信息。如果出现了一个错误概念，那么只提出一些问题来精确定位错误推断。在我们的场景中,允许学习者根据模型犯下多个错误并模拟所有他们可能处于的世界。因为诊断任务是在变量值的不同假设空间之上的搜索,所以我们在背景知识中处理不确定性。

16.8.1 通用诊断引擎

通用诊断引擎(GDE)是一个执行基于模型的诊断的框架。它以传统的算术依赖网络为例,在该网络中我们有一些设备如加法器 A_i 和乘法器 M_i。边将设备连接成如图 16.18 所示的整体图结构。标记边的变量可赋以特定的值,信息根据场景设置在网络中传播。设备会发生故障,因此会导致一些矛盾。变量的可能赋值集合仅限于较小的整数范围。这意味着仅用很少的比特位就能对所有不同的值进行编码。对边的一次探测是对变量的一次赋值,该变量反映了与学习者交互中收到的有监督的背景知识。对该知识的访问通常计算开销较大。

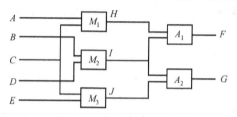

图 16.18 具有乘法器和加法器设备的算术依赖网络

这里区分 GDE 一次迭代中的两个主要阶段。一方面,必须根据给定的探测更新模型;另一方面,必须辨别出下一次探测的候选节点。下面我们关注第一个问题。GDE 基于一个被称为基于假设的真值维护系统(ATMS)的体系结构。除了依赖网络结构,ATMS 维护数据库 entries(v, j_v),其中 v 是对变量的赋值并且 j_v 是它的证明。一个证明就是设备的一个集合,这些设备用来导出对变量 V 的赋值 v。对于一个变量可能存在不同的证明。从空数据库开始,学习者相继地实例化变量。这些变量是最终的(final),因为我们拥有关于它们值的全部知识。这些结果可以通过使用过的设备的功能得到,并且产生关于网络中其他变量估值的假设。如果假设没有被学习者确认,那么我们称该值为无用值(no-good)。

在该例中,将 A、B、C、D 赋值为 1,使得 F 为 2 并有证明 $\{M_1, M_2, A_1\}$。将 F 赋值为 1 是无用的。不幸的是,在网络中使用简单的深度优先搜索传播这些值是不够的。我们需要某种形式的迭代。在网络中,必须传播新的消息直到不再发生进一步的改变为止,需要在每个设备节点的每条边提供这些信息。对于运算符 $\otimes$,度数为 n 的设备节点 k 处的数据库更新操作如下:对变量 $V_1, V_2, \cdots, V_{n-1}$ 的表项 $(v_1, j_{v_1}), (v_2, j_{v_2}), \cdots, (v_{n-1}, j_{v_{n-1}})$ 的每个组合,计算证明为 $j_{v_n} = \bigcup_{i=1}^{n-1} j_{v_i} \cup \{k\}$ 的 $v_n = \otimes(v_1, v_2, \cdots, v_{n-1})$,并将 (v_n, j_{v_n}) 插入数据库。特别对于大型模型,这些工作量巨大，使得合并输入揭示了整体传播的瓶颈。

16.8.2 符号传播

在离散域中，在给定设备上，变量的可能传播集合由事件变量 $(v_1, v_2, \cdots, v_n)$ 的实例构成。如之前所看到的那样，BDD 能够用来高效地描述状态集合。在诊断问题中，状态由变量赋值以及促使变量拥有该值的设备集合构成。

可以看到，当把变量限制于一个有限域时，我们能够以 BDD 的形式表示具有参数 a,b,c 的布尔运算 Add 和 Mult。使用 BDD 的关键思想是不仅将其应用到单个元素，同时也将其应用到输入端描述的整个集合。例如，合并集合 $\{1,3,7\}$ 的 BDD 描述、集合 $\{2,4\}$ 的 BDD 表示以及 Mult 的 BDD，将直接产生集合 $\{1,2,3,4,6,12,14,21,28\}$ 的 BDD 表示。而且，关系描述允许我们在相反方向上应用 BDD。例如，通过交换 Add 和 Mult 中的变量集合 a 和 c 获得 Subtract 和 Div 运算符。

令 $A(a)$ 和 $B(b)$ 是实现布尔函数 $F(a,b,c)$ 的设备的输入变量的不同赋值的 BDD 表示。关系乘积 $C(c) = \exists a,b(A(a) \wedge B(b) \wedge F(a,b,c))$ 计算期望输出 BDD。另外，两条传播规则可通过类似的方法获得。结果的证明可通过合并所有输入的证明得到。我们用当前运算单元的影响扩展结果，并且只允许当两个输入不依赖该单元时执行运算。因此，我们基于所有满足这些额外约束的证明的三元组的析取构建 BDD Result。因为单元数 n 以及编码一个证明的比特位数很大，并且幂集也是 n 的指数级，所以不确定该 BDD 能否被构建，但是可以为每个索引 i 上的 $c_i = a_i \vee b_i$ 构建 BDD 表示并对所有的 $i \in \{1,2,\cdots,n\}$ 进行合取。

令 $A(a, j_a)$ 和 $B(b, j_b)$ 分别是第一和第二个输入的描述，有

$$C(c, j_c) = \exists a, j_a, b, j_b (A(a, j_a) \wedge B(b, j_b) \wedge F(a,b,c) \wedge \text{Result}(j_a, j_b, j_c))$$

基于 BDD 的诊断系统实现比较简单。任何诊断变量都包括三个部分：标记 final、一个用于表示所有可能值/证明对的 BDD bdd 和处理值和证明的变量集合。诊断变量至少连接两个设备以通知是否获得 BDD 的改变。终止传播通常有四种情况。

（1）输出是 final：我们拥有输出值的全部知识。

（2）一个输入 BDD 是零函数（zero function）：可以阻止其传播。

（3）输出 BDD 是零函数：受限域的计算不可行或者满足关系 Result 的一个边界条件。

（4）结果蕴含了输出 BDD：已经计算了输出值或者没有新的信息可用。

16.9 自动定理证明

标准定理证明程序在子句集合上进行推理。对于谓词逻辑上的定理证明，经

常应用 SAT 求解器技术。

为了说明自动定理证明如何将一变量投射到状态空间搜索,这里回想谓词逻辑的解析规则。从句子 $P_1 \vee P_2 \vee \cdots \vee P_n$ 和 $\neg P_1 \vee Q_2 \vee \cdots \vee Q_m$,可以导出归结式 $P_2 \vee \cdots \vee P_n \vee Q_2 \vee \cdots \vee Q_m$。例如,从 P 和 $\neg P \vee Q$,可以导出 Q。

在一阶逻辑中,给定句子 $P_1 \vee P_2 \vee \cdots \vee P_n$ 和 $Q_1 \vee \cdots \vee Q_m$,其中每个 P_j 和 Q_k 都是文字,如果 P_j 和 $\neg Q_k$ 与替换列表 Θ 相统一,那么可以导出归结句子 $\text{subst}(\Theta, P_1 \vee \cdots \vee P_{j-1} \vee P_{j+1} \vee \cdots \vee P_n \vee Q_1 \vee \cdots \vee Q_{k-1} \vee Q_{k+1} \vee \cdots \vee Q_m)$。例如,从子句 $P(x, f(a)) \vee P(x, f(y)) \vee Q(y)$ 和 $\neg P(z, f(a)) \vee \neg Q(z)$,我们可以使用 $\Theta = x/z$ 得到归结子句 $P(z, f(y)) \vee Q(y) \vee \neg Q(z)$。

统一本身是一个模式匹配过程,它将两个称为文字的原子语句作为输入。如果没有匹配成功,将返回 failure;如果发现匹配,将返回替换列表 Θ。等式 $\text{unify}(p, q) = \Theta$ 意味着对两个原子语句 p 和 q,$\text{subst}(\Theta, p) = \text{subst}(\Theta, q)$,其中 Θ 称为最广合一子(mgu),变量是隐式全局量化的。为了使得文字匹配,这里用项取代变量。例如 parents(x, father(x), mother(Justus)) 和 parents(Justus, father(y), z) 的 mgu 是 $\{x/\text{Justus}, y/\text{Justus}, z/\text{mother(Justus)}\}$,parents($x$, father($x$), mother(Justus)) 和 parents(Max, father(y), mother(y)) 的统一是 failure。

返回 mgu 的伪代码线性时间算法如算法 16.1 所示。注意 mgu 不唯一,变量不能被包含此变量的项替换,并且在递归调用之前检查变量的出现非常重要。

Procedure Unify
Input: 项 p, q,部分替换列表 θ
Output: 完整统一列表 θ

$(r, s) \leftarrow \text{Scan}(p, q)$;; p 和 q 不匹配的第一个项
if $((r, s) = (\emptyset, \emptyset))$ **return** $(\theta, \text{success})$;; 发现匹配
if variable(r)   ;; 处理 p
   $\theta \leftarrow \theta \cup \{r/s\}$;; 扩展替换列表
   Unify(subst(θ, p), subst(θ, q), θ)   ;; 递归调用
else if variable(s)   ;; 处理 q
   $\theta \leftarrow \theta \cup \{s/r\}$;; 扩展替换列表
   Unify(subst(θ, p), subst(θ, q), θ)   ;; 递归调用
else return failure   ;; 没有可用的统一

算法 16.1
一阶逻辑的统一算法

归结反演程序如算法 16.2 所示，实现了反证法。给定公理的一致性集合 KB 以及目标句子 Q，需要说明 $KB \models Q$；即每个满足 KB 的解释 I 也满足 Q。因为解释 I 要么满足 Q 要么满足 $\neg Q$，当且仅当 $(KB \land \neg Q \models \text{false})$ 时 $(KB \models Q)$。

Procedure Resolution-Refutation
Input: 一致性集合 KB，我们想要导出的一阶逻辑目标句子 Q 中为真的句子
Output: 如果 $KB \models Q$ 则成功，否则失败

```
KB ← KB ∪ {¬Q}                          ;; 通过矛盾证明
while (false ∉ KB)                      ;; 潜在的无限循环
    (S₁, S₂) ← SelectUnify(KB)          ;; 句子包含统一的文字
    if (S₁, S₂) = (∅, ∅) return failure ;; 没有可能的矛盾
    resolvent ← ResolutionRule(S₁, S₂)  ;; 计算归结
    KB ← KB ∪ {resolvent}               ;; 扩展知识库
return success                          ;; 发现矛盾
```

算法 16.2
归结反演程序

因为归结规则只有当句子形如 $P_1 \lor P_2 \lor \cdots \lor P_n$ 时才可用，所以剩下的问题是如何将一阶逻辑的每个句子转换为这种形式。幸运的是，一阶逻辑中的每个句子能够转换为范式中称为子句形式的逻辑等价句子。

获得子句形式的 9 个步骤如下。①用 $((P \Rightarrow Q) \land (Q \Rightarrow P))$ 替换每个形如 $(P \Leftrightarrow Q)$ 的实例来消除等价性。②用 $(\neg P \lor Q)$ 替换形如 $(P \Rightarrow Q)$ 的每个实例来消除蕴含。③利用等价性缩小否定符号的范围到单个谓词，如转换 $\neg\neg P$ 成 P，转换 $\neg(P \lor Q)$ 成 $\neg P \land \neg Q$，转换 $\neg(P \land Q)$ 成 $\neg P \lor \neg Q$，转换 $\neg(\forall x)P$ 成 $(\exists x)\neg P$，转换 $\neg(\exists x)P$ 成 $(\forall x)\neg P$。④标准化并重命名这些变量，使得每个量词有其唯一的变量名，如果变量 x 已在其他地方被使用，那么将 $(\forall x)P(x)$ 转换为 $(\forall y)P(y)$。⑤引入 Skolem 函数消除存在量词；即将 $(\exists x)P(x)$ 转换成 $P(c)$，其中 c 是一个没在其他句子中出现的新的常量符号。值 c 称为 Skolem 常数。更一般地，如果存在量词在全局量化的变量范围内，那么引入依赖该全局量化变量的 Skolem 函数。函数 f 称为 Skolem 函数，并且该名字必须是一个没有在整个 KB 中出现过的全新的名字。⑥移除全局量化符号，方法是首先将它们全部移动到左端，使得每个量词的范围都是整个句子，接着丢弃第一部分。⑦将句子变成（由 or 连接的）析取式的（由 and 连接的）合取式。⑧将每个合取划分到单独的子句。⑨标准化这些变量，使得每个子句包含唯一的变量名。

归结过程可以看作自底向上构建一棵搜索树的过程，其中叶子节点是 KB 和目

标的否定产生的子句。当一对子句产生新的归结子句时，在树中加入一个新的节点，其弧由归结子句直接指向两个父子句。当产生一个包含 false 子句的节点时，该节点将成为树的根节点，说明归结过程成功。这意味着广度优先探索。0 层的子句来自初始的公理和目标的否定。k 层的子句由两个子句归结得到，其中一个子句来自 $k-1$ 层，另一个子句来自更早的层次。广度优先探索是完备的，但是效率较低。

为控制归结搜索，已尝试多个不同的方法。支撑集方法要求至少有一个父子句来自目标的否定或者该目标子句的子孙子句。当假设所有的支撑集子句都被导出时，该策略是完备的。在单元归结中，至少有一个父子句为单元子句，仅包含单个文字。该策略通常情况下并不完备，但是对于 Horn 子句是完备的。对于输入归结，至少有一个父子句来自初始子句（来自公理和目标的否定）集合。该策略通常情况下并不完备，但是对于 Horn 子句是完备的。

16.9.1 启发式

自顶向下证明创建了一棵证明树，其中每个内部节点的标记对应一个结论，其子节点的标记对应推理步骤的前提。证明树的叶子节点是公理或稳定的定理实例。证明状态表示证明树的外围片段：顶端节点表示目标，所有叶子表示证明状态的子目标。可以删除所有已经证明的叶子节点，因为不会继续考虑它们。如果解决了所有的子目标，那么证明就成功了。

到目标的剩余距离可估算为当前证明状态的内部节点数。另一个说明性的竞争者是证明状态表示的字符串长度。拥有 k 个内部节点的树的数量以及长度为 k 的字符串的数量都是有限的，那么对于内部节点启发式和字符串长度启发式来说，拥有固定启发值 k 的证明状态的数量也是有限的。

这是设计有进度保证的引导搜索算法的基础。初看起来，根据定理表示规模的启发式搜索看起来并不是一个很好的选择，因为它可利用的知识比较弱。但是即使只是信息中模糊的部分也可以以数量级的规模极大的加快计算过程。

我们建议的第三个启发式是当前证明状态中开放子目标的数量。当假设推理步骤一次最多只能关闭一个开放子目标时，该启发式是唯一的容许启发式。这也证明了开放子目标启发式是一致的。

由于有限的信息范围，与内部节点启发式和字符串长度启发式相比，开放子目标启发式可以拥有无限的具有相同评估值的状态。这种情况下，贪婪的最佳优先搜索策略常常不能终止。另一方面，在正则状态空间中，即使较弱的启发式也可在贪心搜索中快速产生解。

16.9.2 函数式 A*算法

在前向证明中，公理和已经证明的定理可结合起来产生新的定理。在后向证明中，我们从定理开始证明，一步步约减到新的子目标。使用公理、存储的定理或假设可以将基本的推理步骤结合成更大的例子敏感的证明搜索规则。为了增加基本对象逻辑的性能，集成了桌面定理证明器，但是其推理并不是对所有的对象逻辑都具有通用性。推理过程隐藏在自动策略中。

贪婪最佳优先搜索使用最小评估函数值优先扩展状态。该方法会被局部最优所吸引，因而即使对于有限图也是不完备的。相比之下，DFS 和 BFS 是完备的，因为 DFS 使用全局内存存储已经证明的子目标，并且 BFS 可以忽略重复状态的裁剪。

A*算法的函数式实现中（见算法 16.3），一个输入参数是启发式函数 h（我们还没有排除输入和输出参数，因为输入参数都是映射并且函数声明本身也被分配给输出）。此外，后继生成函数 Γ、目标谓词 Goal 和初始状态 s 作为参数传给算法，其中目标函数有助于过滤后继状态。可以使用值 f 的升序排列的元组列表 (g, f, u) 表示优先级队列 Open。简洁起见，我们不再重新打开那些在更短路径上已扩展的节点。如果启发式函数 h 是一致的，$h(v) - h(u) + 1 \geq 0$ 对所有的 $(u, v) \in E$ 成立，将没有任何限制。这种情况下，在每条路径上，优先级 f 都是单调的。所有重加权的边都是正的，并且可以应用 Dijkstra 算法的正确性论证。所有提取的节点都有正确的 f 值。算法 16.3 中 A*算法的实现使用了同时递归。关键词和函数声明设置成粗体，变量和函数调用设置成斜体。

```
Functional A* (s, Goal, h, Γ) =                    ;; 接口
  let func relax(succs, t, g) =                    ;; 定义子程序
    let func f(v) = (g, g + h(v), v)               ;; 局部价值计算
        l ← (filter Goal succs)                    ;; 搜索终止状态
    in if (l ≠ [ ]) then l else                    ;; 发现目标则终止
       Open(foldr (insert, (map f succs), t))      ;; 插入后继调用
    end                                            ;; 优先级队列更新
  and                                              ;; 结束第一个子程序
    func Open [ ] = [ ] |                          ;; 递归定义
    Open ((g, f, u) :: t) =                        ;; 主要实例
        relax (Γ(u), t, g + 1)                     ;; 调用子程序
  in                                               ;; 结束第二个子程序
    relax (Γ(s), [ ], 0)                           ;; 初始调用
  end
```

算法 16.3

A*算法的函数式实现

与一些必要的设置相比，函数式 A*算法中的 insert 在水平节点内实现字典更新。如果状态已包含在优先队列中，那么就不会发生插入操作，这样可避免队列中产生重复。然而，因为没有对已扩展状态的 Closed 列表进行建模，即使在有限图上，函数式启发式搜索 $f(v) = (g, h(v), v)$ 已不再完备。

Closed 中全局扩展的节点的维护操作已集成到算法 16.3 所示的伪代码中，过程如下：Closed 集合作为额外的参数在 A*算法中提供给 relax 函数，在 IDA*算法中提供给 depth 函数。在 A*算法中，Closed 初始化成一个空的列表，而在 IDA*算法中，每次迭代中都要再次初始化 Closed。首先用（map f eliminate (Closed, succs)）而非（map f succs）排除已访问过的状态。可通过列表、平衡树或者低层的哈希表实现 Closed 的字典。

16.10 书目评述

Hajek（1978）提出的 Approver 很可能是第一个实现通信协议自动化验证的工具。它已应用于指导状态空间的搜索。该工具与传统的通信协议如互斥算法相比，可以处理更大范围的并发系统。由 Yang 和 Dill（1998）提出的 SpotLight 系统应用了 A*算法解决状态探索问题。被称为目标扩大分析（target enlargement analysis）的通用搜索策略，在前向搜索开始之前，应用一些从目标描述开始的原像计算目标附近的节点。在这方面，该项技术与外围搜索（见第 9 章）类似。Reffel 和 Edelkamp（1999）首次研究了模拟 A*算法探索的符号引导的模型检验算法。

Edelkamp，Leue 和 Lluch-Lafuente（2004b）提出了关于通信协议分析的启发式搜索模型检验。作者创造了有引导的模型检验这个术语，并实现了一个有引导的隐式状态模型检验器 SPIN（Holzmann，2004）。对于活性属性来说，作者提出了一种改进嵌套 DFS 算法，该方法基于强连通组件中属性的自动机表示的分类。之后，踪迹改进和偏序消解被集成到系统中（Edelkamp，Leue 和 Lluch-Lafuente，2004c）。Jabbar 和 Edelkamp（2005）提出了首个外部引导的模型检验器，分析超出主存容量的模型。Jabbar 和 Edelkamp（2006）以几乎线性的速度并行化了这些方法。类似 Schuppan 和 Biere（2004）提出的安全模型检验方法，Edelkamp 和 Jabbar（2006c）基于活性属性将场景扩展到了 LTL 属性。

Clarke，Grumberg，Jha，Lu 和 Veith（2001）提出了反例引导的错误求精方法。Edelkamp 和 Lluch-Lafuente（2004）（用于隐式状态的模型检验）以及 Qian 和 Nymeyer（2004）（用于符号化检验）分别独立提出了模式/抽象数据库启发式。Edelkamp（2003b）提出了从 Promela 到 PDDL 的通信协议规范的自动化转换。哲学家就餐问题和光电报死锁的解决方案已成为国际规划竞赛的测试集

(Hoffmann 等，2006）。

基于 Leven，Mehler 和 Edelkamp（2004）的相关工作，Mehler（2005）提出了机器代码的有引导的模型检验。该框架通过扩展 Visser，Havelund，Brat 和 Park（2000）提出的虚拟机或者 Mercer 和 Jones（2005）提出的操纵调试器进行 JAVA 程序的模型检验。Robby，Dwyer 和 Hatcliff（2003）提出了一个相关的方法。Edelkamp，Jabbar 和 Sulewski（2008a）讨论了外在化和并行化问题。

Petri（1962）提出的 Petri 网主要用于描述分布式系统中的并发和同步行为。该方法被 Fabiani 和 Meiller（2000）以及 Hickmott，Rintanen，Thiebaux 和 White（2006）用于动作规划。Petri 网启发式由 Bonet，Haslum，Hickmott 和 Thiébaux（2008）以及 Edelkamp 和 Jabbar（2006a）提出。转换过程是自动化的，每个谓词可用一个库所表示，每个动作实现为一个变迁。

Alur 和 Dill（1994）提出的时间自动机的模型检验是混合自动机（见 Henzinger，Kopke，Puri 和 Varaiya，1995）分析的可判定子领域，该自动机已应用于多个工业领域。Larsen，Larsson，Petterson 和 Yi（1997）提出的 UPPAAL 是一个非常成功的基于时间自动机的验证工具。它可用于实时系统建模、模拟和验证。它能够处理具有有限控制结构、通道或共享变量通信和实值时钟的非确定性进程。Larsen 等（2001）扩展 UPPAAL 得到的 UPPAAL CORA 可用于定价时间自动机中最优耗费的可达性分析。Rasmussen，Larsen 和 Subramani（2004）指出 UPPAAL CORA 在最优资源调度中也存在竞争力。Kupferschmid，Hoffmann，Dierks 和 Behrmann（2006）提出了 UPPAAL 的启发式。Edelkamp 和 Jabbar（2006b）提出了实时领域的外部分支限界方法。Bakera，Edelkamp，Kissmann 和 Renner（2008）得出了 μ 微积分校验游戏和符号化规划间的联系。

设计的图形特性显式地出现在图迁移系统（Rozenberg，1997）等方法中，并隐式的出现在其他建模形式化体系中，如并发通信进程（Milner，1989）中的代数。Demmer 和 Herlihy（1998）给出了箭头分布式目录协议的形式化定义。Edelkamp，Jabbar 和 Lluch-Lafuente（2006）将图迁移系统集成到普通的模型检验器（SPIN）中并提出了多个正文中讨论过的启发式。Edelkamp 和 Jabbar（2005）提出将图迁移系统转化为规划器的输入。该场景尝试关于某个耗费代数解决优化问题（Edelkamp，Jabbar 和 Lluch-Lafuente，2005）。

Preece 和 Shinghal（1994）提出了不同的基于知识的异常分类。Ginsberg（1988）和 Rousset（1988）第一次提出了规则链检验技术。Torasso 和 Torta（2003）以及 Mues 和 Vanthienen（2004）提出了验证知识库的 BDD 实现。

单错误分析等价于布尔公式的满足问题，因此是 NP 完全问题（Meriott 和 Stuckey，1998）。正文中，我们考虑多种错误并处理更难的问题（Kleer 和 Williams，1987）。在 Forbus 和 de Kleer（1993）的教材中可以找到一种 LISP

实现。

系统验证的自动定理证明引起了越来越多的兴趣。作为一个简单的示例，所有基于 SMV（McMillan，1993）的有界模型检验器都应用了定理证明技术，SMV 执行基于 SAT 的探索。另一方面，许多定理证明器，如 Owre，Rajan，Rushby，Shankar 和 Srivas（1996）提出的 PVS，都包括模型检验单元。Edelkamp 和 Leven（2002）提出了有引导的自动化定理证明以及 A*算法的函数式应用。Nipkow，Paulson 和 Wenzel（2002）为剑桥大学和慕尼黑工业大学开发的交互式定理证明器进行了自包含的介绍。Okasaki（1998）描述了标准的函数式堆优先级队列表示。他使用了基于线性列表的优先级队列表示并忽略了 Closed 列表。目前存在着多种最先进的通用高阶逻辑（HOL）定理证明系统，其中有引导的搜索算法看来是适用的，例如 HOL（Gordon，1987）和 COQ（Barras 等，1997）。

第 17 章 车辆导航

导航是一种满足当今移动性要求的普遍需求。当前的导航系统支持现实世界中几乎所有种类的移动行为，包括航海、飞行、徒步旅行、机动车驾驶以及自行车骑行等。全球定位系统（GPS）的出现促成了导航在巨大市场中的成功。GPS 提供了一种快速、准确、高效的方式来确定一个人在地球上的物理位置。与数字地图相结合后，GPS 用处最大，地图匹配能提供给用户其所处位置的地理信息。然而，对于在车辆中的使用，它不仅需要获取当前位置，还需要获取从当前位置到（可能未知的）目标位置的方向。为解决此问题，路线寻找成为启发式搜索算法的一个主要应用领域。

本章简要回顾一下搜索算法和导航系统中其他组件之间的相互影响，并且讨论该领域中出现的特殊的算法上的挑战。

17.1 路径导航系统的组件

首先给出一个导航系统中不同组件的简要概况。除了路由算法，相关方面还包括数字地图的生成和处理、定位、地图匹配、地理编码以及用户交互。接下来本节将顺序地讨论这些内容。

17.1.1 数字地图的生成和预处理

数字地图通常以图的形式表示，其中节点表示交叉路口，边表示连接交叉路口的完整路段。节点与地理位置关联。交叉路口之间，许多度为 2（所谓的形状点）的中间节点近似路的几何形状。

每个路段有唯一的标识符以及额外的相关属性，如名称、道路类型（如高速、通/断的斜坡、城市道路）、速度信息、地址范围等其他类似信息。通常，不会提供车道数量的信息。通常用一个无向的线段直观表示双向道路。然而，出于导航的目的，将无向线段拆分成两个相反方向的单向链路来表示道路更加方便。

当今商业上可用的数字地图可以达到的精度范围是几米到十几米，可以覆盖工业化国家中主要的高速路网以及城市区域。它们基于各种来源来产生这些信息：传统（纸质）地图的数字化、航空照片、拥有专用设备的特殊领域内人员的数据收集，例如光学测量仪器和高精度 GPS 接收器。地图可手工数字化，用光标追踪每个地图路线，或使用扫描仪进行自动数字化。由于地图随时间持续地变化，必须定期提供更新，通常一年一次或两次。

除了导航，增强的数字地图和精确定位系统的结合能够提供更多的改善安全性和舒适性的新型车载应用，如速度曲线警告、车道偏离检测、省油巡航控制等。然而，对于这些应用，当前商业地图仍然缺少一些必要的特性和精确度，如精确高度、车道结构和路口形状。当下许多国家和国际机构正在努力研究这些技术的潜力，如美国交通运输部门的项目 EDMap 和欧盟对应的 NextMap，它们在范围上类似。EDMap 的目的是开发和评估数字地图数据库的增强，这些增强可以提高汽车制造商正在开发或者规划的辅助驾驶系统的性能。该项目合作伙伴包括多个汽车厂商以及地图提供商。

已有一些关于新的地图生成方法的研究，传统的地图生成属于人力和设备密集型工作。目前已经开发出了原型系统。这样的方案之一实质上是统计学方法：它基于车辆的 GPS 轨迹中大量的噪声数据，而不是测量方法获得的少量高精度数据。假设输入的探测数据来自常规出行并与地图构建任务无关的车辆，可能在其他位置系统应用中捎带获得。这些数据在不同的阶段被自动（半自动）地处理。在数据清洗和异常剔除之后，基于初始不精确的地图或无监督道路聚类，来自不同车辆的轨迹被划分到属于同一路段的不同部分并汇集到一起。然后，每一段的几何形状可使用脊柱拟合进一步优化改进。GPS 点到路径中心线的距离的柱状图用于确定道路的数量和位置。最后，观测到的交叉路口处的路径迁移可以帮助连接车道和交叉路口模型。

在另一个项目里，稀疏地图的在线和离线生成技术已经开发并裁剪以适应小型便携设备。该地图基于完整路线的集合。识别交叉点，路段不包含单条道路，但是包含不与其他路径轨迹交叉的路径轨迹片段。需要使用启发式搜索方法判断路径轨迹表示的是否是同一条道路。

不管以何种方式生成数字地图，出于导航的目的，它都必须增加可高效管理的数据结构。路线组件的要求通常不同于地图显示和地图匹配组件，需要一个单独的表示。对路线而言，我们不需要显式地存储形状点，只有两个交叉路口之间路线的距离和行驶时间的组合与路线相关。许多度为 2 的交叉路口节点依然存在。可通过增加距离和行驶时间来合并相邻的边，从而消除这些节点。

为了找到与给定位置相近的道路，无法承受在大型网络中进行广泛的筛选。已开发出合适的能够基于位置快速检索（如范围查询）的空间数据结构访问方法（如 R-tree 和 CCAM）。近期，一些通用的数据库已开始包含空间访问方法。

17.1.2 定位系统

定位系统是一个通用的用于识别和记录地球表面一个对象位置的通用术语。当前主要有三种正在使用的定位系统：单独的定位系统、基于卫星的定位系统以及基于地面无线电的定位系统。

1. 单独的定位系统

航位推算（DR）是一种在卫星导航发展之前，水手们在早期一直使用的典型单独定位技术。为确定当前的位置，DR 增量地合并相对一个已知开始位置已航行的距离和行进方向。船只的方向由磁罗盘确定，已航行距离由航行时间和航行速度计算（建立能够在颠簸的航程和多变的气候环境中高精度工作的机械时钟是一个技术难题）。然而，在现在陆基导航中，能够使用各种各样的传感器设备，如轮旋计数器、陀螺仪和惯性测量单元（IMU）。航位推算的共同缺点是随着与已知初始位置距离的增加，估计错误也在增加，因此用固定位置进行经常的更新十分必要。

2. 基于卫星的定位系统

使用 GPS 接收器，用户可在地球表面的任何位置（或地球周围的空间里）确定他们的维度（南北方向，从赤道开始增加）、经度（东西方向）和海拔。经纬度通常以度为单位（有时会刻画到度（°）、分（'）和秒（"））。海拔以距离单位的形式给出，通常指高出一参考物的部分，如平均海平面或者大地水准面，这是地球形状的一种模型。

全球定位系统最初由美国国防部设计并用于军事领域，它包括 24 颗卫星离地表约 12500 英里[①]的高度上运行的卫星。这些卫星在 24h 内绕地球运行约两圈。每个 GPS 卫星传输可用来计算位置的无线信号。当前这些信号通常以两种不同的无线电频率（L_1 和 L_2）进行传输。民用接入代码在频率 L_1 上传送并且对任何人免费，但是精确的代码需要在这两种频率上共同传送并且只能被美国军方使用。

为计算位置，GPS 接收器使用三角测量（具体地说是三边测量）原理，该方法基于到其他已知位置的点或对象的距离来确定位置。

卫星无线信号携带两条关键信息：它的位置和速度，以及基于星载精确原子时钟的数字时间信号。GPS 接收器将此时间信息与其自身生成的时间做对比来确定无线信号从卫星到接收器所花费时间（以及距离，考虑光速）。

由于每颗卫星测量将位置限制在其周围的球体上，所以 3 颗卫星的信息只留下两种可能的位置，其中一个由于没有位于地球表面，通常可被排除。因此，尽

---

① 1 英里=1.609 千米。

管原则上 3 颗卫星足够定位，但实际中还需要另外 1 颗卫星来弥补接收器内部石英钟的不准确之处。

显然，使用如此复杂的系统，许多事情都可能导致在位置计算中发生错误，并且限制测量的精度。除了时钟错误，主要的噪声源有以下几种。

（1）大气层干扰：信号被电离层偏斜，不得不经过更长的距离，特别对于低于地平面的卫星而言。

（2）多路：信号被附近的建筑、树等反射，以至于接收器必须区分原始信号和它的回声。

（3）由于各种各样的外部重力的影响，卫星轨道可能会偏离理论预测的航线。

为了达到更高的定位精度，大多数 GPS 接收器使用了差分 GPS（DGPS）。一个 DGPS 接收器使用了一个或多个静态基站 GPS 接收器的信息。基站 GPS 接收器通过卫星信号计算目标位置，以及与已知精确位置的差别。一个合理的假设是邻近的位置通常会有相似的错误（如来自大气层噪声），该误差可被广播到移动接收器上，移动接收器将误差加入它们计算得到的位置上。公共可用的差分校正源可分为局部区域广播和广域广播。局部差分校正通常由陆基的无线塔广播并根据单个基站的信息进行计算。美国海岸警备队维护着一个普通的免费差分校正源。广域的差分校正由同步卫星进行广播，同时基于 GPS 基站网络传播到指定覆盖区域。许多低成本 GPS 接收器使用的不同校正的一个共同来源就是广域增强系统（WAAS）。它用与 GPS 信号相同的频率进行广播。因此，接收器可使用同样的天线方便地获得该信号。

欧洲的伽利略项目将建造一个能与 GPS 以及俄罗斯的 GLONASS 互操作的民用全球导航卫星系统。然而，通过提供双频作为基准，伽利略能够进行精确到米（m）的实时定位，这对于公用系统是史无前例的。伽利略项目计划使用 30 颗卫星达到完全运行能力。

3. 基于地面无线电的定位系统

除了基于卫星的导航，已经设计出了针对特定应用（如离岸导航）的基于地面无线电的定位系统。它们通常使用到达方向或到达角（AOA）、绝对时间或者到达时间（TOA）以及到达的差分时间（TDOA）技术确定车辆的位置。例如，LORAN-C 由许多在已知位置持续地发送同步信号的基站组成。通过记录来自两个不同基站信号间的时间差分，可以将位置约束到双曲线；精确的位置需要第二对基站。

室内导航系统通常使用红外线和短程无线电，或者射频识别（RFID）。移动网络社区使用一种称为蜂窝识别的技术。

4. 混合定位系统

我们已经看到航位推算能够独立于外在源的可用性而获得位置信息。然而，它需要用已知位置进行定期调整，否则错误会随着行进的距离而陡增。另外，基于卫星或地面的定位系统可以提供精确的位置，但不是任何地方或者时间都可用（如 GPS 需要清澈的天空视线，在隧道或者城市峡谷中运行时不可靠）。因此，许多实际部署的定位系统将固定定位和航道推算结合起来使用。大多数厂商安装的导航系统将 GPS 与轮旋转计数器、陀螺仪以及转向盘传感器结合起来。集成多种噪声传感器和一致评估的通用的方法是卡尔曼滤波。仅给定噪声观察值的序列，必须提供一个时间相关的过程模型来使用卡尔曼滤波评估过程的内部状态。在这种情况下，必须确定在给定状态下离散时间点 t 的变量（速度和加速度）如何从时间点 $t-1$ 演化而来。另外必须定义观察到的输出如何依赖系统的状态，还需要定义控制如何影响它。那么，该过程可被建模为被高斯噪声干扰的线性运算上的马尔可夫链。

由于有内建的传感器，与掌上设备相比，工厂安装的车载导航系统能够提供更为精确的位置信息。然而，由于成本的巨大差距，掌上设备导航系统变得越来越流行，尤其在欧洲。

17.1.3 地图匹配

地图匹配是指将由经纬度给定的位置与地图上最可能的位置关联起来。利用关于位置的完美知识和无缺陷的地图，这个步骤比较简单。然而，GPS 的定位有时会与真实位置偏离几十米甚至几百米。另外，数字地图在道路的几何形状上包含一些不精确之处，甚至会出现一些假的或者缺失的路段。而且，道路通常以线表示，十字路口通常简化为路线相交的点。然而，真实的道路，特别是多车道的高速公路，存在不可忽略的宽度。真实的十字路口也有着一定的范围并且包含着转向车道。

几何学技术只使用估计的位置和路段。我们能够区分点到点的匹配、点到曲线的匹配以及曲线到曲线的匹配。在点到点的匹配中（图 17.1），目标是找到距离已测位置 p（如 GPS 预测的位置）最近的节点 n_i。一般地，使用欧几里得距离计算 p 和 n_i 之间的距离。在道路网络中，节点 n_i 的数量非常庞大。然而，可以使用合适的窗口大小的范围查询和适当的空间访问方法（如 R-tree 和 CCAM）缩减节点数量。当处于远离十字路口的路段中间位置时，点到点的匹配会产生不准确的结果。

在点到曲线的匹配中（图 17.2），目标是找到距离测量点最近的曲线。因为大多数公共地图片段被表示为线段序列（也就是折线），我们找到 p 和某些线段 l_i 上任意点的最短距离。该过程包括点在线段上的投影（图 17.3）。一般地，首先进行以 p 为中心的范围查询，进而得到候选路段的集合。接着，对每条道路的每个路段轮流进行测试。

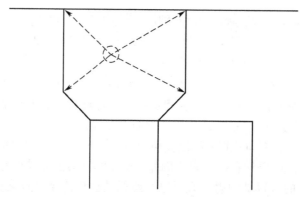

图 17.1　点到点地图匹配（当前 GPS 位置关联到最近的十字路口）

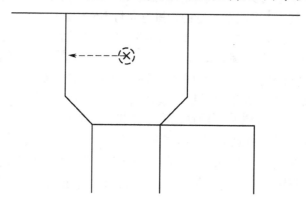

图 17.2　点到曲线地图匹配（当前 GPS 位置关联到一条线段上的最近（插值）点）

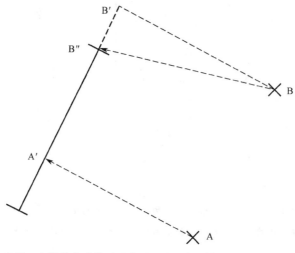

图 17.3　投影一个点到一个线段上（找到了线段上的距离当前 GPS 位置 A 最小的中间点 A'。在点 B 的情况下，线段上的最近点 B' 位于线段之外；这种情况下，关于最近的端点 B'' 定义距离）

为了提高效率，可以为每个线段关联一个包围盒。正式地，坐标 P 的集合的轴平行包围盒可定义为 P 的最小封闭矩形 $[x_1, x_2] \times [y_1, y_2]$，也就是说，$x_1 = \min\{x \mid (x, y) \in P\}$、$y_1 = \min\{y \mid (x, y) \in P\}$、$x_2 = \max\{x \mid (x, y) \in P\}$、$y_2 = \max\{y \mid (x, y) \in P\}$。然后，通过计算 p 到包围盒的距离可以轻松地排除不相关的线段。我们继续实际序列投影，直到其距离足够小时（比迄今为止发现的最好的线段的距离还小）才停止。除了车辆的位置，也有必要考虑车辆的行驶朝向（方向），以消除两个不同行驶方向的相邻线段模棱两可的情况，如在十字路口附近。

点到曲线的匹配仍然存在局限。例如，一个当前导航系统中经常观测到的问题是高速公路上的车辆被映射到几乎平行运行的出口闸道（反之亦然）。由于地图的不精确性和车道的宽度，最近的道路线段确实存在于错误的街道上。在这种情况下，只考虑邻近以及当前位置的行进方向是不够的。

一种更加精确的几何方法，曲线到曲线匹配（图 17.4），不仅使用当前的位置 p_n，而且也使用历史位置 $p_0, p_1, \cdots, p_n$ 的整个折线，即所谓的车辆行驶轨迹，去同时寻找最可能的线段。车辆以前的线段信息将后继线段约束到其头节点的出边之一。由于必须并行地维护和扩展候选路径，启发式搜索算法（最著名的是 A*算法）被证明能够提供最好的地图匹配结果。搜索中的每个状态由位置 p_i 和一条线段的匹配组成，并且其后继状态是所有与地图一致的 p_{i+1} 的匹配；也就是说，它们要么匹配到同一个线段上，要么匹配到行进方向上与它相连的任意线段上。可应用投影点距离、行进方向差，或者两者的加权组合进行耗费度量。

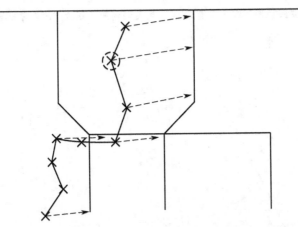

图 17.4 曲线到曲线地图匹配（轨迹历史用来消除可能路径模棱两可的情况。知道最可能的之前的片段限制了当前位置的与路网一致的可能匹配）

通常情况下，数字地图相比于绝对精度有更高的相对精度，这意味着邻接的形状点之间的距离差比形状点的经纬度和地面实际位置的距离更小。换句话说，地图可以进行局部移动。一种有效弥补这些不精确类型方法是在 A*算法中使用一个耗费函数，该函数惩罚根据车辆轨迹估计的行驶距离与数字地图中匹配的开始和结束点距离不一致的情况。

总的来说，曲线到曲线匹配的搜索算法（启发式或非启发式）比简单的点到曲线的匹配能够更有效地修正 GPS 和地图的不精确性。作为交换，该过程需要多得多的计算工作量。因此，该方法适用于精度是主要关切的场景，如自动车道保持或地图生成；如果快速反应比偶发的错误更重要，例如在大多数导航系统中，那么采用点到曲线的匹配。

17.1.4 地理编码和反向地理编码

地理编码是用于确定已测网络上位置的术语；意思是将一个文本描述（例如街道地址）转换为一个位置；相反，反向地理编码将给定的位置映射成一个特征位置的标准描述。因此，将在 17.1.5 节讨论反向地理编码，包括地图匹配。

地图常常不包含单个建筑的信息，但是包含街段的地址范围信息。地理编码采用插值法：如果一个街段的地址范围跨越被编码的地址，那么将在该地址所在的位置创建一个点。例如，197 将位于从 100 开始到 199 结束的主大街地址块的 97%这个位置上（精确地说$97/99 \times 100 = 97.97\%$）。另一个限制是使用的网络数据，如果街道网络中存在着不精确的地方，那么地理编码过程将会产生意外的结果。

17.1.5 用户界面

商业导航系统的市场接受程度不仅依赖于地图数据的质量以及搜索算法的速度和准确度，也依赖于与用户良好的交互。交互性包括输入起始和结束位置的便利性（地理编码，见 17.1.4 节），也包含了搜索能力以及对多种地址格式和轻微的拼写错误等的容忍程度。语音识别在车载系统中有非常重要的作用。

发现一条路径之后，系统向驾驶员提供语音或视视频建议以引导其到达目的地。如果可用，应该有充满吸引力的图形化的地图展示，同时具备合适的尺寸以及细节呈现。对于离线导航，需要生成文本形式的路线描述。对于车载系统，结合车辆的位置和当前的路线以确定必要的建议和给出建议的时机。通常，驾驶员会提前收到一条提醒其转向的信息，以便他能够实际地做一些必要的准备，如改变车道和降低车速等。接着，给出实际的建议。当驾驶员向目的地行进的过程中，汽车导航系统通过对比车辆行驶的位置与规划的路线监控车辆的行驶过程。当然，并非所有的驾驶员都会（正确地）遵循所有指示。如果汽车在一定时间内没有出现在当前的路线上，那么系统会认为该司机已偏离他的路线，接着会从当前位置规划出一条新的到达目的地的路线。

17.2 路由算法

大多数车辆导航系统中实现的路径规划算法都是基于 A*算法的近似算法。由于需要存储大规模地图，这个问题可以变得具有挑战性（这是显式存储图形的一个例子）。而且，由于操作的实时性，算法的可用计算时间约束非常严格。正如我们将要看到的那样，为加速计算，采用一些快捷的启发式方法有时会导致生成非最优的解。通常，导航系统会给驾驶员一条初始路径。当司机沿着规划的路线行进时，系统会重新计算路径以期发现后续改进。

车载导航系统经常会根据不同的优化标准给出多个可选路线。一般，驾驶员会在最快路线、最短路线和对高速路的偏好之间做出选择。而且，也可使用避免收费公路或渡口的选项。通过进一步调整每个驾驶员偏好的耗费函数，我们期望规划的路线具有更好的个性化。

现实生活中路线质量的另一个方面是道路的交通状况。信息可以是静态的（如平均的高峰时间和非高峰期的速度），也可以通过无线信号在线接收（如无线电（RDS）或者手机）。将交通信息考虑到路线的规划中是导航系统的主要挑战。

当道路网络中使用启发式搜索时，交通规则的存在是另一个经常被忽视的现实生活中的要求。例如，在特定的十字路口，可能不允许驾驶员右转。交通规则可使用相邻的两条边上的耗费函数进行建模。如果交通规则禁止驾驶员从一个路段驶到另一个路段，那么相邻的边将关联无限的耗费。另外，这种形式也允许我们灵活地编码十字路口处的行驶时间评估（平均情况下，左转比右转或直行需要花费更多的时间）。含有边 $e_0, e_1, \cdots, e_n$ 的路径 P 的耗费可定义为

$$w(p) = \sum_{i=0}^{n} w_e(e_i) + \sum_{i=0}^{n-1} w_r(e_i, e_{i+1})$$

式中：w_e 为边耗费；w_r 为由边 e_i 转向 e_{i+1} 时的耗费。

状态空间的直接形式化表示中，十字路口使用节点进行定义，它们之间的路段是边。然而，当存在拐弯限制时，这个方法就不再具有灵活性。因为，一条最优的路线可能多次包含同一节点，标准的 A*算法不能再用于确定最优路线。然而，最优的路线不会多次包含同一条边。为了在具有规则的图中规划最优路线，可使用改进的 A*算法对边而非节点进行评估。一条边 e 的 g 值反映了从开始节点到 e 的头结点的路径耗费。另外，保留了与每个节点 n 关联的 g_n 值，该值记录了在 n 处结束的所有边的最小 g 值。

17.2.1 路线规划中的启发式

寻找最短路线时，边的耗费等价于边的长度。修改的 A*算法能够使用基于欧几里得距离的 h 值，也可以使用基于节点 u 关联的地理位置 $L(u)$ 到目的地 t 的捷径的 h 值。笛卡儿坐标 $p_1 = (x_1, y_1)$ 和 $p_2 = (x_2, y_2)$ 的欧几里得距离可定义为

$$d(p_1, p_2) = \|p_1 - p_2\|_2 = \sqrt{(x_1 - x_2)^2 + (y_1 - y_2)^2}$$

式中：$\|\cdot\|_2$ 为所谓的 ℓ_2 范数。启发式 $h(u) = d(L(u), L(t))$ 是下界，因为距离目标的最短的路径至少与空中距离一样长。它也是一致的，因为对于邻接顶点 u 和 v，根据欧几里得平面三角形不等式，有 $h(u) = \|L(t) - L(u)\|_2 \leq \|L(t) - L(v)\|_2 + \|L(v) - L(u)\|_2 = \|L(t) - L(v)\|_2 + \|L(u) - L(v)\|_2 \leq h(v) + w(u,v)$。因此，算法不需要重新打开。

对于最快的路线，通常根据道路级别估算行驶时间。道路网络中每个路段都赋以特定的道路级别。道路级别可以用于指示道路的重要程度：道路级别数字越高，道路重要性越低。例如，道路级别为 0 的边主要是高速公路，道路级别为 1 的边主要是公路干线。每个道路级别关联一个平均速度。边的耗费是其长度除以速度。欧几里得距离除以最大的速度 $v_{\max}$ 可作为规划最快路线的 h 值。

许多路线规划系统允许用户选择最快和最短路线的组合。可用一个偏好参数 τ 来确定这个线性组合中各自所占的权重。定义 h_τ 为扩展模型中节点 u 的启发式估值：

$$h_\tau(u) = \tau \cdot \frac{1}{v_{\max}} \cdot \|L(u) - L(t)\|_2 + (1-\tau)\|L(u) - L(t)\|_2$$

$$= \|L(u) - L(t)\|_2 \cdot \left(\frac{\tau}{v_{\max}} + (1-\tau)\right)$$

因为 τ 和 $v_{\max}$ 对于整个图是常数，$\|L(u) - L(v)\|_2$ 从不过高估计实际的边耗费，h_τ 从不过高估价实际的路线耗费；也就是说该启发式是容许的。

17.2.2 时间依赖路线

道路网络的某些属性会随时间的变化而变化。道路可能在特定时间段内被关闭。例如，可能会因为施工关闭几小时或几天。特别在上下班高峰期，路线的行驶时间会变长。考虑这个因素，基本的模型扩展为能够处理时间依赖的耗费。权重函数 w_e 和 w_r 接受一个表示时间的额外参数。我们也定义了类似的函数 $t_e(e,t)$ 和 $t_r(e_1, e_2, t)$ 分别表示通过一条边所需的时间和在时刻 t 在两条边之间转弯所花费的时间（对于最短路线，$t_e = w_e$ 和 $t_r = w_r$）。例如，该表示形式也允许建模红绿

灯阶段。在出发时刻 t_0 处，路径 $P=(e_0,e_1,\cdots,e_n)$ 的耗费可计算为

$$w(P,t_0) = w_e(e_0,t_0) + \sum_{i=1}^{n} w_e(e_i,t_i + t_r(e_{i-1},e_i,t_i)) + \sum_{i=1}^{n} w_r(e_{i-1},e_i,t_i)$$

式中：$t_{i+1} = t_i + t_r(e_{i-1},e_i,t_i) + t_e(e_i,t_i + t_r(e_{i-1},e_i,t_i))$ 为到达边 e_{i+1} 的头节点的时间。

但是，在这种形式化中，时间依赖耗费的一些赋值会导致复杂的情况。以一个极端的情况为例，假设对于一个只在指定时段运行的渡口，我们在该时间区域外为渡口赋以无穷大的权重。那么在某个特定时间开始的车辆可能无法发现一条有限权重的路线，然而在一段时间后出发就可能发现存在路线。如果通过延迟到达时间可以使得从节点 u 到目的地的时间路线耗费的减少大于从开始节点到节点 u 的时间路线耗费的增加，那么最好延迟到达节点 u 的时间，这意味着绕圈或者绕道可能带来实际的好处。已经证实，针对一般时间依赖权重情况，找到一条最优的路线是 NP 问题。

为了应用 Dijkstra 算法（及其变种）或 A*算法，必须确保 Bellman 最优原则的前提条件成立，也就是说，每个最优时间路线的部分时间路线都是该段的最优时间路线（见 2.1.3 节）。令 $h^*(e,t_0)$ 是在时刻 t_0，从边 e 的尾节点开始，到达目标的最小行驶时间。如果对所有的时间 $t_1 \leq t_2$ 和每对邻接的边 e_1 和 e_2，有

$$t_1 + t_r(e_1,e_2,t_1) + h^*(e_2,t_1 + t_r(e_1,e_2,t_1)) \leq t_2 + t_r(e_1,e_2,t_2) + h^*(e_2,t_2 + t_r(e_1,e_2,t_2))$$

那么道路图是时间一致的。简而言之，该条件表明较晚离开节点或许能减少在一条边上的行驶时间，但是这不能减少到达目的节点的时间。道路图的时间一致性表明 Bellman 条件成立。

为了说明时间一致性，我们无须显式地检查开始和目的节点之间的所有节点对。事实上，只需检查每对相邻的边就可以了。确切地说，我们必须验证对所有的时间 $t_1 \leq t_2$ 和每对相邻的边 e_1 和 e_2，下式成立：

$$t_1 + t_r(e_1,e_2,t_1) + t_e(e_2,t_1 + t_r(e_1,e_2,t_1)) \leq t_2 + t_r(e_1,e_2,t_2) + t_e(e_2,t_2 + t_r(e_1,e_2,t_2))$$

那么道路图的时间一致性由解路线中的边数目直接归纳产生。

该模型可推广到最小化一个耗费测度，该测度不同于行驶时间，如距离。除了时间一致性，搜索算法的可行性还要求耗费一致性。如果对于每个在时刻 t_0 从节点 s 到节点 d 的最小耗费时间路线 $(e_1,e_2,\cdots,e_n)$，部分路线 $(e_1,e_2,\cdots,e_i)$ 也是从节点 s 到 e_i 的最优路线，那么道路图是耗费一致的。此外，如果从节点 s 出发到边 e_i 有两条耗费相同的最小耗费时间路线，那么时间路线 $(e_1,e_2,\cdots,e_i)$ 是最早到达节点 e_i 头节点的路线。但是，不规划所有节点对间的路线无法容易的验证耗费的一致性。

在前文提到的时间和耗费一致性属性下，Bellman 等式成立，并且我们可使用 A*算法查找路线。唯一需要改动的地方是记录每条边的结束节点的到达时间，并且使用该到达时间确定邻接边的（时间依赖的）耗费。

17.2.3 随机的时间依赖路线

17.2.2 节提到的时间依赖的耗费可用于建模行驶时间中的各种延迟，如高峰时期的拥堵、红绿灯时间、定时速度、转向限制以及更多的条件。然而，特定的司机在特定时间所取得的确切进展是未知的。本节尝试建模预测的不确定性。

在最一般场景中，边 e 上的耗费和行驶时间是一个由概率密度函数 $f(e,t)$ 描述的随机变量。然而，在这种形式化描述中，计算路线的随机路线耗费的复杂度可能是巨大的，它涉及详细计算路线中边上的行驶时间的所有可能组合。考虑一个只有两条边 e_1 和 e_2 组成的行程。该行程花费 k 秒的概率等价于以下事件的概率之和，即 e_1 花费 1s，e_2 花费 $k-1$ 秒的概率，加上 e_1 花费 2s，e_2 花费 $k-2$s 的概率，以此类推。在连续情况下，必须构造一个积分，或者更准确地说，是一个卷积。对于实际路线的规划算法来说，这些操作计算上不可行。

一种解决办法是仅考虑具有良好属性的特定参数形式的概率密度函数。如果行驶时间是指数或呈 Erlang 分布，并且行驶时间有着简单的形式，那么能够精确计算期望的行驶时间和随机时间路线的行驶时间方差。但是，接下来我们将讨论一种不同的方法。

首先，假设邻接边的耗费和行驶时间独立。转向限制是确定的，并且不包含在随机模型中。每条边携带两条信息：耗费的均值 μ 以及标准偏差 σ。该模型还包含反映司机偏好的两个因素 β 和 γ。随机路径 P 的估计耗费定义为 $w(P,t_0) = \mu(w(P,t_0)) + \beta \cdot \sigma(w(P,t_0))$，接着，路径的权重的均值和方差可计算为

$$\mu(w(P,t_0)) = \mu(w_e(e_0,t_0)) + \sum_{i=1}^{n}\mu(w_e(e_i,t_i + t_r(e_{i-1},e_i,t_i))) + \sum_{i=1}^{n} w_r(e_{i-1},e_i,t_i)$$

$$\sigma(w(P,t)) = \sigma(w_e(e_0,t_0)) + \sum_{i=1}^{n}\sigma(w_e(e_i,t_i + t_r(e_{i-1},e_i,t_i)))$$

式中：$t_{i+1} = t_i + t_r(e_{i-1},e_i,t_i) + \mu(t_e(e_i,t_i + t_r(e_{i-1},e_i,t_i))) + \sigma(t_e(e_i,t_i + t_r(e_{i-1},e_i,t_i)))$。

在规划路线时，最小化估计的耗费给了驾驶员表示其考虑不确定因素的意愿的选择。例如 $\beta=1$ 时，期望行驶时间减少了十分钟与行驶时间的标准偏差减少十分钟令人满意的程度是一样的。对于更高的 β 值，减少不确定性比减少期望行驶时间更加重要。对于更低的 β 值，情形正好相反。因子 γ 用于增加每条边的行驶时间。$\gamma=0$ 时，假设行驶时间与期望行驶时间相等。$\gamma>0$ 意味着对实际行驶时间表示悲观。该值越大，司机越有可能在期望时间之前到达目的地。这对于有重要约会的人特别有用。

与之前的章节一样，我们必须确保图的时间一致性从而保证 Bellman 前提条件成立。考虑偏好参数，必须表明 β（或 γ）的所有允许的值，对所有的时间 $t_1 \leqslant t_2$ 以及所有的相邻边 e_1 和 e_2 组成的边对，有

$$t_1 + t_r(e_1,e_2,t_1) + \mu(t_e(e_2,t_1 + t_r(e_1,e_2,t_1))) + \beta \cdot \sigma(t_e(e_2,t_1 + t_r(e_1,e_2,t_1))) \leqslant$$
$$t_2 + t_r(e_1,e_2,t_2) + \mu(t_e(e_2,t_2 + t_r(e_1,e_2,t_2))) + \beta \cdot \sigma(t_e(e_2,t_2 + t_r(e_1,e_2,t_2)))$$

因此，需要以 β 所允许的最小和最大值执行测试。

17.3 抄近路

如前所述，实时操作的要求与上百万节点组成的道路图结合起来，对搜索算法提出了严厉的时间和存储要求。因此，出现了各种各样的裁剪策略，可以应用第 10 章描述的一些技术；接下来将介绍一些专门针对几何学领域的方法。

非容许的裁剪方法通过妥协找到最优解的保证减少了计算时间和存储需求。例如，当今大多数商业导航系统有一条基本原理，该原理是当开始和目标远离时，最优的路线最可能是只使用高速公路、主干公路以及主要干道。系统维护着地图的不同层次的细节（基于道路级别），其中最高级别可能只保留高速公路网络，最低级别相当于整个地图网络。给定起始和目的点，二者位于一个有限范围时，它会选择最低级别的地图；在更大的范围内，它可能只使用中间级别，对最大的距离，只使用最高级别的地图。这种行为能够大幅度减少计算时间，同时在大多数情况下，依旧是较好的解。

类似地，我们知道欧几里得距离大多数时间过度乐观。将该距离乘以一个较小的因子，如 1.1，会产生更实际的估计并且能够大量地减少计算时间，而解几乎完全相等。这就是第 6 章描述的非最优 A*算法的一个例子。

接下来我们将给出两种容许的减少搜索时间的策略。

17.3.1 几何容器剪枝

在路线规划领域，同一个地图上需要查询多个最短路径，那么可以通过利用已经计算出来的信息加速搜索过程。以极端情况为例，可以使用 Floyd-Warshall（见第 2 章）或者 Johnson 算法计算和存储所有节点对之间的距离和起始边。这样可以将查询处理减少为从目标到源的线性回溯。然而，保存这个信息所需要的空间复杂度为 $O(n^2)$，由于 n 非常大，所以这种方法常常不可行。下面展示一种增加搜索时间以换取更合理的内存需求的方法。

根据扩展的节点数量，利用几何容器注释图形来指导搜索算法的研究已经显示出了显著收益。该方法的基本思想是通过裁剪能够被安全忽略的边，进而减少 Dijkstra 或 A*算法的搜索空间，因为这些边不可能出现在通往目的节点的最短路径上。几何加速的两个阶段如下。

（1）在预处理阶段，对于每条边 $e = (u,v)$，存储节点的集合 t，使得从 u 到 t 的最短路径以边 e 开始（而不是其他从 u 发出的边）。

（2）当运行 Dijkstra 或 A*算法时，不要将边插入不包含目标的存储集合的优先队列中。

问题是对于有 n 个节点的图，需要 $O(n^2)$ 的空间存储该信息，这并不是实际可行的。因此，这里无须显式地记忆可能的目标节点集合，只需存储大概的节点集合，即所谓的几何容器。对具有固定空间需求的容器，总共的存储空间为 $O(n)$。

容器的一个简单例子是包围所有可能目标的坐标轴平行的矩形包围盒。然而，这并不是我们能想到的唯一容器。其他的选择包括点集 P 的外切圆或者凸壳。其中，凸壳定义为包含 P 的最小的凸集。如果对任意两个元素 $a,b \in M$，a 和 b 之间的线段完全包含在 M 内，则集合 $M \subseteq S$ 是凸的。

容器通常包含不属于目标节点集合的节点。然而，这并不影响探索算法返回正确的结果，但会增加搜索空间。将这种几何裁剪技术融合到如 Dijkstra 或者 A* 算法的探索算法中将会保留算法的完整性和最优性，因为保留了所有从开始节点到目标节点的最短路径。

算法 17.1 能够在 $O(n^2 \lg n)$ 的时间内计算容器。对所有的节点，它本质上解决了单源到所有目标问题的序列。变量 ancestor(u) 记录 s 到 u 的最短路径上使用的各个出边。图 17.5 给出了计算开始点 C 的容器和边（C, D）的结果容器。

```
Procedure Create-Containers
Input: 显式状态空间问题图 G = (V, E, w)
Output: 矩形容器 Box : e → V' ⊆ V

for each s ∈ V                              ;; 所有节点作为起始节点
  Insert(Open, (s, 0))                      ;; 用优先级 0 插入起始节点
  for each v ∈ V \ {s}                      ;; 对于所有其他节点
    Insert(Open, (v, ∞))                    ;; 用无限耗费插入到列表
  while (Open ≠ ∅)                          ;; 只要还有范围节点
    u ← DeleteMin(Open)                     ;; 提取最佳节点
    Succ(u) ← Expand(u)                     ;; 通过节点扩展生成后继
    for each v ∈ Succ(u)                    ;; 对于所有后继节点
      if (f(v) > f(u) + w(u, v))            ;; 如果建立了更好的路径
        f(v) ← f(u) + w(u, v)               ;; 更新耗费
        DecreaseKey(Open, (v, f(v)))        ;; 更新优先级队列
        if (u = s)                          ;; 特殊情况，到达起始节点
          ancestor(v) ← (s, v)              ;; 在 s 没有收缩
        else                                ;; 一般情况
          ancestor(v) ← ancestor(u)         ;; 最短路径树收缩
  for each y ∈ V \ {s}                      ;; 对于所有节点
    Enlarge(Box(ancestor(y)), y)            ;; 更新包围盒容器
```

算法 17.1

创建最短路径容器

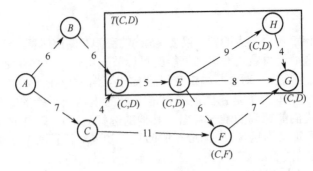

图 17.5 为开始点 C 创建目标容器的例子

容器在显式图搜索中的应用如算法 17.2 所示。对查询 (s,t) 运行任意的最优探索算法时，我们不会将边插入到确定不是到目标最短路径的水平列表上。计算这些容器所需的时间可以很好地在主搜索期间得到回报。经验结果显示探索节点的数量在不同欧洲国家的铁路网络中减少了 90%~95%。图 17.6 说明了包围盒裁剪技术对减少遍历边数量的影响。

Procedure Bounding-Box-Graph-Search
Input: 图 G，开始节点 s，目标节点 t
Output: 从 s 到 t 的最短路径

[…]
while (Open ≠ ∅)   ;; 未完全探索搜索空间
  $u \leftarrow$ DeleteMin(Open)   ;; 取最有希望的节点
  if (Goal(u)) return Path(u)   ;; 以最短路径终止
  Succ(u) $\leftarrow$ Expand(u)   ;; 生成后继
  for each $v \in$ Succ(u)   ;; 考虑所有后继
    if ($t \notin$ Box(u,v)) continue   ;; 强制剪枝
    Improve(u,v)   ;; 否则，继续搜索

算法 17.2
包围盒图搜索算法

将最短路径裁剪技术与相关的模式数据库启发式方法进行比较很有意义（见第 15 章）。在后者中，存储的是状态到目标而非状态到状态的信息。模式数据库用于优化固定目标和变化的起始状态的搜索。相比之下，最短路径裁剪技术对变化的起始和目标状态使用预先计算的最短路径信息。

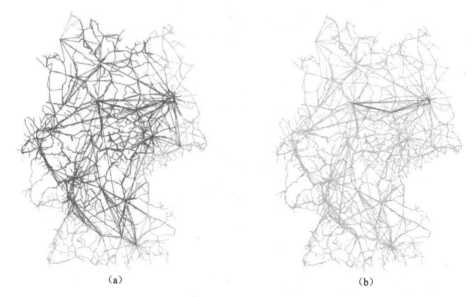

图 17.6 无容器裁剪和有容器裁剪的最短路径搜索（加粗边是被搜索的边）
(a) 无容器裁剪；(b) 有容器裁剪。

17.3.2 局部化 A*算法

考虑在略微大于计算机内存容量但未大到需要外部搜索算法的搜索空间上执行 A*算法。我们通常无法简单地依靠操作系统的虚拟内存机制将页面换进换出硬盘。这是因为 A*算法并不遵守局部性，它严格地根据 f 值的顺序探索节点，而不考虑它们的邻居信息。因此，它只根据估计值的差异以空间无关的方式来回跳动。

接下来给出一种启发式搜索算法克服这种局部性缺失。局部 A*算法是一种利用搜索图几何嵌入的实用算法。与软件编页相连，算法能够产生显著加速。算法基本思想是组织图的结构时尽可能保持节点的局部性，在某种程度上偏好局部扩展而不是扩展拥有全局最小 f 值的节点。因此，算法不会在找到第一个解后就停止，我们采用第 2 章的节点排序 A*算法框架。然而，增加的扩展节点数量的开销能够被错误页面的减少所抵消。

将算法应用到解路线规划问题中，我们可以根据二维的物理布局分割地图，并以块的形式存储。理想情况下，这些块的尺寸应该使得一些块可以同时装入到主存中。

Open 列表可表示为一种新的数据结构，称为堆（图 17.7）。它由 k 个优先队列 $H_1,\cdots,H_k$ 组成，每个队列对应一个页面。在任意时刻，只有一个堆 H_{active} 被指定为活跃的。另一个额外的优先队列 H 记录所有 H_i 的根节点，$i \neq active$，它用于快速找到所有堆中的整体最小值。

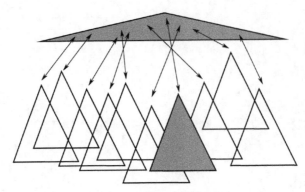

图 17.7 堆数据结构的示例

令节点 u 映射到块 $\phi(u)$。下面的优先队列操作直接委派给成员优先队列 H_i。必要时，H 就会相应地升级。

Insert 和 DecreaseKey 操作（见算法 17.3）能够影响所有的堆。然而，希望在于，活动页面的相邻页的数量较小并且它们已在内存中或者只需载入到内存一次。例如，在路线规划中，使用矩形块，每个堆至多有四个邻居堆。所有其他的页面和优先级队列保持不变，因此无须驻留在主存中。算法的工作集合将在一段时间内包含活跃堆及其邻居堆，直到转移到另一个活跃堆为止。

Procedure IsEmpty
Output: 布尔值，表示元素数量是否为 0

  return $\bigwedge_{i=1}^{k}$ IsEmpty(H_i)   ;; 所有 Open 列表为空

Procedure Insert
Input: 关键字为 $f(u)$ 的节点 u
Side effect: 更新结构

  if ($\phi(u) \neq$ active $\wedge f(u) < f(\text{Min}(H_{\phi(u)}))$)   ;; 如果改进整个堆
    DecreaseKey($\mathcal{H}, (H_{\phi(u)}, f(u))$)   ;; 更新整个堆
  Insert($H_{\phi(u)}, (u, f(u))$)   ;; 插入到关联堆

Procedure DecreaseKey
Input: 关键字为 $f(u)$ 的节点 u
Side effect: 更新结构

  if ($\phi(u) \neq$ active $\wedge f(u) < f(\text{Min}(H_{\phi(u)}))$)   ;; 如果改进整个堆
    DecreaseKey($\mathcal{H}, (H_{\phi(u)}, f(u))$)   ;; 更新整个堆
  DecreaseKey($H_{\phi(u)}, (u, f(u))$)   ;; 继续操作关联堆

算法 17.3

堆的访问操作

为增加搜索的局部性，使用专用的 DeleteSome 操作替换 DeleteMin。DeleteSome 操作更喜欢对当前页面进行节点扩展。DeleteSome 操作在活动堆中执行 DeleteMin 操作（见算法 17.4）。

Procedure DeleteSome
Output: 具有最小关键字的节点 u
Side effect: 更新的结构

  CheckActive   ;; 评估页面改变条件
  return DeleteMin(H_{active})   ;; 执行提取

Procedure CheckActive
Side effect: 更新的结构

  if (IsEmpty(H_{active})) ∨   ;; 如果活动页面为空则强制改变
    (f(Min(H_{active})) − f(Min(Min($\mathcal{H}$)))) > Δ ;; 满足第一个条件
    ∧ f(Min(H_{active})) > Λ)   ;; 满足第二个条件
    Insert($\mathcal{H}, H_{active}, f$(Min($H_{active}$)))   ;; 刷新当前活动页面
    H_{active} ← DeleteMin(H)   ;; 找到下一个活动页面

算法 17.4
维护活跃堆

因为目标是最小化页面切换的次数，所以算法通过继续扩展活跃页面的节点显示对它的偏好，尽管最小的 f 值可能已经超过剩下的优先队列中的最小值。有两个控制参数：活跃奖励 Δ 和最优解耗费的估值 Λ。如果活跃堆的最小 f 值大于剩下堆的最小 f 值与奖励 Δ 之和，那么算法可能切换到满足最小根 f 值的优先队列。因此，Δ 通过确定页面被探索的比例来阻止页面切换。随着该值逐渐增大，极限情况下搜索每个激活的页面直至完成。然而，活跃页面仍然保持有效，除非超过了 Λ。第二条启发式的基本原理是我们通常可以为总的最小耗费的路径提供启发式方法。一般来说，该启发式比从 h 处获得的启发式更加准确，但是在某些情况下可能会过高估计。

通过这种优先队列实现，节点排序 A*算法本质上保持不变；数据结构和页面操作对算法是透明的。传统的 A*算法作为一个特例出现，此时 $\Delta = 0$ 且 $\Lambda < h^*(s)$，其中 $h^*(s)$ 表示路径的源节点和目的节点之间的实际最小耗费。算法可以保证最优性，因为堆优先策略使启发式估值不受影响，并且每个插入到堆中的节点最终一定会通过一个 DeleteMin 操作返回。

该算法已经集成到可用的商业路线规划系统中。该系统高细节的覆盖了大概 800×400 平方千米的面积，包含由 2500000 条边（道路元素）连接的 910000 个节点（交叉路口）组成。

对于长距离的路线，传统的 A*算法以空间不相关的方式扩展节点，可跳到远达 100 千米的节点上，但下一步就可能跳回先前节点的后继节点上。因此，工作集合变得极大，操作系统的虚拟内存管理导致过度的页面调度，并成为计算时间上主要的负担。

作为补救措施，可以利用连接节点的潜在空间关系实现搜索算法的内存局部性。节点根据它们的坐标进行几何排序，使得相邻节点互相接近。根据这个排序，页面由固定数量的连续的节点（连同出边）组成。这样，人口密集区域的页面比乡村区域的页面覆盖更小的区域。为了尺寸不会太小，页面内部的连通性非常高，并且只有很小比例的路径元素跨越边界到达相邻的页面。图 17.18 给出了属于同一页面的节点的包围矩形。

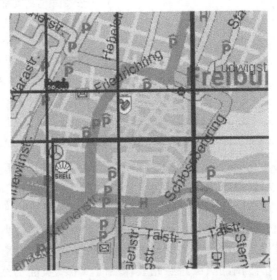

图 17.8 分割的粒度（线表示页面的边界）

对于辅助存储器，有三个控制算法行为的参数：算法参数 Δ 和 Λ，以及（软件）页面尺寸。应该通过调整页面尺寸，使得活跃页面和它相邻的页面能够一起载入到可用的主存中。通过计算源和目的节点的欧几里得距离并加入一个固定比例可以获得最优解的估计 Λ。对于变化的页面尺寸和 Δ，图 17.9 并列放置了页面错误的数量和扩展节点的数量。可以观察到，页面错误的快速降低弥补了扩展数量的增加（注意对数刻度）。对所有页面尺寸，使用约 2 千米的活跃奖励足够降低该值一个数量级。同时，扩展节点的数量增加不足 10%。

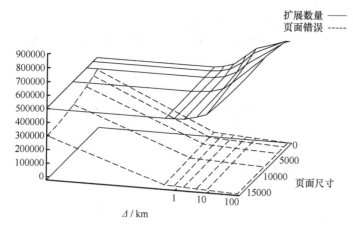

图 17.9 不同的页面大小和活跃奖励 Δ 对应的页面错误和节点扩展数量

17.4 书目评述

　　天文定位以及航位推算法是使用了上千年的航海技术。然而，虽然确定纬度的方法被更早掌握，但是测量经度却更加困难。因此，英国的船只失事，上千条生命陨落，各种珍贵的货物也不能按计划送达。在 18 世纪早期，与当时世界上最著名的天文学家相比，一个名叫约翰哈里森的钟表匠想到用一个双面的精制钟表可解决该问题。Sobel（1996）对哈里森克服其道路上种种根深蒂固的科学理论给予了高度的评价。

　　现代导航系统组件及其相互作用的综述可参考 Schlott（1997）和 Zhao（1997）。EDMap（CAMP Consortium，2004）和 NextMAP（Ertico，2002）项目的最终报告讨论了高级车辆安全应用和它们对未来数字地图的要求。Schrödl，Wagstaff，Rogers，Langley 和 Wilson（2004）描述了从无监督的 GPS 轨迹中生成高精度数字地图的方法。Brüntrup，Edelkamp，Jabbar 和 Scholz（2005）提出了基于 GPS 轨迹构建地图的增量学习方法。Edelkamp，Jabbar 和 Willhalm（2003）提出了叠加轨迹上的 GPS 路径规划。它使用 Bentley 和 Ottmann（1979）的 sweepline 分段交集算法高效地确定 GPS 轨迹的交集。Bentley 和 Ottmann（1979）提出的算法是计算几何中最早的输出敏感的算法之一。几何路径规划方法包括针对查询点位置搜索的 Voronoi 关系图和针对寻找最优路线的 A*启发式图遍历算法。Winter（2002）讨论了对搜索算法的改进，以适应公路网络中的转弯限制。基于 Flinsenberg（2004）的出色工作，我们描述了时间依赖路线和随机路线。该工作也可在路由算法的不同方面做进一步的参考。Ghiani，Guerriero，Laporte 和 Musmanno（2003）给出了实时车辆路线规划问题的综述。

最短路径容器由 Wagner 和 Willhalm（2003）引入，并由 Wagner，Willhalm 和 Zaroliagis（2004）改进以适应边的动态变化。Geisberger 和 Schieferdecker（2010）的收缩层次结构和 Bast，unke，Sanders 和 Schultes（2007）的中转路线路由方法进一步加速了搜索。该方法与 Schulz，Wagner 和 Weihe（2000）提出的最短路径角扇区的初步工作有关。Edelkamp 等人（2003）提供了在 A*算法中使用最短路径容器的一种 GPS 路径规划器实现。Jabbar（2003）讨论了关于推断结构动态改变的算法细节。Edelkamp 和 Schrödl（2000）在商业路径规划系统中提出了基于堆数据结构的局部 A*算法。

第 18 章　计算生物学

　　计算生物学或生物信息学自身就是一个大的研究领域。它致力于发现和实现那些有助于理解生化过程的算法。该领域包含不同的范围，例如构建进化树和操作分子序列数据。许多计算生物学中的方法涉及统计学和机器学习技术。我们将注意力集中于状态空间搜索范式适用的方面。

　　首先观察到生物学和计算过程之间存在着相似性。例如，为计算系统产生测试序列与为生物学系统产生实验相关。另外，许多生化现象可以约减为定义的序列之间的交互。

　　本章选择了该领域内两个具有代表性的例子。在这些例子中，已经应用启发式以提升探索的效率。

　　（1）本章分析了生物通路问题，该问题在分子生物学领域已经被长时间广泛研究，说明了如何将这些问题映射为状态空间搜索问题。并且指出了如何将一个问题实现为一般规划启发式参与的规划域。

　　（2）本章在 DNA 和蛋白质分析中研究了被标示为圣杯的内容。在本书中，我们已多次提到多序列比对。本章的核心旨在提供一种一致的视角，并指出计算生物学领域内普遍存在问题的最近研究趋势。

18.1　生物通路

　　对生物网络的理解，如（新陈代谢和信号转导的）通路，对于理解待研究的有机体或系统内的分子和细胞过程至关重要。研究生物网络的一种自然方法是将目前已知的与新发现的网络进行对比，并寻找二者之间的相似性。

　　一条生物通路是生物有机体内的一个化学反应序列。该通路详述了一种机制，该机制解释了细胞如何通过分子和（产生规律性变化的）反应实现它们的主要功能。很多疾病可由通路上的缺陷来解释，并且新的治疗方法通常涉及发现能够修正这些缺陷的药物。细胞中信号通路的一个例子如图 18.1 所示。

　　我们可以通过简单地把化学反应表示为动作的方式，将通路的部分功能建模为搜索问题。生物通路领域的一个示例是哺乳动物细胞周期控制通路。对于出现在通路上的不同种类的反应，存在多种不同种类的基本动作与其对应。

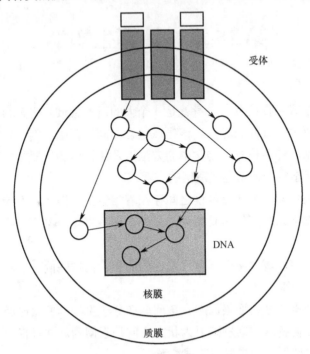

图 18.1　一个细胞中的信号通路

一个简单通路上的反应的定性编码通常有五种不同的动作：选择初始基质的动作、增加已选基质数量的动作（在命题版本中，数量与存在类似。并且通过一个谓词对其进行建模，此谓词表明一个基质当前是否可得）、建模生化关联反应的动作、建模需要触媒的生化关联反应的动作和建模生化合成反应的动作。图 18.2 提供了作为规划域的一种编码。

目标是指必须通过通路合成的物质，表示为析取形式，每个目标两个析取形式。而且，可以用于通路上的输入基质具有数量限制。

在扩展版本中，必须由通路合成的生物制品和网络使用的输入基质都被转换成偏好。这里的挑战在于找到一条能够在不同种类的偏好之间达到较好折中的通路。

生化反应具有不同的持续时间，并且当其输入基质达到某个浓度级别时就会发生。而且，生化反应能够产生特定数量的生物制品。优化后的目标是必须由通路产生的物质浓度的总和。

```
(define (domain pathways)
(:requirements :typing :adl)
(:types simple complex - molecule)
(:predicates
   (association-reaction ?x1 ?x2 - molecule ?x3 - complex)
   (catalyzed-association-reaction ?x1 ?x2 - molecule ?x3 - complex)
   (synthesis-reaction ?x1 ?x2 - molecule)
   (possible ?x - molecule) (available ?x - molecule)
   (chosen ?s - simple) (next ?l1 ?l2 - level) (num-subs ?l - level))

(:action choose
 :parameters (?x - simple ?l1 ?l2 - level)
 :precondition (and (possible ?x) (not (chosen ?x))
                    (num-subs ?l2) (next ?l1 ?l2))
 :effect (and (chosen ?x) (not (num-subs ?l2)) (num-subs ?l1)))

(:action initialize
  :parameters (?x - simple)
  :precondition (and (chosen ?x))
  :effect (and (available ?x)))

(:action associate
 :parameters (?x1 ?x2 - molecule ?x3 - complex)
 :precondition (and (association-reaction ?x1  ?x2  ?x3)
                    (available ?x1) (available ?x2))
 :effect (and  (not (available ?x1)) (not (available ?x2)) (available ?x3)))

(:action associate-with-catalyze
 :parameters (?x1 ?x2 - molecule ?x3 - complex)
 :precondition (and (catalyzed-association-reaction ?x1 ?x2 ?x3)
                    (available ?x1) (available ?x2))
 :effect (and (not (available ?x1)) (available ?x3)))

(:action synthesize
 :parameters (?x1 ?x2 - molecule)
 :precondition (and (synthesis-reaction ?x1 ?x2) (available ?x1))
 :effect (and (available ?x2)))
```

图 18.2 生物通路的 PDDL 编码

18.2 多序列比对

尽管多序列比对（MSA）问题精确算法的研究局限于中等数量的序列，但是其研究一直在持续，并尝试进一步推进实践的界限。它们仍然构成了启发式技术的基础，将它们包含到现有工具中可以改进这些工具。例如，一次迭代比对两组序列的算法可以改进为一次比对三个或更多序列，以更好的避免局部最优。此外，获得评价与对比的黄金标准理论上非常重要，即使并非是所有问题的黄金标准。

因为 MSA 可转换为最小耗费路径发现问题，所以它适用于 AI 领域开发的启发式搜索算法；实际上，这些算法属于当前的最佳方法。因此，虽然这个领域中的许多研究者过去经常使用谜题和游戏来研究启发式搜索算法，但是最近以具有实践相关性的 MSA 为试验床研究启发式搜索算法的兴趣正在增加。

研究者已经开发了一些精确算法以计算适量序列的比对。这些算法中的一些受限于可用内存，一些受限于要求的计算时间，还有一些算法同时受限于这两个因素。将这些方法大致归为两类：第一类是主要以广度优先方式进行的基于动态规划范例的方法；第二类是使用了上/下界以修剪搜索空间的最佳优先搜索。一些最近的研究，包括 18.2.2 节介绍的研究，尝试将二者的优点结合起来。

最早的多序列比对算法是基于动态规划的（见 2.1.7 节）。我们已经看到，对于长度至多为 N 的 k 个序列，通过在下一行完成时就删除上一行且仅维护一些中继节点，Hirschberg 算法（见 6.3.2 节）可以将空间复杂性降低一个量级，即从 $O(N^k)$ 降低到 $O(N^{k-1})$。为最终恢复解路径，一个分治策略重新计算（更简单的）中继节点之间的部分问题。

6.3.1 节描述了如何根据 Dijkstra 算法转换动态规划来完成同样的事情，转换后我们无须显式分配规模达到 N^3 的矩阵。当涉及多于两个序列时，这种显式分配会迅速导致动态规划不可行。引用计数可用于约减 Closed 列表，并且已经对实例的可行性产生了较大的实际影响。

对于整数边耗费，优先级队列（也称为堆）可实现为一个指向双向链表的桶数组，使得所有操作可在常数时间内完成。为了扩展一个顶点，因为我们在每个队列中有引入空位的机会，所以至多需要生成 2^k-1 个后继顶点。因此，类似动态规划，对于序列长度小于等于 N 的 k 个序列，Dijkstra 算法可在 $O(2^k N^k)$ 时间和 $O(N^k)$ 空间内解决多序列比对问题。

另外，尽管动态规划和 Dijkstra 算法可看作是广度优先搜索的变体，如果以从 s 到 t 的经过 v 的路径的总耗费估计（下界）的顺序扩展节点 v，那么我们可以实现最佳优先搜索。这里使用 $f(v) := g(v) + h(v)$ 而非 Dijkstra 算法中的 g 值作为堆的关键字，其中 $h(v)$ 是从 v 到 t 的最优路径耗费的下界；大多数时间使用最优的双序列比对的和。

但是，A*算法、IDA*算法的标准的线性内存备选并不适用于这种情况。尽管它们在树状结构空间中能够达到最好的工作性能，但在类似多序列比对问题的格状结构图中，由于任意给定节点之间存在数量巨大的路径，它们在重复扩展中会引入巨大的开销。

应该指出，早前给出的多序列比对问题的定义并不是唯一的，它与其他一些尝试形式化生物学意义的方法竞争。这些定义通常是不准确的或者取决于生物学研究者所要从事的问题类型。下面，只考虑全局比对方法，该方法发现整个序列的一个比对。相比之下，局部方法致力于发现最大相似的部分序列，可能忽略剩下的序列。

18.2.1 边界

下面，我们介绍下界和上界是如何获得的。

因为我们可以使用任何通过栅格的有效路径的耗费，所以获得关于 $\delta(s,t)$ 的不准确上界很容易。可通过启发式线性时间比对程序获得更好的估计。

在 1.7.6 节已经看到 k 比对的下界通常是基于最优双序列比对得到的；通常，在主搜索开始之前，按照常规的动态规划用后向方式解决这些子问题，并存储生成的距离矩阵以备后用。

令 U^* 为最优多序列比对问题 G 的耗费上界。对于成对的子问题 $i,j \in \{1,2,\cdots,k\}(i<j)$，所有最优比对耗费 $L_{i,j}=d(s_{i,j},t_{i,j})$ 总和，称为 L，是 G 上的一个下界。Carrillo 和 Lipman 指出，按照成对耗费和函数的累加性，任意由最优多序列比对引入的双序列比对问题至多比单独的最优双序列比对大 $\delta = U - L$。该界限可用于约束在预处理阶段需要计算的值的数量，并且需要存储下来用于启发式计算。对于一个序列对 i 和 j，只有那些使得从开始节点 $s_{i,j}$ 到目标节点 $t_{i,j}$ 的路径存在且总耗费不超过 $L_{i,j}+\delta$ 的节点 v 才是可行的。为优化存储需求，我们可以结合两种搜索方法的结果。首先，对每个相关节点 v，前向传递确定从开始节点到 v 的最小距离 $d(s_{i,j},v)$。接下来的后向传递将这个距离用作精确启发式，并且仅为那些满足 $d(s_{i,j},v)+d(v,t_{i,j}) \leqslant d(s,t)+\delta$ 的节点存储从目标节点到这些节点的距离。

对于大的比对问题，所需存储空间规模仍然很大。一些求解器允许用户自己为每对序列单独调整 δ。当时间或内存限制不允许寻求完整解时，这种调整使得至少产生启发式比对是可能的。而且，如果 δ 界限真实可达，那么在搜索期间可将其记录下来。在否定情况下，仍可保证找到的解的最优性；否则，用户可以尝试略微增加界限并再次运行程序。

预先计算简化问题并存储问题的解作为启发式的思想与模式数据库搜索的基本想法类似。但是，这些方法通常都假设，计算耗费可以分摊到同一个目标的多个搜索实例上。相比之下，许多启发式方法是实例相关的，这使得我们必须要做好折中。

18.2.2 迭代加深动态规划

正如我们看到的，相比纯粹的最佳优先搜索，类似动态规划中的固定搜索顺序具有一些优势。

（1）因为在搜索期间至多到达 Closed 节点一次，因此删除无用节点（那些不属于通往当前 Open 节点的任意最短路径上的节点）以及应用如 Hirschberg 算法的路径压缩机制是安全的。无须为避免回漏采用复杂机制，如核心集合维护以及插入虚拟节点到 Open 列表。

（2）除了 Closed 列表的规模以外，Open 列表的内存要求由算法运行过程中任意时刻同时打开的最大节点数量决定。当 f 值用作优先级队列的关键字时，Open 列表通常包含 f 值在某个范围（$f_{min}, f_{min} + \delta$）内所有的节点。因为 g（和 $h = (f - g)$）可以在 0 和 $f_{min} + \delta$ 之间任意变化，所以这个节点集合通常散布于整个搜索空间。相反，如果动态规划沿着反对角线或者行的层级行进，那么在任意迭代中同时只需保留最多 k 级。因此，可以更有效地控制 Open 列表的规模。

（3）为实用起见，不应仅根据迭代次数测量运行时间，也应该考虑扩展执行时间。通过排列探索顺序使得拥有相同头节点的边（或更一般地，那些分享同一个坐标前缀的边）得以先后处理，很多计算可被缓存，并可大幅提升边的生成速度。将在 18.2.5 节讨论这一点。

静态探索机制剩下的问题是适当地使用 h 值限制搜索空间。就扩展节点的数量而言，A*算法是最小的。如果我们提前知道了最小的解路径耗费 $\delta(s, t)$，那么就能够在网格内逐层进行处理，并在 $f(e) > \delta(s, t)$ 时立即修剪生成的边 e。这能够确保我们只生成那些在 A*算法中已经生成的边。一个上界阈值可以额外地帮助减小 Closed 列表的规模，这是由于当一个节点的所有孩子都超出阈值时，可裁剪此节点；另外，如果该节点是其父节点的唯一子节点，这会引起祖先删除的传播链。

我们提出应用一种搜索机制。该机制应用连续的更大阈值进行一系列搜索直至找到一个解为止（或内存用完或失去耐心）。该上界的使用并行于 IDA*算法中上界的使用。

18.2.3 主循环

算法 18.1 描述了产生的算法，我们称之为迭代加深动态规划（IDDP）算法。外层循环以下界（如 $h(s)$）初始化阈值，并且除非找到了一个解否则逐渐将其增大直至上界。以 IDA*算法中相同的方式，此算法保证在每次迭代中至少扩展一条额外的边。阈值至少增加超过前面阈值的一条边缘边的最小耗费。变量 minNextThresh 用于保存该边缘增量。此变量初始化的估计为上界，并在接下来的扩展中反复地降低。

```
Procedure IDDP
Input: 边 e_s, e_t, 下界 L, 上界 U*
Output: 最优比对

U ← L                              ;; 初始化阈值
while (U ≤ U*)                     ;; 外层循环，迭代加深阶段
    Open ← {s_e}                   ;; 初始化边界列表
    U' ← U                         ;; 内层循环
    while (Open ≠ ∅)               ;; 有界动态规划
```

```
    Remove e from Open with min. level(e)      ;; 选择边进行扩展
    if (e = e_t)                                ;; 找到最优比对
        return Path(e_s, e_t)                   ;; 找到实际比对
    Expand(e, U, U')                            ;; 生成和处理后继，算法 18.2
    Δ ← ComputeIncr                             ;; 为下一次迭代计算搜索阈值
    U ← max{U + Δ, U'}                          ;; 更新搜索阈值
```

算法 18.1

迭代加深动态规划

在内层循环的每一步中，从层级最小的优先队列中选择并移除一个节点。如 18.2.5 节所述，根据目标节点的词典序打破平局是有利的。因为可能的层级总数相对较小且预先已知，所以可以使用链表数组实现优先级队列；这种实现为插入和删除操作提供了常数时间。

关于边扩展介绍如下。

对于边 e 的扩展是部分的（见算法 18.2）。一条子边可能在早前对具有相同头顶点的边的扩展中就已经存在；对于这种情况，我们需要测试是否可以降低 g 值。否则，如果它的 f 值超过了当前迭代的搜索阈值，那么就生成一条新边并立即回收其内存。在实际实现中，只要达到了搜索阈值，就可以裁剪启发式计算中对部分比对的不必要的访问。

```
Procedure Expand
Input: 边 e, 阈值 U, 下一个阈值 U'
Side effects: 初始化/更新 e 的后继的 g 值

for each c in Succ(e)                       ;; 如果孩子不存在，则取回或者暂时生成孩子，
                                            ;; 并据此设置布尔变量 created
    g' ← g(e) + GapCost(e, c) + GetCost(c)  ;; 确定新的 g 值
    f = g' + h(c)                           ;; 确定新的 f 值
    if ((f ≤ U) and (g' < g(c)))            ;; 找到比当前最佳路径更短的路径
        g(c) ← g'                           ;; 在阈值内估计
        UpdateEdge(e, c, h)                 ;; 边松弛（算法 18.3）
    else if (f > U)                         ;; 比当前最佳路径更长
        U' ← min{U', f}                     ;; 记录修剪边的最小值
        if(created)                         ;; 新孩子
            Delete(c)                       ;; 确保仅存储有希望的边
if (ref(e) = 0)                             ;; 引用计数为 0
    DeleteRec(e)                            ;; 不存在有希望的节点可以插入到堆中
```

算法 18.2

IDDP 中的边扩展

子程序 UpdateEdge 负责执行对于阈值范围内的后继边的松弛（见算法 18.3）。这类似于 A*算法中对应的松弛步骤，更新孩子的 g 值和 f 值及其父节点指针，并当其未被包含在 Open 列表中时将其插入。然而，相比于最佳优先搜索，该算法根据其头顶点的反对角线层级将其插入到堆中。注意到，在前一个父节点失去最后一个孩子的情况下，删除的传播（见算法 18.4）能保证只有那些属于某条解路径的 Closed 节点继续保留下来。边的删除也能确保删除依赖顶点和坐标数据结构（在伪代码中未显示）。其他产生删除的情况是：如果在扩展一个节点后，立刻没有子节点指向它（子节点可能可以从其他更低耗费的不同节点到达，或者它们的 f 值超过了阈值）。

Procedure UpdateEdge
Input: 边 p（父节点），c（孩子），堆 Open
Side effects: 更新 Open，删除 c 的未使用祖先

$\text{ref}(p) \leftarrow \text{ref}(p) + 1$;; 新的父节点的引用计数递增
$\text{ref}(\text{ancestor}(c)) \leftarrow \text{ref}(\text{ancestor}(c)) - 1$;; 旧的父节点的引用计数递减
if $(\text{ref}(\text{ancestor}(c)) = 0)$;; 前一个父节点丢失了所有孩子
 $\text{DeleteRec}(\text{ancestor}(c))$;; 从而变得没有用

$\text{ancestor}(c) \leftarrow p$;; 更新祖先
if (c **not in** Open) ;; 还未生成
 Insert c into Open with $\text{level}(c)$

算法 18.3
IDDP 的边松弛步骤

Procedure DeleteRec
Input: 边 e

if $(\text{ancestor}(e) \neq \emptyset)$
 $\text{ref}(\text{ancestor}(e)) \leftarrow \text{ref}(\text{ancestor}(e)) - 1$;; 递减引用计数
if $(\text{ref}(\text{ancestor}(e)) = 0)$;; 没有剩余引用
 $\text{DeleteRec}(\text{ancestor}(e))$;; 递归调用
$\text{Delete}(e)$;; 从内存中移除边

算法 18.4
递归删除不属于任意解路径的边

算法的正确性可类似于 A*算法的可靠性证明。如果该阈值小于 $\delta(s,t)$，那么动态规划将会在没有遇到解的情况下终止；否则，只裁剪那些不会出现在最优路径上的节点。不变性由于如下原因而成立。每个层级中总是存在一个位于最优路径上的节点且该节点位于 Open 列表中。因此，如果算法仅在堆运行为空时才终止，那么发现的最好的解确实是最优解。

重新扩展导致迭代加深策略会产生额外的时间开销，我们尝试尽可能地限制这种开销。更准确地说，最小化比值 $v = n_{IDDP} / n_{A^*}$，其中 n_{IDDP} 和 n_{A^*} 分别表示 IDDP 算法和 A*算法中扩展的次数。我们选择一个阈值序列 $U_1, U_2, \cdots$ 使得阶段 i 的扩展次数 n_i 满足 $n_i = 2n_{i-1}$。如果每次迭代都可以使 n_i 加倍，那么扩展的节点数量至多 4 倍于 A*算法中扩展的数量。

程序 ComputerIncr 存储来自先前搜索阶段的扩展数量序列和阈值，并且用曲线拟合外推法（在起初的迭代中没有足够的可用数据，应用非常小的缺省阈值）。我们发现可以根据指数分布 $n(U) = A \cdot B^U$ 对 f 值小于等于阈值 U 的节点分布 $n(U)$ 进行准确建模。因此，为了使扩展数量翻倍，可以根据 $U_{i+1} = U_i + \frac{1}{\lg_2 B}$ 调整下一个阈值的大小。

18.2.4 解路径的稀疏表示

当搜索程序沿着反对角线进行时，我们无须担心回溯并可自由裁剪 Closed 节点。然而，当算法运行接近计算机内存极限时，我们只想缓慢且增量地删除它们。

当删除边 e 时，它的子边的回溯指针将指向 e 的前驱，其引用计数也会相应增加。在产生的稀疏解路径表示中，回溯指针可指向任意最优祖先。

在主搜索结束之后，我们从目标边开始沿着指针进行回溯，此过程如算法 18.5 所示。算法 18.5 以反向顺序打印出了解路径。不论何时，只要边 e 指回一个不是其直接父亲的祖先 e' 时，我们应用从起始边 e' 到目标边 e 的辅助搜索以重构最优解路径所缺失的链接。搜索阈值可以固定为已知解耗费。而且，辅助搜索能够裁剪那些不是 e 的祖先的边，这是由于它们中的一些坐标值大于 e 中对应的坐标值。因为 e 和 e' 之间的最短距离也是已知的，所以可停止于以该耗费发现的第一条路径。为了进一步提高辅助搜索的效率，可以重新计算启发式以适应新的目标。因此，重新存储解路径的耗费与主搜索相比，通常微不足道。

我们要以怎样的顺序裁剪哪些边呢？为简单起见，假设某一时刻 Closed 列表由单条解路径组成。根据 Hirschberg 方法，只保留一条边来最小化两次辅助搜索的复杂度，此保留边最好位于搜索空间的中心（如在最长的反对角线上）。额外可用空间允许我们存储三条中继边，将搜索空间分割为四个大致同等规模的子空间（如分别额外存储反对角线中点与开始节点和目标节点的 1/2 反对角线）。为了在资源减少时增量地节约空间，通过扩展，首先每隔一个保存一个层次，然后每隔三个保存一个层次，以此类推，直到仅剩起始边、目标边以及路径上位于中间的边。

Procedure Path
Input: 边 e_s, e
Side effects: 输出 MSA 解

if ($e = e_s$) **return**   ;; 递归结束
if (target(ancestor(e)) ≠ source(e))   ;; 中继节点
  IDDP(ancestor(e), e, $f(e)$, $f(e)$)   ;; 递归路径重构
OutputEdge(e)   ;; 打印信息
Path(e_s, ancestor(e))   ;; 继续路径构建

算法 18.5

反向分治解重构

因为通常 Closed 列表包含多条解路径（更确切地说，一棵解路径树），所以我们想要每条路径上具有同等密度的中继边。对于 k 个序列的情况，一个头节点到达层次 l 的边可能源自层次为 $l-1, l-2, \cdots, l-k$ 的尾节点。这样，并非每条解路径都要通过每一层次，每隔一个层次删除一层会导致一条路径完好无损，但会完全消除另一条路径。因此，考虑连续 k 个层次的群体比考虑单个的层次更好。任意路径都无法跳过这个规模的群体。在一个长度为 N 的 k 序列比对问题中，总的反对角线数量是 $k \cdot N - 1$。因此，可以在 $\lfloor \lg N \rfloor$ 步内减小密度。

一个技术实现问题涉及枚举引用某些给定可裁剪边的所有边，且无需将它们在一个列表中显式存储的能力。但是，早前介绍的引用计数方法保证可以从 Open 中的某条边开始自底向上沿着一条路径到达 Closed 中的任意一条边。算法 18.6 描述了这个过程。变量 sparse 表示维护在内存中的层次群体的间隔。在内层循环中，反向遍历所有到 Open 节点的路径；对于每条落入一个可裁剪群体的边 e'，路径上后继 e 的指针被重定向到 e' 的回溯指针。如果 e 是最后一条引用 e' 的边，就删除 e'，继续遍历路径直到起始边。当已经访问了所有 Open 节点且仍然超过内存界限时，外层循环尝试通过增加 sparse 使得可裁剪群体的数量翻倍。

搜索期间定期地调用 SparsifyClosed 程序，如在每次扩展之后进行调用。然而，之前描述的最初版本会导致计算时间上的巨大开销，特别是当算法的内存消耗临近极限时。因此，必须要采用一些优化手段。首先，通过记录每条边上次被

遍历的时间（初始为 0），避免在相同（或更低）的 sparse 间隔中追溯相同的解路径；只有对于增加的 sparse，才会存在需要进一步修剪的东西。最坏的情况下，每条边将被检查 $\lfloor \lg N \rfloor$ 次。然后，在内层循环中实际地检查每个 Open 节点，仅为了发现其解路径在相同或更高 sparse 值时已被遍历的做法效率很低；然而，使用适当的记录策略，有可能将搜索时间开销降低到 $O(k)$。

Procedure SparsifyClosed
Input: 大小 n

for each sparse in $\{1, 2, \cdots, \lfloor \lg n \rfloor\}$　　　　　　　　　;; 增加存储的层次的群体间的间隔
　while (usedMem > maxMem and $\exists e \in$ Open GetLastSparse(e) < sparse)
　　pred $\leftarrow$ ancestor(e)　　　　　　　　　　　　;; 回溯解路径
　　while (pred $\neq \emptyset$ and GetLastSparse(e) < sparse)
　　　SetLastSparse(sparse)　　　　　　　　　　;; 标记以避免重复回溯
　　　if ($\lfloor$level(GetHead(pred))$/k\rfloor$ mod $2^{\text{sparse}} \neq 0$)　;; 在可裁剪群体中
　　　　ancestor(e) $\leftarrow$ ancestor(pred)　　　　　;; 调整指针
　　　　ref(ancestor(e)) $\leftarrow$ ref(ancestor(e)) + 1　;; 调整引用
　　　　ref(pred) $\leftarrow$ ref(pred) − 1　　　　　　;; 递减引用计数
　　　　if (ref(pred) = 0)　　　　　　　　　　;; 最后剩余的边是指前驱
　　　　　DeleteRec(pred)　　　　　　　　　;; 前驱不在可裁剪群体中
　　　else　　　　　　　　　　　　　　　　;; 继续遍历
　　　　$e \leftarrow$ ancestor(e)　　　　　　　　　　;; 选择继续
　　　pred $\leftarrow$ ancestor(e)　　　　　　　　　;; 根据前驱设置

算法 18.6
严格内存限制下 Closed 的稀疏化

18.2.5 使用改进启发式

正如我们看到的，估计值 h_{pair}（最优的成对目标距离的和）给出了实际路径长度的下界。估计越紧，算法要探索的搜索空间就越小。

1. 超越双序列比对

Kobayashi 和 Imai 建议，通过考虑规模 $m > 2$ 的子问题的最优解，应用功能更为强大的启发式方法。他们证明了如下启发式是容许的且比成对估计更有提示性。

（1）$h_{\text{all},m}$ 是所有 m 维最优耗费之和除以 $\binom{k-2}{m-2}$。

（2）$h_{\text{one},m}$ 将序列分为两个规模分别为 m 和 $k-m$ 的集合；启发式是第一个子集的最优耗费之和，加上第二个子集的最优耗费之和，再加上来自不同子集的所有成对的两维最优耗费之和。通常，m 的取值接近于 $k/2$。

这些改进的启发式能够将主搜索的工作量减少数个数量级。然而，与双序列子比对相比，这些改进启发式投入到计算和存储更高维度启发式所需的时间和空间资源与主搜索相比不再是微不足道的。Kobayashi 和 Imai 注意到即使对于三个序列 $m=3$ 的情况，计算整个子启发式 $h_{\text{all},m}$ 仍然不切实际。作为一种约减，他们说明将搜索限制到那些路径耗费超过子问题最优路径耗费不大于 $\delta = \binom{k-2}{m-2} U - \sum_{i_1,i_2,\cdots,i_m} d\left(s_{i_1,i_2,\cdots,i_m}, t_{i_1,i_2,\cdots,i_m}\right)$ 的节点就足够了。

该阈值可看作是 Carrillo-Lipman 界的推广。然而，计算 $\binom{k}{m}$ 个低维子问题的时间和空间仍然会引起巨大开销。缺点之一在于它需要一个上界，并且算法效率的精度随此上界改变，可以通过应用更复杂的启发式来改进该界限。但是，这样做看起来是违背直觉的，因为我们宁可使用这些时间来计算精确解。尽管启发式计算对主搜索有益，但启发式计算的成本是一个主要的阻碍。

另一种可选方案是使用层次八叉树数据结构将启发式分割为（超）立方体；相比于"满"的单元，"空"的单元只在表面拥有值。当主搜索尝试使用某个立方体时，会按需重新计算其内部值。然而，该工作假设整个启发式中每个节点至少使用动态规划计算一次。

在隐式假设中，计算必须是完整的，由此带来了困境。先前的界限 δ 是指最坏情况下的场景，并且包含比主搜索中实际需要更多的节点。然而，因为只处理启发式，所以可以容忍偶尔缺失一些值。尽管值缺失会降低主搜索的速度，但它不会影响最终解的最优性。因此，提议用一个更小的界限 δ 产生启发式。每当在主搜索中尝试获得 m 维子启发式的值失败时，我们就简单地使用它所覆盖的 $\binom{m}{2}$ 个最优的成对目标距离之和替换它。

IDDP 算法富有成效地利用了高维启发式方法。首要的是，自适应地增加阈值的搜索策略也能转移到 δ 界限上。

就实际实现而言，不仅考虑高维启发式如何影响节点扩展次数，也要考虑扩展的时间复杂性。该时间受控于对子比对的访问次数。对于 k 个序列，最坏情况下每条边有 2^k-1 个后继，从而导致对 $h_{\text{all},m}$ 的评估总数达 $(2^k-1)\binom{k}{m}$。改进措施之一是：以词典序枚举所有从给定顶点出现的边，并且存储序列的前缀子集的启发式的部分和以备后用。这样，如果允许线性规模的缓存，那么访问次数也相应地减少到 $\sum_{i=m}^{i=k}\binom{i-1}{m-1}$。对于二次方缓存，我们只需要 $\sum_{i=m}^{i=k}2^i\binom{i-2}{m-2}$ 次评价。例如，使用 $h_{\text{all},3}$ 比对 12 个序列时，线性缓存在一次扩展中可将评估次数减少到 37%左右。

如之前提到的那样，与 A*算法相比，IDDP 算法允许在给定层级上自由地选择任意的边扩展顺序。因此，当根据目标节点以词典顺序对边排序时，多数缓存的前缀信息可在连续扩展的边之间进行额外共享。子比对维度越高，节省越多。

2. 启发式计算和主搜索之间的折中

正如我们看到的那样，通过选择界限 δ 可控制预先计算的子比对的规模。生成的边的 f 值超过各自最优解的耗费至多为 δ。显然，在辅助搜索和主搜索之间存在着折中。考虑启发式缺失因子 r 是有益的。r 定义为当部分多序列比对中请求的项未被提前计算时，在主搜索期间计算启发式 h 的比例。如果计算了每条请求边的启发式（$r=0$），那么主搜索达到最优。超过这个点会产生没有必要的很大的启发式，它包含了许多实际中不会被使用的项。另外，我们可以自由地为启发式分配更少的工作量，从而导致 $r>0$ 并且降低主搜索的性能。一般地，依赖性呈 S 形。

不幸地是，通常无法事先知道辅助搜索的合适数量。如之前提到的那样，根据 Carrillo-Lipman 界限选择 δ 能保证每个被请求的子比对的耗费已被提前计算；然而，我们通常会过高估计必须的启发式规模。

作为补救措施，IDDP 算法提供了在主搜索的每次阈值迭代中重新计算启发式的机会。这样可以适应性地在二者之间取得平衡。

当当前经历的错误率 r 增大到给定阈值之上时，就暂停当前搜索，用一个增大的 δ 值重新计算双序列比对，并且用改进的启发式再次运行主搜索。

与主搜索一样，使用指数拟合法，可精确地预测阈值 δ 上的辅助计算时间和空间。由于它具有更低的维度，通常情况下增长更为平坦；然而，对启发式来说，由于需要解决组合的 $\binom{k}{m}$ 个比对问题，其常数因子可能更高。

前面介绍的翻倍机制可以将开销限制在最后一次迭代中所花费开销的常数倍内。这样，当限制启发式搜索时间为主搜索时间的固定比例时，我们可以保证整体执行时间的期望上界在仅使用成对启发式所需搜索时间的常数比例内。

如果知道了 δ、r 以及主搜索的加速之间的关系，那么理想策略是，每当期望的计算时间小于主搜索中节省的时间时，就加倍启发式。然而，这种依赖比简单的指数级增长更加复杂；它随着搜索深度以及问题特性变化。要么我们需要一个更复杂的搜索空间模型，要么该算法必须执行探索式搜索以估计这种关系。

18.3 书目评述

Gusfield（1997）以及 Waterman（1995）给出了计算分子生物学的详细介绍。Thagard（2003）给出了通路的定义。Kohn（1999）描述了哺乳动物细胞周期控制。在 2006 年第五次国际规划竞赛上，哺乳动物细胞周期控制作为一种新的应用领域出现，当时由 Dimopoulos，Gerevini 和 Saetti 对其进行了建模。Pinter，Rokhlenko，Yeger-Lotem 和 Ziv-Ukelson（2005）给出了新陈代谢通路比对的一个最新的搜索工具。给定一个查询通路以及通路集合，该工具能找到并报告集合中此查询所有的近似出现。

Bosnacki（2004）指出了生物化学网络和具有未知结构的（并发）系统之间的自然类比。两者皆可看作具有未知内部网络的黑盒，我们想要检验其网络的某些属性；也就是检验关于它们行为的某些假设。如 Engels，Feijs 和 Mauw（1997）观察到的那样，测试序列可转换为搜索得到的反例。Angluin（1987）提出了产生系统模型的一个合适算法。该算法需要一个先知，在此例中先知可由符合性测试替代。与那些应用到系统模型的模型检验不同，符合性测试在系统实现层面上完成。而且，符合性测试不会覆盖实现过程中所有的执行序列。Rao 和 Arkin（2001）的目标是为特定任务设计生物网络而非仅仅理解网络。

FASTA 和 BLAST（见 Altschul，Gish，Miller，Myers 和 Lipman，1990）是数据库查找的标准方法。Davidson（2001）使用了局部束搜索方法。Gusfield（1993）提出了一个称为星比对的近似方法。在所有的待比对的序列之外，选择一个共有序列使得它与序列中剩余序列的双序列比对的耗费之和最小。以这个最佳序列作为中心，其他序列可使用"once a gap, always a gap"原则进行比对。Gusfield 表明最优比对的耗费大于等于星比对的耗费除以 $(2-2/k)$。Gupta，Kececioglu 和 Schaffer（1996）提出的 MSA 程序允许用户为每对序列将 δ 调整到 Carrillo-Lipman 界限以下（Carrillo 和 Lipman，1988）。

对于高维度的多序列比对问题，A*算法明显优于动态规划。然而，与 Hirschberg 算法相比，A*算法仍然需要将扩展的节点存储到 Closed 列表中以防回漏。作为补救，Korf（1999）以及 Korf 和 Zhang（2000）提出存储每个节点禁止使用的操作列表，或者用无穷大的 f 值替换 Open 上删除节点的父节点。Zhou 和 Hansen（2004a）提出的方法只需要存储界限。

Schrödl（2005）给出了本章中描述的主要算法 IDDP。Korf，Zhang，Thayer 和 Hohwald（2005）的工作提到了一个相关的增量动态规划算法，称为迭代加深限界动态规划。

McNaughton，Lu，Schaeffer 和 Szafron（2002）建议使用八叉树数据结构存储启发式函数。不同的研究工作尝试通过包含界限的方法限制广度优先方法的搜索空间。Ukkonen（1985）给出了针对双序列比对问题的算法。此算法对于相似序列特别地有效；它的计算时间复杂度为 $O(dm)$，其中 d 为最优解耗费。

多序列比对问题的另一个方法是利用来自 A*算法的下界 h。其关键思想如下：因为无论如何所有 f 值低于 $\delta(s,t)$ 的节点都需要被扩展以保证最优性，所以如果只知道最优耗费，那么可以像 Dijkstra 算法或动态规划那样，以任意合理的顺序对它们进行探索。即使略微偏高的上界也可有助于裁剪。Spouge（1989）提出将动态规划限制为满足 $g(v)+h(v)$ 小于 $\delta(s,t)$ 上界的节点 v。

Davidson（2001）提出线性有界对角线比对（LBD-Align），通过动态规划使用一个上界减少解决双序列比对问题的计算时间和内存。该算法每次计算一个反对角线动态规划矩阵，由左上角开始，逐渐向下，直至右下角。A*算法在每次扩展时检查界限，而 LBD-Align 只为每条对角线上最上面和最下面的单元格检查界限。例如，如果对角线最上面的单元格已被修剪，那么该行所有剩下的单元格也将被修剪，这是由于剩下的单元格仅能通过最上面的单元格才能到达；这意味着下一行的修剪边界可向下移动一格。这样，修剪的开销可从序列长度的二次方减少到线性。

改进多序列对比算法的规模已取得了进展。Niewiadomski，Amaral 和 Holte（2006）应用了具有延迟重复检测的大规模并行边界搜索解决挑战性（Balibase）实例，Zhou 和 Hansen（2006a）已成功使用广度优先的启发式搜索改进了稀疏内存图搜索。

第 19 章 机器人学

Sven Koenig 和 Craig Tovey

机器人学中的搜索与典型人工智能的搜索测试床（比如 8 数码问题或魔方问题）之间的一个区别是，机器人学中的状态空间是连续的并且需要离散化。另一个区别是机器人对于状态空间通常具有先验的不完整信息。在这些案例中，它们不能确定性地预测移动之后会做出哪些观察，以及它们将来的移动的可行性以及结果。所以，它们必须在非确定性状态空间中进行搜索，因为这会产生大量的意外事件，因此此搜索可能会非常耗时。完备与或搜索（极小化极大搜索）能够使得最坏情况下的轨迹长度最小，但是因为机器人必须要找到大的条件规划，所以此搜索通常难于处理。但是，搜索要尽量迅速，以便机器人平滑地移动。因此，我们需要开发通过牺牲机器人轨迹极小性的机器人导航方法以加速搜索。

19.1 搜索空间

考虑将机器人的非阻塞开始配置转换成目标配置的行为规划为例。这是配置空间中的搜索问题，其中机器人的配置一般描述为一个实数向量。例如，一个全向移动且不受加速度约束的移动机器人的配置由其工作空间的坐标给出。配置要么是非阻塞的（可能的或位于自由空间的）要么是阻塞的（不可能的或部分障碍物）。例如，机器人在工作空间中与障碍物相交时，配置是阻塞的。所有配置一起构成了配置空间。

一个二维工作空间中的示例行为规划问题如图 19.1（a）所示，其中机械手有两个关节并且在第一个关节处以螺栓连接到地面。一个障碍物阻塞了 1/4 的平面。机械手必须从其开始的配置移动到目标配置。定义配置空间存在多种选择。如果只是想从开始配置到目标配置中找到一个非阻塞的路径轨迹，那么该选择通常无关紧要。然而，如果规划目的包含了某种耗费的优化，如最小化时间或者能耗，那么最好定义状态空间使该耗费表示为状态空间上的范数诱导测度或其他自然测度。图 19.1（b）显示了一个配置空间，其中配置由两个关节角度 θ_1 和 θ_2 给出。图中区域以环绕形式给出，因为角度是以 360° 为模测量得到的，所以图中四个角表示相同的配置。因为机械手在工作空间中与障碍物交叉，所以一些配置是阻塞的（但是它们也可能因为一个关节的角度超出范围而被阻塞）。图中水平的移动要求机械手驱动两个关节。如果只驱动第一个关节，则以斜率 1 沿着对角线方向移动。因此，水平移动比对角线移动需要更多的能量，这与图中视觉上给出的正好相反。一个更可取的办法是将配置空间的竖轴定义为 $\theta_2 - \theta_1$，如图 19.1（c）所示。

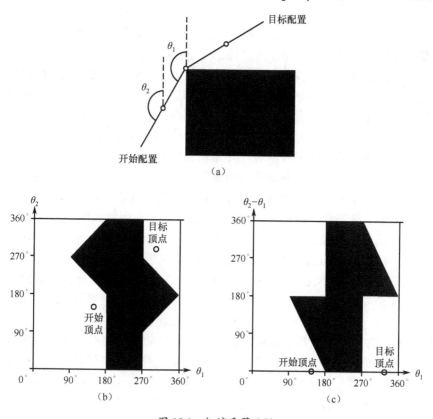

图 19.1 机械手臂示例

（a）工作空间；（b）配置空间 1；（c）配置空间 2。

由于物理必然性，机器人在工作空间中的移动是连续的。因此，配置空间是连续的，需要被离散化以允许我们使用搜索方法找到由开始配置到目标配置的路径轨迹。将配置空间建模为（顶点阻塞）图 $G = (\hat{V}, V, E)$，$\hat{V}$ 是（阻塞与非阻塞）顶点集合，$V \subseteq \hat{V}$ 是非阻塞的顶点集合，并且 $E \subseteq \hat{V} \times \hat{V}$ 是边的集合。在任意时刻，机器人的配置可恰好由一个非阻塞顶点表示。简单起见，我们说机器人访问这个非阻塞顶点。机器人可能在其中潜在移动的配置顶点由边相连。顶点是否阻塞取决于其对应的配置是否阻塞。机器人需要在生成的图中沿着由对应着开始配置的顶点到对应着目标配置的顶点的路径轨迹移动。假设路径和轨迹不包含阻塞顶点（除非特意声明），并且以移动的步数对它们的长度以及其他的距离进行测量（即边遍历）。

这里可通过不同的方式得到配置空间图。

（1）可通过将配置空间分割为单元格（或其他规则或非规则的空间曲面）获得该图，当且仅当一个单元格未包含障碍物时，此单元格是非阻塞的。顶点就是单元格，并且当且仅当对应的单元格非阻塞时，顶点非阻塞。边连接相邻的单元格（即共享边界的单元格），因此它们长度（大约）相同。

一个问题是离散化的粒度。如果单元格过大，那么可能找不到存在的路径轨迹，如图 19.2 所示。阻塞的配置是黑色的，非阻塞的配置是白色的。圆圈和交叉线分别表示开始和目标配置。另外，单元格越小，单元格数量就越多，这会导致二次方爆炸。因此，将单元格制作成不同的大小是有意义的：在配置空间中靠近障碍物的小的单元格能够发现两者（开始和目标配置）之间的缺口；其他单元格则设置为较大单元格。能够获取不均匀离散化的一个特殊方法是部分游戏算法。当尝试将机器人从开始配置移动到包含目标配置的单元格（目标单元格）时，该算法以大的单元格开始，按需将其分割。该算法的简单版本如图 19.3 所示。它从配置空间中均匀的粗粒度离散化开始。图的顶点表示单元格，并且边连接着对应相邻单元格的顶点。因此，初始时它忽略障碍物并且乐观地假设它可从每个单元格移动到任意相邻的单元格（自由空间假设）。它使用这张图寻找从当前单元格到目标单元格的最短路径。它总是向当前单元格的后继单元格的中心移动。如果被障碍物阻塞（可以在工作空间中确定且无须在配置空间中对障碍物的形状进行建模），那么它并非每次都可以从当前的单元格移动到后继单元格，因此将对应的边从图中删除。然后重新规划并找到另一条从当前单元格到目标单元格的最短路径。如果能发现一条路径，那么它会继续重复此过程。如果找不到这样一条路径，那么它会使用这张图找出从哪些单元格出发可以到达目标单元格（可解单元格），以及从哪些单元格出发不能到达目标单元格（不可解单元格，图中以阴影灰色显示）。另外，它沿着更短的轴线分割那些与可解单元格搭界（并且还未达到分辨极限）的不可解单元格（它也沿着更短的轴线分割那些与不可解单元格搭界的可解单元格，以防止相邻的单元格在尺寸上有较大的差别，这种做法通常没有必要，但是这可以高效地使用 kd 树判断单元格的邻居）。它从图中删除分裂的单元格的顶点，并为新生成的单元格增加一个顶点，同时假设它能够从新的单元格移动到任何与它相邻的单元格，反之亦然（它能够记住被阻塞的位置，以便能够立刻从图中删除一些边，但是它并没有这样做。而是，将来被这些障碍物再次阻碍时，它才自动地删掉对应的边）。然后，它重新规划并找到从当前位置到目标单元格的一条最短路径，重复该流程直到到达目标单元格或者因为达到分辨极限使得没有单元格可继续分裂。最终的离散化作为同一个配置空间中下一个行为规划问题的初始的离散值。

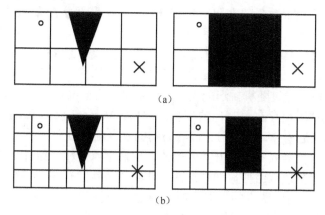

图 19.2　基于单元格的离散化

(a) 均匀粗粒度离散化；(b) 均匀细粒度离散化。

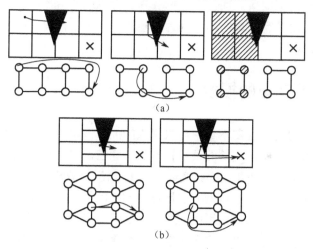

图 19.3　部分游戏算法

(2) 也可通过挑选一些非阻塞配置获取此图（包括开始和目标配置）。图 19.3 中顶点是非阻塞配置。边连接那些直连线（或某个简单控制器的路径）不经过障碍物的顶点（可以在工作空间中确定并且无须在配置空间中对障碍物的形状进行建模）。可以忽略较长的边（如边的长度超过了某个阈值），以此保持图的稀疏性并且确保每条边的长度上大致相同。如果所有障碍物都是多边形，那么可选择多边形的拐角作为配置（除了开始和目标配置之外）。生成的图称为能见度图。能见度图中最短的轨迹在二维配置空间中同样是最短的轨迹（但未必是三维或更高维的配置空间的最短轨迹)。然而，障碍物通常不是多边形的，因此也只能通过复杂的多边形去近似，这样会产生大量的配置和巨大的搜索时间。因此概率路径图会随机地选择一定数量的非阻塞配置（除了开始和目标配置之外）。所挑选的配置数量越多，搜索时间越长。另外，挑选的配置数量越多，就越有可能发现轨迹（如果存在的话）并且该轨迹越短。迄今为止，我们假设配置空间先被离散化然后再对其进行搜索。然而，在搜索期间，随机挑选配置速度往往更快。例如，快速探索随机树，通过随机挑选配置扩展搜索树然后尝试将它们连接到搜索树。

对于配置空间，存在着其他的模型。例如，Voronoi 图，该图的优势在于使轨迹能够尽可能远离障碍物并且距离障碍物的安全距离最大。

根据定义，机器人不能离开其开始的非阻塞顶点的相连组件。因此，假设该图只有一个非阻塞顶点组件。即任意两个非阻塞顶点间存在着路径。我们主要从（两维四邻居的）网格图中的机器人导航问题引出例子。在该例中，配置空间自身就是工作空间，因此下面使用术语"地形"和"位置"代替"配置空间"和"配置"。通常，网格图（两维四邻居）对方形格子的网格世界进行建模。网格世界（包括证据和占用网格）通过将地形分割为方形单元格被广泛用于移动机器人的地形建模，使得其容易说明，并且为先验知识不完备情况下的搜索形成具有挑战性的测试平台。

19.2 知识不完备的搜索

假设图是无向的并且在本章中对机器人的能力做出以下最小的假设，称之为基本模型：机器人能够从当前的顶点移动到任意它想去的与其相连的非阻塞的顶点。它能够无误差的移动和观察。例如，它可以使用 GPS 识别自己的绝对位置或者用航位推算法（它记录了机器人在地形中的移动轨迹）推出就起始位置而言的相对位置。它能够唯一地识别图中的顶点，这等价于每个顶点都有唯一的一个机器人先验并不知晓的标识符。它至少能够观察到标识符和当前顶点的阻塞状态以及所有与其当前顶点直接相邻的顶点的标识符和状态。当它访问同一个顶点时，它总会做出同样的观察。它能够记住它已经执行的移动序列，和它已做出的观察序列。

该基本模型保证了机器人能够维持该图的子图，包括机器人已经先验性地知道或观察到的顶点（以及它们的标识符和阻塞状态）和边（顶点的相邻关系）。在最小基本模型中，机器人能够恰好观察到当前所在顶点以及所有与当前顶点相邻的顶点的标识符和阻塞状态。我们将会在图 19.4 中简短地给出一个具有最小基本模型要求能力的机器人实例。

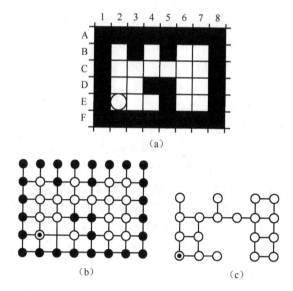

图 19.4　不同种类的图

(a) 网格世界示例；(b)（地形）图；(c) 移除阻塞顶点的图（自由空间）。

19.3　基本的机器人导航问题

机器人对其地形或当前位置通常只有先验的不完备的知识。因此，我们研究了知识在先验不完备的情况下三个基本的机器人导航问题，它们构成了许多其他机器人导航问题的基础。

制图的意思是获取地形信息，通常是所有位置的阻塞状态信息，称为地图。通常有两种处理先验不完备地形知识的方法：第一种处理不完备地形信息的方法的特征在于机器人先验地知道图的拓扑结构；第二种处理不完备地形信息的方法的特征在于机器人先验不知道图的任何信息，甚至不知道图的拓扑结构。

机器人的目标是尽可能地知道图的所有信息，包括它的拓扑结构以及每个顶点的阻塞状态。机器人要么先验地知道图的拓扑结构和每个顶点的标识符但不知道哪些顶点被阻塞（假设 1），要么既不知道图的拓扑结构也不知道每个顶点的标识符和阻塞状态信息（假设 2）。假设 1 是对网格图的一个可能假设，假设 2 是对网格图、能见度图、概率路径图、Voronoi 图的一个可能假设。在假设 1 下，网格图可以包括阻塞的和非阻塞顶点；在假设 2 下，只包含非阻塞顶点。

图 19.4（a）显示了一个网格世界示例。阻塞的单元格（和顶点）是黑色的，并且非阻塞的单元格是白色的。圆圈显示了机器人当前的单元格。这里假设机器人只有最小基本模型所要求的能力。它总是在 4 个罗盘方向上观察着邻接单

元格的标识符和阻塞状态,之后移动到 4 个方向中非阻塞的单元格上,进而产生一个网格图。该网格图在假设 1 下如图 19.4(b)所示,在假设 2 下如图 19.4(c)所示。初始时,机器人知道它访问单元格 E2,观察到 E1 和 F2 阻塞,E3 和 D2 非阻塞。我们以北、西、南、东的顺序,用符号"+"表示非阻塞邻接单元格,"−"表示阻塞的邻接单元格。这样,机器人初始的观察可写为"D2+,E1−,F2−,E3+"或者简写为"+−−+"。

图 19.5 的例子说明无论做出假设 1 或者假设 2,都会产生影响。机器人以箭头指示的方向移动。图 19.5(c)和 19.5(d)给出了机器人的知识。机器人知道的将被阻塞的单元格(和顶点)是黑色的,机器人知道的将会非阻塞的单元格(和顶点)是白色的,并且机器人未知的阻塞状态单元格(和顶点)是灰色的。圆圈表明机器人当前所处的单元格。在假设 2 下,机器人需要进入到中央位置的单元格,排除图 19.6 所示图中操作的可能性。另一方面,在假设 1 下,它无须进入中央单元格去了解此图。

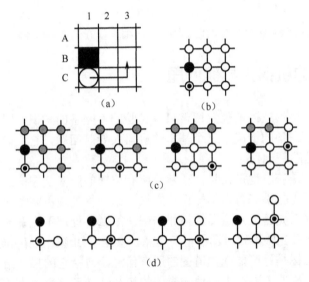

图 19.5 图的先验知识

(a)网格世界示例;(b)图;(c)机器人的知识:假设 1;(d)机器人的知识:假设 2。

图 19.6 备选图

定位意思是确定机器人当前所处的位置，此机器人通常是移动机器人而非机械手。假设机器人拥有当前可用的地形图，并且先验地知道其相对于地图的方位（如配备了罗盘），但不知道它的开始位置。机器人先验地知道地图，包括哪些节点是阻塞的。它的目的是定位，即想要识别当前的顶点或者确定它当前所处的顶点不能被唯一标识的事实，因为先验获取的地图至少有两个非阻塞顶点的同构相连的组件，并且它处于其中一个。机器人先验并不知道每个顶点的标识符。因此，在观察了每个顶点的标识符之后，机器人的定位将是非平凡的。例如，当机器人使用航位推算法识别顶点时，该假设是实际的。

先验未知地形中目标引导的导航意思是在先验未知地形情况下将机器人移动到目标位置。机器人先验知道了图的拓扑结构和每个顶点的标识符，但是不知道哪些顶点是阻塞的。它知道目标顶点，但是可能不知道图的几何嵌入。它的目的是移动到目标顶点上。

19.4 搜索目标

这里对轨迹长度做最坏情况下的分析，因为拥有短最坏情况下轨迹长度的机器人导航方法总是工作出色，这是更关注性能的经验主义机器人学研究者最关心的。我们对拥有相同非阻塞顶点数量的图的轨迹长度给出了上、下界的描述。下界通常由示例证明，因此需要逐场景获取，这是因为轨迹同时依赖于图和关于图的知识。然而，上界对于符合基本模型的图拓扑结构和机器人观察能力的所有场景皆成立。

学者们有时使用在线而非最坏情况条件分析机器人导航方法。例如，他们对具有较小竞争比的机器人导航方法很感兴趣。竞争比将机器人的轨迹长度与具有完备先验信息的全知机器人所需的轨迹长度进行比较，进而验证该知识。例如，对于定位，机器人先验地知道它的当前顶点并且只需要去校验它。最小化这些量的比率，在某种程度上是最小化后悔。即最小化 k 值使得如果机器人先验地知道了当前顶点的信息，那么它的定位速度可以快 k 倍。如果机器人没有完整的先验知识，那么竞争比与最坏情况下的轨迹长度关系很小。此外，有无先验知识情况下，机器人导航方法的轨迹长度的差别通常比较大。例如，对于目标引导的导航，如果机器人先验地知道了图，那么它可以遵循从开始顶点到目标顶点的最短路径。如果它先验地不知道图，那么通常会尝试从开始顶点到目标顶点的多条可能的路径。该轨迹长度可以随着阻塞顶点数量的增加而增加，与此同时最短路径依旧保持为常数，这使得竞争比变得任意大。

19.5 搜索方法

机器人通常可以观察到那些与其当前顶点较近的顶点的标识符和阻塞状态。因此，它必须要在图中移动以观察新顶点的标识符和阻塞状态，去发现关于该图或当前顶点的更多信息。因此，它必须找到一条侦查规划，该规划能够判断该如何移动以生成新的观察，称为基于传感器的搜索。该侦查规划是一个条件规划，当它决定下一个移动时，它考虑了机器人的先验知识和它已经收集的所有知识（它已执行的移动序列和已做出的观察序列）。确定性规划直接说明如何移动，而随机规划则说明了移动的概率分布。与具有最小最坏情况下的轨迹长度的确定性规划相比，没有哪个解决机器人导航问题的随机规划具有更小的平均最坏情况下的轨迹长度（该平均值是关于随机规划确定的随机移动选择取得的）。因此，我们只考虑确定性的规划。

机器人要么首先确定然后执行一个完备的条件规划（离线搜索），要么交叉进行部分搜索和移动（在线搜索）。现在以定位为例更详细地讨论这两个方法。定位由两个阶段组成，即假设生成和假设消除。假设生成决定所有可能是机器人当前位置的顶点，这是因为它们与机器人做出的观察是一致的。该阶段简单检查所有非阻塞顶点并消除那些与观察不一致的顶点。如果该集合包含多于一个顶点，那么假设消除通过在图中移动机器人的方式尝试判断集合中的哪个顶点是当前的位置顶点。接下来，讨论假设消除如何使用搜索确定如何移动机器人。

19.5.1 最优离线搜索

在机器人开始移动之前，离线搜索可找到一个完备的可能很大的条件规划。不论机器人从哪个非阻塞的顶点开始，一个有效的定位规划最终会准确地识别机器人当前的顶点或确定当前的顶点不能够唯一地识别。

以图 19.7 中的定位问题为例。图 19.8 给出了机器人可以从起始状态移动到的部分状态空间。状态是单元格的集合，即那些机器人能够进入的单元格。初始时，机器人观察到"+---"。问号标记表示单元格与这个观察一致，即 E2、E4 和 E6。因此，起始状态包含这三个单元格。（机器人可排除单元格 B7 是因为它知道自己关于地图的相对位置）。每个只包含一个单元格的状态是一个目标状态。在每个非目标状态中，机器人能够选择一个移动（状态空间中的 OR 节点），描述为罗盘方向。接着它生成一个新的观察（状态空间中的 AND 节点）。因为机器人不能总是预测到一个移动的观察和后继状态，所以状态空间是非确定性的。

第 19 章 机器人学   799

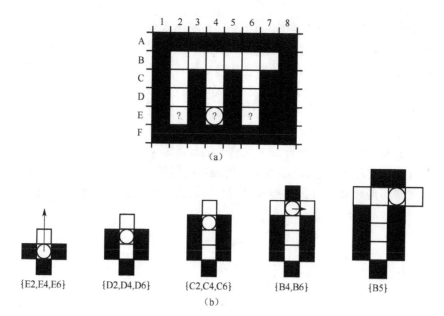

图 19.7 贪婪定位
（a）网格世界示例；（b）机器人的知识。

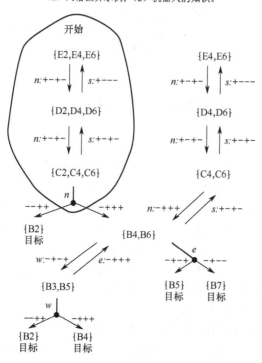

图 19.8 定位的部分状态空间

确定性定位规划为状态空间中的每个 OR 节点分配一个移动。可以使用完备的 AND-OR 搜索（极小化极大搜索）找到具有最小的最坏情况轨迹长度的有效确定性定位规划，产生决策树（树根是起始状态，所有叶子节点是目标状态，每个 AND 节点包含了其所有后继节点，每个 OR 节点包含其至多一个后继节点），这是因为在具有最小的最坏情况轨迹长度的有效定位规划中状态不能重复。这样的决策树如图 19.9 所示。然而，执行一次完全的 AND-OR 搜索非常困难。这是因为，状态是非阻塞顶点集合，并且它们的数量非常大（尽管并非所有非阻塞的顶点集合都在实际中出现）。事实上，用最小的最坏情况轨迹长度去定位是 NP 难的，因此很可能需要指数级的搜索时间。这与先验不完备知识条件下离线搜索的复杂度一般较高是一致的。

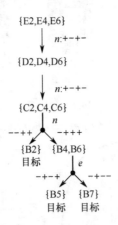

图 19.9　具有最小最差情况轨迹长度的定位规划

19.5.2　贪婪在线搜索

为了加快搜索，需要开发能牺牲轨迹极小性的机器人导航方法。如果操作得当，搜索时间的降低比轨迹的次优性以及在执行时间上的增加更重要，这样使得搜索和执行时间的总和（问题解决时间）大幅降低，这就是有限理性思想。对于先验不完备知识条件下的机器人导航问题，可以通过交叉搜索和移动获取图或图中当前顶点的知识，并立即在新的搜索中加以使用从而实现有限理性。该知识使得接下来的搜索更加迅速，因为它减少了机器人关于图及其自身顶点位置的不确定性，也减少了机器人可以从当前的状态移动到的状态空间的规模，这样对于未遇到的情形执行的搜索数量也减少了。

确定性状态空间中的搜索很快。贪婪在线搜索利用该性质解决非确定性状态空间中的搜索问题，方法是交叉确定性状态空间的近视搜索和移动。结果是搜索和执行时间之间的折中。现在我们介绍两种贪婪在线搜索方法，即智能体为中心的搜索和基于假设的搜索。它们的区别在于如何使搜索变得具有确定性。

在非确定性状态空间中，智能体为中心的搜索方法通过执行部分 AND-OR 搜索进行有限前瞻搜索，从当前而不是完整状态向前搜索。它们将搜索限制在围绕当前状态的部分状态空间中（导致局部搜索）。这部分状态空间是当前情形中与机器人直接相关的状态空间的一部分，因为它包含了机器人将要进入的状态。那么，智能体为中心的搜索方法确定需搜索的部分状态空间以及在此空间中如何移动。然后，它们执行这些移动（或仅执行第一个移动）并从结果状态中重复整个过程。所以，智能体为中心的搜索方法通过仅发现完整规划的前缀避免了组合爆炸。

因为智能体为中心的搜索方法并不搜索从机器人当前状态到目标状态的所有路径，所以它们需要避免进入死循环。本章中描述的智能体为中心的搜索方法通过足够大的前瞻，使接下来的执行能够获取新知识来避免上述现象，尽管实时启发式搜索方法可使用更小的前瞻避免这个现象。此外，本章描述的智能体为中心的搜索方法使用了一个简单的方法以加快搜索，即对当前状态周围非确定性状态空间中所有的确定性部分进行精确搜索，目的在于执行具有多个可能后继状态的移动从而更快地获取新知识。这是图 19.8 中具有边界的那部分状态空间。然后，机器人遍历路径，该路径的最后一个移动具有多个可能的后继状态。接着它观察生成的状态，并从该移动真实产生的状态而不是所有可能从该移动产生的状态中重复该流程。

图 19.10（b）说明了智能体为中心的搜索。阴影区域表示智能体为中心的搜索空间，每个阴影区域代表两个连续的移动间的一次搜索。所有阴影区域的总大小远小于图 19.10（a）中表示最优离线搜索方法搜索空间的大三角形的阴影区域，但是智能体为中心的搜索生成的轨迹并非最短。

另外，基于假设的搜索方法搜索从当前状态到目标状态的所有路径，但是通过忽略部分后继状态对移动的后继状态做出一些假设。因此，基于假设的搜索（在假设前提下）能找到从当前状态到目标状态的完整规划并执行该规划。如果一个移动产生了一个在搜索过程中被忽略的后继状态，那么它们将从该移动产生的状态重复整个流程。因此，基于假设的搜索方法避免了组合爆炸，因为它们忽略了移动的一些后继状态，从而不考虑所有的可能性。本章描述的智能体为中心的搜索方法使用了一个简单的方法加快搜索，即只考虑每个移动的一个后继状态而忽略其他所有后继状态，这可以高效地确定状态空间。

图 19.10（c）说明了基于假设的搜索。阴影区域表示基于假设的搜索空间，每个搜索一个阴影区域。总共的阴影区域远小于图 19.10（a）中三角形表示的阴影区域，该区域表示最优离线搜索方法的搜索空间。但是，基于假设的搜索生成的轨迹并非最短。

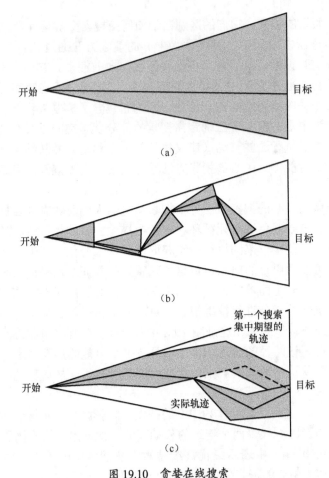

图 19.10 贪婪在线搜索

(a) 最优离线搜索;(b) 智能体为中心的搜索;(c) 基于假设的搜索。

贪婪在线机器人导航方法是具有常识性的机器人导航方法,该方法通常由有经验的机器人学的研究者发现和实现。我们研究了贪婪定位、贪婪制图以及自由空间假设下的搜索。它们具有相关性并且可以在共同的框架下进行研究。

19.6 贪婪定位

贪婪定位使用智能体为中心的搜索定位机器人。贪婪定位维护一个假设集合,即机器人可能处于其中的所有非阻塞顶点,这是因为它们与之前的所有观察一致。机器人通过尽量少的移动减少该集合的大小,直至集合大小不再变化。这对应于在机器人当前顶点到最近的提供信息顶点的最短路径上移动,直至它无法再移动到提供信息顶点上为止。我们将提供信息顶点定义为具有如下性质的非阻塞顶点：机器人可以获取当前顶点的知识，并且允许机器人减少其假设集合的大小。注意到，一旦机器人访问了一个顶点，那么该顶点就无法提供信息了。

图 19.7 说明了贪婪定位的轨迹。初始时，它可能在单元格 E2、E4 或 E6 中。这种情况下减小该假设集合大小的最快方法是向北移动两次。然后，它会观察到 "−−++"，这种情况下，该机器人肯定在单元格 B2 中。它也可能观察到 "−+++"，这种情况下，它可能在单元格 B4 或 B6 中。这两种方法都可以减少假设集合的尺寸。在机器人执行这些动作之后，它观察到 "−+++"，因此它可能在 B4 或 B6 中。在此情况下，减小该假设集合大小的最快方法是向东移动。之后它有可能观察到 "−+−+"，这种情况下，它必然在 B5 中。它也有可能观察到 "−+−−"，这种情况下，它必然在 B7 中。这两种方法都可以减少假设集合的大小。在机器人执行这些动作之后，它观察到 "−+−+"，这样就知道它在 B5 中，在这个特殊的情况下，已经定位成功并具有最小的最坏情况下的轨迹长度。

贪婪定位可使用确定性搜索方法，并且具有关于非阻塞顶点数量的低阶多项式搜索时间。因为当它执行一个具有多个可能后继状态的移动并在之后减小假设集合大小时，它在围绕当前状态的非确定性状态空间的确定性部分中执行了一次智能体为中心的搜索，如图 19.8 所示。

优于对数方式接近最小最坏情况下的轨迹长度的定位是 NP 难的，包括在网格图中。此外，机器人不太可能以多项式时间用最小值 $O(\log|V|)$ 倍的轨迹长度定位。将贪婪定位的最坏情况下的轨迹长度作为非阻塞顶点数量的函数进行分析，其中最坏的情况是在具有相同非阻塞顶点数量的所有图上取得的（也许具有约束：定位是可能的），并且机器人的所有开始顶点和所有的平局打破策略都用于决定多个具有同等信息量的顶点中的哪一个可作为下一个访问的顶点。在具有最小基本模型的图 $G=(\hat{V},V,E)$ 中，贪婪定位最坏情况下的轨迹长度为 $\Omega\left(\frac{|V|\log|V|}{\log\log|V|}\right)$ 次移动，因此并不是最小的。在定位是可能的网格图中，该声明仍然成立。在图 $G=(\hat{V},V,E)$ 中，移动次数是 $O(|V|\log|V|)$，因此非常小。这些结果假设该图只有一个非阻塞顶点的连通组件，但是该图的先验已知的地图可能会大于该图，并且包含多个非阻塞顶点的连通组件。

19.7 贪婪制图

贪婪制图使用智能体为中心的搜索学习一张图。机器人要么先验知道图的拓扑结构以及每个顶点的标识符，但是并不知道哪些顶点是阻塞的，要么既不知道图也不知道每个顶点的标识符或阻塞状态。不管机器人获得的其他信息是什么，机器人都维护当前获知的图的子图。机器人总是在当前已知子图中沿着最短路径从当前顶点移动到最近的提供信息顶点，直到它不能再移动到提供信息顶点为止。我们将提供信息顶点定义为具有如下属性的非阻塞顶点：机器人可以为其地图获得新知识。注意到，一旦机器人访问了一个顶点，那么该顶点就无法提供信息了（贪婪制图的一个备选版本总是移动到最近的未访问顶点）。

如果机器人先验知道了图的拓扑结构和每个顶点的标识符但不知道哪些顶点是阻塞的，图 19.11 说明了这种情况下的贪婪制图的轨迹。一旦贪婪制图确定路径，箭头就会将路径显示出来。之后机器人无需搜索地对这些路径进行遍历，并且箭头只在每条路径上的第一次移动时显示。贪婪制图能够使用确定性的搜索方法，并且具有非阻塞顶点数量的低阶多项式搜索时间，因为当它执行一个具有多个可能后继状态的动作并为其地图获取新知识时，它在围绕当前状态的非确定性状态空间的确定性部分中执行了一次智能体为中心的精确搜索。贪婪制图需频繁地搜索。它可以使用增量启发式方法高效地计算从当前顶点到最近的提供信息顶点的最短路径。增量启发式方法有效结合了高效搜索的两大原则，即启发式搜索（即，使用到目标的距离估计聚焦搜索）和增量搜索（即重用在之前搜索中获取的知识来加速当前搜索）。

我们将贪婪制图的最坏情况下的轨迹长度作为非阻塞顶点数量的函数进行分析，其中最坏情况由具有同样非阻塞顶点数量的所有图决定，并且机器人的所有开始顶点和平局打破策略被用于决定下一步访问相同提供信息顶点中的哪一个顶点。如果机器人既不知道图，也不知道每个顶点的阻塞状态，那么贪婪制图的最坏情况下的轨迹长度是最小基本模型下图 $G = (\hat{V}, V, E)$ 上的 $\Omega\left(\frac{|V|\log|V|}{\log\log|V|}\right)$ 次移动。如果机器人先验知道了图的拓扑结构和每个顶点的标识符但不知道哪些顶点是阻塞的，那么该声明在网格图中仍然成立。该下界表明，贪婪制图最坏情况下的轨迹长度与非阻塞顶点数量略微呈超线性关系，因此不是最小的（因为深度优先搜索的最坏情况下的轨迹长度与非阻塞顶点数量呈线性关系）。不论机器人是否先验性地知道图的拓扑结构，对于图 $G = (\hat{V}, V, E)$，贪婪制图最坏情况下的轨迹长度是 $O(|V|\log|V|)$ 个移动。该较小的上界与下界相近，并且表明，相比深度优先搜索，贪婪制图的质量优势的代价很小。首先，贪婪制图对机器人当前顶点的变化做出反应，这易于将贪婪制图集成到完备的机器人体系中，因为它不需要一直控制机器人。然后，它也会对机器人关于图的知识的变化做出反应，这是因为每次搜索都会利用机器人获取的关于图的所有知识。当新知识可用时，它立刻采用新知识并立即改变机器人的移动以反映新知识。

无提示实时启发式搜索方法也可用来制图。但是，对于图 $G = (\hat{V}, V, E)$，不论机器人是否先验性地知道图的拓扑结构，它最坏情况下的轨迹长度通常是

$O(|V|^2)$ 次移动甚至更差,因此,其轨迹长度大于贪婪制图的轨迹长度。

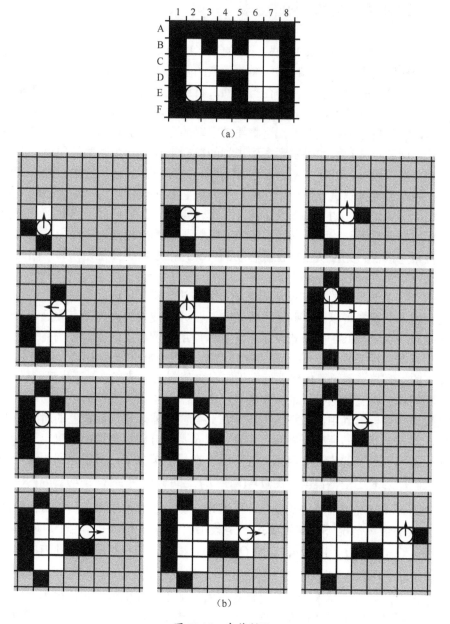

图 19.11 贪婪制图
(a)网格世界示例;(b)机器人的知识。

19.8 自由空间假设下的搜索

自由空间假设下的搜索在先验未知的地形中为目标引导的导航使用基于假设的搜索。该搜索维护机器人目前所知的顶点的阻塞状态。它总是在从当前顶点到目标顶点的最短的推测非阻塞路径上移动，直到它访问了目标顶点或从当前顶点到目标顶点不能再发现推测非阻塞路径。一个推测非阻塞路径是一系列相邻顶点的序列，它不包含那些机器人知道将要被阻塞的顶点。机器人在推测非阻塞路径上朝着目标顶点移动，如果它观察到规划的路径上存在一个阻塞的顶点，那么它会立刻重复该过程。这样，从当前的顶点到目标顶点，它会不断地在最短的推测非阻塞路径上重复进行第一个移动。这允许它要么成功地沿着路径移动，要么获得关于图的知识。如果机器人访问了目标顶点，那么它会停下来并报告成功到达目标。如果它无法找到从其当前顶点到目标顶点的推测非阻塞路径，那么它将终止搜索并报告它无法从当前位置移动到目标顶点。由于图是无向的，因此它也无法从开始顶点移动到目标顶点。

图 19.12 说明了自由空间假设下的搜索轨迹。交叉线表示目标单元格。自由空间假设下的搜索可以使用确定性搜索方法，并且搜索时间与顶点数量（不一定是非阻塞顶点）呈低阶多项式关系。它可以使用增量启发式搜索方法高效地计算最短的推测非阻塞路径。该增量启发式搜索方法（如 D*Lite 算法）给自由空间假设下的搜索带来的计算优势要远大于它在贪婪制图中带来的计算优势。

我们将自由空间假设下的搜索的最坏情况下的轨迹长度作为非阻塞顶点数量的函数进行分析，其中，最坏的情况是在具有同样非阻塞顶点数量的所有图上取得的。并且机器人的所有开始和目标顶点以及平局打破策略都用于决定下一步沿着哪一条相同长度的推测非阻塞路径移动。在最坏情况下，自由空间假设下搜索的轨迹长度为最小基本模型下图 $G = (\hat{V}, V, E)$ 上的 $\Omega\left(\frac{|V|\log|V|}{\log\log|V|}\right)$ 次移动。因为深度优先搜索的最坏情况下的轨迹长度与非阻塞顶点数量呈线性关系，所以自由空间假设下搜索的最坏情况下的轨迹长度不是最小的。在网格图中，这个声明仍然成立。在图 $G = (\hat{V}, V, E)$ 中移动次数为 $O(|V|\log^2|V|)$，在包括网格图在内的平面图 $G = (\hat{V}, V, E)$ 中移动次数为 $O(|V|\log|V|)$。该较小的上界与下界相近，并且表明，自由空间假设下搜索对于深度优先搜索的如下定性优势的代价很小。第一，自由空间假设下的搜索尝试向目标顶点的方向移动。第二，当自由空间假设下的搜索在同一地形中解决一些目标引导的导航问题，并且机器人记住了从一个目标引导的导航问题到另一个目标引导的导航问题的顶点的阻塞状态时，自由空间假设下的搜索随着时间的增加减小其轨迹长度（虽然不一定单调）。第三，它沿着

朝向目标顶点的最短轨迹移动，因为自由空间假设可以使它对未知阻塞状态的顶点进行探索，因此可能发现新的捷径。

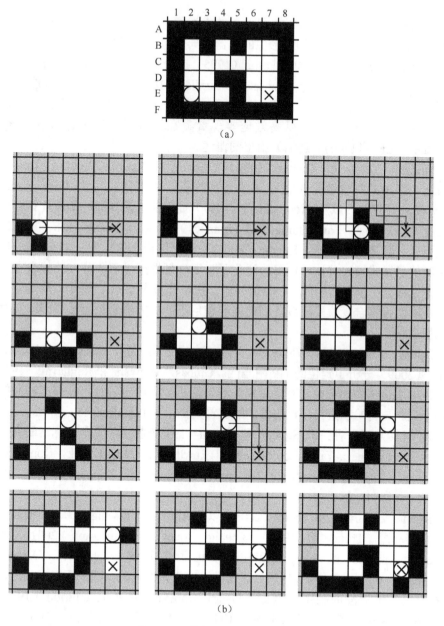

图 19.12 带自由空间假设的搜索
(a) 网格世界示例；(b) 机器人的知识。

19.9 书目评述

有关机器人学中的行为规划和搜索的综述可参考文献 Choset 等（2005），LaValle（2006），对于在未知地形中的机器人导航问题，可参考 Rao，Hareti，Shi 和 Iyengar（1993）。Moore 和 Atkeson（1995）提出了部分游戏算法。在线贪婪搜索与基于传感器的搜索相关，Choset 和 Burdick（1994）对其进行了描述。使用增量启发式搜索方法，包括 D*算法（Stentz（1995））和 D* Lite 算法（Koenig 和 Likhachev（2005）），可以高效地实现贪婪在线搜索；也可参考 Koenig，Likhachev，Liu 和 Furcy（2004）给出的概述。

Mudgal，Tovey 和 Koenig（2004）；Tovey 和 Koenig（2000）；Tovey 和 Koenig（2010）对贪婪定位进行了描述和分析。贪婪定位可由 Genesereth 和 Nourbakhsh（1993）以及 Nourbakhsh（1997）提出的延迟规划框架（具有可行规划启发式的）实现。Fox，Burgard 和 Thrun（1998）以及 Nourbakhsh（1996）已经使用了贪婪定位的变体。Koenig（2001a）提出的极小化极大 LRTA*算法是一种实时的启发式搜索算法，该算法泛化了延迟规划框架以在非确定性状态空间中的确定性部分中执行智能体为中心的搜索。极小化极大 LRTA*算法可能需要处理无法减小假设集合规模的问题，因此需要使用不同的方法避免死循环，即实时启发式搜索。

Dudek，Romanik 和 Whitesides（1998）以及 Koenig，Mitchell，Mudgal 和 Tovey（2009）分析了定位的 NP 困难性。Guibas，Motwani 和 Raghavan（1992）针对连续多边形的地形中带有远距离传感器的机器人给出了几何多项式时间的方法，来判断与初始观察相一致的可能的位置集合。从 Papadimitriou 和 Yannakakis（1991）开始，研究者关于 Sleator 和 Tarjan（1985）提出的竞争比标准研究了定位。示例包括 Baeza-Yates，Culberson 和 Rawlins（1993）；Dudek，Romanik 和 Whitesides（1998）；Fleischer，Romanik，Schuierer 和 Trippen（2001）以及 Kleinberg（1994）等。

Koenig，Smirnov 和 Tovey（2003）以及 Tovey 和 Koenig（2003）描述和分析了贪婪制图。Thrun 等（1998）；Koenig，Tovey 和 Halliburton（2001b）以及 Romero，Morales 和 Sucar（2001）使用了贪婪制图的变体。Wagner，Lindenbaum 和 Bruckstein（1999）给出了深度优先搜索的制图。研究者已经研究了关于竞争比标准的制图。例如，Deng，Kameda 和 Papadimitriou（1998）；Hoffman，Icking，Klein 和 Kriegel（1997）；Albers 和 Henzinger（2000）以及 Deng 和 Papadimitriou（1990）等。

Stentz（1995b）描述了自由空间假设下的搜索。Koenig，Smirnov 和 Tovey

(2003); Mudgal, Tovey, Greenberg 和 Koenig（2005）以及 Mudgal, Tovey 和 Koenig（2004）对其进行了描述与分析。Stentz 和 Hebert（1995）使用了自由空间假设下的搜索的变体。由于他们的工作以及随后的跟进工作，此变体在 DARPA 的无人地面车辆项目和其他地方被广泛应用。在先验未知的地形中，研究者已经就竞争比标准对目标引导的导航进行了研究。示例包括 Blum，Raghavan 和 Schieber（1997）以及 Icking，Klein 和 Langetepe（1999）。与本章中所描述的内容最相关的是 Lumelsky 和 Stepanov（1987）提出的 bug 算法。

参 考 文 献

Adelson-Velskiy, G., Arlazarov, V., & Donskoy, M. (2003). Some methods of controlling the search tree in chess programs. *Artificial Intelligence, 6*(4), 361–371.

Aggarwal, S., Alonso, R., & Courcoubetis, C. (1988). Distributed reachability analysis for protocol verification environments. In *Discrete Event Systems: Models and Application*, Vol. 103 of *Lecture Notes in Control and Information Sciences* (pp. 40–56).

Aggarwal, A., & Vitter, J. S. (1987). Complexity of sorting and related problems. In *ICALP* no. (pp. 467–478).

Aggarwal, A., & Vitter, J. S. (1988). The input/output complexity of sorting and related problems. *Journal of the ACM, 31*(9), 1116–1127.

Agre, P., & Chapman, D. (1987). Pengi: An implementation of a theory of activity. In *AAAI*, (pp. 268–272).

Aho, A. V., & Corasick, M. J. (1975). Efficient string matching: An aid to bibliographic search. *Communications of the ACM, 18*(6), 333–340.

Ahuja, R. K., Magnanti, T. L., & Orlin, J. B. (1989). Networks flows. In *Handbooks in Operation Research and Management Science*. North-Holland.

Ajwani, D., Malinger, I., Meyer, U., & Toledo, S. (2008). Graph search on flash memory. MPI-TR.

Akers, S. B. (1978). Binary decision diagrams. *IEEE Transactions on Computers, 27*(6), 509–516.

Albers, S., & Henzinger, M. (2000). Exploring unknown environments. *SIAM Journal on Computing, 29*(4), 1164–1188.

Alca'zar, V., Borrajo, D., & Linares López, C. (2010). Using backwards generated goals for heuristic planning. In *ICAPS* (pp. 2–9).

Allen, J. D. (2010). *The Complete Book of Connect 4: History, Strategy, Puzzles*. Sterling Publishing.

Allis, L. V. (1998). *A knowledge-based approach to connect-four. The game is solved: White wins*. Master's thesis, Vrije Univeriteit, The Netherlands.

Allis, L. V., van der Meulen, M., & van den Herik, H. J. (1994). Proof-number search. *Artificial Intelligence, 66*, 91–124.

Altschul, S., Gish, W., Miller, W., Myers, E., & Lipman, D. (1990). Basic local alignment search tool. *Journal of Molecular Biology, 215*, 403–410.

Alur, R., & Dill, D. L. (1994). A theory of timed automata. *Theoretical Computer Science, 126*(2), 183–235.

Ambite, J., & Knoblock, C. (1997). Planning by rewriting: Efficiently generating high-quality plans. In *AAAI* (pp. 706–713).

Amir, A., Farach, M., Galil, Z., Giancarlo, R., & Park, K. (1994). Dynamic dictionary matching. *Journal of Computer and System Sciences, 49*(2), 208–222.

Amir, A., Farach, M., Idury, R. M., La Poutré, J. A., & Schäffer, A. (1995). Improved dynamic dictionary matching. *Information and Computation, 119*(2), 258–282.

Anantharaman, T. S., Campbell, M. S., & Hsu, F. H. (1990). Singular extensions: Adding selectivity to brute force search.

Artificial Intelligence, 43(1), 99–110.

Anderson, K., Schaeffer, J., & Holte, R. C. (2007). Partial pattern databases. In *SARA* (pp. 20–34).

Angluin, D. (1987). Learning regular sets from queries and counterexamples. *Information and Computation, 75*, 87–106.

Aragon, C. R., & Seidel, R. G. (1989). Randomized search trees. In *FOCS* (pp. 540–545).

Arge, L. (1996). *Efficient external-memory data structures and applications*. PhD thesis, University of Aarhus.

Arge, L., Knudsen, M., & Larsen, K. (1993). Sorting multisets and vectors in-place. In *WADS* (pp. 83–94).

Arora, S. (1995). Probabilistic checking of proofs and hardness of approximation problems. Technical Report CS-TR-476-94, Princeton University.

Aspvall, B., Plass, M. B., & Tarjan, R. E. (1979). A linear-time algorithm for testing the truth of certain quantified Boolean formulas. *Information Processing Letters, 8*(3), 121–123.

Atkinson, M. D., Sack, J. R., Santoro, N., & Strothotte, T. (1986). Min-max heaps and generalized priority queues. *Communications of the ACM, 29*, 996–1000.

Auer, P., Cesa-Bianchi, N., & Fischer, P. (2002). Finite-time analysis of the multiarmed bandit problem. *Machine Learning, 47*(2/3), 235–256.

Ausiello, G., Italiano, G., Marchetti-Spaccamela, A., & Nanni, U. (1991). Incremental algorithms for minimal length paths. *Journal of Algorithms, 12*(4), 615–638.

Avriel, M. (1976). *Nonlinear Programming: Analysis and Methods*. Prentice-Hall.

Bacchus, F., & Kabanza, F. (2000). Using temporal logics to express search control knowledge for planning. *Artificial Intelligence, 116*, 123–191.

Bäckström, C., & Nebel, B. (1995). Complexity results for SAS^+ planning. *Computational Intelligence, 11*(4), 625–655.

Baeza-Yates, R., Culberson, J., & Rawlins, G. (1993). Searching in the plane. *Information and Computation, 2*, 234–252.

Baeza-Yates, R., & Gonnet, G. H. (1992). A new approach to text searching. *Communications of the ACM, 35*(10), 74–82.

Bagchi, A., & Mahanti, A. (1983). Search algorithms under different kinds of heuristics—A comparative study. *Journal of the ACM, 30*(1), 1–21.

Bagchi, A., & Mahanti, A. (1985). Three approaches to heuristic search in networks. *Journal of the ACM, 32*(1), 1–27.

Baier, J. (2009). *Effective search techniques for non-classical planning via reformulation*. PhD thesis, University of Toronto.

Baier, J., & McIlraith, S. A. (2006). Planning with first-order temporally extended goals using heuristic search. In *AAAI* (pp. 788–795).

Bakera, M., Edelkamp, S., Kissmann, P., & Renner, C. D. (2008). Solving mu-calculus parity games by symbolic planning. In *MOCHART* (pp. 15–33).

Balch, T., & Arkin, R. (1993). Avoiding the past: A simple, but effective strategy for reactive navigation. In *International Conference on Robotics and Automation* (pp. 678–685).

Baldan, P., Corradini, A., König, B., & König, B. (2004). Verifying a behavioural logic for graph transformation systems. *ENTCS, 104*, 5–24.

Ball, M., & Holte, R. C. (2008). The compression power of BDDs. In *ICAPS* (pp. 2–11).

Ball, T., Majumdar, R., Millstein, T. D., & Rajamani, S. K. (2001). Automatic predicate abstraction of C programs. In *PLDI* (pp. 203–213).

Barnat, J., Brim, L., Cerná, I., Moravec, P., Rockai, P., & Simecek, P. (2006). DiVinE—A tool for distributed verification. In

CAV (pp. 278–281).

Barnat, J., Brim, L., & Chaloupka, J. (2003). Parallel breadth-first search LTL model-checking. In *IEEE International Conference on Automated Software Engineering* (pp. 106–115). IEEE Computer Society.

Barnat, J., Brim, L., & Simecek, P. (2007). I/O-efficient accepting cycle detection. In *CAV* (pp. 316–330).

Barras, B., Boutin, S., Cornes, C., Courant, J., Filliatre, J. C., Giménez, E., et al. (1997). The Coq Proof Assistant Reference Manual—Version V6.1. Technical Report 0203, INRIA.

Barto, A., Bradtke, S., & Singh, S. (1995). Learning to act using real-time dynamic programming. *Artificial Intelligence, 72*(1), 81–138.

Bartzis, C., & Bultan, T. (2006). Efficient BDDs for bounded arithmetic constraints. *International Journal on Software Tools for Technology Transfer, 8*(1), 26–36.

Bast, H., Funke, S., Sanders, P., & Schultes, D. (2007). Fast routing in road networks with transit nodes. *Science, 316*(5824), 566.

Batalin, M., & Sukhatme, G. (2004). Coverage, exploration and deployment by a mobile robot and communication network. *Telecommunication Systems Journal: Special Issue on Wireless Sensor Networks, 26*(2), 181–196.

Baumer, S., & Schuler, R. (2003). Improving a probabilistic 3-SAT algorithm by dynamic search and independent clause pairs. In *SAT* (pp. 150–161).

Beacham, A. (2000). *The complexity of problems without backbones*. Master's thesis, Department of Computing Science, University of Alberta.

Behrmann, G., Hune, T. S., & Vaandrager, F. W. (2000). Distributed timed model checking—How the search order matters. In *CAV* (pp. 216–231).

Bellman, R. (1958). On a routing problem. *Quarterly of Applied Mathematics, 16*(1), 87–90.

Bentley, J. L., & Ottmann, T. A. (2008). Algorithms for reporting and counting geometric intersections. *Transactions on Computing, 28*, 643–647.

Bercher, P., & Mattmüller, R. (2008). A planning graph heuristic for forward-chaining adversarial planning. In *ECAI* (pp. 921–922).

Berger, A., Grimmer, M., & Müller-Hannemann, M. (2010). Fully dynamic speed-up techniques for multi-criteria shortest path searches in time-dependent networks. In *SEA* (pp. 35–46).

Berlekamp, E. R., Conway, J. H., & Guy, R. K. (1982). *Winning Ways*. Academic Press. Bertsekas, D. P. (1999). *Nonlinear Programming*. Athena Scientific.

Bessiere, C. (1994). Arc-consistency and arc-consistency again. *Artificial Intelligence, 65*, 179–190.

Bessiere, C., & Regin, J.-C. (2001). Refining the basic constraint propagation algorithm. In *IJCAI* (pp. 309–315).

Bessiere, C., Freuder, E. C., & Regin, J.-C. (1999). Using constraint metaknowledge to reduce arc consistency computation. *Artificial Intelligence, 107*, 125–148.

Biere, A. (1997). μcke-efficient μ-calculus model checking. In *CAV* (pp. 468–471).

Biere, A., Cimatti, A., Clarke, E., & Zhu, Y. (1999). Symbolic model checking without BDDs. In *TACAS* (pp. 193–207).

Bisani, R. (1987). Beam search. In *Encyclopedia of Artificial Intelligence* (pp. 56–58).

Bistarelli, S., Montanari, U., & Rossi, F. (1997). Semiring-based constraint satisfaction and optimization. *Journal of the ACM, 44*(2), 201–236.

Bjørnsson, Y., Bulitko, V., & Sturtevant, N. (2009) "TBA*: Time-Bounded A*," Proceedings of the International Joint Conference on Artificial Intelligence, 431–436.

Bloem, R., Ravi, K., & Somenzi, F. (2000). Symbolic guided search for CTL model checking. In *DAC* (pp. 29–34).

Bloom, B. (1970). Space/time trade-offs in hashing coding with allowable errors. *Communication of the ACM, 13*(7), 422–426.

Blum, A., & Furst, M. L. (1995). Fast planning through planning graph analysis. In *IJCAI* (pp. 1636–1642).

Blum, A., Raghavan, P., & Schieber, B. (1991). Navigation in unfamiliar terrain. In *STOC* (pp. 494–504).

Blum, A., Raghavan, P., & Schieber, B. (1997). Navigating in unfamiliar geometric terrain. *SIAM Journal on Computing, 26*(1), 110–137.

Bnaya, Z., Felner, A., & Shimony, S. E. (2009). Canadian traveler problem with remote sensing. In *IJCAI* (pp. 437–442).

Bollig, B., Leucker, M., & Weber, M. (2001). Parallel model checking for the alternation free μ-calculus. In *TACAS*, (pp. 543–558).

Bonasso, R., Kortenkamp, D., & Murphy, R. (1998). *Xavier: A Robot Navigation Architecture Based on Partially Observable Markov Decision Process Models*. MIT Press.

Bonet, B. (2008). Efficient algorithms to rank and unrank permutations in lexicographic order. In *AAAI-Workshop on Search in AI and Robotics*.

Bonet, B., & Geffner, H. (2000). Planning with incomplete information as heurstic search in belief space. In *AIPS* (pp. 52–61).

Bonet, B., & Geffner, H. (2001). Planning as heuristic search. *Artificial Intelligence, 129*(1–2), 5–33.

Bonet, B., & Geffner, H. (2005). An algorithm better than AO*? In *AAAI* (pp. 1343–1348).

Bonet, B., & Geffner, H. (2006). Learning depth-first: A unified approach to heuristic search in deterministic and non-deterministic settings, and its application to MDPs. In *ICAPS* (pp. 142–151).

Bonet, B., & Geffner, H. (2008). Heuristics for planning with penalties and rewards formulated in logic and computed through circuits. *Artificial Intelligence, 172*, 1579–1604.

Bonet, B., & Helmert, M. (2010). Strengthening landmark heuristics via hitting sets. In *ECAI* (pp. 329–334).

Bonet, B., Haslum, P., Hickmott, S. L., & Thiébaux, S. (2008). Directed unfolding of petri nets. *T. Petri Nets and Other Models of Concurrency, 1*, 172–198.

Bonet, B., Loerincs, G., & Geffner, H. (2008). A robust and fast action selection mechanism for planning. In *AAAI* (pp. 714–719).

Bornot, S., Morin, R., Niebert, P., & Zennou, S. (2002). Black box unfolding with local first search. In *TACAS* (pp. 241–257).

Borowsky, B., & Edelkamp, S. (2008). Optimal metric planning with state sets in automata representation. In *AAAI* (pp. 874–879).

Bosnacki, D. (2004). Black box checking for biochemical networks. In *CMSB* (pp. 225–230).

Bosnacki, D., Edelkamp, S., & Sulewski, D. (2009). Efficient probabilistic model checking on general purpose graphics processors. In *SPIN* (pp. 32–49).

Botea, A., Müller, M., & Schaeffer, J. (2005). Learning partial-order macros from solutions. In *ICAPS* (pp. 231–240).

Botelho, F. C., Pagh, R., & Ziviani, N. (2007). Simple and space-efficient minimal perfect hash functions. In *WADS* (pp.

139–150).

Botelho, F. C., & Ziviani, N. (2007). External perfect hashing for very large key sets. In *CIKM* (pp. 653–662).

Brafman, R., & Chernyavsky, Y. (2005). Planning with goal preferences and constraints. In *ICAPS* (pp. 182–191).

Barto, A. G., Bradtke, S. J., & Singh, S. P. (1995). Learning to act using real-time dynamic programming. *Artificial Intelligence, 72*(1), 81–138.

Breiman, L., Friedman, J. H., Olshen, R. A., & Stone, C. J. (1984). *Classification and Regression Trees*. Wadsworth.

Breitbart, Y., Hunt, H., & Rosenkrantz, D. (1992). Switching circuits by binary decision diagrams. *Bell System Technical Journal, 38*, 985–999.

Breitbart, Y., Hunt, H., & Rosenkrantz, D. (1995). On the size of binary decision diagrams representing Boolean functions. *Theoretical Computer Science, 145*, 45–69.

Brengel, K., Crauser, A., Meyer, U., & Ferragina, P. (1999). An experimental study of priority queues in external memory. In *WAE* (pp. 345–359).

Breyer, T. M., & Korf, R. E. (2008). Recent results in analyzing the performance of heuristic search. In *AAAI, Workshop on Search Techniques in Artificial Intelligence and Robotics*.

Breyer, T. M., & Korf, R. E. (2010a). Independent additive heuristics reduce search multiplicatively. In *AAAI* (pp. 33–38).

Breyer, T. M., & Korf, R. E. (2010b). 1.6-bit pattern databases. In *AAAI* (pp. 39–44).

Briel, M., Sanchez, R., Do, M., & Kambhampati, S. (2004). Effective approaches for partial satisfaction (oversubscription) planning. In *AAAI* (pp. 562–569).

Brodal, G. S. (1996). Worst-case efficient priority queues. In *SODA* (pp. 52–58).

Brodnik, A., & Munro, J. M. (1999). Membership in constant time and almost-minimum space. *SIAM Journal of Computing, 28*(3), 1627–1640.

Brooks, R. (1986). A robust layered control system for a mobile robot. *IEEE Journal of Robotics and Automation, RA-2*, 14–23.

Bruegmann, B. (1993). *Monte-Carlo Go*. Unpublished manuscript.

Bruengger, A., Marzetta, A., Fukuda, K., & Nievergelt, J. (1999). The parallel search bench ZRAM and its applications. *Annals of Operation Research, 90*, 25–63.

Brumitt, B., & Stentz, A. (1998). GRAMMPS: A generalized mission planner for multiple mobile robots. In *ICRA*.

Brüntrup, R., Edelkamp, S., Jabbar, S., & Scholz, B. (2005). Incremental map generation with GPS traces. In *ITSC*, 2005.

Bruun, A., Edelkamp, S., Katajainen, J., & Rasmussen, J. (2010). Policy-based benchmarking of weak heaps and their relatives. In *SEA* (pp. 424–435).

Bryant, R. E. (1992). Symbolic Boolean manipulation with ordered binary-decision diagrams. *ACM Computing Surveys, 24*(3), 142–170.

Buchsbaum, A., Goldwasser, M., Venkatasubramanian, S., & Westbrook, J. (2000). On external memory graph traversal. In *Symposium on Discrete Algorithms (SODA)* (pp. 859–860).

Bulitko, V., & Lee, G. (2006). Learning in real-time search: A unifying framework. *Journal of Artificial Intelligence Research, 25*, 119–157.

Bulitko, V., Sturtevant, N., & Kazakevich, M. (2005). Speeding up learning in real-time search via automatic state abstraction. In *AAAI* (pp. 1349–1354).

Burgard, W., Fox, D., Moors, M., Simmons, R., & Thrun, S. (2000). Collaborative multi-robot exploration. In *ICRA* (pp. 476–481).

Burns, E., Lemons, S., Ruml, W., & Zhou, R. (2009a). Suboptimal and anytime heuristic search on multi-core machines. In *ICAPS* (2009a).

Burns, E., Lemons, S., Zhou, R., & Ruml, W. (2009b). Best-first heuristic search for multi-core machines. In *IJCAI* (pp. 449–455).

Bylander, T. (1994). The computational complexity of propositional STRIPS planning. *Artificial Intelligence*, 165–204.

Caires, L., & Cardelli, L. (2003). A spatial logic for concurrency (part I). *Information and Computation, 186*(2), 194–235.

CAMP Consortium. (2004). Enhanced digital mapping project final report. Submitted to the U.S. department of transportation, federal highway administration, and national highway traffic and safety administration, 11, 2004.

Campbell Jr., M., Hoane, A. J., & Hsu, F. (2002). Deep blue. *Artificial Intelligence, 134*(1–2), 57–83.

Cantone, D., & Cinotti, G. (2002). QuickHeapsort, an efficient mix of classical sorting algorithms. *Theoretical Computer Science, 285*(1), 25–42.

Carlsson, S. (1987). The deap—A double-ended heap to implement double-ended priority queues. *Information Processing Letters, 26*, 33–36.

Carrillo, H., & Lipman, D. (1988). The multiple sequence alignment problem in biology. *SIAM Journal of Applied Mathematics, 5*(48), 1073–1082.

Cederman, D., & Tsigas, P. (2008). *A practical quicksort algorithm for graphics processors*. Technical Report 2008-01, Chalmers University of Technology.

Chakrabarti, P. P., Ghose, S., Acharya, A., & DeSarkar, S. C. (1989). Heuristic search in restricted memory. *Artificial Intelligence, 41*(2), 197–221.

Chakrabarti, S., van den Berg, M., & Dom, B. (1999). Focused crawling: A new approach to topic-specific web resource discovery. *Computer Networks, 31*, 1123–1640.

Charikar, M., Indyk, P., & Panigrahy, R. (2002). New algorithms for subset query, partial match, orthogonal range searching, and related problems. In *ICALP* (pp. 451–462).

Cheadle, A. M., Harvey, W., Sadler, A. J., Schimpf, J., Shen, K., & Wallace, M. G. (2003). ECLiPSe: An introduction. Technical Report.

Cheeseman, P., Kanefsky, B., & Taylor, W. (2001). Where the really hard problems are. In *IJCAI* (pp. 331–340). Chen, Y., & Wah, B. W. (2004). Subgoal partitioning and resolution in planning. In *Proceedings of the International Planning Competition*.

Cherkassy, B. V., Goldberg, A. V., & Ratzig, T. (1997a). Shortest path algorithms: Theory and experimental evaluation. *Mathematical Programming, 73*, 129–174.

Cherkassy, B. V., Goldberg, A. V., & Silverstein, C. (1997b). Buckets, heaps, list and monotone priority queues. In *SODA* (pp. 82–92).

Choset, H., & Burdick, J. (1994). Sensor based planning and nonsmooth analysis. In *ICRA* (pp. 3034–3041).

Choset, H., Lynch, K., Hutchinson, S., Kantor, G., Burgard, W., Kavraki, L., et al. (2005). *Principles of Robot Motion*. MIT Press.

Choueka, Y., Fraenkel, A. S., Klein, S. T., & Segal, E. (1986). Improved hierarchical bit-vector compression in document retrieval systems. *ACM SIGIR* (pp. 88–96).

Christofides, N. (1976). Worst-case analysis of a new heuristic for the travelling salesman problem. Technical Report 388, Graduate School of Industrial Administration, Carnegie-Mellon University.

Chu, S. C., Chen, Y. T., & Ho, J. H. (2006). Timetable scheduling using particle swarm optimization. In *ICICIC* (Vol. 3, pp. 324–327).

Cimatti, A., Giunchiglia, E., Giunchiglia, F., & Traverso, P. (1997). Planning via model checking: A decision procedure for AR. In *ECP* (pp. 130–142).

Clarke, E. M., Grumberg, O., Jha, S., Lu, Y., & Veith, H. (2001). Counterexample-guided abstraction refinement. In *CAV* (pp. 154–169).

Clarke, E. M., Grumberg, O., & Long, D. E. (1994). Model checking and abstraction. *ACM Transactions on Programming Languages and Systems, 16*(5), 1512–1542.

Cleaveland, R., Iyer, P., & Yankelevich, D. (1995). Optimality in abstractions of model checking. In *Static Analysis Symposium* (pp. 51–53).

Clune, J. (2007). Heuristic evaluation functions for general game playing. In *AAAI* (pp. 1134–1139).

Coego, J., Mandow, L., & Pérez de-la Cruz, J.-L. (2009). A new approach to iterative deepening multiobjective A*. In *AI*IA* (pp. 264–273).

Cohen, J. D. (1997). Recursive hashing functions for n-grams. *ACM Transactions on Information Systems, 15*(3), 291–320.

Coles, A., Fox, M., Halsey, K., Long, D., & Smith, A. (2009). Managing concurrency in temporal planning using planner-scheduler interaction. *173*(1), 1–44.

Coles, A., Fox, M., Long, D., & Smith, A. (2008). A hybrid relaxed planning GraphLP heuristic for numeric planning domains. In *ICAPS* (pp. 52–59).

Cook, S. A. (1971). The complexity of theorem-proving procedures. In *STOC* (pp. 151–158).

Cook, D. J., & Varnell, R. C. (1998). Adaptive parallel iterative deepening A*. *Journal of Artificial Intelligence Research, 9*, 136–166.

Cooperman, G., & Finkelstein, L. (1992). New methods for using Cayley graphs in interconnection networks. *Discrete Applied Mathematics, 37/38*, 95–118.

Cormen, T. H., Leiserson, C. E., & Rivest, R. L. (1990). *Introduction to Algorithms*. MIT Press.

Corradini, A., Montanari, U., Rossi, F., Ehrig, H., Heckel, R., & Löwe, M. (1997). Algebraic approaches to graph transformation I: Basic concepts and double pushout approach. In G. Rozenberg (Ed.), *Handbook of Graph Grammars and Computing by Graph Transformation* (Vol. 1, chap. 3). Foundations. World Scientific.

Coulom, R. (2006). Efficient selectivity and backup operators in Monte-Carlo tree search. In *CG* (pp. 72–83).

Cox, I. (1997). Blanche—An experiment in guidance and navigation of an autonomous robot vehicle. *SIAM Journal on Computing, 26*(1), 110–137.

Crauser, A. (2001). *External memory algorithms and data structures in theory and practice*. PhD thesis, MPI-Informatik, Universität des Saarlandes.

Culberson, J. C. (1998a). Sokoban is PSPACE-complete. In *FUN* (pp. 65–76).

Culberson, J. C. (1998b). On the futility of blind search: An algorithmic view of no free lunch. *Evolutionary Computing, 6*(2), 109–127.

Culberson, J. C., & Schaeffer, J. (1998). Pattern databases. *Computational Intelligence, 14*(4), 318–334.

Cung, V.-D., & LeCun, B. (1994). A suitable data structure for parallel A*. Technical Report 2165, INRIA, France.

Cushing, W., Kambhampati, S., Mausam, & Weld, D. S. (2007). When is temporal planning really temporal? In *IJCAI* (pp. 1852–1859).

Dakin, R. J. (1965). A tree-search algorithm for mixed integer programming problems. *The Computer Journal, 8*, 250–255.

Dantsin, E., Goerdt, A., Hirsch, E. A., & Schöning, U. (2000). Deterministic *k*-SAT algorithms based on covering codes and local search. In *ICALP* (pp. 236–247).

Davidson, A. (2001). A fast pruning algorithm for optimal sequence alignment. In *Symposium on Bioinformatics and Bioengineering* (pp. 49–56).

Davis, H. W. (1990). Cost-error relationship in A*. *Journal of the ACM, 37*(2), 195–199.

Dayhoff, M. O., Schwartz, R. M., & Orcutt, B. C. (1978). A model of evolutionary change in proteins. *Atlas of Protein Sequences and Structures, 5*.

Dean, T. L., & Boddy, M. (1988). An analysis of time-dependent planning. In *AAAI*.

Dean, T. L., Kaelbling, L., Kirman, J., & Nicholson, A. (1995). Planning under time constraints in stochastic domains. *Artificial Intelligence, 76*(1–2), 35–74.

Dearden, R. (2001). Structured prioritised sweeping. In *ICML* (pp. 82–89).

DeChampeaux, D., & Sint, H. J. (1977). An improved bi-directional heuristic search algorithm. *Journal of the ACM, 24*(2), 177–191.

Dechter, R. (1999). Bucket elimination: A unifying framework for reasoning. *Artificial Intelligence*, 41–85.

Dechter, R. (2004). *Constraint Processing*. Morgan Kaufmann.

Dechter, R., & Pearl, J. (1983). The optimality of A* revisited. In *AAAI* (pp. 59–99).

DeGiacomo, G., & Vardi, M. Y. (1999). Automata-theoretic approach to planning for temporally extended goals. In *ECP* (pp. 226–238).

Delort, C., & Spanjaard, O. (2010). Using bound sets in multiobjective optimization: Application to the biobjective binary knapsack problem. In *SEA* (pp. 253–265).

Demaine, E. D., Demaine, M. L., & O'Rourke, J. (2000). PushPush and Push-1 are NP-hard in 2D. In *Canadian Conference on Computational Geometry* (pp. 211–219).

Dementiev, R., Kettner, L., Mehnert, J., & Sanders, P. (2004). Engineering a sorted list data structure for 32-bit key. In *ALENEX/ANALC* (pp. 142–151).

Dementiev, R., Kettner, L., & Sanders, P. (2005). STXXL: Standard template library for XXL data sets. In *ESA* (pp. 640–651).

Demmer, M. J., & Herlihy, M. (1998). The arrow distributed directory protocol. In *DISC* (pp. 119–133).

Deng, X., Kameda, T., & Papadimitriou, C. (1998). How to learn an unknown environment I: The rectilinear case. *Journal of the ACM, 45*(2), 215–245.

Deng, X., & Papadimitriou, C. (1990). Exploring an unknown graph. In *FOCS* (pp. 355–361).

Deo, N., & Pang, C. (1984). Shortest path algorithms: Taxonomy and annotations. *IEEE Transactions on Systems Science and Cybernetics, 14*, 257–323.

Dial, R. B. (1969). Shortest-path forest with topological ordering. *Communications of the ACM, 12*(11), 632–633.

Dietterich, T. G. (2000). Hierarchical reinforcement learning with the maxq value function decomposition. *Journal of Artificial Intelligence Research, 13*, 227–303.

Dietzfelbinger, M., Karlin, A., Mehlhorn, K., Meyer auf der Heide, F., Rohnert, H., & Tarjan, R. E. (1994). Dynamic perfect hashing: Upper and lower bounds. *SIAM Journal of Computing, 23*, 738–761.

Dijkstra, E. W. (1959). A note on two problems in connexion with graphs. *Numerische Mathematik, 1*, 269–271.

Dijkstra, E. W., & Scholten, C. S. (1979). Termination detection for diffusing computations. *Information Processing Letters, 11*(1), 1–4.

Diligenty, M., Coetzee, F., Lawrence, S., Giles, C. M., & Gori, M. (2000). Focused crawling using context graphs. In *International Conference on Very Large Databases* (pp. 527–534).

Dillenburg, J. F. (1993). *Techniques for improving the efficiency of heuristic search*. PhD thesis, University of Illinois at Chicago.

Dillenburg, J. F., & Nelson, P. C. (1994). Perimeter search. *Artificial Intelligence, 65*(1), 165–178.

Dinh, H. T., Russell, A., & Su, Y. (2007). On the value of good advice: The complexity of A* search with accurate heuristics. In *AAAI* (pp. 1140–1145).

Do, M. B., & Kambhampati, S. (2003). Sapa: A multi-objective metric temporal planner. 20, 155–194.

Doran, J., & Michie, D. (1966). Experiments with the graph traverser program. In *Proceedings of the Royal Society of London* (Vol. 294, pp. 235–259).

Dorigo, M., Gambardella, L. M., Middendorf, M., & Stützle, T. (Eds.). (2002). *IEEE Transactions on Evolutionary Computation: Special Issue on Ant Algorithms and Swarm Intelligence*.

Dorigo, M., Maniezzo, V., & Colorni, A. (1996). The ant system: Optimization by a colony of cooperating agents. *IEEE Transactions on Systems, Man and Cybernetics, 26*(1), 29–41.

Dorigo, M., & Stützle, T. (Eds.). (2004). *Ant Colony Optimization*. MIT Press.

Dow, P. A., & Korf, R. E. (2007). Best-first search for treewidth. In *AAAI* (pp. 1146–1151).

Dräger, K., Finkbeiner, B., & Podelski, A. (2009). Directed model checking with distance-preserving abstractions. *International Journal on Software Tools for Technology Transfer, 11*(1), 27–37.

Driscoll, J. R., Gabow, H. N., Shrairman, R., & Tarjan, R. E. (1988). Relaxed heaps: An alternative to fibonacci heaps with applications to parallel computation. *Communications of the ACM, 31*(11).

Droste, S., Jansen, T., & Wegener, I. (1999). Possibly not a free lunch but at least a free appetizer. In *GECCO* (pp. 833–839).

Droste, S., Jansen, T., & Wegener, I. (2002). Optimization with randomized search heuristics—The (A)NFL theorem, realistic scenarios, and difficult functions. *Theoretical Computer Science, 287*, 131–144.

Dudek, G., Romanik, K., & Whitesides, S. (1995). Localizing a robot with minimum travel. In *SODA* (pp. 437–446).

Dudek, G., Romanik, K., & Whitesides, S. (1998). Localizing a robot with minimum travel. *Journal on Computing, 27*(2), 583–604.

Duran, M. A., & Grossmann, I. E. (1986). An outer approximation algorithm for a class of mixed-integer nonlinear programs. *Mathematical Programming, 36*, 306–307.

Dutt, S., & Mahapatra, N. R. (1994). Scalable load balancing strategies for parallel A* algorithms. *Journal of Parallel and Distributed Computing, 22*(3), 488–505.

Dutt, S., & Mahapatra, N. R. (1997). Scalable global and local hashing strategies for duplicate pruning in parallel A* graph search. *IEEE Transactions on Parallel and Distributed Systems, 8*(7), 738–756.

Dutton, R. D. (1993). Weak-heap sort. *BIT, 33*, 372–381.

Eckerle, J. (1998). *Heuristische Suche unter Speicherbeschränkungen*. PhD thesis, University of Freiburg.

Eckerle, J., & Lais, T. (1998). Limits and possibilities of sequential hashing with supertrace. In *FORTE/PSTV*. Kluwer.

Eckerle, J., & Ottmann, T. A. (1994). An efficient data structure for the bidirectional search. In *ECAI* (pp. 600–604).

Eckerle, J., & Schuierer, S. (1995). Efficient memory-limited graph search. In *KI* (pp. 101–112).

Edelkamp, S. (1997). Suffix tree automata in state space search. In *KI* (pp. 381–385).

Edelkamp, S. (1998a). Updating shortest paths. In *ECAI* (pp. 655–659).

Edelkamp, S. (1998b). *Datenstrukturen and lernverfahren in der zustandsraumsuche*. PhD thesis, University of Freiburg.

Edelkamp, S. (2001a). Planning with pattern databases. In *ECP* (pp. 13–24).

Edelkamp, S. (2001b). Prediction of regular search tree growth by spectral analysis. In *KI* (pp. 154–168).

Edelkamp, S. (2002). Symbolic pattern databases in heuristic search planning. In *AIPS* (pp. 274–293).

Edelkamp, S. (2003a). Memory limitation in artificial intelligence. In P. Sanders, U. Meyer, & J. F. Sibeyn (Eds.), *Memory Hierarchies* (pp. 233–250).

Edelkamp, S. (2003b). Promela planning. In *SPIN* (pp. 197–212).

Edelkamp, S. (2003c). Taming numbers and durations in the model checking integrated planning system. *Journal of Artificial Research, 20*, 195–238.

Edelkamp, S. (2004). Generalizing the relaxed planning heuristic to non-linear tasks. In *KI* (pp. 198–212).

Edelkamp, S. (2005). External symbolic heuristic search with pattern databases. In *ICAPS* (pp. 51–60).

Edelkamp, S. (2006). On the compilation of plan constraints and preferences. In *ICAPS* (pp. 374–377).

Edelkamp, S. (2007). Automated creation of pattern database search heuristics. In *MOCHART* (pp. 35–50).

Edelkamp, S., & Eckerle, J. (1997). New strategies in real-time heuristic search. In S. Koenig, A. Blum, T. Ishida, & R. E. Korf (Eds.), *AAAI Workshop on Online Search* (pp. 30–35).

Edelkamp, S., & Helmert, M. (2001). The model checking integrated planning system MIPS. *AI-Magazine* (pp. 67–71).

Edelkamp, S., & Jabbar, S. (2005). Action planning for graph transition systems. In *ICAPS, Workshop on Verification and Validation of Model-Based Planning and Scheduling Systems* (pp. 58–66).

Edelkamp, S., & Jabbar, S. (2006a). Action planning for directed model checking of Petri nets. *ENTCS, 149*(2), 3–18.

Edelkamp, S., & Jabbar, S. (2006b). Externalizing real-time model checking. In *MOCHART* (pp. 67–83).

Edelkamp, S., & Jabbar, S. (2006c). Large-scale directed model checking LTL. In *SPIN* (pp. 1–18).

Edelkamp, S., Jabbar, S., & Bonet, B. (2007). External memory value iteration. In *ICAPS* (pp. 414–429).

Edelkamp, S., Jabbar, S., & Lluch-Lafuente, A. (2005). Cost-algebraic heuristic search. In *AAAI* (pp. 1362–1367).

Edelkamp, S., Jabbar, S., & Lluch-Lafuente, A. (2006). Heuristic search for the analysis of graph transition systems. In *ICGT* (pp. 414–429).

Edelkamp, S., Jabbar, S., & Schrödl, S. (2004a). External A*. In *KI* (pp. 233–250).

Edelkamp, S., Jabbar, S., & Sulewski, D. (2008a). Distributed verification of multi-threaded C++ programs. *ENTCS, 198*(1), 33–46.

Edelkamp, S., Jabbar, S., & Willhalm, T. (2003). Geometric travel planning. In *ITSC* (Vol. 2, pp. 964–969).

Edelkamp, S., & Kissmann, P. (2007). Externalizing the multiple sequence alignment problem with affine gap costs. In *KI* (pp. 444–447).

Edelkamp, S., & Kissmann, P. (2008a). Symbolic classification of general multi-player games. In *ECAI* (pp. 905–906).

Edelkamp, S., & Kissmann, P. (2008b). Symbolic classification of general two-player games. In *KI* (pp. 185–192).

Edelkamp, S., & Kissmann, P. (2008c). Limits and possibilities of BDDs in state space search. In *AAAI* (pp. 1452–1453).

Edelkamp, S., Kissmann, P., & Jabbar, S. (2008b). Scaling search with symbolic pattern databases. In *MOCHART* (pp. 49–64).

Edelkamp, S., & Korf, R. E. (1998). The branching factor of regular search spaces. In *AAAI* (pp. 299–304).

Edelkamp, S., Leue, S., & Lluch-Lafuente, A. (2004b). Directed explicit-state model checking in the validation of communication protocols. *International Journal on Software Tools for Technology Transfer*, 5(2–3), 247–267.

Edelkamp, S., Leue, S., & Lluch-Lafuente, A. (2004c). Partial order reduction and trail improvement in directed model checking. *International Journal on Software Tools for Technology Transfer*, 6(4), 277–301.

Edelkamp, S., & Leven, P. (2002). Directed automated theorem proving. In *LPAR* (pp. 145–159).

Edelkamp, S., & Lluch-Lafuente, A. (2004). Abstraction in directed model checking. In *ICAPS, Workshop on Connecting Planning Theory with Practice*.

Edelkamp, S., & Meyer, U. (2001). Theory and practice of time-space trade-offs in memory limited search. In *KI* (pp. 169–184).

Edelkamp, S., & Reffel, F. (1998). OBDDs in heuristic search. In *KI* (pp. 81–92).

Edelkamp, S., Sanders, P., & Simecek, P. (2008c). Semi-external LTL model checking. In *CAV* (pp. 530–542).

Edelkamp, S., & Schrödl, S. (2000). Localizing A*. In *AAAI* (pp. 885–890).

Edelkamp, S., & Stiegeler, P. (2002). Implementing HEAPSORT with $n \lg n - 0.9n$ and QUICKSORT with $n \lg n + 0.2n$ comparisons. *ACM Journal of Experimental Algorithmics*, 7(5).

Edelkamp, S., & Sulewski, D. (2008). Flash-efficient LTL model checking with minimal counterexamples. In *SEFM* (pp. 73–82).

Edelkamp, S., & Sulewski, D. (2010). Efficient probabilistic model checking on general purpose graphics processors. In *SPIN* (pp. 106–123).

Edelkamp, S., Sulewski, D., & Yücel, C. (2010a). GPU exploration of two-player games with perfect hash functions. In *SOCS* (pp. 23–30).

Edelkamp, S., Sulewski, D., & Yücel, C. (2010b). Perfect hashing for state space exploration on the GPU. In *ICAPS* (pp. 57–64).

Edelkamp, S., Sulewski, D., Barnat, J., Brim, L., & Simecek, P. (2011). Flash memory efficient LTL model checking. *Science of Computer Programming*, 76(2), 136–157.

Edelkamp, S., & Wegener, I. (2000). On the performance of WEAK-HEAPSORT. In *STACS* (pp. 254–266).

Elmasry, A. (2010). The violation heap: A relaxed fibonacci-like heap. In *COCOON* (pp. 479–488).

Elmasry, A., Jensen, C., & Katajainen, J. (2005). *Relaxed weak queues: An alternative to run-relaxed heaps*. Technical Report CPH STL 2005-2, Department of Computing, University of Copenhagen.

Elmasry, A., Jensen, C., & Katajainen, J. (2008a). Two new methods for constructing double-ended priority queues from priority queues. *Computing*, 83(4), 193–204.

Elmasry, J., Jensen, C., & Katajainen, J. (2008b). Multipartite priority queues. *ACM Transactions on Algorithms*, 5(1), 1–19.

Elmasry, A., Jensen, C., & Katajainen, J. (2008c). Two-tier relaxed heaps. *Acta Informatica, 45*(3), 193–210.

Engels, A., Feijs, L. M. G., & Mauw, S. (1997). Test generation for intelligent networks using model checking. In *TACAS* (pp. 384–398).

Eppstein, D. (1987). On the NP-completeness of cryptarithms. *SIGACT News, 18*(3), 38–40.

Eppstein, D., & Galil, Z. (1988). Parallel algorithmic techniques for compinatorial computation. *Annual Review of Computer Science, 3*, 233–283.

Ertico. (2002). Nextmap for transport telematics systems. Final Report, 06-2002.

Even, S., & Gazit, H. (1985). Updating distances in dynamic graphs. *Methods of Operations Research, 49*, 371-387.

Even, S., & Shiloach, Y. (1981). An on-line edge deletion problem. *Journal of the ACM, 28*(1), 1–4.

Evett, M., Hendler, J., Mahanti, A., & Nau, D. S. (1990). PRA*: A memory-limited heuristic search procedure for the connection machine. In *Frontiers in Massive Parallel Computation* (pp. 145–149).

Eyerich, P., Keller, T., & Helmert, M. (2010). High-quality policies for the Canadian traveler's problem. In *AAAI* (pp. 51–58).

Eyerich, P., Mattmüller, R., & Röger, G. (2009). Using the context-enhanced additive heuristic for temporal and numeric planning. In *ICAPS* (pp. 130–137).

Fabiani, P., & Meiller, Y. (2000). Planning with tokens: An approach between satisfaction and optimisation. In *PUK*.

Fadel, R., Jakobsen, K. V., Katajainen, J., & Teuhola, J. (1997). External heaps combined with effective buffering. In *Australasian Theory Symposium* (pp. 72–78).

Faigle, U., & Kern, W. (1992). Some convergence results for probabilistic tabu search. *Journal of Computing, 4*, 32–37.

Feige, U. (1996). A fast randomized LOGSPACE algorithm for graph connectivity. *Theoretical Computer Science, 169*(2), 147–160.

Feige, U. (1997). A spectrum of time-space tradeoffs for undirected $s - t$ connectivity. *Journal of Computer and System Sciences, 54*(2), 305–316.

Felner, A. (2001). *Improving search techniques and using them in different environments*. PhD thesis, Bar-Ilan University.

Felner, A., & Alder, A. (2005). Solving the 24 puzzle with instance dependent pattern databases. In *SARA* (pp. 248–260).

Felner, N. R., Korf, R. E., & Hanan, S. (2004a). Additive pattern database heuristics. *Journal of Artificial Intelligence Research, 22*, 279–318.

Felner, A., Meshulam, R., Holte, R. C., & Korf, R. E. (2004b). Compressing pattern databases. In *AAAI* (pp. 638–643).

Felner, A., Moldenhauer, C., Sturtevant, N. R., & Schaeffer, J. (2010). Single-frontier bidirectional search. In *AAAI*.

Felner, A., & Ofek, N. (2007). Combining perimeter search and pattern database abstractions. In *SARA* (pp. 414–429).

Felner, A., & Sturtevant, N. R. (2009). Abstraction-based heuristics with true distance computations. In *SARA*.

Felner, A., Shoshani, Y., Altshuler, Y., & Bruckstein, A. (2006). Multi-agent physical A* with large pheromones. *Autonomous Agents and Multi-Agent Systems, 12*(1), 3–34.

Felner, A., Zahavi, U., Schaeffer, J., & Holte, R. C. (2005). Dual lookups in pattern databases. In *IJCAI* (pp. 103–108).

Feng, Z., & Hansen, E. A. (2002). Symbolic heuristic search for factored Markov decision processes. In *AAAI* (pp. 714–719).

Feuerstein, E., & Marchetti-Spaccamela, A. (1993). Dynamic algorithms for shortest paths in planar graphs. *Theoretical Computer Science, 116*(2), 359–371.

Fikes, R. E., & Nilsson, N. J. (1971). Strips: A new approach to the application of theorem proving to problem solving. *Artificial Intelligence, 2,* 189–208.

Finnsson, H., & Björnsson, Y. (2008). Simulation-based approach to general game playing. In *AAAI* (pp. 1134–1139).

Fleischer, R., Romanik, K., Schuierer, S., & Trippen, G. (2001). Optimal robot localization in trees. *Information and Computation, 171,* 224–247.

Flinsenberg, I. C. M. (2004). *Route planning algorithms for car navigation*. PhD thesis, Technische Universiteit Eindhoven, Eindhoven, The Netherlands.

Forbus, K. D., & de Kleer, J. (1993). *Building Problem Solvers*. MIT Press.

Ford, L. R., & Fulkerson, D. R. (1962). *Flows in Networks*. Princeton University Press.

Forgy, C. L. (1982). Rete: A fast algorithm for the many pattern/many object pattern match problem. *Artificial Intelligence, 19,* 17–37.

Fotakis, D., Pagh, R., & Sanders, P. (2003). Space efficient hash tables with worst case constant access time. In *STACS* (pp. 271–282).

Foux, G., Heymann, M., & Bruckstein, A. (1993). Two-dimensional robot navigation among unknown stationary polygonal obstacles. *IEEE Transactions on Robotics and Automation, 9*(1), 96–102.

Fox, D., Burgard, W., & Thrun, S. (1998). Active Markov localization for mobile robots. *Robotics and Autonomous Systems, 25,* 195–207.

Fox, M., & Long, D. (1999). The detection and exploration of symmetry in planning problems. In *IJCAI* (pp. 956–961).

Fox, M., & Long, D. (2003). PDDL2.1: An extension to PDDL for expressing temporal planning domains. *Journal of Artificial Intelligence Research, 20,* 61–124.

Fox, M., Long, D., & Halsey, K. (2004). An investigation on the expressive power of PDDL2.1. In *ECAI* (pp. 586–590).

Franceschini, G., & Geffert, V. (2003). An in-place sorting with $o(n \lg n)$ comparisons and $o(n)$ moves. In *FOCS* (pp. 242–250).

Franciosa, P., Frigioni, D., & Giaccio, R. (2001). Semi-dynamic breadth-first search in digraphs. *Theoretical Computer Science, 250*(1–2), 201–217.

Frank, I., & Basin, D. (1998). Search in games with incomplete information: A case study using bridge card play. *Artificial Intelligence, 100,* 87–123.

Fredman, M. L., & Tarjan, R. E. (1987). Fibonacci heaps and their uses in improved network optimization algorithm. *Journal of the ACM, 34*(3), 596–615.

Fredman, M. L., Komlós, J., & Szemerédi, E. (1984). Storing a sparse table with $o(1)$ worst case access time. *Journal of the ACM, 3,* 538–544.

Fredman, M. L., Sedgewick, R., Sleator, D. D., & Tarjan, R. E. (1986). The pairing heap: A new form of self-adjusting heap. *Algorithmica, 1*(1), 111–129.

Fredriksson, K., Navarro, G., & Ukkonen, E. (2005). Sequential and indexed two-dimensional combinatorial template matching allowing rotations. *Theoretical Computer Science, 347*(1–2), 239–275.

Frigioni, D., Marchetti-Spaccamela, A., & Nanni, U. (1996). Fully dynamic output bounded single source shortest path problem. In *SODA* (pp. 212–221).

Frigioni, D., Marchetti-Spaccamela, A., & Nanni, U. (1998). Semidynamic algorithms for maintaining single source shortest path trees. *Algorithmica, 22*(3), 250–274.

Frigioni, D., Marchetti-Spaccamela, A., & Nanni, U. (2000). Fully dynamic algorithms for maintaining shortest paths trees. *Journal of Algorithms, 34*(2), 251–281.

Fuentetaja, R., Borrajo, D., & Linares López, C. (2008). A new approach to heuristic estimations for cost-based planning. In *FLAIRS* (pp. 543–548).

Furcy, D. (2004). *Speeding up the convergence of online heuristic search and scaling up offline heuristic search*. PhD thesis, Georgia Institute of Technology.

Furcy, D., Felner, A., Holte, R. C., Meshulam, R., & Newton, J. (2004). Multiple pattern databases. In *ICAPS* (pp. 122–131).

Furcy, D., & Koenig, S. (2000). Speeding up the convergence of real-time search. In *AAAI* (pp. 891–897). Furtak, T., Kiyomi, M., Uno, T., & Buro, M. (2005). Generalized Amazons is PSPACE-complete. In *IJCAI* (pp. 132–137).

Gabow, H. N., & Tarjan, R. E. (1989). Faster scaling algorithms for network problems. *SIAM Society for Industrial and Applied Mathematics, 18*(5), 1013–1036.

Galand, L., Perny, P., & Spanjaard, O. (2010). Choquet-based optimisation in multiobjective shortest path and spanning tree problems. *European Journal of Operational Research, 204*(2), 303–315.

Gambardella, L. M., & Dorigo, M. (1996). Solving symmetric and asymmetric tsps by ant colonies. In *Conference on Evolutionary Computation (IEEE-EC)* (pp. 20–22).

Garavel, H., Mateescu, R., & Smarandache, I. (2001). Parallel state space construction for model-checking. In *SPIN* (pp. 216–234).

Gardner, M. (1966). The problems of Mrs. Perkin's quilt and other square packing problems. *Scientific American, 215*(3), 59–70.

Garey, M. R., & Johnson, D. S. (1979). *Computers and Intractibility: A Guide to the Theory of NP-Completeness*. Freeman & Company.

Garey, M. R., Johnson, D. S., & Stockmeyer, L. (1974). Some simplified NP-complete problems. In *STOC* (pp. 47–63).

Gaschnig, J. (1979a). *Performance measurement and analysis of certain search Algorithms*. PhD thesis, Carnegie-Mellon University.

Gaschnig, J. (1979b). A problem similarity approach to devising heuristics: First results. In *IJCAI* (pp. 434–441).

Gaschnig, J. (1979c). *Performance Measurement and Analysis of Certain Search Algorithms*. PhD thesis, Department of Computer Science, Carnegie-Mellon University.

Gasser, R. (1995). *Harnessing computational resources for efficient exhaustive search*. PhD thesis, ETH Zürich.

Gates, W. H., & Papadimitriou, C. H. (1976). Bounds for sorting by prefix reversal. *Discrete Math.*, 27, 47–57.

Geffner, H. (2000). *Functional Strips: A More Flexible Language for Planning and Problem Solving* (pp. 188–209). Kluver.

Geisberger, R., & Schieferdecker, D. (2010). Heuristic contraction hierarchies with approximation guarantee. In *SOCS* (pp. 31–38).

Geldenhuys, J., & Valmari, A. (2003). A nearly memory optimal data structure for sets and mappings. In *SPIN* (pp. 236–150).

Gelly, S., & Silver, D. (2007). Combining online and offline knowledge in UCT. In *ICML* (Vol. 227, pp. 273–280).

Genesereth, M., & Nourbakhsh, I. (1993). Time-saving tips for problem solving with incomplete information. In *AAAI* (pp. 724–730).

Geoffrion, A. M. (1972). Generalized Benders decomposition. *Journal of Optimization Theory and Applications, 10*(4), 237–241.

Gerevini, A., & Long, D. (2005). *Plan constraints and preferences in PDDL3*. Technical Report, Department of Electronics for Automation, University of Brescia.

Gerevini, A., Saetti, A., & Serina, I. (2006). An approach to temporal planning and scheduling in domains with predictable exogenous events. *Journal of Artificial Intelligence Research, 25*, 187–231.

Ghiani, G., Guerriero, F., Laporte, G., & Musmanno, R. (2003). Real-time vehicle routing: Solution concepts, algorithms and parallel computing strategies. *European Journal of Operational Research, 151*, 1–11.

Ghosh, S., Mahanti, A., & Nau, D. S. (1994). ITS: An efficient limited-memory heuristic tree search algorithm. In *AAAI* (pp. 1353–1358).

Ginsberg, M. L. (1988). Knowledge-base reduction: A new approach to checking knowledge bases for inconsistency and redundancy. In *AAAI* (pp. 585–589).

Ginsberg, M. L. (1993). Dynamic backtracking. *Journal of Artificial Intelligence Research, 1*, 25–46.

Ginsberg, M. L. (1996). Partition search. In *AAAI* (pp. 228–233).

Ginsberg, M. L. (1999). Step toward an expert-level bridge-playing program. In *IJCAI* (pp. 584–589).

Ginsberg, M. L., & Harvey, W. (1992). Iterative broadening. *Artificial Intelligence, 55*, 367–383.

Godefroid, P. (1991). Using partial orders to improve automatic verification methods. In *CAV* (pp. 176–185).

Godefroid, P., & Khurshid, S. (2004). Exploring very large state spaces using genetic algorithms. *International Journal on Software Tools for Technology Transfer, 6*(2), 117–127.

Goetsch, G., & Campbell, M. S. (1990). Experiments with the null-move heuristic. In *Computers, Chess, and Cognition* (pp. 159–181).

Gooley, M. M., & Wah, B. W. (1990). Speculative search: An efficient search algorithm for limited memory. In *IEEE International Workshop on Tools with Artificial Intelligence* (pp. 194–200).

Gordon, M. (1987). HOL: A proof generating system for higher-order logic. In G. Birtwistle & P. A. Subrah-manyam (Eds.), *VLSI Specification, Verification, and Synthesis*. Kluwer.

Goto, S., & Sangiovanni-Vincentelli, A. (1978). A new shortest path updating algorithm. *Networks, 8*(4), 341–372.

Govindaraju, N. K., Gray, J., Kumar, R., & Manocha, D. (2006). GPUTeraSort: High performance graphics coprocessor sorting for large database management. In *SIGMOD* (pp. 325–336).

Graf, S., & Saidi, H. (1997). Construction of abstract state graphs with PVS. In *CAV* (pp. 72–83).

Groce, A., & Visser, W. (2002). Model checking Java programs using structural heuristics. In *ISSTA* (pp. 12–21).

Grumberg, O., Heyman, T., & Schuster, A. (2006). A work-efficient distributed algorithm for reachability analysis. *Formal Methods in System Design, 29*(2), 157–175.

Guibas, L., Motwani, R., & Raghavan, P. (1992). The robot localization problem in two dimensions. In *SODA* (pp. 259–268).

Guida, G., & Somalvico, M. (1979). A method for computing heuristics in problem solving. *Information and Computation, 19*, 251–259.

Günther, M., & Nissen, V. (2010). Particle swarm optimization and an agent-based algorithm for a problem of staff scheduling. In *EvoApplications (2)* (pp. 451–461).

Gupta, S., Kececioglu, J., & Schaffer, A. (1996). Improving the practical space and time efficiency of the shortest- paths approach to sum-of-pairs multiple sequence alignment. *Journal of Computational Biology*.

Gusfield, D. (1993). Efficient methods for multiple sequence alignment with guaranteed error bounds. *Bulletin of Mathematical Biology, 55*(1), 141–154.

Gusfield, D. (1997). *Algorithms on Strings, Trees, and Sequences: Computer Science and Computational Biology*. Cambridge University Press.

Gutmann, J., Fukuchi, M., & Fujita, M. (2005). Real-time path planning for humanoid robot navigation. In *IJCAI* (pp. 1232–1237).

Hachtel, G. D., & Somenzi, F. (1992). A symbolic algorithm for maximum network flow. *Methods in System Design, 10*, 207–219.

Hajek, J. (1978). Automatically verified data transfer protocols. In *International Computer Communications Conference* (pp. 749–756).

Han, C., & Lee, C. (1988). Comments on Mohr and Henderson's path consistency algorithm. *Artificial Intelligence, 36*, 125–130.

Hansen, E. A., Zhou, R., & Feng, Z. (2002). Symbolic heuristic search using decision diagrams. In *SARA* (pp. 83–98).

Hansen, E. A., & Zilberstein, S. (1998). Heuristic search in cyclic AND/OR graphs. In *AAAI* (pp. 412–418).

Hansen, E. A., & Zilberstein, S. (2001). LAO*: A heuristic search algorithm that finds solutions with loops. *Artificial Intelligence, 129*, 35–62.

Hansson, O., Mayer, A., & Valtorta, M. (1992). A new result on the complexity of heuristic estimates for the A* algorithm (research note). *Artificial Intelligence, 55*, 129–143.

Haralick, R. M., & Elliot, G. L. (1980). Increasing tree search efficiency for constraint satisfaction problems. *Artificial Intelligence, 14*, 263–314.

Harris, M., Sengupta, S., & Owens, J. D. (2007). Parallel prefix sum (scan) with CUDA. In H. Nguyen (Ed.), *GPU Gems 3* (pp. 851–876). Addison-Wesley.

Hart, P. E., Nilsson, N. J., & Raphael, B. (1968). A formal basis for heuristic determination of minimum path cost. *IEEE Transactions on on Systems Science and Cybernetics, 4*, 100–107.

Harvey, W. D. (1995). *Nonsystematic backtracking search*. PhD thesis, Stanford University.

Harvey, W. D., & Ginsberg, M. L. (1995). Limited discrepancy search. In *IJCAI* (pp. 607–613).

Haslum, P. (2006). Improving heuristics through relaxed search—An analysis of TP4 and HSP* a in the 2004 planning competition. *Journal of Artificial Intelligence Research, 25*, 233–267.

Haslum, P. (2009). hm(p) = h1(pm): Alternative characterisations of the generalisation from hmax to hm. In *ICAPS*.

Haslum, P., Bonet, B., & Geffner, H. (2005). New admissible heuristics for domain-independent planning. In *AAAI* (pp. 1163–1168).

Haslum, P., Botea, A., Helmert, M., Bonet, B., & Koenig, S. (2007). Domain-independent construction of pattern database heuristics for cost-optimal planning. In *AAAI* (pp. 1007–1012).

Haslum, P., & Geffner, H. (2000). Admissible heuristics for optimal planning. In *AIPS* (pp. 140–149).

Haslum, P., & Jonsson, P. (2000). Planning with reduced operator sets. In *AIPS* (pp. 150–158).

Haverkort, B. R., Bell, A., & Bohnenkamp, H. C. (1999). On the efficient sequential and distributed generation of very large

Markov chains from stochastic Petri nets. In *Workshop on Petri Net and Performance Models* (pp. 12–21). IEEE Computer Society Press.

Hawes, N. (2002). An anytime planning agent for computer game worlds. In *CG, Workshop on Agents in Computer Games*.

Hebert, M., McLachlan, R., & Chang, P. (1999). Experiments with driving modes for urban robots. In *Proceedings of the SPIE Mobile Robots*.

Heinz, E. A. (2000). *Scalable Search in Computer Chess*. Vierweg.

Heinz, A., & Hense, C. (1993). Bootstrap learning of alpha-beta-evaluation functions. In *ICCI* (pp. 365–369).

Helmert, M. (2002). Decidability and undecidability results for planning with numerical state variables. In *AIPS* (pp. 303–312).

Helmert, M. (2003). Complexity results for standard benchmark domains in planning. *Artificial Intelligence, 143*(2), 219–262.

Helmert, M. (2006a). New complexity results for classical planning benchmarks. In *ICAPS* (pp. 52–62).

Helmert, M. (2006b). The Fast Downward planning system. *Journal of Artificial Intelligence Research, 26*, 191–246.

Helmert, M., & Domshlak, C. (2009). Landmarks, critical paths and abstractions: What's the difference anyway? In *ICAPS* (pp. 162–169).

Helmert, M., & Geffner, H. (2008). Unifying the causal graph and additive heuristics. In *ICAPS* (pp. 140–147).

Helmert, M., Haslum, P., & Hoffmann, J. (2007). Flexible abstraction heuristics for optimal sequential planning. In *ICAPS* (pp. 176–183).

Helmert, M., Mattmüller, R., & Röger, G. (2006). Approximation properties of planning benchmarks. In *ECAI* (pp. 585–589).

Helmert, M., & Röger, G. (2008). How good is almost perfect? In *AAAI* (pp. 944–949).

Helmert, M., & Röger, G. (2010). Relative-order abstractions for the pancake problem. In *ECAI* (pp. 745–750).

Henrich, D., Wurll, Ch., & Wörn, H. (1998). Multi-directional search with goal switching for robot path planning. In *IEA/AIE* (pp. 75–84).

Henzinger, T. A., Kopke, P. W., Puri, A., & Varaiya, P. (1995). What's decidable about hybrid automata? In *STOC* (pp. 373–381).

Hernádvölgyi, I. T. (2000). Using pattern databases to find macro operators. In *AAAI* (p. 1075).

Hernádvölgyi, I. T. (2003). *Automatically generated lower bounds for search*. PhD thesis, University of Ottawa.

Hernádvögyi, I. T., & Holte, R. C. (1999). *PSVN*: A vector representation for production systems. Technical Report 99-04, University of Ottawa.

Hernández, C., & Meseguer, P. (2005). LRTA*(k). In *IJCAI* (pp. 1238–1243).

Hernández, C., & Meseguer, P. (2007a). Improving HLRTA*(k). In *CAEPIA* (pp. 110–119).

Hernández, C., & Meseguer, P. (2007b). Improving LRTA*(k). In *IJCAI* (pp. 2312–2317).

Hickmott, S., Rintanen, J., Thiebaux, S., & White, L. (2006). Planning via Petri net unfolding. In *IJCAI* (pp. 1904–1911).

Hirschberg, D. S. (1975). A linear space algorithm for computing common subsequences. *Communications of the ACM, 18*(6), 341–343.

Hoey, J., St-Aubin, R., Hu, A., & Boutilier, C. (1999). SPUDD: Stochastic planning using decision diagrams. In *UAI* (pp. 279–288).

Hoffman, F., Icking, C., Klein, R., & Kriegel, K. (1997). A competitive strategy for learning a polygon. In *SODA* (pp. 166–174).

Hoffmann, J. (2001). Local search topology in planning benchmarks: An empirical analysis. In *IJCAI* (pp. 453–458).

Hoffmann, J. (2003). The Metric FF planning system: Translating "ignoring the delete list" to numerical state variables. *Journal of Artificial Intelligence Research, 20*, 291–341.

Hoffmann, J., & Edelkamp, S. (2005). The deterministic part of IPC-4: An overview. *Journal of Artificial Intelligence Research, 24*, 519–579.

Hoffmann, J., Edelkamp, S., Thiebaux, S., Englert, R., Liporace, F., & Trüg, S. (2006). Engineering realistic bench-marks for planning: The domains used in the deterministic part of IPC-4. *Journal of Artificial Intelligence Research*, Submitted.

Hoffmann, J., & Koehler, J. (1999). A new method to query and index sets. In *IJCAI* (pp. 462–467).

Hoffmann, J., & Nebel, B. (2001). Fast plan generation through heuristic search. *Journal of Artificial Intelligence Research, 14*, 253–302.

Hoffmann, J., Porteous, J., & Sebastia, L. (2004). Ordered landmarks in planning. *Journal of Artificial Intelligence Research, 22*, 215–278.

Hofmeister, T. (2003). An approximation algorithm MAX2SAT with cardinality constraints. In *ESA* (pp. 301–312).

Hofmeister, T., Schöning, U., Schuler, R., & Watanabe, O. (2002). A probabilistic 3-SAT algorithm further improved. In *STACS* (pp. 192–202).

Holland, J. (1975). *Adaption in natural and artificial systems*. PhD thesis, University of Michigan.

Holmberg, K. (1990). On the convergence of the cross decomposition. *Mathematical Programming, 47*, 269–316.

Holte, R. C. (2009). Common misconceptions concerning heuristic search. In *SOCS* (pp. 46–51).

Holte, R. C., & Hernádvölgyi, I. T. (1999). A space-time tradeoff for memory-based heuristics. In *AAAI* (pp. 704–709).

Holte, R. C., Grajkowski, J., & Tanner, B. (2005). Hierarchical heuristic search revisited. In *SARA* (pp. 121–133).

Holte, R. C., Perez, M. B., Zimmer, R. M., & Donald, A. J. (1996). Hierarchical A*: Searching abstraction hierarchies. In *AAAI* (pp. 530–535).

Holzer, M., & Schwoon, S. (2001). *Assembling molecules in Atomix is hard*. Technical Report 0101, Institut für Informatik, Technische Universität München.

Holzmann, G. J. (1997). State compression in SPIN. In *3rd Workshop on Software Model Checking*.

Holzmann, G. J. (1998). An analysis of bitstate hashing. *Formal Methods in System Design, 13*(3), 287–305.

Holzmann, G. J. (2004). *The Spin Model Checker: Primer and Reference Manual*. Addison-Wesley.

Holzmann, G. J., & Bosnacki, D. (2007). The design of a multicore extension of the SPIN model checker. *IEEE Transactions on Software Engineering, 33*(10), 659–674.

Holzmann, G. J., & Puri, A. (1999). A minimized automaton representation of reachable states. *International Journal on Software Tools for Technology Transfer, 2*(3), 270–278.

Hoos, H., & Stützle, T. (1999). Towards a characterisation of the behaviour of stochastic local search algorithms for SAT. *Artificial Intelligence, 112*, 213–232.

Hoos, H. H., & Stützle, T. (2004). *Stochastic Local Search: Foundations & Applications*. Morgan Kaufmann.

Hopcroft, J. E., & Ullman, J. D. (1979). *Introduction to Automata Theory, Languages and Computation*. Addison-Wesley.

Horowitz, E., & Sahni, S. (1974). Computing partitions with applications to the knapsack problem. *Journal of the ACM,*

21(2), 277–292.

Hsu, E., & McIlraith, S. (2010). Computing equivalent transformations for applying branch-and-bound search to MAXSAT. In *SOCS* (pp. 111–118).

Hüffner, F., Edelkamp, S., Fernau, H., & Niedermeier, R. (2001). Finding optimal solutions to Atomix. In *KI* (pp. 229–243).

Huyn, N., Dechter, R., & Pearl, J. (1980). Probabilistic analysis of the complexity of A*. *Artificial Intelligence, 15*, 241–254.

Ibaraki, T. (1978). m-depth serach in branch-and-bound algorithms. *Computer and Information Sciences, 7*(4), 315–373.

Ibaraki, T. (1986). Generalization of alpha-beta and SSS* search procedures. *Artificial Intelligence, 29*, 73–117.

Icking, C., Klein, R., & Langetepe, E. (1999). An optimal competitive strategy for walking in streets. In *STACS* (pp. 110–120).

Ikeda, T., & Imai, T. (1994). A fast A* algorithm for multiple sequence alignment. *Genome Informatics Workshop* (pp. 90–99).

Inggs, C., & Barringer, H. (2006). CTL* model checking on a shared memory architecture. *Formal Methods in System Design, 29*(2), 135–155.

Ishida, T. (1992). Moving target search with intelligence. In *AAAI* (pp. 525–532).

Ishida, T. (1997). *Real-Time Search for Learning Autonomous Agents*. Kluwer Academic Publishers.

Italiano, G. (1988). Finding paths and deleting edges in directed acyclic graphs. *Information Processing Letters, 28*(1), 5–11.

Jabbar, S. (2003). *GPS-based navigation in static and dynamic environments*. Master's thesis, University of Freiburg.

Jabbar, S. (2008). *External memory algorithms for state space exploration in model checking and action planning*. PhD thesis, Technical University of Dortmund.

Jabbar, S., & Edelkamp, S. (2005). I/O efficient directed model checking. In *VMCAI*. (pp. 313–329).

Jabbar, S., & Edelkamp, S. (2006). Parallel external directed model checking with linear I/O. In *VMCAI* (pp. 237–251).

Jabbari, S., Zilles, S., & Holte, R. C. (2010). Bootstrap learning of heuristic functions. In *SOCS* (pp. 52–60).

Jájá, J. (1992). *An Introduction to Parallel Algorithms*. Addision Wesley.

Jaychandran, G., Vishal, V., & Pande, V. S. (2006). Using massively parallel simulations and Markovian models to study protein folding: Examining the Villin head-piece. *Journal of Chemical Physics, 124*(6), 164903–14.

Jensen, R. M. (2003). *Efficient BDD-based planning for non-deterministic, fault-tolerant, and adversarial domains*. PhD thesis, Carnegie-Mellon University.

Jensen, R. M., Bryant, R. E., & Veloso, M. M. (2002). Set A*: An efficient BDD-based heuristic search algorithm. In *AAAI* (pp. 668–673).

Jensen, R. M., Hansen, E. A., Richards, S., & Zhou, R. (2006). Memory-efficient symbolic heuristic search. In *ICAPS* (pp. 304–313).

Johnson, D. S. (1977). Efficient algorithms for shortest paths in sparse networks. *Journal of the ACM, 24*(1), 1–13.

Jones, D. T., Taylor, W. R., & Thornton, J. M. (1992). The rapid generation of mutation data matrices from protein sequences. *CABIOS, 3*, 275–282.

Junghanns, A. (1999). *Pushing the limits: New developments in single-agent search*. PhD thesis, University of Alberta.

Junghanns, A., & Schaeffer, J. (1998). Single agent search in the presence of deadlocks. In *AAAI* (pp. 419–424).

Junghanns, A., & Schaeffer, J. (2001). Sokoban: Improving the search with relevance cuts. *Theoretical Computing Science, 252*(1–2), 151–175.

Kabanza, F., & Thiebaux, S. (2005). Search control in planing for termporally extended goals. In *ICAPS* (pp. 130– 139).

Kaindl, H., & Kainz, G. (1997). Bidirectional heuristic search reconsidered. *Journal of Artificial Intelligence Research, 7*, 283–317.

Kaindl, H., & Khorsand, A. (1994). Memory-bounded bidirectional search. In *AAAI* (pp. 1359–1364).

Kale, L., & Saletore, V. A. (1990). Parallel state-space search for a first solution with consistent linear speedups. *International Journal of Parallel Programming, 19*(4), 251–293.

Kaplan, H., Shafrir, N., & Tarjan, R. E. (2002). Meldable heaps and boolean union-find. In *STOC* (pp. 573–582).

Karmarkar, N., & Karp, R. M. (1982). *The differencing method of set partitioning*. Technical Report UCB/CSD 82/113, Computer Science Division, University of California, Berkeley.

Karp, R. M., & Rabin, M. O. (1987). Efficient randomized pattern-matching algorithms. *IBM Journal of Research and Development, 31*(2), 249–260.

Kask, K., & Dechter, R. (1999). Branch and bound with mini-bucket heuristics. In *IJCAI* (pp. 426–435).

Katajainen, J., & Vitale, F. (2003). Navigation piles with applications to sorting, priority queues, and priority deques. *Nordic Journal of Computing, 10*(3), 238–262.

Katz, M., & Domshlak, C. (2009). Structural-pattern databases. In *ICAPS* (pp. 186–193).

Kautz, H., & Selman, B. (1996). Pushing the envelope: Planning propositional logic, and stochastic search. In *ECAI* (pp. 1194–1201).

Kavraki, L., Svestka, P., Latombe, J.-C., & Overmars, M. (1996). Probabilistic roadmaps for path planning in high-dimensional configuration spaces. *IEEE Transactions on Robotics and Automation, 12*(4), 566–580.

Keller, T., & Kupferschmid, S. (2008). Automatic bidding for the game of Skat. In *KI* (pp. 95–102).

Kennedy, J., & Eberhart, R. C. Particle swarm optimization. In *IEEE International Conference on Neural Networks* (Vol. IV, pp. 1942–1948).

Kennedy, J., Eberhart, R. C., & Shi, Y. (2001). *Swarm Intelligence*. Morgan Kaufmann.

Kerjean, S., Kabanza, F., St-Denis, R., & Thiebaux, S. (2005). Analyzing LTL model checking techniques for plan synthesis and controller synthesis. In *MOCHART*.

Kilby, P., Slaney, J., Thiebaux, S., & Walsh, T. (2005). Backbones and backdoors in satisfiability. In *AAAI* (pp. 1368–1373).

Kirkpatrick, S., Gelatt Jr., C. D., & Vecchi, M. P. (1983). Optimization by simulated annealing. *Science, 220*, 671–680.

Kishimoto, A. (1999). *Transposition table driven scheduling for two-player games*. Master's thesis, University of Alberta.

Kishimoto, A., Fukunaga, A., & Botea, A. On the scaling behavior of HDA*. In *SOCS* (pp. 61–62).

Kishimoto, A., Fukunaga, A. S., & Botea, A. (2009). Scalable, parallel best-first search for optimal sequential planning. In *ICAPS* (pp. 201–208).

Kissmann, P., & Edelkamp, S. (2010a). Instantiating general games using Prolog or dependency graphs. In *KI* (pp. 255–262).

Kissmann, P., & Edelkamp, S. (2010b). Layer-abstraction for symbolically solving general two-player games. In *SOCS*.

Kleer, J., & Williams, B. C. (1987). Diagnosing multiple faults. *Artificial Intelligence* (pp. 1340–1330).

Klein, D., & Manning, C. (2003). A* parsing: Fast exact Viterbi parse selection. In *North American chapter of the association for computational linguistics* (pp. 40–47).

Klein, P., & Subramanian, S. (1993). Fully dynamic approximation schemes for shortest path problems in planar graphs. In

WADS (pp. 443–451).

Kleinberg, J. (1994). The localization problem for mobile robots. In *Proceedings of the Symposium on Foundations of Computer Science* (pp. 521–533).

Knight, K. (1993). Are many reactive agents better than a few deliberative ones? In *IJCAI* (pp. 432–437).

Knoblock, C. A. (1994). Automatically generating abstractions for planning. *Artificial Intelligence, 68*(2), 243–302.

Knuth, D. E., Morris, J. H., & Prat, V. R. (1977). Fast pattern matching in strings. *Journal of Computing, 6*(1), 323–350.

Knuth, D. E., & Plass, M. F. (1981). Breaking paragraphs into lines. *Software—Practice and Experience, 11*, 1119–1184.

Kobayashi, H., & Imai, H. (1998). Improvement of the A* algorithm for multiple sequence alignment. *Genome Informatics* (pp. 120–130).

Kocsis, L., & Szepesvári, C. (2006). Bandit based Monte-Carlo planning. In *ICML* (pp. 282–293).

Koenig, S. (2001a). Minimax real-time heuristic search. *Artificial Intelligence, 129*(1–2), 165–197.

Koenig, S. (2001b). Agent-centered search. *AI Magazine, 22*(4), 109–131.

Koenig, S. (2004). A comparison of fast search methods for real-time situated agents. In *AAMAS* (pp. 864–871).

Koenig, S., & Likhachev, M. (2003). D* lite. In *AAAI* (pp. 476–483).

Koenig, S., & Likhachev, M. (2005). Fast replanning for navigation in unknown terrain. *Transactions on Robotics*.

Koenig, S., & Likhachev, M. (2006). Real-time adaptive A*. In *AAMAS* (pp. 281–288).

Koenig, S., Likhachev, M., Liu, Y., & Furcy, D. (2004). Incremental heuristic search in artificial intelligence. *AI Magazine, 24*(2), 99–112.

Koenig, S., Mitchell, J., Mudgal, A., & Tovey, C. (2009). A near-tight approximation algorithm for the robot localization problem. *Journal on Computing, 39*(2), 461–490.

Koenig, S., & Simmons, R.G. (1993). Complexity analysis of real-time reinforcement learning. In *AAAI* (pp. 99–105).

Koenig, S., & Simmons, R. G. (1995). Real-time search in non-deterministic domains. In *IJCAI* (pp. 1660–1667).

Koenig, S., & Simmons, R. G. (1996a). The effect of representation and knowledge on goal-directed exploration with reinforcement-learning algorithms. *Machine Learning, 22*(1/3), 227–250.

Koenig, S., & Simmons, R. G. (1996b). Easy and hard testbeds for real-time search algorithms. In *AAAI* (pp. 279–285).

Koenig, S., & Simmons, R. (1998a). Xavier: A robot navigation architecture based on partially observable Markov decision process models. In R. Bonasso, D. Kortenkamp, & R. Murphy (Eds.), *Artificial Intelligence Based Mobile Robotics: Case Studies of Successful Robot Systems* (pp. 91–122). MIT Press.

Koenig, S., & Simmons, R. G. (1998b). Solving robot navigation problems with initial pose uncertainty using real-time heuristic search. In *AIPS* (pp. 145–153).

Koenig, S., Smirnov, Y., & Tovey, C. (2003). Performance bounds for planning in unknown terrain. *Artificial Intelligence, 147*(1–2), 253–279.

Koenig, S., & Szymanski, B. (1999). Value-update rules for real-time search. In *AAAI* (pp. 718–724).

Koenig, S., Szymanski, B., & Liu, Y. (2001). Efficient and inefficient ant coverage methods. *Annals of Mathematics and Artificial Intelligence, 31*, 41–76.

Koenig, S., Tovey, C., & Halliburton, W. (2001). Greedy mapping of terrain. In *ICRA* (pp. 3594–3599).

Kohavi, Z. (1978). *Switching and Finite Automata Theory* (2nd ed.). McGraw-Hill.

Kohn, K. (1999). Molecular interaction map of the mammalian cell cycle control and DNA repair systems. *Molecular*

Biology of the Cell, 10(8), 2703–2734.

Korf, R. E. (1985a). Depth-first iterative-deepening: An optimal admissible tree search. *Artificial Intelligence, 27* (1), 97–109.

Korf, R. E. (1985b). Macro-operators: A weak method for learning. *Artificial Intelligence, 26*, 35–77.

Korf, R. E. (1990). Real-time heuristic search. *Artificial Intelligence, 42*(2–3), 189–211.

Korf, R. E. (1991). Multiplayer alpha-beta pruning. *Artificial Intelligence, 48*(1), 99–111.

Korf, R. E. (1993). Linear-space best-first search. *Artificial Intelligence, 62*, 41–78.

Korf, R. E. (1996). Improved limited discrepancy search. In *IJCAI* (pp. 286–291).

Korf, R. E. (1997). Finding optimal solutions to Rubik's Cube using pattern databases. In *AAAI* (pp. 700–705).

Korf, R. E. (1998). A complete anytime algorithm for number partitioning. *Artificial Intelligence, 106*, 181–203.

Korf, R. E. (1999). Divide-and-conquer bidirectional search: First results. In *IJCAI* (pp. 1184–1191).

Korf, R. E. (2002). A new algorithm for optimal bin packing. In *AAAI* (pp. 731–736).

Korf, R. E. (2003a). Breadth-first frontier search with delayed duplicate detection. In *MOCHART* (pp. 87–92).

Korf, R. E. (2003b). An improved algorithm for optimal bin packing. In *IJCAI* (pp. 1252–1258).

Korf, R. E. (2003c). Optimal rectangle packing: Initial results. In *ICAPS* (pp. 287–295).

Korf, R. E. (2004a). Best-first frontier search with delayed duplicate detection. In *AAAI* (pp. 650–657).

Korf, R. E. (2004b). Optimal rectangle packing: New results. In *ICAPS* (pp. 142–149).

Korf, R. E. (2008). Minimizing disk I/O in two-bit breadth-first search. In *AAAI* (pp. 317–324).

Korf, R. E. (2009). Multi-way number partitioning. In *IJCAI* (pp. 538–543).

Korf, R. E. (2010). Objective functions multi-way number partitioning. In *SOCS* (pp. 71–72).

Korf, R. E., & Chickering, D. M. (1994). Best-first minimax search: Othello results. In *AAAI* (Vol. 2, pp. 1365 – 1370).

Korf, R. E., & Felner, A. (2002). Disjoint pattern database heuristics. In *Chips Challenging Champions: Games, Computers and Artificial Intelligence* (pp. 13–26). Elsevier Sience.

Korf, R. E., & Felner, A. (2007). Recent progress in heuristic search: A case study of the four-peg towers of hanoi problem. In *IJCAI* (pp. 2324–2329).

Korf, R. E., & Reid, M. (1998). Complexity analysis of admissible heuristic search. In *AAAI* (pp. 305–310).

Korf, R. E., Reid, M., & Edelkamp, S. (2001). Time complexity of Iterative-Deepening-A*. *Artificial Intelligence, 129*(1–2), 199–218.

Korf, R. E., & Schultze, T. (2005). Large-scale parallel breadth-first search. In *AAAI* (pp. 1380–1385).

Korf, R. E., & Taylor, L. A. (1996). Finding optimal solutions to the twenty-four puzzle. In *AAAI* (pp. 1202–1207).

Korf, R. E., & Zhang, W. (2000). Divide-and-conquer frontier search applied to optimal sequence alignment. In *AAAI* (pp. 910–916).

Korf, R. E., Zhang, W., Thayer, I., & Hohwald, H. (2005). Frontier search. *Journal of the ACM, 52*(5), 715–748.

Koza, J. R. (1992). *Genetic Programming: On the Programming of Computers by Means of Natural Selection.* MIT Press.

Koza, J. R. (1994). *Genetic Programming II: Automatic Discovery of Reusable Programs.* MIT Press.

Koza, J. R., Bennett, H. B., Andre, D., & Keane, M. A. (1999). *Genetic Programming III: Darwinian Invention and Problem Solving.* Morgan Kaufmann.

Kristensen, L., & Mailund, T. (2003). Path finding with the sweep-line method using external storage. In *ICFEM* (pp. 319–

337).

Krueger, J., & Westermann, R. (2003). Linear algebra operators for GPU implementation of numerical algorithms. *ACM Transactions on Graphics, 22*(3), 908–916.

Kumar, V. (1992). Branch-and-bound search. In S. C. Shapiro (Ed.), *Encyclopedia of Artificial Intelligence* (pp. 1468–1472). New York: Wiley-Interscience.

Kumar, V., Ramesh, V., & Rao, V. N. (1987). Parallel best-first search of state-space graphs: A summary of results. In *AAAI* (pp. 122–127).

Kumar, V., & Schwabe, E. J. (1996). Improved algorithms and data structures for solving graph problems in external memory. In *IEEE-Symposium on Parallel and Distributed Processing* (pp. 169–177).

Kunkle, D., & Cooperman, D. (2008). Solving Rubik's Cube: Disk is the new RAM. *Communications of the ACM, 51*(4), 31–33.

Kupferschmid, S., Dräger, K., Hoffmann, J., Finkbeiner, B., Dierks, H., Podelski, A., et al. (2007). Uppaal/DMC—Abstraction-based heuristics for directed model checking. In *TACAS*, (pp. 679–682).

Kupferschmid, S., & Helmert, M. (2006). A Skat player based on Monte-Carlo simulation. In *CG* (pp. 135–147).

Kupferschmid, S., Hoffmann, J., Dierks, H., & Behrmann, G. (2006). Adapting an AI planning heuristic for directed model checking. In *SPIN*, (pp. 35–52).

Kvarnström, J., Doherty, P., & Haslum, P. (2000). Extending TALplanner with concurrency and resources. In *ECAI* (pp. 501–505).

Kwa, J. (1994). BS*: An admissible bidirectional staged heuristic search algorithm. *Artificial Intelligence, 38*(2), 95–109.

Laarman, A., van de Pol, J., & Weber, M. (2010). Boosting multi-core reachability performance with shared hash tables. In *FMCAD*.

Lago, U. D., Pistore, M., & Traverso, P. (2002). Planning with a language for extended goals. In *AAAI* (pp. 447–454).

Land, A. H., & Doig, A. G. (1960). A tree-search algorithm for mixed integer programming problems. *Econometria, 28*, 497–520.

Langley, P. (1996). *Elements of Machine Learning*. Morgan Kaufmann.

Larsen, B. J., Burns, E., Ruml, W., & Holte, R. C. (2010). Searching without a heuristic: Efficient use of abstraction. In *AAAI*.

Larsen, K. G., Larsson, F., Petterson, P., & Yi, W. (1997). Efficient verification of real-time systems: Compact data structures and state-space reduction. In *IEEE Real Time Systems Symposium* (pp. 14–24).

Larsen, K. G., Behrmann, G., Brinksma, E., Fehnker, A., Hune, T. S., Petterson, P., et al. (2001). As cheap as possible: Efficient cost-optimal reachability for priced timed automata. In *CAV* (pp. 493–505).

Latombe, J.-C. (1991). *Robot Motion Planning*. Kluwer Academic Publishers. LaValle, S. (2006). *Planning Algorithms*. Cambridge University Press.

LaValle, S., & Kuffner, J. (2000). Rapidly-exploring random trees: Progress and prospects. In *Workshop on the Algorithmic Foundations of Robotics*.

Lawler, E. L. (1976). *Combinatorial Optimization: Networks and Matroids*. Holt, Rinehart, and Winston.

Lee, C. Y. (1959). Representation of switching circuits by binary-decision programs. *Bell Systems Technical Journal, 38*, 985–999.

Lehmer, H. D. (1949). Mathematical methods in large-scale computing units. In *Symposium on Large-Scale Digital Calculating Machinery* (pp. 141–146). Harvard University Press.

Leiserson, C. E., & Saxe, J. B. (1983). A mixed integer linear programming problem which is efficiently solvable. In *CCCC* (pp. 204–213).

Lerda, F., & Sisto, R. (1999). Distributed-memory model checking with SPIN. In *SPIN* (pp. 22–39).

Lerda, F., & Visser, W. (2001). Addressing dynamic issues of program model checking. In *SPIN* (pp. 80–102).

Leven, P., Mehler, T., & Edelkamp, S. (2004). Directed error detection in C++ with the assembly-level model checker StEAM. In *SPIN* (pp. 39–56).

Li, Y., Harms, J., & Holte, R. C. (2005). IDA* MCSP: A fast exact MCSP algorithm. In *International conference on communications* (pp. 93–99).

Li, Y., Harms, J. J., & Holte, R. C. (2007). Fast exact multiconstraint shortest path algorithms. In *International Conference on Communications*.

Likhachevm, M. (2005). *Search-based planning for large dynamic environments*. PhD thesis, Carnegie Mellon University.

Likhachev, M., & Koenig, S. (2002). Incremental replanning for mapping. In *IROS* (pp. 667–672).

Likhachev, M., & Koenig, S. (2005). A generalized framework for Lifelong Planning A*. In *ICAPS* (pp. 99–108).

Lin, C., & Chang, R. (1990). On the dynamic shortest path problem. *Journal of Information Processing, 13*(4), 470–476.

Littman, M. (1994). Memoryless policies: Theoretical limitations and practical results. In *From Animals to Animats 3: International Conference on Simulation of Adaptive Behavior*.

Linares López, C. (2008). Multi-valued pattern databases. In *ECAI* (pp. 540–544).

Linares López, C. (2010). Vectorial pattern databases. In *ECAI* (pp. 1059–1060).

Linares López, C., & Borrajo, D. (2010). Adding diversity to classical heuristic planning. In *SOCS* (pp. 73–80).

Linares López, C., & Junghanns, A. (2003). Perimeter search performance. In *CG* (pp. 345–359).

Lluch-Lafuente, A. (2003a). *Directed search for the verification of communication protocols*. PhD thesis, University of Freiburg.

Lluch-Lafuente, A. (2003b). Symmetry reduction and heuristic search for error detection in model checking. In *MOCHART* (pp. 77–86).

Love, N. C., Hinrichs, T. L., & Genesereth, M. R. (2006). *General game playing: Game description language specification*. Technical Report LG-2006-01, Stanford Logic Group.

Luckhardt, C. A., & Irani, K. B. (1986). An algorithmic solution of n-person games. In *AAAI* (pp. 158–162).

Lumelsky, V. (1987). Algorithmic and complexity issues of robot motion in an uncertain environment. *Journal of Complexity, 3*, 146–182.

Lumelsky, V., & Stepanov, A. (1987). Path-planning strategies for a point mobile automaton moving amidst unknown obstacles of arbitrary shape. *Algorithmica, 2*, 403–430.

Mackworth, A. K. (1977). Consistency in networks of relations. *Artificial Intelligence, 8*(1), 99–118.

Madani, O., Hanks, S., & Condon, A. (1999). On the undecidability of probabilistic planning and infinite-horizon partially observable Markov decision problems. In *AAAI* (pp. 541–548).

Madras, N., & Slade, G. (1993). *The Self-Avoiding Walk*. Birkhauser.

Mahapatra, N. R., & Dutt, S. (1999). Sequential and parallel branch-and-bound search under limited memory constraints.

The IMA Volumes in Mathematics and Its Applications—Parallel Processing of Discrete Problems, 106, 139–158.

Mandow, L., & Pérez de-la Cruz, J.-L. (2010a). A note on the complexity of some multiobjective A* search algorithms. In *ECAI* (pp. 727–731).

Mandow, L., & Pérez de-la Cruz, J.-L. (2010b). Multiobjective A* search with consistent heuristics. *Journal of the ACM, 57*(5).

Manzini, G. (1995). BIDA*. *Artificial Intelligence, 75*(2), 347–360.

Marais, H., & Bharat, K. (1997). Supporting cooperative and personal surfing with a desktop assistant. In *ACM Symposium on User Interface, Software and Technology* (pp. 129–138).

Mares, M., & Straka, M. (2007). Linear-time ranking of permutations. In *ESA* (pp. 187–193).

Marinari, E., & Parisi, G. (1992). Simulated tempering: A new Monte Carlo scheme. *Europhysics Letters, 21*, 451–458.

Mariott, K., & Stuckey, P. (1998). *Programming with Constraints*. MIT Press.

Marsland, T. A., & Reinefeld, A. (1993). *Heuristic search in one and two player games*. Technical Report TR 93-02, University of Alberta, Edmonton, Canada.

Martelli, A. (1977). On the complexity of admissible search algorithms. *Artificial Intelligence, 8*, 1–13.

Martello, S., & Toth, P. (1990). Lower bounds and reduction procedures for the bin packing problem. *Discrete Applied Mathematics, 28*, 59–70.

Matthies, L., Xiong, Y., Hogg, R., Zhu, D., Rankin, A., Kennedy, B., et al. (2002). A portable, autonomous, urban reconnaissance robot. *Robotics and Autonomous Systems, 40*, 163–172.

Mattmüller, R., Ortlieb, M., Helmert, M., & Bercher, P. (2010). Pattern database heuristics for fully observable nondeterministic planning. In *ICAPS* (pp. 105–112).

McAllester, D. A. (1988). Conspiricy-number-search for min-max searching. *Artificial Intelligence, 35*, 287–310.

McAllester, D., & Yuret, D. (2002). Alpha-beta-conspiracy search. *ICGA Journal, 25*(2), 16–35.

McCreight, E. M. (1976). A space-economical suffix tree construction algorithm. *Journal of the ACM, 23*(2), 262–272.

McCreight, E. M. (1985). Priority search trees. *SIAM Journal of Computing, 14*(2), 257–276. McMillan, K. L. (1993). *Symbolic Model Checking*. Kluwer Academic Press.

McNaughton, M., Lu, P., Schaeffer, J., & Szafron, D. (2002). Memory-efficient A* heuristics for multiple sequence alignment. In *AAAI* (pp. 737–743).

Mehler, T. (2005). *Challenges and applications of assembly-level software model checking*. PhD thesis, Technical University of Dortmund.

Mehler, T., & Edelkamp, S. (2005). Incremental hashing with pattern databases. In *ICAPS Poster Proceedings*.

Mehler, T., & Edelkamp, S. (2006). Dynamic incremental hashing in program model checking. *ENTCS, 149*(2).

Mehlhorn, K. (1984). *Data Structures and Algorithms (2): NP Completeness and Graph Algorithms*. Springer.

Mehlhorn, K., & Meyer, U. (2002). External-memory breadth-first search with sublinear I/O. In *ESA* (pp. 723–735).

Mehlhorn, K., & Näher, S. (1999). *The LEDA Platform of Combinatorial and Geometric Computing*. Cambridge University Press.

Mercer, E., & Jones, M. (2005). Model checking machine code with the GNU debugger. In *SPIN* (pp. 251–265).

Merino, P., del Mar Gallardo, M., Martinez, J., & Pimentel, E. (2004). aSPIN: A tool for abstract model checking. *International Journal on Software Tools for Technology Transfer, 5*(2–3), 165–184.

Meriott, K., & Stuckey, P. (1998). *Programming with Constraints*. MIT Press.

Mero, L. (1984). A heuristic search algorithm with modifiable estimate. *Artificial Intelligence, 23*, 13–27.

Meseguer, P. (1997). Interleaved depth-first search. In *IJCAI* (pp. 1382–1387).

Metropolis, N., Rosenbluth, A. W., Rosenbluth, M. N., Teller, A. H., & Teller, E. (1953). Equation of state calculations by fast computing machines. *Journal of Chemical Physics, 21*, 1087–1092.

Milner, R. (1989). *Communication and Concurrency*. Prentice-Hall.

Milner, R. (1995). An algebraic definition of simulation between programs. In *IJCAI* (pp. 481–489).

Miltersen, P. B., Radhakrishnan, J., & Wegener, I. (2005). On converting CNF to DNF. *Theoretical Computer Science, 347*(1–2), 325–335.

Minato, S., Ishiura, N., & Yajima, S. (1990). Shared binary decision diagram with attributed edges for efficient boolean function manipulation. In *DAC* (pp. 52–57).

Miura, T., & Ishida, T. (1998). Statistical node caching for memory bounded search. In *AAAI* (pp. 450–456).

Moffitt, M. D., & Pollack, M. E. (2006). Optimal rectangle packing: A Meta-CSP approach. In *ICAPS* (pp. 93–102).

Mohr, R., & Henderson, T. C. (1986). Arc and path consistency revisited. *Artificial Intelligence, 28*(1), 225–233.

Monien, B., & Speckenmeyer, E. (1985). Solving satisfiability in less than 2^n steps. *Discrete Applied Mathematics, 10*, 287–294.

Moore, A., & Atkeson, C. (1993). Prioritized sweeping: Reinforcement learning with less data and less time. *Machine Learning, 13*(1), 103–130.

Moore, A., & Atkeson, C. (1995). The parti-game algorithm for variable resolution reinforcement learning in multi-dimensional state spaces. *Machine Learning, 21*(3), 199–233.

Moskewicz, M., Madigan, C., Zhao, Y., Zhang, L., & Malik, S. (2001). Chaff: Engineering an efficient SAT solver. In *DAC* (pp. 236–247).

Mostow, J., & Prieditis, A. E. (1989). Discovering admissible heuristics by abstracting and optimizing. In *IJCAI* (pp. 701–707).

Mudgal, A., Tovey, C., Greenberg, S., & Koenig, S. (2005). Bounds on the travel cost of a Mars rover prototype search heuristic. *SIAM Journal on Discrete Mathematics* 19(2): 431-447.

Mudgal, A., Tovey, C., & Koenig, S. (2004). Analysis of greedy robot-navigation methods. In *Proceedings of the International Symposium on Artificial Intelligence and Mathematics*.

Mues, C., & Vanthienen, J. (2004). Improving the scalability of rule base verification. In *KI* (pp. 381–395).

Müller, M. (1995). *Computer go as a sum of local games*. PhD thesis, ETH Zürich.

Müller, M. (2001). Partial order bounding: A new approach to evaluation in game tree search. *Artificial Intelligence, 129*(1–2), 279–311.

Müller, M. (2002). Proof set search. *CG* (pp. 88–107).

Munagala, K., & Ranade, A. (1999). I/O-complexity of graph algorithms. In *SODA* (pp. 687–694).

Munro, J. I., & Raman, V. (1996). Selection from read-only memory and sorting with minimum data movement. *Theoretical Computer Science, 165*, 311–323.

Myrvold, W., & Ruskey, F. (2001). Ranking and unranking permutations in linear time. *Information Processing Letters, 79*(6), 281–284.

Nau, D. S. (1983). Pathology on game trees revisited, and an alternative to minimaxing. *Artificial Intelligence, 21*, 221–244.

Nau, D. S., Kumar, V., & Kanal, L. (1984). General branch and bound, and its relation to A* and AO*. *Artificial Intelligence, 23*, 29–58.

Needleman, S., & Wunsch, C. (1981). A general method applicable to the search for similarities in the amino acid sequences of two proteins. *Journal of Molecular Biology, 48*, 443–453.

Nguyen, V. Y., & Ruys, T. C. Incremental hashing for SPIN. In *SPIN* (pp. 232–249).

Niewiadomski, R., Amaral, J. N., & Holte, R. C. (2006). Sequential and parallel algorithms for frontier A* with delayed duplicate detection. In *AAAI*.

Nilsson, N. J. (1980). *Principles of Artificial Intelligence*. Tioga Publishing Company.

Nipkow, T., Paulson, L. C., & Wenzel, M. (2002). *Isabelle/HOL—A Proof Assistant for Higher-Order Logic*, Vol. 2283 of *LNCS*. Springer.

Nourbakhsh, I. (1996). *Robot Information Packet*. AAAI Spring Symposium on Planning with Incomplete Information for Robot Problems.

Nourbakhsh, I. (1997). *Interleaving Planning and Execution for Autonomous Robots*. Kluwer Academic Publishers.

Nourbakhsh, I., & Genesereth, M. (1996). Assumptive planning and execution: A simple, working robot architecture. *Autonomous Robots Journal, 3*(1), 49–67.

Okasaki, C. (1998). *Purely Functional Data Structures* (chap. 3). Cambridge University Press. Osborne, M. J., & Rubinstein, A. (1994). *A Course in Game Theory*. MIT Press.

Ostlin, A., & Pagh, R. (2003). Uniform hashing in constant time and linear space. In *ACM Symposium on Theory of Computing* (pp. 622–628).

Owen, G. (1982). *Game Theory*. Academic Press.

Owens, J. D., Houston, M., Luebke, D., Green, S., Stone, J. E., & Phillips, J. C. (2008). GPU computing. *Proceedings of the IEEE, 96*(5), 879–899.

Owre, S., Rajan, S., Rushby, J. M., Shankar, N., & Srivas, M. K. (1996). PVS: Combining specification, proof checking, and model checking. In *CAV* (pp. 411–414).

Pagh, R., & Rodler, F. F. (2001). Cuckoo hashing. In *ESA* (pp. 121–133).

Pai, D. K., & Reissell, L.-M. (1998). Multiresolution rough terrain motion planning. *IEEE Transactions on Robotics and Automation, 14*(1), 19–33.

Papadimitriou, C., & Tsitsiklis, J. (1987). The complexity of Markov decision processes. *Mathematics of Operations Research, 12*(3), 441–450.

Papadimitriou, C., & Yannakakis, M. (1991). Shortest paths without a map. *Theoretical Computer Science, 84*(1), 127–150.

Parberry, I. (1995). A real-time algorithm for the (n^2-1)-puzzle. *Information Processing Letters, 56*, 23–28.

Park, S. K., & Miller, K. W. (1988). Random number generators: Good ones are hard to find. *Communications of the ACM, 31*, 1192–1201.

Paturi, R., Pudlák, P., & Zane, F. (1977). Satisfiability coding lemma. In *FOCS* (pp. 566–574).

Pearl, J. (1985). *Heuristics*. Addison-Wesley.

Pednault, E. P. D. (1991). Generalizing nonlinear planning to handle complex goals and actions with context dependent effects. In *IJCAI* (pp. 240–245).

Peled, D. A. (1996). Combining partial order reductions with on-the-fly model-checking. *Formal Methods in Systems Design, 8*, 39–64.

Peled, D. A. (1998). Ten years of partial order reduction. In *CAV* (pp. 17–28).

Pemberton, J., & Korf, R. E. (1992). Incremental path planning on graphs with cycles. In *ICAPS* (pp. 179–188).

Pemberton, J., & Korf, R. E. (1994). Incremental search algorithms for real-time decision making. In *ICAPS* (pp. 140–145).

Petri, C. A. (1962). *Kommunikation mit automaten*. PhD thesis, Universität Bonn.

Phillips, J. C., Braun, R., Wang, W., Gumbart, J., Tajkhorshid, E., Villa, E., Chipot C., Skeel, R. D., Kalé, L, & Schulten K. (2005). Scalable molecular dynamics with NAMD. *Journal of Computational Chemistry, 26*(16), 1781–1802.

Pijls, W., & Kolen, A. (1992). *A general framework for shortest path algorithms*. Technical Report 92-08, Erasmus Universiteit Rotterdam.

Pinter, R. Y., Rokhlenko, O., Yeger-Lotem, E., & Ziv-Ukelson, M. (2005). Alignment of metabolic pathways. *BioInformatics, 21*(16), 3401–3408.

Pirzadeh, A., & Snyder, W. (1990). A unified solution to coverage and search in explored and unexplored terrains using indirect control. In *ICRA* (pp. 2113–2119).

Pistore, M., & Traverso, P. (2001). Planning as model checking for extended goals in non-deterministic domains. In *IJCAI* (pp. 479–486).

Plaat, A., Schaeffer, J., Pijls, W., & de Bruin, A. (1996). Best-first fixed-depth minimax algorithms. *Artificial Intelligence, 87*(1–2), 255–293.

Pohl, I. (1969). *Bi-directional and heursitic search in path problems*. Technical Report, Stanford Linear Accelerator Center.

Pohl, I. (1971). Bi-directional search. *Machine Intelligence, 6*, 127–140.

Pohl, I. (1977a). Heuristic search viewed as a path problem. *Artificial Intelligence, 1*, 193–204.

Pohl, I. (1977b). Practical and theoretical considerations in heuristic search algorithms. *Machine Intelligence, 8*, 55–72.

Politowski, G., & Pohl, I. (1984). D-node retargeting in bidirectional heuristic search. In *AAAI* (pp. 274–277).

Powley, C., & Korf, R. E. (1991). Single-agent parallel window search. *IEEE Transaction on Pattern Analysis and Machine Intelligence, 4*(5), 466–477.

Preditis, A. (1993). Machine discovery of admissible heurisitics. *Machine Learning, 12*, 117–142.

Preece, A., & Shinghal, R. (1994). Foundations and application of knowledge base verification. *International Journal on Intelligent Systems Intelligence, 9*(8), 683–701.

Prendinger, H., & Ishizuka, M. (1998). APS, a prolog-based anytime planning system. In *Proceedings 11th International Conference on Applications of Prolog (INAP)*.

Provost, F. (1993). Iterative weakening: Optimal and near-optimal policies for the selection of search bias. In *AAAI* (pp. 769–775).

Qian, K. (2006). *Formal verification using heursitic search and abstraction techniques*. PhD thesis, University of New South Wales.

Qian, K., & Nymeyer, A. (2003). Heuristic search algorithms based on symbolic data structures. In *ACAI* (pp. 966–979).

Qian, K., & Nymeyer, A. (2004). Guided invariant model checking based on abstraction and symbolic pattern databases. In *TACAS* (pp. 497–511).

Ramalingam, G., & Reps, T. (1996). An incremental algorithm for a generalization of the shortest-path problem. *Journal of Algorithms, 21*, 267–305.

Rao, C., & Arkin, A. (2001). Control motifs for intracellular regulatory networks. *Annual Review of Biomedical Engineering, 3*, 391–419.

Rao, N., Hareti, S., Shi, W., & Iyengar, S. (1993). *Robot navigation in unknown terrains: Introductory survey of non-heuristic algorithms*. Technical Report ORNL/TM–12410, Oak Ridge National Laboratory, TN.

Rao, V. N., Kumar, V., & Korf, R. E. (1991). Depth-first vs. best-first search. In *AAAI* (pp. 434–440).

Rapoport, A. (1966). *Two-Person Game Theory*. Dover.

Rasmussen, J. I., Larsen, K. G., & Subramani, K. (2004). Resource-optimal scheduling using priced timed automata. In *TACAS* (pp. 220–235).

Ratner, D., & Warmuth, M. K. (1990). The $(n^2 - 1)$-puzzle and related relocation problems. *Journal of Symbolic Computation, 10*(2), 111–137.

Reffel, F., & Edelkamp, S. (1999). Error detection with directed symbolic model checking. In *FM* (pp. 195–211).

Regin, J.-C. (1994). A filtering algorithm for constraints of difference in CSPS. In *AAAI* (pp. 362–367).

Reinefeld, A., & Marsland, T. A. (1994). Enhanced iterative-deepening search. *IEEE Transactions on Pattern Analysis and Machine Intelligence, 16*(7), 701–710.

Reingold, O. (2005). Undirected st-connectivity in log-space. In *STOC* (pp. 376–385).

Reisch, S. (1981). Hex ist PSPACE-vollständig. *Acta Informatica, 15*, 167–191.

Rensink, A. (2003). Towards model checking graph grammars. In *Workshop on Automated Verification of Critical Systems*, Technical Report DSSE-TR-2003 (pp. 150–160).

Rich, E., & Knight, K. (1991). *Artificial Intelligence*. McGraw-Hill.

Richter, S., Helmert, M., & Gretton, C. (2007). A stochastic local search approach to vertex cover. In *KI* (pp. 412–426).

Richter, S., Helmert, M., & Westphal, M. (2008). Landmarks revisited. In *AAAI* (pp. 975–982).

Rintanen, J. (2000). Incorporation of temporal logic control into plan operators. In *ECAI* (pp. 526–530).

Rintanen, J. (2003). Symmetry reduction for SAT representations of transition systems. In *ICAPS* (pp. 32–41).

Rintanen, J. (2006). Unified definition of heuristics for classical planning. In *ECAI* (pp. 600–604).

Rivest, R. L. (1976). Partial-match retrieval algorithms. *SIAM Journal of Computing, 5*(1), 19–50.

Robby, Dwyer, M. B., & Hatcliff, J. (2003). Bogor: An extensible and highly-modular software model checking framework. In *ESEC* (pp. 267–276).

Rohnert, H. (1985). A dynamization of the all pairs least cost path problem. In *STACS* (pp. 279–286).

Romein, J. W., & Bal, H. E. (2003). Solving Awari with parallel retrograde analysis. *Computer, 36*(10), 26–33.

Romein, J. W., Plaat, A., Bal, H. E., & Schaeffer, J. (1999). Transposition table driven work scheduling in distributed search. In *AAAI* (pp. 725–731).

Romero, L., Morales, E., & Sucar, E. (2001). An exploration and navigation approach for indoor mobile robots considering sensor's perceptual limitations. In *ICRA* (pp. 3092–3097).

Rossi, F., van Beek, P., & Walsh, T. (2006). *Handbook of Constraint Programming (Foundations of Artificial Intelligence)*. New York: Elsevier Science.

Rousset, P. (1988). On the consistency of knowledge bases, the COVADIS system. *Computational Intelligence, 4*, 166–170.

Rozenberg, G. (Ed.). (1997). *Handbook of Graph Grammars and Computing by Graph Transformations*. World Scientific.

Ruan, Y., Kautz, H., & Horvitz, E. (2004). The backdoor key: A path to understanding problem hardness. In *AAAI*.

Russell, S. (1992). Efficient memory-bounded search methods. In *ECAI* (pp. 1–5). Wiley.

Russell, S., & Norvig, P. (2003). *Artificial Intelligence: A Modern Approach*. Prentice-Hall.

Russell, S., & Wefald, E. (1991). *Do the Right Thing–Studies in Limited Rationality*. MIT Press.

Ryoo, H. S., & Sahinidis, N. V. (1996). A branch-and-reduce approach to global optimization. *Journal of Global Optimization, 8*(2), 107–139.

Sacerdoti, E. (1997). Planning in a hierarchy of abstraction spaces. *Artificial Intelligence, 5*, 115–135.

Samadi, M., Felner, A., & Schaeffer, J. (2008a). Learning from multiple heuristics. In *AAAI* (pp. 357–362).

Samadi, M., Siabani, M., Holte, R. C., & Felner, A. (2008b). Compressing pattern databases with learning. In *ECAI* (pp. 495–499).

Samuel, A. L. (1959). Some studies in machine learning using the game of checkers. *IBM Journal on Research and Development, 3*, 210–229.

Sanders, P., Meyer, U., & Sibeyn, J. F. (2002). *Algorithms for Memory Hierarchies*. Springer.

Savitch, W. J. (1970). Relationships between nondeterministic and deterministic tape complexities. *Journal of Computer and System Sciences, 4*(2), 177–192.

Sawatzki, D. (2004a). A symbolic approach to the all-pairs shortest-paths problem. In *WG* (pp. 154–167).

Sawatzki, D. (2004b). Implicit flow maximization by iterative squaring. In *SOFSEM* (pp. 301–313).

Schaeffer, J. (1986). *Experiments in search and knowledge*. PhD thesis, University of Waterloo.

Schaeffer, J. (1989). The history heuristic and alpha-beta search enhancements in practice. *IEEE Transactions on Pattern Analysis and Machine Intelligence, 11*, 1203–1212.

Schaeffer, J. (1997). *One Jump Ahead: Challenging Human Supremacy in Checkers*. Springer.

Schaeffer, J., Björnsson, Y., Burch, N., Kishimoto, A., & Müller, M. (2005). Solving checkers. In *IJCAI* (pp. 292–297).

Schaeffer, J., Burch, N., Björnsson, Y., Kishimoto, A., Müller, M., Lake, R., et al. (2007). Checkers is solved. *Science, 317*(5844), 1518–1522.

Schapire, R. (1992). *The Design and Analysis of Efficient Learning Algorithms*. MIT Press.

Schiffel, S., & Thielscher, M. (2007). Fluxplayer: A successful general game player. In *AAAI* (pp. 1191–1196).

Schlott, S. (1997). *Vehicle Navigation: Route Planning, Positioning and Route Guidance*. Landsberg/Lech, Germany: Verlag Moderne Industrie.

Schofield, P. D. A. (1967). Complete solution of the eight puzzle. In *Machine Intelligence 2* (pp. 125–133). Elsevier.

Schöning, U. (2002). A probabilistic algorithm for k-SAT based on limited local search and restart. *Algorithmica, 32*(4), 615–623.

Schrage, L. (1979). A more portable Fortran random number generator. *ACM Transactions on Mathematical Software, 5*(2), 132–138.

Schrödl, S. (1998). Explanation-based generalization in game playing: Quantitative results. In *ECML* (pp. 256–267).

Schrödl, S. (2005). An improved search algorithm for optimal multiple sequence alignment. *Journal of Artificial Intelligence Research, 23*, 587–623.

Schrödl, S., Wagstaff, K., Rogers, S., Langley, P., & Wilson, C. (2004). Mining GPS traces for map refinement. *Data*

Mining Knowledge Discovery, 9(1), 59–87.

Schroeppel, R., & Shamir, A. (1981). A $t = o(2^{n/2})$, $s = o(2^{n/4})$ algorithm for certain NP-complete problems. *SIAM Journal of Computing, 10*(3), 456–464.

Schulz, F., Wagner, D., & Weihe, K. (2000). Dijkstra's algorithm on-line: An empirical case study from public railroad transport. *Journal of Experimental Algorithmics, 5*(12), 110–114.

Schuppan, V., & Biere, A. (2004). Efficient reduction of finite state model checking to reachability analysis. *International Journal on Software Tools for Technology Transfer, 5*(2–3), 185–204.

Schwefel, H.-P. (1995). *Evolution and Optimum Seeking*. Wiley.

Sen, A. K., & Bagchi, A. (1988). Average-case analysis of heuristic search in tree-like networks. In *Search in Artificial Intelligence* (pp. 131–165).

Sen, A. K., & Bagchi, A. (1989). Fast recursive formulations for best-first search that allow controlled use of memory. In *IJCAI* (pp. 297–302).

Shannon, C. E. (1950). Programming a computer to play chess. *Philosophical Magazine, 41*(7), 256–275.

Shostak, R. (1981). Deciding linear inequalities by computing loop residues. *Journal of the ACM, 28*, 769–779.

Shue, L., Li, S., & Zamani, R. (2001). An intelligent heuristic algorithm for project scheduling problems. In *Annual Meeting of the Decision Sciences Institute*.

Shue, L., & Zamani, R. (1993). An admissible heuristic search algorithm. In *International Symposium on Methodologies for Intelligent Systems* (pp. 69–75).

Sieling, D. (1994). *Algorithmen und untere Schranken für verallgemeinerte OBDDs*. PhD thesis, Technical University of Dortmund.

Silver, D. (20050. Cooperative pathfinding. In *Conference on Artificial Intelligence and Interactive Digital Entertainment* (pp. 117–122).

Simmons, R., Apfelbaum, D., Burgard, W., Fox, D., Moors, M., Thrun, S., & Younes, H (1997). Coordination for multi-robot exploration and mapping. In *AAAI* (pp. 852–858).

Simmons, R., Goodwin, R., Koenig, S., O'Sullivan, J., & Armstrong, G. (2001). Xavier: An autonomous mobile robot on the web. In R. Goldberg & R. Siegwart (Eds.), *Beyond Webcams: An Introduction to Online Robots*. MIT Press.

Singh, M. (1995). Path consistency revised. In *IEEE International Conference on Tools with Artificial Intelligence* (pp. 318–325).

Singh, K., & Fujimura, K. (1993). Map making by cooperating mobile robots. In *ICRA* (pp. 254–259).

Slaney, J., & Thiébaux, S. (2001). Blocks world revisited. *Artificial Intelligence* (pp. 119–153).

Slaney, J., & Walsh, T. (2001). Backbones in optimization and approximation. In *IJCAI* (pp. 254–259).

Sleator, D., & Tarjan, R. (1985). Amortized efficiency of list update and paging rules. *Communications of the ACM, 28*(2), 202–208.

Smith, D. E. (2004). Choosing objectives in over-subscription planning. In *ICAPS* (pp. 393–401).

Smith, S. J. J., Nau, D. S., & Throop, T. A. (1998). Computer bridge—A big win for AI planning. *AI Magazine, 19*(2), 93–106.

Smith, D. E., & Weld, D. S. (1999). Temporal planning with mutual exclusion reasoning. In *IJCAI* (pp. 326–337).

Sobel, D. (1996). *Longitude: The True Story of a Lone Genius Who Solved the Greatest Scientific Problem of His Time*.

Penguin Books.

Sobrinho, J. L. (2002). Algebra and algorithms for QoS path computation and hop-by-hop routing in the internet. *IEEE/ACM Transactions on Networking, 10*(4), 541–550.

Spira, P., & Pan, A. (1975). On finding and updating spanning trees and shortest paths. *SIAM Journal on Computing, 4*, 375–380.

Spouge, J. L. (1989). Speeding up dynamic programming algorithms for finding optimal lattice paths. *SIAM Journal of Applied Mathematics, 49*(5), 1552–1566.

Stasko, J. T., & Vitter, J. S. (1987). Pairing heaps: Experiments and analysis. *Communications of the ACM, 30*(3), 234–249.

Stentz, A. (1995a). Optimal and efficient path planning for unknown and dynamic environments. *International Journal of Robotics and Automation, 10*(3), 89–100.

Stentz, A. (1995b). The focussed D* algorithm for real-time replanning. In *Proceedings of the International Joint Conference on Artficial Intelligence* (pp. 1652–1659).

Stentz, A. (1997). Best information planning for unknown, uncertain, and changing domains. In *AAAI Workshop on Online Search* (pp. 110–113).

Stentz, A., & Hebert, M. (1995). A complete navigation system for goal acquisition in unknown environments. *Autonomous Robots, 2*(2), 127–145.

Stephen, G. A. (1994). *String Searching Algorithms*. World Scientific Publishing.

Stern, U., & Dill, D. L. (1996). Combining state space caching and hash compaction. In *Methoden des Entwurfs und der verifikation digitaler systeme, 4. GI/ITG/GME Workshop* (pp. 81–90). Shaker Verlag.

Stern, U., & Dill, D. L. (1997). Parallelizing the Mur ϕ Verifier. In *CAV* (pp. 256–267).

Stern, R., Kalech, M., & Felner, A. (2010a). Searching for a *k*-clique in unknown graphs. In *SOCS* (pp. 83–89).

Stern, R., Puzis, R., & Felner, A. (2010b). Potential search: A greedy anytime heuristic search. In *SOCS* (pp. 119–120).

Stockman, G. C. (1997). A minimax algorithm better than alpha-beta. *Artificial Intelligence, 12*(2), 179–196.

Sturtevant, N. (2008). An analysis of UCT in multi-player games. In *CG* (pp. 37–49).

Sturtevant, N., & Bowling, M. (2006). Robust game play against unknown opponents. In *AAAI* (pp. 96–109).

Sturtevant, N., & Korf, R. E. (2000). On pruning techniques for multi-player games. In *AAAI* (pp. 201–207).

Sturtevant, N., Zhang, Z., Holte, R. C., & Schaeffer, J. (2008). Using inconsistent heuristics on A* search. In *AAAI, Workshop on Search Techniques in Artificial Intelligence and Robotics*.

Sulewski, D., Edelkamp, S., & Kissmann, P. (2011). Exploiting the computational power of the graphics cards: Optimal state space planning on the GPU. In *ICAPS* (pp. 242–249). Submitted.

Sutherland, I. (1969). A method for solving arbitrary-wall mazes by computer. *IEEE Transactions on Computers, C–18*(12), 1092–1097.

Sutton, R. (1991). DYNA, an integrated architecture for learning, planning, and reacting. *SIGART Bulletin, 2*(4), 160–163.

Sutton, R. S. (1988). Learning to predict by the methods of temporal differences. *Machine Learning, 3*, 9–44.

Sutton, A. M., Howe, A. E., & Whitley, L. D. (2010). Directed plateau search for MAX-k-SAT. In *SOCS* (pp. 90–97).

Svennebring, J., & Koenig, S. (2004). Building terrain-covering ant robots. *Autonomous Robots, 16*(3), 313–332.

Tarjan, R. E. (1983). *Data Structures and Network Algorithms*. SIAM.

Taylor, L. A. (1997). *Pruning duplicate nodes in depth-first search*. PhD thesis, Computer Science Department, University of California, Los Angeles.

Tesauro, G. (1995). Temporal difference learning and TD-Gammon. *Communication of the ACM, 38*(3), 58–68.

Thagard, P. (2003). Pathways to biomedical discovery. *Philosophy of Science, 70*, 2003.

Thayer, S., Digney, B., Diaz, M., Stentz, A., Nabbe, B., & Hebert, M. (2000). Distributed robotic mapping of extreme environments. In *SPIE: Mobile Robots XV and Telemanipulator and Telepresence Technologies VII* (Vol. 4195).

Thayer, J., & Ruml, W. Finding acceptable solutions faster using inadmissible information. In *SOCS* (pp. 98–99).

Thayer, J., & Ruml, W. (2010). Anytime heuristic search: Frameworks and algorithms. In *SOCS*.

Thorpe, P. (1994). *A hybrid learning real-time search algorithm*. Master's thesis, Computer Science Department, University of California, Los Angeles.

Thorup, M. (1999). Undirected single-source shortest paths with positive integer weights in linear time. *Journal of the ACM, 46*, 362–394.

Thorup, M. (2000). On RAM priority queues. *SIAM Journal of Computing, 30*, 86–109.

Thrun, S. (1992). The role of exploration in learning control. In *Handbook for Intelligent Control: Neural, Fuzzy and Adaptive Approaches*. Van Nostrand Reinhold.

Thrun, S. (2000). Probabilistic algorithms in robotics. *AI Magazine, 21*(4), 93–109.

Thrun, S., Bücken, A., Burgard, W., Fox, D., Fröhlinghaus, T., Hennig, D., et al. (1998). Map learning and high-speed navigation in RHINO. In D. Kortenkamp, R. Bonasso, & R. Murphy (Eds.), *Artificial Intelligence Based Mobile Robotics: Case Studies of Successful Robot Systems* (pp. 21–52). MIT Press.

Thrun, S., Burgard, W., & Fox, D. (2005). *Probabilistic Robotics*. MIT Press.

Torasso, P., & Torta, G. (2003). Computing minimal-cardinality diagnoses using BDDs. In *KI* (pp. 224–238).

Tovey, C., & Koenig, S. (2000). Gridworlds as testbeds for planning with incomplete information. In *AAAI* (pp. 819–824).

Tovey, C., & Koenig, S. (2003). Improved analysis of greedy mapping. In *Proceedings of the International Conference on Intelligent Robots and Systems* (pp. 3251–3257).

Tovey, C., & Koenig, S. (2010). Localization: Approximation and performance bounds for minimizing travel distance. *IEEE Transactions on Robotics, 26*(2), 320–330.

Tromp, J. (2008). Solving connect-4 on medium board sizes. *ICGA Journal, 31*(2), 110–112.

Tsang, T. (1993). *Foundations of Constraint Satisfaction*. Academic Press.

Turing, A. M., Strachey, C., Bates, M. A., & Bowden, B. V. (1953). Digital computers applied to games. In B. V. Bowden (Ed.), *Faster Than Thought* (pp. 286–310). Putnam.

Ukkonen, E. (1985). Algorithms for approximate string matching. *Information and Control, 64*, 110–118.

Valmari, A. (1991). A stubborn attack on state explosion. In *CAV* (pp. 156–165).

Valtorta, M. (1984). A result on the computational complexity of heuristic estimates for the A* algorithm. *Information Sciences, 34*, 48–59.

van den Herik, H. J., & Herschberg, I. S. (1986). A data base on data bases. *ICCA Journal* (pp. 29–34).

van Emde Boas, P., Kaas, R., & Zijlstra, E. (1977). Design and implementation of an efficient priority queue. *Mathematical Systems Theory, 10*, 99–127.

Van Hentenryck, P. (1989). *Constraint Satisfaction in Logic Programming*. MIT Press.

Van Hentenryck, P., Deville, Y., & Teng, C.-M. (1992). A generic arc-consistency algorithm and its specializations. *Artificial

Intelligence, 57, 291–321.

van Leeuwen, J., & Wood, D. (1993). Interval heaps. *The Computer Journal, 36*, 209–216.

Visser, W., Havelund, K., Brat, G., & Park, S. (2000). Model Checking Programs. In *ICSE* (pp. 3–12).

Wagner, I. A., Lindenbaum, M., & Bruckstein, A. M. (1996). Smell as a computational resource—A lesson we can learn from the ant. In *Israeli Symposium on Theory of Computing and Systems (ISTCS)*, (Vol. 24, pp. 219–230).

Wagner, I. A., Lindenbaum, M., & Bruckstein, A. M. (1998). Efficiently searching a graph by a smell-oriented vertex process. *Annals of Mathematics and Artificial Intelligence, 24*, 211–223.

Wagner, I., Lindenbaum, M., & Bruckstein, A. (1999). Distributed covering by ant robots using evaporating traces. *IEEE Transactions on Robotics and Automation, 15*(5), 918–933.

Wagner, D., & Willhalm, T. (2003). Geometric speed-up techniques for finding shortest paths in large sparse graphs. In *ESA* (pp. 776–787).

Wagner, D., Willhalm, T., & Zaroliagis, C. (2004). Dynamic shortest path containers. *ENTCS, 92*, 65–84.

Wah, B. (1991). *MIDA*: An IDA* search with dynamic control*. Technical Report 91-09, Center for Reliable and High Performance Computing, Coordinated Science Laboratory, University of Illinois.

Wah, B., & Shang, Y. (1994). Comparative study of IDA*-style searches. In *IJCAI* (pp. 290–296).

Walsh, T. (1997). Depth-bounded discrepancy search. In *IJCAI* (pp. 1388–1393).

Wang, C. (1991). Location estimation and uncertainty analysis for mobile robots. In I. Cox & G. Wilfong (Eds.), *Autonomous Robot Vehicles*. Springer.

Waterman, M. S. (1995). *Introduction to Computational Biology: Maps, Sequences, and Genomes*. Chapman and Hall.

Wegener, I. (2000). *Branching Programs and Binary Decision Diagrams—Theory and Applications*. SIAM.

Wehrle, M., Kupferschmid, S., & Podelski, A. (2008). Useless actions are useful. In *ICAPS* (pp. 388–395).

Wickelgren, W. A. (1995). *How to Solve Mathematical Problems*. Dover.

Wijs, A. (1999). *What to do next? Analysing and optimising system behaviour in time*. PhD thesis, Vrije Universiteit Amsterdam.

Winter, S. (2002). Modeling costs of turns in route planning. *GeoInformatica* (pp. 345–361).

Woelfel, P. (2006). Symbolic topological sorting with OBDDs. *Journal of Discrete Algorithms, 4*(1), 51–71.

Wolper, P. (1983). Temporal logic can be more expressive. *Information and Control, 56*, 72–99.

Wolpert, D. H., & Macready, W. G. (1996). *No free lunch theorems for search*. Technical Report, The Santa Fe Institute, NM.

Yang, B., Bryant, R. E., O'Hallaron, D. R., Biere, A., Coudert, O., Janssen, G., et al. (1998). A performance study of BDD based model checking. In *FMCAD* (pp. 255–289).

Yang, F., Culberson, J. C., Holte, R. C., Zahavi, U., & Felner, A. (2008). A general theory of additive state space abstractions. *Journal of Artificial Intelligence Research, 32*, 631–662.

Yang, C. H., & Dill, D. L. (1998). Validation with guided search of the state space. In *DAC* (pp. 599–604).

Yanovski, V., Wagner, I., & Bruckstein, A. (2003). A distributed ant algorithm for efficiently patrolling a network. *Algorithmica, 37*, 165–186.

Yoshizumi, T., Miura, T., & Ishida, T. (2000). A* with partial expansion for large branching factor problems. In *AAAI* (pp. 923–929).

Younger, D. H. (1967). Recognition and parsing of context-free languages in time n^3. *Information and Control, 10*(2), 189–

208.

Zahavi, U., Felner, A., Burch, N., & Holte, R. C. (2008a). Predicting the performance of IDA* with conditional distributions. In *AAAI* (pp. 381–386).

Zahavi, U., Felner, A., Holte, R. C., & Schaeffer, J. (2008b). Duality in permutation state spaces and the dual search algorithm. *Artificial Intelligence, 172*(4–5), 514–540.

Zahavi, U., Felner, A., Schaeffer, J., & Sturtevant, N. R. (2007). Inconsistent heuristics. In *AAAI* (pp. 1211–1216).

Zelinsky, A. (1992). A mobile robot exploration algorithm. *IEEE Transactions on Robotics and Automation, 8*(6), 707–717.

Zhang, W. (1998). Complete anytime beam search. In *AAAI* (pp. 425–430).

Zhang, W. (2004a). Configuration landscape analysis and backbone guided local search for satisfiability and maximum satisfiability. *Artificial Intelligence, 158*(1), 1–26.

Zhang, W. (2004b). Phase transition and backbones of 3-SAT and Maximum 3-SAT. In *Principles and Practice of Constraint Programming (CP)*.

Zhang, W., Sen, A. K., & Bagchi, A. (1999). An average-case analysis of graph search. In *AAAI* (pp. 757–762).

Zhang, Z., Sturtevant, N. R., Holte, R. C., Schaeffer, J., & Felner, A. (2009). A* search with inconsistent heuristics. In *IJCAI* (pp. 634–639).

Zhang, Y., & Yap, R. H. C. (2001). Making AC-3 an optimal algorithm. In *IJCAI* (pp. 316–321).

Zhao, Y. (1997). *Vehicle Location and Navigation Systems*. Artech House Inc.

Zheng, Z. (1999). *Analysis of swapping and tempering monte carlo Algorithms*. PhD thesis, York University.

Zhou, R., & Hansen, E. A. (2002a). Memory-bounded A* graph search. In *Conference of the Florida Artificial Intelligence Research Society (FLAIRS)*.

Zhou, R., & Hansen, E. A. (2002b). Multiple sequence alignment using A*. In *AAAI*. Student abstract.

Zhou, R., & Hansen, E. A. (2003a). Sparse-memory graph search. In *IJCAI* (pp. 1259–1268).

Zhou, R., & Hansen, E. A. (2003b). Sweep A*: Space-efficient heuristic search in partially-ordered graphs. In *ICTAI* (pp. 688–695).

Zhou, R., & Hansen, E. A. (2004a). Breadth-first heuristic search. In *ICAPS* (pp. 92–100).

Zhou, R., & Hansen, E. A. (2004b). Space-efficient memory-based heuristics. In *AAAI* (pp. 677–682).

Zhou, R., & Hansen, E. A. (2004c). Structured duplicate detection in external-memory graph search. In *AAAI* (pp. 683–689).

Zhou, R., & Hansen, E. A. (2005a). External-memory pattern databases using structured duplicate detection. In *AAAI*.

Zhou, R., & Hansenm, E. A. (2005b). Beam-stack search: Integrating backtracking with beam search. In *ICAPS* (pp. 90–98).

Zhou, R., & Hansen, E. A. (2006a). A breadth-first approach to memory-efficient graph search. In *AAAI* (pp. 1695–1698).

Zhou, R., & Hansen, E. A. (2006b). Domain-independent structured duplicate detection. In *AAAI* (pp. 1082–1087).

Zhou, R., & Hansen, E. A. (2007a). Edge partitioning in external-memory graph search. In *IJCAI* (pp. 2410–2417).

Zhou, R., & Hansen, E. A. (2007b). Parallel structured duplicate detection. In *AAAI* (pp. 1217–1222).

Zhou, R., & Hansen, E. A. (2008). Combining breadth-first and depth-first strategies in searching for treewidth. In *AAAI, Workshop on Search Techniques in Artificial Intelligence and Robotics*.

Zhou, R., Schmidt, T., Hansen, E. A., Do, M., & Uckun, S. (2010). Edge partitioning in parallel structured duplicate detection. In *SOCS* (pp. 137–138).

Zilberstein, S., & Russell, S. (1993). Anytime sensing, planning and action: A practical model for robot control. In *IJCAI* (pp. 1402–1407).

Zilles, S., & Holte, R. C. (2010). The computational complexity of avoiding spurious states in state space abstraction. *Artificial Intelligence, 174*(14), 1072–1092.

Zobrist, A. (1970). *A new hashing method with application for game playing*. Technical Report, School of Electronic Engineering Science, University of Wisconsin, Madison. Reprinted in *ICCA Journal* 13(2), 69–73.

Zomaya, A. (1996). *The Parallel and Distributed Computing Handbook*. McGraw-Hill.

Heuristic Search Theory and Applications, first edition
Stefan Edelkamp，Stefan Schrödl
ISBN:978-0-12-372512-7

Copyright © 2012 Elsevier Inc. All rights reserved.

Authorized Chinese translation published by National Defense Industry Press.

《启发式搜索理论与应用》（第1版）（魏祥麟 陈芳园 阚保强 王占丰 唐朝刚 译）
ISBN:978-7-118-12153-7

Copyright © Elsevier Inc. and National Defense Industry Press. All rights reserved.

No part of this publication may be reproduced or transmitted in any form or by any means, electronic or mechanical, including photocopying, recording, or any information storage and retrieval system, without permission in writing from Elsevier (Singapore) Pte Ltd. Details on how to seek permission, further information about the Elsevier's permissions policies and arrangements with organizations such as the Copyright Clearance Center and the Copyright Licensing Agency, can be found at our website: www.elsevier.com/permissions.

This book and the individual contributions contained in it are protected under copyright by Elsevier Inc. and National Defense Industry Press (other than as may be noted herein).

This edition of Heuristic Search Theory and Applications is published by National Defense Industry Press under arrangement with ELSEVIER INC.

This edition is authorized for sale in China only, excluding Hong Kong, Macau and Taiwan. Unauthorized export of this edition is a violation of the Copyright Act. Violation of this Law is subject to Civil and Criminal Penalties.

本版由 ELSEVIER INC.授权国防工业出版社在中国大陆地区（不包括香港、澳门以及台湾地区）出版发行。

本版仅限在中国大陆地区（不包括香港、澳门以及台湾地区）出版及标价销售。未经许可之出口，视为违反著作权法，将受民事及刑事法律之制裁。

本书封底贴有 Elsevier 防伪标签，无标签者不得销售。

注意

本书涉及领域的知识和实践标准在不断变化。新的研究和经验拓展我们的理解，因此须对研究方法、专业实践或医疗方法作出调整。从业者和研究人员必须始终依靠自身经验和知识来评估和使用本书中提到的所有信息、方法、化合物或本书中描述的实验。在使用这些信息或方法时，他们应注意自身和他人的安全，包括注意他们负有专业责任的当事人的安全。在法律允许的最大范围内，爱思唯尔、译文的原文作者、原文编辑及原文内容提供者均不对因产品责任、疏忽或其他人身或财产伤害及/或损失承担责任，亦不对由于使用或操作文中提到的方法、产品、说明或思想而导致的人身或财产伤害及/或损失承担责任。